Die Chemie der Lederfabrikation

von

John Arthur Wilson

Chef-Chemiker der Lederwerke A. F. Gallun & Sons Co., Milwaukee, Wisconsin
Präsident der American Leather Chemists' Association

Zweite Auflage

Bis zur Neuzeit ergänzte deutsche Bearbeitung

von

Dr. Fritz Stather und **Dr. Martin Gierth**

Privatdoz., Direktor d. Deutschen Versuchsanstalt für Lederindustrie, Freiberg i. Sa.

Assistent am Kaiser Wilhelm-Institut für Lederforschung, Dresden

In zwei Bänden

Zweiter Band

Mit 222 Textabbildungen

Wien
Verlag von Julius Springer
1931

ISBN 978-3-7091-5859-3 ISBN 978-3-7091-5909-5 (eBook)
DOI 10.1007/978-3-7091-5909-5

Softcover reprint of the hardcover 2nd edition 1931

Aus dem Vorwort zur zweiten amerikanischen Auflage. II. Band.

Der vorliegende Band bringt die zweite Auflage des Werks zum Abschluß, die damit dreimal so umfangreich geworden ist wie die erste Auflage. Viele Kapitel der ersten Auflage sind stark ausgebaut, verschiedene Gebiete neu aufgenommen worden.

Genau wie bei Band I wurde auch bei diesem Bande jedes fertiggestellte Kapitel an führende Fachgenossen zur Durchsicht gesandt und dann unter Verwertung der Kritik dieser nochmals überarbeitet. In vielen Fällen gaben diese Fachgenossen wertvolle Anregungen, manche lieferten auch Haut- und Lederproben oder Proben von Stoffen, die zur Lederherstellung verwendet werden. Viel vom Werte dieses Buches muß dieser Hilfe zugeschrieben werden. Besonders folgende Herren machten sich um das Werk verdient: W. K. Alsop, W. E. Austin, L. Balderston, T. Blackadder, R. C. Bowker, G. Daub, F. W. Eagan, J. W. Fleming, M. N. V. Geib, K. H. Gustavson, H. E. Howe, M. W. Kelly, M. Laskin, G. H. Leffler, J. S. Long, D. McCandlish, G. D. McLaughlin, H. B. Merrill, J. G. Niedercorn, I. L. Nixon, F. O'Flaherty, A. C. Orthmann, R. E. Rose, K. Ruppenthal, W. Seifriz, J. Stieglitz, A. W. Thomas, B. H. Thurman, W. Varo, E. Weber und D. Williams.

Für leihweise Überlassung vieler Mikroschnitte und Abbildungen danke ich der Bausch and Lomb Optical Company, der Shoe Trades Publishing Company, der Firma A. F. Gallun & Sons Corporation und den Zeitschriften: Industrial and Engineering Chemistry und The Journal of the American Leather Chemists' Association.

Milwaukee, Wisconsin, August 1929.

John Arthur Wilson.

Vorwort zur zweiten deutschen Auflage. II. Band.

Bei der vorliegenden deutschen Bearbeitung des II. Bandes der zweiten Auflage waren die gleichen Grundsätze maßgebend wie bei der Bearbeitung des I. Bandes, bei voller Erhaltung des Charakters des Originalwerkes, dieses den Bedürfnissen des deutschen Lesers anzupassen. So erhielt im 15. Kapitel „Vegetabilische Gerbung" der Abschnitt „Allgemeine Gerbmethoden" eine etwas veränderte Fassung, im 30. Kapitel „Farbstoffe" wurden sämtliche Farbstoffbezeichnungen durch die in Deutschland üblichen Bezeichnungen ersetzt, das Kapitel 36 „Mikroskopische Untersuchung von Haut und Leder" erfuhr hinsichtlich der apparativen Seite eine fast vollständige Neubearbeitung, bei der auch die Abbildungen amerikanischer Apparate durchweg durch solche deutscher Herkunft ersetzt wurden. Deutschen Bedürfnissen entsprechend wurden im 37. Kapitel „Chemische Zusammensetzung des Leders" neben den Analysenmethoden der A.L.C.A. auch die des I.V.L.I.C. mit aufgenommen. Ganz allgemein wurden sämtliche amerikanischen Bezeichnungen, Maße und Gewichte usw. wiederum den deutschen Verhältnissen angepaßt.

Auch der II. Band der deutschen Bearbeitung wurde durch Verwerten der seit Erscheinen des Originals erzielten Forschungsergebnisse auf den Stand der Neuzeit ergänzt und hier und da auch ältere wichtige deutsche Literatur mit herangezogen. So wurden insgesamt 59 Arbeiten, die im Original nicht berücksichtigt waren, mit aufgenommen.

Die Übersetzung der Kapitel 17, 18, 19, 21, 26, 30 und 36, sowie die gesamte Bearbeitung der deutschen Auflage besorgte der Linksunterzeichnete (Stather). Die Übersetzung aller übrigen Kapitel und die Anfertigung des Registers erledigte der Rechtsunterzeichnete (Gierth).

So übergeben wir den II. Band der deutschen Bearbeitung des Wilsonschen Werkes der Öffentlichkeit und danken wiederholt Herrn Prof. Dr. Bergmann, Dresden, für seine Bemühungen um das Zustandekommen einer deutschen Bearbeitung, der I. G. Farbenindustrie, Ludwigshafen, für ihre Hilfe bei Zusammenstellung der Farbstoffbezeichnungen, der Firma Ernst Leitz, Optische Werke, Wetzlar, für die Mithilfe bei der Bearbeitung des mikroskopischen und mikrophotographischen Abschnitts, sowie die Zurverfügungstellung geeigneter Klischees und schließlich der Verlagsbuchhandlung Julius Springer, Wien, für die vorzügliche Ausstattung des Werkes.

Freiberg und Dresden, August 1931.

Fritz Stather. Martin Gierth.

Inhaltsverzeichnis.

15. Vegetabilische Gerbung.

Die rohe Haut neigt in feuchtem Zustande zur Fäulnis. Durch Trocknen kann sie vorübergehend vor Fäulnis geschützt werden; dabei kleben jedoch die einzelnen Kollagenfasern zusammen und die Haut wird hart und hornig. Eine solche getrocknete Haut wird beim Wiedereinweichen zwar wieder geschmeidig, damit aber auch von neuem wieder fäulnisfähig. Vor vielen tausend Jahren wurde nun die Entdeckung gemacht, daß die Haut ihre Eigenschaften vollkommen verändert, wenn sie in wässerige Lösungen gewisser pflanzlicher Stoffe gebracht wird. Den Vorgang selbst nennt man „Vegetabilische Gerbung", die dabei verwendeten pflanzlichen Substanzen „Gerbstoffe" und die Verbindung von Haut und Gerbstoff „Leder". Leder ist also dadurch charakterisiert, daß es beim Trocknen nicht hart und blechig wird und in feuchtem Zustand nicht fault.

Je nach dem Zwecke, dem das Leder dienen soll, kann man ihm verschiedene Eigenschaften erteilen. Bereits scheinbar geringfügige Änderungen bei der Gerbung bewirken große Unterschiede in den Eigenschaften des resultierenden Leders. Dieser Umstand bedingt eine gewisse Kompliziertheit der Fabrikation. Jede Änderung eines der verschiedenen Prozesse bei der Lederherstellung äußert sich je nach der Vor- und Nachbehandlung der Blöße verschieden. Bei manchen Lederarten erleidet die Blöße eine mannigfaltig wechselnde Behandlung; eine scheinbar geringfügige Änderung eines dieser Einzelvorgänge macht eine entsprechende Änderung aller anderen notwendig, wenn man das gleiche Leder erhalten will. Es ist ohne weiteres ersichtlich, daß praktische Vorschriften für die Gerbung bei einer solchen Verknüpfung aller einzelnen Prozesse nur von sehr geringem Wert für den Gerber sind. Würde man versuchen, eine in der Literatur beschriebene Einzeloperation in den Fabrikationsgang einzureihen, weil sie an und für sich eine Verbesserung darstellt, so müßte man damit rechnen, ein Leder zu erhalten, das in seinen Eigenschaften an das bisher erhaltene gute nicht heranreicht. Es gibt jedoch auch für die Gerbung mit pflanzlichen Gerbstoffen gewisse Richtlinien, die im allgemeinen eingehalten werden müssen.

a) Allgemeine Gerbmethoden.

Blößen, die mit pflanzlichen Gerbstoffen gegerbt werden sollen, müssen vor dem Einbringen in die Gerbbrühen entkälkt werden. Je nachdem ein weiches, geschmeidiges Oberleder oder ein festes Unterleder erzeugt werden soll, beizt und wäscht man die Blößen vor der Gerbung aus, oder man begnügt sich mit einem Entkälken und Abspülen.

Man kann bei der Gerbung mit pflanzlichen Gerbstoffen zwei Hauptverfahren unterscheiden, die sogenannte Grubengerbung und die Brühengerbung oder Extraktgerberei.

Bei beiden Verfahren hängt man die Blößen zunächst in Brühen ein, die schon mit einer ganzen Anzahl von Blößen in Berührung waren und in denen das Verhältnis von Nichtgerbstoffen zu Gerbstoffen ziemlich groß ist. Würden die Blößen aus der Wasserwerkstatt sogleich in starke Gerbbrühen gebracht werden, in denen die Diffusionsgeschwindigkeit der Gerbstoffe geringer ist als die Geschwindigkeit, mit der sich die Haut mit den Gerbstoffen verbindet, so würden die äußeren Schichten der Haut eine andere Struktur annehmen als die inneren. Eine dauernde Verzerrung der Haut würde unvermeidlich sein. Man bezeichnet eine Gerbbrühe mit solchen Eigenschaften als adstringent. Es wird oft außer acht gelassen, daß die Adstringenz einer Gerbbrühe der Hautblöße gegenüber nicht nur von ihrer Zusammensetzung abhängt, sondern auch von den Eigenschaften der von der Blöße bei der Vorbehandlung absorbierten Flüssigkeiten beeinflußt wird. So kann sich eine bestimmte Gerbbrühe gegen eine gepickelte Blöße als sehr adstringent erweisen, während sie auf eine Blöße, die direkt aus der Beize kommt, noch recht mild wirkt. Eine Verzerrung der Haut durch Angerben mit zu adstringenten Brühen äußert sich in einer mehr oder weniger starken Verwerfung der Hautoberfläche, etwa wie sie für Gelatine in Abb. 57 im 5. Kapitel des I. Bandes wiedergegeben wurde, oder auch nur als rauher Narben. Da diese Erscheinungen den Wert des Leders ganz erheblich vermindern, sucht man sie nach Möglichkeit zu verhindern.

Die Angerbung in solchen bereits mehrmals benutzten, wenig adstringenten Brühen erfolgt gewöhnlich durch Einhängen der Blößen in die Brühen in Gerbgruben, in den Boden versenkte Holz- oder Zementgruben. Um die Oberfläche der Blößen möglichst glatt zu halten und ein Falten und Verdrehen zu vermeiden, ist es üblich, die Blößen an Stangen befestigt mit dem Kopf nach unten in die Gerbbrühe einzuhängen. Die Blößen werden vor dem Einhängen, um Falten und Kniffe, die durch die Angerbung für immer festgehalten würden, zu entfernen, sorgfältig ausgebreitet und dann, wie Abb. 203 zeigt, mit dem hinteren Teil an den Stöcken befestigt. Die Stöcke ruhen auf einem rechteckigen Rahmen, der auf der Gerbbrühe schwimmt, oder auf dem Rande der Grube. Zweckmäßig wird jede heftigere Berührung der Blößen vermieden, bis der Narben durch die Angerbung fixiert ist und die Gerbstoffe bis zu einem bestimmten Grade in die Haut eingedrungen sind. Die Blößen werden jeden Tag in frischere und stärkere Brühen übergeführt, bis sie von der Gerbbrühe vollkommen durchdrungen sind. Während dieses Überführen von Grube zu Grube häufig noch von Hand vorgenommen wird, geschieht es in modernen Gerbereien auch schon durch Kran und Aufzug. So zeigt Abb. 286 (S. 575), wie ein ganzer Rahmen mit Häuten aus einer Grube herausgehoben ist, um in eine andere übergeführt zu werden. So ein Rahmen faßt gegen 200 leichte Kalbshäute oder eine entsprechend geringere Anzahl schwerer Häute.

Man bezeichnet solche Angerbbrühen mit niedrigem Gerbstoffgehalt und verhältnismäßig hohem Gehalt an Nichtgerbstoffen auch als „Farben", das ganze System solcher Brühen als „Farbengang". Durch die Vergrößerung des Verhältnisses von Nichtgerbstoffen zu Gerbstoffen in diesen Brühen wird die Diffusionsgeschwindigkeit des Gerbstoffs in die Blöße gegenüber der Geschwindigkeit, mit der sich der Gerbstoff mit den Proteinen der Haut verbindet, vergrößert und damit mehr ein „Anfärben" der Blößen, eine vollkommene Durchdringung mit der Gerbbrühe, als ein Gerben erreicht.

Abb. 203. Das Einhängen von Kalbsblößen in die Gerbbrühe.

Dem Farbengang kommt weiterhin die Aufgabe zu, ein gewisses „Schwellen" oder „Aufgehen" der Blößen zu bewirken. Eine gewisse Schwellung ist notwendig, will man nicht ein leeres, blechiges Leder ohne „Griff" erhalten. Die in den Gerbbrühen vorhandenen Säuren, hauptsächlich Milch- und Essigsäure, die durch Gärung zuckerartiger Stoffe entstehen, bewirken, daß die gegerbte Haut die Eigenschaften annimmt, die man von einem guten Leder verlangt. Ein hoher Säuregehalt in den Angerbbrühen („Sauerbrühen, Schwellbrühen, Schwellfarben") macht das Leder fest und steif, während bei weicheren Ledern mehr ein „Aufgehen" als ein Schwellen, also ein mäßiger Säuregehalt in den Angerbbrühen erforderlich ist.

Bei der Grubengerbung, der ursprünglichen Form der vegetabilischen Gerbung, werden nun die Häute, nachdem sie im Farbengang von den gerbstoffarmen und nichtgerbstoffreichen Brühen durchdrungen und genügend geschwellt oder aufgegangen sind, schichtweise unter Einstreuen von zerkleinertem Gerbmaterial, der sogenannten „Lohe“, aufeinandergelegt, „versetzt“, mit Wasser oder einer verdünnten Gerbstoffbrühe übergossen, „abgetränkt“ und bleiben in diesem „Versatz“ mehrere Monate. Wenn der Gerbstoff des eingestreuten Gerbmittels größtenteils ausgezogen und von der Haut aufgenommen ist, werden die Häute aus der Grube herausgenommen und nochmals in der gleichen Weise mit frischem Gerbmittel versetzt. Man wiederholt dies, bis die Häute vollkommen durchgegerbt sind. Die vollständige Durchgerbung erfolgt bei dieser Grubengerbung sehr langsam und ist bei schweren Häuten häufig erst nach 4 bis 5 Sätzen in 1 bis 1½ Jahren erreicht.

Bei der Brühengerbung werden die Blößen im Anschluß an die Angerbung nach und nach in immer stärkere Gerbextraktbrühen eingehängt, bis vollkommene Durchgerbung erreicht ist. Der Gerbstoffgehalt der Brühen, der durch die Gerbstoffaufnahme der Häute ständig verringert wird, muß dabei nicht nur auf der ursprünglichen Höhe gehalten werden, sondern mit dem Fortschreiten der Gerbung fortwährend gesteigert werden. Die vollständige Durchgerbung der Blößen wird bei der Brühen- oder Extraktgerbung sehr viel rascher erreicht als bei der Grubengerbung. Meist genügen wenige Monate oder sogar Wochen. Noch stärker verkürzt kann die Gerbdauer werden, wenn die Blößen nach der Angerbung nicht ruhig in die immer stärker konzentrierten Gerbstoffbrühen eingehängt, sondern mit diesen im Haspel- oder Walkfaß mechanisch bewegt werden.

Während in England und Amerika die reine Brühengerbung in Gruben und im Faß weit verbreitet ist, wird in Deutschland auch noch in beträchtlichem Umfang nach dem alten Loh-Grubengerbverfahren Leder erzeugt. Sehr verbreitet sind auch die verschiedensten Kombinationen zwischen Gruben- und Extraktgerbung. Man gerbt z. B. die Häute in Brühen gut an und dann in Gruben zu Ende, wobei man zum Abtränken der Lohgruben nicht Wasser oder verdünnte Gerbstoffbrühen, sondern gerbstoffreiche Extraktbrühen verwendet. Häufig erfolgt diese Ausgerbung in sogenannten „Versenken“. Die Grube wird hierbei etwa zur Hälfte mit einer Extraktbrühe gefüllt, ein Holzrahmen auf die Brühe gelegt und abwechselnd eine Haut, eine Schicht zerkleinertes Gerbmaterial auf dem Rahmen ausgebreitet, bis die Grube gefüllt ist.

Der Verlauf der Diffusion des Gerbstoffs in die Haut läßt sich leicht verfolgen, wenn man einen Streifen von der Blöße abschneidet und den Querschnitt betrachtet. Die angegerbten Schichten zeigen eine mehr oder minder braune Farbe, während die mittlere Schicht, in die der Gerbstoff noch nicht eingedrungen ist, noch farblos erscheint.

In den Fällen, in denen großer Wert auf Festigkeit gelegt wird, genügt es nicht, alles Kollagen in Leder zu verwandeln. Das Volumen der Kollagenfasern wird um so größer, mit je mehr Gerbstoff sie sich verbinden. Darum pflegt man die Blößen nach vollständiger Durchgerbung unter Bewegung noch mit sehr starken Gerbbrühen zu behandeln, damit sie noch so viel Gerbstoff als irgend möglich aufnehmen.

Um ein Auswaschen dieses ungebundenen Gerbstoffes beim Gebrauch zu verhindern, geht man neuerdings dazu über, so mit Extrakten gefüllte Leder einer Nachbehandlung mit gerbstoffällenden Mitteln, wie Casein oder anderen Eiweißstoffen zu unterwerfen. Das Gewicht von Sohlleder wird des öfteren noch weiter dadurch erhöht, daß man Glucose oder Magnesiumsulfat oder andere Salze hineinarbeitet.

b) Geschwindigkeit der vegetabilischen Gerbung.

Die Geschwindigkeit der vegetabilischen Gerbung ist von zwei Faktoren abhängig, einmal von der Diffusionsgeschwindigkeit der Gerbstoffe in die Blöße und weiter von der Geschwindigkeit, mit der die Gerbstoffe von den Proteinen der Haut gebunden werden. Es liegt auf der Hand, daß der Gerbprozeß nicht abgeschlossen sein kann, bevor die Gerbbrühe die Blöße vollständig durchdrungen hat, aber der Charakter des resultierenden Leders wird auch merklich von der Gerbstoffmenge und der Gleichmäßigkeit der Fixierung durch die ganze Haut beeinflußt. Es ist zweckmäßig, die Wirkung der variablen Faktoren auf die Diffusion und die Fixierung getrennt zu betrachten, obschon dies durch die Tatsache kompliziert wird, daß die Diffusionsgeschwindigkeit und die Fixierungsgeschwindigkeit voneinander so abhängig sind, daß eine Änderung der einen auch eine Änderung der anderen verursacht.

c) Die Diffusion der Gerbstoffe in die Haut.

Die Gerbstoffe diffundieren beim Eindringen in die Blöße zuerst in die Zwischenräume zwischen den Fasern und erst dann in das von den Einzelfasern aufgebaute Kollagengewebe. Um die letztere Art von Diffusion besser verstehen zu lernen, hat man Versuche über die Diffusion von Gerbstoffen in Gelatinegele angestellt. Hoppenstedt (9) beobachtete, daß die einzelnen Gerbextrakte mit verschiedener Geschwindigkeit in das Gelatinegel diffundieren. Die Diffusionsgeschwindigkeit der verschiedenen pflanzlichen Gerbstoffe nimmt in folgender Reihenfolge zu: Mangrovenrinde, Quebracho, Hemlockrinde, Algarobilla, Valonea, Eichenlohe, Myrobalanen, Kastanienholz, Gambir, Dividivi und Sumach. Diese Reihenfolge stimmt fast vollständig mit der abnehmender Adstringenz überein. Hoppenstedt wiederholte diese Versuche, benutzte aber dazu eine Gelatine, die Ferriammoniumalaun enthielt. Das Eisensalz gibt sowohl mit Gerbstoffen als auch mit gewissen Nichtgerbstoffen eine Dunkelfärbung, die den Verlauf der Diffusion viel schärfer zu verfolgen erlaubt. Das Eisensalz selbst schien auf den Verlauf der Diffusion der Gerbstoffe ohne jede Wirkung zu sein. Selbstredend wurde dabei vor allem die Diffusion gewisser Nichtgerbstoffe in die Gelatine gemessen, da die Nichtgerbstoffe viel schneller diffundieren als die Gerbstoffe.

Die Arbeit von Hoppenstedt wurde später von Thomas (25) fortgesetzt. Er stellte sich eine 5%ige, heiße, wässerige Gelatinelösung her, die 0,1% Eisen-3-chlorid enthielt, und füllte sie derart in Reagenzgläser, daß die Gläser ¾ voll waren. Nach der Gelatinierung wurden die Gallerten mit dem gleichen Volumen von Lösungen der verschiedensten Gerbstoffe überschichtet und die Reagenzgläser im Eisschrank aufbewahrt. Alle Extrakte waren so bereitet worden, daß sie 1% an Trockensubstanz enthielten. Nach gewissen Zeiträumen wurde an der Dunkelfärbung der Gelatine das Eindringen der Gerbstoffe in die Gelatine gemessen. Die Diffusionsgeschwindigkeit der verschiedenen Gerbextrakte stieg in nachstehender Reihenfolge an: Quebracho, Hemlockrinde, Lärchenrinde, Eichenrinde, Kastanienholz, Gambir und Sumach. Die Ergebnisse stimmen mit denen von Hoppenstedt überein. Im großen ganzen gilt diese Reihe auch für ein wachsendes Verhältnis von Nichtgerbstoffen zu Gerbstoffen in den Extrakten. Gambir, bei dem das Verhältnis von Nichtgerbstoff zu Gerbstoff am größten ist, war in 96 Stunden 18,0 mm in die Gelatine eingedrungen; Quebracho hingegen, bei dem das Verhältnis am kleinsten ist, drang in der gleichen Zeit nur 4,8 mm in die Gelatinegallerte ein.

Versuche des Verfassers haben gezeigt, daß die Diffusionsgeschwindigkeit mit der Konzentration des Gerbextrakts zunimmt. Da Thomas bei allen Versuchen die Konzentration in bezug auf Trockensubstanz gleich wählte, hatte er in jenen Fällen eine höhere Konzentration an Nichtgerbstoff, wo das Verhältnis von Nichtgerbstoff zu Gerbstoff größer war. Die Messungen waren in Wirklichkeit Diffusionsmessungen von Nichtgerbstoffen, da diese mit einer größeren Geschwindigkeit diffundieren als die Gerbstoffe. Dies gestattet eine Erklärung der Befunde. Sie werden durch die Arbeit von Mezey (15) bestätigt, der das Eindringen von Gerbstoff in Kalbshaut zu messen versuchte.

Mezey tauchte Streifen gebeizter Kalbshaut in Lösungen von Gerbextrakten von verschiedener Stärke verschieden lange ein. Aus der Mitte der Streifen wurden dann Stücke herausgeschnitten, mit Wasser ausgewaschen und für das Mikrotom vorbereitet. Die erhaltenen Schnitte wurden mit Kaliumbichromat gefärbt. Kaliumbichromat gibt mit Gerbstoffen eine Dunkelfärbung. Die gefärbten Schnitte wurden entwässert, in Canadabalsam eingebettet und das Eindringen der Gerbstoffe mit dem Mikrometer gemessen. Bei Lösungen, die 1% Trockensubstanz enthielten, stieg bei 4-stündigem Eintauchen die Diffusionsgeschwindigkeit in folgender Reihe an: Mangrove, Sumach, Quebracho, Kastanie, sulfitierter Quebracho. Sumach drang also in Wirklichkeit weniger schnell ein als Quebracho. Im Gegensatz zu den früher beschriebenen Versuchen hat Mezey mehr die Diffusion der Gerbstoffe als die der Nichtgerbstoffe gemessen. Da bei seinem Versuch die Gerbstoffkonzentration in der Quebracholösung höher war als in der Sumachlösung, findet die größere Diffusionsgeschwindigkeit des Gerbstoffs aus der Quebracholösung ohne weiteres eine Erklärung, die mit der für den Gambir-Quebracho-Versuch gegebenen übereinstimmt. Indessen reicht die Erklärung für das Verhalten der anderen Gerbstoffe in den Versuchen von Mezey nicht aus. Die Ursache für die Unterschiede in der Diffusionsgeschwindigkeit bei den verschiedenen Gerbstoffen ist offenbar viel komplizierter. Mezey weist selbst auf wichtige Faktoren hin, den p_H-Wert, den Dispersionsgrad des Gerbmittels, die Temperatur und die Gerbbedingungen.

Wilson und Kern (42) führten die Versuche von Thomas weiter, um den Einfluß des p_H-Wertes kennenzulernen. Sie behandelten ein großes Volumen einer Gelatine-Dispersion in einer verdünnten Lösung von Eisen-3-chlorid solange mit Weinsäure, bis der p_H-Wert, mit der Wasserstoffelektrode gemessen, auf den Wert 2,5 gefallen war. Dann wurden gleiche Teile der Lösung mit verschiedenen Mengen Natriumhydroxyd versetzt, um p_H-Werte zu erhalten, die sich über das Gebiet 2,5 bis 11 erstreckten. Die Verdünnung wurde so gewählt, daß die fertigen Lösungen 5% Gelatine und 0,1% Eisen-3-chlorid enthielten, wie bei den Versuchen von Thomas.

Weiter wurden Lösungen von Gambir- und Quebrachoextrakt mit Weinsäure auf den p_H-Wert 2,5 gebracht und gleiche Teile der Lösungen mit verschiedenen Mengen Natriumhydroxyd versetzt, um Reihen von gleichen p_H-Werten zu erhalten wie bei den Gelatinelösungen. Jede fertige Gerblösung enthielt auf 100 ccm 1 g Trockensubstanz des ursprünglichen Extraktes.

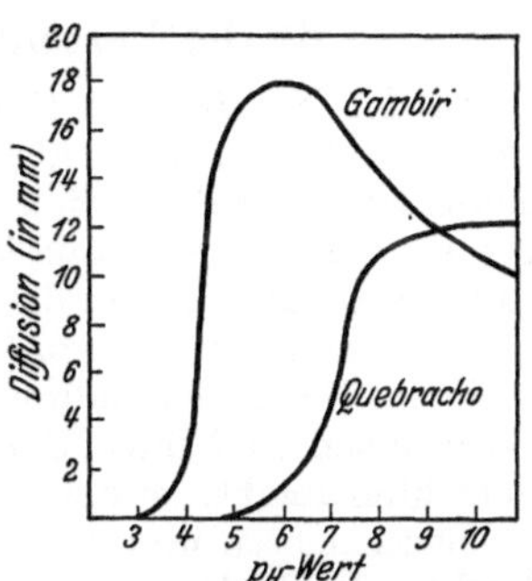

Abb. 204. Die Diffusionsgeschwindigkeit von Gerbstoffbrühen in Gelatinegallerte als Funktion des p_H-Wertes.

Die Gelatinelösungen wurden in Reagenzgläser gefüllt. Nach der Gelatinierung wurde zu jedem Glas ein bestimmtes Volumen Gerblösung gegeben, und zwar vom gleichen p_H-Wert wie das Gelatinegel selbst. Sowohl die Versuchsreihe mit Quebracho als auch die mit Gambir wurde doppelt angesetzt. Die Gefäße wurden im Eisschrank aufbewahrt. Die Diffusionsgeschwindigkeit der Gerbbrühen in die Gele ist in Abb. 204 wiedergegeben. Die Messungen erfolgten nach 96 Stunden. In jedem Falle verhielten sich die Parallelversuche praktisch identisch.

Der Einfluß des p_H-Wertes auf die Diffusionsgeschwindigkeit ist sehr groß. Quebracho diffundiert erst merklich bei p_H-Werten, die höher als 4,7 liegen, also über dem isoelektrischen Punkt der Gelatine. Gambir hingegen beginnt schon bei p_H 3,0 in die Gelatinegallerte einzudringen, erreicht bei 6,0 ein Maximum und dringt dann bei höheren p_H-Werten wieder weniger schnell ein. Bei p_H-Werten höher als 9 dringt Quebracho stärker ein als Gambir, was möglicherweise mit seinem höheren Gerbstoffgehalt zusammenhängen kann. Die größere Diffusionsgeschwindigkeit bei höheren p_H-Werten beruht wahrscheinlich auf zwei Faktoren. In dem Maße, in dem der p_H-Wert von 3,0 an ansteigt, vermindert sich die positive elektrische Ladung der Gelatine. Das hat zur Folge, daß die Geschwindigkeit der Fixierung von Gerbstoffen und sauren Nichtgerbstoffen geringer wird, wodurch diese Stoffe tiefer eindringen können, bevor sie fixiert werden. Der andere Faktor beruht in der Wirkung des p_H-Wertes auf den Dispersionsgrad des Gerbmaterials. Aus Abb. 181 auf Seite 356 des I. Bandes ist zu ersehen, daß das Unlösliche, das gewöhnlich im Quebrachoextrakt enthalten ist, um so löslicher ist, je höher der p_H-Wert der Lösung liegt, bis es schließlich vollständig löslich wird und praktisch eine optisch klare Lösung ergibt. Auf diese Weise ist die Diffusionsgeschwindigkeit dadurch gewachsen, daß die Größe der Teilchen kleiner wurde.

In allen oben beschriebenen Versuchen, in denen die Diffusionsgeschwindigkeit zweier Gerbstoffe miteinander verglichen wird, hatten die variablen Faktoren nicht die gleichen Werte. Dies muß in Betracht gezogen werden, wenn man aus den Arbeiten Schlüsse ziehen will. Die Diffusionsgeschwindigkeit ist in Wirklichkeit abhängig von einer Reihe variabler Faktoren, dem p_H-Wert, der Temperatur, der Konzentration, der Art der Gerbstoffe und Nichtgerbstoffe, der Dicke der Haut und der Vorgeschichte der Haut.

d) Die Verteilung des Gerbstoffs im Leder.

In der Praxis wird eine vollständige Sättigung der Proteine mit Gerbstoff selten, wenn überhaupt je erreicht. Mit den üblichen Gerbmethoden wären dafür viele Monate erforderlich und das ist unerwünscht. Die Oberfläche der Blöße ist beträchtlich längere Zeit mit dem Gerbstoff in Berührung als die mittlere Schicht und wird folglich immer viel stärker gegerbt. Dazu kommt weiter noch, daß die Brühe, je weiter sie in das Innere der Haut eindringt, verdünnter wird, da sie ja auf ihrem Wege einen Teil ihres Gerbstoffgehaltes an die Proteine der äußeren Schichten abgibt. Ist der Unterschied in der Ausgerbung zwischen Oberflächenschichten und inneren Schichten sehr groß, so verzieht sich der Narben des Leders und bricht beim Einwärtsbiegen des Leders. Das hat seinen Grund darin, daß das Volumen der einzelnen Schichten mit dem Grade der Gerbung zunimmt, so daß die Narbenschicht einen größeren Raum einnimmt als die Mittelschicht.

Die Einheitlichkeit der Gerbstoffverteilung im Leder kann erhöht werden, wenn die Diffusionsgeschwindigkeit vergrößert und die Geschwindigkeit der Fixierung verlangsamt wird. Die einfachste Methode dafür wäre, immer die gleiche Brühe zu benutzen und diese solange zu verstärken, bis das Verhältnis von Nichtgerbstoffen zu den Gerbstoffen relativ hoch wird. Sowohl die Gerbstoffe als auch gewisse Nichtgerbstoffe bilden mit dem Kollagen der Haut Verbindungen mit dem Unterschied, daß die Verbindungen mit den Gerbstoffen bedeutend stabiler sind als die mit den Nichtgerbstoffen. Die letzteren sind weitgehend dissoziiert. Die Nichtgerbstoffe diffundieren viel leichter in die Blöße, da ihr Molekulargewicht bedeutend kleiner ist als das der Gerbstoffe. Wenn nun die langsamer diffundierenden Gerbstoffe an eine Stelle gelangen, an der sie sich mit dem Kollagen verbinden könnten, so ist diese bereits von Nichtgerbstoffen besetzt. Die Gerbstoffe, die sich sonst schon mit dem Kollagen nahe der Oberfläche verbinden würden, sind dadurch imstande, weiter in das Innere der Blöße einzudringen und bewirken so eine Vergrößerung der Diffusionsgeschwindigkeit. Diese Wirkung tritt um so stärker hervor, je größer die Konzentration an Nichtgerbstoffen ist, die sich mit dem Kollagen verbinden können. Da die Verbindung Kollagen—Gerbstoff sehr viel stabiler ist, ersetzt der Gerbstoff die Nichtgerbstoffe in dem Maße, in dem die Verbindung Kollagen—Nichtgerbstoff hydrolysiert wird.

Eine größere Gleichmäßigkeit der Verteilung des Gerbstoffs im Leder kann auch durch eine geeignete Anpassung von p_H-Wert, Temperatur und der Konzentration der wichtigen Bestandteile der Gerbbrühe erreicht werden. Dies erfordert reiche Erfahrung, wenn man gegen Schäden geschützt sein will.

Da eine absolute Einheitlichkeit der Gerbstoffverteilung durch die ganze Blöße praktisch nicht durchführbar ist, muß man wissen, welche Schwankungen im Gerbstoffgehalt innerhalb einer Haut zulässig sind. Aus Abb. 205 ist zu ersehen, wie sich die Verteilung des Gerbstoffs in einem Kalbsleder von der Narbenseite zur Fleischseite ändert. Die betreffende Haut war 10 Tage lang in einer Serie gemischter Extraktbrühen gegerbt worden. Das Leder wurde nach der Gerbung, jedoch vor dem Trocknen in eine Reihe Schichten gespalten, von denen dann jede getrennt getrocknet und analysiert wurde. Der gebundene Gerbstoff wurde bestimmt, indem die Prozentwerte für den Wassergehalt, Fette, Kollagen, Wasserlösliches, Säuren und unlösliche Asche von 100 subtrahiert wurden. In der mittleren Schicht der Haut sind nur etwa ¾ so viel Gerbstoff gebunden wie in den Schichten der Oberfläche. Eine derartige Verteilung des Gerbstoffs im Leder ist vollkommen befriedigend, wie Eigenschaften und Aussehen des Leders erkennen lassen. Wie groß diese Abweichung des Gerbstoffgehalts der mittleren Schicht von dem der äußeren Schichten sein darf, ohne daß das Leder Selbstspaltung erleidet, konnte bis jetzt noch nicht genau ermittelt werden. Nach Ansicht des Verfassers muß der Grad der Gerbung, wenn man ein Leder gewinnen will, das einen guten geschmeidigen Narben aufweist, in der Mitte der Haut wenigstens halb so groß sein wie an den Oberflächen.

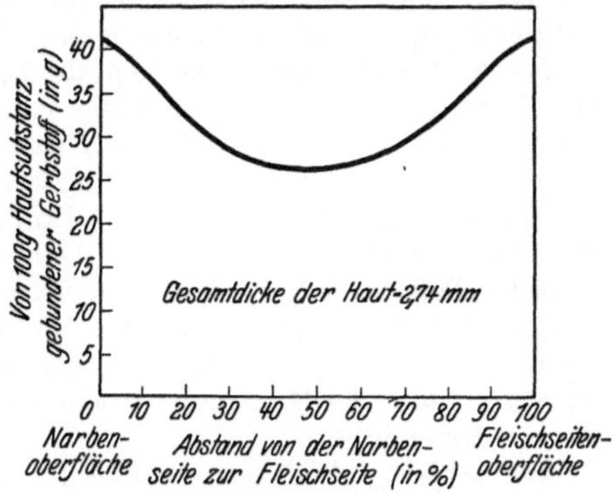

Abb. 205. Die mengenmäßige Verteilung des gebundenen Gerbstoffs in der Kalbshaut nach 10tägiger Gerbung.

e) Die Gerbstoffbindung als Funktion der Zeit und der Konzentration der Gerbbrühen.

Es ist praktisch unmöglich, die Geschwindigkeit der Gerbstoffbindung durch gewachsene Haut zu verfolgen, ohne daß das Ergebnis durch die Diffusionsgeschwindigkeit beeinflußt würde. Bei Hautpulver jedoch ist der Einfluß der Diffusion sehr viel geringer als bei gewachsener

Haut. Darum erlaubt ein Vergleich der Gerbung mit gewachsener Haut und mit Hautpulver einige Schlüsse auf den Einfluß der Diffusion.

Thomas und Kelly (28, 30) führten eine Reihe wichtiger Untersuchungen über die Fixierung von Gerbstoff durch Hautpulver durch. Ihre Methode war praktisch identisch mit der modifizierten Gerbstoffbestimmungsmethode von Wilson und Kern, die im 13. Kapitel beschrieben wurde. Sie unterließen es nur, die Gerbstofflösungen vollständig zu entgerben. Alle Gerbbrühen wurden zentrifugiert und filtriert und nur die geklärten Filtrate zu den Untersuchungen benutzt. Auf diese Weise erhielt man klarere und einheitlichere Ergebnisse, die auch eher den Bedingungen der Praxis entsprechen, da die Oberflächen der Haut als Filter wirken und nur den gelösten Stoffen gestatten, mit der Hauptmenge der Proteine einer Haut in Berührung zu kommen.

Es wurden Hautpulvermengen, die 2 g Trockensubstanz entsprachen, mit 100 ccm einer Gerbstoffbrühe von bestimmtem Gehalt eine bestimmte Zeit geschüttelt. Danach wurde das gegerbte Hautpulver so lange gewaschen, bis die Waschwässer mit Ferrichloridlösung keine Dunkelfärbung mehr ergaben. (Die Empfindlichkeit dieser Farbreaktion ist außerordentlich groß; ein Teil Gallussäure oder Pyrogallol ist noch in 75000 Teilen der Lösung nachzuweisen.) Die von allen auswaschbaren Stoffen befreiten, gegerbten Hautpulver wurden zunächst in einem warmem Luftstrom und dann im Trockenschrank getrocknet. Die Gewichtszunahme der Hautpulvertrockensubstanz ergab die aufgenommene Gerbstoffmenge.

Die Abhängigkeit der Gerbstoffaufnahme von der Konzentration verschiedener Gerbstoffextrakte wie Quebracho-, Hemlockrinden-, Lärchenrinden-, Gambir-, Eichenrinden- und Mimosenrinden-Extrakt ist in den Abb. 206 und 207 wiedergegeben. Die milde Wirkung des Gambirs prägt sich im Vergleich zu der des äußerst adstringenten Quebracho in der größeren Steilheit der Quebrachokurve aus. Es fällt auf, daß alle Kurven einen ähnlichen Verlauf zeigen und Maxima bei verhältnismäßigen niedrigen Konzentrationen aufweisen, wie sie in der Praxis üblich sind. Thomas und Kelly konnten zeigen, daß die Kurven nicht aus der Änderung der Wasserstoffionenkonzentration erklärt werden können, sondern daß vielmehr andere veränderliche Faktoren ausschlaggebend sind.

Die Maxima der Kurven kann man auf verschiedene Weise erklären. Mit zunehmender Gerbstoffkonzentration nimmt die Geschwindigkeit der Vereinigung von Hautproteinen und Gerbstoffen so schnell zu, daß die Oberfläche der einzelnen Fibrillen augenblicklich mit Gerbstoff gesättigt wird. Diese Sättigung bedingt nun eine verringerte Durchlässigkeit für die noch vorhandene Gerbstofflösung. Diese vermag nun nicht oder nur sehr langsam in das Innere der Fasern einzudringen und es wird deshalb verständlich, warum aus konzentrierten Lösungen weniger Gerbstoff aufgenommen wird als aus verdünnteren. Eine andere Erklärung kann man den Arbeiten von Thomas und Foster (27) entnehmen. Thomas und Foster konnten beobachten, daß die Potentialdifferenz an der Oberfläche von Gerbstoffteilchen mit der wachsenden

Konzentration der Lösungen abnimmt. Diese Verminderung der Potentialdifferenz würde eine Verringerung der Geschwindigkeit der Vereinigung der Gerbstoffe mit den Hautproteinen zur Folge haben. Eine solche Erklärung erscheint noch wahrscheinlicher im Hinblick auf die Tatsache, daß konzentrierte Brühen eine größere Diffusionsgeschwindigkeit aufweisen. Die Gestalt der Kurven wird durch zwei sich gleichzeitig abspielende Vorgänge bestimmt. Die Zunahme der Gerbstoffkonzentration bewirkt eine erhöhte Gerbgeschwindigkeit; die Zunahme der Konzentration der Nichtgerbstoffe gerade das Gegenteil. Das Maximum der Kurven ist nun dadurch gekennzeichnet, daß der hemmende Einfluß der Nichtgerbstoffe die Oberhand gewinnt.

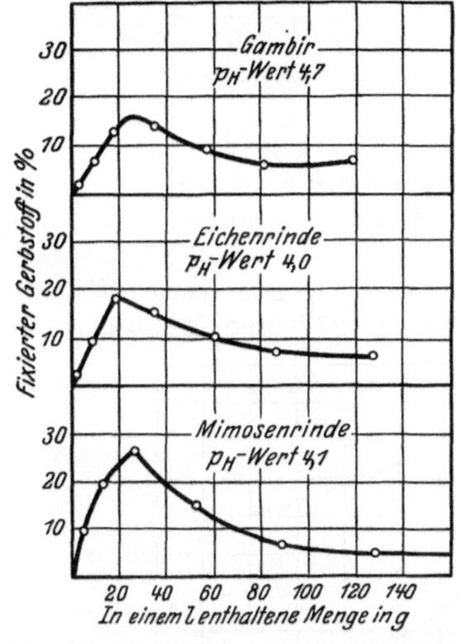

Abb. 206. Der Gerbungsgrad als Funktion der Konzentration der Gerbbrühe. Gerbdauer 24 Stunden.

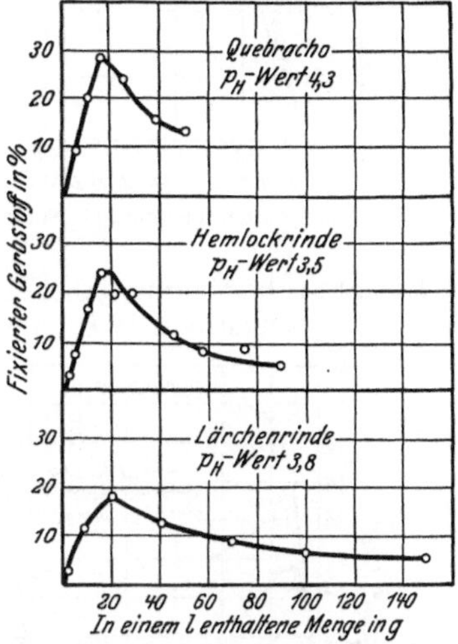

Abb. 207. Der Gerbungsgrad als Funktion der Konzentration der Gerbbrühe. Gerbdauer 24 Stunden.

Die Kurven stimmen mit der Beobachtung verschiedener Autoren überein, daß konzentrierte Gerbbrühen eine geringere Adstringenz als verdünntere aufweisen. Die Ergebnisse der Untersuchungen decken sich im wesentlichen auch mit den Feststellungen der Praxis. Seymour-Jones (23) und Enna (6) versuchten die Verwendung von konzentrierten Gerbbrühen in die Praxis einzuführen. Ihre Bemühungen haben jedoch wenig Erfolg gehabt. Offenbar entstehen bei späteren Prozessen gewisse Schwierigkeiten, die sich ohne Beeinträchtigung des fertigen Leders nur schwer überwinden lassen.

Thomas und Kelly (29) führten weiter eine Reihe Untersuchungen aus, bei der sie entfettetes Hautpulver benutzten, aus dem alle die Teilchen entfernt waren, die durch ein Sieb mit 18 Maschen pro qcm hindurchgingen. Portionen von 5 g trockenem Hautpulver wurden 24 Stunden lang mit 100 ccm Gerbbrühe in Berührung gebracht. Der p_H-Wert jeder einzelnen Gerbbrühe wurde durch Zugabe von Natriumhydroxyd auf 5,0 eingestellt. Nach der Gerbstoffbestimmungsmethode von Wilson und Kern wurde der Prozentgehalt an Gerbstoff eines

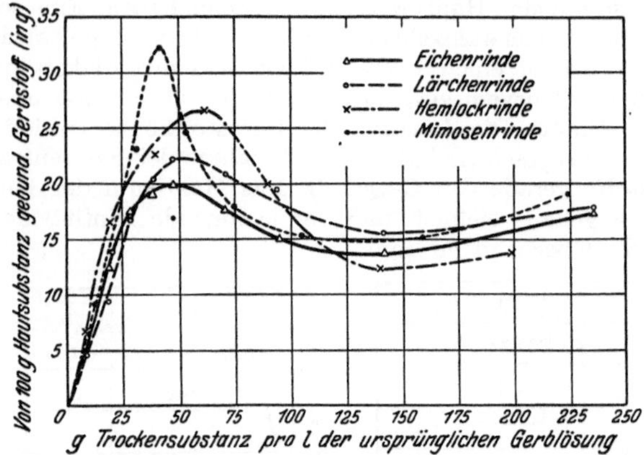

Abb. 208. Der Gerbungsgrad als Funktion der Konzentration der Gerbbrühe. Gerbdauer 24 Stunden.

jeden Extraktes bestimmt. Dabei ergaben sich folgende Werte: Eichenrinde 20,6, Lärchenrinde 20,6, Hemlockrinde 27,2 und Mimosenrinde

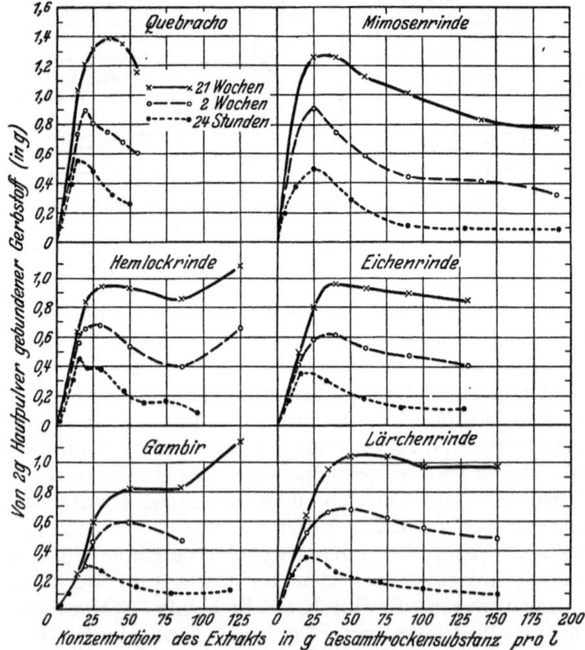

Abb. 209. Der Gerbungsgrad als Funktion der Konzentration der Gerbbrühe. Gerbdauer 2 Wochen und 21 Wochen; p_H-Wert 5,0.

30,4. Die Ergebnisse dieser Untersuchungen sind in Abb. 208 wiedergegeben.

Auch der Einfluß der Zeit wurde von Thomas und Kelly (33) in einer weiteren Untersuchungsreihe einer Prüfung unterzogen. Sie benutzten dabei 2 g gereinigtes Hautpulver und 100 ccm Gerbbrühe, die wieder auf den p_H-Wert 5,0 eingestellt wurden. In Abb. 209 ist der Einfluß der Konzentration für eine Gerbdauer von 2 Wochen und von 21 Wochen wiedergegeben. Die in den Abb. 206 und 207 abgebildeten Kurven wurden zum Vergleich mit aufgenommen. Beim Vergleich ist zu beachten, daß sie Resultate wiedergeben, die mit Lösungen erhalten wurden, deren p_H-Wert nicht eingestellt worden war.

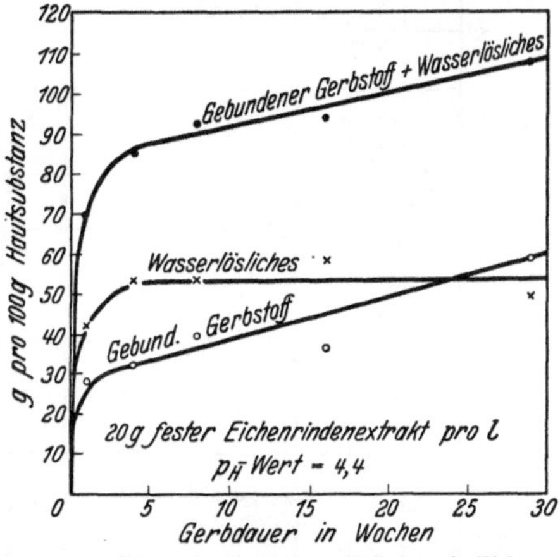

Abb. 210. Die Gerbung gebeizter Kalbshaut in Eichenrindenextraktlösung als Funktion der Zeit.

Merrill untersuchte im Laboratorium des Verfassers den Einfluß der Zeit auf die Fixierung von Gerbstoff an gebeizter Kalbsblöße. Er benutzte eine Lösung von Eichenrindenextrakt, die auf den Liter 20 g feste Stoffe enthielt. Diese Konzentration wurde während der ganzen Gerbdauer durch entsprechendes Nachbessern aufrechterhalten. Der p_H-Wert lag bei 4,4. In Abb. 210 ist das Fortschreiten der Gerbung während 29 Wochen wiedergegeben. Selbst nach fast 7 Monaten macht die Gerbung noch meßbare Fortschritte.

f) Der Einfluß des p_H-Wertes auf die Gerbgeschwindigkeit.

Bei weiteren Untersuchungen wandten Thomas und Kelly (30) ihre Aufmerksamkeit dem Einfluß des p_H-Wertes auf die Fixierung von Gerbstoffen auf die Haut zu. Es wurde die gleiche Methode wie bei der Untersuchung des Konzentrationseinflusses verwendet. Die p_H-Werte der Gerbstofflösungen, mit Hilfe der Wasserstoffelektrode gemessen, wurden durch Zugabe von Natronlauge oder Salzsäure wie gewünscht eingestellt. Aus den Abb. 211 und 212 ersieht man den Einfluß der p_H-Werte auf die Gerbgeschwindigkeit von Hautpulver mit Lösungen von Quebracho, Gambir, Eichen-, Mimosen-, Hemlock- und Lärchenrindenextrakten. Die Kurven enthalten eine Reihe von wichtigen Befunden.

Zuerst soll die mit Hemlockextrakt erhaltene Kurvenreihe, die am meisten ausgearbeitet ist, besprochen werden. Bei den Untersuchungen der Konzentrationswirkung hatte es sich gezeigt, daß eine Gerbstofflösung mit 24 g Trockensubstanz im Liter eine größere Gerbgeschwindigkeit aufwies als eine mit 80 g im Liter. Aus den Kurven in Abb. 212 ist jedoch ersichtlich, daß dies von dem p_H-Werte abhängt. Bei einem p_H-Wert von 5 gerben die verdünnteren Brühen schneller; bei Werten

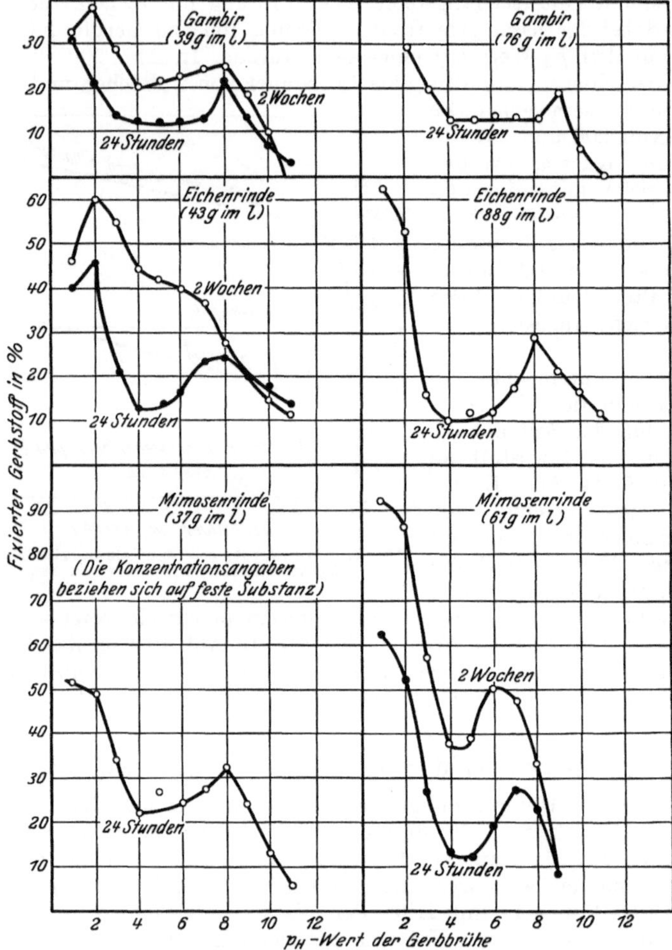

Abb. 211. Der Gerbungsgrad als Funktion des p_H-Werts.

von 2 und 8 weist dagegen die konzentriertere Lösung eine höhere Gerbgeschwindigkeit auf.

Der interessanteste Teil der Kurven liegt zwischen den p_H-Werten 5 und 8. Da die Gerbstoffe in diesem Gebiet negativ geladen sind, erhebt sich die Frage, ob die Hautproteine bei einem Anstieg der p_H-Werte von 5 auf 8 in steigendem Maße positiv geladen werden können. Die Frage erscheint widersinnig, wenn man nicht berücksichtigt, daß

Kollagen nach den Untersuchungen von **Wilson** und **Gallun** zwei Minima der Schwellung aufweist (s. Abb. 52 auf Seite 120 des I. Bandes). Es wurde angenommen, daß Kollagen beim Übergang von saurer in al-

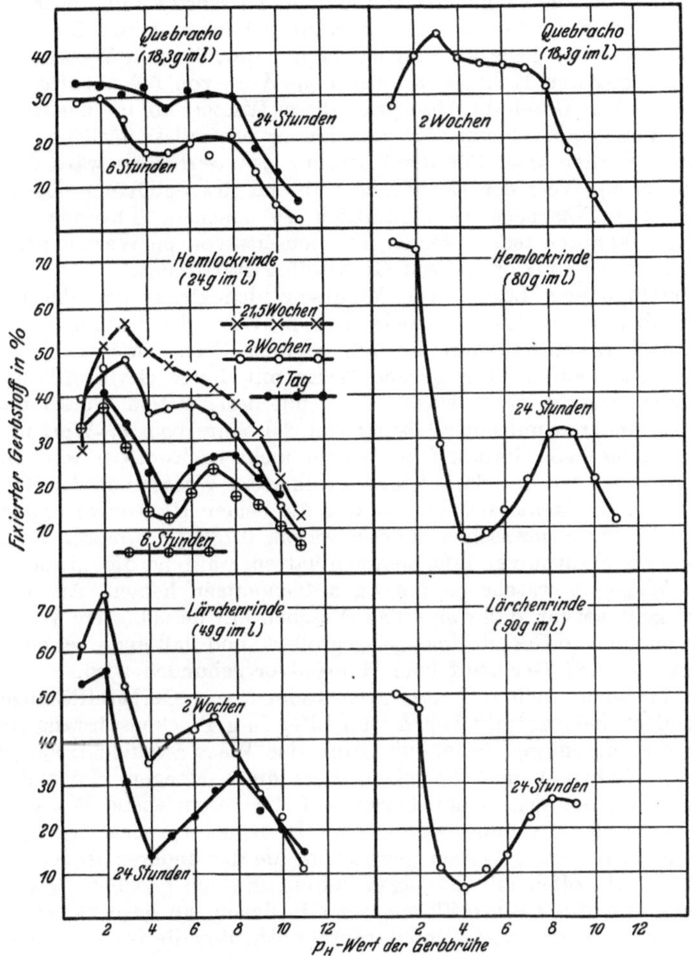

Abb. 212. Der Gerbungsgrad als Funktion des p_H-Werts.

kalische Lösung möglicherweise eine intermolekulare Umlagerung erleidet, und daß die beiden Minima bei den p_H-Werten 5,0 und 7,7 den beiden isoelektrischen Punkten der beiden Formen entsprechen. Die in saurer Lösung stabile Form des Kollagens möge mit A, die in alkalischer Lösung stabile möge mit B bezeichnet werden. Läßt man die p_H-Werte von 5,0 auf 7,7 anwachsen, so geht die Verwandlung von A in B schneller vor sich als die Bildung negativ geladener Ionen der Form A.

Es würde daraus folgen, daß die Gesamtladung des Kollagens doch in wachsendem Maße positiv wird, was sich in einer erhöhten Gerbgeschwindigkeit äußern würde.

Es erhob sich die Frage, ob unterhalb des p_H-Wertes 2 und oberhalb des p_H-Wertes 8 Gerbstoff von der Haut gebunden wird. Bei allen Versuchen war das gegerbte Hautpulver mit destilliertem Wasser, das infolge der gelösten Kohlensäure einen p_H-Wert von 5,8 aufwies, gewaschen worden. Durch die Absorption dieses Wassers konnte das Hautpulver einen p_H-Wert von 5,8 annehmen, ehe alles Lösliche ausgewaschen worden war. Für die Fixierung des Gerbstoffs wäre dann weniger der p_H-Wert der Gerbbrühe während des Schüttelns als der während des Waschens verantwortlich zu machen. Thomas und Kelly (30) konnten jedoch zeigen, daß jenseits von p_H-Werten von 2 und 8 kaum eine Fixierung von Gerbstoffen stattfindet.

Sie stellten eine Lösung von Mimosenrindenextrakt her, die 40 g Trockensubstanz im Liter enthielt. Der p_H-Wert der Lösung wurde durch Zugeben von Salzsäure auf 0,87 gebracht. Vier Portionen Hautpulver wurden auf die angegebene Weise mit dieser Gerbstofflösung 24 Stunden gegerbt. Zwei wurden dann mit destilliertem Wasser und die beiden anderen mit einer Lösung von Salzsäure vom p_H-Wert 0,87 gewaschen, bis kein Gerbstoff im Wasser mehr nachweisbar war. Die letzteren beiden wurden darauf mit destilliertem Wasser von der Salzsäure befreit. Es stellte sich heraus, daß die beiden Hautpulverproben, die mit Salzsäure gewaschen worden waren, 0,739 g Gerbstoff auf je 2 g trockenes Hautpulver aufgenommen hatten, während die mit destilliertem Wasser gewaschenen 0,987 g aufgenommen hatten. Aus dem Versuch geht hervor, daß durch das Waschen mit destilliertem Wasser die aufgenommene Gerbstoffmenge vergrößert, und daß auch bei einem p_H-Wert von 0,87 Gerbstoff vom Hautpulver gebunden wird.

Die Forscher stellten weiter zwei Reihen von Gerbstofflösungen aus Hemlockrindenextrakt her, die im Liter 24 g Trockensubstanz enthielten und deren p_H-Werte, mit Hilfe der Wasserstoffelektrode gemessen, zwischen 1 und 10 lagen. Bestimmte Mengen Hautpulver wurden mit jeder der beiden Serien auf die beschriebene Weise gegerbt. Nach der Gerbung wurden die Hautpulverproben der einen Serie mit destilliertem Wasser gewaschen, die der anderen jedoch von löslichen Gerbstoffen mit Lösungen befreit, die den gleichen p_H-Wert aufwiesen wie die Gerbstofflösungen, mit denen sie gegerbt worden waren. Bei p_H-Werten von 4 und darunter enthielten die Waschlösungen nur Salzsäure, bei solchen zwischen 5 und 9 bestanden sie aus Mischungen von n/15 Natriumphosphat mit entsprechenden Mengen von HCl oder NaOH. Beim p_H-Wert 10 wurde eine Lösung von Natriumhydroxyd verwendet. Zum Schluß wurden sämtliche Hautpulverproben noch mit destilliertem Wasser ausgewaschen. Die Untersuchungsergebnisse sind aus Abb. 213 zu ersehen. Die beiden Kurven sind nicht identisch und zeigen deutlich, daß Gerbstoffe oder andere Stoffe, die in den vegetabilischen Gerbextrakten enthalten sind, bei allen p_H-Werten von 1 bis 10 von der Hautsubstanz aufgenommen werden. Beim Ausbau dieser Arbeit zeigte sich, daß selbst bei p_H-Werten bis zu 12 in gewissen Fällen Bindung von Gerbstoffen durch Hautsubstanz erfolgt.

Nach der Gerbtheorie von Procter-Wilson, die im nächsten Kapitel abgehandelt wird, sollte die Fixierung von Gerbstoff mit wachsenden p_H-Werten bei $p_H = 8$ plötzlich stark abnehmen, so daß bei höheren p_H-Werten gar kein oder doch nur wenig Gerbstoff fixiert wird. Thomas und Kelly fanden, daß das Experiment dieser Theorie um so mehr gerecht wird, je reiner die Gerbstofflösung ist. Die üblichen unreinen Gerbextrakte enthalten aber chinonartige Substanzen, die sich bei p_H-Werten zwischen 6 und 12 sehr schnell mit den Hautproteinen verbinden. Darauf wird im nächsten Kapitel in Verbindung mit der Gerbwirkung von Mischungen aus Gerbsäure und Chinon noch näher eingegangen werden.

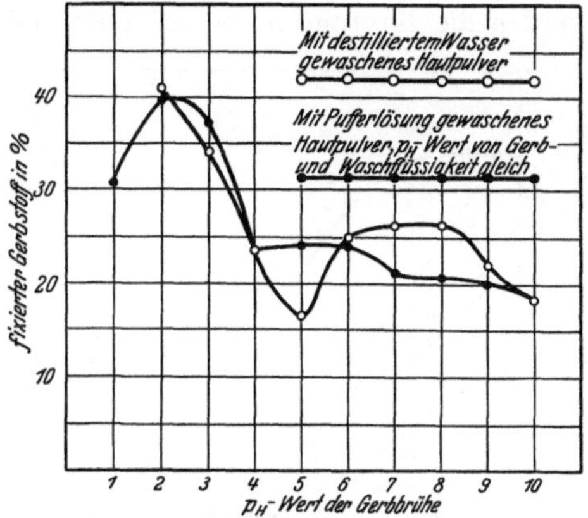

Abb. 213. Der Gerbungsgrad als Funktion des p_H-Werts und der Einfluß des Waschens der gegerbten Hautpulver mit Pufferlösungen vom gleichen p_H-Wert, wie ihn die Gerblösungen aufwiesen.

Die Abweichungen zwischen den beiden Kurven in Abb. 213 können zum Teil in der Salzwirkung der gepufferten Waschwässer ihren Grund haben. Das beim p_H-Wert 5 gegerbte Hautpulver zeigte bei Benutzung von Pufferlösung zum Waschen einen größeren Gerbstoffgehalt. Salze haben, wie später gezeigt wird, bei geringen Konzentrationen die Eigenschaft, die Aufnahme von Gerbstoff bei $p_H = 5$ zu fördern.

g) Einfluß der Art der zugesetzten Säure.

Der Grad der Gerbstoffixierung durch Kollagen ist, wie Thomas und Kelly zeigen konnten, nicht nur eine Funktion des p_H-Werts der Gerbbrühe, sondern auch von der Dissoziationskonstante der Säure, die zur Erniedrigung des p_H-Wertes genommen wird, abhängig.

Thomas und Kelly ließen Hautpulverportionen, die je 2 g Trockensubstanz entsprachen, in 450 ccm-Flaschen, die mit Gummistopfen verschlossen waren, 1 Stunde lang in 50 ccm destilliertem Wasser weichen. Dann wurden 350 ccm Mimosenrindenlösung zugefügt. Vorher waren zu den Gerbstofflösungen berechnete Mengen der verschiedenen Säuren zugesetzt worden, durch die man unter Berücksichtigung des Wassers, in dem das Hautpulver geweicht war, die gewünschten p_H-Werte erlangte. Die Konzentration des Gerbmittels wurde so gewählt, daß wieder unter Berücksichtigung des Wassers, das mit dem Hautpulver bereits in Berührung war, insgesamt 40 g fester Extrakt auf einen Liter

Gerbbrühe entfielen. Die Flaschen wurden dann bei Zimmertemperatur in einem rotierenden Schüttelapparat bewegt, die der einen Versuchsreihe 6 und die der zweiten 24 Stunden. Anschließend wurden die Hautpulverproben in einem Wilson-Kern-Extraktor abfiltriert. In allen Fällen ergab das Filtrat mit Gelatine-Kochsalz-Lösung eine positive Gerbstoffreaktion. Daraus erhellt, daß in keinem Falle der Gerbstoffgehalt der Lösung auf Null zurückgegangen war. Die gegerbten Hautpulverproben wurden mit destilliertem Wasser solange gewaschen, bis das Waschwasser mit Eisen-3-chlorid keine Färbung mehr ergab. Dann wurden die Hautpulver an der Luft und schließlich im Vakuum bei 100° vollkommen getrocknet. Die Gewichtszunahme der getrockneten Pulver wurde als Wert für den gebundenen Gerbstoff angenommen. Die Versuchsergebnisse sind in den Abb. 214 und 215 wiedergegeben.

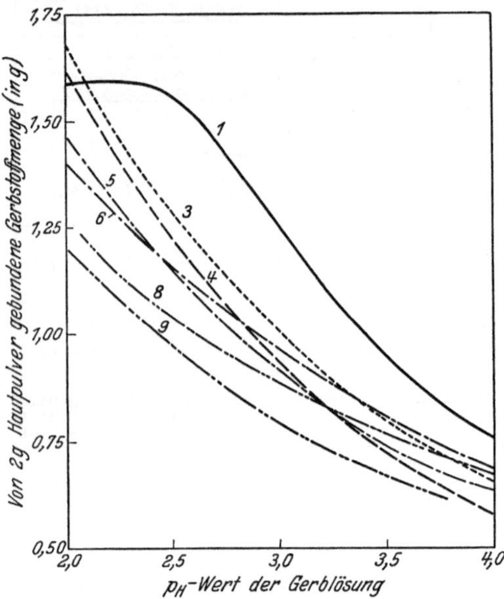

Abb. 214. Der Einfluß des Zusatzes verschiedener Säuren auf die Beziehung zwischen Gerbungsgrad und p_H-Wert. Mimosenrindenextrakt. Gerbdauer 6 Stunden. *1* = Essigsäure, *3* = Milchsäure, *4* = Ameisensäure, *5* = Zitronensäure, *6* = Weinsäure, *8* = Oxalsäure, *9* = Salzsäure.

Der Einfluß des Anions ist unverkennbar. Die Wirkung der verschiedenen Säuren auf die Fixierung von Gerbstoff steigert sich in folgender Reihenfolge: Salzsäure, Monochloressigsäure, Oxalsäure, Weinsäure, Zitronensäure, Ameisensäure, Bernsteinsäure, Milchsäure, Essigsäure. Das ist im wesentlichen gerade die umgekehrte Reihenfolge, als wenn die Säuren nach ihren Dissoziationskonstanten geordnet werden. Mit anderen Worten: Je schwächer die Säure ist, um so größer wird ihre Wirkung sein, wenn sie unvermischt zur Erniedrigung des p_H-Wertes der Gerbbrühe benutzt wird. Je schwächer die Säure ist, um so größer muß die Konzentration sein, um eine verlangte Erniedrigung des p_H-Wertes zu erhalten. Demnach dürfte sowohl die undissoziierte Säure als auch das Wasserstoffion einen Einfluß auf die Gerbgeschwindigkeit haben. Es ist natürlich auch möglich, daß die Säure-Anionen oder die undissoziierten Säuren die Wertigkeit der Valenzkräfte des Gerbstoffes und auch der Hautproteine verändern.

Ähnliche Resultate über einen spezifischen Einfluß des zugefügten

Säure-Anions auf die Gerbstoffbindung konnte neuerdings Machon (13) bei Versuchen mit chromiertem Hautpulver und unbehandeltem und sulfiertem Quebrachoextrakt unter etwas anderen Versuchsbedingungen erhalten.

h) Die Stabilität der Kollagen-Gerbstoff-Verbindungen bei verschiedenen p_H-Werten.

Wilson und Kern (43) konnten bei der Untersuchung des Einflusses von Säuren und Basen auf Leder, das keine wasserlöslichen Stoffe enthielt, feststellen, daß schwache Alkalilösungen im Gegensatz zu Säuren Gerbstoff lösten. Um festzustellen, bei welchem p_H-Wert die Hydrolyse eintritt, führten sie folgende Versuche durch: Eine größere Menge von gereinigtem Hautpulver wurde bei einem p_H-Wert von 4,6 mit Quebrachoextrakt gegerbt und nach der Gerbung durch Waschen mit destilliertem Wasser von allen löslichen Stoffen befreit und dann getrocknet. Weiter wurden in größeren Mengen 7 verschiedene Pufferlösungen bereitet. n/10 Phosphorsäure wurde mit den entsprechenden Mengen Natriumhydroxyd versetzt, so daß eine Reihe von folgenden p_H-Werten entstand: 5, 6, 7, 8, 9, 10 und 11. Je 8 g des gegerbten Hautpulvers wurden in Extraktoren nach Wilson und Kern (wie auf Seite 391 beschrieben) mit je 4 Litern der Pufferlösungen während 6 Stunden extrahiert, und zwar jede Hautpulvermenge mit einer Pulverlösung von anderem p_H-Wert. Die Hautpulver wurden dann mit destilliertem Wasser gewaschen und nach dem Trocknen zum Vergleich mit dem ursprünglichen Hautpulver analysiert. Die Extraktionsflüssigkeiten wurden, nachdem sie auf einen p_H-Wert von 4 gebracht worden waren, mit Gelatine-Kochsalzlösung auf Gerbstoff untersucht. Die von den Pufferlösungen extrahierten Stickstoffmengen waren so

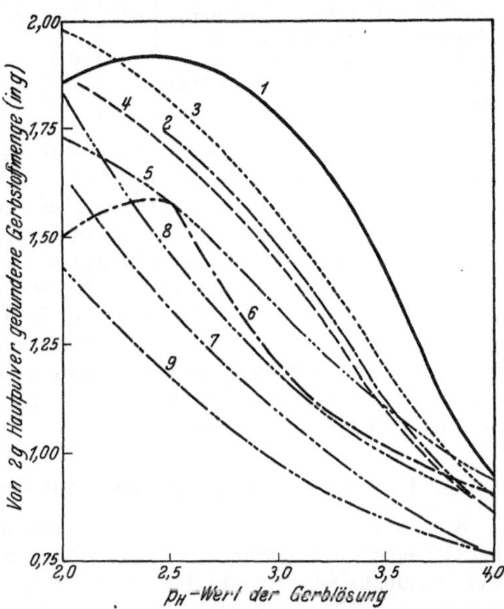

Abb. 215. Der Einfluß des Zusatzes einiger Säuren auf die Beziehung zwischen Gerbungsgrad und p_H-Wert. Mimosenrindenextrakt. Gerbdauer 24 Stunden. *1* = Essigsäure, *2* = Bernsteinsäure, *3* = Milchsäure, *4* = Ameisensäure, *5* = Zitronensäure, *6* = Weinsäure, *7* = Chloressigsäure, *8* = Oxalsäure, *9* = Salzsäure.

gering, daß sie vernachlässigt werden konnten. Die Untersuchungsergebnisse sind in Tabelle 54 zusammengestellt.

Tabelle 54. Analyse von gegerbtem Hautpulver und der Einfluß des Waschens mit Lösungen verschiedener p_H-Werte.

	Vor dem Waschen	Nach dem Waschen mit einer Lösung vom p_H-Wert						
		5	6	7	8	9	10	11
Asche	0,2	0,4	0,5	0,4	0,6	0,3	0,5	0,4
Hautsubstanz (N × 5,62)	84,2	83,9	83,9	83,9	84,2	84,7	84,9	85,3
Gerbstoff (als Differenz erhalten)	15,6	15,7	15,6	15,7	15,2	15,0	14,6	14,3
Extrahierte Gerbstoffmenge in Prozenten		0,0	0,0	0,0	2,6	3,8	6,4	8,3
Gerbstoffreaktion in der Extraktionsflüssigkeit		—	—	—	+	+	+	+

Leder, das bei einem p_H-Wert von 4,6 gegerbt worden ist, wird von Lösungen mit einem p_H-Wert unterhalb 8 nicht hydrolysiert. Oberhalb dieses Wertes wird die Gerbstoffverbindung in steigendem Maße hydrolysiert. Dieser Befund läßt sich als ein weiterer Beweis für das Vorhandensein eines zweiten isoelektrischen Punktes des Kollagens bei einem p_H-Wert von 7,7 deuten. In Übereinstimmung mit den Untersuchungsergebnissen von Thomas und Kelly (30) erhärten die Versuche die Anschauung, daß stabile Verbindungen von Gerbstoff und Kollagen in saurer Lösung anderer Natur sind als in alkalischer Lösung. Später zu beschreibende Versuche von Thomas und Kelly werden dies noch klarer hervortreten lassen.

i) Der Einfluß von Neutralsalzen auf die Gerbgeschwindigkeit.

Kürzlich wurde der Einfluß von Kochsalz und Natriumsulfat auf die Gerbgeschwindigkeit von Hautpulver mit Lösungen von Gambir- und Hemlockrindenextrakt bei verschiedenen p_H-Werten von Thomas und Kelly (31) untersucht. Bei jedem Versuch wurden 2 g Trockensubstanz entsprechende Hautpulvermengen mit 100 ccm Gerbflüssigkeit, die eine bestimmte Menge Salz enthielt, 24 Stunden geschüttelt. Die gegerbten Hautpulver wurden dann in einen Wilson-Kern-Extraktor gebracht, filtriert und gewaschen, bis die Waschwässer mit Eisen-3-chlorid keine Färbung mehr ergaben. Die gegerbten Hautpulver wurden im Vakuum bei 100° getrocknet und gewogen. Die Gewichtszunahme ergab die aufgenommene Gerbstoffmenge.

Um zu vermeiden, daß Stoffe, die durch die Zugabe von Salzen ausgefällt worden waren, als Gerbstoff mitbestimmt wurden, wurden Blindversuche ohne Hautpulver angesetzt und entsprechende Korrekturen vorgenommen.

Die konzentrierten Gerbstoffextrakte wurden zunächst durch Zentrifugieren geklärt und dann so verdünnt, daß sie nach Hinzufügen von bestimmten Mengen Salzsäure oder Natronlauge zur Einstellung der p_H-Werte 2, 5 und 8 im Liter 40 g Trockensubstanz enthielten.

Die Versuchsergebnisse mit Kochsalz sind in Abb. 216 und die mit Natriumsulfat in Abb. 217 zusammengestellt. Bei einem p_H-Wert von 2 hemmen beide Salze die Gerbstoffaufnahme in beträchtlichem Maße, wobei Natriumsulfat wirksamer ist. Je höher der Salzzusatz, um so größer ist auch die hemmende Wirkung. Bei einem p_H-Wert von 8

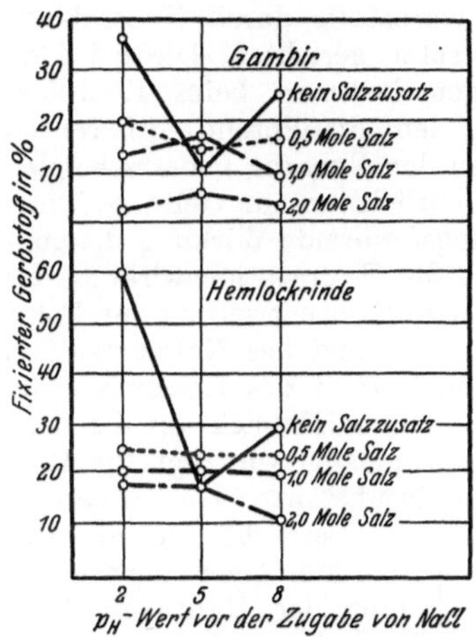

Abb. 216. Der Einfluß von Natriumchlorid und p_H-Wert auf den Gerbungsgrad. Gerbdauer 24 Stunden.

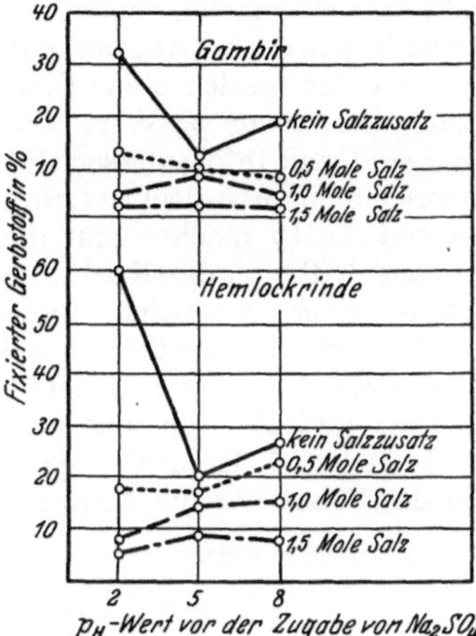

Abb. 217. Der Einfluß von Natriumsulfat und p_H-Wert auf den Gerbungsgrad. Gerbdauer 24 Stunden.

liegen die Verhältnisse ähnlich, nur sind sie weniger ausgeprägt. Am schwächsten ist die Neutralsalzwirkung bei einem p_H-Wert von 5. Lösungen von Kochsalz, die unter 2-molar liegen, scheinen sogar eher eine Beschleunigung der Gerbstoffaufnahme zu bewirken.

Die ausgesprochene Hemmung der Gerbung durch Neutralsalze bei einem p_H-Wert von 2 läßt sich wohl in erster Linie darauf zurückführen, daß sowohl die Potentialdifferenz an der Grenzfläche von Kollagengel und Gerbstofflösung wie auch die zwischen der die Gerbstoffteilchen umhüllenden dünnen Schicht und der Flüssigkeit herabgesetzt wird. Da das Maximum der Potentialdifferenz zwischen Kollagengel und Gerbbrühe wahrscheinlich bei einem p_H-Wert um 2 herum liegt, ist es verständlich, warum der hemmende Einfluß der Neutralsalze bei diesem p_H-Wert am größten ist. Gemäß der Procter-Wilsonschen Theorie der vegetabilischen Gerbung bewirkt nämlich die Verringerung der Potentialdifferenz eine Herabsetzung der Gerbgeschwindigkeit. Der größere Einfluß von Natriumsulfat läßt sich, wie im 5. Kapitel auseinandergesetzt wurde, von der Zweiwertigkeit des Sulfations ableiten.

Aus der Abnahme der Potentialdifferenz zwischen der die Gerbstoffteilchen umhüllenden dünnen Schicht und der Gerbbrühe ergibt sich noch ein weiterer Grund für die Herabsetzung der Gerbgeschwindigkeit. Die Stabilität der Gerbstofflösung wird vermindert; es fallen durch Aggregation Gerbstoffteilchen aus und dadurch wird der hemmende Einfluß verstärkt.

Des weiteren spielt der Hydrationseffekt der Neutralsalze sicherlich eine Rolle. Durch die Neutralsalze wird, wie im 4. Kapitel erklärt wurde, der Lösung Wasser entzogen und die Gerbstofflösung dadurch konzentrierter. Wie Thomas und Kelly (31) betonen, ist diesem Effekt das Ausflockungsbestreben der Gerbstoffe durch Neutralsalze innerhalb gewisser Grenzen entgegengesetzt gerichtet. Diese beiden gegeneinander gerichteten Erscheinungen kommen beim Kochsalzversuch bei einem p_H-Wert von 5, bei dem die Potentialdifferenzen gering sind und infolgedessen die anderen den Vorgang beherrschenden Faktoren nicht überdeckt werden, am deutlichsten zur Geltung. Thomas und Kelly machten für die gerbungsfördernde Wirkung der molaren und halbmolaren Kochsalzlösungen die Hydratationswirkung des Kochsalzes verantwortlich, die eine Gerbstoffkonzentrierung zur Folge hat. Wird die Konzentration des Kochsalzes und des Natriumsulfats weiter erhöht, so gewinnt der Ausflockungseffekt des Kochsalzes die Oberhand und die Gerbung wird gehemmt. Im Hinblick auf die neue Arbeit, die im 7. Kapitel angeführt wurde, müssen wir auch die Wirkung des Salzes auf die Neigung der Proteinsubstanzen zur Dispersion in Betracht ziehen. Der Einfluß einer Vorbehandlung der Haut mit Neutralsalzen wird später abgehandelt werden.

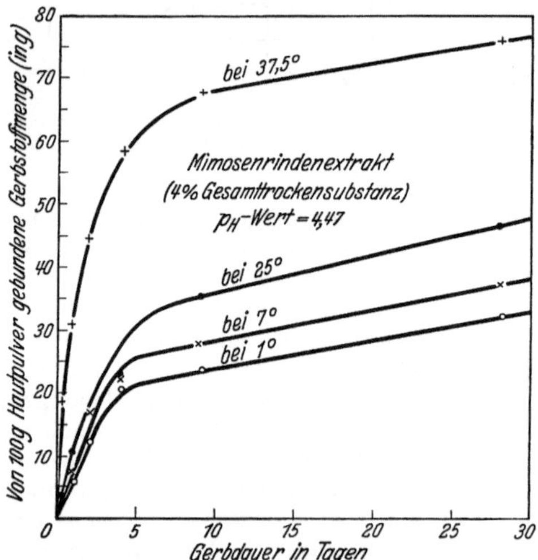

Abb. 218. Die Gerbgeschwindigkeit von Hautpulver bei verschiedenen Temperaturen als Funktion der Zeit.

k) Der Einfluß der Temperatur auf die Gerbgeschwindigkeit.

Die meisten eben beschriebenen Untersuchungen über den Gerbprozeß wurden bei Zimmertemperatur ausgeführt, also wahrscheinlich bei Temperaturen von 20 bis 25°. Jeder Gerber, der seine Gerbbrühen im Winter einmal kalt werden ließ, weiß, welche wichtige Rolle die Temperatur bei der vegetabilischen Gerbung spielt. In einer neuen Arbeit untersuchten Thomas und Kelly (35) den Einfluß der Temperatur auf die Geschwindigkeit der Gerbung von Hautpulver. Das Hautpulver wurde in Portionen von 2 g bei verschiedenen Temperaturen verschieden lang mit 200 ccm einer Lösung von Mimosenrindenextrakt, die pro Liter 40 g feste Substanz enthielt, bei $p_H = 4{,}47$ gegerbt. Die Ergebnisse dieser Untersuchung sind in Abb. 218 für die einzelnen Temperaturen als Funktion der Zeit und in Abb. 219 für verschiedene Gerbdauer als Funktion der Temperatur wiedergegeben. Die Fixierungsgeschwindigkeit von Gerbstoff wächst mit der Temperatur von 0° bis zu 37,5°.

Merrill führte in Wilsons Laboratorium eine ähnliche Untersuchung aus. Er gerbte gebeizte Kalbshäute in Brühen von gewöhnlichen ge-

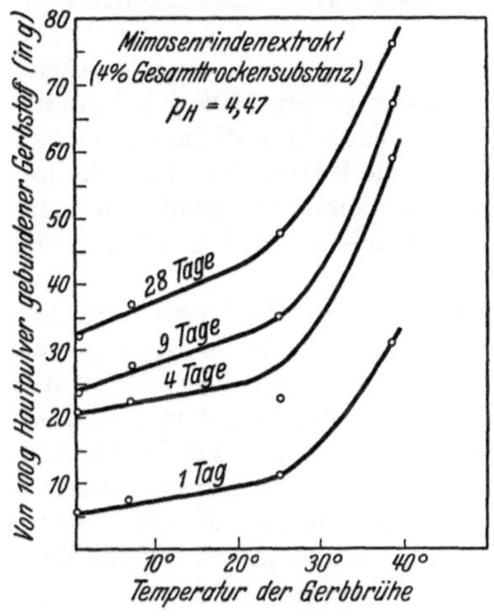

Abb. 219. Der Grad der Durchgerbung von Hautpulver bei verschiedener Gerbdauer als Funktion der Temperatur.

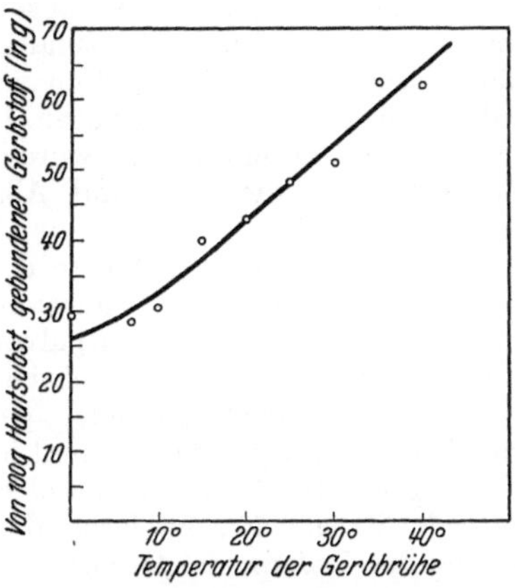

Abb. 220. Die Gerbung von Kalbshaut als Funktion der Temperatur.

mischten Extrakten, wie sie in der Praxis üblich sind. Die Hautstücke wurden 8 Tage gegerbt und dann analysiert. In Abb. 220 sind die Ergebnisse wiedergegeben. Die Kurve ist der von Thomas mit Hautpulver erhaltenen recht ähnlich.

l) Unterschiede in der Art oder dem Grade der Gerbstoffbindung.

Thomas und Kelly (32) haben auch eine Untersuchung über die Natur der bei verschiedenen p_H-Werten erhaltenen Gerbstoff-Kollagen-Verbindung angestellt. Trunkel (37) hatte bereits früher gezeigt, daß die wasserunlösliche Verbindung aus Tannin und Gelatine durch Behandlung mit Äthylalkohol in ihre Komponenten zerlegt werden kann, wenn die Verbindung nicht getrocknet wurde. Nach dem Trocknen war die Verbindung gegenüber Alkohol stabil. Thomas und Kelly untersuchten den Einfluß von Äthylalkohol auf Kollagen, das bei verschiedenen p_H-Werten gegerbt worden war.

Die Gerbstofflösungen wurden so bereitet, daß sie p_H-Werte von 1, 3, 5, 7 und 9 aufwiesen. Je 1 g Trockensubstanz entsprechende Hautpulvermengen wurden mit 50 ccm einer wässerigen Lösung, die 2,7 g festen Hemlockrindenextrakt enthielt, bei Zimmertemperatur 24 Stunden geschüttelt. Die gegerbten Hautpulver wurden dann abfiltriert und in Wilson-Kern-Extraktoren ausgewaschen, bis die Waschwässer mit Eisen-3-chlorid keine Färbung mehr ergaben. Darauf wurden die gegerbten Hautpulver in Thorn-Extraktionsapparate übergeführt und mit 95%igem Alkohol extrahiert. Der Thorn-Extraktor ist so konstruiert, daß das zu extrahierende Material sowohl mit den Dämpfen des Lösungsmittels als auch mit dem kondensierten Lösungsmittel in Berührung kommt.

Von Zeit zu Zeit wurde Lösungsmittel entnommen, zur Trockne eingedampft und dann 4 Stunden im Vakuum bei 100° getrocknet. Nach erschöpfender Extraktion wurden die gegerbten Hautpulver im Vakuum getrocknet und gewogen. Der durch die Extraktion mit Alkohol verursachte Gewichtsverlust wurde durch Vergleich mit entsprechenden Kontrollserien, die nicht mit Alkohol behandelt worden waren, errechnet.

Aus Tabelle 55 ersieht man die Ergebnisse der Bestimmungen der im alkoholischen Extrakt gelösten Stoffe, aus Tabelle 56 die aus der Analyse der gegerbten Hautpulver ermittelten Daten. Die Gerbstoff-Protein-Verbindungen, die sich bei p_H-Werten zwischen 3 und 5, dem in der Praxis üblichen Bereich, gebildet haben, werden am leichtesten von Alkohol zerlegt. Man erkennt ferner deutlich, daß die bei p_H-Werten über 5 gegerbten Hautpulver widerstandsfähiger sind als die bei Werten unter 5. Tabelle 56 zeigt ferner den Einfluß des Trocknens auf die Zerlegung des Leders; die Gerbstoffbindung wird fester.

Tabelle 55. Alkoholextraktion von Gerbstoff aus Leder, das mit einem Hemlockrindenextrakt bei verschiedenen p_H-Werten gegerbt worden war.

Die Daten wurden durch Wägen der Alkoholrückstände ermittelt.

Gegerbt bei einem p_H-Wert von	Von 100 g Hautsubstanz gebundener Gerbstoff (in g)	Extrahierter Gerbstoff in % nach		
		1 Stunde	45 Stunden	91 Stunden
1	59,1	6,1	19,3	23,3
3	47,4	7,7	24,1	28,9
5	16,6	7,8	17,1	22,0
7	33,3	3,1	6,9	9,8
9	28,4	4,2	6,3	8,4

Tabelle 56. Gleicher Versuch wie oben.

Die Daten wurden durch Wägen der getrockneten Leder nach der Extraktion erhalten.

Gegerbt bei einem p_H-Wert von	Nach 91stündiger Extraktion aus dem Leder entfernter Gerbstoff in Prozenten	
	bei feuchtem Leder	bei getrocknetem Leder
1	16,6	0,0
3	23,3	2,8
5	25,1	4,4
7	4,6	0,6
9	0,6	0,0

Es ist sehr eigenartig, daß die Daten von Tabelle 56 geringere Gerbstoffverluste anzeigen als die von Tabelle 55. Diese Differenz wird durch Versuche mit Gambir verständlicher. Die Versuche wurden ebenso ausgeführt, nur mit dem Unterschiede, daß 50 ccm Gerblösung 2 g Trockensubstanz an Gambir enthielten. Aus Tabelle 57 sind die Ergebnisse ersichtlich, die durch Ermittlung der Trockengewichte des gegerbten Hautpulvers nach der Extraktion erhalten wurden. Hautpulver, das bei einem p_H-Wert von 9 gegerbt worden war, zeigte sogar eine Gewichtszunahme. Thomas und Kelly haben vermutet, daß der Alkohol zu Aldehyd oxydiert wird und so gerbend wirkt. Diese Ansicht wird durch die Tatsache gestützt, daß, wie im 12. Kapitel gezeigt wurde, Gerbbrühen bei einem p_H-Wert von 9 sehr schnell Sauerstoff aus der Luft zu absorbieren scheinen.

Tabelle 57.
Alkoholextraktion von Gerbstoff aus Leder, das mit einem Gambirextrakt bei verschiedenen p_H-Werten gegerbt worden war.
Die Daten wurden durch Wägen der getrockneten Leder nach der Extraktion erhalten.

Gegerbt bei einem p_H-Wert von	Von 100 g Hautsubstanz gebundener Gerbstoff (in g)	Nach einer 91stündigen Extraktion aus dem feuchten Leder entfernter Gerbstoff in %
1	14,0	17,5
3	20,4	26,3
5	13,4	19,5
7	23,2	0,7
9	8,5	(13,8% Gewinn)

Die wichtigste Feststellung dieser Arbeit ist die, daß die Art der Fixierung von Gerbstoffen durch Kollagen bei p_H-Werten unter 5 verschieden ist von der bei p_H-Werten über 5.

m) Der Schwellungsgrad der Blöße als Funktion der Säure- und Salzkonzentration der Gerbbrühe.

Bei der Herstellung von schweren Ledern wird dem Schwellungsgrad der Blößen während der Gerbung große Aufmerksamkeit zugewandt. Die allgemeine Auffassung ist die, daß um so größere Ausbeuten an Leder erhalten werden, je stärker die Blöße, die gegerbt wird, geschwollen ist. Dies gilt natürlich nur innerhalb gewisser Grenzen, da die Blöße durch übermäßiges Schwellen mit Säuren geschädigt wird. Diese Gefahr macht sich zuerst in einer Verwerfung der Narbenschicht bemerkbar. Die äußeren Schichten der Blöße werden sehr schnell gegerbt und dadurch verhindert, daß der Gerbstoff in das Innere der Blöße eindringt. Die inneren Schichten bleiben dann ungegerbt und schwellen, wenn sie lange und besonders bei höherer Temperatur in der sauren Brühe belassen werden, unter Hydrolyse des Kollagens erheblich an. Solche Schäden lassen sich nicht wieder ausgleichen und das entstehende Leder ist fast wertlos.

Wilson und Gallun (41) untersuchten mit den im 8. Kapitel beschriebenen Methoden den Einfluß von Säuren und Salzen auf den Schwellungsgrad von Kalbsblößen in Gerbstoffbrühen. In Tabelle 58 und den Abb. 221 und 222 sind die Ergebnisse der Untersuchung des

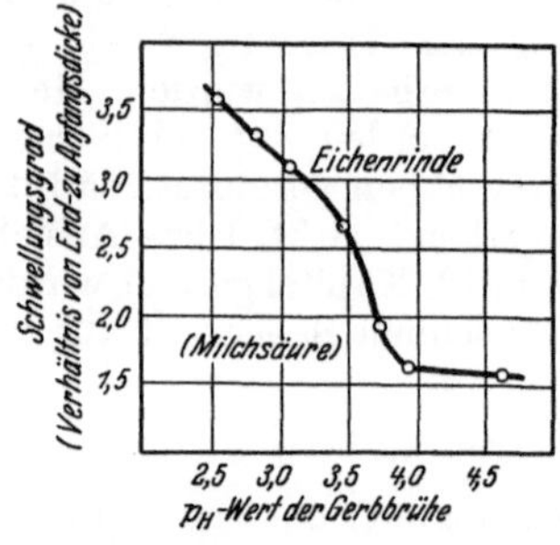

Abb. 221. Der Einfluß des p_H-Wertes der Gerbbrühe auf die Schwellung von Kalbsblöße.

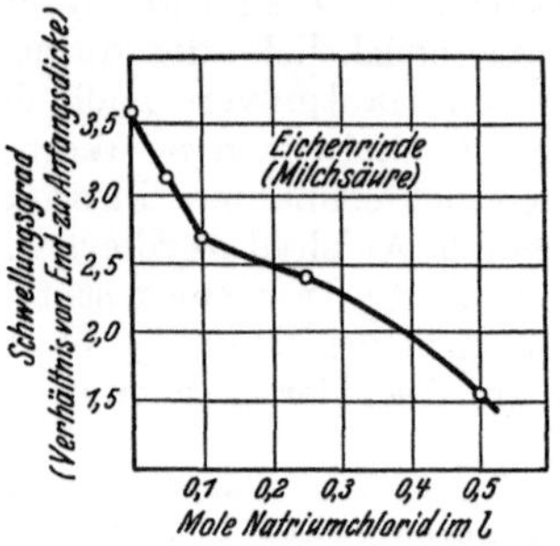

Abb. 222. Der Einfluß von Natriumchlorid auf die Schwellung von Kalbsblöße in einer mit Milchsäure angesäuerten Gerbbrühe.

Schwellungsgrades einer Kalbsblöße in einer Brühe von Eichenrindenextrakt bei verschiedenen Zusätzen von Milchsäure und Kochsalz wiedergegeben.

Zur Untersuchung wurde ein Stück von gleichmäßiger Dicke aus dem Schild eines Kalbfelles, das geäschert, enthaart und sorgfältig gewaschen worden war, verwendet. Quadratische Stücke von 2 cm Seitenlänge wurden mit einer 0,01 molaren Salzsäure, die 10% Kochsalz enthielt, entkälkt, über Nacht in eine gesättigte Natriumcarbonatlösung, die wieder 10% Kochsalz enthielt, eingelegt, hierauf gründlich gewaschen und schließlich 5 Stunden bei 40° in einer Lösung, die im Liter 1 g Pankreatin enthielt, bei einem p_H-Wert von 7,6 gebeizt. Nachdem

Tabelle 58. Schwellungsgrad einer Kalbsblöße, die mit einer Eichenrindenextraktlösung mit 25 g Trockensubstanz im Liter und wechselnden Mengen von Milchsäure und Kochsalz gegerbt wurde.

Mole im Liter		Dickenmessung in mm (Mittelwert aus 3 Messungen)			End-p_H-Wert bei 25°
Milchsäure	Kochsalz	Anfangswert	Endwert	Verhältnis[1]	
0,000	0,00	1,346	2,150	1,60	4,63
0,0025	0,00	1,411	2,343	1,66	3,94
0,0050	0,00	1,383	2,699	1,95	3,74
0,010	0,00	1,433	3,842	2,68	3,47
0,025	0,00	1,470	4,564	3,10	3,05
0,050	0,00	1,360	4,497	3,31	2,81
0,100	0,00	1,434	5,100	3,56	2,52
0,100	0,05	1,456	4,522	3,11	2,49
0,100	0,10	1,458	3,918	2,69	2,47
0,100	0,25	1,461	3,483	2,38	2,43
0,100	0,50	1,420	2,182	1,54	2,37

[1] Maß für den Schwellungsgrad.

die Blößenstücke 24 Stunden in fließendem Leitungswasser gewaschen worden waren, wurden sie bei 7° in destilliertem Wasser aufbewahrt. Der Widerstand der Blößenstücke gegen Kompression wurde mit dem Dickenmesser von Randell und Stickney ermittelt. Das Lederstück wurde auf eine Metallplatte gelegt und mit Hilfe eines runden Stempels von 1 qcm Grundfläche 2 Minuten bei konstantem Druck belastet. Darauf wurde die Dicke abgelesen.

Wie in Tabelle 58 angegeben, wurden 11 verschiedene Gerblösungen aus Eichenrindenextrakt hergestellt. Zunächst führte man Dickenmessungen an den Standard-Blößenstücken aus. Durch Schütteln mit Wasser wurden die Stücke wieder auf ihr altes Volumen zurückgebracht und dann in die Gerbbrühen von 20° gelegt. Nach 24 Stunden wurden sie wieder herausgenommen und einer Dickenmessung unterworfen. Um sicher zu gehen, wurden immer drei parallele Versuchsreihen angesetzt. Die Übereinstimmung der Versuchsergebnisse war in allen Fällen befriedigend. Der von den Gerbbrühen erzeugte Schwellungsgrad ergab sich aus dem Verhältnis von End- zu Anfangsdicke.

Die Wirkung der Säure und des Salzes wird zwar durch die gerbenden Eigenschaften der Brühe, die das Schwellungsvermögen der Blöße herabsetzen, verdeckt. Das Bestreben der Säuren, die Schwellung zu fördern, und das Bestreben der Salze, die Schwellung zu hemmen, ist jedoch noch deutlich zu erkennen.

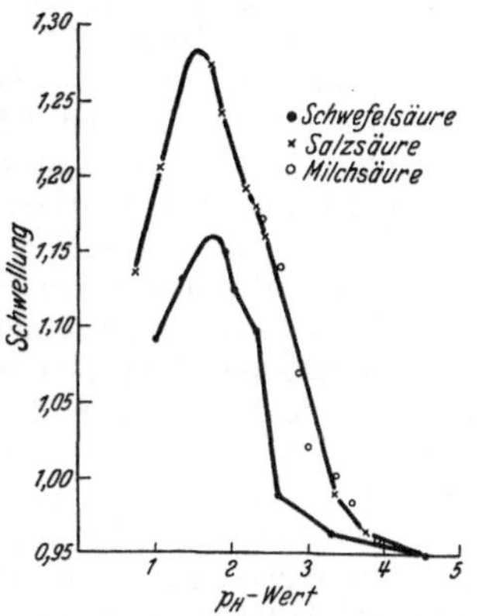

Abb. 223. Das Schwellen geäscherter Kuhhaut in vegetabilischen Gerbbrühen als Funktion des p_H-Wertes und der Natur der zur Einstellung des p_H-Wertes verwendeten Säure.

Page und Gilman (17) benutzten die Wilson-Gallun-Methode, um die Wirkung eines Säurezusatzes zu Gerbbrühen auf das Schwellen von Rindshäuten zu messen. Sie nahmen Rindshäute, die geäschert, enthaart und gewaschen, aber nicht gebeizt waren. Die Gerbbrühe enthielt auf einen Liter 25 g Trockensubstanz eines Mimosenrindenextraktes. Die Gerbdauer betrug 24 Stunden. Die Untersuchungsergebnisse sind in Abb. 223 als Funktion des p_H-Wertes für Schwefelsäure, Salzsäure und Milchsäure wiedergegeben.

Die drei Kurven zeigen an, daß die Schwellung von $p_H = 5$ nach der sauren Seite bis zu $p_H = 3{,}5$ schwach zunimmt, von diesem Punkte bis zu einem p_H-Wert von etwa 2 rasch einem Maximum zustrebt und darüber hinaus ebenso rasch wieder absinkt. Salzsäure und Milchsäure als einbasische Säuren bringen den gleichen Schwellungsverlauf hervor; die zweibasische Schwefelsäure hingegen zeigt nur eine etwa halb so starke Schwellwirkung. Das stimmt ganz mit der Untersuchung von Loeb über die Schwellung von Gelatine überein, die im 5. Kapitel beschrieben wurde. Die Schwellung von Gelatine steht also mit dem Problem der Schwellung in Gerbbrühen in engem Zusammenhang.

McLaughlin und Porter (12) untersuchten die Gewichtsveränderung von gekälkten Stierblößen bei der Gerbung in verschieden zusammengesetzten vegetabilischen Gerbbrühen. Da versäumt wurde, die Wasserstoffkonzentration zu messen, ist es in manchen Fällen schwierig zu entscheiden, ob nicht dieser Faktor für die Gewichtsveränderung verantwortlich zu machen ist.

n) Die Gärung in Gerbbrühen.

Auf die Bedeutung des p_H-Wertes für die vegetabilische Gerbung ist schon oben hingewiesen worden. Werden die geäscherten oder gebeizten Häute direkt in die Gerbbrühen gebracht, so wird dadurch die Säurekonzentration der Gerbbrühen herabgesetzt. Ein Teil der Säure wird verbraucht, um das Calciumcarbonat in der Blöße zu neutralisieren, und eine weitere Säuremenge verbindet sich mit den Proteinen der Haut. In solchem Falle muß die verbrauchte Säure ersetzt werden. Man ersetzt die verbrauchte Säure zuweilen durch Zugeben von Milchsäure oder irgendeiner anderen sauer reagierenden Substanz, zumeist jedoch bildet sich die notwendige Säure aus den Zuckern, die mit den Gerbmitteln in die Brühen gebracht worden sind. Zur Unterlederfabrikation benutzen die Gerber häufig Materialien wie Fichtenrinde, Dividivi und Myrobalanen, die eine große Menge Zucker enthalten. Diese Zucker werden leicht von Mikroorganismen und Enzymen, die immer in Gerbbrühen vorhanden sind, angegriffen und vergoren. Hierbei entstehen schließlich Säuren. Eingehende Untersuchungen über die in Gerbbrühen vorkommenden Mikroorganismen und den Verlauf der Säurebildung liegen von Andreasch (2) vor.

Die Bildung von Säuren kann sowohl durch geeignete Mischung der verwendeten Extraktarten wie auch durch die Geschwindigkeit, mit der die Blößen die einzelnen Brühen passieren, überwacht werden.

Benutzt man Extrakte wie Quebracho, die verhältnismäßig arm an Zuckern und sonstigen Nichtgerbstoffen sind, unvermischt mehrere Male für ganze Partien gebeizter Blößen, so wird die Säure vollständig verbraucht und der p_H-Wert steigt bis auf 7,0. Enthalten die Blößen sehr viel Calciumcarbonat, so kann dieser Fall auch bei anderen Extrakten eintreten. Bei praktischen Versuchen hat der Verfasser festgestellt, daß Mikroorganismen und Enzyme, sobald der p_H-Wert auf 7 gestiegen ist, nicht mehr säurebildend wirken, sondern die in der Brühe liegenden Blößen in Fäulnis überführen. Zeigen die Brühen die Neigung, einen höheren p_H-Wert als 5 anzunehmen, so erscheint eine Änderung der Arbeitsmethode angebracht.

Andererseits ist es sehr gefährlich, wenn die Säurebildung viel schneller vor sich geht, als Säure von den Blößen verbraucht wird. Bei p_H-Werten unter 3 schwellen, wie aus Abb. 223 hervorgeht, die Blößen, falls nicht Salz zugesetzt wird, sehr stark an. Dadurch kommt die Art von Schäden zustande, die im vorhergehenden Abschnitt beschrieben wurde. Es ist notwendig, experimentell die Grenzen für das p_H-Gebiet festzulegen, in dem man zufriedenstellendes Leder erhält und den p_H-Wert dann durch geeignete Behandlung der Gerbbrühe in diesem Bereich zu halten. Der optimale p_H-Wert wird je nach der Natur der benutzten Gerbmaterialien, der Art der vorhandenen Säuren, der Vorbehandlung der Häute und der in der Gerberei angewandten Methoden verschieden sein.

Neben der Vergärung der Zucker kann in der Gerbbrühe auch eine Zerstörung von wirklichem Gerbstoff erfolgen. Aspergillus niger sondert z. B. das Enzym Tannase ab, das gewisse Gerbstoffe zu hydrolysieren vermag. Auch andere Mikroorganismen sollen in ähnlicher Weise für Gerbstoffverluste verantwortlich sein. Neuerdings haben Seltzer und Marshall (22) die in Gerbbrühen durch Fermentation auftretenden Gerbstoffverluste genauer untersucht. Einige Schimmelarten können diesen oder jenen Schaden zur Folge haben, aber sie haben schließlich auch eine gute Seite. Sie bilden auf der Oberfläche der Brühen einen Schimmelrasen, der die Oxydation der Gerbbrühen durch den Sauerstoff der Luft erheblich verzögert. Eine eingetretene Oxydation äußert sich in einer Mißfärbung und in Ausflockungen in der Brühe.

o) Die Schnellgerbung.

Zur Gerbung von grubengarem Sohlleder wird sehr viel Zeit benötigt und es sind darum schon viele Versuche unternommen worden, den Gerbprozeß zu beschleunigen. Die Diffusionsgeschwindigkeit von Gerbstoff in die Blöße ist recht gering, so daß es kein Wunder ist, daß für die dicke Ochsenhaut eine lange Gerbdauer erforderlich ist. Eine Schnellgerbmethode besteht darin, sehr konzentrierte Gerbbrühen zu verwenden. Dadurch wird die Diffusion in die Haut beschleunigt, die Schnelligkeit der Gerbstoff-Fixierung aber zugleich derart herabgesetzt, daß die Leder um so dünner und leerer werden, je konzentrierter die Brühe war. Man muß demzufolge die Zusammensetzung der Brühe so ändern, daß die Fixierung von Gerbstoff durch die Haut gefördert wird. Da mit wachsender Fixierungsgeschwindigkeit im allgemeinen eine verringerte Diffusionsgeschwindigkeit verbunden ist, wird die Operation gewöhnlich stufenweise ausgeführt. Die Blößen werden zuerst in konzentrierte Gerbbrühen gebracht, die eine hohe Diffusionsgeschwindigkeit, aber eine geringe Fixierungsgeschwindigkeit haben. Wenn der Gerbstoff vollkommen durch die Häute gedrungen ist, werden sie mit einer Brühe behandelt, die auf die absorbierte Brühe so einwirkt, daß in der Haut eine schnelle Fixierung eintritt. Manche Gerber haben mit dieser Methode zufriedenstellende Ergebnisse erzielt; sie bedeutet einen beträchtlichen Zeitgewinn, enthält aber eine Anzahl schwieriger Probleme, deren wichtigstes die ökonomische Verwertung der zahlreichen konzentrierten Gerbbrühen ist, die ihre Zusammensetzung durch die vielen Häutepartien in einem unerwünschten Maße geändert haben.

Im Jahre 1926 hat Pawlowitsch (18, 19) sich ein Verfahren zur Schnellgerbung mit pflanzlichen Gerbextrakten patentieren lassen, nach dem die Haut zur Beschleunigung der Gerbung mit einer Gerbstofflösung, deren p_H-Wert künstlich auf 6 bis 12 erhöht wurde, durchtränkt wird. Nach dieser Durchdringung der Haut mit der Gerbstofflösung wird der p_H-Wert dieser je nach der Art des zu erzeugenden Leders auf 5 bis 2 erniedrigt, wobei der in die Haut eingedrungene Gerbstoff fixiert wird. Durch die Erhöhung des p_H-Wertes der Gerbstofflösung auf 6 bis 12 wird der Dispersitätsgrad des Gerbstoffes stark erhöht und gleichzeitig die Bindung des Gerbstoffes durch die Hautfasern sehr stark verlangsamt. Für Sohlledergerbung mit Quebrachoextrakt ist ein p_H-Wert 7 bis 8 am günstigsten. Dabei können sofort verhältnismäßig starke Gerbstoffbrühen von 8 bis 16° Bé zur Anwendung gelangen. Die zweite Phase der Gerbstoffixierung wird durch allmählichen Zusatz einer entsprechenden Menge von sauren Gerbextrakten, von synthetischen Gerbstoffen oder einfach geeigneten Säuren, welche den p_H-Wert auf 5 bis 2 erniedrigen, bewirkt.

p) Die Gerbung mit synthetischen Gerbstoffen.

Im Jahre 1912 entdeckte Stiasny (24), daß die Kondensationsprodukte von Aldehyden und sulfurierten hydroaromatischen Verbindungen gerbende Eigenschaften besitzen. Man faßt diese Substanzen, um sie von den wahren Gerbstoffen zu unterscheiden, unter der Bezeichnung „synthetische Gerbstoffe" zusammen. Ihre Eigenschaften werden im 25. Kapitel besprochen werden, aber sie müssen bereits hier erwähnt werden, denn man gebraucht sie als Zusatz zu vegetabilischen Gerbbrühen, um die Gerbdauer abzukürzen.

Die synthetischen Gerbstoffe kommen in Lösung, Pastenform oder als feste Pulver in den Handel. Die Analyse eines typischen Musters von einem der besten Handelsprodukte ergab: 32% feste Substanzen insgesamt, davon 10% SO_3, 5% Cl und 15% Asche. Die Asche bestand zu 11% aus Natriumsulfat und die restlichen 4% in der Hauptsache aus Natriumchlorid. Die Säuretitration ergab 3%, berechnet als SO_3. Der p_H-Wert einer auf das 8-fache verdünnten Lösung war 1,40.

In der Praxis werden die synthetischen Gerbstoffe entweder mit konzentrierten vegetabilischen Gerbextrakten gemischt, zum Verstärken der Brühen benutzt oder in verdünntem Zustand direkt den Grubenbrühen zugesetzt. Der Zusatz von synthetischem Gerbstoff zu den vegetabilischen Brühen wird in der Praxis ganz willkürlich gewählt; von kleinsten Mengen kann er so ansteigen, daß er bis etwa ⅔ des Gewichts der gesamten festen Substanz der verwendeten Extrakte beträgt. Durch den Zusatz wächst die Diffusions- und die Fixierungsgeschwindigkeit ganz erheblich. Diese doppelte Wirkung macht die synthetischen Gerbstoffe zu einem wertvollen Hilfsstoff für eine schnellere Produktion. Thomas und Kelly (36) untersuchten die Gerbung mit synthetischen Gerbstoffen in Kombination mit natürlichen Gerbstoffen als Funktion der Acidität, die bei Zusatz von synthetischen Gerbstoffen zu natürlichen Gerbstofflösungen entsteht. Hautpulverproben von je 2 g Trockensubstanz wurden 24 Stunden mit je 200 ccm von Mischungen von Quebrachoextrakt und Mimosenrindenextrakt mit dem synthetischen Gerbstoff „Leukanol“ gegerbt und die aufgenommene Gerbstoffmenge nach Wilson-Kern ermittelt. Nach den Versuchsergebnissen bewirken geringe Mengen des synthetischen Gerbstoffs in einer Quebracholösung eine Erhöhung der in einer bestimmten Zeit aufgenommenen Gerbstoffmenge gegenüber einer reinen Quebracholösung vom gleichen p_H-Wert wie die Mischung. Wird die Menge des synthetischen Gerbstoffs in der Quebracholösung erhöht, so ist die in einer bestimmten Zeit aus der Mischlösung aufgenommene Gerbstoffmenge geringer als die aus einer Quebracholösung oder einer Quebracholösung mit Natriumsulfatzusatz vom gleichen p_H-Wert aufgenommene Gerbstoffmenge. Der Zusatz synthetischer Gerbstoffe zu vegetabilischen Gerbbrühen hat den Vorteil, den p_H-Wert dieser zu erniedrigen und dadurch die Gerbstoffaufnahme durch die Haut zu erhöhen. Diese Erhöhung der Gerbstoffaufnahme der Haut ist größer als sie durch Herabsetzung des p_H-Wertes in reinen vegetabilischen Gerbbrühen auch bei Gegenwart von Natriumsulfat erreicht werden kann.

Nach Ansicht des Verfassers beruht die Wirkung der synthetischen Gerbstoffe bei der vegetabilischen Gerbung auf folgendem: Die synthetischen Gerbstoffe haben ein viel geringeres Molekulargewicht als die natürlichen und können deshalb viel schneller in die Haut diffundieren. Aber sie verbinden sich auch mit dem Kollagen, und zwar mit den gleichen Gruppen im Proteinmolekül wie sonst die echten Gerbstoffe. Die viel schwerer beweglichen Gerbstoffe werden von den Gruppen, die bereits von synthetischen Gerbstoffen besetzt sind, nicht mehr gebunden und diffundieren daher weiter in das Innere der Haut. Auf diese Weise wird die Diffusionsgeschwindigkeit der Gerbstoffe stark erhöht. Indessen genügen die synthetischen Gerbstoffe in den üblichen Quantitäten nicht, alle besetzbaren Proteingruppen abzusättigen, und die Gerbstoffe verbinden sich mit diesen noch freien Gruppen dann um so mehr, als ein Zusatz von synthetischen Gerbstoffen eine Erniedrigung des p_H-Wertes der Brühe zur Folge hat. Durch den erniedrigten p_H-Wert wird eine stärkere Schwellung der Haut und eine hellere Farbe des Leders erzielt. Es sei an die Ausführungen in Kapitel 12 erinnert, daß die Farbe der Gerbbrühe und des darin hergestellten Leders vom p_H-Wert der Brühe abhängig ist.

Die synthetischen Gerbstoffe haben die weitere besondere Eigenschaft, den Gebrauch konzentrierter Gerbbrühen saurer Reaktion zu gestatten, ohne daß Gefahr der Ausflockung besteht. Sie wirken auf schwer lösliche Gerbmaterialien lösend. So gibt z. B. eine Quebracho-extraktlösung nach Säurezusatz einen starken Niederschlag. Eine Zugabe von synthetischen Gerbstoffen verhindert diese Ausfällung und löst sogar einen Teil der sonst unlöslichen Substanz. Diese Wirkung erteilt gemeinsam mit der der Farbaufhellung dem Leder eine sehr reine und gleichmäßige Farbe.

Eine weitere Verwendungsmethode für synthetische Gerbstofflösungen besteht darin, diese Lösungen in solcher Menge den Gerbbrühen direkt zuzusetzen, daß ein bestimmter p_H-Wert, der sich als der geeignete erwiesen hat, eingehalten wird. Die Verwendung synthetischer

Gerbstoffe ist gefahrloser als die von freien Säuren und hat außerdem die eben beschriebenen Vorteile.

Neuerdings haben M. Bergmann, W. Münz und L. Seligsberger (3) festgestellt, daß die synthetischen Sulfosäuregerbstoffe nicht nur die Lösungen pflanzlicher Gerbstoffe und ihre Teilchengröße beeinflussen, sondern auch eine spezifische Wirkung auf die Haut ausüben nach der Richtung, daß sie den Durchströmungswiderstand der Haut durchgreifend verändern. Sie verfolgten messend das allmähliche Eindringen eines Sulfosäuregerbstoffes (Neradol ND) in die Haut und stellten fest, daß durch verhältnismäßig starke Lösungen die Durchströmungsgeschwindigkeit wässeriger Flüssigkeiten innerhalb der Haut auf das 10 bis 20fache erhöht wird. Wäscht man die Sulfosäuren mit viel Wasser aus der Haut wieder aus, so daß die Konzentration stark herabgeht, so geht die Durchströmungsgeschwindigkeit stark unter den Wert für reines Wasser zurück, es macht sich also eine reine H-Ionenwirkung der Sulfosäuren auf die Haut bemerkbar.

q) Die Verwendung von Sulfitcellulose beim Gerben.

Die riesigen Mengen von Sulfitablauge, die bei der Papierfabrikation aus Koniferenholz, insbesondere Fichtenholz, abfallen, enthalten Stoffe von bemerkenswerten füllenden und gerbenden Eigenschaften. Die anfallende Sulfitlauge wird für die Gerbung zur Neutralisation der Säure mit Kalk behandelt und dann mit der berechneten Menge Schwefelsäure versetzt, um den Kalküberschuß in Calciumsulfit überzuführen, von dem abfiltriert wird. Auch andere Reinigungsverfahren werden angewandt. Die gereinigte Sulfitablauge wird für Gerbzwecke unter dem Namen Fichtenholzextrakt verkauft. Die Analyse einer typischen Probe ergab folgende Werte: Gesamttrockensubstanz 52%, Unlösliches 0%, Zucker 9%, SO_3 6%, Cl 0,2% und Asche 3%. Der Gerbstoffgehalt betrug 26% nach der Methode der American Leather Chemists' Association und 14% nach der Methode von Wilson und Kern. Bei einer Lösung, die 16 g Sulfitablauge im Liter enthielt, lag der p_H-Wert bei 3,0.

Mischt man Sulfitcelluloseablauge mit vegetabilischen Gerbstoffen in dem Verhältnis, daß etwa gleiche Gewichtsteile Trockensubstanz aufeinander kommen, so erzielt man eine ganz ähnliche Wirkung wie beim Gebrauch synthetischer Gerbstoffe. Die Gerbgeschwindigkeit wird erhöht und man erhält ein volles Leder von heller und gleichmäßiger Färbung. Überdies ist das Gewicht der von der Haut gebundenen organischen Stoffe pro Einheit Trockensubstanz des Extraktes bei Fichtenholzextrakt ebenso groß wie bei Kastanienholzextrakt.

Ebenso wie die synthetischen Gerbstoffe hat auch der Fichtenholzextrakt die Eigenschaft, die Ausfällung von Gerbbrühen bei Zusatz von Säuren zu verhindern. Er kann mit Sicherheit zur Überwachung des p_H-Wertes der Gerbbrühen benutzt werden. In der Tat gleichen sich diese beiden Typen von Gerbmitteln in ihren allgemeinen Eigenschaften ganz ausnehmend. Wenigstens ist es nach des Verfassers Erfahrung so.

Wallace und Bowker (39) stellten über die Verwendung von Sulfitcellulose als Gerbmaterial eine umfangreiche Untersuchung an. Sie fanden, daß sich Sulfitcellulose den gewöhnlichen vegetabilischen Gerbextrakten vorteilhaft gleichstellt, wenn sie damit gemischt angewandt werden. Ihre Bestandteile werden von der Haut ebenso fest gebunden wie die echten Gerbstoffe. Die chemischen und physikalischen Eigenschaften von Leder, das unter Mitverwendung von Sulfitcellulose gegerbt ist, gleichen ganz denen von Leder, das ohne einen solchen Zusatz gegerbt wurde. Die Zeit, die zur Herstellung eines vegetabilischen Leders von bestimmter Durchgerbungsqualität erforderlich ist, wird durch die Verwendung von Sulfitcellulose als Angerbmittel oder in Mischung mit den vegetabilischen Gerbstoffen beträchtlich verkürzt.

Merrill und Bowlus (14) behandelten zur Untersuchung der Aufnahme von Schwefelverbindungen aus Fichtenholzextrakt Hautpulverproben mit Lösungen von Quebrachoextrakt und Fichtenholzextrakt und von Fichtenholzextrakt allein bei p_H-Werten von 3,5, 4,5 und 5,5 24 und 96 Stunden lang. Nach dem Auswaschen und Trocknen wurden die Hautpulverproben analysiert. Die aus Fichtenholzextrakt durch Haut absorbierte Schwefelverbindung ist gegen Hydrolyse sehr beständig. Das Verhältnis der Menge an insgesamt aufgenommenen Stoffen zu der Menge aufgenommener Schwefelverbindungen ist unabhängig vom p_H-Wert und der Gerbdauer konstant und gleich dem Verhältnis Gesamtgerbstoff zu Gesamtschwefelverbindungen in der Gerbbrühe. Merrill und Bowlus schließen aus diesen Feststellungen, daß die schwefelhaltige Verbindung des Fichtenholzextraktes einen integrierenden Bestandteil des Gerbstoffmoleküls darstelle.

Über die Beurteilung von Celluloseextrakten als Gerbmittel hat Anacker (1) eine Arbeit veröffentlicht. Die Menge der in Celluloseextrakten nach der üblichen Gerbstoffbestimmungsmethode festgestellten gerbenden Substanzen ist vollständig von der Konzentration der Analysenlösung abhängig. Zur Beurteilung eines Celluloseextraktes empfiehlt Anacker die Bestimmung der Trockensubstanz, der Mineralstoffe, der organischen Trockensubstanz, der Affinität zu Hautpulver durch Analyse in zwei verschiedenen Konzentrationen, der Hygroskopizität, des Säuregrades, der Farbe und des Geruches.

r) Die Verwendung von Hemicellulose beim Gerben.

Ein Verfahren zur Beschleunigung der Gerbung, das verdient weiter untersucht zu werden, wurde von Cross, Greenwood und Lamb (4) beschrieben. Diese Forscher stießen im Verlauf von Untersuchungen über Hemicellulosen aus Samen auf Verbindungen dieser mit Gerbstoffen, die offenbar imstande waren, homogene Gallerten zu bilden. Durch Färbeversuche an Seide wurden sie dazu angeregt, die Adstringenz von Gerbstoffbrühen mit Hilfe dieser Gerbstoffverbindungen zu beeinflussen. Sie stellten fest, daß bei gleichzeitiger Verwendung von Tragasol, des wässerigen Auszugs aus den Samen der Astragalpflanzen, und Gerbstofflösungen die Durchdringung der Blößen mit Gerbstoffen erheblich beschleunigt werden kann. Dicke Blößen konnten in 2 bis 3 Tagen durchdrungen werden; immerhin war zur Fixierung des Gerbstoffs in der Blöße eine etwas längere Zeit erforderlich.

Auf ähnliche Weise suchten Turnbull und Carmichael (38) das Problem der Schnellgerbung zu lösen, indem sie Gerbstoffe in Stärkegallerte aufgelöst, zum Gerben verwandten.

s) Die Anwendung eines Vakuums bei der Gerbung.

Mit Hilfe eines Vakuumverfahrens versuchte C. W. Nance (16) die Gerbung von schweren Blößen zu beschleunigen. Die Blößen wurden in einen Behälter gebracht, der bis auf einen Druck von etwa 27 mm Quecksilbersäule evakuiert wurde. Nachdem die Temperatur des Behälters langsam so eingestellt worden war, daß Wasser bei diesem Druck gerade sieden konnte, ließ man einen großen Teil des in der Blöße vorhandenen Wassers verdampfen. Dann wurde die Gerbbrühe eingelassen, so daß sie das verdampfte Wasser in der Blöße ersetzte. Es wird behauptet, daß bei richtiger Regulierung des Druckes, der Temperatur und der Konzentration der Gerbbrühen die Gerbdauer erheblich herabgesetzt werden kann.

Eine schnelle Gerbung bei völliger Schonung der Fasern soll das Vakuum-Gerbverfahren von Luckhaus (10) gewährleisten. Dabei werden die frei nebeneinander aufgehängten Blößen in einem geschlossenen, evakuierbaren Kessel langsam in besonders geklärten Brühen bewegt. Mit der Evakuierung wird erst begonnen, wenn die Blößen vollkommen von der Brühe umspielt sind. Die Brühenklärung erfolgt durch Absaugen und automatisch sich anschließendes Nachfüllen frischer Brühen in eigens gebauten Filtern.

t) Die Anwendung des elektrischen Stromes bei der Gerbung.

Auch den elektrischen Strom hat man zur Beschleunigung des Gerbprozesses herangezogen. Die Blößen werden zwischen zwei Kohleelektroden gebracht und ein elektrischer Strom durch die Brühe geschickt. Die Gerbstoffe wandern nach der Anode und werden so gezwungen, die Blößen zu durchdringen. Rideal und Evans (21) stellten fest, daß zum Erhalt guter Ergebnisse die Leitfähigkeit der Lösung sehr gering sein und die Kathode aus Kohle, die Anode aus Kupfer bestehen muß. Williams (40) beobachtete, daß Gleichstrom im Gegensatz zu Wechselstrom Gerbstoffe äußerst schnell zerstört. J. G. Parker, der nach den Angaben von Rideal und Evans Versuche anstellte, kam zu dem Schluß, daß die elektrische Gerbung anderen Verfahren gegenüber keine Verbesserung darstellt.

Vor etlichen Jahren hat Ditmar (5) angegeben, daß die Gerbung einer 6 mm dicken Haut bei Benutzung elektrischen Stromes in 6 Wochen beendet sei und daß das Rendement 10% höher sei als bei den gewöhnlichen Gerbmethoden. Die Blößen wurden zuerst in einer schwachen Gerbbrühe 8 Stunden lang einem Gleichstrom von 110 Volt bei 40 bis

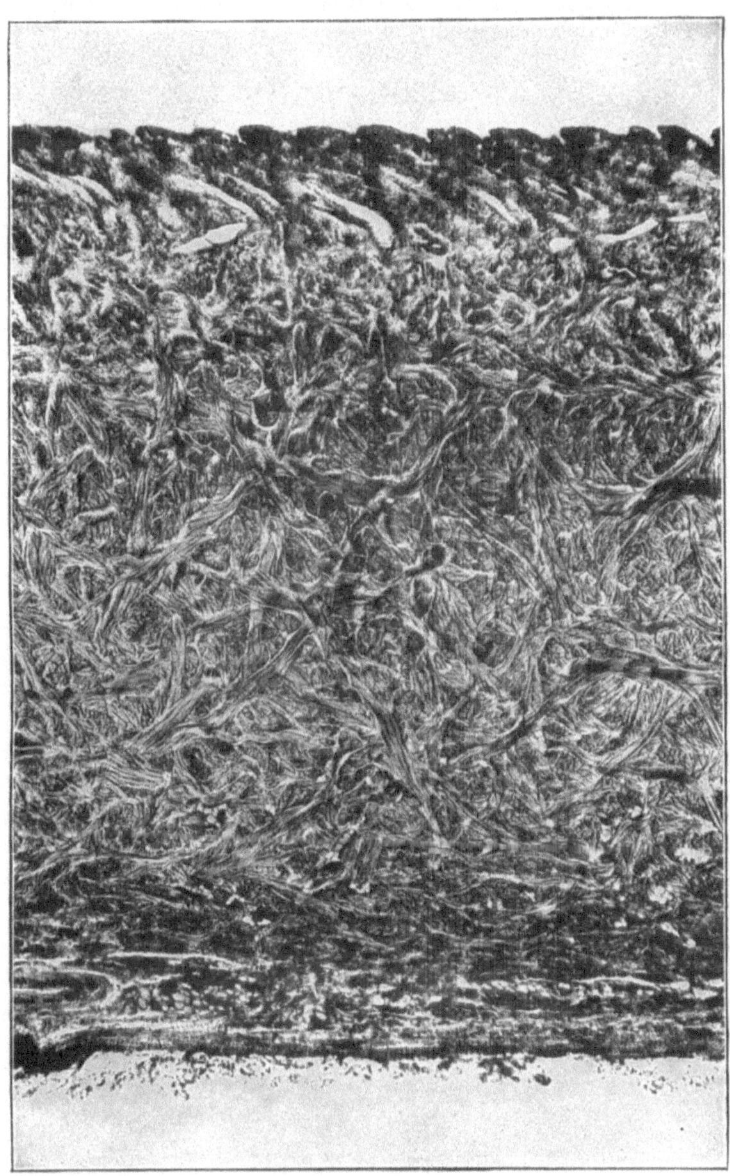

Abb. 224. Vertikalschnitt durch Stierleder.

Stelle der Entnahme: Schild. Dicke des Schnitts: 40 μ. Färbung: keine. Gerbung: vegetabilisch. Okular: keins. Objektiv: 48 mm. Wratten-Filter: H-Blaugrün. Lineare Vergrößerung: 15-fach.

50 Amp. ausgesetzt und dann zur Beendigung der Gerbung in konzentriertere Brühen übergeführt.

Abb. 225. Vertikalschnitt durch Roßleder (Korduan aus dem Scheitel).

Stelle der Entnahme: Schild. Dicke des Schnitts: 20 μ. Färbung: Daubs Bismarckbraun. Gerbung: vegetabilisch. Okular: keins. Objektiv: 16 mm. Wratten-Filter: H-Blaugrün. Lineare Vergrößerung: 70-fach.

Mit einer ganzen Reihe Fragen über den Einfluß der Elektrizität auf die Gerbung befassen sich Arbeiten von J. Jettmar (11) und

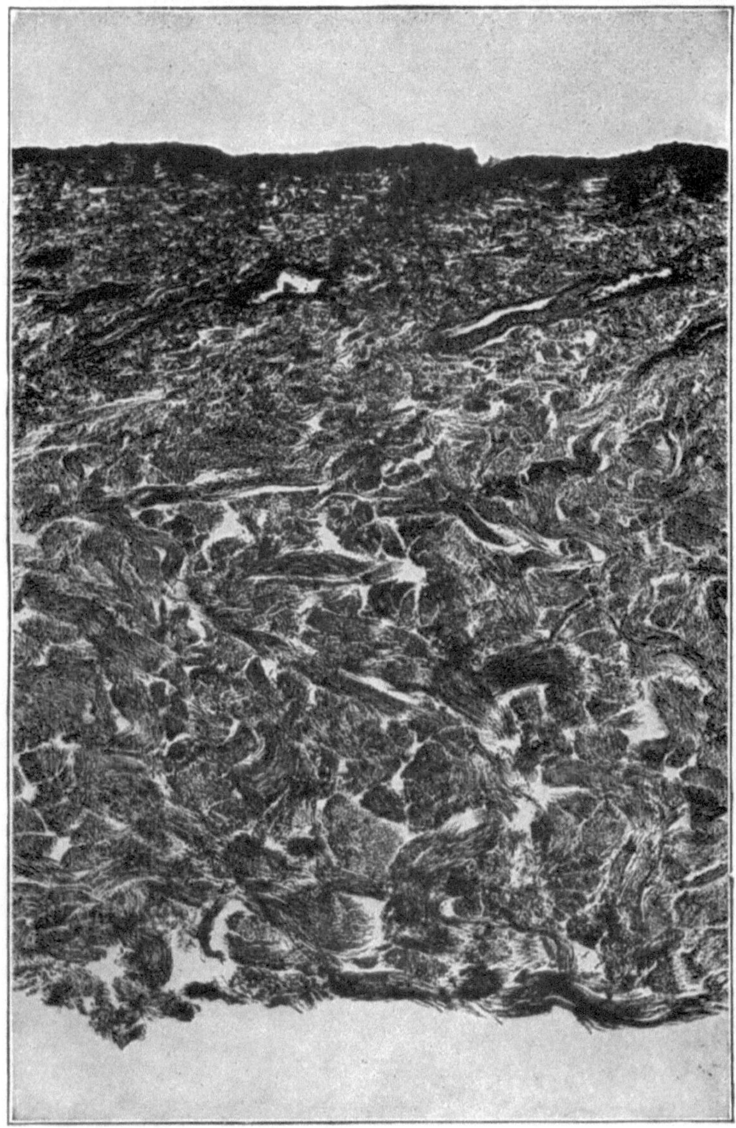

Abb. 226. Vertikalschnitt durch Roßleder (schwammiger Teil in der Nähe des Scheitels). Stelle der Entnahme: Rücken. Dicke des Schnitts: 20 μ. Färbung: Daubs Bismarckbraun. Gerbung: vegetabilisch. Okular: keins. Objektiv: 16 mm. Wratten-Filter: H-Blaugrün. Lineare Vergrößerung: 70-fach.

F. Ehrenstein (7). Die Gerbung unter der Wirkung des elektrischen Stromes erscheint danach als ein elektroosmotischer Vorgang. In der Praxis hat die Methode der elektrischen Gerbung ihren Ausdruck in

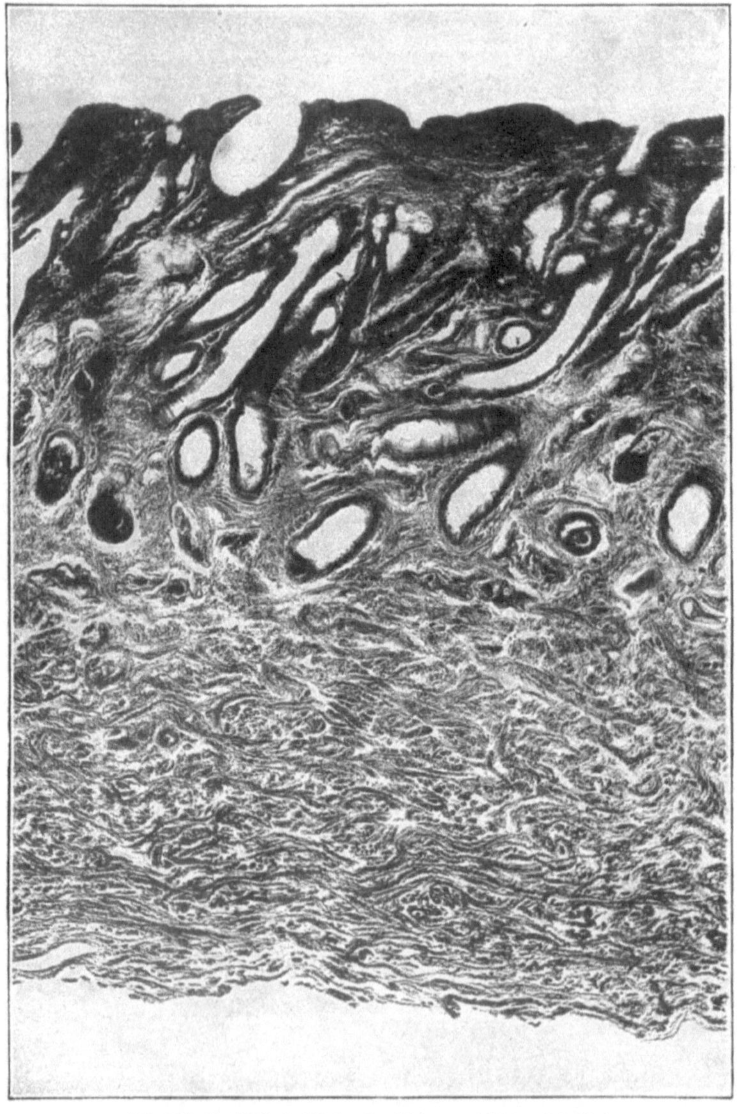

Abb. 227. Vertikalschnitt durch nicht zugerichtetes Schafleder.
Stelle der Entnahme: Schild. Dicke des Schnitts: 30 μ. Färbung: keine. Gerbung: vegetabilisch. Okular: keins. Objektiv: 16 mm. Wratten-Filter: H-Blaugrün. Lineare Vergrößerung: 46-fach.

einer Reihe von Patenten gefunden, unter denen den der Elektro-Osmose A.-G. Wien (8) eine besondere Bedeutung zukommt.

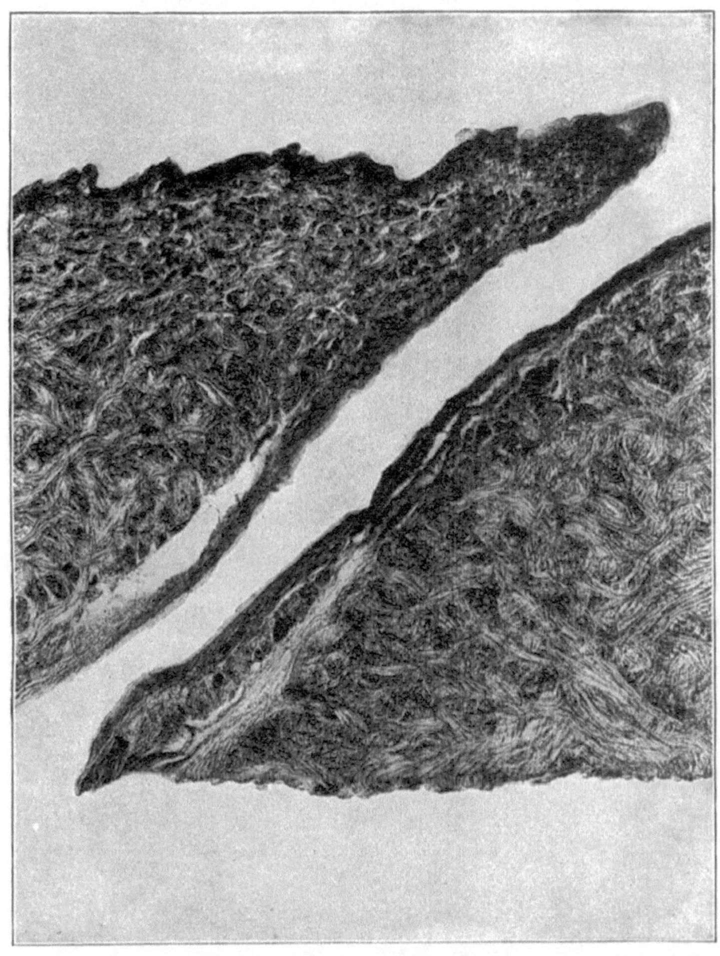

Abb. 228. Vertikalschnitt durch Schweinsleder.
Stelle der Entnahme: Schild. Dicke des Schnitts: 30 μ. Färbung: keine. Gerbung: vegetabilisch. Okular: keins. Objektiv: 16 mm. Wratten-Filter: K_3-Gelb. Lineare Vergrößerung: 46-fach.

Der Verfasser bezweifelt, daß die Verwendung von elektrischem Strom von grundsätzlichem Wert für die Gerbung ist. Durch Regulierung der Konzentration und des p_H-Wertes der verwendeten Gerbbrühen konnte er weit bessere Ergebnisse erzielen, als sie mit Strom zu erhalten sein sollen.

u) Die Struktur der vegetabilisch gegerbten Leder.

Es ist sehr erwünscht, in der Literatur Mikrophotographien zur Verfügung zu haben, die die Struktur der verschiedenen Sorten von

Abb. 229. Vertikalschnitt durch nicht zugerichtetes Lachsleder.
Stelle der Entnahme: Seite. Dicke des Schnitts: 20 μ. Färbung: keine. Gerbung: vegetabilisch. Okular: 5 ×. Objektiv: 16 mm. Wratten-Filter: B-Grün. Lineare Vergrößerung: 110-fach.

gegerbten Ledern auf mehrfache Weise zeigen. Die Abb. 224 bis 239 bringen Vertikalschnitte einer Reihe verschiedener vegetabilisch gegerbter Leder. Weitere finden sich im 18. und 36. Kapitel.

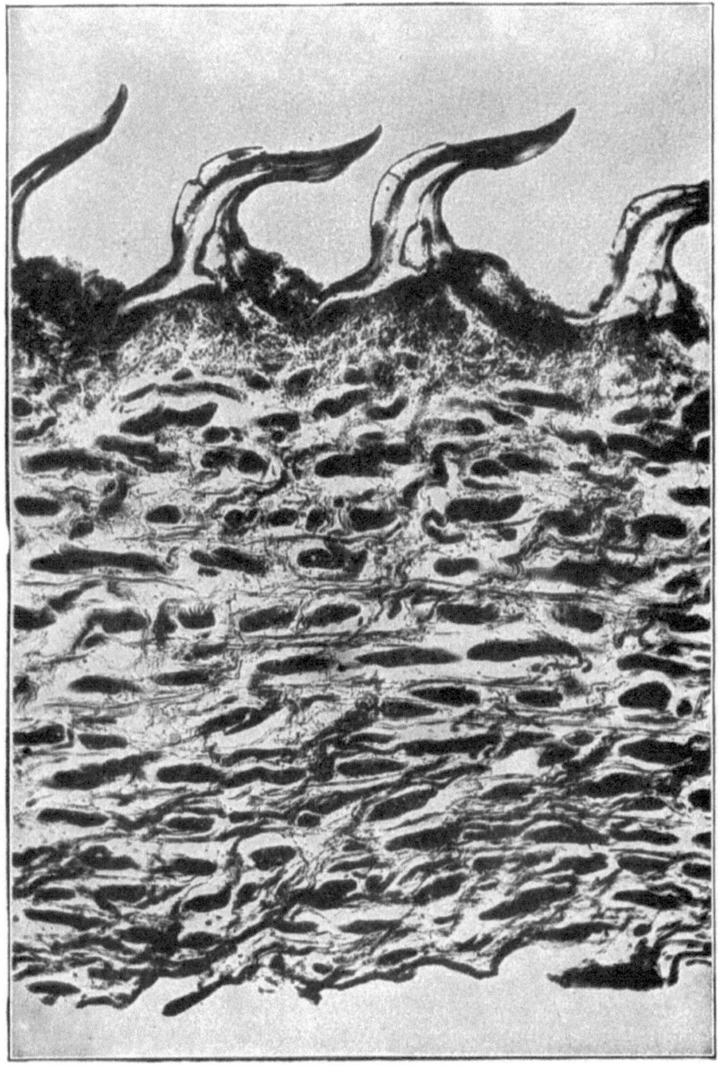

Abb. 230. Vertikalschnitt durch Haifischleder.
Stelle der Entnahme: ? Dicke des Schnitts: 50 μ. Färbung: keine. Gerbung: vegetabilisch.
Okular: 5 ×. Objektiv: 16 mm. Wratten-Filter-: B-Grün.
Lineare Vergrößerung: 75-fach.

Abb. 224 gibt einen Vertikalschnitt durch den Schild einer Stierhaut wieder, die mit Eichenrindenextrakt ohne jede Beschwerung mit Glucose oder Magnesiumsulfat gegerbt wurde. Das Leder eignet sich für Sohl-

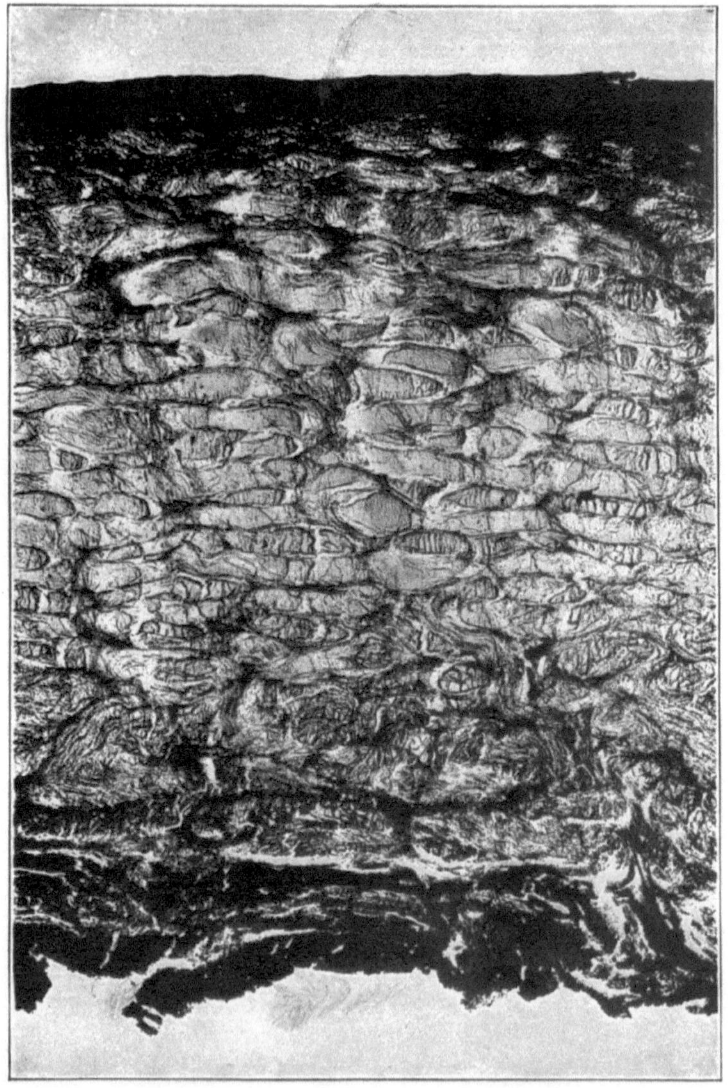

Abb. 231. Vertikalschnitt durch Alligatorleder.
Stelle der Entnahme: Rücken. Dicke des Schnitts: 50 μ. Färbung: keine. Gerbung: vegetabilisch. Okular: keins. Objektiv: 16 mm. Wratten-Filter: G-Gelb. Lineare Vergrößerung: 45-fach.

leder oder für schweres Riemenleder. Ein Schnitt durch ein typisches Sohlleder ist im 36. Kapitel wiedergegeben.

Abb. 225 und 226 zeigen zwei Schnitte eines vegetabilisch gegerbten

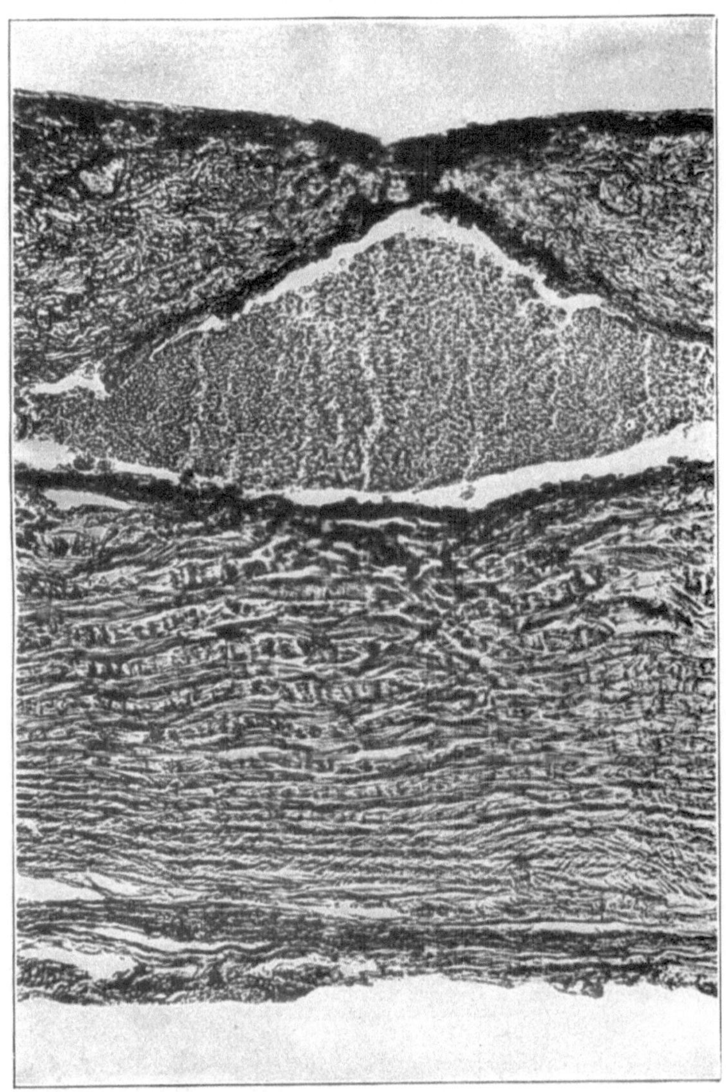

Abb. 232. Vertikalschnitt durch Schildkrötenleder.

Stelle der Entnahme: Schild. Dicke des Schnitts: 20 μ. Färbung: keine. Gerbung: vegetabilisch. Okular: 5×. Objektiv: 8 mm. Wratten-Filter: H-Blaugrün. Lineare Vergrößerung: 220-fach.

Roßleders, und zwar Abb. 225 durch den Spiegel, Abb. 226 durch die abfälligeren Teile des Leders. Der Pferdespiegel wird vorzüglich zur Herstellung von Korduanleder verwendet, einem Spezialleder, von dem auch im 36. Kapitel eine Abbildung (373) wiedergegeben ist.

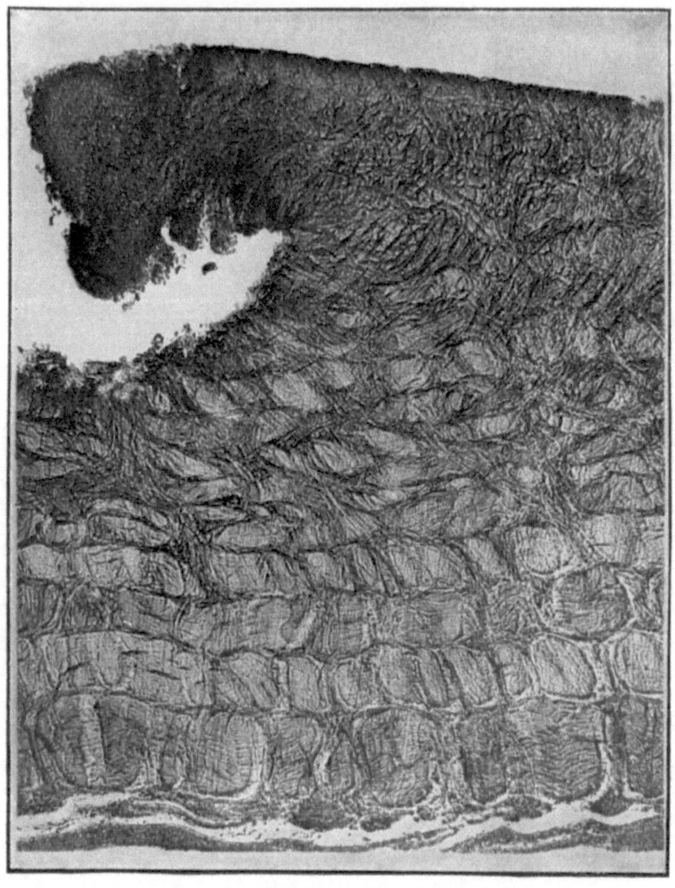

Abb. 233. Vertikalschnitt durch Seelöwenleder.
Stelle der Entnahme: Schild. Dicke des Schnittes: 30 μ. Färbung: keine. Gerbung: vegetabilisch. Okular: 5 ×. Objektiv: 16 mm. Wratten-Filter: K_3-Gelb. Lineare Vergrößerung: 115-fach.

Die loseren Teile werden gespalten, um Handschuhleder daraus zu gewinnen, oder man macht daraus ein Leder, das als Fohlenleder bezeichnet wird. Ein Schnitt durch ein solches findet sich im 36. Kapitel. Im 18. Kapitel ist eine Mikrophotographie von einem chromgaren Pferdespiegel wiedergegeben; beide Abbildungen lassen einen interessanten Vergleich über den Einfluß der Gerbung auf die Struktur des Leders zu.

Abb. 227 zeigt ein Schafleder unmittelbar nach dem Gerben. Der große Unterschied gegenüber dem Leder aus der Stier- und Kalbshaut

Abb. 234. Vertikalschnitt durch Leder aus der Haut von geflecktem Rochen. Stelle der Entnahme: Schild. Dicke des Schnittes: 30 μ. Färbung: keine. Gerbung: vegetabilisch. Okular: 5 ×. Objektiv: 16 mm. Wratten-Filter: K_3-Gelb. Lineare Vergrößerung: 120-fach.

ist auffallend. Die Löcher und Zwischenräume, die infolge der Zerstörung der Drüsen und der Entfernung der Wolle entstanden sind, erteilen dem Leder eine schwammige Beschaffenheit, die seine Verwendung beschränkt. Die obere Schicht wird oft abgespalten und als Buchbinderleder oder Schweißleder für Hüte verwendet. Bisweilen benutzt man

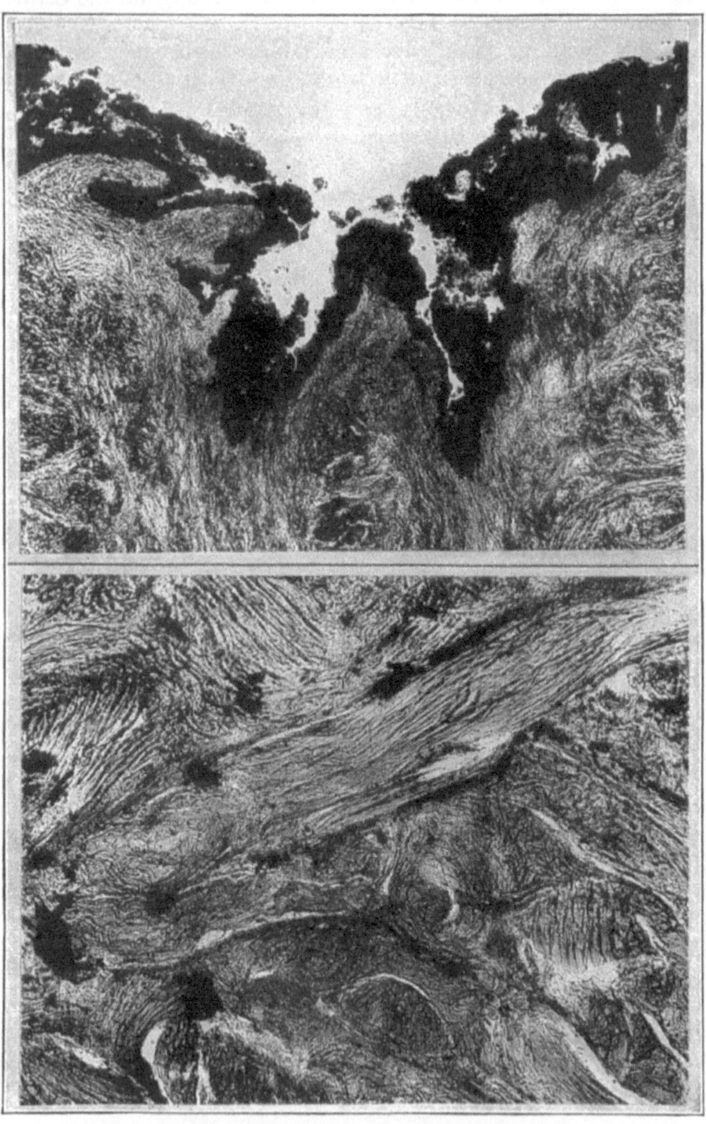

Abb. 235 und 236. Teile von Vertikalschnitten durch Walroßleder.

Abb. 235. Narbenschicht.

Abb. 236. Schicht 22 mm unter dem Narben.

Stelle der Entnahme: Scheitel (?). Dicke des Schnitts: 40 μ. Färbung: keine. Gerbung: vegetabilisch. Okular: 5 ×. Objektiv: 16 mm. Wratten-Filter: G-Gelb. Lineare Vergrößerung: 68-fach.

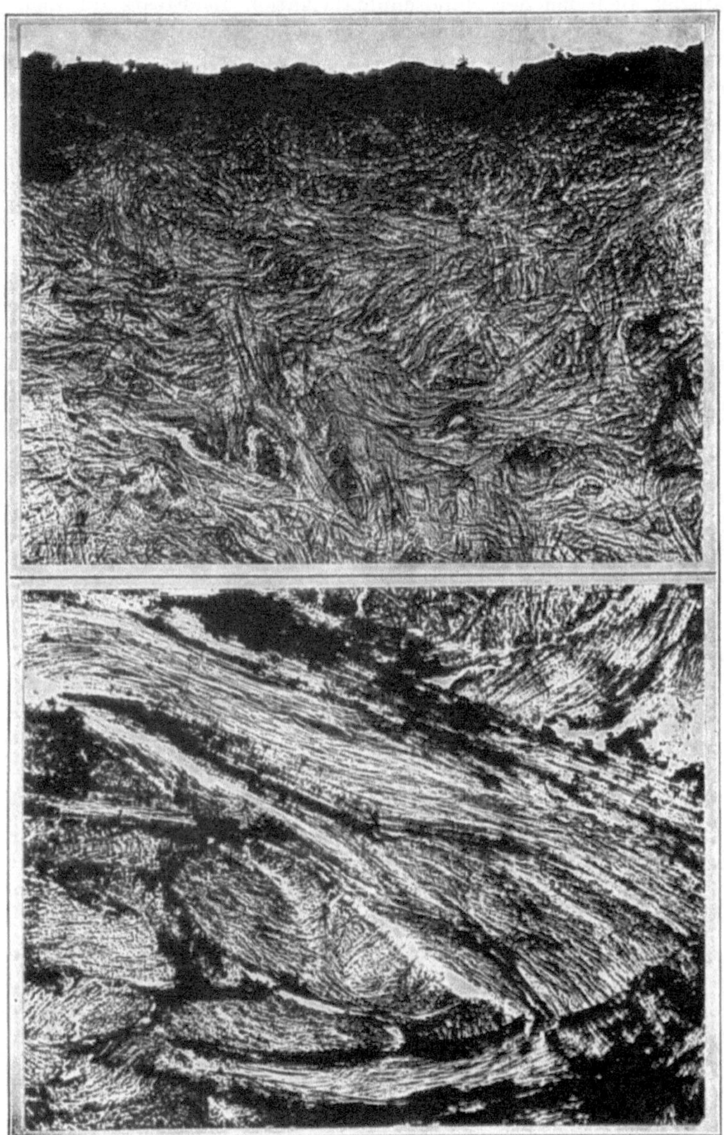

Abb. 237 und 238. Teile von Vertikalschnitten durch Nilpferdleder.

Abb. 237. Narbenschicht.

Abb. 238. Schicht 28 mm unter dem Narben.

Stelle der Entnahme: Scheitel (?). Dicke des Schnitts: 40 μ. Färbung: keine. Gerbung: vegetabilisch. Okular: 5 ×. Objektiv: 16 mm. Wratten-Filter: G-Gelb. Lineare Vergrößerung: 68-fach.

Schafleder auch bei der Handschuhfabrikation als Ersatz für Zickelleder. Viel Schafleder wird heute auch zum Ausfüttern der Schuhe verwendet. Ein Schnitt durch ein Schafleder, das zum Ausfüttern geeignet ist, ist im 36. Kapitel wiedergegeben.

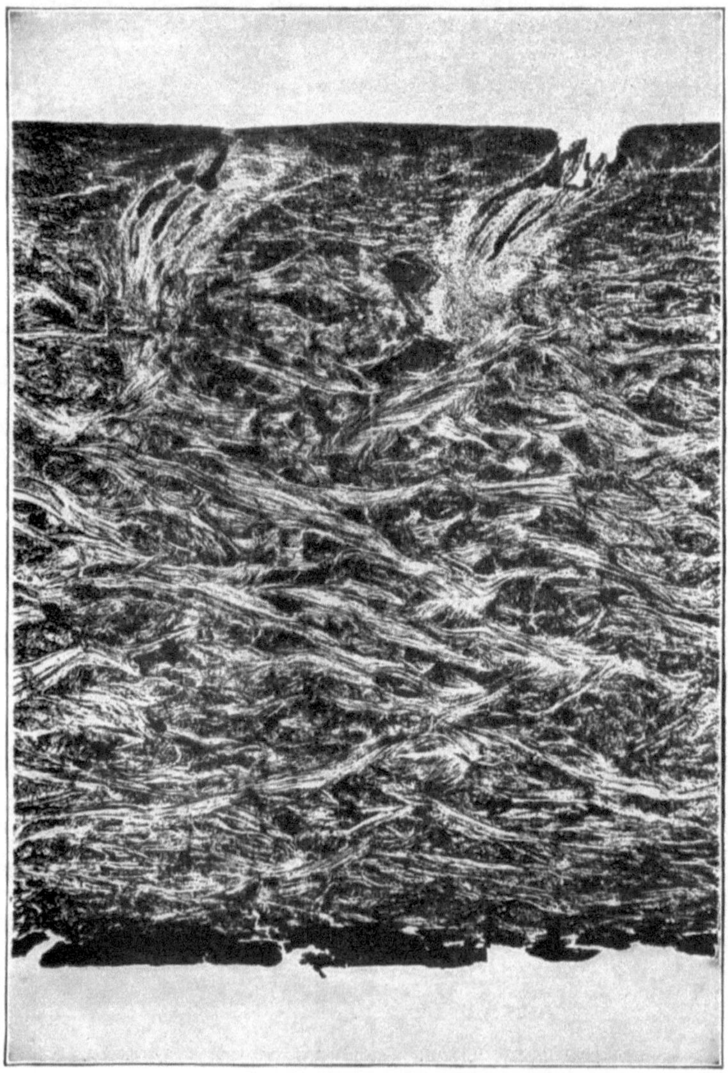

Abb. 239. Vertikalschnitt durch Kamelleder.

Stelle der Entnahme: Schild (?). Dicke des Schnitts: 30 μ. Färbung: keine. Gerbung: vegetabilisch. Okular: keins. Objektiv: 32 mm. Wratten-Filter: B-Grün. Lineare Vergrößerung: 30-fach.

Der in Abb. 228 wiedergegebene Schnitt entstammt einem vegetabilisch gegerbten Schweinsleder. Die Struktur der Rohhaut ist aus Abb. 34 im 2. Kapitel zu ersehen. Beim Falzen entstehen durch das Aufschneiden der Haarbälge an der Fleischseite Löcher. Überall, wo sich Borsten befanden, sind jetzt im fertigen Leder Löcher, eine Erscheinung, die für Schweinsleder charakteristisch ist. Die Rauheit des Narbens macht das Schweinsleder für die Herstellung von Sätteln, Fußballüberzügen, Geldtaschen usw. geeignet.

Abb. 229 zeigt einen Schnitt durch ein Lachsleder, wie es aus der vegetabilischen Gerbung kommt. Sie soll zum Vergleich mit den Abb. 38

Abb. 240. Abwelken von vegetabilisch gegerbten Kalbledern.

und 39 im 2. Kapitel dienen, die Schnitte durch die frische Lachshaut wiedergeben. Der Riß im oberen Teil ist der Balg einer Schuppe. Das Leder eignet sich infolge seiner Struktur besonders für leichte Gürtel.

Die Rauheit mancher Haifischleder wird bei der Betrachtung von Abb. 230 erklärlich. Seit die Gerber gelernt haben, wie sie die Haken aus der Haifischhaut entfernen müssen, ohne daß das Leder selbst Schaden leidet, ist es selten, daß man einem Haifischleder dieser Art begegnet. Ein Muster eines Haifischleders, wie es als Oberleder für Damenschuhe Verwendung findet, ist im 36. Kapitel abgebildet. Die Struktur gleicht ganz der anderer Fischleder.

Abb. 231 zeigt einen Schnitt durch eine vegetabilisch gegerbte Alligatorhaut. Dieses Leder findet Verwendung bei der Herstellung von Handtaschen, Etuis usw. Das sogenannte Alligatornarbenleder ist ein

Kalbleder, dem die Panzerschuppen, die das Alligatorenleder vortäuschen sollen, künstlich aufgepreßt sind. Abb. 232 gibt einen Schnitt durch eine vegetabilisch gegerbte Schildkrötenhaut wieder. Obwohl jedes von diesen Ledern durchschnittlich weniger als $^1/_{20}$ qm Oberfläche aufweist, so ist das Leder doch für Serviettenringe und Phantasiegeldtaschen gesucht. Bei beiden Ledern ist die Struktur der Fasern ähnlich der von Fischledern.

Abb. 233 zeigt einen Vertikalschnitt durch ein vegetabilisch gegerbtes Leder aus der Haut einer Wasserschlange, Abb. 234 einen Schnitt durch

Abb. 241. Das Aufkrausen oder Krispeln des Leders.

das Leder von einem gefleckten Rochen. Diese Leder sind ausgezeichnet haltbar und gleichen in dieser Hinsicht dem Haifischleder.

Einige Proben von sehr dicken Ledern sind in den Abb. 235 bis 238 wiedergegeben. Es sind Leder aus Walroß- und aus Nilpferdhaut. Das Walroßleder war 24 mm, das Nilpferdleder 30 mm dick. Wollte man das Nilpferdleder unter Einhaltung der gewählten Vergrößerung in seiner ganzen Dicke zur Darstellung bringen, so müßte das Bild über 2 m hoch sein. Darum ist nur ein kleiner Teil der Gesamtdicke aufgenommen.

Nach den gut entwickelten Papillen zu urteilen, die sich überall aus den Narben hervorstülpen, muß das Walroß gegen Berührung sehr empfindlich sein. In keinem dieser Leder waren die Haarwurzeln und die Fettzellen an den Haarbälgen zerstört. Hieraus läßt sich schließen, daß die Äscherflüssigkeit nicht so weit vorgedrungen sein konnte. Sieht man von den sehr dicken Kollagenfasern in der Retikularschicht und überhaupt von den großen Ausmaßen der Haut ab, so gleicht die Walroßhaut der Schweinshaut. Ein Vergleich dieser Leder mit denen aus Häuten kleinerer Tiere ist nicht uninteressant; man muß natürlich dabei die Vergrößerung berücksichtigen.

Es ist des öfteren die Vermutung ausgesprochen worden, daß die vegetabilische Gerbung in einer Umhüllung der Fasern mit Gerbstoffen bestehe. Die Beobachtung der Schnitte unter dem Mikroskop konnte

Abb. 242. Das Beschneiden des Leders.

jedoch keine Stütze für diese Auffassung erbringen. Die äußeren Schichten der Blößen wirken als Filter und lassen nur die löslichen Stoffe in das Innere der Haut eindringen, diese diffundieren in die eigentliche Fasersubstanz und, sobald die Gerbung beendet ist, ist alles gleichmäßig durchdrungen. Bei Betrachtung von Schnitten durch fertiges Leder findet man im Gegensatz zu der allgemeinen Ansicht kein die Fasern umhüllendes Material und auch keins, das die Lücken zwischen den Fasern ausfüllt.

Abb. 239 zeigt einen Schnitt durch Leder aus Kamelhaut. Die geschlossene Struktur der Fasern ist auffällig, das Leder würde sich daher für Riemen- oder für leichtes Sohlleder eignen.

Ein Schnitt von vegetabilisch gegerbtem Kalbsleder ist im 18. Kapitel in Abb. 282 wiedergegeben. Daneben findet sich zum Vergleich ein aus Teilen der gleichen Haut hergestelltes chromgares Leder. Bei der vegetabilischen Gerbung werden die Fasern stärker als bei der Chromgerbung. Das ist der Grund, warum sich vegetabilisch gegerbte Leder voller anfühlen. Ein ähnlicher Vergleich findet sich auch im 36. Kapitel. Es ist interessant, die Strukturen aller dieser Leder mit denen der Rohhäute im 2. Kapitel zu vergleichen.

Literaturzusammenstellung.

1. Anacker, E.: Beurteilung von Celluloseextrakten. Collegium **1928**, 495.
2. Andreasch, F.: Gärungserscheinungen in Gerbbrühen. Gerber **1895**, 163; **1896**, 193; **1897**, 3.
3. Bergmann, M., W. Münz u. L. Seligsberger: Zur Kenntnis der Schnellgerbung. Gerber **1930**, 173.
4. Cross, C. F., C. V. Greenwood u. M. C. Lamb: Colloidal tannin compounds and their applications. J. Soc. Dyers Colourists **35**, 62 (1919).
5. Ditmar, R.: Tanning with the aid of electricity. Chem. Met. Eng. **31**, 856 (1924).
6. Enna, F.: Rapid tannage. J. Soc. Leather Trades Chem. **1**, 36 (1917).
7. Ehrenstein, P.: Häute und Lederberichte **1922**, 5.
8. Elektro-Osmose A. G. Wien: Österreichische Patentschriften Nr. 88354 und 91346 (1918—19).
9. Hoppenstedt, A. W.: Diffusion of tannin through gelatin jelly. J. Amer. Leather Chem. Assoc. **6**, 343 (1911).
10. Jablonski, L.: Das Luckhaussche Schnellgerbverfahren. Collegium **1929**, 574.
11. Jettmar, J.: Die Elektrizität in der Gerberei. Gerber **1917**, 51, 103.
12. McLaughlin, G. D. u. R. E. Porter: On the swelling and falling of white hide in vegetable tan liquors. J. Amer. Leather Chem. Assoc. **15**, 557 (1920).
13. Machon, H.: Wasserstoffionenkonzentration und Gerbwirkung. Collegium **1930**, 49.
14. Merrill, H. B. u. J. L. Bowlus: Ind. Eng. Chem. **21**, 1291 (1929).
15. Mezey, E.: Über das Eindringungsvermögen pflanzlicher Gerbstoffe in die tierische Haut. Collegium **1925**, 305.
16. Nance, C. W.: U. S. Patent 1065168 (1913).
17. Page, R. O. u. J. A. Gilman: Influence of H-ion concentration and valency of added anion on plumping in tan liquors. Ind. Eng. Chem. **19**, 251 (1927).
18. Pawlowitsch, P.: Über den Einfluß der Wasserstoffionenkonzentration auf die Gerbung. Collegium **1928**, 2.
19. Pawlowitsch, P.: Engl. Patent Nr. 302408 vom 20. 12. 1928.
20. Reed, H. C. u. T. Blackadder: Some thoughts on the measurement of the plumping value of tan liquors. J. Amer. Leather Chem. Assoc. **17**, 109 (1922).
21. Rideal, E. K. u. U. R. Evans: Some experiments on the theory of electrotanning. J. Soc. Chem. Ind. **32**, 633 (1913).
22. Seltzer, J. M. u. F. F. Marshall: A. Study in the loss of tannin in liquors due to fermentation. J. Amer. Leather Chem. Anoc. **25**, 168 (1930).
23. Seymour-Jones, A.: Rapid tanning of sole leather. J. Soc. Leather Trades Chem. **1**, 2 (1917).
24. Stiasny, E.: A new synthetic tannin. Collegium **1913**, 142.
25. Thomas, A. W.: Order of diffusion of tanning extracts through gelatin jelly. J. Amer. Leather Chem. Assoc. **15**, 593 (1920).
26. Thomas, A. W.: Vegetable tanning. Ind. Eng. Chem. **14**, 829 (1922).
27. Thomas, A. W. u. S. B. Foster: The colloid content of vegetable tanning extracts. Ind. Eng. Chem. **14**, 191 (1922).
28. Thomas, A. W. u. M. W. Kelly: Time and concentration factors in the combination of tannin with hide substance. Ind. Eng. Chem. **14**, 292 (1922).
29. Thomas, A. W. u. M. W. Kelly: Concentration factor in the combination of tannin with hide substance. Ind. Eng. Chem. **15**, 928 (1923).

30. Thomas, A. W. u. M. W. Kelly: The influence of hydrogen-ion concentration in the fixation of vegetable tannins by hide substance. Ind. Eng. Chem. **15**, 1148 (1923).
31. Thomas, A. W. u. M. W. Kelly: The influence of neutral salts upon the fixation of tannin by hide substance. Ind. Eng. Chem. **15**, 1262 (1923).
32. Thomas, A. W. u. M. W. Kelly: Differences in kind or degree of tannin fixation. Ind. Eng. Chem. **16**, 31 (1924).
33. Thomas, A. W. u. M. W. Kelly: Vegetable tanning. Ind. Eng. Chem. **17**, 41 (1925).
34. Thomas, A. W. u. M. W. Kelly: Ind. Eng. Chem. **21**, 697 (1929).
35. Thomas, A. W. u. M. W. Kelly: The temperature factor in vegetable tannin fixation. J. Amer. Leather Chem. Assoc. **24**, 282 (1929).
36. Thomas, A. W. u. M. W. Kelly: Ind. Eng. Chem. **21**, 698 (1929).
37. Trunkel, H.: Über Leim und Tannin. Biochem. Z. **26**, 458 (1910).
38. Turnbull, A. u. T. B. Carmichael: British Patent 110470 (1917).
39. Wallace, E. L. u. R. C. Bowker, Use of sulfite cellulose extract as a tanning material. Technologic Papers of Bureau of Standards **21**, Nr. 339, S. 309 (1927).
40. Williams, O. I.: Inquiry into electrical tannage. Collegium **1913**, 76.
41. Wilson, J. A. u. A. F. Jr. Gallun: Direct determination of the plumping power of tan liquors. Ind. Eng. Chem. **15**, 376 (1923).
42. Wilson, J. A. u. E. J. Kern: Effect of change of acidity upon the rate of diffusion of tan liquor into gelatin jelly. Ind. Eng. Chem. **14**, 45 (1922).
43. Wilson, J. A. u. E. J. Kern: Stability of the hide-tannin compound at different p_H values. Paper presented before the Leather Division of the Amer. Chem. Soc. Sept. 6 (1922).

16. Theorie der vegetabilischen Gerbung.

Erst nachdem man es verstanden hatte, die Chemie der Proteine quantitativ zu erfassen, bestand eine gewisse Möglichkeit, eine quantitative Theorie der Gerbung zu entwickeln. Die zahlreichen Versuche, die Verbindungsgewichte von Gelatine und Gerbstoffen zu ermitteln, waren solange von vornherein zur Unfruchtbarkeit verurteilt, als man das Vorhandensein von gewissen Variablen noch nicht erkannt hatte. Eine Zusammenstellung der älteren Theorien über die vegetabilische Gerbung würde nur von historischem Wert sein.

Die modernen Gerbtheorien passen sich in den Hauptzügen der Entwicklung der Proteinchemie an. Während die eine Richtung die Theorie von der physikalisch-chemischen Seite entwickelt, ist die andere bestrebt, sie auf organisch-chemischer Grundlage aufzubauen.

a) Die Procter-Wilson-Theorie.

Die Entwicklung, die Procter der physikalischen Chemie der Proteine gegeben hat, führte dazu, die vegetabilische Gerbung so aufzufassen, wie sie in der Procter-Wilsonschen (16) Theorie der Gerbung ihren endgültigen Ausdruck gefunden hat. Die Arbeiten, die zu dieser Theorie führten, sind bereits im 5. Kapitel erörtert worden und brauchen hier nicht wiederholt zu werden. Befindet sich Kollagen im Gleichgewichtszustand mit einer Gerbbrühe von einem p_H-Wert zwischen 2 und 5, so kann man das Kollagen als ein Aggregat von kompliziert aufgebauten Kationen auffassen; diese werden durch sehr viel einfachere

Anionen, die sich in jener Schicht in Lösung befinden, von der das Kollagengefüge unmittelbar umgeben wird, durch die gleichen Kräfte, die ganz allgemein entgegengesetzt geladene Ionen zusammenhalten, im Gleichgewicht gehalten. Die Struktur des Kollagengefüges in der Hautfaser wird man sich ähnlich vorzustellen haben wie die der Gelatine in der Gelform.

Nehmen wir zur Erklärung der Theorie an, daß ein Stück Haut mit einer Lösung in Berührung stehe, die außer Gerbstoff nur noch die Säure HA enthalte. Hat sich das Gleichgewicht zwischen der Lösung und dem Hautstückchen eingestellt, so möge für die Gerbstofflösung folgende Gleichung gelten:

$$x = [\mathrm{H^+}] = [\mathrm{A'}] .$$

Für die Gelphase des Kollagens möge folgende Gleichung gelten:

$$y = [\mathrm{H^+}] ,$$

ferner sei:

$$z = [\mathrm{CH^+}] \text{ (Konzentration des Kollagenkations)},$$

so daß

$$[A'] = y + z .$$

Die Gleichgewichtsverhältnisse entsprechen ganz den für Gelatine beschriebenen; es wird daher auch hier an der Grenze der Gelphase und der äußeren Lösung eine Potentialdifferenz folgender Größe auftreten müssen:

$$E = \frac{RT}{F} \log \frac{y}{x} = \frac{RT}{F} \log \frac{-z + \sqrt{4x^2 + z^2}}{2x} .$$

Jedes Gerbstoffteilchen ist negativ geladen und muß daher mit einer entsprechenden Zahl von Kationen versehen sein, die sich in der die einzelnen Gerbstoffteilchen umhüllenden dünnen Schicht befinden. Die Theorie erfährt auch keine Änderung, wenn man die Gerbstoffpartikelchen nicht als feste Teilchen ähnlich suspendiertem Gold, sondern als Gelteilchen auffaßt, die Lösung absorbieren können. Die Konzentration dieser Kationen möge z_1, die der Anionen A' in der umhüllenden dünnen Schicht y_1 sein; die Gesamtkonzentration der Kationen ist dann $y_1 + z_1$. Die Potentialdifferenz an der Grenzfläche der umhüllenden dünnen Schicht und der eigentlichen Lösung läßt sich dann folgendermaßen berechnen:

$$E_1 = \frac{RT}{F} \log \frac{x}{y_1} = \frac{RT}{F} \log \frac{2x}{-z_1 + \sqrt{4x^2 + z_1^2}} .$$

Es ist ohne weiteres ersichtlich, daß E und E_1 verschiedenes Vorzeichen haben müssen.

Gemäß der Procter-Wilsonschen Theorie für die Gerbung ist der erste Schritt bei der Gerbung der Ausgleich dieser beiden Ladungen. Die Gerbgeschwindigkeit wird daher am Anfang der Summe der absoluten Werte dieser Potentialdifferenzen direkt proportional sein:

$$\frac{RT}{F} \log \frac{4x^2}{(-z + 4\sqrt{x^2 + z^2})(-z_1 + \sqrt{4x^2 + z_1^2})} .$$

In diesem Ausdruck bedeutet z den absoluten Wert der elektrischen Ladung des Kollagens und z_1 den der Ladung der Gerbstoffteilchen, während x die Wasserstoffkonzentration der Gerbstofflösung ist. Bei konstantem x bedingt, wie man ersehen kann, eine Vergrößerung des Wertes z oder z_1 eine Erhöhung der Gerbgeschwindigkeit.

Löst man in der Gerbbrühe ein Neutralsalz, z. B. NaCl, das im Gleichgewicht folgender Gleichung genügen möge:

$$u = [\mathrm{Na}^+] = [\mathrm{Cl}'],$$

so wird aus Gründen, die im 5. Kapitel erörtert worden sind, die Anfangsgeschwindigkeit der Gerbung durch folgenden Ausdruck wiedergegeben:

$$\frac{RT}{F}\log\frac{4\,(x+u)^2}{\left[-z+\sqrt{4\,(x+u)^2+z^2}\right]\left[-z_1+\sqrt{4\,(x+u)^2+z_1^2}\right]}.$$

Es ist ohne weiteres klar, daß ein Anwachsen von u, wenn z und z_1 konstant bleiben, eine Verzögerung der Gerbgeschwindigkeit bewirken muß. Aus dieser Tatsache erklärt sich zum Teil der gerbungshemmende Einfluß von Neutralsalzen. Wird u über alle Maßen groß, so nimmt der obige Ausdruck den Wert Null an.

Haben sich die die Gerbstoffteilchen umhüllenden Flüssigkeitsschichten mit dem Lösungsteil vereinigt, der sich in der Gelphase des Kollagens befindet, und so die Potentialdifferenzen, die beide gegenüber der äußeren Lösung aufweisen, ausgeglichen, so können sich die wirklichen Ladungen der Kollagen- und Gerbstoffteilchen ausgleichen, wie etwa bei der Bildung eines schwach dissoziierten Salzes aus zwei entgegengesetzt geladenen Ionen.

Wie die physikalische Chemie der Proteine, die im 5. Kapitel entwickelt wurde, ist diese Theorie der Gerbung einer ausgedehnten mathematischen Behandlung zugänglich. Da die quantitative Auswertung der Theorie eben erst begonnen hat, so mögen solche Bestrebungen der Zukunft überlassen werden. Bemerkenswert indessen ist, daß die Theorie sich als wertvoller Führer bei der Weiterentwicklung des Gerbprozesses erwiesen hat und daß bisher noch keine Erscheinung beobachtet werden konnte, die sich nicht mit der Theorie in Einklang bringen ließe.

Interessant ist es, das wahrscheinliche Verbindungsverhältnis von Kollagen und Pentadigalloylglucose zu errechnen. Setzt man den vom Verfasser vorgeschlagenen Wert für das Verbindungsgewicht des Kollagens zu 750 ein, und nimmt man ferner an, daß jeder Digallussäurerest sich mit Kollagen verbinden kann, so kommen auf 340 Teile Gerbstoff 750 Teile Kollagen, oder 45,3% Gerbstoff auf 100 Teile Kollagen. Vielleicht ist es mehr als ein bloßer Zufall, daß diese Gerbstoffmenge das Minimum darstellt, das nach den Erfahrungen des Verfassers eben noch genügt, um Haut vollkommen in Leder zu verwandeln. Läßt man Blößen monatelang in Gerbbrühen liegen, so werden 90 Teile Gerbstoff von 100 Teilen Kollagen gebunden. Höhere Werte hat der Verfasser in der Praxis nie beobachten können, obgleich von auf verschiedene Weise vorbehandeltem Hautpulver noch höhere Mengen gebunden werden. Da die Gerbstoffe verschiedenes Molekulargewicht aufweisen, muß mit gewissen Abweichungen gerechnet werden. Wenn auch jede Annahme über das Verbindungsverhältnis bei dem geringen Umfang unserer Kenntnisse über das Wesen des Gerbvorgangs als spekulativ zu bezeichnen ist, so kommt doch gerade dort, wo wenig bekannt ist, solchen Spekulationen ein gewisser Wert als Ausgangspunkt für weitere Erkenntnisse zu.

Die einfache Theorie von Procter und Wilson zieht weder die komplizierten organischen Reaktionen in Betracht, die sich beim Gerben mit Brühen von einem größeren p_H-Wert als 5 abspielen, noch beschäftigt sie sich mit den Veränderungen in der Kollagen-Gerbstoff-Verbindung, die beim Trocknen und Altern eintreten. Ebensowenig kümmert sich die Theorie um die Konstitution des Kollagen-Kations und des Gerbstoff-Anions, noch um strukturelle Umlagerungen des Proteinmoleküls und ihre Wirkung auf die spätere Gerbung. Der Verfasser glaubt indessen, daß sie doch ein leidliches Bild von der Hauptreaktion bei der vegetabilischen Gerbung gibt.

b) Die Oxydationstheorie.

Von den verschiedenen Gerbtheorien, die die Gerbung von organisch-chemischen Gesichtspunkten aus betrachten, ist die von Meunier, Fahrion und anderen Forschern vertretene Oxydationstheorie eine der wichtigsten. Meunier (13) und seine Mitarbeiter fanden, daß Haut durch Behandlung mit einer Lösung von Chinon in Leder verwandelt werden kann. Die Farbe der Haut veränderte sich nacheinander von Rosa über Violett nach Braun. Das erhaltene Leder wies eine gute Kochbeständigkeit auf. Bei dem Gerbvorgang wurde die theoretisch wichtige Beobachtung gemacht, daß ein Teil des Chinons zu Hydrochinon reduziert wird. Meunier zog daraus den Schluß, daß ein Teil des Chinons durch Oxydation des Kollagens reduziert worden sei, und nur dieses oxydierte Kollagen sich mit dem noch übrigbleibenden Chinon verbinde. Er zog eine Parallele zu der Wirkung von Chinon auf aromatische Amine:

$$C_6H_5NH_2 + 2\,C_6H_4O_2 = C_6H_5N(C_6H_4O_2) + C_6H_4(OH)_2$$
$$2\,C_6H_5NH_2 + 3\,C_6H_4O_2 = (C_6H_5N)_2C_6H_4O_2 + 2\,C_6H_4(OH)_2\,.$$

Nimmt man die Existenz primärer Aminogruppen im Kollagenmolekül an, so lassen sich die gebildeten Verbindungen etwa folgendermaßen formulieren:

$$R{-}N\begin{matrix}\diagup O \diagdown \\ \diagdown O \diagup\end{matrix}C_6H_4\,, \qquad \begin{matrix}R{-}N{-}O \\ | \\ R{-}N{-}O\end{matrix}\!\!>C_6H_4\,.$$

Fahrion (2, 3) nahm folgende Reaktionen an:

$$2\,RNH_2 + O = R{-}NH{-}NH{-}R + H_2O$$
$$\begin{matrix}R{-}NH \\ | \\ R{-}NH\end{matrix} + C_6H_4O_2 = \begin{matrix}R{-}NH{-}O \\ \\ R{-}NH{-}O\end{matrix}\!\!>C_6H_4\,.$$

Meunier nimmt an, daß sich in den vegetabilischen Gerbbrühen durch Oxydation Chinone bilden, die sich dann mit dem Kollagen zu Leder vereinigen.

Powarnin (15) wandte sich gegen die Annahme der Bildung von Chinonen durch Oxydation. Er führt die vegetabilische Gerbung auf die Wirksamkeit von „aktivem Carbonyl“ zurück. Dieses entsteht bei der wechselseitigen Umwandlung der Enol- und der Keto-Form und

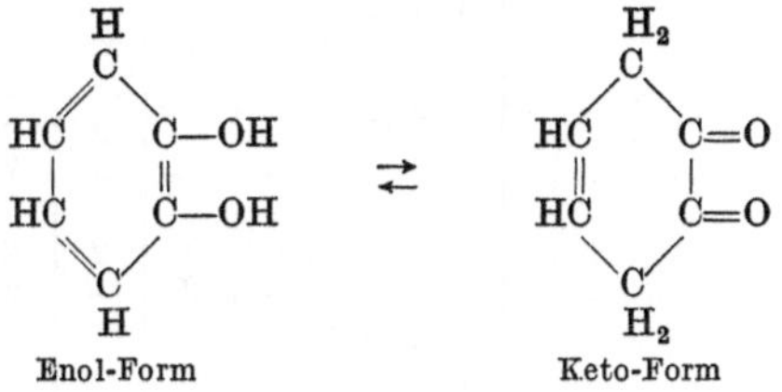

```
      H                         H2
      C                         C
    //  \                     /   \
  HC     C—OH               HC     C=O
  |      ||        ⇄        ||     |
  HC     C—OH               HC     C=O
    \\  /                     \   /
      C                         C
      H                         H2
  Enol-Form                 Keto-Form
```

ist dadurch charakterisiert, daß bei dieser Umwandlung der Sauerstoff abwechselnd durch eine einfache und eine doppelte Bindung mit dem Kohlenstoff verbunden ist.

Nach Powarnin wäre die Lederbildung folgendermaßen zu formulieren:

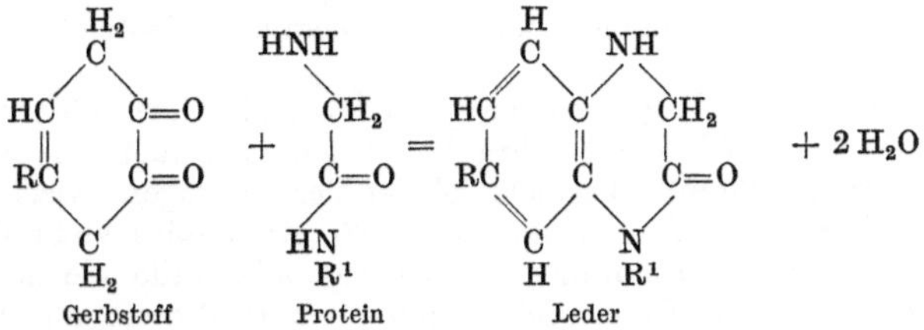

```
     H2                                H
     C            HNH                  C     NH
   /   \             \               //  \  /  \
 HC     C=O          CH2           HC     C     CH2
 ||     |      +     |       =     |      ||    |        + 2 H2O
 RC     C=O          C=O           RC     C     C=O
   \   /            /                \\  /  \  /
     C            HN                   C     N
     H2           R1                   H     R1
  Gerbstoff     Protein              Leder
```

Das „aktive Carbonyl“ ist in der Formulierung durch die Ketoform wiedergegeben worden.

Neuerdings hat Jány (10) die Rolle des Sauerstoffs bei der pflanzlichen Gerbung mit Hilfe der gasvolumetrischen bzw. manometrischen Bestimmung des verbrauchten Sauerstoffs untersucht. Dabei konnte er feststellen, daß die Differenz des Sauerstoffverbrauchs einer pflanzlichen Gerbbrühe mit und ohne Hautpulverzusatz verschwindend klein ist. Er betrachtet auf Grund seiner Ergebnisse die Oxydationstheorie der pflanzlichen Gerbung als nicht mehr haltbar.

c) Die Theorie von Freudenberg.

Nach Freudenberg (5) ist die Verbindung von Kollagen und Gerbstoff eine ähnliche Verbindung, wie die von schwachen Basen, z. B. Anilin, mit Phenol. Baeyer und Villiger (1) hatten festgestellt, daß die meisten schwachen Basen die Neigung zeigen, sich mit phenolischen Substanzen in äquimolekularen Mengen oder deren Multiplen zu verbinden. Beispiele sind in Tabelle 59 wiedergegeben. Von den so gebildeten Verbindungen sind viele schwer löslich. Die Proteine werden als schwache

Tabelle 59. Typische Verbindungen von Stickstoffbasen mit Phenolen.

Base	Mit 1 Mol Phenol verbinden sich Mole Base								
	Phenol	β-Naphthol	o-Kresol	Resorcin	Brenzcatechin	Hydrochinon	Pyrogallol	Phloroglucin	Catechin
Ammoniak	—	—	—	1	—	—	1	—	—
Hydrazin	—	—	—	—	—	1	—	—	—
Diäthylendiamin	1	—	—	—	—	1	—	—	—
Hexamethylentetramin	⅓	—	—	1	½	1	½	1	—
Harnstoff	½	—	—	—	—	—	—	—	—
Anilin	1	1	—	—	2	2	2	—	—
p-Toluidin	1	1	—	—	—	2	—	—	—
α-Naphthylamin	1	—	—	—	—	—	—	—	—
Antipyrin	—	—	1	1	2	2	1	1	—
Chinolin	—	—	—	2	—	2	3	—	—
Pyridin	—	—	—	—	—	1	—	—	—
Chinin	1	—	—	—	—	—	—	—	—
Coffein	—	—	—	—	—	—	1	1	1

Stickstoffbasen, die Gerbstoffe als schwer lösliche Phenole, deren scheinbar große Löslichkeit in Wasser auf kolloidale Dispersion zurückzuführen ist, angesehen. Freudenberg nimmt an, daß die Bindung von schwachen Basen und Phenolen ganz die gleiche ist, ob nun ganz einfache Basen und Phenole oder hochmolekulare Proteine und Gerbstoffe vorliegen.

Baeyer und Villiger hatten gefunden, daß dieser Verbindungstyp nicht auf Stickstoffbasen beschränkt ist, sondern auch mit Sauerstoffbasen zustandekommt. Beispiele solcher Verbindungen zwischen Sauerstoffbasen und Phenolen bringt Tabelle 60. Mit wachsendem Molekulargewicht bleibt die Bindung offenbar für alle Fälle gleich, von der einfachsten Sauerstoffbase und Phenol bis zum Protein und Gerbstoff, genau, wie es bei den Stickstoffbasen der Fall ist.

Tabelle 60. Typische Verbindungen von Sauerstoffbasen mit Phenolen.

Base	Mole Base, die sich verbinden mit 1 Mol		
	Resorcin	Hydrochinon	Pyrogallol
Cineol	2	—	1
Oxalsäureester	—	1	—
Zimtaldehyd	—	2	—
Dimethylpyron	—	1	—
Amylenhydrat	—	1	—
Trimethylcarbinol	—	1	—
Campher	1 und 2	—	—

Man bezeichnet Verbindungen zwischen Sauerstoffbasen und Säuren als Oxoniumsalze, da sie den Ammoniumsalzen analog gebaut sind. Bei der Bildung eines Oxoniumsalzes wird das aktive Sauerstoffatom vierwertig und verbindet sich mit dem Radikal der Säure. Bei den Proteinen finden sich nun Stickstoff und Sauerstoff als salzbildende Faktoren nebeneinander im gleichen Molekül. Es ist wahrscheinlich, daß beide auch an der Bindung mit den Gerbstoffen beteiligt sind.

So sieht Freudenberg in der vegetabilischen Gerbung eine Reaktion zwischen einer phenolischen Substanz und einer schwachen Base, die vom einfachsten Phenolmolekül und der einfachsten schwachen Base bis zum komplizierten Gerbstoff und Kollagen verfolgt werden kann.

d) Die Hydroxyltheorie.

Li (11) untersuchte eine große Menge verschiedener gerbender Materialien und stellte die Theorie auf, daß ein Gerbstoff eine oder mehrere Hydroxylgruppen enthalten müsse; umgekehrt wirke jedoch nicht jede Hydroxylverbindung als Gerbstoff. Bei den Naphthalinderivaten beobachtete er, daß die Verbindungen mit einer Hydroxylgruppe in α-Stellung eine stärkere Gerbwirkung aufweisen als die mit einem Hydroxyl in β-Stellung. Anscheinend ist die Verbindung mit Kollagen um so stabiler, je näher die reaktionsfähige Gruppe dem Zentrum des Moleküls des Gerbmittels liegt. Das stimmt mit der Ansicht von Mathur (12) über die Ölgerbung überein, die im 22. Kapitel besprochen werden wird. Ein anderer wichtiger Punkt der Theorie ist der, daß bei Gerbmitteln, die mehr als eine Hydroxylgruppe aufweisen, die Gerbkraft dann am stärksten ist, wenn die Hydroxyle symmetrisch liegen, oder wie Li es nannte, sich „in ausgeglichener Stellung“ befinden.

Die verschiedenen abgehandelten Theorien der vegetabilischen Gerbung stehen miteinander nicht in Widerspruch; jede bringt einen Beitrag zu unserer Kenntnis über die verwickelten Reaktionen, die der Verbindung von Kollagen mit Gerbstoff zugrunde liegen. Eine Reihe Untersuchungen, die für diese Theorien von großer Wichtigkeit sind, sollen im folgendem beschrieben werden.

e) Der Einfluß der vegetabilischen Gerbung auf die Verbindung von Kollagen mit Säure.

Nach der Theorie der vegetabilischen Gerbung von Procter und Wilson verbindet sich das Kollagen der Haut, wenn es in eine Gerbbrühe gebracht wird, zuerst mit Wasserstoffionen, wird dadurch positiv geladen, und neutralisiert dann die negativ geladenen Gerbstoffteilchen, indem es sich mit ihnen verbindet. Die Verbindung Kollagen-Gerbstoff ist sehr stabil und wird durch fortgesetztes Waschen nur ganz langsam hydrolysiert. Eine solche Ansicht über den Mechanismus der Gerbung legt nahe, daß sich der Gerbstoff mit jenen Gruppen des Proteinmoleküls verbindet, die fähig sind, sich mit Wasserstoffionen zu verbinden. Umgekehrt würde man erwarten, daß die Fähigkeit des Proteins, sich mit Wasserstoffionen zu verbinden, in dem Maße abnimmt, in dem die Menge des gebundenen Gerbstoffs zunimmt.

Ein praktischer Weg zur Bestimmung der vom Kollagen aus einer Säurelösung bekannter Acidität gebundenen Säuremenge konnte bisher nicht aufgefunden werden, wie es für Gelatine möglich ist. Das hat seinen Grund in der Unlöslichkeit und der komplizierten Faserstruktur des Kollagens. Die Säure verteilt sich auf drei Phasen, die für die Analyse nicht leicht zu trennen sind: 1. auf die feste Phase, die nicht in Lösung ist, 2. auf die Lösung, die vom Proteingel absorbiert ist, und 3. auf die Lösung, die das Gelgebilde umgibt.

Um wenigstens qualitativ nachzuprüfen, ob die Fähigkeit des Kollagens, sich mit Wasserstoffionen zu verbinden, sich wirklich mit dem Fortschreiten der Gerbung vermindert, stellten Wilson und Bear (29) folgende Untersuchung an.

Entfettetes Hautpulver wurde in einer Lösung von Eichenrindenextrakt verschieden lange gegerbt, um eine Serie verschieden stark durchgegerbter Hautpulver zu erhalten. Die gegerbten Pulver wurden dann in fließendem destillierten Wasser in Wilson-Kern-Extraktoren gewaschen, bis das Waschwasser auf Zusatz eines Tropfens verdünnter Eisen-3-chloridlösung keine Färbung mehr zeigte. Es wurde nachgewiesen, daß dieses Auswaschen genügt, um eine dem Hautpulver vorher zugesetzte Menge Schwefelsäure wieder quantitativ zu entfernen. Man darf also annehmen, daß Hautpulver auf diese Weise alle gebundene Säure abgibt. Nach dem Waschen wurden die Hautpulver getrocknet, und der Wassergehalt und die wasserfreie Hautsubstanz bestimmt. Letztere wurde aus dem Stickstoffwert durch Multiplikation mit 5,62 berechnet. Die Differenz von 100 und der Summe beider Werte wurde als der Prozentsatz des gebundenen Gerbstoffs angenommen.

Von jedem gegerbten Pulver wurde eine genau 1 g Hautsubtstanz entsprechende Menge in einer Pulverflasche mit je 50 ccm einer 0,01 normalen Schwefelsäure mit Unterbrechungen 24 Stunden geschüttelt, um zu einem Gleichgewichtszustand zu kommen. Dann wurde die Wasserstoffionenkonzentration der rückbleibenden Säurelösung mit der Wasserstoffelektrode gemessen. Die Untersuchungsergebnisse, die in Tabelle 61 wiedergegeben sind, zeigen deutlich, daß mit einem stärkeren Grade der Durchgerbung die Fähigkeit des Kollagens, sich mit Säure zu verbinden, abnimmt.

Tabelle 61.

Von 100 g Hautpulver gebundene Gerbstoffmenge g	Konzentration der Säurelösung im Gleichgewicht p_H	Von 100 g Hautpulver gebundene Gerbstoffmenge g	Konzentration der Säurelösung im Gleichgewicht p_H
0	3,39	10,45	3,07
6,84	3,37	12,17	2,96
7,59	3,23	12,61	2,86
7,86	3,14	14,24	2,80
		17,47	2,72
		Lösung ohne gegerbtes Hautpulver	2,05

f) Isoelektrischer Punkt der Kollagen-Gerbstoff-Verbindung.

Wenn sich der Gerbstoff wirklich mit den basischen Gruppen des Kollagens verbindet, wie aus der Arbeit von Wilson und Bear hervorgeht, so muß der isoelektrische Punkt des Kollagens durch die pflanzliche Gerbung vom p_H-Wert 5 auf einen etwas niedrigeren Wert verschoben werden. Gustavson (7) erbrachte für diese Annahme den Beweis; er bediente sich dazu der im 5. Kapitel erwähnten kolorimetrischen Methode von Thomas und Kelly (19), um den isoelektrischen Punkt von reinem Kollagen zu bestimmen. Gustavson benutzte zwei Muster vegetabilisch gegerbter Hautpulver; das eine war mit Hemlockrindenextrakt gegerbt und enthielt auf 100 g Proteinsubstanz 49,8 g gebundenen Gerbstoff, das andere war mit Quebrachoextrakt gegerbt und enthielt 30,9 g gebundenen Gerbstoff.

Die gegerbten Hautpulverproben wurden feucht gehalten, und für jede Bestimmung eine Menge verwendet, die 0,75 g trockener Hautsubstanz entsprach. Diese wurde 12 Stunden lang in 50 ccm einer Pufferlösung von gegebenem p_H-Wert und dann 6 Stunden in 50 ccm einer neuen Pufferlösung, die 2 ccm einer 1%igen Farbstofflösung enthielt, aufbewahrt. Dann wurde mit der Pufferlösung und schließlich mit destilliertem Wasser gut ausgewaschen. Die Pufferlösungen wurden so zubereitet, daß sie $^1/_5$ molare Phosphorsäure und die zur Erlangung des gewünschten p_H-Werts erforderliche Menge Salzsäure bzw. Natronlauge enthielten. Die Puffer wurden so gewählt, daß der Unterschied im p_H-Wert von einem zum nächsten Puffer immer 0,2 betrug. Als Farbstoffe wurden Säureblau, Säuremagenta und Orange II gewählt. Der höchste p_H-Wert, bei dem noch Fixierung von Farbstoff erfolgte, wurde als isoelektrischer Punkt des Leders angenommen. Die für das mit Hemlockrinde gegerbte Hautpulver gefundenen isoelektrischen Gebiete lagen bei Verwendung von Säureblau bei 3,8 bis 4,2, bei Verwendung von Säuremagenta bei 3,6 bis 4 und bei Verwendung von Orange II bei 3,8 bis 4. Für das mit Quebracho gegerbte Pulver waren die Ergebnisse mit Säureblau 4 bis 4,2, mit Säuremagenta 3,8 bis 4,2 und mit Orange II 3,6 bis 4. Die Übereinstimmung ist in allen Fällen gut. Der Wert für mit Hemlockrinde gegerbtes Hautpulver beträgt im Durchschnitt 3,9 und für mit Quebracho gegerbtes Pulver 4. Die Theorie, daß sich der Gerbstoff mit den basischen Gruppen des Kollagenmoleküls verbindet, erhält hiermit eine weitere Stütze, und es mag bezeichnend sein, daß das stärker gegerbte Pulver den niedrigeren isoelektrischen Punkt aufweist.

g) Das Verhalten gereinigten Tannins.

Die Kurven in den Abb. 211, 212 und 213 im 15. Kapitel können nur mit der Procter-Wilson-Theorie durch die Annahme in Einklang gebracht werden, daß das, was sich bei p_H-Werten größer als 8 mit dem Kollagen verbindet, etwas anderes als Gerbstoff ist. Hierdurch wurden Thomas und Kelly (23) veranlaßt, die Gerbwirkung von gereinigtem Tannin zu untersuchen. Sie stellten zuerst den Einfluß der Konzentration fest.

Entfettetes Hautpulver wurde in Portionen, die 2 g Trockensubstanz entsprachen, mit 100 ccm Tanninlösung 24 Stunden in $^1/_2$-Literflaschen bei Zimmertemperatur geschüttelt. Die Lösungen wurden auf bestimmte p_H-Werte eingestellt, mit Natriumhydroxyd auf p_H-Werte von 4 und 5 und mit Salzsäure oder Phosphorsäure auf den p_H-Wert 2. Die p_H-Werte wurden elektrometrisch ermittelt. Nach einer 24stündigen Gerbdauer wurden die Hautpulverportionen in Wilson-Kern-Extraktoren abfiltriert und so lange ausgewaschen, bis das Waschwasser mit Eisen-3-chlorid keine Färbung mehr ergab. Die gegerbten Hautpulver wurden erst an der Luft und später 16 Stunden bei 100° im Vakuum getrocknet. Nach dem Abkühlen wurde gewogen und der Gewichtszuwachs des Hautpulvers als gebundener Gerbstoff angenommen. Die Ergebnisse sind aus Tabelle 62 und Abb. 243 zu ersehen.

Die stärkere Fixierung bei Benutzung von Phosphorsäure zur Einstellung des p_H-Wertes 2 mag darauf beruhen, daß die Phosphorsäure ein besserer Puffer ist als Salzsäure und der p_H-Wert während der Gerbung langsamer wächst, oder auch auf der Tatsache, daß die Phosphorsäure eine schwächere Säure ist, in Übereinstimmung mit den in den Abb. 214 und 215 im 15. Kapitel gemachten Angaben.

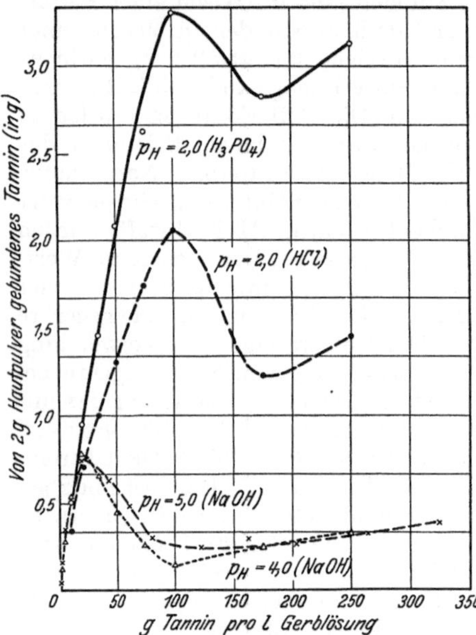

Abb. 243. Die Gerbung mit Tannin bei verschiedenen p_H-Werten als Funktion der Konzentration. Gerbdauer: 24 Stunden.

Die Kurven dieser Befunde zeigen dieselbe Richtung wie die für Gerbextrakte des Handels. Sie steigen steil zu einem Maximum an, fallen dann ab, und steigen ein zweites Mal an. Anscheinend werden die Oberflächen der Kollagenteilchen, wenn die Konzentration des Tannins über jene Konzentration, die den maximalen Gerbgrad ergibt, wächst, so rasch und stark gegerbt, daß das Eindringen des Tannins so lange verzögert wird, bis die Tanninkonzentration so groß geworden ist, daß sie auf Grund ihrer Massenwirkung dieses Hindernis überwindet. Während die Potentialdifferenz des Kollagens gegen die äußere Lösung konstant bleibt, wenigstens bei Gegenwart von Phosphorsäure, wenn auch nicht vollständig bei Gegenwart von Salzsäure, nimmt die Potentialdifferenz der Gerbsäureteilchen bei wachsender Konzentration der Tanninlösung ab. Das würde im Hinblick auf die Theorie von Procter und Wilson über die vegetabilische Gerbung eine Verminderung der anfänglichen Gerbgeschwindigkeit zur Folge haben. Damit wäre der Abfall der Kurve nach dem Maximum zu erklären. Das zweite Ansteigen der Kurve könnte mit der Massenwirkung des Tannins erklärt werden.

Bei früheren Arbeiten mit vegetabilischen Gerbextrakten fiel der Punkt der maximalen Gerbstoffbindung angenähert mit dem ersten

Tabelle 62. Einfluß der Tanninkonzentration.

Tannin (g pro Liter)	Von 2 g Hautpulver fixiertes Tannin	Von Kollagen gebundenes Tannin (in %)	p_H-Wert der Filtrate
	Bei $p_H = 5$		
1,22	0,041	2,1	—
3,26	0,165	8,3	—
6,11	0,356	17,8	—
10,2	0,559	28,0	—
20,4	0,744	37,2	—
40,7	0,635	31,8	—
61,1	0,404	20,2	—
81,4	0,297	14,9	—
122,2	0,243	12,2	—
162,8	0,300	15,0	—
203,5	0,274	13,7	—
264,6	0,332	16,6	—
325,6	0,396	19,8	—
	Bei $p_H = 4$		
3,00	0,127	6,4	4,55
5,00	0,280	14,0	4,46
10,00	0,535	26,8	4,35
20,00	0,778	38,9	4,34
35,00	0,658	32,9	4,26
50,00	0,455	22,8	4,22
75,00	0,259	13,0	4,21
100,0	0,157	7,9	4,19
175,0	0,247	12,4	4,15
250,0	0,329	16,5	4,12
	Bei $p_H = 2$ (HCl)		
10,00[1]	0,342[2]	17,1	2,60
20,00	0,715[2]	35,8	2,50
35,00	1,099[2]	55,0	2,45
50,00	1,294	64,7	2,43
75,00	1,743	87,2	2,40
100,0	2,050	102,5	2,38
175,0	1,232	61,6	2,44
250,0	1,463	73,2	2,40
	Bei $p_H = 2$ (H_3PO_4)		
10,00[1]	0,506[2]	25,3	2,08
20,00	0,953[2]	47,7	2,07
35,00	1,463	73,2	2,12
50,00	2,092	104,6	2,
75,00	2,621	131,1	2,05
100,0	3,281	164,1	2,08
175,0	2,821	141,1	2,09
250,0	3,111	155,6	2,02

[1] Es wurde auch mit schwächeren Konzentrationen gearbeitet. Da die gegerbten Hautpulver dann sehr lappig waren, wurden die Versuche aufgegeben.

[2] Diese gegerbten Hautpulver wurden nach dem Trocknen dunkel und zeigten Anzeichen einer Hydrolyse. Alle übrigen Hautpulver waren gut gegerbt.

Auftreten eines positiven Ausfalls der Gelatine-Kochsalzprüfung im Filtrat am Ende der Untersuchung zusammen. Mit Tannin ist das jedoch anders; positiver Ausfall der Gelatine-Kochsalzprüfung tritt im Filtrat von solchen Lösungen ein, deren ursprüngliche Konzentrationen 5 bis 10 g Tannin im Liter an Tannin enthielten. Dies ist weit unter den Konzentrationen, die in den Kurven die Maxima ergeben. Während das Maximum der Tanninfixierung in Lösungen, die 10 g Tannin im Liter enthalten, bei p_H 4 und 5 erhalten wird, wird dieses Maximum in Lösungen mit 100 g Tannin im Liter bei p_H 2 erreicht. Diese auffallende Verschiebung könnte damit erklärt werden, daß die Potentialdifferenz der Hautproteinphase zur wässerigen Phase bei $p_H = 2$ im Vergleich mit der bei $p_H = 4$ oder 5 größer ist.

Bei Durchsicht der Tabellen und Kurven wird klar, daß auf dem aufwärts gerichteten Aste der Kurven, selbst wenn die Gelatine-Kochsalzprobe negativ ausfiel, nur etwa die Hälfte des Tannins als Gerbstoff gebunden wird. Das zeigt, daß Tannin (das verwendete Präparat war „reinstes" Tannin) mehr als eine Substanz enthält. Damit stimmen die Erfahrungen von Paniker und Stiasny (14) überein, nach denen sich Tannin aus zwei Komponenten zusammensetzt. Diese Wahrnehmung ist auch von anderen Forschern gemacht worden. So stellte schon Fischer (4) fest, daß es ungewiß ist, ob Tannin auch nach der besten Reinigung homogen sei.

Von besonderem Interesse ist noch der maximale Punkt der Kurve für $p_H = 2$ (H_3PO_4), in dem auf 100 Teile Hautpulver 164 Teile Tannin gebunden sind. Das ist der höchste Grad einer Gerbstoffixierung, die, soweit dem Verfasser bekannt ist, jemals beabachtet wurde.

Weiter wurde von Thomas und Kelly die Gerbgeschwindigkeit als Funktion des p_H-Werts untersucht. Die Untersuchungsmethode war die

Tabelle 63. Einfluß des p_H-Wertes auf die Gerbung.

p_H-Wert der Ausgangslösung	Von 2 g trockenem Hautpulver gebundes Tannin (in g)			
	6⅓ Stunden	24 Stunden	2 Wochen	12 Wochen
1,0	—	1,742	2,267	Aufgegeben[1]
2,0	1,143	1,288	1,543	1,919
3,0	0,920	1,114	1,379	1,770
4,0	0,420	0,552	1,030	1,455
5,0	0,332	0,670	0,954	1,494
6,0	0,619	0,907	1,295	1,535
6,5	0,703	—	—	—
7,0	0,723	0,959	1,237	1,418
7,5	0,550	—	—	—
8,0	0,266	0,834	0,906	0,998
9,0	0,002	0,283	0,359	0,342
10,0	(— 0,009)[2]	0,081	0,145	0,122[2]
11,0	—	0,047	0,088	0,037[2]
12,0	—	0,062	0,042	(— 0,067)[2]

[1] Das gegerbte Hautpulver ist feucht wie Kaugummi, nach dem Trocknen ein hartes harzartiges Produkt.
[2] Schwärzlich und teilweise hydrolysiert.

gleiche wie bei den Versuchen mit verschiedenen Konzentrationen, nur wurde hier die Konzentration des Tannins konstant gehalten und der p_H-Wert variiert. Es wurden vier Versuchsreihen aufgestellt: bei der ersten erstreckte sich der Versuch über $6^1/_3$ Stunden, bei der zweiten über 24 Stunden, bei der dritten über 2 Wochen und bei der vierten über 12 Wochen. Die Tanninkonzentration betrug 40 g Trockensubstanz pro Liter. Die Tanninlösung hatte bei dieser Konzentration einen p_H-Wert von 3,37. Die gewünschte Wasserstoffionenkonzentration wurde durch Zufügen von Salzsäure bzw. Natronlauge unter elektrometrischer Kontrolle erhalten. Die Ergebnisse der Versuche sind in Tabelle 63 und in Abb. 244 wiedergegeben.

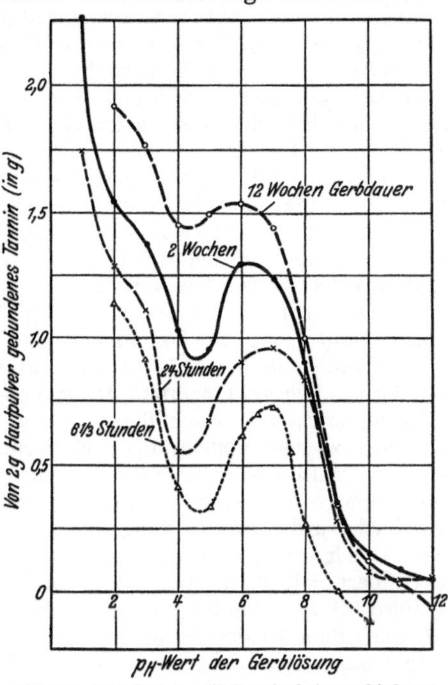

Abb. 244. Das Gerben mit Tannin bei verschiedener Gerbdauer als Funktion des p_H-Wertes. Konzentration: 40 g Tannin im Liter.

Die Kurven haben viel Ähnlichkeit mit denen, die im 15. Kapitel für Gerbextrakte des Handels ausgeführt sind. Ein Minimum an Gerbwirkung findet sich im Gebiet des isoelektrischen Punktes von Kollagen; beiderseits dieses Gebietes wächst die Gerbwirkung. Indessen besteht ein großer Unterschied, nämlich der schnelle Abfall auf der alkalischen Seite von $p_H = 7$. Handelsextrakte wirken im Gegensatz hierzu noch deutlich gerbend, wenn die Lösung alkalischer ist als $p_H = 8$.

Thomas und Kelly (21, 22) schrieben bei ihren früheren Arbeiten die Gerbwirkung der Handelsextrakte auf der alkalischen Seite von $p_H = 8$ Reaktionen zu, die verschieden von einfachen ionischen Doppelumsetzungen mit Substanzen in alkalischer Lösung sind. Die oben zusammengestellten Ergebnisse erweisen die Richtigkeit dieser Anschauung, denn in diesem Falle waren nur sehr wenig oder gar keine Verbindungen von der Natur der Gallussäure, chinonartiger Körper usw. vorhanden und entsprechend in alkalischen Lösungen auch keine Fixierung festzustellen. Die geringe Fixierung, die doch erfolgt, rührt von unvermeidlichen Spuren von Unreinheiten im Tannin und von Produkten her, die in alkalischer Lösung durch Hydrolyse und Oxydation aus dem Tannin entstehen. Dafür spricht das schwarze Aussehen der behandelten Hautpulver und die grüne Farbe der Lösungen.

In Verbindung mit den neueren Anschauungen über Kollagen, z. B.

mit der Tatsache, daß es in zwei Modifikationen existiert, eine mit dem isoelektrischen Punkt bei $p_H = 5$, die andere mit dem isoelektrischen Punkt ungefähr bei $p_H = 7{,}6$, sprechen die oben gegebenen Daten sehr für die Gültigkeit der Theorie der vegetabilischen Gerbung von Procter und Wilson. Diese Theorie faßt die Gerbung als eine einfache chemische Verbindung zwischen Kollagenkationen und Gerbstoffanionen auf.

Thomas und Kelly (22) hatten früher gezeigt, daß mit Hemlock, Mimosa und Gambir gegerbte Leder, die in Wasser beständig sind, durch Behandlung mit Alkohol einen Teil ihres Gerbstoffs bis zu einem gewissen Ausmaß abgeben. Diese Entgerbung ist von dem p_H-Wert abhängig, bei dem das Leder gegerbt wurde. Leder, die bei höheren p_H-Werten als $p_H = 5$ hergestellt wurden, werden von Alkohol praktisch nicht angegriffen, während die in sauren Lösungen gegerbten Leder bei der alkoholischen Extraktion einen Teil ihres Gerbstoffs wieder abgeben. Außerdem geben solche Leder mehr Gerbstoff ab, wenn sie vor dem Trocknen mit Alkohol extrahiert werden als wenn sie vorher getrocknet worden sind. Mit Tannin gegerbte Leder wurden einer Extraktion mit Alkohol unterworfen. Die Ergebnisse waren sehr verschieden von jenen, die von den mit Hemlock, Mimosa und Gambir gegerbten Ledern erhalten worden waren.

Proben von Hautpulver, die 1 g Trockensubstanz entsprachen, wurden mit je 50 ccm Tanninlösungen behandelt. Die Lösungen enthielten immer 40 g pro Liter und waren vorher auf die gewünschten p_H-Werte eingestellt worden. Jeder Versuch wurde in zweifacher Ausführung angesetzt. Nach dem Gerben und dem nachfolgenden Auswaschen zwecks vollständiger Entfernung des ungebundenen Gerbstoffs in Wilson-Kern-Extraktoren wurde von jedem p_H ein Ansatz mit 95%igem Äthylalkohol extrahiert, während der zweite Ansatz getrocknet wurde, um die Menge des gebundenen Tannins zu bestimmen. Schließlich wurden die zweiten Ansätze in gleicher Weise mit Alkohol extrahiert. Die Extraktion wurde in Thorn-Extraktionsapparaten ausgeführt. 48 Stunden lang waren die Proben sowohl den heißen Dämpfen als auch dem kondensierten Alkohol ausgesetzt. In Tabelle 64 sind die Ergebnisse zusammengestellt. Für die mit Alkohol extrahierte Gerbstoffmenge sind immer zwei Angaben eingezeichnet, die sich etwas unterscheiden. Dies hat seinen Grund darin, daß sich ein Teil des Alkohols

Tabelle 64. Verhalten des mit Tannin gegerbten Hautpulvers bei der Extraktion mit Alkohol.

p_H-Wert der ursprünglichen Tanninlösung	p_H-Wert der Tanninlösung nach der Gerbung	Von 1 g Hautpulver gebundenes Tannin (in g)	Gebundenes Tannin (in %), das mit Alkohol extrahiert wird			
			von feuchten Ledern		von getrockneten Ledern	
			(1)	(2)	(1)	(2)
1,0	1,3	1,065	89	103	81	92
3,0	3,3	0,642	84	95	67	74
5,0	4,9	0,337	69	82	66	75
7,0	5,4	0,560	82	94	60	67
9,0	7,3	0,161	73	89	27	41

oxydiert und als Aldehyd fixiert wird. Die Angabe in der Kolumne (1) ist aus dem Gewicht des extrahierten Leders errechnet. Für die Kolumne (2) wurde der Extrakt zur Trockne gedampft und gewogen. Infolge der Oxydation des Extrakts sind die Werte für das mit Alkohol extrahierte Tannin etwas höher.

Man kann sagen, daß praktisch alles gebundene Tannin aus nicht getrocknetem Leder durch Alkohol extrahiert wird, wenn das Leder beim p_H-Wert 1 gegerbt war. Aus Ledern, die bei p_H-Werten höher als 3 gegerbt waren, werden $^2/_3$ extrahiert. Die Beständigkeit der Leder nimmt etwas zu, wenn die Leder getrocknet waren.

Das Verhalten der mit Tannin gegerbten Leder weicht merklich von den mit Hemlock, Mimosa oder Gambir gegerbten Ledern ab. Es gleicht aber sehr dem Verhalten der gegerbten Gelatine. Gelatinetannat, das ohne vorherige Trocknung mit Alkohol behandelt wird, kann vollständig zersetzt werden, wie Trunkel (28) zeigte.

h) Die Thermolabilität des Kollagens.

Thomas und Kelly (25) führten auch eine Untersuchung über den Einfluß des p_H-Werts auf die Gerbung mit Tannin im p_H-Bereich 5 bis 8 aus. Wenn der beobachtete Einfluß bei Ansteigen des p_H-Werts dem Übergang des Kollagens von der Gelform in die Solform zuzuschreiben ist, schlossen Thomas und Kelly, so sollte das beim Gerben bei Zimmertemperatur bei dem p_H-Wert 5 beobachtete Minimum verschwinden, wenn bei einer Temperatur von 40° gearbeitet wird. Denn bei 40° ist nur die Solform stabil. Um diese Frage zu prüfen, brachten die Forscher entfettetes Hautpulver mit Phosphat-Pufferlösungen von verschiedenen p_H-Werten zusammen und gerbten diese Pulver mit Tanninlösungen (40 g pro Liter) von gleichen p_H-Werten. Die Temperatur der Gerbbrühen wurde während der zweistündigen Gerbzeit auf 40° gehalten. In Abb. 245 sind die Versuchsergebnisse dargestellt. Zu Vergleichszwecken ist auch die Kurve, die den Grad der Fixierung bei 25° anzeigt, die bei einer früheren Arbeit erhalten wurde, mit eingezeichnet.

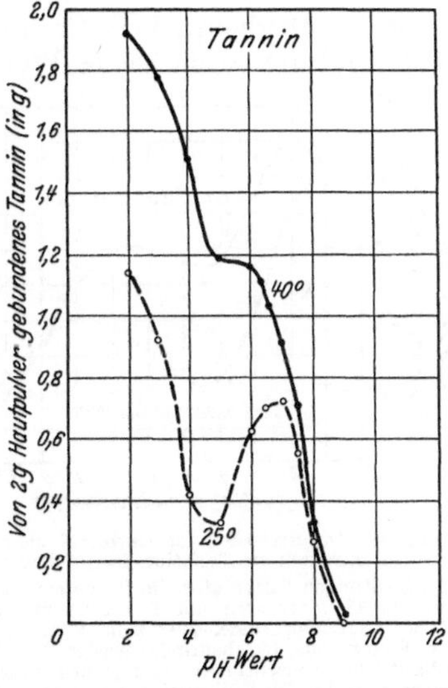

Abb. 245. Gerbung mit Tannin bei 25° und bei 40° als Funktion des p_H-Wertes.

Die graphische Darstellung beweist, wie richtig die Annahme von Thomas und Kelly war. Das Minimum beim p_H-Wert 5 tritt in der 25°-Kurve auf, nicht aber in der 40°-Kurve. Bei beiden Temperaturen fällt das Bindevermögen des Kollagens für Tannin bei p_H-Werten über 8 bis auf Null ab. In Abb. 246 ist zum Vergleich das Kurvenbild für einen ähnlichen Gerbversuch mit Hautpulver und Mimosenrindenextrakt wiedergegeben. Das Ergebnis ist praktisch das gleiche wie bei der Gerbung mit Tannin, nur daß hier bei p_H-Werten höher als 8 noch eine geringe Menge chinonartiger Körper gebunden werden.

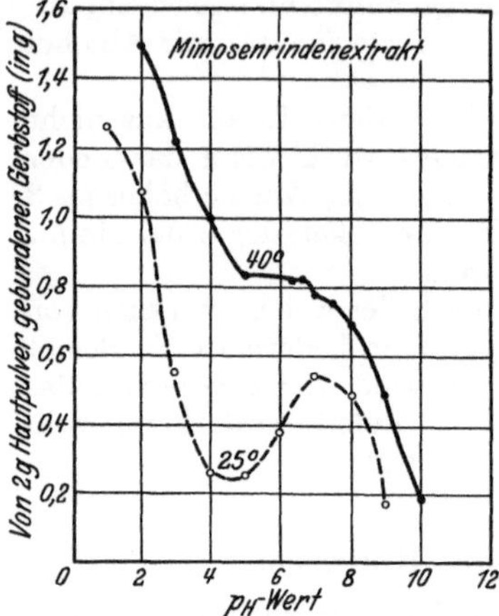

Abb. 246. Gerbung mit Mimosenrindenextrakt bei 25° und bei 40° als Funktion des p_H-Wertes.

i) Gerbung mit Tannin und Chinon.

Thomas und Kelly (26) wandten weiter ihre Aufmerksamkeit der Fixierung von Gerbstoff aus Handelsextrakten bei p_H-Werten höher als 8 zu. Die Abb. 247 bringt Kurven, in denen die mit 6 verschiedenen Extrakten des Handels erhaltenen Befunde zusammengefaßt sind. Die Autoren hatten ursprünglich angenommen, daß aus Lösungen, deren p_H-Wert höher als 8 ist, überhaupt kein Gerbstoff gebunden werden würde. Indessen wird Gerbstoff noch bei p_H-Werten bis zu 12 gebunden. Diese Erscheinung ließ sich mit der Theorie von Procter und Wilson nicht erklären. Da sie bei Gerbstoffen, die reich an Nichtgerbstoffen waren, besonders bemerkbar war, wurde angenommen, daß die in alkalischen Lösungen beobachtete Gerbwirkung Stoffen von Chinoncharakter zuzuschreiben ist, da letztere in alkalischer Lösung Aminogruppen oxydieren und sich mit ihnen verbinden können. Daß die in saurer Lösung gegerbten Leder von denen in alkalischer Lösung gegerbten verschieden sind, wurde durch die alkoholische Extraktion dargelegt. Wenn die vorgeschlagene Hypothese für die Gerbung in alkalischer Lösung richtig ist, dann sollte Tannin, das praktisch frei von Nichtgerbstoffen ist, in Lösungen, die alkalischer als $p_H = 8$ sind, keine Gerbwirkung zeigen. Das Experiment bestätigte die Richtigkeit dieser Annahme. Genau genommen trat auch

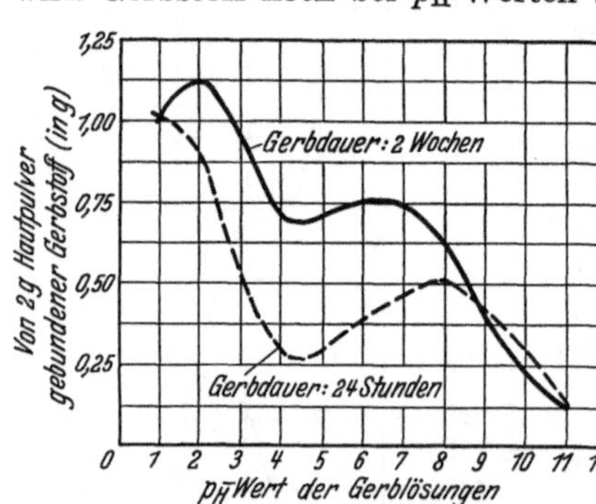

Abb. 247. Die Fixierung von Gerbstoff aus 6 Handelsextrakten als Funktion des p_H-Wertes.

Die 24-Stunden-Kurve gibt die Durchschnittswerte von je 11 Messungen mit 6 Gerbextrakten des Handels (Hemlockrinde, Quebracho, Mimosa, Gambir, Eichenrinde, Lärchenrinde) wieder. Die durchschnittliche Konzentration betrug pro Liter 55 g fester Extrakt. Die 2-Wochen-Kurve setzt sich aus den Durchschnittswerten von 6 Messungen an den gleichen Extrakten zusammen. Die Konzentration betrug durchschnittlich 39 g fester Extrakt.

bei Tanninlösungen von den p_H-Werten 9 bis 12 eine geringe Gerbwirkung auf, aber sie war im Vergleich zu der vegetabilischer Gerbextrakte klein. Es darf nicht übersehen werden, daß Tannin eine gewisse Menge Zersetzungsprodukte enthält, die in alkalischen Lösungen einer Oxydation zugänglich sind. Auch die dunkle Farbe solcher Lösungen spricht dafür. Die dabei entstandenen Substanzen sind ihrer Natur nach von dem Tannin verschieden, und sie sind für die geringe „Gerbstoffixierung“ bei den p_H-Werten 9 bis 12 verantwortlich zu machen. Wenn wie angenommen chinonartige Körper für die Gerbung in alkalischen Lösungen verantwortlich zu machen sind, dann müßte zweifellos Benzochinon in alkalischen Lösungen gerben. Auch diese Annahme konnte experimentell bestätigt werden. — Die Fixierung von Gerbstoff durch Hautpulver aus Tannin- und Chinonlösungen ist durch die Kurven in Abb. 248 wieder-

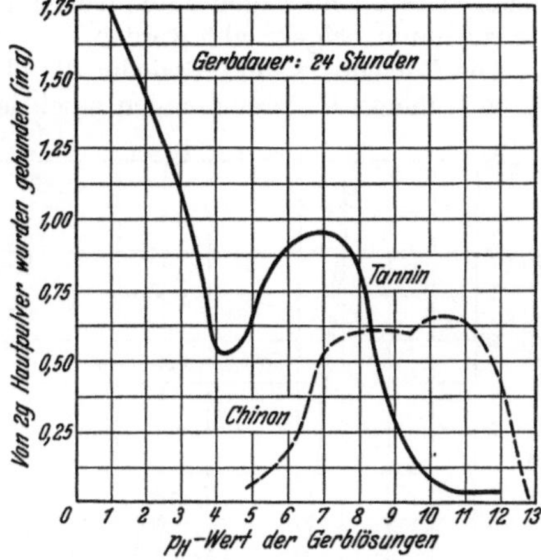

Abb. 248. Die Kurven zeigen die Gerbwirkung von Tannin und von Chinon als Funktion des p_H-Wertes. Die Konzentration des Tannins betrug 40 g pro Liter, die Konzentration des Chinons 13,7 g pro Liter (d. i. gesättigte Lösung).

Tabelle 65. Von 2 g Hautpulver aus 250 ccm Lösung gebundene Gerbstoffmenge in g.

Ursprünglicher p_H-Wert der Gerblösung	I 10 g Tannin	II 10 g Tannin 0,8 g Chinon	III 10 g Tannin 2,0 g Chinon	IV 10 g Tannin 3,425 g Chinon	V 5 g Tannin 3,425 g Chinon
2,0	2,59	2,58	—[1]	—[1]	—[1]
3,0	1,76	1,85	—[1]	—[1]	—[1]
4,0	0,67	0,75	0,98	—[1]	—[1]
5,0	0,66	0,52	0,48	0,56	—[1]
6,0	1,02	0,92	0,84	0,73	0,68
7,0	1,07	0,99	0,91	0,98	0,97
7,5	0,95	0,92	0,87	1,00	1,01
8,0	0,82	0,86	0,84	0,96	0,98
9,0	0,21	0,28	0,36	0,47	0,71
10,0	0,10	0,14	0,22	0,47	0,47
11,0	0,11	0,14	0,18	0,27	0,36
12,0	0,09	0,13	—	0,23	0,27

[1] Es wurden keine Werte eingesetzt, da sich ein starker roter Niederschlag einer nicht näher bekannten Verbindung zwischen Tannin und Chinon bildete, die eine Bestimmung des gebundenen Gerbstoffs nach der Wilson-Kern-Methode ausschloß. Bemerkenswert ist, daß dieser Niederschlag gerade so aussah wie die wohlbekannten Gerbstoffrote oder Phlobaphene, die in gewissen natürlichen vegetabilischen Gerblösungen angetroffen werden. Weiter wurde noch bemerkt, daß bei der Absonderung dieses Niederschlages ein Gas gebildet wurde, ganz besonders auffällig nach Zugabe des Hautpulvers.

gegeben. Während dieser experimentelle Beweis die Hypothese über die Natur der Gerbstoffixierung in alkalischen Lösungen stützte, sollten noch weitere Unterlagen durch Gerbung mit Gemischen von Tannin und Benzochinon beigebracht werden.

Die Forscher wandten wieder die gleiche Methode an, die schon bei ihren früheren Untersuchungen beschrieben wurde. Die Ergebnisse sind in Tabelle 65 und in Abb. 249 zusammengefaßt. In der Tabelle sind die Versuche I bis V nach wachsendem Verhältnis von Chinon zu Tannin angeordnet. In 250 ccm destilliertem Wasser ergeben 3,425 g Chinon gerade eine gesättigte Lösung.

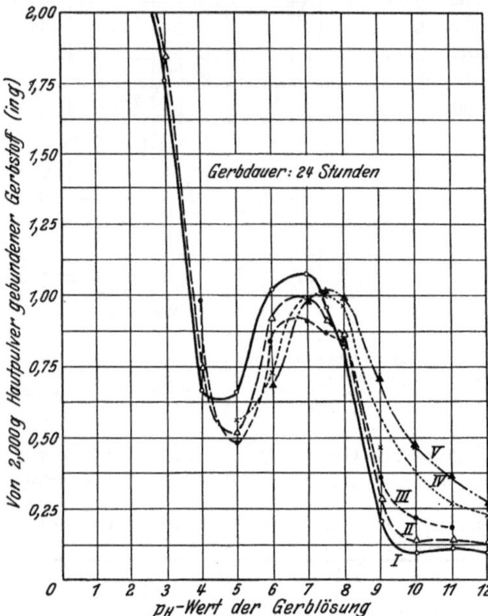

Abb. 249. Die Gerbung mit Mischungen von Tannin und Chinon als Funktion des p_H-Wertes. (Die Numerierung der Kurven stimmt mit der in Tabelle 65 überein.)

Aus Tabelle 65 und Abb. 249 geht hervor, daß die Fixierung im alkalischen Bereich von p_H 8 bis 12 zunimmt und sich dabei der typischen Kurve der vegetabilischen Gerbung nähert. In dem Gebiet von p_H 8 bis 5 ist zu bemerken, daß das Chinon eine Verzögerung der Gerbung zur Folge hat. Das überrascht nicht, wenn man sich ins Gedächtnis zurückruft, daß die Nichtgerbstoffe im allgemeinen die Geschwindigkeit der Vereinigung des Gerbstoffs mit der Haut herabsetzen. In dieser Beziehung verhält sich Chinon in diesem p_H-Bereich wie ein Nichtgerbstoff.

Das dargelegte Material trägt zur Stützung der Ansicht bei, daß die Gerbwirkung der vegetabilischen Extrakte im p_H-Bereich 8 bis 12 auf Substanzen von der Natur des Chinons zurückzuführen ist.

k) Die Wirkung von Pyrogallol und Gallussäure.

Ganz allgemein wird der Grad der Gerbung in der Praxis durch eine Anhäufung von Nichtgerbstoffen in den Brühen herabgesetzt. Indessen haben typische Nichtgerbstoffe nicht immer diese Wirkung. Unter gewissen Bedingungen können manche Nichtgerbstoffe die Fixierung von Gerbstoff sogar beschleunigen. Thomas und Kelly (24) untersuchten den Einfluß von Pyrogallol und Gallussäure auf den Gerbungsgrad in Lösungen von Tannin und von Mimosenrindenextrakt. Ihre Befunde sind in den Abb. 250 und 251 wiedergegeben. Als Konzentration wurde für den Versuch mit Tannin 15 und 40 g pro Liter, für den Versuch mit Mimosenrinde 25 g fester Extrakt pro Liter gewählt. Das Pyrogallol veränderte in den Tanninlösungen vom p_H-Wert 2 und in den stärkeren Konzentrationen bei $p_H = 4$ die Beschaffenheit des Hautpulvers und machte es klebrig und gummiartig. Über das Verhalten jener Stoffe, die als typische Nichtgerbstoffe angesehen werden, ist noch viel zu erforschen.

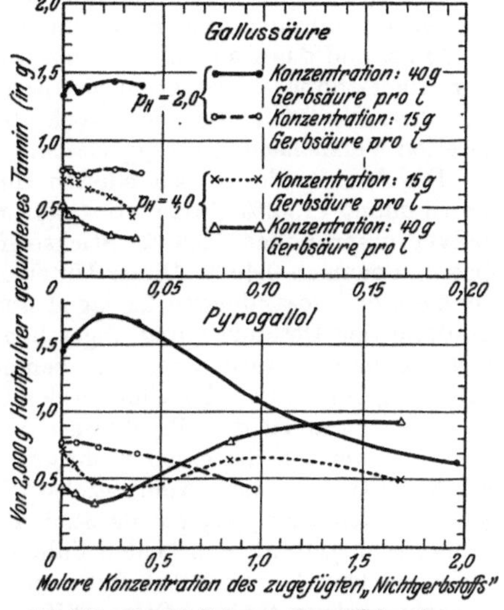

Abb. 250. Der Einfluß von Pyrogallol und von Gallussäure auf die Fixierung von Tannin durch Hautpulver.

l) Das Gerben von desaminiertem Kollagen.

Die chemische Gerbtheorie nimmt an, daß das Leder durch Vereinigung der sauren Gruppen des Gerbstoffs mit den basischen Gruppen des Kollagens zustande kommt. Thomas und Foster (18) nahmen an, daß diese Theorie geklärt werden könne, wenn die Rolle, die die Aminogruppen des Kollagenmoleküls beim Gerbprozeß spielen, verfolgt werden könnte. Ihre Methode bestand darin, die Gerbung von normalem Kollagen mit der Gerbung von Kollagen, bei dem die Aminogruppen entfernt worden waren, zu vergleichen. Das Hautpulver desaminierten sie auf folgende Weise: 100 g Hautpulver wurden in etwa 1 l Wasser suspendiert und geweicht. Dann wurden 500 ccm einer Lösung zugefügt, die 100 g Natriumnitrit enthielt und weiter 70 g Eisessig. Der Ansatz wurde häufig gerührt, um die Stickstoffabgabe zu beschleunigen. Nach Ablauf von 24 Stunden wurde die Flüssigkeit abgegossen, und das nunmehr kanariengelbe Hautpulver mit Leitungswasser nahezu säurefrei gewaschen. Das Hautpulver wurde mit Koch-

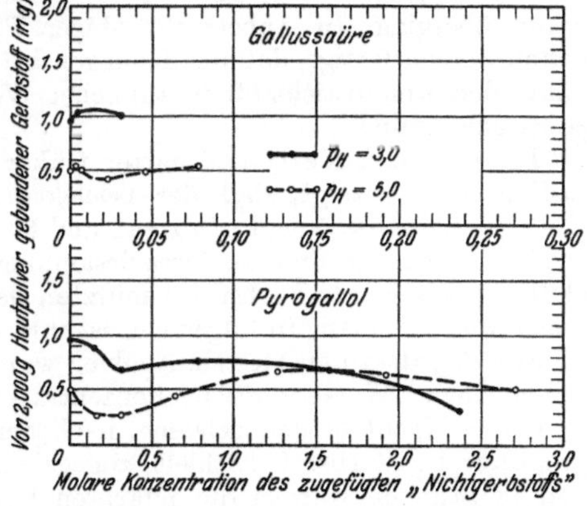

Abb. 251. Der Einfluß von Pyrogallol und von Gallussäure auf die Fixierung von Mimosenrindengerbstoff durch Hautpulver.

salzkrystallen bedeckt, um die Schwellung herabzudrücken und noch vorhandene Säurelösung herauszutreiben. Salz und Säure wurden dann durch wiederholtes Waschen mit kaltem Wasser entfernt. Die Entwässerung wurde durch Behandlung mit 95%igem Alkohol vervollständigt, und das Hautpulver dann in einem Luftstrom getrocknet und zur Angleichung an die atmosphärische Feuchtigkeit an der Luft aufbewahrt. Die Behandlung mit Kochsalz wurde bei der Gewinnung einer zweiten Versuchsmenge weggelassen.

Die Analyse des so behandelten Hautpulvers gab bei der Kjeldahlbestimmung 17,32% Gesamtstickstoff, während das unbehandelte Hautpulver ursprünglich 17,81% Stickstoff enthielt. Der Stickstoffverlust betrug demnach 0,49%. Dieser Unterschied im Stickstoffgehalt charakterisiert das desaminierte Kollagen und mag als Kennzeichen für den Umfang der Desaminierung angesehen werden, obgleich in dieser Beziehung keine quantitativen Angaben gemacht werden können. Es wird offen zugegeben, daß der Umfang der Desaminierung nicht bekannt ist. Indessen kann zu den Ergebnissen von Hitchcock (9) Zuflucht genommen werden, die einen wichtigen Analogiefall behandeln. Hitchcock bestimmte den Aminostickstoff seiner desaminierten Gelatine sowohl nach van Slyke als auch durch Formoltitration nach Sörensen, konnte aber in beiden Fällen keinen feststellen. Die Differenz zwischen dem Gesamtstickstoff der unbehandelten und der desaminierten Gelatine betrug 0,56%. Diese Differenz war fast genau dem Aminostickstoff-Prozentsatz gleich, der bei der van Slyke-Bestimmung entfernt wurde. Weiterhin stimmte das desaminierte Kollagen, das für diese Untersuchung hergestellt war, mit den Beschreibungen überein, die sich in der Literatur über desaminierte Proteine finden. Es war frisch bereitet von gelber Farbe, die aber bei Aufbewahrung am Licht rasch in braun überging. In Anbetracht obiger Tatsachen erscheint die Annahme gerechtfertigt, daß das Kollagen bei Behandlung mit salpetriger Säure den Aminostickstoff in ähnlicher Weise abgibt wie primäre aliphatische Amine.

Thomas und Kelly (19) hatten früher unter Benutzung der Farbstoffmethode gezeigt, daß der isoelektrische Punkt von normalem Kollagen bei $p_H = 5$ liegt. Thomas und Foster benutzten zur Messung des isoelektrischen Punktes ihres desaminierten Kollagens eine ähnliche Methode. Als sauren Farbstoff benutzten sie Säureschwarz und als basischen Methylenblau. In folgendem ist ihre Arbeitsweise wiedergegeben.

Je 0,5 g desaminiertes Hautpulver wurde mit 50 ccm Pufferlösung verschiedener Wasserstoffionenkonzentration übergossen, und der Ansatz über Nacht stehen gelassen, nachdem 5 ccm Farbstofflösung, die pro Liter 1 g Farbstoff enthielt, zugegeben worden war. Nach Ablauf von 12 Stunden wurden die gefärbten Hautpulver auf das Filter gebracht und der ungebundene Farbstoff durch Waschen mit der entsprechenden Pufferlösung teilweise entfernt. Das Hautpulver wurde dann in konische Zentrifugengläser gebracht und das Auswaschen durch Zentrifugieren und Dekantieren vervollständigt. Da Hautsubstanz ein Proteingemisch ist, kann ein scharfer isoelektrischer Punkt nicht erhalten werden. Es läßt sich aber ein Bereich der Wasserstoffionenkonzentration angeben, in dessen Grenzen der isoelektrische Punkt der desaminierten Hautsubstanz liegt. Dem Untersuchungsergebnis nach befindet sich der isoelektrische Punkt im p_H-Bereich 3,7 bis 4,2.

Der isoelektrische Punkt verschiebt sich auf einen niedrigeren p_H-Wert, wie wegen der Entfernung der basischen Gruppen zu erwarten ist. Bei Gelatine hatte Hitchcock festgestellt, daß der isoelektrische Punkt durch die Desaminierung von 4,7 auf 4 verschoben wird.

Nunmehr wandten sich Thomas und Foster desaminierten Stücken gebeizter Kalbshäute zu und maßen den Schwellungsgrad in bezug auf seine Abhängigkeit vom p_H-Wert, wobei sie nach der Methode von Wilson-Gallun (30) arbeiteten. Ihre Befunde sowie die von Wilson und Gallun beim Arbeiten mit normalen Kalbshäuten erhaltenen sind in Abb. 252 wiedergegeben. Die Verschiebung des Schwellungsminimums vom p_H-Wert 5 auf den p_H-Wert 4 entspricht genau der Verschiebung des isoelektrischen Punktes durch die Desaminierung. Die stärkere Schwellung der desaminierten Kalbshaut bei höheren p_H-Werten als 5 ist wahrscheinlich dem Säurecharakter der Hydroxylgruppen, die an Stelle der Aminogruppen getreten sind, zuzuschreiben. Normales Kollagen zeigt ein zweites Schwellungsminimum beim p_H-Wert 7,7, desaminiertes Kollagen ebenfalls, aber beim $p_H = 8,2$. Obwohl viel über die Ursache dieser zweiten Schwellungsminima nachgeforscht worden ist, ist unsere Kenntnis davon noch sehr gering.

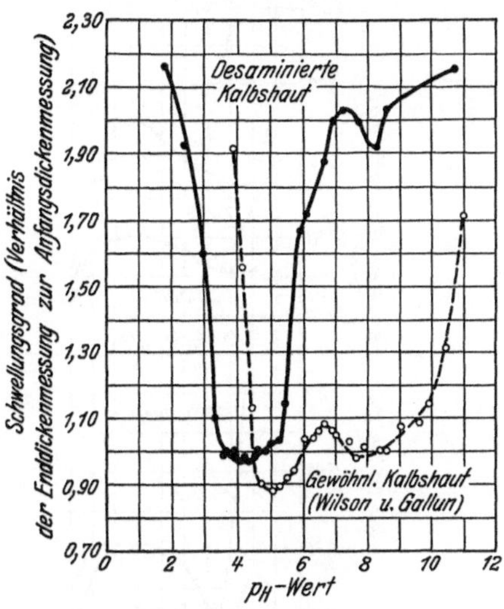

Abb. 252. Vergleich des Schwellungsgrades von normaler und von desaminierter Kalbshaut als Funktion des p_H-Wertes.

Thomas und Foster untersuchten weiter den Einfluß der Desaminierung auf die vegetabilische Gerbung und arbeiteten dabei nach folgender Methode: Portionen von desaminiertem Hautpulver, die 2 g absolut trockener Substanz entsprachen, wurden in Flaschen von 400 ccm mit je 200 ccm Gerbextraktlösung übergossen, deren p_H-Wert von 1 bis 10 variierte. Die Anpassung an die gewünschte Wasserstoffionenkonzentration wurde dadurch erreicht, das zu der gegebenen Menge der vorrätigen Extraktlösung die erforderliche Menge Salzsäure oder Natronlauge vor der Auffüllung auf 200 ccm zugegeben wurde. Die Menge der zuzufügenden Salzsäure oder Natronlauge war vorher durch elektrometrische Titration an einer Extraktprobe bestimmt worden. Die schließlichen Konzentrationen der Extrakte in bezug auf die darin gelösten festen Stoffe wurden so gewählt, daß immer ein Überschuß an Gerbstoff vorhanden war. Die notwendige Menge wurde aus den Konzentrationskurven von Thomas und Kelly (20) festgestellt.

Die Flaschen mit den Ansätzen der Hautpulver und Gerbextrakte wurden 24 Stunden bei Zimmertemperatur rotierend geschüttelt. Dann wurde die gegerbte Hautsubstanz in einen Wilson-Kern-Auslauger gebracht und mit destilliertem Wasser frei von Gerbstoff und Nichtgerb-

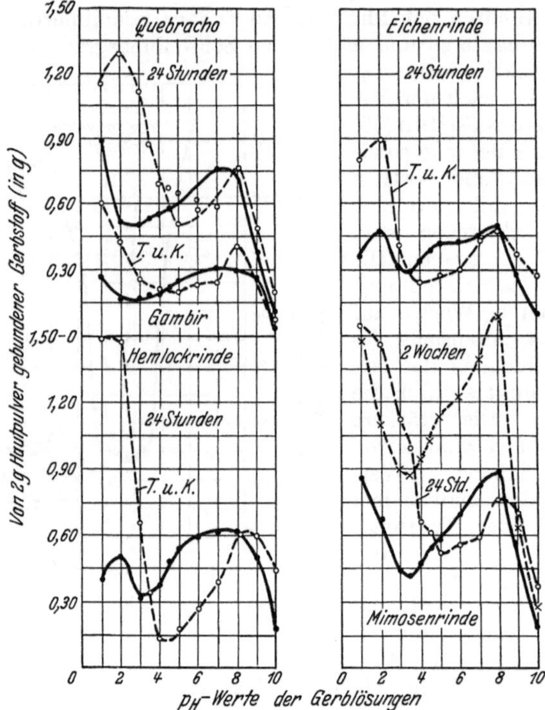

Abb. 253. Die Fixierung von Gerbstoff durch desaminiertes Hautpulver als Funktion des p_H-Wertes (ausgezogene Kurven). Die gestrichelten Kurven geben zu Vergleichszwecken das Verhalten von unbehandeltem Hautpulver wieder.

stoff gewaschen und in einem Luftstrom getrocknet. Die getrockneten Hautpulver wurden in Wägegläschen eingetragen und 16 Stunden im Vakuum bei 100° getrocknet. Die Gewichtszunahme wurde als gebundene Gerbstoffmenge angenommen. In einigen Fällen wurde ein Vergleichsversuch mit gewöhnlichem Hautpulver vorgenommen. Bei Mimosenextrakt wurde auch ein zweiwöchentlicher Versuch vorgenommen. Die Ergebnisse sind in Tabelle 66 zusammengefaßt und in Abb. 253 graphisch wiedergegeben.

Die Desaminierung des Kollagens hat eine Verschiebung des Punktes der minimalen Gerbstoffixierung auf niedrigere p_H-Werte zur Folge,

Tabelle 66. **Die Gerbstoffixierung von 2 g desaminierter Hautsubstanz. Reaktionszeit = 24 Stunden.**

p_H-Wert der Gerblösung	Mimosenrindenextrakt F.E. = 41,1 g/l			Quebrachoextrakt F.E. = 26,4 g/l		Hemlockrindenextrakt F.E. = 58,2 g/l	Gambirextrakt F.E. = 32,5 g/l	Eichenrindenextrakt F.E. = 34,4 g/l
	D.Htp.	*	N.Htp.	D.Htp.	N.Htp.	D.Htp.	D.Htp.	D.Htp.
1,0	0,86	1,48	1,55	0,89	1,16	0,40	0,26	0,35
2,0	0,67	1,10	1,46	0,52	1,29	0,50	0,17	0,47
3,0	0,44	0,90	1,12	0,50	1,12	0,32	0,16	0,32
3,5	0,41	0,87	0,99	0,53	0,87	0,33	0,19	0,29
4,0	0,47	0,94	0,65	0,55	0,69	0,38	0,19	0,33
4,5	0,54	1,03	0,62	0,57	0,67	0,47	0,21	0,38
5,0	0,58	1,14	0,52	0,65	0,50	0,54	0,24	0,41
6,0	0,69	1,22	0,56	0,61	0,57	0,59	0,26	0,42
7,0	0,82	1,40	0,59	0,75	0,58	0,62	0,30	0,44
8,0	0,88	1,59	0,76	0,74	0,75	0,62	0,29	0,49
9,0	0,56	0,64	0,70	0,38	0,49	0,41	0,26	0,27
10,0	0,19	0,28	0,37	0,10	0,20	0,17	0,04	0,10

F.E. = fester Extraktanteil,
D.Htp. = desaminiertes Hautpulver,
N.Htp. = normales Hautpulver,

* Diese Kolume gibt die bei 2 Wochen Gerbdauer erhaltenen Werte wieder.

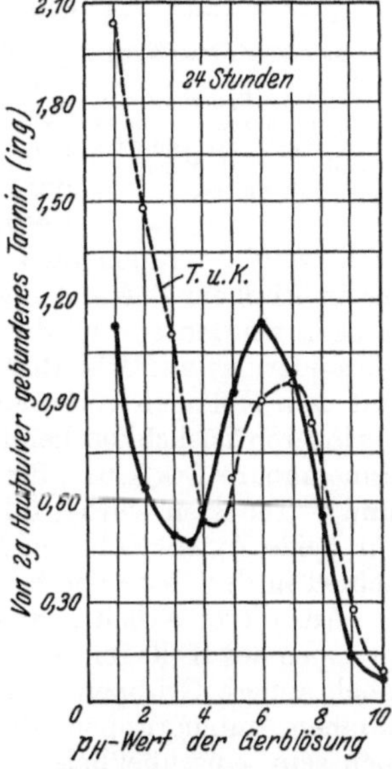

Abb. 254. Die Fixierung von Tannin durch normales und durch desaminiertes Hautpulver als Funktion des p_H-Wertes.

die in Einklang mit der chemischen Gerbtheorie steht. Bei $p_H = 3$ fixiert das desaminierte Kollagen viel weniger Gerbstoff als normales Kollagen. Das Anwachsen des Grades der Gerbstoffixierung auf der alkalischen Seite des Minimums bis zu einem hohen Maximum stimmt mit den Befunden des Schwellungsversuchs überein. Es ist schwierig, diese stärkere Fixierung von Gerbstoff zu erklären, wenn man nicht eine „Beta-" oder „Solform" des Kollagens annehmen will. Dann würde es den Anschein haben, als ob in dem desaminierten Kollagen diese Modifikation stärker vorliegt. Indessen muß jede Erklärung für den Grund, aus welchem das Kollagen oder die Gelatine bei einer Erhöhung des p_H-Werts von 5 bis 8 ihre Eigenschaften wechseln, unter Vorbehalt angenommen werden.

In Abb. 254 sind die Ergebnisse aus ähnlichen Untersuchungen über die Gerbung von normalem und von desaminiertem Hautpulver mit gereinigtem Tannin zusammengefaßt. Um dieses schwierige Problem weiter zu klären, wurde weiter der Einfluß einer Desaminierung des Kollagens auf die Chinongerbung untersucht. Die Ergebnisse sind in

Abb. 255 wiedergegeben. Für die Versuche mit Tannin wurden Lösungen benutzt, die 25 g auf 200 ccm enthielten, und zur Gerbung von 2 g Hautpulver verwandt wurden. In einer anderen Versuchsserie wurden 2 g trockenes Hautpulver mit 200 ccm Brühe gegerbt, die 2,74 g Chinon enthielt. Die Werte für normales Hautpulver wurden den Veröffentlichungen von Thomas und Kelly entnommen. Die Mengen des in einem gegebenen Zeitintervall gebundenen Chinons sind folgerichtig bei dem desaminierten Material geringer. Diese Tatsache unterstützt schließlich noch Meuniers (13) Ansicht, daß das Chinon zuerst das Kollagen oxydiert, wie es aromatische Amine oxydiert, und daß sich das oxydierte Kollagen dann mit einem Teil des noch vorhandenen Chinons verbindet. Im Einklang mit dieser Ansicht könnte das desaminierte Kollagen nicht im gleichen Ausmaße oxydiert werden wie das unbehandelte Material, und daher würde weniger Chinon gebunden werden.

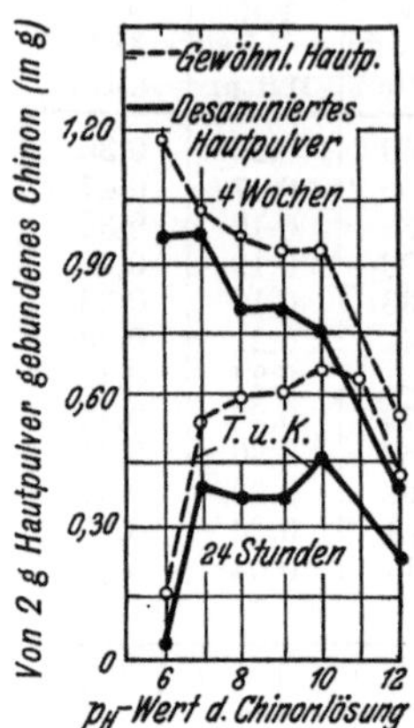

Abb. 255. Fixierung von Chinon durch normales und durch desaminiertes Hautpulver als Funktion des p_H-Wertes.

Das Anwachsen des Verhältnisses als auch der Gesamtmenge des „gebundenen Chinons", das in 4 Wochen erhalten wird, mag Veränderungen zuzuschreiben sein, die beim Stehen in den Chinonlösungen vor sich gehen. Sogar jene Lösungen, die auf die p_H-Werte 6 und 7 eingestellt waren, wurden im Laufe einer Woche schmutzig braun, obschon sie in frischem Zustand klar gelb gewesen waren. Die alkalischeren Lösungen wurden schnell dunkelbraun und zeigten damit eine chemische Veränderung an. Die Bildung von Kondensationsprodukten, die sich mit dem Kollagen verbunden haben könnten, oder die auf Grund einer geringeren Löslichkeit beim Auswaschen nicht entfernt werden, gibt eine annehmbare Erklärung für die stärkere Fixierung bei den p_H-Werten 6 und 7. Indessen würde, falls dies Tatsache ist, der aufgetretene Fehler für beide Arten Kollagen konstant sein und den beobachteten Unterschied in der Höhe der beiden Kurven nicht beeinflussen.

Aus dieser Arbeit geht hervor, daß der Gerbstoff durch die Aminogruppen des Kollagens gebunden wird, daß aber das Kollagen außerdem noch andere Gruppen enthält, die fähig sind, Gerbstoff zu binden. Es können Aminogruppen oder möglicherweise auch andere basische Gruppen sein, einschließlich der von Freudenberg angenommenen Sauerstoffbasen.

m) Der Einfluß der Vorbehandlung des Kollagens mit Neutralsalzen.

Um die Natur der Kräfte, die bei der Verbindung von Kollagen und Gerbstoff wirksam sind, besser kennenzulernen, nahm Gustavson (6) Versuche vor, die den Einfluß einer Behandlung des Kollagens mit verschiedenen Neutralsalzen auf das spätere Bindungsvermögen des Kollagens mit Gerbstoffen klarlegen sollten. In Kapitel 7 war erwähnt worden, daß neutrale Chloride die Neigung haben Kollagen zu dispergieren, Sulfate hingegen verhindern eine Dispersion. Nach Stiasny (17) bestehen die Proteinmoleküle aus Peptonen, die durch Nebenvalenzkräfte zusammengehalten sind. Die Peptone setzen sich aus Aminosäuren oder Dioxopiperazinen zusammen, die durch Hauptvalenzkräfte zusammengehalten werden. Die Wirkung eines neutralen Chlorids besteht darin, daß sich das Chlorid mit dem Protein verbindet und damit die gegenseitige Anziehung der einzelnen Peptonglieder herabsetzt. Auf diese Weise tritt eine Neigung zur Dispersion ein.

Gustavson ließ 100 g Portionen von Standard-Hautpulver 14 Tage lang in 1 l molarer Lösung der verschiedenen Salze weichen. Die Lösungen wurden mit Toluol bedeckt und die p_H-Werte gemessen. Sie lagen in jedem Falle im Bereich 5,7 bis 6. Die Hautpulver wurden dann durch Waschen mit Wasser vom Salz befreit, mit Alkohol entwässert und an der Luft getrocknet. Durch Analyse wurde die vollständige Entfernung des Salzes festgestellt. Der Stickstoffgehalt in der übrig bleibenden Salzlösung wurde als Maß für die Menge des in Lösung gegangenen Kollagens benutzt. Tabelle 67 gibt die Versuchsergebnisse wieder.

Tabelle 67. Dispersion von Hautpulver durch Neutralsalze.

Konzentration der Salzlösung	Prozente des in Lösung gegangenen Kollagens
m Na_2SO_4	1,8
m $Na_2S_2O_3$	1,2
m $MgSO_4$	1,6
0,5 m K_2SO_4	3,8
Destilliertes Wasser	4,9
m NaCl	7,8
m KCl	7,0
m $MgCl_2$	9,3
m KBr	14,4
m KJ	16,8
m $BaCl_2$	14,8
m $SrCl_2$	21,1
m KCNS	24,2
m $CaCl_2$	31,9

m = molar.

Das Säurebindungsvermögen der mit Salz behandelten Pulver wurde folgendermaßen bestimmt: Je 1,80 g Kollagen wurde mit 200 ccm einer 0,01 normalen Schwefelsäure behandelt und 24 Stunden geschüttelt. Nach Eintreten des Gleichgewichtszustandes wurden dann die p_H-Werte bestimmt. Der p_H-Wert der ursprünglichen Säurelösung lag bei 2,06, der p_H-Wert der Säurelösung nach Beendigung des Versuchs in jedem Falle bei 2,62. Daraus geht hervor, daß das Salz auf das Säurebindungsvermögen des Kollagens keinen Enfluß hat.

Dann wurden die Hautpulver mit Lösungen von Hemlockrindenextrakt gegerbt. In der ersten Versuchsreihe wurde eine Gerbbrühe benutzt, die pro Liter 45 g festen Extrakt enthielt und deren p_H-Wert bei 4,10 lag. In jedem Versuch wurde soviel mit Salz vorbehandeltes Hautpulver, als 3 g Kollagen entsprach, in 50 ccm Wasser 6 Stunden geweicht und dann 48 Stunden in 200 ccm Gerbbrühe unter dauerndem Schütteln gegerbt. Der irreversible gebundene Gerbstoff wurde dann nach der Wilson-Kern-Methode bestimmt. In Tabelle 68 sind die Versuchsergebnisse niedergelegt.

Tabelle 68.
Das Gerben von mit verschiedenen Salzlösungen vorbehandelten Hautpulvern in Lösungen von Hemlockrindenextrakt (Konzentration: 45 g fester Extrakt pro Liter, p_H-Wert = 4,10, Gerbzeit 48 Stdn.).

Hautpulver, vorbehandelt mit	p_H-Wert der Gerblösung nach Abschluß des Versuchs	Mit 100 g Kollagen verbinden sich Gramme Gerbstoff
m Na_2SO_4	4,40	40,1
m $MgSO_4$	4,40	42,1
m $(NH_4)_2SO_4$	4,41	49,8
0,5 m K_2SO_4	4,41	51,6
Destilliertes Wasser	4,42	56,8
m NaCl	4,43	62,0
m KCl	4,43	62,2
m KNO_3	4,43	59,3
0,5 m $KClO_3$	4,43	61,6
m $MgCl_2$	4,44	63,2
m KBr	4,44	65,4
m KJ	4,46	73,8
m KCNS	—	80,4
m $SrCl_2$	4,48	76,6
m $BaCl_2$	4,48	80,3
m $CaCl_2$	4,48	78,9

Es wurden vier weitere Versuchsserien angestellt, bei denen bei verschiedenen p_H-Werten gearbeitet wurde. Die bei der ersten Versuchsreihe verwendete Gerbbrühe wurde auf das Doppelte verdünnt und die p_H-Werte durch Zugabe von Salzsäure bzw. Natronlauge eingestellt. Die Ergebnisse sind in Tabelle 69 wiedergegeben. Durch die Vorbehandlung des Hautpulvers mit neutralen Sulfaten wird die Bindung von Gerbstoff herabgesetzt; die Vorbehandlung mit neutralen Chloriden hat eine stärkere, in einigen Fällen eine ganz bedeutend stärkere Fixierung zur Folge. Andererseits wird die Bindung des Kollagens mit Säure durch die Salzvorbehandlung nicht geändert. Gustavson vertritt die Ansicht, daß wenigstens ein Teil des Gerbstoffs im vegetabilisch ge-

Tabelle 69.
Die Gerbung von mit verschiedenen Salzlösungen vorbehandelten Hautpulvern in Lösungen von Hemlockrindenextrakt bei verschiedenen p_H-Werten. (Konzentration 22,5 g fester Extrakt pro Liter, Gerbzeit 48 Stunden.)

Hautpulver, vorbehandelt mit	Von 100 g Kollagen gebundene Gerbstoffmenge bei den p_H-Werten			
	2,40	4,20	7,15	8,20
m Na_2SO_4	40,2	30,1	38,6	14,9
Destilliertes Wasser	49,7	40,2	48,6	21,0
m NaCl	50,2	41,6	50,4	28,2
m KCl	49,8	41,2	50,0	24,6
m KBr	54,0	44,1	51,6	27,5
m KJ	59,2	45,2	59,2	30,9
m KCNS	61,2	44,8	60,4	31,8
m $BaCl_2$	58,7	47,0	58,2	31,5
m $CaCl_2$	58,4	47,8	60,8	32,8

gerbten Leder durch Nebenvalenzkräfte des Kollagens an das Kollagen gebunden ist. Die Chloride vermindern die gegenseitige Anziehung der Peptongruppen im Kollagen, setzen dabei Nebenvalenzkräfte in Freiheit und machen sie zu einer Verbindung mit Gerbstoff geneigt. Gustavson nimmt an, daß bei der vegetabilischen Gerbung drei verschiedene Vorgänge beteiligt sind: Elektrische Neutralisation und wahre chemische Bindung, wie in den Theorien von Procter und Wilson und von Freudenberg angenommen wird; Bildung von Additionsverbindungen, die durch Nebenvalenzkräfte zustande kommen; Wirkung von Adhäsionskräften, die mit Valenzkräften nichts zu tun haben.

Merrill machte im Wilsonschen Laboratorium einen einfachen Versuch um zu sehen, ob gebeizte Kalbshaut nach Behandlung mit Neutralsalzen ebenso reagiert wie das von Gustavson verwendete Hautpulver. Er weichte Streifen gebeizter Kalbshaut 20 Tage in Normallösungen von Natriumchlorid, Natriumsulfat und Calciumchlorid und in destilliertem Wasser unter Toluolabschluß. Die Streifen wurden eingehend gewaschen, bis das Salz vollkommen entfernt war, und dann 6 Tage in einer Brühe gegerbt, die auf einen Liter 20 g festen Eichenrindenextrakt enthielt. Die Streifen wurden abgespült, getrocknet und analysiert. Für die Streifen betrug die von 100 g Hautsubstanz gebundene Menge Gerbstoff bei Vorbehandlung mit Wasser 39,6 g, mit Natriumchlorid 39,1 g, mit Natriumsulfat 39,9 g, mit Calciumchlorid 48,6 g. Calciumchlorid hat einen ganz ausgesprochenen Einfluß auf den Verlauf der vegetabilischen Gerbung. Anscheinend waren die angewendeten Konzentrationen des Natriumchlorids und Natriumsulfats nicht genügend hoch, um zu einem wesentlich anderen Resultat zu führen als bei dem Versuch mit destilliertem Wasser, besonders wenn die Kalbshaut mit Natriumchlorid konserviert war.

n) Die Wirkung einer Vorbehandlung des Kollagens mit Säuren und Alkalien.

Gustavson und Widen (8) untersuchten den Einfluß, den eine verschieden lange Äscherungszeit bei grün gesalzener Haut auf die Geschwindigkeit hat, mit welcher sich die Haut beim nachfolgenden Gerbprozeß mit vegetabilischem Gerbstoff verbindet. Die Äscherzeit wurde von wenigen Stunden bis zu zwei Wochen variiert. Es wurde gefunden, daß die Geschwindigkeit, mit der die Haut sich mit Gerbstoff verbindet, um so größer ist, je länger die Haut vorher geäschert wurde. Dieser Befund schien in Einklang mit der Beobachtung über den Einfluß der Vorbehandlung von Hautsubstanz mit Neutralsalzen zu stehen.

In einer persönlichen Mitteilung an Wilson beschrieb Gustavson eine spätere Arbeit, in der er den Einfluß, den die Vorbehandlung von Hautpulver mit Lösungen von verschiedenen p_H-Werten auf den Verlauf der Gerbung dieser Hautpulver in Lösungen von Hemlockrindenextrakt hat. Er behandelte Hautpulverportionen, die 25 g Hautsubstanz entsprachen, mit je 500 ccm Pufferlösungen von p_H-Werten 1 bis 14. Die Lösungen der p_H-Werte 2 bis 12 wurden mit Phosphorsäure und Natriumhydroxyd bereitet. Die Pufferlösung mit dem p_H-Werte 1 bestand aus einer 5%igen Kochsalzlösung, die mit Salzsäure auf den p_H-Wert 1 eingestellt wurde. Die Lösungen der p_H-Werte 13 und 14 setzten sich aus einer 5%igen Kochsalzlösung und den erforderlichen Natriumhydroxydmengen zusammen. Nach 24 Stunden wurden die mit Säure behandelten Pulver mit einer schwach alkalischen Lösung neutralisiert, und dann alle Hautpulver zuerst mit Ammoniumchloridlösung und dann mit einer Pufferlösung vom p_H-Wert 5 behandelt. Die Hautpulver wurden dann gewaschen, mit Alkohol entwässert und getrocknet.

Die so vorbehandelten Hautpulver wurden in Mengen, die 2 g Hautsubstanz entsprachen, in 25 ccm Wasser geweicht und dann mit 100 ccm einer Gerbbrühe vom p_H-Wert 4, die pro Liter 45 g festen Hemlockrindenextrakt enthielt, behandelt. Nach einer Gerbzeit von 48 Stunden wurden die Hautpulver gewaschen und ihr Gerbstoffgehalt bestimmt. Das Versuchsergebnis ist in Abb. 256 niedergelegt.

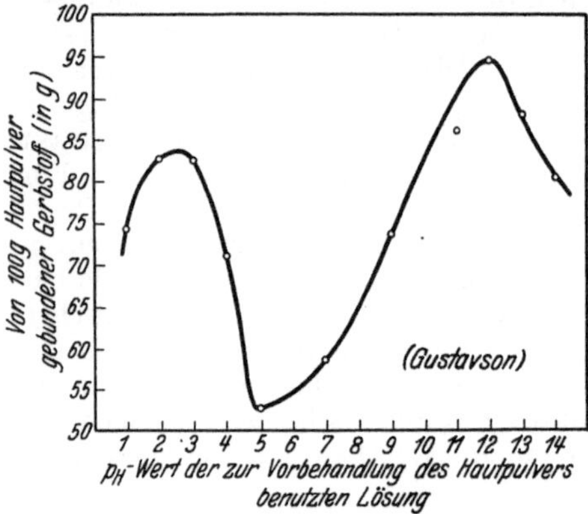

Abb. 256. Einfluß der Änderung des p_H-Wertes der zur Vorbehandlung des Hautpulvers benutzten Lösung auf die Verbindung von Gerbstoff mit Hautpulver in Hemlockrindenbrühe vom p_H-Wert = 4.

Die Kurve ähnelt jener Kurve von der Schwellung des Kollagens in Berührung mit Lösungen der verschiedenen p_H-Werte. Die p_H-Werte, die beim Hautpulver die größte Schwellung zur Folge haben, machen das Hautpulver am stärksten reaktionsfähig in bezug auf die Gerbstoffbindung, wenn hinterher in Brühe vom p_H-Wert 4 gegerbt wurde. Es ist angenommen worden, daß dies teilweise auf eine Art beständig bleibende Streckung des Kollagens während der Vorbehandlung zurückzuführen ist. Dadurch wird die Oberfläche des Kollagens, die mit der Gerbbrühe in Berührung kommt, vergrößert. Es ist auch angenommen worden, daß durch die Vorbehandlung Nebenvalenzkräfte in Freiheit gesetzt werden, die mit dem Gerbstoff reagieren können, wie bei der Einwirkung von Neutralsalzen auf Kollagen. Diese Kräfte werden proportional dem Grade der Schwellung des Proteins in Freiheit gesetzt.

Thomas und Kelly (27) bauten diese Untersuchung weiter aus und stellten fest, daß der Befund Gustavsons unter geeigneten Bedingungen leicht hinfällig zu machen ist. In einer Untersuchungsreihe bedeckten sie je 50 g Hautpulver mit 1,5 l einer wässerigen Lösung von Salzsäure oder Natriumhydroxyd, wie sie zur Einstellung auf die gewünschten p_H-Werte notwendig waren. Nach 24 Stunden wurde Natriumchlorid zur Herstellung einer molaren Lösung zugefügt, die verbliebene Säure bzw. Lauge neutralisiert und der Ansatz 24 Stunden stehen gelassen. Die Hautpulver wurden dann 2 Tage lang mit fließendem Leitungswasser von etwa 6° C gewaschen, mit destilliertem Wasser nachgespült, mit Alkohol und Xylol entwässert und getrocknet.

Je soviel Hautpulver, als 2 g Trockensubstanz entsprach, wurde in 200 ccm einer Eichenrindenextraktlösung vom p_H-Wert = 4,1 gebracht, die pro Liter 20 g festen Extrakt enthielt. Nach 24 Stunden wurde das Hautpulver entfernt und solange mit fließendem Wasser gewaschen, bis das Waschwasser mit Ferrichlorid keine Färbung mehr gab. Die Hautpulver wurden dann getrocknet und gewogen. Die Gewichtszunahme diente als Maß für den gebundenen Gerbstoff.

In Abb. 257 sind die Ergebnisse zweier Versuchsreihen wiedergegeben. Bei der einen Reihe wurde direkt trockenes Hautpulver in die Gerbbrühe gebracht, bei der zweiten wurde das Hautpulver erst 30 Minuten in Wasser geweicht und dann in die Gerbbrühe eingetragen. In dem Falle, in dem das Hautpulver ohne vorheriges Wässern trocken in die Gerbbrühe eingetragen wurde, lag ganz ausgesprochen ein Effekt im Sinne Gustavsons vor. Waren die Hautpulver aber vorher geweicht worden, so blieb dieser Effekt aus. Thomas und Kelly zeigten noch, daß das Verhältnis von Gerbbrühe und Hautpulver Einfluß auf den Effekt Gustavsons hat. In einer anderen Untersuchung gerbten sie eine Reihe trockener Hautpulver mit je 200 ccm Gerbbrühe, und eine andere Reihe mit je 400 ccm vom p_H-Wert 3. In der zweiten Versuchsreihe mit der größeren Gerbbrühenmenge wurden die Hautpulver viel stärker durchgegerbt und der Gustavson-Effekt war sehr viel deutlicher. In einem weiteren Experiment wurden die Hautpulver nach der Vorbehandlung 12 Tage lang in Wasser von 0° geweicht, bevor sie getrocknet wurden. In der einen Versuchsreihe wurden die trockenen Hautpulver direkt in die Gerbbrühen eingetragen; in der zweiten Reihe wurden sie befeuchtet, bevor sie mit den Gerbbrühen zusammengebracht wurden. Die trockenen Pulver zeigten einen relativ geringen Gustavson-Effekt, die vorher angefeuchteten Pulver hingegen zeigten praktisch keinen Gustavson-Effekt und waren viel stärker gegerbt.

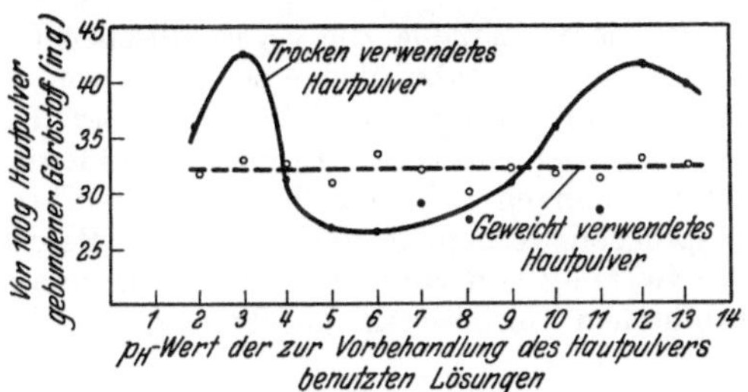

Abb. 257. Einfluß der Änderung des p_H-Wertes der zur Vorbehandlung des Hautpulvers benutzten Lösung auf die Verbindung von Gerbstoff mit Hautpulver in Eichenrindenbrühe vom p_H-Wert = 4.

Es sei zugegeben, daß die Daten zu gering sind, um eine wirklich zufriedenstellende Erklärung zuzulassen, aber ihre praktische Bedeutung ist darum nichtsdestoweniger groß. Der Gustavson-Effekt wird wahrscheinlich in Zukunft viel Beachtung finden. Merrill machte in Wilsons Laboratorium drei Versuche mit Streifen gebeizter Kalbshaut. Einer wurde 24 Stunden in $^1/_{10}$ molarer Salzsäure, der andere in

$^1/_{10}$ molarer Natronlauge und der dritte in destilliertem Wasser geweicht und zu diesem Zwecke in einem Thermostaten bei etwa 7° C aufbewahrt. Die in Säure und in Alkali geweichten Streifen waren stark geschwellt. Dann wurden die Streifen mit einer Lösung vom p_H-Wert 4,5 in den Gleichgewichtszustand gebracht und darauf in einem Gang Gerbbrühen, wie sie zur Gerbung von Häuten in großem Maßstabe wirklich zur Verwendung kommen, gegerbt. Nach Beendigung des Gerbprozesses wurden die Leder getrocknet und analysiert. Das Leder, das mit Säure vorbehandelt war, enthielt auf 100 Teile Kollagen 44 Teile gebundenen Gerbstoff, das mit Alkali vorbehandelte 43 Teile und das mit destilliertem Wasser vorbehandelte 44 Teile. Der Gustavson-Effekt blieb anscheinend aus. Es soll darauf hingewiesen sein, daß die Haut während der Vorbehandlung und des Gerbprozesses kein einziges Mal getrocknet wurde.

Bei dem Versuche, die vegetabilischen Gerboperationen quantitativ in großem Maßstabe über eine Reihe von Jahren zu überwachen, begegnet man häufig Abweichungen, über deren Grund keine Klarheit herrscht. Der Gustavson-Effekt mag eine davon sein. Er wird noch in Zusammenhang mit der Theorie der Chromgerbung im 19. Kapitel besprochen werden, in dem auch eine Beschreibung über die Wirkung der Gerbung von Hautsubstanz mit Chrombrühe und weiter mit vegetabilischen Gerbmitteln gegeben wird.

Literaturzusammenstellung.

1. Baeyer, A. u. V. Villiger: Über die basischen Eigenschaften des Sauerstoffs. Ber. **35**, 1201 (1902).
2. Fahrion, W.: Über die Vorgänge bei der Lederbildung. Z. angew. Chem. **22**, 2083, 2135, 2187 (1909).
3. Fahrion, W.: Zur Theorie der Lederbildung. Collegium **1914**, 707.
4. Fischer, E.: Synthese von Depsiden, Flechtenstoffen und Gerbstoffen I. Ber. **46**, 3253 (1913).
5. Freudenberg, K.: Gerbstoff und Eiweiß. Collegium **1921**, 353.
6. Gustavson, K. H.: Specific ion effects in the behavior of tanning agents towards collagen treated with neutral salts. Colloid Symposium Monograph **4**, 79 (1926).
7. Gustavson, K. H.: The isoelectric zone of tanned hide protein. (Vorläufige Mitteilung).
8. Gustavson, K. H. u. P. J. Widen: Der Einfluß des Äscherungsgrades auf die Gerbstoffaufnahme der Haut. Collegium **1926**, 562.
9. Hitchcock, D. I.: The combination of desaminized gelatin with hydrochlorid acid. J. gen. Physiol. **6**, 95 (1923).
10. Jány, I.: Über die Wirkung von Sauerstoff auf Gerbstoffe. Collegium **1930**, 453.
11. Li, Y. H.: A theorie of tanning. J. Amer. Leather Chem. Assoc. **22**, 380 (1927).
12. Mathur, B. N.: Theory of oil tannage. J. Amer. Leather Chem. Assoc. **22**, 2 (1927).
13. Meunier, L.: Moderne Theorien der verschiedenen Gerbmethoden. Chimie u. Industrie **1**, 71, 272 (1918); J. Amer. Leather Chem. Assoc. **13**, 530 (1918).
14. Paniker, M. A. R. u. E. Stiasny: An investigation of the acid character of gallotannic acid. Collegium **1912**, 9.
15. Powarnin, G.: Über das aktive Carbonyl und über die Gerbung mit organischen Substanzen. Collegium **1914**, 633.
16. Procter, H. R. u. J. A. Wilson: Theory of vegetable tanning. J. Chem. Soc. **109**, 1327 (1916).

17. Stiasny, E.: Über einige Probleme der gerberei-chemischen Forschung. Collegium **1920**, 255.
18. Thomas, A. W. u. S. B. Foster: The behavior of deaminized collagen. Further evidence in favor of the chemical nature of tanning. J. Amer. Chem. Soc. **48**, 489 (1926).
19. Thomas, A. W. u. M. W. Kelly: The isoelectric point of collagen. J. Amer. Chem. Soc. **44**, 195 (1922).
20. Thomas, A. W. u. M. W. Kelly: Concentration factor in the combination of tannin with hide substance. Ind. Eng. Chem. **15**, 928 (1923).
21. Thomas, A. W. u. M. W. Kelly: The influence of hydrogen-ion concentration in the fixation of vegetable tannins by hide substance. Ind. Eng. Chem. **15**, 1148 (1923).
22. Thomas, A. W. u. M. W. Kelly: Differences in kind or degree of tannin fixation. Ind. Eng. Chem. **16**, 31 (1924).
23. Thomas, A. W. u. M. W. Kelly: Tannic acid tannage. Ind. Eng. Chem. **16**, 800 (1924).
24. Thomas, A. W. u. M. W. Kelly: Vegetable tanning. Ind. Eng. Chem. **17**, 41 (1925).
25. Thomas, A. W. u. M. W. Kelly: The thermolability of collagen. J. Amer. Chem. Soc. **47**, 833 (1925).
26. Thomas, A. W. u. M. W. Kelly: Nature of vegetable tannage. Ind. Eng. Chem. **18**, 625 (1926).
27. Thomas, A. W. u. M. W. Kelly: Influence of pretreatment of hide substance upon tannin fixation. Paper read before Division of Leather and Gelatin Chemistry at Swampscott meeting of American Chemical Society, 13. Sept. 1928.
28. Trunkel, H.: Über Leim und Tannin. Biochem. Z. **26**, 458 (1910).
29. Wilson, J. A. u. A. W. Bear: Effect of vegetable tanning upon the combination of collagen with acid. Ind. Eng. Chem. **18**, 84 (1926).
30. Wilson, J. A. u. A. F. Gallun jr.: The points of minimum plumping of calf skin. Ind. Eng. Chem. **15**, 71 (1923).

17. Die Chemie der Chromsalze.

Der Ersatz organischer Gerbstoffe bei gewissen Gerbungsarten durch Chromsalze hat die Chemie des Gerbprozesses keineswegs vereinfacht, denn die Chromsalze sind fast durchweg außerordentlich kompliziert aufgebaut und ihre chemischen Reaktionen ebensowenig genau erforscht wie die vieler natürlicher Gerbstoffe. Den größten Fortschritt in der modernen Entwicklung der Chemie der Chromsalze brachte die Koordinationstheorie von Werner. Jeder, der sich mit dem Studium der Chromgerbung näher befassen will, wird sich daher zunächst mit den Grundprinzipien dieser Theorie zu befassen haben. Dazu stehen ihm einmal die grundlegenden Werke von Werner (31) und von Weinland (28) oder aber die kürzere, aber doch ausreichende Einführung von Schwarz (14) zur Verfügung. Da diese Werke durchweg leicht zugänglich sind, soll es hier genügen, einen kurzen Überblick über die Grundzüge der Theorie, soweit sie sich auf Chromsalze erstreckt, zu geben.

a) Koordinationstheorie von Werner.

Manche Atome vermögen sich mit andern nicht nur mit Hilfe der durch die Valenzzahl bestimmten Hauptvalenzen zu verbinden, sondern auch noch mit Hilfe sogenannter Nebenvalenzen. Nach der Theorie von Werner haben gewisse Atome das Bestreben, eine Anzahl anderer Atome oder koordinierter Gruppen mit Hilfe dieser Nebenvalenzen in einer Schale rings um sich anzuordnen. Das Zentralatom mit seinen so koordinierten Gruppen bildet gewissermaßen einen Kern. Außerhalb dieses Kerns befinden sich die durch Hauptvalenzen mit diesem zu dem Gesamtmolekül vereinigten Atome oder Radikale. Die Koordinationszahl eines Elementes gibt an, wieviel koordinierte Gruppen ein Atom innerhalb des Kerns, in ,,erster Zone" zu binden vermag. Die meisten Metalle besitzen die Koordinationszahl 6, während einigen der nichtmetallischen Elemente die Koordinationszahl 4 zukommt.

Man kennt drei verschiedene Arten von Chromchlorid. Die erste, die sogenannte α-Form, ist das violette Salz der Formel $CrCl_3 \cdot 6\,H_2O$. Sämtliche Chloratome dieses Salzes können mit Silbernitrat aus der Lösung ausgefällt werden. Das zweite Salz, die sogenannte β-Form, besitzt eine grüne Farbe und die Zusammensetzung $CrCl_3 \cdot 5\,H_2O$. Nur zwei Drittel seines Chlors sind mit Silbernitrat fällbar. Das dritte Salz, die sogenannte γ-Form, besitzt ebenfalls grüne Farbe, aber die Zusammensetzung $CrCl_3 \cdot 4\,H_2O$. Bei diesem ist nur ein Drittel des Chlors durch Silbernitrat fällbar.

Die Strukturformeln dieser drei Salze sind nach der Theorie von Werner folgendermaßen zu schreiben:

$$\begin{bmatrix} H_2O & & H_2O \\ H_2O & Cr & H_2O \\ H_2O & & H_2O \end{bmatrix}^{+++} Cl_3'$$

Hexaquo-chromi-chlorid (α-Form),

$$\begin{bmatrix} H_2O & & H_2O \\ H_2O & Cr & H_2O \\ H_2O & & Cl \end{bmatrix}^{++} Cl_2'$$

Chloro-pentaquo-chromi-chlorid (β-Form),

$$\begin{bmatrix} H_2O & & H_2O \\ H_2O & Cr & Cl \\ H_2O & & Cl \end{bmatrix}^{+} Cl'$$

Dichloro-tetraquo-chromichlorid (γ-Form).

Der Kern der α-Form besitzt drei freie Elektronen, die das Oktett der Elektronenschale der drei außerhalb des Kerns befindlichen Chloratome zu vervollständigen suchen und diese in Chlorionen verwandeln, die durch Silbernitrat fällbar sind. Unter bestimmten Bedingungen kann nun ein Chlorion in den Kern eindringen unter Mitnahme seines Elektrons und eines der sechs koordinativ gebundenen Wassermoleküle ersetzen. Die Zahl der koordinativ gebundenen Gruppen beträgt auch weiterhin sechs, aber der Kern besitzt nunmehr nur noch zwei positive Ladungen, eines der drei freien Elektronen wurde durch das in den Kern tretende Chlorion abneutralisiert. Beim Eintritt des Chlorions in den Kern hört es auf, Chlorion zu sein, es bildet vielmehr einen Teil des Kernkomplexes. Da nur noch zwei Chlorionen übrig sind, können nur noch zwei Drittel des gesamten Chlors mit Silbernitrat gefällt werden. Tritt ein zweites Chlorion in den Kern unter Ersatz eines zweiten Wassermoleküls, so bleibt nur noch ein Chlorion übrig, das durch Silbernitrat gefällt werden kann. Der Kern besitzt dann nur noch eine einzige positive Ladung.

Nach Analogie mit anderen Verbindungen kann man vier weitere Chromchloride formulieren. Bei Gegenwart von Salzsäure und Natriumchlorid können alle Wassermoleküle im Kern durch Chlorionen in folgender Weise ersetzt werden:

$$\begin{bmatrix} H_2O & & Cl \\ H_2O & Cr & Cl \\ H_2O & & Cl \end{bmatrix}$$

Trichloro-triaquo-chrom,

$$\begin{bmatrix} H_2O & & Cl \\ H_2O & Cr & Cl \\ Cl & & Cl \end{bmatrix}' \quad Na^+$$

Tetrachloro-diaquo-natriumchromiat,

$$\begin{bmatrix} H_2O & & Cl \\ Cl & Cr & Cl \\ Cl & & Cl \end{bmatrix}'' \quad Na_2^+$$

Pentachloro-aquo-natriumchromiat,

$$\begin{bmatrix} Cl & & Cl \\ Cl & Cr & Cl \\ Cl & & Cl \end{bmatrix} \quad Na_3^+$$

Hexachloro-natriumchromiat.

Das Trichloro-triaquo-chrom ist nicht bekannt, doch ist eine entsprechende Alkoholverbindung dargestellt worden. Die Chromiate sind bei Anwesenheit eines großen Überschusses von Salzsäure beständig, wenngleich sie bei weitem nicht so leicht entstehen wie die entsprechenden Oxalato- oder ähnliche Verbindungen. Es besteht die interessante Tatsache, daß eine Chromsalzlösung Chromkomplexe mit wechselnder elektrischer Ladung, von drei positiven Ladungen bis zu drei negativen Ladungen pro Atom Chrom, enthalten kann. Bei der Elektrophorese gewöhnlicher Chromgerbbrühen tritt im allgemeinen gleichzeitig anodische und kathodische Wanderung des Chroms ein.

b) Nomenklatur.

Nach Entwicklung der Wernerschen Koordinationstheorie erwies sich die Schaffung einer besonderen Nomenklatur notwendig. Ist der Komplexkern ein Kation, so werden zunächst die Säureradikale rings um das Zentralatom angeführt, z. B. Chlorion als Chloro-, Carbonation als Carbonato usw. Es folgen weiter im Namen die Gruppen wie Aquo- (Wasser), Oxo- (Sauerstoff), Hydroxo-(Hydroxylion) und organische Gruppen, die mit dem Ammoniak Ähnlichkeit haben und dann unmittelbar vor dem Namen des Zentralatoms, Ammoniak, das als Ammingruppe bezeichnet wird. Die Wertigkeit des Zentralatoms wird durch die Endung charakterisiert. Einwertige Atome erhalten die Endung a, zweiwertige die Endung o, dreiwertige die Endung i, vierwertige die

Endung e, fünfwertige die Endung an, sechswertige die Endung on, siebenwertige die Endung in und achtwertige die Endung en. In den Namen der oben angegebenen Chromsalze zeigt das i des Chromi die Dreiwertigkeit des Chroms an. Nach dem Namen des komplexen Kerns folgt die Bezeichnung der Säurereste außerhalb des Kerns. Ist der Kern neutral, so endet der Name mit dem Zentralatom, wie z. B. in Trichloro-triaquo-chrom. Beispiele für diese Bezeichnungsweise ergeben die Namen der vier oben beschriebenen Chromichloride.

Ist der Kern ein Anion, so beginnt der Name der Verbindung mit der Bezeichnung der nicht im Kern enthaltenen basischen Reste. Es folgt dann der Name des Kerns in der angegebenen Weise, aber mit der Endung iat. Für die Bezeichnungsweise bei Anionen geben die oben beschriebenen drei Chromiate ein Beispiel.

c) Anlagerungs- und Einlagerungsverbindungen.

Nach der Theorie von Werner hat man einen Unterschied zu machen zwischen Anlagerungs- und Einlagerungsverbindungen. Verbinden sich zwei Moleküle mit Hilfe von Nebenvalenzen in der Weise miteinander, daß alle Atome oder Gruppen, die ursprünglich mit dem Atom, das nunmehr Zentralatom des Komplexes wird, mit diesem in dem Kern verbleiben, so ist die resultierende Verbindung eine Anlagerungsverbindung. Als Beispiel einer solchen Anlagerungsverbindung kann die Verbindung von Platinchlorid und Kaliumchlorid dienen:

$$PtCl_4 + 2\,KCl = [PtCl_6]K_2\,.$$

Die vier Chloratome, die ursprünglich mit dem Platinatom verbunden waren, befinden sich zusammen mit den beiden dazu kommenden Chloratomen innerhalb des Kerns. Nur die beiden Kaliumatome befinden sich außerhalb des Kerns. Von einer Anlagerungsverbindung kann nicht mehr gesprochen werden bei der hypothetischen Verbindung aus Chromchlorid und Natriumchlorid nach der Gleichung:

$$[CrCl_2(H_2O)_4]Cl + 3\,NaCl = [CrCl_6]Na_3 + 4\,H_2O\,.$$

In diesem Fall sind vier Wassermoleküle, die ursprünglich an das zentrale Chromatom gebunden waren, durch Chlorionen ersetzt worden, und man bezeichnet eine solche Verbindung zum Unterschied von den Anlagerungsverbindungen als Einlagerungsverbindung.

Tritt ein zweiwertiges Anion in den Kern, so ersetzt es im allgemeinen zwei der koordinativ gebundenen Gruppen. Auf diese Weise kann die Koordinationszahl der Metallatome für gewisse Radikale oder Atome weniger als sechs betragen. Für Sauerstoff ist sie im allgemeinen vier. In der Chromsäure $[CrO_4]H_2$ sind die Nebenvalenzen des Chromatoms durch die vier Sauerstoffatome innerhalb des Kerns abgesättigt. Der Kern hat anionischen Charakter, weil er das Bestreben besitzt, zum Ausgleich seines elektrischen Feldes zwei Elektronen an sich zu ziehen.

Eine sehr interessante Reihe von Einlagerungsverbindungen entsteht beim allmählichen Ersatz der Ammoniakgruppen in der Verbindung Hexammin-chromi-chlorid durch Wassergruppen.

$[Cr(NH_3)_6]Cl_3$
Hexammin-chromi-chlorid (gelb),

$[Cr(NH_3)_5(H_2O)]Cl_3$
Aquo-pentammin-chromi-chlorid (gelborange),

$[Cr(NH_3)_4(H_2O)_2]Cl_3$
Diaquo-tetrammin-chromi-chlorid (orangerot),

$[Cr(NH_3)_3(H_2O)_3]Cl_3$
Triaquo-triammin-chromichlorid (schwach rosa),

$[Cr(NH_3)_2(H_2O)_4]Cl_3$
Tetraquo-diammin-chromi-chlorid (violettrot),

$[Cr(NH_3)(H_2O)_5]Cl_3$
Pentaquo-ammin-chromi-chlorid (unbekannt),

$[Cr(H_2O)_6]Cl_3$
Hexaquo-chromi-chlorid (violett).

Alle diese Salze, mit Ausnahme des Pentaquo-ammin-chromi-chlorids, sind bereits dargestellt worden.

Die verschiedenen Anionen unterscheiden sich weitgehendst in ihrer Fähigkeit, in den Kern einzudringen und Wassergruppen darin zu ersetzen. Die Neigung des Nitrations hierzu ist nur sehr gering: Das einzig bekannte Chromi-nitrat ist die Hexaquoverbindung, die keine Nitrationen im Kern enthält. Chlorionen besitzen eine gewisse Neigung, in den Kern einzudringen, diese ist aber bei weitem nicht so ausgeprägt wie bei den Sulfationen und den Hydroxylionen. Sulfit-, Acetat-, Formiat-, Oxalat- und Tartrationen dringen mit äußerster Leichtigkeit in den Kern ein. Trioxalato-chromiate, in denen der Kern ein dreiwertiges Anion bildet, sind recht leicht darzustellen. Dagegen ist es recht schwierig, Chromioxalate herzustellen, die keine Oxalationen im Kern enthalten.

d) Chromchloride.

Außer den oben beschriebenen Chromchloriden gibt es noch eine Anzahl wasserhaltiger und isomerer Formen dieser bekannten Chloride. Nach Bjerrum (4) kann das violette Hexahydrat durch Sättigen einer konzentrierten Chromnitratlösung mit gasförmigem Chlorwasserstoff, Abfiltrieren des abgeschiedenen Chromchlorids, Wiederauflösen und erneutem Fällen mit Chlorwasserstoff dargestellt werden. Es hat die Zusammensetzung: $[Cr(H_2O)_6]Cl_3$. Das gleiche Salz erhält man, wenn man eine kalt bereitete Chromsulfatlösung mit der zur Ausfällung des gesamten Sulfations eben notwendigen Menge Bariumchloridlösung behandelt. Wird eine Lösung des Salzes gekocht, so schlägt die Farbe von

Violett in Grün um und dann ist nur noch ein Drittel des Gesamtchlors durch Silbernitrat fällbar. Leitfähigkeitsmessungen beweisen ebenfalls, daß nur noch ein Drittel des Chlors ionisiert vorhanden ist, während zwei Drittel in den Kern eingetreten sind. Im festen Zustand bildet das Salz smaragdgrüne Krystalle, die beim Erhitzen zwei Moleküle Wasser verlieren. Das Salz ist offenbar ein Isomeres des Hexahydrats und hat die Formel: $[Cr(H_2O)_4Cl_2]Cl(H_2O)_2$. Es ist in Wirklichkeit eine wasserhaltige Form des Dichloro-tetraquo-chromichlorids.

Ein anderes Isomeres des Hexahydrats erhält man, wenn man eine Lösung von Dichloro-tetraquo-chromi-chlorid erhitzt und in die heiße Lösung gasförmigen Chlorwasserstoff einleitet. Das Salz hat die Formel $[Cr(H_2O)_4Cl]Cl_2(H_2O)_2$ und ist in Wirklichkeit eine wasserhaltige Form des Chloro-pentaquo-chromi-chlorids.

Bjerrum (4) hat festgestellt, daß das Dichloro-tetraquo-chromichlorid sich in wässeriger Lösung langsam in Hexaquo-chromchlorid umlagert, und zwar nach folgender Gleichung:

$$[Cr(H_2O)_4Cl_2]Cl(H_2O)_2 \rightleftarrows [Cr(H_2O)_5Cl]Cl_2(HO) \rightleftarrows [Cr(H_2O)_6]Cl_3\,.$$

Die Zugabe von Chloriden verschiebt das Gleichgewicht nach der linken Seite, Verdünnung nach der rechten und Erhöhung der Temperatur wieder nach der linken Seite. Im Gleichgewicht enthalten verdünnte Lösungen fast ausschließlich Hexaquochromichlorid. Die Wirkung einer Temperaturerhöhung steht in Übereinstimmung mit le Chateliers Prinzip, da das Hexaquosalz eine höhere Bildungswärme als das Tetraquosalz besitzt. Die Verschiebung des Gleichgewichts kann durch Messung der elektrischen Leitfähigkeit der Lösung verfolgt werden.

Weiter ist noch ein dunkelgrünes Dekahydrat bekannt, das beim Erhitzen sechs Moleküle Wasser verliert. Seine Formel ist:

$$[Cr(H_2O)_4Cl_2]Cl(H_2O)_6\,.$$

Es handelt sich dabei offenbar um eine wasserhaltige Form des Dichloro-tetraquo-chromi-chlorids. Wassergruppen innerhalb und außerhalb des Kerns lassen sich leicht voneinander unterscheiden. Wasser, das außerhalb des Kerns gebunden ist, wird beim Erhitzen sehr leicht abgegeben, während die Wassermoleküle innerhalb des Kerns sehr viel fester gebunden sind und der Wirkung der Hitze sehr viel länger widerstehen.

e) Basische Chromchloride.

Alle Chromchloride, deren Komplexkerne Kationen sind, sind in wässeriger Lösung weitgehendst hydrolysiert. Das violette Hexaquochromi-chlorid ist am stärksten hydrolysiert. Wie Stiasny und Balanyi (17) gezeigt haben, entsteht aus diesem Salz bei Zugabe von Alkali zunächst Pentaquo-hydroxo-chromi-chlorid; $[Cr(H_2O)_5OH]Cl_2$. Die Neigung der Hydroxylionen, in den Kern einzudringen, ist größer als die der Chlorionen und in vielen Fällen vermögen sie diese sogar aus dem Kern zu verdrängen.

Bjerrum (4) verfolgte die Änderung der elektrischen Leitfähigkeit einer Lösung von Hexaquo-chromi-chlorid bei Zugabe einer eingestellten Natriumhydroxydlösung. Die Leitfähigkeit nahm rasch ab, bis ein Mol Alkali auf ein Mol Chromchlorid zugefügt war. Bei weiterer Zugabe von Alkali wurde das Chrom ausgefällt, aber die Leitfähigkeit blieb praktisch konstant, bis drei Mole Alkali auf ein Mol Chromchlorid zugefügt und alles Chrom ausgefällt war. Bei weiterer Alkalizugabe stieg die Leitfähigkeit wieder sehr stark an. Daraus geht klar hervor, daß der Niederschlag aus reinem Chromhydroxyd und nicht aus basischen Chromchloriden bestand.

f) Verolung.

Fügt man Natriumhydroxyd zu einer Lösung von Chromchlorid bis zu dem Punkt, wo Ausflockung beginnt, so steigt der p_H-Wert der Lösung entsprechend an, fällt aber dann beim Stehen der Lösung wieder. Bjerrum (17) fand, daß nunmehr weiteres Alkali zugegeben werden kann, ohne daß Ausflockung eintritt. Dies kann solange wiederholt werden, bis etwa 2,5 Mole Natriumhydroxyd auf ein Mol Chromchlorid zugefügt sind. Bjerrum erklärt diese Tatsache durch die Annahme, daß die zuerst gebildeten Hydroxoverbindungen allmählich in Verbindungen übergehen, in denen die Hydroxogruppen nicht mehr leicht durch Säure neutralisiert werden können. Bjerrum benutzt offenbar nicht das Wernersche Nomenklatursystem und auch nicht den Ausdruck „Verolung". Im vorliegenden Werke wird zur Wahrung der Einheitlichkeit, auch bei der Beschreibung der Arbeiten von Bjerrum und von anderen Autoren, die diese Bezeichnungsweise nicht verwandten, die Wernersche Bezeichnungsweise angewandt. Werner (31) führt die eben angeführte Unempfindlichkeit gegenüber Säure darauf zurück, daß sich zwei oder mehr Kerne derart miteinander verbunden haben, daß die Hydroxogruppen in einem größeren Kern an zwei Chromatome und nicht mehr nur an eines gebunden sind, etwa nach folgender Formel:

$$\left[\begin{matrix} & H_2O & & H_2O & \\ H_2O\diagdown & \vdots & \diagup OH \diagdown & \vdots & \diagup H_2O \\ & Cr & & Cr & \\ H_2O\diagup & \vdots & \diagdown OH \diagup & \vdots & \diagdown H_2O \\ & H_2O & & H_2O & \end{matrix}\right]Cl_4 .$$

Solche Verbindungen hat man „Ol"verbindungen genannt. Die Verolung wird begünstigt durch Erhöhung der Temperatur, durch Zugabe von Alkali oder durch Erhöhen der Konzentration. Sie wird weiter begünstigt durch die Anwesenheit von Anionen, die leicht in den Kern dringen, wie zum Beispiel Carbonationen. Letzteres erklärt die Tatsache, daß es möglich ist, zu einer Lösung von Chromchlorid zwei Äquivalente Natriumcarbonat pro Mol Chromchlorid zuzufügen, ohne daß Ausflockung eintritt.

Bjerrum (17) erhielt bei vorsichtiger Zugabe von zwei Äquivalenten Natriumhydroxyd auf ein Mol Chromchlorid, wobei die Lösung nach den einzelnen Zugaben immer eine gewisse, für die Verolung notwendige Zeit, stehen gelassen wurde, eine Verbindung, die nach Werners Schema einen Komplexkern mit sechs Chromatomen und zwölf Hydroxogruppen darstellt:

```
┌          H2O          H2O          H2O            ┐
│           ¦   ,OH,     ¦   ,OH,     ¦             │
│  H2O- - - -Cr<       >Cr<       >Cr- - - -H2O     │
│          / \  `OH´     ¦   `OH´   / \             │
│         /   \         H2O        /   \            │
│       OH     OH              OH       OH          │  Cl6 .
│         \   /         H2O        \   /            │
│          \ /  ,OH,     ¦   ,OH,   \ /             │
│  H2O- - - -Cr<       >Cr<       >Cr- - - -H2O     │
│           ¦   `OH´     ¦   `OH´     ¦             │
└          H2O          H2O          H2O            ┘
```

Bei Zugabe von 2,5 Äquivalenten Natriumhydroxyd erhielt er eine Verbindung, die als Olverbindung mit einem Kern, der zwölf Chromatome enthält, angesehen werden muß.

Die Verolungstheorie erklärt, warum frisch gefälltes Chromhydroxyd durch verdünnte Säure leicht gelöst wird, beim Stehen dagegen mehr und mehr schwerlöslich wird. Beim Trocknen wird es absolut unlöslich.

g) Chromsulfate.

Die Chromsulfate sind sehr viel komplizierter aufgebaut als die Chromchloride. Diese komplexe Struktur ist besonders ausgeprägt bei den basischen Salzen, wie sie zum Gerben benutzt werden. Die außerordentlich große Schwierigkeit aus einer wässerigen Lösung Chromsulfate krystallisiert zu erhalten, die Sulfatogruppen im Kern enthalten, hat das Studium der Chromsulfate sehr erschwert, und unsere Kenntnisse über die Struktur der in der Gerberei benutzten Chromsulfate sind dementsprechend auch noch recht gering.

Normales Chromsulfat bildet violette Krystalle von der Formel: $[Cr(H_2O)_6]_2(SO_4)_3 \cdot 3\,H_2O$. Colson (6, 7) hat ein grünes Sulfat dargestellt, in dem das gesamte Sulfat im Kern enthalten war. Er konzentrierte eine Lösung des violetten Sulfats zu einer dicken Paste, extrahierte diese mit Alkohol und erhielt beim Verdampfen des Alkohols durchsichtige grüne Plättchen eines hygroskopischen Chromsulfats. Unmittelbar nach der Auflösung dieses Salzes in Wasser wurde mit Bariumchlorid keine Fällung erhalten. Es mußte also alles Sulfat im Kern gebunden sein. Nach zweitägigem Stehen der Lösung dagegen war ein Drittel des Sulfats mit Bariumchlorid fällbar geworden, es mußte sich also das Salz $[Cr(H_2O)_4SO_4]_2SO_4$ gebildet haben. Ändert man die Darstellungsbedingungen für das obengenannte Salz, so kann eine große Anzahl verschiedenartiger Verbindungen erhalten werden. Diese Verbindungen können alle möglichen Leitfähigkeiten und jede Menge fällbaren Sulfats besitzen, angefangen von der des violetten Chromsulfats bis zu der der neutralen Verbindung, die alle ihre Sulfatgruppen im Kern sitzen hat.

Treten Sulfatreste in den Kern ein, so schlägt die Farbe von Violett nach Grün um, ganz wie bei den Chloriden. Das violette Chromsulfat ist in Lösung weniger hydrolysiert als die grünen Salze, während das violette Chromchlorid sehr viel weitgehender hydrolysiert ist als die grünen Chromchloride. Dies ist auf die verschiedenartige Wirkung der Sulfationen und Chlorionen auf die Neigung der Hydroxylionen, in den Kern einzudringen, zurückzuführen. Der Hydrolysenvorgang ist bei den Chromsulfaten sehr viel komplizierter als bei den Chromchloriden. Basische Sulfate scheinen aus wässeriger Lösung nicht auskrystallisieren zu können. Die wenigen basischen Sulfate, die isoliert werden konnten, sind aus nichtwässerigen Lösungen erhalten worden. Werner (30) erhielt die Verbindung $[Cr(H_2O)_4(OH)_2]_2SO_4$ durch allmähliche Zugabe von Pyridin zu einer Lösung von Chromalaun und Natriumsulfat. Richards und Bonnet (13) konnten durch Extraktion einer basischen Chromsulfatlösung mit Alkohol und Äther eine Verbindung von der Formel $CrOHSO_4$ erhalten.

Obwohl es zweifellos eine Reihe sehr komplexer Chromsulfate gibt, die sowohl Sulfat- wie auch Hydroxylgruppen im Kern enthalten, ist es wegen der Schwierigkeit ihrer Isolierung unmöglich, einwandfreie Strukturformeln aufzustellen. Zieht man die mehrkernigen Sulfate und die Olverbindungen in Betracht, so erscheint die Zahl der möglichen Chromsulfate ausnehmend groß.

h) Andere Chromsalze.

Es gibt eine Reihe Anionen, die eine besonders große Neigung aufweisen, in den Komplexkern von Chromsalzen einzudringen und die koordinativ gebundenen Aquo-, Chloro- oder Sulfatogruppen zu ersetzen. Ein typisches Beispiel hierfür ist das Oxalation. Stiasny und Szegoe (20) fügten zu einer Lösung von Chromsulfat von der Formel $CrOHSO_4$ steigende Mengen Natriumoxalat und fanden, daß das Chrom vollständig anodisch wurde, wenn auf ein Mol Chromsalz ein Mol Oxalat zugefügt worden war. Die so erhaltene Lösung ergab bei Zugabe von Alkali keine Ausfällung des Chroms.

Hexaquo-chromi-oxalat ist in kaltem Wasser unlöslich, löst sich aber in heißem Wasser unter der Bildung eines sehr leicht löslichen grünen Salzes, das wahrscheinlich folgende Zusammensetzung besitzt:

$$\begin{bmatrix} H_2O & & C_2O_4 & & H_2O \\ H_2O & Cr & C_2O_4 & Cr & H_2O \\ H_2O & & C_2O_4 & & H_2O \end{bmatrix}.$$

Reine Oxalato-chromiate können durch Reduktion von Chromsäure mit Oxalsäure bei Gegenwart überschüssigen Oxalats dargestellt werden. Welche Verbindungen sich dabei im speziellen bilden, ist abhängig von dem Verhältnis Chromsäure zu angewandtem Oxalat, von der Konzentration, Temperatur, dem p_H-Wert, der Menge des vorhandenen

Alkalimetalls und der Gegenwart anderer Salze. Werner (32) beschreibt die folgenden Gruppen von Oxalato-chromiaten:

$$Na_3^+ [Cr(C_2O_4)_3]'''$$

Natrium-trioxalato-chromiat,

$$Na^+ [Cr(H_2O)_2(C_2O_4)_2]'$$

Natrium-dioxalato-diaquo-chromiat,

$$Na_2^+ [Cr(H_2O)(OH)(C_2O_4)_2]''$$

Natrium-dioxalato-aquo-hydroxo-chromiat,

$$Na_3^+ [Cr(OH)_2(C_2O_4)_2]'''$$

Natrium-dioxalato-dihydroxo-chromiat.

Die Hydroxoverbindungen können sich miteinander unter der Bildung von Olverbindungen vereinigen. So bilden zum Beispiel zwei Moleküle Natrium-dioxalato-aquo-hydroxo-chromiat die folgende Olverbindung:

$$Na_4^+ \left[(C_2O_4)_2Cr \begin{matrix} OH \\ \\ OH \end{matrix} Cr(C_2O_4)_2 \right]''''.$$

Ähnliche Verbindungen können mit Acetat-, Tartrat-, Formiat- (Stiasny und Walther (21), Sulfit-, Carbonat [Stiasny, Olschansky und Weidmann (22)] und anderen Ionen bzw. Ionenmischungen erhalten werden. Die Möglichkeiten zur Darstellung verschiedener Chromsalze sind ausnehmend groß, dazu kommt noch, daß jedes dieser Salze noch in so und so vielen isomeren Formen vorkommen kann.

i) Chromate.

In allen den oben angeführten Salzen tritt das Chrom als dreiwertiges Metall auf. Die Chemie des Chroms wird noch beträchtlich komplizierter durch die Tatsache, daß Chrom auch als zwei- und sechswertiges Element fungieren kann. Die Chromosalze, in denen das Chrom zweiwertig ist, haben für die Gerberei keinerlei Bedeutung. Dagegen wird sechswertiges Chrom im Zweibadchromgerbeprozeß, der im nächsten Kapitel beschrieben ist, angewandt. Nach der Wernerschen Koordinationslehre beträgt die Koordinationszahl des Chroms gegenüber Sauerstoff vier. Werden Chromisalze oxydiert, so treten vier Sauerstoffatome in den Kern und ersetzen alle sechs anderen koordinativ gebundenen Gruppen. Der Komplexkern wird dadurch zum zweiwertigen Anion von der Formel: $[CrO_4]''$.

Man kann nun in solchen Verbindungen jedes der vier koordinativ gebundenen Sauerstoffatome nacheinander durch Säurereste ersetzen. Nach Miolati (10) entsteht bei dem stufenweisen Ersatz der Sauerstoffatome in der Chromsäure durch Chromatreste folgende Reihe von Polysäuren: $[CrO_4]H_2$, Chromsäure; $[CrO_3(CrO_4)]H_2$, Dichromsäure; $[CrO_2(CrO_4)_2]H_2$, Trichromsäure und $[CrO(CrO_4)_3]H_2$, Tetrachromsäure. Einige der Alkalisalze dieser Polychromsäuren sind wohlbekannt.

Chromate haben keine direkte gerbende Wirkung auf die Haut, können aber leicht zu basischen Chromsalzen, wie sie in der Gerberei in weitem Umfange benutzt werden, reduziert werden. Eine der meistbenutzten Methoden zur Herstellung technischer Chromgerbbrühen besteht darin, in eine Lösung von Natriumbichromat gasförmiges Schwefeldioxyd bis zur vollständigen Reduktion des Bichromats einzuleiten. Dieses Verfahren ist erstmalig unabhängig voneinander von Balderston (1) und von Procter (11) vorgeschlagen worden. Die gewöhnlich für diese Reaktion angegebene Gleichung lautet folgendermaßen:

$$Na_2Cr_2O_7 + 3\,SO_2 + H_2O = Na_2SO_4 + 2\,CrOHSO_4\,.$$

Die darin wiedergegebene Formel für das basische Chromsulfat soll nur den basischen Charakter des Salzes zum Ausdruck bringen. Die Strukturformel ist zweifellos sehr viel komplizierter, einmal weil einige Sulfatgruppen im Kern stehen und weiter wegen der Bildung von Olverbindungen.

k) Die Hydrolyse von Chromsalzen.

Chromsalze sind in wässeriger Lösung weitgehend hydrolysiert und reagieren sauer. Nach Werners Theorie ist dies auf die stark ausgeprägte Neigung des Hydroxylions, in den Kern einzudringen, zurückzuführen. Auch bei der extrem geringen Hydroxylionenkonzentration schwach saurer Lösungen tritt diese Neigung noch in Erscheinung. Der Hydrolysengrad variiert mit einer großen Zahl veränderlicher Faktoren. Er ist abhängig von der Konzentration, der Temperatur, dem p_H-Wert, der Natur der koordinativ gebundenen Gruppen im Chromkomplexkern und von der Art und Konzentration aller im System vorhandenen Elektrolyte.

Thomas und Baldwin (25, 26) verfolgten die Änderungen des Hydrolysengrades von Chromsalzen unter verschiedenen Bedingungen durch elektrometrische Messung des p_H-Werts der Lösungen. Sie benutzten für ihre Untersuchungen Proben von sogenanntem chemisch reinem Chromsulfat und Chromchlorid, weiter eine typische technische Chrombrühe und schließlich eine Chrombrühe, die durch Reduktion von Natriumbichromat mit Schwefeldioxyd hergestellt worden war. Die Chrombrühe hatte folgende Zusammensetzung: 14,3% Cr_2O_3; 1,9% Fe_2O_3; 0,2% Al_2O_3; 23,5% SO_3; 0,2% Cl. Die Basizität entsprach der Formel $Cr(OH)_{1,2}(SO_4)_{0,9}$; der Überschuß an Sulfat war als Natriumsulfat in der Brühe vorhanden.

α) Der Einfluß der Konzentration.

Abb. 258 zeigt die p_H-Werte von Lösungen von reinem Chromsulfat und von Lösungen der technischen Chrombrühe bei verschiedenen Konzentrationen. Von beiden wurden konzentrierte Lösungen in zunehmendem Maße verdünnt und unmittelbar nach der Verdünnung wie auch nach sieben- oder neuntägigem Stehen nach der Verdünnung der p_H-Wert bestimmt. Unmittelbar nach dem Verdünnen der sauren Lösungen ist natürlich der p_H-Wert der Lösungen höher. Während aber bei den Lösungen der technischen Chrombrühe der p_H-Wert beim Stehen weiter ansteigt, nimmt er bei den Lösungen von reinem Chromsulfat beim Stehen ab. Der Hauptunterschied der beiden Chromlösungen besteht darin, daß die technische Chrombrühe basisch ist und eine beträchtliche Menge Natriumsulfat enthält. Daraus erhellt deutlich, daß diese beiden Faktoren bei der Verteilung der Ionen zwischen Chromkern und äußerer Lösung eine besondere Rolle spielen.

β) Der Einfluß einer Zugabe von Säure oder Alkali.

Abb. 259 zeigt den Einfluß einer Zugabe von Schwefelsäure oder Natriumhydroxyd auf den p_H-Wert von Chromsalzlösungen. Eine bestimmte Menge einer konzentrierten Chromlösung wurde jeweils mit einer bestimmten Menge eingestellter Säure- oder Alkalilösung vermischt und auf 50 ccm verdünnt. Die p_H-Messungen wurden unmittelbar nach dem Verdünnen und weiter dann nach bestimmten Zeitintervallen vorgenommen. Die Zugabe von Säure oder Alkali verursacht den erwarteten Abfall bzw. Anstieg des p_H-Werts und stört das Hydrolysengleichgewicht. Nach der Zugabe dauert es tagelang, bis sich das Hydrolysengleichgewicht wieder eingestellt hat. Die lange Zeit, die solche Systeme nach einer Störung ihres Hydrolysengleichgewichts bis zu einer Wiedereinstellung benötigen, erhöht die Schwierigkeiten, die Chemie der Chromgerbung zu erforschen. Zugleich erhellt daraus, daß die eintretenden Änderungen komplizierter sind als nur einfaches Auswechseln von Ionen zwischen Kern und Lösung.

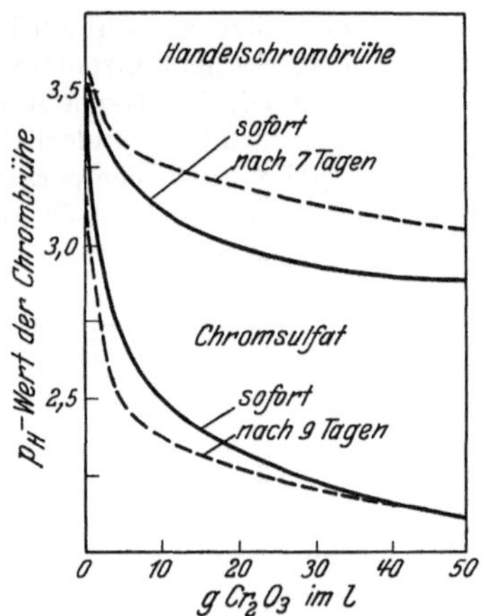

Abb. 258. Der Einfluß der Konzentration auf die Hydrolyse von Chrombrühen.

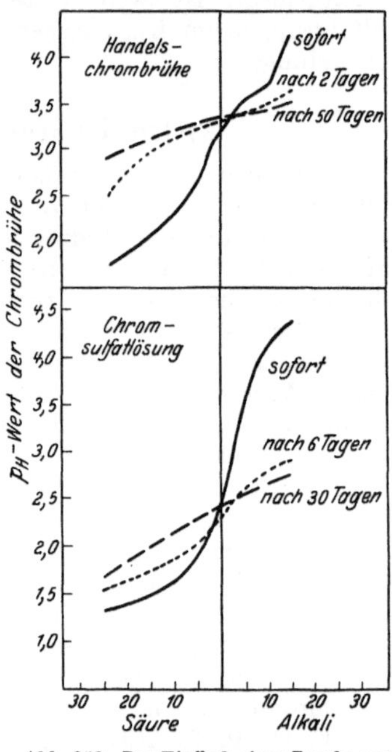

Abb. 259. Der Einfluß einer Zugabe von Säure oder Alkali auf die Hydrolyse von Chrombrühen.

γ) Der Einfluß von Neutralsalzen.

Im vierten Kapitel ist ausgeführt worden, daß der p_H-Wert von Säurelösungen bei Zugabe neutraler Chloride ab- und bei Zugabe neutraler Sulfate zunimmt. Der Einfluß zunehmender Mengen verschiedener Salze auf den p_H-Wert von Schwefelsäure- und Salzsäurelösungen ist in den Abb. 45, 46 und 47 wiedergegeben. Abb. 260 zeigt die Änderungen des p_H-Werts, die eintreten, wenn man verschiedene Salze zu Lösungen von Chromsulfat oder technischer Chrombrühe zufügt. Die Kurven gleichen weitgehendst denen der Abb. 45 und 46. Der Einfluß der Zeit ist für Natriumchlorid wiedergegeben; in den übrigen Fällen wurden die Messungen dreißig Tage nach Zugabe des Salzes ausgeführt, so daß also genügend Zeit zur Wiedereinstellung des Gleichgewichts blieb.

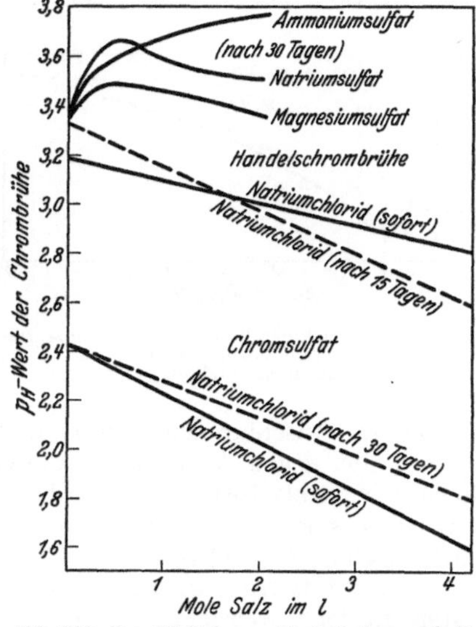

Abb. 260. Der Einfluß von Neutralsalzen auf die Wasserstoffionenkonzentration von Chrombrühen mit 13,86 g Cr_2O_3 im Liter.

Um die beim Zusammenbringen von Chloriden mit Chromsulfat auftretenden Komplikationen zu vermeiden, untersuchten Thomas und Baldwin auch die Wirkung neutraler Chloride auf eine Lösung von reinem Chromchlorid. Die von Baldwin (2) veröffentlichte Abb. 261 veranschaulicht den Einfluß der Zugabe zunehmender Mengen verschiedener Neutralsalze zu einer Lösung des grünen Chromchlorids. Die Messungen des p_H-Werts wurden einmal unmittelbar nach Zugabe des Salzes und Verdünnen auf eine bestimmte Konzentration und weiter nach 50tägigem Stehen der verdünnten Lösungen vorgenommen. In den Lösungen, die keinen Salzzusatz erhalten hatten, trat beim Stehen eine Erhöhung des p_H-Werts ein.

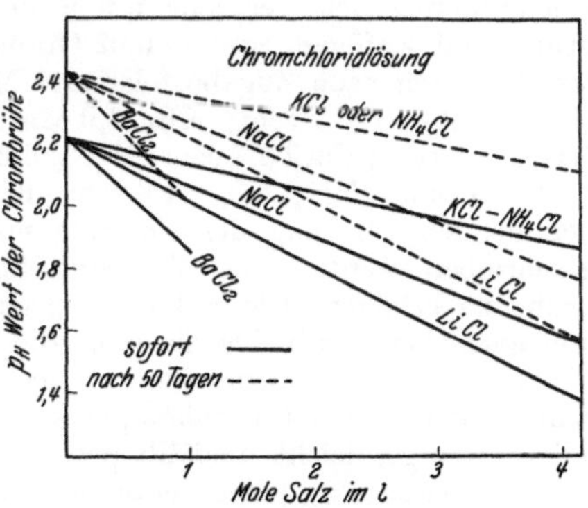

Abb. 261. Der Einfluß von neutralen Chloriden auf die Wasserstoffionenkonzentration einer Chromchloridlösung mit 13,77 g Cr_2O_3 im Liter.

Der komplizierte Einfluß der Zeit nach der Salzzugabe zu einer Chrombrühe auf den p_H-Wert, dieser ist in Abb. 262 wiedergegeben. Technische Chrombrühe und Natriumchlorid wurden in solchem Verhältnis gemischt und verdünnt, daß die Lösung an Natriumchlorid doppeltmolar war und eine Konzentration von 13,86 g Chromoxyd im Liter aufwies. Während der ersten vier Stunden wurde die Wasserstoffionenkonzentration alle zehn Minuten und weiter während drei Tagen in größeren Zeitintervallen bestimmt. Ganz offensichtlich ist die Zunahme der Wasserstoffionenkonzentration ebenso wie auch die Hydrolyse des Chromsalzes einem Zeitfaktor unterworfen.

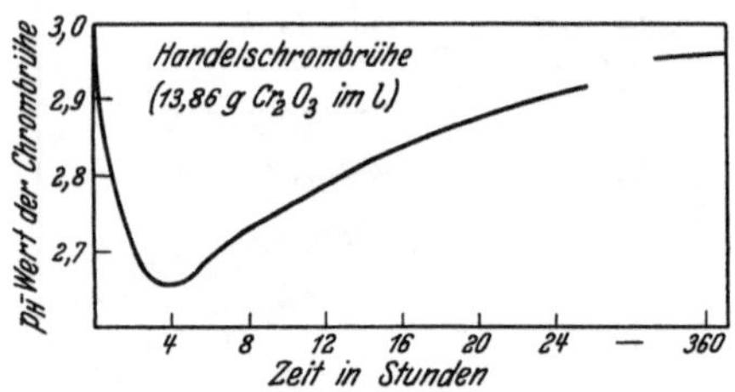

Abb. 262. Änderung der Wasserstoffionenkonzentration einer Chrombrühe mit der Zeit nach Zugabe von 2 Molen Natriumchlorid auf den Liter.

W. Klaber hatte festgestellt, daß man Chrombrühen ohne Ausflockung stärker basisch machen kann, wenn ihnen vorher Salze zugefügt worden waren. Wilson und Kern (33) stellten im Anschluß daran fest, daß die Widerstandsfähigkeit einer Chrombrühe gegen Ausflockung durch Alkali durch Zugabe jeden beliebigen Neutralsalzes erhöht wird, und daß dabei sogar Sulfate noch wirksamer sind als Chloride. Die zum Eintritt einer Fällung in einer Chrombrühe notwendige Menge Alkali wurde derart bestimmt, daß 10 ccm der filtrierten Brühe mit 0,1 n Natriumhydroxydlösung bis zur ersten, in der Durchsicht sichtbaren Trübung titriert wurden. So waren z. B. für eine bestimmte Chrombrühe 3,7 ccm eingestellte Alkalilösung verbraucht worden. Zu andern 10 ccm der gleichen Chrombrühe wurden 0,04 Grammoleküle Natriumchlorid gefügt, und nunmehr waren 6,8 ccm Natriumhydroxydlösung zum Erhalt einer Trübung notwendig. Bei Wiederholung des Versuchs unter Verwendung von 10 ccm Chrombrühe und Zufügen von je 0,02 Grammolekülen der einzelnen Salze trat Trübung nach Zugabe folgender Mengen Natriumhydroxydlösung ein: ohne Salz 3,7 ccm; KBr 3,9 ccm; KCl 4,0 ccm; KNO_3 4,2 ccm; NH_4Cl 4,5 ccm; NaCl 5,4 ccm; $MgCl_2$ 6,2 ccm; $MgSO_4$ 10,5 ccm; Na_2SO_4 11,4 ccm und $(NH_4)_2SO_4$ 11,6 ccm. Ein gewisser Teil der flockungshemmenden Wirkung der Chloride muß hierbei ihrer Fähigkeit zugeschrieben werden, die Wasserstoffionenkonzentration der Chrombrühe zu erhöhen. Die Sulfate dagegen setzen die Wasserstoffionenkonzentration herab. Da sie aber die Stabilität der Chrombrühe erhöhen, wird man anzunehmen haben, daß sie einen Eintritt von Sulfationen in den Chromkomplexkern und damit die Bildung durch Alkali weniger leicht ausfällbarer Salze bewirken.

Gustavson (9) untersuchte den Einfluß von Natriumchlorid auf den p_H-Wert von Chromsalzlösungen und auf ihre Stabilität gegenüber Alkali noch eingehender. Er fand, daß bei basischen Chromchloridbrühen zunehmende Konzentration an Kochsalz zunächst ein Ansteigen und weiter dann einen Abfall des p_H-Wertes bewirkt. Diese Wirkung tritt mit zunehmender Basizität der Chromchloridbrühe und zunehmender Verdünnung noch stärker in Erscheinung. Die Wichtigkeit seiner Befunde rechtfertigt eine ausführlichere Beschreibung.

Das verwandte Chromchlorid war chemisch rein und hätte als sogenanntes chemisch reines Salz die Formel $CrCl_3 \cdot 4\,H_2O$ besitzen müssen. Nach der Analyse handelte es sich um ein 14% basisches Salz, d. h. 14% des gesamten hydrolysierbaren Chlorids waren neutralisiert, während nur 86% des Chlorids gemäß obiger Formel gebunden waren. Diese Basizität könnte durch die Formel $CrCl_{2,58}(OH)_{0,42}$ zum Ausdruck gebracht werden, die das Verhältnis von Chrom, Chlor und Hydroxyl richtig angibt. Dieses Salz wurde in heißem Wasser zu einer Standardlösung mit 210,2 g Cr_2O_3 im Liter aufgelöst. Von dieser Stammlösung ausgehend wurden durch Zugabe von Natriumhydroxydlösung und Wiedereinengen der Lösung auf das ursprüngliche Volumen durch Erhitzen zwei weitere Stammlösungen mit entsprechend 38,5 und 55,9% Basizität hergestellt. Von diesen drei Stammlösungen wurden nun verschiedene Verdünnungen unter Zusatz wechselnder Mengen Natriumchlorid hergestellt. In bestimmten Zeitintervallen wurde der p_H-Wert der Lösungen gemessen und ihre Ausflockungszahl bestimmt, d. h. festgestellt, wieviel ccm 0,1 n Natriumhydroxydlösung 10 ccm der Chromlösung bis zum Auftreten einer Trübung benötigten.

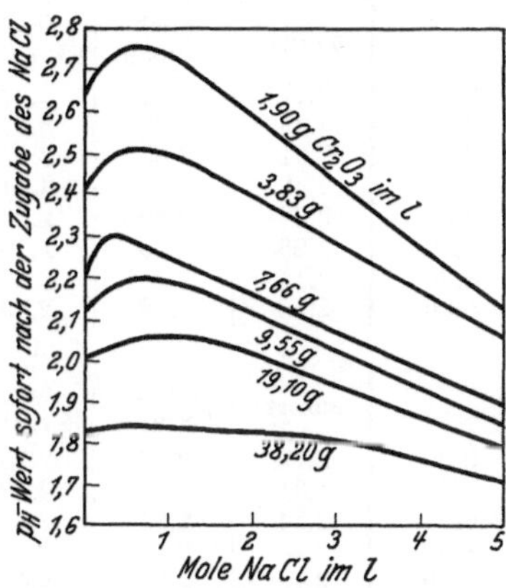

Abb. 263. Der Einfluß der Natriumchloridkonzentration auf den p_H-Wert von 55,9% basischen Chromchloridlösungen verschiedener Konzentration sofort nach der Zugabe des Natriumchlorids.

Der Einfluß der Konzentration des Natriumchlorids, der Konzentration und Basizität des Chromsalzes und der Zeit auf den p_H-Wert der Lösungen ist in den Tabellen 70, 71 und 72 wiedergegeben und in den Abb. 263 bis 267 graphisch veranschaulicht. Die Ergebnisse lassen die wichtige Tatsache erkennen, daß die Zugabe von Natriumchlorid zu einer Chromchloridlösung bis zu einer Konzentration von ungefähr 0,5 molar ein Ansteigen des p_H-Wertes der Chromchloridlösung, d. h. eine Abnahme der freien Säure, bewirkt, und daß diese Wirkung in weniger basischen und schwächer konzentrierten Lösungen besonders stark zutage tritt. Die Zunahme des p_H-Wertes mit der Zeit wird durch Verdünnung begünstigt. Bei weiterer Zunahme der Natriumchloridkonzentration nimmt der p_H-Wert ähnlich dem Verlauf der Kurve in Abb. 258 wieder ab. Das Ansteigen des p_H-Wertes bei niedrigen Salzkonzentrationen ist von Miß Baldwin (2) in ihrer Arbeit nicht bemerkt worden, weil sie Lösungen von normalem Chromchlorid, vorzüglich von den grünen Formen mit einer Konzentration von 13,77 g Cr_2O_3 im Liter benutzte, die in bezug auf Kochsalz nie schwächer als 1-molar waren.

Der Einfluß von Natriumchlorid auf die Ausflockungszahl von Chromchloridlösungen ist gerade umgekehrt wie derjenige, den Wilson und Kern (33) bei basischen Chromsulfatlösungen festgestellt hatten. Zu-

Tabelle 70. Der Einfluß der Konzentration an Natriumchlorid und der Zeit auf den p_H-Wert und die Ausflockungszahl von 65,9% basischen Chromchloridlösungen verschiedener Konzentration.

Mole NaCl im Liter	p_H-Wert					Ausflockungszahl ccm 0,1 n NaOH auf 10 ccm	
			1,90 g Cr_2O_3 im l				
	sofort	nach 2 Wochen	nach 6 Wochen			sofort	nach 6 Wochen
0,00	2,65	2,97	3,10	—	—	2,5	2,4
0,25	2,73	3,09	3,21	—	—	1,9	2,0
0,50	2,76	3,15	3,23	—	—	1,5	1,6
1,00	2,74	3,17	3,20	—	—	1,3	1,4
2,00	2,59	3,07	3,07	—	—	1,1	1,2
3,00	2,43	2,91	2,91	—	—	0,9	1,1
4,00	2,28	2,76	2,76	—	—	0,8	1,0
5,00	2,12	2,60	2,60	—	—	0,8	1,0
			3,83 g Cr_2O_3 im l				
	sofort	nach 1 Woche	nach 2 Wochen	nach 8 Wochen		sofort	nach 8 Wochen
0,00	2,41	2,64	2,88	3,01	—	4,9	4,8
0,25	2,49	2,78	3,03	3,15	—	3,6	3,7
0,50	2,51	2,85	3,04	3,12	—	3,1	2,9
1,00	2,49	2,85	3,04	3,09	—	2,8	2,4
2,00	2,39	2,80	2,93	2,96	—	2,4	2,0
3,00	2,28	2,69	2,78	2,80	—	2,0	1,8
4,00	2,17	2,55	2,61	2,63	—	1,8	1,6
5,00	2,06	2,42	2,45	2,46	—	1,6	1,5
			7,66 g Cr_2O_3 im l				
	sofort	nach 3 Stund.	nach 24 Stund.	nach 1 Woche	nach 6 Wochen	sofort	
0,00	2,19	2,28	2,35	2,68	2,95	4,1	—
0,25	2,31	2,33	2,40	2,76	2,97	3,2	—
0,50	2,24	2,31	2,46	2,82	2,99	3,1	—
1,00	2,24	2,30	2,46	2,79	2,96	2,5	—
2,00	2,15	2,22	2,44	2,71	2,80	2,1	—
3,00	2,06	2,13	2,38	2,59	2,64	1,9	—
4,00	1,97	2,05	2,30	2,45	2,47	1,7	—
5,00	1,88	1,97	2,23	2,31	2,31	1,7	—
			9,55 g Cr_2O_3 im l				
	sofort	nach 3 Wochen	nach 8 Wochen			sofort	nach 8 Wochen
0,00	2,12	2,85	2,92	—	—	5,0	5,4
0,25	2,16	2,92	2,96	—	—	4,2	4,3
0,50	2,20	2,88	2,95	—	—	3,8	3,9
1,00	2,18	2,82	2,91	—	—	3,1	3,3
2,00	2,12	2,69	2,76	—	—	2,5	2,9
3,00	2,03	2,54	2,60	—	—	2,3	2,7
4,00	1,93	2,39	2,43	—	—	2,2	2,4
5,00	1,84	2,23	2,27	—	—	2,1	2,2

Tabelle 70 (Fortsetzung).

Mole NaCl im Liter	p_H-Wert					Ausflockungszahl ccm 0,1 n NaOH auf 10 ccm	
	19,10 g Cr_2O_3 im l						
	sofort	nach 24 Stund.	nach 1 Woche	nach 6 Wochen		sofort	nach 6 Wochen
0,00	2,00	2,34	2,75	2,82	—	9,0	8,9
0,25	2,04	2,41	2,79	2,82	—	7,8	8,7
0,50	2,05	2,42	2,77	2,79	—	7,2	7,6
1,00	2,06	2,44	2,72	2,75	—	6,8	7,2
2,00	2,01	2,39	2,58	2,60	—	5,9	6,6
3,00	1,94	2,32	2,45	2,45	—	5,7	6,2
4,00	1,86	2,21	2,31	2,31	—	5,5	5,6
5,00	1,79	2,09	2,15	2,15	—	5,2	5,4
	38,20 g Cr_2O_3 im l						
	sofort	nach 1 Woche	nach 6 Wochen				nach 1 Woche
0,00	1,83	2,63	2,63	—	—	—	15,2
0,25	1,84	2,60	2,59	—	—	—	14,6
0,50	1,84	2,57	2,56	—	—	—	14,0
1,00	1,83	2,54	2,53	—	—	—	13,5
2,00	1,82	2,41	2,40	—	—	—	12,6
3,00	1,82	2,28	2,27	—	—	—	12,8
4,00	1,76	2,12	2,12	—	—	—	13,0
5,00	1,71	1,96	1,96	—	—	—	13,0

nehmende Natriumchloridkonzentrationen bewirken einen Abfall der Ausflockungszahl von Chromchlorid. Es muß also bei Eintritt der Fällung ein stärker saures Salz vorhanden sein. Der Abfall der Ausflockungszahl ist bei Salzkonzentrationen unter 2-molar verhältnismäßig größer und tritt bei Verdünnung der Chrombrühe noch stärker in Erscheinung.

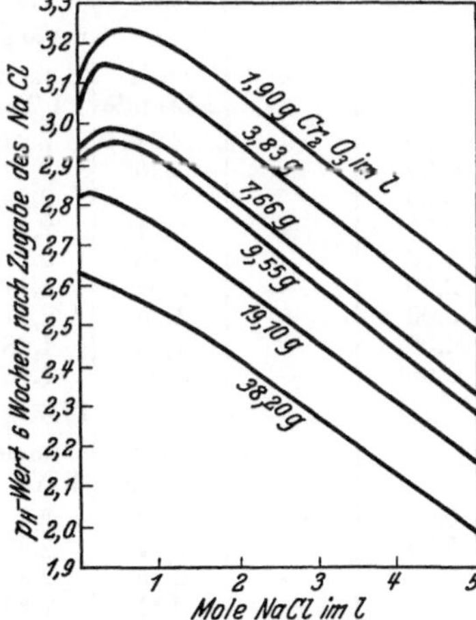

Abb. 264. Der Einfluß der Natriumchloridkonzentration auf den p_H-Wert von 55,9% basischen Chromchloridlösungen verschiedener Konzentration 6 Wochen nach der Zugabe des Natriumchlorids.

Gustavsons Feststellungen über die Ausflockungszahlen von Chromchlorid unterscheiden sich von denen Bjerrums, die oben mitgeteilt wurden. Bjerrum hatte festgestellt, daß die Ausflockung einsetzt, wenn ein Mol Alkali auf ein Mol Chromchlorid zugefügt worden ist. Bei diesem Punkte würde die Basizität des Chromsalzes 33,3% betragen. Bei den Versuchen Gustavsons trat Ausflockung erst bei sehr viel höheren Basizitäten ein. Er konnte sogar in einem Falle die Basizität bis auf 90% erhöhen, ohne daß Ausflockung eintrat. Mit zunehmender Salzkonzentration beginnt die Ausflockung bereits bei niedrigeren Basizitäten. Tabelle 74 zeigt, daß die Ausflockung nicht bei einem

Tabelle 71. Der Einfluß der Konzentration an Natriumchlorid und der Zeit auf den p_H-Wert und die Ausflockungszahl von 38,5% basischen Chromchloridlösungen verschiedener Konzentration.

Mole NaCl im Liter	p_H-Wert					Ausflockungszahl ccm 0,1 n NaOH auf 5 ccm	
			3,77 g Cr_2O_3 im l				
	sofort	nach 1 Woche	nach 6 Wochen			sofort	nach 6 Wochen
0,00	2,50	2,68	2,92	—	—	3,8	3,8
0,25	2,53	2,81	2,93	—	—	2,3	2,5
0,50	2,53	2,81	2,92	—	—	2,1	2,0
1,00	2,50	2,78	2,87	—	—	1,9	1,9
2,00	2,35	2,65	2,73	—	—	1,8	1,8
3,00	2,19	2,49	2,55	—	—	1,7	1,7
4,00	2,03	2,33	2,38	—	—	1,6	1,7
5,00	1,87	2,15	2,20	—	—	1,7	1,7
			7,50 g Cr_2O_3 im l				
	sofort	nach 1 Tag	nach 1 Woche	nach 2 Wochen	nach 6 Wochen	sofort	
0,00	2,20	2,32	2,41	2,65	2,73	7,2	—
0,25	2,25	2,35	2,46	2,68	2,73	5,6	—
0,50	2,24	2,34	2,48	2,67	2,71	4,3	—
1,00	2,17	2,31	2,46	2,64	2,65	3,7	—
2,00	2,03	2,18	2,37	2,50	2,50	3,4	—
3,00	1,87	2,04	2,24	2,34	2,33	3,3	—
4,00	1,71	1,90	2,11	2,18	2,18	3,2	—
5,00	1,55	1,76	1,97	2,01	2,01	3,2	—
			9,425 g Cr_2O_3 im l				
		nach 1 Stunde	nach 1 Tag	nach 2 Wochen	nach 6 Wochen		nach 1 Woche
0,00	—	2,24	2,27	2,63	2,63	—	7,6
0,25	—	2,26	2,32	2,62	2,65	—	6,2
0,50	—	2,23	2,29	2,60	2,64	—	5,6
0,75	—	2,21	2,27	2,58	2,60	—	5,0
1,00	—	2,18	2,26	2,54	2,56	—	4,8
2,00	—	2,04	2,11	2,40	2,42	—	4,0
3,00	—	1,89	2,01	2,25	2,26	—	3,8
4,00	—	1,76	1,88	2,08	2,08	—	3,6
5,00	—	1,62	1,75	1,91	1,91	—	3,5
			15,00 g Cr_2O_3 im l				
		nach 1 Tag	nach 1 Woche	nach 2 Wochen	nach 6 Wochen		nach 1 Tag
0,00	—	2,10	2,30	2,52	2,54	—	12,6
0,25	—	2,14	2,35	2,53	2,54	—	12,4
0,50	—	2,15	2,36	2,54	2,54	—	11,0
1,00	—	2,11	2,35	2,48	2,48	—	10,1
2,00	—	2,03	2,28	2,35	2,35	—	7,2
3,00	—	1,92	2,13	2,18	2,18	—	6,5
4,00	—	1,80	1,98	2,02	2,02	—	6,4
5,00	—	1,68	1,82	1,85	1,85	—	6,3

Tabelle 72. Der Einfluß der Konzentration an Natriumchlorid und der Zeit auf den p_H-Wert und die Ausflockungszahl von 14% basischen Chromchloridlösungen verschiedener Konzentration.

Mole NaCl im Liter	p_H-Wert				Ausflockungszahl ccm 0,1 n NaOH auf 5 ccm	
	4,20 g Cr_2O_3 im l					
	sofort	nach 1 Woche	nach 6 Wochen		sofort	nach 6 Wochen
0,00	2,26	2,38	2,45	—	6,2	5,8
0,25	2,23	2,39	2,42	—	4,4	4,3
0,50	2,20	2,35	2,37	—	4,2	4,0
1,00	2,13	2,28	2,31	—	2,8	3,0
2,00	1,99	2,13	2,15	—	2,6	2,6
3,00	1,85	1,96	1,98	—	2,4	2,4
4,00	1,70	1,80	1,81	—	2,4	2,6
5,00	1,56	1,63	1,63	—	2,4	2,7
	8,40 g Cr_2O_3 im l					
	sofort	nach 6 Wochen				nach 6 Wochen
0,00	2,02	2,15	—	—	—	12,5
0,25	2,02	2,13	—	—	—	10,2
0,50	2,03	2,11	—	—	—	8,0
1,00	1,99	2,05	—	—	—	5,3
2,00	1,85	1,90	—	—	—	4,6
3,00	1,67	1,73	—	—	—	4,7
4,00	1,49	1,55	—	—	—	4,7
5,00	1,32	1,38	—	—	—	4,7
	16,80 g Cr_2O_3 im l					
		nach 1 Tag	nach 3 Tagen	nach 6 Wochen		nach 6 Wochen
0,00	—	1,67	1,73	1,74	—	24,2
0,25	—	1,70	1,74	1,74	—	17,0
0,50	—	1,69	1,74	1,73	—	17,0
1,00	—	1,66	1,69	1,69	—	16,0
2,00	—	1,52	1,55	1,55	—	13,0
3,00	—	1,38	1,39	1,39	—	10,0
4,00	—	1,23	1,23	1,23	—	9,2
5,00	—	1,09	1,09	1,09	—	8,4

bestimmten p_H-Wert der Lösung beginnt. Erhöht man die Konzentration des zugefügten Salzes, so tritt Ausflockung bei niedrigerem p_H-Wert ein. Die Unterschiede in den Befunden von Bjerrum und von Gustavson sind wahrscheinlich mit Unterschieden im Verolungsgrad der Chromsalze zu erklären.

Die Maxima des p_H-Wertes in den Kurven der Abb. 263 bis 267 werden von Gustavson mit dem Eintritt von Chlorionen in den Chromkomplexkern erklärt. Chlorionen und Hydroxylionen wetteifern um die Stellungen im Kern. Eine Erhöhung der Chlorionenkonzentration wird das Gleichgewicht in der Richtung zu verschieben suchen, daß das Verhältnis der Chlorionen im Kern ein größeres wird. Bei einem normalem Chromchlorid, das keine Hydroxogruppen im Kern enthält, wird beim Eintritt von Chlorionen in den Kern kein Ansteigen des p_H-Wertes eintreten. Die stärker basischen Salze enthalten zunehmende Mengen Hydroxogruppen im Kern. Werden diese durch

Tabelle 73. Der Einfluß der Konzentration an Natriumchlorid auf die Basizität des Chromchlorids im Punkte beginnender Ausflockung bei Zugabe von Alkali.

Mole NaCl im Liter	Ausflockungsbasizität Gramm Cr_2O_3 im Liter					
	1,90	3,83	7,66	9,55	19,10	38,20
	55,9% basisches Chromchlorid					
0,00	89,4	88,7	83,3	82,0	79,9	76,2
0,25	81,3	80,0	78,7	78,8	76,7	75,4
0,50	74,7	76,7	77,3	78,2	75,1	74,6
1,00	72,0	74,7	72,7	74,2	74,1	73,9
2,00	69,3	72,0	70,7	72,5	71,7	72,7
3,00	69,3	69,3	69,3	70,4	71,8	73,0
4,00	69,3	68,0	68,0	70,4	70,6	73,3
5,00	68,0	66,6	67,3	68,8	69,8	73,3

Mole NaCl im Liter	Ausflockungsbasizität Gramm Cr_2O_3 im Liter					
	3,77	7,50	15,00	—	—	—
	38,5% basisches Chromchlorid					
0,00	90,0	87,3	80,5	—	—	—
0,25	69,9	76,5	79,2	—	—	—
0,5	67,2	76,5	79,2	—	—	—
1,00	64,5	63,7	72,8	—	—	—
2,00	63,1	61,7	63,1	—	—	—
3,00	61,9	61,0	66,7	—	—	—
4,00	60,5	60,4	60,4	—	—	—
5,00	5,00	60,4	60,0	—	—	—

Mole NaCl im Liter	Ausflockungsbasizität Gramm Cr_2O_3 im Liter					
	4,20	8,40	16,80	—	—	—
	14% basisches Chromchlorid					
0,00	88,7	89,3	86,9	—	—	—
0,25	67,0	75,5	62,2	—	—	—
0,50	64,6	42,3	67,5	—	—	—
1,00	47,7	46,0	62,2	—	—	—
2,00	45,3	41,7	53,2	—	—	—
3,00	42,9	41,7	44,2	—	—	—
4,00	42,9	42,4	41,3	—	—	—
5,00	42,9	42,4	39,3	—	—	—

Die in der Tabelle angegebenen Zahlen bezeichnen das an Hydroxylgruppen gebundene Cr in Prozenten des Gesamt-Cr, d. h. die Basizität des Chromsalzes (nach Schorlemmer).

Chlorionen ersetzt und in die äußere Lösung verdrängt, so geht damit ein entsprechender Anstieg des p_H-Wertes einher. Die Wirkung ist um so ausgeprägter, je basischer das Chromsalz ist. Damit stimmen Gustavsons Ergebnisse auf das beste überein. Bei dem 55,9% basischen Chromchlorid tritt der anfängliche Anstieg des p_H-Wertes bei Zugabe von Salz sehr stark in die Erscheinung. Er ist weniger stark ausgeprägt bei dem 38,5% basischen Salz und noch weniger stark bei dem 14% basischen Chromchlorid. Der Anstieg des p_H-Wertes war von Baldwin (2) nicht beobachtet worden, was vermutlich mit dem verwandten Normalsalz zusammenhängt.

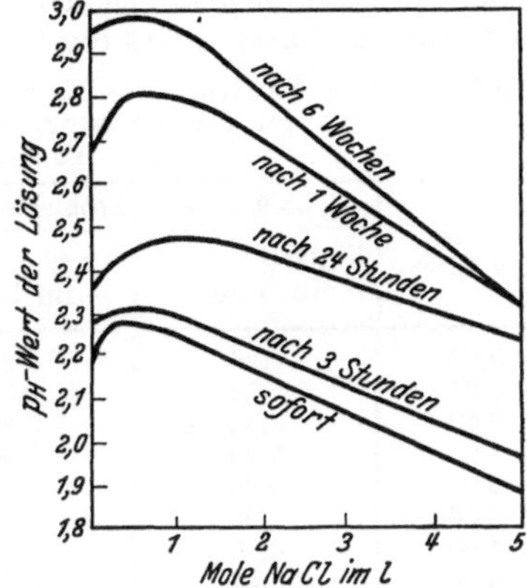

Abb. 265. Der Einfluß der Natriumchloridkonzentration und der Zeit auf den p_H-Wert einer 55,9% basischen Chromchloridlösung mit 7,66 g Cr_2O_3 im Liter.

Das Abfallen des p_H-Wertes bei weiterer Zugabe von Natriumchlorid vom Maximum ab scheint auf eine Hydration des zugefügten Salzes zurückzuführen sein. Durch diese Hydration wird dem Wasser seine Eigenschaft als Lösungsmittel genommen und die Aktivität der ge-

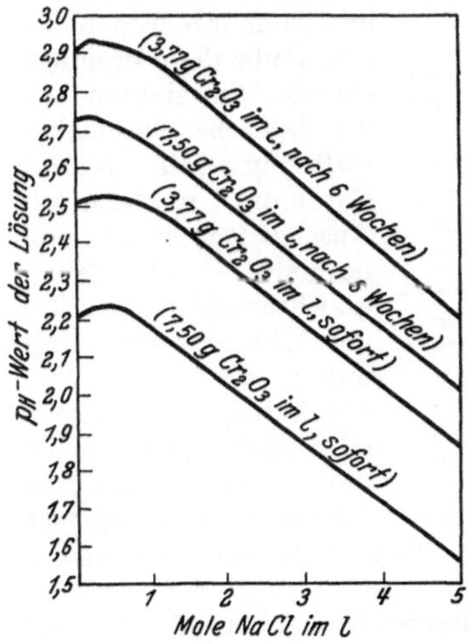

Abb. 266. Der Einfluß der Natriumchloridkonzentration und der Zeit auf den p_H-Wert von 38,5% basischen Chromchloridlösungen.

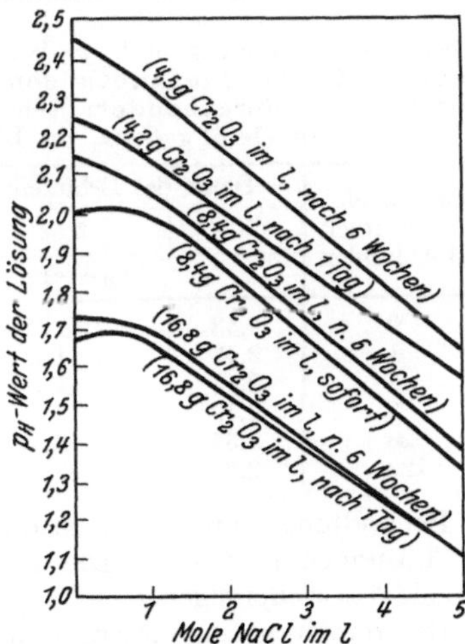

Abb. 267. Der Einfluß der Natriumchloridkonzentration und der Zeit auf den p_H-Wert von 14% basischen Chromchloridlösungen.

lösten Stoffe erhöht, ähnlich wie dies auf S. 121 bis 126 des ersten Bandes für reine Säurelösungen beschrieben wurde.

Offenbar ist die Änderung des p_H-Wertes nicht allein für die Ausflockung bei Zugabe von Alkali verantwortlich zu machen. Tabelle 74 zeigt, daß Ausflockung in dem Bereich von p_H 4,10 bis zu 6,24 eintreten kann. Die Zusammenballung und schließliche Ausflockung hängt offenbar auch mit der Natur des Chromkomplexkerns auf das engste zusammen.

Tabelle 74. Der Einfluß der Konzentration des Natriumchlorids auf den p_H-Wert von Chromchloridlösungen, bei dem bei Zugabe von Alkali Ausflockung eintritt.

Mole NaCl im Liter	55,9% bas. Chromchlorid		38,5% bas.	14% bas.
	1,90 g Cr_2O_3 im Liter	3,83 g Cr_2O_3 im Liter	3,77 g Cr_2O_3 im Liter	4,20 g Cr_2O_3 im Liter
0,00	6,24	5,82	5,72	5,61
0,25	5,72	5,30	5,07	5,08
0,50	5,41	5,22	4,87	4,92
1,00	5,25	5,00	4,71	4,75
2,00	5,20	4,77	4,63	4,54
3,00	4,98	4,56	4,55	4,48
4,00	4,70	4,46	4,40	4,31
5,00	4,51	4,30	4,24	4,10

l) Hydrolyse und Verolung.

Unter den Änderungen in Chromsalzlösungen, die eine Veränderung des p_H-Wertes zur Folge haben, ist offenbar der Verolungsprozeß der wichtigste. Stiasny und Grimm (18) untersuchten die Änderungen des p_H-Wertes verschieden behandelter Chrombrühen mit der Zeit und erklärten ihre Ergebnisse mit Hilfe der Verolungstheorie. Sie stellten eine 0% basische Chromchloridlösung mit 14,61 g Chromoxyd im Liter her. Ausgegangen wurde vom normalen, violetten Hexaquochromchlorid. Ein Teil der Lösung wurde 5 Minuten erhitzt und dann abgekühlt, der andere 60 Stunden gekocht und dann abgekühlt. Nach dieser Behandlung wurde dann in bestimmten Zeitintervallen der p_H-Wert der Lösungen gemessen. Die Resultate ihrer Untersuchung sind in Tabelle 75 wiedergegeben.

Tabelle 75. Änderung des p_H-Wertes von Hexaquo-Chromchloridlösungen mit der Zeit nach vorhergehendem Erhitzen und Abkühlen (14,61 g Cr_2O_3 im Liter).

Tage nach dem Erhitzen und Abkühlen	Dauer des Erhitzens in Min.		
	0	5	3600
	p_H-Wert		
0	2,43	1,41	1,28
1	2,43	1,41	1,28
2	2,43	1,41	1,28
3	2,42	1,42	1,29
28	2,34	1,48	1,35
120	2,26	1,63	1,50

Der relativ geringe Anstieg der Wasserstoffionenkonzentration mit der Zeit in der nicht erhitzten Lösung wird durch die Annahme der allmählichen Bildung einer Olverbindung gemäß folgender Formel erklärt:

$$2\,[Cr(H_2O)_6]Cl_3 \rightleftarrows 2\,[Cr(H_2O)_5(OH)]Cl_2 + 2\,H^+ + 2\,Cl'$$
$$\downarrow\uparrow$$
$$\left[(H_2O)_4Cr \begin{matrix} OH \\ \\ OH \end{matrix} Cr(H_2O)_4\right]Cl_4 + 2\,H_2O\,.$$

Die Bildung der Olverbindung stört das Gleichgewicht. In dem Maße, in dem die Hydroxoverbindung allmählich durch die Bildung der Olverbindung verschwindet, wird weiteres Normalsalz hydrolysiert und dadurch weitere Säure frei, die dann den p_H-Wert der Lösung erniedrigt. Daraus erklärt sich der allmähliche Abfall des p_H-Wertes mit der Zeit.

Beim Kochen schlägt infolge Eintritts von Chlorionen in den Kern die violette Farbe des Salzes in Grün um. Kochen begünstigt die Bildung von Olverbindungen, und demgemäß erhöht sich die Wasserstoffionenkonzentration der Lösung auf das Zehnfache. Die freiwerdende Säure kann zwar nach dem Abkühlen die Olgruppen wieder angreifen, doch ist diese Wirkung, wie aus der Tabelle 75 für die Zeit von 120 Tagen zu entnehmen ist, nur sehr gering.

Stiasny und Grimm (18) wiederholten ihre Versuche mit einer 33,3% basischen Chromchloridlösung, d. h. mit der Lösung eines Chromchlorids, bei dem ein Drittel des an das Chrom gebundenen Chlors durch die Hydroxogruppe ersetzt war. Die Resultate sind in Tabelle 76 wiedergegeben.

Tabelle 76. Änderung des p_H-Wertes von 33% basischen Chromchloridlösungen mit der Zeit nach vorhergehendem Erhitzen und Abkühlen (14,61 g Cr_2O_3 im Liter).

Tage nach dem Erhitzen und Abkühlen	Dauer des Erhitzens in Min.		
	0	5	3600
	p_H-Wert		
0	4,40	2,22	1,86
0,024	4,13	—	—
1	3,25	2,32	1,88
2	2,92	2,39	1,92
3	—	2,46	1,92
28	2,77	2,79	2,46
120	2,76	2,79	2,64

Die Ergebnisse sind ähnlich denjenigen mit dem normalen Salz, das Abfallen des p_H-Wertes aber noch stärker ausgeprägt. Die Verolung schreitet bei den nicht erhitzten Lösungen langsam, bei den gekochten dagegen ausnehmend rasch fort. Nach dem Erkalten setzt eine Entolung ein. Nach 120 Tagen haben alle drei Lösungen annähernd den gleichen p_H-Wert. Daraus geht deutlich hervor, daß alle Lösungen unabhängig von vorhergehendem Erhitzen demselben Gleichgewicht zustreben.

Erhitzen und Wiederabkühlen bewirkte in jeder der beiden Chromchloridlösungen eine Abnahme der zur Ausflockung notwendigen Alkalimenge, die vollständig mit der Abnahme des p_H-Wertes der Lösung in Übereinstimmung steht.

Um einen ungefähren Anhaltspunkt über die Zunahme der Teilchengröße bei der Verolung zu erhalten, unterwarfen Stiasny und Grimm (18) die Chromsalzlösungen der Dialyse. Von dem Hexaquochromchlorid diffundierten etwa 97% durch eine Pergamenthülse und 60stündiges Erhitzen und Abkühlen verminderte diesen Wert nur auf 94%. Von dem Pentaquo-hydroxo-chromichlorid diffundierten 87% durch die Membran und dieser Wert änderte sich nicht durch 5 Minuten langes Kochen und Wiederabkühlen der Lösung. Bei diesen Versuchen bildeten sich bei der Verolung offenbar keine sehr großen Komplexe.

Bei vorsichtiger Zugabe von Natriumhydroxyd zu einer Lösung von Hexaquo-chromchlorid, wobei mit der weiteren Zugabe von Alkali immer gewartet wurde, bis die auftretende schwache Trübung in der Lösung wieder verschwunden war, erhielten die genannten Forscher 86 bis 90% basische Lösungen. Diese Lösungen waren beständig, zeigten aber ganz schwachen Tyndall-Effekt. Bei der Dialyse dieser Lösungen diffundierten nur 0,5 bis 2% des gelösten Salzes durch die Pergamentmembran. Das darin enthaltene Chromsalz muß demgemäß ein sehr großes Molekül besessen haben.

Ähnliche Untersuchungen, wie sie Stiasny und Grimm mit verschieden vorbehandelten Chromchloridbrühen vornahmen, führten die gleichen Forscher (23) und Stiasny und Balányi (24) auch mit verschieden vorbehandelten Chromsulfatlösungen aus. Stiasny und Walther (21) untersuchten das Verhalten der Salze des Chroms mit Ameisensäure.

m) Die Kataphorese von Chromlösungen.

Nach Werners Koordinationstheorie können in Chromsalzlösungen kathodische und anodische Chromkomplexe auftreten. Sind mehr als drei koordinativ gebundene Wassergruppen im Chromkomplexkern durch Anionen ersetzt, so ist der Komplex negativ geladen. Beim Chromchlorid sind auf diese Weise sieben Verbindungen möglich, angefangen vom Hexaquo-chromichlorid mit drei positiven Ladungen bis zum Natrium-hexachloro-chromiat mit drei negativen Ladungen. Thompson und Atkin (27) veröffentlichten eine Reihe Untersuchungen, aus denen hervorgeht, daß in Chromsulfatlösungen, wie sie zum Gerben verwandt werden, gleichzeitig anodische und kathodische Wanderung auftritt, und gingen sogar soweit, anzunehmen, die gerbende Wirkung dem anodischen Chromkomplex zuzuschreiben. Seymour-Jones (16) entkräftete diese Theorie, indem er zeigte, daß Häute auch mit solchen Chrombrühen vollständig genügend gegerbt werden können, die nur kationische Chromkomplexe enthalten. Er bestätigte indes, daß auch anionische Chromkomplexe in den üblichen Chromgerbbrühen festgestellt werden können.

Bassett (3) reduzierte eine Lösung von Kaliumbichromat mit Schwefeldioxyd und erhielt eine Lösung, die weder mit Bariumchlorid noch mit Ammoniumhydroxyd eine Fällung gab. Es waren demgemäß in der Lösung weder Sulfat- noch Chromionen vorhanden. Die chemische Zusammensetzung ließ ihn für das gebildete Salz die Formel $K_2[Cr_2(SO_4)_3(SO_3)]$ annehmen. Nach der Wernerschen Nomenklatur wäre dieses Salz als Kalium-sulfito-trisulfato-chromiat zu bezeichnen. Der Chromkomplex fungiert als zweiwertiges Anion. Wurden frisch bereitete grüne Lösungen, die noch einen geringen Überschuß an Schwefeldioxyd enthielten, in verdünnter Schwefelsäure elektrolysiert, so wanderte ein grüner Bestandteil nach der Anode, ein violetter nach der Kathode. Mit der Zeit nahm die anodische Wanderung mehr und mehr ab und hörte nach Stehen über Nacht vollständig auf.

Stiasny und Lochmann (19) bereiteten sich eine basische Chromsulfatlösung durch Kochen einer Lösung von Hexaquo-chromisulfat und Zugabe von ⅓ Grammäquivalent Natriumhydroxyd auf ein Grammäquivalent Chrom. Das Erhitzen bewirkt bekanntlich den Eintritt von Sulfatresten in den Kern. Wurde sofort elektrolysiert, so trat kathodische und anodische Wanderung des Chroms ein, nach Stehen der Lösung während mehrerer Stunden dagegen nur noch kathodische Wanderung allein. Ähnliche Resultate wurden mit handelsüblichen Chromsulfatlösungen, wie sie zum Gerben benutzt werden, erhalten.

Richards und Bonnet (13) fanden beim Elektrolysieren basischer Chromsulfatlösungen nur kathodische Wanderung des Chroms, und zwar wurden durch 96580 Coulomb 19,3 g Chrom transportiert. Sie schlossen aus dieser Feststellung, daß jedes Chromatom nicht mehr als zwei und wahrscheinlich sogar nur eine positive Ladung besessen haben kann. Nimmt man an, daß das Sulfation allein anodisch wanderte, und zwar mit der Wanderungsgeschwindigkeit 70, so würde die Wanderungsgeschwindigkeit für den Chromkomplex bei Annahme einer positiven Ladung 41, bei Annahme einer doppelten Ladung 243 betragen. Die letztere Zahl erscheint zweifellos zu hoch.

Ricevuto (12) elektrolysierte eine 10%ige Chromalaunlösung und beobachtete nur kathodische Wanderung. Auf die Zugabe von Natriumhydroxyd wurde die Lösung trübe und einige Partikelchen wanderten nach der Anode. Wurde die Lösung alkalisch gemacht, so wanderten sämtliche Teilchen nach der Anode.

Seymour-Jones (16) machte zur Nachprüfung der Theorie von Thompson und Atkin eine Reihe von Kataphoreseversuchen an verschiedenen Chromlösungen. Es wurde eine U-Röhre verwendet, die oberhalb der Biegung an jedem Arm mit Hähnen versehen war. Die zu untersuchende Lösung wurde in den gebogenen Teil bis zum Hahn

Tabelle 77. Die Wanderungsrichtung des Chroms bei der Elektrolyse von Chromsalzlösungen.

Lösung	Konzentration	Wanderung nach der
$Na_2Cr_2O_7$ mit SO_2 reduziert. Lösung 13 Monate alt. Alles freie SO_2 entfernt	239,9 g Cr_2O_3 im Liter	Anode und Kathode
$Cr_2(SO_4)_3$. Frischbereitete, kalte grüne Lösung	0,2 molar	Kathode
$Cr_2(SO_4)_3$. Erhitzte und wieder abgekühlte grüne Lösung	0,2 molar	Kathode
$Cr_2(SO_4)_3$ plus NaOH zu $CrOHSO_4$	0,2 molar	Anode und Kathode
Handelsübliches basisches Chromsulfat	166,5 g Cr_2O_3 im Liter	Anode und Kathode
$CrCl_3$ plus NaOH zu $CrOHCl_2$	45 g $CrCl_3$ im Liter	Kathode
Chromalaun. Frischbereitete, kalte, violette Lösung	0,2 molar	Kathode
Chromalaun. Erhitzte und wieder abgekühlte grüne Lösung	0,2 molar	Kathode
Chromalaun. Erhitzte und wiederabgekühlte Lösung plus NaOH zu $CrOHSO_4$	0,2 molar	Kathode

gebracht, darüber kam eine 0,05 molare Lösung von Natriumsulfat. Die U-Röhre wurde mittels Stopfen mit den Elektroden, die sich in kleinen Kölbchen befanden, verbunden. Die Kathode bestand aus Kupfer in gesättigter Kupfersulfatlösung, die Anode aus Platin in einer gesättigten Natriumchloridlösung. Eine Diffusion der Lösungen wurde durch Wattebäuschchen verhindert. Als Strom wurde der 110-Volt-Hausstrom verwendet, die Stromstärke durch Einschalten eines geeigneten Lampenwiderstandes auf den gewünschten Betrag gebracht. Die Ergebnisse der Versuche sind in Tabelle 77 wiedergegeben.

Die zur Anode wandernden Brühen wiesen immer eine grüne, die zur Kathode wandernden eine grünblaue Farbe auf. Basisches Chromchlorid, das überhaupt keine anodische Wanderung aufwies, konnte beim Gerbversuch mit Hautpulver die Haut in normaler Weise in Leder verwandeln.

n) Die Kolloideigenschaften der Chromsalze.

Kolloidale Dispersionen von Chromoxyd waren für den Gerbereichemiker wegen der Möglichkeit ihrer Bildung in Lösungen verschieden behandelter Chromsalze von Interesse. Graham (8) stellte ein solches Chromoxydsol durch Peptisieren von frisch gefälltem Chromhydroxyd mit Chromchlorid und Dialysieren zur Entfernung des Überschusses an Elektrolyten her. Das Sol hatte eine dunkelgrüne Farbe, konnte mit Wasser verdünnt werden, wurde aber durch Zufügen eines Elektrolyten sehr leicht gefällt. In einem derart hergestellten Sol sind die einzelnen Partikelchen positiv geladen. Behandelt man frisch gefälltes Chromhydroxyd mit Natriumhydroxyd, so wird es unter Bildung eines Sols, das negativ geladene Partikelchen enthält, peptisiert. Beim Stehen erleidet das gefällte Chromhydroxyd sehr schnell eine Veränderung, die es gegenüber Peptisation sehr viel widerstandsfähiger macht.

Weiser (29) beschrieb die Bildung sehr interessanter Chromoxydgallerten, die sowohl aus Solen mit positiv geladenen wie auch mit negativ geladenen Teilchen erhalten werden können. Er erhielt diese festen Gallerten durch genaue Überwachung der Ausfällung des Chromoxyds aus konzentrierten Solen.

Bjerrum (5) stellte eine kolloidale Dispersion von Chromoxyd in schwach saurer Lösung dar, die jahrelang haltbar war und ihm eine Reihe von Versuchen mit ein und demselben Sol ermöglichte. Zur Herstellung des Sols kochte er die Mischung einer Lösung von 0,1 Mol Chromnitrat im Liter und einer Lösung von 0,2 Molen Natriumhydroxyd vier Tage lang. Er untersuchte zunächst die Gleichgewichte, die eintraten, wenn er Kollodiumsäckchen, die einen Teil des Sols enthielten, in Lösungen der verschiedensten Art eintauchte. Messungen des osmotischen Drucks und des Membranpotentials bestätigten die im 5. Kapitel behandelte Theorie der Membrangleichgewichte von Donnan. Nach den Befunden Bjerrums enthielt jedes der kolloiden Partikel ungefähr 1000 Chromatome und insgesamt 240 elektrische Ladungen, von denen 30 frei und 210 durch absorbierte Anionen neutralisiert waren. Jedes Teilchen verhielt sich so, als enthielte es 30 positive Ladungen. Die zum Ausfällen des Sols notwendige Menge Ferrocyanid war der Gesamtladung der Teilchen äquivalent. Bei Verwendung von Sulfationen war zur Ausfällung mehr als die der Gesamtladung äquivalente Menge notwendig.

Es ist schon die Vermutung geäußert worden, kolloidal verteiltes Chromoxyd könnte beim Gerben eine gewisse Rolle spielen, obwohl Seymour-Jones (15) gezeigt hatte, daß basische Chromsulfatbrühen, wie sie zum Gerben verwendet werden, keine kolloidalen Teilchen zu enthalten brauchen und dennoch zum Gerben brauchbar sind. Er erhielt eine solche Brühe durch Reduzieren einer Natriumbichromatlösung mit Schwefeldioxyd, der Überschuß an Schwefeldioxyd wurde durch Kochen entfernt. Die dunkelgrüne Lösung enthielt 269,9 g Chromoxyd im Liter. Diese Lösung wurde durch harte Filter, die zunächst mit einer 1 bzw. 5% igen Gelatinelösung imprägniert und weiter mit einer 4% igen Formaldehydlösung gehärtet worden waren, ultrafiltriert. In gleicher Weise wurde die Lösung durch eine Kollodiumscheibe ultrafiltriert. In allen Fällen ging die Lösung vollständig unverändert durch die Filter, es wurden keinerlei kolloide Teilchen durch die Filter zurückgehalten. Das gleiche Ergebnis wurde erhalten, wenn die mit Wasser auf das Dreifache verdünnte Lösung in einem Kollodiumbeutel frei aufgehängt wurde. Weiter wurde die ursprüngliche konzentrierte und eine mit Wasser auf das Zehnfache verdünnte Lösung in Kollodiumsäckchen gegen häufig gewechseltes Wasser dialysiert. In weniger als 18 Stunden war sogar die konzentrierte Lösung vollständig durch die Membran diffundiert, die in den Säckchen zurückbleibende Flüssigkeit war vollständig farblos.

Literaturzusammenstellung.

1. Balderston, L.: One-bath chrome liquors. Shoe and Leather Rep. Okt. 18, 1917; J. Amer. Leather Chem. Assoc. **12**, 655 (1917).
2. Baldwin, M. E.: The action of neutral chlorides upon chromic chloride solutions. J. Amer. Leather Chem. Assoc. **14**, 10 (1919).
3. Bassett, H. Jr.: Reduction of potassium bichromate by sulfurous acid. J. Chem. Soc. **83**, 692 (1903).
4. Bjerrum, N.: Studires of chromic chloride. Z. physik. Chem. **59**, 336 (1907); **59**, 581 (1907); **73**, 734 (1910).
5. Bjerrum, N.: Zur Theorie der osmotischen Drucke, der Membranpotentiale und der Ausflockung von Kolloiden. Untersuchungen über kolloides Chromihydroxyd. Z. physik. Chem. **110**, 656 (1924).
6. Colson, A.: On the isomerism of the sulfates of chromium and of the masked state. Bull. Soc. Chim. **4**, 9, 438 (1907).
7. Colson, A.: The green sulfates of chromium. Ann. chim. Phys. **8**, 12, 433 (1907).
8. Graham, T.: Phil. Trans. **151**, 183 (1861).
9. Gustavson, K. H.: Effect of soldium chloride on hydrogen-ion concentration and stability towards alkali of chromic chlorides. Ind. Eng. Chem. **17**, 945 (1925).
10. Miolati, A.: A study of the complex acids. J. prakt. Chem. **77**, 444 (1908).
11. Procter, H. R.: Recent developpments in the leather chemistry. J. Roy. Soc. Arts **66**, 747 (1918).
12. Ricevuto, A.: Kolloid-Z. **3**, 114 (1908).
13. Richards, T. W. u. F. Bonnet: Proc. Amer. Acad. Arts. Sci. **39**, 1 (1903).

14. Schwarz, R.: Chemie der anorganischen Komplexverbindungen. Vereinigung wissenschaftlicher Verleger. Berlin u. Leipzig: W. de Gruyter 1920.
15. Seymour-Jones, F. L.: The colloid chemistry of basic chromic solutions. Ind. Eng. Chem. **15**, 75 (1923).
16. Seymour-Jones, F. L.: The electrophoresis of chromic solutions. Ind. Eng. Chem. **15**, 265 (1923).
17. Stiasny, E. u. D. Balanyi: Beiträge zum Verständnis der Chromgerbung. IV. Über das Verhalten basischer Chromchlorid-Brühen. Collegium **1927**, 86.
18. Stiasny, E. u. O. Grimm: Beiträge zum Verständnis der Chromgerbung. V. Eigenschaften und Verhalten verschieden vorbehandelter Chromchloridlösungen. Collegium **1927**, 505.
19. Stiasny, E. u. K. Lochmann: Beiträge zum Verständnis der Chromgerbung. II. Über die Beziehungen zwischen Wanderungsrichtung und Gerbvermögen. Collegium **1925**, 200.
20. Stiasny, E. u. L. Szegö: Beiträge zum Verständnis der Chromgerbung. III. Über die Gerbwirkung einiger komplexer Chrom-Verbindungen. Collegium **1926**, 41.
21. Stiasny, E. u. G. Walther: Beiträge zum Verständnis der Chromgerbung. VIII. Über Salze des Chroms mit Ameisensäure und ihr gerberisches Verhalten. Collegium **1928**, 389.
22. Stiasny, E., E. Olschansky u. St. Weidmann: Beiträge zum Verständnis der Chromgerbung. IX. Über das Basischmachen von Chrombrühen mit Soda. Collegium **1929**, 565.
23. Stiasny, E. u. O. Grimm: Beiträge zum Verständnis der Chromgerbung. VI. Eigenschaften und Verhalten verschieden vorbehandelter Chromsulfatlösungen. Collegium **1928**, 49.
24. Stiasny, E. u. O. Balányi: Beiträge zum Verständnis der Chromgerbung. VII. Über Sulfato-Chromisulfate, ihr Verhalten bei der Hydrolyse und ihre Gerbwirkung. Collegium **1928**, 72.
25. Thomas, A. W. u. M. E. Baldwin: The acidity of chrome liquors. J. Amer. Leather Chem. Assoc. **13**, 192 (1918).
26. Thomas, A. W. u. M. E. Baldwin: Contrasting effects of chlorides and sulfates on the hydrogen-ion concentration of acid solutions. J. Amer. Chem. Soc. **41**, 1981 (1919).
27. Thompson, F. C. u. W. R. Atkin: A possible theory of chrome tanning. J. Soc. Leather Trades Chem. **6**, 207 (1922).
28. Weinland, R.: Einführung in die Chemie der Komplexverbindungen (Wernersche Koordinationslehre) in elementarer Darstellung, 2. Aufl. Stuttgart: Ferdinand Enke 1924.
29. Weiser, H. B.: Hydrous Oxides III. J. physik. Chem. **26**, 401 (1922).
30. Werner, A.: Zur Kenntnis der organischen Metallsalze. 1. Mitteilung. Über ameisensaure und essigsaure Salze des Chroms. Ber. **41**, 3447 (1908).
31. Werner, A.: Neuere Anschauungen auf dem Gebiet der anorganischen Chemie. 5. Aufl. von P. Pfeiffer. Braunschweig: Friedrich Vieweg & Sohn 1923.
32. Werner, A., B. J. Bowis, A. Hoblik, H. Schwarz u. H. Surber: Ann. **406**, 261 (1914).
33. Wilson, J. A. u. E. J. Kern: The action of neutral salts upon chrome liquors. J. Amer. Leather Chem. Assoc. **12**, 445 (1917).

18. Die Chromgerbung.

Obwohl das Gerben von Häuten und Fellen mit Hilfe von Chromsalzen verhältnismäßig jungen Ursprungs ist, wird heute der größte Teil allen Oberleders auf diese Weise gegerbt. Im Jahre 1858 beschrieb erstmalig der Deutsche Friedrich Knapp (5) in seiner Abhandlung „Über die Natur und das Wesen der Gerberei und des Leders“ ein Verfahren, Häute und Felle mit Salzen des Aluminiums, Eisens und Chroms zu gerben. Die Chromgerbung gewann aber wirtschaftliche Bedeutung erst im Jahre 1884 nach Erscheinen der Patente von August Schultz in New York. Bei dem Verfahren von Schultz werden die gebeizten und entkälkten Blößen zuerst mit einer Lösung von Kaliumbichromat und Salzsäure im Walkfaß behandelt, bis sie gleichmäßig durchtränkt sind; nach dem Abtropfen werden sie dann in einem zweiten Bad mit einer mit Salzsäure angesäuerten Natriumthiosulfatlösung behandelt. Das Natriumthiosulfat reduziert in saurer Lösung das Chromat zu Chromisalz und dieses verbindet sich unter Bildung von sehr beständigem Leder mit dem Hautprotein. Diese Gerbung ist unter dem Namen „Zweibadverfahren" bekannt. Im Jahre 1893 ließ sich Martin Dennis ein Verfahren zur Gerbung mit Chromsalzen in einem Bade, das sich auf den Ideen von Knapp aus dem Jahre 1858 aufbaut, patentieren. Es bildet die Grundlage des sogenannten „Einbadverfahrens". Beide Verfahren sollen im folgenden ausführlicher beschrieben werden.

Die in der Gerberei benutzten Chromsalze werden aus einem Chrom-Eisen-Erz, dem sogenannten Chromeisenstein oder Chromit, gewonnen. Die Gewinnung der Chromsalze aus diesem Erz wurde kürzlich von Kinney (4) beschrieben. Das Erz enthält hauptsächlich die Verbindung $[(Cr, Fe)O_2](Fe, Cr)$ und Beimischungen von Oxyden anderer Metalle. Das Chromeisenerz wird zu einem feinen Pulver vermahlen, mit feingepulvertem Kalk und Natriumcarbonat gemischt, 6 bis 8 Stunden in flachen Schalen im Flammofen auf 1500 bis 2000^0 erhitzt. Während des Erhitzens wird zur Erleichterung der Oxydation des Chromoxyds zu Chromat häufig umgeschaufelt. Nach dem Abkühlen wird das gebildete Natriumchromat mit Wasser ausgelaugt. Die erhaltene Lösung wird filtriert, konzentriert, mit Schwefelsäure angesäuert und dann weiter eingedampft, bis die Hauptmenge des Natriumsulfats ausfällt. Die klare Lösung wird abdekantiert, weiter konzentriert und das Natriumbichromat dann auskrystallisieren lassen.

Im Zweibadgerbprozeß wird das Natriumbichromat direkt angewendet; beim Einbadverfahren muß es zuvor zur Stufe der Chromisalze reduziert werden. Manche Gerbereien reduzieren das Bichromat selbst und benutzen dazu ein von Procter (9) angegebenes Verfahren. Man gibt danach zu einer angesäuerten Lösung von Natriumbichromat allmählich eine Lösung von Glucose. Eine andere wichtige Methode besteht darin, gasförmiges Schwefeldioxyd in eine Bichromatlösung bis zur vollständigen Reduktion dieses einzuleiten, wie im 17. Kapitel beschrieben. Auch Falzspäne werden zur Reduktion von Bichromatbrühen verwandt. Im Handel ist ein basisches Chromsulfat in Form eines dunkelgrünen Pulvers zu haben. Dieses enthält etwa 23% Chromoxyd als 45%iges basisches Chromsulfat, etwa 1 bis 2% Aluminiumoxyd und 0,2% Eisenoxyd, beide ebenfalls in Form basischer Sulfate und 33% Natriumsulfat.

a) Das Zweibadgerbverfahren.

Es sind vielerlei Modifikationen des Zweibadgerbprozesses in Verwendung. Die im folgenden beschriebene soll dazu dienen, das allgemeine Prinzip des Zweibadprozesses zu erläutern. Man gibt die enthaarten und gebeizten Blößen in einen Haspel mit einer Lösung von Natriumbichromat und Salz- oder Schwefelsäure. Um die Durchtränkung der Blößen zu befördern, wird der Haspel von Zeit zu Zeit laufen gelassen. Ein Haspel mit einem Fassungsvermögen von etwa 10 cbm wird mit etwa 1350 kg feuchter Blößen und einer Lösung von etwa 135 kg Natriumbichromat, 45 kg Schwefelsäure und 135 kg Natriumchlorid beschickt. Die Blößen werden in dieser Lösung über Nacht belassen, dann herausgenommen und über Holzböcken abtropfen lassen. Nach einigen Stunden Abtropfen werden die Blößen in zweiten ebenso großen Haspeln mit einer Lösung von etwa 225 kg Natriumthiosulfat und 80 kg Schwefelsäure gegeben. Der Haspel wird von Zeit zu Zeit bewegt und die Leder am folgenden Morgen herausgenommen. Die Blößen besitzen nach dem ersten Bade eine hellgelbe Farbe, nach dem zweiten Bade ist die Farbe ein helles Blau-Grün. Man gibt die Leder nach dem zweiten Bade in ein Walkfaß und wäscht sie etwa eine Stunde in fließendem Wasser aus. Häufig walkt man daran anschließend mit einer Boraxlösung, um die im Leder vorhandene Säure auf ein gewünschtes Maß zu reduzieren.

In manchen Gerbereien werden die Blößen vor dem ersten Bade einem Pickel- oder Entkälkungsprozeß unterworfen. Eine gebeizte Blöße kann verschiedene Mengen von Calciumcarbonat enthalten. Wird dies vor der Gerbung nicht entfernt und die Blöße in einen einheitlichen Zustand gebracht, so kann das daraus hergestellte Leder keine einheitliche Qualität besitzen. Manchmal wird an Stelle des ersten Bades eine Behandlung der Blößen im Faß mit weniger, aber konzentrierterer Lösung vorgezogen. Beim zweiten Bade beginnen manche Gerber mit Thiosulfat allein und fügen die Säure erst allmählich zu. Wenn auch die Fabrikationseinzelheiten in den verschiedenen Gerbereien verschieden sind, so ist doch das Prinzip überall das gleiche; in Berührung mit dem Hautprotein bildet sich basisches Chromsulfat. Das Chrom geht dann mit dem Protein eine sehr beständige Verbindung ein, die durch kochendes Wasser nicht zerlegt wird. Taucht man rohe Haut in kochendes Wasser, so schrumpft sie sofort zusammen und geht dann langsam als Gelatine in Lösung. Legt man dagegen ein Stück chromgegerbten Leders in kochendes Wasser, so bleibt es vollkommen unverändert. Man verwendet diese Probe ganz allgemein, um festzustellen, ob der Gerbprozeß genügend weit fortgeschritten ist, um ein haltbares Leder zu liefern.

Eine Reihe Gerber, die noch dem Zweibadverfahren anhängen, behaupten, der Zweibadprozeß verleihe dem Leder einen feineren Narben, als dies der Einbadprozeß könne. Stiasny hat die Vermutung ausgesprochen, diese Ansicht sei darauf zurückzuführen, daß die betreffenden Gerber bei ihren Versuchen den Einbadprozeß so durchgeführt hätten, daß das Chrom zu rasch auf der Oberfläche des Leders angefallen sei. Das kann natürlich beim Zweibadverfahren nicht vorkommen, weil das Chromat vor Eintritt jeder gerbenden Wirkung die Haut vollständig durchdringt und so von selbst eine gleichmäßige Verteilung des Chroms gewährleistet wird. Im nächsten Kapitel soll die Bedeutung der Zusammensetzung des Chromkomplexes behandelt werden. Viele der zwischen Einbad- und Zweibad-Gerbverfahren festgestellten Unterschiede sind sehr wahrscheinlich auf Unterschiede in der Zusammensetzung des mit dem Protein sich verbindenden Chromkomplexes zurückzuführen. Der Verfasser ist überzeugt, daß man auch mit dem Einbadverfahren jede Art und Qualität von Leder zu erzeugen vermag, die sich mit dem Zweibadverfahren herstellen läßt. Durch Abänderungen im Einbadverfahren können die verschiedensten Wirkungen erzielt werden; man darf also nicht aufs Geratewohl einen einzelnen Effekt herausgreifen und diesen nun mit den Effekten des Zweibadverfahrens vergleichen wollen.

b) Das Einbadgerbverfahren.

Beim Einbadverfahren ist es allgemein üblich, die Blößen, die aus der Wasserwerkstatt kommen, vor dem Gerben zu pickeln. Der Pickelprozeß wurde bereits im 11. Kapitel ausführlicher beschrieben. Das Pickeln ist notwendig, um die Blößen in einen gleichmäßigen Zustand zu bringen. Manche Gerber pickeln die Blößen im Faß und fügen dann zu dem Pickel die Chrombrühe, selbstverständlich nach Einstellung der Basizität der Chrombrühe nach der Analyse des Pickels. Andere wiederum ziehen es vor, im Haspel bis zum Eintritt eines Gleichgewichts zu pickeln und dann erst die Blößen zur Gerbung in das Walkfaß überzuführen.

Die Gerbbrühe wird hergestellt durch Auflösen von technischem basischem Chromsulfat in Wasser mit oder ohne Zugabe von Salz. Die Blößen werden im Faß gewalkt und dann die Chrombrühe zugesetzt. Manchmal wird die Basizität der Brühe während der Gerbung durch portionsweisen Zusatz von Natriumbicarbonat oder Borax zur Gerbbrühe allmählich erhöht. In anderen Fällen wiederum benutzt man weniger Säure zum Pickeln und gibt kein Neutralisationsmittel direkt zur Gerbbrühe. Der eine Gerber sieht die Gerbung als vollständig an, wenn ein Streifen des abgeschnittenen Leders beim 5 Minuten langen Einlegen in kochendes Wasser nicht mehr schrumpft oder sich ringelt, andere wiederum setzen die Gerbung fort, bis die Menge des von einer bestimmten Menge Hautprotein aufgenommenen Chroms einen bestimmten Betrag erreicht hat.

Ist die Gerbung beendet, so werden die Leder in fließendem Wasser gewaschen, bis sie von allen löslichen Salzen befreit sind und dann über Nacht liegen gelassen, gefalzt, neutralisiert, gelickert, gefärbt und zugerichtet.

Die Zusammensetzung und die Eigenschaften des endlich anfallenden Leders werden sehr stark durch die verschiedensten Faktoren bei der Gerbung beeinflußt. Der Grad des Eindringens des Chroms in die Haut, die Menge an Chrom, die sich mit Hautprotein verbindet, überhaupt die endliche Zusammensetzung des Leders und seine Eigenschaften sind Funktionen der Konzentration der Chromsalze, der Neutralsalze, der Wasserstoffionen und überhaupt aller Ionenbildner, ebenso wie der Temperatur, der Einwirkungsdauer, der mechanischen Bewegung, des Verhältnisses Haut zu Brühenmenge und der Zusammensetzung des gerbenden Chromkomplexes. Es gibt so viele variable Faktoren, die bei der Chromgerbung eine Rolle spielen, daß die praktischen Durchführungsmöglichkeiten und damit auch die möglichen Resultate schier unbegrenzt erscheinen. Sie sind in der Tat so groß, daß die bis heute bereits durchgeführten ausgedehnten Untersuchungen über die Chromgerbung nur mehr als eine Einführung in das ganze Gebiet erscheinen. Trotzdem soll der Versuch gemacht werden, was wir bis heute über die Chromgerbung wissen, in einer verständlichen Form zu behandeln. Ein großer Teil der Arbeiten wird allerdings erst im 19. Kapitel Behandlung finden, da sie direkt für die Theorie der Chromgerbung von Wichtigkeit sind.

c) Die Diffusion von Chromsalzen in Proteingele.

Während bei der vegetabilischen Gerbung die Diffusion des Gerbstoffes in die Hautfasern mit zunehmendem p_H-Wert zunimmt, ist bei der Chromgerbung gerade das Umgekehrte der Fall. Mit zunehmendem p_H-Wert bilden die Chromsalzmoleküle Aggregate von zunehmender Größe, die nur langsamer in die Blöße eindringen können.

Bringt man neutrale Hautsubstanz in Berührung mit einer Chrombrühe, so beginnt sowohl die in der Brühe vorhandene freie Säure wie auch das basische Chromsalz in die Haut zu diffundieren. Je schneller die Säure in die Blöße diffundiert, um so basischer wird die Brühe. Procter und Law (10) untersuchten die Diffusionsgeschwindigkeit von freier Säure und basischen Chromsalzen aus einer Chrombrühe in eine Gelatinegallerte. Sie ließen dazu eine schwach alkalische Gelatinelösung, der Phenolphthalein zugesetzt war, in einer Neßler-Röhre erstarren und überschichteten sie mit der Chromlösung. Man konnte nun die Diffusion der Säure und des Chromsalzes beobachten, und zwar war das Chromsalz an seiner Farbe kenntlich, während die Säure das Phenolphthalein entfärbte. Die Verbindung von Säure und Chromsalz mit Gelatine hat einen hemmenden Einfluß auf die Diffusionsgeschwindigkeit.

Bergmann, Stather und Seligsberger (2) suchten neuerdings die verschiedenartige Wirkung von Säure und gerbendem Chromkomplex wie überhaupt aller in Betracht kommenden Faktoren auf die Haut messend zu verfolgen, indem sie die Schwellungsänderung der Haut während der Gerbung mit verschieden basischen Chromchloridlösungen durch Messung der Änderung der Durchlässigkeit ermittelten.

Die verschiedene Diffusionsgeschwindigkeit beider Komponenten kann durch das in der Praxis übliche Pickeln der Blößen vor dem Gerben ausgeglichen werden. Enthält die Blöße einen großen Überschuß an Säure, so dringt das Chromsalz sehr rasch in die Blöße ein; andererseits wird die Gerbgeschwindigkeit entsprechend herabgesetzt. Es ist daher notwendig, einen Teil der Säure vor der vollständigen Ausgerbung der Blößen zu neutralisieren, auch wenn sie vollständig von dem Chromsalz durchdrungen sind.

d) Der Zeitfaktor bei der Chromgerbung.

Das Fortschreiten der Chromgerbung mit der Zeit ist von Thomas, Baldwin und Kelly (17, 20) an Hautpulver untersucht worden. Zunächst wurde die Wirkung der im 17. Kapitel angeführten technischen Chrombrühe untersucht. Sie wurde so verdünnt, daß sie 17 g Chromoxyd im Liter enthielt. Je 200 ccm dieser Brühe wurden zu je 5 g Hautpulver gefügt und in Flaschen mit Glasstopfen bei Zimmertemperatur von etwa 26° stehen gelassen. Nach 1, 2, 4, 6, 8, 12, 24, 48, 72 und 96 Stunden wurden die gegerbten Hautpulver auf Büchnertrichtern von der Chrombrühe abgesaugt, die Filtrate zur Analyse beiseite gestellt und die Hautpulver zur Entfernung des nicht gebundenen Chromsalzes mit je 500 ccm Wasser ausgewaschen. Die gewaschenen Hautpulver wurden zunächst bei 40° C und dann bei 100° C vollkommen getrocknet.

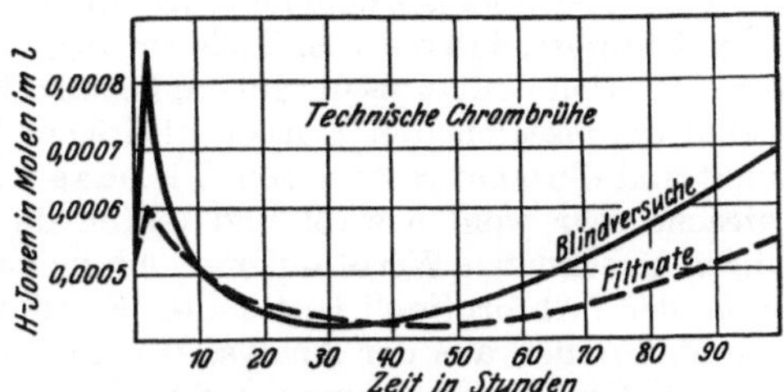

Abb. 268. Änderung der Wasserstoffionenkonzentration von Chrombrühen mit der Zeit.

Die abfiltrierten Chrombrühen wurden auf Wasserstoffionenkonzentration, Basizität und Chromoxydgehalt untersucht, in den gegerbten Hautpulvern wurde Sulfat, Chromoxyd, Asche und Hautsubstanz (Stickstoff X 5,62) bestimmt.

Die Messung der Wasserstoffionenkonzentration wurde unmittelbar nach dem Abfiltrieren der Brühen vorgenommen. Ferner wurde, um die Möglichkeit der Behauptung, die natürlichen hydrolytischen Änderungen seien auf die Absorption durch Hautpulver zurückzuführen, auszuschalten, die Wasserstoffionenkonzentration auch in Parallelversuchen ohne Hautpulver gemessen. Die Messungsergebnisse beider Versuchsreihen sind in Abb. 268 wiedergegeben.

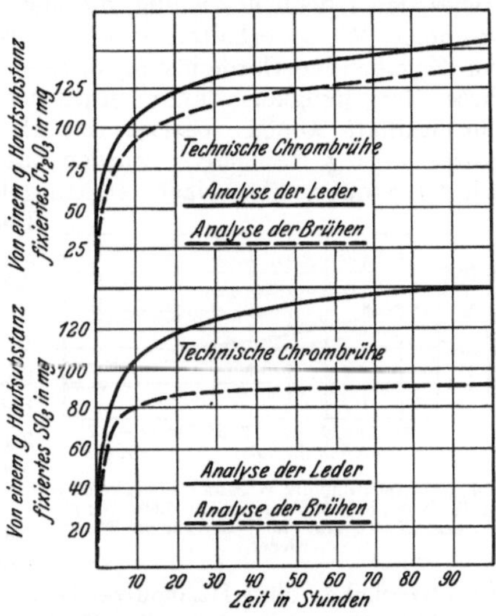

Abb. 269. Verlauf der Bindung von Cr_2O_3 und SO_3 durch Hautsubstanz bei 4tägiger Behandlung mit einer Chrombrühe mit 17 g Cr_2O_3 im Liter.

Abb. 269 veranschaulicht die Mengen Chromoxyd und Sulfat, die sich nach bestimmter Zeit mit 1 g Hautprotein verbunden hatten.

Die Werte wurden aus der Analyse des ausgewaschenen Hautpulvers nach dem Gerben bestimmt. Die unterbrochenen Linien geben Werte wieder, die aus der Analyse der Chrombrühen errechnet wurden, und zwar unter der Voraussetzung, daß während des ganzen Gerbvorganges die Zusammensetzung der Brühe in allen Phasen des Systems gleich sei. Wir wissen aber aus dem im 5. Kapitel Gesagten, daß diese Annahme nicht richtig ist, daß die vom Kollagen absorbierte Lösung eine geringere Konzentration besitzt als die äußere Lösung. Es wird damit verständlich, warum die gestrichelten Kurven niedrigere Werte für aufgenommenes Sulfat und Chromoxyd anzeigen. Thomas und Kelly waren sich dieser Tatsache sehr wohl bewußt und teilten die aus der Analyse der Lösungen errechneten Werte nur mit, um zu zeigen, daß es falsch ist, die Größe der „Absorption" bestimmter Substanzen durch Haut oder andere Materialien aus der Analyse der nichtabsorbierten Lösung zu errechnen. Bei der Ermittlung der Sulfate ist der Fehler dieser häufig angewandten Methode noch größer, weil offenbar ein Teil des von der Haut aufgenommenen Sulfats beim Auswaschen wieder aus der Haut entfernt wird, während die Chrom-Kollagen-Verbindung sehr beständig ist.

Des weiteren wurden reine Chromsulfatlösungen untersucht. Es erwies sich jedoch notwendig, die Methode abzuändern, da andernfalls unsinnige Werte erhalten wurden. Das Hautpulver mußte nämlich vor Zugabe der Chromlösung angefeuchtet werden. Vielleicht hängt diese Notwendigkeit damit zusammen, daß die Lösung des reinen Chromsulfats weniger basisch war als die Lösungen des technischen Salzes. Je 5 g Hautpulver wurden mit je 50 ccm Wasser in Flaschen mit Glasstopfen über Nacht stehen gelassen. Darauf wurden zu jeder Flasche 150 ccm Chromsulfatlösung gegeben, so daß das Endvolumen 200 ccm betrug und im Liter 16,4 g Chromoxyd enthalten waren. Die Versuche wurden im übrigen ähnlich denen mit technischer Chrombrühe durchgeführt, die Einwirkungszeit wurde jedoch auf 64 Tage erhöht.

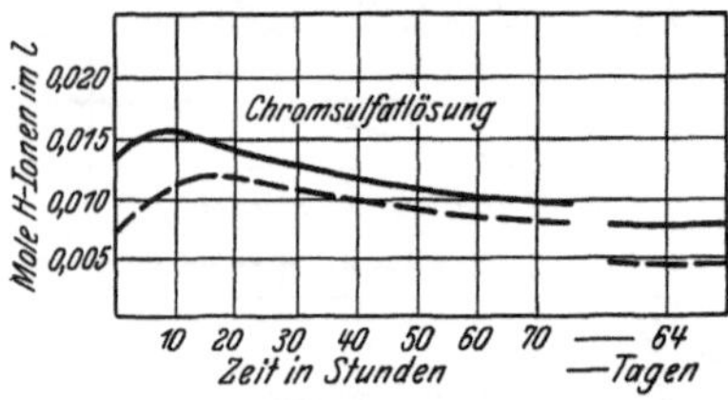

Abb. 270. Änderung der Wasserstoffionenkonzentration von Chrombrühen mit der Zeit. Die gestrichelte Kurve gibt die Werte für die Filtrate wieder.

Die Änderung der Wasserstoffionenkonzentration wurde wiederum in den Filtraten und auch in Blindversuchen ohne Hautpulver bestimmt. Die Versuchsergebnisse sind aus Abb. 270 zu ersehen. Der Verlauf der Kurven ist ein anderer als der in Abb. 268.

Abb. 271 gibt die von 1 g Hautsubstanz aufgenommenen Mengen Chromoxyd und Sulfat wieder. Bei Berechnung der Werte sowohl aus den Analysen der Leder wie der Brühen ergaben sich die gleichen Differenzen wie bei der technischen Chrombrühe. Die einzig zuverlässigen Werte sind die der ausgezogenen Kurven, die aus der Analyse des gegerbten Hautpulvers berechnet sind. Die mit 100 g Hautsubstanz sich verbindende Menge Chromoxyd nähert sich mit der Zeit immer mehr einem Grenzwert von 13,8 g. Da dieser Wert gerade das Vierfache des vom Verfasser als die geringste Menge Chromoxyd, die 100 g Kollagen in das Chromsalz des Proteins zu verwandeln vermag, ermittelten Wertes von 3,38 g darstellt, schlossen Thomas und Kelly, daß sie ein Tetrakollagenat in Händen hatten. Der Verfasser war einmal der Ansicht, daß die Chromgerbung in einem Neutralisationsvorgang der sauren Gruppen des Kollagens durch die Base Chromhydroxyd bestehe und daß sich dabei ein äußerst schwer lösliches und schwer hydrolysierbares Salz bilde, eben Chromkollagenat. Wir wissen aber heute bestimmt, daß der Prozeß der Chromgerbung sehr viel komplizierter ist. Der Ausdruck Tetrachromkollagenat bezeichnet vorzüglich das Verhältnis von Chrom- und Protein speziell hinsichtlich der Tatsache, daß die Verbindung von Chrom und Kollagen eine multiple Proportion darzustellen scheint, in der das Äquivalentgewicht des Kollagens 750 oder ein Vielfaches dieses Wertes beträgt.

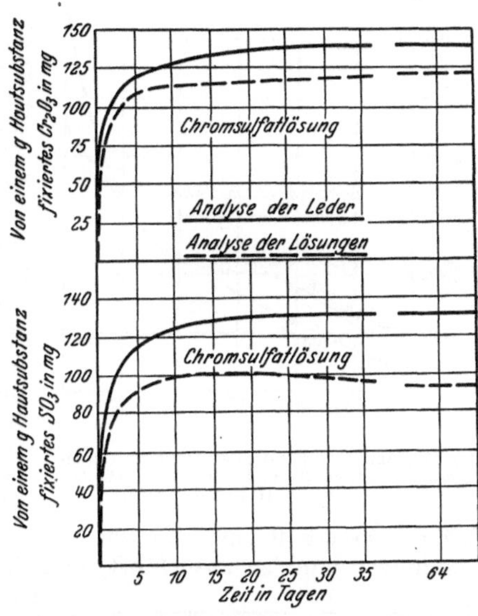

Abb. 271. Verlauf der Bindung von Cr_2O_3 und SO_3 durch Hautsubstanz bei 64tägiger Behandlung mit einer Chromsulfatlösung mit 16,4 g Cr_2O_3 im Liter.

Ein Vergleich der Abb. 269 und 271 zeigt, daß die Gerbgeschwindigkeit der Chromsulfatlösung, die eine etwa 20 mal so große Wasserstoffionenkonzentration als die technische Chrombrühe besitzt, eine sehr viel kleinere ist. Weiter ist festzustellen, daß die von 1 g Hautprotein gebundene Menge Chromoxyd bei der technischen Chrombrühe größer ist als die aus einer reinen Chromsulfatlösung endgültig nach längerer Zeit aufgenommene Menge. Die Bedeutung dieses Befundes wird aus dem Weiteren verständlich werden.

e) Der Einfluß der Konzentration bei der Chromgerbung.

Der Einfluß der Konzentration einer Chrombrühe auf die von der Haut gebundene Chrommenge ist von Baldwin (1) und von Thomas und Kelly (21, 22) untersucht worden. Es wurde aus der oben beschriebenen technischen Chrombrühe eine Lösung hergestellt, die im Liter 202 g Chromoxyd enthielt. Diese wurde in verschiedener Verdünnung zur Untersuchung des Einflusses der Konzentration verwandt. Je 200 ccm der verdünnten Lösung wurden mit einer Hautpulvermenge, die 5 g Trockensubstanz entsprach, in eine Flasche gebracht. Einen weiteren Teil der Lösung ließ man ohne Hautpulver 48 Stunden stehen und ermittelte dann die Wasserstoffionenkonzentration. Die Flaschen mit dem Hautpulver wurden von Zeit zu Zeit umgeschüttelt und der Inhalt nach 48 Stunden abgesaugt. Die Brühen sowie die gewaschenen und getrockneten Hautpulver wurden wie bei den Versuchen zur Ermittlung des Einflusses der Zeit analysiert.

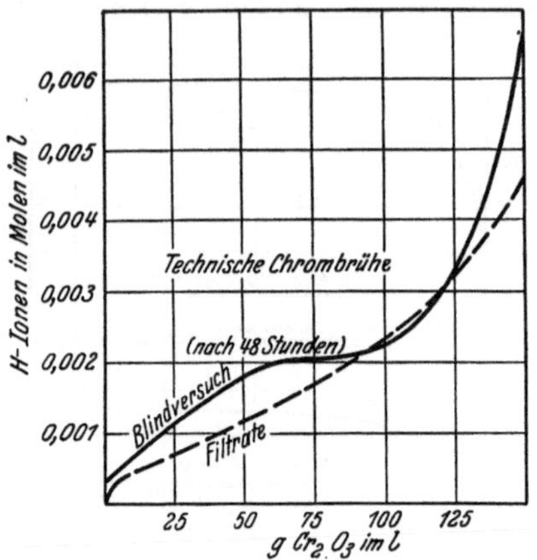

Abb. 272. Änderung der Wasserstoffionenkonzentration von Chrombrühe mit zunehmender Cr_2O_3-Konzentration.

Abb. 272 gibt die Änderung der Wasserstoffionenkonzentration in den filtrierten Brühen und ebenso in den Kontrollösungen ohne Hautpulver wieder. Abb. 273 veranschaulicht den Einfluß der Konzentration auf die von 1 g Hautsubstanz in 48 Stunden aufgenommene Menge Chromoxyd. Berechnet man die Werte aus den Analysen der Brühen, so erhält man, wie zu erwarten, unsinnige Werte. Die Berechnungen sind so ausgeführt, daß die Abnahme der Konzentration der Brühe der aufgenommenen Menge entspricht. Bei konzentrierten Lösungen wird jedoch die Konzentration durch die Zugabe von Hautpulver merklich vermehrt, da mehr Wasser aus der Lösung aufgenommen wird als Chromsalz. Es ist interessant festzustellen, daß der offiziellen Methode der quantitativen Gerbstoffbestimmung die gleiche Berechnungsweise zugrunde liegt, die hier zu unsinnigen Resultaten führt. Im 13. Kapitel wurde bereits darauf hingewiesen. Die Bestimmung des gebundenen Chroms durch Analyse des ausgewaschenen gegerbten Hautpulvers entspricht der Wilson-Kern-Gerbstoffbestimmungsmethode, die ebenfalls im 13. Kapitel beschrieben wurde.

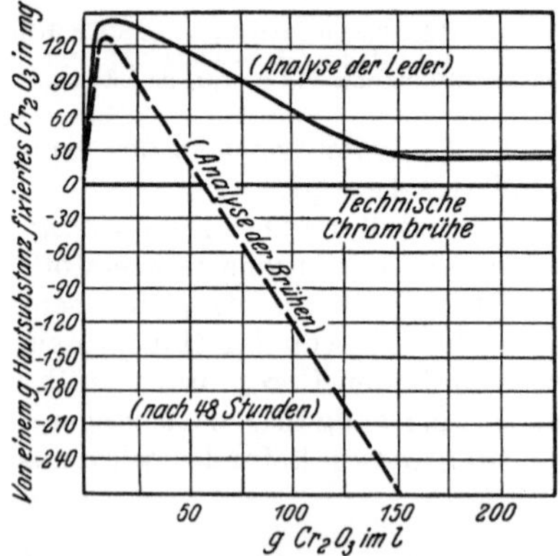

Abb. 273. Einfluß der Konzentration der Chrombrühe auf die Bindung von Chrom nurch Hautsubstanz.

Das Maximum bei einer Konzentration von 15 g Chromoxyd im Liter läßt sich nur unvollkommen erklären. Es lassen sich immerhin eine Reihe von Gründen für die Abnahme der aufgenommenen Menge bei höheren Konzentrationen anführen. Dazu gehört einmal, wie aus

Abb. 272 ersichtlich, die Zunahme der Wasserstoffionenkonzentration, weiter die Zunahme der Salzkonzentration und wahrscheinlich auch Änderungen in der Zusammensetzung des Chromkomplexes. Es ist interessant, diese Kurven mit den bei der vegetabilischen Gerbung als Funktion der Konzentration erhaltenen zu vergleichen.

Die eben beschriebenen Versuche wurden auf genau die gleiche Weise wiederholt, nur wurde diesmal das Hautpulver 8½ Monate in den Chrombrühen belassen. Die Versuchsergebnisse sind in Abb. 274 wiedergegeben. Die von 100 g Hautprotein aufgenommene Höchstmenge an Chromoxyd beträgt kurioserweise 26,6 g, ungefähr das Achtfache des vom Verfasser errechneten Minimums von 3,38 g. Bei der Hälfte der maximalen Menge ist ein Knick in der Kurve auffallend. Thomas und Kelly errechneten daraus, unter der Annahme, daß es sich um ein Octachromkollagenat handele, das Verbindungsgewicht des Kollagens zu 94; der Wert liegt in der Größenordnung der Molekulargewichte der Aminosäuren, aus denen sich das Kollagen aufbaut.

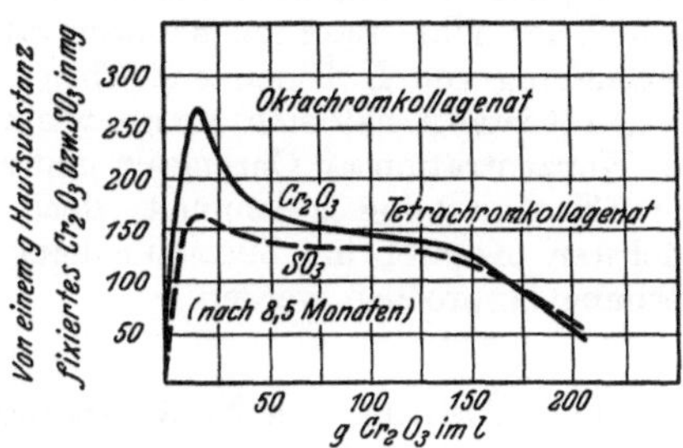

Abb. 274. Einfluß der Konzentration der Chrombrühe auf die Bindung von Chrom und Sulfat durch Hautsubstanz.

Thomas und Kelly untersuchten weiter die Umkehrbarkeit der Bildung von Tetrachromkollagenaten. Da das chromgegerbte Hautpulver selbst bei mehrstündigem Waschen mit Wasser keine meßbaren Mengen Chrom verliert, entschlossen sie sich, Tetrachromkollagenat mehrere Monate lang mit verschieden konzentrierten Chromlösungen zu behandeln.

Bestimmte Mengen Tetrachromkollagenat, die je 5 g Hautsubstanz entsprachen, wurden in einer Reihe von 12 Flaschen mit je 200 ccm Chromlösung verschiedenen Gehalts zusammengebracht. Die Flaschen wurden, um Verdunstung zu vermeiden, versiegelt und jede Woche einmal umgeschüttelt. Nach 8½ Monaten wurden die Hautpulver abfiltriert, von aller löslichen Substanz durch Auswaschen befreit, getrocknet und analysiert. Die Ergebnisse sind in Abb. 275 wiedergegeben. Es ist daraus zu ersehen, daß in Wasser und in sehr verdünnter Chromlösung eine Hydrolyse des Chromkollagenats und des Kollagensulfats eintritt. Diese Tatsache macht sich auch in einer erhöhten Wasserstoffionenkonzentration bemerkbar.

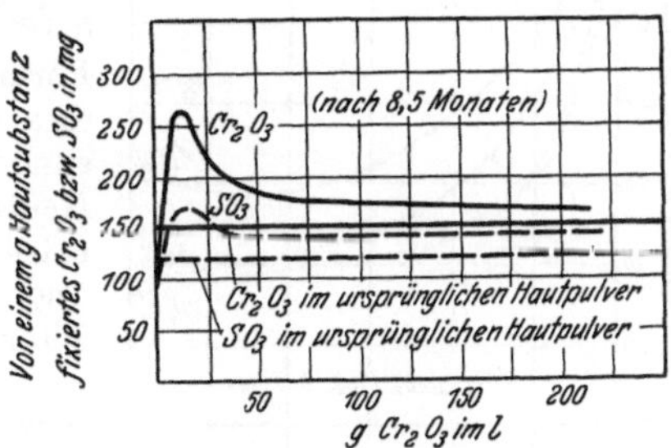

Abb. 275. Einfluß der Konzentration der Chrombrühe auf die Bindung von Chrom und Sulfat durch Tetrachromkollagenat.

Mit zunehmender Konzentration der Chromlösung wird in steigendem Maße Cr_2O_3 und SO_3 aufgenommen, und die Werte erreichen annähernd die eines Octachromkollagenats. Bei weiterer Erhöhung der Chromkonzentration der Brühe wird wieder weniger aufgenommen, die Werte fallen jedoch nicht unter die eines Tetrachromkollagenats. Es ist daraus zu schließen, daß die in Abb. 274 wiedergegebene Kurve nicht den Gleichgewichtszustand eines reversiblen Vorgangs darstellt. Im Gegenteil ist anzunehmen, daß der Abfall der Kurven auf die Zunahme der Wasserstoffionenkonzentration zurückzuführen ist, die die Verbindung von Kollagen und Chrom behindert.

Gustavson hat eine Menge wichtiges Material über den Einfluß der Konzentration an Chromsalz und an Neutralsalzen auf den Prozeß der Chromgerbung gesammelt, doch sollen diese Arbeiten erst im nächsten Kapitel im Zusammenhang mit der Theorie der Chromgerbung besprochen werden.

f) Der Einfluß von Neutralsalzen auf die Chromgerbung.

Der Einfluß von Neutralsalzen auf die Chromgerbung von Kalbsblöße wurde von Wilson und Gallun (23) untersucht. Sie benutzten zu ihren Untersuchungen Natriumsulfat und die Chloride des Ammoniums, Natriums, Lithiums und Magnesiums. Diese Salze besitzen in wässeriger Lösung verschieden großen Hydratationsgrad. Die technische Chrombrühe, die sie zu ihren Untersuchungen benutzten, hatte folgende Zusammensetzung: 24,2% Cr_2O_3, 0,6% Fe_2O_3, 2,7% Al_2O_3, 39,5% SO_3 und 0,4% Cl. Die Basizität entsprach der Formel: $Cr(OH)_{1,4}(SO_4)_{0,8}$. Lösungen dieser Chrombrühe wurden mit Lösungen der verschiedenen angeführten Neutralsalze so gemischt, daß die resultierenden Brühen 17 g Chromoxyd und eine bestimmte Menge Salz im Liter enthielten.

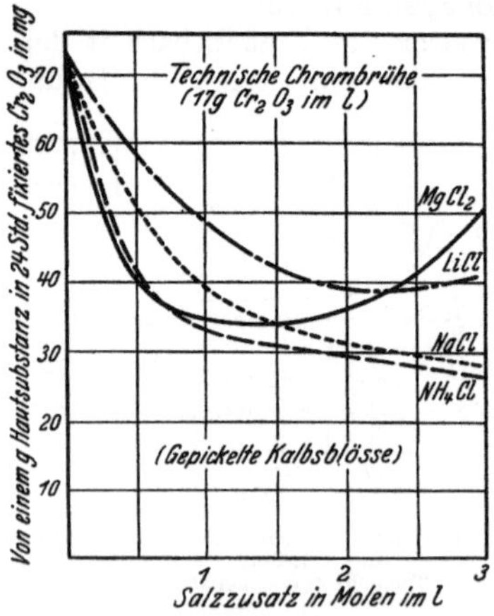

Abb. 276. Hemmung der Chromgerbung durch Neutralsalze bei verschiedenen Konzentrationen.

100 qcm große Stücke einer gepickelten Kalbsblöße wurden mit 200 ccm einer solchen Chrombrühe in eine Flasche gebracht und 24 Stunden bei zeitweisem Umschütteln stehen gelassen. Die Hautstücke wurden dann solange durch Schütteln mit immer wieder erneuertem Wasser ausgewaschen, bis das Waschwasser nur noch ganz schwache Chlorid- oder Sulfatreaktion zeigte. Um den Grad der Gerbung festzustellen, wurden gleichgroße Streifen von den Stücken abgeschnitten und 5 Minuten lang in kochendes Wasser eingelegt. Die übrigbleibenden Stücke wurden in kleine Stückchen zerschnitten, getrocknet und analysiert. Abb. 276 zeigt

den Einfluß der ansteigenden Konzentration der Chloride des Ammoniums, Natriums, Lithiums und Magnesiums auf die von der Haut in 24 Stunden aufgenommene Menge Chromoxyd. In Abb. 277 sind die Hautstreifen nach der 5 Minuten langen Behandlung in kochendem Wasser wiedergegeben. Das Aussehen der Streifen nach der Behandlung entspricht ungefähr dem Verlauf der Kurven, es tritt im allgemeinen dort die stärkste Schrumpfung auf, wo am wenigsten Chromoxyd aufgenommen worden ist. Der erste Streifen jeder Serie war vollständig ausgegerbt und zeigte keinerlei Schrumpfung.

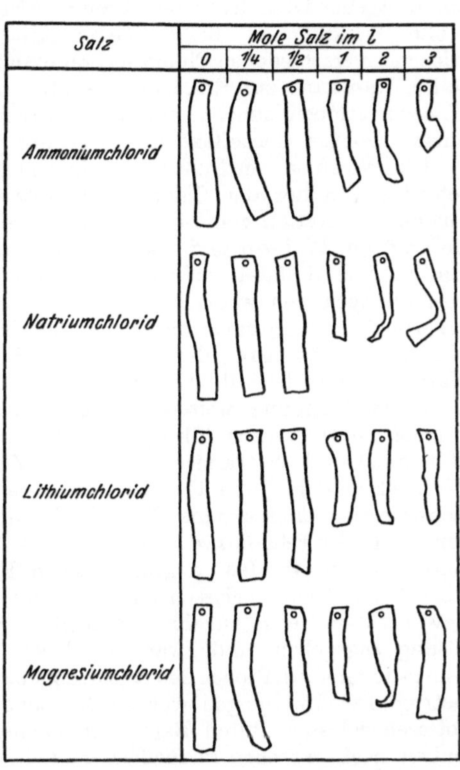

Abb. 277. Chromlederstreifen gleichen Flächenmaßes, nach 24stündiger Gerbung entnommen, 5 Minuten mit kochendem Wasser behandelt und getrocknet. Vgl. Abb. 276.

In einer zweiten Untersuchungsreihe wurde eine Chrombrühe mit 10 g Chromoxyd im Liter angewandt. Untersucht wurde der Einfluß von Natriumsulfat und von den erwähnten Chloriden. Die Versuchsergebnisse mit Chloriden stimmten mit den vorhergehenden überein, nur wurde bei der Natriumchloridkurve bei 2 Molen Salz im Liter ein Minimum und weiter nach 3 Molen hin ein leichter Anstieg der Kurve beobachtet. Bei Zugabe von Natriumsulfat nahm mit steigendem Zusatz die Menge des von der Hautsubstanz aufgenommenen Chromoxyds stetig ab, und zwar von 10,09 g Cr_2O_3, die von 100 g Hautsubstanz bei Abwesenheit von Salz aufgenommen wurden, auf 3,57 g, wenn die Chrombrühe mit Natriumsulfat gesättigt war.

Wilson und Gallun führten die Wirkung der Chloride zum Teil auf ihre Hydratation zurück. Ein Teil des Wassers kann infolge dieser Hydratation nicht mehr als Lösungsmittel fungieren, praktisch wird dadurch die Konzentration der Chrombrühe an allen gelösten Bestandteilen größer. Aus Abb. 273 ist aber zu ersehen, daß eine Erhöhung der Konzentration einer Chrombrühe mit 17 g Chromoxyd im Liter den Grad der Verbindung zwischen Kollagen und Chrom verringert. Daß die Konzentration des Gelösten im freien Lösungsmittel durch den Zusatz von Chloriden tatsächlich zunimmt, zeigt sich auch durch die Zunahme der Wasserstoffionenkonzentration beim Messen mit der Wasserstoffelektrode. Bei halb-molarer Konzentration zeigt nur Magnesiumchlorid den Effekt, den man erwarten sollte; dieses Salz ist am weitgehendsten hydratisiert und weist dementsprechend auch die größte Wirkung auf. Bei dreifachmolaren Lösungen ist die Wirkung aller vier verschiedenen Chloride gerade umgekehrt als man es erwarten sollte. Man kann zur Erklärung hierfür annehmen, daß bei sehr hohen Konzentrationen zunehmende Konzentration der Chrombrühe wieder einen erhöhten Gerbeffekt zur Folge hat.

Die Wirkung von Sulfaten ist in einem Punkte grundsätzlich verschieden von der der Chloride, sie setzen nämlich die Wasserstoffionenkonzentration von Säuren und Chrombrühen herab, während jene sie erhöhen. Wilson und Gallun nehmen an, daß der gerbhindernde Einfluß von Sulfaten wahrscheinlich auf die Bildung von Additionsverbindungen von weniger rasch gerbenden Eigenschaften als sie die ursprünglichen Chromverbindungen besaßen, zurückzuführen sei, daß aber der Gerbvorgang des weiteren noch durch die Hydratation des Natriumsulfats beeinflußt werde.

In der Hoffnung, weiteres Licht in diesen verwickelten Vorgang zu bringen, untersuchten Thomas und Foster (19) die Wirkung von Natriumchlorid, Natriumsulfat und von Zucker auf die Chromgerbung. Sie stellten sich durch Reduktion von reinem Natriumbichromat mit Schwefeldioxyd eine reine Chrombrühe her und verjagten den Überschuß an Schwefeldioxyd. Je 5 g Hautsubstanz entsprechende Hautpulvermengen wurden in geschlossenen Flaschen mit 50 ccm Wasser über Nacht stehen gelassen und dann das Salz oder der Zucker in der gewünschten Menge zugefügt. Schließlich wurden 150 ccm der Chromlösung zugegeben, und zwar in solcher Verdünnung, daß die Konzentration der erhaltenen 200 ccm 3, 15,5 bzw. 100 g Chromoxyd im Liter betrug. Die Mischungen wurden 48 Stunden in der Schüttelmaschine rotieren gelassen, durch Baumwollsäckchen abfiltriert und das Hautpulver nach Waschen in fließendem Leitungswasser noch dreimal mit je 200 ccm destilliertem Wasser ausgewaschen. Die ausgewaschenen Hautpulver wurden getrocknet und in üblicher Weise analysiert.

Abb. 278 gibt den Einfluß zunehmender Konzentration an Natriumsulfat, Natriumchlorid und Zucker wieder. Die Analyse der Filtrate aus den Serien mittlerer Konzentration zeigt an, daß bei zunehmender Konzentration an Natriumchlorid der p_H-Wert von 2,90 auf 2,20 abfällt, während Natriumsulfat ihn auf 3,01 erhöht. Diese gegensätzliche Wirkung ist ähnlich der in Abb. 260 gezeigten.

Bei allen NaCl-Kurven ist ein Minimum zu beobachten, das von einem Anstieg gefolgt wird. Bei Natriumsulfat ist dieses Minimum nur bei sehr hohen Konzentrationen zu beobachten. Die Anwesenheit von Zucker macht sich erst bei 4-molarer Konzentration bemerkbar.

Da Zucker, obgleich er in wässeriger Lösung weitgehend hydratisiert ist, bis zu 3-molarer Konzentration ohne jeden Einfluß auf die Gerbwirkung von Chromlösungen ist, schlossen Thomas und Foster, daß außer der Hydratation noch andere Faktoren für die hemmende Wirkung der Salze verantwortlich zu machen seien. Sie nahmen an, daß sowohl Chloride wie auch Sulfate sich mit den Chromsalzen zu Komplexverbindungen vereinigen, die sich dann weniger leicht mit dem Hautprotein verbinden. Sie verglichen diesen Vorgang mit der Abnahme der Toxitität von Merkurichlorid bei Zusatz von Natriumchlorid, die Rona und Michaelis (12) der Bildung komplexer $HgCl_3'$ und $HgCl_4''$ Ionen zuschreiben. Bei noch höheren Salzkonzentrationen bewirkt die Hydratation eine solche Anreicherung der Brühen an Chromionen, daß die Wirkung der Bildungen von Komplexverbindungen ausgeglichen wird und durch die größere Aktivität infolge höherer Konzentration an Chromionen die Kurven wieder ansteigen.

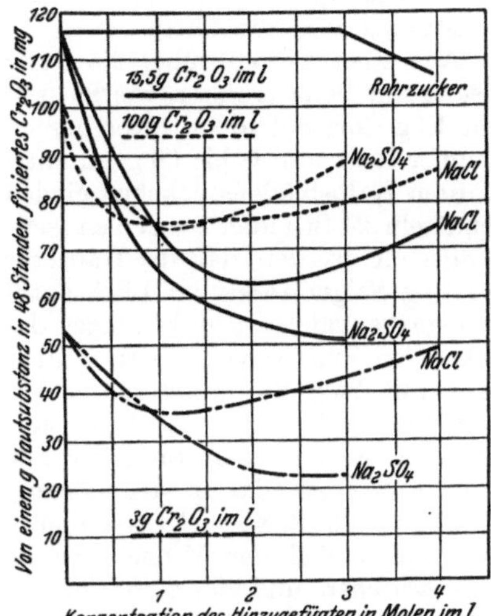

Abb. 278. Hemmung der Chromgerbung durch Neutralsalze und Zucker bei verschiedenen Konzentrationen.

Aus dem über die Chemie der Chromsalze im vorhergehenden Kapitel Gesagten geht klar hervor, daß die Wirkung eines Neutralsalzzusatzes zu Chrombrühen zum Teil mit einem Eindringen des Anions in den Chromkomplexkern erklärt werden muß. Dadurch würde die positive elektrische Ladung des Kerns vermindert. Weiter würden die eindringenden Anionen die Hydroxogruppen im Kern zu verdrängen suchen und den Prozeß der Verolung beeinflussen. Die Hydratation des zugefügten Salzes erhöht die Aktivität aller ionogen vorhandener Stoffe einschließlich Chromsalz und Säuren. Die Zugabe von Salz vermindert die Schwellung der Kollagenfasern der Haut und verringert die Potentialdifferenz zwischen Kollagengel und Chrombrühe. Alle diese Faktoren überlagern sich in ihrer Wirkung, so daß schließlich ein ganz komplizierter Vorgang eintritt.

g) Der Einfluß gewisser organischer Salze auf die Chromgerbung.

Bei der Untersuchung, weshalb gewisse Chrombrühen gepickelte Kalbsblöße nicht zu gerben vermögen, stellten Procter und Wilson (11) fest, daß die gerbende Wirkung von Chrombrühen durch den Zusatz gewisser organischer Salze gehemmt oder sogar ganz aufgehoben werden kann. Sie beobachteten bei Zugabe von Seignettesalz (Kalium-Natrium-Tartrat) zu einer Chrombrühe eine allmähliche Änderung, die erst nach Stunden ihren Endpunkt erreichte. Unmittelbar nach Zugabe des Salzes war das Chrom durch Alkali noch fällbar, der Niederschlag löste sich jedoch bald wieder auf, und nun konnte durch weiteren Alkalizusatz keinerlei Ausflockung mehr erhalten werden. Dabei wurde auch eine Farbänderung der Brühe bemerkt. Wurde Kalbsblöße in die Brühe eingelegt, so zeigte sich, daß diese ihre gerbenden Eigenschaften vollständig verloren hatte.

Aus einer Chrombrühe, die durch Abstumpfen einer Chromalaunlösung mit Soda erhalten worden war, wurde eine Reihe von Lösungen mit 13 g Chromoxyd im Liter hergestellt und diesen steigende Mengen Seignettesalz von 0 bis 50 g im Liter zugesetzt. In jede der Lösungen wurden Kalbsblößenstückchen eingelegt und unter gelegentlichem Umschütteln 24 Stunden darin belassen. Mit Hilfe der Kochprobe konnte festgestellt werden, daß die Hautstücke in allen Lösungen, die weniger als 10 g Seignettesalz im Liter enthielten, durchgegerbt waren, die in den stärker salzhaltigen Lösungen dagegen nicht. Die ersteren Lösungen gaben bei Zugabe von Natriumcarbonat durchweg Fällungen, die Lösung mit 25 g Seignettesalz im Liter gab nur eine geringe Fällung und die mit 50 g Salz im Liter keine. Das Hautstück in der Lösung mit 25 g Seignettesalz im Liter konnte nach Zugabe von Soda ausgegerbt werden, das in der Lösung mit 50 g Salz dagegen auch bei Zusatz von noch so viel Soda nicht. Wurden die Blößenstücke, die in dem einen Teil der Versuchslösungen nicht gegerbt worden waren, ausgewaschen und dann in Chromlösungen ohne Seignettezusatz gelegt, so waren sie sehr rasch ausgegerbt. Das Seignettesalz wirkt also nicht auf die Blößen, sondern auf das Chromsalz.

Die gleichen Resultate wurden erhalten, wenn an Stelle des Seignettesalzes Natriumcitrat verwandt wurde. Ebenso verhindern die Natriumsalze der Milch-, Gallus- und Salicylsäure die Ausflockung einer Chrombrühe durch Alkali. Procter und Wilson führen die Wirkung des Seignettesalzes auf die Bildung eines komplexen Chromi-Tartrat-Ions ähnlich dem Cupri-Tartrat-Ion in der Fehlingschen Lösung zurück.

Die Tatsache, daß Seignettesalz Niederschläge von Chromhydroxyd wieder aufzulösen vermag, ließ Procter und Wilson vermuten, dieses Salz besitze eine entgerbende Wirkung auf Chromleder. Nach Einlegen eines Stückchens voll ausgegerbten Chromleders in einer normalen Seignettesalzlösung über Nacht, hält dieses am folgenden Morgen der Kochprobe nicht mehr stand. Das Leder konnte nach dieser Behandlung und Auswaschen in Chrombrühen ohne Tartratzusatz wieder gegerbt werden. Es konnte festgestellt werden, daß Chromleder wiederholt nacheinander in Seignettesalzlösungen entgerbt und in tartratfreien Chromlösungen wieder gegerbt werden kann. Die Chromgerbung stellt also unter gewissen Bedingungen einen umkehrbaren Prozeß dar.

Um festzustellen, bis zu welchem Grade durch Kalium-Natrium-Tartratlösung entgerbt werden kann, wurde ein Stück Chromleder in eine normale Seignettesalzlösung eingelegt und zwei Wochen darin belassen. Es zeigte sich, daß nach Ablauf dieser Zeit die Lösung sich intensiv grün gefärbt hatte und daß das Leder nach dem Auswaschen praktisch kein Chrom mehr enthielt, vielmehr in den Zustand einer gebeizten Blöße übergegangen war. Beim Erhitzen mit reinem Wasser wurde es allmählich in Gelatine verwandelt, und die Lösung erstarrte beim Abkühlen zu einer festen Gallerte. Die entgerbende Wirkung des Seignettesalzes wird bei der Aufarbeitung von Chromleder-Falzspänen in der Leimfabrikation und bei der Entfernung des Chroms aus den äußeren Schichten von Chromleder für die Nachgerbung mit vegetabilischen Gerbstoffen nutzbringend verwertet.

Nach der Wernerschen Koordinationstheorie beruht diese besondere Wirkung der Tartrate und anderer ähnlicher organischer Salze auf der besonderen Neigung ihrer Anionen, in den Chromkomplex einzudringen und andere koordinativ gebundene Gruppen daraus zu verdrängen. Die Eigenschaften der Chromsalze hängen von der Zusammensetzung des Komplexkerns ab. Wird dieser von einem positiv geladenen Chromiion zu einem negativ geladenen Tartratochromiat verändert, so werden damit selbstverständlich auch die gerbenden Eigenschaften vollständig verändert. Thomas und Foster (19) schreiben die gerbvermindernde Wirkung von Zucker in 4-molarer Lösung ebenfalls einer Verbindung des Zuckers mit dem Chrom analog den Tartratochromiaten zu. Unter bestimmten Bedingungen besitzen allerdings auch diese Chromiate ausgeprägte Gerbeigenschaften. Dies soll im nächsten Kapitel zusammen mit der Theorie der Chromgerbung erörtert werden.

h) Der Einfluß der Temperatur auf die Chromgerbung.

Merrill und Schroeder (7) untersuchten den Einfluß der Temperatur auf die Menge des von der Blöße bei der Chromgerbung aufgenommenen Chroms. Die bei der Chromgerbung auftretende Temperatur wird durch die anfängliche Temperatur der Blößen und der Brühe, durch die Ausmaße des Gerbfasses und die Menge des darin gegerbten Materials, durch das Verhältnis von Blößen zu Brühe, durch die Schnelligkeit und Dauer des Walkens und durch die Raumtemperatur beeinflußt. Merrill und Schroeder gerbten Streifen von Kalbsblöße in einem großen Überschuß von Chrombrühe bei Temperaturen von 10 bis 45° C 4 Stunden bis 5 Tage lang aus und ermittelten den Chromgehalt. Die in einer bestimmten Zeit von einer bestimmten Menge Hautsubstanz gebundene Chromoxydmenge steigt mit Erhöhung der Temperatur sehr stark an. Die größte Zunahme erfolgt zwischen 20 und 30° C, also in dem Temperaturbereich, in dem gewöhnlich die Chromgerbung vorgenommen wird. Die bei 30° C in 8 Stunden von Hautsubstanz aufgenommene Chrommenge ist um 60% größer als die in der gleichen Zeit bei 20° C gebundene Menge. Bei 40° C ausgegerbtes Leder hält die Kochprobe bereits nach 8stündigem Gerben aus, während bei 20° C gegerbtes Leder bis zur Heißwasserbeständigkeit eine Gerbdauer von 48 Stunden benötigt.

i) Die Trockengerbung.

Eine besondere Modifikation des Einbadchromgerbprozesses, die beträchtliche Beachtung gefunden hat, ist die sogenannte Trockengerbung.

Die gebeizten oder entkälkten Blößen werden abtropfen gelassen und dann in ein trockenes Walkfaß gegeben. Während das Faß läuft, wird nun eine geringe Menge einer hochkonzentrierten Chrombrühe zulaufen gelassen. Im Verlauf von ca. 30 Minuten nehmen die Blößen die gesamte Brühe auf und lassen praktisch überhaupt keine Brühe im Walkfaß zurück. Das Walkfaß wird einige Stunden mit den Häuten laufen gelassen, diese dann herausgenommen und etwa 2 Tage zur vollständigen Fixierung des Chroms stehen gelassen. Nach Schorlemmer (15) hat das Verfahren eine Reihe von Vorzügen vor der üblichen Methode, mit großem Volumen zu gerben: einmal macht es den Pickel unnötig, weiter spart es Zeit und Kraft, und schließlich geht so gut wie keine Chrombrühe verloren. Die Wirkung sehr hoher Konzentrationen von Chromverbindungen und von zugefügtem Salz

Abb. 279. Chromgerberei mit Betriebslaboratorium.

wird in sehr anschaulicher Weise von Berkmann (3) beschrieben in einer Arbeit, die für alle, die sich für dieses Verfahren interessieren, von großem Wert sein dürfte. Der größte Nachteil des Verfahrens scheint dem Verfasser darin zu liegen, daß bei dem geringen Volumen der Chrombrühe eine genaue Kontrolle der Konzentration unmöglich ist.

k) Die Kontrollmethoden.

In vielen Gerbereien, die ein gutes Chromleder herstellen, liegt die ganze Betriebskontrolle in der Hand eines Vorarbeiters ohne jede chemische Bildung. Man beobachtet die Farbänderungen der Blößen, weiter am Schnitt den Grad des Eindringens des Chroms in die Blöße, die Schlaffheit der Häute und die Zeit, die erforderlich ist, bis das Leder die Kochprobe aushält. Ist die Brühe zu sauer, so ist der Durchdringungsgrad sehr hoch, das Leder fühlt sich geschwollen an und hat eine ganz hellblaue Farbe, dagegen dauert es recht lange, bis das Leder die Kochprobe aushält. Ist die Brühe nicht sauer genug, so dringt sie nur langsam in die Blöße ein, diese fühlt sich schlapp an und besitzt eine dunkelgrüne Farbe. Manchmal beginnt das Chrom auszufallen und die Leder werden fleckig. Ein verständiger Vorarbeiter kann in Jahren der Erfahrung lernen, wie der Prozeß durch sorgfältiges Beobachten kontrolliert werden kann.

Man sollte meinen, der Gerbprozeß könnte leicht durch chemische Analysen allein kontrolliert werden. Ein genaueres Studium des Chromgerbprozesses aber zeigt, daß so viele wichtige Faktoren dabei eine Rolle spielen, daß die Analysen hauptsächlich nur als Ergänzung der Beobachtungen des erfahrenen Praktikers von Wert sind. Es ist durchaus möglich, daß man ganz genau definierte Konzentrationen an Chrom, an Wasserstoffionen und an Salz hat und doch infolge verschiedener Zu-

Abb. 280. Versuchswalkfässer.

sammensetzung des gerbenden Chromkomplexes ganz verschiedene Resultate erhält. Das ideale System der Betriebskontrolle besteht in einer Verbindung der praktischen Beobachtung der Blößen und Brühen mit der chemischen Analyse.

Die wichtigsten Bestimmungen, die bei der chemischen Betriebskontrolle auszuführen sind, sind die Bestimmungen des p_H-Wertes, der Chromkonzentration und der Ausflockungszahl. Wahrscheinlich wäre eine Bestimmung der Zusammensetzung des gerbenden Chromkomplexes von noch größerer Wichtigkeit, aber leider sind derartige Bestimmungsmethoden erst im Ausbau begriffen. Abb. 279 zeigt einen Teil einer Chromgerberei, in dem die drei angeführten Bestimmungen zur Betriebskontrolle angewandt werden. Die Bestimmungen werden in dem kleinen Laboratorium, das rechts auf der Abbildung zu sehen ist, ausgeführt, links auf dem Bilde sind die zum Gerben verwandten Walkfässer zu sehen. Sie sind zum Schutz gegen Unfälle so eingebaut, daß man sie auf der Abbildung nicht deutlich sieht. Ihre allgemeine

Form kann man an den auf Abb. 280 wiedergegebenen Versuchswalkfässern erkennen. Die Blößen werden durch das Mannloch in der Seite in das Walkfaß gebracht, und dieses dann verschlossen. Das Walkfaß dreht sich, nimmt die Blößen an innen angebrachten Pflöcken mit hoch und läßt sie wieder fallen. Die Chrombrühe wird durch die hohle Achse des Fasses während des Drehens einfließen lassen. Auf Abb. 279 ist ein Arbeiter zu sehen, der einen Behälter füllt, dessen Inhalt langsam in das Walkfaß laufen gelassen wird. Von Zeit zu Zeit werden dem Walkfaß Proben der Brühe entnommen und analysiert und dann die Zusammensetzung der Brühe im Faß entsprechend geändert. Im folgenden soll eine kurze Beschreibung der verschiedenen Bestimmungsmethoden wiedergegeben werden.

α) Chromoxyd.

Man filtriert die zu untersuchende Brühe, verdünnt so, daß sie ca. 1% Cr enthält und pipettiert 25 ccm davon in einen 250 ccm Erlenmeyer-Kolben. Dazu fügt man ca. 100 ccm Wasser, setzt KOH zu, bis das ausfallende Chromhydroxyd wieder in Lösung geht und versetzt in der Kälte mit 2 bis 3 g Natriumsuperoxyd. Man setzt auf den Hals des Erlenmeyer-Kolbens einen kurzstieligen Trichter, kocht 1 Stunde, kühlt ab, säuert mit Salzsäure an, kühlt wiederum, fügt 10 ccm 10%ige Kaliumjodidlösung zu und titriert mit 0,1-normaler Natriumthiosulfatlösung mit Stärke als Indikator. 1 ccm 0,1 n $Na_2S_2O_3$-Lösung entspricht 0,00253 g Cr_2O_3 oder 0,00173 g Cr.

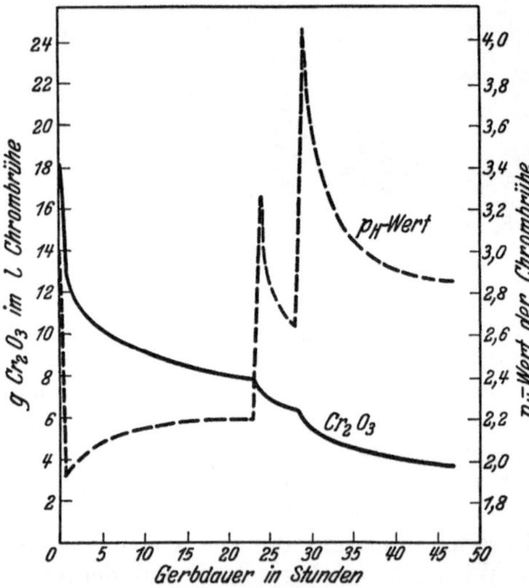

Abb. 281. Änderung der Konzentration und des p_H-Wertes einer Chrombrühe während der Gerbung einer Partie gepickelter Kalbsblößen im Faß.

β) p_H-Wert.

Man verwendet die im 4. Kapitel des 1. Bandes beschriebene elektrometrische Methode.

Abb. 281 zeigt die Änderung des p_H-Wertes und des Gehalts an Chromoxyd einer Chrombrühe mit der Zeit während der Gerbung einer Partie Kalbsblößen. Die Häute waren zunächst mit einem Pickel mit 120 g Natriumchlorid im Liter und einem p_H-Wert von 1,5 ins Gleichgewicht gebracht worden. Die Blößen wurden dann anschließend in das Walkfaß gegeben und die Chrombrühe zugefügt. Die Anfangspunkte geben die Werte der Brühe vor dem Einlaufenlassen in das

Faß wieder. Der unmittelbar nach dem Einlaufenlassen eintretende Abfall des p_H-Wertes ist auf die Diffusion der Pickelbrühe aus den Blößen in die Chrombrühe zurückzuführen. Nach weniger als einer Stunde wird die stark puffernde Wirkung des Chromsalzes bemerkbar und der p_H-Wert beginnt wieder zu steigen. Nach 23 Stunden ließ die Analyse es wünschenswert erscheinen, 4 g auf den Liter Natriumbicarbonat der Brühe zuzufügen. Die entsprechende Menge wurde langsam im Verlauf einer Stunde zugegeben. Die Brühe zeigte darauf einen scharfen Anstieg im p_H-Wert, der wiederum von einem Abfall gefolgt war. Nach 28 Stunden wurden erneut 4 g Natriumbicarbonat auf den Liter der Brühe zugesetzt, und es war ein erneutes starkes Ansteigen des p_H-Wertes und ein anschließender Abfall zu konstantieren. Es ist interessant, wie durch die Zugabe von Bicarbonat die Konzentration der Brühe an Chromoxyd abnimmt. Durch geeignete Bedingungen können p_H-Wert und Chromkonzentration innerhalb gewisser Grenzen in jeder beliebigen Weise verändert werden. Jede solcher Chrombrühen gibt ein Leder mit ganz bestimmten Eigenschaften. Dadurch bietet sich eine Reihe verschiedener Möglichkeiten.

γ) Ausflockungszahl.

Um sich vor einer Ausflockung der Chrombrühe während der Neutralisation zu sichern, führte McCandlish (8) den Begriff der Ausflockungszahl ein. Sie wird folgendermaßen bestimmt: 10 ccm der filtrierten Brühe werden in einen 50-ccm-Kolben pipettiert und tropfenweise 0,05-normale Natriumbicarbonatlösung zugefügt. Nach jedem Zusatz wird umgeschüttelt. Man hält nun den Kolben gegen eine Lichtquelle und beobachtet in der Durchsicht, wieviel ccm der Normallösung bis zum Eintritt der ersten bleibenden Trübung in der Chrombrühe zugesetzt werden können. Der Titrationswert in ccm multipliziert mit 0,0035 ist dann die Ausflockungszahl. Sie gibt an, wieviel Pfund Natriumbicarbonat zu einer Gallone Chrombrühe zugefügt werden können, ohne daß Ausflockung eintritt. Man benutzt die Bestimmung der Ausflockungszahl, um sich vor einem Zusetzen zu großer Bicarbonatmengen auf einmal zu sichern. Hat man zu einer Chrombrühe die nach der Ausflockungszahl mögliche Menge Bicarbonat zugefügt und prüft nun nach etwa 30 Minuten die Brühe erneut, so kann man feststellen, daß nunmehr sehr viel mehr Bicarbonat der Brühe zugefügt werden kann, ohne daß Ausflockung eintritt. Das rührt daher, daß sich, nachdem alle freie Säure neutralisiert worden war, neue Säure aus dem Chromsalz gebildet hat. Das Freiwerden neuer Säure erhellt deutlich aus dem Abfallen der p_H-Wertskurve mit der Zeit nach der Zugabe des Natriumbicarbonats.

Die Ausflockungszahl wird oft auch anders definiert. In Deutschland gibt man die Ausflockungszahl an in ccm n/10 NaOH pro 25 mg Cr. Wird Natriumhydroxyd oder Borax als Neutralisationsmittel benutzt, so werden andere Werte erhalten, denn das Anion des Neutralisationsmittels übt einen Einfluß auf die Zusammensetzung des Chromkomplexes und auf den p_H-Wert, bei dem die Ausflockung einsetzt, aus. Auch die

Temperatur hat einen Einfluß. Man macht die Bestimmung gewöhnlich bei 20° C. Benutzt man die Ausflockungszahl, so ist es unbedingt notwendig, auch die Art ihrer Bestimmung festzulegen.

δ) Gesamtacidität.

Man pipettiert 25 ccm der filtrierten Brühe in eine Porzellankasserole, fügt 300 ccm Wasser und 1 ccm einer 5% igen Phenolphthaleinlösung zu, bringt zum Kochen und titriert mit 0,5-normaler Natronlauge, bis nach 1 Minute Kochen eine rosa Farbe bestehen bleibt. Jeder ccm der verbrauchten eingestellten Natronlaugelösung entspricht 0,0245 g H_2SO_4. Diese Bestimmungsmethode erfaßt nicht nur die freie Säure, sondern auch das an Chrom gebundene Sulfat, soweit es durch Kochen der Lösung in Freiheit gesetzt wird. Das gewöhnliche in der Gerberei benutzte Chromsulfat spaltet unter diesen Bedingungen sein gesamtes Sulfat ab.

Nach Thomas und Foster (18) kann man das gesamte saure Sulfat auch in der Kälte durch Titration mit Bariumhydroxyd und Messung des Minimums der Leitfähigkeit der Lösung bestimmen. Unter genau kontrollierten Bedingungen vermag diese Methode von Thomas und Foster genauere Werte zu liefern als die gewöhnlich ausgeführte Bestimmungsmethode. Thomas und Foster konnten aber später zeigen, daß die Titration in der Hitze die gleichen Resultate wie die Leitfähigkeitsmethode gibt, wenn man vor der Titration zu der Lösung 50 g Natriumchlorid zufügt.

ε) Basizität des Chromsalzes.

Lösungen von Chromsalzen reagieren infolge der hydrolytischen Spaltung dieser sauer. Wird ein Teil der in Freiheit gesetzten Säure neutralisiert, so nennt man das Chromsalz basisch. Ist ein Drittel der hydrolysierbaren Säure neutralisiert, so nennt man das Salz ⅓-basisch (in Amerika ⅔-sauer). Das bedeutet, daß 1 Grammäquivalent Chrom mit ⅓ Grammäquivalent Hydroxylion und ⅔ Grammäquivalenten des Säureradikals verbunden ist. Das Salz der Formel $CrCl_3$ hätte also die Basizität 0 und die Acidität 100; das Salz der Formel $CrOHCl_2$ eine Basizität von 33,3% oder eine Acidität von 66,6% und das Salz $Cr(OH)_3$ eine Basizität von 100% und eine Acidität 0.

Die Basizitätszahl in Prozenten [nach Schorlemmer (14)] gibt die an OH gebundenen Valenzen in Prozenten der Gesamtvalenzen des Chroms an. Die Basizität in Freiberger Zwölfteln teilt die Gesamtvalenzen des Chroms in zwölf Teile und gibt die an OH gebundenen Valenzen in Zwölfteln der Gesamtvalenzen des Chroms an. Man berechnet die Basizität aus der Anzahl ccm n/10 Thiosulfatlösung a, die bei der Chrombestimmung verbraucht wurden und der Anzahl ccm n/10 Natronlauge b, welche zur Säurebestimmung derselben Menge Chrombrühe benötigt wurden. Die Basizität in Prozenten beträgt:

$$\% \text{ Bas} = \frac{(a-b)\cdot 100}{a}.$$

Stiasny (16) weist neuerdings darauf hin, daß die Definition der Basizitätszahl nach Schorlemmer mit der angeführten üblichen Bestimmungsmethode nicht übereinstimme, da bei der Titration mit n/10 NaOH nicht nur die an Chrom gebundene Säurerestmenge, sondern auch die freie (hydrolytisch gebildete) Säure bestimmt wird. Bei Chrombrühen, deren p_H-Wert kleiner als 3 ist, darf diese freie Säuremenge nicht vernachlässigt werden. Die Basizitätszahl einer Chrombrühe muß demnach durch die Formel ausgedrückt werden:

$$BZ = 100 - \frac{\text{OH-Äquivalente der freien und der an Cr geb. Säure}}{\text{OH-Äquivalente des Cr}} \times 100\,.$$

ζ) Kochprobe.

Man betrachtet im allgemeinen eine Gerbung erst dann als vollständig, wenn ein Streifen des Leders beim 5 Minuten langen Kochen in Wasser ohne jegliches Zeichen einer Schrumpfung bleibt. Man betrachtet diese Probe als Schutzprobe vor einer ungenügenden Gerbung, obwohl auch vollständig zufriedenstellende Leder hergestellt worden sind, die der Kochprobe nicht standhielten.

η) Lederanalyse.

Gewöhnlich ist die Analyse des ausgegerbten Leders zu zeitraubend, um bei der unmittelbaren Kontrolle des Gerbprozesses angewandt zu werden. Die Lederanalyse bildet aber doch bei der Aufklärung und Standardisierung des Gerbprozesses eines der wichtigsten Hilfsmittel. Die Analyse des fertig zugerichteten Leders vermag die Abhängigkeit gewisser wichtiger Eigenschaften des Leders von der chemischen Zusammensetzung darzutun, die vom praktischen Gerbereifachmann nicht vorhergesagt werden kann. Diese Abhängigkeit können auch Analysen während des Gerbprozesses selbst nicht aufzeigen. Oft nimmt man am Gerbprozeß geringere Änderungen vor, die auf Befunden von Lederanalysen beruhen, die erst Wochen nach der Fertigstellung des Untersuchungsmaterials gemacht wurden. Die Methoden der Lederanalyse werden in Kapitel 37 noch ausführlich beschrieben werden.

l) Die Verteilung des Chroms im Einbadchromleder.

Um die Ursachen der Schwankungen im Chromgehalt der Einbadchromleder erkennen zu können, führten Schindler und Klanfer (13) eine Reihe Versuchsgerbungen mit basischen Chromalaunbrühen durch und untersuchten den Einfluß der Basizität der Brühe, des Alterungszustandes, verschiedener Pickel, der Konzentration und Temperatur der Brühe und der Wirkung eines nachträglichen Sodazusatzes. Sämtliche Chrombrühen wurden in der gleichen Weise hergestellt und damit gleichdicke Kalbsblößen derselben Vorbehandlung auf gleiche Weise ausgegerbt. Die erhaltenen Chromkalbleder wurden nach durchweg gleicher Zurichtung mittels einer in der Schuhfabrikation gebräuchlichen Schärfmaschine in mehrere Schichten zerlegt und die einzelnen Schichten gesondert untersucht.

Bei Steigerung der Basizität der Chrombrühe steigt zunächst der Chromgehalt aller Schichten. Bis zu einer Basizität von etwa 40% war unter den angewandten Versuchsbedingungen die Mittelschicht am chromreichsten. Bei Steigerung der Basizität über 40% wurde die Narbenschicht die chromreichste. Die Alterung der Chrombrühen ist vor allem bei starken basischen Brühen auf die Verteilung des Chroms im Leder von Einfluß. Veränderungen des Pickels können gewisse Verschiebungen der Chromverteilung hervorrufen, während Veränderungen in der Konzentration innerhalb engerer Grenzen keinen wesentlichen Einfluß auf die Chromverteilung ausüben. Temperaturerhöhung der Gerbbrühen ist von großer Bedeutung für die Chromaufnahme und Chromverteilung im Leder. Größere Sodazusätze gegen Schluß der Gerbung erhöhen vorwiegend den Chromgehalt der Narbenschicht, während das Innere des Leders von der vermehrten Chromaufnahme kaum betroffen wird.

m) Die Struktur chromgarer Leder.

Den Einfluß der Gerbungsart auf die Struktur des fertig zugerichteten Leders zeigen die Abb. 282 und 283. Sie geben Vertikalschnitte durch vegetabilisch gegerbtes und chromgares Leder aus ein und derselben Kalbshaut wieder. Die Kalbsblöße wurde nach dem Beizen längs der Rückenlinie in zwei Hälften zerschnitten. Die eine Hälfte wurde mit einer Chrombrühe, die andere mit vegetabilischen Gerbmaterialien ausgegerbt. Nach der Zurichtung stellte jede der Lederhälften ein in seiner Art ausgezeichnetes Muster eines Schuhoberleders dar. Die in den Abbildungen wiedergegebenen Schnitte stammen aus den zugerichteten Ledern und sind in beiden Fällen den genau gleichen Stellen des Leders entnommen.

Der am stärksten in die Augen fallende Unterschied ist die verschiedene Dicke der Fasern, sie sind beim vegetabilischen Leder bedeutend größer. Beim Chromleder sind die Fasern ähnlich wie bei der ungegerbten Rohhaut dünn, beim vegetabilisch gegerbten Leder dagegen sind die Fasern derart angeschwollen, daß die interfibrillaren Zwischenräume fast ausgefüllt werden. Diese Unterschiedlichkeit in der Dicke der Fasern ließ sich voraussehen aus der Tatsache, daß sich im Falle des vegetabilisch gegerbten Leders 100 g Hautsubstanz mit 57 g Gerbstoff verbanden, beim Chromleder dagegen die gleiche Hautsubstanzmenge nur 7,2 g Chromoxyd aufnahm. Aus diesem Grunde erklärt sich auch das größere spezifische Gewicht und die größere Fülle des vegetabilischen Leders. Beide Arten von Leder können durch Einbringen einer genügenden Menge Fett nach Wunsch dicht und geschmeidig gemacht werden, indessen ist das vegetabilisch gegerbte Leder in weit höherem Maße in der Lage, Fettmengen aufzunehmen, ohne dabei an Steifheit zu verlieren und lappig zu werden. Im Vergleich zu vegetabilisch gegerbtem Leder ist Chromleder flacher und leerer im Griff. Zwischen den Eigenschaften von Chromleder und vegetabilisch gegerbtem Leder bestehen eine Reihe grundsätzlicher

Verschiedenheiten, die in den Kapiteln 38 bis 43 noch näher erläutert werden sollen.

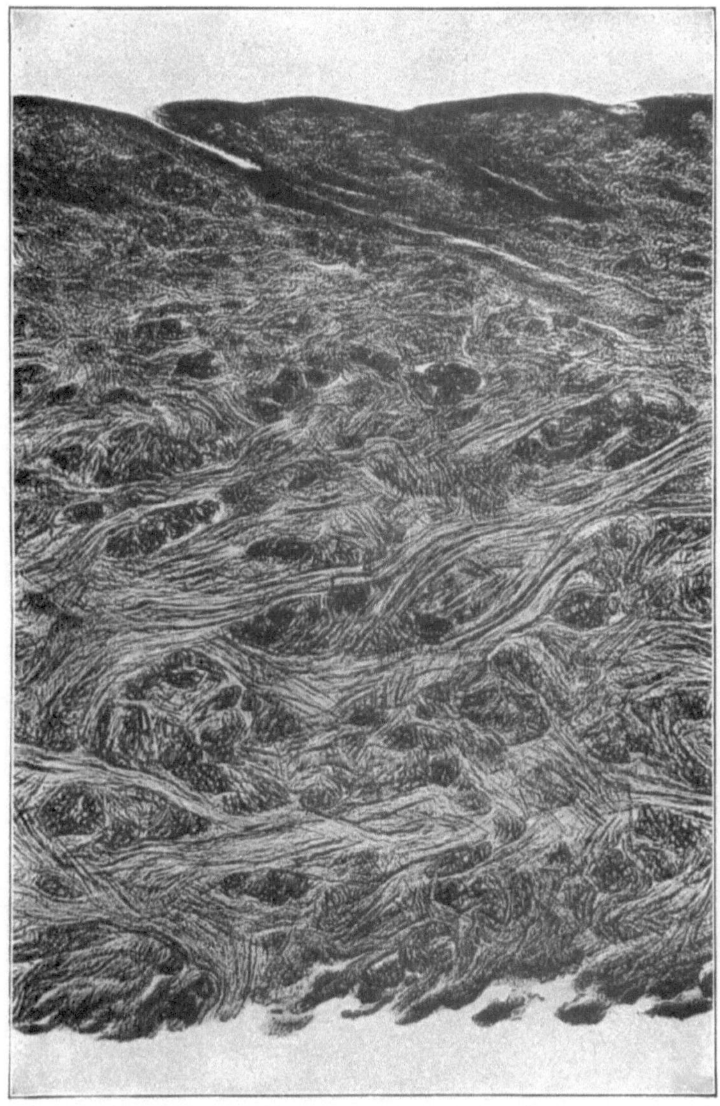

Abb. 282. Vertikalschnitt durch Kalbsleder (vegetabilisch gegerbt).
Stelle der Entnahme: Schild. Dicke des Schnittes: 40 μ. Färbung: keine. Gerbung: vegetabilisch. Okular: keins. Objektiv: 16 mm. Wratten-Filter: K 3-Gelb. Lineare Vergrößerung: 80-fach.

In Abb. 284 ist ein Vertikalschnitt durch ein chromgares Roßleder wiedergegeben. Die Abbildung muß mit Abb. 225 in Kapitel 15 ver-

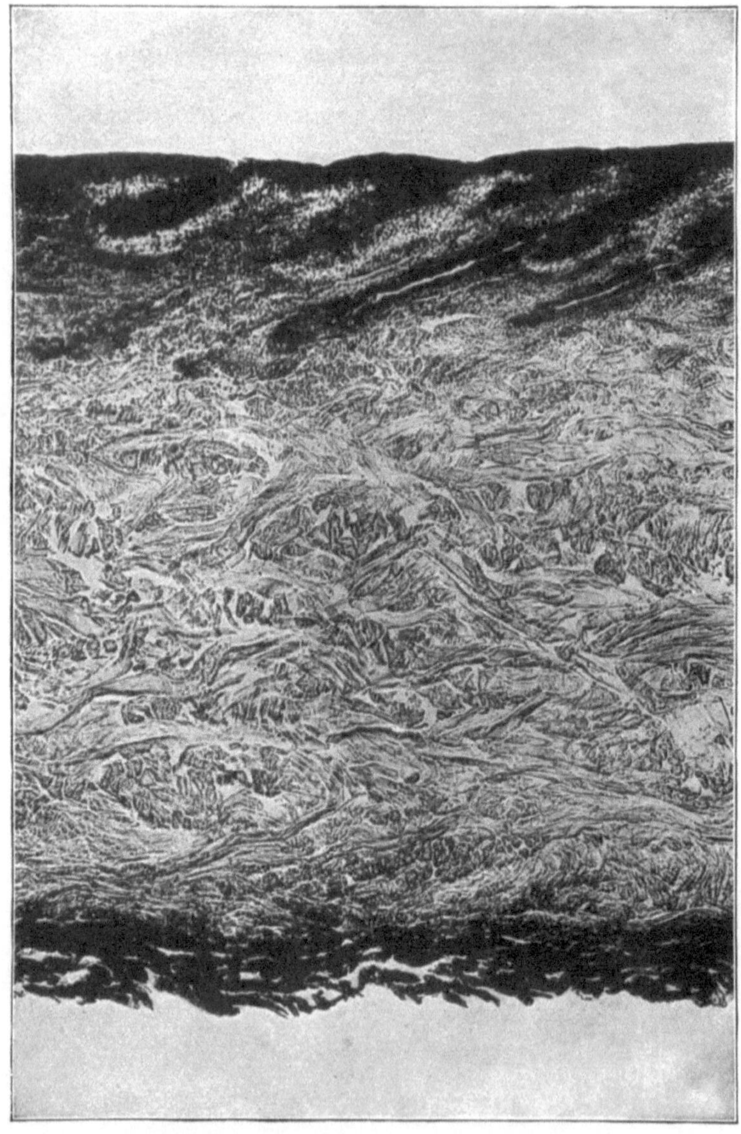

Abb. 283. Vertikalschnitt durch Kalbleder (Chromgar).
Stelle der Entnahme: Schild. Dicke des Schnittes: 40 μ. Färbung: keine. Gerbung: Chrom. Okular: keins. Objektiv: 16 mm. Wratten-Filter: K 3-Gelb. Lineare Vergrößerung: 80-fach.

glichen werden. Beide Schnitte stammen aus entsprechenden Teilen der gleichen Haut, die nach dem Beizen längs der Rückenlinie geteilt,

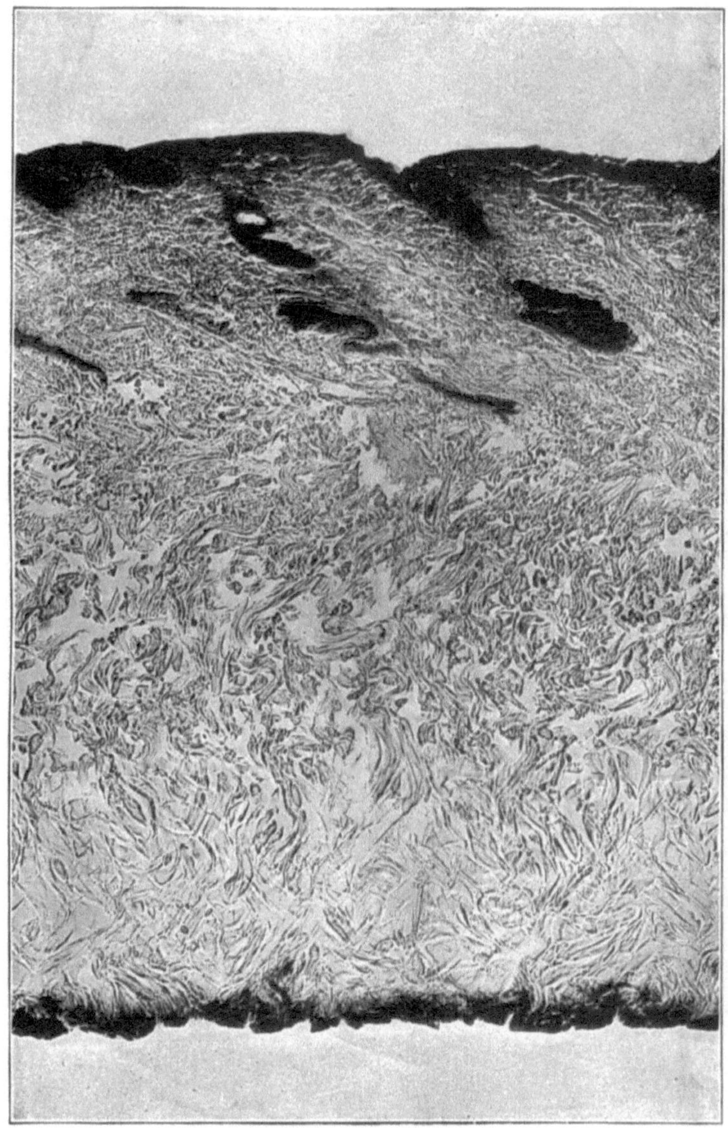

Abb. 284. Vertikalschnitt durch Roßleder (Corduan, aus dem Schild).
Stelle der Entnahme: Schild. Dicke des Schnitts: 20 μ. Färbung: keine. Gerbung: Chrom.
Okular: keins. Objektiv: 16 mm. Wratten-Filter: K 3-Gelb. Lineare Vergrößerung: 70-fach.

und von der die eine Hälfte mit einer Chrombrühe, die andere mit vegetabilischen Gerbstoffen ausgegerbt wurde, genau wie bei der

Abb. 285. Vertikalschnitt durch chromgares, nachgegerbtes Armee-Oberleder. Stelle der Entnahme: Schild. Dicke des Schnitts: 40 μ. Färbung: keine. Gerbung: Chrom und vegetabilisch. Okular: keins. Objektiv: 16 mm. Wratten-Filter: K 3-Gelb. Lineare Vergrößerung: 54-fach.

Kalbsblöße. Der Einfluß der Art der Gerbung auf die Struktur tritt hier noch deutlicher zutage.

Versuche, die Vorteile der Chromgerbung mit den Vorteilen der vegetabilischen Gerbung zu kombiniereu, haben bei gewissen Leder-

Abb. 286. Gerbgruben für die vegetabilische Gerbung.

arten zu einem gewissen Erfolg geführt. Während des Krieges war die Nachfrage nach vegetabilisch gegerbtem Schuhoberleder besonders groß. Die Gerbdauer war aber zu lang, so daß dieser Bedarf nicht be-

Abb. 287. Versuchshaspel.

friedigt werden konnte und nach Auswegen gesucht werden mußte. Die Gerbung konnte mit Chrombrühen zwar rasch genug durchgeführt werden, aber das dabei anfallende Leder war nicht geeignet. Es stellte sich indessen heraus, daß das Leder sehr wohl den beabsichtigten Zwecken nutzbar gemacht werden konnte, wenn es nach der vollständigen Ausgerbung mit Chrom noch eine teilweise Gerbung in vegetabilischen

Gerbbrühen erhielt. Ein gutes Beispiel dafür ist das amerikanische chromgare, nachgegerbte Armeeoberleder, dessen Vertikalschnitt in

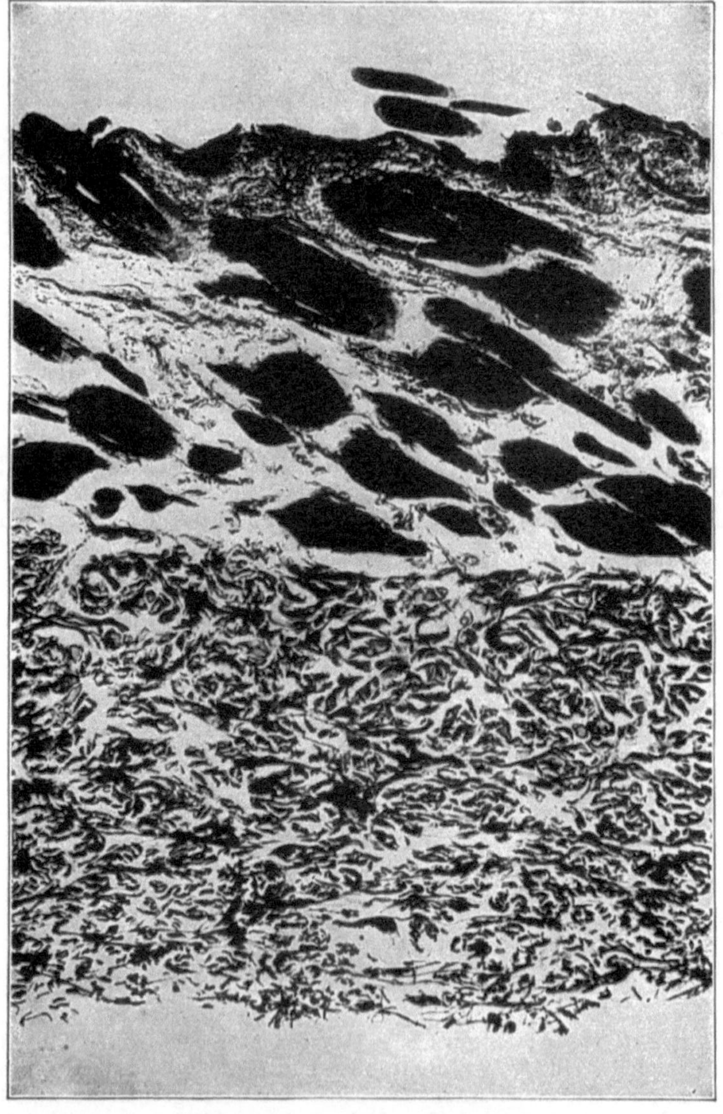

Abb. 288. Vertikalschnitt durch Persianerpelz.
Stelle der Entnahme: ? Dicke des Schnitts: 30 μ. Färbung: dunkelbraun. Gerbung: Alaun. Okular: keins. Objektiv: 16 mm. Wratten-Filter: H-Blaugrün. Lineare Vergrößerung: 90-fach.

Abb. 285 wiedergegeben ist. Das Leder wurde aus Kuhhaut hergestellt und wurde zuerst mit Chrombrühe ausgegerbt und dann mehrere Tage, bis die Gerblösung mehr als die Hälfte der Dicke des Leders durchdrungen hatte, in eine vegetabilische Gerbbrühe eingehängt. In den

Abb. 289. Das Messen des fertigen Leders.

meisten Fällen wurde das Leder nach der Nachgerbung durch Spalten auf die erforderliche Stärke gebracht, in einigen Fällen wurde das Spalten auch vor der zweiten Gerbung vorgenommen. Der heller gefärbte Streifen im unteren Drittel der Abbildung ist jene Schicht, zu welcher die vegetabilischen Gerbstoffe nicht vorgedrungen waren. Sie liegt näher an der Fleischseite, weil das Leder erst nach der Nachgerbung gespalten worden ist. Man kann deutlich erkennen, daß die Fasern in den nachgegerbten Schichten sehr viel dicker sind als in der nur chromgaren Schicht. In der linken unteren Ecke ist ein Faserstrang zu sehen, der aus der nachgegerbten Schicht in die nur chromgare Schicht verläuft; man sieht deutlich, daß seine Dicke abnimmt.

Der Vorteil, den man bei einer vorhergehenden Chromgerbung hat, liegt darin, daß man die chromgaren Leder gleich in stärker konzentrierte Gerbbrühen einlegen kann, als dies sonst bei der vegetabilischen Gerbung möglich ist. Dadurch wird die Durchdringung beschleunigt, und man braucht nicht erst eine vollständige Diffusion abzuwarten, da ja die Chromgerbung den mittleren Teil des Leders gegen Fäulnis geschützt hat. Die vegetabilische Nachgerbung erhöht die Festigkeit des Leders und setzt außerdem den Gehalt des Chromleders an Schwefelsäure auf etwa die Hälfte herab.

Literaturzusammenstellung.

1. Baldwin, M. E.: Effect of the concentration of a chrome liquor upon apsorption by hide substance. J. Amer. Leather Chem. Assoc. **14**, 433 (1919).
2. Bergmann, M., F. Stather u. L. Seligsberger: Über die Schwellungsänderungen der Haut während der Chromgerbung. Collegium **1929**, 397.
3. Berkmann, J.: Beitrag zur Gerbung mit konzentrierten Chromlösungen. Collegium **1925**, 174.
4. Kinney, C. B.: The production of chromium salts from chrome ore in the U. S. A. J. Amer. Leather Chem. Assoc. **19**, 579 (1924).
5. Knapp, F.: Natur und Wesen der Gerberei und des Leders. J. G. Cotta 1858. Sonderabdruck Collegium **1919**.
6. Lamb, M. C.: The manufacture of chrome leather. London 1923. Deutsche Übersetzung von E. Mezey. Berlin: Julius Springer.
7. Merrill, H. B. u. H. Schroeder: The influence of temperature on chrome tanning. Ind. Eng. Chem. **21**, 1225 (1929).
8. McCandlish, D.: The analysis of one-bath chrome liquors. J. Amer. Leather Chem. Assoc. **12**, 440 (1917).
9. Procter, H. R.: Leather Trades Review, 12. 1. 1897.
10. Procter, H. R. u. D. J. Law: Note on the diffusion of chromium, iron and aluminium salts through gelatin jelly. J. Soc. Chem. Ind. **28**, 297 (1909).
11. Procter, H. R. u. J. A. Wilson: The action of salts of hydroxy-acids upon chrome tanning. J. Soc. Chem. Ind. **35**, 156 (1916).
12. Rona, P. u. L. Michaelis: Über die Absorption der H- und OH-Ionen und der Schwermetallionen durch Kohle. Biochem. Z. **97**, 85 (1919).
13. Schindler, W. u. K. Klanfer: Untersuchungen über die Verteilung des Chroms im Einbadchromleder. Collegium **1929**, 121.
14. Schorlemmer, K.: Über die Ausdrucksform für die Basizität der Chrombrühen. Collegium **1920**, 536.
15. Schorlemmer, K.: Die sogenannte Trockengerbung. Collegium **1922**, 375.
16. Stiasny, E.: Über den Basizitätsbegriff bei Einbadchrombrühen. Collegium **1930**, 574.
17. Thomas, A. W., M. E. Baldwin u. M. W. Kelly: The time factor in the absorption of the constitutents of chrome liquor by hide substance. J. Amer. Leather Chem. Assoc. **15**, 147 (1920).
18. Thomas, A. W. u. S. B. Foster: Titration of chrome liquors by the conductance method. J. Amer. Leather Chem. Assoc. **15**, 510 (1920); **16**, 61 (1921).
19. Thomas, A. W. u. S. B. Foster: Influence of sodium chlroide, sodium sulfate, and sucrose on the combination of chromic ion with hide substance. Ind. Eng. Chem. **14**, 132 (1922).

20. Thomas, A. W. u. M. W. Kelly: The time factor in the absorption of chromic sulfate by hide substance. J. Amer. Leather Chem. Assoc. 15, 487 (1920).
21. Thomas, A. W. u. M. W. Kelly: The effect of concentration of chrome liquor upon absorption of its constituents by hide substance. Ind. Eng. Chem. 13, 31 (1921).
22. Thomas, A. W. u. M. W. Kelly: Equilibria between tetrachromcollagen and chromeliquors; the formation of octachrome-collagen. Ind. Eng. Chem. 14, 621 (1922).
23. Wilson, J. A. u. E. A. Gallun: The retardation of chrome tanning by neutral salts. J. Amer. Leather Chem. Assoc. 15, 273 (1920).

19. Die Theorie der Chromgerbung.

Man hat über den Mechanismus der Chromgerbung drei verschiedene Theorien aufgestellt, von denen jede etwas zu unserem Verständnis der komplizierten Vorgänge beigetragen hat. Die erste ist die, daß sich das Kollagen mit seinen sauren Gruppen mit der Base Chromhydroxyd zu einer sehr beständigen Verbindung, Chromkollagenat, verbinde. Nach der zweiten Theorie sollen sich die in den Chrombrühen vorhandenen, negativ geladenen Chromiate mit den basischen Gruppen des Kollagens verbinden, ähnlich wie bei der vegetabilischen Gerbung. Die dritte Theorie schließlich nimmt an, daß gewisse Gruppen des Kollagenmoleküls andere koordinativ gebundene Gruppen im Kern des Chromkomplexes verdrängen und so eine Chromkomplexverbindung entstehe, in der gewisse Gruppen des Proteinmoleküls innerhalb des Kerns und der Rest sich außerhalb des Kerns befinden. Diese drei Theorien sollen im folgenden nacheinander beschrieben werden.

a) Chromkollagenate.

Die amphotere Natur des Kollagens steht fest, es kann sowohl als Säure wie auch als Base fungieren. Nach dem im 5. Kapitel Mitgeteilten vermögen Gelatine und Kollagen mit Salzsäure unter Bildung von Gelatine- und Kollagenchloriden und mit Natriumhydroxyd unter Bildung von Natrium-Gelatinaten und -Kollagenaten zu reagieren. 1917 sprach Wilson (56) die Vermutung aus, die vegetabilische Gerbung und die Chromgerbung bestünden hauptsächlich in der Bildung von Kollagentannat bzw. Chromkollagenat. Die Gleichung der bei der Chromgerbung im wesentlichen eintretenden Reaktion wurde folgendermaßen formuliert:

$$3\,R\langle{}^{NH}_{CO} + Cr(OH)_3 = (NH_2 \cdot R \cdot COO)_3Cr\,.$$

Kollagen wurde als Ringsystem formuliert, weil man es für ein Anhydrid der Gelatine ansah. Procter und Wilson (56) hatten das Verbindungsgewicht der Gelatine für Salzsäure zu 768 ermittelt. Infolge der Faserstruktur des Kollagens ist es schwierig, das Verbindungsgewicht des Kollagens in ähnlicher Weise zu bestimmen, wie dies Procter und Wilson bei der Gelatine getan haben. Vergleichende Bestimmungen zeigten jedoch an, daß das Verbindungsgewicht des Kollagens von dem der Gelatine nicht sehr verschieden ist. Unter der Annahme, daß jedes Grammäquivalent Kollagen beim Übergang in Gelatine ein Molekül Wasser aufnimmt, nahm Wilson (56) an, das Äquivalentgewicht des Kollagens sei um 18 geringer als das der Gelatine, d. h. 750. Bei Benutzung dieses Wertes als Verbindungsgewicht des Kollagens gegenüber Chrom wird vorausgesetzt, daß Kollagen die gleiche Zahl saurer und basischer Gruppen besitze, was zum mindesten höchst spekulativ ist.

Legt man als Verbindungsgewicht des Kollagens den Wert 750 zugrunde, so würde, auf der Basis dieser Theorie, die geringste Menge Chromoxyd, die notwendig wäre, um 100 g Kollagen in Chromkollagenat zu verwandeln, $(152 \times 100) / (6 \times 750) = 3{,}38$ g betragen. Lamb und Harvey (35) fanden, daß Chromleder, berechnet auf Trockensubstanz, weniger als 2,8 bis 3,0% Chromoxyd enthielten, ungenügend gegerbt waren. Rechnet man diesen Wert auf das im Leder vorhandene Kollagen um, so erhält man 3,4%. Der Verfasser (56) fand, daß bei der von ihm verwandten Gerbungsart sich ca. 6,8 g Chromoxyd mit 100 g Kollagen verbinden mußten, ehe das Leder der Kochprobe stand hielt. Das ist gerade das Doppelte der Menge Chromoxyd, die als zur Bildung von Chromkollagenat notwendig errechnet wurde. Es wurde die Vermutung ausgesprochen, daß wir eines Tages von Monochrom-, Dichrom- und Polychrom-Ledern sprechen könnten, je nach der Menge Chrom, die sich mit dem Kollagen verbunden hat. Setzt man voraus, daß das Leder der Kochprobe standhält, so ist es ein Dichrom-Leder. Thomas und Kelly stellten ein chromgares Kollagen her, das einem Tetrachrom- und Oktachrom-Kollagen entsprach. Die Arbeit wurde im 18. Kapitel beschrieben.

Über die quantitativen Verhältnisse beim Zusammentreffen von Chromgerbstoff und Gelatine hat Wintgen (58) einige Beobachtungen mitgeteilt. Er stellte fest, daß Chromoxydsole verschiedenen Dispersitätsgrades mit Gelatinelösungen vollkommene, gegenseitige, selbst in kochendem Wasser unlösliche Fällungen geben. Im Maximalfällungspunkte werden von einem Äquivalentaggregatgewicht kolloiden Chromoxydes stets rund 30000 g Gelatine gefällt. Dieses Ergebnis, zusammen mit der Tatsache, daß das chromgare Leder im Höchstfalle etwa 3,8% seines Gewichtes an Chromoxyd besonders festhält, spricht nach Ansicht Wintgens dafür, daß der eigentliche Gerbvorgang letzten Endes in einer Fällung der positiv geladenen Micellionen des kolloiden Chromoxyds durch die entgegengesetzt geladene Eiweiß-Hautsubstanz beruht.

Zunächst erscheint es einmal etwas verwunderlich, wieso Kollagen in Berührung mit einer Chrombrühe von p_H 3,5 als Säure reagieren kann. Man nimmt nach der Theorie an, daß die Ionisation des Kollagens als Säure, wenngleich sie ja mit zunehmender Acidität äußerst gering wird, doch nicht vollständig aufgehoben wird. Das heißt, auch wenn die elektrische Ladung des Proteins in saurer Lösung vorwiegend positiv ist, wird es doch immer noch eine sehr geringe, aber definierte Anzahl negativ geladener Gruppen geben, die über das Molekül verteilt sind. Die Chromionen sollen nun in das Kollagengel diffundieren und sich mit diesen wenigen negativ geladenen Gruppen verbinden, wenn sie auf sie treffen. Das Ion, das sich zuerst mit dem Protein verbindet, besitzt nur eine einzige positive Ladung und könnte durch die Formel $Cr(OH)_2^+$ bezeichnet werden. Haben nun die Kollagen- und Chrom-Gruppen ihre elektrischen Ladungen aneinander ausgeglichen, so können sowohl Kollagen- wie auch Chromgruppen weiter ionisiert werden, die Chromgruppe spaltet ein weiteres Hydroxylion, das Kollagen ein weiteres Wasserstoffion ab. Wiederholt sich schließlich der Prozeß noch einmal, so werden alle drei Bindungen des Chroms abgesättigt und direkt an das Kollagen gebunden. Grundsätzliche Voraussetzung für diese Annahme ist aber, daß, so gering auch die Konzentration der negativ geladenen Gruppen im Protein unter den Bedingungen der Gerbung ist, sie doch immer noch größer sein muß, als aus der Dissoziation der Chrom-Kollagenverbindung anzunehmen ist. Die außerordentlich große Widerstandsfähigkeit des Chromleders gegen Hydrolyse stimmt mit dieser Annahme überein.

b) Chromiate als Gerbmittel.

Thompson und Atkin (55) bezweifelten die Richtigkeit der eben beschriebenen Theorie von Wilson und sprachen die Vermutung aus, die Chromgerbung werde durch einen negativ geladenen Chromkomplex bewirkt, und zwar ähnlich wie für die vegetabilische Gerbung bei Beschreibung der Procter-Wilsonschen Theorie im 16. Kapitel auseinandergesetzt wurde. Bei den p_H-Werten, die während der Gerbung auftreten, ist das Kollagen positiv geladen, und da man weiß, daß technische Chrombrühen Chromiat-Anionen enthalten, schien es Thompson und Atkin logisch, daß sich das Kollagen mit den negativ geladenen Chromkomplexen verbinde. Durch die Entfernung der Chromiate würde das Gleichgewicht gestört und so die Bildung neuer Chromiate aus den verbleibenden Chromsalzen verursacht. Das so immer neu gebildete Chromiat würde jeweils sofort von dem Kollagen gebunden werden, bis der Gerbprozeß vollständig wäre.

Seymour-Jones (43) wies indessen darauf hin, daß diese Theorie nicht allgemein angewandt werden kann, wenn es sich um eine Gerbung mit Chrombrühen, die nur Chromkationen enthalten, handelt. Stiasny (46) und Gustavson (20) zeigten indessen, daß auch Chromiate unter gewissen Bedingungen gerbende Eigenschaften besitzen, und daß man auch mit Brühen, die nur negativ geladene Chromkomplexe enthalten, wirklich Haut ausgerben kann. Ihre Arbeiten sollen später noch ausführlich besprochen werden. Wahrscheinlich nimmt Kollagen während der Gerbung kationische und anionische Chromkomplexe auf, wenn beide in der Brühe vorhanden sind.

c) Koordinativ gebundene Proteingruppen.

Freudenberg (7) verwies auf die ausgesprochene Neigung des Chromatoms, sich koordinativ mit Stickstoffverbindungen nach der Art der Ammin-Chromi-Salze zu sättigen oder mit Sauerstoffverbindungen nach der Art der Chromkomplexe, die Harnstoff im Kern enthalten und sprach die Vermutung aus, diese Neigung könnte die Ursache der Verbindung zwischen Chrom und Kollagen bilden. Nach dieser Theorie würden etwa —NH_2-, —NH- oder —CO-Gruppen in den Chromkomplexkern eindringen und andere koordinativ gebundene Gruppen verdrängen, würden aber gleichzeitig auch weiterhin noch einen Teil des Kollagenmoleküls bilden und so eine Verbindung zwischen dem Chromatom und dem Kollagen herstellen. Jede der sechs koordinativen Stellungen rings um das Central-Chromatom könnten von einer Proteingruppe besetzt werden und so das Chromatom mit sechs Bindungen an das Kollagen gebunden werden. Durch diese Theorie würde sowohl die außerordentliche Widerstandsfähigkeit des Chromleders gegen Hydrolyse durch reines Wasser wie auch die leichte Entgerbbarkeit mit Hilfe von Tartrationen, die ja eine besondere Neigung besitzen, andere koordinativ gebundene Gruppen im Chromkomplexkern zu ersetzen, ihre Erklärung finden. Man kann sogar neun Bindungen zwischen dem Chromatom und dem Protein annehmen, wenn nämlich sechs negative Proteingruppen in den Komplexkern eintreten. Auf diese Weise würde der Chromkomplex als Ganzes drei negative Ladungen erhalten und könnte sich somit weiter mit drei basischen Proteingruppen verbinden. Dies wäre nun ein anderer Weg, auf dem sich das Protein mit allen Valenzkräften des Chroms, primären und sekundären, verbinden könnte.

Freudenberg sieht die Chromgerbung und die vegetabilische Gerbung insofern als ähnlich an, daß in beiden Fällen die Stickstoff- und Sauerstoff-Gruppen des Proteinmoleküls die Verbindungsbrücken zwischen Protein und dem Gerbmittel bilden. Seine Theorie der vegetabilischen Gerbung ist im 16. Kapitel bereits behandelt worden.

Nach unsern heutigen Kenntnissen der Chromgerbung müssen wir annehmen, daß jede der drei eben beschriebenen Theorien einen Teil des Mechanismus der verschiedenen bei der normalen Chromgerbung auftretenden Reaktionen trifft, daß sich ein dreiwertiger kationischer Chromkomplex mit den sauren Gruppen des Proteinmoleküls verbindet, daß Chromiate mit den basischen Gruppen des Proteins Verbindungen eingehen und daß saure oder basische Gruppen in den Chromkomplex eindringen und dort andere koordinativ gebundene Gruppen verdrängen. Je nach den verschiedenen Bedingungen der Chromgerbung wird der eine oder andere Vorgang vorherrschen. Der Beweis für die Richtigkeit dieser Annahme soll auf den folgenden Seiten erbracht werden.

d) Reaktionen von Chrombrühen mit Permutit.

Die Schwierigkeit, den Mechanismus der Chromgerbung aufzuklären, wird noch stark vergrößert durch die Tatsache, daß es nicht immer möglich ist, den Einfluß verschiedener Faktoren auf die Gerbwirkung, auf das Chromsalz und auf das Protein zu unterscheiden. Gustavson (11) empfahl eine geniale Methode, die es gestattet, in gewissen Fällen diese Unterscheidungen zu treffen. Die Methode besteht darin, nebeneinander Gerbversuche mit Chrombrühen einmal mit Hautpulver und einmal mit Permutit auszuführen. Er benutzte als Permutit ein Natriumsalz von der Formel: $Na_2O \cdot Al_2O_3(SiO_2)_3 \cdot (H_2O)_6$. Dieses Salz ist in Wasser unlöslich, vermag aber mit anderen Salzen, die in Lösungen, mit denen es in Berührung ist, vorhanden sind, zu reagieren. Wird es mit Chromsalzen in Berührung gebracht, so ersetzt das Chromkation einen Teil des Natriums. Dieser Ersatz läßt sich leicht durch Analyse des resultierenden Permutits auf Chrom und Natrium verfolgen. Da sich der gesamte Chromkomplex mit dem Permutit verbindet, werden auch die koordinativ gebundenen Gruppen in dem Permutit gefunden.

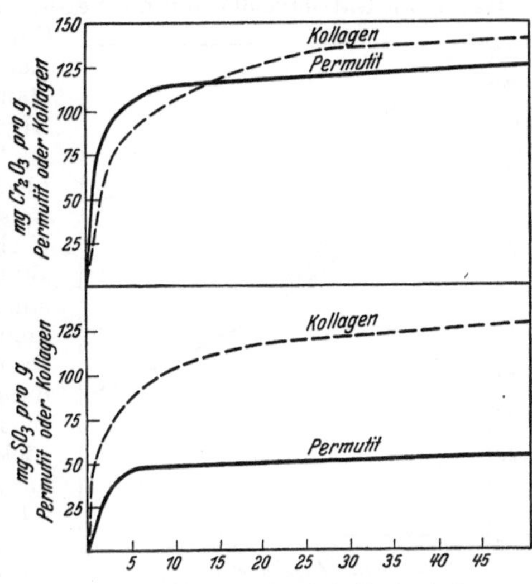

Abb. 290. Der Einfluß der Zeit auf die Chromaufnahme von Permutit und Kollagen aus Chrombrühen.

Abb. 290 veranschaulicht den Einfluß der Zeit auf die Chromaufnahme von Permutit aus einer 33%igen basischen Chromsulfatlösung mit 20 g Chromoxyd im Liter. Bei den einzelnen Versuchen wurden je 5 g Permutit in ein 100-ccm Gefäß abgewogen, mit 50 ccm der Chrombrühe übergossen und eine bestimmte Zeit damit geschüttelt. Der Permutit wurde dann absitzen lassen, die Brühe abdekantiert und der Rückstand dreimal mit Wasser ausgewaschen. Nach dem Trocknen wurde im Rückstand Chromoxyd und Sulfat bestimmt. In der Abbildung sind, um einen Vergleich zu ermöglichen, auch die entsprechenden Kurven für Hautpulver (aus Abb. 269) eingezeichnet. Abb. 291 zeigt den Einfluß der Konzentration der Chrombrühe für einen Zeitraum von 12 Stunden;

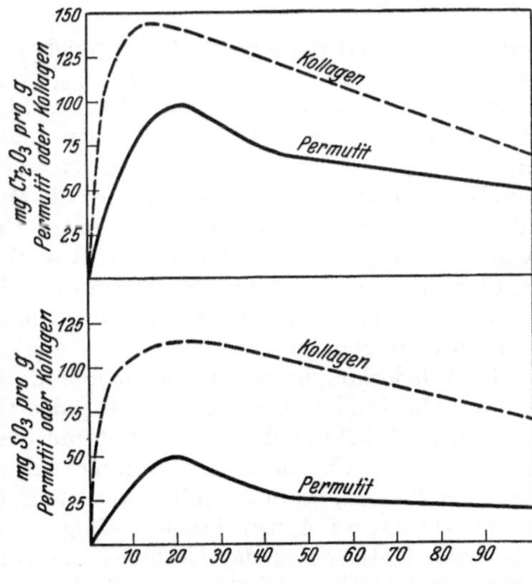

Abb. 291. Der Einfluß der Konzentration der Chrombrühe auf die Aufnahme von Chrom und Sulfat durch Permutit und Hautpulver.

auch hier ist zum Vergleich die entsprechende Hautpulverkurve (aus Abb. 273) mit aufgenommen. Abb. 292 gibt den Einfluß wachsender Konzentration an Natriumsulfat auf die Verbindung zwischen Permutit und Chrom wieder, die zum Vergleich mit eingezeichnete Hautpulverkurve stammt aus Abb. 278.

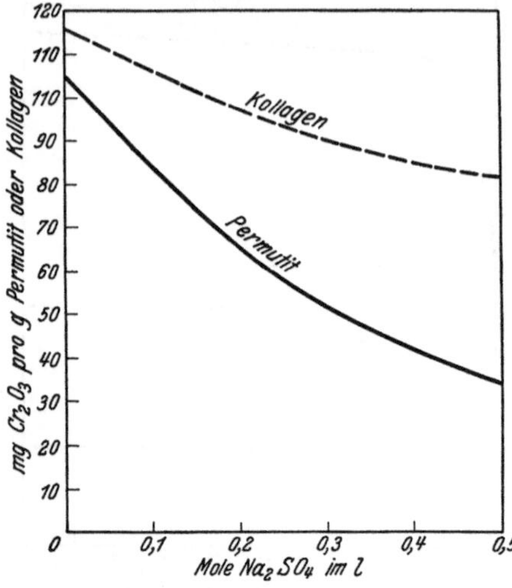

Abb. 292. Der Einfluß steigender Konzentration an Natriumsulfat auf die Chromaufnahme von Permutit und Kollagen aus Chrombrühen.

Die Ähnlichkeit der Kurven für Permutit und Hautpulver weist darauf hin, daß der Gerbeffekt hauptsächlich auf der Bildung eines Salzes zwischen einem kationischen Chromkomplex und dem anionischen Protein beruht, also in der Bildung eines Chromkollagenats.

Die Analyse des Permutitrückstandes auf Natrium ergab, daß jedes Atom Chrom 1,5 Atome Natrium ersetzt hatte, oder daß im Permutit zwei Chromatome durch drei Bindungen gebunden sind. Ein komplexer Chromkern mit 8 Chromatomen, 6 Hydroxogruppen, 3 Sulfatogruppen und 12 Aquogruppen würde diesen Bedingungen entsprechen. Der Kern $[Cr_8(H_2O)_{12}(OH)_6(SO_4)_3]$ würde 12 positive Ladungen oder ein und eine halbe Ladung für jedes Chromatom besitzen. Ein solcher Komplex könnte 12 Natriumatome im Permutit ersetzen und durch 12 negativ geladene Sauerstoffgruppen an den Permutit gebunden werden. Daraus erhellt weiter die Möglichkeit des Eintritts von 12 Sauerstoffgruppen in den Kern unter Ersatz von 12 Aquogruppen, während der ganze Komplex an den Rest des Permutitmoleküls gebunden bleibt. Auf die letztere Weise würde wahrscheinlich eine noch mehr beständige Verbindung entstehen, doch sind, so viel man weiß, beide Verbindungsarten möglich.

Bei Wiederholung seiner Versuche mit einer 0% basischen Chromsulfatbrühe fand Gustavson, daß jedes Chromatom in dem Chrom-Permutit-Rückstand drei Natriumatome ersetzt hatte, woraus hervorgeht, daß das Chrom in den Lösungen des normalen Salzes als dreiwertiges Kation, wahrscheinlich als $[Cr(H_2O)_6]^{+++}$ vorhanden ist.

Gustavsons Arbeit brachte einige sehr interessante Aufschlüsse über den Unterschied der Gerbwirkung von Chromsulfat und Chromchlorid. Viele Gerber hatten das Sulfat dem Chlorid vorgezogen, weil es unter den in der Gerberei im allgemeinen angewandten Bedingungen leichter gerbt. Gustavson fand, daß Permutit aus Chromsulfatlösungen in einer gegebenen Zeit um so mehr Chrom aufnimmt, je basischer das Chromsalz ist und daß jedes Chromatom entsprechend bei der Verbindung mit dem Permutit immer geringere Mengen von Natriumatomen ersetzt. Offenbar nehmen mit zunehmender Basizität durch den Eintritt von Hydroxyl- und anderen Anionen in den Chromkernkomplex und infolge von stärker komplexen Kernen, von denen jeder mehr als nur ein Chromatom enthält, die Primärvalenzen des Chroms ab. Beim Chromchlorid findet mit zunehmender Basizität nicht eine größere Chromaufnahme durch den Permutit statt, vielmehr nimmt die Chromaufnahme sogar ab, wenn die Basizität etwa 15% überschreitet. Ferner ersetzt bei der Verbindung zwischen Chrom und Permutit jedes Chromatom drei Natriumatome, auch bei Basizitäten über 36%. Diese Tatsache zeigt, daß die Chromkomplexe basischer Chromchloridlösungen im allgemeinen sehr viel einfacher gebaut sind als die basischer Chromsulfatlösungen. Bei der Verbindung mit Permutit verlieren offenbar die Komplexe alle koordinativ gebundenen Hydroxylionen, so daß bei der Verbindung alle drei Primärvalenzen in Tätigkeit treten können. Normales Chromsulfat und normales und basisches Chromchlorid scheinen einfache Kerne zu besitzen, von denen jeder nur ein Chromatom enthält, und diese Salze zeigen eine relativ mäßige Gerbwirkung. Basische Chromsulfate besitzen Kerne, von denen jeder mehr als nur ein Chromatom enthält und sind darum auch bessere Gerbmittel. Die beste Gerbwirkung zeigt ein relativ komplizierter Chromkomplex.

Werden die Gerbversuche an Stelle von Permutit mit Hautpulver ausgeführt, so bedingt bei Lösungen von Chromchlorid zunehmende Basizität eine erhöhte Chromaufnahme durch das Hautpulver. Dieses Ergebnis ist verschieden von dem mit Permutit erhaltenen, weil der ansteigende p_H-Wert der Lösung eine aktivierende Wirkung auf die Proteingruppen, die sich mit dem Chrom verbinden, ausübt. Gerade aus dieser Feststellung erhellt besonders deutlich der Wert der Permutitmethode für die Unterscheidung der Wirkung der einzelnen bei der Gerbung in Betracht kommenden Faktoren auf das Chromsalz oder das Protein.

Es braucht nun aus diesen geringeren gerbenden Eigenschaften des reinen Chromchlorids noch keineswegs geschlossen werden, daß Chromchlorid als Gerbmittel weniger wertvoll sei als Chromsulfat. Eine vor kurzem entdeckte Gerbmethode mit Chromchlorid eröffnet vielversprechende Möglichkeiten. Man beginnt die Gerbung mit sehr stark basischem Chromchlorid. Infolge der geringen Größe der Chromkerne dringt dieses sehr leicht in die Haut ein. Nach einiger Zeit läßt man zu der Gerbbrühe im Walkfaß Natriumsulfatlösung laufen. Dadurch wird die Bildung hochkomplexer Chromkerne von großem Gerbvermögen veranlaßt, und zwar aus dem Chrom, das bereits vollständig und gleichmäßig durch die ganze Haut verteilt ist. Es ist ganz klar, daß diese Methode gewisse Vorteile vor der Verwendung von Chromchlorid und Chromsulfat, die nur ein geringes Diffusionsvermögen aufweisen, besitzt.

Gustavsons Arbeit bestätigt also die Kollagenat-Theorie der Chromgerbung vollkommen, modifiziert sie aber zugleich nicht unwesentlich. An Stelle eines einfachen dreiwertigen Chromkations haben wir es mit einem sehr komplexen Chromkern von verschiedener Größe, verschiedener Zusammensetzung und unterschiedlicher elektrischer Ladung zu tun. Eine Chrombrühe, die nur einfache Chromkerne enthält, die sich vermittels der drei Primärvalenzen der einzelnen Chromatome mit dem Protein verbinden, würde ein Monochromleder ergeben, das heißt ein Leder, das auf 100 g Kollagen 3,38 g Chromoxyd enthält. Ein Chromkomplex mit zwei Chromatomen und insgesamt drei Ladungen würde ein Dichromleder mit 6,76 g Chromoxyd auf 100 g Kollagen ergeben. Durch den Prozeß der Verolung können Chromkomplexe entstehen, die die von Thomas und Kelly (52) beschriebenen Tetrachrom- und Oktachromleder liefern.

Die Art der Gerbung wird weitgehendst durch die Zusammensetzung des Chromkomplexes beeinflußt, die ihrerseits wieder von der Art und Konzentration aller in der Lösung vorhandener Ionen und Moleküle, von der Temperatur, von dem Verhältnis Blöße zu Brühe, von der Dauer der Gerbung, von der Stärke des Bewegens und von dem Einfluß aller dieser Variabeln auf das Protein abhängt. Um weiteren Einblick in die Theorie der Chromgerbung zu erhalten, sind ausgedehnte Untersuchungen über die Zusammensetzung der Chromkomplexe sowohl in den Lösungen wie auch im Leder selbst notwendig.

e) Sulfat im Chromkomplex im Chromleder.

Praktisch alles auf dem Markt befindliche Chromleder enthält Sulfat, das durch Hydrolyse als Schwefelsäure in Freiheit gesetzt werden kann. Bis vor kurzem noch waren die Meinungen darüber geteilt, wie diese Säure mit dem Leder verbunden ist. Da die Gerbung in saurer Lösung vor sich geht und da sich Kollagen leicht mit freier Säure verbindet, war es klar, daß ein Teil dieses Sulfats von der an Protein gebundenen Schwefelsäure herrührt. Um die Angabe von Orthmann (38) nachzuprüfen, „daß eine 66% basische Chrom-Säure-Kollagen-Verbindung durch Wasser keine weitere Hydrolyse erleidet“, untersuchten Wilson und Lines (57) die Hydrolyse des sauren Sulfats eines Chromkalbleders durch ununterbrochenes Auswaschen des Leders mit Wasser während 64 Tagen. Für den Versuch wurde das Leder unmittelbar nach dem Gerben, Neutralisieren und Auswaschen benützt; es hielt die Kochprobe aus und war ohne weitere Neutralisation zum Färben, Fettlickern und Zurichten fertig.

Das Ledermuster wurde in kleine Stückchen von etwa 2 mm Seitenlänge zerschnitten und auf zwei Wilson-Kern-Extraktionsapparate verteilt, und zwar auf jeden etwa die 40 g trockenem Leder entsprechende Menge. Das Leder in dem einen Extraktionsapparat wurde ununterbrochen mit destilliertem Wasser, das im andern Extraktionsapparat mit Leitungswasser extrahiert, und zwar mit etwa 600 ccm in der Stunde. Das benutzte Leitungswasser zeigte folgende Analysenwerte (Teile per Million): Alkalität als $CaCO_3$ 116; Gesamtrückstand 148; Asche 118; CaO 46; MgO 17; Fe_2O_3 und Al_2O_3 2; Gesamt-SO_3 12; Gesamt-Cl 8; SiO_2 8; p_H-Wert 8,1. Nach 1, 2, 4, 8, 16, 32 und 64 Tagen wurden Proben des Auswaschwassers entnommen und auf Hautsubstanz, Asche, Cr_2O_3, Gesamt-SO_3, neutrales SO_3 und gebundenes saures Sulfat nach den Vorschriften der A. L. C. A. untersucht. Die Resultate sind in den Tabellen 78 und 79 und in Abb. 293 wiedergegeben.

Tabelle 78. Der Einfluß des kontinuierlichen Auswaschens mit destilliertem Wasser auf die Zusammensetzung von Chromkalbleder.

Tage des Auswaschens	Prozentuale Zusammensetzung (bezogen auf trockenes Leder)					
	Hautsubstanz	Asche	Cr_2O_3	Sulfat (als SO_3)		
				Gesamtsulfat	neutrales Sulfat	gebund. saures Sulfat
0	79,6	10,34	7,54	5,63	0,33	5,30
1	81,0	10,29	7,52	5,19	0,36	4,83
2	80,5	10,10	7,74	4,68	0,16	4,52
4	82,9	10,49	7,70	3,21	0,00	3,21
8	83,9	10,58	7,50	1,12	0,00	1,12
16	84,9	11,20	7,71	0,44	0,00	0,44
32	84,7	10,60	7,77	0,11	0,00	0,11
64	85,3	10,57	7,75	0,04	0,00	0,04

Tabelle 79. Der Einfluß des kontinuierlichen Auswaschens mit Leitungswasser auf die Zusammensetzung von Chromkalbleder.

Tage des Auswaschens	Prozentuale Zusammensetzung (bezogen auf trockenes Leder)					
	Hautsubstanz	Asche	Cr_2O_3	Sulfat (als SO_3)		
				Gesamtsulfat	neutrales Sulfat	gebund. saures Sulfat
0	79,6	10,34	7,54	5,63	0,33	5,30
1	82,0	10,91	7,71	2,95	0,09	2,86
2	82,7	10,78	7,91	1,92	0,00	1,92
4	84,6	11,32	7,67	0,42	0,00	0,42
8	83,4	11,77	7,62	0,32	0,00	0,32
16	82,2	12,39	7,52	0,31	0,00	0,31
32	82,7	13,19	7,76	0,12	0,00	0,12
64	82,7	14,29	7,81	0 06	0,00	0,06

Die Werte zeigen eine beträchtliche Widerstandsfähigkeit der Chrom-Kollagenverbindung gegen Hydrolyse durch reines Wasser, zeigen aber auch zugleich, daß die Verbindungen mit Schwefelsäure vollständig hydrolysierbar sind. Das gesamte saure Sulfat des Chromleders kann durch genügend langes Auswaschen als freie Säure entfernt werden.

Die früher beschriebene Permutit-Arbeit Gustavsons zeigt, daß ein großer Teil des sauren Sulfats im Chromleder sich im Chromkomplex befindet, da es sich in dem Sulfato-Chromi-Permutit findet. Bei der Bestimmung der Menge des sauren Sulfats in Chromleder ist es demgemäß besonders wichtig, zwischen der im Chromkomplex vorhandenen Säure und der mit dem Protein gebundenen Säure zu unterscheiden. Gustavson (19) stellte fest, daß proteingebundene Säure sehr viel leichter hydrolysiert wird als die im Chromkomplex an das Chrom gebundene

Säure oder Sulfat. In einem Stück gepickelter Kalbsblöße ist die Säure entweder frei oder an das Protein gebunden vorhanden. Gustavson schnitt ein Stück solcher gepickelter Kalbsblöße in kleine Würfel, legte sie in destilliertes Wasser ein und fügte in Intervallen Alkali zu, bis die Lösung eben gegen Methylorange schwach alkalisch reagierte. Nach 48 Stunden war praktisch alle Säure aus der Haut entfernt. Der Versuch wurde mit chromgarem Leder wiederholt, das Leder enthielt aber nach 48 Stunden noch 6,19 g H_2SO_4 und 7,52 g Cr_2O_3 auf 100 g Kollagen. Da die Bedingungen derart waren, daß alle proteingebundene Säure entfernt werden mußte, muß angenommen werden, daß die nach 48 Stunden noch im Leder verbliebene Säure sich in dem Chromkomplex befand. Die Ergebnisse des Versuchs als Funktion der Zeit sind in Abb. 294 wiedergegeben. — Da diese Methode etwas langweilig und zeitraubend ist, schlug Gustavson (21) eine andere, geeignetere Methode vor, bei der das Leder 16 Stunden mit einer 4% igen Pyridinlösung von p_H 8 geschüttelt wird. Dabei wird alle proteingebundene Säure entfernt. Das Leder wird dann zur Entfernung der neutralen Sulfate eine Stunde in fließendem Wasser gewaschen und dann das noch im Leder verbliebene Gesamtsulfat ermittelt und als chromgebundene Säure berechnet. Diese Methode wurde im Laboratorium des Verfassers einer besonders sorgfältigen Kontrolle unterzogen und mußte dann abgelehnt werden, weil sie zu niedrige Resultate für die an Chrom gebundene Säure und entsprechend zu hohe Werte für die proteingebundene Säure liefert. Merrill, Niedercorn und Quarck (36) stellten bei Benutzung der Methode folgendes fest. Die Pyridinlösung entfernt aus gespickelter Kalbsblöße in wenigen Stunden die gesamte Säure. Bei einer einzigen Extraktion mit Pyridinlösung scheint sich die aus Chrom-

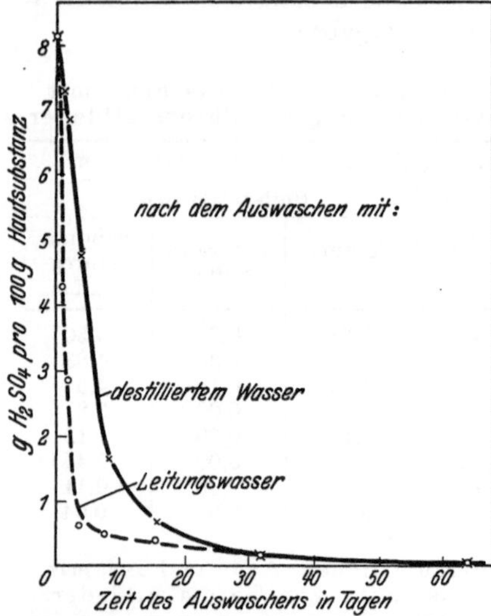

Abb. 293. Die Abnahme des gebundenen sauren Sulfats in Chromkalbleder mit der Dauer des Auswaschens mit destilliertem Wasser und mit Leitungswasser.

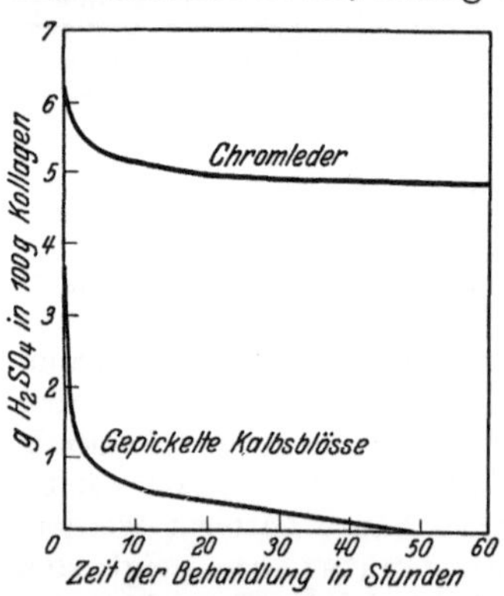

Abb. 294. Die Abnahme des Gehalts an Schwefelsäure in gepickelter Kalbsblöße und in Chromleder bei almählicher Neutralisation der freigemachten Säure.

leder extrahierte Menge an Gesamtsulfat zuerst mit der Zeit einem Grenzwert zu nähern, der bei Verwendung höherer Pyridinkonzentrationen nur wenig erhöht wird, setzt man aber die Extraktion wochenlang fort, so muß man feststellen, daß sich ein Endwert nicht erreichen läßt.

Chromleder mit einem Gesamtgehalt von 6,7 g H_2SO_4 auf 100 g Trockenleder wurde mit einer 4% igen und einer 8% igen Pyridinlösung verschieden lange Zeit extrahiert. Am Ende des ersten Tages hatte die schwächere Pyridinlösung 40% des Gesamtsulfats und die stärkere 48% des Gesamtsulfats aus dem Leder entfernt. Nach 32 Tagen hatten beide Pyridinlösungen etwa 62% des Gesamtsulfats aus dem Leder entfernt. Wurde das Leder nacheinander mit verschiedenen Pyridinlösungen extrahiert, so war in 15 Tagen das gesamte Sulfat entfernt. Die Menge des extrahierten Sulfats nahm ab, wenn der Pyridinlösung Natriumsulfat zugefügt wurde. Mit abnehmendem p_H-Wert der Pyridinlösung von 8,0 auf 4,5 wurde mehr Sulfat extrahiert. Aus diesen Tatsachen schlossen Merrill, Niedercorn und Qarck, daß Pyridinmoleküle in den Chromkomplex eintreten und dort Sulfatogruppen ersetzen, die dann irrtümlich bei der Methode als proteingebundene Säure bestimmt werden.

Merrill, Niedercorn und Quarck studierten dann weiterhin die zuerst von Gustavson vorgeschlagene Methode, nach der eine Probe des zu untersuchenden Leders in Wasser gegeben und Natronlauge bis zu einem bestimmten p_H-Wert zugefügt wird, wobei die durch Hydrolyse freiwerdende Säure neutralisiert wird. Sie mußten indessen feststellen, daß kein scharfes Gleichgewicht erreicht wird, auch nicht bei einem p_H-Wert unter 4,5, bis das gesamte Sulfat aus dem Leder entfernt ist. Die Hydrolyse geht um so schneller vor sich, je höher der p_H-Wert der Lösung ist. Wurde von einem Leder mit 5,72 g H_2SO_4 auf 100 g trockenes Leder ausgegangen und der p_H-Wert durch Kontrolle mit Brom-Phenol-Blau als Indikator auf 4,5 gehalten, so verblieben nach ihren Befunden nach einem Tag 4,98 g Säure in dem Leder, nach vier Tagen 4,69 g und nach acht Tagen 4,21 g. Wurde der p_H-Wert bei 8,0 gehalten, so betrugen die Werte für die im Leder verbliebene Säure nach einem Tag 4,00 g, nach vier Tagen 3,31 g und nach acht Tagen 2,36 g; dabei wurde Phenolrot als Indikator verwandt. Bei p_H-Wert 5,5 mit Methylrot als Indikator wurden Werte erhalten, die zwischen den beiden angegeben lagen.

Diese regelmäßige Entfernung von Sulfat, auch bei p_H 4,5 stimmt vollständig überein mit den Befunden von Wilson und Lines und beweist, daß der für chromgebundene Säure gefundene Wert bei jedem p_H-Wert falsch sein muß. Der durch die Hydrolyse von chromgebundener Säure im Leder bedingte Fehler nimmt mit abnehmendem p_H-Wert ab, es ist aber unmöglich, den p_H-Wert unter eine bestimmte Grenze herabzudrücken, ohne dadurch neue Fehlerquellen durch unvollständige Entfernung der proteingebundenen Säure hineinzubringen. Merrill, Niedercorn und Quarck fanden, daß aus gepickelter Kalbsblöße praktisch das gesamte saure Sulfat durch Neutralisation bei p_H 5,5 in einem Tage entfernt wird. Sie entwickelten deshalb folgende Methode zur Bestimmung der chromgebundenen Säure, die die zuverlässigsten

Resultate liefert. 2 g des zu untersuchenden Leders werden mit 100 ccm Wasser übergossen und in häufigen Zwischenräumen Natronlauge zugefügt, um den p_H-Wert auf 5,5 zu halten, was mit Methylrot als Indikator kontrolliert wird. Nach 24 Stunden wird das Leder zur Entfernung der neutralen Sulfate im Wilson-Kern-Extraktionsapparat ausgewaschen und dann das im Leder verbliebene Gesamtsulfat bestimmt und als chromgebundene Säure berechnet. Dieser Wert ist immer zu niedrig, trifft aber den wirklichen Wert näher als jede andere bisher bekannte Methode.

Die eben beschriebene Methode ergab für das untersuchte Leder einen Wert an chromgebundenen Sulfat von 4,67 g H_2SO_4 per 100 g trockenem Leder gegenüber einem Wert von 2,84 g nach der Pyridinmethode. Bei Berechnung des Verhältnisses chromgebundenes Sulfat zu Chrom im Leder lieferte die Methode von Merrill, Niedercorn und Quarck den Wert 0,31 gegen 0,19 nach der Pyridinmethode.

In einer späteren Arbeit zeigten Merrill und Niedercorn, daß der Gehalt des Chromleders an proteingebundener Säure eine Funktion der Basizität des Chromkomplexes ist. Wird das Leder mit einer zur Neutralisation der proteingebundenen Säure ausreichenden Menge Alkali behandelt, gewaschen, getrocknet und zur Einstellung des Gleichgewichts liegen gelassen, so wird durch Dissoziation des Sulfato-Chromi-Komplexes weitere proteingebundene Säure gebildet. Der Prozentgehalt an proteingebundener Säure in dem untersuchten Leder war nach ihren Befunden eine lineare Funktion des Verhältnisses von Äquivalenten chromgebundener Säure zu Chrom, wenn der Wert dieses Verhältnisses zwischen 0,17 und 0,33 lag. Enthielt der Komplex weniger als ein Äquivalent SO_4 auf sechs Äquivalente Chrom, so wurde keine proteingebundene Säure gebildet. Enthielt der Komplex mehr als ein Äquivalent SO_4 auf drei Äquivalente Chrom, so wurde alle dem Leder einverleibte Säure an Protein gebunden. Chromleder muß als ein labiles System angesehen werden; innerhalb gewisser Grenzen sind die prozentualen Gehalte an chromgebundener und proteingebundener Säure voneinander abhängig.

Zwischen der Verteilung der Schwefelsäure zwischen Chrom und Protein und den Eigenschaften des zugerichteten Leders bestehen, wie ein umfangreiches Material zeigt, sehr wichtige Beziehungen. Die genauere Untersuchung dieser Beziehungen werden zweifellos in der nächsten Zukunft wesentlich gefördert werden können.

f) Verolung und Altern.

In ihren zahlreichen Arbeiten über die Chromgerbung legen Stiasny und Mitarbeiter (44—50) der Zusammensetzung des Chromkomplexes als Hauptfaktor bei der Chromgerbung sehr große Bedeutung bei. Der von ihnen eingeführte Begriff „Verolung" ist im 17. Kapitel erörtert worden. Man versteht unter Verolung die Vereinigung von zwei oder mehr Chromkomplexen, die Hydroxogruppen enthalten, unter Bildung eines vergrößerten Komplexes, in dem die Hydroxogruppen durch Säure sehr viel weniger leicht neutralisiert werden können als in den einfacheren Komplexen. Als Beispiel einer solchen Verolung kann die Vereinigung zweier Komplexe von der Zusammensetzung $[Cr(H_2O)_5OH]^{++}$ unter Bildung der Olverbindung $\left[(H_2O)_4Cr\begin{matrix}\diagup OH \diagdown \\ \diagdown HO \diagup\end{matrix}Cr(H_2O)_4\right]^{++++}$ und zwei Molekülen Wasser gelten. Die zwei Hydroxylionen sind jetzt an zwei Chromatome, und zwar sehr viel fester als zuvor gebunden. Der so vergrößerte Chromkomplex mit zwei zentralen Chromatomen und vier positiven Ladungen ist ein sehr viel besseres Gerbmittel als die einfachen Komplexe. Nach Stiasny nimmt in dem gleichen Maße, wie der Chromkomplex durch Verolung größer wird, die gerbende Wirkung zu, bis eine gewisse Kolloidnatur des Komplexes erreicht ist; wird diese überschritten, so nimmt die Gerbwirkung wieder ab.

Die Verolung tritt sehr viel stärker bei Chromsulfat als bei Chromchlorid in die Erscheinung. Es scheint dem Verfasser, daß diese Tatsache damit zusammenhängt, daß das violette Chromchlorid in wässeriger Lösung stärker hydrolysiert ist als die grünen Chromchloride, während das violette Chromsulfat nur weniger hydrolysiert ist als die grünen Chromsulfate. Treten Sulfationen in den Komplexkern ein, so dringen Hydroxylionen sehr viel leichter in den Komplex. Treten dagegen Chloridionen in den Komplexkern, so dringen Hydroxylionen nur sehr viel weniger leicht ein. Mit anderen Worten, Hydroxylionen vertragen sich im Komplexkern sehr viel besser mit Sulfationen als mit Chloridionen. Jedes Bestreben, den Eintritt von Hydroxylionen in den Komplexkern zu vermehren, wird wahrscheinlich auch die Verolung begünstigen.

Gustavsons Arbeit mit Permutit ließ bei seinen Versuchsbedingungen praktisch keine Verolung des Chromchlorids erkennen. Trotzdem tritt, wie im 17. Kapitel beschrieben wurde, unter geeigneten Bedingungen beim Chromchlorid sehr leicht Verolung ein. Tatsächlich ist der Verolungsprozeß beim Chromchlorid besser bekannt als beim Chromsulfat, weil die Chloride sehr viel leichter isoliert werden können als die Sulfate. Es ist so schwierig die komplexen verolten Chromsulfate zu isolieren, daß es tatsächlich bis heute noch nicht gelungen ist.

Der Einfluß einer Zugabe von Natriumsulfat zu Chromchloridbrühen zur Erhöhung der gerbenden Wirkung des Chroms kann folgendermaßen erklärt werden. Die zugefügten Sulfationen dringen in den Komplexkern ein, befördern dadurch den Eintritt von Hydroxylionen und damit den Prozeß der Verolung, der wiederum zur Bildung von Komplexen mit stärker gerbenden Eigenschaften führt. Es wäre ebenso möglich, daß der Eintritt von Sulfationen in den Komplex die Bildung größerer Komplexe ohne Verolung verursacht. Das eintretende Sulfat kann indessen unter gewissen Bedingungen die Gerbwirkung des Chromsalzes herabsetzen. Für jedes in den Komplex eintretende Sulfation verliert ein Chromatom zwei positive Ladungen oder zwei seiner Primärvalenzen. Würde dies nun nicht mit der Bildung stärker komplexer Kerne zusammengehen, so müßte die Fähigkeit des Chromkomplexes, sich mit dem Protein zu verbinden, in dem Maße abnehmen, wie die

Primärvalenzen des Chroms gleich Null werden. Bei weiterem Eintritt von Sulfationen in den Komplexkern würde der Komplex negativ geladen werden und man hätte eine andere Art von Verbindung zwischen Chrom und Protein zu erwarten. Die Zugabe von Sulfat kann also offenbar je nach den Bedingungen die Gerbwirkung erhöhen oder herabsetzen, eine Tatsache, die durch das Experiment vollauf bestätigt wird.

Wird Chromleder längere Zeit liegen gelassen, so bekommt es eine vergrößerte Widerstandsfähigkeit gegen Hydrolyse durch verdünnte Säure- oder Alkalilösungen. Stiasny (46) führt diese Tatsache auf einen Verolungsprozeß zurück, der in den Chrom-Kollagen-Verbindungen vor sich geht. Er formuliert diesen Vorgang so, daß die Ol-Gruppen Wasser abgeben und dadurch in Sauerstoffbrücken verwandelt werden, die die Zentralchromatome zusammenhalten. Solche Oxo-Gruppen sind sehr viel widerstandsfähiger gegen Neutralisation als Ol-Gruppen, Ol-Gruppen wiederum widerstandsfähiger als Hydroxo-Gruppen.

Der Verfasser hält es ebenso für möglich, daß der Alterungseffekt auf den Ersatz koordinativ gebundener Gruppen rings um die Zentralchromatome durch Proteingruppen, die noch einen Teil des Proteinmoleküls bilden, zurückzuführen ist. Wie bereits oben ausgeführt wurde, könnten auf diese Weise im besten Falle neun Bindungen zwischen dem Protein und jedem Chromatom zustande kommen.

Der Leser muß sich darüber klar sein, daß die hier besprochenen Theorien über Verolung und Altern noch höchst spekulativer Natur sind. Bei dem gegenwärtigen Stand unserer Kenntnis der Theorie der Chromgerbung, sind die Theorien für den weiteren Fortschritt wertvoll, aber unsere Kenntnisse sind doch noch zu gering, um mit einer gewissen Sicherheit Theorien aufstellen zu können.

g) Das Gerben mit Chromiaten.

Stiasny, Lochmann und Mezey (49) untersuchten die gerbende Wirkung vier verschiedener Typen von Chromsalzen, solcher, die nur anionische Komplexe enthalten, von ungeladenen Chromkomplexen, von kationischen Chromkomplexen mit andern koordinativen Gruppen als Aquogruppen und von kationischen Komplexen, die koordinativ gebundene Wassermoleküle enthielten und in wässeriger Lösung nicht hydrolysiert waren. Unter den von ihnen gewählten Versuchsbedingungen erwies sich keine der vier Typen als ein gutes Gerbmittel. In einer weiteren Arbeit stellten Stiasny und Lochmann (48) fest, daß anionische Chromkomplexe gerbende Eigenschaften besitzen, wenn die Zusammensetzung des Komplexes genügend unstabil ist. Die Forscher legten der Stabilität des Komplexkerns eine sehr viel größere Bedeutung bei als dem Vorzeichen seiner Ladung. Stiasny und Szegö (50) behandelten 33% basische Chromsulfatlösungen mit steigenden Mengen von Natriumsulfit, dadurch nahm der p_H-Wert der Lösungen von 2,7 auf 8,1 zu. Mit diesen Lösungen wurden Proben von Hautpulver gegerbt und das Hautpulver dann auf Cr_2O_3 und Sulfit und die Gerblösung auf den p_H-Wert und die Wanderungsrichtung im elektrischen Feld untersucht. Ebenso wurde die Widerstandsfähigkeit des gegerbten Hautpulvers gegen kochendes Wasser bestimmt. Die Ergebnisse der Versuche sind in Tabelle 80 wiedergegeben.

Ähnliche Resultate wurden erhalten, wenn anstelle von Natriumsulfit Natriumoxalat benutzt wurde.

Tabelle 80. Der Einfluß eines Zusatzes von Natriumsulfit auf die Gerbwirkung einer 33% basischen Chromsulfatlösung. Konzentration 2,5 g Cr im Liter.

(Der Wert für die Wasserwiderstandsfähigkeit gibt an, wieviel % des gegerbten Hautpulvers mit Wasser von 100° in 10 Stunden nicht in Lösung gingen.)

Mole Na_2SO_3 auf Mole Cr	ccm n/10 NaOH zum Erhalt einer Fällung in 25 ccm	Wanderung nach	% Cr im gegerbten Hautpulver nach			End-p_H-Wert	Mole SO_3 auf Mole Cr im gegerbten Hautpulver	Wasserwiderstandsfähigkeit
			1 Stunde	4 Stunden	24 Stunden			
0,00	2,6	Kathode	0,98	1,45	2,32	2,7	—	86,6
0,25	2,0	Kathode	0,73	1,23	2,70	3,4	0,23	76,8
0,50	1,15	Kathode	0,94	1,90	2,92	3,7	0,41	81,6
1,00	2,30	Kath. u. An.	1,85	2,96	3,60	4,4	0,71	89,1
1,50	∞	Anode	3,00	3,74	4,56	5,6	0,70	68,4
3,00	∞	Anode	1,35	1,98	3,24	7,1	0,83	65,8
10,00	∞	Anode	0,09	0,11	0,16	8,1	—	24,7

Procter und Wilson (41) stellten fest, daß konzentrierte Lösungen solcher Salze, die Chromsalze in Chromiate zu verwandeln vermögen, wirksame Entgerbungsmittel sind und hier finden wir, daß mäßig konzentrierte Lösungen der gleichen Salze durch die Bildung von Chromiaten die gerbende Wirkung von Chromsalzen erhöhen können.

Gustavson (20) dehnte seine Arbeit auf die Untersuchung des Einflusses des p_H-Werts auf die Bindung von Chrom durch Hautpulver aus Oxalato-Chromiat, das durch Reduktion von Natriumbichromat mit Oxalsäure erhalten worden war, aus. Er löste 200 g $Na_2Cr_2O_7 \cdot 2\,H_2O$ in 150 ccm kochendem Wasser und fügte langsam eine heiße Lösung von 590 g $H_2C_2O_4 \cdot 2\,H_2O$ zu. Die Reduktion war in 30 Minuten beendet und die Lösung wurde anschließend zur Vertreibung des Kohlendioxyds 30 Minuten lang gekocht. Eine Lösung mit 10 g Chromoxyd im Liter ergab einen p_H-Wert von 1,7, und kataphoretische Messungen zeigten, daß das gesamte Chrom zur Anode wanderte. Das gebildete Salz war nach seinen Untersuchungen Natrium-dioxalato-diaquo-chromiat $Na[Cr(H_2O)_2(C_2O_4)_2]$, das cis- und trans-Isomerie aufweist. Für die Untersuchungen wurde die cis-Form benutzt. Von dieser wurden Lösungen verschiedener Konzentration unter Zusatz steigender Mengen von Natronlauge hergestellt. Dadurch bildeten sich zuerst Hydroxo-Verbindungen und diese gingen langsam in Ol-Verbindungen über wie etwa

$$Na_4\left[(C_2O_4)_2Cr\begin{matrix}\diagup OH \diagdown \\ \diagdown HO \diagup\end{matrix}Cr(C_2O_4)_2\right].$$

Um diese Umwandlung vollständig vor sich gehen zu lassen, wurden die Lösungen länger als sechs Monate altern lassen.

Mit je 100 ccm dieser Lösungen wurden nun Proben von je 2 g Hautpulver 48 Stunden geschüttelt, abfiltriert, gewaschen, getrocknet und auf Kollagen und Chrom analysiert. Die p_H-Werte der Filtrate wurden elektrometrisch bestimmt. Die Resultate sind in Abb. 295 wiedergegeben. Bei p_H-Werten über 8,1 wurden die Chromiate zersetzt.

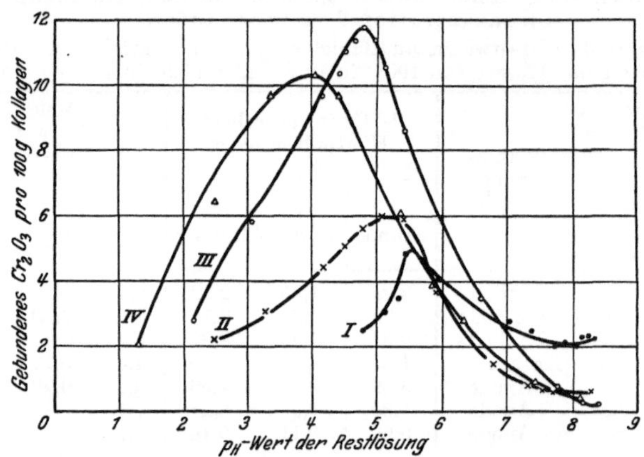

Abb. 295. Die Aufnahme von Chrom durch Hautpulver aus Lösungen von Natrium-oxalato-chromiat als Funktion des p_H-Werts. Konzentration der Lösungen in g Cr_2O_3 pro Liter: I: 5,0; II: 10,0; III: 24,0; IV: 55,0. 2 g Kollagen 48 Stunden mit 100 ccm der Lösung behandelt.

Bei jeder Versuchsreihe tritt eine maximale Chromaufnahme bei einem p_H-Wert ein, der bestimmt wird durch die Konzentration des Chromsalzes und der von 5,70 auf 4,01 abnimmt, wenn die Konzentration von 5 auf 55 g Chromoxyd im Liter ansteigt. Die Widerstandsfähigkeit des beim p_H-Optimum gebildeten Leders gegen Hydrolyse war praktisch die gleiche wie die der entsprechenden mit kationischem Chrom gegerbten Kollagenverbindungen. Gustavson gab der Vermutung Ausdruck, daß die wahrscheinlichste Erklärung für all diese Tatsachen die ist, daß eine Verbindung zwischen den Zentral-Chromatomen und den basischen Gruppen des Proteins mit Hilfe von Sekundärvalenzen eintritt. Er stellte weiterhin fest, daß die Sekundärvalenzkräfte des Proteins bei seinem isoelektrischen Punkt ein Maximum besitzen.

Cobb und Hunt (6) untersuchten die Gerbwirkung von Formiato- und Acetato-Chromiaten und fanden, daß die stärkste Gerbwirkung bei p_H-Werten zwischen 5,0 und 6,5 eintrat.

Kommt man nochmals auf die Arbeit von Stiasny und Szegö (50) zurück, so möchte es scheinen, daß die Hemmung der Gerbwirkung durch höhere Konzentrationen von Natriumsulfit und Natriumoxalat auf den ansteigenden p_H-Wert zurückzuführen sei. Die Forscher legten aber dar, daß diese Wirkung nicht auf den p_H-Wert allein zurückzuführen ist. Bei 1,5 Mol Natriumoxalat auf 1 Mol Chrom betrug der p_H-Wert 5,60 und der Prozentgehalt an Chromoxyd in dem gegerbten Hautpulver 1,76.

Bei 3,0 Molen Natriumoxalat auf 1 Mol Chrom stieg der p_H-Wert auf 8,09 und die Menge des aufgenommenen Chroms fiel auf 0,3. Wurde jedoch eine Lösung mit 3,0 Molen Oxalat auf einen p_H-Wert von 4,02 angesäuert, so betrug die während der Gerbung aufgenommene Chromoxydmenge auch nur 0,80%. Offenbar besitzt das Chromsalz, wenn alle koordinativen Stellungen in Chromkomplex durch Oxalatogruppen besetzt sind, nur eine geringe oder überhaupt keine gerbende Wirkung. Das legt wiederum die Vermutung nahe, daß die entgerbende Wirkung von starken Lösungen von Oxalaten, Tartraten usw. wenigstens teilweise auf die Verdrängung koordinativ gebundener Proteingruppen aus dem Chromkomplex zurückzuführen ist.

h) Der Einfluß der Desaminierung des Kollagens.

Thomas und Kelly (53) konnten einiges Licht in die Frage bringen, welche Proteingruppen mit dem Chrom reagieren, und zwar durch Untersuchung des Einflusses einer Desaminierung des Kollagens auf die Fähigkeit, sich mit Chrom zu verbinden. Sie bereiteten sich desaminiertes Hautpulver nach der Methode von Thomas und Foster (51). Ihr ursprüngliches Hautpulver enthielt 17,91% Stickstoff, das desaminierte Hautpulver 17,64%.

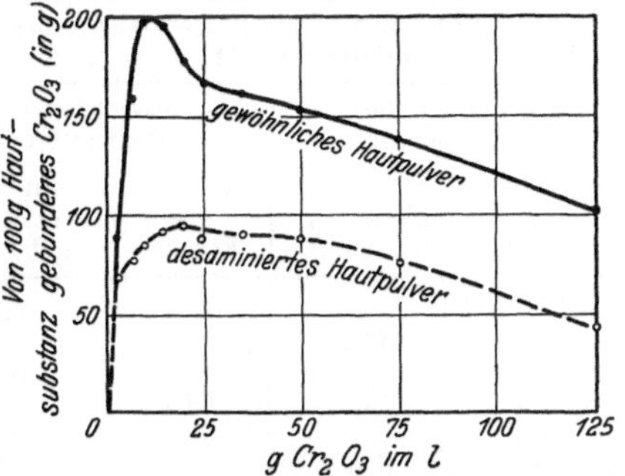

Abb. 296. Der Gerbungsgrad von gewöhnlichem und desaminiertem Hautpulver als Funktion der Konzentration der Chrombrühe. Gerbdauer: 48 Stunden.

Sie stellten sich zunächst eine 52% basische Chromsulfatlösung durch Zufügen der berechneten Menge Natronlauge zu einer Lösung des normalen Salzes her. Je 5 g-Portionen des Hautpulvers wurden nun mit je 200 ccm der Chrombrühe 48 Stunden gegerbt, abfiltriert, ausgewaschen, getrocknet und auf Kollagen und Chromoxyd untersucht. Der Einfluß der Konzentration der Chrombrühe sowohl für normales wie desaminiertes Hautpulver ist in Abb. 296 und Tabelle 81 wiedergegeben.

Die Entfernung der Stickstoffgruppen aus dem Kollagenmolekül vermindert die Menge des aus einer basischen Chromsulfatlösung aufgenommenen Chromoxyds beträchtlich.

Gustavson (20) dehnte diese Arbeit weiter aus und untersuchte den Einfluß der Desaminierung des Kollagens auf seine Fähigkeit, sich mit den oben beschriebenen Oxalato-chromiaten zu verbinden. Er benutzte für seine Versuche eine Konzentration entsprechend 12 g Chromoxyd im Liter und eine Gerbdauer von 48 Stunden. Die p_H-Werte lagen zwischen 4 und 6. Die Ergebnisse sind aus Tabelle 82 zu ersehen.

Die Versuchsergebnisse von Thomas und Kelly und von Gustavson zeigen, daß die Aminogruppen des Kollagens sowohl bei der Gerbung mit kationischem wie anionischem Chrom eine wichtige Rolle spielen.

Tabelle 81. Chromaufnahme durch desaminiertes Hautpulver.

Gramme Cr_2O_3 im Liter Gerbbrühe	p_H-Wert der ursprünglichen Lösung	Von 1 g Hautsubstanz gebundenes Cr_2O_3 und p_H-Wert der Rest-Gerblösungen			
		gewöhnliches Hautpulver		desaminiertes Hautpulver	
		geb. Cr_2O_3 in mg	p_H-Wert des Filtrats	geb. Cr_2O_3 in mg	p_H-Wert des Filtrats
3,00	3,32	90	3,70	70	3,58
7,08	3,27	160	3,38	79	3,43
10,9	3,23	198	3,36	85	3,37
15,0	3,17	195	3,33	92	3,33
19,9	3,18	179	3,29	94	3,28
24,9	3,17	167	3,26	89	3,24
34,6	3,13	163	3,20	90	3,20
49,9	3,05	153	3,13	89	3,12
75,3	2,98	138	3,00	77	3,02
125,3	2,82	102	2,87	43	2,88

Diese Tatsache steht in Übereinstimmung mit der Ansicht von Freudenberg (7) über den Mechanismus der Chromgerbung, daß nämlich eine der eintretenden Reaktionen der Eintritt von Stickstoffgruppen in den Chromkomplex sei. Sie stimmt ebenso überein mit der Ansicht von Stiasny (48), daß nicht das Vorzeichen der elektrischen Ladung des Chromkomplexes der maßgebende Faktor bei der Verbindung darstellt, als vielmehr die Fähigkeit des Chromkomplexes, Proteingruppen koordinativ zu binden.

Tabelle 82. Chromaufnahme aus Oxalatochromiatbrühen durch gewöhnliches und desaminiertes Hautpulver.

Gewöhnliches Hautpulver		Desaminiertes Hautpulver	
p_H-Wert des Filtrats	an 100 g Kollagen geb. Cr_2O_3	p_H-Wert des Filtrats	an 100 g Kollagen geb. Cr_2O_3
4,50	4,96	4,31	3,93
4,68	5,94	4,58	4,50
4,97	6,73	4,75	5,17
5,16	7,09	5,01	5,48
5,45	6,78	5,28	5,02
5,70	5,45	5,52	4,55

i) Isoelektrische Zonen des Chromleders.

Die Gefahr, aus zu wenigen Unterlagen Schlüsse auf diesem anscheinend unendlich komplizierten Gebiete zu ziehen, ist besonders groß. Gustavson (23) hat die Ansicht ausgesprochen, daß die Veränderung der basischen Proteingruppen einen gewissen Einfluß auf die Aktivität der sauren Proteingruppen und umgekehrt ausübe. Es kann nun nicht mit Sicherheit bedingungslos gesagt werden, daß aus der Tatsache, daß eine Änderung im Charakter der basischen Proteingruppen eine Änderung der Neigung zur Chromgerbung bedinge, gefolgert werden kann, daß die Verbindung an den basischen Proteingruppen vor sich gehe.

Unter Benutzung der Technik mit Farbstoffen zeigte Gustavson (27), daß die vegetabilische Gerbung eine Änderung des isoelektrischen Punkts des Kollagens von p_H 5 auf p_H 4 bewirkt und zeigte dadurch, daß sich der Gerbstoff mit den basischen Proteingruppen verbunden hatte. Die Arbeit wurde im 16. Kapitel behandelt. Er ging nun von der Überlegung aus, daß die gleiche Methode auch einiges Licht in die Chromgerbung bringen müsse. Bei chromgegerbtem Hautpulver konnten sowohl saure wie basische Farbstoffe zur Anwendung gelangen. Er stellte sich nun zwei verschiedene Arten von Chromleder her, eine, bei der das Hautpulver mit einer basischen Chromsulfatbrühe, die nur kationische Chromkomplexe enthielt, gegerbt worden war, und eine zweite, bei der das Hautpulver mit einer Oxalatochromiatbrühe gegerbt worden war, die nur anionische Chromkomplexe enthielt. Er konnte feststellen, daß die Gerbung mit kationischem Chrom bewirkte, daß der isoelektrische Punkt von p_H 5 auf p_H 6 bis 7 anstieg, während Gerbung mit anionischem Chrom einen Abfall des isoelektrischen Punktes auf 3,8 bis 4,8 zur Folge hatte. Das ist ein sehr schlüssiger Anhaltspunkt dafür, daß kationisches Chrom sich vorzüglich mit sauren Gruppen des Proteins verbindet und anionisches Chrom in der Hauptsache mit den basischen Gruppen des Proteins.

In diesem Zusammenhang ist eine neuere Arbeit von Stiasny und Hirsch (46) von großem Interesse. Sie sagten voraus, daß man ein feineres Chromleder erhalten müsse, wenn Kalbsblöße zuerst mit Chromiaten und dann mit Chromsalzlösungen, die nur kationische Komplexe enthalten, ausgegerbt würde. Ihre Voraussage wurde durch Gerbversuche mit Kalbshäuten und Roßhäuten bestätigt. Vorgerbung mit Chromiaten liefert ein Leder mit feinerem Narben, größerer Fülle und dichteren Flanken.

k) Der Einfluß einer Vorbehandlung des Kollagens mit Neutralsalzen.

Im 16. Kapitel wurden die Untersuchungen Gustavsons über den Einfluß einer Vorbehandlung des Kollagens auf seine Fähigkeit, sich mit vegetabilischen Gerbstoffen zu verbinden, beschrieben. Er fand, daß eine Vorbehandlung mit Sulfaten die nachfolgende Gerbung verminderte, eine Vorbehandlung mit Chloriden sie dagegen erhöhte. Gustavson (18) dehnte diese Untersuchungen auch auf den Einfluß einer Vorbehandlung des Kollagens auf die Chromgerbung aus. Die Vorbehandlung des Kollagens mit Salz war die gleiche wie im 16. Kapitel beschrieben. In jedem Falle wurde das mit Salz vorbehandelte Hautpulver vor dem Gerben von überschüssigem Salz ausgewaschen. Wurden zur Gerbung Chrombrühen benutzt, die nur kationische Chromkomplexe enthielten, so war die Vorbehandlung mit Salz ohne jeden Einfluß. Da Gustavson die Wirkung des Salzes als eine Wirkung auf die Sekundärvalenzen des Kollagens auslegte, schloß er, daß für die Bindung kationischen Chroms hauptsächlich Primärvalenzen verantwortlich zu machen seien.

Wurden aber die salzvorbehandelten Hautpulver mit anionischen Chromiaten ausgegerbt, so hatte die Vorbehandlung mit Salz eine große Wirkung. Tabelle 83 zeigt den Einfluß einer Vorbehandlung, wenn mit

Tabelle 83. Der Einfluß einer Vorbehandlung von Hautpulver mit Lösungen verschiedener Neutralsalze auf die nachfolgende Gerbung mit Natrium-sulfito-chromiat.

(Konzentration: 11,3 g Cr_2O_3 im Liter; p_H-Wert 4,8. Die Chrombrühe zeigte nur anionische Wanderung. 2 g trockenes Hautpulver 48 Stunden in 200 ccm Lösung gegerbt.)

Hautpulver, vorbehandelt mit	an 100 g Kollagen gebundenes Cr_2O_3 in g	Hautpulver, vorbehandelt mit	an 100 g Kollagen gebundenes Cr_2O_3 in g
m Na_2SO_4 . . .	16,84	*m* KCNS	31,28
0,5 *m* K_2SO_4	18,96	0,5 *m* $K_4(CN)_6Fe$ . .	22,45
H_2O	20,83	*m* KNO_3	22,68
m NaCl	21,32	*m* $SrCl_2$	26,30
m KCl	21,48	*m* $BaCl_2$	28,44
m KBr	23,70	*m* $CaCl_2$	30,62
m KJ	25,96		

einer Lösung von Natrium-Sulfito-Chromiat gegerbt wurde, die durch Zufügen von 3 Molen Na_2SO_3 auf 1 Mol Cr_2O_3 zu einer 37% basischen Chromsulfatlösung hergestellt worden war.

Gustavson zieht daraus den Schluß, daß die Sekundär-Valenzkräfte des Proteins bei der Verbindung zwischen Kollagen und Chromiaten eine große Rolle spielen und daß Chromiate und vegetabilische Gerbstoffe ähnlich mit Kollagen reagieren. Diese Ansicht wird auch durch die Tatsache, daß sowohl Chromiate wie Gerbstoffe den isoelektrischen Punkt des Kollagens erniedrigen, bekräftigt.

Die Wirkung von Neutralsalzen auf Kollagen ist in Kapitel 7 erörtert worden. Nach Abschluß des Manuskriptes des 1. Bandes wurde auf diesem Gebiet eine weitere wichtige Feststellung von Page und Page (39) gemacht. Sie bestimmten die Schwellung von Rindshaut bei bestimmten p_H-Werten als Funktion der Konzentration von Natriumchlorid, Natriumsulfat und Calciumchlorid, und zwar benutzten sie die Wilson-Gallun-Methode bei den p_H-Werten 2, 5, 8 und 11. Bei p_H 2 verminderten die Salze in Übereinstimmung mit den Prinzipien des Donnanschen Membrangleichgewichts die schwellende Wirkung bis zu einer Konzentration von ca. 0,75 Grammäquivalenten im Liter, oberhalb dieser Konzentration erhöhten sie die Schwellwirkung, und zwar war Calciumchlorid am stärksten wirksam. Bei höheren p_H-Werten erhöhte Calciumchlorid den Schwellungsgrad sehr beträchtlich. Im allgemeinen verminderte bei niedrigen Konzentrationen Natriumsulfat den Schwellungsgrad, während Natriumchlorid ihn erhöhte oder erniedrigte. Bei Konzentrationen über ein Grammäquivalent im Liter vergrößerte Natriumsulfat durchweg die Schwellung. Es wurde gefunden, daß die durch Calciumchlorid verursachte Schwellung beim Auswaschen des Salzes nicht abnahm, daß also die durch die Wirkung des Salzes verursachte Änderung beständig ist.

Alle diese Arbeiten zeigen, wie ausnehmend kompliziert die Reaktionen sind, die bei Zugabe von Neutralsalzen zu Chrombrühen beim Gerben auftreten, wie dies ja auch schon im 18. Kapitel dargelegt wurde.

Das Salz übt eine gewisse Wirkung auf das Protein, auf den Chromkomplex und durch seine Hydratation auf alle gelösten Substanzen aus. Gustavson (26) fand, daß man Chromchlorid in seinem gerberischen Verhalten dem Chromsulfat ähnlich machen kann, wenn man mindestens 1 Mol pro Liter Natriumchlorid zusetzt. Die Gerbung wurde mit basischem Chromchlorid und sehr wenig Salz begonnen. Später wurde ein Mol pro Liter Natriumchlorid und schließlich die zur vollständigen Ausgerbung notwendige Menge Alkali zugesetzt.

Abb. 297 zeigt den Einfluß zunehmender Mengen verschiedener Chloride auf die Chromaufnahme von Hautpulver aus einer 38,5% basischen Chromchloridlösung. Alle zugefügten Salze erhöhen die Chromaufnahme, und zwar in der Reihenfolge, in der diese Salze eine Dispersion des Kollagens zu bewirken suchen, obwohl nur ein Teil der Wirkung der Salze der Wirkung auf das Kollagen zuzuschreiben ist.

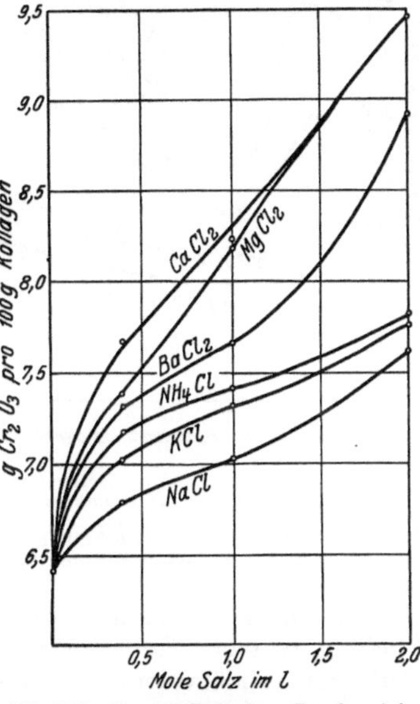

Abb. 297. Der Einfluß einer Zugabe steigender Mengen verschiedener neutraler Chloride auf die Gerbwirkung einer 38,5% basischen Chromchloridlösung mit 7,5 g Cr_2O_3 im Liter.

l) Der Einfluß einer Vorbehandlung mit Säure oder Alkali.

In Abb. 256 des 16. Kapitels ist eine Kurve wiedergegeben, die den Einfluß einer Vorbehandlung des Hautpulvers mit Lösungen von verschiedenem p_H auf die nachfolgende Aufnahme von vegetabilischen Gerbstoffen zum Ausdruck bringt. Gustavson (31) wiederholte diese Versuche unter Benützung dreier verschiedener Chrombrühen als Gerbmittel. Die eine Lösung war eine Sulfito-chromiatlösung, die durch Zusatz von 3 Molen Na_2SO_3 auf 1 Mol Cr_2O_3 zu einer 37% basischen Chromsulfatlösung hergestellt worden war. Sie wurde in einer Konzentration von 11,0 g Cr_2O_3 im Liter angewandt. Die zweite war eine 60% basische Chromsulfatlösung, die in einer Konzentration von 9,5 g Cr_2O_3 im Liter zur Anwendung kam. Die dritte Lösung schließlich war eine 37% basische Chromsulfatlösung und wurde in einer Konzentration von 10,0 g Cr_2O_3 im Liter angewandt. Die Hautpulverproben waren wie erinnerlich, 24 Stunden mit Lösungen von verschiedenem p_H behandelt und dann mit einer Lösung von p_H 5 ins Gleichgewicht gebracht worden, gewaschen und vor dem Gerben mit Alkohol entwässert worden. Alle Proben einer Serie wurden in der gleichen Brühe ausgegerbt. Die Resultate sind in Abb. 298 wiedergegeben.

Die Ergebnisse für das Chromiat und die stark basische Chromsulfatlösung gleichen weitgehend den bei vegetabilischer Gerbung erhaltenen Ergebnissen. Die Vorbehandlung hat auf die weniger basische Chromsulfatgerbung, bei der nur kationisches Chrom vorhanden ist, relativ wenig Einfluß. Die von Gustavson hierfür gegebene Erklärung ist die gleiche wie bei der vegetabilischen Gerbung. Die beiden oberen Kurven entsprechen den Kurven der Schwellung der Haut als Funktion des p_HWerts. Auf der einen Seite bewirkt die Schwellung eine bleibende Dehnung der Hautfaser und erteilt ihr eine spezifische Oberfläche, die ungefähr dem Schwellungsgrad proportional ist, den sie zuvor erhalten hat, auf der andern Seite werden entsprechend dem Grad der Schwellung Sekundär-Valenzkräfte in dem Protein freigemacht. Diese beeinflussen die Verbindung des Kollagens mit Gerbstoff oder anionischem Chrom sehr stark, haben aber nur eine geringe Wirkung auf die Verbindung zwischen Kollagen und kationischem Chrom, das sich nur mit Hilfe von Primärvalenzen verbindet.

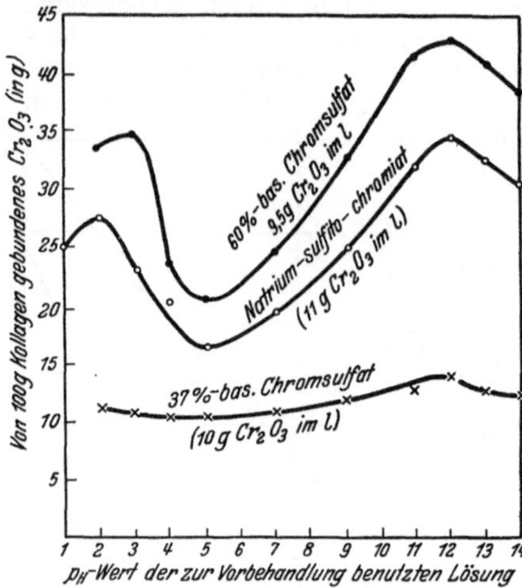

Abb. 298. Der Einfluß des p_H-Wertes der zur Vorbehandlung von Hautpulver benutzten Lösung auf die nachfolgende Chromaufnahme des Hautpulvers bei der Chromgerbung nach Entfernung der Lösung. Gerbdauer 48 Stunden.

m) Der Einfluß des Äscherns.

Der Einfluß einer Vorbehandlung des Kollagens mit Alkalien auf die nachfolgende Gerbung legt nahe, daß das Äschern für einige Gerbungsarten von nicht vorauszusehender Wichtigkeit ist. Gustavson (28) hat eine interessante Untersuchung über den Einfluß der Äscherdauer auf die Chromgerbung durchgeführt. Er schnitt aus dem Schild einer geweichten und entfleischten Rindshaut Stücke von etwa 200 g und behandelte sie verschieden lange mit Lösungen von gesättigtem Kalkwasser mit einem Überschuß an Kalk. Als Vergleich benutzte er ein Stück, bei dem die Haare mit einem Rasiermesser abrasiert worden waren. Die Stücke wurden in einer 2prozentigen Ammoniumchloridlösung entkälkt, von Hand reingemacht, mit einer 2prozentigen Borsäurelösung behandelt und dann in eine Boratlösung von p_H 5,0 eingelegt. Vor Gebrauch wurden die Stücke sorgfältig ausgewaschen. Stücke von je 30 g wurden mit je 1 Liter Lösung im gleichen Bade gegerbt. Das Resultat ist in Abb. 299 wiedergegeben.

Die Dauer des Äscherns ist offenbar von sehr großem Einfluß auf die nachfolgende Chromgerbung, was sogar für die 40% basische Chromsulfatlösung deutlich in die Erscheinung tritt. Ebenso wurde ein Effekt bei der 0% basischen Chromalaunlösung festgestellt, die in einer Konzentration von 13,1 g Cr_2O_3 im Liter angewandt worden war. Das ungeäscherte Hautmaterial hatte in 48 Stunden 3,33 g Chromoxyd auf 100 g Kollagen aufgenommen, während das 32 Stunden geäscherte Material in der gleichen Zeit 3,95 g Chromoxyd pro 100 g Kollagen gebunden hatte.

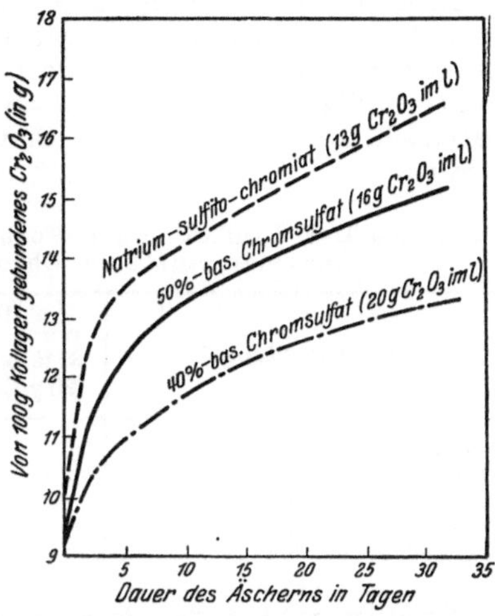

Abb. 299. Der Einfluß der Dauer des Äscherns von Rindshaut auf die Chromaufnahme während der nachfolgenden Chromgerbung. 30 g feuchte Rindshaut 48 Stunden mit 1000 ccm Chrombrühe gegerbt.

Diese Wirkung auf die Bindung kationischen Chroms scheint eine Ausnahme aus der allgemeinen Regel darzustellen, ist aber wahrscheinlich an eine im Kollagen eintretende grundsätzliche Änderung gebunden. Um dies festzustellen, beobachtete Gustavson die Änderung des p_H-Werts einer 0,01 normalen Schwefelsäurelösung, wenn 1,00 g Protein entsprechende Hautwürfel in je 100 ccm Lösung 24 Stunden lang eingelegt wurden. Die Lösung hatte anfangs einen p_H-Wert von 2,07. Durch den Zusatz der ungeäscherten Haut stieg er auf 2,49 an. Mit zunehmender Äscherdauer des eingelegten Hautmaterials stieg der beobachtete p_H-Wert entsprechend an, und zwar bis zu p_H 2,57 für das 32 Tage geäscherte Material. Daraus geht klar hervor, daß das Kollagen beim Äschern eine grundsätzliche Änderung in seiner chemischen Struktur erleidet. Diese Tatsache war schon aus der in Kapitel 9 beschriebenen Wirkung langen Äschern auf Kalbshaut zu erwarten.

n) Der Einfluß einer Vorbehandlung mit Enzymen.

Eine Untersuchung des Einflusses von Enzymen auf die Haut wird nahegelegt durch die Tatsache, daß die geäscherten Blößen beim Beizen der Wirkung tryptischer Enzyme unterworfen werden. Vorversuche in dieser Richtung führte Gustavson (30), und zwar sowohl mit Pepsin wie mit Trypsin durch. Das Pepsin wurde in einer Stärke von 0,2% in einem Citratphosphat-Puffer von p_H 2,2 und das Trypsin in einer Stärke von 0,1% in einer Phosphat-Pufferlösung von p_H 8,0 angewandt. Die angegebene Stärke der Enzyme hat indessen keinerlei quantitative Bedeutung, da ihre Aktivität nicht angegeben ist. Kontrolllösungen enthielten vorher inaktiviertes Enzym. Je 50 g Kollagen entsprechende Hautpulvermengen wurden mit je 750 ccm der Lösungen 5 Stunden lang behandelt. Die Temperatur betrug bei den Versuchen mit Pepsin und den Kontrollösungen 25° C und bei Trypsin 40°. Die

Hautpulver wurden sorgfältig gewaschen, mit Aceton entwässert und getrocknet.

Zum Gerben wurde eine 37% basische Chrombrühe und außerdem eine 59% basische Brühe, die frisch aus der schwächer basischen Lösung bereitet worden war, benützt. Je 2 g Hautpulver wurden 6 Stunden in je 20 ccm Wasser geweicht und dann 60 Stunden mit den Chrombrühen behandelt. Die aufgenommenen Chrommengen sind aus Tabelle 84 zu ersehen.

Tabelle 84. Der Einfluß einer Vorbehandlung von Hautpulver mit Enzymen auf sein Chrombindungsvermögen.

Vorbehandlung	An 100 g Kollagen gebundenes Cr_2O_3 in g	
	37% bas. Chromsalz (20 g Cr_2O_3 im Liter)	59% bas. Chromsalz ($12{,}5$ g Cr_2O_3 im Liter)
Keine	12,56	22,56
Trypsin bei p_H 8,0	12,00	18,70
Kontrollversuch bei p_H 8,0	12,85	24,72
Pepsin bei p_H 2,2	13,91	27,05
Kontrollversuch bei p_H 2,2	13,34	28,32

Gustavson hat die Vermutung ausgesprochen, es bestünde die Möglichkeit, daß die Enzyme die aktivierten Proteingruppen entfernen und so die Neigung des Kollagens, sich mit Chrom zu verbinden, verringern. Der Verfasser neigt zu der Ansicht, daß die sogenannte Aktivierung des Kollagens durch Elektrolyte in Wirklichkeit bereits ein Schritt der Umwandlung des Kollagens in Gelatine darstellt und daß die Enzyme die vorhandene Gelatine hydrolysieren, das weniger reaktionsfähige Kollagen dagegen zurücklassen.

o) Der Einfluß des Pickelns.

Gustavson (29) hat eine sehr interessante Untersuchung begonnen, die sich mit dem Einfluß verschiedener Arten des Pickelns auf die nachfolgende Chromgerbung befaßt. Jede Variable bringt eine Unmasse von Komplikationen hinsichtlich der Wirkungen auf das Kollagen und auf die Chromsalze mit sich, die auf die große Menge der in jeder Blöße vorhandenen Pickelbrühe zurückzuführen sind. Unter den von Gustavson angewandten Versuchsbedingungen wurde am meisten Chrom von solchen gepickelten Blößen aufgenommen, die in Lösungen von mittelmäßigem Säuregehalt gepickelt worden waren, höhere oder niedrigere Säurekonzentrationen der Pickelflüssigkeit bedingen eine geringere Chromaufnahme. Zweifellos gibt es optimale Werte für die Konzentration an Säure und Salz, für die Dauer des Pickelns und die Temperatur, die ganz von der Art des nachfolgend angewandten Gerbprozesses abhängen. Diese Verhältnisse können am besten untersucht werden, wenn man einen Gerbprozeß mit genau festgelegten Bedingungen anwendet.

p) Der Einfluß einer Vorgerbung mit vegetabilischem Gerbstoff oder mit Chinon.

Thomas und Kelly (53) untersuchten den Einfluß einer Vorgerbung des Hautpulvers mit Mimosenrindengerbstoff oder mit Chinon auf sein Vermögen, sich mit kationischem Chrom zu verbinden. Je 200 g Kollagen entsprechende Hautpulver-Portionen wurden in 10 Litern einer Lösung von 60 g festem Rindenextrakt im Liter gegerbt. Die Gerbung wurde bei p_H 2 und 5 vorgenommen und die gegerbten Hautpulver als V_2 bzw. V_1 bezeichnet. Das Hautpulver wurde 24 Stunden gegerbt, abfiltriert, durch Waschen von löslicher Substanz befreit und an der Luft getrocknet. V_2 enthielt nach der Analyse 61 Teile gebundenen Gerbstoff auf 100 g Kollagen, V_1 22 Teile. In ähnlicher Weise wurden auch zwei Muster chinongegerbten Hautpulvers hergestellt. Q_1 wurde hergestellt durch Behandeln einer 150 g Kollagen entsprechenden Menge fettfreien Hautpulvers in 12 Litern einer 0,0667-molaren Phosphat-Pufferlösung von p_H 8,0, die 205 g Chinon enthielt, während 24 Stunden, Auswaschen und Trocknen. Q_2 wurde in ähnlicher Weise erhalten durch Gerben mit einer Lösung, die durch Zusatz von Natronlauge auf p_H 10,5 gebracht worden war, der weiteres Chinon zugefügt wurde, soweit es die Entfernung des Chinons durch das Protein erlaubte. Q_1 enthielt nach der Analyse auf 100 g Kollagen 27 g gebundenes Chinon, Q_2 77 g.

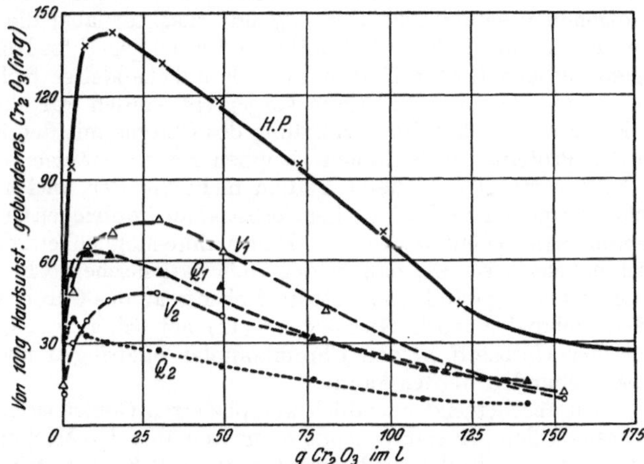

Abb. 300. Der Gerbungsgrad von gewöhnlichem Hautpulver, vegetabilisch vorgegerbtem Hautpulver und chinonvorgegerbtem Hautpulver als Funktion der Konzentration der Chrombrühe. Gerbdauer 48 Stunden.

Aus einem technischen Chromsulfat, das aus einem 33% basischen Chromsulfat plus ein Molekül Natriumsulfat auf je zwei Atome Chrom bestand, wurden nun eine Reihe Chrombrühen ansteigender Konzentration hergestellt und je 3,75 g Kollagen entsprechende Portionen des vorgegerbten Hautpulvers mit je 150 ccm dieser Chrombrühen 48 Stunden behandelt, abfiltriert, gewaschen, getrocknet und auf Kollagen und Chrom analysiert. Die Resultate sind in Abb. 300 wiedergegeben.

Vorgerben mit vegetabilischem Gerbstoff oder mit Chinon hat die ausgesprochene Wirkung, die nachfolgende Chromaufnahme zu verringern. Das scheint anzuzeigen, daß sowohl Chinon wie vegetabilischer Gerbstoff im Proteinmolekül Stellungen besetzen, die normalerweise bei der Chromgerbung vom Chrom besetzt werden. Die Gerbversuche mit normalem und mit desaminiertem Kollagen scheinen auf das gleiche hinzuweisen. Dagegen scheint der Einfluß der verschiedenen Gerbmittel auf den isoelektrischen Punkt des Kollagens anzuzeigen, daß kationisches Chrom sich an die sauren Proteingruppen, anionisches Chrom und vegetabilischer Gerbstoff sich an die basischen Gruppen des Proteins anlagern. Die Arbeit über die Vorbehandlung des Kollagens mit Elektrolyten legt dar, daß kationisches Chrom mit Hilfe von Primärvalenzen sich mit dem Protein verbindet, anionisches Chrom dagegen und vegetabilischer Gerbstoff mit Hilfe von Sekundär-Valenzkräften. In Übereinstimmung damit zeigten Thomas und Seymour-Jones (54), daß die Verbindung zwischen kationischem Chrom und Kollagen durch Trypsin nicht hydrolysiert wird, während die Verbindung Kollagen-vegetabilischer Gerbstoff beträchtlich hydrolysierbar ist. Es ist wahrscheinlich, daß jede Veränderung der basischen Gruppen des Proteins auch ein Einfluß auf die sauren Gruppen ausübt.

Gustavson (23) untersuchte den Einfluß der Chromgerbung auf die nachfolgende vegetabilische Gerbung und machte dabei die überraschende Feststellung, daß mit kationischem Chrom gegerbtes Kollagen mehr vegetabilischen Gerbstoff aufnimmt als unbehandeltes Kollagen, Kollagen, das mit anionischem Chrom vorgegerbt worden war, dagegen weniger. Er vermutet, daß die Verbindung des Chroms mit den sauren Gruppen des Proteins die basischen Gruppen reaktionsfähiger macht. Auf alle Fälle verträgt sich dieser Befund nicht mit der Ansicht, daß kationisches Chrom und vegetabilischer Gerbstoff an die gleichen Gruppen des Proteinmoleküls gebunden werden. Eine andere Möglichkeit, die sich von selbst nahelegt, ist die, daß in dem mit kationischem Chrom gegerbten Leder der vegetabilische Gerbstoff ebenso an das Chrom wie an das Protein gebunden wird. Gustavson (11) hat schon gezeigt, daß vegetabilischer Gerbstoff in den Chromkomplex eindringen und dort koordinativ gebunden werden kann.

Auf diesem anscheinend unendlich komplizierten Gebiet ist es nicht weiter verwunderlich, widersprechende Ansichten über den Mechanismus der Chromgerbung zu finden. Jede einzelne ist ein Schritt im wirklichen Fortschreiten. Wer die erste und die zweite Auflage dieses Werks miteinander vergleicht, wird sich des Eindrucks des riesigen Fortschritts unserer Anschauungen auf dem Gebiet des Mechanismus der Chromgerbung in den letzten Jahren auf Grund der Arbeiten von Stiasny, Gustavson, Thomas und ihrer Mitarbeiter nicht erwehren können. Zu Beginn des Kapitels wurden drei verschiedene Theorien der Chromgerbung beschrieben, jede dieser hat im Verfolg des Kapitels effektive Bekräftigung erfahren. Die Chromgerbung kann unter den verschiedensten Bedingungen durchgeführt werden und entsprechend diesen Bedingungen gibt es wahrscheinlich auch eine ganze Anzahl verschiedener Mechanismen der Chromgerbung. Jede der drei Theorien hat für viele Bedingungen ihre Berechtigung. Alle aber bedeuten einen Fortschritt in der weiteren Vervollkommnung eines komplizierten Prozesses.

Literaturzusammenstellung.

1. Berestovoj, N. I. u. L. Masner: L'extraction du chrome des cuirs chromé au moyen de sel de seignette. Cuir tech. **14**, 414 (1925).
2. Blockey, J. R.: Investigation of one-bath chrome liquors. J. Int. Soc. Leather Trades Chem. **2**, 205 (1918).
3. Burton, D.: Chrome tanning, I to XVII. Ibid. **4** (1920); **10** (1926).
4. Chambard, P.: Contribution to the study of chrome tanning. Dissertation University of Lyon **1924**.
5. Chambard, P. u. M. Queroix: Cuir tech. **13**, 115 (1924).
6. Cobb, R. M. u. F. S. Hunt: Chrome tanning at the isoelectric point of collagen. J. Amer. Leather Chem. Assoc. **21**, 454 (1926).
7. Freudenberg, K.: Gerbstoff und Eiweiß. Collegium **1921**, 353.
8. Grasser, G.: L'hydrolyse du cuir. Cuir tech. **16**, 225, 239 (1927).
9. Griliches, E.: Die Chromierung des Formaldehydleders. Collegium **1922**, 199, 286.
10. Gustavson, K. H.: Some chrome tanning problems in the light of Werner's theory. J. Amer. Leather Chem. Assoc. **18**, 568 (1923).
11. Gustavson, K. H.: A new method for the determination of the degree of complexity and complex formation of chromium salts. Ibid. **19**, 446 (1924).
12. Gustavson, K. H.: The dual nature of chrome tanning. Ibid. **20**, 382 (1925).
13. Gustavson, K. H.: Fixation of the constituents of chrome liquors by hide substance from highly concentrated solutions. Ind. Eng. Chem. **17**, 823 (1925).
14. Gustavson, K. H.: Effect of sodium chloride on the hydrogen-ion concentration and stability towards alkali of chromic chlorides. Ibid. **17**, 945 (1925).
15. Gustavson, K. H.: Specific ion effects in the behavior of tanning agents towards collagen treated with neutral salts. Colloid Symposium Monograph **4**, 79 (1926).
16. Gustavson, K. H.: The absorption of acid and basic dyes by cationic and anionic chrom-tanned hide powder. Collegium **1926**, 137.
17. Gustavson, K. H.: An internal complex salt formation as the mechanism of chrome tanning. J. Amer. Leather Chem. Assoc. **21**, 22 (1926).
18. Gustavson, K. H.: The behavior of neutral salt-treated hide powder towards tanning agents. Ibid. **21**, 366 (1926).
19. Gustavson, K. H.: The sulfato-hydroxo-chromi-collagen compound. Ibid **21**, 559 (1926).
20. Gustavson, K. H.: A maximum reactivity of the hide protein in its isoelectric zone. J. Amer. Chem. Soc. **48**, 2963 (1926).
21. Gustavson, K. H.: The acidity of chrome leather. J. Amer. Leather Chem. Assoc. **22**, 60 (1927).
22. Gustavson, K. H.: Note on the aging of chrome leather. Ibid. **22**, 102 (1927).
23. Gustavson, K. H.: Researches on the mechanism of tanning. I, II. Ibid. **22**, 125, 236 (1927).
24. Gustavson, K. H.: Nature of one-bath chrome tanning processes. Ind. Eng. Chem. **19**, 81 (1927).
25. Gustavson, K. H.: Behavior of formaldehyde-tanned hide powder toward chromium compounds. Ibid. **19**, 243 (1927).
26. Gustavson, K. H.: The neutral salt effect in chrome tanning. I. Ibid. **19**, 1015 (1927).

27. Gustavson, K. H.: The isoelectric zone of tanned hide protein. (Advance note.)
28. Gustavson, K. H.: The degree of liming as a factor in chrome tanning (Advance note.)
29. Gustavson, K. H.: Influence of pickling upon chrome fixation. (Advance note.)
30. Gustavson, K. H.: Behavior of hide powder treated with trypsin and pepsin toward chromium compounds. (Advance note.)
31. Gustavson, K. H.: Influence of pretreatment of hide powder with solutions of various p_H values upon its reactivity for tanning agents. (Advance note.)
32. Gustavson, K. H. u. P. J. Widen: Reactions between chrome liquors and hide substance. Ind. Eng. Chem. **17**, 577 (1925).
33. Gustavson, K. H. u. P. J. Widen: Concentration factor in the fixation of chromium compounds by hide powder. Collegium **1926**, 153.
34. Gustavson, K. H. u. P. J. Widen: Influence of degree of liming on the absorption of tannin by hide. Ibid. **1926**, 562.
35. Lamb, M. C. u. A. Harvey: Estimation of chromic oxide in chrome tanned leather. Collegium (London edition) **1916**, 201.
36. Merrill, H. B., J. G. Niedercorn u. R. Quarck: The determination of sulfato groups in chrome leather. J. Amer. Leather Chem. Assoc. **23**, 187 (1928).
37. Meunier, L. u. P. Chambard: Sur la neutralisation du cuir au chrome. Cuir tech. **12**, 2 (1923).
38. Orthmann, A. C.: Acidity of chrome-tanned leather. J. Amer. Leather Chem. Assoc. **21**, 30 (1926).
39. Page, R. O. u. A. W. Page: Influence of neutral salts on the plumping of hides. Ind. Eng. Chem. **19**, 1264 (1927).
40. Pfeiffer, P.: Zur Stereochemie des Chroms. VI. Z. anorg. Chem. **58**, 272 (1908).
41. Procter, H. R. u. J. A. Wilson: The action of salts of hydroxyacids upon chrome tanning. J. Soc. Chem. Ind. **35**, 156 (1916).
42. Schiaparelli, C. u. G. Bussino: Sur les collagenates de chrome. J. Int. Soc. Leather Trades Chem. **11**, 531 (1927).
43. Seymour-Jones, F. L.: The electrophoresis of chromic solutions. Ind. Eng. Chem. **15**, 265 (1923).
44. Stiasny, E.: Unsere Anschauungen über die Beurteilung des Gerbwertes von Einbadchrombrühen. Collegium **1923**, 95, 113.
45. Stiasny, E.: Unsere Anschauungen über das Wesen der Chromgerbung. Gerber **1924**, 181.
46. Stiasny, E.: Berichte über die Versammlung deutscher Gerbereichemiker in Darmstadt. Collegium **1924**, 332.
47. Stiasny, E. u. D. Balanyi: Beiträge zum Verständnis der Chromgerbung. IV. Über das Verhalten basischer Chromchloridbrühen. Collegium **1927**, 86.
48. Stiasny, E. u. K. Lochmann: Beiträge zum Verständnis der Chromgerbung. II. Über die Beziehung zwischen Wanderungsrichtung und Gerbvermögen. Collegium **1925**, 200.
49. Stiasny, E., K. Lochmann u. E. Mezey: Beiträge zum Verständnis der Chromgerbung. I. Über gerbende und nichtgerbende Chrom-Komplexe. Collegium **1925**, 190.
50. Stiasny, E. u. L. Szegö: Beiträge zum Verständnis der Chromgerbung. III. Über die Gerbwirkung einiger komplexer Chrom-Verbindungen. Collegium **1926**, 41.
51. Thomas, A. W. u. S. B. Foster: The behavior of deaminized collagen. J. Amer. Chem. Soc. **48**, 489 (1926).
52. Thomas, A. W. u. M. W. Kelly: Equilibria between tetrachrome collagen and chrome liquors; the formation of octachrome collagen. Ind. Eng. Chem. **14**, 621 (1922).
53. Thomas, A. W. u. M. W. Kelly: Does chromium combine with the basic or acidic groups of hide protein? J. Amer. Chem. Soc. **48**, 1312 (1926).

54. Thomas, A. W. u. F. L. Seymour-Jones: Action of trypsin upon diverse leathers. Ind. Eng. Chem. **16**, 157 (1924).
55. Thompson, F. C. u. W. R. Atkin: A possible theory of chrome tanning. J. Int. Soc. Leather Trades Chem. **6**, 207 (1922).
56. Wilson, J. A.: Theories of leather chemistry. J. Amer. Leather Chem. Assoc. **12**, 108 (1917).
57. Wilson, J. A. u. G. O. Lines: Hydrolysis of acid sulfate of chrome leather. Ibid. **21**, 299 (1926).
58. Wintgen, R.: Experimentaluntersuchungen über das Wesen des Gerbvorgangs. II. Collegium **1925**, 1.
59. Wood, J. T.: The compounds of gelatin and tannin. J. Soc. Chem. Ind. **27**, 384 (1908).

20. Die Alaungerbung.

Die Verwendung von Aluminiumsalzen zum Gerben ist sehr alt. Noch heute wird die Alaungerbung zur Herstellung gewisser Leder und Pelze anderen Gerbarten vorgezogen. Die Vereinigung von Kollagen mit Aluminium geht nicht so leicht vor sich wie mit Chrom, und das gebildete Leder ist bei weitem nicht so stabil wie das Chromleder. Es ist nicht schwer, ein Chromleder herzustellen, das man ohne Schaden mit kochendem Wasser zusammenbringen kann; schwierig ist es jedoch, ein Alaunleder zu erhalten, das sich bei längerem Aufbewahren in kaltem Wasser nicht zersetzt. Es besteht also ein ganz erheblicher Unterschied in der Haftfestigkeit der Verbindung von Kollagen und Chromsalzen oder auch von Kollagen und vegetabilischen Gerbstoffen einerseits und der Haftfestigkeit der Verbindung von Kollagen und Aluminiumsalzen andererseits. Die Alaungerbung bezeichnet man auch als „Weißgerbung".

Als die Chromgerbung noch nicht eingeführt war, spielte die Weißgerberei eine große Rolle zur Herstellung von Handschuhleder, Oberleder und Schnürriemen. Ihre größte wirtschaftliche Bedeutung erlangte sie in Frankreich während des 19. Jahrhunderts. Später wurde sie aber fast gänzlich durch die weit wertvollere Chromgerbung ersetzt. Heute gibt es nur noch wenig Gerbereien, die sich mit Alaungerbung befassen.

a) Allgemeine Methoden.

In der Praxis ist es üblich, die enthaarte, gebeizte und einer Kleienbeize unterzogene Blöße mit basischem Aluminiumsulfat, Kochsalz, Eigelb, Öl und Mehl zu behandeln und sie dann scharf zu trocknen. Die Blößen werden dann mehrere Wochen in diesem Trockenzustand, der sogenannten „Borke" vor dem Färben und Zurichten gelagert. Bei einer speziellen Methode werden die Blößen, wenn sie aus der Kleienbeize kommen, mit einer Paste bestrichen, die aus Eigelb und Mehl besteht, dann eine halbe Stunde im Walkfaß gewalkt und schließlich mit einer kleinen Menge einer Lösung von technischem Alaun und Kochsalz behandelt. Zuweilen wird diese Lösung durch Zugabe von Alkali basisch gemacht. Wenn die Lösung absorbiert ist, werden die Blößen noch einige Tage feucht gehalten und dann in einem geheizten Raum scharf getrocknet. Nachdem sie mehrere Wochen trocken gelagert wurden, werden sie wieder angefeuchtet, von neuem mit Eigelb und Mehl behandelt und wieder getrocknet. Danach werden sie gestollt, gefalzt, mit der Hand gefärbt und zugerichtet.

Eine andere Methode besteht darin, die gebeizten oder einer Kleienbeize unterzogenen Blößen in ein Walkfaß zu bringen und dazu eine Lösung von Aluminiumsulfat und Kochsalz zu geben. Man bestimmt den Ausflockungspunkt der Lösung mit Natriumbicarbonat und setzt von Zeit zu Zeit soviel Bicarbonat zu, daß die Brühe immer nahe am Ausflockungspunkt gehalten wird. Am nächsten Tage werden die Blößen aus dem Walkfaß genommen und nach dem Abtropfen mit einer Paste aus Eigelb, Baumwollsamen- oder Olivenöl und Mehl eingerieben. Darauf werden sie scharf getrocknet und mehrere Wochen trocken gehalten, um dem Aluminium Zeit zu geben, sich mit dem Kollagen möglichst fest zu verbinden. Schließlich werden die Leder durch Waschen von den überschüssigen Salzen befreit, gefettet, gefärbt, getrocknet und zugerichtet.

Bei der Pelzfabrikation werden die Felle sauber entfleischt und die Fleischseite mit einer Paste aus Eigelb und Mehl bestrichen. Weiter wird eine Lösung von Alaun und Salz zugegeben und dann getrocknet. Nach einer Reihe von Wochen werden die Felle durch Waschen vom überschüssigen Salz befreit und die Fleischseite von neuem mit Eigelb und Mehl behandelt und die Felle wieder getrocknet. —

Die Verwendung von Salz spielt bei der Alaungerbung eine sehr wichtige Rolle. Aluminiumsalze sind stark hydrolysiert und enthalten dann freie Säure. Diese Säuren würden die Blößen außerordentlich stark schwellen und sogar zerstören, wenn die Schwellwirkung nicht durch Zugabe von Salz vermindert würde. Die Gerbwirkung von Alaun ist viel zu gering, als daß dadurch die erwünschte Schwellung verhindert würde.

b) Die Hydrolyse von Aluminiumsalzen.

Im Hinblick auf die Alaungerbung untersuchten neuestens E. O. Wilson und Kuan (14) die Hydrolyse von Aluminiumsalzen in Abhängigkeit von der Verdünnung, von der Konzentration der zugefügten Neutralsalze und der Konzentration der zugefügten Säure oder Base. Mit zunehmender Verdünnung steigt bei Aluminumsulfat und bei Kalialaun der p_H-Wert der Lösungen an. Beim Stehen der Lösungen fällt der p_H-Wert der Aluminiumsulfatlösung, während der der Alaunlösung langsam ansteigt. Bei Zusatz von Natriumchlorid nimmt der p_H-Wert von Aluminiumsulfat- und Alaunlösungen mit zunehmender Salzkonzentration ab, während ein Zusatz von Kaliumsulfat ihn erhöht. Läßt man die Lösungen stehen, so tritt bei den mit Natriumchlorid versetzten Lösungen keine merkliche Änderung des p_H-Werts ein, bei der mit Kaliumsulfat versetzten Alaunlösung dagegen steigt er weiter an. Zugabe von Säure oder Alkali zu Aluminiumsalzlösungen vermindert bzw. vergrößert die Hydrolyse.

Thomas und Whitehead (11) versuchten die beim Zusatz von Alkalichlorid oder -sulfat zu gewissen Aluminiumsalzlösungen auftretenden Erscheinungen aufzuklären. Sie bestimmten elektrometrisch die p_H-Werte von Aluminiumsulfat und -chloridlösungen vor und nach Zusatz verschiedener Mengen KCl, NaCl, K_2SO_4 und Na_2SO_4. Die Wasserstoffionenkonzentration von Aluminiumchloridlösungen und Aluminiumsulfatlösungen nimmt bei Zusatz geringer Mengen Chlorionen oder Sulfationen ab, Zusatz von festem Natriumchlorid erhöht die Wasserstoffionenkonzentration, während ein Zusatz festen Natriumsulfats sie erniedrigt. Nach Ansicht von Thomas und Whitehead sind beim Zusatz von Natriumchlorid zu Aluminiumchlorid zwei Faktoren zu unterscheiden. Nach der Wernerschen Theorie der Komplexsalze ist Aluminiumchlorid in wässeriger Lösung nach folgender Gleichung hydrolysiert:

$$\begin{bmatrix} H_2O & & H_2O \\ H_2O & Al & H_2O \\ H_2O & & H_2O \end{bmatrix}^{+++} Cl_3 \rightleftarrows \begin{bmatrix} H_2O & & OH \\ H_2O & Al & H_2O \\ H_2O & & H_2O \end{bmatrix}^{++} Cl_2 + HCl\,.$$

Werden zu diesem in der Lösung vorhandenen Pentaquo-hydroxoaluminiumchlorid Chlorionen gegeben, so suchen sie die Hydroxogruppe aus dem Kern zu verdrängen, diese verbindet sich mit dem H-Ion der äußeren Lösung zu Wasser und die Wasserstoffionenkonzentration nimmt ab:

$$\begin{bmatrix} H_2O & & OH \\ H_2O & Al & H_2O \\ H_2O & & H_2O \end{bmatrix}^{++} Cl_2 + HCl + NaCl \rightleftarrows \begin{bmatrix} H_2O & & Cl \\ H_2O & Al & H_2O \\ H_2O & & H_2O \end{bmatrix}^{++} Cl_2 + NaCl + H_2O\,.$$

Bei höheren Salzkonzentrationen wird diese Wirkung durch eine Hydrationswirkung der Natrium- und Chlor-Ionen überdeckt.

Bei Zusatz von Sulfationen zu Aluminiumsalzlösungen ist einmal die Neigung des Sulfations, in den Komplexkern einzutreten, zu berücksichtigen. Durch einen solchen Eintritt nimmt die Wasserstoffionenkonzentration der Lösung ab; weiter vereinigt sich das Sulfation wahrscheinlich mit dem H-Ion zum Hydrosulfat-ion, wodurch die Wasserstoffionenkonzentration ebenfalls erniedrigt wird und schließlich ist der Hydratationsfaktor der Ionen, der eine Zunahme der Wasserstoffionenkonzentration bedingt, zu berücksichtigen.

c) Wissenschaftliche Untersuchungen über die Alaungerbung.

Die riesige Entwicklung, welche die Chemie der Chromgerbung in den letzten Jahren erfahren hat, hat sich auf dem Gebiete der Alaungerbung nicht wiederholt, was mit der viel geringeren wirtschaftlichen Bedeutung der Alaungerbung zusammenhängen mag. Immerhin sind in den letzten Jahren zwei wichtige Arbeiten über die Alaungerbung ausgeführt worden, eine von Mezey (7) an der Universität Lyon, die andere von Thomas und Kelly (10) an der Columbia-Universität.

Mezey benutzte zu seinen Versuchen Aluminiumsulfatlösungen, die er durch Zugabe von Natriumhydroxyd verschieden stark basisch machte, und gereinigte Kalbshaut. Eine gewogene Menge Haut wurde eine bestimmte Zeit lang mit 150 ccm Gerblösung behandelt. Die Lösung wurde vor und nach dem Gerben analysiert und die Konzentrationsabnahme an Aluminium oder Sulfat als durch die Haut gebunden angenommen. Diese „Differenzmethode“ gibt im besten Falle einen qualitativen Anhalt für die wirklich gebundene Stoffmenge und kann zu Irreführungen Anlaß geben, wie die Abb. 271 und 273 im 18. Kapitel zeigen. Die Ergebnisse von Mezey haben aber, wenn man sie zusammen mit denen von Thomas und Kelly betrachtet, trotzdem Bedeutung.

Thomas und Kelly behandelten gereinigtes Hautpulver mit Lösungen von reinem Aluminiumsulfat oder -chlorid, die auf verschiedene Weise vorbehandelt waren, wuschen dann die gegerbten Hautpulver aus und analysierten sie. Auf Grund der früheren Untersuchungen bei der Chromgerbung darf man annehmen, daß diese direkte Methode zuverlässiger ist. Bei allen Versuchen wurden 2,00 g Kollagen mit 400 ccm Gerblösung behandelt. Durch das große Volumen wird eine merkliche Änderung des p_H-Werts während der Gerbzeit ausgeschaltet. Nach dem Gerben wurden die Proben in Wilson-Kern-Extraktoren abfiltriert, von löslichem Aluminium durch Waschen befreit, an der Luft getrocknet und schließlich in Platinschalen im elektrischen Ofen verascht. Bei der Veraschung muß die Endtemperatur sehr hoch sein, damit die Aluminiumverbindungen auch wirklich in Al_2O_3 übergeführt werden. Das Gewicht der Asche nach Abzug des Aschegehalts des verwendeten Hautpulvers gibt dann den Gehalt an Al_2O_3 in dem Leder. Soweit nicht anders angegeben, erstreckten sich sämtliche Versuche über eine Gerbdauer von 24 Stunden, und die Hautpulver wurden in jedem Falle 24 Stunden lang im Wilson-Kern-Extraktor ausgewaschen und dann erst getrocknet und verascht.

α) Der Einfluß der Dauer des Auswaschens.

Zuerst bestimmten Thomas und Kelly die geeignete Zeit für die Gerbung und für das Auswaschen der gegerbten Hautpulver im Extraktor. In Tabelle 85 sind die Ergebnisse wiedergegeben.

Tabelle 85. Einfluß der Auswaschdauer auf die gegerbten Hautpulver (Konzentration an $Al_2(SO_4)_3 = 16{,}74$ g im Liter oder 0,0489 molar. 2 g Kollagen in 400 ccm Gerblösung. $p_H = 3{,}82$).

Gerbdauer in Stunden	Auswaschdauer	Von 2 g Kollagen gebundenes Al_2O_3 in mg
12	10	94
12	24	89
12	48	90
12	96	89
24	10	99
24	24	96
24	48	97
24	96	95
48	10	103
48	24	101
48	48	97
48	96	99

Aus der Tabelle ist deutlich zu ersehen, daß 24 Stunden Auswaschen genügen, um alles lösliche Aluminium zu entfernen. Man kann annehmen, daß die verbleibende Menge Aluminium fest und irreversibel gebunden ist.

β) Der Einfluß des p_H-Werts.

Thomas und Kelly stellten fest, daß der Einfluß des p_H-Werts nur für einen kleinen Bereich untersucht werden kann, weil bei verhältnismäßig niedrigen p_H-Werten in den Lösungen Ausflockung eintritt. Das Aluminiumsulfat wurde in einer Konzentration von 47,4 g pro Liter oder 0,138 molar angewandt. Der p_H-Wert dieser Lösung betrug 3,2. Durch Zugabe von Natriumhydroxyd konnte er nur bis 3,8 gebracht werden, ohne daß Fällung eintrat. Aluminiumchlorid wurde in einer Konzentration von 36,95 g $AlCl_3$ pro Liter oder 0,277 molar verwendet. Der p_H-Wert der Lösung des normalen Salzes betrug 3,4. Durch Zusatz von Natriumhydroxyd kann man den p_H-Wert auf 3,95 erhöhen, die Lösung wird aber dann trübe. Die Ergebnisse sind in Abb. 301 und in den Tabellen 86 und 87 niedergelegt.

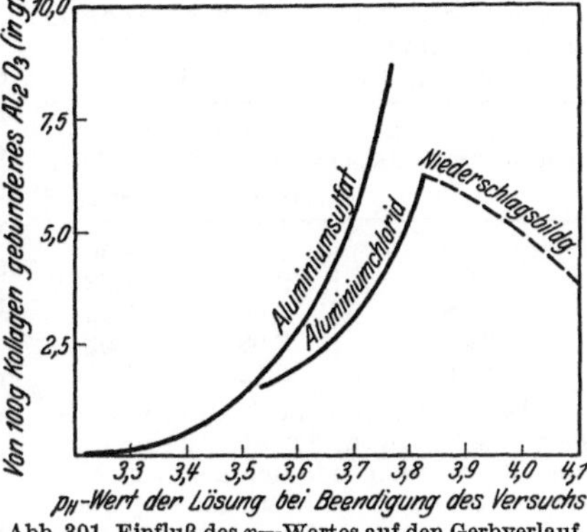

Abb. 301. Einfluß des p_H-Wertes auf den Gerbverlauf in Lösungen von Aluminiumchlorid und Aluminiumsulfat.

Aus neutralen Salzlösungen wird nur sehr wenig Aluminium irreversibel gebunden. Erhöht

Tabelle 86. Einfluß des p_H-Wertes beim Gerben mit Aluminiumsulfat. (Konzentration an $Al_2(SO_4)_3$ = 47,4 g pro Liter oder 0,138 molar. 2 g Kollagen in 400 ccm Lösung, Gerbdauer 24 Stunden.)

Basizität des Aluminiumsalzes in %	p_H-Wert vor der Gerbung	p_H-Wert nach der Gerbung	Al_2O_3 gebunden in mg	Charakter des gegerbten Hautpulvers
0	3,18	3,22	2	Feucht zäh; trocken hart
0,6	3,30	3,30	4	Feucht zäh; trocken hart
3,0	3,42	3,43	14	Feucht zäh; trocken hart
14,0	3,60	3,55	42	Weicher, etwas lappig
39,5	3,81	3,76	170	Weich, lappig, gut gegerbt

Tabelle 87. Einfluß des p_H-Wertes beim Gerben mit Aluminiumchlorid. (Konzentration an $AlCl_3$ = 36,95 g pro Liter oder 0,277 molar. 2 g Kollagen in 400 ccm Lösung. Gerbdauer 24 Stunden.)

Basizität des Aluminiumsalzes in %	p_H-Wert vor der Gerbung	p_H-Wert nach der Gerbung	Al_2O_3 gebunden in mg	Charakter des gegerbten Hautpulvers
0,0	3,41	3,53	32	Etwas zäh
6,3	3,53	3,69	56	Etwas zäh
20,3	3,57*	3,73	67	Ganz wenig zäh
30,8	3,61*	3,75	89	Ganz wenig zäh
45,6	3,65*	3,82	124	Gut durchgegerbt, lappig
60,1	3,77**	3,95	110	Gut durchgegerbt, lappig
70,5	3,95**	4,10	76	Gut durchgegerbt, lappig

* = Die ursprüngliche Lösung gab einen leichten Niederschlag, der durch Filtrieren entfernt wurde.

** = Die ursprüngliche Lösung gab einen stärkeren Niederschlag, der durch Filtrieren entfernt wurde.

man jedoch den p_H-Wert, d. h. macht man die Lösung basisch, so steigt die Menge des fest gebundenen Aluminiums sehr stark an. Mezey konnte bei Verwendung von Kalbshäuten im wesentlichen die gleichen Feststellungen machen. Er versetzte eine Lösung von Aluminiumsulfat mit steigenden Mengen Alkali und erhielt eine Serie Aluminiumsulfatlösungen von der Basizität 0, also vom neutralen Salz, bis zur Basizität 46. Seine Ergebnisse sind in Tabelle 88 wiedergegeben.

Tabelle 88. Einfluß der Basizität des Aluminiumsulfats auf die Gerbung (Konzentration: 0,789 g Al_2O_3 auf 150 ccm Lösung. Gerbdauer 24 Std.).

Basizität des Aluminiumsulfats in %	Von 100 g Kollagen wurden absorbiert in g	
	Al_2O_3	SO_4
0,0	1,97	8,50
11,4	2,52	7,53
22,8	3,50	7,10
34,2	3,98	6,93
45,6	5,12	7,06

(Es wurden nur die Lösungen analysiert; die Werte für das absorbierte Al_2O_3 und SO_4 wurden lediglich aus dem Konzentrationsabfall der Lösungen errechnet.)

Mezey fand auch, daß die Haut, die in basischeren Lösungen gegerbt worden war, gegen Auswaschen und gegen Hydrolyse viel widerstandsfähiger ist als Haut, die in neutralen Salzlösungen gegerbt war.

γ) Der Einfluß der Konzentration.

Thomas und Kelly untersuchten weiter den Einfluß der Konzentration. Sie titrierten eine konzentrierte Stammlösung Aluminiumsulfat mit Natriumhydroxyd bis zu $p_H = 3{,}6$, ließen die Lösung 48 Stunden stehen und filtrierten dann den bleibenden Niederschlag ab. Da Verdünnung eine weitere Ausfällung zur Folge hatte, wurden die Verdünnungen für die Versuche mit verdünnter Schwefelsäure vom $p_H = 3{,}65$ vorgenommen. Die Gerbversuche wurden mit Lösungen verschiedener Konzentration ausgeführt. In Tabelle 89 und in Abb. 302 sind die Resultate wiedergegeben.

Tabelle 89. Einfluß der Konzentration des Aluminiumsulfats auf die Gerbung (2 g Kollagen 24 Stunden in 400 ccm Lösung gegerbt).

Al_2O_3 in Grammen pro Liter	p_H-Wert vor der Gerbung	p_H-Wert nach der Gerbung	Von 2 g Kollagen gebundenes Al_2O_3 in mg	Charakter des gegerbten Hautpulvers
0,66*	4,09	4,00	45	annehmbar
1,27*	3,95	3,97	88	gut
2,53*	3,92	3,84	109	gut
5,03	3,80	3,79	88	gut
10,07	3,73	3,70	63	gut
15,10	3,64	3,64	61	annehmbar
20,14	3,60	3,60	58	annehmbar

Eine optimale Gerbwirkung wurde bei einer Konzentration von etwa 2.5 g Al_2O_3 pro Liter festgestellt. Im allgemeinen ähnelt die Kurve derjenigen, die im Kapitel 18 für die Chromgerbung wiedergegeben wurde. Mezey fand scheinbar ein Ansteigen des gebundenen Aluminiums bis

* Nach 24 Stunden hatte sich eine geringe Menge Niederschlag abgesetzt.

zu einer Konzentration von 21 g Al_2O_3 pro Liter, was aber möglicherweise mit seiner „Differenzmethode" zusammenhängt. Seine Werte für gebundenes oder absorbiertes Aluminium schließen auch jenes Aluminium ein, das in der von der Haut zurückgehaltenen Brühe gelöst ist.

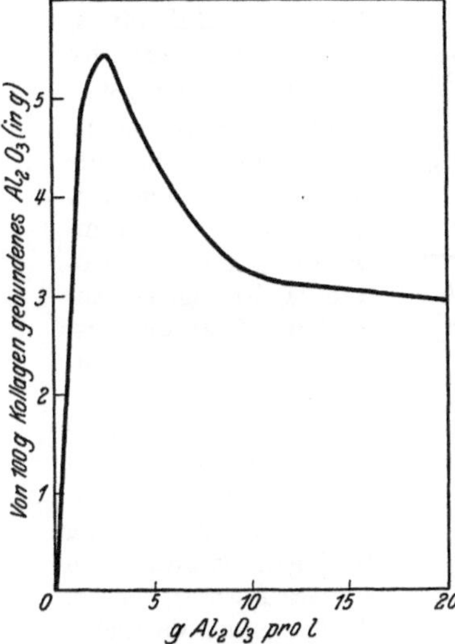

Abb. 302. Einwirkung der Konzentration auf den Verlauf der Gerbung mit Aluminiumsulfat.

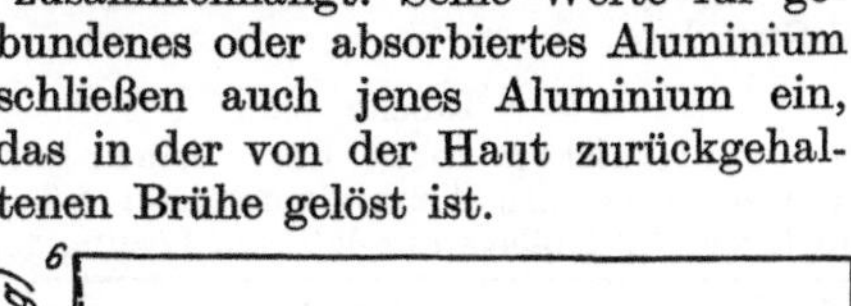

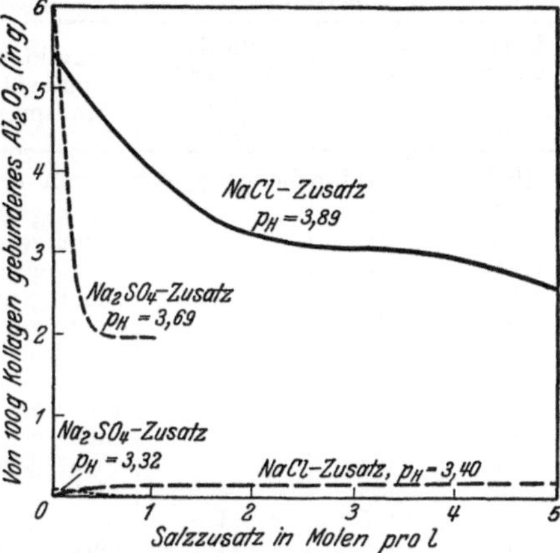

Abb. 303. Einfluß einer steigenden Konzentration an Neutralsalz auf die Gerbwirkung von Aluminiumsulfatlösungen.

δ) Der Einfluß der Neutralsalze.

Thomas und Kelly untersuchten den Einfluß, den eine Zugabe von Natriumchlorid oder Natriumsulfat zur Gerblösung hat. Sie benutzten Aluminiumsulfatlösungen, die bei verschiedenem p_H-Wert und bei mengenmäßig unterschiedlicher Salzzugabe 4,7 g Al_2O_3 pro Liter enthielten. Die Ergebnisse sind in Abb. 303 wiedergegeben. Ist der p_H-Wert 3,4 oder niedriger, so wird praktisch überhaupt kein Aluminium gebunden. Bei höheren p_H-Werten vermindern Natriumchlorid sowohl wie auch Natriumsulfat die Gerbwirkung.

ε) Der Einfluß der Zeit.

Die Ergebnisse, die Thomas und Kelly bei Untersuchung des Einflusses der Zeit auf das Fortschreiten der Alaungerbung erhielten, sind in Tabelle 90 wiedergegeben.

Mezey erhielt im großen ganzen ähnliche Ergebnisse. Er dehnte seine Versuche über einen Zeitraum von 384 Stunden aus. Mit dem normalen Salze beobachtete er nach 192 Stunden eine Gelatinierung der Haut. Zugabe von Salz vermindert die Fixierung von Aluminium, verhindert aber die Gelatinierung. Mit basischem Aluminiumsulfat stellte er eine viel stärkere Gerbwirkung und keine Gelatinierung fest. Es ist klar, daß die günstige Wirkung eines Salzzusatzes beim Gerbprozeß, falls neutrales Aluminiumsulfat genommen wird, darauf beruht, daß das Salz eine unnötige Schwellung der Haut verhindert. In Wirklichkeit verzögert das Salz den Gerbprozeß bis zu einer Gerbdauer von 96 Stunden.

Tabelle 90.

Der Zeitfaktor bei der Alaungerbung. (Konzentration des Aluminiumsulfats: 4,7 g Al_2O_3 pro Liter. 2 g Kollagen in 400 ccm Lösung gegerbt.)

Gerbdauer in Stunden	Mole NaCl pro Liter	Von 2 g Kollagen gebundenes Al_2O_3 in mg	Charakter des gegerbten Hautpulvers
(bei einem anfänglichen p_H-Wert von 3,41)			
6	0	1	nicht gegerbt
18	0	1	nicht gegerbt
24	0	1	nicht gegerbt
48	0	1	nicht gegerbt
96	0	2	nicht gegerbt
432	0	− 2	gelatiniert
6	0,5	2	nicht gegerbt
18	0,5	0	nicht gegerbt
24	0,5	1	nicht gegerbt
48	0,5	2	nicht gegerbt
96	0,5	1	nicht gegerbt
432	0,5	−1	gelatiniert
(bei einem anfänglichen p_H-Wert von 3,73)			
6	0	47	gut gegerbt
18	0	57	gut gegerbt
24	0	56	gut gegerbt
48	0	61	gut gegerbt
96	0	65	gut gegerbt
432	0	59	gut gegerbt
6	0,5	40	gut gegerbt
18	0,5	52	gut gegerbt
24	0,5	52	gut gegerbt
48	0,5	60	gut gegerbt
96	0,5	64	gut gegerbt
432	0,5	70	gut gegerbt

ζ) Der Einfluß eines Salzzusatzes auf die Kollagenhydrolyse.

Thomas und Kelly untersuchten auch die Wirkung, die eine Zugabe von Natriumchlorid auf die Hydrolyse des Kollagens während der Gerbung ausübt. Die Aluminiumsulfatlösung hatte eine Konzentration von 4,7 g Al_2O_3 pro Liter und einen anfänglichen p_H-Wert von 3,82. Je 2 g Kollagen wurden in 400 ccm Lösung gegerbt. Zu der einen Versuchsreihe wurde kein Salz zugesetzt, zu der anderen Reihe 0,5 Mol NaCl pro Liter. Zu jenen Lösungen, die keinen Salzzusatz enthielten, wurden nach der Gerbung, jedoch vor dem Filtrieren, auch 0,5 Mol Salz zugesetzt, um alle Proben auf den gleichen Schwellungsgrad zu bringen. Dann wurde filtriert und der in den Filtraten gelöste Stickstoff bestimmt und auf Kollagen umgerechnet. Bei 24stündiger Gerbung wies die ohne Salzzusatz gegerbte Probe 5,8% hydrolysiertes Kollagen auf, während von der Probe, die unter Salzzusatz gegerbt worden war, 6,6% Kollagen hydrolysiert waren. Bei 96 Stunden Gerbdauer waren die entsprechenden Zahlen 6,2 und 6,6%. Anscheinend bedingt der Salzzusatz eine etwas stärkere Hydrolyse des Kollagens.

d) Theorie der Alaungerbung.

Es sind noch nicht genug Tatsachen über den Prozeß der Alaungerbung gesammelt worden, um eine zufriedenstellende Theorie über den Reaktionsmechanismus der Vereinigung von Alaun und Kollagen aufstellen zu können. Im Jahre 1917 wies Wilson (13) darauf hin, daß sich das Aluminium in seiner Eigenschaft als Base mit dem Kollagen als Säure verbinde und daß die Verbindung sehr viel weniger stabil sei als die von Chrom und Kollagen, weil vom Aluminium nur zwei von den Hauptvalenzen an der Bindung beteiligt seien. Er führte die Arbeiten von Lumière und Seyewitz (5, 6) über Gelatine an. Diese Forscher untersuchten die Bindung von Chrom- und von Aluminiumsalzen durch Gelatine. Sie stellten die maximalen Werte für das Bindevermögen der Gelatine für Metallsalze unter den Bedingungen ihrer Versuchsanordnung fest. Dabei fanden sie, daß 100 g Gelatine sich im Maximum mit 3,6 g Al_2O_3 oder 3,2 bis 3,5 g Cr_2O_3 verbinden können. Unter der Annahme, daß das Äquivalentgewicht der Gelatine 768 ist und die Gelatine sich mit allen drei Valenzen des Chroms oder Aluminiums verbindet, berechnete Wilson, daß sich 100 g Gelatine mit 3,30 g Cr_2O_3 oder mit 2,21 g Al_2O_3 verbinden sollten. Beim Chrom stimmt der gefundene Wert mit dem berechneten Wert recht gut überein, für das Aluminium jedoch ist der gefundene Wert gerade um 50% höher als der berechnete. Dieser Wert wäre zu erwarten, wenn nur zwei Valenzen des Aluminiums sich mit der Gelatine verbinden.

An Hand ihrer in Tabelle 90 niedergelegten Ergebnisse rechneten Thomas und Kelly (10) aus, daß die größte Menge Aluminiumoxyd, die im Laufe der Zeit von 100 g Kollagen gebunden wurde, 3,5 g Al_2O_3 war. Nahmen sie Wilsons Wert 750 als Äquivalentgewicht des Kollagens an, so errechneten sie, daß sich 100 g Kollagen mit 2,27 g Al_2O_3 verbinden sollten, wenn alle drei Hauptvalenzen des Aluminiums am Aufbau der Verbindung von Kollagen und Aluminium beteiligt wären. Wären nur zwei Hauptvalenzen des Aluminiums abgesättigt, so wären 50% mehr Aluminium erforderlich. Da nun 3,5 um annähernd 50% größer ist als 2,27, so schlossen diese Forscher, daß das Aluminium nur mit zwei Hauptvalenzen die Bindung mit der Hautsubstanz eingeht.

Im allgemeinen zeigen Aluminiumsalze bei einer Verwendung, wie sie oben beschrieben wurde, eine Gerbwirkung, die den entsprechenden Chromsalzen ähnlich ist, nur ist sie lange nicht so stark. Betrachtet man die Gerbwirkung der grünen und violetten Sulfate und Chloride des Chroms und der Aluminiumsalze, sowohl der neutralen als auch der basischen, so läßt sich eine gewisse Regelmäßigkeit die Beziehung zwischen gerbender Wirkung und Neigung des Salzes zur Hydrolyse feststellen. Das Gerbvermögen scheint mit wachsender Neigung der Salze zu hydrolysieren, abzunehmen.

Gustavson (3) suchte dem unterschiedlichen Verhalten von Chrom- und Aluminiumsalzen bei der Gerbung dadurch näher zu kommen, daß er den Einfluß einer Vorbehandlung des Kollagens mit Neutralsalzen auf den folgenden Alaungerbprozeß untersuchte. In Kapitel 19 wurde Gustavsons Theorie mitgeteilt, daß eine Vorbehandlung des Kollagens mit verschiedenen Neutralsalzen einen Einfluß auf die Verbindung der Gerbmittel mit den Nebenvalenzkräften des Proteins habe, nicht aber auf die Verbindung des Chrom-Kations mit den Hauptvalenzkräften des Proteins. Gustavson benutzte für seine Versuche Hautpulver, das mit verschiedenen Salzen vorbehandelt, ausgewaschen und getrocknet worden war, wie in Kapitel 19 beschrieben. Zu einer konzentrierten Aluminiumsulfatlösung wurde Natriumbicarbonat gefügt, um eine Salzlösung zu erhalten, die der Zusammensetzung $Al_2(OH)_2(SO_4)_2 \cdot Na_2SO_4$ entsprach. Die Endkonzentration der Lösung betrug 30,0 g Al_2O_3 pro Liter. Diese Lösung wurde vor der Benutzung 10 Wochen aufbewahrt. Das vorbehandelte Hautpulver wurde in Portionen von 2 g 6 Stunden lang in 50 ccm Wasser geweicht. Dann wurden 50 ccm der konzentrierten Aluminiumsulfatlösung zugegeben und 28 Stunden gegerbt. Der anfängliche p_H-Wert lag bei 3,62. Die Hautpulver wurden weiter ausgewaschen und analysiert. Die Versuchsergebnisse sind in Tabelle 91 wiedergegeben.

Die erhaltenen Werte zeigen deutlich, daß die Fixierung des Aluminiums von der Vorbehandlung des Kollagens abhängig ist. Der Einfluß der Vorbehandlung mit Salzen ist ähnlich dem Effekt, der bei der Gerbung von Hautpulver mit Natrium-sulfito-chromiat oder mit Natriumoxalato-chromiat beobachtet wurde. Es ist möglich, daß die Lösungen Gustavsons sowohl Aluminiumsulfate als auch Sulfato-carbonato-hydroxo-aluminate enthielten.

Tabelle 91. Einfluß einer Vorbehandlung von Hautsubstanz mit Neutralsalzen auf die Alaungerbung. (2 g Kollagen in 100 ccm einer 33% basischen Aluminiumsulfatlösung, die 15 g Al_2O_3 pro Liter enthält. $p_H = 3,62$. Gerbdauer: 28 Stunden.)

Hautpulver, vorbehandelt mit	p_H-Wert nach der Gerbung	g Al_2O_3, die von 100 g Kollagen gebunden wurden
H_2O	3,72	6,67
Na_2SO_4 (molar).	3,72	6,16
KCl (molar) . .	3,72	6,89
KBr (molar) . .	3,72	7,09
KJ (molar) . .	3,73	7,85
KCNS (molar) .	3,73	8,14
$SrCl_2$ (molar) .	3,72	7,87
$CaCl_2$ (molar) .	3,72	8,15

Anscheinend ist bis jetzt nur sehr wenig getan worden, um Werners Theorie auch auf die Alaungerbung anzuwenden. Röhm (9) nahm ein Patent auf den Gebrauch von Aluminiumacetat oder Aluminiumformiat bei Gegenwart von Acetaten oder Formiaten eines Alkali- oder Erdalkalimetalls. Nach unseren Kenntnissen über die Chromgerbung sollte man annehmen, daß das Verfahren Röhms in erster Linie auf der Gerbwirkung der Aluminate beruht. Die feststehende Tatsache, daß der dreiwertige Aluminiumkern als Kation ein so schwaches Gerbmittel ist, führt zu der Annahme, daß sich gewisse Aluminate als recht gute Gerbmittel erweisen könnten. Auf jeden Fall bietet die Alaungerbung ein großes und noch wenig bearbeitetes Feld für weitere Forschungen.

Literaturzusammenstellung.

1. Blum, W.: The constitution of aluminates. J. Amer. Chem. Soc. **35**, 1499 (1913).
2. Blum, W.: The determination of aluminium as oxide. J. Amer. Chem. Soc. **38**, 1282 (1916).

3. Gustavson, K. H.: Specific ion effects in the behavior of tanning agentes towards collagen treated with neutral salts. Colloid Symposium Monograph **4**, 79 (1926).
4. Howard, F. T.: Alum tanned boot leather. Leather World, Nov. 14, 1918; J. Amer. Leather Chem. Assoc. **14**, 62 (1919).
5. Lumière, A. L.: Action of alums and aluminum salts on gelatin. Brit. J. Phot. **53**, 573 (1906).
6. Lumière, A. L. u. A. Seyewitz: Zusammensetzung der durch Salze von Chromsesquioxyd unlöslich gemachten Gelatine. Bull. Soc. Chim. **29**, 1077 (1903).
7. Mezey, E.: Beitrag zur Untersuchung der Alaungerbung. Lyons: Imprimerie Boc Frères et Rivu. 1925.
8. Nihoul, E.: Alum tannage. Collegium (London edition) **1916**, 178.
9. Röhm, O.: Gerben mit Aluminiumsalzen. Schweizer Patent Nr. 77935.
10. Thomas, A. W. u. M. W. Kelly: Fixation of aluminium by hide substance. Ind. Eng. Chem. **20**, 628 (1928).
11. Thomas, A. W u. T. H. Whitehead: The effect of sulfate and chloride ion on solutions of aluminium salts. J. Amer. Leather Chem. Assoc. **25**, 127 (1930).
12. Wiener, F.: Die Weißgerberei, Sämischgerberei und Pergamentfabrikation. Wien u. Leipzig: A. Hartleben's Verlag 1920.
13. Wilson, J. A.: Theories of leather chemistry. J. Amer. Leather Chem. Assoc. **12**, 108 (1917).
14. Wilson, E. O. u. R. C. Kuan: A study of the hydrolysis of aluminium salts. J. Amer. Leather Chem. Assoc. **25**, 15 (1930).

21. Die Eisengerbung.

Bereits während des achtzehnten Jahrhunderts wurde der Versuch unternommen, mit Hilfe von Eisensalzen Leder zu gerben. Die vegetabilische Gerbung lieferte ein vorzügliches Leder, aber der Gerbprozeß, wie er damals ausgeführt wurde, war mühsam und zeitraubend. Die Alaungerbung erlaubte schneller und weniger mühsam zu gerben, aber das Leder ließ viel zu wünschen übrig. Man hoffte, die Eisengerbung würde ein Leder von der gleich guten Qualität wie das vegetabilische Leder, aber in sehr viel kürzerer Zeit und mit sehr viel weniger Arbeit liefern. Die Patentliteratur der letzten hundertundfünfzig Jahre gibt beredtes Zeugnis dieser immer wieder aufs neue auftauchenden Hoffnungen und Enttäuschungen. In den letzten zehn Jahren ist es zwar gelungen, mit Hilfe der Eisengerbung ein befriedigendes Leder herzustellen, dennoch ist dem Verfasser keine Methode bekannt, die den Standardmethoden der Chrom- oder vegetabilischen Gerbung gleichwertig zu achten wäre.

a) Historische Entwicklung.

Eine vorzügliche Zusammenstellung über die Geschichte der Eisengerbung enthält das interessante Buch von Jettmar (7). Im Jahre 1770 nahm Johnson ein englisches Patent für die Benützung von Eisensulfat und Salz- oder Salpetersäure als Gerbmittel. Die Gerbung wurde nach diesem Patent in drei Operationen durchgeführt, und zwar bestand die zweite in einer vegetabilischen Gerbung. Zwanzig Jahre später wurde ein anderes englisches Patent auf ein Eisengerbverfahren von Ashton genommen. Das Ferrisalz wurde entweder durch Auflösen von Eisenoxyd in Essigsäure oder durch Oxydation von Ferrosulfat auf verschiedenen Wegen gewonnen: durch Erhitzen oder durch Auflösen in Lösungen von Salpetersäure oder von Kalium- oder Natriumnitrat. Hermbstädt prüfte 1805 Ashtons Patent nach und fand, daß man die beste Gerbung bei Benutzung von in Essigsäure gelöstem Eisenoxyd erhält; aber dieses Material war zu kostspielig. Wie wenig man über die Gerbbedingungen wußte, geht aus der Tatsache hervor, daß drei bis vier Wochen zur Gerbung von Kalbshäuten, vier Monate zur Gerbung von Rindshäuten erforderlich waren, und daß trotzdem das Leder nicht haltbar war. Denn beim Einlegen in Wasser verlor es seine Farbe und wurde weich und schwammig. Die Verwendung von Ferriacetat ist interessant im Hinblick auf unsere heutige Kenntnis der Acetato-ferriate.

1794 berichtete Robert Lindet dem Nationalkonvent von Frankreich, daß der dringende Bedarf der Armee an Leder während der französischen Revolution sehr erfolgreich durch einen Schnellgerbungsprozeß unter Verwendung von Eisensalzen befriedigt werden könne. 1842 wurde Jules Bordier ein englisches Patent erteilt, das die Verwendung von basischem Ferrisulfat, das durch Behandlung einer Lösung von Ferrosulfat mit Mangandioxyd oder mit Salpetersäure und nachfolgender Zugabe von Natronlauge hergestellt wurde, zum Gegenstand hatte.

Friedrich Knapp, Professor an der Technischen Hochschule in Braunschweig, arbeitete eine ganze Reihe von Patenten zur Eisengerbung aus, aber alle Versuche, seine Methoden in die Praxis umzusetzen, schlugen fehl; das Leder war brüchig und verfiel beim Altern. Knapp (8) war der Meinung, daß es sich bei der Gerbung um einen physikalischen Prozeß handle, im Gegensatz zu der 1793 von Professor Deyeux veröffentlichten Theorie, daß die Gerbung auf Salzbildung der Gelatine zurückzuführen sei. Knapp erwähnt, daß, obwohl die gerbenden Eigenschaften der Eisensalze wohlbekannt seien, damit noch kein brauchbares Leder hergestellt worden sei. Das Leder, das bei Benutzung von normalen Eisensalzen als Gerbmittel erhalten wurde, war leer und brüchig, bei Benutzung von Ferrisalzlösungen, die durch Zusatz von Alkali basisch gemacht worden waren, wurde ein besseres Produkt erhalten. Knapp empfahl eine Methode, nach der die Häute zuerst in einer Lösung eines Eisen-, Aluminium- oder Chromsalzes und dann in einer Natrium-Seifenlösung gebadet wurden. Die Hautfasern wurden auf diese Weise mit der unlöslichen Schwermetallseife umkleidet. Diese Feststellung stimmte mit seiner rein physikalischen Gerbtheorie überein. Immer erneute Enttäuschungen schienen den Mut der Forscher auf diesem Gebiet nicht zu mindern, und es wurden sehr viel Patente genommen, die sich mit den verschiedensten Phasen der Eisengerbung, insbesondere mit der Oxydation von Ferro- zu Ferrisalzen, beschäftigen

Im Jahre 1911 nahmen Bystron und von Vietinghoff (1) eine Reihe von Patenten, nach denen die Blößen mit einem Ferrosalz getränkt und dieses dann im Hautgewebe oxydiert wurde. Die Oxydation erfolgte durch Stickstoffdioxyd. Technisch hergestellt wird in Deutschland ein Eisenleder nach den 1915 ausgearbeiteten Patenten von Mensing (9), der der schlechten Wirkung der Ferrosalze auf das Hautgewebe dadurch vorbeugen zu können glaubt, daß man deren Anwesenheit und Entstehung im Leder durch einen Überschuß des Oxydationsmittels ausschließt. Mit dem Eisengerbverfahren kann eine Gerbung mit pflanzlichen Gerbbrühen oder Sulfitcelluloseextrakt parallel gehen. Patente von Röhm (11) behandeln Verfahren zum Gerben mit basischem Eisenchlorid, die ein beständiges Leder liefern sollen, wenn man vor oder neben der Gerbung mit Eisensalzen auch mit Aldehyden gerbt. Die Eisen-Aldehydgerbung kann auch mit einer Behandlung der Blößen mit neutralisierenden oder eisenfällenden Stoffen verbunden werden. Ein für Gerbzwecke geeignetes Eisensalz soll durch Einwirkung von Chlor auf Eisenvitriol erhalten werden. Auch die Herstellung von Eisenleder mittels Lösungen von Eisensalzen und kieselsauren Salzen wurde Röhm patentiert. Nach den Patenten der Chemischen Fabriken vorm. Weiler ter Mer (3) erhält man ein gleichmäßig durchgegerbtes, hochwertiges Eisenleder, wenn man beim Gerben die Hydrolyse der neutralen Ferrisalze weitgehend zurückdrängt. Das kann geschehen durch Verwendung wenig hydrolysierender Doppelsalze des Eisens, wie Eisenammoniakalaun, durch Zusatz von Salzen des dreiwertigen Chroms und eventuell weiteren Zusatz von Oxydations- und Zersetzungsprodukten von Glucose oder anderen Zuckerarten. Neuerdings ist Stiasny und Jalowzer (12) ein Patent zum Gerben mit Eisenverbindungen erteilt worden, nach dem Komplexverbindungen des Eisens mit organischen Säuren, wie Essigsäure, Milchsäure, Weinsäure usw., auch mit Sulfosäuren von aromatischen Kohlenwasserstoffen zur Gerbung verwandt werden können. Ein weiteres Patent der gleichen Autoren verwendet zur Eisengerbung komplexe Sulfitoeisenverbindungen, eventuell in Kombination mit anderen organischen Komponenten, wie Kohlehydraten oder organische Säureradikale enthaltenden Sulfitoeisenverbindungen.

Procter (10) wies darauf hin, daß die Mißerfolge, eine brauchbare Eisengerbung zu schaffen, auf die sauerstoffübertragenden Eigenschaften des Eisens zurückzuführen seien. Ferrisalze geben an gewisse organische Stoffe gern Sauerstoff ab und werden dabei zu Ferrosalzen reduziert. Diese nehmen wieder langsam Sauerstoff aus der Luft auf und oxydieren dann weitere Ledermengen. Das Eisen würde auf diese Weise als Katalysator für die Oxydation und die damit verbundene Zerstörung des Leders durch den Sauerstoff der Atmosphäre fungieren. Casaburi (2) äußerte dagegen die Meinung, daß die schlechten Resultate bei der Eisengerbung auf die Schwierigkeit zurückzuführen seien, das ungebundene Ferrisalz aus dem Leder zu entfernen; dieses würde dann die zur Gerbung als wesentlich angesehenen Fette oxydieren. Er erhielt mit einer 33 % basischen Ferrisulfatlösung vollständige Gerbung, dagegen ein weniger befriedigendes Resultat, wenn einiges Ferrichlorid zugegen war. Wurden basische Ferrichloride benutzt, so wurden die Blößen geschwollen und gelatiniert. Schlechte Resultate wurden auch erhalten bei Verwendung von normalem Ferriacetat, wahrscheinlich wegen der Schwierigkeit, die Schwellung der Häute bei der Zugabe des Salzes zu kontrollieren. Möglicherweise sind die mit basischem Ferrisulfat erhaltenen besseren Ergebnisse auf die Tatsache zurückzuführen, daß basisches Ferrisulfat nur eine geringere Schwellung der Blößen bedingt.

Jettmar (6) stellte fest, daß die Hauptschwierigkeit bei der Eisengerbung in der geeigneten Neutralisation des Leders liege. Enthält Chromleder einen zu hohen Gehalt an Schwefelsäure, so wird es beim Trocknen stark brüchig und nimmt eine tief dunkelgrüne Farbe an. Immerhin ist die richtige Neutralisation bei der Chromgerbung noch verhältnismäßig einfach. Hingegen fand Jettmar beim Versuch, Eisenleder zu neutralisieren, daß das Eisensalz kolloidal dispergiert und aus dem Leder ausgewaschen wird. Offenbar ist jedoch zum Erhalt einer beständigen Verbindung zwischen Kollagen und Eisen die Neutralisation notwendig, aber das Eisen geht dabei in einen kolloidalen Zustand über und wird ausgewaschen, bevor es fixiert worden ist. Da kolloidales Eisenoxyd eine elektrische Ladung von gleichem Vorzeichen wie Kollagen in saurer Lösung besitzt, liegt bei beiden Komponenten kein Bestreben vor, sich miteinander zu verbinden. Diese Schwierigkeit kann teilweise dadurch überwunden werden, daß man zur Verhinderung der Bildung kolloidalen Eisenoxyds während der Neutralisation eine konzentrierte Lösung von Neutralsalzen anwendet. Die Eigenschaften des Eisenleders konnten durch eine Nachgerbung mit Formaldehyd noch verbessert werden.

Jackson und Hou (5) befaßten sich eingehend mit der Eisengerbung von Schaffellen. Sie untersuchten die verschiedenen Faktoren, darunter die besten Methoden zur Oxydation der Ferro- zu Ferrisalzen, und die Beziehung der Basizität oder Acidität des Ferrisalzes zu seiner Stabilität und seinen gerbenden Eigenschaften. Sie fanden, daß ein geringer Überschuß an Oxydationsmitteln vor der Gerbung zu empfehlen ist und empfahlen weiter die Zufügung einer geringen Menge Oxydationsmittel gegen Ende des Gerbprozesses, da die Haut und andere vorhandene organische Substanz immer eine beträchtliche Reduktion von Ferrisalz zu Ferrosalz verursachen. Aus diesem Grunde warnten sie auch vor der Benutzung hölzerner Walkfässer. Werden Ferrosalze von der Haut aufgenommen, so werden sie später beim Trocknen oxydiert und erzeugen harte, brüchige Stellen. Die Basizität der Ferrisalze muß innerhalb sehr viel engerer Grenzen reguliert werden als die der Chromsalze. Die Neutralisation muß während der Gerbung allmählich so geleitet werden, daß eine gleichmäßige Bindung von Eisen in der Haut erreicht wird und das Verhältnis von äquivalenten Hydroxylgruppen zu sauren Gruppen im Eisensalz zwischen 1:3 und 1:5 bleibt. Zu große oder zu rasche Zugabe von Alkali bewirkt Ausfällung des Eisens und Brüchigwerden des erzeugten Leders. Nach der Gerbung muß das Leder, bevor mit dem Fettlickern und Färben begonnen wird, getrocknet werden, so daß eine Garantie für die Bindung des Eisens gegeben ist, das sonst mit den später angewandten Materialien reagieren würde und Veranlassung gäbe, daß das Leder eine unerwünschte Farbe annimmt.

Jackson und Hou stellten Eisenleder her, das nach ihrer Überzeugung sich sehr wohl mit anderen mineralgaren Ledern vergleichen läßt. Es lag in seinen Eigenschaften zwischen dem Alaun- und Chromleder. Gegenüber kochendem Wasser war es nicht widerstandsfähig, sondern begann, wenn es mit Wasser mit einer Temperatur über 75^0 in Berührung kam, zu schrumpfen. Jackson und Hou wiesen darauf hin, daß von anderen Forschern allgemein für die Gerbung von Ferrisulfatlösungen ein Salz von der Formel $FeOHSO_4$ (das sogenannte 33% basische Ferrisulfat) verantwortlich gemacht werde, während diese Verbindung doch in wässeriger Lösung unbeständig ist und unter Ausflockung von Eisenhydroxyd zerfällt. Sie sind der Ansicht, daß die Hauptursache des Brüchigwerdens von Eisenleder nicht in der oxydierenden Wirkung der Ferrisalze, sondern in einer ungeeigneten Gerbmethode beruhe, bei der eine Ausfällung von Eisenhydroxyd stattfinde.

b) Praktische Methoden.

Jackson und Hou veröffentlichten ausführliche Vorschriften zur Herstellung von Eisenleder. Nach der einen Methode wird die Gerbbrühe hergestellt durch Einleiten von Chlorgas in eine Lösung von Ferrosulfat, bis zur vollständigen Umwandlung des zwei- in dreiwertiges Eisen, was an einem Gehalt der Lösung an freiem Chlor erkannt werden kann.

Die Tatsache, daß die Lösung mit Chlor gesättigt wird, ist ein Vorteil. Man nimmt für je 50 kg abgetropfter gepickelter Blöße eine 1,8 kg Fe_2O_3 entsprechende Menge dieser Eisenbrühe, fügt 2 kg Natriumchlorid und 0,8 kg Natriumcarbonat zu und füllt auf ein Gesamtvolumen von 25 l auf. Die Blößen werden in ein Walkfaß gegeben und die Brühe während des Laufens des Fasses zulaufen gelassen. Das Walkfaß wird 1 bis 1½ Stunden laufen gelassen und dann 0,65 kg Bleichpulver (CaClOCl) in einem Liter Wasser gelöst zugegeben. Nach weiteren 15 Minuten Laufen des Fasses beginnt man langsam eine Lösung von 2 kg Soda in 3 l Wasser zulaufen zu lassen. Nach Zugabe der gesamten Lösung läßt man noch weitere 10 Minuten laufen, nimmt dann die Häute aus dem Faß, spült sie aus und hängt sie zum Trocknen auf. Nach dem vollständigen Trocknen werden sie gedämpft und können dann weiter gefärbt und gefettet werden.

Im folgenden wird die Analyse eines mit basischem Ferrisulfat gegerbten Schafleders wiedergegeben:

Wasser	14,10%
Asche	20,01%
Fe_2O_3	4,08%
SO_3	3,26%
Fett	5,37%
Hautsubstanz	51,22%

Das Leder hatte eine gefällige orange Farbe, war dicht und voll, aber etwas hart.

Man erhält ein Leder von heller Farbe, wenn man wie oben angegeben gerbt, aber gegen Ende der Gerbung an Stelle einer Natriumcarbonatlösung eine Lösung von 2 kg Natriumpyrophosphat $Na_4P_2O_7 \cdot 10\ H_2O$ und 1,25 kg Natriumcarbonat in 3 l Wasser zugibt. Es sind noch verschiedene andere Variationen vorgeschlagen worden, unter andern auch die Verwendung von Trinatriumphosphat und von Boraten.

Während des Weltkrieges war man in Deutschland infolge der Knappheit an Gerbmitteln gezwungen, alle verfügbaren Quellen, darunter auch die Eisensalze, auszunützen. Es liefen sehr viele Berichte um, daß es in Deutschland gelungen sei, ein befriedigendes Eisenleder herzustellen. Nach dem Kriege wurde jedoch auch in Deutschland wieder fast ausschließlich vegetabilisches oder chromgares Leder hergestellt, woraus hervorgeht, daß jedenfalls das Eisenleder diesen Ledern nicht überlegen war. Erst kürzlich erhielt der Verfasser aus Deutschland ein Muster eisengegerbten Sohlleders, das sehr gut aussah. Es zeigte folgende Analyse.

Wasser	10,6%
Hautsubstanz	45,9%
Fe_2O_3	6,0%
Al_2O_3	1,4%
Na_2SO_4	1,0%
H_2SO_4	0,6%
$CaSO_4$	0,5%
Fett	0,6%
Wasserlösliche organische Substanz	7,5%
Gebundene organische Substanz	25,9%

Der hohe Prozentgehalt an gebundener oder unlöslicher organischer Substanz zeigt, daß das Leder nicht nur eine reine Eisengerbung erhalten hatte. Unlösliche organische Substanz wird gewöhnlich als gebundener vegetabilischer Gerbstoff klassifiziert. Die Analyse ist jedenfalls im Hinblick auf die langsame Entwicklung der Eisengerbung interessant.

c) Theorie der Eisengerbung.

Die mitgeteilten Tatsachen zeigen, daß Ferrisalze Gerbmittel sind, Ferrosalze dagegen nicht und daß basische Ferrisalze sehr viel besser gerbend wirken als normale Salze. Es ist die Frage aufgeworfen worden, ob die Eisengerbung auf einer Verbindung zwischen Protein und kolloidalem Eisenoxyd beruhe oder nicht. Jackson und Hou versuchten, Schafsblößen mit Eisenoxydul zu gerben, mußten aber feststellen, daß dieses Sol absolut keine gerbenden Eigenschaften besitzt. Meyer (14) untersuchte die Wirkung von kolloidal dispergiertem Eisenoxyd, Chromoxyd und Gold auf Würfel von Gelatine und Streifen von Haut. Er kam zu dem Schluß, daß solche kolloidale Dispersionen die Haut nicht zu durchdringen vermögen und keine gerbenden Eigenschaften besitzen.

Thomas und Kelly (13) führten kürzlich eine Untersuchung über die bei der Eisengerbung in Betracht kommenden Faktoren durch und gingen dabei von einem gänzlich anderen Gesichtspunkt aus als all die anderen Bearbeiter dieses Gebiets; sie berücksichtigten nämlich alle im Zusammenhang mit der Chromgerbung und Alaungerbung in Betracht kommenden Prinzipien. Sie bereiteten sich eine Stammlösung von Ferrisulfat und stellten aus dieser sämtliche für die Versuche benutzten Lösungen her. Zu den Untersuchungen wurden nur klare Lösungen, die natürlich durch den Bereich der Konzentration des p_H-Wertes begrenzt waren, benutzt. Die Arbeitsweise von Thomas und Kelly bestand im allgemeinen darin, 2 g gereinigten Hautpulvers mit 400 ccm der Gerbbrühe eine bestimmte Zeit lang zu schütteln, im Wilson-Kern-Extraktionsapparat von allem löslichen Eisen und Sulfat freizuwaschen, an der Luft zu trocknen, dann im Muffelofen zu veraschen und schließlich, um das gesamte Eisen in Fe_2O_3 zu verwandeln, bei hoher Temperatur zu glühen. Dieses Fe_2O_3 wurde dann gewogen. In einer Anzahl von Fällen wurde die Asche analysiert, um festzustellen, daß die Asche auch wirklich nur aus Eisenoxyd bestand. Thomas und Kelly stellten bei ihren Untersuchungen erneut fest, daß die Methode, aus der Konzentrationsabnahme der Lösungen die Menge des aufgenommenen Stoffes, in diesem Falle des aufgenommenen Eisens, zu bestimmen, nicht brauchbar ist.

α) Der Basizitätsfaktor.

Da es unmöglich ist, den p_H-Wert von Ferrisulfatlösungen mit der Wasserstoffelektrode oder der Chinhydronelektrode zu messen, benutzten Thomas und Kelly bei der Untersuchung des Einflusses wechselnder Acidität den Begriff der Basizität des Ferrisulfats. Sie definierten als Basizität des Ferrisalzes das Verhältnis von äquivalentem Hydroxyl zu Ferrieisen. Hiernach hätte eine 67 % saure Ferrisulfatlösung eine Basizität von 0,33 oder 33 %. Die basischen Salzlösungen wurden durch langsames Zufließenlassen der berechneten Menge Natriumhydroxydlösung zu der Stamm-Ferrisulfatlösung unter starkem Umrühren hergestellt. Im allgemeinen bildete sich zunächst ein Niederschlag, der jedoch nach einigen Minuten Umrühren wieder in Lösung ging. Die Lösung wurde weiter dann auf das gewünschte Volumen verdünnt.

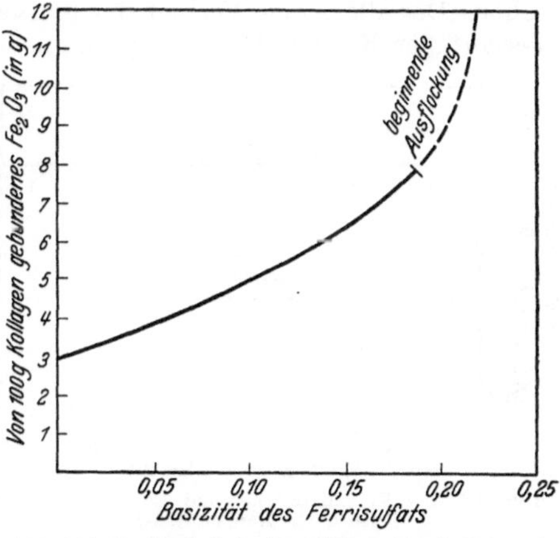

Abb. 304. Der Einfluß der Basizität des Ferrisulfats auf die Aufnahme von Eisen durch Hautsubstanz.

Als Gerbdauer wurde für die Versuche 48 Stunden gewählt, die Konzentration der Lösungen an $Fe_2(SO_4)_3$ betrug 55,19 g, entsprechend einer 0,138-molaren Lösung. Die Ergebnisse der Versuche sind in Abb. 304

wiedergegeben. Es soll darauf hingewiesen werden, daß Thomas und Kelly auch bei ihren Untersuchungen über den Einfluß des p_H-Wertes auf die Alaungerbung, deren Resultate in Abb. 301 wiedergegeben sind, eine 0,138-molare Aluminiumsulfatlösung benutzten. Bis zu Basizitäten von 0,187 blieben die Ferrisulfatlösungen beim Stehen während 24 Stunden klar, bei höheren Basizitätswerten wurde das Eisen in zunehmendem Maße ausgeflockt. Aus diesem Grunde sind auch nur die Werte bis zur Basizität 0,187 wiedergegeben. Der allgemeine Verlauf der Kurve ist ähnlich der Kurve für Aluminiumsulfat und auch die Menge der gebundenen Grammäquivalente ist von der gleichen Größenordnung.

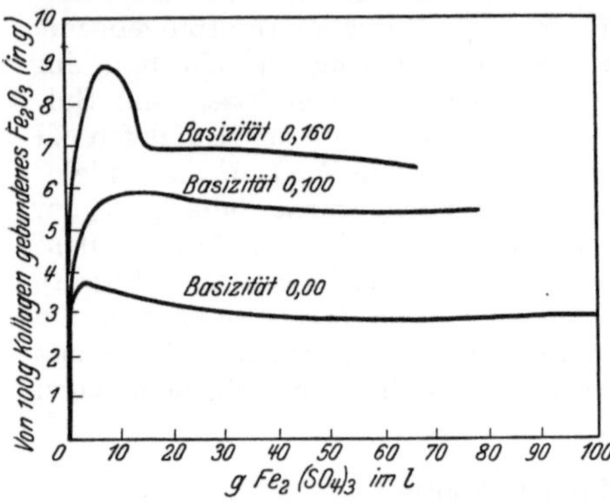

Abb. 305. Der Einfluß der Konzentration auf die Aufnahme von Eisen durch Hautsubstanz.

β) Der Einfluß der Konzentration.

Zur Untersuchung des Einflusses der Konzentration wurden drei Versuchsreihen mit Basizitäten von 0,0, 0,10 und 0,16 durchgeführt. Die Ergebnisse sind in Abb. 305 wiedergegeben. Der allgemeine Verlauf der Kurven ist in weitestem Maße dem Verlauf der Kurven ähnlich, die man bei der Chromgerbung und der Alaungerbung erhält. Alle diese Kurven zeigen im Gebiet niedriger Konzentrationen Maxima und der Gerbungsgrad nimmt mit zunehmender Basizität bis zu 0,16 zu.

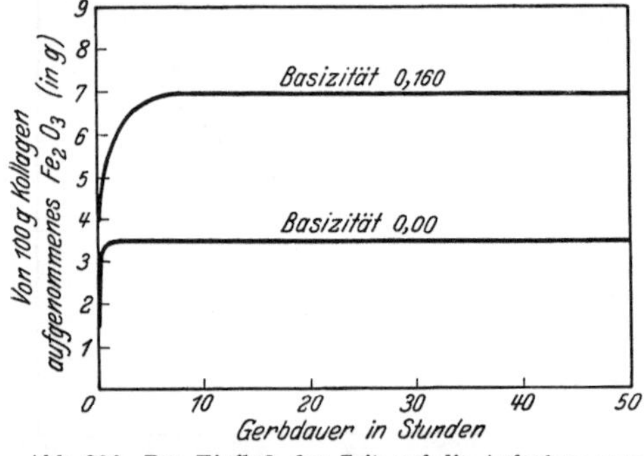

Abb. 306. Der Einfluß der Zeit auf die Aufnahme von Eisen durch Hautsubstanz.

γ) Der Einfluß der Zeit.

Zur Untersuchung des Einflusses der Zeit wurden zwei Versuchsreihen mit einer Konzentration von 19,04 g $Fe(SO_4)_3$ im Liter, entsprechend 0,0476-molaren Lösungen angesetzt. Die Lösungen der einen Reihe hatten eine Basizität von 0,0, die der zweiten eine solche von 0,160. Die Ergebnisse sind aus Abb. 306 ersichtlich. Die Annäherung an das Gleichgewicht erfolgt sogar noch rascher als bei der Alaungerbung. Wie zu erwarten, nähert sich die basische Lösung nur sehr viel langsamer dem Gleichgewicht als die Lösung des normalen Salzes.

δ) Der Einfluß von Neutralsalzen.

Um den Einfluß einer Zugabe von Neutralsalzen festzustellen, wurden vier Versuchsreihen durchgeführt, zwei mit Natriumchlorid und zwei mit Natriumsulfat. Für einen Versuch mit jedem Salz wurde normales Ferrisulfat, für einen zweiten Versuch wieder mit beiden Salzen wurde ein Ferrisulfat von der Basizität 0,0936 benutzt. Die Konzentration an $Fe_2(SO_4)_3$ betrug bei allen Versuchen 19,04 g im Liter, entsprechend 0,0476-molaren Lösungen. Versuche mit höher basischem Ferrisulfat führten infolge Ausflockung des Eisens durch das zugefügte Salz zu

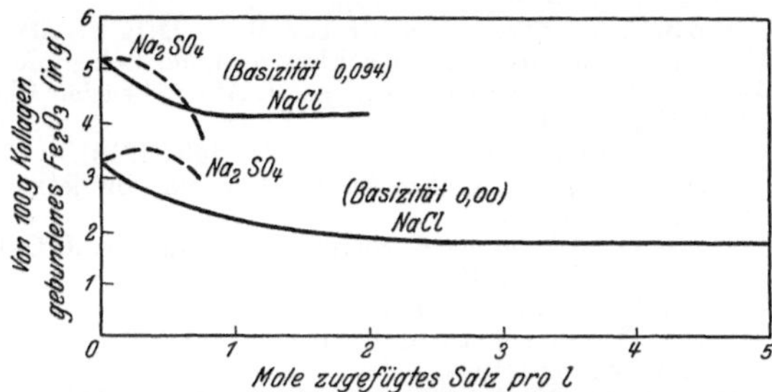

Abb. 307. Der Einfluß einer Zugabe von Neutralsalz auf die Aufnahme von Eisen durch Hautsubstanz.

keinem brauchbaren Ergebnis. Bei Lösungen des normalen Ferrisulfats konnten Konzentrationen bis zu 5-molar an Natriumchlorid und 0,75-molar an Natriumsulfat verwandt werden. Bei dem basischen Salz lagen die Grenzen bei 2-molar an Natriumchlorid und 0,75-molar an Natriumsulfat. Die Versuchsergebnisse sind Abb. 307 zu entnehmen.

Bei allen Konzentrationen verursacht Natriumchlorid eine Abnahme der Gerbaktivität, während Natriumsulfat bei niedriger Konzentration die Gerbwirkung normalen Ferrisulfats begünstigt. Möglicherweise verursacht es den Eintritt von Sulfationen in den Eisenkomplexkern und bedingt so die Bildung eines Komplexes von höherem Gerbvermögen.

ε) Eisenkollagenate.

In Abb. 306 kann festgestellt werden, daß der Grenzwert für das basische Salz genau doppelt so groß ist wie für das normale Salz. Thomas und Kelly werteten diese Feststellung aus und machten eine interessante Berechnung. Nimmt man den Wert Wilsons von 750 als Äquivalentgewicht des Kollagens und 26,6 als das Äquivalentgewicht des Eisenoxyds, so sollte man, wenn alle drei Bindungen des Ferriions mit dem Protein verbunden sind, einen Grenzwert von 3,55 g Fe_2O_3 auf 100 g Kollagen erwarten, also genau den Wert, den Thomas und Kelly für das normale Salz ermittelten. Der Grenzwert für das basische Salz ist etwa das Doppelte dieses Wertes, würde also einem Di-ferrikollagenat entsprechen. Ausgehend von der im 19. Kapitel beschriebenen Theorie der Chromgerbung hätte man sich die Bildung eines Mono-ferrikollagenats als die Verbindung des Kollagens mit dem dreiwertigen Kation Fe^{+++} und die Bildung eines Di-ferrikollagenats als die Verbindung des Kollagens mit einem Komplex mit drei positiven Ladungen, der aber nur zwei Atome Eisen enthält, vorzustellen. Das ganze Gebiet bietet der weiteren Forschung noch weite Möglichkeiten.

Literaturzusammenstellung.

1. Bystron, J.u.K. von Vietinghoff: D.R.P.255320; 255321; 255322; 255323; 255324; 255325; 255326; 255356.
2. Casaburi, V.: Notes on the tannage of hides with salts of iron. J. Int. Soc. Leather Trades Chem. **3**, 61, 74 (1919).
3. Chemische Fabriken vorm. Weiler-ter-Mer. D.R.P. 334004.
4. Grasser, G.: Chemische Kontrolle der Eisengerbung. Collegium **1920**, 166.
5. Jackson, D. D. u. T. P. Hou: Iron tannage. J. Amer. Leather Chem. Assoc. **16**, 63, 139, 202, 229 (1921).
6. Jettmar, J.: Iron tannage. Cuir techn. **8**, 74, 106 (1919).
7. Jettmar, J.: Die Eisengerbung, ihre Entwicklung und ihr jetziger Zustand. Leipzig: Schulze & Co. 1920.
8. Knapp, F.: Natur und Wesen der Gerberei und des Leders. J. G. Cotta 1858. Sonderabdruck Collegium **1919**.
9. Mensing, W.: D.R.P. 314487; 314885.
10. Procter, H. R.: The principles of leather manufacture. Second edition. New York: Van Nostrand 1922.
11. Röhm, O.: D.R.P. 338477; 341789; 349335; 378450; 419778.
12. Stiasny, E. u. B. Jalowzer: D.R.P. 487670; 499458.
13. Thomas, A. W. u. M. W. Kelly: Fixation of iron by hide substance. Ind. Eng. Chem. **20**, 632 (1928).
14. Wintgen, R. u. E. Meyer: Über die Einwirkung von kolloidem und semikolloidem Eisenoxyd auf wässerige Gelatinelösungen. I. u. II. Kolloid-Z. **36**, 369 (1925); **40**, 136 (1926).

22. Die Sämischgerbung.

Schon seit prähistorischen Zeiten ist die gerbende Wirkung gewisser Öle bekannt und wird von den Menschen benutzt. Eins der einfachsten Beispiele eines sämischgaren Leders ist das gewöhnliche Waschleder. Es wird aus der Reticularschicht der Schafshaut hergestellt, die von der Narbenschicht so gespalten wird, daß beide Spalte getrennt in verschiedenen Prozessen gegerbt werden können. Das Spalten wird zuweilen nach dem Äschern der enthaarten Häute, zuweilen erst nach dem Pickeln vorgenommen. Die gepickelten Häute werden in Wasser geweicht, um einen Teil des Salzes zu entfernen. Das hat eine Schwellung zur Folge, die den Spaltprozeß erleichtert. Die Fleischspalte können dann in dem Zustande, in dem sie sich befinden, sofort gegerbt werden, oder sie werden zuerst noch durch Weichen in einer Lösung von Natriumbicarbonat oder Borax entpickelt und ausgewaschen. Die feuchten Spalte werden mit Fischtran bestrichen, der gewöhnlich mit Talg gemischt ist und dann in besonderen, dafür bestimmten Walkmaschinen gewalkt, um das Eindringen des Öls zu befördern. Im gleichen Maße, wie das Wasser aus der Haut heraustritt, dringt das Öl hinein. Das Walken wird gelegentlich unterbrochen und die Häute zum Abkühlen ausgebreitet. Darauf werden sie von neuem mit Tran eingerieben und in die Walkmaschine zurückgebracht. Die Häute können auf diese Weise wiederholt mit Dorsch-, Robben-, Wal-, Haifisch- oder ähnlichen Tranen geölt werden. Zwischen diesen Walkoperationen werden die Häute in Haufen zur sogenannten „Brut" aufgeschichtet und mit Segeltuch bedeckt. Dabei werden die Öle oxydiert; es entsteht eine beträchtliche Wärmeentwicklung, so daß es notwendig ist, die Häute zur Verhinderung einer Schädigung durch Überhitzung ab und zu umzuschichten. Bei dieser Oxydation werden Acrolein und andere stechend riechende Verbindungen entwickelt, die die Augen reizen, falls für genügende Ventilation nicht gesorgt ist. Die Dauer des Gerbprozesses wird durch die Arbeitsbedingungen und die Eigenschaften, die das betreffende Leder haben soll, bestimmt.

Ist der Gerbprozeß abgeschlossen, so ist praktisch alles Wasser in den Häuten durch Öl ersetzt. Nach der Gerbung werden die Spalte einige Stunden in Wasser von etwa 43^0 geweicht und dann abgepreßt, um die Hauptmenge des ungebundenen Öls zu entfernen. Die dabei erhaltene Wasser-Öl-Emulsion wird unter dem Namen „Moellon" oder „Degras" zum Fettlickern an die Gerber verkauft. Sie wird im 27. Kapitel eingehender besprochen werden. Durch Waschen des Leders mit warmen Lösungen von Natriumcarbonat wird noch mehr ungebundenes Öl aus dem Leder entfernt. Das Natriumcarbonat neutralisiert auch etwa noch vorhandene, aus dem Pickel stammende freie Säuren. Das Leder wird weiter in fließendem Wasser gewaschen, getrocknet und dann im hellen Sonnenlicht gebleicht. Um es weich zu machen, wird es gestollt.

Die sämischgaren Leder sind außerordentlich weich und biegsam, was darauf zurückzuführen ist, daß sie vollständig von Öl durchdrungen sind. Auch nach anderen Gerbverfahren hergestellte Leder werden weich und lappig, wenn sie beim Fettlickern vollständig von Öl durchdrungen werden. Sämisch gegerbtes Leder ist sehr dauerhaft und zeigt selbst nach vielen Jahren praktisch keine Verschlechterung seiner ursprünglichen Eigenschaften. Sämischleder ist waschbar und bei gewöhnlichen Temperaturen gegen Wasser vollständig widerstandsfähig. Sämischleder wird als Fensterleder zum Putzen der Fenster, zum Filtrieren des Wassers von Benzol und zu vielen Zwecken des täglichen Lebens benutzt. Die Sämischgerbung wird oft bei der Herstellung von Pelzen und bei der Verarbeitung von Hirschhäuten zu Bekleidungszwecken angewandt.

Theorie der Sämischgerbung.

Fahrion (2) stellte sehr eingehende Untersuchungen über die Sämischgerbung an. Er schloß daraus, daß der wirksame gerbende Bestandteil in den Fischtranen die ungesättigten, freien Fettsäuren seien. Die wirksamen Säuren enthalten wenigstens zwei Doppelbindungen. Sie nehmen bei der Oxydation eine Peroxydstruktur an, die durch folgende Formel veranschaulicht wird:

```
R—CH——CH—...—CH——CH—....COOH
   |    |      |    |
   O————O      O————O
```
.

Bei manchen dieser Peroxydgruppen tritt eine molekulare Umlagerung in folgendem Sinne ein:

```
—CH——CH—        —CO——CH—
 |    |    →          |     .
 O————O               OH
```

Die unveränderten Peroxydgruppen reagieren mit dem Protein unter Bildung einer Verbindung zwischen Fettsäure und Kollagen. Wird Kollagen durch die einfache Formel $R'NH_2$ veranschaulicht, so kann die gebildete Verbindung auf folgende Weise wiedergegeben werden:

```
     OH
     |
R—C—CH—...—CH——CH—...COOH.
  |  |        |    |
  H  OH       O    O
              |    |
            R'NH  HNR'
```

Fahrion stellt sich weiter vor, daß diese Verbindung in ein Lacton etwa folgender Formel übergeht:

```
   O————————————————————┐
   |                    |
R—CH—CH—...CH——CH—...CO .
      |    |     |
      OH   O     O
           |     |
         R'NH   HNR'
```

Das wäre nach Fahrion die Grundformel eines sämischgaren Leders. Fahrion nimmt weiter an, daß auch einige der ungebundenen Fettsäuren in Lactone übergeführt und mechanisch in den Fasern zurückgehalten werden und so gegen das Waschen der Leder mit Natriumcarbonat widerstandsfähig sind. Er weist weiter darauf hin, daß auch die Aldehyde, die während der Gerbung entstehen, sich wahrscheinlich in gewissem Ausmaße mit den Proteinen verbinden, so daß in Wirklichkeit der Fettgerbung noch eine Aldehydgerbung nebenhergeht.

Meunier (6) baute diese Theorie noch ein wenig weiter aus. Er entwässerte Häute mit Alkohol und behandelte sie dann mit alkoholischen Lösungen von verschiedenen Fettsäuren, ließ den Überschuß der Lösung ablaufen und die Häute trocknen. Mit Ölsäure erhielt er ein lederähnliches Produkt, das aber, wenn es in Wasser gelegt wurde, nicht als Leder angesprochen werden konnte. Verwendete er die Fettsäuren des Rüböls, die in die Reihe der Säuren mit zwei Doppelbindungen, $C_nH_{2n-4}O_2$, gehören und etwas Linolensäure, die drei Doppelbindungen enthält, so erhielt er ein gelbes Produkt, das gegen die Einwirkung des Wassers etwas widerstandsfähiger war, als das mit Ölsäure erhaltene Produkt. Nahm er die Fettsäuren des Leinöls, die sehr reich an Linolensäure sind, so erhielt er ein Leder, das gegen Wasser noch widerstandsfähiger war als jenes, das mit den Fettsäuren des Rüböls erhalten worden war. Ein Leder, das gegen die Wirkung des Wassers bei gewöhnlicher Temperatur vollständig widerstandsfähig war, erlangte er erst dann, als er die Fettsäuren des Dorschtrans verwendete, die sehr reich an Gliedern der Reihe $C_nH_{2n-8}O_2$ sind und vier Doppelbindungen in ihrem Molekül enthalten. Meunier schloß aus diesen Versuchen, daß die gerbende Wirkung der Fischtrane auf der Gegenwart von Fettsäuren beruhe, die in ihrem Molekül vier Doppelbindungen aufweisen, von denen wenigstens zwei einer Oxydation durch den Sauerstoff der Luft zugänglich sind und die oben formulierte Peroxydstruktur ergeben.

Chambard und Michallet (1) lieferten einen wichtigen Beitrag zur Kenntnis der Sämischgerbung. Sie verfolgten das Fortschreiten der Gerbung unter den mannigfaltigsten Bedingungen und bestimmten die Menge des Fetts, das vom Protein gebunden wird, sowie die Schrumpfungstemperatur des erhaltenen Leders. Bei Benutzung einer von Schiaparelli vorgeschlagenen Methode fanden Chambard und Michallet, daß die ungegerbte Haut bei einer Temperatur von 50°, ein gutes Sämischleder bei etwa 64° schrumpft. Die Menge des an das Protein gebundenen Fetts wurde durch Subtraktion der Summe der Prozentzahlen des Wassergehalts, der Asche und der Hautsubstanz von 100 berechnet. Die Prozentzahl für die Hautsubstanz wurde in der bekannten Weise durch Multiplikation des Stickstoffwertes mit dem Faktor 5,60 erhalten.

α) Der Einfluß der Zeit.

Stücke von Schafshaut-Fleischspalten wurden in feuchtem Zustande mit Öl oder Fettsäuren bestrichen und in einem abgeschlossenen Raum aufbewahrt, um ein Trocknen zu verhindern. Bei ihren verschiedenen Versuchen benutzten Chambard und Michallet dazu Dorschlebertran, Leinöl, Olivenöl und deren Fettsäuren. Nach bestimmten Zeitintervallen wurden Probestücke für die Analyse und für Testproben entnommen. Sie wurden zuerst mit Alkohol, dann mit Äther, dann wieder mit Alkohol, dann mit einer 5%igen Natriumbicarbonatlösung und schließlich mit destilliertem Wasser extrahiert. Darauf wurden die Hautstücke getrocknet. Durch diese Extraktionsreihe sollten alle ungebundenen Fettsäuren und etwaigen anderen Produkte, die bei der Bestimmung des ungebundenen Fetts stören könnten, entfernt werden. Das getrocknete Leder wurde auf seinen Wasser-, Asche- und Hautsubstanzgehalt analysiert. Bei Untersuchung der Schrumpfung wurde der Streifen in kaltes Wasser gelegt und die Temperatur ganz allmählich gesteigert, bis die Streifen zu schrumpfen und sich zu rollen begannen. Die dabei beobachtete Temperatur wurde als Schrumpfungstemperatur bezeichnet. Wenn die Gerbung so weit vorgeschritten war, daß ein weiteres Ansteigen der Schrumpfungstemperatur bei dem Leder ausblieb, wurde die Gerbung als vollständig angesehen. Der Einfluß der Zeit ist aus Tabelle 92 zu ersehen.

Olivenöl zeigte keine Gerbwirkung. In anderen Versuchsreihen wurde auch von den freien Fettsäuren gezeigt, daß sie keine Gerbwirkung haben. Leinöl und Dorschtran sind beide gute Gerbmittel. Die freien Fettsäuren gerben anfangs viel schneller; die erhaltenen Leder sind aber in ihrer Qualität bedeutend geringwertiger als die, die mit den

Tabelle 92. Der Einfluß der Zeit auf die Sämischgerbung von Schafshäuten bei Verwendung verschiedener Öle.

Gerbmittel	Schrumpfungstemperatur nach (in Celsiusgraden) 1 Tag	2 Tagen	3 Tagen	15 Tagen	% Fettgehalt des Leders nach 15 Tagen	Beurteilung der gegerbten Hautprobe
Olivenöl	50	50	50	50	0,19	Ungegerbt, hornig
Leinöl	50	50	58	64	10,28	Gut gegerbt, geschmeidig
Dorschlebertran	50	50	61	64	5,41	Gut gegerbt, sehr geschmeidig
Fettsäuren des Leinöls	51	54	57	57	11,26	Gut gegerbt, aber rauh, nicht geschmeidig
Fettsäuren des Dorschlebertrans	56	57	59	59	7,77	Gut gegerbt, aber rauh, nicht geschmeidig
Blindversuch ohne Öl	50	50	50	50	0,00	

entsprechenden Ölen erhalten wurden. Zwischen der Menge des gebundenen Fetts und der Schrumpfungstemperatur scheint keine Beziehung zu bestehen. Chambard und Michallet wurden dadurch zu der Annahme veranlaßt, daß nur ein Teil des gebundenen Fetts mit dem Protein in chemische Bindung tritt. Die Schrumpfungstemperatur steigt wahrscheinlich mit der Menge des an das Protein chemisch gebundenen Fetts an; der Rest des gebundenen Fetts ist wahrscheinlich von dem Ölüberzug der Fasern abzuleiten. Er ist in Alkohol oder Äther schwer löslich und durch Natriumbicarbonatlösung nicht leicht zu emulgieren. Das scheint ganz besonders für die Leinölgerbung zuzutreffen. Obwohl Leinöl ein gutes Gerbmittel zu sein scheint, ist das damit gegerbte Leder in der Qualität etwas geringer als das mit Dorschtran gegerbte.

β) Der Einfluß der relativen Luftfeuchtigkeit.

Chambard und Michallet untersuchten weiter den Einfluß der relativen Luftfeuchtigkeit auf die Fettgerbung. Sie bestrichen gepickelte Schafsspalte mit Dorschtran oder dessen freien Fettsäuren und hingen sie in Trockenkammern über Schwefelsäurelösungen auf, deren Konzentrationen so gewählt waren, daß sie der Atmosphäre der Trockenkammern die gewünschten relativen Feuchtigkeiten erteilten. Nach gewissen Zeiträumen wurden Proben zu Analysenzwecken entnommen und die Untersuchungen wie oben beschrieben vorgenommen. Die Versuchsergebnisse sind in Tabelle 93 zusammengestellt.

In Verbindung mit diesen Versuchen hingen Chambard und Michallet noch Streifen gepickelter Schafshäute in den verschiedenen Trockenkammern auf und beobachteten von Zeit zu Zeit die Gewichtsänderung, die durch Zunahme oder Abnahme des Feuchtigkeitsgehalts zustandekommt. Die prozentuale Gewichtszunahme oder Abnahme wurde auf das Gewicht der zum Versuch verwendeten gepickelten Haut berechnet. Die Ergebnisse sind in Tabelle 94 zusammengestellt. Man

Tabelle 93. Einfluß der relativen Feuchtigkeit auf die Sämischgerbung von Schafshaut.

% relative Luftfeuchtigkeit	Schrumpfungstemperatur (in Celsiusgraden) nach			% Fettgehalt der Leder nach 15 Tagen
	4 Tagen	8 Tagen	15 Tagen	
	Gerbung mit Lebertran			
0	46	48	53	4,32
20	48	48	53	5,41
40	50	52	61	5,46
70	48	49	63	7,05
100	48	48	65	7,30
	Gerbung mit den Fettsäuren des Lebertrans			
0	55	56	55	7,09
20	55	59	58	7,35
40	55	59	58	9,05
70	55	62	63	8,95
100	55	63	64	9,10

Tabelle 94. Gewichtszunahme bzw. Abnahme gepickelter Schafshäute, die bei verschiedenen relativen Feuchtigkeiten aufbewahrt wurden.

Zeit (in Tagen)	Prozentuale Gewichtszunahme oder Abnahme bei				
	0% relativer Feuchtigkeit	20% relativer Feuchtigkeit	40% relativer Feuchtigkeit	70% relativer Feuchtigkeit	100% relativer Feuchtigkeit
1	− 23	− 9	− 10	− 1,5	+ 12
2	− 45	− 22	− 18	− 2	+ 16
3	− 55	− 34	− 29	− 6	+ 19
4	− 55	− 47	− 37	− 11	+ 20
6	− 56	− 52	− 51	− 18	+ 23
17	− 56	− 52	− 54	− 25	+ 24

sollte erwarten, daß sich der Wassergehalt der gefetteten Häute in viel engeren Grenzen halten würde.

Es ist sehr wahrscheinlich, daß die Fixierung des Fetts durch die Haut durch den Feuchtigkeitsgehalt begünstigt wird. Die stärkste Durchgerbung wird erreicht, wenn die Atmosphäre 100% relative Feuchtigkeit aufweist, mit anderen Worten, wenn sie mit Wasserdampf gesättigt ist. Der Unterschied in der Gerbwirkung beim Gerben mit Öl bzw. den entsprechenden freien Fettsäuren ist recht interessant. Die freien Fettsäuren gerben viel schneller, das dabei entstehende Leder ist aber weniger geschmeidig, weniger weich und von viel dunklerer Farbe als das Leder, das mit den neutralen Ölen erhalten wird.

γ) Der Einfluß des Luftsauerstoffs.

Chambard und Michallet konnten weiter zeigen, daß zur Sämischgerbung Luft notwendig ist. Sie versuchten die Gerbung bei verschiedenen Atmosphärenarten durchzuführen: in trockener Luft, in feuchter Luft, in trockener Stickstoff- und in feuchter Stickstoffatmosphäre. Die zu gerbenden Schafshautstücke wurden in Trockenkammern aufgehängt, die während der Gerbung von Zeit zu Zeit evakuiert und mit Stickstoff oder Luft gefüllt wurden. Durch die Gegenwart von Wasser bzw. Schwefelsäure wurde der Feuchtigkeitsgehalt der Gasphase in der Trockenkammer geregelt. Alle Versuche erstreckten sich über eine Gerbzeit von 48 Stunden. Mit Lebertran sowohl wie auch mit dessen freien Fettsäuren wurden die Hautstücke in feuchter und in trockener Luft gegerbt; die Schrumpfungstemperatur stieg von 55 auf 59°. War während des Versuchs nur Stickstoff zugegen, so nahmen die Häute kein lederartiges Aussehen an, weder wenn in feuchter, noch wenn in trockener Atmosphäre mit dem neutralen Öl oder dessen freien Fettsäuren gegerbt wurde. Auch die Schrumpfungstemperatur verblieb bei 50 bis 51°. Dies schien recht deutlich zu veranschaulichen, daß zur Sämischgerbung Sauerstoff nötig ist.

δ) Der Einfluß der Acidität.

Chambard und Michallet untersuchten schließlich noch den Einfluß des Entpickelns der vorher gepickelten Schafsblöße. Die gepickelte Haut war gewöhnlich ins Gleichgewicht gebracht worden mit einer aus Salz und Säure bestehenden Lösung, deren p_H-Wert zwischen 1,5 und 2 lag. Ein Probestück wurde mit einer Natriumsulfatlösung von $p_H = 7{,}0$ ins Gleichgewicht gebracht, ein anderes mit einer Natriumthiosulfatlösung von $p_H = 8$ bis 9 und ein drittes Probestück mit einer Kaliumcarbonatlösung von $p_H = 10$ bis 11. Alle diese Lösungen waren gesättigt. Die Schafshautstücke wurden entweder mit Lebertran oder dessen freien Fettsäuren behandelt und die Gerbung nach der oben gegebenen Anweisung ausgeführt. Während der Gerbung änderten sich die p_H-Werte der von den Häuten zurückgehaltenen Lösungen in folgender Weise: Der p_H-Wert der gepickelten Haut blieb unverändert, die Werte der anderen Hautstücke fielen auf 7,2 bis 7,5, was auf die Bildung organischer Säuren während der Gerbung zurückzuführen sein dürfte. Mit Lebertran war die Gerbung gut und das Leder geschmeidig, ausgenommen der Fall, bei dem das Hautstück mit Natriumthiosulfat behandelt worden war. Von der gepickelten Haut wurden 6,83%, von der mit Natriumsulfat behandelten 7,19% und von der mit Kaliumcarbonat behandelten 5,00% Fett gebunden. In allen Fällen lagen die Schrumpfungstemperaturen bei 64° oder noch höher. Die mit Natriumthiosulfat behandelte Haut fixierte nur 2,55% Fett und zeigte entsprechend eine Schrumpfungstemperatur von nur 55 bis 56°. Beim Gerben mit den freien Fettsäuren wurden im wesentlichen die gleichen Resultate erhalten, jedoch war die Menge des aufgenommenen Gerbmittels höher und die Qualität des gewonnenen Leders weniger wertvoll.

Der Einfluß des p_H-Wertes ist anscheinend sehr gering; die Sämischgerbung verläuft bei so unterschiedlichen p_H-Werten wie 2 und 7 gleichermaßen gut. Die schlechten Resultate, die mit Natriumthiosulfat erzielt wurden, können nicht auf den p_H-Wert der Thiosulfatlösung zurückgeführt werden; sie hängen wahrscheinlich mit den reduzierenden

Eigenschaften des Thiosulfats zusammen. Diese Annahme ist im Hinblick darauf berechtigt, daß Sauerstoff zur Sämischgerbung erforderlich ist.

Ein weiterer Versuch wurde mit Lebertranseife angestellt. Nach der Gerbung wurde die Haut wie üblich entfettet und glich dann wieder der rohen Haut. Die Schrumpfungstemperatur lag zwischen 48 und 49° C. Das widerspricht einer Beobachtung von Mathur (5), nach der Seifen Gerbmittel sein sollen. Anscheinend wird mit Seifen eine Gerbwirkung nur dann erreicht, wenn die Bedingungen so gewählt sind, daß Hydrolyse der Seife eintritt.

ε) Die Gerbwirkung von Oxyfettsäuren.

Mathur (5) führte sehr eingehende Untersuchungen über die Sämischgerbung aus; leider beurteilte er die Gerbwirkung eines Öls lediglich nach dem Aussehen und dem Griff des erhaltenen Hautprodukts, anstatt es einer chemischen Analyse und quantitativen physikalischen Prüfungsmethoden zu unterwerfen, die erst den wirklichen Grad der Gerbung erkennen lassen. Es ist leicht einzusehen, daß die Unterlassung exakter Prüfungsmethoden zu irrigen Schlüssen führen kann. Mathur folgerte aus seinen Untersuchungen, daß Seifen ebenso gut gerben wie die freien Fettsäuren, und daß Sauerstoff zur Gerbung nicht nötig sei. Diese Angaben wurden später durch die Arbeit von Chambard und Michallet, die oben beschrieben wurde, widerlegt. Mathur entwickelte die Theorie, daß die Sämischgerbung auf einer Verbindung von Protein mit Oxyfettsäuren beruhe.

Nach Hazura (3) nehmen ungesättigte Fettsäuren, die in verdünnter alkalischer Kaliumpermanganatlösung oxydiert werden, auf jede Doppelbindung eine Hydroxylgruppe auf. Mathur benutzte diese Angabe, um aus Robbentran, Leinöl und Olivenöl Oxyfettsäuren herzustellen. Die gereinigten Oxysäuren wurden in die Oberfläche feuchter Schafsfleischspalte eingerieben, wobei diese nach und nach die Farbe und das Aussehen von Sämischleder annahmen. Das schien den Gedanken, daß die Hydroxylgruppen für die Sämischgerbung von Wichtigkeit sind, zu bestätigen.

Mathur untersuchte weiter die Gerbwirkung einer Reihe von Oxy-stearinsäuren. Befand sich die Hydroxylgruppe in α- oder β-Stellung, so schien die Säure keine gerbenden Eigenschaften zu haben; war aber die Hydroxylgruppe am Kohlenstoffatom 9 oder 10 gebunden, so zeigte die Säure Gerbwirkung. Diese Ansicht schien mit der Tatsache übereinzustimmen, daß die Jodzahl isomerer ungesättigter Säuren wächst, je weiter die Doppelbindung von der Carboxylgruppe entfernt ist. In den Fischtranen sind die Doppelbindungen, die unter geeigneten Bedingungen mit Wasser reagieren und dabei Hydroxylgruppen aufnehmen, sehr weit von den Carboxylgruppen der Fettsäuren entfernt. Auf diese Weise läßt sich ihre starke Gerbwirkung erklären.

Die Theorie der Sämischgerbung von Mathur läßt sich am einfachsten mit Hilfe der folgenden Gleichung veranschaulichen, die sich der Oxy-stearinsäure als Oxyfettsäure und der Formel RNH_2 für das Kollagen bedient:

$$\underset{\text{Oxy-stearinsäure}}{CH_3\cdot(CH_2)_7\cdot\underset{\substack{|\\H}}{CH}\cdot\underset{\substack{|\\OH}}{CH}\cdot(CH_2)_7\cdot COOH} + \underset{\text{Haut}}{RNH_2}$$

$$= \underset{\text{Sämischleder}}{CH_3\cdot(CH_2)_7\cdot\underset{\substack{|\\H}}{CH}\cdot\underset{\substack{|\\RNH}}{CH}\cdot(CH_2)_7\cdot COOH} + \underset{\text{Wasser}}{H_2O}$$

Die Theorie fußt auf zwei aufeinander folgenden Reaktionen. Zuerst muß das Öl mit Wasser unter Bildung von Oxyfettsäuren reagieren, dann reagieren die Oxyfettsäuren mit dem Kollagen; dabei entsteht das Leder und nebenbei Wasser. Mathur stellte fest, daß die optimale Menge an Wasser, das zur Bildung der Oxysäuren im Öl nötig ist, gegen 30% beträgt. Während der Gerbung wird Wasser in Freiheit gesetzt, wodurch der Prozentsatz noch anwächst. Er nimmt an, daß die Rolle, die die Luft beim Gerbprozeß spielt, darin besteht, daß sie das überschüssige Wasser fortnimmt und so den Wassergehalt näher an den optimalen Wert von 30% (auf das Ölgewicht bezogen) bringt und die Gerbung damit befördert.

Rogers (7) und Li (4) bauten Mathurs Theorie weiter aus durch die Annahme, daß alle Gerbwirkungen auf Reaktionen zwischen Kollagen und den in den Gerbmitteln vorhandenen Hydroxylgruppen beruhen. Li arbeitete mit einer großen Anzahl Verbindungen, besonders mit Naphthalinderivaten. Er beobachtete, daß Naphthalinderivate eine um so größere Gerbwirkung zeigen, je näher die Hydroxylgruppe dem Zentrum des Moleküls steht. Hatte die gerbende Verbindung mehr als eine Hydroxylgruppe im Molekül, dann schien die Gerbkraft am größten zu sein, wenn die Hydroxylgruppen symmetrisch angeordnet waren.

Chambard und Michallet (1) suchten die Theorie zu beweisen, daß die Oxyfettsäuren das gerbende Agens seien. Sie stellten sich Mono- und Dioxy-stearinsäure aus Ölsäure, Tetra- und Hexaoxy-stearinsäure aus Leinöl und Poly-oxysäuren und die sogenannten Degras-Bildner aus Lebertran her. Die Schafsblöße wurde erst mit Alkohol entwässert und die Säuren dann in alkoholischer Lösung oder in Form einer alkoholischen Paste aufgetragen, entweder mit oder ohne Zugabe von Stearinsäure. Waren die Hautstücke ausgetrocknet, so hatten sie das Aussehen von Leder und schienen von kaltem Wasser nicht angegriffen zu werden, wahrscheinlich, weil die Hautstücke nicht leicht Feuchtigkeit annahmen. Wurden die Hautstücke entfettet, so verloren sie ihr Aussehen und erwiesen sich als ungegerbt. Ihre Schrumpfungstemperaturen lagen zwischen 48 und 50°, also bei der typischen Schrumpfungstemperatur der Rohhaut. Aus den Ergebnissen geht hervor, daß die Oxy-stearinsäuren keine Gerbmittel sind, und daß Mathur wahrscheinlich dadurch irregeführt worden ist, daß er seine lederartigen Produkte nicht genügend strengen Prüfungsmethoden unterworfen hat, um festzustellen, ob sie wirklich gegerbt waren.

ζ) Der Einfluß von Katalysatoren.

Gewisse Metallsalze der Harzsäuren wirken bei der Oxydation der Öle als Katalysatoren. Chambard und Michallet untersuchten den Einfluß, den die harzsauren Salze des Kobalts, des Eisens, des Bleis und Mangans auf die Sämischgerbung haben. Gepickelte Schafsblöße, die mit einer gesättigten Kaliumsulfatlösung entwässert worden war, wurde mit Lebertran gegerbt, der diese Metallsalze der Harzsäuren in verschiedenen Mengenverhältnissen enthielt. Die Gerbdauer betrug 24 Stunden. Bei dieser Gerbdauer ergab der Blindversuch ohne Katalysator ein Leder, das 1,67% gebundenes Fett enthielt. Seine Schrumpfungstemperatur betrug 55°. Alle Metallsalze der Harzsäuren zeigten eine beachtliche Tendenz, die Gerbgeschwindigkeit zu steigern. Selbst in Zusätzen von 0,01% wurde die Fixierungsgeschwindigkeit des Öls fast verdoppelt. Harzsaures Kobalt schien die größte Aktivität zu entwickeln. Bei einer Konzentration von 0,3% erhöhte es die Fixierung des Öls in 24 Stunden bis auf 5,79%. Die Schrumpfungstemperatur aller Leder, die in Gegenwart von Katalysatoren gegerbt worden waren, lagen zwischen 58 und 60° C.

Chambard und Michallet nehmen an, daß die erste Stufe bei der Sämischgerbung in einer chemischen Reaktion zwischen dem Kollagen, einem oxydierbaren Öl, Sauerstoff und Wasser bestehe, bei der eine neue Proteinverbindung gebildet werde. In der Praxis wird diese Reaktion noch von einer Fixierung von Öl auf den Oberflächen der Fasern begleitet, wobei das Öl so fest haftet, daß es beim Entfetten oder Waschen mit Natriumbicarbonatlösung nur schwer zu entfernen ist. Außerdem bleibt gewöhnlich noch etwas freies Öl in der Haut zurück, das die Geschmeidigkeit des Leders erhöht. Das wirkliche Gerbmittel bilden die freien Fettsäuren. Neutrale Lebertrane gerben anfangs sehr langsam, weil sie nur einen geringen Prozentsatz freie Fettsäuren enthalten, führen aber schließlich zu einem feineren Leder. Die Gerbung schreitet in dem Maße fort, in dem das neutrale Öl oxydiert und gespalten wird. Wird von vornherein mit freien Fettsäuren gegerbt, so setzt die Gerbung gleich im Anfang zu rasch ein und ergibt ein rauhes Leder, gerade wie bei der vegetabilischen Gerbung, wenn die Anfangsgeschwindigkeit zu hoch ist.

Literaturzusammenstellung.

1. Chambard, P. u. L. Michallet: Note on the chamoising of skins. J. Int. Soc. Leather Trades Chem. **11**, 559 (1927).
2. Fahrion, W.: Theorie der Lederbildung. Z. angew. Chem. **16**, 665 (1903); **22**, 2083 (1911).
3. Hazura, K.: Monatsh. **8**, 260 (1887).
4. Li, Y. H.: A theory of tanning based upon the study of tanning effects of naphthalene derivatives and other organic compounds. J. Amer. Leather Chem. Assoc. **22**, 380 (1927).
5. Mathur, B. N.: Theory of oil tannage. J. Amer. Leather Chem. Assoc. **22**, 2 (1927).
6. Meunier, L.: Moderne Theorien der verschiedenen Gerbmethoden. Chim. u. Ind. **1**, 71, 272 (1918).

7. Rogers, A.: The hydroxy theory of tanning. J. Amer. Leather Chem. Assoc. **22**, 471 (1927).
8. Schiaparelli, C. u. L. Careggio: Die Temperatur der Ledergelatinierung. Cuir techn. **13**, 70, 134, 251 (1924).

23. Die Aldehydgerbung.

Payne und Pullman (24) ließen sich 1898 die Verwendung von Formaldehyd als Gerbmittel patentieren. Seit dieser Zeit haben eine Reihe Forscher die Wirkung verschiedener Aldehyde auf Kollagen und auf Gelatine studiert und die praktische Anwendung der Aldehydgerbung, besonders in Verbindung mit anderen Gerbstoffen ausgearbeitet. Es ist häufig darauf hingewiesen worden, daß man besseres Leder erhält, wenn die Blößen mit Formaldehyd vorgegerbt werden, bevor sie nach einer der neueren vegetabilischen Schnellmethoden gegerbt werden, bei welchen konzentrierte Gerbbrühen zur Verwendung gelangen. Wenn auch die Haut durch die Formaldehydbehandlung nur wenig an Gewicht zunimmt, wird durch diese Vorbehandlung die Wirkung der vegetabilischen Gerbstoffe gemildert und ihre Diffusionsgeschwindigkeit in die Haut erhöht. Nicht alle Aldehyde sind zur Gerbung geeignet. Während Formaldehyd eine hohe Gerbkraft hat, zeigt Benzaldehyd wenig oder gar keine Gerbwirkung. In einer wichtigen Arbeit über Aldehydgerbung brachten Thomas, Kelly und Foster (31) eine sorgfältige Zusammenstellung der vorhandenen Literatur, von der im folgenden Gebrauch gemacht wird.

a) Die Einwirkung von Formaldehyd auf Gelatine.

Gelatineblätter, die in Formaldehydlösungen gelegt werden, binden, wie Lumière und Seyewetz (22) zeigen konnten, Formaldehyd in wachsendem Maße bis zu einer Konzentration von 100 g Formaldehyd im Liter. 100 g Gelatine verbanden sich in 12 Stunden mit 4,0 bis 4,8 g Formaldehyd. Temperaturänderungen scheinen nur wenig Einfluß auf diesen Vorgang zu haben. Wurden die Gelatineblätter Formaldehyddämpfen ausgesetzt, so wurden sie letzten Endes im gleichen Ausmaß gegerbt, nur erfolgte der Gerbverlauf langsamer. Die Gerbwirkung wurde rasch rückgängig gemacht, wenn man die gegerbte Gelatine in kalte konzentrierte Salzsäure legte. Lumière und Seyewetz benutzten diese Tatsache zur Bestimmung des Formaldehyds, der sich mit einer bestimmten Menge Gelatine verbunden hatte. Der Formaldehyd wurde in der Kälte durch konzentrierte Säure in Freiheit gesetzt und dann titriert. Sie betrachteten formaldehydgegerbte Gelatine als eine Additionsverbindung von Gelatine und Formaldehyd und nicht als eine chemische Verbindung im strengen Sinne, die durch Hauptvalenzbindung zustandekommt.

Abegg und von Schroeder (1) bestimmten den Grad der Durchgerbung von Gelatine mit Formaldehyd, indem sie das Ansteigen des Schmelzpunktes der Gelatine verfolgten. Sie fanden, daß die Zeit, die erforderlich ist, um einen gewissen Grad der Durchgerbung zu erreichen, in dieser Weise gemessen, umgekehrt proportional der Konzentration des Formaldehyds ist. Es gelang ihnen, den Schmelzpunkt der Gelatine durch Behandeln mit Formaldehyd bis auf 48^0 heraufzudrücken. Nach ihren Angaben wird die Viscosität der Gelatinelösungen durch die Zugabe von Formaldehyd herabgesetzt. Das ist verständlich, wenn man sich die Angaben über die Viscosität von Gelatinelösungen im 5. Kapitel vergegenwärtigt. Die Viscosität einer gegebenen Gelatinelösung nimmt sehr stark zu, wenn die einzelnen Teilchen der Gelatine infolge Wasserabsorption schwellen. Das Gerben der Gelatinepartikel mit Formaldehyd verringert ihre Schwellfähigkeit und setzt die Viscosität des Systems entsprechend herab.

Reiner (25) beobachtete, daß nach dem Mischen von 5%igen Gelatinelösungen mit Formaldehydlösungen in 2 Minuten Gelbildung eintrat, wenn 2 bis 3% Formaldehyd zugegen war. Ein Erhitzen des Gels auf 100^0 hatte zur Folge, daß der gebundene Formaldehyd abgespalten wurde. Reiner stellte weiter fest, daß Ammoniak die Gerbwirkung rückgängig machte, wenn es in Mengen zugefügt wurde, die zur Bildung von Hexamethylentetramin genügten. Ist Ammoniak schon von Anfang an zugegen, so verhindert es die Gerbwirkung.

Von Brotman (8) wurde gefunden, daß die Gerbung von Gelatinegelen von der Dichtigkeit der Gele abhängig ist. Gelatinegele verschiedener Konzentration, von denen jedes 5 g Gelatine enthielt, wurden eine Woche lang in gleichen Volumen einer 2%igen Formaldehydlösung gegerbt. Die Gele wurden dann gewaschen und der in den Lösungen verbliebene Formaldehyd bestimmt. Die von den Gelen aufgenommene Aldehydmenge wurde aus der Differenz errechnet. Auf 100 g Gelatine wurden von trockener Gelatine 0,98 g Formaldehyd, von 10%igem Gelatinegel 1,12 g, von 7,5%igem Gelatinegel 1,82 g und von 5%igem Gelatinegel 2,12 g gebunden.

Brotman schloß daraus, daß außer der chemischen Bindung von Formaldehyd noch eine Adsorption vor sich geht, die von der Dispersion der Gelatine abhängt. Eine gegebene Menge Gelatine hat eine um so größere Oberfläche, je verdünnter das Gel ist und besitzt eine entsprechend größere Reaktionsfähigkeit. Thomas, Kelly und Foster (31) wiesen darauf hin, daß folgende Erklärung wahrscheinlicher ist: Die konzentrierteren Gele werden um so schneller weniger durchlässig, je mehr Formaldehyd an ihrer Oberfläche gebunden wird. Walden (34) konnte experimentell nachweisen, daß eine Membran, die aus einer Verbindung zweier Substanzen zusammengesetzt ist, die Diffusion einer der zwei Muttersubstanzen um so mehr verzögert, in je konzentrierterer Form die Verbindung vorliegt, aus der die Membran besteht. So wird z. B. Gerbstoff nicht leicht durch eine Gelatine-Gerbstoff-Membran diffundieren oder dialysieren, wenn die Membran genügend dicht ist. Thomas und Frieden (30) haben gezeigt, daß ein Gefäß aus unglasiertem Porzellan durch Überstreichen mit Eisenhydroxyd für Ferriionen undurchlässig wird. Die konzentrierten Gele von Brotman binden wahrscheinlich deshalb weniger Formaldehyd, weil sich an der Oberfläche eine sehr dichte Membran aus Gelatine und Formaldehyd bildet, die eine weitere Diffusion des Formaldehyds hemmt.

Die mit Aldehyd gegerbten Gelatinegele von Brotman waren in heißem Wasser nur wenig löslich. Sie schrumpften, nahmen aber beim Abkühlen kein Wasser auf, woraus geschlossen werden kann, daß das Innere noch nicht vollständig durchgegerbt war. Durch lang fortgesetztes Kochen wurde praktisch der gebundene Formaldehyd vollständig wieder abgespalten und eine totale Entgerbung erzielt. Die trockene Formaldehyd-Gelatine-Verbindung war außerordentlich spröde; die optische Prüfung ergab jedoch, daß irgendeine physikalische Spannung nicht vorlag.

Thomas, Kelly und Foster (31) fanden, daß Gelatine und Formaldehyd sich miteinander verbinden, wenn der p_H-Wert der Lösung nicht unter 4 liegt. Am geeignetsten sind Lösungen von $p_H = 6$ bis $p_H = 9$. Liegt der p_H-Wert oberhalb von 9, so werden die Ergebnisse viel schlechter. Die Geschwindigkeit der Gerbung wurde mit wachsender Formaldehydkonzentration größer, aber nicht genau direkt proportional. Geringe Zugaben von Salz hatten nur wenig Einfluß auf den Verlauf der Reaktion, größere Konzentrationen beschleunigten die Fixierung des Formaldehyds durch die Gelatine.

Gerngroß (12) zeigte, daß der isoelektrische Punkt der Gelatine durch die Formaldehydgerbung etwas nach dem sauren Gebiet verschoben wird, indem er Beobachtungen über den Trübungsgrad, die Fällung mit Alkohol und die Elektrophorese anstellte. Bei einem Versuch ging die Verschiebung von $p_H = 4{,}7$ bis $p_H = 4{,}3$. Dadurch wird die chemische Theorie über das System Formaldehyd-Gelatine gestützt. Gustavson (18) erreichte mit formaldehydgegerbten Hautpulvern ähnliche Ergebnisse. Er bestimmte den isoelektrischen Punkt von rohem Hautpulver und von mit Formaldehyd gegerbten Hautpulvern unter Benutzung der Farbaufnahmemethode. Der isoelektrische Punkt des unbehandelten Hautpulvers lag zwischen den p_H-Werten 4,8 und 5,6, der des mit Formaldehyd gegerbten Hautpulvers zwischen 3,8 und 4,2.

b) Die Einwirkung von Formaldehyd auf Kollagen.

Thomas, Kelly und Foster (31) untersuchten die Einwirkung von Formaldehyd auf Hautpulver. Bei Untersuchung des Einflusses des p_H-Wertes auf die Verbindung Gelatine-Formaldehyd beobachteten sie ein optimales Gebiet zwischen den p_H-Werten 7 und 9. Eine geringe Gerbwirkung war schon beim p_H-Wert 6 festzustellen, aber sie war nicht annähernd so ausgeprägt wie bei $p_H = 7$. Bei p_H-Werten oberhalb von 9 ist noch eine Gerbwirkung zu bemerken, sie ist jedoch von einer ganz erheblichen Hydrolyse des Hautpulvers begleitet. Beim p_H-Wert 9 bindet das Hautpulver 13,5% seines Gewichts an Formaldehyd.

Diese Menge erscheint hoch im Hinblick auf das niedrige Molekulargewicht des Formaldehyds, das hohe Äquivalentgewicht des Kollagens und den kleinen Anteil von vorliegenden Aminogruppen. Wie aber später gezeigt werden wird, ist die Vereinigung von Formaldehyd mit

Aminosäuren oder Proteinen nicht auf das einfache Verhältnis 1:1 beschränkt, bei der eine Methylenaminobindung an dem Aminostickstoff zustandekommt, sondern es ist auch eine dreifache Bindung von Formaldehyd mit Aminogruppen möglich. Weiter zeigen Untersuchungen über das Verhalten zusammengesetzter Aminosäuren, daß auch an den Aminogruppen Bindung eintreten kann. So wird verständlich, daß sich ein Protein mit verhältnismäßig großen Mengen Formaldehyd verbinden kann.

Thomas, Kelly und Foster stellten die Menge des bei dem p_H-Wert 9 gebundenen Formaldehyds auf folgende Weise fest: sie bestimmten in dem nach dem Gerben ausgewaschenen Hautpulver den Gehalt an Wasser, Asche und Protein. Die Differenz der Summe dieser Prozentzahlen von 100 betrachteten sie als Formaldehyd. Wurde die Gewichtszunahme des trockenen Hautpulvers während der Gerbung bestimmt, so ergab sich bei allen p_H-Werten ein Gewichtsverlust. Der Verlust an Hautsubstanz ist also größer als die durch Bindung des Formaldehyds eintretende Gewichtszunahme. Thomas, Kelly und Foster wiesen darauf hin, daß die Bestimmungen dadurch sehr ungenau sind, trotzdem klärten diese Untersuchungen ganz allgemein die Bedingungen, die für die Gerbung günstig sind.

Gerngroß und Gorges (13) behandelten das Problem von einem etwas anderen Gesichtspunkt aus. Sie bestimmten den Grad der Aldehydgerbung durch Bestimmung der Widerstandsfähigkeit des gegerbten Hautpulvers gegen heißes Wasser. Sie führten die Wasserbeständigkeitsprobe ein, abgekürzt mit den Buchstaben (*WB*) bezeichnet. Unter (*WB*)-Wert verstehen sie den Prozentwert der ursprünglichen Hautsubstanz, die ungelöst zurückbleibt, wenn die einem Gramm ursprünglicher Hautsubstanz entsprechende Menge gegerbtes Hautpulver mit 80 ccm Wasser in einer 100 ccm-Flasche 7 Stunden lang im siedenden Wasserbad unter häufigem Umrühren behandelt wird. Die Lösung wird auf 100 ccm aufgefüllt, durch Leinwand filtriert, der in Lösung gegangene Stickstoff bestimmt und auf Kollagen umgerechnet.

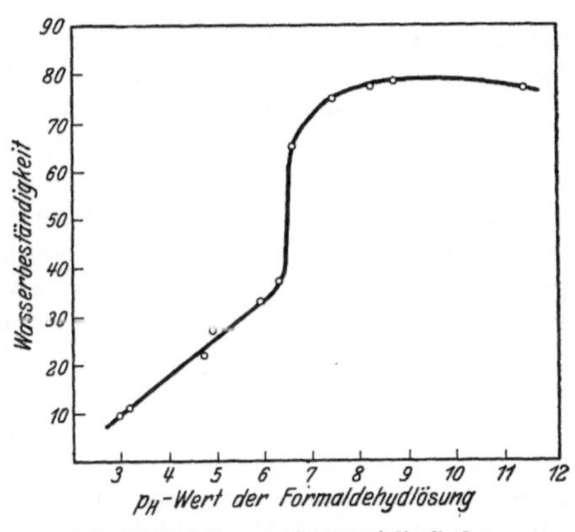

Abb. 308. Einfluß des p_H-Werts auf die Gerbung von Hautpulver mit Formaldehydlösungen gemessen an der Wasserbeständigkeit. Die Wasserbeständigkeit der gegerbten Hautprobe gibt die Menge Kollagen in Prozenten an, die nach 7-stündigem Kochen in Wasser von 100° nicht in Lösung gegangen ist.

Gerngroß und Gorges untersuchten den Einfluß des p_H-Wertes auf die Gerbwirkung einer 1%igen Formaldehydlösung. Hautpulver wurde in Portionen von 3 g in 100 ccm Lösung 5 Stunden lang gegerbt. Darauf wurden die (*WB*)-Werte bestimmt. Die Ergebnisse sind in Abb. 308 graphisch wiedergegeben. Zwischen den p_H-Werten 6 und 7 steigt die Kurve plötzlich schroff an. Bei $p_H = 6,3$ ist der (*WB*)-Wert 37, bei $p_H = 6,6$ 65. Der maximale Wert von 78 liegt bei $p_H = 8,7$. Über diesen Wert hinaus wurde erst wieder bei $p_H = 11,4$ eine Bestimmung vorgenommen; der zugehörige (*WB*)-Wert ist 77. Da der (*WB*)-Wert für unbehandeltes Hautpulver bei 2 liegt, kann zweifellos bei p_H-Werten unter 4 von einer wesentlichen Gerbwirkung nicht gesprochen werden. Die Kurve in Abb. 308 gleicht vollkommen der 6-Stunden-Kurve für die Chinongerbung (Abb. 309) im Kapitel 24. Letzteres ist von Bedeutung, weil sich Formaldehyd und Chinon mit den gleichen Gruppen des Kollagenmoleküls zu verbinden scheinen.

Gerngroß und Gorges untersuchten auch die Wirkung eines Zusatzes von Kochsalz. Wurde zu den Formaldehydlösungen Kochsalz bis zu 80% der Sättigung zugefügt, so war in sauren Lösungen überhaupt keine Wirkung zu beobachten, in alkalischer Lösung jedoch erniedrigten sich die (*WB*)-Werte ein wenig.

c) Die Wirkung von Formaldehyd auf andere Proteine.

Bach (2) behandelte verdünnte Lösungen von Eieralbumin mit Formaldehyd und stellte fest, daß sie darauf beim Erhitzen nicht mehr koagulierten. Blum (7) konnte dies bestätigen und zeigte, daß das getrocknete Produkt in Wasser gelöst hellgelbe Lösungen bildet, die die üblichen Albuminreaktionen geben, aber von Aceton oder Alkohol nicht so leicht ausgefällt werden. Konzentrierte Natriumhydroxydlösung führte es in eine gelatinöse Masse über, die bei Verdünnung wieder flüssig wurde. Trillat (33) hat früher mitgeteilt, daß Eieralbumin nach Behandlung mit Formaldehyd gallertartig wird und ein festes Gel bildet. Der anscheinende Widerspruch zwischen den Beobachtungen Trillats und denen von Blum und Bach wurde schließlich von Schwarz (28) aufgeklärt. Er konnte zeigen, daß das gewöhnliche Eiweiß, wie es Trillat benutzte, durch Formaldehyd in eine Gallerte übergeführt wird, während salzfreie und verdünnte Lösungen von Eieralbumin sich wirklich so verhalten, wie Blum und Bach es beschrieben haben.

Reiner und Marton (26) beobachteten, daß die Formaldehyd-Albumin-Verbindung durch Magnesiumsulfat leichter und durch Alkohol weniger leicht aus der Lösung ausgefällt wird als rohes Eieralbumin. Während Formaldehyd die Viscosität von Albuminlösungen merklich steigerte, übte es auf die Oberflächenspannung keinen bemerkenswerten Einfluß aus. Die Viscosität war bei p_H-Werten um den isoelektrischen Punkt herum sehr groß; ebenso ist auch die Schnelligkeit der Gelbildung beim behandelten Albumin sehr groß. Auf Zugabe von Säure oder Alkali fällt die Viscosität rasch auf Minima, von denen sie auf weitere Zugabe von Säure oder Alkali ebenso plötzlich wieder ansteigt. Es stellte sich heraus, daß der isoelektrische Punkt von Albumin durch die Behandlung mit Formaldehyd nach der sauren Seite verschoben wird, genau wie Gerngroß es für Gelatine und Gustavson für Kollagen festgestellt haben. Reiner und Marton legten dar, daß die Behandlung mit Formaldehyd dem Serumalbumin die Eigenschaften eines Globulins verleiht.

Schwarz (28) fand, daß salzfreie Lösungen von Serumalbumin sich wie Lösungen von Eieralbumin verhalten, d. h. sie verlieren nach der Behandlung mit Formaldehyd die Eigenschaft, in der Hitze zu koagulieren. Acetaldehyd, Propionaldehyd, Benzaldehyd und Salicylaldehyd wirken ähnlich, gewisse schwerlösliche Aldehyde sind jedoch ohne Wirkung. Um nun den Grad der Fixierung des Aldehyds durch die Proteine zu untersuchen, analysierten sie das Protein vor und nach der Behandlung und bestimmten das Verhältnis von Kohlenstoff zu Stickstoff. Hieraus errechneten sie die Anzahl Aldehydmoleküle, die auf 100 Stickstoffatome des Proteins gebunden waren. Die Ergebnisse sind in Tabelle 95 wiedergegeben.

Tabelle 95. Die Verbindung verschiedener Proteine mit verschiedenen Aldehyden.

Protein	Ursprüngliches Verhältnis N : C	Aldehyd	Einwirkungszeit	N : C nach der Einwirkung	Anzahl der eingetretenen Aldehydmoleküle auf 100 Stickstoffatome
Serumalbumin . . .	100:338	Formaldehyd	Wenige Min.	100:362	24
Serumalbumin . . .	100:338	Formaldehyd	2 Monate	100:381	43
Serumalbumin . . .	100:338	Acetaldehyd	Wenige Min.	100:413	37,5
Serumalbumin . . .	100:338	Acetaldehyd	2 Monate	100:431	46,5
Serumalbumin . . .	100:338	Benzaldehyd	1 Stunde	100:367	4
Edestin	100:272	Formaldehyd	3 Tage	100:291	19
Heteroalbumose . .	100:307	Formaldehyd	1 Tag	100:356	49
Jodiertes Eieralbumin	100:336	Formaldehyd	7 Tage	100:337	0

Die Veränderung von Wolle durch verschiedene Aldehyde ist von Kann (20) untersucht worden. Eine 4%ige Formaldehydlösung machte Wolle gegen die Einwirkung von heißem Wasser und Alkalien widerstandsfähig, doch ließ die Wolle sich dann nicht mehr färben. Formaldehyd in Lösungen von 0,1 bis 0,25% schützte die Wolle gegen heißes Wasser und Alkalien und hatte nur geringen Einfluß auf ihre Eigenschaften gegenüber den Farbstoffen. Acetaldehyd hatte eine ähnliche aber weniger starke Wirkung, Akrolein hingegen erwies sich wirksamer als Formaldehyd.

d) Theorie der Aldehydgerbung.

Ältere Forscher wie Blum (7) und Benedicenti (3) waren überzeugt, daß sich Formaldehyd mit den Proteinen nach chemischen Gesetzen verbindet. Blum beschreibt die Reaktion deutlich als eine Kondensation mit freien Aminogruppen, bei der nach folgendem Schema Methylenaminoverbindungen gebildet werden:

$$R \cdot NH_2 + OCH_2 = R \cdot N : CH_2 + H_2O \ .$$

Die ausführlichen Arbeiten von Schiff (27) mit Aminosäuren und mit Proteinen führten dazu, daß das Schema ganz allgemein als Mechanismus der Protein-Aldehyd-Verbindung angenommen wurde. Er wies nach, daß die Aminosäuren sich mit Formaldehyd wirklich in der angegebenen Weise verbinden, daß die Säurefunktion der Aminosäuren hervortritt und zeigte damit einen Weg, bei gelösten Aminosäuren mittels Formaldehyd eine Trennung der basischen und sauren Funktionen vorzunehmen. Seine Arbeit bildet die Grundlage für die bekannte Methode der Titration von gelösten Aminosäuren mit Formaldehyd, die Formoltitration von Sörensen. Schiff stellte weiterhin fest, daß Albumin- und Gelatinelösungen saurer werden, wenn man sie mit Formaldehyd behandelt und zog daraus den natürlichen Schluß, daß auch hier der gleiche Mechanismus vorliege wie bei den Aminosäuren.

Lumière und Seyewetz (22) stimmten dieser chemischen Betrachtung der Protein-Aldehyd-Verbindung nicht zu; sie nahmen an, daß eine Additionsverbindung gebildet werde. Ihre Ansicht wurde von Reiner und Marton (26) wieder aufgenommen, die die Wirkung des Formaldehyds darin sahen, daß die Aminosäuren und Proteine aus ihrer Form als „innere Salze" in die offene Form übergeführt werden, an die sich der Formaldehyd dann addiert:

$$R\langle{NH_3 \atop COO} + CH_2O = R\langle{NH_2CH_2O \atop COOH} .$$

Der Formaldehyd soll durch Nebenvalenzkräfte an die Aminogruppe gebunden sein. Die Forscher wiesen darauf hin, daß dieser Mechanismus dem Anwachsen der Acidität, das Schiff beobachtet hatte, besser Rechnung trage und auch das Entweichen von Formaldehyd beim Trocknen der Protein-Aldehyd-Verbindung bei 100^0 besser erkläre.

Indessen könnten, wenn der Formaldehyd sich nur mit freien Aminogruppen verbindet, nur sehr kleine Mengen Formaldehyd vom Protein gebunden werden. Aber Kollagen vermag mehr Moleküle Formaldehyd zu binden als Salzsäure, und wir wissen, daß desaminiertes Kollagen fähig ist, eine beträchtliche Menge Salzsäure zu binden. Einhorn (10) zeigte, daß Säureamide sich mit Formaldehyd auf folgende Weise verbinden:

$$R \cdot CO \cdot NH_2 + CH_2O = R \cdot CO \cdot NH \cdot CH_2OH .$$

Cherbuliez und Feer (9) erwogen daraufhin die Möglichkeit, daß eine Untersuchung der Reaktion zwischen Formaldehyd und Diketopiperazin Klarheit in dieser Frage schaffen könnte. Sie fanden, daß ein Molekül Diketopiperazin genau zwei Moleküle Formaldehyd aufnimmt, wenn beide in wässeriger Lösung zusammengebracht werden, und zwar nach folgender Gleichung:

$$\begin{array}{c} H \\ N \\ O=C \quad CH_2 \\ | \qquad | \\ H_2C \quad C=O \\ NH \end{array} + 2\,CH_2O = \begin{array}{c} NCH_2OH \\ O=C \quad CH_2 \\ | \qquad | \\ H_2C \quad C=O \\ NCH_2OH \end{array} .$$

Diketopiperazin Dimethylol-diketopiperazin.

Dieser Reaktionsverlauf wurde von Bergmann (4 bis 6) bestätigt, der die Verbindung in farblosen Nadeln, die bei 179 bis 180° unter Zersetzung schmelzen, isolieren konnte. Sie ist in warmem Wasser leicht löslich und gibt beim Kochen Formaldehyd ab, insbesondere nach Ansäuren. Beim Erhitzen mit ammoniakhaltigem Wasser wurde die Verbindung gespalten und Diketopiperazin zurückgewonnen, was an die Versuche von Reiner mit Formaldehyd-Gelatine erinnert.

Wenn diese Reaktion zwischen Formaldehyd und den Iminogruppen der Proteine quantitativ verlaufen würde, könnte man damit die Anzahl Iminogruppen bestimmen, die im Proteinmolekül enthalten sind.

Bergmann stellte auch fest, daß sich Glykokolläthylester in der Kälte mit drei Molekülen Formaldehyd verbindet. Die erhaltene Verbindung kann im Vakuum destilliert werden, ohne daß sie sich zersetzt. Bergmann nannte diese Verbindung Triformalglycinester und schlug dafür folgende Formel vor:

$$\begin{array}{lcl} O & — & CH_2 \\ | & & | \\ H_2C & & N \cdot CH_2 \cdot COOC_2H_5 . \\ | & & | \\ O & — & CH_2 \end{array}$$

Die Sauerstoffatome befinden sich in einem Ringsystem; die Bindung erfolgt nicht nur durch Kohlenstoffatome, denn in saurer oder alkalischer Lösung wird der Formaldehyd abgespalten. Da in den Proteinen die Mehrzahl der Carboxylgruppen nicht verestert, sondern amidiert ist, wurde dieser Ester in das Amid übergeführt, um die Analogie mit den Proteinen noch enger zu gestalten. Bergmann erhielt dabei Kristalle von Triformalglycinamid. Weiter stellte er die Triformalderivate von Serin und von γ-Aminopropylenglykol her und zeigte damit, daß Hydroxylgruppen der Bildung dieser Verbindungen nicht hinderlich sind. Die Ergebnisse von Bergmann zeigen, daß verschiedene Stickstoffgruppen Formaldehyd aufnehmen und so fest halten können, so daß an der Bildung wohldefinierter Verbindungen nicht gezweifelt werden kann. Andererseits sind diese Verbindungen so locker, daß sie schon mit geringen Säurekonzentrationen leicht aufgespalten werden.

e) Der Einfluß der Aldehydgerbung auf andere Proteinverbindungen.

Stiasny (29) und Gerngroß (11) fanden, daß mit Formaldehyd gegerbtes Hautpulver nur weniger Säure bindet als unbehandeltes Hautpulver und betrachteten diese Tatsache als Beweis für die chemische Natur der bei der Aldehydgerbung eintretenden Reaktionen. Andererseits stellten Gerngroß und Loewe (14) fest, daß die Formaldehyd-Kollagen-Verbindung mehr Alkali bindet als unbehandeltes Kollagen. Diese Befunde sprechen für die Annahme, daß der Formaldehyd sich mit den basischen Gruppen des Kollagens verbindet. Die Ansicht wird weiter noch durch die Tatsache gestützt, daß die Vorbehandlung des Kollagens mit Formaldehyd zur Folge hat, daß vegetabilische Gerbstoffe und Chrom weniger leicht aufgenommen werden. Es sei daran erinnert, daß die Desaminierung von Kollagen eine ähnliche Wirkung hat. Gerngroß und Roser (15) wiesen auf diesen hemmenden Einfluß hin und warnten davor, aber gerade dieser Einfluß ist als Methode zur Verringerung der Adstringenz von Gerbbrühen in ihrer Wirkung auf die Haut viel vorgeschlagen worden.

f) Praktische Gerbung.

Thuau (32) und Meunier (23) fanden, daß bei gewissen Proben von Leder, das mit Formaldehyd gegerbt war, der Narben beim Lagern spröde und brüchig wurde, was ihnen Zweifel aufkommen ließ, ob eine wirkliche Gerbung vorliege. Es ist jedoch möglich, daß die fraglichen Leder nicht unter geeigneten Bedingungen gegerbt worden waren, daß z. B. der p_H-Wert nicht sorgfältig kontrolliert worden war. In der Praxis gelangte Hey (19) zu den besten Ergebnissen, wenn er bei einem p_H-Wert von etwa 7 arbeitete. Bei p_H-Werten über 9 erhielt er harte und brüchige Leder, anscheinend infolge der außerordentlichen Schwellung der Haut vor der Gerbung. Bei p_H-Werten unter 4,8 wurde überhaupt keine Gerbwirkung mehr beobachtet. Gerngroß und Gorges (13) beobachteten, daß die Schwellung der Hautfasern in alkalischen Lösungen zu schlechten Ergebnissen führen kann. Es ist anscheinend schädlich, wenn in der geschwollenen Haut viel Formaldehyd fixiert wird. Das würde ganz den schlechten Ergebnissen bei der vegetabilischen Gerbung entsprechen, wenn man mit sauren Brühen arbeitet, die eine hohe Schwellung zur Folge haben. Versetzten Gerngroß und Gorges die Brühen mit genügend Salz, um eine übermäßige Schwellung zu verhüten, so erhielten sie mit Formaldehydgerbung ein gutes Schafleder, wenn sie im p_H-Bereich 11,2 bis 8,6 gerbten. Der p_H-Wert fiel dabei während der Gerbung.

Die beste Vorschrift scheint folgende zu sein: Man behandelt die gebeizten Blößen in einer Lösung, die bei einem p_H-Wert von 7 etwa 10 bis 50 g Formaldehyd pro Liter enthält. Nach etwa 24 Stunden werden die Blößen herausgenommen, mit verdünnter Sodalösung gewaschen, gelickert und gefärbt. Bei Pelzen arbeitet man ähnlich, nur gibt man hinterher noch eine Eigelbauflage auf die Fleischseite und erzielt damit gute Erfolge.

Literaturzusammenstellung.

1. Abegg, R. u. B. von Schroeder: Kolloid-Z. **2**, 85 (1907).
2. Bach, A.: Moniteur Sci. **669** (1893), durch Chem.-Zg **21**, 8 (1897); Moniteur Sci. **157** (1893), durch J. Chem. Soc. **74**, 287 (1898).
3. Benedicenti: Arch. Physiol. **239** (1897), durch H. Schiff: Annalen **310**, 25 (1900).
4. Bergmann, M.: Über Formaldehydverbindungen der Aminosäuren. Collegium **1923**, 210.
5. Bergmann, M.: Bemerkung über die Verbindung von Formaldehyd mit Glycinanhydrid (Diketopiperazin). Collegium **1924**, 209.

6. Bergmann, M., M. Jacobsohn u. H. Schotte: Über Formaldehydverbindungen einfacher Aminosäurederivate. Z. physiol. Chem. **131**, 18 (1923).
7. Blum, F.: Z. physiol. Chem. **22**, 127 (1896).
8. Brotman, A. G.: The formaldehyde-gelatin combination. J. Soc. Leather Trades Chem. **5**, 363 (1921).
9. Cherbuliez, E. u. E. Feer: Dérivés formaldehydiques de la 2, 5-Dicétopipérazine. Helv. Chim. Acta **5**, 678 (1922).
10. Einhorn, A. u. A. Hamburger: Die Methylolverbindungen des Harnstoffs. Ber. **41**, 24 (1908).
11. Gerngroß, O.: Über den Einfluß des Formaldehyds auf das Säure- und Alkaliadsorptionsvermögen der tierischen Haut. Collegium **1921**, 489.
12. Gerngroß, O. u. S. Bach: Über die Verschiebung des isoelektrischen Punktes der Gelatine durch Formaldehyd. Collegium **1922**, 350; **1923**, 377.
13. Gerngroß, O. u. R. Gorges: Über die quantitative Bestimmung des Gerbungsgrades mittels der Heißwasserprobe. Der Einfluß des Trocknens auf die Heißwasserbeständigkeit von Hautpulver. Collegium **1926**, 391, 398.
14. Gerngroß, O. u. H. Loewe: Über Alkaliadsorption an tierischer Haut und ihre Beeinflussung durch Formaldehyd. Collegium **1922**, 229.
15. Gerngroß, O. u. H. Roser: Über den Einfluß des Formaldehyds auf die Tanninadsorption tierischer Haut. Collegium **1922**, 1, 25.
16. Grasser, G.: Formaldehyd in der Gerberei. Cuir techn. **12**, 230 (1923).
17. Griliches, E.: Ergänzungen zur Chromierung des Formaldehydleders. Collegium **1922**, 286.
18. Gustavson, K. H.: The isoelectric zone of tanned hide protein. (Advance note.)
19. Hey, A. M.: Formaldehyde tannage. J. Soc. Leather Trades Chem. **6**, 131 (1922).
20. Kann, A.: Einfluß von Formaldehyd auf Wolle und die Konstitution der Wolle. Färber-Zg **25**, 73 (1914).
21. Lottermoser, A. u. B. Hennig: Vorstudien zum Äscherprozeß. Kolloid-Z. **32**, 51 (1923).
22. Lumière, A. L. u. A. Seyewetz: Die Wirkung von Formaldehyd auf Gelatine. Bull. Soc. Chem. **35**, 872 (1906).
23. Meunier, L.: Le tannage au formol. Collegium **1912**, 420.
24. Payne, M. u. E. u. J. Pullman: British Patent 2872, Febr. 4, 1898.
25. Reiner, L.: Zur Theorie des Gerbvorganges verdünnter Gelatinegele mit Formaldehyd. Kolloid-Z. **27**, 195 (1920).
26. Reiner, L. u. A. Marton: Untersuchungen von Formaldehydeiweiß. Kolloid-Z. **32**, 273 (1923).
27. Schiff, H.: Annalen **310**, 25 (1900); **319**, 59, 287 (1901); **325**, 348 (1902).
28. Schwarz, L.: Z. physiol. Chem. **31**, 460 (1909).
29. Stiasny, E.: Kritische und experimentelle Beiträge zur Aufklärung der Gerbvorgänge. Collegium **1908**, 133.
30. Thomas, A. W. u. A. Frieden: Ferric salt as the solution link in the stability of ferric oxide hydrosol. J. Amer. Chem. Soc. **45**, 2522 (1923).
31. Thomas, A. W., M. W. Kelly u. S. B. Foster: Aldehyde tannage. J. Amer. Leather Chem. Assoc. **21**, 57 (1926).
32. Thuau, U. J.: Untersuchungen über die Gerbung mit Formaldehyd. Cuir techn. **2**, 201 (1909).
33. Trillat: Compt. rend. **114**, 1278 (1892).
34. Walden, P.: Z. physiol. Chem. **10**, 699 (1892).

24. Die Chinongerbung.

Über die Gerbwirkung des Benzochinons wurde bereits im 16. Kapitel im Zusammenhang mit der Theorie der vegetabilischen Gerbung gesprochen. Meunier und Seyewitz (6 bis 8) stellten erstmalig fest, daß Chinon ein sehr bemerkenswertes Gerbmittel darstellt. Es verbindet sich energisch mit Hautprotein und gibt ein beständiges Leder, das durch kochendes Wasser nicht zerstört wird. Chinon hat in der Praxis eine umfangreiche Aufnahme als Gerbmittel nicht gefunden, und zwar aus einer Reihe von Gründen, die alle überwunden werden dürften, wenn man mehr über chinongegerbte Leder weiß. Chinon ist ein teures Gerbmaterial; seine Verarbeitung ist nicht gefahrlos, da es auf Augen und Lungen einwirkt, und schließlich gibt es ein Leder von geringem Gewicht. Man darf annehmen, daß sich der Preis für Chinon stark herabdrücken läßt, wenn die Nachfrage nach Chinon genügend groß ist. Die Frage des geringen Rendements wird in dem Augenblick hinfällig, in dem die mit Chinon gegerbten Leder Eigenschaften von besonderem Wert aufweisen.

In der Fabrikation chinongarer Leder hat der Verfasser (Wilson) keine praktischen Erfahrungen. Er gerbte indessen eine Kalbshaut in Chinonlösung, richtete sie zu und untersuchte dann das erhaltene Produkt. Eine gebeizte Kalbsblöße wurde in einer wässerigen Chinonlösung, die durch die Gegenwart eines Überschusses ungelösten Chinons in gesättigtem Zustande gehalten wurde, eingelegt. Der p_H-Wert der Lösung wurde durch Zugabe von 4 g Natriumphosphat pro Liter und die nötige Menge Salzsäure auf 6,10 gebracht. Die Flüssigkeit wurde jeden Tag zweimal umgerührt, und die Blöße solange darin gelassen, bis ein Probestreifen in kochendem Wasser nicht mehr die Neigung zeigte, sich zu winden, was nach 7 Tagen der Fall war. Die Haut hatte eine dunkle lederartige Farbe angenommen. Sie wurde dann ausgewaschen, der Fettlickerung unterworfen, gefärbt und zugerichtet. Die Gewichtsausbeute war praktisch der der Chromgerbung gleich.

Das zugerichtete Leder enthielt 64,2% Kollagen, 12,2% Wasser, 11,8% Fett, 2,5% lösliche organische Substanz, 0,7% Schwefelsäure, 0,4% Aluminiumoxyd, 0,1% Calciumoxyd und 8,1% gebundenes Chinon, aus der Differenz berechnet. Die Schwefelsäure wurde offenbar mit dem Aluminiumsulfatbad, das vor der Färbung als Beize angewandt wurde, eingeführt. Das scheinbare spezifische Gewicht des Leders betrug 0,706. Das Leder zeigte eine ganz ausgezeichnete Festigkeit; ein Streifen aus dem Schulterteil, der 0,91 mm dick war, zeigte eine Zerreißfestigkeit von 523 kg/qcm und dehnte sich bei einer Belastung von 225 kg/qcm um 22%. Das erhaltene Leder ließ sich als verkaufsfähig bezeichnen.

Ein brauchbares Leder läßt sich auch beim Gerben in konzentrierter alkoholischer Chinonlösung gewinnen; für eine praktische Durchführung dürften allerdings die Kosten zu hoch sein. Die Kalbshautstreifen wurden mit Alkohol entwässert und dann in alkoholische Chinonlösungen gehangen. Bei hohen Konzentrationen kann die Gerbung in wenigen Stunden abgeschlossen sein. Die so hergestellten Leder waren sehr voll und fest und hatten Ähnlichkeit mit vegetabilischen Ledern.

a) Der Einfluß des p_H-Wertes.

Thomas und Kelly (10) untersuchten den Einfluß, den der p_H-Wert auf die Gerbung von Hautpulver mit Chinon hat. Sie benutzten gesättigte Lösungen von reinem Chinon, die 13,7 g pro Liter enthielten; der Gehalt an Chinon war nach Granger und Nelson (2) bestimmt worden. Es war nicht möglich, genaue elektrometrische p_H-Bestimmungen auszuführen, da Chinon durch die Einwirkung von Wasserstoff leicht zu Hydrochinon reduziert wird. Thomas und Kelly stellten sich aus diesem Grunde dadurch eine Versuchsreihe von Chinonlösungen verschiedener p_H-Werte her, daß sie das Chinon in Phosphatpufferlösungen, die vorher auf die gewünschten p_H-Werte gebracht waren, lösten.

Je 2,74 g Chinon wurde in weithalsige Flaschen von 500 ccm Inhalt gebracht und immer 200 ccm der Pufferlösungen zugefügt. Nachdem sich das Chinon gelöst hatte, wurde entfettetes Hautpulver in Portionen zugegeben, die genau 2 g Trockensubstanz entsprachen. Die Flaschen wurden mit einem Stopfen verschlossen und bei Zimmertemperatur rotierend geschüttelt. War die gewählte Zeit verstrichen, so wurde der Inhalt der Flaschen auf Wilson-Kern-Auslauger gebracht und mit destilliertem Wasser gewaschen, bis die Reaktion auf Chinon mit Jodkalium und Stärke negativ ausfiel. Diese Reaktion fällt noch positiv aus, wenn 1 Teil Chinon in 50000 Teilen Wasser gelöst ist. Das gegerbte Hautpulver wurde dann an der Luft und darauf im Vakuum 16 Stunden bei 110° getrocknet. Dann wurden die Hautpulverportionen

Tabelle 96. Die Fixierung von Chinon durch Hautpulver in 6 Stunden.

Versuch	p_H-Wert der Lösung	Charakter der Chinonlösung	Charakter des gegerbten Hautpulvers in feuchtem Zustande	Gewichtszunahme von 2 g trockenem Hautpulver (in g)
1	1,0	Orange-gelb, klar	Gelatinös, weiß	— 0,103
2	2,0	Rötlich-gelb, klar	Gelatinös, weiß	— 0,083
3	3,0	Rötlich-gelb, klar	Gelatinös, rötlich	— 0,030
4	4,0	Weinfarben, klar	Gelatinös, rötlich	— 0,029
5	5,0	Weinfarben, klar	Gelatinös, rötlich	— 0,012
6	6,0	Dunkelbraun, schmutzig	Gut gegerbt, schwärzlich	— 0,107
7	7,0	Dunkelbraun, schmutzig	Gut gegerbt, schwärzlich	— 0,236
8	8,0	Dunkelbraun, etwas Niederschlag	Gut gegerbt, schwärzlich	— 0,402
9	9,0	Dunkelbraun, etwas Niederschlag	Gut gegerbt, schwärzlich	— 0,399
10	10,0	Dunkelbraun, etwas Niederschlag	Gut gegerbt, schwärzlich	— 0,420
11	11,0	Dunkelbraun, wenig Niederschlag	Gut gegerbt, schwärzlich	— 0,408
12	12,1	Grünlichschwarz, kein Niederschlag	Gut gegerbt, schwärzlich	— 0,314

Bei allen Versuchen konnte in den Filtraten Chinon nachgewiesen werden.

gewogen und die Gewichtszunahme als „fixiertes Chinon“ angenommen. Als Gerbdauer waren 6 Stunden, 24 Stunden, 2 Wochen und 36 Tage gewählt worden. Die Ergebnisse der Versuche, die sich über 6 Stunden erstreckten, sind in Tabelle 96 zusammengestellt.

Nach dem Trocknen waren alle Hautpulverproben von dunkler Farbe: Die Versuche 1 und 2 zeigten ganz ausgesprochen das Bild einer Hydrolyse, 3, 4 und 5 waren dunkelbraun, 6 bis 12 indessen schwärzlich und von guter äußerlicher Beschaffenheit. Obschon bei den Versuchen 3, 4 und 5 ein Gewichtsverlust eingetreten war, sprach ihre Färbung für eine leichte Fixierung von Chinon.

Bei der Behandlung des Hautpulvers mit Chinon wird ein geringer Teil des Hautpulvers hydrolysiert. Die eingetretene Hydrolyse wurde durch Bestimmung des Stickstoffs in den Filtraten quantitativ verfolgt und ergab folgende Werte:

Versuch	p_H	Hydrolyse (in %)	Versuch	p_H	Hydrolyse (in %)
1	1,0	5,8	7	7,0	2,2
3	3,0	2,6	9	9,0	1,6
5	5,0	2,4	11	11,0	1,9
			12	12,1	2,5

Die Versuche mit längerer Gerbdauer wurden über den p_H-Bereich 5 bis 13 ausgeführt. Die Ergebnisse sind in Tabelle 97 zusammengefaßt.

Tabelle 97. Die Fixierung von Chinon durch Hautpulver nach verschiedenen Zeiträumen.

Gewichtszunahme von 2 g trockenem Hautpulver (in g)				
Versuch	p_H	24 Stunden	14 Tage	36 Tage
1	5,0	0,056	0,908	1,089
2	6,0	0,107	0,868	1,028
3	7,0	0,540	0,915	0,980
4	8,0	0,587	0,947	0,961
5	8,5	—	0,909	0,860
6	9,0	0,607	0,811	0,851
7	9,5	0,597	0,897	0,973
8	10,0	0,658	0,938	0,966
9	11,0	0,636	0,893	0,937
10	12,0	0,416	0,587	0,617
11	13,0	− 0,303	Nicht verwertbar	Nicht verwertbar

Alle Filtrate erwiesen sich als chinonhaltig. Von den Filtraten der Versuchsreihe über 24 Stunden wurden einige der Kjeldahl-Bestimmung unterworfen. Es wurden folgende Werte für die Hydrolyse des Hautpulvers festgestellt:

Versuch	p_H	Hydrolyse (in %)	Versuch	p_H	Hydrolyse (in %)
1	5,0	2,9	9	11,0	2,1
3	7,0	2,5	10	12,0	2,2
6	9,0	1,8	11	13,0	20,0

Die starke Hydrolyse des Hautpulvers in der Lösung von $p_H = 13$ läßt erkennen, daß eine Untersuchung der Fixierung bei höheren p_H-Werten als 12 zwecklos ist.

In Abb. 309 sind die Ergebnisse dieser Versuchsreihen in Diagrammform wiedergegeben. Die Kurve für den 6-Stunden-Versuch steigt von $p_H = 5$ bis $p_H = 8$ rasch an und verläuft dann bis $p_H = 11$ nahezu parallel zur Abszisse, nur bei $p_H = 9$ liegt eine kleine Senkung vor. Dieses Minimum bei $p_H = 9$ tritt auch in den anderen Versuchsreihen, besonders deutlich bei der 14-Tage-Kurve auf. Es ist möglich, daß die Natur der als Gerbmittel wirkenden Substanz in Lösungen, die alkalischer sind als $p_H = 9$, verschieden ist von der in weniger alkalischen Lösungen. Vielleicht hängt es mit einer Polymerisation oder anderen Veränderungen zusammen, denen Chinon in alkalischen Lösungen unterliegt.

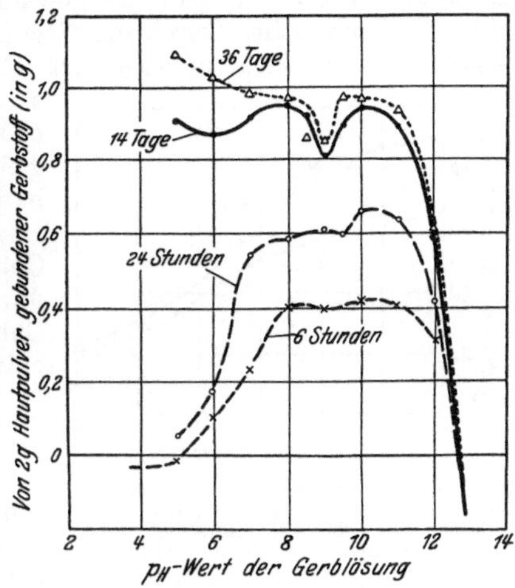

Abb. 309. Der Einfluß des p_H-Wertes auf die Fixierung des Chinons durch Kollagen.

b) Der Einfluß des Hydrochinons.

Bei der Chinongerbung hat Meunier (4) angenommen, daß das Chinon zuerst das Kollagen oxydiere, etwa wie es aromatische Amine oxydiert. Bei dieser Oxydation des Kollagens solle Hydrochinon gebildet werden und das oxydierte Kollagen sich mit einem Teil des noch vorhandenen Chinons verbinden. Alle Filtrate, die bei den obigen Untersuchungen erhalten wurden, reduzierten Fehlingsche Lösung, enthielten also Hydrochinon. Spezifischere Nachweisreaktionen für Hydrochinon ließen sich wegen der dunklen Farbe der Filtrate nicht ausführen.

Da Anzeichen für die Gültigkeit der Theorie von Meunier gefunden wurden, schien es möglich, sie einer entscheidenden Prüfung zu unterwerfen. Wird während der Gerbung Hydrochinon gebildet, so sollte durch eine Zugabe von Hydrochinon die gerbende Wirkung des Chinons herabgedrückt werden. Die Zugabe von Hydrochinon zu Chinonlösungen führt zur Bildung einer Additionsverbindung zwischen Chinon und Hydrochinon, dem Chinhydron; da diese Verbindung aber in wässeriger Lösung teilweise in ihre Bestandteile dissoziiert, sollte die Bildung von Chinhydron zu keinen Komplikationen führen.

Hautpulver wurde genau in gleicher Weise wie früher mit Chinonlösungen von gleichen Konzentrationen geschüttelt, nur waren den Lösungen verschiedene Mengen Hydrochinon zugefügt worden. Die

Untersuchung wurde mit zwei Versuchsreihen ausgeführt, die eine mit einer Pufferlösung vom p_H-Wert 7 und die andere bei $p_H = 9$. Als Gerbdauer wurden 6 Stunden gewählt. Das Versuchsergebnis ist in Abb. 310 dargestellt. Durch die Gegenwart von Hydrochinon wird der Gerbgrad wesentlich herabgesetzt. Der Gerbgrad wird bei $p_H = 9$ stärker herabgesetzt als bei $p_H = 7$, ebenso wenn die Hydrochinonmenge gleich oder größer ist als das vorhandene Chinon, weil dadurch die Bedingungen für die Bildung von Chinhydron, der Additionsverbindung zwischen je einem Molekül Chinon und einem Molekül Hydrochinon, günstig sind.

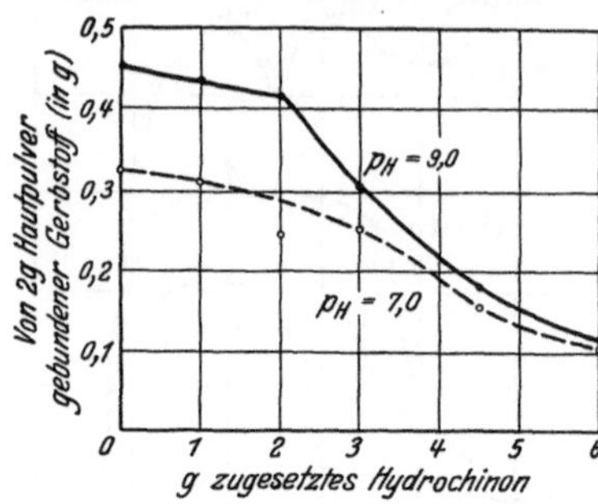

Abb. 310. Wirkung eines Zusatzes von Hydrochinon auf die Fixierung von Chinon durch Kollagen. Die Chinonkonzentration betrug 13,7 g pro Liter, die Gerbzeit 6 Stunden.

c) Der Einfluß der Zeit.

Thomas und Kelly untersuchten weiter, welchen Einfluß die Gerbdauer auf den Verlauf der Chinongerbung hat. Sie gerbten Portionen von gereinigtem Hautpulver, die genau 2,000 g Trockensubstanz entsprachen, in 200 ccm Chinonlösung vom p_H-Wert 8. Als Konzentration wurden 13,7 g Chinon pro Liter gewählt. Während bei den früheren Versuchen die Temperatur nicht überwacht worden war, wurden bei dieser Versuchsserie die Flaschen im Thermostaten bei 25° rotierend geschüttelt. In Abb. 311 ist die Fixierung von Chinon durch Hautpulver als Funktion der Zeit graphisch wiedergegeben.

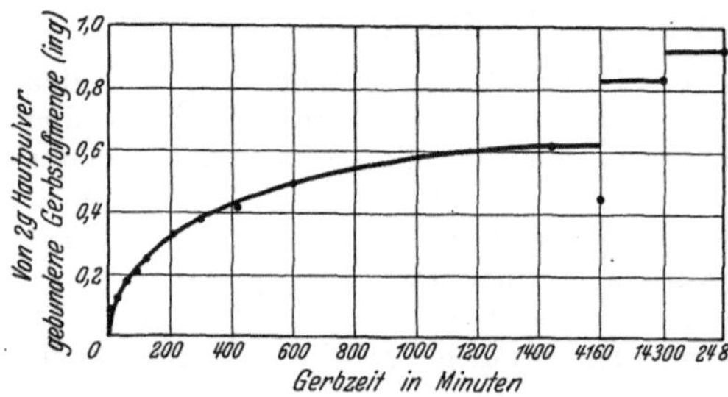

Abb. 311. Einfluß der Zeit auf die Fixierung von Chinon durch Kollagen. Die Konzentration des Chinons betrug 13,7 g pro Liter. Gerbtemperatur 25°.

Die Kurve scheint parabolisch zu verlaufen. Thomas und Kelly wandten auf die Kurve die Gesetze der monomolekularen und der dimolekularen Reaktionen an. Aus ihren Berechnungen geht indessen hervor, daß es sich um eine Reaktion höherer Ordnung handelt.

d) Der Einfluß von Natriumchlorid.

In einer späteren Arbeit untersuchten Thomas und Kelly (11) den Einfluß, den Natriumchlorid auf die Fixierung von Chinon durch Hautpulver ausübt. Wegen des Einflusses, den Salz auf die p_H-Werte der benutzten Pufferlösungen hat, war es nötig, das Salz den Pufferlösungen zuzufügen, und erst dann die p_H-Werte vor der Chinonzugabe elektrometrisch einzustellen. Die Ergebnisse dieser Gerbversuche sind in Abb. 312 wiedergegeben.

Natriumchlorid setzt die Gerbwirkung bei $p_H = 11$ und auch bei $p_H = 7$ mit zunehmender Konzentration herab; nur bei schwachen Konzentrationen tritt eine geringe Erhöhung der Gerbwirkung ein. Eine ähnliche aktivierende Wirkung von Salz in schwachen Konzentrationen wurde auch bei Gerbungen mit Gambir und Hemlockrinde festgestellt und ist aus Abb. 216 im 18. Kapitel ersichtlich.

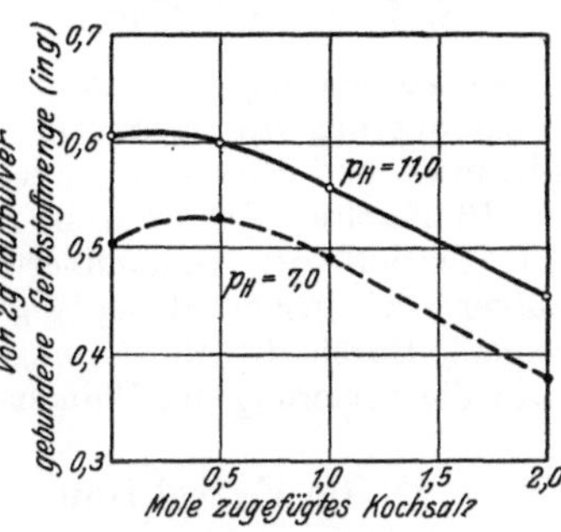

Abb. 312. Wirkung eines Zusatzes an Natriumchlorid auf die Fixierung von Chinon durch Kollagen. Die Konzentration des Chinons betrug 13,7 g pro Liter, die Gerbzeit 24 Stunden.

Thomas und Kelly nahmen an, daß das zugefügte Salz nicht nur auf den Gerbprozeß, sondern auch auf das Kollagen einwirken könne, da ja Kochsalz die Hydrolyse von Kollagen katalytisch beschleunigt. Andererseits wird die Kollagenhydrolyse durch Natriumsulfat verzögert. Um diesen Einfluß zu untersuchen, gerbten sie Hautpulver in Chinonlösungen bei Abwesenheit von Pufferlösungen, aber unter Zugabe von verschiedenen Mengen Kochsalz oder Natriumsulfat. Die p_H-Werte dieser Lösungen waren wahrscheinlich etwas niedriger als $p_H = 5,7$, d. i. der p_H-Wert von gewöhnlichem, destilliertem Wasser. Für diese Versuche wurde als Chinonkonzentration 13,7 g pro Liter und als Gerbdauer 24 Stunden gewählt. Die Versuchsergebnisse sind in Tabelle 98 zusammengestellt.

Tabelle 98. Der Einfluß von Salz auf die Chinongerbung in destilliertem Wasser.

Versuch Nr.	Molarität des zugesetzten Salzes	Von 2 g Hautpulver „gebundener Gerbstoff" (in g)	Charakter des gegerbten Hautpulvers
1	0	+ 0,008[1]	Dunkelbraun, rauh
2	0,5 NaCl	− 0,008	Dunkelbraun, rauh
3	1	− 0,013	Dunkelbraun, rauh
4	2	− 0,014	Dunkelbraun, rauh
5	0	+ 0,004	Dunkelbraun, rauh
6	0,5 Na_2SO_4	+ 0,008	Dunkelbraun, weicher
7	1	+ 0,033	Dunkelbraun, gut gegerbt
8	1,5	+ 0,048	Dunkelbraun, sehr gut gegerbt

Das Pluszeichen bedeutet, daß das Hautpulver an Gewicht zugenommen hat, das Minuszeichen (—) einen Gewichtsverlust.

Diese Zahlen geben ganz augenfällig den Unterschied in den Wirkungen von Kochsalz und Natriumsulfat wieder. Natriumsulfat fördert

[1] Die Ergebnisse sind auf ± 5 mg genau. Alle Gerbversuche wurden bei Zimmertemperatur ausgeführt.

deutlich die Chinongerbung in rein wässeriger Lösung und trägt zur Bildung eines gut gegerbten Leders bei, soweit sich ein solcher Schluß aus Hautpulverversuchen überhaupt ziehen läßt.

e) Der Einfluß einer Desaminierung des Kollagens.

In Verbindung mit ihren Untersuchungen über den Einfluß einer Desaminierung des Kollagens auf die vegetabilische Gerbung führten Thomas und Foster (9) auch eine Reihe Versuche mit Chinon aus. Im 16. Kapitel sind in Abb. 255 die Ergebnisse zusammengefaßt, die den Einfluß der Desaminierung auf die Chinongerbung von Hautpulver bei verschiedenen p_H-Werten und verschiedener Gerbdauer zeigen. Durch die Entfernung von Aminogruppen aus dem Kollagen wird die Fixierung des Chinons beträchtlich herabgesetzt.

f) Die Extraktion von Chinonleder mit Alkohol.

Als Thomas und Kelly vegetabilisches Leder, das beim p_H-Wert 9 gegerbt worden war, mit heißem Alkohol extrahierten, beobachteten sie, daß das Leder an Gewicht zunahm, sogar, wenn durch den Alkohol etwas Gerbstoff entfernt worden war. Das Ergebnis ihrer Versuche ist im 15. Kapitel in Tabelle 57 wiedergegeben. Sie nahmen an, daß der scheinbare Gewinn dadurch zustande kommt, daß Alkohol zu Aldehyd oxydiert wird und so eine Aldehydgerbung einsetzt. Thomas und Kelly glaubten, daß auch bei den mit Chinon gegerbten Ledern der gleiche Effekt auftreten würde.

Je 1 g Trockensubstanz entsprechende Mengen entfettetes Hautpulver wurden in je 100 ccm Phosphatpufferlösung, die 1,37 g Chinon enthielt, bei Zimmertemperatur gegerbt. Die Gerbansätze wurden in 400-ccm-Flaschen 24 Stunden rotierend geschüttelt, auf Wilson-Kern-Auslauger gebracht und das Hautpulver mit destilliertem Wasser gewaschen. Für jeden p_H-Wert wurde die Gerbung in doppelten Ansätzen ausgeführt. Die ersten Ansätze (Versuche a) dienten zur Bestimmung des gebundenen „Gerbstoffs" und zur Bestimmung des Gewichts, das getrocknetes chinongares Hautpulver nach der Extraktion mit Alkohol zeigt. Das Hautpulver wurde zur Bestimmung des „gebundenen" Gerbstoffs im Vakuum bei 100° getrocknet und gewogen. Dann wurde das Hautpulver mit Alkohol extrahiert und erneut sein Gewicht bestimmt. Durch letztere Bestimmung sollte der Einfluß der alkoholischen Extraktion auf getrocknetes chinongares Leder festgelegt werden. Die Parallelansätze (Versuche b) wurden naß vom Auslauger genommen und ohne vorherige Trocknung direkt der alkoholischen Extraktion unterworfen. Damit sollte der Einfluß der alkoholischen Extraktion auf nicht getrocknetes chinongares Leder bestimmt werden. Diese zweifache Versuchsanordnung wurde gewählt, weil sich bei der alkoholischen Extraktion vegetabilischer Leder beträchtliche Unterschiede zeigen, je nachdem die Leder vorher getrocknet oder nicht getrocknet waren, mit anderen Worten, weil die Stabilität nicht getrockneter Leder und getrockneter Leder verschieden ist.

Die alkoholische Extraktion, in der das Hautpulver sowohl heißen Alkoholdämpfen als auch flüssigem Alkohol ausgesetzt war, wurde solange fortgesetzt, bis die Farbe des Extrakts anzeigte, daß das Hautpulver keinen Gerbstoff mehr abgab. Dazu war für das feuchte Hautpulver eine Gesamtextraktionszeit von 493 Stunden, für das getrocknete Hautpulver eine solche von 128 Stunden nötig.

Die Ergebnisse dieser Untersuchung sind in Tabelle 99 zusammengefaßt. Es ist zu beachten, daß die Prozentsätze des gebundenen Gerbstoffs, der extrahiert wurde, auf die Gesamtmenge Gerbstoff, die ursprünglich im Hautpulver gebunden war, berechnet wurde, und nicht etwa auf das Gesamtgewicht des Leders.

Tabelle 99. Alkoholische Extraktion von chinongarem Hautpulver.

Versuch Nr.	p_H der Gerblösung	Von 1 g Hautpulver „gebundene Gerbstoffmenge“ (in g)	Prozente des fixierten Gerbstoffs, der entfernt wurde aus			
			feuchten Ledern		trockenen Ledern	
			X	Y	X	Y
1a	7	0,279			11	4,1 (Zunahme)
1b	7	—	43	29		
2a	8	0,334			9,1	5,5 (Zunahme)
2b	8	—	36	28		
3a	9	0,339			7,5	8,9 (Zunahme)
3b	9	—	32	29		
4a	10	0,328			6,2	7,9 (Zunahme)
4b	10	—	32	24		
5a	11	0,327			6,0	11 (Zunahme)
5b	11	—	21	15		

X = vom Gewicht des extrahierten Materials.
Y = vom Gewicht der getrockneten extrahierten Hautpulver.

Die mit diesen mit Chinon gegerbten Hautpulvern ermittelten Ergebnisse stimmen mit jenen überein, die mit Ledern, die mit Hemlockrinde und mit Gambir gegerbt waren, gefunden wurden; besonders, wenn man die Mengen des entfernten Gerbstoffs mit den p_H-Werten der Gerblösungen vergleicht, ist festzustellen, daß die im alkalischen Medium gegerbten Hautpulver einer Alkoholbehandlung gegenüber um so widerstandsfähiger sind, je höher der p_H-Wert lag. Ebenso kann man bei Vergleich der prozentualen Mengen extrahierten Materials, bestimmt aus dem Gewicht des Extrakts und aus dem Gewichtsverlust des Hautpulvers, ersehen, daß gleichzeitig mit der Entfernung des gebundenen Gerbstoffs irgend etwas vom Hautpulver gebunden wird. Das muß Acetaldehyd sein. Es sollte scheinen, daß ein Teil des Mechanismus der alkoholischen Extraktion alkalisch gegerbter Leder darin besteht, den gebundenen Gerbstoff im Leder zu reduzieren. Durch diese Reduktion verliert der Gerbstoff seine Gerbstoffeigenschaft und wird durch den Alkohol ausgewaschen. Hydrochinon hat keine Gerbstoffeigenschaften. Wenn daher das mit dem Hautprotein verbundene Chinon reduziert ist, wird es rasch durch den Alkohol ausgewaschen werden, und der gebildete Aldehyd wird sich mit dem Protein verbinden.

Diese Oxydation wird durch die Gegenwart von Luft noch unterstützt. Dieser Reaktionsmechanismus erhellt noch deutlicher aus den Befunden bei der alkoholischen Extraktion getrockneter Chinonleder, die gegen Alkohol viel stabiler sind als die nicht getrockneten chinongaren Hautpulver.

g) Theorie der Chinongerbung.

Meunier und Seyewetz haben beobachtet, daß Gelatineplatten in kochendem Wasser unlöslich werden, wenn man sie mehrere Tage in Hydrochinonlösungen einlegt, die mit der Luft in Berührung stehen. Wurde unter Ausschluß von Luft gearbeitet, so zeigten die Gelatineplatten diese Widerstandsfähigkeit nicht. Es lag sehr nahe, anzunehmen, daß die Gelatine durch das Oxydationsprodukt des Hydrochinons, das Benzochinon, unlöslich gemacht worden war, denn Gelatineblätter, die vorher in Wasser geschwellt waren, wurden nach Einlegen in Chinonlösungen nach weniger als zwei Stunden für kochendes Wasser vollständig unlöslich. Meunier und Seyewetz übertrugen ihre Untersuchung auf tierische Haut und konnten feststellen, daß die Haut durch Chinonlösung in Leder übergeführt wird, das gegen kochendes Wasser widerstandsfähig ist.

Meunier beobachtete, daß die Reaktion zwischen Chinon und Protein von einer Reduktion eines Teiles des Chinons zu Hydrochinon begleitet ist. Das Hydrochinon kann leicht aus der übrigbleibenden Gerblösung extrahiert und identifiziert werden. Er nahm an, daß diese Reduktion die Folge einer Oxydation des Proteins durch das Chinon sei, und daß sich das oxydierte Protein mit dem noch vorhandenen unreduzierten Chinon verbinde. Der geschilderte Reaktionsverlauf hat nach Ansicht Meuniers Ähnlichkeit mit der Reaktion des Chinons auf aromatische Amine:

$$C_6H_5NH_2 + 2\,C_6H_4O_2 = C_6H_5N(C_6H_4O_2) + C_6H_4(OH)_2\,.$$

Von den zwei Chinonmolekülen, die an der Reaktion beteiligt sind, wird das eine zu Hydrochinon reduziert und das andere verbindet sich mit dem Amin zu einem Oxydationsprodukt des Amins. Verwendet man an Stelle von Kollagen die einfache Formel RNH_2, so läßt sich der Mechanismus der Chinongerbung durch folgende Gleichung wiedergeben:

$$\underset{\text{Kollagen}}{RNH_2} + \underset{\text{Chinon}}{2\,C_6H_4O_2} = \underset{\text{Chinonleder}}{R\cdot N\!\left\langle\begin{matrix}O\\O\end{matrix}\right\rangle\! C_6H_4} + \underset{\text{Hydrochinon}}{C_6H_4(OH)_2}$$

Meunier und Queroix (5) fanden, daß Chinonlösungen einer spontanen Disproportionierung unterliegen; von je zwei Molekülen Chinon wird das eine Molekül zu Hydrochinon reduziert, das andere zu einem etwas gefärbten Oxydationsprodukt unbekannter Molekularstruktur oxydiert. Bei Gegenwart von Gelatine wurde das Verhältnis von gebildetem Hydrochinon zu verbrauchtem Chinon größer, was als Stütze der Theorie von Meunier angesehen wurde, daß bei der Chinongerbung eine Oxydation des Proteins erfolge. Der Anteil der „Oxydation-reduktion" des Chinons wächst mit dem p_H-Wert bis zu p_H 5, nimmt von p_H 5 bis 6,5 ab und wächst dann wieder von p_H 6,5 bis 8,5, dem höchsten p_H-Wert, der bei der Untersuchung zur Anwendung kam.

Thomas und Kelly (11) nahmen an, daß chinongare Leder ein geringeres Aufnahmevermögen für vegetabilische Gerbstoffe aufweisen sollten, wenn die Theorie von Meunier richtig ist. Zur Prüfung ihrer Ansicht führten sie eine Reihe Untersuchungen aus.

Tabelle 100.
Die Fixierung von Tannin durch chinongegerbtes Hautpulver.

p_H-Wert der Lösung	Gewichtsänderung des chinongegerbten Hautpulvers	p_H-Wert der Lösung	Gewichtsänderung des chinongegerbten Hautpulvers
1	+ 0,068	7	+ 0,117
2	+ 0,053	8	+ 0,178
3	+ 0,069	9	– 0,175
4	+ 0,070	10	– 0,554
5	+ 0,095	11	– 0,638
6	+ 0,089	12	– 0,814

Mit Chinon gegerbtes Hautpulver wurde in Portionen von 3,985 g (= 3,566 g Trockensubstanz, die genau 2,000 g Hautsubstanz enthielt) der Gerbwirkung von je 100 ccm Tanninlösung (4 g Tannin pro 100 ccm Lösung) verschiedener p_H-Werte 24 Stunden lang ausgesetzt. Die Haut-

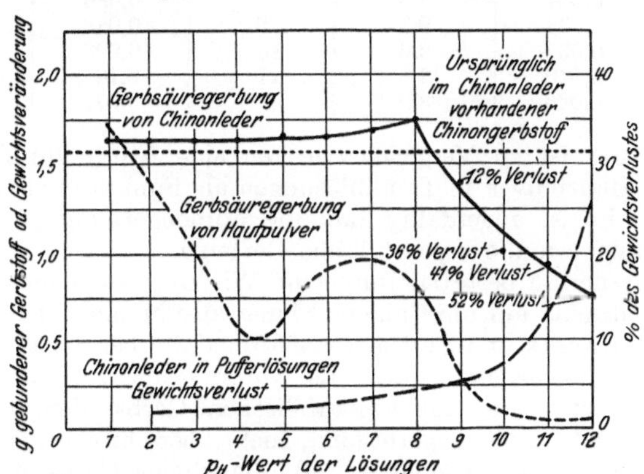

Abb. 313. Einfluß des p_H-Wertes auf die Tanningerbung von chinongegerbtem Hautpulver und unbehandeltem Hautpulver. Einfluß des p_H-Wertes auf die Extraktion von Chinonledern durch wässerige Pufferlösungen.

pulverproben wurden abfiltriert, in Wilson-Kern-Auslaugern gewaschen, im Vakuum bei 100° vollkommen getrocknet und gewogen. Das für die Versuche benutzte chinongegerbte Hautpulver war in 10tägiger Gerbung in einer gesättigten Chinonlösung von $p_H = 10{,}5$ gewonnen worden. Die Versuchsergebnisse sind in Tabelle 100 und in Abb. 313 zusammengestellt.

Im p_H-Bereich 1 bis 8 verbindet sich das mit Chinon gegerbte Hautpulver nur mit sehr wenig Tannin. Der Gewichtsverlust auf der alkalischen Seite von $p_H = 8$ war nicht erwartet worden. Wenn auch bekannt war, daß die Chinongerbung etwas reversibel ist — „Chinongerbstoff" wird beim Auswaschen von chinongegerbtem Leder mit destilliertem Wasser immer in Spuren gefunden —, so wiesen die großen Gewichtsverluste in alkalischen Gerbsäurelösungen auf die Notwendigkeit folgenden Experiments.

Je eine Portion chinongegerbtes Hautpulver, 1,426 g Trockensubstanz entsprechend, wurde 24 Stunden in 100 ccm Pufferlösung geschüttelt, abfiltriert, mit destilliertem Wasser im Wilson-Kern-Auslauger gewaschen, bei 100° im Vakuum getrocknet und gewogen. Die Ergebnisse sind in Tabelle 101 zusammengefaßt und auch in Abb. 313 graphisch wiedergegeben. Aus den Resultaten geht die merkliche Reversibilität dieser Chinongerbung in alkalischen Lösungen hervor, und dieser Reversibilität müssen auch die Gewichtsverluste in alkalischen Gerbsäurelösungen zugeschrieben werden.

Tabelle 101. Der Einfluß des p_H-Wertes auf die wässerige Extraktion chinongegerbter Hautpulver.

p_H-Wert der Pufferlösung	Gewichtsverlust in g	Gewichtsverlust in %	p_H-Wert der Pufferlösung	Gewichtsverlust in g	Gewichtsverlust in %
2	0,029	2,0	7,5	0,077	5,4
3	0,027	2,0	8	0,080	5,6
4	0,033	2,3	9	0,088	6,2
5	0,037	2,6	10	0,098	6,9
6	0,040	2,8	11	0,189	13,0
7	0,056	3,9	12	0,374	26,2

In Abb. 313 ist zu Vergleichszwecken eine Kurve für den Gerbverlauf von Hautpulver in Tanninlösungen als Funktion des p_H-Wertes eingetragen. Es ist augenfällig, daß die Chinongerbung an denselben Gruppen erfolgt wie die vegetabilische Gerbung.

Das ist fernerhin bestätigt durch die Wirkung, die eine Desaminierung des Kollagens auf die Chinongerbung ausübt und auch durch die Arbeit von Thomas und Seymour-Jones (12) über die Wirkung von Trypsin auf verschiedene Leder. Es wurde festgestellt, daß Trypsin Leder hydrolysiert, die mit vegetabilischen Gerbstoffen, mit Formaldehyd oder mit Chinon gegerbt sind, nicht aber chromgegerbte Leder. Dies berechtigt zu der Annahme, daß pflanzlicher Gerbstoff, Aldehyd und Chinon von den gleichen Gruppen des Kollagenmoleküls gebunden werden. Hierdurch hat die Theorie von Meunier, daß das Chinon sich mit den Aminogruppen des Proteins verbinde, eine starke Stütze erlangt.

Die Theorie von Meunier und Seyewetz, daß die Chinongerbung in einem rein chemischen Vorgang beruhe, bei dem die freie Aminogruppe des Proteins mit dem Carbonylsauerstoff des Chinons unter Aufrichtung der doppelten Bindung reagieren solle, kann heute nicht mehr aufrechterhalten werden. Fahrion (1) verwies bereits in einer Abhandlung über Chinongerbung auf die Anilidochinone, deren Existenz die Bildung analoger Verbindungen des Proteins mit den Chinonen möglich erscheinen lasse. Nach Ansicht Fahrions scheiden Anilidochinone aber als theoretische Grundkörper des Chinonleders aus, weil im Leder unmöglich noch der Chinonring vorhanden sein könne. Fahrion legt deshalb den Schwerpunkt auf die superoxydähnlichen Eigenschaften des Chinons, das die Hautfaser oxydiere und sich dann mit ihr verbinde.

Hilpert und Brauns (3) griffen die von Fahrion erwähnte Möglichkeit der Bildung von Verbindungen vom Typus der Anilidochinone bei der Chinongerbung wieder auf und konnten als Modelle des Chinonleders Verbindungen von Chinon und Aminosäuren, bei denen die freie Aminogruppe in den Chinonring eingetreten war, in krystallisiertem Zustand darstellen, z. B. die Verbindungen von Glykokollanilid mit Chinon, Toluchinon und Naphthochinon:

O O O

$NHCH_2CONHC_6H_5$ $NHCH_2CONHC_6H_5$ $NHCH_2CONHC_6H_5$

CH_3

O O O

Damit wäre nachgewiesen, daß sich aus Aminosäureverbindungen und Chinon Aminochinone bilden, in denen eine Aminogruppe in den Chinonring eingetreten ist.

Da die Feststellung der Bindungsform des Chinons in der gegerbten Haut aussichtslos erschien, versuchten Hilpert und Brauns durch genaue Untersuchung des Reaktionsverlaufs darüber Aufschluß zu erhalten, ob eine oder zwei Aminogruppen in den Chinonkern eintreten. Der Typus des Reaktionsprodukts läßt sich aus der Menge des verbrauchten Chinons und des gleichzeitig gebildeten Hydrochinons ableiten.

In schwach mineralsaurer wässeriger Lösung reagierte Chinon mit den freien Aminogruppen der Haut derart, daß auf ein Chinon immer nur eine Aminogruppe gebunden wurde; es entstand jedesmal auf zwei Mol verbrauchtes Chinon ein Hydrochinon. Gegenüber der Schnelligkeit der Kupplung trat also die reine Oxydationswirkung des Chinons völlig zurück, die sich in einer vermehrten Bildung von Hydrochinon hätte zeigen müssen. Da das Gerbprodukt, wenn auch langsam, Jodwasserstoff oxydierte, war der Chinonring noch in ihm vorhanden. In alkoholischer Lösung verlief die Reaktion ebenso wie in mineralsaurer Lösung. In neutraler oder schwach essigsaurer Lösung dagegen war die Menge des in der Lösung vorhandenen Hydrochinons etwa um ein Drittel kleiner als in schwach mineralsaurer Lösung. Durch weitere Versuche wurde aber festgestellt, daß das in schwach mineralsaurer Lösung gebildete Reaktionsprodukt in neutraler Lösung noch Hydrochinon band, und zwar etwa in der Menge, wie sie dem Unterschied der Reaktion in saurer und alkalischer Lösung entspricht.

Chinon und Hydrochinon oxydieren sich in alkalischer Lösung zu polymerem Oxychinon. Das polymere Oxychinon zeigt nach den Untersuchungen von Hilpert und Brauns alle Eigenschaften eines hochmolekularen Gerbstoffs, fällt Leim, Alkaloide und wird von Hautpulver quantitativ aufgenommen.

Die Chinongerbung zerfällt demnach nach Hilpert und Brauns in zwei ganz verschiedene Arten der Gerbung, die nichts miteinander zu tun haben. Die eigentliche Chinongerbung besteht in der Kupplung der im Protein vorhandenen primären Aminogruppen mit Chinon. Die Schnelligkeit der Kupplung hängt stark vom p_H ab, und zwar derart, daß sie mit zunehmender Acidität abnimmt. Sie ist am größten am Neutralpunkt, an dem das Chinon auch am labilsten ist, während sie bei p_H 3 bereits sehr klein wird. Die sekundäre Chinongerbung ist lediglich eine salzartige Verbindung zwischen Haut und polymerem Oxychinon, ohne daß das Proteinmolekül dadurch chemisch verändert wird. Sie erfolgt sehr langsam, während die primäre Chinongerbung durch ihre außerordentliche Geschwindigkeit charakterisiert ist.

Literaturzusammenstellung.

1. Fahrion, W.: Z. f. angew. Chem. **1909**, 2083, 2135, 2187.
2. Granger, F. S. u. J. M. Nelson: Oxydation and reduction of hydroquinone and quinone from the standpoint of electromotive-force measurements. J. Amer. Chem. Soc. **43**, 1401 (1921).
3. Hilpert, S. u. F. Brauns: Über Chinongerbung. Collegium **1925**, 64.
4. Meunier, L.: Moderne Theorien über die verschiedenen Gerbmethoden. Chim. u. Ind. **1**, 71, 272 (1918).
5. Meunier, L. u. M. Queroix: Sur l'Evolution des Solutions de Quinone. J. Soc. Leather Trades Chem. **9**, 26 (1925).
6. Meunier, L. u. A. Seyewetz: Über eine neue Gerbmethode. Compt. rend. **146**, 987 (1908); Collegium **1909**, 59, 319.
7. Meunier, L. u. A. Seyewetz: Etude theoretique du Tannage au moyen des Composées Organiques. Collegium **1908**, 195, 202.
8. Meunier, L. u. A. Seyewetz: Sur les propriétés tannantes comparées de différantes quinones. Collegium **1914**, 523.
9. Thomas, A. W. u. S. B. Foster: The behavior of deaminized collagen. Further evidence in favor of the chemical nature of tanning. J. Amer. Chem. Soc. **48**, 489 (1926).
10. Thomas, A. W. u. M. W. Kelly: Quinone tannage. Ind. Eng. Chem. **16**, 925 (1924).
11. Thomas, A. W. u. M. W. Kelly: Further studies of quinone tannage. Ind. Eng. Chem. **18**, 383 (1926).
12. Thomas, A. W. u. F. L. Seymour-Jones: Action of trypsin upon diverse leathers. Ind. Eng. Chem. **16**, 157 (1924).

25. Synthetische Gerbstoffe.

Im Jahre 1913 legte Stiasny (27) seinen Fachgenossen eine neue Klasse von Gerbmaterialien vor, die er als synthetische oder künstliche Gerbstoffe bezeichnete. Er hatte entdeckt, daß man durch Kondensieren von Phenolsulfosäuren mit Formaldehyd unter gewissen Bedingungen wasserlösliche Produkte erhalten kann, die in Säurelösung negative Ladung annehmen, auf Gelatinedispersionen fällend wirken und ausgesprochene Gerbstoffeigenschaften besitzen. Stiasny zählte die synthetischen Gerbstoffe zu den Kondensationsprodukten, die durch Erhitzen von Phenolen mit Formaldehyd in schwach saurer Lösung und anschließender Löslichmachung der dabei gebildeten harzartigen Produkte durch Behandlung mit Schwefelsäure erhalten werden können. Man kann auch die Phenole zuerst sulfonieren und anschließend die Phenolsulfosäuren mit Formaldehyd unter solchen Bedingungen kondensieren, daß ausschließlich wasserlösliche Produkte erhalten werden.

Stiasnys erster synthetischer Gerbstoff erschien unter der Bezeichnung Neradol D auf dem Markt. Er vermochte tierische Haut zu gerben, und gab ein weiches weißes Leder von geringem Rendement aber großer Zähigkeit und Zerreißfestigkeit. Er erwies sich auch als wertvoll für die Vorgerbung von Häuten, die mit vegetabilischen Gerbmitteln gegerbt werden sollten. Der synthetische Gerbstoff verlieh dem Leder einen weichen Narben und verringerte die astringente Wirkung der später benutzten Gerbstoffe. Die vegetabilische Gerbung wurde durch die Vorgerbung sehr beschleunigt, die Bildung von Kalkflecken verhindert, und der Narben des erzeugten Leders war reiner und von hellerer Farbe.

Eine der üblichen Methoden zur Herstellung von synthetischen Gerbstoffen besteht darin, ein Gemisch von gleichen Teilen Kresol und Schwefelsäure unter Umrühren zwei Stunden auf etwa 105° zu erhitzen. Man läßt das Gemisch dann auf etwa 35° abkühlen und gibt unter Rühren auf je zwei Moleküle Kresol ein Molekül Formaldehyd hinzu. Es ist üblich, die Mischung während der Zugabe des Formaldehyds auf einer Temperatur zwischen 30 und 35° zu halten, obgleich die Notwendigkeit dieser Vorschrift fraglich ist. Das Produkt wird dann in Wasser gelöst und Wasser zugesetzt, bis die Konzentration 35% beträgt. Die Acidität wird durch Zugabe von Alkalien auf $^1/_{10}$ normal reduziert. An Stelle von Kresol werden häufig Phenole und Naphthole verwendet. Das am meisten verwendete Rohmaterial ist wohl die Kresolsulfosäure.

Die frühere Literatur über synthetische Gerbstoffe ist in einem 1920 erschienenen Werk von Grasser (8), behandelt worden. Grasser gibt die Wirkung des Formaldehyds auf Kresolsulfosäure durch folgende Gleichung wieder:

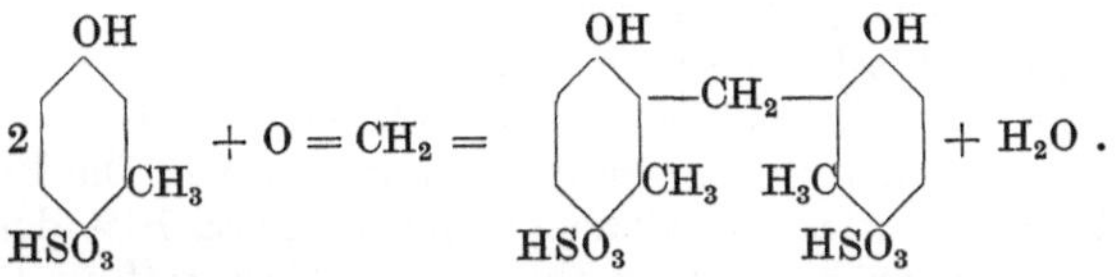

$$2\,C_6H_3(OH)(CH_3)(HSO_3) + O{=}CH_2 = (HSO_3)(CH_3)(OH)C_6H_2{-}CH_2{-}C_6H_2(OH)(CH_3)(HSO_3) + H_2O\,.$$

Dieser Prozeß kann sich unbeschränkt fortsetzen und zu Molekülen von sehr hohem Molekulargewicht führen. Stiasny nimmt an, daß die Moleküle der synthetischen Gerbstoffe von einer solchen Größenordnung sind, daß synthetische Gerbstofflösungen semikolloidalen Charakter haben.

a) Praktische Anwendungen.

Bald nach Entdeckung der künstlichen Gerbstoffe brach der Weltkrieg aus und brachte eine beispiellose Nachfrage nach Leder und Gerbstoffen mit sich. Das hatte eine starke Betätigung auf dem Gebiete der neuen synthetischen Gerbstoffe zur Folge. Viele wurden unsachgemäß hergestellt und waren zweifellos schädlich für das Leder. Es ist kein Wunder, daß die Gerber diesen neuen Gerbmaterialien schließlich recht skeptisch gegenüberstanden. Dadurch wiederum wurden die geringwertigen Gerbpräparate vom Markt verdrängt und nur die wenigen wertvollen konnten der strengen Auslese standhalten. Seit Beendigung des Krieges nimmt die Verwendung synthetischer Gerbstoffe in Verbindung mit anderen Gerbmaterialien stetig zu. Werden synthetische Gerbstoffe für sich allein verwandt, so ist das Rendement des Leders sehr gering. Heute kommen die synthetischen Gerbstoffe des Handels praktisch nicht als Gerbmaterial für sich allein zur Anwendung, sondern werden durchweg in Kombination mit vegetabilischen Gerbstoffen angewandt. Für die vegetabilische Gerbung schwerer Leder haben sie sich als wertvolle Hilfsmaterialien erwiesen.

Einer der besten synthetischen Gerbstoffe erschien in Form einer wässerigen Lösung auf dem Markt. Bei seiner Untersuchung wurde festgestellt, daß er 31,8% Trockensubstanz und 68,2% Wasser enthielt. Bei der Verbrennung hinterließ er 15,0% Asche, die aus 11,3% Natriumsulfat und 3,7% Natriumchlorid bestand. Der gesamte Schwefelgehalt als SO_3 betrug 10,0% und der titrierbare Säuregehalt als SO_3 gegen Methylorange 2,4%. Eine Lösung, die im Liter 38 g Trockensubstanz enthielt, zeigte einen p_H-Wert von 1,40. Diese Werte sind wahrscheinlich für die besten synthetischen Gerbstoffe des Handels typisch.

Wurde dieser synthetische Gerbstoff mit Lösungen von verschiedenen Gerbmaterialien, die die übliche Menge Unlösliches enthielten, gemischt. so zeigte sich, daß praktisch alles Unlösliche in Lösung ging. Außerdem änderte die Gegenwart des synthetischen Gerbstoffs so die Eigenschaften der Gerblösung, daß sie viel weniger leicht nach Zugabe von Säure oder Salz ausflockbar war. Gleichzeitig hellte sich die Farbe auf, was wahrscheinlich wenigstens zum Teil der Erniedrigung des p_H-Werts zuzuschreiben ist. Wurden in diese Gerbbrühen Hautstreifen eingehängt, so drang der Gerbstoff viel schneller in die Haut ein, als wenn ohne synthetischen Gerbstoff gearbeitet wurde.

Bei der vegetabilischen Gerbung von Sohlleder wird der Gerbprozeß verbessert, wenn ein synthetischer Gerbstoff wie der oben beschriebene mit den vegetabilischen Gerbextrakten gemischt wird. Die Brühen zum Anstellen des Farbengangs werden so hergestellt, daß 10% der Trockensubstanz der Gerbbrühe aus synthetischem Gerbstoff und 90% der Trockensubstanz aus vegetabilischem Extrakt bestehen. Die Gegenwart des synthetischen Gerbstoffs beschleunigt die Geschwindigkeit der Durchdringung der Haut durch den Gerbstoff beträchtlich. Es ist üblich, bei Verwendung synthetischer Gerbstoffe viel stärkere Brühen zu verwenden, wodurch die Gerbzeit sehr verkürzt wird und das Leder ein feineres Aussehen erlangt.

Auch für die Herstellung leichterer Leder sind synthetische Gerbstoffe wertvoll. Sie haben eine gleichmäßigere Verteilung des Gerbstoffs in der Haut während der vegetabilischen Gerbung zur Folge. Wegen ihrer Eigenschaft, die Geschwindigkeit der Durchdringung der Haut zu beschleunigen, ist es möglich, die Gerbdauer abzukürzen. Zuweilen ist es erwünscht, die Zähigkeit von vegetabilisch gegerbtem Leder durch Herabsetzung des Gerbgrades zu erhöhen. Das wird durch Zugabe synthetischer Gerbstoffe zu der Gerbbrühe möglich, die bewirken, daß der Gerbstoff auch bis zur Mittelschicht der Haut vordringen kann, bevor die Außenschichten bereits stark gegerbt sind. Auf diese Weise konnte Wilson vegetabilisch gegerbtes Kalbleder mit einer Zerreißfestigkeit von 5 kg pro qmm herstellen.

Von der Wirkung der synthetischen Gerbstoffe, die Astringenz vegetabilischer Gerbstoffe herabzusetzen, wird weitgehend Gebrauch gemacht. Mischungen von synthetischen Gerbstoffen und Quebrachoextrakt geben eine sehr milde Gerbbrühe, die zur Gerbung von Schafshäuten, dünnen Narbenspalten und anderen leichten Ledern geeignet sind. Mischungen dieser Art werden häufig auch mit anderen Extraktgemischen der gewöhnlichen vegetabilischen Gerbung gemischt.

Die synthetischen Gerbstoffe werden auch bei der vegetabilischen Gerbung als p_H-Regulatoren benutzt. Wenn der p_H-Wert einer vegetabilischen Gerbbrühe über 5 steigt, so können die Häute mißfarben und die Lederausbeute schlecht werden. Wird andererseits der p_H-Wert mit freier Säure bis gegen 3 erniedrigt, so werden die Gerbstoffe so astringent und schlagen sich so schnell auf der Oberfläche der Blöße nieder, daß die Durchdringungsgeschwindigkeit stark herabgesetzt wird. Gleichzeitig diffundiert freie Säure in die Mittelschicht, die Haut schwillt an und verzieht sich und wird runzlich, ein Schaden, der sich nicht wieder gut machen läßt. Zwar kann man freie Säuren zur Einstellung des p_H-Wertes verwenden, aber sie müssen unter genauer wissenschaftlicher Kontrolle zur Anwendung gebracht werden. Anderseits zeigen die synthetischen Gerbstoffe sehr saure Reaktion und können dazu benutzt werden, den p_H-Wert der Gerbbrühen herabzusetzen; hier besteht die Gefahr nicht, die bei Benutzung freier Säuren auftritt. Anstatt eine hohe Astringenz zu erzeugen, erteilen sie der Gerbbrühe eine milde Wirkung; anstatt das Eindringen von Gerbstoff in die Haut zu verlangsamen, steigern sie die Durchdringungsgeschwindigkeit.

Die Fähigkeit der synthetischen Gerbstoffe, Phlobaphene und andere schwer lösliche Bestandteile der handelsüblichen Gerbextrakte lösen zu können, macht sie als Bleichmittel wertvoll. Wenn vegetabilisch gegerbte Leder mit einer Lösung von saurer Reaktion behandelt werden, so hellt sich die Farbe dieser Leder auf. Es handelt sich hier um den Farbeffekt der Gerbstoffe, von dem schon im I. Band auf Seite 354 die Rede war. Synthetische Gerbstoffe sind freien Säuren gegenüber insofern von entschiedenem Vorteil, weil sie die unlöslichen Bestandteile, die im Narben abgelagert sind, herauslösen, ohne dabei schädlich wirkende Säuren in das Leder einzuführen. Synthetische Gerbstoffe finden sogar zum Bleichen von Chromleder vor dem Färben Anwendung; sie hellen den Narben auf und geben dem Leder eine lichtere Farbe. Wilson nimmt an, daß die synthetischen Gerbstoffe mit den Chromverbindungen reagieren, indem sie in den Chromkern eintreten und andere koordinativ gebundene Gruppen daraus verdrängen.

Werden die synthetischen Gerbstoffe für sich allein angewandt, so ergeben sie ein dünnes, leeres weißes Leder von großer Zähigkeit; im allgemeinen werden sie aber selten ohne Zusatz anderer Gerbmittel angewendet. Bei Verwendung ohne jeden Zusatz ist es praktisch unmöglich, das Fortschreiten der Durchdringung bloß nach dem Aussehen des Schnitts eines Probestreifens zu verfolgen. Die Durchdringung kann aber leicht festgestellt werden, wenn der Probestreifen mit Wasser abgespült und wenigen Tropfen einer verdünnten Eisen-2-ammoniumsulfatlösung bestrichen wird. Diese Lösung färbt die gegerbten Schichten tief blau, die etwa noch ungegerbte mittlere Schicht bleibt ungefärbt. Nach einer persönlichen Mitteilung von T. Blackadder kann auch die Prüfung mit Eisen-2-ammoniumsulfat mitunter versagen. In solchen Fällen ist Indigo zu empfehlen. Indigo färbt die ungegerbten Schichten der Haut tief blau, die gegerbten dagegen nur schwach blau.

b) Historische Entwicklung.

Wolesensky (37) gibt als Einleitung einer Arbeit über synthetische Gerbstoffe eine ausführliche Übersicht über die Literatur der synthetischen Gerbstoffe, die bis 1805 zurückgeht, und von der im folgenden Gebrauch gemacht wird. Im Jahre 1805 entdeckte Hatchett (9), daß gerbstoffartige Stoffe erhalten werden, wenn man Schwefelsäure oder Salpetersäure auf unvollständig verkohlte Holzkohle oder eine Reihe anderer kohlenstoffhaltiger Stoffe einwirken läßt. Die Feststellung von Hatchett wurden von Chevreul und von Berzelius bestätigt. Die Kohle enthielt offenbar teerartige Produkte. Die Substanzen, die mit Salpetersäure erhalten worden waren, wurden später als Pikrinsäure und andere Nitroderivate von Phenolen identifiziert. Schiff (22) nahm an, daß die Produkte, die mit Schwefelsäure erhalten worden waren, Anhydride von Sulfosäuren seien, und die Schwefelsäure selbst bei höheren Temperaturen wasserentziehend wirke. Während der nächsten 60 Jahre war die Aufmerksamkeit auf das Problem gerichtet, die Konstitution natürlicher Gerbstoffe zu ermitteln. In dieser Zeit wurden nur wenig oder gar keine Versuche unternommen, synthetische Gerbmaterialien herzustellen.

Im Jahre 1873 untersuchte Schiff die Wirkung von Phosphoroxychlorid auf Phenosulfosäure und erlangte ein Kondensationsprodukt, dem er folgende Formel zuschrieb:

$$C_6H_4(OH)SO_2{-}O{-}C_6H_4SO_3H.$$

Er zeigte, daß die Verbindung sich wie ein Gerbstoff verhält, da sie Albumine, Alkaloide, Metallsalze usw. fällt. Auf ähnliche Weise erhielt er auch aus Pyrogallolsulfosäure ein Kondensationsprodukt folgender Konstitution:

$$C_6H_2\begin{cases}SO_2\diagdown\\OH\quad\;\;\diagdown O\\OH\qquad\;\;\diagdown\\OH\end{cases}\qquad C_6H_2\begin{cases}SO_3H\\OH\\OH\end{cases}.$$

Ersetzt man in dieser Formel SO_2 durch CO und SO_3 durch COO, so hat man die Formel der Digallussäure. Schiff stellte fest, daß die Reaktionen und Löslichkeiten dieses Produkts genau die gleichen sind wie die des Tannins und nannte es darum Sulfogerbsäure.

Ähnliche Produkte erhielt Schiff auch aus Phloroglucinsulfosäure und von Trichlor-hydrochinonsulfosäure. Beim Erhitzen von Phenolsulfosäure allein entstand eine gerbende Substanz, die die Zusammensetzung $C_6H_4SO_2$ oder $C_{12}H_{10}S_2O_4$ hatte, in ihrem Verhalten aber von dem Kondensationsprodukt verschieden war, das mit Phosphoroxychlorid erhalten wurde.

Durch die Wechselwirkung von Formaldehyd und Pyrogallol in Gegenwart von Chlorwasserstoffsäure erhielt Baeyer (1) ein unlösliches und auch ein wasserlösliches Produkt, das Gelatine aus der Lösung fällte und sich im allgemeinen wie ein Gerbstoff verhielt. Anscheinend hatte Baeyer kein Interesse daran, die Gerbwirkung dieser Verbindung auf rohe Haut zu untersuchen. Später erlangte Boettinger (4) wasserlösliche Produkte, die fähig waren, Gelatine aus der Lösung zu fällen, als er Gallussäure oder Gallussäure-methylester mit Brenztraubensäure oder Glyoxylsäure in Gegenwart von Schwefelsäure erhitzte. Nach der Analyse hatte das Produkt die Bruttoformel $C_{14}H_{10}O_9 \cdot 2\,H_2O$. Boettinger nannte es Digallussäure und betrachtete es als ein Isomeres des Tannins.

Nierenstein (17) untersuchte die Kondensationsreaktionen zwischen Formaldehyd und Phenolen oder Oxycarbonsäuren und fand in allen Fällen auf Zusatz der unlöslichen Diphenylmethanderivate die entsprechenden Aurinderivate, die entschieden eine „tannophore“ Gruppe enthalten, und daher mit Gelatinelösung Niederschläge bilden und wie Gerbstoff reagieren.

Als Stiasny (23) im Jahre 1905 nach einer Methode zur Bestimmung von Gerbstoffen suchte, erforschte er die Einwirkung von Formaldehyd auf verschiedene natürliche Gerbstoffe und auch auf bekannte organische Verbindungen, einschließlich der Dioxyphenole, des Pyrogallols, der drei Monooxybenzoesäuren und einiger methylierter Phenole. Er bestätigte Nierensteins Angabe, daß außer den Niederschlägen die Reaktionen auch lösliche Produkte ergeben, die gerbstoffartigen Charakter besitzen. Er fand dieses Verhalten besonders ausgeprägt bei Gallussäure, Protocatechusäure, Pyrogallol und Hydrochinon. Er schlug diese Reaktion als eine mögliche Basis für die Herstellung künstlicher Gerbmaterialien vor.

Weinschenk (33—35) versuchte, ebenfalls im Jahre 1905, die Entdeckung von Baeyer für die Praxis auszubauen. Er war der Ansicht, daß Pyrogallol und andere phenolische Verbindungen, die in vegetabilischen Gerbmaterialien vorkommen, zu teuer seien und befaßte sich mit der Einwirkung von Naphthol und Formaldehyd auf die rohe Haut. Er gab an, ein Leder erhalten zu haben, das vegetabilisch gegerbtem Leder sehr ähnlich sei. Stiasny (26), Ricevuto (20) und Nierenstein (19) bestritten seine Ansprüche mit dem Grunde, daß zwischen Formaldehyd und Naphthol unter den gegebenen Bedingungen nur eine sehr geringe Reaktion erfolge, daß das etwa gebildete Methylendinaphthol in jedem Falle unlöslich sein würde und nicht als Gerbmittel reagieren könne, und daß jede beobachtete Gerbwirkung allein der Wirkung des Formaldehyds zugeschrieben werden müsse. Weinschenk hielt indessen seine Meinung wacker aufrecht und nahm Patente, die seine Entdeckung schützten.

Während der nächsten 5 oder 6 Jahre wurde die Konstitutionserforschung der natürlichen Tannine wieder aufgenommen. Im Jahre 1908 begann Emil Fischer seine berühmt gewordenen Arbeiten über die Synthese von Polydepsiden. 1911 suchte Stiasny (27) um sein erstes Patent über die Kondensationsprodukte der Phenole oder Kresolsulfosäuren mit Formaldehyd nach, die er zur Verwendung als Gerbmaterialien vorschlug. Ein Präparat, das sich vom rohen Kresol ableitete, kam unter dem Namen Neradol D in den Handel; bald darauf folgte ein ähnliches Präparat, bei welchem Naphthalin das Ausgangsmaterial bildete, und das unter der Bezeichnung Neradol ND vertrieben wurde. Diese beiden Präparate waren wahrscheinlich die ersten synthetischen organischen Produkte, die von der Gerbereiindustrie mit einigem Erfolg als Gerbstoffersatzmittel wenigstens teilweise an Stelle vegetabilischer Gerbmaterialien oder als Hilfsstoffe bei der vegetabilischen Verwendung fanden.

c) Derivate aromatischer Kohlenwasserstoffe.

Eine systematische Untersuchung über die synthetischen Gerbstoffe, die sich von verschiedenen organischen Verbindungen ableiten, versuchte Wolesensky (37) vom amerikanischen Bureau of Standards zu geben. Jedes hergestellte Produkt wurde einem Gerbversuch unterworfen, der im allgemeinen auf einem der folgenden zwei Wege ausgeführt wurde. Die erste Methode bestand darin, die freie Schwefelsäure mit Natronlauge zu neutralisieren, und dann mit Wasser zu verdünnen, bis die freie Sulfosäure auf eine Konzentration von etwa n/10 gebracht war. Der Gerbversuch wurde dann mit dieser Lösung ausgeführt, und noch weiteres Gerbmittel zugesetzt, wenn die Haut nahezu vollständig durchdrungen war. Die zweite Methode bestand darin, sämtliche sauren Gruppen zu neutralisieren, dann auf eine Konzentration von etwa 50 g organische Substanz im Liter zu verdünnen und schließlich das Lösungsgemisch mit Essigsäure oder Salzsäure $^1/_{10}$ normal sauer zu machen. In diese Lösung wurde ein Hautstreifen eingelegt und weitere Säure zugefügt, wenn die Haut fast vollständig durchdrungen war.

Neutral reagierende synthetische Gerbstoffe, die aus den Natriumsalzen der sulfonierten Kondensationsprodukte bestehen, haben keine gerbende Wirkung, aber eine ausgesprochene Schwellwirkung auf Leder. Diese Wirkung ist in 5%iger Lösung außerordentlich stark, in 1%iger Lösung immer noch gut wahrnehmbar. Als ein Resultat der zweiten Methode wurde festgestellt, daß, wenn eine ungenügende Menge Säure zur Anwendung kam, die geringe Menge in Freiheit gesetzte Sulfosäure schnell von der Haut aufgenommen wurde. Dabei blieb eine Lösung neutraler synthetischer Gerbstoffe zurück, die dann das Innere der Haut stark schwellte und den Probestreifen unbrauchbar machte. Ein solcher Hautstreifen wurde als gegerbt angesehen, wenn er bei Zimmertemperatur oder selbst bei höheren Temperaturen bis zu 60° nicht mehr von Wasser angegriffen wurde.

α) Toluolsulfosäure und Formaldehyd.

Ein Mol Toluol wurde mit 1,5 Mol Schwefelsäure sulfuriert, und das Gemisch dann direkt mit 1 Mol Formaldehyd in 37,5%iger Lösung behandelt, die allmählich im Verlauf von 6 Stunden zu dem Gemisch, das auf dem Wasserbad schmelzend gehalten wurde, zugegeben wurde. Das Produkt löste sich sofort in Wasser und hatte die Fähigkeit, Gelatine zu fällen, jedoch war seine gerbende Wirkung auf die Haut nur sehr gering, wenn überhaupt von einer solchen gesprochen werden kann.

β) Naphthalinsulfosäure und Formaldehyd.

Naphthalin wurde sulfoniert und dann mit Formaldehyd kondensiert. Es wurde eine steife dunkelfarbige Paste erhalten, die sich leicht in warmem Wasser löste. Ein Gerbversuch, der mit dieser Lösung ausgeführt wurde, gab ein Produkt, das nach dem Trocknen alle charakteristischen Eigenschaften eines Stücks getrockneter Rohhaut aufwies, der einzige Unterschied bestand darin, daß es an Stelle dunkel und durchscheinend, weiß und undurchsichtig war. Indessen ging aus der Stickstoffbestimmung hervor, daß die Hautsubstanz 20% ihres Eigengewichts von dem Kondensationsprodukt aufgenommen hatte. Der synthetische Gerbstoff war anscheinend fest gebunden, er konnte mit Wasser nicht ausgewaschen werden. Das ist sehr interessant, weil dieses Produkt vermutlich im großen ganzen die Zusammensetzung von Neradol ND hat. Indessen wurde nicht empfohlen, Neradol ND für sich allein zu benutzen, sondern nur in Verbindung mit anderen Gerbstoffen. Es ist nicht ungewöhnlich, daß ein Material ein wertvolles Hilfsmittel für die vegetabilische Gerbung darstellt, während es bei alleiniger Verwendung ein recht minderwertiges Gerbmaterial bildet.

γ) Wirkung von Oxydationsmitteln.

Die Angaben, daß die sulfonierten Kondensationsprodukte der Kohlenwasserstoffe und Phenole eine gesteigerte Gerbwirkung besitzen, wenn sie mit Oxydationsmitteln behandelt werden, veranlaßte Wolesensky, das Naphthalinsulfosäure-Formaldehyd-Kondensationsprodukt zu oxydieren. Er behandelte heiße verdünnte Lösungen mit verschiedenen Mengen von Salpetersäure, Chromsäureanhydrid, und Wasserstoffperoxyd; eine Verbesserung der gerbenden Eigenschaften konnte er aber in keinem Falle beobachten.

δ) Kondensation durch Erhitzen.

Es war auch behauptet worden, daß Gerbmittel erhalten werden können, wenn verschiedene Sulfosäuren auf 130 bis 180° erhitzt werden, entweder bei gewöhnlichem Luftdruck oder im Vakuum, oder indem man einen Luftstrom durch den heißen Ansatz schickt, der das Wasser abführen soll. Wolesensky stellte fest, daß derartige Produkte zwar Gelatine zu fällen vermögen, daß sie aber bei Gerbversuchen aus Haut kein lederähnliches Produkt erzeugen.

ε) Naphthalin und Naphtholsulfosäure.

20 g α- oder β-Naphthol wurden mit 10 ccm einer 93% igen Schwefelsäure sulfoniert und dann mit 18 g Naphthalin 6 Stunden auf einem Ölbad auf 165 bis 170° erhitzt. Das Reaktionsgemisch wurde in Wasser gelöst und die wässerige Lösung filtriert. Ein beträchtlicher Teil des Naphthalins hatte sich entweder mit der Schwefelsäure zu Naphthalinsulfosäure oder mit der Naphtholsulfosäure zu sulfonierten Sulfonen verbunden. Indessen verblieb in jedem Falle eine beachtliche Menge unlöslicher Rückstand, der in der Hauptsache aus unverändertem Naphthalin, aber auch aus schwarzen, teilweise verkohlten Substanzen bestand. Die bei der Reaktion erhaltene wässerige Lösung war schwarz und undurchsichtig. Sie fällte Gelatine aus ihrer Lösung und besaß anscheinend einige Gerbeigenschaften, ergab aber nur ein sehr geringwertiges Leder. Die aus α-Naphthol erhaltene Lösung erzeugte ein fast schwarzes schwammiges Leder von geringer Zerreißfestigkeit, während die aus β-Naphthol erhaltene Lösung eine ausgesprochen zerstörende Wirkung auf Hautsubstanz ausübte. Die damit gegerbte Haut verlor ihre Faserstruktur fast vollständig und hatte das Aussehen, als ob sie verkohlt wäre.

ζ) Naphthalinsulfosäure und Phenolsulfosäure.

1 Mol Naphthalin wurde mit 3 Mol Schwefelsäure 3 Stunden bei 140° behandelt. Dann wurden 1,36 Mol Phenol zugesetzt, und der Ansatz noch weitere 14 Stunden erhitzt. Darauf wurde das Gemisch gekühlt, mit Wasser behandelt und filtriert. Der größte Teil des Ansatzes ging in Lösung, wenn schon etwas unlöslicher Rückstand verblieb. Die Lösung war dunkel und undurchsichtig und besaß nur geringe Gerbwirkung. Ein Stück Kalbshaut, das mit dieser Lösung behandelt worden war, wurde schmutzig grau und war nach dem Trocknen dunkel, dünn und steif. Es wurden weiter Versuche ausgeführt, Naphthalinsulfosäure und Phenolsulfosäure mit Formaldehyd zu kondensieren; die Versuche erwiesen sich als erfolglos und wurden darum eingestellt.

η) Naphthalinsulfosäure und Glykolsäure.

Die Angaben, daß die Kondensationsprodukte von Naphthalin, Schwefelsäure und Glykolsäure starke gerbende und Gelatine fällende Eigenschaften haben sollten, veranlaßten Wolesensky, eine Anzahl solcher Produkte auf verschiedenen Wegen herzustellen. Er stellte jedoch fest, daß sie stark zerstörend auf Haut wirken und in wenigen Tagen einen vollkommenen Abbau der Haut zur Folge haben.

ϑ) Sulfonierte Kohlenwasserstoff-Formaldehyd-Harze.

Es war in verschiedenen Patenten behauptet worden, daß die harzartigen Kondensationsprodukte von Naphthalin und anderen aromatischen Kohlenwasserstoffen mit Formaldehyd nach dem Sulfonieren Gerbstoffe ergäben. Wolesensky suchte solche Stoffe herzustellen, indem er die bei Gegenwart von konzentrierter Schwefelsäure erhaltenen Kondensationsprodukte aus Formaldehyd und Toluol oder Naphthalin mit Schwefelsäure erhitzte. Seine Bemühungen waren erfolglos, da die Sulfonierung mit großen Schwierigkeiten verbunden ist. Selbst verlängertes Erhitzen solcher Kondensationsprodukte mit gewöhnlicher konzentrierter Schwefelsäure auf Temperaturen bis zu 140° erwies sich als ungenügend, mehr als eine ganz kleine Menge Harz in Lösung zu bringen, obgleich andererseits ein beträchtlicher Teil des Unlöslichen oxydiert und verkohlt wurde. Weiter war es überaus schwierig, den löslichen Teil des Reaktionsgemisches vom unlöslichen Teil zu filtrieren.

Wolesensky wies darauf hin, daß, soweit seine Versuche ergeben haben, sich aus einfachen aromatischen Kohlenwasserstoffen keine einigermaßen zufriedenstellende Gerbmittel erhalten lassen.

d) Phenolderivate.

Wenn die einfacheren aromatischen Kohlenwasserstoffe sulfoniert und mit Formaldehyd kondensiert werden, so geben die Reaktionsprodukte gewöhnlich keine zufriedenstellenden Gerbmittel. Ganz anders ist aber das Ergebnis, wenn eine oder mehrere Hydroxylgruppen im Molekül enthalten sind, die direkt am Benzolkern haften. Die sulfonierten Kondensationsprodukte aus einfachen Phenolen und Aldehyden können nicht nur leicht erhalten werden, sondern sie besitzen auch im allgemeinen wirkliche gerbende Eigenschaften. Nicht alle von ihnen werden ein zufriedenstellendes Leder ergeben, aber viele sind fähig, ein Leder von ausgezeichneter Qualität in bezug auf Weichheit, Biegsamkeit und Festigkeit zu liefern, wenn auch die Fülle fehlt, die für vegetabilisch gegerbte Leder charakteristisch ist.

α) Phenolsulfosäure und Formaldehyd.

Wolesensky stellte fest, daß die Kondensation von Phenolsulfosäure mit Formaldehyd sehr leicht vor sich geht und auch bei großer Mannigfaltigkeit in den Reaktionsbedingungen ein zufriedenstellendes Gerbmittel ergibt. In einem typischen Versuch behandelte er phenolsulfosaures Natrium mit genügend Salzsäure, um die Phenolsulfosäure vollständig in Freiheit zu setzen. Dies hatte sich als notwendig herausgestellt, weil nur die freie Sulfosäure und nicht ihr Natriumsalz zu einem Produkt mit Gerbeigenschaften führt. Dann wurde auf je 2 Mole Phenolsulfosäure 1 Mol Formaldehyd in einer 37,5%igen Lösung zugesetzt, und das Reaktionsgemisch in einer fest verschlossenen Flasche auf dem Wasserbad eine Stunde lang erhitzt, bis alles phenolsulfosaures Natrium in Lösung gegangen war. Es wurde eine dunkel gefärbte Lösung erhalten, die nach dem Abkühlen über Nacht eine geringe Menge einer amorphen weißen Substanz absetzte. Letztere löste sich leicht auf Zugabe von wenig kaltem Wasser und war anscheinend das Kondensationsprodukt. Die Acidität war nach der Kondensation gegen 23,5% größer als nach der Menge der zugesetzten Salzsäure zu erwarten war. Auf Zusatz von Bariumchlorid gab die Lösung einen Niederschlag von Bariumsulfat. Diese Erscheinung ist darauf zurückzuführen, daß das Kondensationsprodukt in beträchtlichem Maße hydrolysiert ist. Im Gegensatz hierzu ist die Phenolsulfosäure vor der Kondensation nicht hydrolysiert. Eine Lösung des Kondensationsprodukts gab eine starke Gelatinefällung. Nach einer teilweisen Neutralisierung konnte die Lösung zum Gerben verwendet werden. Das damit hergestellte Leder war nahezu weiß, fest und doch geschmeidig, langfaserig und reißfest, ließ aber in der Fülle zu wünschen übrig.

β) Sulfonierte Phenol-Formaldehyd-Harze.

Phenol und Formaldehyd können kondensiert werden, indem man sie bei Gegenwart von Säuren oder Alkalien erhitzt. Dabei entstehen unlösliche harzähnliche Produkte von der Art des Bakelits. Es war behauptet worden, daß diese Harze durch Sulfonieren in Gerbmaterialien übergeführt werden können. Wolesensky hatte bei der Sulfonierung solcher Harze große Schwierigkeiten, die er aber schließlich überwinden konnte, so daß er annehmbare Ausbeuten erhielt. Bei einem derartigen Versuch brachte er 2 Mol Phenol, 1 Mol Formaldehyd in 37,5%ige Lösung und 2,85 ccm konzentriertes Ammoniak in eine Flasche, die fest verschließbar war, und erhitzte das Reaktionsgemisch unter häufigem Schütteln 11 Stunden auf dem Wasserbad. Das Reaktionsgemisch wurde dann in ein tariertes Becherglas gegossen, das Wasser so gut wie möglich auf dem Wasserbad abgedampft, und das Produkt durch 1½stündiges Erhitzen im Trockenschrank auf 115 bis 127° weiter getrocknet. Die Ausbeute betrug 426,3 g. Das erhaltene Produkt war bernsteinfarben, sirupös-flüssig und gab in heißem Zustande Phenoldämpfe ab. Noch warm wurde es mit 170 ccm konzentrierter Schwefelsäure behandelt, gut durchgerührt und dann wieder 1½ Stunden im Trockenschrank auf 120° erhitzt. Nach dem Abkühlen war die Masse dunkel gefärbt und pastenartig; sie wurde mit 800 ccm Wasser in der Wärme zu einer dunklen, ziemlich viscosen Flüssigkeit gelöst. Nach geeigneter Verdünnung wurde diese Lösung teilweise neutralisiert und zur Gerbung von Hautstreifen benutzt. Das erhaltene Leder war fest, geschmeidig und reißfest und von einer intensiven rosaroten Farbe. Es wurde auch beobachtet, daß das Produkt bemerkenswerte füllende Eigenschaften aufwies.

γ) Sulfoniertes Phenol-Acetaldehyd-Harz.

Versuche, Phenol mit Acetaldehyd, der in Form seines Polymeren, des Paraldehyds zur Verwendung kam, in Gegenwart von Ammoniak zu kondensieren, wie sich Phenol mit Formaldehyd kondensieren läßt, verliefen ohne Erfolg, selbst wenn bei Temperaturen bis zu 155° gearbeitet wurde. In gleicher Weise blieben Versuche, diese Kondensation in wässeriger Lösung in Gegenwart einer kleinen Menge Schwefelsäure auszuführen, wie es für die Kondensation von Aldehyd mit mehrwertigen Phenolen empfohlen wurde, ebenfalls ohne Erfolg. Wurden aber Phenol und Paraldehyd ohne jedes Lösungsmittel zusammengebracht und mit einer geringen Menge verdünnter Schwefelsäure versetzt, so waren die Versuchsergebnisse besser. Wolesensky erhitzte 2 Mol Phenol und 1,1 Mol Paraldehyd zusammen mit 2 ccm einer 10% igen Schwefelsäurelösung in einer fest verschlossenen Flasche 15 Stunden auf dem Wasserbad. Das Reaktionsgemisch wurde mit 500 ccm Wasser in ein tariertes Becherglas überführt und zum Verdampfen auf das Wasserbad gebracht und während des Abdampfens fleißig gerührt. Nachdem dreimal nacheinander frische Wassermengen zugegeben und abgedampft worden waren, wurde das Produkt bei 100° getrocknet. Es wurden gegen 61% der theoretischen Ausbeute an Dioxy-diphenyläthan erhalten. Die geschmolzene harzartige Substanz wurde mit 54 ccm konzentrierter Schwefelsäure gemischt, die langsam unter ständigem starken Rühren zugegeben wurde, und das Reaktionsgemisch eine Stunde unter häufigem Rühren auf 110° erhitzt. Das erhaltene Produkt wurde dann in 500 ccm warmem Wasser gelöst. Nur gegen 15 g blieben ungelöst. Die Lösung wurde filtriert und mit 15 g Natriumhydroxyd versetzt, um die freie Schwefelsäure zu neutralisieren.

Ein Stück Rindshaut wurde in einer Lösung dieses Produkts gegerbt. Die Konzentration der gerbenden Substanz wurde im Verlaufe von 19 Tagen von 2,5 bis zu 70 g pro Liter erhöht. Nach 27 Tagen wurde das Leder gut ausgewaschen, gebleicht und mit einem Fettlicker behandelt. Nach dem Trocknen hatte es eine hellbraune Farbe und war dick, fest und dicht. Der Narben war weich, und das Leder besaß eine mechanische Festigkeit und Biegsamkeit, die denen der üblichen vegetabilischen Sohlleder gleichkam. Auf 100 g Kollagen wurden etwa 57 g gerbende Substanz aufgenommen. Wilson und Lines (36) führen eine Analyse von einem typischen vegetabilisch gegerbten Sohlleder an, bei der auf 100 g Hautsubstanz nur 49 g Gerbstoff fixiert sind. Die hohe Lederausbeute rührt in der Hauptsache von der großen Menge an wasserlöslicher Substanz. Der eben besprochene synthetische Gerbstoff hatte von allen sulfonierten Produkten, die Wolesensky untersucht hat, das größte Füllungsvermögen.

e) Kresolderivate.

Wolesensky setzte seine Untersuchungen an Kondensationsprodukten von Kresolsulfosäuren und Formaldehyd fort. Im allgemeinen waren die erhaltenen Ergebnisse ganz ähnlich wie die mit Phenol erhaltenen, nur daß die Produkte etwas langsamer gerbten. Bei Verwendung von Handels-Kresolsulfosäure wurden nach Abschluß des Versuchs in den Reaktionsgemischen gewöhnlich unlösliche Produkte erhalten, die wahrscheinlich auf die Gegenwart von Xylol und anderen höheren Homologen des Phenols in der Kresolsulfosäure zurückzuführen sind. Diese bleiben im großen unverändert im Sulfonierungsgemisch und vereinigen sich später mit dem Formaldehyd unter Bildung unlöslicher Produkte.

Weiter wurden Untersuchungen ausgeführt, in denen Kresolsulfosäure-Formaldehyd-Harze zur Erlangung von Gerbmaterialien sulfoniert wurden. Die Ergebnisse stimmen im wesentlichen mit jenen überein, die mit Phenolen erhalten wurden, nur führte auch hier wieder die Gegenwart von höheren Homologen des Phenols in der Kresolsulfosäure zu Schwierigkeiten. Auch hier zeigten die Produkte sowohl stark füllende als auch gerbende Eigenschaften. Bei einem Gerbversuch war die Ausbeute an Leder 48% höher als die zum Versuch verwendete trockene Rohhaut. Das Leder war dick, fest, geschmeidig, kräftig; es hatte einen straffen Narben und zeigte nach 16monatigem Liegen keinerlei Anzeichen einer Zerstörung.

f) Naphtholderivate.

Auch mit α- und β-Naphtholen wurden Versuche angestellt, die analog den Versuchen mit Phenolen und Kresolen ausgeführt wurden. Wenn es auch möglich war, Produkte mit einigermaßen guten Gerbeigenschaften zu erlangen, waren die Resultate im ganzen nicht so gut wie die mit Phenolen und Kresolen. Überdies waren die experimentellen Schwierigkeiten größer.

g) Nichtsulfonierte Derivate von vielwertigen Phenolen.

Die oben beschriebenen Produkte sind alle sulfoniert gewesen. Aber die Sulfogruppe ist zur Herstellung synthetischer Gerbstoffe nicht erforderlich, wenn Resorcin und Pyrogallol mit Aldehyden kondensiert werden. Wenn 2 Mol Resorcin und 1,1 Mol Formaldehyd in einer Lösung gelöst werden, die durch Zugabe von Schwefelsäure schwach sauer gemacht wurde, und die Lösung wird gegen 70^0 erhitzt, so setzt eine heftige Reaktion ein, bei der die Temperatur bis zum Siedepunkt steigt. Es wird ein bernsteinfarbener, wasserlöslicher Sirup erhalten, dessen Lösung ohne weitere Behandlung zum Gerben von Häuten benutzt werden kann. Ein Hautstreifen, der in einer solchen Lösung, die 27,5 g Substanz pro Liter enthielt, gegerbt worden war, zeigte bei der Analyse, daß von 100 g Kollagen 70,8 g Gerbmaterial fixiert worden war. Das Leder war von bleicher Lavendelfarbe, die allmählich in Hellbraun überging. Es war mäßig fest, aber nicht hart, sehr biegsam und von größerer mechanischer Festigkeit als einige entsprechende Proben von vegetabilisch gegerbten Ledern. Wurden die synthetischen Gerbstoffe an Stelle von Formaldehyd mit Paraldehyd hergestellt, so waren die Ergebnisse praktisch identisch. Die Verwendung von Furfurol an Stelle eines anderen Aldehyds war mit experimentellen Schwierigkeiten bei der Herstellung des synthetischen Gerbstoffs verbunden; die erhaltenen Produkte hatten jedoch auch gute Gerbeigenschaften. Vielversprechende Ergebnisse wurden mit Pyrogallol erlangt, das entweder mit Formaldehyd oder mit Acetaldehyd kondensiert worden war. Diese Produkte geben viel bessere Lederausbeuten als künstliche Gerbstoffe mit Sulfogruppen.

h) Die Gerbung mit synthetischen Gerbstoffen.

Wolesensky (38) vervollständigte seine Arbeit über die Herstellung synthetischer Gerbstoffe durch eine Reihe Gerbversuche. Was die Fixierung der synthetischen Gerbstoffe durch die Haut anbelangt, so stellte er fest, daß die synthetischen Gerbstoffe, die Sulfogruppen enthalten, entsprechend den beiden Hauptmethoden ihrer Darstellung in zwei Gruppen eingeteilt werden können. Synthetische Gerbstoffe, bei denen die aromatische Verbindung zuerst sulfoniert, und die Sulfosäure dann mit einem Aldehyd kondensiert worden ist, seien in Klasse A zusammengefaßt. Diejenigen synthetischen Gerbstoffe, bei denen die aromatische Komponente zuerst mit Aldehyd kondensiert, und dann das gebildete Harz sulfoniert wurde, seien in Klasse B zusammengefaßt. Die synthetischen Gerbstoffe der Klasse A verbinden sich sehr rasch mit Hautsubstanz, aber in einem ziemlich beschränkten Ausmaße, und die Geschwindigkeit der Fixierung und die schließliche Höhe des gebundenen Gerbstoffs werden durch Veränderungen in der Konzentration der Lösung nur wenig beeinflußt. Die synthetischen Gerbstoffe der Klasse B gerben langsamer, aber in einem viel größeren Ausmaße und besitzen ein beträchtlich höheres Füllungsvermögen; die Höhe der Fixierung ist bis zu einem gewissen Grade von der Konzentration abhängig. Die synthetischen Gerbstoffe der Klasse A sind, falls sie nicht in Verbindung mit anderen füllenden Materialien verwendet werden, nur für die Herstellung von leichten Ledern geeignet. Die synthetischen Gerbstoffe der Klasse B hingegen ergeben ohne Hilfe anderer Gerbmaterialien ein volles festes Leder, wie es für Sohlen erforderlich ist.

Manche synthetischen Gerbstoffe wirkten in Lösungen, die halbnormal oder noch stärker sauer waren, sehr stark hydrolytisch auf das Hautkollagen; andere wiederum zeigten selbst in Lösungen, deren Säurekonzentration zweimal so stark war, keine meßbare hydrolytische Wirkung. Bis jetzt ist noch keine Beziehung zwischen diesem Verhalten und anderen charakteristischen Eigenschaften eines synthetischen Gerbstoffs aufgefunden worden. Aus diesem Grunde ist es wünschenswert, unnötig hohe Konzentrationen oder übermäßig lange Gerbzeiten zu vermeiden. Bei den synthetischen Gerbstoffen der Klasse A sollte die Konzentration nicht 40 g pro Liter überschreiten, die Gerbzeit nicht über 10 Tage dauern. Für die synthetischen Gerbstoffe der Klasse B sollte die Konzentration nicht über 60 g pro Liter und die Gerbdauer nicht über vier Wochen hinausgehen. Das Überschreiten dieser Grenzen hatte bei einigen synthetischen Gerbstoffen eine vollständige Zerstörung des Leders zur Folge. Wurden diese Grenzen aber richtig eingehalten, so konnten ausgezeichnete Leder erhalten werden, bei denen beim Altern keine Anzeichen einer Zerstörung einsetzten.

Wolesensky nimmt an, daß die synthetischen Gerbstoffe der Klasse A mit dem Kollagen eine regelrechte chemische Verbindung bilden, und zwar durch die Wechselwirkung der Sulfosäuregruppe mit den Aminogruppen des Proteins. Die synthetischen Gerbstoffe der Klasse B sollen sich nicht nur analog denen der Klasse A chemisch mit dem Protein verbinden, sondern sie sollen außerdem noch in etwas anderer Weise, etwa durch eine Art von Adsorption gebunden werden.

Berkmann (2) behandelt in einer Arbeit die Absorptions- und Gerbfähigkeit der synthetischen Gerbstoffe, die zur Reihe aromatischer Sulfosäuren gehören. Jeder technische synthetische Gerbstoff ist ein Gemisch von Stoffen verschiedener chemischer Natur. So konnte Berkmann als typische Bestandteile der untersuchten synthetischen Gerbstoffe ermitteln: Sulfosäure, Sulfosalz und mineralische Salze wie Natriumsulfat, Natriumchlorid und andere. Die mineralischen Salze werden von Hautsubstanz gar nicht absorbiert, die Sulfosäure vollständig. Die Absorption der Sulfosalze ist bei den einzelnen synthetischen Gerbstoffen verschieden. Sie ist hauptsächlich abhängig von der Art der in ihnen enthaltenen Metalle. Ein und dieselbe Sulfoverbindung kann durch verschiedene Basenauswahl verschieden absorbierbar gemacht werden. Die Absorbierbarkeit des Sulfosalzes hängt weiter ab vom Ausgangsprodukt des synthetischen Gerbstoffs; je höher das Ausgangsprodukt in der homologen Reihe steht, desto größer ist die Absorbierbarkeit eines Sulfosalzes. Sie wird auch durch Kondensation bei der Sulfurierung, Oxydation oder Kondensation mit Aldehyden beeinflußt. Bei mit Aldehyden kondensierten Sulfosalzen ist die Menge des Kondensationsmittels von großer Bedeutung für seine Absorbierbarkeit. Die Beständigkeit des mit synthetischen Gerbstoffen vom Typus aromatischer Sulfosäuren gegerbten Leders hängt von der Irreversibilität der Absorption der synthetischen Produkte ab, die mechanischen Eigenschaften scheinen von der Größe der Absorption unabhängig zu sein und lediglich von der individuellen Wirksamkeit des angewandten Gerbstoffs abzuhängen.

i) Kombinationsgerbung mit synthetischen und vegetabilischen Gerbstoffen.

Die synthetischen Gerbstoffe werden in ausgebreitetstem Maße als Hilfsstoffe bei der vegetabilischen Gerbung angewendet. Werden sie mit vegetabilischen Gerbextrakten gemischt zur Gerbung angesetzt, so modifizieren sie die Ergebnisse in einer gewünschten Richtung. Bisher sind nur sehr wenig Versuche angestellt worden, die Wirkung der synthetischen Gerbstoffe quantitativ zu erfassen. Thomas und Kelly (31) untersuchten in dieser Hinsicht den Einfluß der synthetischen Gerbstoffe auf die Gerbung von Hautpulver mit Mimosa und Quebracho. Sie benutzten dazu den im Handel unter der Bezeichnung Leukanol bekannten synthetischen Gerbstoff. Um Vergleichswerte über die Wirkung der Gerbung zu erlangen, wurden folgende Gerbversuche ausgeführt: Gerbung mit vegetabilischen Gerbstoffen allein; Gerbung unter verschieden hohen Zusätzen von Leukanol; Gerbung unter Zusatz von Schwefelsäure, um zu den gleichen p_H-Werten zu kommen, wie sie die Leukanolgemische hatten; Gerbung unter Zusatz von Schwefelsäure und Natriumsulfat, um zu den gleichen p_H-Werten und Natriumsulfatkonzentrationen zu gelangen, wie sie die Leukanolgemische enthielten.

Das Leukanol war eine Lösung, die 361 g Trockensubstanz und 222 g Asche pro Liter enthielt. Es wurde für die Versuche volumetrisch abgemessen.

2,000 g Trockensubstanz entsprechende Proben enfetteten Hautpulvers wurden 24 Stunden in je 200 ccm Gerblösung gegerbt. Die Hautpulverproben wurden dann auf Wilson-Kern-Auslauger gebracht und 24 Stunden mit destilliertem Wasser gewaschen. Schließlich wurden sie 16 Stunden im Vakuum bei 100° getrocknet. Als Maß für den aus der Lösung gebundenen Gerbstoff wurde der Gewichtszuwachs an Trokkensubstanz ermittelt. Der p_H-Wert vor und nach der Gerbung wurde mittels einer Chinhydronelektrode gemessen, da die synthetischen Gerbstoffe auf die Wasserstoffelektrode vergiftend wirken.

Tabelle 102 zeigt den Einfluß, den der Zusatz von Leukanol auf die Gerbung von Hautpulver mit Quebracho ausübt. Die erste Serie gibt den Einfluß wieder, den die Konzentration des Quebrachogerbstoffs auf die Gerbung hat. Bei der zweiten Versuchsreihe wurde auf

Tabelle 102. Der Einfluß eines synthetischen Gerbstoffes, von Schwefelsäure und von Schwefelsäure + Natriumsulfat auf die Gerbung mit Quebracho.

Quebracho, Trocken-substanz (in g pro Liter)	p_H-Wert		Gelatine-Kochsalz-Probe	Von 100 g Hautpulver gebundene Gerbstoffmenge (in g)	Charakter des Gerbproduktes
	vor der Gerbung	nach der Gerbung			
Quebracho allein					
2,5	4,6	5,3	—	8,0	leer
5,0	4,5	5,1	—	18,5	annehmbar
10,0	4,6	5,0	+	29,0	gut
20,0	4,6	4,7	+	26,0	gut
Quebracho + 1 Volumenprozent Leukanol					
2,5	2,2	3,3	+	23,0	gut
5,0	2,4	3,8	+	31,0	gut
10,0	2,5	3,6	+	43,5	gut
20,0	3,1	3,8	+	31,0	gut
Quebracho + die dem 1% Leukanol äquivalente Schwefelsäure					
2,5	2,3	2,9	—	9,0	leer
5,0	2,3	3,1	+	20,0	leer
10,0	2,5	3,4	+	39,0	gut
20,0	2,8	3,7	+	43,0	gut
Quebracho + die dem 1% Leukanol äquivalente Menge Schwefelsäure und Natriumsulfat					
2,5	2,2	3,3	—	8,0	leer
5,0	2,4	3,7	+	28,5	annehmbar
10,0	2,5	3,7	+	33,0	gut
20,0	3,1	4,0	+	26,5	gut
Quebracho + 5 Volumenprozent Leukanol					
2,5	1,8	1,9	+	27,5	gut
5,0	1,8	1,9	+	36,5	gut
10,0	1,8	2,0	+	39,0	gut
20,0	1,9	2,2	+	45,0	gut

Tabelle 102 (Fortsetzung).

Quebracho, Trocken-substanz (in g pro Liter)	p_H-Wert vor der Gerbung	p_H-Wert nach der Gerbung	Gelatine-Kochsalz-Probe	Von 100 g Hautpulver gebundene Gerbstoffmenge (in g)	Charakter des Gerbproduktes
Quebracho + die den 5% Leukanol äquivalente Schwefelsäure					
2,5	1,8	1,8	–	6,0	leer
5,0	1,8	2,2	–	20,0	leer
10,0	1,8	2,0	+	31,5	annehmbar
20,0	1,9	2,4	+	56,0	gut
Quebracho + die den 5% Leukanol äquivalente Menge Schwefelsäure und Natriumsulfat					
2,5	1,8	2,2	–	9,5	leer
5,0	1,8	2,0	+	26,0	leer
10,0	1,8	2,1	+	42,0	gut
20,0	1,9	2,0	+	63,5	gut
Quebracho + 15 Volumenprozent Leukanol					
2,5	1,2			16,0	annehmbar
5,0	1,3			15,5	annehmbar
10,0	1,3			13,0	annehmbar
20,0	1,6			11,0	annehmbar
Quebracho + die den 15% Leukanol äquivalente Schwefelsäure					
2,5	1,3			6,5	annehmbar
5,0	1,3			16,5	annehmbar
10,0	1,4			33,5	annehmbar
20,0	1,5			59,5	gut
Quebracho + die dem 15% Leukanol äquivalente Menge Schwefelsäure und Natriumsulfat					
2,5	1,2	1,2	–	15,0	leer
5,0	1,3	1,2	–	26,5	annehmbar
10,0	1,3	1,3	+	35,0	annehmbar
20,0	1,6	1,6	+	56,0	annehmbar

(Gerbdauer 24 Stunden)

100 ccm Gerblösung 1 ccm Leukanol zugesetzt. Die Konzentration des Leukanols war bei allen vier Versuchen die gleiche; mit wachsender Quebrachokonzentration nahm das Verhältnis von Leukanol-Trockensubstanz zur Quebracho-Trockensubstanz entsprechend ab, was bei Auswertung der Versuchsergebnisse in Rechnung zu ziehen ist. Bei der dritten Versuchsreihe wurde kein Leukanol zugesetzt, aber es wurde soviel Schwefelsäure zugegeben als notwendig war, um den p_H-Wert der Quebracholösung auf den Wert einzustellen, auf den er bei der zweiten Versuchsreihe durch die Zugabe des Leukanols erniedrigt worden war. Die vierte Versuchsreihe entspricht der dritten, nur daß hier noch Natriumsulfat zugegeben ist, und zwar in der gleichen Konzentration, in der bei der zweiten Versuchsreihe das Natriumsulfat durch den Leukanolzusatz in das System eingeführt wurde. Die weiteren Versuchsreihen geben entsprechende Werte für den Zusatz größerer Leukanolmengen. In dem Filtrat eines jeden Gerbversuchs wurde eine Gelatine-Kochsalzprobe ausgeführt, deren Ergebnis in der Tabelle durch

ein positives oder negatives Zeichen wiedergegeben ist. Der Charakter des Gerbprodukts ist als gut, annehmbar oder leer angegeben, dem Aussehen und Griff des getrockneten Hautpulvers entsprechend.

Der Zusatz von Schwefelsäure und Natriumsulfat zu den Quebracholösungen gab Anlaß zur Bildung eines sehr fein verteilten Niederschlags. Thomas und Kelly konnten indessen zeigen, daß dadurch keine beträchtliche Fehlerquelle in die Bestimmungen hereingetragen wird, da der Batist, über dem die gegerbten Hautpulver filtriert wurden, den gebildeten Schlamm frei durchlaufen läßt, wie durch Blindversuche festgestellt werden konnte. Überdies wurde das gegerbte Hautpulver beim Auswaschen zuerst eine Zeitlang mit einem runden Glasstab durcheinander gerührt, um die Entfernung der unlöslichen Substanz, die auf der Oberfläche der gegerbten Hautfasern festgehalten wurde,

Tabelle 103. Einfluß der Konzentration bei der Gerbung mit Brühen aus Quebracho und synthetischem Gerbstoff.

Konzentration der Trockensubstanz in der Ausgangsgerblösung (in g pro Liter)			p_H-Wert		Gelatine-Kochsalzprobe	Von 100 g Hautpulver gebundene Gerbstoffmenge (in g)	Charakter des Gerbproduktes
Quebracho	Leukanol	Na_2SO_4	vor der Gerbung	nach der Gerbung			
0,25	0,075	0	3,9	5,7	—	[1]	leer
0,75	0,225	0	3,5	5,6	—	1,0	leer
1,25	0,375	0	3,5	5,6	—	5,0	leer
2,50	0,750	0	3,0	5,2	—	10,5	leer
3,75	1,13	0	2,8	4,9	—	18,5	leer
6,25	1,88	0	2,7	4,3	+	38,0	gut
8,75	2,63	0	2,6	3,9	+	35,0	gut
12,50	3,75	0	2,5	3,6	+	39,5	gut
18,75	5,63	0	2,4	3,2	+	40,5	gut
25,00	7,50	0	2,3	2,9	+	47,0	gut
37,50	11,25	0	2,2	2,6	+	29,0	annehmbar
50,00	15,00	0	2,1	2,4	+	17,5	annehmbar
6,25	0	[2]	2,7	2,8	+	26,5	annehmbar
18,75	0	[2]	2,4	2,8	+	44,0	annehmbar
25,00	0	[2]	2,3	2,6	+	26,5	annehmbar
6,25	0	1,16[2]	2,7	3,6	+	28,5	gut
18,75	0	3,47[2]	2,4	3,0	+	34,0	gut
25,00	0	4,62[2]	2,3	2,9	+	27,0	gut
5,01	0	0	(gegen 4,6)		—	10,0	
10,03	0	0	(gegen 4,6)		+	20,0	
15,04	0	0	(gegen 4,6)		+	27,5	
25,07	0	0	(gegen 4,6)		+	24,0	
37,6	0	0	(gegen 4,6)		+	16,0	
50,1	0	0	(gegen 4,6)		+	13,0	

(Gerbdauer 24 Stunden)

[1] Es wurde ein Gewichtsverlust von 2,5 g festgestellt, der die hydrolytische Wirkung des synthetischen Gerbstoffs bei Abwesenheit von genügendem Gerbmaterial klarlegt.

[2] Zusatz von Schwefelsäure, um die entsprechenden p_H-Werte einzustellen.

zu erleichtern. Da außerdem bei den Versuchen mit Mimosabrühen, mit denen später gearbeitet wurde, solche Niederschläge nicht auftraten, wird jeder Zweifel an die Gültigkeit der Quebrachoversuche durch die mit Mimosa bestätigten Ergebnisse hinfällig.

Anschließend wurden noch Versuche mit Quebracho und Leukanol und mit Mimosa und Leukanol vorgenommen. Es wurden Vorratslösungen hergestellt, bei denen das Verhältnis der Gesamttrockensubstanz des vegetabilischen Gerbextrakts zu der Gesamttrockensubstanz des Leukanols sich wie 100 : 30 verhielt. Diese Vorratslösungen wurden in geeigneter Weise verdünnt und je 200 ccm zur Gerbung von 2 g Hautpulver angesetzt, ganz nach der eben beschriebenen Methode. Die Versuchsergebnisse sind in den Tabellen 103 und 104 niedergelegt. Die erste Versuchsreihe zeigt sowohl beim Versuch mit Quebracho als auch mit Mimosa die Wirkung der steigenden Konzentration des Gerbstoff-Leukanol-Gemisches; die zweite Reihe den Einfluß einer Zugabe von Schwefelsäure zur reinen vegetabilischen Gerblösung, um angenähert zu den

Tabelle 104. Einfluß der Konzentration bei der Gerbung mit Brühen aus Mimosenextrakt und synthetischem Gerbstoff.

Konzentration der Trockensubstanzen in der Ausgangsgerblösung (in g pro Liter)			p_H-Wert		Gelatine-Kochsalzlösung	Von 100 g Hautpulver gebundene Gerbstoffmenge (in g)	Charakter des Gerbproduktes
Mimosa	Leukanol	Na_2SO_4	vor der Gerbung	nach der Gerbung			
10,0	3,0	0	2,8		+	36,5	gut
25,0	7,5	0	2,9	3,4	+	32,5	gut
50,0	15,0	0	2,9	3,2	+	21,5	gut
75,0	22,5	0	3,3	3,1	+	9,0	annehmbar
100,0	30,0	0	3,3	3,2	+	10,5	annehmbar
150,0	45,0	0	3,3	3,6	+	10,0	annehmbar
10,0	0	[1]	2,8	3,8	+	32,5	gut
25,0	0	[1]	2,9	3,6	+	35,0	gut
50,0	0	[1]	2,9	3,5	+	30,0	gut
75,0	0	[1]	3,3	3,7	+	17,0	gut
100,0	0	[1]	3,3	3,5	+	17,0	gut
150,0	0	[1]	3,3	3,4	+	21,0	gut
10,0	0	1,8[1]	2,8	3,8	+	28,0	gut
25,0	0	4,6[1]	2,9	3,9	+	20,5	gut
50,0	0	9,2[1]	2,9	3,8	+	20,5	gut
75,0	0	13,8[1]	3,3	4,0	+	16,0	gut
100,0	0	18,4[1]	3,3	3,9	+	12,5	gut
150,0	0	27,6[1]	3,3	3,8	+	10,0	gut
5,1	0	0	(gegen 4,2)		—	10,0	
12,8	0	0	(gegen 4,2)		—	19,0	
25,6	0	0	(gegen 4,2)		+	25,0	
51,2	0	0	(gegen 4,2)		+	14,5	
89,6	0	0	(gegen 4,2)		+	6,0	
128,0	0	0	(gegen 4,2)		+	4,5	
192,0	0	0	(gegen 4,2)		+	4,0	

(Gerbdauer 24 Stunden)

[1] Zusatz von Schwefelsäure, um die entsprechenden p_H-Werte einzustellen.

gleichen p_H-Werten zu kommen, wie sie die Gerbstoff-Leukanol-Gemische zeigten; die dritte Versuchsreihe sollte den weiteren Effekt eines Natriumsulfatzusatzes zur Schwefelsäure zeigen, damit die Gerblösung die gleiche Salzkonzentration hatte, wie die Gerblösung mit Leukanol; die vierte Versuchsreihe wurde mit vegetabilischem Gerbstoff allein ohne Zusetzung irgendwelcher Materialien durchgeführt und zeigte den Einfluß, den die Veränderung der Konzentration zur Folge hat.

Aus den Daten geht hervor, daß die synthetischen Gerbstoffe in niedrigen Konzentrationen entschieden eine Steigerung der Gerbwirkung sowohl bei Quebracho- als auch bei Mimosaextrakten zur Folge haben. Die Wirkung ist nur teilweise der Erniedrigung des p_H-Wertes zuzuschreiben, wie aus den Vergleichsversuchen hervorgeht, bei denen der gleichniedrige p_H-Wert durch Zusatz entsprechender Mengen Schwefelsäure eingestellt wurde. Wurden die synthetischen Gerbstoffe in höheren Konzentrationen benutzt, so hatten sie in merklichem Grade eine Minderung der Gerbwirkung zur Folge, die nicht der Veränderung des p_H-Wertes oder dem in das System eingeführten Natriumsulfat zuzuschreiben ist.

Thomas und Kelly weisen darauf hin, daß durch Zusatz von synthetischen Gerbstoffen zu einer vegetabilischen Gerbbrühe der Brühe außer einer größeren Acidität auch noch andere Eigenschaften erteilt werden. Das war auch aus der Beschaffenheit der gegerbten Hautpulver zu ersehen. Das bei Gegenwart von synthetischen Gerbstoffen gegerbte Hautpulver war weicher und im Griff lederartiger als jenes, das in den entsprechenden salz- und säurehaltigen Brühen gegerbt war. Die lösende Wirkung der synthetischen Gerbstoffe auf die unlöslichen Phlobaphene der vegetabilischen Gerbmaterialien spielt offenbar bei den beobachteten Gerbergebnissen eine gewisse Rolle. Thomas und Kelly (30) hatten früher gezeigt, daß Pyrogallol in niedrigen Konzentrationen die Gerbwirkung von Tanninlösungen vom p_H-Wert 2 steigert, während es bei höheren Konzentrationen die Gerbung hemmt. Die synthetischen Gerbstoffe üben wahrscheinlich eine Wirkung auf die vegetabilische Gerbung aus, die vergleichbar ist mit der Wirkung gewisser Nichtgerbstoffe. Sie haben unzweifelhaft eine bevorzugte Stellung für die modernen Prozesse der vegetabilischen Gerbung.

Literaturzusammenstellung.

1. Baeyer, A. von: Über die Verbindungen der Aldehyde mit den Phenolen und aromatischen Kohlenwasserstoffen. Ber. **5**, 1094 (1872).
2. Berkmann, J.: Absorptions- und Gerbfähigkeit der synthetischen Gerbstoffe. Gerber **54**, 197 (1928).
3. Blackadder, T.: Synthetic tanning materials. J. Amer. Leather Chem. Assoc. **18**, 537 (1923).
4. Boettinger: Über Digallussäure. Ber. **17**, 1475 (1884).
5. Croad, R. B.: Synthetic tannins. J. Soc. Chem. Ind. **42**, 203 (1923).
6. Gerngroß, O. u. G. Sándor: Über die Fluorescenzprobe an künstlichen und natürlichen Gerbstoffen. Collegium **1927**, 12.
7. Grasser, G.: Synthese gerbender Stoffe. Collegium **1920**, 234.
8. Grasser, G.: Synthetische Gerbstoffe, ihre Synthese, industrielle Darstellung und Verwendung. Berlin: Hermann Meußer 1920.

9. Hatchett: Gehlens J. **1**, 545 (1805).
10. Hill, J. B. u. G. W. Mérryman: Some applications of synthetic tanning materials. J. Amer. Leather Chem. Assoc. **16**, 484 (1921).
11. Knowles, G. E.: Synthetic tannins and their uses in leather manufacture. J. Int. Soc. Leather Trades Chem. **6**, 19 (1922).
12. Kohn, S., J. Breedis u. E. Crede: A critical study of the determination of the active constituents of synthetic tanning materials by the hide powder method. J. Amer. Leather Chem. Assoc. **17**, 166 (1922).
13. Kohn, S., J. Breedis u. E. Crede: Comparative observations of the tanning properties of vegetable tanning materials, synthetic tans, and mixtures of vegetable tanning materials with synthetic tans. J. Amer. Leather Chem. Assoc. **17**, 450 (1922).
14. Kohn, S., J. Breedis u. E. Crede: The acidity of synthetic tans. J. Amer. Leather Chem. Assoc. **18**, 21 (1923).
15. Meunier, L.: Synthetische Gerbmaterialien. Cuir techn. **13**, 46 (1924).
16. Meunier, L. u. C. Gastellu: Les Tanins Synthétiques. J. Int. Soc. Leather Trades Chem. **11**, 495 (1927).
17. Nierenstein, M.: Über das Tannophor CO. Collegium **1905**, 221.
18. Nierenstein, M.: Über das gerbende Vermögen der Kondensationsprodukte des Formaldehyds mit Phenolen, Oxycarbonsäuren und Gerbstoffen (Oxytannoncarbonsäuren). Collegium **1906**, 434.
19. Nierenstein, M.: α- und β-Naphthol als Gerbmittel. Chem.-Zg **32**, 430 (1908).
20. Ricevuto, A.: Chem.-Zg **32**, 383 (1908).
21. Röhm u. Haas: Synthetic Tans. J. Amer. Leather Chem. Assoc. **19**, 111 (1924).
22. Schiff, H.: Ber. **4**, 231, 967 (1871); **5**, 437, 731 (1872); **6**, 26, 759 (1873).
23. Stiasny, E.: Gerber **31**, 186, 202, 216, 231 (1905).
24. Stiasny, E.: Syntans, new artificial tanning materials. J. Soc. Chem. Ind. **32**, 775 (1913).
25. Stiasny, E.: Ein neuer synthetischer Gerbstoff. Collegium **1913**, 142.
26. Stiasny, E.: Über Weinschenks α- und β-Naphthol-Gerbung. Chem.-Zg. **32**, 383, 586 (1908).
27. Stiasny, E.: Verfahren zur Darstellung gerbender Stoffe. D.R.P. Nr. 262558 (1913); Österreichisches Patent Nr. 58405 (1913); U.S.A.-Patent Nr. 1237405 (1917).
28. Stiasny, E. u. F. Orth: Über den Einfluß eines künstlichen Gerbstoffs (Gerbstoff F) auf die Eigenschaften einiger pflanzlicher Gerbstoffe. Collegium **1927**, 189.
29. Süvern, K.: Über neuere synthetische Gerbmittel. Collegium **1921**, 31.
30. Thomas, A. W. u. M. W. Kelly: Vegetable tanning. Ind. Eng. Chem. **17**, 41 (1925).
31. Thomas, A. W. u. M. W. Kelly: Syntan tannage. (Vorläufige Mitteilung.)
32. Thuau, U. J. u. Hough: Some notes on synthetic tannins. J. Int. Soc. Leather Trades Chem. **6**, 308 (1923).
33. Weinschenk, A.: Einige Versuche über das Verhalten von Leimlösungen zu den Naphtholen und zu Gemischen aus Naphtholen und Formaldehyd. Chem.-Zg **32**, 266 (1908).
34. Weinschenk, A.: Zur Naphtholgerbung. Chem.-Zg **32**, 509 (1908).
35. Weinschenk, A.: D. R. P. Nr. 184449 und 185050 (1907).
36. Wilson, J. A. u. G. O. Lines: Properties of shoe leather. Part II. Chemical composition. J. Amer. Leather Chem. Assoc. **21**, 198 (1926).
37. Wolesensky, E.: Investigation of synthetic tanning materials. Bureau of Standards, Tech. Paper Nr. 302, 45 (1925).
38. Wolesensky, E.: Behavior of synthetic tanning materials toward hide substance. Bureau of Standards, Tech. Paper Nr. 309, 13 (1926).
39. Wolesensky, E.: Action of sodium sulfate in synthetic tanning materials. Bureau of Standards, Tech. Paper Nr. 20, 529 (1926).

26. Verschiedene Gerbmethoden.

Von den zahllosen Substanzen, die sich mit dem Kollagen der Haut zu verbinden vermögen sind nur diejenigen als Gerbstoffe anzusprechen, deren Verbindungen mit Kollagen in Wasser unter 60° C nicht beträchtlich hydrolysiert werden, die nicht faulen, in Wasser nur unbeträchtlich zu schwellen vermögen, unter den üblichen Benutzungsbedingungen beständig sind und ein langes Auswaschen aushalten. Außerdem muß ein wahrer Gerbstoff das Zusammenkleben der Hautfasern beim Trocknen der feuchten Haut zu verhindern vermögen. Eine sehr große Anzahl von Stoffen erfüllt diese Bedingungen. Die Wirkung vegetabilischer Gerbstoffe, der Chromsalze, Aluminiumsalze, Eisensalze, der Öle und Fette, Aldehyde, Chinone und der synthetischen Gerbstoffe wurde bereits behandelt. Die Brauchbarkeit eines Materials als Gerbmittel hängt natürlich auch von seiner Wohlfeilheit und seinem Preis ab, von der Einfachheit seiner Anwendung und von den Eigenschaften, die es dem fertigen Leder erteilt. Die hohe Qualität und Ausbeute an Leder bei der Gerbung mit vegetabilischen Gerbmaterialien und die Schnelligkeit und die geringeren Kosten der Chromgerbung haben diesen beiden Gerbmaterialien eine Vorzugsstellung in der Lederherstellung vermittelt. Andere Gerbmaterialien konnten sich in der Lederherstellung nur eine Bedeutung bei der Herstellung von Spezialléderarten oder aber in der kombinierten Anwendung mit vegetabilischen Gerbmaterialien oder Chromsalzen erobern. Es erschien wünschenswert, in diesem Kapitel alle die Gerbmethoden zu beschreiben, die in den vorhergehenden Kapiteln noch keine Behandlung erfahren haben.

a) Kombinierte Chrom- und vegetabilische Gerbung.

Bei der Herstellung gewisser Leder ist es gelungen, die Vorteile der Chrom- und vegetabilischen Gerbung durch Kombination beider Verfahren zu vereinigen. Während des Krieges war die Nachfrage nach vegetabilisch gegerbtem Leder für Schuhoberleder besonders groß, die Länge der für die Herstellung dieses Leders benötigten Zeit machte es unmöglich, diese Nachfrage zu befriedigen. Die Gerbung konnte zwar mit Hilfe von Chrombrühen rasch genug durchgeführt werden, aber das so erzeugte Leder entsprach eben nicht den gestellten Ansprüchen. Es stellte sich nun heraus, daß man ein für den gewünschten Zweck durchaus brauchbares Leder erhielt, wenn das Leder nach einer vollständigen Chromgerbung noch eine teilweise Nachgerbung in vegetabilischen Gerbbrühen erhielt. Das beste Beispiel hierfür bietet das sogenannte „chromgare, nachgegerbte Armee-Oberleder“, von dem ein Schnitt in Abb. 285 des 18. Kapitel gezeigt worden ist. Dieses Leder wurde aus Rindshaut hergestellt, die zuerst mit Chrombrühe ausgegerbt und dann einige Tage in vegetabilische Gerbbrühe eingehängt wurde. Während dieser Zeit durchdrang die Gerbbrühe mehr als die Hälfte der Strecke bis zur Mitte des Leders. Das Leder wurde dann auf die gewünschte Stärke gespalten, manchmal wurde dieses Spalten auch schon vor der Nachgerbung vorgenommen. Der heller gefärbte Streifen in dem unteren Drittel der Abbildung ist jene innere Schicht, bis zu welcher die vegetabilischen Gerbstoffe nicht vordrangen. Sie scheint näher an der Fleischseite zu liegen, weil das Leder erst nach der Nachgerbung gespalten wurde. Man kann deutlich sehen, daß die Fasern in der nachgegerbten Schicht dicker sind als in der nur chromgaren Schicht. In der unteren linken Ecke ist ein Faserstrang sichtbar, der aus der nachgegerbten Zone in die nur chromgare Zone verläuft. Seine Dicke nimmt deutlich ab.

Der Vorteil einer vorhergehenden Chromgerbung liegt in der Schnelligkeit, mit der dann eine nachfolgende vegetabilische Gerbung ausgeführt werden kann. Die chromgaren Leder können sofort in sehr viel konzentriertere Brühen als sonst eingehängt werden, wodurch natürlich die Diffusion des Gerbstoffs stark beschleunigt wird; weiter braucht man die vollständige Durchdringung des Leders mit vegetabilischem Gerbstoff gar nicht erst abzuwarten, da ja der innere Teil des Leders bereits durch die Chromgerbung vor Fäulnis geschützt worden ist. Die vegetabilische Nachgerbung erhöht die Festigkeit des Leders und vermindert außerdem den Gehalt des Chromleders an Schwefelsäure auf etwa die Hälfte. Der Verfasser neigt zu der Meinung, daß dies auf den Ersatz koordinativ gebundenen Sulfats durch vegetabilischen Gerbstoff zurückzuführen ist.

b) Das Gerben mit Sulfitcelluloseextrakt.

Die bei der Herstellung des hauptsächlich in der Papierfabrikation benötigten Sulfitzellstoffs anfallenden Abfallbrühen enthalten große Mengen sogenannter Sulfitcellulose. Bei der Herstellung des Papierzellstoffs wird das Fichten- oder Rottannenholz mit einer sauren Sulfitlösung aufgeschlossen. Der unlösliche Rückstand wird zur Papierherstellung benutzt. Die Ablauge enthält Bestandteile des Holzes, die unter der Wirkung des sauren Sulfits löslich geworden sind. Man hat die Bestandteile der Ablauge auch Ligninsulfosäuren genannt, weil man annimmt, daß es sich dabei um Verbindungen von Sulfit mit den Ligninen des Holzes handelt. Da enorme Mengen solcher Sulfitablauge anfallen, sind ausgedehnte Untersuchungen unternommen worden, einen Verwendungszweck ausfindig zu machen, der ihre Aufarbeitung lohnt. Eine Tatsache konnte nun bei diesen umfangreichen Untersuchungen festgestellt werden, daß nämlich die Ligninsulfosäuren ausgezeichnete Gerbmittel sind.

Hurt (12) richtete sich Sulfitablauge für Gerbzwecke folgendermaßen her: Die übliche Sulfitablauge enthält Calciumsalze der Ligninsulfosäuren und freie Säure. Die freie Säure wird durch Zugabe von Kalk neutralisiert und dann die Ablauge im Vakuum auf eine Dichte von etwa 32^0 Baumé eingedampft. Man bestimmt nun den Calciumgehalt der Ablauge und fügt unter Rühren etwas weniger als die äquivalente Menge konzentrierter Schwefelsäure zu. Dann wird der noch in Lösung bleibende Kalk durch Zugabe der notwendigen Menge Natriumbisulfat ausgefällt. Der Extrakt wird einige Stunden gerührt und die ausgefällte Substanz, die hauptsächlich aus Calciumsulfat besteht, auf der Filterpresse abgepreßt. Die Ablauge ist nunmehr zum Gerben geeignet. Für Gerbzwecke gereinigte Sulfitcelluloseextrakte erscheinen im Handel unter dem Namen Fichtenholzextrakte.

Der Verfasser hat eine große Anzahl solcher Sulfitcelluloseextrakte untersucht und Gerbversuche damit angestellt. Ein typischer Handelsextrakt zeigte z. B. folgende Analyse: 48,1% Wasser; kein Unlösliches; 51,9% lösliche Substanz. Er enthielt nach der Methode der American Leather Chemists Association 25,7% Gerbstoff, nach der Wilson-Kern-Methode 13,1%. Das Gesamtsulfat als SO_3 betrug 6,0%, der Gehalt an Cl 0,2%, an MgO 1,7%, an CaO 0,1%. Die 3,4% Asche bestanden in der Hauptsache aus Natriumcarbonat. Eine Lösung von 16 g im Liter zeigte einen p_H-Wert 2,98.

Ein solcher Extrakt erwies sich als ein wertvolles Zusatzmittel zu vegetabilischen Gerbstoffen bei der vegetabilischen Gerbung. Bei einer solchen Verwendung wirkt er genau so wie die besten der in Kapitel 25 beschriebenen synthetischen Gerbstoffe und hat außerdem noch den Vorteil, eine größere Ausbeute an Leder zu bewirken. Der Sulfitcelluloseextrakt hellte die Farbe der Gerbbrühen und des Leders auf, erhöhte den Durchdringungsgrad der Gerbstoffe in die Haut und erhöhte die an Haut gebundene Substanzmenge in der gleichen Weise, wie dies ein Eichenrindenextrakt mit gleicher Konzentration an Trockensubstanz getan hätte. Das mit dem Sulfitcelluloseextrakt gegerbte Leder war in jeder Beziehung ebensogut wie jedes mit vegetabilischen Gerbmaterialien allein gegerbte Leder und schien auch beim Lagern während mehrerer Jahre keine Verschlechterung zu erleiden.

Wallace und Bowker (22) vom United States Bureau of Standards führten eine Reihe sehr interessanter und wichtiger Untersuchungen über den Wert von Sulfitcelluloseextrakten als Gerbmaterialien durch. Sie benutzten solche Extrakte sowohl dazu, um Häute vorzugerben, die später mit vegetabilischen Gerbmaterialien ausgegerbt werden sollten, wie auch zum Mischen mit vegetabilischen Gerbmaterialien bei der gewöhnlichen vegetabilischen Gerbung. Mischungen wurden mit Eichenrindenextrakt, mit Kastanienholzextrakt und mit Quebrachoextrakt vorgenommen. In allen Fällen schnitten die Versuche bei Zumischung von Sulfitcelluloseextrakt günstig gegenüber den Versuchen unter Verwendung der entsprechenden Gerbmaterialien allein ab, sowohl was die chemische Zusammensetzung und die Reißfestigkeit des Leders als auch die übrigen Eigenschaften anging.

Wallace und Bowker faßten die Ergebnisse ihrer Versuche mit Sulfitcelluloseextrakt folgendermaßen zusammen: Sulfitcelluloseextrakte enthalten eine, wie die Bestimmung nach den üblichen Methoden zeigt, genügende Menge an gerbenden (von Hautpulver absorbierbaren) Stoffen und lassen sich in dieser Hinsicht sehr gut mit den vegetabilischen Gerbextrakten vergleichen. Die gerbenden Stoffe dieser Extrakte scheinen von Hautpulver ebenso fest gebunden zu werden wie die Gerbstoffe aus vegetabilischen Gerbextrakten. Die Sulfitcelluloseextrakte können mit vegetabilischen Gerbextrakten vermischt werden, ohne daß ein Verlust an Gerbstoff gegenüber der Berechnung eintritt. Farbbestimmungen lassen sie zur Benutzung als Gerbmaterial geeignet erscheinen. Man kann Leder guter Qualität entweder durch Vorgerben mit solchen Extrakten und Ausgerben mit den gewöhnlichen vegetabilischen Gerbextrakten erhalten, oder aber durch Ausgerben mit Mischungen von Sulfitcelluloseextrakt und vegetabilischen Extrakten. Die chemischen, physikalischen und Alterungseigenschaften von Ledern, die unter Verwendung von Sulfitcelluloseextrakt gegerbt wurden, halten einen Vergleich mit den Eigenschaften ohne Verwendung solcher Extrakte gegerbter Leder sehr wohl aus. Ihre Verwendung als Angerbmittel oder in Mischung mit vegetabilischen Gerbmaterialien vermindert die zur Herstellung von Leder von gleichem Gerbungsgrad mit reinen vegetabilischen Gerbextrakten notwendige Zeit.

Der Verfasser hat zahlreiche Vergleichsversuche mit Sulfitcelluloseextrakt und mit synthetischen Gerbstoffen ausgeführt. Beide Klassen von Gerbmaterialien besitzen in ihren Eigenschaften eine bemerkenswerte Ähnlichkeit, die vielleicht darauf zurückzuführen ist, daß beide aus Sulfosäuren bestehen. Keine der beiden Klassen gibt als Gerbmaterial völlig befriedigende Ergebnisse, wenn sie für sich allein angewandt wird. Die freien Sulfosäuren werden von der Haut leicht aufgenommen, dagegen scheinen die neutralen Salze nur wenig gerbende Wirkung zu besitzen. Beide besitzen eine lösende Wirkung auf Phlobaphene und andere schwer lösliche Bestandteile vegetabilischer Gerbmaterialien. Setzt man sie einer vegetabilischen Gerbbrühe zu, so machen beide die Brühe widerstandsfähiger gegen die Ausflockung durch Säure. Beide Klassen von Extrakten hellen die Farbe der Gerbextrakte auf, erhöhen die Geschwindigkeit des Eindringens des Gerbstoffs in die Haut und machen die Narbenoberfläche des Leders reiner und feiner. Sie können beide mit Vorteil zur Vorgerbung der Häute bei der vegetabilischen Gerbung verwandt werden, mit vegetabilischen Gerbmaterialien zusammen, zur Regulierung des p_H-Wertes vegetabilischer Gerbbrühen oder zum Bleichen von Leder. Sulfitcelluloseextrakt hat vor den synthetischen Gerbstoffen den Vorteil größerer füllender Eigenschaften, obwohl auch diese Eigenschaft immer mehr ausgeglichen wird, je weiter man in der Fabrikation der synthetischen Gerstoffe fortschreitet.

c) Kombinationsgerbungen.

Es wurde bereits eine ganze Anzahl von Kombinationsgerbungen beschrieben. In der Praxis gelangen noch sehr viel mehr zur Anwendung und die Möglichkeiten zur Entdeckung noch weiterer sind fast unbegrenzt. Es befinden sich vegetabilisch gegerbte Leder, die mit Chromsalzen nachgegerbt wurden, auf dem Markt; alaungare Leder mit vegetabilischer Gerbung fanden einst nützliche Verwendung; Aldehyd- und Chinongerbung wurden als Vorgerbungen für die Chromgerbung wie für vegetabilische Gerbmethoden angewandt. Die ausgedehnten Untersuchungen über die Eisengerbung haben weitere Vorschläge über Kombination dieser Gerbungsart mit der Chrom-, Alaun- und Aldehydgerbung und mit der vegetabilischen Gerbung und Gerbung mit Sulfitcellulose mit sich gebracht. Es würde wirklich zu weit führen, all die verschiedenen Arten von Kombinationsgerbungen oder Vorschlägen dazu ausführlicher besprechen zu wollen. Zur Erzielung eines bestimmten Effekts ist es sehr oft von Vorteil, eine oder mehrere Gerbungsarten miteinander zu kombinieren und jede denkbare Kombination ist unter den richtigen Bedingungen auch möglich.

d) Die Kieselsäuregerbung.

Wie die vegetabilischen Gerbstoffe, ist auch kolloidale Kieselsäure negativ geladen und fällt Gelatine aus ihren Lösungen. Im Jahre 1862 untersuchte Thomas Graham (10) die Fällung von Gelatine durch Kieselsäure und fand dabei folgendes: „Setzt man allmählich zu einem Überschuß von Gelatinelösung eine Lösung von Kieselsäure, so fallen Gelatinesilikate als weiße, flockige Substanz aus. Der Niederschlag ist unlöslich in Wasser und wird beim Auswaschen nicht zersetzt. So bereitetes Gelatinesilikat enthält 100 Teile Kieselsäure auf etwa 92 Teile Gelatine. Die Gelatine dieser Verbindung unterliegt im feuchten Zustand der Fäulnis nicht mehr. Wird umgekehrt eine Gelatinelösung in überschüssige Kieselsäurelösung einlaufen lassen, so enthält der entstehende Niederschlag nach der Analyse auf 100 Teile Kieselsäure 56 Teile Gelatine."

Diese Versuche regten Hough (11) zu dem Versuch an, Kieselsäure als Gerbmittel zu benutzen. Er fand, daß reine Silikatsole viel zu unbeständig sind, um überhaupt als Gerbmittel in Betracht zu kommen. Er stellte sich eine zum Gerben geeignete Kieselsäurelösung her, indem er solange 30%ige Natriumsilikatlösung zu einer 30%igen Salzsäurelösung zufließen ließ, bis die Konzentration der freien Säure auf n/10 herabgesetzt worden war. Wird die Säure in die Natriumsilikatlösung laufen gelassen, so wird die Kieselsäure, sobald der Neutralpunkt erreicht ist, ausgefällt; das Silikat muß immer in die Säurelösung laufen gelassen werden und die Konzentration der Säure darf nicht unter n/10 fallen. Die Gerbung mit Kieselsäure geht etwas schneller vonstatten als die vegetabilische Gerbung, leichte Felle können in 3 bis 5 Tagen, schwere Häute in etwa einem Monat voll ausgegerbt werden. Das Leder enthält im allgemeinen 17 bis 24% Silikat. Die Hauptschwierigkeit der Kieselsäuregerbung liegt darin, zu verhindern, daß zu viel Silikat von der Haut aufgenommen wird. Das Leder besitzt eine rein weiße Farbe und kann auf die übliche Weise wie Chromleder zugerichtet werden.

Die Unmöglichkeit, Kieselsäuregerbung und vegetabilische Gerbung miteinander kombinieren zu können, führt Hough auf den Umstand zurück, daß das Silikat und der Gerbstoff negativ geladen sind und sich mit den gleichen Aminogruppen des Kollagens zu verbinden suchen. Andererseits wird ein sehr gutes Leder bei Kombination von Kieselsäuregerbung und Alaungerbung erhalten. Das Aluminium lagert sich nämlich wahrscheinlich an die Carboxylgruppen des Kollagens an. Die

Gegenwart von Aluminium scheint indessen die Gerbung zu hemmen, möglicherweise weil sich an der Hautoberfläche Aluminiumsilikat anhäuft, das die Durchdringung der Häute behindert. Wird die Vorgerbung nicht mit Alaun, sondern mit Chromverbindungen vorgenommen, so wird die Gerbgeschwindigkeit erhöht und das resultierende Leder besitzt einen besseren Stand und größere Festigkeit.

Bei der Besprechung der verschiedenen Gerbmethoden weist Thuau (20) darauf hin, daß das Silikatleder den Nachteil aufweist, nach einigen Monaten Lagern sehr leicht zu reißen, vermutlich infolge der Wirkung der Kieselsäure auf die Lederfasern. Er ist der Ansicht, daß, wenn es gelingt, diesen Übelstand zu beheben, die Kieselsäuregerbung die Chromgerbung verdrängen werde.

e) Die Molybdängerbung.

Die Analogie zwischen den Verbindungen des Chroms und des Molybdäns ließ Niedercorn (16) vermuten, daß dreiwertiges Molybdän gerbende Eigenschaften besitze. In einer sehr interessanten Arbeit konnte er tatsächlich auch nachweisen, daß die Salze des dreiwertigen Molybdäns Gerbstoffe sind. Es gibt zwei verschiedene Formen von Sulfaten des dreiwertigen Molybdäns, eine purpurrote und eine grüne. Dem grünen Salz hat man die Formel $Mo_2O(SO_4)_2$ zugeschrieben (3, 23), die Konstitution des purpurroten Salzes ist noch unbekannt. Beide Salze erhält man am besten durch elektrolytische Reduktion einer schwefelsauren Lösung von Molybdänsäureanhydrid unter Benutzung eines Diaphragmas und blanker Platinelektroden.

In salzsaurer Lösung wird Molybdänsäure folgendermaßen reduziert (4):

$$\underset{\text{farblos}}{Mo^{VI}} \rightarrow \underset{\text{smaragdgrün}}{Mo^{V}} \rightarrow \underset{\text{purpurrot}}{Mo^{III}} \rightarrow \underset{\text{olivgrün}}{Mo^{III}}$$

In schwefelsaurer Lösung wurde das smaragdgrüne Salz nicht erhalten, außer wenn die Lösung stärker sauer war, als für die Zwecke der Gerbung gebraucht werden konnte. An seiner Stelle wurde Molybdänblau, Mo_3O_8 (?), als Zwischenprodukt erhalten. In nahezu neutralen Lösungen ging die Reduktion über die Stufe des Molybdänblaus nicht hinaus; in stark sauren Lösungen blieb sie manchmal auf der Stufe des roten Salzes stehen. Lebhaft grün gefärbte Lösungen, wie sie bei der Reduktion von Molybdänsalzen mit Zink erhalten werden, wurden nicht erhalten.

Es wurde versucht die Acidität der Lösungen potentiometrisch zu bestimmen, doch erwies sich diese Methode unsicher, weil Oxydation-Reduktions-Potentiale auftreten, die die Wasserstoffionenkonzentration größer erscheinen lassen als sie in Wirklichkeit ist, speziell im Falle der roten Lösung. Nach Chilesotti (4) übt Platinschwarz eine katalytische Wirkung auf Molybdänsalzlösungen aus und bewirkt, daß sie zunächst bei Gegenwart von Wasserstoff reduziert und dann wieder oxydiert werden. Die Oxydation unter Entweichen von Wasserstoff tritt unmittelbar nach der Reduktion des gesamten Metalls zur anscheinend dreiwertigen Stufe auch bei Gegenwart von Wasserstoff ein. Wegen der stark reduzierenden Wirkung der Lösung konnten Indikatoren zur Bestimmung der Acidität nicht benutzt werden und deshalb wurde die Acidität ohne Rücksicht auf die Oxydations-Reduktions-Potentiale eben ungenau elektrometrisch ermittelt. Die scheinbaren Aciditäten dürfen mindestens verdoppelt werden.

Die grüne Lösung schlug beim Stehen in Rot um, auch wenn sie in einer gut verschlossenen Flasche aufbewahrt wurde. Sie zeigte keinen scharfen Ausflockungspunkt, verbrauchte aber bei einem scheinbaren p_H-Wert von 3 beträchtliche Mengen Natriumhydroxyd. Bei p_H 9 war noch keine vollständige Ausflockung eingetreten. Die Lösung gerbte Kalbsblöße bei einem scheinbaren p_H von 2 bis 2,5.

Wahrscheinlich wegen des größeren Oxydations-Reduktions-Potentials zeigte die rote Lösung eine größere Acidität als die grüne (bei den entsprechenden Chromsalzen ist das Umgekehrte der Fall) und flockte scharf bei p_H 2,5 aus. Sie wies bei p_H-Werten 1 bis 1,5 gute Gerbwirkung auf, drang aber bei p_H 2 nicht mehr weiter in die Haut ein.

Niedercorn bereitete sich für seine Gerbversuche Lösungen durch Auflösen von 40 g Molybdänsäureanhydrid in 54 ccm kochender Schwefelsäure vom spezifischen Gewicht 1,84, der zuvor einige Tropfen Salpetersäure zugesetzt worden waren, Abkühlen und Verdünnen auf einen Liter. Die Lösung wurde dann in einem Diaphragma bei einer Stromdichte von 8 Ampere auf den Quadratdezimeter und einer Spannung von 15 Volt elektrolysiert. Die Elektrolyse wurde unterbrochen, wenn die Lösung eine purpurrote Farbe angenommen hatte. Der p_H-Wert, mit der Wasserstoffelektrode gemessen, lag offenbar unter Null, was mit der Menge der ursprünglich zugefügten Säure in keinem Verhältnis steht. Ließ man die Reduktion bis zur grünen Stufe fortschreiten, so betrug der scheinbare p_H der Lösung 0,5, offenbar auch kein richtiger Wert für die Acidität der Lösung, wenngleich er dem wirklichen Wert vermutlich näher liegen dürfte als der Wert für die purpurrote Lösung. Die Acidität der grünen Lösung wurde durch Zugabe von 1-molarer Natriumcarbonatlösung bis zu einem scheinbaren p_H von 2 zurückgedrängt. In ähnlicher Weise wurde der scheinbare p_H-Wert der purpurroten Lösung auf etwa 1,0 bis 1,5 gebracht.

Mit diesen beiden Lösungen wurden Streifen von Kalbsblöße gegerbt. Bei keiner der beiden Lösungen war eine weitere Neutralisation notwendig. Nach 24 Stunden konnten die Lederstreifen in kochendes Wasser eingehängt werden, ohne daß sie sich sichtbar veränderten. Das Leder besaß eine dunkelbraune Farbe und war sehr fest. Beim Liegen an der Luft verlor indessen das Molybdänleder allmählich seine Widerstandsfähigkeit gegen kochendes Wasser; beim Eintauchen in kochendes Wasser wurde es hart und schrumpfte zusammen, ohne daß Molybdänverbindungen in Lösung gingen.

Die Tatsache, daß dreiwertige Molybdänsalze entsprechend der Voraussage gerbende Eigenschaften besitzen, ließ Niedercorn den Schluß ziehen, daß seine Befunde die chemische Theorie der Gerbung bestätigen und anzeigen, daß die Gerbwirkung von den Eigenschaften der angewandten Salze abhängig sei.

f) Andere Metallsalzgerbungen.

Sommerhoff (18) beansprucht für sich die Priorität für die Feststellung, daß bestimmte unlösliche Sulfide, Silicate, Hydroxyde und Phosphate von Schwermetallen, wenn sie frisch ausgefällt oder kolloidal dispergiert zur Anwendung gelangen, eine ausgesprochene Gerbwirkung gegenüber Haut besitzen. So wurde in einem Versuch Kupfersulfat mit Dinatriumphosphat gefällt. Der gallertige Niederschlag wurde abfiltriert, in Wasser suspendiert und mit der Suspension ein Stück Hautblöße geschüttelt. Dieses war in etwa zwei Stunden vollständig ausgegerbt. Das Leder enthielt etwa 13% Asche. Aus der Abhandlung Sommerhoffs ist sehr schwer zu ersehen, ob er tatsächlich eine Gerbwirkung erhalten hat, auf alle Fälle ist die Untersuchung nicht vollkommen durchgeführt worden.

Garelli (8) stellte fest, daß Salze des Cers gerbende Eigenschaften ähnlich denen der Aluminiumsalze besitzen, wenn sie in genügend basischer und verdünnter Lösung zur Anwendung gelangen. Er erhielt unter ganz bestimmten Bedingungen ein weiches, weißes Leder, das etwa 9% Ce_2O_3 enthielt. Garelli und Apostolo (9) versuchten vergeblich, mit Salzen des Wismuts Haut zu gerben. Es zeigte sich, daß, wenn überhaupt eine Verbindung zwischen dem Wismut und Kollagen zustande kam, diese unbeständig war und daß die Haut beim Waschen mit kaltem Wasser wieder in den Rohzustand überging.

g) Die Schwefelgerbung.

Kolloidaler Schwefel wurde sehr oft als Gerbmaterial bezeichnet. Wird beim Zweibad-Chromgerbverfahren Natriumthiosulfat benutzt, so wird in der Haut Schwefel abgelagert und man hat die Vermutung ausgesprochen, daß verschiedene Unterschiedlichkeiten zwischen ein- und zweibadgegerbtem Chromleder auf die Gegenwart von Schwefel in dem letzteren zurückzuführen seien. Eitner (6) untersuchte den Einfluß einer Schwefelablagerung in Haut und Leder und kam zu dem Schluß, daß eine Art Gerbung eintrete, bei der die Fasern mit einem Material umgeben würden, daß sie schlüpfrig und damit das Leder weich und biegsam mache. Man kann dies schwerlich als eine Gerbung im modernen Sinn bezeichnen. Indessen führte Apostolo (1) einige Versuche aus, die ihn annehmen ließen, daß frisch gefällter Schwefel wirklich gerbende Eigenschaften besitze. Er fügte konzentrierten Lösungen von Natriumthiosulfat geringe Mengen von Milchsäure zu, dabei bildeten sich Trübungen von ausgeschiedenem Schwefel. Wurde in diese trüben Lösungen ein Stück Blöße eingelegt, so nahm diese allen freien Schwefel auf. Wurde die Blöße aus der Lösung entfernt und erneut zur Ausscheidung weiteren Schwefels eine geringe Menge Säure zugefügt, so nahm die Blöße beim Wiedereinlegen wiederum allen freien Schwefel auf. Der Vorgang konnte solange wiederholt werden, bis alles Thiosulfat zersetzt war. Ein Säureüberschuß mußte vermieden werden. Das so erhaltene Leder wird als weiß, außerordentlich weich und von schönem Aussehen beschrieben. Beim Einlegen in kaltes Wasser während 24 Stunden schwoll es nicht an, nach dem Wiederauftrocknen und Stollen wies es die alten Eigenschaften wieder auf. Das Leder gab nur 1% offenbar nur mechanisch zurückgehaltenen Schwefel an Schwefelkohlenstoff ab, blieb nach der Extraktion voll gegerbt und enthielt immer noch 2,5 bis 3,5% Schwefel. Von kochendem Wasser wurde das Leder jedoch zersetzt.

Gallardo (7) untersuchte ebenfalls die gerbende Wirkung kolloidalen Schwefels und empfahl eine Ausführungsform des Gerbprozesses, bei der die Blößen zunächst zwei Stunden in einer Lösung von 2,5 kg Salzsäure, 15 kg Salz und 50 l Wasser auf je 50 kg feuchter Blöße gewalkt, über Nacht über dem Bock hängen gelassen und dann 4 bis 6 Stunden in einer Lösung von 12,5 kg Natriumthiosulfat in 50 l Wasser bei 40° C gewalkt wurden. Nach dem Trocknen wurde ein weißes, sehr weiches Leder erhalten. Da das Leder keine große Festigkeit besitzt, empfiehlt Gallardo eine Nachgerbung mit Chrom.

Thuau (21) stellte ein Schwefelleder her durch Walken der Blößen zunächst in einer Säurelösung und anschließend in einer Lösung von Natriumthiosulfat. Darauf legte er die Häute in Dispersionen von kolloidalem Schwefel ein. Im einen Fall benutzte er von Weimanns Schwefelsol, das man durch Einlaufenlassen einer alkoholischen Schwefellösung in Wasser erhält, im andern Fall verwandte er Wackenroders kolloidalen Schwefel, der durch die Oxydation-Reduktions-Reaktion zwischen Schwefeldioxyd und Schwefelwasserstoff in wässeriger Lösung erhalten wird. Er stellte in beiden Fällen nach der äußeren Beschaffenheit der Häute eine ausgesprochene Gerbwirkung fest.

Diese Versuche an Blößen ließen Thomas (19) eine quantitative Untersuchung der Bindung von kolloidalem Schwefel durch Hautpulver wünschenswert erscheinen. Thomas benutzte zur Herstellung des kolloidalen Schwefels für seine Versuche die Methode von Odén (17). Zu einer 17-molaren, eisgekühlten Schwefelsäurelösung wurde langsam eine 3-normale Natriumthiosulfatlösung gefügt. Der gebildete kolloidale Schwefel wurde durch Zugabe von Kochsalz ausgeschieden und die überstehende Flüssigkeit abgegossen. Der ausgefällte kolloidale Schwefel wurde wiederholt in Wasser wieder aufgelöst, mit Salz erneut ausgesalzen und so fort, bis eine klar gelbe Dispersion von Schwefel erhalten wurde.

Thomas wählte für seine Versuche das Schwefelsol von Odén, weil es eingehend untersucht war und man wußte, daß seine disperse Phase aus Schwefel besteht, der an Polythiosäuren gebunden ist. Drückt man das Gemisch der Polythionsäuren durch die Pentathionsäure aus, so hat die disperse Phase dieses Schwefelhydrosols die Zusammensetzung $x\,S \cdot y\,S_5O_6H_2$, wobei x und y Mole bedeuten und x sehr viel größer als y ist. Dieser Komplex ionisiert in $x\,S \cdot y\,S_5O_6^{--}$ und 2 y H^+, und bedingt so die negative Ladung des kolloidalen Schwefels.

Die Analyse des bei diesen Versuchen verwandten Schwefelhydrosols ergab, daß 100 ccm 0,980 g nichtflüchtige feste Substanz, hauptsächlich Schwefel, enthielten. Der p_H-Wert des Sols konnte wegen der Vergiftung der Elektrode elektrometrisch nicht gemessen werden. Die

Gesamtacidität des Sols wurde durch Zufügen eines Überschusses von 0,2 n Natronlauge und Zurücktitrieren mit 0,2 n Salzsäure unter Verwendung von Phenolphthalein als Indikator ermittelt. Das Sol besaß demnach die Acidität einer etwa n/40 Säure.

α) Der Einfluß der Zeit und der Konzentration.

Die erste Versuchsreihe zielte darauf hin, den Einfluß der Zeit und der Konzentration auf die Bindung von Schwefel durch Hautpulver zu ermitteln. Für die einzelnen Versuche wurde jeweils eine 2,00 g Trockensubstanz entsprechende Menge entfetteten Hautpulvers und je 100 ccm der Lösungen angewandt. Bei der in Tabelle 105 wiedergegebenen Versuchsreihe wurde das Hautpulver mit den jeweils ange-

Tabelle 105. Die Bindung von Schwefel durch Hautpulver.

Probe	Wasser ccm	Schwefelsol ccm	Verfügbarer Schwefel in g	Zeit in Stunden	Gebundener Schwefel in g	Durch CS_2 extrahierter Schwefel in g
1	75	25	0,245	1,5	0,010	—
2	75	25	0,245	12	0,038	0,058
3	50	50	0,490	1,5	0,057	—
4	50	50	0,490	12	0,100	0,109
5	25	75	0,735	1,5	0,061	—
6	25	75	0,735	12	0,191	0,179

gebenen Wassermengen übergossen; das Schwefelsol wurde erst nach gründlicher Durchweichung des Hautpulvers zugefügt. Nach Zugabe des Schwefelhydrosols wurden die Flaschen bei Zimmertemperatur die in der Tabelle angegebene Zeit über rotierend geschüttelt. Der Inhalt der Flaschen wurde dann in Wilson-Kern-Extraktionsapparate abfiltriert und mit destilliertem Wasser alle nichtgebundene Substanz ausgewaschen. (15 l Waschwasser für jede Probe.) Die ausgewaschenen „Leder" wurden mit Alkohol und Äther entwässert, bei 100° C 16 Stunden im Vakuum getrocknet und gewogen. Die hierbei festgestellte Gewichtszunahme des Hautpulvers wurde als aufgenommene Schwefelmenge angenommen. Alle diese Werte sind infolge eines geringen Verlustes an Hautsubstanz durch Hydrolyse etwas zu niedrig. Kolloidaler Schwefel vermag Gelatine nicht zu fällen. Sämtliche Filtrate enthielten noch Schwefelhydrosol, es war also nicht aller zur Verfügung stehender Schwefel von dem Hautpulver aufgenommen worden.

Die Extraktion der getrockneten Hautpulverproben mit Schwefelkohlenstoff entfernte bei den Proben 2 und 4 nach den erhaltenen Werten mehr Schwefel als überhaupt aufgenommen worden war. Diese scheinbare Unrichtigkeit ist auf die Tatsache zurückzuführen, daß ein Teil des Hautpulvers während des Gerbprozesses verlorengegangen und darum die erhaltenen Werte für gebundenen Schwefel zu niedrig ausgefallen waren. Bei Probe 6 ist zu sehen, daß nicht aller aufgenommene Schwefel an das Lösungsmittel abgegeben wird.

Aus den Versuchen geht deutlich hervor, daß die Schwefelaufnahme gering ist und mit der Menge des vorhandenen kolloidalen Schwefels zunimmt. Es ist weiter ersichtlich, daß der Schwefel nicht durch die Gegenwart des Hautpulvers aus der Lösung ausgefällt wurde.

β) Der Einfluß der Säure im Sol.

Das Schwefelsol von Odén ist nur in saurer Lösung beständig, da sich aber das Hautpulver sehr leicht mit der in dem Sol vorhandenen Säure verbinden kann, so mußte die Möglichkeit in Erwägung gezogen werden, daß dies für die scheinbare Bindung von Schwefel durch Hautsubstanz verantwortlich zu machen sei. Die in Tabelle 105 wiedergegebenen Werte zeigen an, daß der Schwefel durch das Hautpulver nicht ausgefällt wird, sonst müßten die Werte bei 1 und 2 größer sein.

Um die Verhältnisse weiter zu klären wurde folgender Versuch durchgeführt: Drei Portionen Hautpulver (entsprechend je 2,000 g Trockensubstanz) wurden in je 200 ccm n/40 Schwefelsäure 10 Stunden bei 0° C geweicht, dann alle Lösung bis auf die in Tabelle 106 als Wasser angegebene Menge abtropfen lassen, die angegebene Menge Schwefelsol zugefügt und in Flaschen 12 Stunden bei Zimmertemperatur rotierend geschüttelt. Die Proben wurden dann abfiltriert, ausgewaschen und getrocknet wie zuvor.

Tabelle 106.
Die Bindung von Schwefel durch säurevorbehandeltes Hautpulver.

Probe	Wasser ccm	Schwefelsol ccm	Verfügbarer Schwefel in g	Gebundener Schwefel in g
7	75	25	0,245	0,019
8	50	50	0,490	0,106
9	25	75	0,735	0,158

Die so erhaltenen Werte lassen eine allmähliche Zunahme der aufgenommenen Menge Schwefel mit Zunahme der vorhandenen Menge kolloidalen Schwefels erkennen. Daraus geht klar hervor, daß die Ablagerung von Schwefel nicht auf eine Koagulation des Schwefelsols zurückzuführen ist. Man sollte bei dieser Versuchsreihe im Verhältnis zur ersten geringere Werte für aufgenommenen Schwefel erwarten infolge der Möglichkeit größeren Hautsubstanzverlustes durch Hydrolyse. Außerdem sollte, wenn die Verbindung von $x\,S \cdot y\,S_5O_6H_2$ dem Mechanismus der Procter-Wilsonschen Theorie folgt, der Gerbungsgrad abnehmen, wenn die Wasserstoffionenkonzentration über das für die Bindung in Betracht kommende Optimum ansteigt. Kann der p_H-Wert des Schwefelhydrosols von Odén auch nicht elektrometrisch bestimmt werden, so ist es doch möglich, ihn roh zu ermitteln. Eine n/40 Schwefelsäurelösung hat einen p_H-Wert von etwa 1,8. Die Säure in dem Schwefelsol kann nicht stärker als Schwefelsäure sein, das Schwefelhydrosol kann also nicht saurer sein als etwa p_H 2,0 entspricht. Demzufolge sollte eine Zunahme der Acidität eine Abnahme des Gerbungsgrades zur Folge haben.

Die Probe 8 zeigt eine um 6 mg größere Schwefelaufnahme als die Probe 4. Diese Unterschiedlichkeit liegt innerhalb der Fehlergrenzen, die $\pm$ 5% der insgesamt aufgenommenen Schwefelmenge betragen.

γ) Der Einfluß abnehmender Acidität.

Man sollte erwarten, daß die Aufnahme einer kolloidalen Säure, und eine solche ist ja in Wirklichkeit der kolloidale Schwefel von Odén, dem Mechanismus der Procter-Wilsonschen Theorie folgt. Da die Acidität im oder nahe des Optimums des maximalen Gerbungsgrades zu liegen scheint, so durfte man annehmen, daß die Anwendbarkeit der Procter-Wilsonschen Theorie am besten durch Untersuchung der Gerbwirkung in Lösungen abnehmender Acidität nachzuprüfen sei.

Thomas stellte sich eine Reihe von Lösungen her, in denen er die Acidität durch Zugabe der in Tabelle 107 angegebene Mengen 0,1-normaler Natronlauge verminderte. Durch Zugabe von 13,1 ccm 0,1-normaler Natronlauge wurden 50 ccm des Schwefelsols genau gegen Phenolphthalein neutralisiert. Die 2-Gramm Portionen Hautpulver wurden in der angegebenen Menge Wasser bei 0° C über Nacht geweicht. Nach Zugabe der kolloidalen Schwefellösungen wurde die Gerbung während 12 Stunden wie zuvor vorgenommen.

Tabelle 107. Der Einfluß der Acidität auf die Bindung von Schwefel. (50 ccm Schwefelsol.)

Probe	0,1-n NaOH ccm	Wasser ccm	Gebundener Schwefel in g
10	—	50,0	0,112
11	2,5	47,5	0,082
12	5,0	45,0	0,074
13	7,5	42,5	0,062
14	10,0	40,0	0,032

Die Abnahme der in einer bestimmten Zeit gebundenen „Gerbstoffmenge“ bei ständiger Abnahme der Wasserstoffionenkonzentration steht in Übereinstimmung mit der Procter-Wilsonschen Theorie. Die Abnahme der Wasserstoffionenkonzentration durch die Zugabe von Natronlauge verminderte die positive Ladung des Kollagens und damit seine Reaktionsfähigkeit mit dem kolloidalen, schwach sauren Schwefelhydrosol.

Es ist sehr schwer, wenn nicht überhaupt unmöglich, aus Versuchen an Hautpulver zu sagen, ob ein bestimmter Prozeß ein gutes Leder liefert. Hinsichtlich der Qualität des Leders kann also die Arbeit von Thomas gegenüber den Feststellungen von Thuau oder Gallardo nichts Neues bringen.

δ) Die Widerstandsfähigkeit gegen Wasser.

Die mit Schwefel „gegerbten“ Hautpulverproben waren gegen die Einwirkung von kaltem Wasser widerstandsfähig. Gelegentlich ballten sich die Fasern beim Trocknen zusammen. Das kann nicht als günstiges Zeichen betrachtet werden, wenngleich es auch darauf zurückzuführen sein könnte, daß die Gerbung nicht vollständig durchgeführt worden ist.

Es war von Interesse, die Widerstandsfähigkeit zweier Proben mit Schwefel „gegerbten“ Hautpulvers mit der von rohem Hautpulver gegenüber der Wirkung einer wässerigen Lösung von p_H 3,5 bei 80° C zu vergleichen. Die Lösung von p_H 3,5 bestand aus einer geeigneten Mischung von 0,1-normaler Phosphorsäure und 0,1-normaler Natronlauge. Die Proben 9 und 10 (entsprechend 2 g des ursprünglichen Hautpulvers) wurden in 200 ccm dieser Lösung eingelegt und zum Vergleich die 2,000 g Trockensubstanz entsprechende Menge unbehandelten entfetteten Hautpulvers auf die gleiche Weise behandelt. Die drei Flaschen wurden in einem Thermostaten bei 80° C aufbewahrt. Sie wurden häufig umgeschüttelt und nach 6, 12 und 24 Stunden Proben für die Analyse entnommen. Der Grad der Hydrolyse war wie nebenstehend angegeben. Das schwefelgegerbte Kollagen ist offenbar gegen die Wirkung heißen Wassers von p_H 3,5 weniger widerstandsfähig als rohes Kollagen.

Stunden	Rohhautpulver %	Probe 9 %	Probe 10 %
6	57	74	78
12	94	89	94
24	95	96	94

Thomas schloß aus seinen Untersuchungen, daß kolloidaler Schwefel nicht zu den Gerbmaterialien gezählt werden darf, auch wenn er von Hautsubstanz gebunden wird. Das bei der Schwefel„gerbung" erhaltene Produkt ist gegen kaltes Wasser widerstandsfähiger als rohes Kollagen, wird aber durch heißes Wasser sehr leicht zersetzt. Im Gegensatz zu Apostolo stellte Thomas fest, daß aller, oder nahezu aller gebundene Schwefel aus dem absolut trockenen „Leder" durch Schwefelkohlenstoff wieder extrahiert werden kann.

h) Das Gerben mit Hydroxyl-Verbindungen.

Li (13) untersuchte eine große Anzahl verschiedener organischer Verbindungen auf ihre Gerbwirkung. Seine Versuche waren hauptsächlich qualitativer Natur und bezogen so sich mehr auf den Zusammenhang zwischen molekularer Struktur und der Geeignetheit eines Stoffes zum Gerben. Bei sehr vielen Versuchen wurde das Gerbvermögen nach dem Verhalten der Haut nach der Behandlung mit dem Gerbmittel, Auswaschen und Trocknen beurteilt. Eine Haut wurde als gut gegerbt angesehen, wenn sie beim Trocknen sich nicht mehr krümmte, beim Stollen weich wurde, ein weißes Aussehen hatte, einheitlich und vollständig von dem Gerbmittel durchtränkt war und eine hohe Reißfestigkeit besaß. Qualitative Bestimmungen dieser Art sind nicht für jeden Zweck brauchbar, können aber doch in manchen Fällen als Anhaltspunkt über das Gerbvermögen dienen.

Nach den Untersuchungen Lis mit Naphtholsulfosäuren besitzen alle Derivate des α-Naphthols gerbende Eigenschaften, während solche den Derivaten des β-Naphthols nicht zukommen. Andere Naphthalinderivate scheinen nicht zu gerben. Die gerbende Wirkung von α-Naphtolderivaten wird noch erhöht, wenn saure oder basische Gruppen so in das Molekül eintreten, daß sie sich im Sinne Lis in „ausgeglichener" Stellung befinden. Manche β-Naphtholderivate erhalten auf die Zugabe geringer Mengen Eisenchlorid gerbende Eigenschaften, was Li auf die Bildung von Dinaphtholen zurückführt. Nach den Untersuchungen Lis besitzen einige Derivate des Triphenylkarbinols gerbende Eigenschaften und auch bei einer Reihe von Farbstoffen wurde eine ausgesprochene Gerbwirkung festgestellt.

Li faßt seine Ergebnisse in der Theorie zusammen, daß bei der Gerbung eine Verbindung zwischen den Aminogruppen des Proteins und Hydroxylgruppen des Gerbmaterials entstehe. Die gerbende Wirkung einer Verbindung ist stark ausgeprägt, wenn sie die Hydroxylgruppe im oder in der Nähe des Zentrums des Moleküls stehen hat oder wenn sie zwei an den Enden des Moleküls symmetrisch angeordnete Hydroxylgruppen enthält, oder aber in einer im Sinne Lis „ausgeglichenen" Stellung.

i) Die Gerbung mit Halogenen.

Im Jahre 1911 teilten Meunier und Seyewitz (14) die überraschende Feststellung mit, daß Chlor und Brom gerbende Eigenschaften besitzen. Aber das war offenbar nicht das erstemal, daß man eine Wirkung dieser Art beobachtet hatte. So lenkte z. B. Dr. G. B. Mario Spigno in Genua die Aufmerksamkeit des Verfassers auf eine im Jahre 1890 veröffentlichte Feststellung von Paul Charpentier (2), daß bei Zugabe von Chlor zu einer Gelatinelösung ein Niederschlag eines weißen, elastischen Stoffes ausfalle, der nicht faule, und daß weiterhin Chlor und Brom sich heftig mit Gelatine verbinden und krystallisierte Substitutionsprodukte lieferten.

Meunier und Seyewitz fanden, daß Platten von Gelatine bei Behandlung mit wässerigen Lösungen von Chlor oder Brom unlöslich werden, wenn Salz zur Verhinderung der Schwellung vorhanden ist. Die Gelatine scheint sich heftig mit beiden Elementen zu verbinden. Rohe Haut wird nach ihren Befunden in ähnlicher Weise verändert. Jod dagegen besitzt weder gegenüber Haut noch Gelatine eine ähnliche Wirkung. Meunier und Seyewitz empfahlen die Verwendung von Chlor oder Brom als Konservierungsmittel für Haut und weiter auch als Gerbmittel zur Anwendung vor der Gerbung nach den andern Gerbmethoden. Sie stellten fest, daß Halogenleder absolut nicht fault und gegen kaltes Wasser beständig ist, der Einwirkung kochenden Wassers dagegen nicht standhält.

k) Allgemeine Prinzipien des Gerbens.

Aus der großen Verschiedenheit der chemischen Natur der zum Gerben von Häuten benutzten Materialien und aus den Unterschieden zwischen den verschiedenen erzeugten Ledern erhellt deutlich, daß es unmöglich ist, alle bei der Gerbung auftretenden Reaktionen durch eine Gleichung auszudrücken. Indessen ist es möglich, den Gerbprozeß allgemein darzulegen. Kollagen und Gelatine besitzen eine ausgeprägte Anziehungskraft für Wasser und werden leicht hydrolysiert. Erleiden sie chemische Veränderungen, die unter den verschiedensten Bedingungen diese ihre Anziehungskraft für Wasser und ihre Neigung zu hydrolysieren, vermindern, so betrachten wir sie als gegerbt. Es gibt wahrscheinlich im Proteinmolekül eine Anzahl ganz bestimmter Punkte, an denen die hydrolytische Aufspaltung angreift oder an denen sich das Wasser oder die hoch ionisierten Moleküle anlagern. Verbindet sich nun eine Substanz mit dem Protein an diesen Stellen und lagert sich so fest an, daß dadurch eine weitere Anlagerung von Wasser oder hoch ionisierten Molekülen unmöglich wird, so tritt eine Gerbwirkung ein und wir betrachten die sich verbindende Substanz als Gerbmaterial.

Die Theorie, daß die Gerbung in einer irreversiblen Veränderung des Proteinmoleküls bestehe, durch die die lyophilen Gruppen des Proteinmoleküls, insbesondere die Aminogruppen weniger lyophil werden, d. h. eine geringere Polarität gegenüber den Wassermolekülen erhalten, wird neuestens in zwei Arbeiten von Meunier und Le Viet (15) eingehender behandelt. Die Autoren messen die Verminderung der Lyophilie der Haut bei der Gerbung am Rückgang des Quellungsvermögens, und zwar nicht des Gesamtquellungsvermögens, sondern lediglich derjenigen Quellung, die durch direkte Anlagerung des Wassers an die polaren Gruppen des Proteinmoleküls erfolgt. Auf diese Weise gewinnen sie wertvolle Einblicke nicht nur in die Natur, sondern auch die Wirkungsweise der verschiedensten Gerbstoffe.

Neben derartigen Verbindungen zwischen dem Protein und irgendeiner anderen Substanz können möglicherweise auch Umlagerungen innerhalb des Proteins an dem Effekt der Gerbung beteiligt sein oder diesen für sich verursachen.

Literaturzusammenstellung.

1. Apostolo, C.: Über die Gerbung der Haut mit frisch gefälltem Schwefel. Collegium **1913**, 420.
2. Charpentier, P.: Gelatins and glues. Encyclopedie Chimique **10** (1890).
3. Chilesotti, A.: Gazz. chim. ital. **2**, 33 (1903).
4. Chilesotti, A.: Z. Elektrochem. **12**, 146, 173 (1906).
5. Clark, W. M.: The determination of hydrogen ions. Third edition. Baltimore: Williams & Wilkins Co. 1928.
6. Eitner, W.: Zur Benutzung der Schwefelgerbung bei der Herstellung technischer Leder. Gerber **37**, 1, 15, 43, 59 (1911).
7. Gallardo, A. M.: Sulfur tannage. El Arte Cur; trough Hide & Leather **68**, 40 (1924).
8. Garelli, F.: Le tannage par les sels de cérium. Collegium **1912**, 418.
9. Garelli, F. u. C. Apostolo: Action des sels de bismuth sur la peau. Collegium **1913**, 422.
10. Graham, T.: J. Chem. Soc. **15**, 246 (1862).
11. Hough, A. T.: Tanning with silica. Cuir techn. 8, 209, 257, 314 (1919).
12. Hurt, H. H.: U.S.-Patent **1**, 147, 245 (1915).
13. Li, Y. H.: A theory of tanning based upon the study of tanning effects of naphthalene derivatives and other organic compounds. J. Amer. Leather Chem. Assoc. **22**, 380 (1927).
14. Meunier, L. u. A. Seyewitz: Nouvelles études sur le tannage de la gélatine et de la peau. Collegium **1911**, 373.
15. Meunier, L. u. Le Viet: Le Problem de tannage et sa généralisation. J. Int. Soc. Leather Trad. Chem. **14**, 153, 254 (1930).
16. Niedercorn, J. G.: Molybdenum tannage. Ind. Eng. Chem. **19**, 257 (1928).
17. Odén, S.: Colloidal sulfur. Nova acta ergiea soc. sci. Upsala **3**, 1 (1913).
18. Sommerhoff, E. O.: Gerbung der Haut durch „unlösliche" Metallgallerten und Schlußfolgerungen auf die Tanninanalyse. Collegium **1913**, 381.

19. Thomas, A. W.: Sulfur tannage. Ind. Eng. Chem. **18**, 259 (1926).
20. Thuau, U. J.: Evolution of the different methods of tanning. Cuir techn. **9**, 10, 80, 102 (1921).
21. Thuau, H. J.: Can sulfur tannage be considered a tannage Ibid. **13**, 402 (1924).
22. Wallace, E. L. u. R. C. Bowker: Use of sulfite cellulose extract as a tanning material. Bureau of Standards, Tech. Paper Nr. 21, 309 (1927).
23. Wardlaw, W., F. H. Nicholls u. N. D. Sylvester: Compounds of tervalent molybdenum. J. Chem. Soc. **125**, 1910 (1924).
24. Wardlaw, W. u. N. D. Sylvester: Molybdenum sulfates. Ibid. **123**, 969 (1923).

27. Die Fette und Öle zum Fetten und Fettlickern.

Die bloße Überführung der Rohhaut in Leder macht das gewonnene Leder in der Regel noch nicht für die mannigfaltigen Zwecke geeignet, für die Leder gebraucht wird. Für gewisse Lederarten müssen für die der eigentlichen Gerbung nachfolgenden Operationen mehr Arbeit aufgewendet werden, als für die Gerbung und alle Prozesse der Wasserwerkstatt zusammen erforderlich sind. Jede der zahllosen Arten zugerichteter Leder verlangt für die der Gerbung nachfolgenden Operationen eine spezielle Serie von Behandlungen, und es würde eine umfangreiche Enzyklopädie zustande kommen, wollte man die Einzelheiten der Operationen selbst nur für die gewöhnlicheren Leder hinreichend behandeln. Indessen bestehen eine Anzahl allgemeiner Arbeitsmethoden, die für die Herstellung großer Klassen von Leder üblich sind und deren Grundzüge in diesem Band etwas ausführlicher besprochen werden sollen. Eine dieser allgemeinen Operationen bezweckt die Einführung von Ölen und Fetten in das Leder und wird Fettung oder Fettlickern genannt, je nachdem, ob die Öle oder Fette direkt auf das Leder, das feucht oder trocken sein kann, aufgetragen werden, oder ob sie durch Behandlung des feuchten Leders mit wässerigen Emulsionen dem Leder einverleibt werden. Diese Operationen und die Zwecke, denen sie dienen, sollen im nächsten Kapitel abgehandelt werden. Das vorliegende Kapitel hat ausschließlich die Aufgabe, Auskunft über die wesentlichen Stoffe zu geben, die zum Fetten und Fettlickern verwendet werden. Sie können zweckmäßig in 8 Hauptklassen eingeteilt werden: 1. Echte Öle und Fette; 2. Seifen, die aus diesen Ölen und Fetten hergestellt sind; 3. Sulfurierungsprodukte dieser Öle und Fette; 4. Wachse; 5. Harze; 6. Kohlenwasserstoffe; 7. Moellon-Degras; 8. Eigelb.

a) Fette und Öle.

Es wäre schwer mit dem Zweck dieses Buches zu vereinbaren, sollte hier die Chemie und physikalische Chemie der Fette und Öle so ausführlich behandelt werden, daß allen Ansprüchen der Gerbereichemiker Genüge geleistet würde. Darum muß der Gerbereichemiker zur speziellen Information über Öle, z. B. ihre Herkunft, Eigenschaften, Analysenmethoden, Nachweise und Identifizierung, zu den breit angelegten Werken über die Fettstoffe zurückgreifen. Indessen soll in diesem Buche angegeben werden, welche Fette und Öle zum Fetten und Fettlickern Verwendung finden, und ihre Eignung für die verschiedenen Lederarten besprochen werden. Ein Verzeichnis dieser Fettstoffe ist in Tabelle 108 wiedergegeben. Es handelt sich dabei um Fettstoffe, die mit leidlichem Erfolg zum Fetten und Fettlickern benutzt worden sind. Die angegebenen physikalischen und chemischen Konstanten geben einen Hinweis für die Eigenschaften, die die Fettstoffe dem damit behandelten Leder erteilen. Doch sollen diese Angaben nicht als ein zuverlässiger Weg zur Identifizierung der Fettstoffe angesehen werden, obschon man sich damit ein ungefähres Bild machen kann; wegen zuverlässigerer Methoden zur Identifizierung der Fettstoffe muß auf die ausführlichen Spezialwerke verwiesen werden.

Sind die Fette und Öle in das Leder eingeführt, so erleiden sie gewöhnlich eine teilweise Hydrolyse, bei der die freien Fettsäuren in Freiheit gesetzt werden. Die physikalischen Eigenschaften dieser Säuren sind oft sehr verschieden von den Eigenschaften der ursprünglichen Glyceride. Betrachten wir z. B. Dorschtran, der in weitem Maße zur Fettung von Leder verwendet wird. Dorschtran bleibt flüssig, wenn die Temperatur auf den Nullpunkt fällt. Aber die freien Fettsäuren mancher Muster dieses Trans sind bei Zimmertemperatur fest. Leder, die mit Ölen behandelt sind, welche bei allen Temperaturen flüssig sind, können sich im Laufe der Zeit mit einem dünnen Überzug oder Ausschlag bedecken, der aus freien Fettsäuren besteht. Die Öle werden hydrolysiert, und die dabei in Freiheit gesetzten Fettsäuren krystallisieren auf der Oberfläche des Leders aus, wenn das Leder in die Kälte kommt. Da dieser Fettausschlag das Aussehen des Leders verschlechtert und seinen Wert herabsetzt, ist erwünscht zu wissen, wie er verhindert werden kann. Oft kann dieser Ausschlag verhindert werden, wenn man sorgfältig Öle auswählt, deren freie Fettsäuren einen möglichst niedrigen Schmelzpunkt oder Erstarrungspunkt haben. Manche Gerber legen Wert auf Verwendung von Ölen, die kalt abgepreßt worden sind, weil dadurch die Glyceride entfernt wurden, deren Fettsäuren einen hohen Schmelzpunkt haben.

Insofern als die Fettsäuren nach der Einführung in das Leder so leicht in Freiheit gesetzt werden, ist es erwünscht zu wissen, wie hoch der verseifbare Anteil des Öls ist. Es ist erwünscht etwas über das Molekulargewicht der Fettsäuren zu wissen, das durch die Verseifungszahl angezeigt wird, die einfach die Anzahl Milligramme Kaliumhydroxyd angibt, die zur vollständigen Verseifung von einem Gramm des Musters erforderlich sind. Weiter sollte man etwas über den ungesättigten Charakter der Öle wissen, der durch die Jodzahl angezeigt wird. Die Jodzahl gibt die Anzahl Gramm Jod an, die sich unter gewissen vorgeschriebenen Bedingungen mit 100 g Öl verbinden. Ein stark ungesättigtes Öl ist gewöhnlich bis zu einem gewissen Grade der Oxydation zugänglich, bei der für das Leder unerwünschte harzartige Stoffe gebildet werden. Solch ein Öl hat auch noch die Eigenschaft zu trocknen. Als Beispiel sei das Leinöl als der bekannteste Vertreter dieser sogenannten trocknenden Öle angeführt. Bei ihm ist die Eigenschaft zu trocknen so stark, daß es praktisch für den Fettlicker keinen Wert hat. Indessen scheint ein gewisser Grad von „Ungesättigtheit" günstig zu wirken, da er dem Leder eine erwünschte Fülle gibt.

Die Thermozahl (Maumené-Zahl) gibt die Anzahl Zentigrade Temperaturerhöhung an, die 50 g Öl auf Zusatz von 10 ccm konzentrierte Schwefelsäure unter vorgeschriebenen Bedingungen aufweisen. Sie ist ein Maß für die Wärme, die bei der Sulfonierung des Öls frei wird. Am höchsten ist die Thermozahl gewöhnlich bei den am stärksten ungesättigten Ölen.

Aus der Viscositätsmessung eines Öls läßt sich einigermaßen beurteilen, wie das Öl unter festgelegten Bedingungen in das Leder eindringen wird. So dringt das hochviscose Ricinusöl nur so schwer in das Leder ein, daß es zum Fettlickern nur in beschränktem Umfang Verwendung findet. Eine sehr niedrige Viscosität soll nicht erwünscht sein, weil dann das Öl sehr leicht eindringt und das Leder schwammig und lappig macht.

Das Baumwollsamenöl wird aus den Samen der Baumwollstaude oder Cottonpflanze, einer Spezies der Gattung Gossypium gewonnen und auch Cottonöl genannt. Gleich dem Maisöl ist Baumwollsamenöl ein halbtrocknendes Öl und enthält Glyceride der Linol- und Ölsäure. Es enthält oft genügend Palmitin- und Stearinsäure, um dem Gemisch der freien Fettsäuren einen ziemlich hohen Schmelzpunkt zu geben. Darum kann auf Ledern, die mit Baumwollsamenöl gelickert sind, ein Fettausschlag in Erscheinung treten. Baumwollsamenöl wird in sehr großem Maßstab zum Abölen verwendet.

Delphintran hat sich einer beschränkten Verwendung zum Fetten und Fettlickern erfreut. Er wird aus dem Speck des schwarzen Delphins, Delphinus globiceps, gewonnen. Dieser Tran hat eine Jodzahl von etwa 100. Außerdem wird vom Delphin noch eine andere Transorte gewonnen, der Kopftran oder Kinnbackentran, dessen Jodzahl etwa nur ⅓ so hoch ist wie die des Körpertrans. Delphintran enthält eine große Zahl Glyceride flüchtiger Fettsäuren und einige Nicht-Glycerinester.

Dorschtran, Dorschlebertran wird aus der Leber des Dorschs, Gadus morrhua, gewonnen. Er enthält Glyceride der Myristinsäure, Palmitinsäure, Stearinsäure, Ölsäure und einer Reihe hoch ungesättigter Fettsäuren. Die sehr hoch ungesättigten Fettsäuren belaufen sich gegen 20%. Die Jodzahl liegt bei 324. Bei Gegenwart von Sauerstoff und Wasser verbinden sich gewisse Bestandteile des Dorschlebertrans chemisch mit Hautprotein und geben das bekannte Sämischleder. Wird Dorschlebertran zum Fettlickern gebraucht, so erteilt er dem Leder eine charakteristische Fülle und Weichheit, die in Beziehung zu seinen gerbenden Eigenschaften stehen mag. Seine Sulfurierungsprodukte werden zum Fettlickern viel benutzt. Dorschlebertran wird oft mit Talg gemischt. Diese Mischung dient außerordentlich viel zum Fetten schwerer Leder.

Das Erdnußöl oder Arachisöl wird durch Auspressen von Erdnüssen, den Samenkernen von Arachis hypogaea, gewonnen. Es enthält

Tabelle 108.
Physikalische und chemische Konstanten der Öle und Fette.

Fett bzw. Öl	Spezifisches Gewicht bei 15° C	Erstarrungstemperatur in ° C.	Verseifungszahl	Jodzahl	Thermozahl	Unverseifbares (in %)	Schmelzpunkt der Fettsäuren (in °C)	Erstarrungspunkt der Fettsäuren	Viscosität (Saybold, Universal) bei 38°	bei 100°
Baumwollsamenöl	0,915	−13	191	103	75	0,7	35	35	176	
(Gossypium sp.) . .	0,930	+12	198	115	81	1,6	40			
Baumwollstearin	0,919	16	195	88			27	35		
(Gossypium sp.) . .	0,923	22		103			45	51		
Delphintran (Delphinus globiceps). .	0,908	− 3	187	100		2,0				
	0,930	+ 5								
Dorschlebertran	0,921	−10	171	135	102	0,5	15	17	150	50
Gadus morrhua) . .	0,931	0	189	168	113	9,9	38	24		
Erdnußöl (Arachisöl)	0,910	− 3	186	85	44	0,5	26	30	195	55
(Arachis hypogaea).	0,926	+ 3	197	103	67	0,9	36	39		
Haifischtran	0,916		157	114		2,8	21			
(Selache maxima) .	0,919		164	144		15,2	22			
Hammeltalg	0,937	32	192	35			33	40		
(Adeps ovis). . . .	0,953	41	197	61			54	49		
Heringstran	0,920		170	102		1,0	30			
(Clupea harengus) .	0,939		194	149		10,7	32			
Klauenöl (Oleum pedis bovis)	0,913	− 2	192	57	35	0,1	21	16	230	56
	0,918	+10	203	75	59	0,7	41	27		
Knochenfett	0,914	15	185	46		0,5	41			
(Sevum ossis) . . .	0,916	17	198	56		1,8	44			
Kokosnußöl	0,926	14	246	6	21	0,1	24	21	140	45
(Cocos butyracea) .		22	268	10	27		27	25		
Maisöl	0,921	−20	187	111	74	1,3	17	14	175	
(Zea mais).	0,928	−10	193	129	86	2,9	20	16		
Meerschweintran (Delphinus phocaena). .	0,926	−16	195	110	50	3,7				
	0,935		220	127		17,0				
Menhadentran	0,923	− 5	189	138	169	0,6	31		140	50
(Alosa menhaden) .	0,933	− 4	193	185		6,7				
Olivenöl (Olea europaea sativa)	0,914	− 6	185	77	35	0,4	16	17	200	58
	0,920	+ 2	196	91	92	1,0	30	26		
Palmkernöl	0,950	26	220	10			25	20		
(Elaeis guineensis) .	0,954	29	255	32			29	26		
Ricinusöl	0,945	−18	175	83	46	0,6	13		1500	120
(Ricinus communis)	0,968	−10	186	89	47					
Rindertalg	0,943	27	193	35			42	38		
(Adeps bovis) . . .	0,952	38	200	46			46	47		
Robbentran	0,915	− 3	187	127		0,3	22			
(Phoca sp.)	0,926	+ 3	196	159		1,4	23			
Rüböl (Brassica campestris)	0,913	−10	167	94	50	0,6	18	12	250	55
	0,918	− 2	179	107	67	1,5	20	14		
Sardinentran	0,920	20	188	150		0,5	30	28		
(Clupea pilchardus).	0,934	22	200	193		1,4	35			
Schweineschmalzöl	0,913	− 2	193	62	40	0,6	33	27		
(Oleum adipis). . .	0,919	+10	198	80	47		38	33		
Sesamöl	0,921	− 6	188	103	61	0,9	25	23	184	54
(Sesamum indicum)	0,924	− 4	193	117	69	1,3	35	32		
Talg (fest)	0,925		193	35				40		
(Sevum)	0,950		198	45				50		
Talg (flüssig)	0,914	2	193	56				35		
(Oleum adipis bovis)	0,919	8	199	61				38		

Tabelle 108 (Fortsetzung).

Fett bzw. Öl	Spezifisches Gewicht bei 15°C	Erstarrungstemperatur in ° C.	Verseifungszahl	Jodzahl	Thermozahl	Unverseifbares (in %)	Schmelzpunkt der Fettsäuren (in °C)	Erstarrungspunkt der Fettsäuren	Viscosität (Saybold, Universal) bei 38°	bei 100°
Walrattran (Physeter	0,878	— 5	120	80	51	37,0	13		110	42
macrocephalus) . .	0,884	16	147	90	54	41,0	27			
Waltran	0,917	— 2	160	90		0,9	14	10	163	52
(Balaena mysticetus)	0,924	0	202	146		4,0	27	24		
Wollfett	0,932	38	82	15		39,0	42			
(Adeps lanae) . . .	0,973	40	130	29		51,8				

Glyceride der Arachin-, Palmitin-, Stearin-, Lignocerin-, Öl-, Linol- und Hypogaeasäure. Erdnußöl ist zum Abölen der Oberflächen feuchter Leder geeignet.

Haifischtran, Haifischleberöl wird aus den Lebern der Haifischarten dargestellt. Manche Haifischtrane enthalten Spinazen und Squalen.

Hammeltalg wird in manchen Gegenden zum Fetten schwerer Leder an Stelle von Rindertalg verwendet. Er enthält Glyceride der Palmitin-, Stearin-, Linol- und Ölsäure und schmilzt bei 47 bis 49°.

Heringstran, Heringsöl wird durch Kochen und Auspressen von Heringen, Clupea harengus, hergestellt. Der Heringstran enthält Glyceride einiger sehr hoch ungesättigter Säuren, die Jodzahlen von 296 bis 317 haben.

Klauenöl ist wahrscheinlich das beliebteste Material zum Fettlickern leichterer Leder. Es wird durch Kochen der Fußknochen des Rindviehs in Wasser hergestellt. An das Rohmaterial erinnert die englische und amerikanische Bezeichnung für Rinderklauenöl „neatsfoot oil". Klauenöl enthält etwa 75% Ölsäureglyceride, wodurch die Gefahr, daß sich später auf dem Leder ein Fettausschlag bildet, verringert wird. Es enthält weiter gegen 18% Glycerid der Palmitinsäure und gegen 2% Glycerid der Stearinsäure neben etwa 5% Glycerin. Es wird zuweilen mit Rüböl, Baumwollsamenöl oder Mineralölen verfälscht. Sulfonierte Rinderklauenöle werden sehr gern zum Fettlickern von leichten Chromledern verwendet.

Knochenfett erhält man beim Extrahieren frischer Knochen mit kochendem Wasser. Es enthält Glyceride in ungefähr folgenden Verhältnissen: 20% Stearinsäure-, 20% Palmitinsäure- und 55% Ölsäureglycerid; die restlichen 5% bestehen aus Glycerin und einer geringen Menge Unverseifbarem. Es schmilzt bei etwa 55°. Oft ist es dunkel gefärbt und von unangenehmem Geruch, der seine Verwendung zur Lederfettung beschränkt.

Kokosnußöl, Kokosöl wird aus den Kernen in der Frucht der Kokosnußpalme, Cocos butyracea und Cocos nucifera gewonnen. Die Glyceride der verschiedenen Fettsäuren sind etwa in den folgenden Mengenverhältnissen vertreten: Capronsäure 2%, Caprylsäure 9%, Caprinsäure 10%, Laurinsäure 45%, Myristinsäure 20%, Palmitinsäure 7%, Stearinsäure 5% und Ölsäure 2%. Bei niedrigen Temperaturen ist Kokosnußöl fest; es schmilzt aber bei 20 bis 28°. Es wird gern als Fettungsmittel genommen und kann zusammen mit anderen geeigneten Ölen emulgiert als Fettlicker verwendet werden.

Das Maisöl wird aus den Keimen des Maiskorns der Frucht des bekannten Maises, Zea mais, gewonnen. Die Glyceride des Maisöls setzen sich aus folgenden Fettsäuren zusammen: 41% Linolsäure, 46% Ölsäure, 8% Palmitinsäure, 4% Stearinsäure und geringen Mengen von Arachinsäure und Lignocerinsäure. Da das Maisöl zu den halbtrocknenden Ölen gehört, ist seine Verwendung direkt zum Fettlickern beschränkt. Es eignet sich zum Abölen der Oberflächen feuchter Leder vor dem Trocknen und schützt dann die Narbenschicht vor Oxydation und zu raschem Austrocknen.

Meerschweintran wird durch Auskochen des Fleisches vom Meerschwein oder Braunfisch, Delphinus phocaena, hergestellt. Er ist dem oben beschriebenen Delphintran ähnlich und wird im Handel ebenfalls in zwei Sorten, als Körperöl und als Kinnbackenöl, vertrieben.

Menhadentran, Menhadenöl ist ein amerikanisches Fischöl, das an der atlantischen Küste durch Auskochen und nachheriges Abpressen des Menhadenfisches, Alosa menhaden, hergestellt wird. Wie die meisten Fischöle enthält es Glyceride einiger ungesättigter Fettsäuren. Es wird zuweilen zum Verfälschen von Dorschlebertran genommen.

Das Olivenöl wird aus den Früchten des Öl- oder Olivenbaums, Olea europaea sativa, durch Auspressen gewonnen. Von den Fettsäureglyceriden sind etwa 85% Ölsäure-, 6% Linolsäure-, 7% Palmitinsäure- und 2% Stearinsäureglyceride. Da die gemischten Fettsäuren bei Zimmertemperatur flüssig sind, ist Olivenöl nicht nur zum Ölen leichter Oberleder wertvoll, sondern es bildet auch eine gute Grundlage für Seifen, die zum Fettlickern von Chromleder Verwendung finden sollen. Seifen aus Olivenöl werden unter der Bezeichnung Marseiller oder Kastilianer Seifen vertrieben. Olivenöl wird zuweilen mit Erdnußöl verfälscht.

Palmkernöl, Palmöl wird durch Zermahlen der Nüsse der Ölpalme, Elaeis guineensis, gewonnen. Es enthält die Glyceride verschiedener Fettsäuren in ungefähr folgenden Mengenverhältnissen: 52% Laurinsäure-, 3% Capronsäure-, 3% Caprylsäure-, 2,5% Stearinsäure-, 7,5% Palmitinsäure-, 15% Myristinsäure-, 1% Linolsäure- und 16% Ölsäureglycerid. Bei Temperaturen unter 20° ist Palmkernöl fest; es schmilzt, wenn die Temperatur von 20 auf 28° steigt. Der hohe Schmelzpunkt, den das Gemisch seiner Fettsäuren hat, ist wohl für die Bildung eines Ausschlags auf dem Leder, das reichlich mit Palmkernöl gefettet wurde, verantwortlich zu machen. Es wird mit Vorteil zum Fetten schwerer Leder benutzt, bei denen ein Ausschlag keine Rolle spielt.

Ricinusöl wird aus den Samen von Ricinus communis gewonnen. Eine weniger gebräuchliche Bezeichnung dafür ist Castoröl. Die Fettsäuren, aus denen die Glyceride des Ricinusöls aufgebaut sind, setzen sich zusammen aus 85% Ricinusölsäure, 3% Linolsäure, 9% Ölsäure und 3% Stearinsäure. Für Ricinusöl ist charakteristisch seine hohe Acetylzahl und seine leichte Löslichkeit in kaltem Alkohol. Seine sehr hohe Viscosität beschränkt seine Benutzung zum Fetten und Fettlickern. Sein Sulfurierungsprodukt jedoch, das unter der Bezeichnung Türkischrotöl bekannt ist, wird in großem Umfange in der Lederindustrie verwendet. Ricinusöl ist ein nicht-trocknendes Öl.

Rindertalg ist ein tierisches Fett, das hauptsächlich aus Glyceriden der Palmitin-, Stearin- und Ölsäure besteht; außerdem enthält er Spuren von Linolsäure und Linolensäure. Er schmilzt von 42 bis 50°. Es ist allgemein üblich für das Fettungsmaterial für Geschirr- und ähnliche schwer gefettete Leder Rindertalg zu schmelzen und etwas Dorschtran zuzusetzen. Die beim Abkühlen entstehende pastenartige Masse wird auf ganz verschiedene Arten für die Lederfettung gebraucht, einige davon sollen im nächsten Kapitel beschrieben werden.

Robbentran wird aus dem Speck von Flossensäugetieren (Phoca sp.) gewonnen. Gegen 17% der aus dem Tran in Freiheit gesetzten Fettsäuren sind bei Zimmertemperatur fest, gegen 83% flüssig. Die Fettsäuren enthalten unter anderem Ölsäure, Physetolsäure und Linolsäure.

Rüböl wird aus den Samen des Rapses, Brassica campestris, gewonnen. Es besteht aus den Glyceriden folgender Fettsäuren: Erucasäure 50%, Ölsäure 32%, Linolsäure 15%, Linolensäure 1%, Lignocerinsäure 1% und Palmitinsäure 1%.

Sardinentran wird durch Auskochen und Abpressen zerkleinerter Sardinen hergestellt. Er enthält die Glyceride stark ungesättigter Fettsäuren, die typisch für Fisch- und Seetieröle sind.

Schweineschmalzöl wird beim kalten Abpressen von Schweineschmalz gewonnen und besteht hauptsächlich aus Olein neben kleineren Mengen von Linolin, Palmitin und Stearin. Es ist praktisch frei von flüchtigen Fettsäuren.

Sesamöl ist ein halbtrocknendes Öl, das aus den Samen der Sesampflanze, Sesamum indicum, die im Orient angebaut wird, wächst. Es wird zuweilen auch als benne, teel, gingelly oder gigily-Öl bezeichnet. Die Glyceride der verschiedenen Fettsäuren sind annähernd in den folgenden Mengenverhältnissen enthalten: 48% Ölsäure, 37% Linolsäure, 8% Palmitinsäure, 5% Stearinsäure und weniger als 1% Arachinsäure. Zuweilen wird Olivenöl damit verfälscht.

Stearin kann sowohl aus tierischen wie aus pflanzlichen Ölen und Fetten erhalten werden. Als Ausgangsmaterial für die Darstellung dient oft das aus den Baumwollsamen gepreßte Öl. Es enthält Stearin, Palmitin, Olein und Linolin. Man verwendet es zum Fetten schwerer Leder. Der Schmelzpunkt liegt bei 29 bis 33°.

Der Talg wird aus den Fettmassen der Rinder oder Schafe ausgeschmolzen. Je nach der Herkunft unterscheidet man Rindertalg, der auch als Ochsentalg oder Unschlitt bezeichnet wird, und Hammeltalg. Man unterscheidet oft zwischen festem und flüssigem Talg. Der feste Talg hat gewöhnlich einen Schmelzpunkt von 40 bis zu 50°. Flüssiger Talg erstarrt bei einer Temperatur von 2 bis 8° und besteht im wesentlichen aus Glyceriden der Ölsäure. Die festen Anteile des Talgs enthalten Glyceride der Stearin-, Palmitin- und Ölsäure. Talg wird viel zum Einschmieren, Fetten und Einbrennen benutzt.

Walratöl oder Spermazetöl wird aus den Kopfhöhlen des Spermwales oder Pottfisches, Physeter macrocephalus, gewonnen. Walratöl sollte besser in die Klasse der flüssigen tierischen Wachse als unter die wahren Öle eingereiht werden. Es besteht in der Hauptsache aus Alkoholen der Äthylenreihe, die mit Fettsäuren der Ölsäurereihe verbunden sind.

Waltran wird aus der Speckschicht des Wals, Balaena mysticotus, herausgeschmolzen. Der Tran enthält gegen 35% Ölsäure, 45% andere ungesättigte Säuren und 20% gesättigte Säuren. Im gerbereichemischen Schrifttum wird Waltran auch als Tranöl bezeichnet.

Wollfett oder Wollschweißfett wird beim Waschen von Schafwolle gewonnen. Im englisch-amerikanischen Sprachgebrauch wird es mitunter als Degras bezeichnet. Dieser Degràs ist nicht mit dem Moellon-Degras zu verwechseln, der bei der Fettgerbung mit Dorschtran erhalten wird. Wenn das Wollfett auch als „Fett“ bezeichnet und gewöhnlich unter den Ölen und Fetten angeführt wird, gehört es doch seiner chemischen Natur nach zu den tierischen Wachsen. Es stellt ein kompliziertes Gemenge von Estern höherer Alkohole dar. Es ist reich an Cholesterinen und ein ausgezeichnetes Wasser in Öl-Emulgierungsmittel. Es wird zum Fetten und zum Zurichten von Riemenleder und anderen schweren Ledern verwendet. Sein Schmelzpunkt liegt bei etwa 39 bis 42°.

b) Seifen.

Die Seifen spielen in der Lederindustrie bei der Herstellung von Fettlickern (Lickern, Fettbrühen) eine große Rolle. Es ist üblich, viel mehr Stoffe zu verwenden, als zur Herstellung einer stabilen Emulsion erforderlich ist. Man will sich damit einen gewissen Vorrat an Emulsionsmittel schaffen, damit sich die Emulsion nicht gleich abrahmt, wenn sie in Berührung mit dem Leder kommt. Darum ist die Zusammensetzung der Seife von Wichtigkeit. Als Seifen werden die Natrium-, Kalium- oder Ammoniumsalze irgendwelcher Fettsäuren benutzt, die aus den in der obigen Liste angeführten Ölen erhalten werden. Da die Seifen im Leder in Salz und die freien Fettsäuren gespalten werden, muß man die Eigenschaften der freien Fettsäuren berücksichtigen, wenn versucht werden soll, für die verschiedenen Leder die beste Seife zum Fettlickern ausfindig zu machen. Es ist nicht üblich, daß die Seifenfabrikanten die Ölsorte, die zur Seifenbereitung diente, bekanntgeben. Indessen genügt gewöhnlich dem Chemiker eine Analyse der Seife; er ersieht daraus die Art und Menge der Verunreinigungen, die Base und die Eigenschaften der in Freiheit gesetzten Fettsäuren.

Es sollen hier nur drei verschiedene Seifenarten beschrieben werden, die gewöhnlich zum Lickern verwendet werden: Eine Marseiller Seife, die wahrscheinlich aus Olivenöl hergestellt worden ist, eine Talgkernseife die aus Talg oder Stearin hergestellt wurde, eine Schmierseife, die im Handel als flüssige Seife bezeichnet wird. Die Analysendaten dieser drei Seifen sind in Tabelle 109 angeführt.

Tabelle 109.
Zusammensetzung typischer Seifen für den Fettlicker.

	Harte Talgseife	Marseiller Seife	Flüssige Seife
Wasser	19,6	23,0	45,8
Fettsäureanhydride	65,4	58,7	39,3
Harz	3,3	2,7	3,6
Freies Fett	0,2	0,2	0,8
Na_2O, gebunden	9,0	9,1	0,0
K_2O, gebunden	0,0	0,0	8,9
Natriumcarbonat	0,2	0,8	0,0
Kaliumcarbonat	0,0	0,0	1,1
Natriumchlorid	0,8	0,7	0,1
Fettsäure:			
Schmelzpunkt	38°	14°	13°
Jodzahl	39	55	99

Die harte Talgseife ist durch eine niedrige Jodzahl und einen hohen Schmelzpunkt der in Freiheit gesetzten Fettsäuren charakterisiert. Die Fettsäuren der Marseiller Seife haben einen relativ niedrigen Schmelzpunkt und pflegen deshalb keinen Fettausschlag zu verursachen. Die Temperaturen, bei denen die Fettsäuren erstarren, sind gewöhnlich etwas niedriger als die Temperaturen, bei denen sie schmelzen, wenn sie erhitzt werden. Die Jodzahl der Fettsäuren dieser Seife ist niedrig wie für die von reinem Olivenöl; das berechtigt zu der Annahme, daß die Seife aus reinem Olivenöl hergestellt wurde. Flüssige Seife wird in der Lederindustrie viel verwendet. Es handelt sich um eine Kali- oder Schmierseife, vermutlich aus Olivenöl hergestellt. Sie hat als weiche Seife einige Vorteile, ihr Hauptvorteil liegt wahrscheinlich in dem niedrigen Schmelzpunkt ihrer Fettsäuren. Seifen, die viel Harz oder leicht oxydierbare Fettsäuren enthalten, sind vor allem in größeren Mengen mit Vorsicht zu verwenden, weil sie die Neigung haben, auf dem Leder Flecken und klebrige Ausharzungen zu erzeugen.

c) Sulfonierte Öle.

In den meisten Gerbereien wird ein Teil der zum Fettlickern gebrauchten Öle in sulfonierter Form angewandt. Wird ein echtes Öl mit konzentrierter Schwefelsäure behandelt, so setzt eine chemische Reaktion ein, auf der ja die Thermozahl beruht. Das bei der Behandlung von Ricinusöl mit Schwefelsäure erhaltene Hauptprodukt soll ein Sulfonat der Ricinolsäure sein. Es ist üblich, die Säure langsam zuzusetzen, und das Reaktionsgemisch zu kühlen. Nach Abschluß der Reaktion wird das Gemisch mit konzentrierten Salzlösungen frei von Schwefelsäure gewaschen. Öl und Salzlösung werden durchmischt und dann über Nacht stehen gelassen, bis sich Öl und Salzlösung vollständig in zwei Schichten getrennt haben. Dann wird die Salzlösung abgezogen und das Waschen wiederholt, bis praktisch die freie Schwefelsäure restlos entfernt ist. Schließlich wird so viel Alkali zugegeben, daß das Öl neutral gegen Lackmus reagiert. Damit ist das Öl gebrauchsfertig. Die

Mengen der zur Sulfonierung genommenen Materialien richten sich nach den Produkten, die man erhalten will. Die Tabelle 110 gibt die Analysendaten von drei für den Licker typischen sulfonierten Ölen wieder.

Tabelle 110. Zusammensetzung von drei typischen sulfonierten Ölen für den Fettlicker.

	Sulfoniertes Klauenöl	Sulfonierter Dorschlebertran	Sulfoniertes Ricinusöl (Türkischrotöl)
Spezifisches Gewicht bei 15°	0,990	0,990	1,046
Wasser (in %)	22,05	18,22	59,80
Unverseifbares (in %)	0,10	0,02	0,10
Unoxydierte Fettsäuren (in %)	54,35	51,85	19,01
Jodzahl	70	82	66
Schmelzpunkt (° C)	30	27	14
Oxydierte Fettsäuren (in %)	0,18	19,11	4,04
Gesamtes SO_3 (in %)	4,26	4,30	3,14
SO_3 an Öl gebunden (in %)	3,50	3,45	2,55
SO_3 als Sulforicinolsäure berechnet (in %)	16,54	16,30	12,06
Gesamte fette Öle (in %)	72,98	77,89	32,36
Ammonium (in %)	0,00	0,19	0,00
Asche (in %)	4,87	3,87	7,74
Natriumsulfat (in %)	4,87	3,65	5,50
Natriumchlorid (in %)	0,00	0,00	0,59
Natriumcarbonat (in %)	0,00	0,00	1,65

Durch die Sulfonierung wird die Jodzahl des Öls herabgesetzt; hingegen kann der Schmelzpunkt der Fettsäuren steigen. Hoch ungesättigte Fettsäuren unterliegen gewöhnlich einer teilweisen Oxydation. Das Endprodukt ist praktisch wasserlöslich. Bei Benutzung zum Fettlickern werden die sulfonierten Öle im wesentlichen als Seifen der sulfonierten Fettsäuren angewendet. Als solche haben sie eine bemerkenswerte Emulgierkraft. Sie dringen sehr leicht in das Leder ein. Die chemische Hauptreaktion während der Sulfonierung dieser Öle besteht in der Anlagerung von Schwefelsäure an die Doppelbindungen der Öle:

$$-\overset{\text{H}}{\overset{|}{\text{C}}}=\overset{\text{H}}{\overset{|}{\text{C}}}- + \text{HOSO}_3\text{H} = -\underset{\text{H}}{\underset{|}{\overset{\text{H}}{\overset{|}{\text{C}}}}}-\underset{\text{OSO}_3\text{H}}{\underset{|}{\overset{\text{H}}{\overset{|}{\text{C}}}}}-$$

Die entstandene Verbindung wird unter gewissen Bedingungen hydrolysiert, wobei freie Schwefelsäure und eine Oxyfettsäure gebildet wird:

$$-\underset{\text{H}}{\underset{|}{\overset{\text{H}}{\overset{|}{\text{C}}}}}-\underset{\text{OSO}_3\text{H}}{\underset{|}{\overset{\text{H}}{\overset{|}{\text{C}}}}}- + \text{HOH} = -\underset{\text{H}}{\underset{|}{\overset{\text{H}}{\overset{|}{\text{C}}}}}-\underset{\text{OH}}{\underset{|}{\overset{\text{H}}{\overset{|}{\text{C}}}}}- + \text{HOSO}_3\text{H}$$

Eine Säure wie z. B. die Ölsäure wird auf diese Weise schließlich in Monooxy-stearinsäure übergeführt, worauf das Steigen des Schmelzpunkts der Fettsäuren gewisser Öle durch die Sulfonierung zurückzuführen ist.

Sulfoniertes Klauenöl wird wahrscheinlich weit mehr zum Fettlickern verwendet als jedes andere sulfonierte Öl. Sulfonierter Dorschlebertran hat vielleicht ein wenig bessere füllende Eigenschaften, aber er muß mit Vorsicht verwendet werden, um etwaige durch die oxydierten oder oxydierbaren Säuren auftretende Mißfärbungen zu vermeiden. Sulfoniertes Ricinusöl ist für viele Zwecke ganz besonders beliebt; es ist seit langen Zeiten unter dem Namen Türkischrotöl bekannt. Mit viel Wasser verdünnt wird es oft zum Abölen der Lederoberflächen angewendet, um den Narben beim Trocknen weich zu erhalten. Durch den niedrigen Schmelzpunkt seiner freien Fettsäuren ist es den anderen Ölen überlegen, da bei seiner Verwendung Fettausschläge nicht zu befürchten sind. Auch viele andere sulfonierte Öle werden bis zu einem gewissen Ausmaße zum Fettlickern verwendet.

d) Wachse.

In beschränkten Umfang werden zum Fetten auch Wachse verwendet, und zwar in Mischung mit festen Fetten zur Herstellung von Geschirrleder und anderen schweren Ledern. Wollfett und Walratöl (Spermazetöl), die beide Wachse enthalten, sind bereits beschrieben worden. Die echten Wachse sind Ester höherer Alkohole.

Bienenwachs (Adipis mellifera) ist ein festes Wachs, das bei etwa 62 bis 66^0 schmilzt. Sein spezifisches Gewicht ist 0,961 bis 0,968, seine Verseifungszahl 88 bis 96, seine Jodzahl 8 bis 11. Es enthält Cerotinsäure, Melissinsäure, Myricin, ungesättigte Fettsäuren, Cerylalkohol und andere Alkohole. Zum Fetten kann es den eigentlichen Fetten bis zu etwa 10% zugesetzt werden.

Die Eigenschaften der anderen Wachse werden im Zusammenhang mit den Appreturmitteln im 32. Kapitel beschrieben.

e) Harze.

Harze finden beim Fetten von Leder nur eine sehr beschränkte Anwendung; sie werden zuweilen beim Fetten in das Leder eingeführt, um ihm einen zähen oder etwas klebrigen Griff zu geben, wie er z. B. für das Leder für Golfschlägergriffe erwünscht ist. Harze sind wenig definierte Substanzen, die wahrscheinlich chemisch in viele verschiedene Gruppen aufzuteilen wären. Es darf angenommen werden, daß die verschiedenen Substanzen, die zur Zeit als Harze bezeichnet werden, bei näherer Kenntnis in die Lücken anderer Verbindungsklassen eingereiht werden dürften. Vielleicht fällt dann die unbestimmt definierte Klasse der Harze ganz aus.

Das zur Lederfettung am meisten verwendete Harz ist das Kolophonium. Im Handel werden die einzelnen Kolophoniumsorten nach ihrer Farbe gewertet, die von blaßgelb bis tiefbraun schwankt. Es ist fest, spröde und gibt glasige Bruchstücke. Gewonnen wird das Kolophonium durch Destillation von Terpentin. Sein spezifisches Gewicht liegt bei etwa 1,075. Es ist leicht löslich in Äther, Chloroform, Aceton, Benzol, heißem Alkohol, heißem Eisessig und in Ölen. Auch in alkalisch wässerigen

Lösungen ist es löslich. Sein Hauptbestandteil ist Abietinsäure; Lösungen von Kolophonium, die mit etwas Natriumhydroxyd versetzt sind, enthalten daher als Harzseife abietinsaures Natrium. Leder, das mit kleinen Mengen Kolophonium behandelt ist, greift sich trocken an, mit großen Mengen behandeltes klebrig.

f) Kohlenwasserstoffe.

Auch eine Reihe Kohlenwasserstoffe finden eine beschränkte Verwendung zum Fetten und Fettlickern. Sie kommen in Form von Mineralöl (Erdöl) oder Paraffin zur Anwendung. Bisweilen werden geringe Mengen von Mineralölen mit anderen Ölen gemischt, um die Emulsion zum Fettlickern zu bereiten. Lösungen von Mineralölen in Petroleum werden zum Abölen einiger Ledersorten benutzt. Paraffin wird oft mit Fetten gemischt, um der Fettungssubstanz eine größere Festigkeit zu erteilen.

Die Analyse eines typischen Mineralöls, wie es zum Fettlickern und Ölen üblich ist, ergab folgende Werte: Spezifisches Gewicht 0,893, Jodzahl 30, Verseifungszahl 2, Thermozahl 8, Unverseifbares 97,6, Asche 0, Erstarrungspunkt unter — 20°. Von den Paraffinwachsen, die zum Fetten und zur Herstellung von Waterproofleder verwendet werden, sind die Mineralwachse Ceresin und Ozokerit die bekanntesten.

g) Moellon, Degras.

Bei der Gerbung von Häuten mit Dorschlebertran wird als Nebenprodukt ein Ölrückstand, der bekannte wertvolle Moellon oder Degras gewonnen, wie aus dem 22. Kapitel hervorgeht. Degras ist ein sehr wertvolles Material für den Fettlicker. Er liefert ein geschätztes öliges Material für leichte Leder und wirkt als Emulgator. Die oxydierten Fettsäuren, die oft als Degras-Bildner bezeichnet werden, besitzen ein vorzügliches Emulgierungsvermögen. Möglicherweise ist eine der angenehmen Wirkungen, die man bei Leder beobachtet, das mit Degras gelickert ist, auf eine milde Fett-Nachgerbung zurückzuführen, die von einigen Bestandteilen des Moellon Degras bewirkt wird.

Von einem typischen Degras ergab die Analyse folgende Werte: Wasser 23,1%, Unverseifbares 1,2%, unoxydierte Fettsäuren 49,7%. Oxyfettsäuren 12,8%, Asche 1%. Die unoxydierten Fettsäuren haben einen Schmelzpunkt von 33° und die Jodzahl 79. Die Oxyfettsäuren waren harzig und hatten die Jodzahl 88. Das Muster enthielt 21,4% freie Fettsäuren der Ölsäurereihe.

h) Eigelb, Eieröl.

Einer der wertvollsten Stoffe zum Fettlickern leichter Leder ist unter der Bezeichnung Eigelb im Handel bekannt, obgleich das Handelspräparat in Wirklichkeit außer dem Eigelb auch das Eiweiß enthält. Ein Ei wiegt im Durchschnitt 50 g; 7 g davon sind Schale und Haut, 15 g Eigelb und 28 g Eiweiß. Das Eiweiß hat ein spezifisches Gewicht von etwa 1,045 und erscheint wegen seiner Zellstruktur viscos. Es enthält gegen 88% Wasser, 11% Albumin, 0,5% Glucose und 0,5% Mineralstoffe. Das Eigelb enthält etwa 48% Wasser, 16% Protein, 23% reines Fett, 10% Lecithine, 2% Cholesterine und 1% Mineralsalze. Die Zusammensetzung der Lecithine und Cholesterine ist im Band I auf Seite 71 beschrieben.

Das Eigelb des Handels besteht aus der von der Schale befreiten gesamten Eimasse und einem Konservierungsmittel, vorwiegend Salz. Gegen 25 kg von der Schale befreite Eier werden mit 4 kg trockenem Salz gut durchgerührt und dann als Eigelb verkauft. Ist die Gegenwart von Salz im Fettlicker nicht erwünscht, so liefern die Fabrikanten auch ein salzfreies Eigelb, das eine sehr geringe Menge eines sehr starken Konservierungsmittels enthält. In Tabelle 111 sind die Analysendaten von zwei Sorten typischem Eigelb zusammengestellt.

Tabelle 111. Die Zusammensetzung zweier typischer Eigelbe des Handels, die zum Fettlickern verwendet werden.

	Gesalzenes Eigelb %	Salzfreies Eigelb %
Wasser	59,4	71,5
Protein	11,0	13,0
Fette (einschließlich Lecithine und Cholesterine)	10,4	13,2
Andere organische Substanzen	0,4	0,5
Mineralstoffe (Asche)	18,8	1,8

Die weitere Untersuchung der Fettstoffe des salzfreien Eigelbs gab 0,5% Unverseifbares, 10,3% nicht oxydierte Fettsäuren und 0,6% Oxyfettsäuren, auf das Gewicht der ursprünglichen Analysensubstanz berechnet. Die nicht oxydierten Fettsäuren hatten eine Jodzahl von 62 und den Schmelzpunkt 32°.

Von den 18,8% Asche des gesalzenen Eigelbs waren 17,5% Natriumchlorid, 0,4% Natriumcarbonat, 0,1% Calciumcarbonat und 0,2% Eisenoxyd und Aluminiumoxyd.

Neben diesen zwei typischen Eigelben des Handels existiert noch ein drittes, das dickes Eigelb genannt wird. Es ist gewöhnliches Eigelb, das längere Zeit gelagert ist. Läßt man das Eigelb des Handels stehen, so wird es allmählich dickflüssiger, da seine innere Struktur einer Änderung unterworfen ist. Auf dem Wege der chemischen Analyse kann keine Veränderung wahrgenommen werden. Dieser Verdickungsprozeß ist in Wirklichkeit günstig für den Fettlicker, weil das dicke Eiweiß ein größeres Emulgierungsvermögen als das ursprüngliche Eigelb besitzt.

Literaturzusammenstellung.

1. Allen: Commercial organic analysis **6**. 5. Aufl. Philadelphia: P. Blakiston's Son & Co. 1923—1928.
2. Gnamm, H.: Die Fettstoffe in der Lederindustrie. Stuttgart: Wissenschaftliche Verlagsgesellschaft 1926.
3. Harvey, A.: Practical leather chemistry. London: Crosby Lockwood & Son. 1920.

4. Lewkowitsch, J.: Chemical technology and analysis of oils, fats and waxes. 6. Aufl. London: Macmillan & Co. 1921—1923.
5. Mitchell, C. A.: Animal and vegetable oils, fats and waxes. Internat. Critical Tables 2, 196 (1927).
6. Olsen, J. C.: Van Nostrand's chemical annual. New York: D. Van Nostrand Co. 1926.
7. Thorpe, E.: Dictionary of applied chemistry. 2. Aufl. New York: Longmans, Green Co. 1921—1927.
8. Turner, F. M. Jr.: The condensed chemical dictionary. New York: Chemical Catalog Co. 1919.

28. Fetten, Fettlickern und vorbereitende Prozesse.

Obgleich die Fasern der tierischen Haut nach dem Gerben nicht mehr zusammenkleben, wenn die Haut getrocknet wird, so werden sie doch nicht so geschmeidig, daß sie leicht aneinander vorbeigleiten. Tatsächlich ist Leder, das ohne weitere Behandlung sofort nach dem Gerben getrocknet wird, gewöhnlich sehr steif und bricht, wenn es scharf gebogen wird. Um dem Leder die erwünschte Weichheit und Biegsamkeit zu geben und die Zereißfestigkeit und Widerstandsfähigkeit beim Tragen zu steigern, werden Fette und Öle in das Leder eingeführt und so die Fasern geschmeidig gemacht. Bevor man das Leder mit Fetten und Ölen behandelt, pflegt man alle Bestandteile zu entfernen, die im zugerichteten Leder nicht erwünscht sind. Wenn die Fleischseite des Leders nicht glatt ist, wird das Leder gefalzt, um es glatt zu machen. Ist das Leder nicht gleichmäßig dick, so wird es gespalten, bis eine einheitliche Dicke erreicht ist. Chromleder werden neutralisiert, um den Säureüberschuß zu entfernen. Vegetabilisch gegerbte Leder pflegen ausgewaschen, gebleicht und ausgestoßen zu werden. Eine Beschreibung einiger dieser vorbereitenden Prozesse wird später noch gegeben werden.

a) Das Bleichen.

Bei der vegetabilischen Gerbung setzen sich auf der Narbenoberfläche des Leders mehr oder weniger Phlobaphene, Ellagsäure oder oxydierte Gerbstoffe harzartiger Natur ab. Durch Entfernung dieser Stoffe wird das Aussehen des Leders erheblich verbessert. Die üblichste Art, diese Stoffe zu entfernen, besteht in einer Methode, die als „Bleichen" bezeichnet wird.

Die allgemeine Methode zum Bleichen schwerer Leder wie Sohlleder und Riemenleder wird folgendermaßen vorgenommen: Die Häute, Seiten oder Croupons werden an mechanisch betriebenen Rahmen zuerst in warmes Wasser, dann eine verdünnte Soda- oder Boraxlösung, anschließend in verdünnte Schwefelsäurelösung und schließlich wieder in warmes Wasser eingetaucht. Mitunter werden Bleichmaschinen verwendet, die fünf Rahmensätze enthalten, die sich im Kreis drehen. Die Anzahl der Lederstücke, die an einen Rahmen gehängt werden, ist so bemessen, daß ein Arbeiter den Satz in 5 Minuten abnehmen und noch einen neuen Satz aufhängen kann. Sobald das geschehen ist, rückt der Rahmen um eine Stellung weiter, und der frische Satz wird in das warme

Wasser getaucht, während der älteste Satz in diese Stellung rückt und die Leder abgenommen und durch frische ersetzt werden. Bei jeder Bewegung der Maschine wird der frische Satz in Wasser getaucht, der nächste Satz in das alkalische Bad, der nächste Satz in das Säurebad, der nächste in warmes Wasser; der älteste Satz hat sich gerade in die Stellung bewegt, daß die Häute vom Rahmen herabgenommen und durch neue ersetzt werden können. Auf diese Weise gelangt jede Partie in alle vier Bäder und bleibt in jedem 5 Minuten.

Die Temperatur wird in allen Bädern auf etwa 50° gehalten. Das alkalische Bad enthält gewöhnlich pro Liter weniger als 10 g wasserfreies Natriumcarbonat oder weniger als 40 g Borax. Das Säurebad enthält im allgemeinen weniger als 20 g Schwefelsäure pro Liter. Werden stärkere Lösungen verwendet, so wird die Eintauchzeit verkürzt. Die Brühen müssen nur gelegentlich durch frische ersetzt werden. Die Häufigkeit der Erneuerung hängt von der Zusammensetzung der Leder und dem Verhältnis zwischen Leder und Brühe des Bades als auch von der Konzentration der Brühen und der Dauer des Eintauchens ab.

Die erste Behandlung mit warmem Wasser wäscht die anhaftende Gerbbrühe weg. Das Natriumcarbonat oder der Borax wirken auf die unlöslichen Stoffe auf der Oberfläche ein und lösen sie als Natriumsalze. Die Säure hemmt jede entgerbende Wirkung der alkalischen Lösung und hellt zu gleicher Zeit die Farbe der Leder sehr wesentlich auf. Der Einfluß von Säure auf das Aufhellen der Farbe von Gerbmaterialien wurde schon im Band I auf Seite 354 beschrieben. Die gleiche Wirkung wird beobachtet, wenn vegetabilisch gegerbtes Leder mit Säuren behandelt wird, die nicht stark genug sind, um das Leder zu zerstören. Das zweite Wasserbad hat die Aufgabe, die Säurelösung zu entfernen, die noch an den Oberflächen des Leders haftet.

Leichtere Leder werden gewöhnlich in einer Drehtrommel gebleicht, die 100 bis 130 Häute faßt. Die Häute werden wenige Minuten in der Trommel in fließendem Wasser gewaschen. Darnach wird die Trommel geschlossen; durch die hohle Achse läßt man Borax- oder Sodalösung die rotierende Trommel einfließen. Dann werden die Häute mit fließendem Wasser gewaschen und hinterher mit Schwefelsäurelösung bahandelt. Zuletzt werden sie wiederum mit fließendem Wasser gewaschen und aus der Trommel herausgenommen. Die Behandlungsdauer, Temperatur und Konzentration hängen alle von der Beschaffenheit des Leders und anderen Faktoren ab, die in jeder Gerberei verschieden sein dürften.

Die Verwendung von Schwefelsäure zum Bleichen von Leder ist oft verworfen worden, weil Schwefelsäure das Leder langsam zerstört, wenn sie nicht hinterher vollständig erntfernt wird. Diese Wirkung der Säure auf die Haltbarkeit des Leders wird in Kapitel 42 besprochen werden. Jeder Gerber achtet darauf, daß die angewandte Säuremenge nicht so hoch ist, daß sie das Leder im Laufe der Zeit ernstlich schädigen kann, oder reguliert die Alkalität des Fettlickers oder anderer nach dem Säurebad gebrauchter Brühen so, daß jeder schädigende Überschuß an Säure neutralisiert wird, bevor das Leder fertig zugerichtet ist.

In neuerer Zeit ist die Verwendung von synthetischen Gerbstoffen als Bleichmittel in Aufnahme gekommen. Sie haben manche Vorteile vor der Schwefelsäure. Wegen ihres niedrigen p_H-Wertes hellen sie die Farbe des Leders ebenso auf wie Säuren, doch ist die Acidität, die sie dem Leder zuführen, nicht schädlich. Sie üben eine gerbende Wirkung auf die Oberfläche des Leders aus, während das Alkali entgerbend wirkt, und machen trotzdem den Narben ebenso sauber wie das Alkali. Ihre Anwendung ist einfacher als die Bleiche mit Alkali und Säure und birgt weniger Gefahrenmomente in sich. Für leichte Leder ist es nur notwendig, die Häute in einer verdünnten Lösung des synthetischen Gerbstoffs zu walken und dann zu spülen. Bei Verwendung von synthetischen Gerbstoffen werden von den Brühen des Fünf-Bottich-Systems, das für das Bleichen von Sohlleder und Riemenleder gebräuchlich ist, die Brühen der Bottiche 2, 3 und 4 durch die synthetische Gerbstofflösung ersetzt. Sobald sich die Lösungen der synthetischen Gerbstoffe zu sehr mit Gerbstoffen beladen haben, werden sie ausgewechselt. Wird Bottich 2 aus dem System herausgenommen, so tritt Bottich 3 an seine Stelle, Bottich 4 an die Stelle von Bottich 3, und eine frische Lösung füllt den neuen Bottich 4. Die Häute werden in Bottich 1 gebracht, welcher Wasser enthält, kommen dann nach und nach in die Bottiche 2, 3 und 4 und schließlich in Bottich 5, der Wasser oder eine verdünnte Natriumsulfitlösung enthalten kann.

Auch eine Anzahl anderer Stoffe sind als Bleichmittel benutzt worden. So wurden Natriumbisulfitlösungen oder Lösungen von schwefliger Säure verwendet. Auch organische Säuren sind etwas verwendet worden; Säuren von der Art der Oxalsäure haben jedoch eine stark zerstörende Wirkung auf Leder, wenn sie in größerer Menge zur Verwendung kommen und lang genug auf das Leder einwirken. Außerdem sind noch Sulfitcelluloselösungen benutzt worden.

b) Das Spalten und Falzen.

Für das Fetten oder Fettlickern ist es erwünscht, daß die Fleischseite des Leders glatt ist; nur dann ist man sicher, daß die Fettstoffe gleichmäßig verteilt werden. Viele Ledersorten werden durch Falzen glatt gemacht. Die Abb. 314 zeigt eine Reihe von Falzmaschinen. Der Arbeiter im Vordergrunde falzt gerade ein Kalbleder. Die Narbenseite der Haut ist nach unten gerichtet und ruht auf einer breiten Walze. Wenn der Arbeiter gegen den Hebel tritt, wird die Fleischseite der Haut gegen eine drehende Walze gedrückt, die mit scharfen Messern versehen ist, welche alle losen Faserbündel wegschneiden, so daß die Fleischseite der Haut glatt wird. Der Arbeiter führt die Haut; er falzt Streifen quer durch die Haut, bis alle Teile der Haut glatt sind.

Es ist auch erwünscht, daß ein etwaiges Spalten des Leders vor dem Fetten bzw. Fettlickern vorgenommen wird. Die Häute sind in ihrem natürlichen Zustand in bezug auf die Dicke nicht an allen Stellen gleichmäßig. Gewöhnlich sind die Teile am Kern dicker als die Teile an den Schultern oder an den Klauen, wie bereits aus den Abbildungen auf den

Seiten 38 und 39 des I. Bandes hervorgeht. Beim Fetten oder Fettlickern im Walkfaß nimmt jeder Quadratmeter Leder annähernd die gleiche Menge Fettstoffe auf, die während des Trocknens allmählich tiefer in das Leder eindringen. Aber ein Stück Leder, das 2 mm dick ist, wird letzten Endes im Verhältnis nur halb so viel Fettstoffe aufgenommen haben als ein gleich großes, 1 mm starkes Stück. Aus diesem Grunde ist es erwünscht, manche Häute bis zu einer einheitlichen Dicke zu spalten. Zuweilen werden schwere Häute gespalten, um der Nachfrage nach dünneren Ledern gewisser Sorten wie Möbelledern zu genügen. Eine schwere Haut kann in drei und mehr Schichten gespalten werden, von

Abb. 314. Das Falzen von Kalbleder.

denen dann jede getrennt zugerichtet wird, als ob es sich um eine ganze Haut handeln würde. Wo auch immer eine Haut gespalten wird, sollte die Spaltung vor dem Fetten oder Fettlickern vorgenommen werden.

In Abb. 315 ist eine Bandmesser-Spaltmaschine wiedergegeben. Das Leder wird durch sich drehende Walzen unter Druck durch die Maschine gezwängt. Zwischen diesen Walzen bewegt sich ein Messer, das die Form eines Riemens hat. Passiert ein Leder diese Maschine, so wird es in zwei Teile gespalten, die das gleiche Flächenmaß haben wie das ursprüngliche Leder. Die Dicke eines jeden Spalts kann durch Schrauben reguliert werden. Man kann auch den Spalt erneut durch die Maschine schicken und so weitere Spalte erhalten.

c) Das Abölen und Trocknen.

Mitunter werden schwere vegetabilisch gegerbte Leder, z. B. Geschirr- und Riemenleder getrocknet, bevor sie gefettet werden. In der Tat werden Riemenleder oft von besonderen Firmen gefettet, die nur zurichten, aber nicht gerben. Sie kaufen das ungefettete Leder, das nach dem eigentlichen Gerbprozeß nur getrocknet ist, von den Gerbereien. In solchen Fällen läßt man das Leder nach dem Bleichen und Waschen durch eine Abwelkmaschine laufen, um es glatt zu machen und gleichzeitig soviel Wasser als irgend möglich herauszupressen.

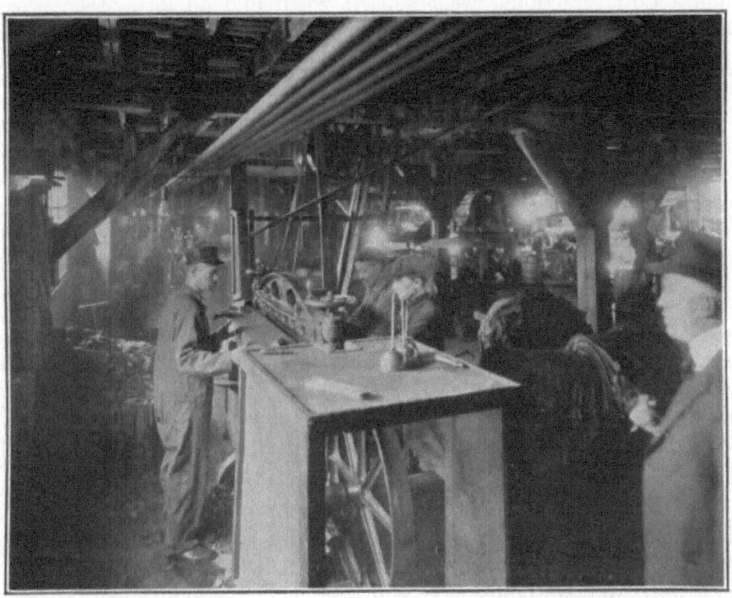

Abb. 315. Das Spalten von Kalbleder auf der Bandmesser-Spaltmaschine.

Auch bei dieser Maschine läuft das Leder durch eine Anordnung sich drehender Walzen, die hier mit stumpfen Klingen versehen sind. Die Klingen strecken das Leder glatt aus und drücken so stark das Wasser heraus, wie es für das betreffende Leder angebracht erscheint.

Das Leder wird dann mit einem dünnen Ölüberzug bedeckt und zum Trocknen aufgehängt. Dorschlebertran ist für diesen Zweck ganz besonders beliebt, obgleich auch Olivenöl, Baumwollsamenöl, Maisöl und sogar Mineralöle für diesen Zweck benutzt werden. Wo ein besonders leichtes Abölen erwünscht ist, wird zuweilen Türkischrotöl verwendet. Das Abölen dient einer ganzen Reihe von Zwecken. Wenn das Leder trocknet, schrumpft es. Trocknet nun die Narbenschicht sehr viel schneller aus als die Mittelschichten, so kann der Narben bei der plötzlichen Schrumpfung platzen, besonders, wenn die Fasern nicht mit Öl geschmeidig gemacht sind. Durch das Abölen wird das schnelle Austrocknen der Oberfläche verlangsamt und die Fasern geschmiert und weich gemacht. Die Ölung hält auch die Oxydation des Gerbstoffs, der an der Oberfläche des Leders gebunden ist, durch den Luftsauerstoff auf. Diese Oxydation macht sich sonst in einer Verdunklung und Mißfärbung des Narbens bemerkbar.

Das Trocknen des Leders wird gewöhnlich in Trockenkammern vorgenommen, in denen die Temperatur, die relative Feuchtigkeit und die Heranschaffung von Frischluft überwacht werden. Die feuchten Leder kommen in einen Trockenraum, aus dem die abgekühlte und feuchte Luft allmählich weggeschafft wird, und an ihre Stelle warme trockene Luft tritt.

d) Das Zurichten von Riemenleder.

Das Zurichten schließt sowohl das Fetten als auch das Appretieren ein. Der Zurichter macht das Leder zuerst wieder feucht, indem er das Leder in warmem Wasser einweicht oder walkt. Enthält das Leder viel ungebundenen Gerbstoff oder andere wasserlösliche Stoffe, so wird es in einer Maschine, die mit schweren Bürsten oder Ausstoßsteinen ausgerüstet ist, welche die Lederoberfläche bestreichen, bearbeitet. Bei diesem Reinigungsprozeß werden die löslichen Stoffe mit fließendem Wasser weggewaschen. Diese Operation kann noch unterstützt werden, wenn die Haut vorher in verdünnter Boraxlösung geweicht wird. Der Reinigungsprozeß entfernt auch alle Niederschläge von Ellagsäure, die sogenannte Blume. War das Leder nicht vorher gespalten oder gefalzt worden, so wird die Fleischseite gespalten oder auf irgendwelche Weise vor dem Fetten geglättet.

e) Das Fetten mit der Hand.

Leder, das mit der Hand gefettet werden soll, wird gleichmäßig angefeuchtet und glatt auf einem Tisch ausgebreitet. Durch Zusammenschmelzen und Durchmischen von vier Teilen Rindertalg und einem Teil Dorschlebertran wird ein geeignetes Fettungsgemisch hergestellt. Die Mengenverhältnisse können je nach der Härte des Talges oder den besonderen Zwecken abgeändert werden. Dieses Fettungsgemisch wird zur Bildung eines einheitlichen Überzugs auf die Fleischseite des Leders aufgetragen. Die Narbenseite wird nur mit Dorschlebertran abgeölt. Dann wird das Leder in den Trockenräumen aufgehangen. In dem Maße, in dem das Wasser langsam aus dem Leder entweicht, dringt an Stelle des Wassers das Öl in das Leder ein. Wenn das Leder schließlich trocken ist, zeigt sich auf der Fleischseite nur noch sehr wenig weißer Talg. Das Leder wird dann angefeuchtet und gestreckt.

Um zu dem gewünschten Ergebnis zu kommen, muß das Leder in feuchtem Zustande gefettet werden. Moeller (10) betrachtet die Wirkung der Öle auf feuchtes Leder ähnlich wie die Wirkung von Dorschtran bei der Sämischgerbung. Seiner Ansicht nach verursachen die vegetabilischen Gerbstoffe eine Oxydation der ungesättigten Fettsäuren, wie durch die Bildung von Oxysäuren und das gleichzeitige Verschwinden von Wasser aus dem Leder hervorgeht. Das Wasser spielt bei dieser Reaktion vermutlich eine Rolle. Die oxydierten Fettsäuren wirken dann als Gerbmittel. Wird trocknes Leder gefettet, so schreitet die Wirkung so langsam fort, daß das Leder immer fettig bleibt, während feuchtes Leder nach der Fettung trocknet, ohne daß sich das Leder fettig zeigt.

Rogers (12) vertritt die Ansicht, daß mit der Zurichtung eine ergänzende Fettgerbung verbunden ist. Aus dem eichengegerbten Leder soll durch die Fettung ein kombiniert gegerbtes Leder werden. Eine wesentliche Bedingung ist die, daß der Dorschlebertran in das Leder eingeführt wird, während dieses noch feucht ist. Der Fettungsstoff dient dem doppelten Zweck, ein Gerbmittel und für die Fasern ein Schmiermittel zu sein.

f) Das Fetten im Walkfaß.

Das Fetten mit der Hand hat den Vorteil, daß es dem Arbeiter erlaubt, das Fett so über das Leder zu verteilen, wie es für die einzelne Haut angebracht ist. Am stärksten bestreicht er die schweren Teile des Kerns, am schwächsten die weichen Bauchteile. Beim Schmieren im Faß verhindert man eine zu starke Fettaufnahme durch die weicheren Teile des Leders dadurch, daß man diese Teile vollkommener mit Wasser durchfeuchtet. Das Leder wird in geeignet angefeuchtetem Zustand in das Walkfaß eingeführt, das auf 50° erhitzt wird. Gewöhnlich ist das Verhältnis von Rindertalg zu Dorschtran etwas größer, als es zu der Fettung mit der Hand verwendet wird. Während das Walkfaß rotiert, läßt man das geschmolzene Fett durch die hohle Achse einlaufen. Nach ungefähr einer Stunde wird das Leder herausgenommen und für einen Tag auf einen Haufen geschichtet. Es wird dann mit der Hand oder durch die Maschine weich gestoßen.

g) Das Einbrennen und Eintauchen.

Mitunter wird das Leder auch getrocknet mit geschmolzenem Fett behandelt und dann wieder angefeuchtet. Wird diese Operation mit der Hand ausgeführt, so spricht man von „Einbrennen“, wird das Leder in geschmolzenes Fett eingetaucht, so spricht man einfach von „Eintauchen“. Für das Einbrennen wird das Leder vollkommen getrocknet und auf einen Tisch gelegt, mit der Fleischseite nach oben. Das auf etwa 75° erhitzte Fett wird über die Haut gegossen und mit steifen Bürsten eingerieben. Die verwendete Fettmenge wird der Weichheit der verschiedenen Teile der Haut angepaßt, mitunter werden die weicheren Bauchseiten mit härteren Fetten behandelt.

Beim Eintauchen wird, wie der Name schon sagt, das trockene Leder in einen Behälter, der geschmolzenes Fett enthält, eingetaucht. Würde man vegetabilisch gegerbte Leder feucht zum Eintauchen nehmen, so würden diese durch Verbrennen vernichtet. Trockenes Leder hingegen wird durch diese Behandlung nicht beschädigt.

Sind die Leder mit den heißen geschmolzenen Fetten imprägniert, so läßt man sie abkühlen und walkt sie hinterher mit warmem Wasser, bis sie wieder vollständig feucht geworden sind.

Über die verschiedenartige Verteilung des Fettes über die einzelnen Stellen des Leders hat Paeßler (11) eine umfangreiche Arbeit veröffentlicht. Seine Untersuchungen erstreckten sich auf schwere, mittlere und leichte Riemenledercroupons. Die Unterschiede im Fettgehalt der an verschiedenen Stellen unternommenen Proben waren sehr groß und betrugen bis zu 100%. Auch zwischen entsprechenden Stellen linker und rechter Seite des Leders wurden beträchtliche Unterschiede festgestellt.

h) Das Strecken.

Nach dem Fetten wird Riemenleder in einer Maschine gestreckt, damit es sich später nicht über ein gewisses Maß strecken kann, wenn der Riemen in Betrieb genommen wird. Das Leder wird noch gewalzt; es wird in eine Maschine eingespannt, in der eine Walze unter schwerem Druck darüber hin- und herläuft. Hierdurch werden die Fasern aufgelockert und das Leder biegsamer.

i) Das Fetten anderer schwerer Leder.

Die allgemeinen Grundzüge der Fettung von Riemenleder werden auch auf das Fetten von Geschirrleder, Leder für Riemen und andere schwerere Leder angewendet. Rindertalg, Wollfett, Stearin, Paraffine und Wachse werden zum Fetten von schweren Ledern benutzt. Die Auswahl und die Mengenverhältnisse der Fettstoffe hängen von den Eigenschaften ab, die die fertigen Leder aufweisen sollen. Harte Fette führen zu festeren und weniger wasserdurchlässigeren Ledern. Einzelheiten einiger dieser Operationen sind aus dem Buch von Rogers (9) über praktische Gerbung zu ersehen.

k) Das Beschweren von Sohlleder.

Nachdem das Sohlleder gebleicht worden ist, läßt man die Häute durch eine Abwelkmaschine laufen, um soviel Wasser als möglich herauszupressen. Sie werden dann mit etwas krystallisiertem Magnesiumsulfat in ein Beschwerungsfaß gebracht. Man läßt das Faß rotieren und gibt durch die hohle Achse eine Emulsion zu, die aus einer Glucoselösung, sulfoniertem Öl und neutralem Öl besteht. Nachdem die Trommel 30 Minuten gelaufen ist, werden die Häute herausgenommen und mit einem leichten Überzug von Dorschtran bedeckt und dann getrocknet. Die Häute werden wieder angefeuchtet und gewalzt und dann getrocknet und gewalzt und mehreremals gebürstet. Manche Gerber tragen noch eine Appretur auf der Narbenoberfläche auf, um ihr Aussehen zu verbessern.

Die Mengenverhältnisse der zum Beschweren von Sohlleder benutzten Rohstoffe werden sehr beträchtlich variiert. Wilson hat Probestücke guter vegetabilisch gegerbter Sohlleder untersucht, die 1% Magnesiumsulfat, 3% Fettstoffe und 7% Glucose enthielten. Möglicherweise wurde das Magnesiumsulfat und die Glucose dem Sohlleder ursprünglich zugesetzt, um es zu verfälschen, da Sohlleder ja nach Gewicht verkauft werden. Aber diese Stoffe scheinen auch für den Schuhfabrikanten von Wert zu sein, indem sie das Leder dampfmachen. Sie wirken auf Wasser anziehend und verhindern, daß das Leder zu hart und trocken wird. Es wäre falsch, zu viel Fett in das Leder einzuführen, weil es sonst zu weich wird, um zu Schuhsohlen verwendet zu werden. Im Gegensatz hierzu können Leder für Koffer und Riemen, Geschirr- und Riemenleder 5 bis 25% Fett enthalten.

l) Das Fettlickern leichter Leder.

Leichte Leder, wie Kalb-, Kid-, Schaf- und Känguruhleder werden gewöhnlich mit Ölemulsionen gelickert. Vegetabilisch gegerbte Leder werden im allgemeinen gebleicht und zuweilen nachgegerbt. Chromgegerbte Leder werden gewöhnlich neutralisiert und vor dem Fettlickern gewaschen. Praktisch werden alle Leder gefalzt und viele gespalten. Manche Leder werden vor dem Fettlickern gefärbt, andere hinterher. Bei anderen wiederum wird vor dem Lickern die Grundfarbe aufgetragen, während der zweite Auftrag der Farbe nach dem Lickern vorgenommen wird. Eine Beschreibung der Operationen der Färbung wird im 31. Kapitel gegeben werden.

Die übliche Methode des Fettlickerns leichterer Leder besteht darin, sie in fließendem Wasser von etwa 43° 5 Minuten im Walkfaß zu waschen, die Hauptmenge des Wassers abzulassen und bei einer Temperatur von etwa 38° die Ölemulsion zuzufügen. Man läßt das Walkfaß 30 Minuten rotieren, spült die Häute ab, und schichtet sie auf einem Handkarren auf. Das Waschen vor der Einführung des Fettlickers soll vollständig genügen, um die löslichen Stoffe zu entfernen, die anderenfalls herausdiffundieren und die Emulsionen zu rasch zerstören würden. Ist das Lickern in der richtigen Weise ausgeführt worden, so fühlen sich die Häute nicht fettig an, wenn sie aus dem Walkfaß herauskommen.

Eine Fettlickeremulsion besteht gewöhnlich aus einem Öl, z. B. Klauenöl oder Dorschtran, einem Emulgator z. B. Seife, sulfonierten Ölen, Moellon oder Eigelb oder ihren Gemischen, einem Stoff zur Einstellung des p_H-Wertes z. B. Borax oder Soda und Wasser. Der Emulgator verleiht den Ölkügelchen negative elektrische Ladungen, während die üblichen Leder bei Berührung mit Wasser positive elektrische Ladung annehmen. Werden Leder und Fettlicker zusammengebracht, so suchen die positiv geladenen Lederteilchen und die negativ geladenen Ölkügelchen sich gegenseitig zu neutralisieren. Die Emulsion wird schließlich nicht dadurch zerstört, daß die einzelnen Ölkügelchen sich miteinander vereinigen, sondern daß sie sich an der Oberfläche der Lederfasern kondensieren und ausflocken. Das ist die Ansicht von Wilson über den Mechanismus des Fettlickers. Wird das Leder getrocknet, so versucht das Fett in die inneren Schichten des Leders einzudringen; gleichzeitig wirken einige hoch ungesättigte Öle nach der Art der Fettgerbung gerbend auf die Proteinsubstanz.

W. Schindler (13) macht bei Betrachtung der Ansicht Wilsons, daß der Ladungsausgleich zwischen Fetttröpfchen und Leder ähnlich erfolge wie bei der pflanzlichen Gerbung, darauf aufmerksam, daß die Fetttröpfchen wesentlich größer sind als die Teilchen der pflanzlichen Gerbstoffe in ihrer wässerigen Suspension. Schindler bestimmte die p_H-Werte einiger ausgezehrter Licker. Dabei wurde gleiches Leder mit verschiedenen Emulgatoren unter den gleichen Umständen gefettet. Bei einer Seifenlösung betrug der Anfangs-p_H-Wert des Lickers ca. 9,5, der End-p_H-Wert 6,9, bei Türkischrotöl der Anfangs-p_H-Wert 6,8 und der End-p_H-Wert 6,6 und bei sulfurierten Teilen der Anfangs-p_H-Wert 5,58 und der End-p_H-Wert 6,4. Die End-p_H-Werte lagen also innerhalb sehr enger Grenzen, obwohl die Anfangswerte stark verschieden waren. Während bei der Seifenlösung der End-p_H-Wert weit unter der Ausflockungsgrenze (etwa 7,6) liegt, sind die Fettlicker in den beiden anderen Fällen beim herrschenden p_H-Wert gut beständig. Schindler schließt daraus, daß außer Ausflockungen und Entladungen auch noch andere Vorgänge stattfinden müssen.

Ein Versuch, in diesem Kapitel alle Arten Fettlicker zu beschreiben, würde schwierig und von zweifelhaftem Wert sein. Es dürfte vollauf genügen, einen der besten und am weitesten verbreiteten Prozesse herauszugreifen. Aus zwei Gründen ist ein Licker aus Eigelb und sulfoniertem Klauenöl gewählt worden: erstens ist dieser Licker sehr gut und wohlbekannt und zweitens sind mit ihm einige recht interessante Untersuchungen vorgenommen worden, die später beschrieben werden sollen. Gartenberg (5) empfiehlt, sich einen Licker dieser Art dadurch herzustellen, daß man 4 kg Handelseigelb mit 3 kg sulfoniertem Klauenöl, ½ kg flüssiger Seife und genug Wasser von 38° mischt, daß 88,5 l Licker entstehen. Das Eigelb muß gerührt werden, bevor der Teil, der für den Licker verwendet werden soll, dem Vorrat entnommen wird. Die Lickeremulsion darf nie über 38° erhitzt werden, weil sonst die Gefahr besteht, daß das Albumin des Eigelbs koaguliert. Das Leder wird im Walkfaß 15 Minuten in fließendem Wasser von 38° gewaschen. Dann wird der Fettlicker zugesetzt, und zwar auf 100 kg feuchtes Leder 44 l Licker. Man läßt das Walkfaß 30 Minuten rotieren, nimmt dann die Häute heraus und schichtet sie auf einem Handkarren auf.

Sollen chromgegerbte Kalbleder von ziemlich hoher Acidität gelickert werden, so ist es empfehlenswert, dem Fettlicker Borax oder Soda zuzusetzen. Die für eine gegebene Ledersorte gefundenen besten Gewichtsverhältnisse brauchen nicht auch bei einer anderen Sorte ein gleich gutes Ergebnis zu liefern. Unter Umständen muß man etwas neutrales Klauenöl, oder mehr Seife oder Eigelb oder weitere Stoffe zusetzen. Jeder Gerber muß sich die Zusammensetzung des Fettlickers, der für sein eigenes Lederfabrikat am geeignetsten ist, selbst ausarbeiten.

Nach dem Fettlickern werden die Häute aufgehangen. Ist der Färbeprozeß noch nicht vollendet, so läßt man das Leder nicht vollständig austrocknen, bis die letzte Färbung vollzogen ist. Wenn das Leder zum Trocknen fertig ist, wird es auf Rahmen gespannt, um es glatt zu halten, und ganz langsam getrocknet. Während es noch feucht ist, nimmt man es aus den Rahmen heraus, bestreicht den Narben mit Klauenöl, Baumwollsamenöl, Olivenöl, Maisöl, Erdnußöl, Mineralölen oder anderen Ölen, um während des Trocknens den Narben weich und die Farbe klar zu halten. Zuweilen wird dem Öl für diese Operation Glycerin zugesetzt.

m) Eigelb als Emulgator.

Wilson, Merrill und Daub (17) untersuchten die emulgierende Kraft der ganzen Eier, also von Eiweiß und Eigelb zusammen, wie es zu den üblichen Fettlickern angewandt wird. Weiter untersuchten sie den Einfluß der Feinheit der Emulsion auf die Qualität von Chrom-Kalbleder. Es wurden gleiche Teile von sulfoniertem und von neutralem Klauenöl gemischt. Für jeden Versuch wurden 10 g dieses Gemisches mit wechselnden Mengen vom Eiganzen, vom Eiweiß oder vom Eigelb und Wasser von 38° gemischt, so daß das Volumen des Ansatzes 100 ccm betrug. Die p_H-Werte aller dieser Emulsionen lagen zwischen 7,0 und 7,1. Die Gemische wurden kräftig geschüttelt und in lange Zylinder gegossen. Die Stabilität wurde durch die Zeit gemessen, die verstrich, bis eine Trennung von Öl und Wasser wahrgenommen werden konnte. Die Ergebnisse gehen aus Abb. 316 hervor.

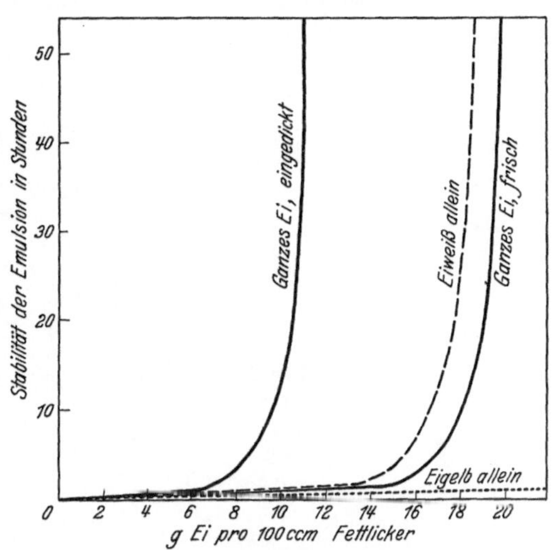

Abb. 316. Die Stabilität einer Fettlickeremulsion als Funktion der zugesetzten Menge ganzen Eis, Eiweiß oder Eigelb.

Das Eiweiß allein hatte die größte stabilisierende Wirkung, das Eigelb allein die geringste. Ließ man das durchgerührte Eiganze mehrere Wochen stehen, so begann es dick zu werden, ohne daß eine Änderung im Wassergehalt wahrzunehmen war. Wurde nun dieses verdickte Ei benutzt, so war die Stabilität der Emulsion viel größer, als wenn frisches Ei verwendet wurde. Die größere Viscosität des Häutchens auf den Ölkügelchen mag dafür verantwortlich sein. Diese Wirkung der dickgewordenen Eipräparate erklärt, warum manche Gerber darauf bestehen, ausschließlich dickgewordene Eipräparate zu verwenden. Die angeführte Untersuchung könnte noch weitgehend ausgedehnt werden.

n) Der Einfluß der Feinheit und Stabilität der Emulsion.

Bei Anwendung eines sehr unstabilen Fettlickers wird das Öl leicht auf den Oberflächen des Leders niedergeschlagen. Die Lederoberfläche hat dann ein schmieriges und schmutziges Aussehen. Andererseits gibt eine sehr feine und stabile Emulsion eine klare und saubere Lederoberfläche, aber sie gibt auch ein recht loses Leder. Zufriedenstellende Ergebnisse scheinen bloß mit Fettlickern mittlerer Stabilität erzielt zu werden. Wilson, Merrill und Daub versuchten dafür einen Grund

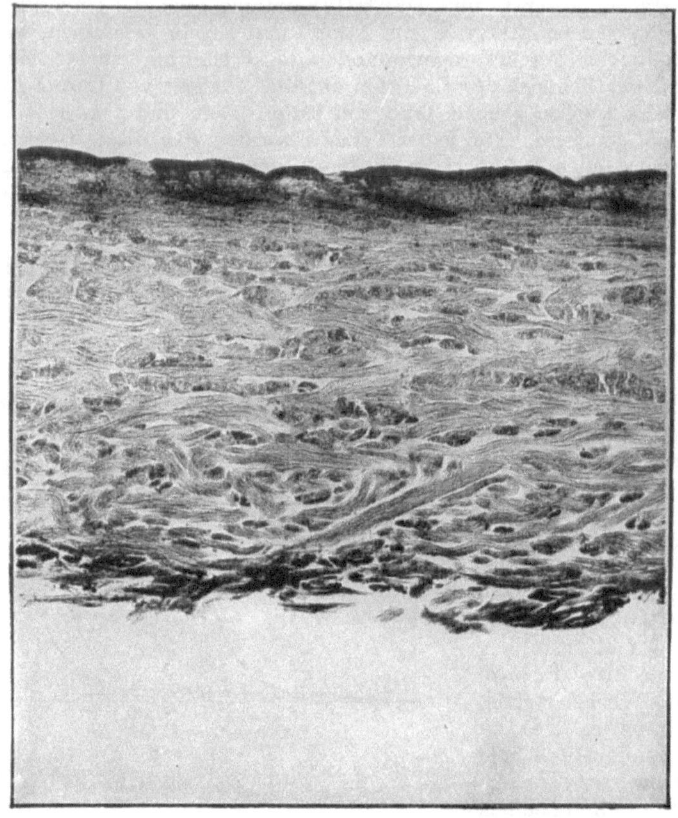

Abb. 317. Vertikalschnitt durch Kalbleder. (Feste Fläme. Stelle der Entnahme: Flämen. Dicke des Schnittes: 40 μ. Färbung: keine. Gerbung: Chrom. Okular: keins. Objektiv: 16 mm. Wratten-Filter: K 3 — Gelb. Lineare Vergrößerung: 50-fach.

zu finden. Zwei Partien Kalbshäute wurden gelickert, die eine mit einem gewöhnlichen Fettlicker mittlerer Stabilität, die andere mit einem sehr stabilen Fettlicker. Die Häute der ersten Partie fielen im allgemeinen zufriedenstellend und fest aus, sogar in den Flämen. Die der zweiten Partie waren in der Farbe klarer, aber die Flämen waren sehr lose und lappig. Die Abbildungen 317 und 318 geben Querschnitte durch die Flämen wieder.

Andere Probestücke wurden auf der Spaltmaschine in Schichten geschnitten, die analysiert wurden, um zu sehen, wie tief das Öl in das Leder eingedrungen war. Bei einem zufriedenstellenden Leder war alles Fett in den äußeren Schichten und praktisch nichts in der Mittelschicht. Bei einem losen Leder jedoch war etwas Fett bis in die Mitte vorgedrungen.

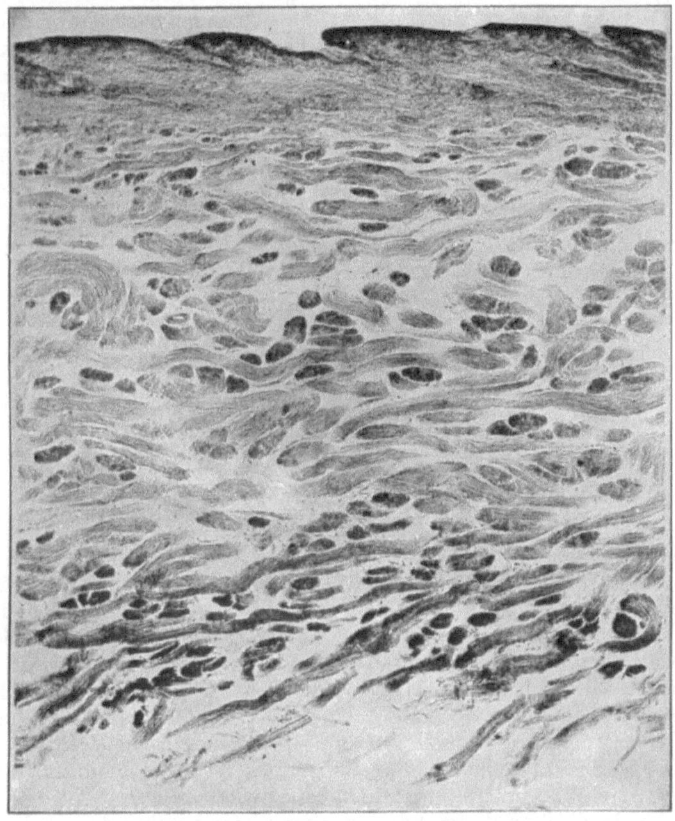

Abb. 318. Vertikalschnitt durch Kalbleder. (Lose Fläme.)

Stelle der Entnahme: Flämen. Dicke des Schnittes: 40 μ. Färbung: keine. Gerbung: Chrom. Okular: keins. Objektiv: 16 mm. Wratten-Filter: K 3 — Gelb. Lineare Vergrößerung: 50-fach.

Die vollständige Durchdringung der Fasern mit Fett führt zu einer Losnarbigkeit der Seiten, die das Leder minderwertig macht. Wird das Leder überhaupt nicht gefettet, so bleibt es steif und reißt leicht. Offenbar ist es nötig, die Fasern in den Außenschichten zu fetten, um das Leder reißfest, weich und geschmeidig zu machen; es ist aber auch nötig, in der Mitte eine genügend dicke Schicht ungefettet zu lassen, um dem Leder die nötige Festigkeit und Zähigkeit zu geben.

Aus Abb. 319 ist die Verteilung des Fetts durch die Dicke von zufriedenstellendem Leder und auch von losem Chrom-Kalbleder zu ersehen. Offenbar ist der beste Fettlicker der, bei dem das Fett in den Außenschichten des Leders sehr gleichmäßig verteilt wird, und bei dem die Fettmenge nach der mittleren Schicht des Leders zu nahezu bis auf Null abfällt.

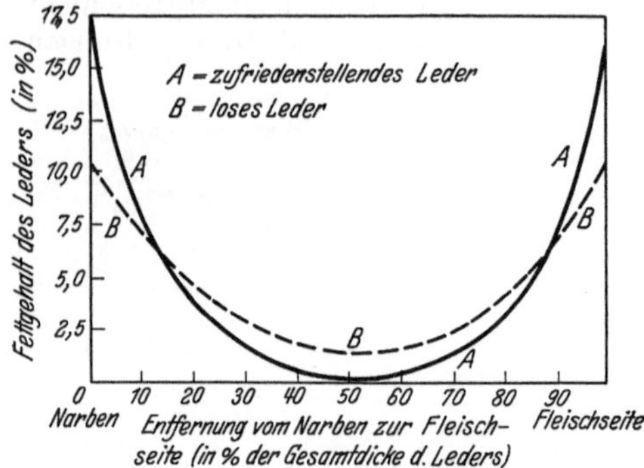

Abb. 319. Die Verteilung des Fetts durch die Dicke eines zufriedenstellenden und eines losen Chrom-Kalbleders.

Die Stabilität eines Fettlickers ist nicht der einzige Faktor, der bestimmt, wie tief das Öl in das Leder eindringt, noch ist der Einfluß des Eigelbs auf die Stabilität seine Hauptfunktion. Nach den Erfahrungen von Wilson pflegt die alleinige Verwendung von sulfonierten Ölen ein lappiges Leder zu ergeben, was durch Zugabe von Eigelb verhindert werden kann. Die Wirkung des Eigelbs ist offenbar sehr kompliziert und hängt von den Eigenschaften seiner verschiedenen Bestandteile ab.

o) Versuche mit sulfoniertem Klauenöl.

Merill (6) setzte die angeführte Arbeit fort und untersuchte den Einfluß der verschiedenen Faktoren auf das Eindringen von sulfoniertem Klauenöl in chromgegerbtes Kalbleder. Die verwendeten Fettlicker enthielten nur Wasser, sulfoniertes Klauenöl und Borax oder Soda; die beiden letzten Stoffe dienten zum Regulieren des p_H-Wertes. Das sulfonierte Öl ergab bei der Analyse: 22,3% Wasser, 4,7% Asche, 73,0% Gesamtfettgehalt und 3,4% SO_3, das an Öl gebunden war. Die benutzten Leder waren im Einbadverfahren chromgegerbt, neutralisiert und gefärbt, aber nicht gelickert. Für die Fettlicker-Untersuchungen wurden sie benutzt, ohne vorher getrocknet zu werden.

Schmale Streifen dieser Leder wurden unter bestimmten Bedingungen gelickert, getrocknet und dann in der Laboratoriumsspaltmaschine in fünf Schichten gespalten. Jeder Spalt wurde analysiert, nachdem seine Dicke festgestellt war. Aus dem Fettgehalt ging hervor, wie tief das Öl eingedrungen war. Bei jedem Versuch war die anfängliche Temperatur des Fettlickers 40°; sie fiel aber während des Lickerns um 1 bis 4°. Im allgemeinen wurden 50 ccm Fettlicker zur Behandlung von 100 g feuchtem Leder verwendet. Leder und Licker wurden in einer dicht schließenden Flasche 2 Stunden lang geschüttelt, solange nicht eine andere Zeitdauer vermerkt ist. Bei der Wiedergabe der Ergebnisse, die für die Verteilung des Öls in der Haut erlangt wurden, wurde der Prozentgehalt an Fett auf Trockensubstanz berechnet, in jeder Schicht als Funktion der Tiefe des Mittelpunktes der betreffenden Schicht unter der Narbenoberfläche in Prozenten der Gesamtdicke der Haut aufgetragen.

α) Die Verteilung des Öls und der Einfluß des Trocknens.

Bei der ersten Untersuchung wurden 100 g Leder 2 Stunden mit 50 ccm Fettlicker geschüttelt, der 2,5 g sulfoniertes Klauenöl und 0,25 g Borax enthielt. Nach dem Trocknen wurde das Leder in fünf Schichten gespalten und analysiert. Der Versuch wurde wiederholt, aber diesmal wurde das Leder vor dem Trocknen in fünf Schichten gespalten. Die Ergebnisse beider Versuchsserien gibt Abb. 320 wieder. Zwei Tatsachen fallen ganz besonders auf. Durch die Narbenseite ist mehr Öl eingedrungen als durch die Fleischseite, und die Tiefe der Durchdringung war bei dem Versuch, bei dem sofort nach dem Lickern gespalten wurde, ebenso groß wie bei dem Versuch, bei dem das Leder erst getrocknet war. Bei anderen Versuchen mit Fettlickeremulsionen, die kein sulfoniertes Öl enthielten, war die Tiefe des Eindringens des Öls sofort nach dem Fettlickern sehr gering, aber nach dem Trocknen beträchtlich. Wilson glaubt, daß diese besondere Wirkung der sulfonierten Öle vor allem ihrem sehr feinen Verteilungsgrad zuzuschreiben ist, so daß sie praktisch wie eine wasserlösliche Seife betrachtet werden können. Zweitens ist diese Wirkung ihrer chemischen Verbindung mit dem Leder zuzuschreiben; möglicherweise treten die sulfonierten Öle in die komplexen Chromkerne des Leders ein und werden koordinativ gebunden. Damit wäre erklärt, warum das Öl aus den äußeren Schichten beim Trocknen nicht in die inneren Schichten diffundiert.

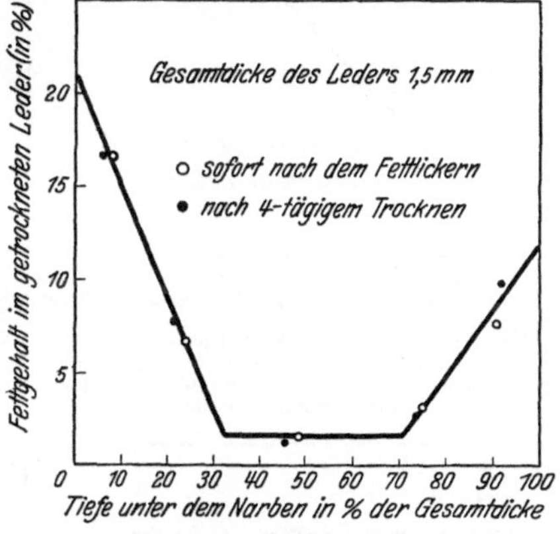

Abb. 320. Verteilung des Fetts in chromgarem Kalbleder, das mit sulfoniertem Klauenöl gelickert wurde.

β) Der Einfluß des Verhältnisses von Öl zu Leder.

Bei der zweiten Versuchsreihe wurden 100 g feuchtes Leder zwei Stunden lang mit je 50 ccm Fettlickeremulsion von wachsender Konzentration an sulfoniertem Klauenöl und Borax behandelt. Für je 10 g Öl wurde 1 g Borax zugesetzt. Die Versuchsergebnisse sind in Abb. 321 wiedergegeben. Die von dem Leder aufgenommene Ölmenge wächst direkt proportional der Ölkonzentration. In jedem Falle wurden annähernd ⅔ des Öls aufgenommen, ungeachtet der vorliegenden Konzentration. Aus Abb. 322 geht hervor, daß, sobald das Verhältnis von Öl zu Leder wächst, der erste Einfluß der ist, daß der Fettgehalt der Oberflächenschichten des Leders wächst. Nur wenn das Verhältnis sehr groß wird, dringt das Öl vollständig in das Innere der Haut ein.

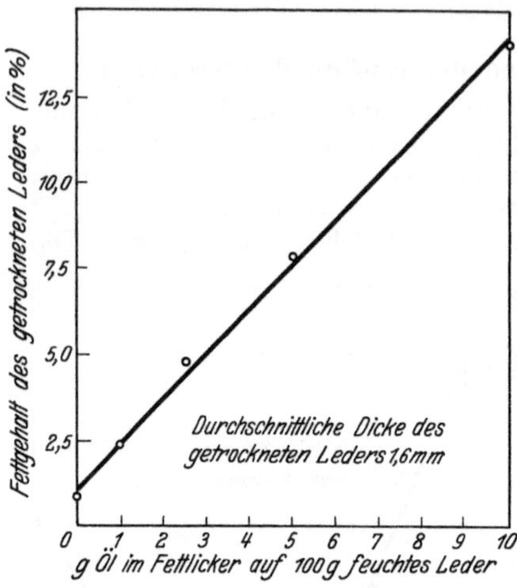

Abb. 321. Einfluß des Verhältnisses von Öl zu Leder auf die Ölmengen, die von Chrom-Kalbleder beim Fettlickern mit sulfoniertem Klauenöl aufgenommen werden.

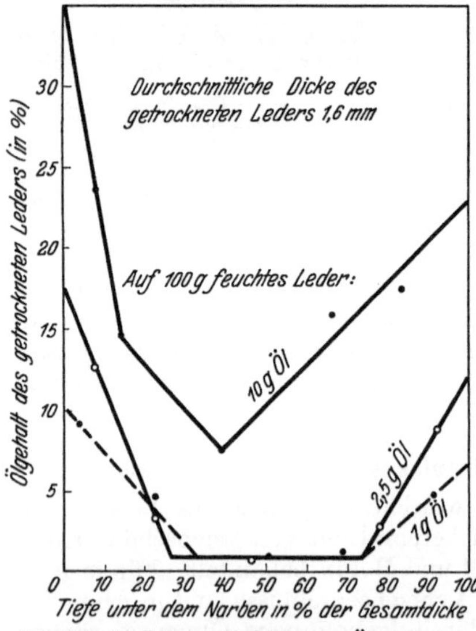

Abb. 322. Einfluß des Verhältnisses Öl zu Leder auf das Eindringen des Öls in das Leder beim Fettlickern mit sulfoniertem Klauenöl.

γ) Der Einfluß der Ölkonzentration.

In einer dritten Versuchsreihe wurde das Verhältnis der verwendeten Ölmenge zu dem Leder gleich gehalten, dagegen die Ölkonzentration durch Verdünnen variiert. Wurde der Fettlicker verdünnt, wobei entsprechend größere Mengen Wasser auf die gleichbleibende Ledermenge zugesetzt wurden, so nahm die Ölmenge, die von der Haut absorbiert wurde, ab. Mit 2,5 g sulfoniertem Öl auf je 100 g feuchtes Leder fiel das nach dem Fettlickern im Leder festgestellte Fett von 4,8% auf 3,0%, wenn das Volumen der Emulsion von 50 ccm auf 200 ccm erhöht wurde. Indessen war der Einfluß auf die Tiefe, in die das Öl in das Leder eindrang, unbeträchtlich.

δ) Der Einfluß der Zeit.

Bei einer vierten Versuchsreihe wurden 100 g Leder mit je 50 ccm Fettlicker behandelt, die 2,5 g sulfoniertes Klauenöl und 0,25 g Borax enthielten; die Zeitdauer der Einwirkung wurde variiert. Die Versuchsergebnisse sind in Abb. 323 so wiedergegeben, daß sie sowohl den Prozentgehalt des insgesamt vom trockenen Leder aufgenommenen Fetts wie auch den Prozentgehalt des vom Leder aufgenommenen Fetts in bezug auf Gesamtfett erkennen lassen. Das ursprünglich im Leder vorhandene Naturfett ist dabei entsprechend berücksichtigt. Die Menge des aufgenommenen Fetts wächst mit der Zeit bis zu 4 Stunden Lickerdauer, bei längerer Einwirkung ist eine weitere Absorption nicht mehr feststellbar. In keinem

Fall wird alles zur Verfügung stehende Öl von der Haut absorbiert. Es stellt sich wahrscheinlich ein Gleichgewicht zwischen dem Öl im Leder und dem Öl in der Lösung ein. Wird die Lickerzeit von 30 Minuten auf 4 Stunden erhöht, so wird mehr die

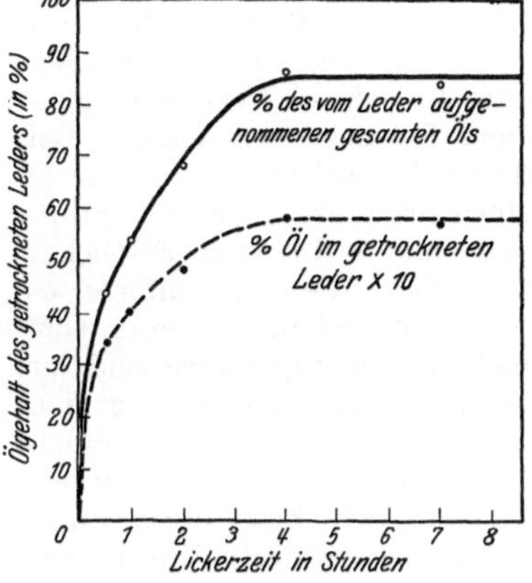

Abb. 323. Verlauf der Absorption von sulfoniertem Klauenöl durch Chrom-Kalbleder mit der Zeit.

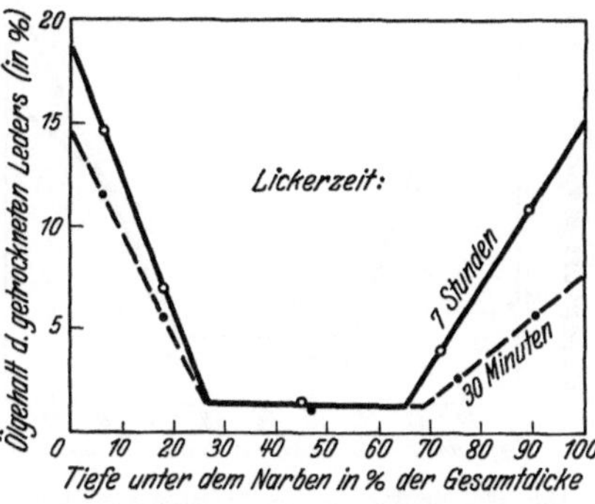

Abb. 324 Einfluß der Zeit auf das Eindringen von sulfoniertem Klauenöl in Chromkalbleder.

aufgenommene Ölmenge hauptsächlich von den äußeren Schichten des Leders fixiert. Ein Ansteigen der Lickerzeit hat, wie aus Abb. 324 hervorgeht, wenig Wirkung auf die Tiefe, in der das Öl in das Leder eindringt.

ε) Der Einfluß des p_H-Wertes.

Zwei Versuchsreihen wurden angesetzt, um den Einfluß festzulegen, den eine Änderung des p_H-Wertes des Fettlickers und eine Änderung der Acidität des Leders hervorruft. Je 100 g feuchtes Leder wurden mit 50 ccm Fettlicker behandelt, die 2,5 g sulfoniertes Klauenöl und verschiedene Mengen Natriumcarbonat enthielten. Die Lickerzeit betrug 2 Stunden; die p_H-Werte variierten bei Versuchsabschluß von 5,1 bis 8,1. Abb. 325 zeigt, welchen Einfluß der p_H-Wert auf die Verteilung des Öls im Leder hat. Nur die extremen Versuche sind eingetragen. Eine Änderung des p_H-Wertes war ohne Einfluß auf die gesamte vom Leder aufgenommene Ölmenge, hatte dagegen einen deutlichen Einfluß auf das Eindringen des Öls in das Leder. Das Eindringen wird mit wachsendem p_H-Wert stärker.

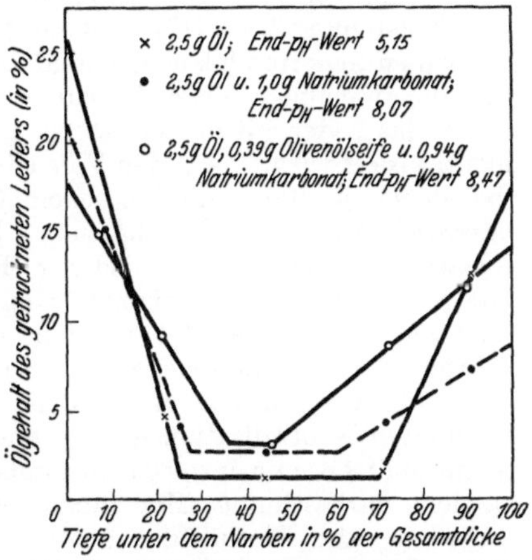

Abb. 325. Einfluß des p_H-Werts und von Seife auf das Eindringen von sulfoniertem Klauenöl in chromgegerbtes Kalbleder.

Der Einfluß einer Änderung der Acidität des Leders wurde untersucht, indem Lederstreifen 2 Wochen in Phosphatpufferlösungen geweicht wurden, deren p_H-Werte sich über den Bereich 3 bis 9 erstreckten. Die Streifen wurden dann in gleichen Mengen des gleichen Fettlickers gelickert. Bei dieser Versuchsreihe wurden je 100 g feuchtes Leder zwei Stunden mit je 100 ccm Fettlicker behandelt, die 4 g sulfoniertes Klauenöl und 0,4 g Borax enthielten. Die Ergebnisse sind für die mit Pufferlösungen von den p_H-Werten 4 und 9 vorbehandelten Leder aus Abb. 326 zu ersehen. Auch hier finden sich nur geringe Unterschiede in der Gesamtmenge des vom Leder aufgenommenen Öls, aber eine deutliche Differenz in der Tiefe des Eindringens, die für das Leder mit der niedrigsten Acidität am größten war.

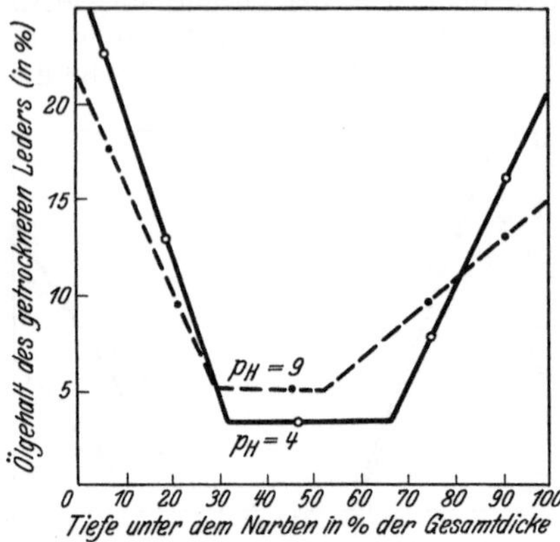

Abb. 326. Einfluß, den das Weichen von chromgegerbtem Kalbleder in Pufferlösungen von verschiedenen p_H-Werten vor dem Fettlickern auf das Eindringen von sulfoniertem Klauenöl in das Leder hat.

Neuere Versuche von Merrill und Niedercorn (8) ergaben, daß die Feststellung Merrills, daß die Menge des von Chromleder aufgenommenen sulfonierten Klauenöls unabhängig von dem p_H des Leders sei, nur für die damaligen Versuchsbedingungen Gültigkeit habe, nicht aber, wenn das Leder mit milden Alkalien wie Borax oder Natriumbicarbonat neutralisiert wird. Nach den Versuchen von Merrill und Niedercorn, bei denen je 100 g mit basischem Chromsulfat gegerbtes Chromleder ausgewaschen, zur Neutralisation 1 Stunde mit Borax- bzw. Natriumbicarbonatlösungen verschiedener Konzentration geschüttelt, wieder ausgewaschen und mit einer Lösung von 5 g sulfoniertem Klauenöl in 200 ccm Wasser gefettet wurden, ergaben, daß die Menge des vom Chromleder aufgenommenen Fetts mit dem Prozentgehalt des Leders an H_2SO_4 vor dem Fetten zunimmt. Sie ist unabhängig von der Art des benutzten Neutralisationsmittels und hängt mit dem p_H des Neutralisationsmittels nur insoweit zusammen, als dieser den Säuregehalt des Leders mitbestimmt. Mit zunehmender Dauer des Fettlickerns verschwindet der Einfluß der Acidität des Chromleders auf die Gesamtfettaufnahme. Die Acidität des Leders ist ohne merklichen Einfluß auf die Menge des in das Innere des Leders innerhalb einer bestimmten Zeit eingedrungenen Fettes. Die von starken sauern Ledern aufgenommene Mehrmenge an Fett findet sich in den äußeren Schichten des Leders, vor allem auf der Fleischseite.

Alle diese Befunde stützen die Ansicht, daß zwischen dem Leder und dem sulfoniertem Öl eine chemische Bindung erfolgt. Die Bildung eines Kollagensalzes einer Sulfofettsäure würde analog der Bildung von Kollagentannat sein, und ein sorgfältiges Studium der gegebenen Daten zeigt manche Punkte einer Ähnlichkeit. Wenn Chromleder mit pflanzlichen Gerbstofflösungen behandelt wird, wird anscheinend etwas Gerbstoff vom Chrom koordinativ gebunden, ein anderer Teil vom Kollagen gebunden. Wilson nimmt das gleiche für die Sulfofettsäuren an, die in Form ihrer Natriumseifen eingeführt werden.

Zur Klärung des Problems, ob Chrom-Fettsäureverbindungen im gefetteten Chromleder vorkommen können, versuchten Schindler und Klanfer (14) die Herstellung solcher Chromfettsäureverbindungen und konnten insgesamt 4 Gruppen von Chromfettsäureverbindungen von in Trichloräthylen unterschiedlicher Farbe und unterschiedlichen Eigenschaften erhalten. In den bei der Entfettung verschiedener Chromleder mit Tetrachlorkohlenstoff erhaltenen Fettextrakten war durchweg immer Chrom nachzuweisen. Die in Tetrachlorkohlenstoff löslichen Chrom-Fettsäureverbindungen scheinen im Narben der Leder angereichert zu sein und beim Fetten in um so größerer Menge zu entstehen, je saurer das Leder ist und je mehr Seife bzw. freie Fettsäure im Licker vorhanden war. Eine vollständige Isolierung und Reinigung der Chromfettsäureverbindungen aus dem Tetrachlorkohlenstoffextrakt gelang indessen nicht.

ζ) Der Einfluß von Handels-Eigelb.

Bei den vorhergehenden Untersuchungen bestand der Fettlicker aus einer Natriumseife des sulfonierten Klauenöls zusammen mit verschiedenen Neutralölen, wie sie in den sulfonierten Ölen vorhanden sein können. Nun wurde die Arbeit noch auf Emulsionen ausgedehnt, die viel neutrales Öl enthalten. Angesichts der Tatsache, daß viele Fettlicker aus sulfoniertem Klauenöl und Eigelb hergestellt werden, wandte Merrill (7), um den Einfluß von Eigelb festzulegen, seine Aufmerksamkeit Mischungen dieser beiden Stoffe zu.

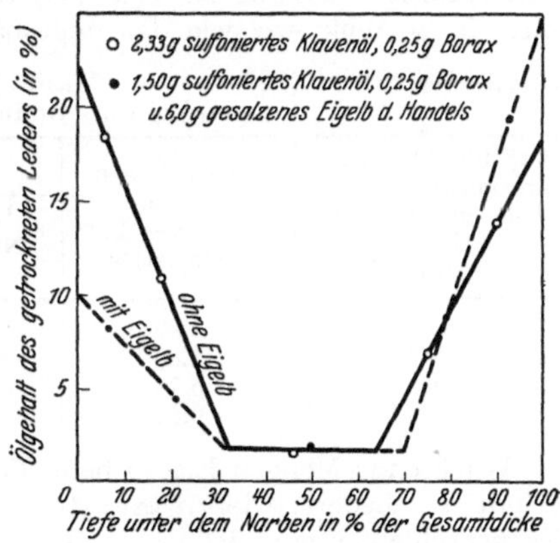

Abb. 327. Der Einfluß des Eigelbs auf die Verteilung des Öls in der Haut beim Fettlickern von chromgegerbtem Kalbleder.

Es wurden zwei Fettlicker mit dem gleichen Gesamtfettgehalt hergestellt, der eine mit, der andere ohne Eigelb. Die Zusammensetzung des Eigelbs war im wesentlichen die gleiche, wie sie in Tabelle 111 im 27. Kapitel angegeben wurde. Bei einem Versuch wurden 100 g feuchtes Chrom-Kalbleder zwei Stunden mit 50 ccm Fettlicker, der 2,33 g sulfoniertes Klauenöl und 0,25 g Borax enthielt, gelickert. Bei dem anderen Versuch enthielten die 50 ccm Fettlicker 1,5 g sulfoniertes Klauenöl, 6 g gesalzenes Eigelb und 0,25 g Borax. Der Einfluß des Eigelbs auf die Verteilung des Öls durch die Dicke des Leders geht aus Abb. 327 hervor.

Das Eigelb bewirkt, daß das Öl besonders von der Fleischseite aus aufgenommen wird, was offenbar manche Vorteile hat. Viele weitere Versuche wurden angestellt, und immer zeigte sich die gleiche Wirkung. Diese Wirkung zeigte sich auch, wenn salzfreies Eigelb, das frische Eiganze, frisches Eiweiß oder frisches Eigelb zugesetzt wurde. Sie wurde aber nicht beobachtet, wenn getrocknetes Eieralbumin, das in Wasser gelöst war, zugesetzt wurde.

Die Methode, in der die Kurven in den Abb. 320 bis 327 gezogen sind, ist durch Berechnungen des Gesamtfettgehalts aus den Analysen der Spalte gerechtfertigt. Nur wenn die Kurven so wie angezeigt gezogen werden, stimmt der festgestellte Gesamtfettgehalt mit dem aus den Kurven berechneten Gesamtfettgehalt überein. Der Fettgehalt des Leders fällt von den Oberflächen aus linear ab. Die Mittelschicht der Haut enthält überhaupt nichts von dem aufgenommenen Fett, sondern nur das in dem Leder vorhandene Naturfett.

η) Der Einfluß der Konzentration des Eigelbs.

Die Wirkung des Eigelbs, die Aufnahme von Öl durch das Leder besonders von der Fleischseite aus zu fördern, ist recht gut aus einer Versuchsreihe ersichtlich, bei der dem Fettlicker unterschiedliche Mengen Eigelb zugesetzt wurden. Je 100 g feuchtes chromgares Kalbleder wurden mit je 50 ccm Fettlicker gelickert, die 1,5 g sulfoniertes Klauenöl, 0,25 g Borax und wachsende Mengen gesalzenes Eigelb enthielten. Das Leder wurde in einzelne Schichten gespalten, die dann analysiert wurden. Tabelle 112 gibt die Mengen des zugesetzten Eigelbs, die Prozente des im trockenen Leder gefundenen Fetts, den Prozentgehalt des Leders an Gesamtfett, für die Narben- und für die Fleischschicht, von denen jede $^1/_{10}$ so dick war wie das ungespaltene Leder, wieder.

Tabelle 112. Der Einfluß von Handelseigelb auf die Fettverteilung durch die Dicke des Leders beim Fettlickern.

Auf 100 g feuchtes chromgares Kalbleder zugesetztes Eigelb (in g)	Im trockenen Leder gefundenes Fett (in %)	% Gesamtfett gefunden		
		in der Narbenschicht	in der Fleischschicht	Verhältnis N/F*
0	4,26	30	18	1,67
2	4,85	19	16	1,19
4	5,78	21	29	0,72
8	6,52	14	32	0,44

Wachsende Mengen Eigelb beim Fettlickern lassen den Gesamtfettgehalt des Leders, wie zu erwarten, ansteigen, die Fettmenge in der Narbenschicht nimmt jedoch ab. Enthält der Fettlicker kein Eigelb, so nimmt die Narbenschicht 1,67 mal soviel Fett auf wie die Fleischschicht. Werden auf 100 g feuchtes Leder dem Fettlicker 8 g Eigelb zugesetzt, so nimmt die Narbenschicht nur 0,44 mal soviel Fett auf wie die Fleischschicht. Diese Wirkung des Eigelbs, daß das Fett vorzugsweise durch

* N/F = Narbenschicht/Fleischschicht.

die Fleischseite des Leders aufgenommen wird, hat praktisch sehr großen Wert, weil das Leder dadurch zu einer klareren Farbe und einem festeren Narben kommt.

Diese Wirkung des Eigelbs kann auch hervorgerufen werden, wenn Eiweiß allein zugesetzt wird; die Verwendung des Eiganzen gibt indessen entschieden ein praktisch besseres Ergebnis, als wenn nur mit Eiweiß allein gearbeitet wird. Da das Eiweiß die gleiche vorzugsweise Absorption des Fetts von der Fleischseite des Leders zur Folge hat, wie sie auch mit dem Eiganzen erfolgt, darf geschlossen werden, daß die Bestandteile des Eigelbs noch einen günstigen Einfluß auf das Leder ausüben, der zu dem, daß das Fett hauptsächlich durch die Fleischseite absorbiert wird, noch hinzukommt. Wahrscheinlich üben die Lecithine, die Öle und andere Bestandteile des Eigelbs eine günstige Wirkung aus, die noch nicht klargelegt ist. Hoffentlich wird diese Art der Forschung noch ausgedehnt, um alle Arten von Emulsionen, die zum Fettlickern verwendet werden, zu erfassen.

p) Weitere Untersuchungen über die Fettaufnahme von Leder aus Fettlickern.

Stiasny und Rieß (16) untersuchten die Aufnahme verschiedener sulfonierter Öle durch Leder. Sie ermittelten die Menge des aufgenommenen Fetts durch Extraktion der Leder. Bei Lickerversuchen mit sulfoniertem Tran und sulfoniertem Klauenöl zeigte sich:

1. daß mit Zunahme der angewandten Fettmengen auch die aufgenommenen Fettmengen zunehmen;
2. daß das Chromleder die nichtsulfonierten Anteile reichlicher aufnimmt als die sulfonierten Anteile. Dies zeigt sich besonders dann, wenn die angewandte Menge des sulfonierten Fetts nicht zu gering ist. Wird nur wenig sulfoniertes Fett angewendet, so werden sowohl die sulfonierten wie die nichtsulfonierten Anteile vom Leder fast vollständig aufgenommen;
3. mit zunehmendem Sulfonierungsgrad nehmen unter sonst gleichen Bedingungen die vom Leder aufgenommenen Fettmengen ab;
4. der petrolätherlösliche Teil des aufgenommenen Fettes geht mit zunehmendem Sulfonierungsgrad zurück, der acetonlösliche steigt.

Mezey (9) untersuchte die Fettaufnahme durch Leder aus verschiedenen Emulsionen, und zwar sulfoniertem Klauenöl und Klauenöl, sulfoniertem Klauenöl und Mineralöl, sulfoniertem Tran und Tran und sulfoniertem Tran und Mineralöl. Die Fettaufnahme wurde durch Untersuchung der Rest-Lickerbrühen ermittelt. Mezey kommt zu dem Ergebnis, daß Chromleder aus einem Gemisch von sulfoniertem und unsulfoniertem Fett um so mehr Fett aufnimmt, je größer der Anteil an unsulfoniertem Fett in dem Licker war. Sind aber die sulfonierten Anteile nur in geringer Menge vorhanden, so daß sie zur Emulgierung der unsulfonierten Bestandteile nicht mehr ausreichen, so vermag das Chromleder nur sehr wenig Fett aufzunehmen, das sich an den Außenflächen, insbesondere an der Fleischseite festsetzt.

W. Schindler (15) stellte Versuche an, um die Unterschiede der Fettaufnahme aus Lösungen bzw. Emulsionen von Seifen, sulfoniertem Tran und Türkischrotöl festzustellen. Nach seinen Untersuchungsergebnissen ist die Geschwindigkeit der Aufnahme des Fetts aus dem Licker stets anfänglich am größten. Zwischen den einzelnen Lickermaterialien sind wesentliche Unterschiede zu erkennen. Sicher steht fest, daß das Fett aus Seifenlösungen, aber auch aus Mineralöl-Seifen-Emulsionen langsamer und in geringerer Menge aufgenommen wird als aus Emulsionen, die sulfonierte Öle enthalten. Zusatz von Mineralöl zu letzteren sowie p_H-Erniedrigung bewirken Steigerung der Aufnahmegeschwindigkeit und der aufgenommenen Fettmengen. Anscheinend bedeutet hohe Anfangsgeschwindigkeit der Fettaufnahme oberflächliche Ablagerung des Fetts im Leder. Verdünnung und Temperatur des Lickers üben einen starken Einfluß auf die Fettaufnahme aus.

Die späteren Kapitel, die sich mit der chemischen Zusammensetzung und den Eigenschaften des Leders befassen, werden Angaben über die typischen Fettmengen in den verschieden zugerichteten Ledern und auch die Wirkung, die eine Variierung des Fettgehalts auf die Eigenschaften des Leders hat, bringen.

Literaturzusammenstellung.

1. Balderston, L.: The distribution of grease in leather. J. Amer. Leather Chem. Assoc. **17**, 405 (1922).
2. Blockey, J. R.: The application of oils and greases to leather. Boston: Shoe & Leather Reporter. 1919.
3. Bumcke, G.: A study of sulfonated oils and their reaction on leather. J. Amer. Leather Chem. Assoc. **22**, 621 (1927).
4. Enna, F.: Einige Beobachtungen über die Beziehungen zwischen Analyse und Eigenschaften der sulfonierten Öle. Bourse aux Cuirs de Bruxelles **20**, 6499 (1928).
5. Gartenberg, H.: How to use egg yolk and what egg yolk does in fatliquoring. Leather Manuf. **39**, 111 (1928).
6. Merrill, H. B.: Some preliminary experiments on fatliquoring. Ind. Eng. Chem. **20**, 181 (1928).
7. Merrill, H. B.: Effect of egg yolk on the distribution of oil in chrome calf leather. Ind. Eng. Chem. **20**, 654 (1928).
8. Merrill, H. B. u. G. J. Niedercorn: Der Einfluß der Neutralisation von Chromleder auf die Fettabsorption. Ind. Eng. Chem. **21**, 364 (1929).
9. Mezey, E.: Über das Fettaufnahmevermögen von Chromleder gegenüber sulfurierten und unsulfurierten Fetten. Collegium **1928**, 209.
10. Moeller, W.: Über die Theorie der Prozesse beim Ölen von Leder. Gerber **45**, 277 (1919).
11. Paeßler, J.: Über den Fettgehalt und das spezifische Gewicht von Riemenlederkernstücken. Ledertechn. Rundschau **1912**, 185.
12. Rogers, A.: Practical tanning. New York: Henry Carey Baird & Co. 1922.
13. Schindler, W.: Die Grundlagen des Fettlickerns. Leipzig: Sächsische Verlagsgesellschaft 1928.
14. Schindler, W. u. K. Klanfer: Chrom-Fettsäureverbindungen und ihr Vorkommen im Leder. Collegium **1928**, 286.
15. Schindler, W.: Einige Probleme des Fettlickerns. Collegium **1928**, 241.
16. Stiasny, E. u. C. Rieß: Über die Herstellung und die Eigenschaften von sulfuriertem Tran und sulfuriertem Klauenöl. Collegium **1925**, 498.
17. Wilson, J. A.: Egg albumen and egg yolk as emulsifying agents in fatliquoring. J. Amer. Leather Chem. Assoc. **22**, 559 (1927).

29. Die Theorie der Emulsionen.

Schüttelt man einige Tropfen Klauenöl im Reagensglas mit Wasser, so zerteilt sich das Öl in winzige Tröpfchen und wird vollkommen gleichmäßig im Wasser dispergiert. Läßt man aber das Gemisch ruhig stehen, so vereinigen sich die Tröpfchen wieder und bilden eine klare Ölschicht, die auf dem Wasser schwimmt. Fügt man nun einige Tropfen einer starken Seifenlösung zu dem Gemisch und schüttelt dann, so teilt sich das Öl wieder in dünne Tröpfchen auf, die sich aber beim Stehenlassen des Gemisches nicht so leicht wieder zusammenballen wie bei Abwesenheit von Seife. Hat man die richtige Menge Öl und Seife getroffen, so kann die Dispersion von Öl in Wasser viele Tage oder sogar unbegrenzte Zeit haltbar sein. Eine solche Dispersion von Öl in Wasser wird als Emulsion bezeichnet. Der Ausdruck Emulsion wird für jede Dispersion einer Flüssigkeit in einer anderen gebraucht.

Um eine beständige Emulsion herzustellen, sind zwei praktisch nicht mischbare Flüssigkeiten und ein Emulgator notwendig. Bei dem oben angeführten Beispiel waren die beiden nicht mischbaren Flüssigkeiten Wasser und Klauenöl, der Emulgator die Seife. Obschon viele Untersuchungen ausgeführt worden sind, um den Mechanismus der Bildung und der Stabilisierung von Emulsionen zu klären, sind viele Punkte noch etwas verschleiert. Unser gegenwärtiges Wissen von den Emulsionen ist in einem solchen Zustand, daß seine praktische Anwendung auf die Lederherstellung außerordentlich schwierig ist. Indessen sind die Fettlicker und manche Appreturmittel Emulsionen. Um Fortschritte in den wissenschaftlichen Grundlagen des Fettlickerns und des Appretierens machen zu können, ist es notwendig, den Fortschritt zu überblicken, der auf dem Gebiete der Emulsionen gemacht wurde, auch wenn noch nicht einwandfrei feststeht, welche praktischen Anwendungen die verschiedenen Theorien der Emulsionen haben können.

Thomas (46) hat kürzlich die Literatur über Emulsionen zusammengestellt. In diesem Kapitel ist von dieser Übersicht über die Theorie der Emulsionen Gebrauch gemacht worden. Es gibt drei verschiedene Theorien über die Bildung und Stabilität der Emulsionen: 1. die Theorie der orientierten Keile, 2. die Oberflächenspannungstheorie und 3. die Viscositätstheorie.

a) Die Theorie der orientierten Keile.

Werden Öl, Seife und Wasser zusammen geschüttelt, so erhält man eine Dispersion von Öl in Wasser oder von Wasser in Öl. Bei dem früheren Beispiel bekommt man eine Dispersion von Klauenöl in Wasser, vorausgesetzt, daß Natrium- oder Kaliumseife verwendet wurde. Die emulgierende Wirkung der Seife wird der Tatsache zugeschrieben, daß sie aus zwei Bestandteilen aufgebaut ist, dem Alkalimetall-Ion, das in Wasser leicht und in Öl sehr wenig löslich ist, und dem Fettsäure-Ion, das in Wasser nur wenig löslich, im Öl aber leicht löslich ist. Die Seife bildet so ein verbindendes Glied zwischen dem Wasser und dem Öl.

Nach Harkins (16) ist die Seife um die Öltröpfchen in einer Schicht angeordnet, die ein Molekül dick ist. Dabei sollen die NaOOC-Enden des Seifenmoleküls im Wasser gelöst sein, während das Kohlenwasserstoffende im Öl gelöst ist. Die Idee ist in Abb. 328 bildlich dargestellt. Es ist vorausgesetzt worden, daß die Kohlenwasserstoffenden der Seifenmoleküle viel enger gelagert sein können als die NaOOC-Enden. Dadurch würde die Bildung einer Dispersion begünstigt, bei der das Natriumatom sich in der äußersten Schicht des Tröpfchens befindet, oder in der das Öl in Wasser dispergiert ist. Wäre das Wasser im Öl dispergiert, so würden sich die Kohlenwasserstoffenden der Seife in der äußersten Schicht des Tröpfchens befinden. In Seifen mit zwei- und dreiwertigen Metallen haben wir entsprechend zwei oder drei Fettsäuregruppen auf ein Metallatom. Wo die Seifenmoleküle so konstituiert sind, daß die Fettsäureenden der Moleküle nicht so dicht zusammengelagert werden können wie die Metallenden, kann die dichteste Lagerung nur durch eine Dispersion von Wasser in Öl zustande kommen. Dies ist für eine Zinkseife in Abb. 329 wiedergegeben.

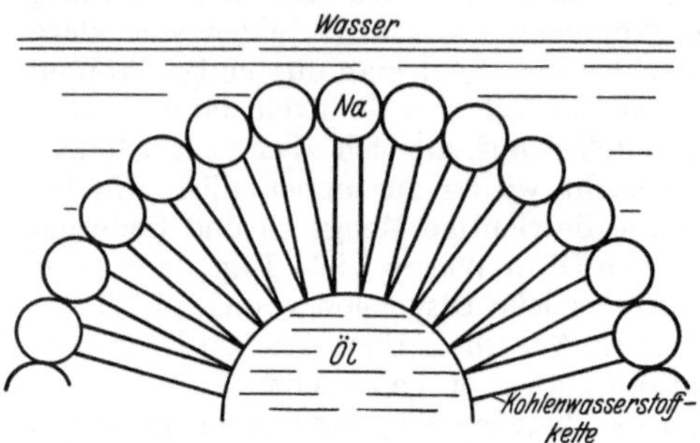

Abb. 328. Ein Tropfen Öl, der durch Natronseife in Wasser emulgiert gehalten wird (Theorie der orientierten Keile).

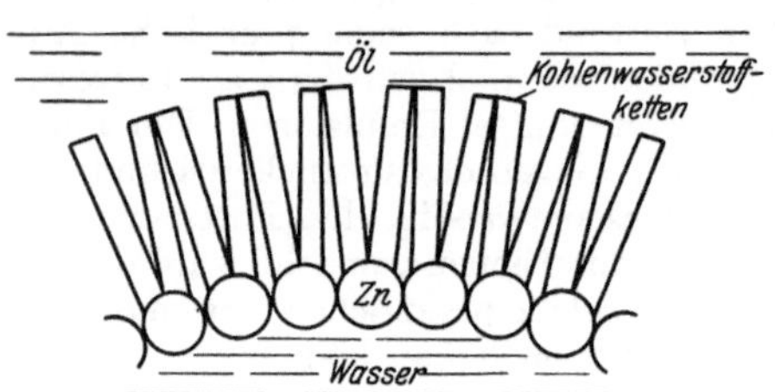

Abb. 329. Ein Wassertropfen, der durch eine Zinkseife emulgiert gehalten wird (Theorie der orientierten Keile).

Es hat sich gezeigt, daß die Seifen der Alkalimetalle gewöhnlich Emulsionen oder Dispersionen von Öl in Wasser ergeben, während Seifen zwei- und dreiwertiger Metalle zu Dispersionen von Wasser in Öl führen.

Hildebrand (13, 23) baute die Theorie der orientierten Keile aus, indem er hinwies, daß sowohl die Richtung als auch der Grad der Krümmung der Öl-Wasser-Grenzfläche mit dem Atomvolumen des Metalls der Seife und mit der Zahl der Kohlenwasserstoffketten, die entsprechend der Wertigkeit an ein einziges Metallatom gebunden sind, variiert. Natronseife macht die Grenzfläche gegen das Wasser hin konvex, wie aus Abb. 328 hervorgeht. Zinkseife macht die Grenzfläche gegen die Ölseite konvex, wie Abb. 329 zeigt. Eine Aluminiumseife muß eine noch größere Krümmung und noch beständigere Emulsionen von Wasser in Öl geben. Wo der Durchschnitt der Kohlenwasserstoffkette und der metallischen Enden des Seifenmoleküls von gleicher Größe sind, wird keine Neigung zur Krümmung und keine sehr beständige Emulsion vorliegen, trotz der hohen Absorption von Seife, die an den Grenzflächen noch möglich ist.

Nach dieser Theorie sollte das relative Emulgiervermögen einer Reihe von Seifen aus der Kenntnis der Atomvolumen der Metallenden abzuleiten sein. Die in Tabelle 113 angeführten Daten wurden den Arbeiten von Hull (26), Bragg (6) und Richards (38) entnommen.

Tabelle 113. Relative Größen der Atome.

Element	Durchmesser der Atome			Atomvolumen
	im Metall	in Halogeniden		
	Hull	Bragg	Richards	
Caesium	—	4,75	3,8	70,6
Kalium	—	4,15	3,46 (in KCL)	45,3
Natrium	3,72	3,55	2,85 (in NaCl)	22,9
Silber	2,87	3,55	—	10,2
Calcium	3,93	3,40	—	12,6
Magnesium . . .	3,22	2,85	—	7,0
Zink.	2,67	2,65	—	4,6
Aluminium . . .	2,86	2,70	—	3,4
Eisen	2,48	2,80	—	2,3

Nach Hildebrand sollten diese Zahlen anzeigen, daß die Fähigkeit der Seifen von Caesium, Kalium, Natrium und Silber, Öl in Wasser zu emulgieren, in der gegebenen Reihe abnimmt; umgekehrt sollte ihre Fähigkeit, Wasser in Öl zu emulgieren, in dieser Reihenfolge zunehmen. Diese Zahlen sollten weiter anzeigen, daß die Seifen der zweiwertigen Metalle Calcium, Magnesium und Zink eine viel geringere Fähigkeit zum Emulgieren von Öl in Wasser und eine viel größere Fähigkeit zur Emulgierung von Wasser in Öl haben sollten, und weiter, daß sie in dieser Hinsicht in der angeführten Reihenfolge variieren sollten. Die Seifen der dreiwertigen Metalle Aluminium und Eisen sollten die größte Neigung zur Emulgierung von Wasser in Öl haben.

b) Die Oberflächenspannungstheorie.

Es ist angenommen worden, daß Emulsionen gebildet werden, wenn das Emulgierungsmittel die Grenzflächenspannung zwischen den zwei Flüssigkeiten erniedrigt, und daß die Stabilität der gebildeten Emulsion mit einem Ansteigen der Viscosität wächst.

Quincke (37) stellte Emulsionen von verschiedenen fetten Ölen in wässerigen Lösungen von Natriumhydroxyd oder von Gummi arabicum her und zeigte, daß die Grenzflächenspannungen zwischen den Ölen und diesen Lösungen niedriger waren als jene zwischen den Ölen und reinem Wasser. Bevor Quincke seine Arbeit ausführte, war festgestellt worden, daß ranzige oder saure fette Öle in verdünnt alkalisch wässeriger Lösung bessere Emulsionen geben als reine Öle.

Donnan (10) zeigte, daß die emulgierende Kraft des Alkalis in Wirklichkeit der Seife zuzuschreiben ist, die durch Reaktion des Alkalis mit kleinen Mengen freier Fettsäuren, die gewöhnlich in fetten Ölen enthalten sind, zustande kommt. Er bewies das mit einer Tropfenzahlmethode und stellte fest, daß jene fettsauren Salze, die die Oberflächenspannung stark erniedrigen, gute Emulgatoren sind, und daß sie, da sie die Oberflächenspannung erniedrigen, sich in den Oberflächen rund um die Öltröpfchen herum konzentrieren müssen und, da die Seifenschicht in den Berührungspunkten noch stärker konzentriert ist, an den Stellen, wo die Tröpfchen zufällig zusammen kommen, Capillarkräfte sie auseinander zu halten versuchen.

In einer späteren Arbeit maßen Donnan und Pott (11) die Tropfenzahl von wässerigen Lösungen der Natriumsalze der gesättigten Fettsäuren von Essigsäure bis Laurinsäure. Sie stellten fest, daß alle die Oberflächenspannung herabsetzen; die erniedrigende Wirkung steigt mit dem Molekulargewicht, was aber erst beim Natriumsalz der Caprylsäure stark in Erscheinung tritt. Die relativen Wirkungen sind in Abb. 330 wiedergegeben.

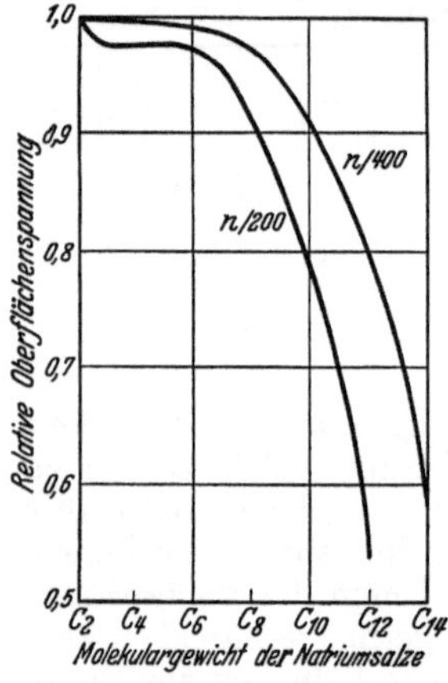

Abb. 330. Relative Erniedrigung der Oberflächenspannung zwischen Öl und Wasser durch die Natriumsalze der gesättigten Fettsäuren. Die Molekulargewichte sind durch die Zahl der Kohlenstoffatome per Molekül Säure angegeben.

Während eine ausgesprochene Erniedrigung der Oberflächenspannnung zwischen Öl und Wasser zuerst beim caprylsauren Natrium deutlich zutage tritt, wird eine geeignete emulgierende Wirkung erst beim Natriumsalz der Laurinsäure erreicht. Das weist auf einen zusätzlichen Faktor hin. Die Natriumsalze der niederen Fettsäuren bilden wahre Lösungen, während vom caprylsauren Natrium ab zum ersten Male das Auftreten kolloidaler Lösungen (d. h. charakteristischer Seifenlösungen) in die Erscheinung tritt. Noch ausgesprochener ist die Bildung kolloider Lösungen beim Natriumlaureat (29). Donnan und Pott kamen daher zu dem Schluß, daß, während eine Erniedrigung der Oberflächenspannung auf die konzentrierten Häutchen der Salze an der Grenzfläche zurückzuführen ist, sehr viscose oder gelatinöse Häutchen, die der Koagulation der Kügelchen Widerstand entgegensetzen, für die Stabilität der Emulsionen wesentlich sind.

Nach der Oberflächenspannungstheorie sollte die Seifenmenge, die aus der wässerigen Phase genommen und an der Öl-Wasser-Grenzfläche abgelagert wird, mit dem Grade der Dispersion des Öls in Wasser ansteigen. Dies konnte für Emulsionen von Benzol in Wasser experimentell belegt werden. In den letzten Jahren erschien die erste genaue quantitative Untersuchung über Grenzflächeneffekte zwischen Seife, Öl und Wasser. Harkins (20) fand, daß die Grenzflächenspannung zwischen Benzol und Wasser bei 20° 35,0 Dyn pro Zentimeter beträgt. Wurde Natriumhydroxyd zu der wässerigen Phase zugesetzt, bis die Konzentration $^1/_{10}$ molar war, und Ölsäure zu der Benzolphase, bis die Konzentration $^1/_{10}$ molar war, so wurde die anfängliche nicht im Gleichgewicht befindliche Grenzflächenspannung auf $^1/_{219}$ ihres ursprünglichen Wertes herabgesetzt. Wird außerdem zur wässerigen Phase Natriumchlorid zugesetzt, bis die Konzentration $^1/_{10}$ molar ist, so wird die Spannung auf etwa $^1/_{1000}$ ihres früheren Werts oder auf 0,04 Dyn pro Zentimeter herabgesetzt. Weiterer Zusatz von Natriumhydroxyd hat eine weitere Erniedrigung der Grenzflächenspannung zur Folge. Ein Zusatz von Calciumchlorid bis zu $^1/_{50}$ vom Äquivalentgewicht des vorhandenen Natriumchlorids erhöht die Oberflächenspannung merklich; die Erhöhung übertrifft sogar die durch das Natriumchlorid hervorgerufene Erniedrigung der Oberflächenspannung. Dies ist von besonderem Interesse im Hinblick auf die antagonistische Wirkung des Calciumchlorids und Natriumchlorids auf die Hydrolyse des Kollagens, die im 1. Band auf S. 196 bis 199 beschrieben wurde.

Harkins beobachtete weiter, daß das Benzol leicht in wässeriger Lösung emulgiert werden konnte, wenn die Grenzflächenspannung unter 10 Dyn/cm war, daß die Emulsion aber fast von selbst entstand, wenn die Oberflächenspannung unter 1 Dyn war.

Die Oberflächenspannungstheorie und die Theorie der orientierten Keile sind nicht unvereinbar. Reines Öl und reines Wasser sind unmischbar, weil die Anziehungskräfte der Ölmoleküle unter sich und der Wassermoleküle unter sich genügend groß sind, um praktisch die Anziehungskräfte zwischen den Ölmolekülen und den Wassermolekülen vollständig zu überwinden. Die Neigung für das Öl oder das Wasser, ineinander dispergiert zu werden, wird wachsen, wenn die Anziehungskräfte der Ölmoleküle für die Ölmoleküle oder der Wassermoleküle für die Wassermoleküle abnehmen oder wenn die Anziehungskraft des Öls für die wässerige Phase vergrößert wird. Wenn das Fettsäure-Ion einer Seife im Öl und das Natrium-Ion in Wasser gelöst ist, wird eine Anziehung der Ölphase für die Wasserphase geschaffen. Damit kommt eine entsprechende Neigung des Öls, im Wasser dispergiert zu werden, zustande. Diese Wirkung ist im allgemeinen für kolloidale Dispersionen auf S. 135 bis 142 des 1. Bandes geschildert. Die Theorie der orientierten Keile schildert diesen Mechanismus und sagt außerdem voraus, welche Flüssigkeit die zusammenhängende, und welche Flüssigkeit die dispergierte Phase bilden wird. Die Neigung zu einer Dispersion wird entsprechend erhöht, wenn eine Abschwächung in der Anziehung des Öls für Öl und des Wassers für Wasser mit einer steigenden Anziehungskraft der Ölphase für die Wasserphase verbunden ist. Offenbar ergänzen sich die beiden Theorien in diesem Punkte.

c) Die Viscositätstheorie.

Von Holmes und Cameron (24) ist die Theorie aufgestellt worden, daß die Emulsionen ihre Stabilität der Einhüllung der Tröpfchen durch viscose oder plastische Filme (Häutchen) des Emulgators verdanken, und daß Oberflächenspannungen keine große Bedeutung zukomme. Thomas (46) wies indessen darauf hin, daß diese Viscositätstheorie in Wirklichkeit mit der Oberflächenspannungstheorie nicht in Widerspruch steht, sondern vielmehr ein Zusatz dazu ist. Holmes und Cameron fanden, daß die Grenzflächenspannung zwischen Leuchtpetroleum und Wasser auf Zusatz von Gelatine bis zu 0,3 g pro 100 ccm der wässerigen Phase abnahm und dann konstant blieb, wenn die Gelatinekonzentration weiter erhöht wurde. Zur Bestimmung der Oberflächenspannung wurde die Pipettenmethode von Donnan benutzt. Thomas hebt jedoch hervor, daß Gelatinelösungen, die mehr als 0,1 g pro 100 ccm enthalten, zu gelatinieren neigen, selbst wenn die Gelteilchen kein zusammenhängendes einheitliches Gel bilden können, bis die dazu erforderliche Konzentration von etwa 1% erreicht ist, und weist darauf hin, daß die Pipettenmethode von Donnan zum Messen von Grenzflächenspannungen zwischen Öl und Wasser bei Gegenwart von Gummi oder Gelatine irreführende Resultate ergeben kann, die auf die elastischen halbfesten Häutchen zurückzuführen sind, die ringsum die Öltropfen gebildet werden.

Als optimale Gelatinemenge für die Emulgierung wurde eine Menge festgestellt, die der wässerigen Lösung eine Viscosität erteilt, die wenig größer ist als die des Wassers. Das kann erreicht werden, indem man eine geringe Menge Gelatine in reinem Wasser (0,1 bis 0,3%), oder einen Überschuß in Gegenwart von Salz, welches die Gelatine verflüssigt, z. B. Natriumjodid, benutzt. Z. B. geben 2,4%ige wässerige Gelatinelösungen keine beständige Emulsion von Leuchtpetroleum in Wasser, wohl aber gibt diese Gelatinelösung auf Zusatz von Natriumjodid eine recht beständige Emulsion. Salze, die Gelatine ausfällen, wie z. B. Sulfate, haben die entgegengesetzte Wirkung.

d) Emulgatoren.

Eine große Menge verschiedener Stoffklassen können als Emulgatoren Verwendung finden. Die üblichsten Stoffe, die zum Fettlickern verwendet werden, sind Seifen, sulfonierte Öle, Eigelb und die Bestandteile von Moellon. Andere viel gebrauchte Emulgatoren sind Proteine wie Gelatine, Albumine, Casein, Hämoglobin und Gliadin, Hydrolysenprodukte der Proteine wie Peptone und Gelatosen, wasserlösliche Gummiarten wie Gummi arabicum, Gummi-Traganth und irisches Moos, kolloidale Kohlenhydrate wie Stärke und Dextrine, Salze der Harzsäuren, Lanolin, Cholesterin, Lecithin, Saponine, eine Menge sulfonierter Verbindungen und eine Anzahl unlöslicher feiner Pulver. Die meisten dieser Stoffe bilden bereits in Wasser kolloidale Dispersionen. Indessen ist diese Eigenschaft für einen Emulgator nicht wesentlich, obwohl er zur Stabilität einer Emulsion beiträgt, weil er die Bildung eines kolloidalen Häutchens fördert.

e) Die Bestimmung der Phasen.

Es läßt sich nicht immer nach bloß visueller Beobachtung sagen, ob das Öl oder das Wasser die dispergierte Phase in einer Emulsion aus Öl und Wasser ist. Das gleiche gilt auch für Emulsionen anderer Flüssigkeiten. Eine der besten Methoden zur Unterscheidung besteht darin, zu beobachten, was bei weiterem Zusatz von einer der beiden Flüssigkeiten erfolgt. Entspricht die zugesetzte Flüssigkeit der zusammenhängenden Phase, so wird sie sich leicht mit der Emulsion mischen und sie verdünnen. Wird Wasser zu einer Dispersion von Öl in Wasser zugesetzt, so wird es sich leicht mit der Dispersion mischen; wird aber Wasser zu einer Dispersion von Wasser in Öl zugesetzt, so wird es sich nicht mischen, die Emulsion wird auf dem zugesetzten Wasser schwimmen.

Eine andere Methode besteht darin, auf der Oberfläche der Emulsion einen Farbstoff zu verstäuben, der in der einen Flüssigkeit löslich, in der anderen aber unlöslich ist. Der Zusatz eines öllöslichen Farbstoffs wird in einer Dispersion von Öl in Wasser zur Folge haben, daß sich die Tröpfchen färben, was unter dem Mikroskop leicht beobachtet werden kann. Auch durch Leitfähigkeitsmessungen kann zwischen Emulsionen von Öl in Wasser und von Wasser in Öl unterschieden werden. Wenn das Wasser die zusammenhängende Phase bildet, so ist die Leitfähigkeit hoch; wenn aber die Emulsion sich zu dem Typus Wasser in Öl umstellt, so fällt die Leitfähigkeit stark ab.

f) Die Umkehrung der Phasen.

Bei der Herstellung von Emulsionen aus verschiedenen Mengen Olivenöl und Wasser unter Benutzung von Natriumseife als Emulgator beobachtete Robertson (39), daß Emulsionen von Öl in Wasser gebildet wurden, wenn das Volumen des Olivenöls 90% oder weniger vom Gesamtvolumen der Emulsion betrug. Wurde mehr Öl benutzt, so entstanden Emulsionen von Wasser in Öl. Andererseits ist gefunden worden, daß alle Mengenverhältnisse von Benzol in Wasser mit Natriumoleat als Emulgator Emulsionen vom Typus Öl in Wasser geben.

Seifriz (41) stellte eine Reihe Emulsionen von Öl in Wasser her und benutzte Casein als Emulgator. Mit einer Reihe von Mineralölen einer bestimmten chemischen Reihe wurde gefunden, daß der Typus der erhaltenen Emulsion vom spezifischen Gewicht des Öls abhängt. Das Casein wurde in verdünnter Kaliumhydroxydlösung aufgelöst und diese Lösung mit Essigsäure neutralisiert. Auf diese Weise erhält man eine feine kolloidale Caseinsuspension, die noch zur Entfernung der Elektrolyten dialysiert wurde. Die Caseinkonzentration belief sich auf 0,2% der wässerigen Phase. Gleiche Volumen Öl und Wasser wurden nach der Methode von Brigg (7) zusammengeschüttelt. Die Versuchsergebnisse sind in Tabelle 114 wiedergegeben.

Seifriz folgerte daraus, daß sich Emulsionen aus Petroleumfraktionen, Wasser und Casein je nach dem spezifischen Gewicht der Petroleumfraktion verschieden verhalten: 1. Petroleumfraktionen, deren spezifisches Gewicht unter 0,820 liegt, bilden feine beständige Emulsionen von Öl in Wasser. 2. Petroleumfraktionen vom spezifischen Gewicht von 0,820 bis 0,828 bilden grobe und wenig stabile Emulsionen von Öl in Wasser. 3. Petroleumfraktionen vom spezifischen Gewicht 0,828 bis 0,857 stellen eine Zone der Instabilität dar und geben überhaupt keine Emulsionen. 4. Petroleumfraktionen vom spezifischen

Gewicht von 0,857 bis 0,869 geben grobe bis mittlere und wenig bis mäßig beständige Emulsionen von Wasser in Öl. 5. Petroleumfraktionen vom spezifischen Gewicht 0,869 bis 0,895 und darüber bilden feine und stabile Emulsionen von Wasser in Öl.

Tabelle 114. Einfluß des spezifischen Gewichts von Mineralöl auf die Emulsionsbildung mit dem gleichen Volumen einer 0,2%igen wässerigen Caseinlösung.

Spezifisches Gewicht des Öls	Typus der Emulsion	Dispersionsgrad	Stabilität
0,664[a]	ÖW[f]	fein[h]	beständig[i]
0,726[b]	ÖW	fein	beständig
0,803	ÖW	fein	beständig
0,818	ÖW	fein	beständig
0,820[c]	ÖW	mittel	mäßig beständig
0,828	ÖW	grob	unbeständig
0,839	—	—	sofortige Scheidung in Schichten
0,849	—	—	sofortige Scheidung in Schichten
0,856	—	—	sofortige Scheidung in Schichten
0,857	1 ÖW	grob	unbeständig
	oder WÖ[g]	fein	beständig
	2 WÖ	mittel	mäßig beständig
0,869[d]	WÖ	mittel	beständig
0,874	WÖ	fein	beständig
0,884	WÖ	fein	beständig
0,895[e]	WÖ	fein	beständig

[a] Isohexan (Schmelzpunkt 77°).
[b] Isooctan (Schmelzpunkt 118°).
[c] Siedetemperatur 130 bis 150° bei 67 mm Druck.
[d] Siedetemperatur 210 bis 230° bei 67 mm Druck.
[e] Siedetemperatur über 270° bei 67 mm Druck.
[f] ÖW = Öl in Wasser, WÖ = Wasser in Öl.
[g] Beide Typen existieren in der gleichen Emulsion nebeneinander.
[h] Ist der Dispersionsgrad als „fein" bezeichnet, so besitzen die Öl- oder Wassertröpfchen einen Durchmesser von durchschnittlich 0,02 mm oder weniger. Bei einer als „mittel" bezeichneten Dispersion variieren sie von 0,02 bis 0,5 mm. „Grobe" Emulsionen sind jene, bei denen der Durchmesser der Tröpfchen über 0,5 mm beträgt.
[i] Stabilität ist hier nur ein relativer Begriff. Da die meisten Emulsionen mit Elektrolyten hergestellt waren, wurden sie nicht länger als 15 Minuten, abgesehen von wenigen Ausnahmen, stehen gelassen. Eine Emulsion, die in dieser Zeit wenig oder gar keine Neigung zur Entmischung zeigte, wurde als „beständig" angeführt. Eine „mäßig beständige" Emulsion war nur wenige Minuten beständig. „Unbeständige" Emulsionen entmischten sich innerhalb einer Minute.

Es sind nicht genügend Angaben vorhanden, um diese Befunde ohne gewagte Spekulationen mit den allgemein angenommenen Theorien in Einklang zu bringen. Thomas (46) hat angenommen, daß die scheinbare Verwirrung, die diese Befunde in der Literatur angerichtet haben, durch eine präzisere Definition der Emulsion geklärt werden könne. Clayton (8) hat darauf hingewiesen, daß das Ausmaß, in welchem das Casein durch die Öle mit höherem spezifischen Gewicht peptisiert werden könne, einen unbekannten Faktor bildet. Seifriz betrachtet die Resultate im Sinne der Oberflächenspannungstheorie von Barcroft (2) und der Theorie der gerichteten Keile von Langmuir (28), Hildebrand (23) und Harkins (17). Er stellt sich vor, daß die Wertigkeit des Caseins für Paraffinöle mit dem spezifischen Gewicht des Öls wachsen kann, was natürlich den Wechsel im Emulsionstypus auf der Grundlage der Theorie der orientierten Keile erklären würde. Diese Ansicht muß jedoch als sehr spekulativ angesehen werden.

Seifriz untersuchte den Einfluß von Elektrolyten auf die gerade beschriebenen Emulsionen. Er fand, daß die Emulsionen von Öl in Wasser durch Elektrolyte in der folgenden Reihe stabilisiert wurden: $NaOH > Ba(OH)_2 > Th(NO_3)_4 > Al_2(SO_4)_3 > BaCl_2 > NaCl$. Die Emulsionen von Wasser in Öl wurden alle durch Zusatz von $NaOH$, $Ba(OH)_2$ und $Th(NO_3)_4$, weniger leicht durch $Al_2(SO_4)_3$ in den Typus Öl in Wasser übergeführt. Anderseits waren $NaCl$ und $BaCl_2$ ohne Wirkung. Hatten die Öle ein höheres spezifisches Gewicht, so waren die Emulsionen von Wasser in Öl stabiler und wurden weniger leicht durch Zugabe von Elektrolyten umgekehrt. Nach Seifriz hat die Valenz der Elektrolyten keinen Einfluß auf Emulsionen, aber Ghosh und Dhar (14) haben hingewiesen, daß die obige Elektrolytenreihe recht verständlich ist. Clayton (8) bemerkt dazu, daß die Frage nur durch Bestimmung des Vorzeichens der Ladung, die die Tröpfchen in den einzelnen Fällen tragen, entschieden werden kann, wenn der Einfluß der OH'-, der Th^{++++}- und anderer Ionen vorausgesagt werden soll.

Seifriz brachte in seinen Veröffentlichungen eine Reihe recht hübscher Mikrophotographien, von denen fünf in diesem Kapitel wiedergegeben sind. Eine Beschreibung der Herstellung dieser Emulsionen sei mit den eigenen Worten von Seifriz wiedergegeben:

„Doppelte Umkehrung von Paraffinölemulsionen. Ein Gemisch von 25 ccm eines Paraffinöldestillats vom spezifischen Gewicht 0,834 und von 25 ccm einer wässerigen Caseindispersion kann durch wiederholtes Schütteln nicht emulgiert werden. Die beiden Phasen trennen sich sofort wieder. Durch Zugabe von 0,03 ccm einer 0,2 molaren Bariumhydroxydlösung bildet sich beim Schütteln eine grobe, aber mäßig stabile Emulsion von Wasser in Öl, in deren großen Wasserkügelchen sich einige zerstreute Öltröpfchen finden. Letztere sind die Vorläufer für die künftigen Emulsionen von Öl in Wasser (s. Abb. 331). Ein weiterer Tropfen 0,2 molare Barytlösung (0,66 ccm in 50 ccm Emulsion) läßt die grobe Emulsion von Wasser in Öl unverändert, erhöht aber die Menge des in den Wasserkügelchen dispergierten Öls, wie aus Abb. 332 zu ersehen ist. Ein weiterer Kubikzentimeter der 0,2 molaren Barytlösung kehrt die ganze Emulsion in ein stabiles System einer Emulsion von Öl in Wasser um (s. Abb. 333).

Während die obige Beschreibung sich mit der üblichen Wirkung von Bariumhydroxyd und Natriumhydroxyd auf Erdöldestillate befaßt, die in der Zone der Instabilität liegen (spezifisches Gewicht 0,828 bis 0,857), kommen oft überraschende Abweichungen in diesem Verhalten vor. Zwei Proben eines instabilen Gemisches eines Kohlenwasserstofföls vom spezifischen Gewicht 0,828 verhielten sich ganz unterschiedlich. Die eine Probe deckte sich in ihrem Verhalten praktisch mit der oben beschriebenen Emulsion. Auf Zusatz von 0,2 ccm einer 0,2 molaren Natriumhydroxydlösung bekam die Emulsion allmählich den Charakter einer feinen stabilen Emulsion von Wasser in Öl. Weiterer Zusatz von Natronlauge machte die Wasser-in-Öl-Emulsion grob, bis sich bei einer Konzentration von 5 ccm der 0,2 molaren Natronlauge die beiden Phasen abschieden. Durch Zugabe von einem weiteren Kubikzentimeter Lauge wurde eine feine stabile Emulsion von Öl in Wasser gebildet. Eine zweite Probe der gleichen ursprünglichen unstabilen Emulsion ergab auf Zusatz von Barytlösung sofort eine feine und beständige Emulsion von Öl in Wasser. Die Vorstufe der Emulsion Wasser in Öl, die die erste Probe durchmachte, blieb hier also aus.

Noch eine andere unstabile Emulsion eines Erdöldestillats vom spezifischen Gewicht 0,852 machte die Vorstufen einer Emulsion von Wasser in Öl durch, aber anstatt daß sich diese Emulsion später bei einer mäßigen Konzentration von Hydroxyd in eine Emulsion von Öl in Wasser umkehrte, war sie so gründlich fundiert, daß noch nach Zugabe von 25 ccm einer 0,2 molaren Barytlösung eine feine Emulsion von Wasser in Öl vorlag, die keine Anzeichen zeigte, in den entgegengesetzten Typus überzugehen. Abb. 334 gibt ein Bild dieser Emulsion. Weitere 10 ccm Natronlauge, also insgesamt 35 ccm, führten das System in eine feine stabile Emulsion von Öl in Wasser über. Die Beständigkeit dieser Emulsion von Wasser in Öl kann möglicherweise zum Teil der Tatsache zugeschrieben werden, daß das Öl vom spezifischen Gewicht 0,852 sich, obwohl es innerhalb der unemulgierbaren Zone der Instabilität liegt, doch sehr nahe der oberen Grenze dieser Zone (spezifisches Gewicht 0,857) befindet, bei welchem Punkt die Paraffinöle ohne Zugabe eines Elektrolyten stabile Emulsionen von Wasser in Öl bilden. Das zuerst besprochene Öl (spezifisches Gewicht 0,834), das anfänglich eine Emulsion von Wasser in Öl bildete und dann durch eine geringe Hydroxydkonzentration (1 ccm) umgekehrt wurde, ist der anderen Grenze der unstabilen Zone benachbart, unter derem Grenzpunkt (spezifisches Gewicht 0,828) die Erdölfraktionen stabile Emulsionen von Öl in Wasser bilden, ohne daß ein Elektrolyt zugesetzt zu werden braucht.

Diese doppelten Umkehrungen von Erdölemulsionen mit dem gleichen Elektrolyten erfolgen nur auf Zusatz eines Hydroxyds, häufiger mit Bariumhydroxyd als mit Natriumhydroxyd, und nur mit Petroleumdestillaten, die innerhalb der Instabilitätszone liegen.“

Thomas (46) nimmt an, daß eine Emulsion von großen Wassertropfen in Öl, in deren großen Wassertropfen wieder kleine Öltröpfchen emulgiert sind, wie die Abb. 331 zeigt, wahrscheinlich gerade eine sogenannte viscose Emulsion ist. Das Schütteln gleicher Volumen Öl und caseinhaltigen Wassers, das Casein bis zur Grenze der Ausflockung enthält, verursacht ein Aufteilen der Wasserphase sowohl wie auch der Ölphase, die erstere wird durch die viscosen Häutchen des niedergeschlagenen Caseins und die Viscosität des Gemisches allgemein aufgeteilt erhalten. Das Ganze geht in eine wirkliche Emulsion von Öl in Wasser über, wenn das Casein zu einer klaren Lösung von Barium- oder Natriumcaseinat gelöst worden ist. Es muß daran erinnert werden, daß Casein eine amphotere Verbindung ist; in der Nähe des Neutralpunkts kann es Veränderungen unterliegen, die zur Zeit noch nicht

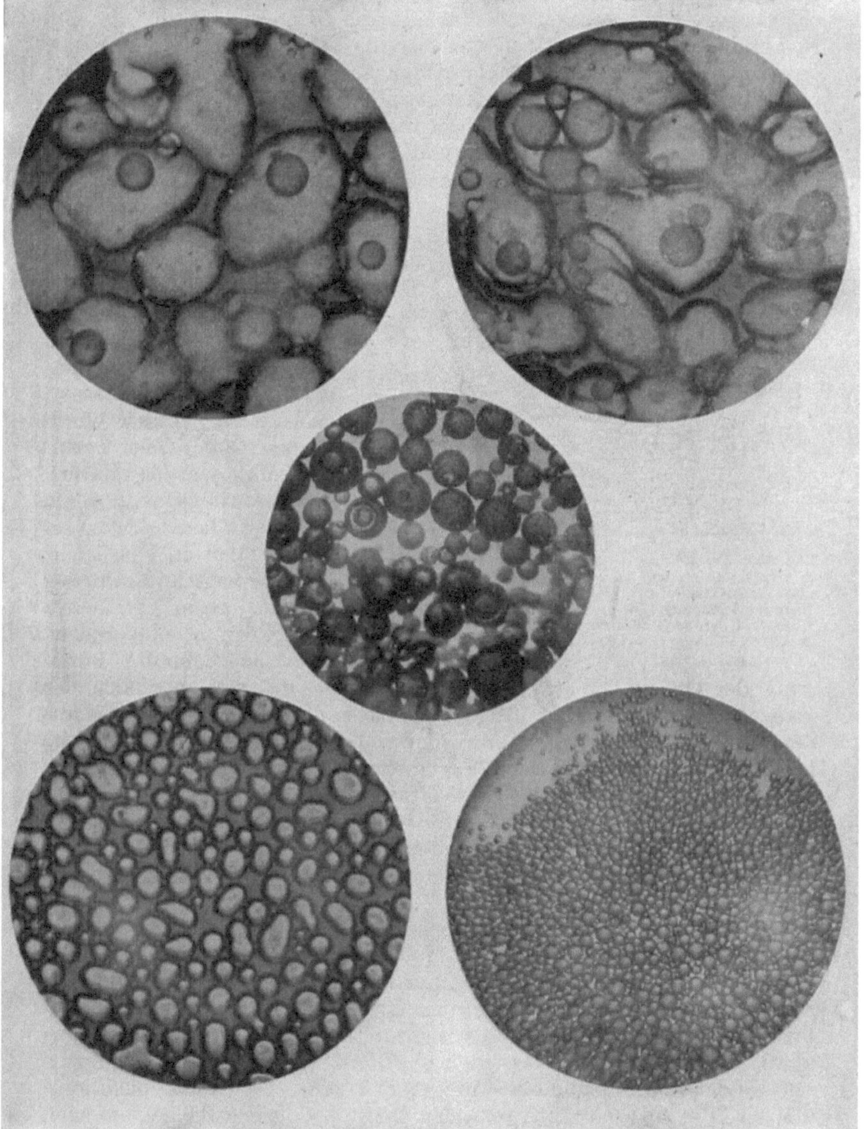

Abb. 331 bis 335. Emulsionen von Öl in Wasser und Wasser in Öl von Seifritz.

geklärt sind, aber einen sehr großen Einfluß auf die Emulsionen haben können.

Clowes (9) hat bei einer Emulsion die Umkehrung des Typus Öl in Wasser in den Typus Wasser in Öl beschrieben. Setzt man Calciumchlorid zu einer Emulsion aus einem fetten Öl in Wasser zu, die mit Natriumoleat emulgiert ist, so wird sich die Emulsion entmischen, wenn das Verhältnis von Calciumchlorid zur Seife 1 Mol zu 4 Mol beträgt, oder wenn die Calcium- und Natriumseife in äquivalenten Mengen vorliegen. Wenn Calciumchlorid über dieses Verhältnis hinaus zugesetzt wird, kehrt sich die Emulsion in eine Emulsion von Wasser in Öl um. Clowes stellte bei der mikroskopischen Untersuchung fest, daß die

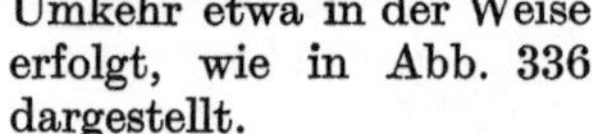

Umkehr etwa in der Weise erfolgt, wie in Abb. 336 dargestellt.

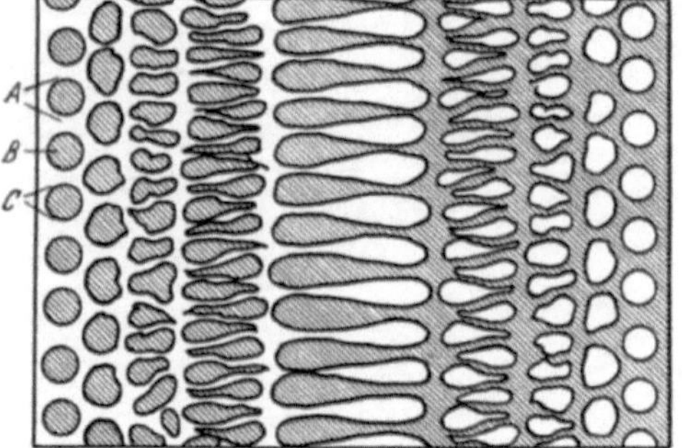

Abb. 336. Überführung einer Emulsion von Öl in Wasser in eine Emulsion von Wasser in Öl durch den Einfluß eines antagonistischen Elektrolyten. Die schraffierten Teile der Zeichnung geben das Öl, die unschraffierten das Wasser wieder. *A* = zusammenhängende Phase; *B* = dispergierte Phase; *C* = Oberflächenhäutchen der Seife.

Bei der mikroskopischen Betrachtung der Umbildung einer Emulsion von Öl in Wasser durch Calciumchlorid wurde beobachtet, daß die im Wasser emulgierten Öltröpfchen zuerst deformiert wurden und sich dann verlängerten, wenn sie sich dem kritischen Punkt näherten, wobei sehr stark Brownsche Bewegung auftrat. Beim kritischen Punkt wurde eine außerordentlich lebhafte Bewegung der Öl- und Wassermassen festgestellt, die wahrscheinlich der Existenz zweier zusammenhängender Phasen zuzuschreiben ist, wie aus dem Mittelteil der Abb. 336 hervorgeht. Jenseits des kritischen Punkts besteht die Emulsion in der Hauptsache aus großen Tropfen Wasser, die von Öl umgeben sind. Diese Wassertropfen enthalten noch Öltröpfchen, die sich in lebhafter Brownscher Bewegung befinden. Die vollständige Überführung des Systems in eine Emulsion von Wasser in Öl wird dadurch erkannt, daß die Brownsche Bewegung der Ölteilchen aufhört.

Seifriz (41) emulgierte Olivenöl mit einer 10%igen wässerigen Gelatoselösung. Die Emulsion ist in Abb. 335 wiedergegeben. Auf Zusatz einer geringen Menge 0,2 molarer Barytlösung schlug die Emulsion aus dem Typus Öl in Wasser in den Typus Wasser in Öl um, bei weiterem Zusatz von Barytlösung verwandelte sie sich aber wieder in den alten Typus Öl in Wasser zurück. Diese komplizierten Wirkungen müssen der Überführung des Emulgators in einen plastischen membranartigen Film zuzuschreiben sein, der durch das gleiche Reagens je nach der zugesetzten Menge gebildet oder zerstört werden kann.

g) Die Herstellung und Entmischung von Emulsionen.

In den Gerbereien werden die Fettlickeremulsionen gewöhnlich in der einfachst möglichen Weise und ohne Benutzung irgendwelcher Spezialapparate hergestellt. Emulsionen von Seife und Öl werden hergestellt, indem die Seife in einem Faß in heißem Wasser gelöst und dann langsam unter Umrühren das Öl zugesetzt wird. Zuweilen läßt man noch heißen Dampf durch die Mischung strömen, der die Temperatur erhöht und den Licker ziemlich heftig durcheinander mischt. Fettlicker, die sulfonierte Öle und Eigelb enthalten, dürfen niemals über 38° erhitzt werden; dies ist aber auch gar nicht nötig, da sich beide Stoffe leicht in Wasser von 38° dispergieren.

Tabelle 115. Zeitdauer der Emulgierung unter dauerndem Schütteln[1]. (Benzol und 1%ige wässerige Lösung von Natriumoleat.)

Volumen Benzol in 100 Volumen	Zeitdauer (in Minuten)
30	1
40	1
50	3
60	7
70	10
80	15
90	22
95	40
96	125
99	480

Bei der Bereitung von Emulsionen ist beobachtet worden, daß zeitweises Rühren viel wirksamer ist als ununterbrochenes Rühren. Briggs (7) belegte das mit einer sehr interessanten Versuchsreihe. Die Tabelle 115 gibt die Ergebnisse einer solchen Versuchsreihe wieder; sie zeigt den Einfluß der Zeit auf die Emulgierung von Benzol in einer 1%igen wässerigen Lösung von Natriumoleat bei ununterbrochener Rührung. Die Tabelle 116 bringt die Ergebnisse einer anderen Serie, bei welcher das Gemisch nach jedem Schütteln 30 Sekunden ruhig stehen gelassen wurde. In diesen Ruhezeiten schied sich das noch nicht emulgierte Benzol über der noch unfertigen Emulsion ab.

Tabelle 116. Die Emulgierung bei nur zeitweisem Schütteln. (Benzol und 1%ige wässerige Lösung von Natriumoleat.)

Volumen Benzol in 100 Volumen	Dauer der Emulgierung (in Minuten)	Anzahl der Schüttlungen
80	3,5	7
84	6,5	13
86	7,0	14
88	9,0	18
90	12,5	25
92	15,5	31
94	22,5	45
96	40,0	80

Werden die Emulsionen in der Weise bereitet, daß man die zu emulgierende Flüssigkeit in die emulgierende Flüssigkeit langsam einlaufen läßt, wie etwa Benzol in eine Seifenlösung, so ist das Volumen der Seifenlösung plus des emulgierten Benzols im Vergleich zu der noch nicht emulgierten Benzolschicht groß. Unter diesen Bedingungen wächst für eine bestimmte Schüttelmethode die Leichtigkeit

[1] Es wurde mit einer Maschine geschüttelt, die in der Minute 400 Bewegungen ausführt, so daß die Zahl der Minuten multipliziert mit 400 die Zahl der Schüttelbewegungen angibt.

der Emulgierung mit dem Volumen der Seifenlösung und dem emulgierten Benzol.

Die Erfahrungen von Briggs bei nur zeitweisem Schütteln legen jedoch klar, daß noch ein weiterer Faktor im Spiele ist. Die Bildung einer vollständigen Emulsion wird erleichtert, wenn das Emulsionsgemisch und die Benzolphase vor jedem Schütteln zwei deutliche Schichten bilden können. Das bedeutet wahrscheinlich, daß Emulsionen viel leichter gebildet werden, wenn relativ wenig Benzol kurz in Berührung mit einem großen und zusammenhängenden Volumen der dispergierenden Flüssigkeit in Berührung geschüttelt wird.

Fortgesetztes Schütteln teilt sowohl die wässerige Phase als auch das Benzol auf. Jeder Vorgang, bei dem die zusammenhängende Phase aufgeteilt wird, muß die Emulgierung ebenso verzögern wie jeder Prozeß, bei dem die zu dispergierende Phase aufgeteilt wird, die Emulgierung fördert. Es sollte schwieriger sein, die Seifenlösung in Tröpfchen aufzuteilen als das Benzol, wenn das Volumen der Seifenlösung groß ist, und daher in solch einem Falle die Bildung einer Emulsion von Benzol in Wasser leicht sein. Werden Benzoltropfen in der Seifenlösung gebildet, so verhindern die Seifenhäutchen die Koagulation der Tropfen. Es gibt jedoch nichts, die schnelle Koagulierung der Wassertropfen in Benzol zu verhindern. Folglich besteht die beste Methode darin, die Benzolteilchen aufzuteilen, ohne die wässerige Phase aufzuteilen. Damit ist erklärt, warum unterbrochenes Schütteln zu wirksameren Ergebnissen führt. Eine Methode, bei welcher Benzol aufgeteilt werden kann unter ungünstigen Bedingungen für eine gleichzeitige Aufteilung der Seifenlösung, besteht darin, das Gemisch in einer Flasche zu drehen. Briggs erzielte eine vollständige Emulgierung von 90 Volumen Benzol in 100 Volumen Gemisch, wenn er die Flasche zwei Minuten ununterbrochen drehte.

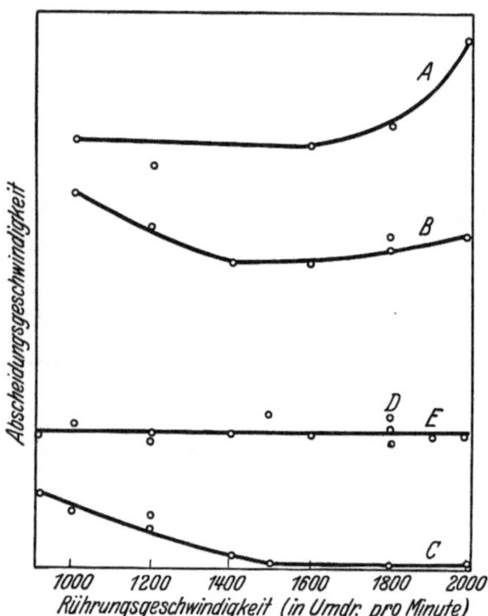

Abb. 337. Einfluß der Rührungsgeschwindigkeit auf die Emulgierung. *A*, *B*, *C*, *D* und *E* stellen fünf verschiedene untersuchte Schmieröle dar. Während der Grad der Emulgierung der Öle *D* und *E* innerhalb der Grenzen von 900 und 2000 Umdrehungen pro Minute konstant ist, und während beim Schütteln des Öls *C* bei schnellerer Rührung als 1500 Umdrehungen pro Minute nichts gebessert wird, macht sich bei den Ölen *A* und *B* bei höherer Umdrehungszahl eine Erhöhung der Abscheidungsgeschwindigkeit bemerkbar.

Es scheint die allgemeine Anschauung in der Praxis der Emulgierung zu sein, daß die Ölphase und die wässerige Phase so heftig wie möglich geschüttelt werden müssen, damit sich kleine Kügelchen bilden. Übermäßiges Schütteln kann jedoch die emulgierten Kügelchen vergrößern (1). Bei einer Untersuchung über den Widerstand, den die Schmieröle der Emulgierung in Wasser entgegensetzen, stellte Herschel (22) fest, daß bei einer gegebenen Zeit eine Erhöhung der Rührungsgeschwindigkeit eine stärkere Emulgierung bis zu 1500 Umdrehungen pro Minute hervorrief. Bei höheren Umdrehungszahlen hingegen nahm die Wirksamkeit der Emulgierung bei gewissen Ölen ab. In Abb. 337 sind die Ergebnisse dieser Versuche graphisch wiedergegeben. Moore (32) untersuchte den Einfluß der Schüttelzeit auf die Emulgierung von Wasser in Leuchtöl und benutzte dazu Ruß als Emulgator. Die durchschnittliche Größe der dispergierten Wasserkügelchen nahm bis zu einem Minimum ab, um dann bei weiterem Rühren wieder zuzunehmen. Die Versuchsergebnisse sind in Abb. 338 dargestellt.

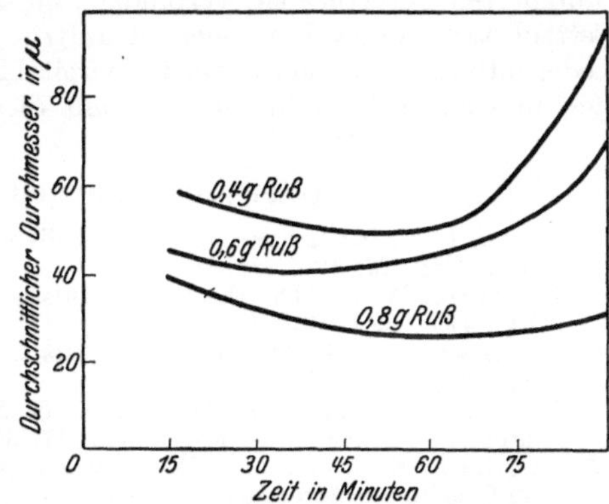

Abb. 338. Einfluß der Zeit bei konstanter Rührungsgeschwindigkeit auf die Feinheit einer Emulsion von Wasser in Leuchtöl.

Die Literatur, die sich mit der speziellen Herstellung von Emulsionen für die Lederindustrie befaßt, ist sehr gering. Man hat Versuche mit Kolloidmühlen und verschiedenen Typen von Emulgierapparaten wie auch mit verschiedenen Ölen und Emulgatoren ausgeführt, so daß einige Hoffnung ist, daß die Unzulänglichkeit der Literatur allmählich überwunden wird.

Thomas beschreibt neun Methoden zur Entmischung von Emulsionen. Im allgemeinen kann die Aufhebung der Emulgierung erreicht werden durch:

1. Zusatz eines Überschusses der dispergierten Phase und anschließendes Schütteln.
2. Zusatz einer Flüssigkeit, in der die beiden flüssigen Phasen löslich sind.
3. Zerstörung des Emulgators.
4. Zugabe einer Substanz, die den Typus der Emulsion umkehrt, oder eines Emulgators, der in der umgekehrten Richtung emulgiert.
5. Filtration.
6. Erhitzen.
7. Abkühlen bzw. Ausfrieren.
8. Elektrolyse.
9. Zentrifugieren.

Der übliche Fettlicker besteht aus einer Emulsion von Öl in Wasser, bei der die Ölkügelchen negative elektrische Ladungen tragen. Alle gewöhnlichen Leder reagieren sauer und nehmen im feuchten Zustande positive elektrische Ladung an. Wilson (47) nimmt an, daß die anfängliche Neigung zum Entmischen der Emulsion während des Fettlickerns dadurch zustande kommt, daß zwischen dem elektrisch positiv geladenen Leder und den negativ geladenen Öltröpfchen Neutralisation erfolgt. Werden zum Fettlickern Emulsionen aus Seife und Öl verwendet, so verbindet sich nach dieser Theorie das Leder chemisch mit dem Anion der Seife, wobei an dem Punkte der Bindung das freie Öl frei wird. Dieses Öl kann dann beim Trocknen in das Leder diffundieren. Da ein sulfoniertes Öl im wesentlichen eine Dispersion der Seife einer sulfonierten Fettsäure ist, verbindet sich das Leder praktisch mit aller Fettsubstanz, ohne daß freies Öl auftritt, das beim Trocknen in das Leder diffundieren könnte. Die im Kapitel 28 gegebenen Angaben finden sich in vollster Übereinstimmung mit dieser Theorie.

Literaturzusammenstellung.

1. Ayres, E. E. jr.: Separation of fixed oils from soapwater emulsions. Chem. Met. Eng. **22**, 1057 (1920).
2. Bancroft, W. D.: The theory of emulsification. J. physic. Chem. **16**, 177, 345, 475, 739 (1912); **17**, 501 (1913).
3. Bhatnagar, S. S.: Studies in emulsions. J. Chem. Soc. **117**, 542 (1920); **119**, 61, 1760 (1921).
4. Bingham, E. C., G. F. Rolland u. G. E. Hilbert: Sulfite liquor as a protective colloid. Ind. Eng. Chem. **17**, 952 (1925).
5. Bingham, E. C. u. G. F. White: Viscosity and fluidity of emulsions, crystalline liquids and colloidal solutions. J. Amer. Chem. Soc. **33**, 1257 (1911).
6. Bragg, W. L.: Arrangement of atoms in crystals. Phil. Mag. **40**, 169 (1920).
7. Briggs, T. R.: Experiments on emulsions. J. physic. Chem. **19**, 210, 478 (1915); **24**, 120, 147 (1920).
8. Clayton, W.: Die Theorie der Emulsionen und der Emulgierung. Deutsche Übersetzung. Berlin 1924.
9. Clowes, G. H. A.: Protoplasmic equilibrium. J. physic. Chem. **20**, 407 (1916).
10. Donnan, F. G.: Über die Natur der Seifenemulsionen. Z. physik. Chem. **31**, 42 (1899).
11. Donnan, F. G. u. H. E. Potts: Über die Emulgierung von Kohlenwasserstoffölen durch wässerige Lösungen fettsaurer Salze. Kolloid-Z. **7**, 208 (1910).
12. Ellis, R.: Die Eigenschaften der Ölemulsionen. Z. physik. Chem. **78**, 321 (1912); **80**, 597 (1912); **89**, 145 (1914).
13. Finkle, P., H. D. Draper u. J. H. Hildebrand: The theory of emulsification. J. Amer. Chem. Soc. **45**, 2780 (1923).
14. Ghosh, S. u. N. R. Dhar: Influence of ions carryingg the same charge the dispersed particles in the inversion of emulsions. J. physic. Chem. **30**, 294 (1926).
15. Griffin, E. L.: Emulsions of mineral oil with soap ans water; the interfacial film. J. Amer. Chem. Soc. **45**, 1648 (1923).
16. Harkins, W. D.: The stability of emulsions, monomolecular and polymolecular films, thickness of the water film on salt solutions, and the spreading of liquids. Colloid Symposium Monograph **5**, 19 (1928).
17. Harkins, W. D. u. N. Beeman: The oriented-wedge theory of emulsions. Proc. Acad. natur. Sci. Philad. **11**, 631 (1925).
18. Harkins, W. D., E. C. H. Davies u. G. L. Clark: The orientation of molecules in the surfaces of liquids, the energy relations at surfaces, solubility, adsorption, emulsification, molecular association, and the effect of acids and bases on interfacial tension. J. Amer. Chem. Soc. **39**, 541 (1917).

19. Harkins, W. D. u. E. B. Keith: The oriented-wedge theory of emulsions and the inversion of emulsions. Science (N. Y.) **59**, 463 (1924).
20. Harkins, W. D. u. H. Zollman: Interfacial tension and emulsification. J. Amer. Chem. Soc. **48**, 69 (1926).
21. Hatschek, E.: Emulsions. Brit. Assoc. Colloid Reports **2**, 16 (1918).
22. Herschel, W. H.: Bur. Standards Tech. Paper **86** (1918).
23. Hildebrand, J. H.: The theory of emulsification. Bogue's Colloidal Behavior **1**, 212 (1924).
24. Holmes, H. N. u. D. N. Cameron: Cellulose nitrate as an emulsifying agent. J. Amer. Chem. Soc. **44**, 66 (1922).
25. Holmes, H. N. u. W. C. Child: Gelatin as an emulsifying agent. J. Amer. Chem. Soc. **42**, 2049 (1920).
26. Hull, A. W.: The position of atoms in metals. Proc. Amer. Inst. Elec. Eng. **38**, 1171 (1919).
27. Kraemer, E. O. u. A. G. Stamm: A new method for the determination of the distribution of size of particles in emulsions. J. Amer. Chem. Soc. **46**, 2709 (1924).
28. Langmuir, I.: The constitution and fundamental properties of solids and liquids. II. Liquids. J. Amer. Chem. Soc. **39**, 1848 (1917).
29. Mayer, A., G. Schaeffer u. E. Terroine: Physikalisch-chemische Untersuchungen über die Seifen als Kolloide. Compt. rend. **146**, 484 (1908).
30. Meunier, L. u. M. Maury: Émulsion des Matières Grasses. Collegium **1910**, 277, 285.
31. Moore, B. u. C. J. I. Krumbholz: On the relative power of various forms of proteins in conserving emulsions. Proc. Physiol. Soc. London **54** (1898).
32. Moore, W. C.: Emulsification of water and of ammonium chloride solutions by means of lamp black. J. Amer. Chem. Soc. **41**, 940 (1919).
33. Newman, F. R.: Experiments on emulsions. J. physic. Chem. **18**, 34 (1914).
34. Ostwald, W.: Beiträge zur Kenntnis der Emulsionen. Kolloid-Z. **6**, 103 (1910).
35. Pickering, S. U.: Emulsions. J. Chem. Soc. **91**, 2002 (1907).
36. Powis, P.: Der Einfluß von Elektrolyten auf die Potentialdifferenz an der Öl-Wassergrenzfläche einer Ölemulsion und an einer Glas-Wassergrenzfläche. Z. physik. Chem. **89**, 91, 179, 186 (1914).
37. Quincke, G.: Die physikalischen Eigenschaften von dünnen festen Lamellen. Wied. Ann. **35**, 562 (1888).
38. Richards, T. W.: Compressibility, internal pressure and atomic magnitudes. J. Amer. Chem. Soc. **45**, 422 (1923).
39. Robertson, T. B.: Notiz über einige Faktoren, welche die Bestandteile von Öl-Wasseremulsionen bestimmen. Kolloid-Z. **7**, 7 (1910).
40. Schindler, W.: Die Grundlagen des Fettlickerns. Leipzig: Sächsische Verlagsgesellschaft 1928.
41. Seifriz, W.: Studies in emulsions. J. physic. Chem. **29**, 587, 738, 834 (1925).
42. Seifriz, W.: Elasticity and some structural features of soap solutions. Colloid Symposium Monograph **3**, 285 (1925).
43. Stamm, A. J. u. T. Svedberg: Use of scattered light in the determination of the distribution of size of particles in emulsions. J. Amer. Chem. Soc. **47**, 1582 (1925).
44. Thomas, A. W.: A review of the literature of emulsions. Ind. Eng. Chem. **12**, 177 (1920).
45. Thomas, A. W.: Emulsions-theory and practice. J. Amer. Leather Chem. Assoc. **15**, 186 (1920).
46. Thomas, A. W.: Emulsions. J. Amer. Leather Chem. Assoc. **22**, 171 (1927).
47. Wilson, J. A.: Theories of leather chemistry. J. Amer. Leather Chem. Assoc. **12**, 108 (1917).
48. Wilson, J. A.: The electrical charge on colloids. British Assoc. Colloid Reports **3**, 48 (1920).
49. Wilson, R. E. u. E. D. Fries: Surface films as plastic solids. Colloid Symposium Monograph **1**, 145 (1923).

30. Farbstoffe.

Die meisten der zum Färben von Leder benutzten Farbstoffe sind synthetische Produkte aus Steinkohlenteer. Natürliche Farbstoffe werden nur noch in ganz geringem Umfange angewandt, und zwar hauptsächlich als Beizmittel und zum Abtonen. Man kann die Farbstoffe nach verschiedenen Methoden einteilen. Für den Gerber hat sich die Einteilung in folgende 4 Gruppen am zweckmäßigsten erwiesen: 1. basische Farbstoffe; 2. saure Farbstoffe; 3. direkte Farbstoffe und 4. natürliche Farbstoffe. Diese Einteilung ist auch im folgenden Kapitel angewandt. Sie ist besonders praktisch, weil die verschiedenen Gruppen gegenüber vegetabilisch gegerbtem Leder und chromgarem Leder verschieden wirken. Saure Farbstoffe verbinden sich sowohl mit vegetabilisch gegerbtem wie mit chromgarem Leder sehr leicht; basische Farbstoffe verbinden sich leicht mit vegetabilisch gegerbtem Leder, aber nicht mit chromgarem Leder, außer wenn dieses zuvor mit Gerbstoff gebeizt wird; direkte Farbstoffe verbinden sich leicht mit Chromleder, besitzen aber nur eine geringe Affinität zu vegetabilisch gegerbtem Leder oder zu Chromleder, das mit vegetabilischem Gerbstoff gebeizt worden ist.

Basische Farbstoffe sind Salze, gewöhnlich Chloride, in denen der Farbstoff den basischen oder positiven Rest bildet. Die freie Base ist im allgemeinen unlöslich in Wasser und fällt gewöhnlich bei Zugabe von alkalihaltigem Wasser zur Lösung des Farbstoffes aus. Wo nur hartes Wasser zur Verfügung steht, ist es empfehlenswert, zur Verhinderung des Ausflockens der basischen Farbstoffe, dieses mit Essigsäure anzusäuern. Basische Farbstoffe werden durch Gerbstofflösung gefällt. Man benutzt diese Reaktion manchmal zum Nachweis der Anwesenheit von basischen Farbstoffen in einer Lösung. Saure Farbstoffe sind Salze, gewöhnlich Natriumsalze, in denen der Farbstoff das negative Radikal bildet. Saure und basische Farbstoffe fällen sich gegenseitig als unlösliche Lacke aus der Lösung aus und können demgemäß nicht nebeneinander in einem Bade benutzt werden. Dagegen werden saure Farbstoffe manchmal als Beize für basische Farbstoffe verwendet.

Man löst basische Farbstoffe am besten durch Mischen mit kaltem Wasser und nachfolgendes Erhitzen auf etwa 60° C. Muß hartes Wasser zum Färben verwendet werden, so sollten sie zunächst mit der gleichen Menge 28%iger Essigsäure angeteigt werden. Basische Farbstoffe besitzen im allgemeinen nur eine mäßige Lichtbeständigkeit und Beständigkeit beim Waschen mit Seife, doch kann die Echtheit ihrer Färbungen auf Leder erhöht werden durch Beizen des Leders mit Titankaliumoxalat, Brechweinstein und Kaliumbichromat. Im allgemeinen ist es wenig empfehlenswert, zusammen mit basischen Farbstoffen einen Fettlicker aus sulfonierten Ölen anzuwenden. Basische Farbstoffe erteilen dem Leder eine intensivere Färbung als saure Farbstoffe und besitzen eine höhere Deckkraft.

Saure Farbstoffe sind in Wasser leicht löslich und erfordern weder für vegetabilisch gegerbte Leder noch für Chromleder eine Beize. Die

Farbtiefe der mit sauren Farbstoffen erhaltenen Färbungen kann erhöht werden durch Freisetzen der Farbsäure mit Schwefelsäure oder Ameisensäure. Die Säure darf dem Farbbad erst zugesetzt werden, wenn die Leder sich lange genug in dem Bad befunden haben, um genügend Farbstoff aufzunehmen, andernfalls wird die Färbung ungleichmäßig. Saure Farbstoffe neigen dazu, während des Fettlickerns auszubluten, aber man erhält die besten Resultate bei Verwendung von Fettlickern, die sulfonierte Öle enthalten.

Die meisten direkt ziehenden Farbstoffe sind in reinem Wasser leicht löslich; die Löslichkeit nimmt im allgemeinen bei Zusatz von Alkali zu, bei Zusatz von Säure dagegen ab, obgleich es auch Ausnahmen von dieser Regel gibt. Direkte Farbstoffe können auf Chromleder direkt ohne Beizmittel ausgefärbt werden. Zu vegetabilisch gegerbtem Leder besitzen sie dagegen nur eine geringe Affinität und liefern auf Chromleder, wenn dieses mit vegetabilischem Gerbstoff gebeizt worden ist, nur ganz helle Farbtöne. Sie verbinden sich mit Chromleder so rasch, daß sie das Leder nur schwer durchdringen. Aus diesem Grunde fällt auf Leder, das mit direkten Farbstoffen gefärbt wurde, ein Glanz-Finish nie so gut aus wie auf Leder, die mit basischen oder sauren Farbstoffen gefärbt wurden.

In diesem Kapitel wird eine Liste aller der wasserlöslichen Farbstoffe wiedergegeben, die in der Lederfärberei häufig angewandt werden, unter Angabe der verschiedenen Handelsnamen, ihrer wissenschaftlichen Namen, Strukturformeln und einer Beschreibung ihrer besonders wichtigen Eigenschaften. Bei Betrachtung der Formeln darf nicht vergessen werden, daß die Farbstoffe selten ganz reine, einheitliche Substanzen sind. Viele Farbstoffe enthalten Nebenprodukte von ihrer Herstellung, die meisten von ihnen sind mit Dextrin, Salz oder anderen indifferenten Streckungsmitteln versetzt, um den Farbwert auf einen bestimmten Standard einzustellen. Die angegebenen Eigenschaften sind im besten Falle nur Vergleichswerte. So kann zum Beispiel ein Farbstoff nicht lichtbeständig sein, wenn er mit dem einen Beizmittel zusammen angewandt wird, dagegen sehr lichtbeständig sein bei Anwendung mit einem anderen Beizmittel, außerdem waschecht, reibecht usw. sein. Bei den unten angegebenen Echtheitsbeurteilungen handelt es sich immer nur um Vergleiche mit der Echtheit der anderen Farbstoffe der gleichen Gruppe; so wird z. B. ein basischer Farbstoff von ausgezeichneter Echtheit immer schlechter sein als ein direkter Farbstoff von nur mäßiger Echtheit. Sehr viele der in diesem Kapitel gegebenen Angaben über Echtheitseigenschaften stammen aus Prüfungen an Wolle oder Baumwolle und können darum nur als rohe Anhaltspunkte dienen. Selbst soweit die Echtheitsprüfung mit Leder vorgenommen wurde, kann nicht mit Sicherheit gesagt werden, ob die Angaben gleichmäßig für alle Arten von Leder gelten. Vor der praktischen Anwendung in der Gerberei sollten immer Probeausfärbungen mit der betreffenden Lederart und unter den gleichen Bedingungen ausgeführt werden, wie sie in der Praxis zur Verwendung gelangen sollen. Bis genauere Angaben über die Eigenschaften der Farbstoffe auf Leder zur

Verfügung stehen, werden die mitgeteilten aber doch immer eine wertvolle Hilfe bilden.

In der Liste sind 60 verschiedene Farbstoffe aufgeführt. Bei der Auswahl dieser und der Zusammenstellung der Eigenschaften durfte sich der Verfasser der freundlichen Hilfe von Dr. R. E. Rose von E. I. du Pont de Nemours & Co., Dr. E. Weber von der National Aniline & Chemical Co. und Dr. K. Ruppenthal von der General Dyestuffs Corporation erfreuen. Die deutschen Bearbeiter sind der I. G. Farbenindustrie A.-G. Ledertechnische Abteilung, Ludwigshafen a. Rh. für freundliche Zusammenstellung der deutschen Handelsnamen zu Dank verpflichtet.

a) Basische Farbstoffe.

(Benutzt zum Färben von vegetabilisch gegerbten Ledern und von Chromledern, die mit vegetabilischen Gerbstoffen nachgegerbt sind.)

1. Chrysoidin. Krystalle; — reine Krystalle; — supra Krystalle; — A Krystalle; — 2 G extra konz.; — GE; — GN; — GS; — J extra; — JE; — JE 70; — N; — R; — RE; — R Krystalle; — R Pulver; — Y; — Y Base; — Y konz.; — Y konz. verbessert; — Y Krystalle; — Y extra; — Y Pulver; — Y supra extra; — YRP; Fettfarbe Brillantgelb Y; Braunsalz R; Chrysoidin Base; — Fettfarbe; Dunkelbraunsalz R extra; unlösliches Goldgelb OLG; reines Chrysoidin YD.

Salzsaures Salz des Benzol-azo-m-phenyldiamins oder m-Diamino-azo-benzols. $C_{12}H_{13}N_4Cl$. (Komponenten: Anilin und m-Phenylendiamin.)

$$\text{C}_6\text{H}_5\text{–N} = \text{N–C}_6\text{H}_3(\text{NH}_2)\text{–NH}_2 \cdot \text{HCl}$$

Rotbraunes Krystallpulver oder dunkel schwarz erscheinende Krystalle mit einem grünen Schimmer, der von den Homologen des o- und p-Toluidins herrührt. In Wasser braunrote Lösung; HCl gibt einen gelbbraunen gelatinösen Niederschlag; bei Zusatz von NaOH fällt die Chrysoidinbase als rotbrauner Niederschlag aus.

Lichtechtheit gut; Bügelechtheit gut; Reibechtheit mittelmäßig; säurefest; alkaliecht; waschecht; Farbe wird durch Chlor verändert. Farbechtheit wird durch eine Nachbehandlung mit Kupfersulfat oder Natriumbichromat erhöht. Durchfärbevermögen für Leder gut. Erschöpfung des Farbbades nicht so gut wie bei einigen andern basischen Farbstoffen. Wird am besten bei etwa 80° C gelöst. Im allgemeinen in Kombination mit andern basischen Farbstoffen angewandt.

2. Chrysoidin R. Chrysoidin; — AR; — NR extra; — R konz.; — R Pulver; — R Pulver konz.; — R extra; — 3 R; — RE; — RL; — RS; — RG kryst. extra konz.; — RR kryst.; Fettfarbe Brillantbraun D; Fettfarbe Brillantorange R; Cerotinorange; Chrysoidin Base; Chrysoidin R Base; Baumwollorange; Goldorange für Baumwolle; Mohawkorange R; reines Chrysoidin RD.

Salzsaures Salz des Benzol-azo-m-toluylendiamins. $C_{13}H_{15}N_4Cl$. (Komponenten: Anilin und m-Toluylendiamin.)

$$\text{C}_6\text{H}_5\text{–N} = \text{N–C}_6\text{H}_2(\text{NH}_2)(\text{CH}_3)\text{–NH}_2 \cdot \text{HCl}$$

Gelbbraune Klumpen. In Wasser gelbe Lösung; HCl verwandelt sie in Rot; NaOH fällt die gelbe Farbbase.

Lichtbeständigkeit gut; Durchfärbevermögen gut. Gibt einen röteren und tieferen Farbton als Nr. 1.

3. Bismarckbraun G. — B; — M; — S; — Y; — Y konz.; — Y extra; — YL extra konz.; basisches Braun; — G; — GX; — GXP; Braun extra; Braun Y; Braunsalz G; Dunkelbraunsalz G; Enkiseibraun; Excelsiorbraun; Goldbraun; Helvetiabraun J; unlösliches Braun OLG; Lederbraun A; — B; Manchesterbraun; Mohawkbraun Y; Normandiebraun N konz.; Parabraun G; Phenylenbraun; — extra; — G konz.; — 2 G konz.; — PD; — PD konz.; — S; Vesuvin 2 G; — GS.

Salzsaures Salz des Benzol-m-disazo-bis-m-phenylendiamins, zusammen mit etwas Triaminoazobenzol und anderen Basen. $C_{18}H_{20}N_8Cl_2$ (Komponenten: m-Phenylendiamin.)

$NH_2 \cdot HCl$
$N = N-$ NH_2
$N = N-$ NH_2
$NH_2 \cdot HCl$

Dunkles, schwarzbraunes Pulver. In Wasser braune Lösung; HCl ist ohne Einfluß oder gibt gelben Niederschlag; NaOH gibt braune Fällung.

Lichtbeständigkeit gut; Bügelechtheit gut; reibecht; säureecht; Alkaliechtheit gut bis mittelmäßig; Waschechtheit mittelmäßig bis gut; Farbe verschwindet mit Chlor; Durchfärbevermögen gut.

4. Bismarckbraun R. — R Base; R konz.; — R extra; — 2 R; — 2 R konz.; — RB; — RG; — RL; — RL extra konz.; — 3 RL; — RR; — D 53; — EE; — GOOO; — T; — TSS; basisches Braun BPE; — BR; — L; — RS; Braun AT; — R; Braun Base BP; Buffalobraun 53; Cryselenbraun extra; — C; Helvetiabraun R; Manchesterbraun EE; — PS; Mohawkbraun R; Normandiebraun NR konz.; Phenylenbraun R konz.; Vesuvin B; — BLR; BPX; — R.

Salzsaures Salz des Toluol-2,4-disazo-bis-m-toluylendiamins. $C_{21}H_{26}N_8Cl_2$. (Komponenten: m-Toluylendiamin.)

$NH_2 \cdot HCl$
$N = N-$ NH_2
H_3C CH_3
CH_3
$N = N-$ NH_2
$NH_2 \cdot HCl$

Dunkelbraunes Pulver. In Wasser rötlichbraune Lösung; wird durch verdünnte Säure nicht beeinflußt; durch Alkali ausgefällt.

Lichtbeständigkeit gut; Bügelechtheit gut; Reibechtheit gut bis mittelmäßig; Säureechtheit gut; Waschechtheit mittelmäßig bis gut; wird durch Schwefeldioxyd entfärbt. Durchfärbungsvermögen gut. Muß bei Temperaturen unter 70° C aufgelöst werden.

5. Auramin. — konz.; — extra konz.; — II; — IO; — NO; — O; — O konz.; — O extra; — OE; — OO extra konz.; — 2; Kanariengelb; Fettfarbe Gelb A; Pyoktanium Aureum, medicinal.

Salzsaures Salz des Tetramethyl-diamino-diphenyl-ketonimins. $C_{17}H_{22}N_3Cl \cdot H_2O$. (Komponenten: Tetramethyl-diamino-diphenyl-methan, Ammoniumchlorid und Schwefel.)

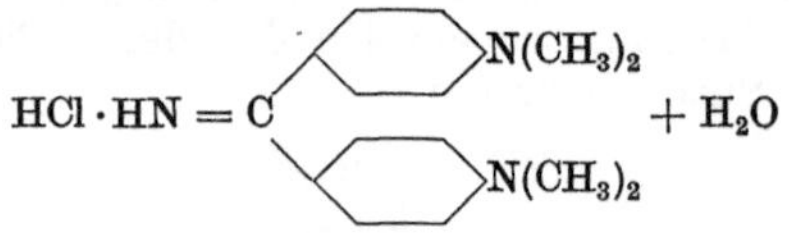

$N(CH_3)_2$

$HCl \cdot HN = C$ $+ H_2O$

$N(CH_3)_2$

Schwefelgelbes Pulver. Löst sich in Wasser mit hellgelber Farbe; zersetzt sich beim Kochen der Lösung; HCl dunkelt die Farbe; NaOH gibt einen weißen Niederschlag der Auraminbase.

Lichtbeständigkeit gut; Bügelechtheit mittelmäßig; Reibechtheit gut bis mittelmäßig; Säureechtheit gut; Alkaliechtheit mittelmäßig; Waschechtheit mittelmäßig bis gut; wird durch Chlor entfärbt. Durchfärbevermögen gut. Muß bei Temperaturen unter 60° C aufgelöst werden.

6. Malachitgrün. — A Base; — A kryst.; — B; — B kryst. extra; — B Pulver extra fein; — BX; — 4 B; — kryst.; — kryst. 3,4; — J 3 E kryst.; — J 3 E Pulver; — NB (Sulfat); — NN kryst.; NJ (Oxalat); — Pulver Leukobase; — spritlöslich (Pikrat); — V; Benzalgrün OO; Benzoylgrün; Bittermandelölgrün; Fettfarbe Brillantgrün B; Chinagrün; Diamantgrün; — B; — BX; — P extra; Echtgrün; — A Nr. 1; — B extra; — 4 B; — J; — J extra; — LB extra; — O; — O kryst.; — P kryst.; grüne Krystalle; Grün flüssig; Lichtgrün N; Neugrün; — kryst. BI; — BII; — BIII; — GI; — GII; — GIII; — GS; Viktoriagrün; — B kl. Krystalle; — neu extra O, I, II (Oxalat); — SC; — WB kryst.; — WB Pulver; — WB Base.

Chlorzinkdoppelsalz oder Oxalat des p, p'-Tetramethyl-diamino-triphenylcarbinolanhydrids oder des Dimethylamino-fuchsin-dimethyliminchlorids. Oxalat $= 2\, C_{23}H_{25}N_2 + 3\, C_2H_2O_4$. Chlorzinkdoppelsalz $= 2\, C_{23}H_2N_2Cl + ZnCl_2 + H_2O$. (Komponenten: Dimethylanilin und Benzaldehyd.)

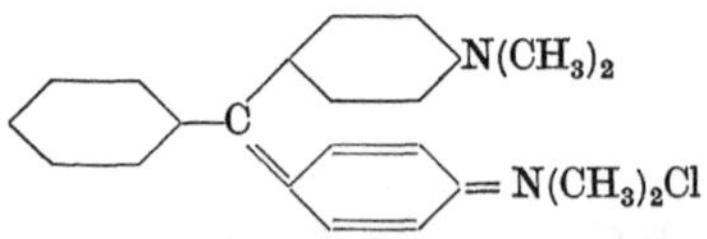

$N(CH_3)_2$

C

$= N(CH_3)_2Cl$

Das Oxalat bildet grüne Blättchen von metallischem Glanz. Das Chlorzinkdoppelsalz besteht aus prismatischen Krystallen von dunkelgrüner Farbe. Das Pikrat, das aus Benzol in goldgelben Nadeln erhalten wird, ist in Wasser unlöslich und wird zum Färben von Spirituslacken verwandt. Blaugrüne Lösung in Wasser, bei Zusatz von HCl schlägt die Farbe in Rötlich-Gelb um. NaOH gibt grünlich-weißen Niederschlag der Farbbase.

Lichtbeständigkeit schlecht; Bügelechtheit ausgezeichnet; Reibechtheit mittelmäßig bis gut; Säurebeständigkeit gut; Alkalibeständigkeit schlecht; Farbe wird durch Chlor ausgebleicht. Durchfärbevermögen gut. Wird für sich allein für hellgrüne Farbtöne, zusammen mit Chrysoidin oder Bismarckbraun für olivbraune Töne verwandt. Es wird auch in basischen Schwarzmischungen angewandt.

7. Fuchsin. — A; — B Krystalle; — B Pulver; — FCOO; — Ia Diamantkrystalle; — N; — NB; — NG; — RFN; — RS kryst.; — IV kryst.; Magenta; — CV konz.; — E kryst.; — P Pulver; — Pulver extra fein; Anilinrot; Brillantfuchsin; — Krystalle; — I große Krystalle; — I kleine Nadeln; Pulverfuchsin; — A; — AB; — TP; Rosanilinbase; Roseine; — Kuchen (Acetat); — kryst. SF; Rubin; Russisch Rot G; — 967.

Gemisch von Pararosanilin und Rosanilin (Triamino-diphenyl-toluylcarbinolanhydrid), oder des Diamino-fuchsin-iminchlorids und des Diamino-methylfuchsin-iminchlorids zusammen mit höheren Homologen. Diamino-methylfuchsin-iminchlorid = $C_{20}H_{20}N_3Cl + 4H_2O$. (Komponenten: Anilin, o-Toluidin und p-Toluidin.)

CH_3, NH_2, H_2N, C, $= NH_2 \cdot Cl$ $+ 4 H_2O$

Das salzsaure Salz besteht aus kleineren oder größeren canthariden-glänzenden Krystallen; die Oxydation mit Arsensäure liefert mehr kompakte Krystalle von rein grüner Farbe, während bei der Oxydation mit Nitrobenzol losere Kristallaggregate von einem mehr gelblichen Farbton erhalten werden. Das Sulfat ist ein feines Krystallpulver mit grünem Schimmer. Das Acetat besteht aus grünlich schimmernden unregelmäßigen Klumpen. In Wasser löst es sich mit roter Farbe; HCl läßt die Farbe nach Gelb umschlagen; NaOH gibt einen rötlichen Niederschlag der Rosanilinbase.

Lichtbeständigkeit mäßig bis schlecht; Bügelechtheit gut; Reibechtheit mittelmäßig; Säureechtheit schlecht; Alkaliechtheit schlecht; Waschechtheit gut bis mittelmäßig; Farbe wird durch Chlor entbleicht.

8. Methylviolett. — AA Pulver; — B; — B hochkonz.; — 2 B, konz., kryst., in Stücken, Pulver; — 3 B; — 4 B; — 5 B; — 10 B Base; — BBN; — BE; — 4 BN; — BO; — 4 BOO Pulver; — Base; — bläulich; — N bläulich konz.; — NE; — NP; — R konz. Pulver; — rötlich; — V 3; — 300 XE; Fettfarbe Brillantviolett; Dahlia B; Direktviolett; Fettviolett A; Methylanilinviolett; Pariser Violett; Pyoktanium Coeruleum, medicinal; Violett 3 B.

Gemisch der Hydrochloride der höher methylierten Rosaniline, das hauptsächlich die Tetra-, Penta- und Hexamethylderivate enthält. Z. B. Hydrochlorid des Pentamethyl-p-Rosanilins oder Hydrochlorid des Pentamethyl-triamino-triphenyl-carbinolanhydrids oder des Trimethyl-diamino-fuchsin-dimethyliminchlorids. $C_{24}H_{28}N_3Cl$. (Komponente: Dimethylanilin.)

$-N(CH_3)_2$, $(H_3C)_2N$, C, $= N(CH_3)HCl$

Grüne glitzernde Klumpen oder Pulver von metallischem Glanz. Löst sich in Wasser mit violetter Farbe, die bei Zusatz von Säure in Gelb umschlägt; NaOH gibt braunroten Niederschlag.

Lichtbeständigkeit mäßig; Bügelechtheit gut; Reibechtheit mittelmäßig; Säureechtheit schlecht; Alkaliechtheit mittelmäßig; Waschechtheit mittelmäßig; Farbe verschwindet mit Natriumbisulfit bei Gegenwart von Alkali oder Weinsäure. Wird hauptsächlich benutzt, um mit anderen basischen Farbstoffen braune und schwarze Bronzetöne zu erhalten. Löst sich sehr viel leichter, wenn es vor dem Lösen in heißem Wasser mit Essigsäure zu einer Paste verrührt wird. Durchfärbevermögen schlecht.

9. Krystallviolett. — 5 B bläulich; — 5 BO; — 6 B; — 10 B; — kryst.; — extra kryst.; — extra rein; — N Pulver; — O; — P; — Pulver; Methylviolett 5 BO; — 10 BO; — 10 BL; Violett 7 B extra; — CG; — CG violette Krystalle 5 BO.

Salzsaures Salz des Hexamethyl-p-Rosanilins oder salzsaures Salz des Hexamethyl-triamino-triphenyl-carbinolanhydrids oder Tetramethyl-diamino-fuchsin-dimethyliminchlorid. $C_{25}H_{30}N_3Cl + 9\,H_2O$. (Komponente: Dimethylanilin.)

$(H_3C)_2N$—C_6H_4—C(—C_6H_4—$N(CH_3)_2$)=C_6H_4=$N(CH_3)_2Cl$ $+ 9\,H_2O$

Bronzeglänzende Krystalle ($+ 9\,H_2O$) oder cantharidenglänzende Krystalle oder Pulver (wasserfrei). Löst sich in Wasser mit violetter Farbe, die sich bei Zusatz von HCl in Blau, dann in Grün und schließlich in Gelb verwandelt; NaOH gibt violetten Niederschlag der Farbbase.

Lichtbeständigkeit mäßig; Bügelechtheit gut; Reibechtheit mittelmäßig; Säureechtheit schlecht; Alkaliechtheit mäßig; Waschechtheit mittelmäßig; Farbe verschwindet auf Zusatz von Natriumbisulfit bei Gegenwart von Alkali oder Weinsäure. Bei Aufbürsten einer konzentrierten Lösung des Farbstoffs auf Leder erhält man Bronzetöne. Essigsäure erhöht die Löslichkeit des Farbstoffs. Durchfärbevermögen schlecht.

10. Rhodamin. — B; — B Base; — B extra; — B extra konz.; — EB extra konz.; — NB extra; — O; Brillantrosa B; Carthamin B; Fettrot A; Rosazein B; Safranilin.

Salzsaures Salz des Diäthyl-m-aminophenolphthaleins oder Tetraäthyl - diamino - o - carboxy - phenyl - xanthenyl - chlorid. $C_{28}H_{31}N_2O_3Cl$. (Komponenten: Diäthyl-m-aminophenol und Phthalsäureanhydrid, oder salzsaures Fluorescein und Diäthylamin.)

$(H_5C_2)_2N$—C_6H_3(—O—)(—C=)C_6H_3=$N(C_2H_5)_2Cl$, am C: C_6H_4—COOH

Grüne Krystalle oder rötlich-violettes Pulver. In Wasser bläulichrote Lösung, die beim Verdünnen stark fluoresciert; Farbe wird in der Kälte durch verdünnte Säure und Alkali nur wenig beeinflußt.

Lichtbeständigkeit gut; Bügelechtheit gut; Reibechtheit gut bis mittelmäßig; Säureechtheit gut; Alkaliechtheit gut; Waschechtheit mittelmäßig; Durchfärbevermögen mäßig. Wird vorzüglich für Modetöne auf vegetabilisch gegerbten Ledern benutzt; es liefert rote Töne mit einem bläulichen Stich.

11. Phosphin. — A; — B; — E; — G; — G konz.; — GG; — GGN; — GN; — GO; — II; — LB; — LM; — LR; — N; — P; — R; — 3 R; — RN; — RX; — Y; — O extra; Canelle AL; — OF; Coreopsin für Leder; Lederbraun; Ledergelb; — A; — AR extra konz.; — G; — GG; — GS; — M; — O; — P; — rein; — R; — TBR; Nankin Kuchen; Pharmaphosphin G; — 3 R; Philadelphiagelb G; — 2 G; Reingelb; Vitolingelb 5 G; — R; — 2 R.

Gemisch der Nitrate von Chrysanilinverbindungen (unsymmetrisches Diamino-phenyl-acridin), speziell Chrysotoluidin. Chrysanilin = $C_{19}H_{16}N_3 \cdot NO_3$.

H NO$_3$

N= NH$_2$.

C=

NH$_2$

Orange-gelbes Pulver; in Wasser rötlich-gelbe Lösung mit grüner Fluorescenz; HCl hellt die Farbe auf; NaOH gibt einen gelben Niederschlag.

Lichtbeständigkeit gut; Bügelechtheit ausgezeichnet; Reibechtheit gut; Säureechtheit ausgezeichnet; Alkaliechtheit gut; Waschechtheit gut; Durchfärbevermögen gut. Muß in Wasser von etwa 65° C aufgelöst werden.

12. Euchrysin GRNTN. Echtphosphin NAL; Rheonin A; — AL; — G; — N.

Salzsaures Salz des Amino-tetramethyl-phenylacridins oder Amino-tetramethyl-diamino-phenylacridin-chlorid. $C_{23}H_{25}N_4Cl$. (Komponenten: Tetramethyl-diamino-benzophenon und salzsaures m-Phenylendiamin.)

H Cl

$(H_3C)_2N$ — N= NH$_2$

C=

N(CH$_3$)$_2$

Braunes Pulver; in Wasser bräunlich-gelbe Lösung mit grüner Fluorescenz; HCl läßt die Farbe in Rot umschlagen mit orangeroter Fluorescenz; NaOH gibt braunen Niederschlag.

Lichtbeständigkeit gut; Waschechtheit gut; Durchfärbevermögen ausgezeichnet.

13. Rhodulingelb. — T; Acronolgelb T; Direktbrillantflavin T; Methylengelb H; — N; Tannoflavin T; Thioflavin T; — TG; — TG extra.

Chlormethylderivat des Dimethyl-dehydro-thio-p-toluidins. $C_{17}H_{19}N_2SCl$. (Komponenten: Dehydro-p-toluidin und Methylalkohol.)

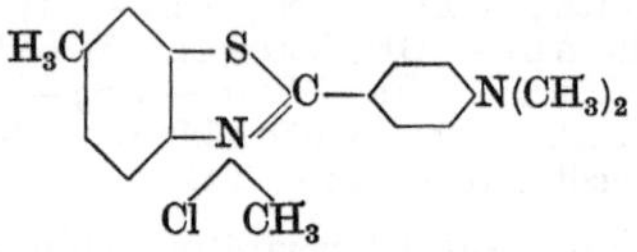

H_3C — S — C — $N(CH_3)_2$ — N — Cl CH_3

Gelbes krystallines Pulver. In Wasser gelbe Lösung; wird durch HCl nicht verändert; NaOH gibt gelben Niederschlag.

Lichtbeständigkeit mittelmäßig; Bügelechtheit gut; Waschechtheit gut; Reibechtheit gut; Säureechtheit gut; Alkaliechtheit mittelmäßig; Farbe wird durch Chlorat ausgebleicht.

14. Safranin. — A; — AB; — AG; — AGT extra; — B extra konz.; — B doppelt fein; — BOOO; — konz.; — extra konz.; — FF extra no. O; — G; — G extra; — GGS; — GOOO; — MP; — NB; — O; — OOF; — prima; — RAE; — S; — T; — T extra; — TV konz.; — Y; — Y extra; — Y extra konz.; Anilinrosa; Brillantsafranin BR konz.; — G; — G konz.; — GR; Carthaminrosa.

Gemisch von Diamino-phenyl-phenazoniumchlorid und Diamino-o-toluyl-phenazoniumchlorid. $C_{20}H_{19}N_4Cl$ und $C_{21}H_{21}N_4Cl$. (Komponenten: p-Toluylendiamin und o-Toluidin und Anilin.)

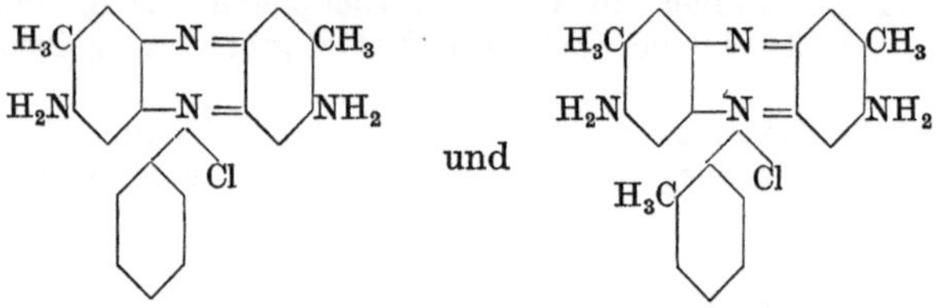

H_3C — N = — CH_3 / H_2N — N = — NH_2 / Cl und H_3C — N = — CH_3 / H_2N — N = — NH_2 / H_3C Cl

Rötlich-braunes Pulver. In Wasser mit roter Farbe löslich; Farbe schlägt bei Zusatz von HCl in bläulich-violett um; NaOH gibt bräunlich-roten Niederschlag.

Lichtbeständigkeit ausgezeichnet; Bügelechtheit gut; Reibechtheit gut; Säureechtheit schlecht; Alkaliechtheit gut; Farbe wird durch Chlor ausgebleicht. Neigt weniger zur Bildung von Bronzetönen als die meisten basischen Rote und ist darum zur Verwendung in basischen Schwarzmischungen geeignet. Muß bei etwa 65° C aufgelöst werden. Durchfärbevermögen gut.

15. Neublau. — DA konz.; — MR; — T; — R; — R extra konz.; 3 R konz.; Neuechtblau für Baumwolle RS; Indinblau 2 RD; Basisch Blau N 2 R; Bengalblau R; Meldolablau M; Baumwollblau R; — RR; Echtblau R; — 3 R; Echtmarineblau; — MM; — R; — RM; Neutralechtblau kryst.; Metaminblau M; Naphtholblau D; — R; — 3 R; Naphthylen blau R kryst.; Phenylenblau.

Dimethylamino-naphtho-phenazoxoniumchlorid oder sein Chlorzinkdoppelsalz. $C_{18}H_{15}N_2OCl$. (Komponenten: β-Naphthol und salzsaures p-Nitroso-dimethylanilin.)

$(H_3C)_2N$ — N — O — Cl

Dunkelviolett bronzeglitzerndes Pulver, dessen Staub auf die Schleimhäute eine reizende Wirkung ausübt. Löst sich in Wasser mit bläulichvioletter Farbe, die bei Zusatz von HCl mehr blau wird; NaOH gibt einen braun-flockigen Niederschlag.

Lichtbeständigkeit mäßig; Bügelechtheit gut; Reibechtheit gut; Säureechtheit gut; Alkaliechtheit mäßig; Farbe wird durch Chlor ausgebleicht.

16. Neublau B. — BB; — G; Basisch Blau für Leder N 2 B; Baumwollblau B; — BB; Echtbaumwollblau B; — 2 B; Echtmarineblau BM; — G; — GM; Metaminblau B; — G; Naphtholblau B.

Dimethylamino-p-dimethylamino-phenylamino-naphtho-phenazoxoniumchlorid. $C_{26}H_{25}N_4OCl$. (Komponente: Neublau und salzsaures p-Nitroso-dimethylanilin.)

$(H_3C)_2N$ — N — O — Cl — NH — $N(CH_3)_2$

Dunkelviolettes Pulver, dessen Staub auf die Schleimhäute stark reizend wirkt und Niesen veranlaßt. Löst sich in Wasser mit blauer Farbe, die bei Zusatz von HCl in ein schmutziges Violett umschlägt; NaOH gibt einen braunen Niederschlag.

Lichtbeständigkeit mäßig; Bügelechtheit gut; Reibechtheit gut; Alkaliechtheit mäßig; Farbe wird durch Chlor ausgebleicht.

17. Methylenblau. — A extra; — B; — B konz.; — 2 B; — 2 B konz.; B extra konz. zinkfrei; — BB konz.; — BB extra kryst.; — BB Pulver extra D; — BB Pulver Ia D; — 4 B EE; — 4 BE Pulver extra; — BG; — BG extra konz.; — D; —D extra konz.; — D extra Stempelblau; — DDB zinkfrei; — extra konz.; — G; — GS; — L; — NB; — NB konz.; — NBO; — NR; — R; — R konz.; — 2 R; — SP; — Z ; — ZF; — ZF kryst.; — zinkfrei; — ZX; Blau MTI; Äthylenblau; Schweizer Blau.

Tetramethyl-diamino-diphenthiazoniumchlorid oder das entsprechende Chlorzinkdoppelsalz. $C_{16}H_{19}N_3SCl$. (Komponenten: Dimethyl-p-phenylendiamin, Natriumthiosulfat und Dimethylanilin.)

$(H_3C)_2N$ —N= —S= Cl $N(CH_3)_2$

Dunkelblaues oder rötlich-braunes bronzeglänzendes Pulver. In Wasser blaue Lösung; wird durch HCl nicht verändert; eine geringe Menge NaOH läßt die Farbe nach Violett umschlagen; eine größere Menge gibt einen dunkelvioletten Niederschlag.

Lichtbeständigkeit ausgezeichnet; Bügelechtheit gut; Reibechtheit gut; Säureechtheit gut; Alkaliechtheit mittelmäßig. Farbe wird durch starke Chlorlösung entbleicht. Durchfärbevermögen gut. Das hohe Färbevermögen des Farbstoffs und seine Lichtbeständigkeit machen ihn zum Ausfärben von Modetönen und zum Färben von Buchbinderleder geeignet.

b) Saure Farbstoffe.

(Benutzt zum Färben von vegetabilisch gegerbten und chromgaren Ledern und als Beizmittel für basische Farbstoffe, mit denen sie Niederschläge bilden.)

18. **Orange G.** — GG; — GG konz.; — GG kryst.; — GMP; — GR spezial; Brillantsäureorange NJS; Säureorange G; — GG kryst.; GGO; Acidolechtorange 2 G; Krystallorange GG; Empire Echtorange; Ethonic Echtorange G; Echtsäureorange 2 G; Echtlichtorange G; Kitonechtorange G; Lichtorange G; Naphtharenorange G; Patentorange; Regenbogenorange G; Wollorange 2 G kryst.

Natriumsalz der Benzol-azo-β-naphthol-6,8-disulfosäure. $C_{16}H_{10}N_2O_7S_2Na_2$. (Komponenten: Anilin und β-Naphtholdisulfosäure G.)

HO —N=N— NaO_3S SO_3Na

Gelbrotes Pulver oder krystalline Blättchen. In Wasser orangegelbe Lösung, die durch HCl etwas verändert wird; NaOH läßt die Farbe nach Gelb-Rot umschlagen.

Lichtbeständigkeit gut; Reibechtheit ausgezeichnet; Alkaliechtheit gut. Durchfärbevermögen ausgezeichnet. Bildet eine gute Grundfärbung für Gerbstofftöne oder braunrote Töne.

19. **Amidonaphtholrot G.** — NJ; Egalisierrot; Acetylrot J; — G; Acetylrosa 2 GL; Säurecarmin; Säureegalisierrot 2 G; Säurephloxin GX; Säurerot GM; Amacidechtrosa B; Azogeranin B; — G; Azonaphtharenrot G; Azonaphtholrot J; Azofloxin GA; — 2 G; Azorhodin 2 G; Brillantsäurecarmin 2 G; Brillantsäurerosamin G; — 2 G; Brillantlanafuchsin 2 G; Eriofloxin 2 G; — 2 GI; Ethonicechtrot G; Echtcrimson GR; Kitonrot G; Pontacylcarmin 2 G; Comacidfuchsin G; Empire Echtcrimson GS; Echtsäurerot G; Garfazophloxin 2 G; Phloxin 2 G.

Natriumsalz der Benzol-azo-8-acetyl-amino-1-naphthol-3,6-disulfosäure. $C_{18}H_{13}N_3O_8S_2Na_2$. (Komponenten: Anilin und Acetyl-H-Säure.)

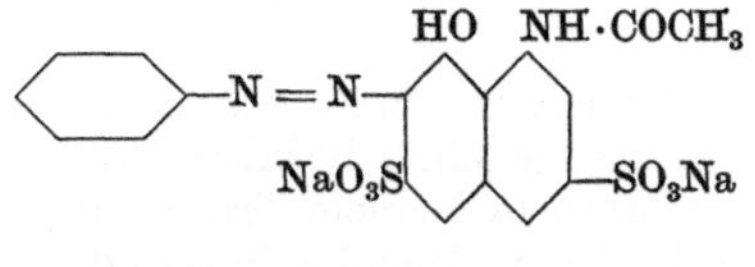

HO NH·COCH$_3$

—N = N—

NaO$_3$S —SO$_3$Na

Rotes Pulver. In Wasser scharlachrote Lösung, die durch HCl nur wenig verändert wird; NaOH macht die Farbe gelber.

Lichtbeständigkeit ausgezeichnet; Reibechtheit ausgezeichnet; Säureechtheit gut; Alkaliechtheit gut.

20. Echtrot. — B; — BN; — 6 B extra; — 7 B extra; — 8 B extra; — P; — P extra; Säurebordo; — B; — B konz.; Azobordo; Acekobordo; Archellin 2 B; Bordo; — B; — 2 B; — BL; — BS; — G; — R; — R extra; Säurewollrot B; — 3 B; Amacidbordo BL; Brillantbordo B; — 2 B; Cerasin; Bordorot; Comacidbordo B; Empire Säurebordo 8 konz.; Lithosolbordo B; Rot B; Wollrot B; — 3 B; — NB.

Natriumsalz der α-Naphthalin-azo-β-naphthol-3,6-disulfosäure. $C_{20}H_{12}N_2O_7S_2Na_2$. (Komponenten: α-Naphthylamin und β-Naphtholdisulfosäure R.)

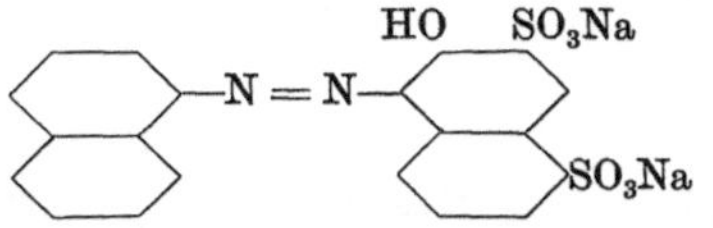

HO SO$_3$Na

—N = N—

SO$_3$Na

Braunes Pulver. In Wasser rote Lösung; Farbe wird durch HCl nur wenig verändert; Alkali läßt sie nach Gelbbraun umschlagen.

Lichtbeständigkeit mittelmäßig; Reibechtheit gut; Säureechtheit gut; Alkaliechtheit mäßig; Farbe wird durch Bisulfit ausgebleicht.

21. Metanilgelb. — konz.; — E; — extra; — GR extra konz.; — I; — ME; — MN; — M 45; — N; — N extra; — O; — PL; — Y; — 230; — 1955; Säureanthracenbraun WS, W sp.; Säuregelb R; Amazidgelb M konz.; Orange MN; — MNO; Lösliches Gelb OL; Tropäolin G; Viktorlagelb; — extra; — O dopp. konz.

Natriumsalz des m-Sulfo-benzol-azo-diphenylamins. $C_{18}H_{14}N_3O_3SNa$. (Komponenten: Metanilsäure und Diphenylamin.)

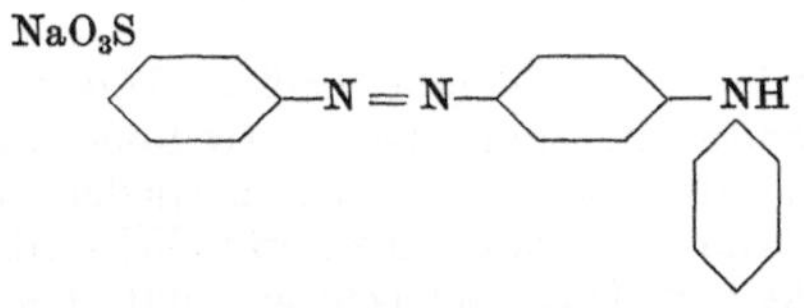

NaO$_3$S

—N = N— —NH

Bräunlich-gelbes Pulver; giftig. In Wasser orange-gelbe Lösung; HCl gibt eine rote Lösung und Niederschlag; NaOH hat nur geringen Einfluß.

Lichtbeständigkeit mäßig; Reibechtheit gut; Säureechtheit gut; Alkaliechtheit gut; Farbe wird durch Bisulfit entbleicht. Durchfärbevermögen gut.

22. Indischgelb. — extra; — G; — GA; — GG; — GR; — J; — JJ; — N 3 J; — 25; Amazidgelb G konz.; Azosäuregelb; Azoflavin S; — SGR; Azogelb; — A 5 W; — konz.; — DPC; 3 G konz.; — I; — O; Brillantgelb; Citronin; — 2 AEJ; — J; — Y konz.; Curcumein; Helianthin G; — GFF; Neutralgelb HG; Neuazoflavin S.

Natriumsalz eines Gemisches von zwei Dinitroderivaten von Orange IV mit einer geringen Menge eines Trinitroderivats von Orange IV, zwei Dinitro-diphenylaminen und einem Trinitro-diphenylamin. Orange IV ist das Natriumsalz des p-Benzol-sulfo-azo-diphenylamins. (Komponenten: Sulfanilsäure, Diphenylamin und Salpetersäure.)

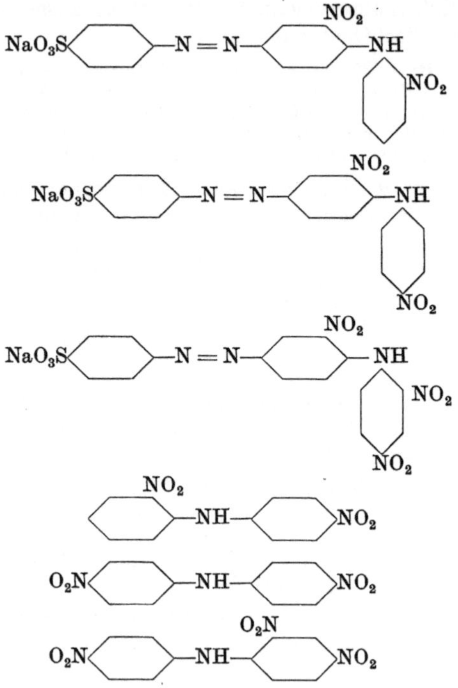

NO_2
NaO_3S —N = N— —NH
NO_2

NO_2
NaO_3S —N = N— —NH
NO_2

NO_2
NaO_3S —N = N— — NH
NO_2
NO_2

NO_2
—NH— NO_2

O_2N —NH— NO_2

O_2N
O_2N —NH— NO_2

Rötlich-braunes Pulver. Löst sich in heißem Wasser zu einer gelben Lösung; beim Erkalten krystallisieren Nitrodiphenylamine aus; HCl gibt eine braune Lösung und einen braunen Niederschlag; NaOH gibt eine gelb-braune Lösung und dann einen bräunlich-gelben Niederschlag.

Lichtbeständigkeit mäßig; Reibechtheit mittelmäßig; Alkaliechtheit gut; Farbe wird durch Bisulfit entbleicht.

23. Orange II. — A; — IIB; — konz.; — extra; — G; — NII; — P; — IIP; — IIPL; — R extra; — spezial; — Y; — 2; Säureorange; — A; — G; — Y; — II; Acekoorange II; Amazidorange Y; Atlasorange; Betanaphtholorange; Chrysaurein; Comazidorange Y konz.; Empire Säureorange; Deutschorange; Goldorange; Lackorange II; Mandarin G extra; Sanseiorange II; Tropäolin OOO No. 2; Wollorange A konz.

Natriumsalz des p-Benzolsulfo-azo-β-naphthols. $C_{16}H_{11}N_2O_4SNa + 5\,H_2O$. (Komponenten: Sulfanilsäure und β-Naphthol.)

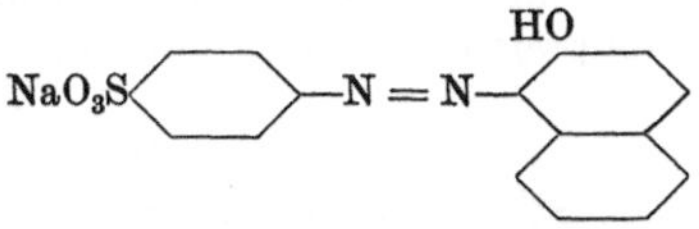

HO

NaO_3S—N = N—

Hell-oranges Pulver. In Wasser rötlich-gelbe Lösung; HCl gibt einen bräunlich-gelben Niederschlag; NaOH gibt eine tief dunkelbraune Lösung.

Lichtbeständigkeit gut; Reibechtheit gut; Farbe wird durch Bisulfit entbleicht. Durchfärbevermögen gut. Der Farbstoff ist einer der meistbenutzten Lederfarbstoffe; er löst sich sehr leicht, dringt sehr leicht durch und liefert helle Töne.

24. Orange R. — R konz.; — 2 R; — RL; — RO; — RP; — NRO; — T; Amazidorange RO konz.; Brillantorange R; Kermesinorange; Mandarin GR; Naphthazinorange R; Wollorange R konz.

Natriumsalz des p-Sulfo-o-toluol-azo-β-naphthols. $C_{17}H_{13}N_2O_4SNa$. (Komponenten: o-Toluidinsulfosäure und β-Naphthol.)

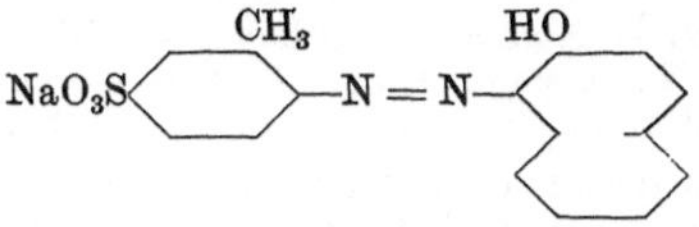

CH_3 HO

NaO_3S—N = N—

Ziegelrotes Pulver. In Wasser rötlich-gelbe Lösung; HCl gibt einen gelbbraunen flockigen Niederschlag und NaOH eine rötlich-braune Lösung.

Lichtbeständigkeit gut; Durchfärbevermögen gut. Gibt einen rötlicheren Ton als Orange II.

25. Echtrot. — A; — A extra; — A neu; — AL; — AV; — BX; — konz.; — KG; — O; — S; — S konz.; Acekoechtrot A; Azidrot; Alliancechtrot A extra; Amazidechtrot A konz.; Azosäurerot R; Kardinalrot; — Y; Cerazine; Cerasine; Comazidechtrot B; Empire Echtrot; Echtsäurerot A; Neutralrot R; Orcelline No. 4; Pontacylechtrot AS; Rauracienne; Rot I; Rocceline; — konz.; — N; Rubidine; Sanseinrot A.

Natriumsalz des 4-Sulfo-α-Naphthalin-azo-β-naphthols. $C_{20}H_{13}N_2O_4SNa$. (Komponenten: Naphthionsäure und β-Naphthol.)

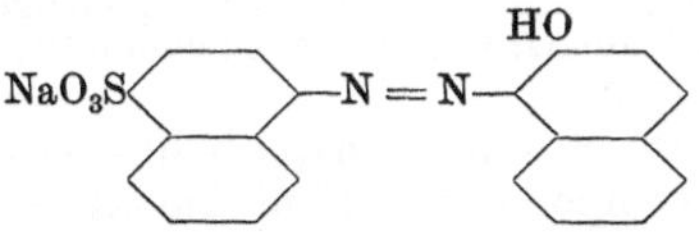

HO

NaO_3S—N = N—

Bräunlich-rotes Pulver. In Wasser rote Lösung; HCl gibt einen gelbbraunen Niederschlag; NaOH macht die Lösung stumpfer und dunkler.

Lichtbeständigkeit gut; Reibechtheit gut; Waschechtheit gut; Säureechtheit gut; Alkaliechtheit gut. Durchfärbevermögen gut. Wird als Oberflächenfarbe angewandt. Muß in kochendem Wasser gelöst werden.

26. Azorubin. — A; — konz.; — extra; — G extra konz.; — R; — R konz.; — S; — SI; — Säure; Azosäurerubin; Carmoisin; — A; — B; — BA; — konz.; — L; — LAS; — NS; — S; — WS; Säureazorubin; Säurerubin; — extra; Azosäurefuchsin; Brillantcarmoisin O; Brillantcrimson; Comacidcarmoisin; Crimson;

Echtrot G; Marsrot G; Nacarat; Ponceau BEE; Pontacylrubin G; — PL konz.; Regenbogenrot NB; — RB konz.; Rubinrot A.

Natriumsalz der 4-Sulfo-α-naphthalin-azo-α-naphthol-4-sulfosäure. $C_{20}H_{12}N_2O_7S_2Na_2$. (Komponenten: Naphthionsäure und Neville-Winthersche Säure.)

HO
NaO$_3$S—N = N—
NaO$_3$S

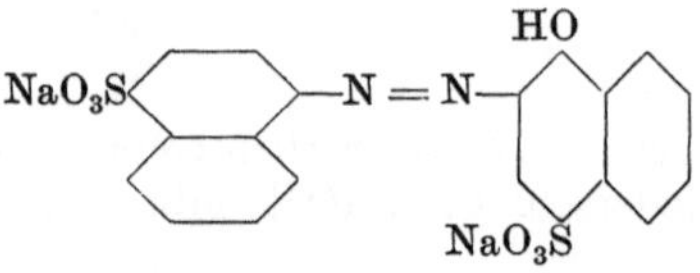

Rötlich-braunes Pulver. In Wasser rote Lösung; HCl gibt einen rötlichbraunen, gelatinösen Niederschlag; NaOH macht die Farbe der Lösung mehr gelb.

Lichtbeständigkeit mäßig; Reibechtheit gut; Waschechtheit gut; Alkaliechtheit gut; Farbe wird durch Bisulfit entfärbt. Durchfärbevermögen mäßig. Gibt auf Chromledern sowohl wie auf vegetabilisch gegerbten Ledern hell bläulich-rote Töne. Wegen seines langsamen Durchfärbevermögens sollte der Farbstoff nicht mit rasch durchfärbenden sauren Farbstoffen zusammen angewandt werden.

27. **Resorcinbraun.** — A konz.; — B konz.; — FH; — 5 G; — NRN; — R; — 3 R; — RBW; — Y; Acekophosphin G; Amazidbraun R; Comazidresorcinbraun R; Empire Echtbraun B; Säureechtbraun; Echtbraun.

Natriumsalz des p-Benzolsulfo-azo-resorcin-azo-m-xylols. $C_{20}H_{17}N_4O_5SNa$. (Komponenten: Sulfanilsäure, m-Xylidin und Resorcin.)

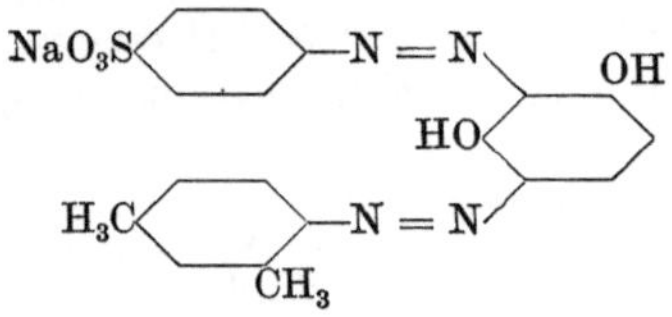

NaO$_3$S—N = N
OH
HO
H$_3$C—N = N
CH$_3$

Braunes Pulver. In Wasser braune Lösung; HCl gibt braunen Niederschlag; NaOH eine rötlich-braune Lösung.

Lichtbeständigkeit ausgezeichnet; Durchfärbevermögen mäßig. Entweder für sich allein oder als Grundfarbe benutzt.

28. **Resorcinbraun R.** — 3 R; — RN; Resorcindunkelbraun; Acekodunkelbraun RD; Amazidechtbraun G; Comazidresorcinbraun R; Empire Echtbraun B; Säureechtbraun; Echtbraun.

Natriumsalz des Bis-4-sulfo-α-naphthalin-disazo-resorcins. $C_{26}H_{16}N_4O_8S_2Na_2$. (Komponenten: Naphthionsäure und Resorcin.)

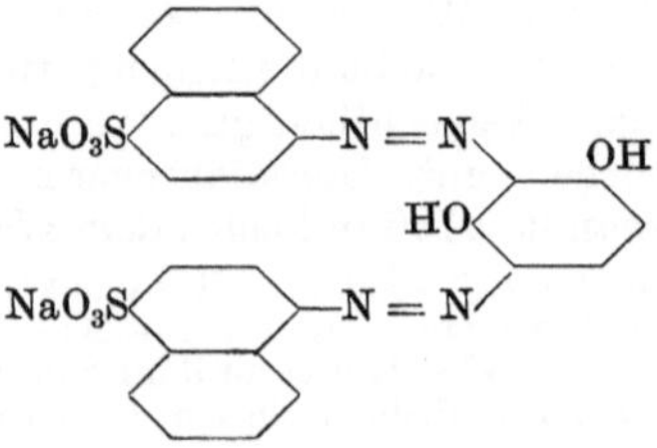

NaO$_3$S—N = N
OH
HO
NaO$_3$S—N = N

Braunes Pulver. In Wasser braune Lösung; HCl gibt rötlich braunen Niederschlag, NaOH eine kirschrote Lösung.

Lichtbeständigkeit ausgezeichnet; Waschechtheit mittelmäßig; Säureechtheit gut; Alkaliechtheit gut; Durchfärbevermögen mäßig. Gibt rötere Töne als 27.

29. Echtbraun G. — GL; — GR; Säurebraun; — G; — J; Acidolbraun G; Empire Echtbraun G.

Natriumsalz des Bis-p-benzolsulfo-disazo-α-naphthols. $C_{22}H_{14}N_4O_7S_2Na_2$. (Komponenten: Sulfanilsäure und α-Naphthol.)

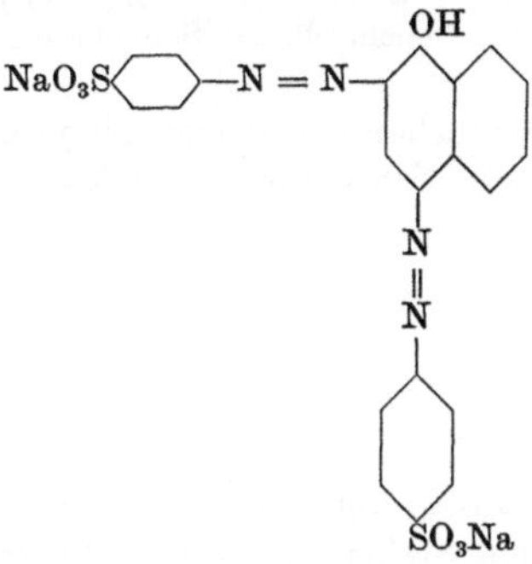

Braunes Pulver. In Wasser rötlich-braune Lösung; HCl gibt einen violetten Niederschlag, NaOH eine kirschrote Lösung.

30. Naphtholschwarz *S.* — Naphtholblauschwarz; — B konz.; — 10 B; — 10 BG; 10 BDB; — S; — S konz.; Acekoschwarz 10 B hochkonz.; Säureschwarz; — B; — 10 B; — 12 B; — BX; — 10 BX; — C; — HA; — 16622; Säureblauschwarz; — 6 B; — BG konz.; — extra konz.; — doppelt; Azidolschwarz 6 G extra konz.; Agalmaschwarz 10 B; — 12 B; Amazidblauschwarz G extra; — KN konz.; Amidoschwarz 10 BO; Aminschwarz 10 B; Azodunkelblau; — SH konz.; Blauschwarz NB; — NOe; Buffaloschwarz NBR; — NB; Comazidschwarz 10 B konz.; Coomassieblauschwarz; Empire Säureschwarz; Kresolblauschwarz; Naphtholschwarz 12 B; Naphtholblauschwarz B; — L; Naphthalenschwarz 12 B; — extra konz.; Naphthazinblauschwarz 6 B; Naphthylaminschwarz 10 B; Pontacylschwarz 10 B konz.; Pontacylblauschwarz S; — SX; Sanseiblauschwarz; Wollschwarz 6 BA; — 10 B extra; — 6 G extra konz.; Wollblauschwarz N; — PS.

Natriumsalz des p-Nitrobenzol-azo-3, 6-disulfo-1-amino-8-naphtholazo-benzols. $C_{22}H_{14}N_6O_9S_2Na_2$. (Komponenten: p-Nitranilin, Anilin und H-Säure.)

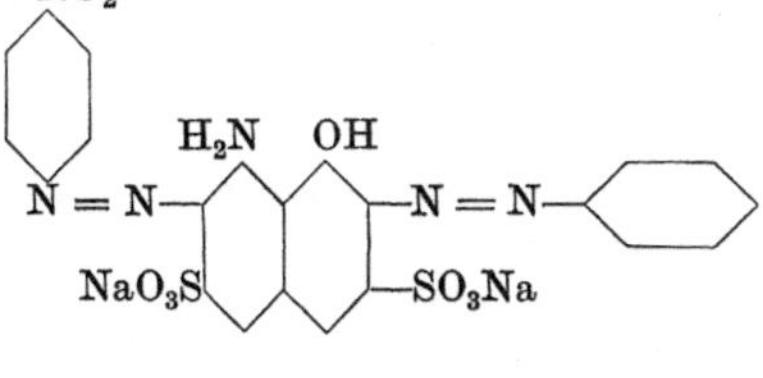

Dunkelbraunes Pulver. In Wasser schwarz-blaue Lösung; HCl gibt blauen Niederschlag; NaOH ist ohne Einfluß.

Lichtbeständigkeit gut; Reibechtheit gut; Waschechtheit mittelmäßig; Alkaliechtheit gut; Farbe wird durch Bisulfit entfärbt. Durchfärbevermögen schlecht. Erteilt vegetabilisch gegerbten und chromgaren Ledern einen bläulich-schwarzen Ton. Infolge seines schlechten Durchdringungsvermögens muß der Farbstoff zu den Oberflächenfarbstoffen gezählt werden.

31. Chromgelb D. — BN; — LSW; Beizengelb; — GD; — GS; — O; — R; Säurechromgelb NJS; Azidolchromgelb G; — R; Alizarolgelb; Anthracenchromgelb BN; Anthracengelb B; — BN; — R; Anthranolchromgelb DF extra; Chromavengelb LSW; Chromechtgelb GG; — 5 G; — R; Diachromgelb BN; Hexachromgelb NB; Walkgelb G; Kromekogelb SW; Omegachromgelb G; Monochromgelb PT; Palasidgelb; Salicingelb D; Sonnchromgelb M; Superchromgelb GN.

Natriumsalz der β-Naphthalin-sulfo-azo-salicylsäure. $C_{17}H_{10}N_2O_6SNa_2$. (Komponenten: Brönners Säure und Salicylsäure.)

COONa
—N = N— —OH
NaO_3S

Gelbes Pulver. In Wasser gelblich-rote Lösung; bei Zusatz von HCl bildet sich bei längerem Stehen ein grau-brauner, gelatinöser Niederschlag; NaOH gibt orange-rote Lösung und Niederschlag.

Lichtbeständigkeit gut; Reibechtheit gut; Alkaliechtheit gut. Wird als Grundierungsfarbe für Chromleder benutzt.

32. Brillantcrocein. — B; — 3 B; — bläulich; — extra konz.; — FL; — LBH; — M; — MO; — MOO; — O; Croceinscharlach; — 3 B; — konz.; — 9187 K; — M; — MOO; Amazidbrillantcrocein 3 BA konz.; Bläulich Scharlach; Brillantcroceinscharlach C; — MOO; Carmoisintuchrot GA; Baumwollscharlach; — 3 B konz.; — N extra; Papierrot PSN; Papierscharlach; Ponceau BO extra; Wollechtscharlach G konz.

Natriumsalz der Benzol-azo-benzol-azo-β-naphthol-6,8-disulfosäure. $C_{22}H_{14}N_4O_7S_2Na_2$. (Komponenten: Aminoazobenzol und β-Naphtholdisulfosäure G.)

HO
N = N— —N = N—
NaO_3S
SO_3Na

Hellbraunes Pulver. In Wasser kirschrote Lösung; HCl gibt braunen Niederschlag; NaOH braune Lösung.

Lichtbeständigkeit gut; Reibechtheit gut; Waschechtheit mittel; Alkaliechtheit gut. Durchfärbevermögen ausgezeichnet.

33. Naphthylaminschwarz D. — V; Säureschwarz; — D; — DB; — DBB; — N; — NN; — W; Acekoschwarz R imp.; Buffaloschwarz AD; Coomassie Wollschwarz D; Tiefschwarz D konz.; Naphthalinschwarz 4 B; — D; Pontacylschwarz 4 BX; — 4 BXN; Wollschwarz ND.

Natriumsalz des 3, 6-Disulfo-α-naphthalin-azo-α-naphthalin-azo-α-naphthylamins. $C_{30}H_{19}N_5O_6S_2Na_2$. (Komponenten: α-Naphthylamindisulfosäure F und α-Naphthylamin.)

NaO_3S / NaO_3S —N=N— —N=N— NH_2

Schwarzes Pulver. In Wasser violett-schwarze Lösung; HCl gibt schwarzen Niederschlag; NaOH gibt dunkelviolette Fällung.

Lichtbeständigkeit gut; Waschechtheit gut; Alkaliechtheit ausgezeichnet. Durchfärbevermögen schlecht.

34. Flavazin.—L; Echtlichtgelb; — G; — 2 G; — 3 G; — GA; — GM; — G 3 X; — NJ; Amazidechtlichtgelb G; — 3 G; Empire Echtgelb; Echtsäuregelb 3 G; — TL; Echtwollgelb GL; — 2 G; — 3 GL; Garfacidechtlichtgelb G; Hydrazingelb L; Metaminlichtgelb G; — 3 G; Pharmaechtlichtgelb G; — 53 X; Pontachromechtgelb GW; — RW; Pontacyllichtgelb 3 G; — GG; Pyrazolongelb J; Pyrazotolgelb 2 GL.

Natriumsalz des 4-Benzol-azo-1-p-sulfobenzol-3-methyl-5-hydroxypyrazols. $C_{16}H_{13}N_4O_4SNa$. (Komponenten: Anilin und 1-p-Sulfophenyl-3-methyl-5-pyrazolon.)

—N = N—C — C—CH_3 / HO—C N / N / SO_3Na

Gelbes Pulver. In Wasser gelbe Lösung; HCl verursacht Trübung; NaOH bewirkt ein Aufhellen der Farbe der Lösung.

Lichtbeständigkeit ausgezeichnet; Reibechtheit gut; Waschechtheit mäßig; Alkaliechtheit gut; Farbe wird durch Bisulfit entfärbt. Durchfärbevermögen ausgezeichnet. Gibt auf Chromleder und vegetabilisch gegerbtem Leder einen hellen, grünlich-gelben Ton. Eignet sich als Grundfarbe für Gerbstoff- oder Olivtöne.

35. Tartrazin. — gezeichnet; — extra konz.; — F; — F extra; — I; — MG; — N; — O; — RX; — XX konz.; — XXX extra konz.; Säuregelb A 7; — 79210; Amazidgelb T; Buffalogelb; Lichtechtgelb G; Echtwollgelb G; — GT; Flavazin T; Hydrazingelb O; Hydroxingelb G; — L; — L konz.; Weingelb; Lichtechtgelb; Tartargelb; Tartrabarin; Tartraphenin; Tartratolgelb L; Tartrazolgelb; Tartringelb O; Wollechtgelb; Wollgelb extra konz.

Natriumsalz der 4-p-Sulfobenzol-azo-1-p-sulfophenyl-5-hydroxy-pyrazol-carbonsäure. $C_{16}H_9N_4O_9S_2Na_3$. (Komponenten: Phenylhydrazin-p-sulfosäure und Dioxyweinsäure; oder Phenylhydrazinsulfosäure, Sulfanilsäure und Oxalessigester.)

NaO_3S—C_6H_4—N = N—C—C—COONa
HO—C N
N
C_6H_4
SO_3Na

Orange-gelbes Pulver. In Wasser gold-gelbe Lösung; HCl ist ohne Einfluß; NaOH macht die Lösung mehr rot.

Lichtbeständigkeit ausgezeichnet; Säureechtheit gut; Alkaliechtheit gut. Durchfärbevermögen ausgezeichnet. Das große Durchfärbevermögen macht den Farbstoff für Grundfärbungen, seine große Lichtbeständigkeit für Modetöne geeignet.

36. Guineagrün B. — Säuregrün; — B konz.; — B extra; — 2 BG extra konz.; — extra konz.; — G; — GV; — GYB extra konz.; — L extra; Neusäuregrün BX; Pontacylgrün B; Sulfogrün BB.

Natriumsalz des Dibenzyl-diäthyl-diamino-triphenylcarbinol-disulfosäureanhydrids, oder des p-Sulfobenzol-äthylamino-fuchson-benzyläthylimonium-sulfonats. $C_{37}H_{35}N_2O_6S_2Na$. (Komponenten: Benzyläthylanilin-sulfosäure und Benzaldehyd.)

—$N(C_2H_5)CH_2$—C_6H_4—SO_3Na
C_6H_5—C
= $N(C_2H_5)CH_2$—C_6H_4—SO_3

Dunkel-grünes Pulver. In Wasser grüne Lösung; HCl läßt die Farbe nach Bräunlich-Gelb umschlagen, NaOH nach Schwarz-Grün.

Lichtbeständigkeit mäßig; Reibechtheit gut; Waschechtheit mäßig; Alkaliechtheit schlecht. Durchfärbevermögen gut. Alkali zerstört die Farbe; es darf deshalb kein zu alkalischer Fettlicker benutzt werden.

37. Echtsäureviolett 10 B. — N 10 B; Säureviolett 10 B; Echtsäureblau XL; Kitonechtviolett 10 B; Pontacylechtviolett 10 B; Xylenechtviolett 10 B.

Natriumsalz der Benzyläthyl-tetramethyl-pararosanilin-disulfosäure oder des Dimethylamino-benzyläthylamino-sulfo-fuchson-dimethylimonium-sulfonats. $C_{32}H_{34}N_3O_6S_2Na$. (Komponenten: Tetramethyl-diamino-benzhydrol und Benzyläthyl-anilindisulfosäure.)

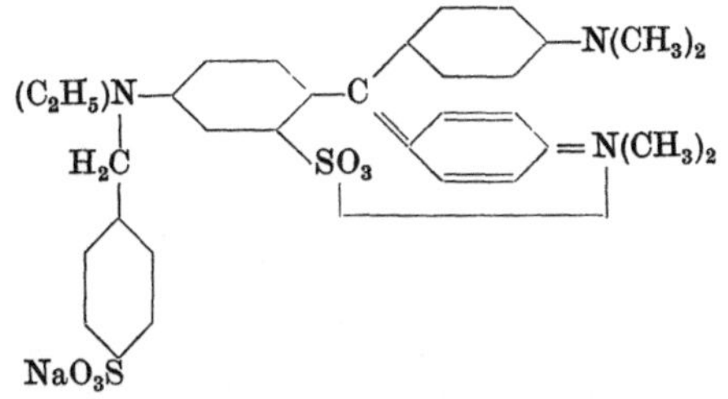

Graues Pulver. In Wasser rötlich-violette Lösung; HCl verwandelt die Farbe in Gelb; NaOH hat nur geringen Einfluß.

Lichtbeständigkeit mäßig; Alkaliechtheit gut. Durchfärbevermögen ausgezeichnet.

38. Wollgrün. — BS; — BS extra; — BSNA; — C; — S; — SAN; — S bläulich; — SG; — SGR; — S gelblich; Säuregrün S; Säurebrillantgrün NBS; Comacidwollgrün B; Cyanolgrün B; Ethonic Echtgrün B; Echtlichtgrün; Lissamingrün; — B; — BS; Naphthazingrün S; Pontacylgrün SN extra; — SON.

Natriumsalz des Tetramethyldiamino-diphenyl-β-hydroxy-naphthyl-carbinol-disulfosäureanhydrids. $C_{27}H_{25}N_2O_7S_2Na$. (Komponenten: Tetramethyl-diamino-benzhydrol und β-Naphtholdisulfosäure G oder R.)

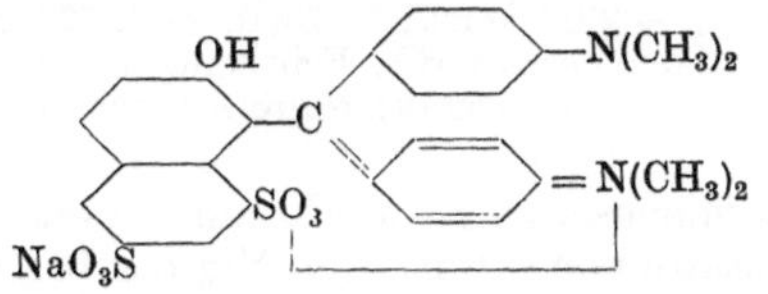

Bräunlich-violettes Pulver mit schwachem Kupferglanz. In Wasser grünlich-blaue Lösung; HCl gibt eine bräunlich-gelbe Lösung oder braunen Niederschlag; NaOH macht die Lösung mehr blau.

Lichtbeständigkeit schlecht; Bügelechtheit mittelmäßig; Reibechtheit mittelmäßig; Alkaliechtheit schlecht. Durchfärbevermögen ausgezeichnet. Wird hauptsächlich zum Abtönen anderer gut durchfärbender Farbstoffe benutzt.

39. Indulin. — A kryst. und Pulver; — B; — 2 B; — 3 B; — 5 B; — 6 B; — BB; — BE extra; — BL; — BS; — kryst.; — L; — N; — NBS; — NN; — NT; — R extra; R grünl.; — W; Säureindulin; Anilinblau 2 B; Blau CB wasserlösl.; Brillantindulin; Baumwollblau NVB; — VB; Coupiersblau; Echtblau; — B; — 2 B; — 3 B; — 5 B; — 6 B; — B extra konz. wasserlösl.; — D; — D extra konz.; — EL; — 6 G; — G extra; — grünl.; — K; — O; — R; — 2 R; — 3 R; R extra konz. wasserlösl.; — OB; — ROOO; — S; — SEL; — SOOO; — Nr. 000; — Nr. 1000; Echtblaugrau konz.; Echtdunkelblau R; Echtmarinegrau; — J; — JB; — JN; Marinegrau BE extra; Sloelin RS; Echtblau B; Indulin löslich 3 B; Indulin wasserlösl.

Natriumsalz der Sulfurierungsprodukte von Mischungen von Amino-diphenyl-diamino-, Triphenyl-triamino- und Tetraphenyl-tetramino-phenyldiphenazoniumchlorid. Indulin 6 B Base = $C_{42}H_{33}N_6Cl$. (Kom-

ponenten: Amino-azo-benzol, Anilin und die Sulfurierungsprodukte.)
Indulin 6 B Base =

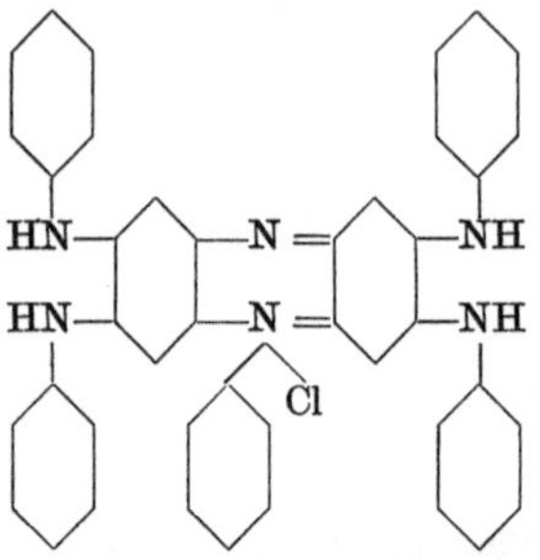

HN— —N = —NH
HN— —N = —NH
Cl

Bronzefarbenes Pulver. In Wasser blau-violette Lösung; HCl macht die Lösung mehr blau und gibt blauen Niederschlag; NaOH gibt eine bräunlich-violette Fällung.

Lichtbeständigkeit mäßig; Reibechtheit mäßig; Waschechtheit mittelmäßig; Alkaliechtheit schlecht.

40. Nigrosin. — wasserlöslich; — A; — AK; — AR; — B; — 2 B; — 3 B; — BKA; — BP; — BR; — bläulich; — CBBS; — CBRS; — CNNS; — D; — DGY; — DW; — FCB; — G; — G konz.; — G kryst. und Pulver; — JB; — KW; — L; — K; — MJX; — ES; — J; — I; — NN; — NBL; — O; — P; — R; — RB; — SG; — SS; — T; — W; — WG; — WH; — WL; — WLR; — WM; — WS; — WSB; — WSJ; — WSRq — konz.; — I; — IV; — Nr. 1; — Nr. 3; — Nr. IV; — 128 konz.; — 2011 konz.; — 7600; — 12525 konz.; Anilingrau B; — R; Bengalblau 9 R; Coupiersblau BB; Echtblauschwarz O; Grau B; — BB; — G; — R; Indulinschwarz; Mausgrau; Nigrosinjetschwarz; Silbergrau N; — Stahlgrau.

Chemische Zusammensetzung unbekannt. Besteht aus einer Mischung der Natriumsalze von sulfurierten Nigrosinbasen, die man erhält, wenn man Nitrobenzol, Anilin und Anilinchlorhydrat mit Eisen oder Kupfer bei 180 bis 200° erhitzt, sulfuriert und in die Natriumsalze verwandelt. (Komponenten: Anilin, Anilinchlorhydrat, und Nitrophenol oder Nitrobenzol und Eisen.)

Glitzernde schwarze Klumpen. In Wasser bläulich-violette Lösung; HCl macht die Lösung blauer oder gibt blau-schwarzen Niederschlag; NaOH macht die Lösung mehr rot oder gibt bräunlich-violetten Niederschlag.

Lichtbeständigkeit ausgezeichnet; Reibechtheit mäßig; Waschechtheit mäßig; Alkaliechtheit mäßig. Durchfärbevermögen mäßig. Wird hauptsächlich zum Schwarzfärben von Chromleder und zum Abtönen benutzt. In Kombination mit Blauholz können mit dem Farbstoff auf Chromleder tiefschwarze Töne erhalten werden. Beim Färben in einer Seifenlösung können graue Töne erhalten werden.

41. Alizaringelb R. — RW; — Pulver und Paste; Säurechromgelb NR; Alizadinorange M; Alizarinorange; — M; — R; — 2 R Pulver und Paste; — RN; Alizarolorange R; Alliancechromdruckorange; Anthracengelb RN; Chromsäureorange R; Chromorange; — DH; — GG; — R; Chromdruckorange R; Chromgelb R; — 2 R; Chromoxantin; Duochromorange Paste; Hexachromorange GR; Kromekobraun 6 G; Leuchtturmchromorange G; — Pulver und Paste; Metachromorange Paste;

— R; Walkorange R; Monochromorange R Paste; Beizengelb; — PN; — R; — 3 N; Neochromorange R; Palachromorange konz.; Phorochromorange R; Pontachromgelb 3 R; Druckorange R Paste; Terracotta R Pulver.

Paranitrobenzol-azo-salicylsäure. $C_{13}H_9N_3O_5$. (Komponenten: p-Nitranilin und Salicylsäure.)

$$O_2N-C_6H_4-N=N-C_6H_3(COOH)OH$$

Bräunlich-gelbes Pulver oder Paste. In Wasser bräunlich-gelbe Lösung; HCl gibt bräunlich-gelben Niederschlag, NaOH eine blutrote Lösung.

Lichtbeständigkeit gut; Reibechtheit gut; Waschechtheit gut; Alkaliechtheit gut; Farbe wird durch Bisulfit oder Chlorat entfärbt. Durchfärbevermögen gut. Säure im Färbebad zerstört den Farbstoff. Eignet sich als Grundfarbe für Gerbstoff-Braun- oder Oliv-Töne.

42. Säurealizarinbraun B. — Säurechrombraun NB; Alizarinbraun G; — W; Alizarolbraun 2 R; Anthracenchrombraun D; Anthracylchrombraun D; Anthranolchrombraun W; — WS; Chrombraun CSW; — SW; Chromechtbraun BC; Diademchrombraun PB; Kromekobraun R; Palasidbraun W; Palatinchrombraun W.

Natriumsalz des 5-Sulfo-2-hydroxy-benzol-azo-m-phenylen-diamins. $C_{12}H_{11}N_4O_4SNa$. (Komponenten: o-Aminophenol-p-sulfosäure und m-Phenylendiamin.)

$$NaO_3S-C_6H_3(OH)-N=N-C_6H_3(H_2N)NH_2$$

Schwarz-braunes Pulver mit grünem Schimmer. In Wasser braune Lösung; HCl läßt die Farbe der Lösung in Rötlich-Gelb umschlagen, NaOH macht sie mehr rot.

Lichtbeständigkeit gut; Reibechtheit mäßig; Waschechtheit ausgezeichnet; Alkaliechtheit ausgezeichnet.

c) Substantive Farbstoffe.

(Benutzt zum Färben von Chromledern ohne Verwendung einer Beize; besitzen zu vegetabilisch gegerbten Ledern oder mit vegetabilischem Gerbstoff gebeizten Chromledern nur geringe Affinität.)

43. Diazolchrombraun. — N 3 JO; Amidinbraun GG; — XY; Benzaminbraun 3 G; Benzobraun D 3 G extra; Dianilbraun 3 GO; Direktbraun 3 GO; Naphthaminbraun GX.

Natriumsalz des p-Benzolsulfo-azo-benzol-azo-m-phenylendiamins. $C_{18}H_{15}N_6O_3SNa$. (Komponenten: Aminoazo-benzolsulfosäure und m-Phenylendiamin.)

$$NaO_3S-C_6H_4-N=N-C_6H_4-N=N-C_6H_3(H_2N)NH_2$$

Braunes Pulver. In Wasser braune Lösung: HCl gibt braunen Niederschlag; NaOH macht die Lösung in der Farbe dunkler.

Lichtbeständigkeit gut; Farbe wird durch Bisulfit entfärbt.

44. Benzoechtscharlach 8 BA. — 5 BS; — 7 BS; — 8 BS; — 4 FB; — GS; Direktechtorange RS; — SE; Benzanilechtorange S; Benzoechtorange S; Chlorazolechtorange R; Diazolechtscharlach N 8 BS; Direktechtscharlach; — 8 BA; — BE; — 8 BS; — G; — P 4 BS; Erieechtorange A; Erieechtscharlach 4 BA; — 8 BA; — YA; Paraminechtorange S; — Triatolechtorange A säureecht.

Natriumsalz des Benzol-azo-7,7′-disulfo-5,5′-dihydroxynaphtyl-2,2′-ureïdo-azo-p-acetylaminobenzols. $C_{35}H_{25}N_7O_{10}S_2Na_2$. (Komponenten: Aminonaphtholsulfosäure J und Phosgen.)

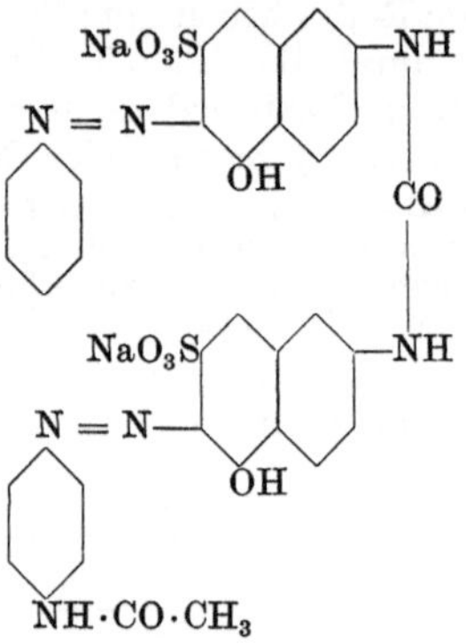

NaO_3S —NH
N = N—
OH
CO
NaO_3S —NH
N = N—
OH
$NH \cdot CO \cdot CH_3$

Bräunlich-rotes Pulver. In Wasser gelb-rote Lösung; HCl gibt roten Niederschlag oder rötlich-braune Lösung; NaOH macht die Lösung dunkler oder gibt roten Niederschlag.

Lichtbeständigkeit gut; Waschechtheit gut; Säureechtheit gut; Alkaliechtheit gut; Farbe wird durch Bisulfit entfärbt. Durchfärbevermögen schlecht.

45. Anthracengelb C. — C Pulver und Paste; Chromechtgelb G; — GL; Säurealizaringelb RC; Säureechtgelb NJ; Anthracitgelb S; Chromgelb G; Echtbeizengelb GI; Hexachromgelb C; Kromekoechtgelb CGO Pulver; Salicingelb R.

Natriumsalz der Thiodiphenyl-p,p′-disazo-bis-salicylsäure. $C_{26}H_{16}N_4O_6SNa_2$. (Komponenten: Thioanilin und Salicylsäure.)

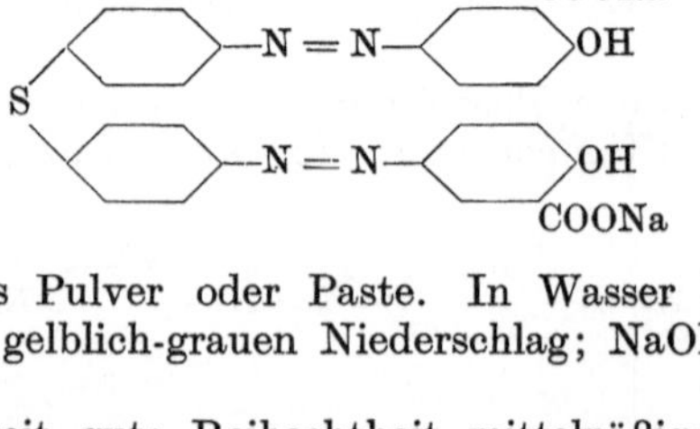

COONa
—N = N— OH
S
—N = N— OH
COONa

Bräunlich-gelbes Pulver oder Paste. In Wasser hell gelbbraune Lösung; HCl gibt gelblich-grauen Niederschlag; NaOH gibt gelblichrote Fällung.

Lichtbeständigkeit gut; Reibechtheit mittelnäßig; Waschechtheit ausgezeichnet; Alkaliechtheit gut.

46. Chrysophenin. — G; — G extra konz.; — GP; — NJ konz.; PJ; PJ extra; — XX konz.; XXX konz.; Amanilchrysophenin G; Aurophenin O; Azidingelb CP; Chloramingelb W extra; Chrysobarin G extra konz.; Baumwollgelb CH; Diamingelb CP; Diphenylchrysoin 3 G; Direktbrillantgelb C; Direktchrysophenin; — J; Direktgoldgelb; Direktgelb C; — CH; — CRG; Eriegelb Y; Walkgelb G; Neugelb für Baumwolle; Pheningelb; Pontamingelb CH; — CH konz.; Pyramingelb G; — GX; Sultangelb G; Triazolgelb G.

Natriumsalz des 2,2'-Disulfo-stilben-4,4'-disazo-bis-phenetols. $C_{30}H_{26}N_4O_8S_2Na_2$. (Komponenten: Diaminostilben-disulfosäure, Phenol und Äthylierungsprodukte.)

NaO_3S
HC—⟨ ⟩—N = N—⟨ ⟩OC_2H_5
‖
HC—⟨ ⟩—N = N—⟨ ⟩OC_2H_5
NaO_3S

Orange-gelbes Pulver. In Wasser orange-gelbe Lösung; HCl gibt braun bis bläulich-grünen Niederschlag; NaOH gibt gelbe Lösung mit orangefarbener Ausflockung.

Lichtbeständigkeit ausgezeichnet; Bügelechtheit gut; Reibechtheit gut; Alkaliechtheit gut; Säureechheit schlecht; Farbe wird durch Bisulfit entfärbt. Durchfärbevermögen schlecht.

47. Diaminblau 2 B. — BB; Direktblau; — B; — 2 B; — 2 B konz.; — 2 B supra; — 2 BL; — BR konz.; — 2 BX; — RF; — V; Amanilblau 2 B; Amidinblau 2 B konz.; Azidinblau 2 B; Benzaminblau 2 B; Benzanilblau 2 B; Benzoblau 2 B; Centralinblau 2 B; Chloraminblau 2 B; — 2 BE; Chlorazolblau B; Chokusetsublau 2 B; Kongoblau 2 BX; Dianilblau H 2 G; Diazinblau 2 B; Diazolblau 2 B; — N 2 B; Naphthaminblau 2 BX; Nippondirektblau; Niagarablau 2 B; Orionblau 2 B konz.; Paccodirektblau 2 B; Pantinblau P 3 B extra; Paraminblau 2 B; — 2 B neu; Pontaminblau BBF; — BBF konz.; Trianoldirektblau 2 B konz.; Trianoldirektreinblau BBG dopp. konz.; Triazolblau 2 BX.

Natriumsalz der Diphenyl-disazo-bis-8-amino-1-naphthol-3,6-disulfosäure. $C_{32}H_{20}N_6O_{14}S_4Na_4$. (Komponenten: Benzidin und H-Säure.)

HO NH_2
⟨ ⟩—N = N—⟨ ⟩⟨ ⟩
NaO_3S SO_3Na
HO NH_2
⟨ ⟩—N = N—⟨ ⟩⟨ ⟩
NaO_3S SO_3Na

Graues Pulver. In Wasser violette Lösung; HCl gibt violette Lösung oder Niederschlag; NaOH gibt eine rötlich-violette Lösung.

Lichtbeständigkeit mäßig; Bügelechtheit gut; Reibechtheit ausgezeichnet; Waschechtheit mäßig; Säureechtheit mittelmäßig; Alkaliechtheit gut; Farbe wird durch Bisulfit entfärbt. Durchfärbevermögen schlecht.

48. Diaminechtrot F. — Direktechtrot; — CF; — DT; — F; — FB; — T; Amanilechtrot F; — FC; Amidinechtrot F extra konz.; Azidinechtrot F; Benzaminechtrot F; Benzanilechtrot F; — H; Benzoechtrot FC; Chloraminechtrot F; Chlorazolechtrot F; — FG; Columbiaechtrot F; Dianolechtrot F; Diazinechtrot F; Dianilechtrot PH; Diazolechtrot NF; Diphenylechtrot B; Direktrot B; Erieechtrot FD; Geranin GL; Hessianechtrot F; Walkrot G; Oxaminechtrot F; Naphthaminrot H; Paccodirektechtrot; — F; Paraminechtrot F; Pontaminechtrot F; Trianoldirektechtrot F; Triazolechtrot C.

Natriumsalz der Diphenyl-disazo-salizylsäure-2-amino-8-naphthol-6-sulfosäure. $C_{29}H_{19}N_5O_7SNa_2$. (Komponenten: Benzidin, Salicylsäure und Aminonaphtholsulfosäure G.)

COONa
N = N— —OH
H_2N
N = N—
HO
SO_3Na

Bräunlich-rotes Pulver. In Wasser rote Lösung; HCl gibt bräunlichroten Niederschlag; NaOH rötlich-braunen Niederschlag.

Lichtbeständigkeit ausgezeichnet; Reibechtheit mittelmäßig; Waschechtheit ausgezeichnet; Bügelechtheit gut; Säureechtheit mäßig; Alkaliechtheit gut; Farbe wird durch Bisulfit oder Chlor entfärbt. Durchfärbevermögen schlecht. Zum Erschöpfen des Farbbades darf keine Säure verwandt werden.

49. Diaminbraun M. — Direktbraun; — B; — CM; — M; — MB; — MR; — PM; — 3 RB; Amanilbraun M; Amidinbraun M konz.; Azidinbraun M; Benzaminbraun M; Benzanilbraun M; Benzobraun MC; Braun BGN; Centralinbraun M; Chloraminbraun 2 ME; Chlorazolbraun M; Columbiabraun M; Tiefchrombraun M für Baumwolle; Dianilbraun MH; Diazinbraun M; Diazolbraun NM; Diphenylbraun BVV; Direktdunkelbraun M; Direktechtbraun M; — MB; Erieechtbraun 2 RB; Japanolbraun M; Naphthaminbraun H; Oxaminbraun R; Paccodirektbraun M; Paraminechtbraun M; Pontaminbraun R; Renolbraun MB konz.; Tetraminbraun M; Trianoldirektbraun M.

Natriumsalz der Diphenyl-disazo-salicylsäure-7-amino-1-naphthol-3-sulfosäure. $C_{29}H_{19}N_5O_7SNa_2$. (Komponenten: Benzidin, Salicylsäure und Aminonaphtholsulfosäure.)

COONa
N = N— —OH
HO
N = N— —NH_2
NaO_3S

Braunes Pulver. In Wasser rötlich-braune Lösung; HCl gibt braunen Niederschlag; NaOH macht die Lösung mehr rot und gibt rötlich-braune Fällung.

Lichtbeständigkeit mäßig; Bügelechtheit mäßig; Reibechtheit gut; Waschechtheit mittelmäßig; Säureechtheit mittelmäßig; Alkaliechtheit gut; Farbe wird durch Bisulfit entfärbt. Durchfärbevermögen schlecht.

50. Toluylenorange R. — Alzaliorange; — Amanil; — Toluylenorange R; — Centralinorange R; — Couplingorange extra conc.; — Diazol-Brillantorange UR; — Diazol-Echtpurpurin N 813; — Direkt-Orange R; — Direkt-Tolidinorange R; — Erie-Orange R; — Kanthosin R; — Oxydamin-Orange R; — Bluts-Orange R; — Pyramin-Orange RT; — Renol-Orange.

Natriumsalz der Ditoluyl-disazo-bis-m-toluylen-diamin-sulfosäure. $C_{28}H_{28}N_8O_6S_2Na_2$. (Komponenten: Tolidin und m-Toluylendiaminsulfosäure.)

CH_3 H_2N CH_3
—N = N—
H_2N SO_3Na
H_2N SO_3Na
—N = N—
CH_3 H_2N CH_3

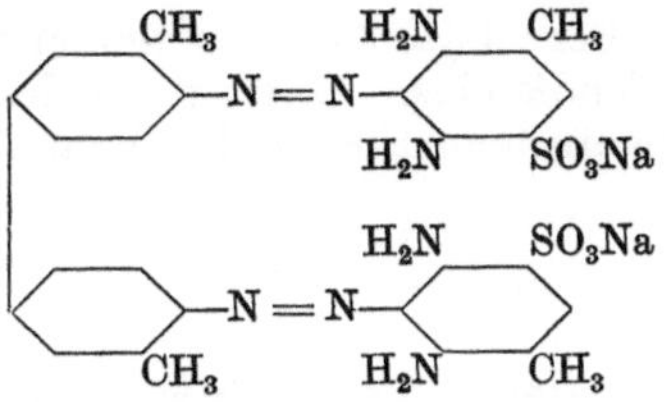

Braunrotes Pulver. In Wasser orange-gelbe Lösung; HCl gibt bläulich-roten flockigen Niederschlag; NaOH ist ohne sichtbaren Einfluß.

Lichtbeständigkeit mäßig; Bügelechtheit gut; Reibechtheit ausgezeichnet; Waschechtheit mäßig; Säureechtheit mäßig; Alkaliechtheit gut; Farbe wird durch Chlor entfärbt.

51. Benzoazurin. — BD konz.; — G; — G extra; — R; Alkaliazurin G; Amanilazurin G; Azidinblau BA; Azurin; Bengalblau G; Benzoinblau GN; — 2 GN; — 5 GN; — Chlorazolazurin G; Baumwollblau G; — N; Dianilazurin G; Direktbenzoazurin; Direktblau G extra; Direktlichtechtblau konz.; Niagarablau G konz.; Orionblau A; Oxaminblau A konz.; Oxydiaminblau G; Oxydiazolblau NJ; Pontaminblau AX; Renolblau B.

Natriumsalz der Dimethoxy-disazo-bis-α-naphthol-4-sulfosäure. $C_{34}H_{24}N_4O_{10}S_2Na_2$. (Komponenten: Dianisidin und Neville-Winthersche Säure.)

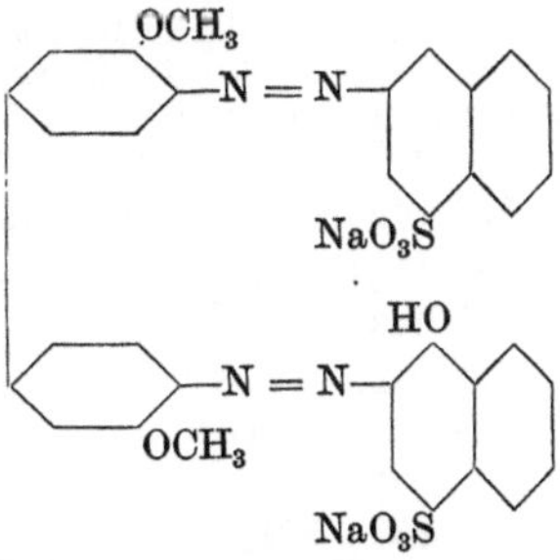

OCH_3
—N = N—
NaO_3S
HO
—N = N—
OCH_3
NaO_3S

Blauschwarzes Pulver mit Bronzeglanz. In Wasser bläulich-violette Lösung: HCl gibt violetten Niederschlag, NaOH eine rote Lösung.

Lichtbeständigkeit gut; Bügelechtheit mittelnäßig; Reibechtheit gut; Waschechtheit mittelmäßig; Säureechtheit gut; Alkaliechtheit mäßig; Farbe wird durch Bisulfit entfärbt. Durchfärbevermögen schlecht.

52. Baumwollschwarz E extra. — Direktschwarz; — A; — E; — E extra; — EE extra konz.; — EG extra; — F; — G extra; — GG; — GX; — GXX; — MS; — P 2 J; — RL; — 2 V; — WS; Amanilschwarz G extra; — GL extra; Amidinschwarz EX; — MH konz.; Benzanilschwarz E extra; Karbidschwarz E; — EG; Chloraminschwarz EC extra; — EX extra; Chlorazolschwarz E extra Nr. 1; Chokusetsuschwarz W konz. extra; Chromlederschwarz; Columbiaschwarz EAW; Tiefschwarz extra konz.; Diazindirektschwarz G konz.; Direkttiefschwarz E extra; — E supra; — EW; — EW extra; Enbicodirektschwarz E extra; Erischwarz B extra; — BF; — GXOO; Eridirektschwarz GX; Orionschwarz EW extra; Oxydiazolschwarz NJB; — NJE; — NJEE; Paccodirektschwarz E extra; Paraminschwarz B extra; — BR extra; — E extra; Pontaminschwarz E; — EB; — EBN; — EX; — EX konz.; — HS; — HS doppelt; Trianoldirektechtschwarz B extra; Unionschwarz.

Natriumsalz des Benzol-azo-3,6-disulfo-8-amino-1-naphthol-7-azo-diphenyl-azo-m-phenylendiamins. $C_{34}H_{25}N_9O_7S_2Na_2$. (Komponenten: Anilin, Benzidin, H-Säure und m-Phenylendiamin.)

H_2N OH
—N = N— —N = N—
NaO_3S SO_3Na
H_2N
—N = N— NH_2

Grauschwarzes Pulver. In Wasser grünlich-braune Lösung; HCl verwandelt die Farbe in Violett; NaOH gibt eine marineblaue Färbung.

Lichtbeständigkeit gut; Bügelechtheit gut; Reibechtheit gut; Waschechtheit mäßig; Säureechtheit mittelmäßig; Alkaliechtheit mittelmäßig; Farbe wird durch Bisulfit oder Chlor entfärbt. Durchfärbevermögen schlecht.

53. Diamingrün B. — BN; Direktgrün B; — BL; — BY konz.; — D; — D 200%; — FF; — PB; — PB extra; Alkaligrün; Amidingrün B supra; Azidingrün BB; Benzanilgrün B; Benzogrün C; Chloramingrün DB; Chlorazolgrün BN; Chokusetsugrün B; Columbiagrün B; Dianilgrün B; Dianolgrün B; Diazingrün B; Diazolgrün NB; Diphenylgrün; Enbicodirektgrün B; Erigrün MT; Japanoldunkelgrün B; Naphthamingrün B; Oriongrün B; Oxamingrün B; Paccogrün B; Pontamingrün BX; — GB; Renolgrün B extra; Trianoldirektgrün B.

Natriumsalz des p-Nitrobenzol-azo-3,6-disulfo-1-amino-8-naphthol-7-azo-diphenyl-azo-phenols. $C_{34}H_{22}N_8O_{10}S_2Na_2$. (Komponenten: Phenol, Benzidin, H-Säure und p-Nitranilin.)

—N = N— OH
HO NH_2
—N = N— —N = N— NO_2
NaO_3S SO_3Na

Dunkles Pulver. In Wasser dunkelgrüne Lösung; HCl gibt bläulichschwarzen Niederschlag; NaOH macht die Farbe der Lösung mehr gelb.

Lichtbeständigkeit mäßig; Bügelechtheit gut; Reibechtheit ausgezeichnet; Waschechtheit mittelmäßig; Säureechtheit mäßig; Alkaliechtheit mäßig; Farbe wird durch Bisulfit oder Chlor entfärbt. Durchfärbevermögen schlecht.

54. Benzaminbraun 3 GO. — Direktbraun; — C; — CR; — D 3 GA; — 3 G; — 5 G; — JJ; — N 3 G; — PGO; Amanilbraun CL konz.; — CIR; Amidinbraun NC; Benzanilbraun GW konz.; Benzobraun D 3 GA; Benzochrombraun G; Zentralinbraun 3 GO; Chlorazolbraun 3 G; Cupranilbraun G; Diaminbraun 5 G; Diamineralbraun G; Dianilbraun 3 GN; Diphenilbraun GRI; Direktgelbbraun R; Eribraun C; — CN; Japanolbraun 3 G; — RG; Paccobraun C; — G; Pontaminbraun D 3 GN; — DP; 3 GE; Trianoldirektbraun C; — 3 GN; Trisulfonbraun MB.

Natriumsalz der p-Sulfobenzol-azo-m-phenylendiamin-azo-diphenyl-azo-salicylsäure. $C_{31}H_{22}N_8O_6SNa_2$. (Komponenten: Benzidin, Sulfanilsäure und m-Phenylendiamin.)

COONa
N = N — OH
NH_2
N = N — N = N — SO_3Na
H_2N

Rötlich-braunes Pulver. In Wasser rötlich-gelbe Lösung. HCl gibt braunen Niederschlag; NaOH gibt eine bräunlich-gelbe Lösung.

Lichtbeständigkeit gut; Bügelechtheit mittelmäßig; Reibechtheit mittelmäßig; Waschechtheit mäßig; Alkaliechtheit mäßig; Farbe wird durch Bisulfit oder Chlor entfärbt. Durchfärbevermögen schlecht.

55. Mikadogelb. — Direktgelb; — G extra konz.; — R; — R extra; — RM extra; — RT; Afghangelb; Alkaligelb RN; Amanilechtgelb A; Amidinechtgelb 4 G; — 4 G extra konz. imp.; Azidinechtgelb G; Benzanilgelb AG extra; Chlorazolgelb GX; Baumwollgelb S; Curcumin S; Diaminechtgelb A; — AR; Diazingelb R; Diazolechtgelb NA; Direktechtgelb A; — AR; — GL; — 2 GL; — 3 GL; — R; Direktorange G; Erigelb F; — FP; — 2 RF; Naphthamingelb G; Neugelb IV; Maize; Paccodirektgelb R; Paramingelb G; — R; — 2 R; — Y; Pontamingelb SX; — SXG; — SXR; Renolgelb R; Stilbengelb extra; Sonnengelb G; — 3 GC; — GG; — R; Trianoldirektgelb G konz.

Natriumsalz der Azoxy-azo-distilben-tetrasulfosäure.
$C_{28}H_{16}N_4O_{13}S_4Na_4$. (Komponenten: p-Nitrotoluol-o-sulfosäuren und Natriumhydroxyd.)

NaO_3S SO_3Na
HC — N = N — CH
HC — N — N — CH
NaO_3S O SO_3Na

Rötlich-braunes Pulver. In Wasser rötlich-gelbe Lösung; HCl gibt bräunlich-gelben Niederschlag; NaOH gibt rötlich-gelben Niederschlag.

Lichtbeständigkeit gut; Bügelechtheit ausgezeichnet; Waschechtheit gut; Säureechtheit ausgezeichnet; Alkaliechtheit gut; Durchfärbevermögen schlecht.

d) Natürliche Farbstoffe.

56. Blauholz. — Campecheholz; Blutholz; Campeachyholz; Hämatin Krystalle, Paste, Pulver; Logwood flüssig; in Stücken, Extrakt.

Holz von Haematoxylon campechianum, einem in Mexiko, Haiti, Kuba, Yukatan usw. wachsenden Baum. Enthält zwei färbende Substanzen, Hämatoxylin und Hämatein.

Hämatoxylin = $C_{16}H_{14}O_6$

OH, O, HO, CH_2, C—OH, CH, CH_2, HO, OH

Hämatein = $C_{16}H_{12}O_6$

OH, O, HO, CH_2, C—OH, C, CH_2, HO, O

Hämatoxylin krystallisiert in farblosen Prismen mit 3 Mol Krystallwasser. Es ist schwer löslich in kaltem Wasser, dagegen leicht löslich in heißem Wasser; NaOH gibt eine purpurrote Lösung, die beim Stehen an der Luft in Braun umschlägt. Hämatein krystallisiert in rötlichbraunen mikroskopischen Krystallen mit grünlich-gelbem, metallischem Glanz. Es ist in heißem Wasser nur schwer löslich; NaOH gibt eine purpurblaue Lösung, die beim Stehen an der Luft über Rot nach Braun umschlägt. Die Blauholzextrakte des Handels variieren im Verhältnis Hämatein zu Hämatoxylin weitgehend. Sie werden in der Hauptsache als Beizmittel bei der Lederfärbung benutzt. Mit Eisen- oder Kupfersalzen liefern sie ein tiefes Schwarz.

57. Gelbholz (Stücke, Extrakt). — Kubaholz; gelbes Brasilholz; Fustic; Bois jaune.

Holz aus dem Stamm von Chlorophora tinctoria, einem in Nord-, Mittel- und Südamerika vorkommendem Baum, das hauptsächlich aus Kostarika, Kolumbia, Nikaragua, Panama, Salvador und Venezuela ausgeführt wird. Enthält in der Hauptsache zwei färbende Substanzen,

Morin oder Tetrahydroxyflavonol und Maclurin oder Pentahydroxybenzophenon.

Morin = $C_{15}H_{10}O_7$

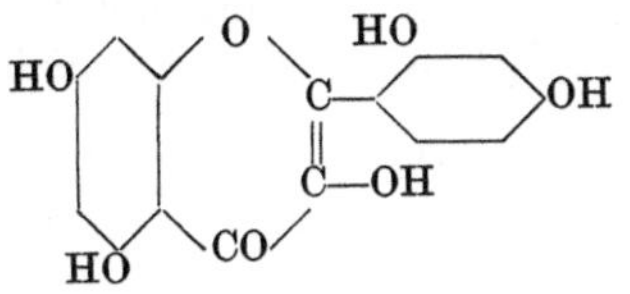

Maclurin = $C_{13}H_{10}O_6$

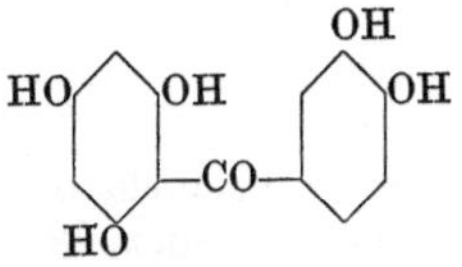

Morin bildet farblose glitzernde Nadeln, die in Wasser nur schwer löslich sind; bei Zugabe von NaOH entsteht eine gelbe Lösung, deren Farbe beim Stehen an der Luft in Braun umschlägt. Maclurin bildet meist farblose Krystalle, die ebenfalls in Wasser nur schwer löslich sind; es wird durch Gerbstoff gefällt. Gelbholz wird meist in Kombination mit Blauholz zur Erzeugung schwarzer Färbungen angewandt.

58. Osageorange-Extrakt.

Extrakt aus dem Holz von Maclura pomifera, das in Texas und den benachbarten Staaten vorkommt. Enthält sowohl Morin wie Maclurin (siehe Gelbholz und weiter Band I, Seite 342). Seine färbenden Eigenschaften gleichen denen des Gelbholzes, doch sind die damit erhaltenen Farbtöne etwas reiner, weniger rot und mehr lichtbeständig. Infolge seines hohen Gerbstoffgehaltes eignet sich Osageorange-Extrakt sowohl zum Färben wie zum Gerben von Leder.

59. Querzitron. Baltimore-Rinde; Patentrinde; Flavin; — rötlich; — gelblich; Anthrazin; Xanthaurin.

Die innere Rinde einer Eichenart, Quercus tinctoria, nigra, die in der Gegend von Pennsylvanien, Georgien und auf den Karolinen vorkommt. Entweder als Rinde, Extrakt oder gereinigter Extrakt gehandelt. Das wirksame färbende Prinzip ist das Quercetin oder Tetrahydroxyflavonol, das in dem Glucosid Quercitrin, $C_{21}H_{20}O_{11} + 2\,H_2O$, enthalten ist. Formel des Tetrahydroxyflavonols siehe Gelbholz. Quercitron ist reich an Gerbstoff und wird in Kombination mit Blauholz zum Färben von Leder verwandt.

60. Catechu. Cutch; Cachou; Gambircatechu; Japanerde; Terra japonica; Acacia Catechu; Areca Catechu; Bengal Catechu; Pegu Catechu; Kath; Mangrove Cutch.

Extrakte, die aus verschiedenen Ausgangsmateralien gewonnen werden. Gambir Catechu wird aus den Zweigen und Blättern eines in Malakka, Penang und Singapore kultivierten Strauches, Uncaria Gambir, gewonnen. Bengal Catechu wird aus dem roten Hartholz einer in Indien und Burma vorkommenden Akazienart, Acacia Catechu, hergestellt. Kath ist ein krystallines Produkt, das beim Suspendieren von Zweigen in einem heiß konzentrierten wässerigen Extrakt von Bengal Catechu erhalten wird. Mangrove Cutch ist ein Extrakt aus der frischen Rinde einer Mangrovenart, Ceriops canbolleana. Die wesentlichsten Bestandteile des Gambir Catechu sind Catechin und Porocatechusäure. Die Formel für Catechin ist $C_{15}H_{14}O_6 + 4\,H_2O$. (Siehe Seite 411 und 412 des I. Bandes.)

HO O OH
CH— OH
CH—OH
HO C
H_2

Schwefelfarbstoffe oder Entwicklungsfarbstoffe wurden in der Liste nicht mit aufgeführt, weil sie nur für spezielle Lederarten Verwendung finden. Dagegen soll ihre Anwendung beim Färben von lohgarem Kalbleder in Kapitel 31 beschrieben werden.

Literaturzusammenstellung.

1. Barnett, E. de B.: Coal tar dyes and intermediates. London: Bailliere, Tindall & Co.
2. Fay, J. W.: The chemistry of the coal-tar dyes, 2. Aufl. New York: D. van Nostrand Co. 1919.
3. Fierz, H. E.: Die Grundlagen der Farbenchemie.
4. Fort, M. u. L. L. Lloyd: The chemistry of dyestuffs. London: Cambridge University Press 1917.
5. Green, A. G.: The analysis of dyestuffs, 3. Aufl. London: Charles Griffin & Co. 1930.
6. Matthews, J. M.: Application of dyestuffs. New York: John Wiley & Sons 1920.
7. Perkin, A. G. u. A. E. Everest: Natural organic clouring matters. London: Longmans, Green & Co. 1918.
8. Rose, R. E.: Growth of the dyestuffs industry; the application of the science to the art. J. Chem. Education 3, 973 (1926).
9. Rowe, F. M.: Colour Index 1924; Supplement 1928. Society of Dyers and Colourists, Bradford (England).
10. Schultz, G.: Farbstofftabellen, 7. Aufl. Leipzig: Akademische Verlagsgesellschaft.
11. Shreve, R. N.: Dyes, classified by intermediates. New York: Chemical Catalog Co. 1922.
12. Whittaker, C. M.: Testing of dyestuffs in the laboratory. London: Heywood & Co. Ltd. 1921.
13. Whittaker, C. M.: Dying with coal-tar dyestuffs, 2. Aufl. London: Bailliere, Tindall & Co. 1926.

31. Theorie und Praxis des Färbens.

Die Nuance einer auf einem bestimmten Stück Leder erwünschten Farbe wird durch die Kombination der Färbungs- und Zurichtungsprozesse erzielt. Zuweilen wird dem Leder die gewünschte Farbtönung schon im Farbbad gegeben; die Zurichtungsprozesse sind dann so auszuführen, daß diese Farbe unverändert erhalten bleibt. Oft jedoch wird mit dem Zurichten die Farbe des Leders geändert, so daß es nötig ist, die Färbungs- und Zurichtungsprozesse aufeinander einzustellen, damit das zugerichtete

Leder die verlangte Farbtönung aufweist. Manche Leder werden vor, andere wieder nach dem Fettlickern gefärbt, wieder andere Leder erhalten vor dem Fettlickern eine Grundfarbe und dann nach dem Lickern einen zweiten Farbauftrag. Manche Leder werden schon zufriedenstellend gefärbt, wenn sie mit einer einzigen Farbstofflösung behandelt worden sind; andere wieder erfordern eine ganze Reihe von Behandlungen mit Farbbeizen, Fixierungsmitteln, Grundfarben und Deckfarben.

a) Die Vorbereitung des Leders zum Färben.

Um beim Färben von Leder gute Resultate zu erzielen, muß man natürlich für jede besondere Ledersorte die geeigneten Farbstoffe und Beizen auswählen. Es ist weiter wesentlich, daß das Leder keine Stoffe enthält, die in das Bad diffundieren und die Farbstoffe niederschlagen können, oder die der Fixierung des Farbstoffs durch die Lederfasern störend entgegen wirken. Ist die Beschaffenheit der Narbenschicht nicht in allen Teilen des Leders einheitlich, so werden die Farbstoffe in die verschiedenen Teile des Leders mit verschiedener Geschwindigkeit eindringen und dem Leder ein fleckiges Aussehen geben. Es ist also wesentlich, sich vor dem Färben von der Einheitlichkeit der Narbenschicht zu überzeugen. Wird bei einer Ledersorte Einheitlichkeit und Klarheit der Farbe hoch bewertet, so ist es üblich, das Leder einer Reihe von Vorbehandlungen zu unterwerfen, bevor es mit den Farbstoffen zusammenkommt.

Zum Färben von vegetabilisch gegerbten Ledern werden besonders basische Farbstoffe bevorzugt, weil sie vom Leder schnell aufgenommen werden und eine große Deckkraft besitzen. Aber sie werden leicht durch Gerbstoff ausgefällt. Es ist daher notwendig, die Leder vor der Färbung so zu behandeln, daß bestimmt kein Gerbstoff in das Färbebad diffundieren kann. Gewöhnlich wird das Leder zuerst gewaschen und gebleicht, um den Narben von den darauf aus den Gerbbrühen niedergeschlagenen Stoffen zu befreien und die Farbe aufzuhellen. Dann wird das Leder mit Sumach oder anderen milden Gerbmaterialien leicht nachgegerbt, gewaschen und dann in einer Lösung von Kalium-titan-oxalat oder Brechweinstein (Kalium-antimonyl-tartrat) gewalkt, wieder gewaschen und schließlich gefärbt. Das Titan- bzw. Antimonsalz dient zwei verschiedenen Zwecken. Waschen allein genügt nicht, um alle lösliche Substanz zu entfernen, die in das Bad diffundieren und den Farbstoff ausfällen können. Um das Leder von allen solchen Stoffen frei zu waschen, müßten so durchgreifende Bedingungen gewählt werden, daß schließlich ein loses leeres Leder erhalten würde. Titan- und Antimonsalze fällen jene Gerbmaterialien, die sonst in das Färbebad diffundieren könnten. Die Salze üben auch eine günstige Wirkung auf die Fixierung der basischen Farbstoffe durch das Leder aus und machen die Farbe gegen Wasser und Licht beständiger.

Chromgegerbte Leder werden erst von löslichen Stoffen praktisch frei gewaschen und dann durch Walken mit einer Borax-, Natriumbicarbonat- oder Sodalösung neutralisiert. Eine genaue Überwachung der

50*

Neutralisation ist viel wichtiger als man zuerst denken könnte. Die neutralisierenden Salze wirken nur auf die Außenschichten des Leders, aber sie neutralisieren nicht nur die freie Säure, sondern auch einen Teil der an Protein gebundenen Säure und ebenso einen Teil der an Chrom gebundenen Säure. Bei der Neutralisierung der an Chrom gebundenen Säure scheint das negative Ion des neutralisierenden Salzes mit dem Säurerest aus dem Chromkern seinen Platz zu tauschen und Verbindungen zu bilden, die den Borato- und Carbonato-Chromiaten analog aufgebaut sind. Die Neigung von Chromleder, sich mit sulfonierten Ölen, Farbbeizen und Farbstoffen zu verbinden, scheint stark von der Zusammensetzung der Chromkerne in den äußeren Schichten des Leders abhängig zu sein. So zieht jeder Einfluß des neutralisierenden Salzes auf die Zusammensetzung des Chromkerns eine entsprechende Wirkung auf die Fettlicker- und Färbeprozesse nach sich. Merrill stellte im Wilsonschen Laboratorium fest, daß die Verwendung von Natriumphosphat als Neutralisierungsmittel für Chromleder auf die Aufnahme von sulfonierten Ölen durch das Leder beim nachfolgenden Fettlickern stark verzögernd wirkt, anscheinend weil das Phosphation im Chromkern so fest gehalten wird, daß es dem Eintritt des Sulfo-fettsäurerestes widersteht. In jedem Falle müssen die Bedingungen der Art und der Konzentration des Neutralisierungsmittels, die Zeit und die Temperatur sorgfältig auf das vorliegende Leder abgestimmt werden, wobei auch auf die vorangegangenen und die nachfolgenden Arbeitsprozesse Rücksicht zu nehmen ist.

Wird Chromleder lange Zeit feucht in Haufen aufgeschichtet aufbewahrt, so kann sich die Säure unregelmäßig verteilen, je nach der Verteilung der Feuchtigkeit, die von der zufälligen Bildung von Falten abhängig ist. Dadurch entsteht bei den folgenden Operationen eine entsprechende unregelmäßige Verteilung der Fette, Farbbeizen und Farbstoffe, wodurch das Leder dann eine fleckige Färbung erhält. Die Neutralisation kann diese Wirkung bis zu einem gewissen Grade verringern, indem sie die verbleibende Säure ausgleicht; aber die einzige wirkliche Sicherheit besteht darin, die feuchten Leder so schnell als möglich weiter zu verarbeiten.

Soll Chromleder mit basischen Farbstoffen gefärbt werden, so muß man zuerst die Oberflächen mit vegetabilischen Gerbmaterialien oder mit natürlichen Farbstoffen, die Gerbstoff enthalten, nachgerben. Das Leder wird dann gewaschen, in einer Lösung von Kalium-titan-oxalat oder Kalium-antimonyl-tartrat gewalkt, wieder gewaschen und schließlich gefärbt. Die sauren und direkten Farbstoffe können auch ohne die Gerbstoffbeize verwendet werden. Das Leder wird zuweilen mit sulfonierten Ölen und Eigelb oder anderen Mischungen gelickert, entweder vor oder nach dem Beizen, oder auch nach dem Färben.

b) Das Färben im Walkfaß.

Die üblichste Methode, dem Leder Farbstoffe zuzuführen, besteht darin, das Leder in ein Walkfaß zu geben und die Farblösung durch die hohle Achse des Walkfasses zufließen zu lassen. Die Grundzüge für das

Färben im Walkfaß werden bei den Methoden der Herstellung von farbigem und schwarzen chromgegerbtem Kalbleder erläutert werden.

Nach dem Gerben werden die Leder ganz frei von löslichen Salzen gewaschen, reingemacht, gespalten und gefalzt. Sie werden dann wieder vollkommen durchfeuchtet, indem sie etwa 30 Minuten bei 20° in fließendem Wasser gewalkt werden. Das Leder wird dann feucht gewogen. Für je 50 kg feuchtes Leder wird ½ kg Borax genommen und in 40 l Wasser von 30° gelöst. Nachdem die Leder in das Walkfaß eingelegt sind, setzt man dieses in Bewegung und läßt die Boraxlösung zulaufen. Man läßt das Faß 30 Minuten laufen und wäscht dann noch 20 Minuten mit fließendem Wasser von 20°. Bei sehr sauren Ledern kann es angebracht sein, die Boraxmenge und die Einwirkungszeit zu erhöhen; bei Ledern mit einem sehr geringen Säuregehalt können beide Faktoren herabgesetzt werden.

Anschließend wird das Leder mit einem Gemisch von Sumach- und Gambirextrakt nachgegerbt, wobei auf 50 kg feuchtes Leder je ½ kg in 40 l Wasser gelöst werden. Diese Mengenangaben beziehen sich auf die üblichen Extrakte, die etwa 50% Wasser enthalten. Die auf 50° erhitzte Gerbbrühe läßt man zu den Häuten in das rotierende Walkfaß fließen und das Faß 30 Minuten laufen. Die Gerbbrühe wird dann abgezogen und das Leder 5 Minuten in fließendem Wasser von 20° gewaschen. Dann gibt man zu dem Leder eine Lösung, die für je 50 kg feuchtes Leder 62 g Kalium-titan-oxalat in 20 l Wasser enthält und eine Temperatur von 30° hat. Man läßt das Faß 5 Minuten rotieren, worauf das Material 10 Minuten mit fließendem Wasser von 20° ausgewaschen wird. Das Wasser wird dann aus der Trommel abgelassen und die Leder werden mit einer Lösung von 310 g Nigrosin, 186 g Bismarckbraun R und 6,2 g Methylviolett in 40 l Wasser von 40° auf je 50 kg feuchtes Leder versetzt und 30 Minuten gewalkt. Dann wird das Leder wieder 10 Minuten lang mit fließendem Wasser von 40° gewaschen, und anschließend mit sulfoniertem Öl und Eigelb gelickert, wie es im 28. Kapitel beschrieben wurde. Nach dem Fettlickern werden die Häute weich gereckt und getrocknet.

Will man schwarzes Leder herstellen, so wird das Leder nach dem Neutralisieren 30 Minuten in einer Lösung von ½ kg Hämatin und 62 g calcinierter Soda in 40 l Wasser von 49° auf je 50 kg feuchtes Leder gewalkt. Dann wird auf je 50 kg feuchtes Leder eine Lösung zugesetzt, die 93 g Eisen-2-sulfat auf 3,1 l Wasser enthält und die Temperatur von 50° hat. Man läßt 15 Minuten rotieren. Das so verwendete Eisen-2-sulfat wird als Nüancierungsmittel bezeichnet. Die Brühe wird dann abgelassen und das Leder 5 Minuten in fließendem Wasser von 30° gewaschen. Dann wird ½ kg Nigrosin in 40 l Wasser von 50° zugesetzt und 30 Minuten lang gewalkt. Man läßt das Leder abtropfen und wäscht es noch einmal 10 Minuten mit fließendem Wasser von 40°. Damit ist das Leder fertig zum Fettlickern.

Es sind nur zwei Fälle aus den fast unbegrenzten Mengen von Vorschriften zum Färben von Leder herausgegriffen worden. Das Kapitel 30 bringt eine Liste von Farbstoffen, die zum Färben von Leder geeignet sind. Diese Farbstoffe können auf unzählige Arten verwendet werden. Zur Erhaltung ein und desselben Farbtons können zwei Gerber mit sehr verschiedenen Mischungen arbeiten. Zum Beispiel kann bei der Herstellung von schwarzem Leder der eine Gerber ein Schwarz benutzen, das mit gelb oder rot angemacht ist, während ein anderer eine Mischung von rot, braun und blau oder grün benutzen kann. Manche Gerber behandeln das Leder hintereinander mit drei oder noch mehr Färbebädern, von denen jedes seinen Teil zur Gesamtwirkung beiträgt.

Beim Mischen von Farbstoffen ist zu beachten, daß nie basische Farbstoffe mit sauren gemischt werden, da sie sich gegenseitig ausfällen. Beim Mischen von verschieden gefärbten Farbstoffen, die eine erwünschte Farbtönung geben sollen, ist es ratsam, Farbstoffe auszuwählen, die abgesehen von der Farbe nahezu ähnliche Eigenschaften haben. Sie sollten zu der gleichen Farbstoffklasse gehören und ähnliche Diffusionswirkungen, ähnliche Eigenschaften gegen das Licht und gegen chemische Reagentien aufweisen.

c) Das Färben im Haspel.

Wird Leder in Bottichen gefärbt, die mit einem drehbaren Rad, das Blätter oder Schaufeln trägt, versehen sind, wird auf 1 kg Leder viel mehr Farbbrühe gebraucht, als wie für das Färben im Walkfaß. Dadurch wird die Verwendung von Haspeln viel beschwerlicher, so daß das Färben in der Haspel selten angewendet wird. Eine Ausnahme bilden die leichten Leder, die so zart sind, daß sie bei dem heftigen Walken in der Trommel zerreißen könnten. Zu diesen Ledersorten gehören besonders die Schaf-Narbenspalte für Buchbinderleder. Das zum Färben vorbereitete Leder wird in den mit Wasser von 45° gefüllten Bottich gebracht, und die Felle werden durch das Rad in leichter Bewegung gehalten. Der in Wasser gelöste Farbstoff wird ganz allmählich zugesetzt, während das Haspelrad rotiert. Zum Spülen bringt man dann das Leder in einen anderen Bottich. Außer in dem Unterschied der Behandlungsmethoden weicht das Färben im Haspel im Prinzip nicht von dem Färben im Faß ab.

d) Das Färben in der Mulde.

Wo es erwünscht ist, die Fleischseiten der Häute ungefärbt zu lassen, werden die Häute längs der Rückenlinie zusammengefaltet und in eine breite Mulde, die warme Farblösung enthält, 5 bis 10 Minuten lang eingetaucht, bis die gewünschte Farbtiefe erlangt ist. Ist das Farbbad zu einem Teil erschöpft, so setzt man frische konzentrierte Farblösung zu, die in Vorrat gehalten wird. Der Färber achtet sorgfältig auf die Tiefe der Farbe und nimmt das Leder sofort aus der Mulde, wenn der Farbton tief genug ist. Jede Haut wird gespült, indem sie in einen Behälter mit warmem Wasser getaucht wird. Anschließend wird das Leder getrocknet. Die große Menge Arbeit an jeder einzelnen Haut, die mit dieser Färbemethode verbunden ist, macht sie unbeliebt, so daß sie nur für spezielle Ledersorten verwendet wird.

e) Das Färben mit der Bürste und mit Färbemaschinen.

Eine sehr gebräuchliche Methode zum Färben schwerer Leder, die z. B. für Geschirr-, Koffer- und Möbelleder verwendet wird, besteht darin, die Farblösung in geeigneter Konzentration auf die Narbenoberfläche aufzubürsten. Die Farblösung kann mit der Hand oder mit der Maschine auf das trockene Leder aufgetragen werden. Um eine gleichmäßige Farbe von der richtigen Tiefe zu erlangen, wird die Lösung verdünnt in mehreren Auflagen aufgestrichen. Diese Methode hat den Vorteil, das Leder weich zu erhalten. Sind schwere Leder erst getrocknet, so kann der Narben durch nachfolgendes Behandeln im Walkfaß eine unerwünschte Rauheit annehmen. Die Methode ist zuweilen auch für leichtere Leder gebräuchlich, die bereits im Walkfaß gefärbt und dann getrocknet worden sind, deren Farbton aber geändert werden soll.

f) Entwicklungsfarbstoffe.

Ein voller Farbton kann mit einigen Farbstoffen erhalten werden, die erst diazotiert werden, wenn sie sich mit dem Leder verbunden haben. Solche Farbstoffe werden Entwicklungsfarbstoffe genannt. Sie werden zu einem gewissen Maße zum Schwarzfärben von Schwedenleder angewandt. Dieses Schwedenleder wird aus den Häuten frühgeborener Kälber hergestellt; es wird mit Chrom gegerbt und auf der Fleischseite zugerichtet. Eine typische Färbemethode besteht darin, das Leder, wie oben beschrieben, zu neutralisieren und es dann 15 Minuten im Walkfaß mit einer Lösung zu behandeln, die auf je 50 kg feuchtes Leder 1 kg Diazinschwarz H extra in 40 l Wasser von 50° enthält. Dieser Farbstoff ist das Natriumsalz der Diphenyl-diazo-3-sulfo-7-amino-1-naphthol-8-amino-1-naphtho-3,6-disulfosäure, $C_{32}H_{21}N_6O_{11}S_3Na_3$. Dann wird 1 kg Salzsäure in 8,3 l Wasser zugesetzt, und das Walkfaß weitere 30 Minuten rotieren lassen. Dann werden 2 kg Salzsäure in 40 l Wasser von 15° zu den Ledern im Walkfaß zugesetzt und sofort hinterher 1 kg Natriumnitrit in 8,3 l Wasser von 15°. Man läßt das Faß 20 Minuten rotieren, läßt die Brühe ab, und wäscht die Leder eine Stunde in fließendem Wasser von 15°. Dann läßt man das Walkfaß 15 Minuten mit 187 g Entwickler, m-Phenylendiamin, und 374 g Natriumcarbonat in 40 kg Wasser von 15° rotieren. Nach dem Walken wird die Flüssigkeit abgelassen und die Häute 10 Minuten mit fließendem Wasser von 40° gewaschen und mit sulfoniertem Klauenöl und Eigelb gelickert. Ist das Leder nach dem Diazotieren nicht genügend gewaschen worden, so kann der Farbstoff bräunlich werden. Nach dieser Methode wird ein sehr voller schwarzer Ton erhalten, und das Leder ist weich und doch fest.

g) Schwefelfarbstoffe.

Schwefelfarbstoffe werden nur in sehr beschränktem Maße zum Färben von Leder verwendet, weil sie nur in reduzierenden alkalischen Lösungen löslich sind. Verwendet man Farbstofflösungen, die konzentriert genug sind, um volle Töne hervorzubringen, so wird das Leder angegriffen. Folglich werden die Schwefelfarbstoffe nur für graue und braune Farbtöne genommen. Im folgenden ist eine typische Methode beschrieben, die für chromgegerbte und lohgar nachgegerbte Kalbleder einen braunen Farbton gibt. Die angegebenen Mengen beziehen sich immer auf 50 kg feuchtes Leder. 280 g Schwefelbraun CG und 280 g Natriumsulfid werden in 20 l Wasser von 40° gelöst. Dann werden 125 g Natriumthiosulfat und 125 g Natriumacetat in 20 l Wasser von 40° gelöst und hierzu 468 g sulfoniertes Klauenöl zugesetzt. Die beiden Lösungen werden gemischt und sofort zu den Häuten in das Walkfaß gegossen. Man läßt das Faß 30 Minuten rotieren, wäscht die Häute dann 30 Minuten in fließendem Wasser von 15° und trocknet sie. Die Zusammensetzung des Farbstoffs Schwefelbraun ist nicht bekannt. Er wird durch Erhitzen von m-Toluylendiamin mit Schwefel bei 250° und Behandlung des Reaktionsprodukts mit Natriumsulfid erhalten.

h) Die Messung des Färbevermögens.

Die in den Gerbereilaboratorien am meisten mit Farbstoffen vorgenommene Bestimmungsmethode befaßt sich mit der Prüfung der Farbstoffe auf ihr Färbevermögen, auf ihre Farbkraft. Die bedeutenderen Farbenfabriken liefern ihre Farbstoffe so einheitlich, daß sie bei geeigneter Verdünnung mit Dextrin, Salz oder ähnlichen Streckmitteln ein bestimmtes Färbevermögen aufweisen. Aber der Gerber wünscht oft, die Farbkraft neuer Farbstoffe oder die von den verschiedenen Firmen gelieferten Handelsprodukte miteinander vergleichen zu können. Das Färbevermögen eines Farbstoffs wird mit Bezug auf einen für jede Farbe bestimmten Standardfarbstoff angegeben. Die Bestimmungen werden gewöhnlich mit sorgfältig vorbereiteten Lederstücken vorgenommen, die der Gerber selbst hergestellt hat. Die Messung wird so ausgeführt, daß die Menge des neuen Farbstoffs festgestellt wird, die die gleiche Farbtiefe ergibt wie eine bestimmte Menge des Vergleichsfarbstoffs.

E. Rose hat dem Autor die folgenden Einzelheiten über die Methode mitgeteilt, die in seinem Laboratorium üblich ist. Zuerst werden zwei Lösungen hergestellt, die pro Liter 2 g Farbstoff enthalten, die eine Lösung mit dem Vergleichsfarbstoff, die andere mit dem Farbstoff, dessen Färbevermögen bestimmt werden soll. Einige Tropfen der Lösungen werden auf Filterpapier gespritzt; die erhaltenen Farbtöne geben rohe Anhaltspunkte für die relativen Färbevermögen der beiden Farbstoffe. Für die Bestimmung werden 6 oder 8 besonders vorbereitete Lederstücke verwendet, die einander so gleich wie möglich sind. Sie werden alle in Stücke von 9 qcm geschnitten. Die Probestücke werden auf 1-l-Flaschen verteilt. Auf ein Probestück wird Standardlösung des Standardfarbstoffs gebracht, die anderen werden der Reihe nach mit Lösungen des zu prüfenden Farbstoffs versetzt, und zwar wird bei allen Versuchen das gleiche Volumen angesetzt, nur die Konzentration variiert. Man sucht eine Ausfärbungsreihe zu erhalten, die hellere und auch dunklere

Farbtöne aufweist als der Versuch mit Standardlösung. Die Flaschen werden auf einer Schüttelmaschine 45 Minuten geschüttelt. Dann werden die Leder herausgenommen und in einem besonderen Trockenschrank getrocknet. Die erhaltenen Farbtiefen werden miteinander verglichen. Wurde mit genügender Sorgfalt darauf geachtet, die Bedingungen für alle Versuche gleich zu halten, so kann das Färbevermögen eines unbekannten Farbstoffs bis auf 1 oder 2% vom Wert des Standardfarbstoffs angegeben werden.

Bei manchen gelben Farbstoffen ist die Methode nicht ganz so empfindlich, so daß experimentelle Fehler bis etwa 5% vorkommen können. In solchen Fällen kann die Empfindlichkeit der Methode gesteigert werden, indem man zu jeder Farbstofflösung eine bestimmte Menge des blauen Standardfarbstoffs zusetzt, wodurch die Farbe nach Grün umschlägt. Die Stärke der Grünfärbung wird dann durch das Gelb der gefärbten Lederprobe bestimmt.

Es wird vom Gerber oft verlangt, daß er neue Farbtöne auf Ledern erzeugt, oder auch, daß er seine alten Farbtöne mit neuen Farbstoffen genau wiedererhält. Mit einer ähnlichen Ausfärbungsreihe wie der gerade beschriebenen ist es nicht sehr schwierig, mit einer geeigneten Mischung den erwünschten Farbton zu erzielen.

i) Die Theorie des Färbens.

Zahlreiche Veröffentlichungen befassen sich mit der Theorie des Färbens, und es sind die verschiedensten Ansichten darüber geäußert worden. Die verschiedenen Angaben lassen erkennen, daß sich die sauren Farbstoffe auf eine sehr ähnliche, wenn nicht gleiche Weise mit dem Kollagen verbinden wie der Gerbstoff. Loeb (6) zeigte, daß sich die sauren Farbstoffe mit dem Kollagen auf der sauren Seite seines isoelektrischen Punkts und die basischen Farbstoffe auf der alkalischen Seite seines isoelektrischen Punkts verbinden. Thomas und Kelly (14) benutzten diesen Befund zur Messung des isoelektrischen Punkts von Kollagen. Sie zeigten, daß der sauere Farbstoff Martius-Gelb (Natriumsalz vom 2,4-Dinitro-α-naphthol) sich nur in meßbarem Maße mit Kollagen verbindet, wenn der p_H-Wert der Lösung unter 5 liegt. Anderseits zeigten sie, daß der basische Farbstoff Fuchsin oder Magenta (Nr. 7 in Kapitel 30) sich nur dann in meßbarem Grade mit Kollagen verbindet, wenn der p_H-Wert der Lösung größer als 5 ist. Auch Gustavson (3) machte von dieser Tatsache Gebrauch, um die Verschiebung des isoelektrischen Punkts vom Kollagen zu messen, die beim Gerben auf verschiedenen Wegen eintritt. Thomas und Foster (13) machten vom gleichen Prinzip Gebrauch, um die Verschiebung des isoelektrischen Punkts des Kollagens zu messen, der durch Desaminierung zustande kommt.

Pfeiffer (8) zeigte, daß verschiedene Farbstoffe mit Aminosäuren oder ihren Anhydriden definierte Verbindungen geben. Er erhielt von Farbstoffen und Aminosäuren krystallisierbare Verbindungen, die genau in stöchiometrischen Mengenverhältnissen zusammengesetzt sind.

Chapman, Greenberg und Schmidt (1) untersuchten die Bindung einer Reihe saurer Farbstoffe mit einer Reihe verschiedener Proteine. An Farbstoffen wurden zur Untersuchung herangezogen: Säureviolett, Biebricher Scharlach, Lackmus, Metanilgelb, Naphthylamin-Braun und Tropäolin O, als Proteine: Gelatine, desaminierte Gelatine, Casein, Edestin und Fibrin. Die Methode bestand darin, eine verdünnte Lösung des Proteins zu nehmen und mit einer Standardlösung des Farbstoffs zu titrieren, bis die Farbe in der Lösung bestehen blieb. In den meisten Fällen war die Verbindung von Protein und Farbstoff so wenig löslich, daß solange kein Farbstoff in der Lösung blieb, als noch eine meßbare Menge Protein in Lösung war. Auf diese Weise wurde die Menge Farbstoff gemessen, die erforderlich ist, eine gegebene Menge Protein zu fällen. In manchen Fällen wurde ein Überschuß an Farbstoff zugesetzt und die Farbstoffmenge gemessen, die in der Lösung verblieben war; im wesentlichen wurden aber die gleichen Resultate erhalten, als wenn die Titration gerade bis zum Endpunkt ausgeführt wurde.

Bei höheren Aciditäten als $p_{\mathrm{H}} = 2$ waren annähernd 0,00104 Grammäquivalente von jedem der sechs Farbstoffe erforderlich, um 1 g Gelatine aus der Lösung zu fällen. Diese exakte chemische Äquivalenz aller sechs Farbstoffe weist streng auf die rein chemische Theorie der Färbung. Ähnliche Ergebnisse wurden mit anderen Proteinen erlangt. Der Wert 0,00104 zeigt als Äquivalentgewicht der Gelatine 962 an. Das ist fast genau der Mittelwert der beiden auf den Seiten 111 und 112 im 1. Band angegebenen Werte Hitchcocks von 1120 und den Wert 768 von Procter und Wilson.

Chapman, Greenberg und Schmidt untersuchten auch den Einfluß der Desaminierung von Gelatine auf seine Fähigkeit, sich mit sauren Farbstoffen zu verbinden. Die Desaminierung vermindert den Stickstoffgehalt von einem Gramm Gelatine um einen Betrag, der 0,00040 Grammäquivalenten entspricht. Hitchcock (4), dessen Arbeit auf Seite 112 des 1. Bandes beschrieben ist, stellte fest, daß ein Gramm Gelatine durch die Desaminierung soviel Säurebindungsvermögen verliert, als 0,00045 Grammäquivalenten entspricht. Chapman, Greenberg und Schmidt fanden, daß ein Gramm Gelatine durch die Desaminierung soviel an Bindungsvermögen für saure Farbstoffe verliert, als 0,00044 Grammäquivalenten entspricht.

Die gleichen Forscher konnten auch zeigen, daß die Bindung zwischen Protein und saurem Farbstoff unabhängig von der Zeit und von der Temperatur vor sich geht, wenigstens soweit als Zeitdauer 30 Minuten bis zu 5 Tagen und als Temperatur 10 bis 22° C in Frage kommen. Beim p_{H}-Wert 4,7 und bei höheren p_{H}-Werten ist das Bindevermögen zwischen saurem Farbstoff und Gelatine außerordentlich gering. Mit abnehmendem p_{H}-Wert steigt das Bindevermögen, und die Menge des gebundenen Farbstoffs wird für alle p_{H}-Werte, die niedriger als etwa 2,5 liegen, praktisch gleich. Chapman, Greenberg und Schmidt zeigten auch, daß das Aufnahmevermögen der Proteine für saure Farbstoffe mit ihrem Gehalt an freien basischen Gruppen des Arginins, Lysins und Histidins in Zusammenhang steht.

Die diesbezüglichen Angaben scheinen keinen Zweifel zu lassen, daß die Verbindungen der Proteine mit den sauren Farbstoffen, bei niedrigeren p_H-Werten als dem des isoelektrischen Punkts der Proteine, auf chemische Reaktionen analog den Verbindungen zwischen sauren und basischen Stoffen zurückzuführen sind.

Bei Aufstellung einer Theorie der Färbung haben wir noch zwei andere Farbstoffklassen, die basischen Farbstoffe und die substantiven Farbstoffe, zu berücksichtigen. Wilson hat die Ausfärbung von verschiedenen Lederarten mit Farbstoffen aller drei Farbstoffklassen untersucht und auch die verfügbare Literatur über die Theorie der Färbung durchgesehen. Diese Untersuchungen haben zu einer Formulierung der Hypothesen geführt, die die Färbung des Leders mit allen drei Farbstoffklassen zufriedenstellend umschließt, wenn man die dürftigen Angaben und die Verworrenheit des Systems berücksichtigt.

Der Säuregehalt des chromgegerbten wie auch des vegetabilisch gegerbten Leders ist zur Zeit der Färbung gewöhnlich höher, als wenn das Leder mit einer Lösung vom p_H-Wert 5, dem isoelektrischen Punkt des Kollagens, in Berührung wäre, ja oft noch höher, als dem p_H-Wert 4 entsprechen würde. Unter diesen Bedingungen sollten wir erwarten, daß die Proteingruppen des Leders sich nur mit sauren Farbstoffen verbinden. Weiterhin sollten wir erwarten, daß die chromgegerbten und die vegetabilisch gegerbten Leder sich solange mit sauren Farbstoffen verbinden, als die Proteinsubstanz nicht vollständig mit Gerbstoffen abgesättigt ist, ein Zustand, der selten vorliegt, falls er überhaupt erreicht wird. Wir wissen natürlich, daß sich die sauren Farbstoffe sehr leicht mit chromgegerbten oder vegetabilisch gegerbten Ledern verbinden; trotzdem ist die Annahme gerechtfertigt, daß wenigstens ein Teil der Bindung direkt zwischen den Proteingruppen, die als Basen in Reaktion treten, und den Farbstoffen, die als Säuren wirken, erfolgt.

Bei den niedrigen p_H-Werten, die beim Färbeprozeß vorliegen, sollte man nicht erwarten, daß in merklichem Grade eine Verbindung zwischen Kollagen und basischen Farbstoffen zustande kommt. Indessen ist es denkbar, daß die Verbindung durch Wirksamkeit irgendwelcher anderer Stoffe erfolgt, die fähig sind, beständige Verbindungen sowohl mit Kollagen als auch mit basischen Farbstoffen zu bilden. Ein solches Material liegt im Gerbstoff vor. Gerbstoff fällt basische Farbstoffe so vollständig, daß er als Reagens auf die Anwessenheit basischer Farbstoffe in einer Lösung benutzt werden kann. Anderseits bildet Gerbstoff mit Kollagen außerordentlich beständige Verbindungen. Wenn die aktiven Valenzen des Gerbstoffs in der Verbindung mit Kollagen nicht vollständig abgesättigt sind, ist eine weitere Bindung des Gerbstoffs im vegetabilischen Leder mit basischen Farbstoffen möglich. Tatsache ist, daß sich die basischen Farbstoffe bei einem p_H-Wert von etwa 4 sehr leicht mit der Kollagen-Gerbstoff-Verbindung verbinden, während sie mit Kollagen allein bei diesem p_H-Wert keine merkliche Bindung eingehen, noch sich bei diesem p_H-Wert in merklichem Maße mit chromgegerbtem Leder, wenn es nicht vorher mit Gerbstoff oder anderen als Beize wirkenden Stoffen gebeizt worden ist, verbinden. Die Annahme ist daher berechtigt, daß die Bindung der basischen Farbstoffe mit dem Leder zwischen Gerbstoff oder ähnlichen Gruppen, die als Säuren wirken, und den Farbstoffen, die als Basen wirken, erfolgt.

Die Verbindung der substantiven Farbstoffe mit dem Leder ist nicht so deutlich geklärt, aber die Tatsachen lassen eine Hypothese zu, die Wilson (15) durchaus brauchbar erscheint. Die substantiven Farbstoffe sind außerordentlich schwache Farbsäuren, bzw. ihre Salze, gewöhnlich die Natriumsalze. Wegen des überaus geringen Dissoziationsvermögens der Farbsäure oder aus irgendwelchen anderen Gründen verbinden sich die substantiven Farbstoffe nicht so leicht mit dem Protein des vegetabilisch gegerbten Leders wie die sauren Farbstoffe. Sind die Häute aber mit Chromsalzen gegerbt, so nimmt das Leder die substantiven Farbstoffe aus der Lösung so leicht auf, daß die Fixierung fast ausschließlich an der Oberfläche erfolgt, und nur sehr wenig Farbstoff in das Leder eindringt. Das Chrom wirkt anscheinend wie eine Beize. Aus den Kapiteln über Chromsalze und Chromgerbung (Kapitel 17, 18 und 19) läßt sich entnehmen, daß die Haut nicht einzelne Chromatome oder einfache Ionen fixiert, sondern vielmehr Chromkerne, die zentrale Chromatome enthalten, von denen jedes von sechs koordinativ gebundenen Gruppen wie Wassermolekülen, Hydroxyl- oder Chlorionen, oder Äquivalenten von negativen Ionen höherer Valenz umgeben ist. Manche schwache Säuren dringen in diese Kerne ein und ersetzen darin solche koordinativ gebundene Gruppen. Gustavson (2) zeigte, daß Gerbstoff sehr gerne in den Chromkern eintritt. Es scheint sehr wahrscheinlich, daß das Beizvermögen des Chroms in den chromgegerbten Ledern für substantive Farbstoffe auf der starken Neigung der Farbsäuren dieser Farbstoffe beruht, in den Chromkern einzutreten und dort koordinativ gebunden zu werden. Werden chromgegerbte Leder mit Gerbstoff nachgegerbt, so verliert das Leder viel von seiner Affinität für substantive Farbstoffe, wie auf Grund der Hypothese zu erwarten ist, da ja der Gerbstoff, der in den Chromkern eintritt, viel schwerer von seinem Platz verdrängt werden dürfte als die vorher von dem Gerbstoff verdrängten Sulfatogruppen. Es scheint die Annahme berechtigt, daß die sauren Farbstoffe sich mit chromgegerbtem Leder auf zweierlei Weise verbinden: Durch direkte Vereinigung mit dem Protein und durch koordinative Verbindung mit dem Chrom, wie es für die substantiven Farbstoffe geschildert wurde.

k) Theorie der Farbbildung.

Im Zusammenhang mit der Theorie der Färbung ist die Beziehung zwischen der chemischen Struktur eines Farbstoffmoleküls und seiner Farbe von sehr großem Interesse. Stieglitz (12) hat eine Theorie der Farbbildung in Farbstoffen entwickelt, die so wichtig ist, daß sie in diesem Kapitel ausführlich besprochen werden soll. Man kann in der molekularen Struktur eines jeden organischen Farbstoffs zwei fundamentale Atomgruppen erkennen, deren Wichtigkeit zuerst von Witt (16) im Jahre 1876 erkannt wurde: Die Chromophore oder farberzeugenden Atomgruppen und die Auxochrome oder farbvertiefenden Gruppen. In der Struktur eines der einfachsten typischen Farbstoffe, eines Indophenols $O=C_6H_4=N \cdot C_6H_4OH$

$$O=C_6H_4=N-C_6H_4-OH \quad (\text{Ch}, \text{Hch})$$

Indophenol

ist die chinoide Gruppe Ch das Chromophor und die OH-Gruppe im Hydrochinonkern Hch das Auxochrom. Dieser Farbstoff ist rot. Wird die auxochrome OH-Gruppe durch H ersetzt, so ist der neue Stoff gelb, weist also die schwächste aller existierenden Farben auf, die durch Absorption der kürzesten sichtbaren Wellenlängen des weißen Lichts hervorgerufen wird. Die meisten Farbstoffe haben entweder basischen oder sauren Charakter, und ihre Farbtiefe wird ganz allgemein durch Salzbildung entfaltet. Durch Zusatz von Alkali zu Indophenol erhalten wir die maximale Farbtiefe und Intensität des Farbstoffs, ein Indigoblau, durch Bildung des Natriumsalzes des Farbstoffs.

Nicht jede allgemeine Beschreibung der Beziehung zwischen der Struktur des Farbstoffmoleküls und seiner Farbe erklärt in sich die Farbe, die das Ergebnis der Absorption der schwingenden Lichtwellen und des Durchtritts der nicht absorbierten Wellen durch den Farbstoff ist. Die Schwingungen der Atome im Molekül scheinen viel zu langsam zu sein, um mit der außerordentlichen Geschwindigkeit der Lichtwellen vereinbar zu sein, und lassen vermuten, daß die vibrierenden Bestandteile im Farbstoffmolekül Elektronen sein müssen. Aber die Fragestellung geht dahin, zu bestimmen, welche von den vielen Elektronen eines Farbstoffmoleküls diesen Schwingungen unterworfen sind, die zur Absorption von Komponenten des weißen Lichts führen, warum solche Elektronen in den Molekülen eines Farbstoffs vorhanden sind und nicht in farblosen Verbindungen und welche Beziehung zwischen diesen Elektronenschwingungen und den wohlbegründeten Tatsachen hinsichtlich der Beziehungen zwischen Farbe und Struktur und Salzbildung besteht.

Fast alle bekannten Farbstoffe werden beim Reduzieren farblos und bilden eine sogenannte Leukoverbindung; durch Oxydation wird aus dem Leukofarbstoff der Farbstoff wieder hergestellt. Für Indophenol lassen sich diese Vorgänge folgendermaßen formulieren:

$$\underset{\text{Farbstoff}}{O=C_6H_4=N\cdot C_6H_4OH} \underset{-2\,H}{\overset{+2\,H}{\rightleftarrows}} \underset{\text{Leukoverbindung}}{HOC_6H_4\cdot NH\cdot C_6H_4OH}$$

Die Reduktion besteht in der Absorption von Elektronen durch die Atome, die Oxydation in einem Verlust der Atome an Elektronen. Diese wohlbekannte Tatsache der modernen Atomistik wird durch die einfache Beziehung zwischen Eisen-2-salzen und Eisen-3-salzen veranschaulicht:

$$Fe^{++} \underset{+\,\varepsilon}{\overset{-\,\varepsilon}{\rightleftarrows}} Fe^{+++}.$$

Alle oxydierten Atome sind zwangsläufig mit Oxydationsvermögen ausgestattet; d. h. sie haben das Vermögen, Elektronen der benachbarten Atome anzuziehen und schließlich zu absorbieren. In dieser Kraft findet Stieglitz eine fundamentale Beziehung zwischen den beiden großen Phänomenen, der Oxydation-Reduktion und der Farbbildung; beide sind im allgemeinen abhängig von dem Freiwerden von Valenzelektronen aus dem gewöhnlichen interatomistischen Zwang. Im Falle der Oxydation-Reduktion führt dieses Freiwerden vom Zwange bis zu dem Punkte, bei dem die Valenzelektronen wirklich von den reduzierenden Atomen auf die oxydierenden Atome übertragen werden, und zwar unter dem Einfluß der anziehenden Kräfte jener oxydierten Atome. Im Falle der Farbbildung jedoch werden die Valenzelektronen nur soweit durch nahe oxydierende Atome aus dem interatomischen Zwange gelöst, daß die Schwingungen unter dem Stoß der Lichtwellen im Gebiete der sichtbaren Farbe und die folgende Absorption der letzteren möglich werden.

Als bestimmtes Beispiel benutzt Stieglitz das farblose Leuko-indophenol, dessen Molekül, Dioxy-diphenyl-amin, vollkommen symmetrisch angeordnet ist. Es ist als einfaches Derivat des Aminophenols, eines starken Reduktionsmittels, das in der Photographie als Entwickler verwendet wird, ein kräftiges Reduktionsmittel, d. h. es gibt leicht Elektronen ab. Andererseits steht es in naher Beziehung zum Hydrochinon, HOC_6H_4OH, das auch ein starkes Reduktionsvermögen aufweist und ebenfalls als bekannter photographischer Entwickler Verwendung findet. Aus der symmetrischen Struktur des Leukofarbstoffes ist klar zu ersehen, daß jede Hälfte des Moleküls oxydiert werden kann, da ja jede Hälfte die charakteristische reduzierende Gruppe $-NHC_6H_4OH$ enthält. Die Oxydation schließt immer den Verlust von zwei Elektronen aus diesem oder jenem Atom des Moleküls in sich und äußert sich am Ende eventuell im Verlust von zwei Wasserstoffatomen. Stieglitz zieht die Entfernung von zwei Elektronen von dem Kohlenstoffatom, daß an Stickstoff auf der linken Seite gebunden ist, in Erwägung; es bleiben dann zwei ähnliche Elektronen an dem Kohlenstoffatom auf der rechten Seite, denn wir hätten ebenso gut eine Oxydation der rechten Seite annehmen können. Diese Beziehungen können durch folgende Strukturformeln wiedergegeben werden:

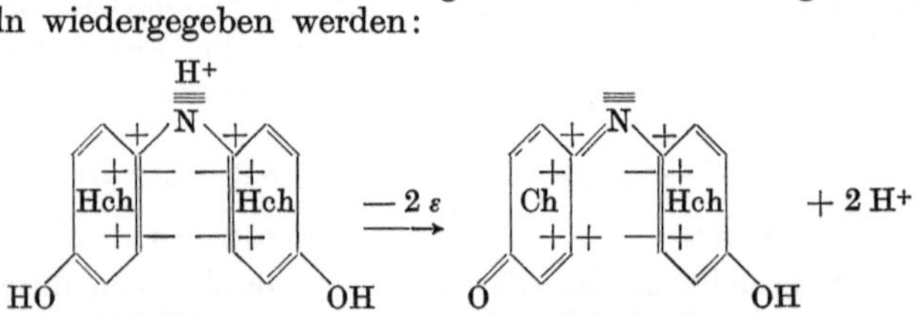

H+ N Hch Hch HO OH — 2 ε → N Ch Hch O OH + 2 H+

Leuko-indophenol Indophenol

Durch die Pluszeichen werden positive Kernladungen auf den Kohlenstoffatomen angezeigt, die durch Entfernung der entsprechenden Valenzelektronen, die durch Minuszeichen wiedergegeben sind, entstanden sind. Ein Paar Valenzelektronen ist von der linken Seite des

Leuko-indophenols entfernt worden, damit Indophenol gebildet werden kann; es bleiben aber noch ein Paar Elektronen in dem Hydrochinonkern rechts. Das Kohlenstoffatom links am Stickstoff ist mit Oxydationsenergie ausgerüstet worden, d. h. es hat die Neigung, seine zwei verlorenen Elektronen wieder aufzunehmen. Rechts haben wir ein Kohlenstoffatom mit Reduktionsvermögen, d. h. das Kohlenstoffatom hat die Neigung, ein paar Elektronen abzugeben. Das oxydierende Kohlenstoffatom zieht das Elektronenpaar, das am reduzierenden Kohlenstoffatom haftet, an, lockert es aus dem gewöhnlichen interatomaren Verbande, indem es die Elektronen an die äußeren Valenzhüllen bringt und es dadurch möglich macht, unter dem Aufprall der Wellen des weißen Lichts zu vibrieren. Das sind die Elektronen, denen das Indophenol die rote Farbe verdankt. In jedem organischen Farbstoff ist eine starke oxydierende Komponente mit einer starken reduzierenden Komponente verbunden. Diese sind gewöhnlich Kohlenstoffatome. Die Anziehungskraft der oxydierenden Komponente für die Elektronen der reduzierenden Komponente setzt jenes Element eines Elektronenpaars voraus, das in geeignetem Zwang zwischen der Anziehungskraft des positiven Kerns seiner eigenen Kohlenstoffatome und der Anziehung des äußeren oxydierenden Kohlenstoffatoms steht, das die Schwingungen des Elektronenpaars und die Absorption bestimmter Gruppen von Wellenlängen möglich macht. Die Komplementärfarbe wird so durch Absorption hervorgebracht, sonst ist aber der Prozeß ganz analog der Bildung eines Tons auf einer Violinsaite, die fest zwischen dem Steg und dem Hals der Violine gesteckt ist, unter dem Streichen des Violinenbogens.

Die oxydierende Hälfte des Farbstoffs ist das Chromophor der älteren Strukturtheorie, die reduzierende Komponente enthält das Auxochrom, dessen Einführung in das Farbstoffmolekül jetzt in der Tat als notwendig erkannt wurde, um dem halben Farbstoffmolekül ein starkes Reduktionsvermögen zu verleihen. So hat Anilin $H_2NC_6H_5$ das schwächste Reduktionsvermögen und Phenyl-imido-chinon (ein Indophenol, das an Stelle der Hydroxylgruppe nur ein Wasserstoffatom enthält) ist nur gelb (was auf die Wirkung der oxydierenden Chinongruppe auf Elektronen der Chinongruppe selbst zurückzuführen ist). Aber Para-oxyanilin oder Para-amino-phenol, $H_2NC_6H_4OH$, ist ein sehr kräftiges Reduktionsmittel, und durch die Überführung der Anilingruppe in Phenylimino-chinon durch Einführung der auxochromen Gruppe OH gelangen wir zu einem wirklichen Indophenol, zum roten Farbstoff.

Als nächster Punkt ist die Funktion des dritten fundamentalen Faktors der Strukturtheorie, die Salzbildung abzuhandeln, kommen doch ganz allgemein durch die Salzbildung die tiefsten und intensivsten Farbtöne zustande. Die photographischen Entwickler Hydrochinon und Para-aminophenol sind an sich kaum stark genug, um als Reduktionsmittel für Platten und Filme zu dienen; wir setzen ihnen immer Alkali zu. Der Alkalizusatz erhöht das Reduktionsvermögen dieser Stoffe sehr stark, d. h. ihre Salze sind weit stärkere Reduktionsmittel als die Substanzen selbst. In solchen Salzen ist das Elektronenpaar weit loser gebunden als in den Phenolen und kann daher leichter entschlüpfen. Der

Alkalizusatz zu Indophenol vertieft die Farbe von Rot zu Indigoblau und macht die Farbe so intensiv, daß die Lösung opak wird. Der Zusatz bringt die volle Reduktionskraft der Hydrochinongruppe zur Auswirkung und macht das Elektronenpaar so locker, daß die Elektronen viel freier schwingen und längere und mehr Lichtwellen absorbieren. Eine Erklärung für die Wirkung dieser Alkalizusätze liegt wahrscheinlich in der Tatsache, daß stark ionisierte Salze gebildet werden. Die Elektronen sind in den Ionen viel freier als in den nicht ionisierten Molekülen. Das stark ionisierte Natriumsulfid ist ein viel kräftigeres Reduktionsmittel als der wenig ionisierte Schwefelwasserstoff, da das Reduktionsvermögen mit dem Sulfid-ion verknüpft ist.

Für ein weiteres Eindringen in diese Theorie muß die Originalveröffentlichung von Stieglitz herangezogen werden, eine Erläuterung daraus soll hier noch Erwähnung finden. Chromisalze sind stark gefärbt, während Aluminiumsalze farblos sind. Aber ein Chromatom hat sechs Valenzelektronen, während das Aluminium nur drei hat. Das Chromiion hat drei seiner Valenzelektronen verloren, hält aber drei zurück und zeigt damit eine Bedingung, in der die Hälfte des Atoms reduziert bleibt, während die andere Hälfte oxydiert ist. Das ist ein intraatomistisches Bild, das streng an das intermolekulare Bild der intensiv gefärbten organischen Farbstoffe erinnert. Das Aluminiumion, das alle seine Valenzelektronen verloren hat, verfügt über keine Elektronen mehr, die in Schwingung versetzt werden können, um einen Teil der Farben des weißen Lichts absorbieren und den anderen Teil zurückwerfen zu können.

Literaturzusammenstellung.

1. Chapman, L. M., M. D. Greenberg u. C. L. A. Schmidt: Studies on the nature of the combination between certain acid dyes and proteins. J. of biol. Chem. **72**, 707 (1927).
2. Gustavson, K. H.: A new method for the determination of the degree of complexity and complex formation of chromium salts. J. Amer. Leather Chem. Assoc. **19**, 446 (1924).
3. Gustavson, K. H.: The isoelectric zone of tanned hide protein. Vorläufige Mitteilung.
4. Hitchcock, D. I.: The combination of deaminized gelatin with hydrochloric acid. J. gen. Physiol. **6**, 95 (1923).
5. Lamb, M. C.: Lederfärberei und Lederzurichtung, 2. Aufl., Übersetzung der 3. engl. Aufl. von L. Jablonski. Berlin: Julius Springer 1927.
6. Loeb, J.: Die Eiweißkörper und die Theorie der kolloidalen Erscheinungen. Berlin: Julius Springer 1924.
7. McCandlish, D. u. H. Salt: Leather dyeing. II. J. Int. Soc. Leather Trades Chem. **9**, 520 (1925).
8. Pfeiffer, P. u. O. Angern: Zur Theorie des Anfärbens von Wolle und Seide. Z. angew. Chem. **39**, 253 (1926).
9. Salt, H.: Leather dyeing. I. J. Int. Soc. Leather Trades Chem. **9**, 518 (1925).
10. Salt, H.: Leather dyeing. III. J. Int. Soc. Leather Trades Chem. **10**, 168 (1926).
11. Salt, H. u. A. Astrom: Leather dyeing. IV. J. Int. Soc. Leather Trades Chem. **10**, 197 (1926).
12. Stieglitz, J.: A theory of color production. J. Franklin Inst. **200**, 35 (1925).
13. Thomas, A. W. u. S. B. Foster: The behavior of deaminized collagen. J. Amer. Chem. Soc. **48**, 489 (1926).

14. Thomas, A. W. u. M. W. Kelly: The isoelectric point of collagen. Amer.
15. Wilson, J. A.: Molecular mechanism of dyeing leather. Paper presented at the Swampscott meeting of the American Chemical Society, Sept. 12, 1928.
16. Witt, O. N.: Ber. 9, 522 (1876).

32. Die Rohstoffe zur Herstellung von Lederappreturen.

Nachdem das Leder gelickert, gefärbt und getrocknet ist, werden die Eigenschaften des Leders je nach Wunsch durch eine Reihe von Zurichtoperationen, die eine Anzahl mechanischer Prozesse und das Auftragen von Appretiermitteln auf die Oberfläche des Leders in sich schließen, modifiziert. Die Herstellung dieser Appretiermittel und das wirkliche Appretieren des Leders wird im nächsten Kapitel besprochen werden. Obwohl viele Gerber ihre Appreturmittel jetzt in fertigem Zustande kaufen, ist es für den Chemiker wichtig die Rohstoffe zu kennen, aus denen sie gemacht werden, und auch zu wissen, wie sie hergestellt werden. In diesem Kapitel werden die verschiedenen Rohmaterialien, die zur Herstellung von Lederappreturmitteln am gebräuchlichsten sind, ihre Handelsnamen, Vorkommen, Zusammensetzung und allgemeine Eigenschaften besprochen. Man teilt diese Stoffe zweckmäßig in folgende neun Gruppen ein: 1. Eiweißstoffe, 2. Gummistoffe und Pflanzenschleime, 3. Harze, 4. Wachse, 5. Pigmente, 6. Farbstoffe, 7. Antiseptica, 8. Lacke und 9. verschiedene Stoffe, einschließlich sulfonierte Öle, Seifen, Säuren, Alkalien, Metallsalze, Weichmachungsmittel, Lösungsmittel und Riechstoffe.

a) Eiweißstoffe.

Eieralbumin, wie es für die Gerbereiindustrie verkauft wird, ist einfach getrocknetes Hühnereiweiß. Aus den Eiern wird das Eigelb abgeschieden und das Eiweiß bis auf einen Wassergehalt von etwa 15% getrocknet. Das ursprüngliche Eiweiß enthält etwa 87% Wasser. Das Trocknen wird gewöhnlich in flachen Schalen bei einer Temperatur, die 40^0 C nicht überschreiten darf, oder in Vakuumtrocknern vorgenommen. Das Eialbumin wird in Spänen oder als körniges Pulver verkauft. Ein typisches für die Lederindustrie bestimmtes Muster von Handelseialbumin ergab bei der Analyse folgende Werte: 16% Wasser, 11% Unlösliches, 60% koagulierbares Albumin und 13% andere lösliche Substanzen. Der Gehalt an Gesamtstickstoff betrug 11,7%, an SO_3 1,7% und an Cl 2,4%. Das Albumin enthielt 3,9% Asche, davon waren 0,8% Natriumcarbonat, 1,7% Natriumchlorid, 0,7% Natriumsulfat, 0,3% Calcium als Oxyd bestimmt, und 0,03% Eisen- und Aluminiumoxyde. Das getrocknete Albumin quillt in kaltem Wasser und löst sich schließlich zu einer trüben Flüssigkeit. Wird diese Lösung über 60^0 erhitzt, so koaguliert das Albumin. Soll das Albumin als Appretiermittel für Leder verwendet werden, so ist es üblich, es die Nacht vor dem Gebrauch einzuweichen, damit es genügend Zeit zur Lösung hat.

Es wird entweder direkt in wässeriger Lösung oder in Mischung mit anderen Appretiermitteln in wässeriger Lösung auf den Narben des Leders aufgetragen. Es wird durch Gerbstoff oder gewisse Schwermetallsalze oder durch Erhöhung der Temperatur gefällt.

Blutalbumin ist das getrocknete Serum vom Blute der Schlachttiere. Man läßt das Blut gerinnen und scheidet das Serum vom Fibrin und den Blutkörperchen durch Zentrifugieren. Das Serum wird dann mit Tierkohle entfärbt, filtriert und bis zu einem Wassergehalt von etwa 16% eingedampft. Das Eindampfen wird in flachen Schalen durch einen Luftstrom von etwa 40^0 C oder in einem Vakuumtrockner vorgenommen. Beträchtlich höhere Temperaturen werden vermieden, um die Albumine nicht zu koagulieren. Das Handelsprodukt besteht aus Spänen oder einem körnigen Pulver und enthält die Albumine und auch die Globuline des Bluts. Ein typisches Muster zeigte bei der Analyse folgende Werte: Wassergehalt 12%, Unlösliches 9%, koagulierbares Eiweiß 60% und andere lösliche Substanzen 19%. Es betrug der Gehalt an Gesamtstickstoff 10,9%, an SO_3 2,1%, und an Cl 5,6%. Der Aschegehalt belief sich auf 13,7%, davon waren 3,6% Natriumcarbonat, 5,9% Natriumchlorid, 0,6% Natriumsulfat, 0,6% Calcium als Oxyd bestimmt, und 0,1% Eisenoxyd.

Blut wird zuweilen an Stelle von Blutalbumin zum Appretieren von Leder genommen, die schwarz oder so dunkel sind, daß sie durch die färbenden Stoffe des Blutes nicht in der Farbe geschädigt werden. Die roten Blutkörperchen wirken wie Pigmente und machen gewisse Narbenschäden unsichtbar. Hammarsten (5) zitiert Angaben von Abderhalden über die Zusammensetzung von Blutproben der verschiedenen Tiere. Ochsenblut enthält 32,55% Blutkörperchen und 67,45% Serum. Tabelle 117 bringt die Analysen der beiden Blutbestandteile; die Zahlenangaben beziehen sich auf Prozente des gesamten Bluts. Außer diesen natürlichen Bestandteilen enthält das Blut das eine oder andere Antisepticum, das als Konservierungsmittel zugesetzt ist.

Tabelle 117. Zusammensetzung von Ochsenblut.

	Prozente in den Blutkörperchen	Prozente im Serum
Wasser	19,265	61,625
Gesamtlösliches	13,285	5,825
Hämoglobin	10,310	—
Protein	2,089	4,890
Zucker	—	0,071
Cholesterin	0,110	0,084
Lecithin	0,122	0,113
Fett	—	0,063
Phosphorsäure als Nucleinphosphorsäure	0,0018	0,0009
Natriumoxyd	0,073	0,291
Kaliumoxyd	0,024	0,017
Eisenoxyd	0,054	—
Calciumoxyd	—	0,008
Magnesiumoxyd	0,0006	0,0030
Chlor	0,059	0,249
Phosphorsäure	0,024	0,016
Anorganisches P_2O_5	0,011	0,006

Casein wird aus der Kuhmilch gewonnen, indem man diese auf 35° erhitzt und Salzsäure zusetzt, um den p_H-Wert auf 4,7 zu erniedrigen. Man läßt den Caseinniederschlag absitzen, dekantiert und wäscht das Casein wiederholt mit einer Säurelösung vom p_H-Wert 4,7 aus und trocknet es schließlich. Es wird als ein graues oder weißes Pulver oder in Brocken geliefert. Cohn (1) stellte fest, daß die Löslichkeit des Caseins bei seinem isoelektrischen Punkt, $p_H = 4{,}7$, 0,11 g auf einen Liter Wasser von 25° beträgt. Cohn und Hendry (3) fanden, daß die Löslichkeit auf Zugabe von Natriumhydroxyd direkt proportional mit der zugesetzten Menge zunimmt; es bildet sich dabei ein wohldefiniertes Dinatriumsalz des Caseins, in dem das Casein die Rolle der Säure übernommen hat. Bezogen auf Konzentrationen von Gramm pro Liter ist das Löslichkeitsprodukt $[H^+]^2 \cdot [Cas.'']$ bei 25° $2{,}2 \cdot 10^{-12}$. Die Löslichkeit des undissoziierten Caseins $[H_2Cas.]$ beträgt 0,09 g pro Liter. Daraus läßt sich das Produkt der Dissoziationskonstante der Säure $K_1 \cdot K_2$ zu $24 \cdot 10^{-12}$ errechnen. Casein ist also eine stärkere Säure als Kohlensäure und wird Kohlendioxyd aus den Lösungen der Carbonate und Bicarbonate in Freiheit setzen. Cohn (2) gibt das Äquivalentgewicht des Caseins als Säure mit 2096 bis 2166 und das wahrscheinliche Molekulargewicht mit 192000 an. Greenberg und Schmidt (4) bestimmten das Äquivalentgewicht des Caseins nach der Leitfähigkeitsmethode. Sie stellten fest, daß beim Durchleiten eines elektrischen Stroms durch eine Alkalicaseinatlösung die an der Anode abgeschiedene Caseinmenge der Strommenge direkt proportional ist, die Lösung also dem Faradayschen Gesetz gehorcht. Als Äquivalentgewicht des Caseins erhielten sie den Wert von 2015. Wie alle Proteine hat auch Casein amphoteren Charakter. In Natriumhydroxydlösungen geht Casein in Lösung, etwa in der Art, wie Natriumoleat in Lösung geht. In Berührung mit Salzsäurelösungen schwillt es nur an, da es einen Teil der Lösung absorbiert. Überschreitet der Schwellungsgrad einen bestimmten Wert, so geht das Casein als Caseinchlorid in Lösung. Hammarsten (5) gibt für die Elementarzusammensetzung des Caseins folgende Werte an: 53,0% Kohlenstoff, 7,0% Wasserstoff, 15,7% Stickstoff, 0,8% Schwefel, 0,85% Phosphor und 22,65% Sauerstoff. Eine ausführliche Behandlung des Caseins und seiner Anwendung in der Industrie wurde vor einigen Jahren von Sutermeister (6) und dessen Mitarbeitern in einer Monographie herausgebracht.

Milch wird mitunter direkt an Stelle von Casein zum Appretieren von Leder verwendet. Hammarsten (5) zitiert in seinem Lehrbuch eine Analyse der Kuhmilch von Koenig, die in Tabelle 118 wiedergegeben ist.

Tabelle 118. Analyse von Kuhmilch.

	%		%
Wasser	87,17	K_2O	0,172
Gesamtlösliches	12,8	Na_2O	0,051
Casein	3,02	CaO	0,198
Albumin	0,53	MgO	0,020
Fette	3,69	Cl	0,098
Zucker	4,88	P_2O_5	0,182
Salze	0,71		

Die Gegenwart der Fette und Zucker und auch die unterschiedliche physikalische Beschaffenheit der Milch bringt es mit sich, daß die mit Milch hergestellten Appreturen nicht so gut in sich übereinstimmen, wie die mit den präparierten Caseinaten hergestellten Appreturen. In der Milch ist das Casein gelöst in Form von Caseinaten der vorhandenen Metalle enthalten.

Gelatine wird häufig zum Appretieren von Leder verwendet. Gelatine wird aus der tierischen Haut oder aus gewissen Knochenarten durch Extraktion mit heißem oder kochendem Wasser gewonnen. Man läßt die Lösung gelatinieren und trocknet sie dann. Sie wird gewöhnlich in dünnen Blättern in den Handel gebracht. Ihre Zusammensetzung und ihre Eigenschaften sind in den Kapiteln 3 und 5 des 1. Bandes beschrieben worden.

Hausenglaß, Hausenblase, Ichthyocolla oder Fischleim ist eine reine weiße geruch- und geschmacklose Gelatine, die aus den inneren Häuten der Fischblase verschiedener Fische hergestellt wird. Hausenblase wird mitunter der gewöhnlichen Gelatine vorgezogen.

b) Gummi und Pflanzenschleime.

Die Gummiarten sind Abscheidungen schleimartiger Natur von Pflanzenzellen. Sie bestehen im wesentlichen aus Dispersionen von Polysacchariden und anderen Kohlenhydraten. Im allgemeinen schwellen sie in Wasser und lösen sich schließlich, durch Alkohol werden sie gefällt. Jene Gummiarten, die in Wasser nicht löslich sind, finden zu Lederappreturen kaum Verwendung. Werden sie als Grundappretur auf das Leder vor dem Färben aufgetragen, so überdecken sie unebene Narbenoberflächen, aber sie pflegen den Glanz zu vermindern, der durch andere Appretiermittel hervorgerufen wird.

Gummi arabicum ist das getrocknete, gummöse Exsudat aus den Stämmen und Zweigen von Acacia senegal und anderen afrikanischen Acaciaarten. Es wird auch als Acacia, Gedda, Senegal und Sudan bezeichnet. Es wird in gelben durchscheinenden Tropfen oder in Pulverform verkauft. In kaltem Wasser quillt es und geht schließlich in Lösung. Durch Zugabe von Alkohol oder Äther wird es wieder ausgefällt. Wird eine Gummilösung mit Salzsäure versetzt, bis die Lösung etwa $^1/_{10}$ normal ist, so tritt Hydrolyse ein, bei der Arabinsäure gebildet wird, die durch Zusatz von Alkohol ausgefällt werden kann. Thomas und Murray (7) untersuchten das Vermögen der Arabinsäure, Basen zu binden, und stellten fest, daß Arabinsäure für Natrium- oder Bariumhydroxyd ein Verbindungsgewicht von etwa 1000 hat. Sie zeigten, daß die Reaktion zwischen Arabinsäure und Alkalien zu einer einfachen chemischen Verbindung führt, die auf Hauptvalenzkräften beruht. Bei der qualitativen Anwendung der Grundzüge des Donnanschen Gleichgewichts, die im 5. Kapitel im 1. Band beschrieben wurden, auf die erhaltenen Ergebnisse, findet das beobachtete kolloidale Verhalten seine Erklärung, wenn der osmotische Druck und die Viscosität als Funktionen der Wasserstoffionen und der Neutralsalzkonzentration gemessen werden. Der Gummi leidet auch bei langem Aufbewahren nicht, wenn er trocken gehalten wird; in Lösung säuert er leicht unter Bildung von Essigsäure, wenn keine Konservierungsmittel zugesetzt werden. Der Gummi ist für Lederappreturen nicht besonders beliebt, weil seine getrockneten Häutchen nicht die gewünschte Elastizität aufweisen, wenn das Leder durch Druck oder Zug beansprucht wird.

Algin ist ein schleimartiger Stoff, der aus den gewöhnlichen Seetangen (Seegras) Laminaria digitata und Laminaria stenophylla gewonnen wird. Das Pflanzenmaterial wird zuerst gewaschen, um die Salze zu entfernen, und dann mit einer heißen Lösung von Natriumhydroxyd digeriert, das die schleimige Substanz in Form eines Salzes, des sogenannten Natriumalginats löst. Das Algin fällt man in Form von Alginsäure durch Neutralisieren der alkalischen Lösung mit Schwefelsäure aus. Die so gewonnene Alginsäure wird zu einer zweiten Menge des alkalischen Alginats gegeben, und zwar in solcher Menge, daß man eine neutrale Lösung von Natriumalginat erhält. Durch wiederholtes Ausfällen mit Säure und Lösen in Alkali wird die Reinheit des Algins erhöht. Als Appretiermittel wendet man das Algin als Natriumalginat in 10%iger Lösung an.

Irisches Moos, isländisches Moos oder Karragheenmoos ist das getrocknete Pflanzenmaterial von Chondrus crispus, einer an den Küsten von Irland und Neuengland wachsenden Seegras- oder Algenart. Es wächst an Felsen, die bei Flut vom Wasser bedeckt, bei Ebbe aber frei von Wasser sind. Das Moos wird deshalb bei Ebbezeiten gesammelt und in der Sonne getrocknet. Das getrocknete Pflanzenmaterial wird Karragheen genannt und enthält bis zu 55 bis 60% schleimbildende Stoffe. Bei der Gewinnung des Pflanzenschleims ist es wichtig, die Pflanze mit kaltem Wasser gut zu waschen, um die Salze zu entfernen. Erst dann werden die Schleimstoffe 1 bis 2 Stunden mit kochendem Wasser extrahiert. Dabei ist so viel Wasser zu nehmen, daß die Extraktlösung auf einen Liter 20 bis 50 g Schleimstoffe (Trockengewicht) enthält. Der getrocknete Rückstand quillt in kaltem Wasser, löst sich in kochendem Wasser und gibt beim Abkühlen ein Gel, wenn die Lösung mehr als 10 g pro Liter enthält. In 3%iger Lösung stellt es ein gutes Emulgiermittel dar. Es wird zuweilen als Ersatz für Gummi arabicum verwendet.

Leinsamenschleim wird durch ein- bis zweistündige Extraktion von reifen Flachssamen (Linum usitatissimum) mit etwa der 40-fachen Menge kochendem Wasser hergestellt. Noch in heißem Zustande wird die Lösung gesiebt. Der Schleim ist nur in der äußeren Schale enthalten. Die Extraktion darf nicht unnötig verlängert werden, damit die Schalen nicht zerbrechen. In diesem Falle würde mit dem Schleim viel Öl extrahiert, was nicht erwünscht ist. 100 g Samen geben eine Ausbeute von 6 g trockenem Schleim. Wird der Schleim anderen Appretiermitteln zugesetzt, so vermindert er ihre Sprödigkeit und erteilt dem Narben einen seidigen Griff. Die geringe Ölmenge, die mit dem Schleim extrahiert wird, erhöht noch diese Eigenschaft. Der Schleim färbt sich leicht mit Farbstoffen und ist in dieser Hinsicht den Stärkearten gewöhnlich überlegen.

Gummitragant ist das Exsudat aus den Baumstämmen von Astragalus gummifer und anderen Astragalusarten, die in Syrien, Persien und anderen asiatischen Ländern wachsen. Gummitragant wird in matten weißen durchscheinenden Platten oder als gelbes Pulver verkauft. Gummitragant ist schwer in Lösung zu bringen. Er quillt in Wasser, löst sich aber erst auf Zusatz von Alkali oder Wasserstoffperoxyd; Alkohol schlägt ihn aus der Lösung nieder. Er enthält zwei Substanzen, die eine ähnelt dem Gummi arabicum, die andere ist in kochendem Wasser unlöslich, solange kein Alkali zugesetzt wird. Gummitragant wird oft als Ersatz für Leinsamenschleim verwendet, dem er aber für Leder, die glanzgestoßen werden, vorzuziehen ist. Er wird gewöhnlich in Lösungen verwendet, die pro Liter 5 bis 10 g Schleim enthalten.

Gummitragasol wird aus den Samen des Johannisbrotbaums, Ceratonia siliqua, gewonnen. Die abgetrennten Schalen werden gemahlen und unter Druck mit Dampf extrahiert. Tragasol wird in Form einer steifen opalisierenden Gallerte gehandelt. Tragasol zeichnet sich durch ein besonders großes Füllungsvermögen, durch Zähigkeit, Schmiegsamkeit, Reibechtheit und eine bemerkenswerte Bindekraft für Pigmente aus, die vor allem für das Zurichten von Fleischspalten wertvoll ist.

Stärke und ihre entsprechenden Dextrine werden für manche Zurichtungsarten verwendet, besonders für Spalte und Koffer- und Riemenleder. Dextrine werden aus Mais-, Kartoffel- oder Weizenstärke durch Erhitzen auf 250° und nachfolgendes Pulverisieren gewonnen. Sie werden unter verschiedenen Bezeichnungen wie Britischer Gummi, vegetabilischer Gummi, künstlicher Gummi, Gommelin oder Stärkegummi gehandelt. Sie lösen sich leicht in Wasser, werden aber durch Zusatz von Alkohol gefällt. Wo Stärken verwendet werden, werden sie zuerst mit kaltem Wasser zu einer Paste verrührt und dann mit kochendem Wasser verdünnt. Stärke wird gewöhnlich den Dextrinen vorgezogen, weil sie stärkere gelbildende Eigenschaften hat, aber die Dextrine können viel leichter gelöst werden. Zuweilen wird zu den Stärkeschleimen etwas Glycerin zugesetzt, weil dann die Gefahr des Brechens nicht so ausgeprägt ist. Dextrine werden zuweilen als Ersatzmittel für Gummi arabicum verwendet.

c) Harze.

Schellack ist das einzige Harz, das zur Lederzurichtung in großem Maße verwendet wird. Der Schellack wird als dicker Auswuchs auf den kleinen Zweigen gewisser ostindischer Bäume gefunden. Diese Auswüchse werden durch den Biß oder Stich des Insekts Coccus lacca hervorgerufen. Der in dieser Form gesammelte und verkaufte Schellack wird als Stocklack (stick lac) bezeichnet. Er wird zuerst mit Wasser eingeweicht, um den glänzenden roten, dem Karmin ähnlichen Farbstoff, den Schellackfarbstoff (lac dye), zu extrahieren. Der ursprüngliche Lack wird verbessert, indem er geschmolzen, gesiebt und dann in dünnen Schichten auf Zylinder oder Platten gegossen, abkühlen und hart werden gelassen wird. Er wird in dünne Flocken geschnitten und als Orange-Schellack verkauft. Zuweilen wird er in Mulden gegossen, um Knopf-Schellack oder Granat-Schellack herzustellen. Weißer Schellack wird durch Bleichen von Orange-Schellack mit Chlor oder Natriumhypochlorit gewonnen, nachdem ein Teil der Wachse vorher entfernt worden ist. Schellack besteht im wesentlichen aus oxydierten Fettsäuren. In typischen Proben variierten die Säurezahlen von 55 bis 65, die Verseifungszahl von 195 bis 210 und die Jodzahl von 16 bis 20. Schellack wird zuweilen mit Kolophonium oder gewöhnlichem Harz verfälscht, dessen hohe Jodzahl von 125 bis 250 die Identifizierung seiner Gegenwart erleichtert. Schellack ist in Alkohol oder in schwach alkalischen Lösungen, z. B. in Borax- und Ammoniaklösungen, die mit den oxydierten Fettsäuren Seifen bilden, löslich. Der Schellack erteilt dem damit appretierten Leder eine erwünschte Widerstandsfähigkeit gegen Benetzung und Abwaschen der Oberfläche.

Kolophonium oder gewöhnliches Harz wird in beschränktem Maße zum Zurichten von Ledern verwendet, die eine leichte Klebrigkeit erfordern, z. B. der Leder, aus denen die Griffe für die Golfschläger hergestellt werden. Es wird beim Destillieren des Terpentins aus dem Rohterpentin gewonnen. Es bildet eine etwas klebrige rotbraune bis hellgelbe feste Masse, die bei 80 bis 100° erweicht und von 100 bis zu 152° schmilzt. Sein spezifisches Gewicht ist etwa 1,08, seine Säurezahl 145 bis 185, die Verseifungszahl liegt bei 153 bis 195, die Jodzahl bei 125 bis 250, der Aschegehalt beträgt 0,2 bis 1,2%. Kolophonium ist eine sehr spröde Substanz mit glasigem Bruch und besitzt einen schwachen Geruch nach Terpentin und hat kaum einen Geschmack. Es ist unlöslich in reinem Wasser, aber löslich in alkalischen Lösungen und in Aceton, Alkohol, Benzol, Chloroform, Schwefelkohlenstoff, Äther, Essigester, Terpentin und vielen Ölen und wenig löslich in Petroläther. Es besteht in der Hauptsache aus Abietinsäure, die durch Alkalien leicht unter Bildung von wasserlöslichen Abietaten oder Harzseifen neutralisiert werden können.

d) Wachse.

Karnaubawachs oder Brasilwachs ist das zum Zurichten von Leder und zu Schuhpolituren am meisten verwendete Wachs. Es ist ein Exsudat aus den Blättern der Karnaubapalme, Copernica cerifera, die in Brasilien wächst. Es besteht aus harten, amorphen, gelb-grünen bis hellgelben spröden Klumpen. Es ist geschmacklos und hat einen besonderen, angenehmen Geruch. Sein spezifisches Gewicht variiert von 0,978 bis 0,999, sein Schmelzpunkt liegt bei 80 bis 90°, die Säurezahl bei 1 bis 10, die Verseifungszahl bei 69 bis 95, die Jodzahl bei 5 bis 14. Unverseifbar sind 50 bis 55%. Es ist unlöslich in reinem Wasser, wird aber in alkalischen Lösungen gelöst. Bis zu einem gewissen Grade löst es sich in Äther oder in kochendem Alkohol. Seiner Zusammensetzung nach besteht es in der Hauptsache aus einem Ester des Myricylalkohols, $C_{30}H_{61}OH$, mit Cerotinsäure oder ihren Isomeren, $C_{27}H_{54}O_2$. Es enthält auch eine beträchtliche Menge an freiem Myricylalkohol, $C_{30}H_{61}OH$.

Weiter enthält es relativ geringe Mengen einer Anzahl höherer Alkohole, Säuren, Laktone und Kohlenwasserstoffe. Karnaubawachs wird seiner Farbe und Einheitlichkeit nach in den Sorten 1, 2 und 3 gehandelt. Sorte 1 ist die feinste Ware, die in der Farbe am hellsten ist. Die Stufen 2 und 3 schließen die Varietäten ein, die unter der Bezeichnung „North Country" und „Chalky" vertrieben werden und die eine grünliche bis grünlich-graue Färbung haben. Gebleichtes oder weißes Karnaubawachs stellt man her, indem man Paraffinwachs zusetzt und das geschmolzene Gemisch mit heißen verdünnten Alkalilösungen behandelt. Der unverseifbare Teil, der obenauf schwimmt, wird abgezogen, mit etwas Absorptionsmaterial geklärt, filtriert und dann zum Abkühlen stehen gelassen, wobei er fest wird. Die in der alkalischen Lösung verbleibenden Nebenprodukte werden wiedergewonnen, indem die Lösung angesäuert und der dabei entstehende Niederschlag gesammelt wird. Er wird für gewisse Arten von Schuhcreme verwendet. Die Beliebtheit des Karnaubawachses ist seiner Härte und seinem relativ hohen Schmelzpunkt zuzuschreiben. Zum Appretieren des Leders kommt es als Dispersion in Seife und Wasser zur Anwendung. Es gibt den Ledern, die gebürstet werden, aber keinen Stoßglanz bekommen, einen sehr hohen Glanz. Durch das Glanzstoßen würde die Temperatur der zugerichteten Lederoberfläche höher steigen, als der Schmelzpunkt mancher Wachse liegt, so daß die Wachsfinishe matt werden würden. Dispersionen von Karnaubawachs werden in den Schuhfabriken gebraucht, um den Schuhen einen feinen Glanz zu geben, bevor sie auf den Markt kommen.

Das Bienenwachs wird aus den Waben der Biene, Apis mellifica, und einiger verwandter Apisarten gewonnen. Die jungen Arbeitsbienen scheiden das Wachs aus ihrem Körper aus, um es zum Aufbau von Honigwaben zu verwenden. Zur Gewinnung des Wachses werden die zusammengepreßten Waben in heißem Wasser geschmolzen und in Mulden abgelassen. Das Wachs wird gebleicht, indem es dem Sonnenlicht ausgesetzt oder mit chemischen Oxydationsmitteln behandelt wird. Es hat einen schwachen charakteristischen Geschmack und einen honigartigen Geruch. Sein spezifisches Gewicht liegt bei 0,950 bis 0,970, sein Schmelzpunkt bei 60 bis 67°, die Säurezahl bei 17 bis 22, die Verseifungszahl bei 82 bis 120 und die Jodzahl bei 6 bis 13. Bienenwachs ist in Wasser unlöslich, in Tetrachlorkohlenstoff löslich. Es löst sich in heißem Chloroform, Schwefelkohlenstoff, Tetralin, Hexalin und Benzol, aber beim Abkühlen scheidet sich ein Teil des Wachses wieder aus. Durch wässerige Seifenlösungen wird es viel leichter dispergiert als Karnaubawachs. Bienenwachs setzt sich im wesentlichen aus Palmitinsäure-melissylester (= Palmitinsäure-myricylester), $C_{15}H_{31} \cdot CO \cdot OC_{30}H_{61}$, zusammen. Daneben enthält es etwas Cerylpalmitat, $C_{15}H_{31} \cdot CO \cdot OC_{26}H_{53}$, und etwas Palmitat des Radikals $C_{24}H_{49}$. Letztere sind in dem Teil enthalten, der in kochendem Alkohol nahezu unlöslich ist und Myricin genannt wird. Ungefähr 15% des Bienenwachses sind in kochendem Alkohol löslich und werden Cerin genannt. Dieser Teil enthält Cerotinsäure und Melissinsäure und einige Kohlenwasserstoffe. Bienenwachs ist für die Zurichtung von Leder nicht so wertvoll wie Karnaubawachs, weil es weicher ist und einen niedrigeren Schmelzpunkt hat.

Japanwachs wird aus den Beeren von drei in Japan wachsenden Rhusarten, Rhus succedanea, Rhus vernicifera und Rhus sylvestris gewonnen. Die Beeren werden als Nahrungsmittel verwendet und das Wachs durch Erhitzen mit Dampf und wiederholtes Abpressen extrahiert und im Sonnenlicht gebleicht. Japanwachs ist in Wasser unlöslich, in Benzol und in Benzin löslich. Mit alkalischen Lösungen oder Seifenlösung läßt es sich dispergieren. Japanwachs ist ein blaßgelbes festes Wachs vom spezifischen Gewicht 0,970 bis 0,980. Es schmilzt von 42 bis zu 55^0, hat die Säurezahl 11 bis 33, die Verseifungszahl 206 bis 238 und die Jodzahl 8 bis 15. Es besteht im wesentlichen aus den Glyceriden der Palmitin-, Stearin- und Arachinsäure und enthält noch freie Fettsäuren, Ester und höhere Alkohole. Für das Zurichten von Leder wird es in wässerigen Seifenlösungen dispergiert, aber seine Verwendung ist wegen des niedrigen Schmelzpunkts beschränkt.

Kandelillawachs wird seit neuerer Zeit zum Zurichten von Leder verwendet. Es wird als Absonderung von Wüstenpflanzen angetroffen, die längs der Grenzen der Vereinigten Staaten und Mexikos wachsen. Die Pflanzen enthalten 2 bis 3% Wachs, das mit kochendem Wasser extrahiert wird. Es ist ein hartes, sprödes, durchscheinendes dunkelbraunes Wachs, das beim Erhitzen einen aromatischen Geruch abgibt. In Wasser ist es unlöslich, wird aber durch Alkali und Seifenlösungen dispergiert. Es löst sich in heißem Alkohol, Äther, Aceton, Chloroform, Schwefelkohlenstoff, Terpentinöl oder Petroläther, beim Abkühlen nehmen die Lösungen aber ein pomade-artiges Aussehen an. Das spezifische Gewicht liegt zwischen 0,936 und 0,998, der Schmelzpunkt zwischen 65^0 und 92^0, die Säurezahl schwankt zwischen 0,3 bis 24, die Verseifungszahl von 35 bis 104, die Jodzahl von 5 bis 58 und das Unverseifbare von 65 bis 91%. Kandelillawachs enthält eine Anzahl Kohlenwasserstoffe, deren Schmelzpunkte von 60 bis 90^0 variieren, höhere Alkohole, Ester, Harze und Laktone. Wegen seiner Härte und seines hohen Schmelzpunkts nimmt das Kandelillawachs neben dem Karnaubawachs den ersten Platz ein und ist für die Zurichtung dem Bienenwachs und dem Japanwachs vorzuziehen.

Montanwachs wird als Ersatzmittel für Karnaubawachs verwendet. Es ist ein bituminöses Wachs, das mit verschiedenen Lösungsmitteln aus dem Pyropissit extrahiert wird. Der Pyropissit wird aus den sächsischen und thüringischen Braunkohlen durch Erhitzen auf etwa 250^0 unter einem Druck von 50 Atmosphären erhalten. Montanwachs ist ein hartes, weißes geruchloses Wachs, das zwischen 76 und 90^0 schmilzt. Es enthält Montansäure, $C_{28}H_{58}O_2$, höhere Alkohole und Ester. Seine Jodzahl ist etwa 16, die Verseifungszahl etwa 74; es enthält etwa 50% Unverseifbares. Es ist in Wasser unlöslich, löst sich aber in heißem Chloroform, Tetrachlorkohlenstoff oder Benzol. Ähnliche Wachse werden aus dem irischen Torf extrahiert und unter den Namen Montanawachs und Montaninwachs zum Verkauf gebracht.

e) Pigmente.

Manche Lederzurichtungsmittel enthalten unlösliche mineralische Pigmente oder in Öl fein verteilte Farblacke. Da die Pigmente undurchsichtig sind, verbergen sie die Häuteschäden auf der Narbenfläche und machen die Farbe und das allgemeine Aussehen einheitlicher. Pigmente für Lacke werden gewöhnlich in einem der Öle oder Weichmachungsmittel angerührt, die zur Herstellung der Lacke verwendet werden; für wasserlösliche Lacke ist es üblich, das Pigment in einem sulfonierten Öl anzureiben. Die Oberflächen der Pigmentpartikel werden mit den negativen Ionen der Sulfofettsäuren bedeckt und erlangen dadurch eine enorm gesteigerte Anziehungskraft für Wasser und eine entsprechende Neigung, dispergiert zu bleiben. Varo bestimmte in Wilsons Laboratorium die Minimalmenge an sulfoniertem Dorschlebertran, die erforderlich ist, um verschiedene Pigmente in eine Paste überzuführen, die dünn genug ist, um durch eine Steinmühle zu passieren. Die Analyse des Öls war im wesentlichen die gleiche, wie sie in Tabelle 110 im 27. Kapitel angegeben ist. Tabelle 119 bringt die Ergebnisse von Varo in Grammen Öl pro 100 g Pigment und schließt zufällig eine Liste der üblichsten zur Appretierung verwendeten Pigmente, ihre Farben und Zusammensetzungen ein. Noch viele andere Pigmente werden zuweilen benutzt, darunter Bronzen, Perlimitationen und irisierende Pigmente.

Tabelle 119. Mindestmengen an sulfoniertem Dorschlebertran, die zum Anreiben von Pigmenten für Lederappreturen notwendig sind.

Handelsbezeichnung	Farbe	Hauptbestandteile	Auf 100 g Pigment Gramme Öl
Titanoxyd (c)	Weiß	TiO_2	120
Barytweiß (c)	Weiß	$BaSO_4$	60
Lithopone (c)	Weiß	70% $BaSO_4$ und 30% ZnS	35
Chromcitronengelb (c)	Gelb	$PbCrO_4 \cdot PbSO_4$ und $PbCrO_4 \cdot 2\,PbSO_4$	34
Chromgelb (c)	Gelb	$PbCrO_4$	35
Nuancier-Gelb (f)	Gelb	Unlöslicher organischer Farbstoff	206
Chrom-Orangegelb (c)	Orange	$Pb_2(OH)_2CrO_4$	20
Rohe Siennaerde (n)	Orange	Fe, Mn, Al, Oxyde, Silicate	123
Gebrannte Siennaerde (n)	Rotbraun	Fe, Mn, Al, Oxyde, Silicate	93
Gebrannte Umbraerde (n)	Braun	Fe, Mn, Al, Oxyde, Silicate	115
Van-Dyke-Braun (c)	Braun	$Cu_2Fe(CN)_6$	100
Nuancier-Braun (f)	Braun	Unlöslicher organischer Farbstoff	254
Pararot (f)	Rot	p-Nitrobenzol-azo-β-naphthol	125
Roter Ocker (n)	Rot	Fe_2O_3 (etwa 90%)	25
Chromgrün (c)	Grün	Cr_2O_3	35
Ultramarin (c)	Blau	$Na_4(NaS_3 \cdot Al)Al_2(SiO_4)_3$	70
Preußischblau (c)	Blau	$Fe_4[Fe(CN)_6]_3$	118
Magneteisenstein (n)	Schwarz	$FeO \cdot Fe_2O_3$	70

(c) = chemisch gefällt, (f) = wasserunlösliche Farbstoffe, (n) = natürliche Erden.

Türkischrotöl wird auch häufig zum Anreiben von Pigmenten für wässerige Deckfarbenüberzüge verwendet. Ist die Gegenwart von viel sulfoniertem Öl für die Appretur unerwünscht, so kann das Anrühren mit weniger Öl vorgenommen werden, indem man das Öl vor dem Anrühren mit Wasser verdünnt. Indessen muß daran erinnert werden, daß erst das sulfonierte Öl das unlösliche Pigment befähigt, in wässerigen Gemischen dispergiert zu bleiben.

f) Farbstoffe.

Die meisten Farbstoffe, die zum Zurichten von Leder verwendet werden, sind die gleichen, die auch zum Färben benutzt werden, und von denen eine große Zahl im 30. Kapitel angeführt worden ist. Außerdem werden aber noch zahlreiche wasserunlösliche Farbstoffe benutzt. Es dürfte zur Zeit schwierig sein, von diesen Farbstoffen, die besonders zum Zurichten von Leder Verwendung finden, eine zuverlässige Zusammenstellung zu geben. Das Gebiet der Pigmentappreturen befindet sich in einem Zustand sehr schneller Entwicklung, und soviel heute übersehen werden kann, kann jeder in Wasser unlösliche Farbstoff dafür verwendet werden. In Wachs lösliche Farbstoffe werden zum Färben der Wachse gebraucht, bevor diese dispergiert werden. Die Vermischung von irgendwelchen in Wasser unlöslichen Farbstoffen mit den Stoffen, die in dem wässerigen Appreturgemisch dispergiert sind, hat gewisse Vorzüge. Die Farblacke und in Wasser unlöslichen Farbstoffe finden als Pigmente oder Nuanciermittel Verwendung. Kollodiumlösliche Farbstoffe finden eine ausgiebige Verwendung bei der Herstellung von Kollodiumdeckfarben.

g) Antiseptica.

Die meisten Finishe unterliegen leicht der Fäulnis und müssen deshalb mit antiseptischen Mitteln versetzt werden, falls sie nicht sofort nach der Herstellung aufgebraucht werden. Viele der wohlbekannten Antiseptica sind für Lederfinishe nicht brauchbar, weil sie auf den einen oder anderen Bestandteil des Finishes störend wirken. Zum Beispiel ist Quecksilber-2-chlorid ein sehr starkes Antisepticum, aber es fällt aus den Lederfinishen etwa gelöste Proteine aus; hierdurch wird nicht nur die Zusammensetzung des Finishs geändert, sondern das Quecksilber wird auch gefällt, und damit geht sein antiseptischer Wert verloren. Bevor man einen neuen antiseptischen Stoff anwendet, muß man sich über seine Wirkung auf den Finish vergewissern, was durch einfache Laboratoriumsversuche erreicht werden kann. Für manche Finishe ist die Wahl praktisch auf die ätherischen Öle und die verschiedenen phenolischen Verbindungen beschränkt.

Der keimtötende Wert eines Antisepticums wird oft durch das Verhältnis der schwächsten Phenollösung, die eine bestimmte Bakterienkultur in gegebener Zeit und bei gegebener Temperatur abzutöten vermag, zu der schwächsten Lösung des Antisepticums, die unter den gleichen Bedingungen die gleiche Wirkung hervorruft, ausgedrückt. Die Tabelle 120 bringt eine Liste der keimtötenden Werte verschiedener Antiseptica, die von Thorpe (8) aufgestellt wurde. Manche Stoffe, die als Antiseptica angeführt sind, verdanken ihre keimtötende

Kraft größtenteils ihrem Einfluß auf den p_H-Wert des Mediums. Der Einfluß des p_H-Wertes auf eine bakterielle Schädigung der Rohhaut wurde auf Seite 153 im 1. Bande beschrieben.

Tabelle 120. Keimtötende Wirkungen der verschiedenen gewöhnlichen Antiseptica.

Antisepticum	Keimtötender Wert (Phenol = 1)
Quecksilber-2-chlorid	400—3540
Hypochlorite (auf wirksames Chlor berechnet)	146—220
Wässerige Jodlösung	100
Jod-3-chlorid	94
Bromwasser	64
Kaliumpermanganat	42
Chlorwasser	28
Silbernitrat	15,8
Pikrinsäure	6,0
Ameisensäure	5,7
Benzoesäure	5,0
Acetyl-cumarsäure	4,5
2, 3-Dioxy-naphthalin	4,4
Natriumbisulfat	4,1
Trimethyl-methoxy-phenol	4,0
Kresylsäure	3,7
2, 7-Dioxy-naphthalin	2,8
p-Kresol	2,4
o-Kresol	2,1
m-Kresol	2,0
Kupfersulfat (wasserfrei)	2,0
Milchsäure	1,8
Salzsäure	1,58
Cadmiumchlorid	1,55
m-Toluidin	1,3
Eucalyptusöl	1,2
Chinon	1,1
o-Toluidin	1,0
Cadmiumsulfat	1,0
Phenol	1,0
Guajacol	0,9
Formaldehyd	0,55—0,75
Essigsäure	0,6
Anilin	0,57
Catechin	0,48
Resorcin	0,30
Chinosol	0,15—0,30
Pyrogallussäure	0,22
Zinkchlorid	0,15
Borsäure	unter 0,1
Alkohol	unter 0,1

Varo untersuchte im Laboratorium Wilsons den Einfluß der verschiedenen Antiseptica auf die Lederfinishe. Für die eine Versuchsreihe benutzte er eine Lösung vom p_H-Werte 7,07 und einer Temperatur von 25°, die pro Liter 40 g Casein enthielt. Zu dieser Appreturlösung setzte er verschiedene Mengen der einzelnen Antiseptica zu und beobachtete dann die Zeit, die verstrich, bis sich durch Geruch Fäulnis bemerkbar machte. Bei Verwendung von 1 g Phenol pro Liter begann die Appreturlösung nach sieben Tagen zu faulen, bei 2 g pro Liter erst nach 40 Tagen und bei Verwendung von 4 g pro Liter war die Lösung selbst nach zwei Monaten noch nicht faul. Die gleichen Werte wurden mit Natriumphenolat erhalten. 3 g Kreosot pro Liter bewahrten die Appreturlösung einen Monat vor Fäulnis, mit 4 g Kreosot blieb die Lösung über 2 Monate fäulnisgeschützt. Vom Natriumsalz des Kreosots genügten 3 g, um die Lösung 45 Tage zu konservieren, und 4 g, um die Lösung länger als 2 Monate gut zu erhalten. Ein Gramm β-Naphthol pro Liter, das mit 0,5 g Natriumseife emulgiert war, erhielt die Appretur 20 Tage lang brauchbar, 2 g für länger als 2 Monate. Das Natriumsalz des β-Naphthols bewahrte die Appreturlösung schon bei einer Konzentration von 0,5 g pro Liter einen Monat und in einer Konzentration von 1 g länger als zwei Monate vor Fäulnis. Der Natriumsalz des p-Chlor-m-kresols zeigte die gleiche Wirkung wie das Natriumsalz des β-Naphthols. Durch 1 g Sassafrasöl pro Liter blieb die Lösung 9 Tage und durch 10 g pro Liter länger als 2 Monate vor Fäulnis geschützt. 3 g Eukalyptusöl pro Liter schützten die Lösung 4 Tage lang.

Varo führte weiter eine zweite Versuchsreihe durch, bei der er das Konservierungsvermögen einer Anzahl ätherischer Öle mit dem von Phenol verglich. Sämtliche Versuche wurden mit je 200 ccm einer Appreturlösung durchgeführt, die 8 g Casein enthielt. Die p_H-Werte schwankten zwischen 7,2 und 7,4 und die Temperatur zwischen 17 und 22° C. Die Lösungen wurden in weithalsigen Flaschen von 250 ccm Inhalt aufbewahrt und der Luft ausgesetzt. Von Zeit zu Zeit wurde destilliertes Wasser zugesetzt, um die Volumenverluste, die durch Verdampfung eingetreten waren, wieder auszugleichen. Die ätherischen Öle wurden auf zweifache Weise gelöst, einmal wurden 10%ige alkoholische Lösungen hergestellt, das andere Mal wurde das ätherische Öl in einer 4%igen Seifenlösung von sulfoniertem Ricinusöl gelöst und die Lösung in bezug auf den Gehalt an ätherischem Öl wieder 10%ig gemacht. Bei der Herstellung der 200-ccm-Portionen der Appreturlösungen wurde von jeder dieser Lösungen soviel angewandt, daß die gewünschte Konzentration an Antisepticum erhalten wurde. Bestimmt wurde die Zeitdauer, die bis zum Faulwerden der einzelnen Versuche verstrich. In Tabelle 121 ist die Zahl der Tage angegeben, die die Appreturlösungen einwandfrei blieben.

Tabelle 121. Fäulnishemmende Wirkung verschiedener Antiseptica auf eine 4%ige Caseinlösung vom p_H-Wert 7,3.
(Die Werte geben die Anzahl Tage wieder, die die Lösung unverdorben blieb.)

Antisepticum	Gramm Antisepticum pro Liter Appreturlösung								
	0,25	0,50	1,00	2,00	3,00	4,00	5,00	6,00	8,00
Phenol in Alkohol	2	4	4	70	120	120	170	170	—
Sassafrasöl									
in Alkohol	4	4	4	6	7	7	25	28	29
in Seifenlösung	5	5	7	7	13	13	16	25	30
Eucalyptusöl									
in Alkohol	2	3	3	6	7	8	24	24	25
in Seifenlösung	4	4	5	8	16	16	24	24	—
Mirbanöl									
in Alkohol	4	4	5	8	16	16	35	38	—
in Seifenlösung	3	5	5	20	51	51	70	70	—
Thymianöl in Alkohol	3	3	16	23	62	65	120	120	über 163
Thymol in Alkohol	4	7	9	20	100	über 170	über 170	über 170	—

Thymianöl ist von allen ätherischen Ölen das wirksamste Schutzmittel. Es wird durch Destillation aus den Blättern und Blütenständen des Thymians, Thymus vulgaris, erhalten, einer Pflanze, die hauptsächlich in den gebirgigen Gegenden Südfrankreichs wächst. Es ist eine gelblich-rote Flüssigkeit mit intensivem Thymiangeruch und aromatischem, scharfem, kühlendem Geschmack. Sein spezifisches Gewicht ist bei 20° 0,905 bis 0,950. Thymianöl ist löslich in Alkohol, Äther, Chloroform und Schwefelkohlenstoff, aber nur wenig löslich in Wasser. Es enthält Thymol, Carvacrol, Cymol, Linalool und Borneol. Thymol, 3-Methyl-6-isopropyl-phenol, wird aus dem Thymianöl durch Behandlung mit Natronlauge und Zersetzung des Natriumsalzes mit Salzsäure gewonnen. Thymol bildet große farblose Krystalle vom Schmelzpunkt 49°, dem Siedepunkt 232° und dem spezifischen Gewicht 0,979. In Wasser ist es bis etwa 3 g pro Liter löslich; viel leichter löslich ist es in Alkohol, Schwefelkohlenstoff, Chloroform, Äther und in Ölen.

Mirbanöl oder künstliches Bittermandelöl ist Nitrobenzol. Es besteht aus hellgelben Krystallen oder einer gelblichen stark lichtbrechenden Flüssigkeit von einem dem Bittermandelöl ähnlichen Geruch und Geschmack. Es siedet bei 211°, schmilzt bei 8,7°, erstarrt bei 5,5° und hat bei 20° das spezifische Gewicht von 1,204. Es ist wenig löslich in Wasser, in Alkohol oder Äther aber leicht löslich. In Dampfform eingeatmet wirkt es giftig.

Eucalyptusöl wird durch Destillation der frischen Blätter mancher Eucalyptusarten hergestellt. Es ist eine farblose oder schwach gelbe Flüssigkeit mit einem charakteristischen aromatischen Geruch und einem würzigen, kühlenden Geschmack. Sein spezifisches Gewicht liegt zwischen 0,85 und 0,94. Eucalyptusöl ist wenig löslich in Wasser, dagegen leicht löslich in Alkohol, Chloroform, Schwefelkohlenstoff und Äther. Es enthält Phellandren, Cineol, Citral, Pinen und Terpene.

Sassafrasöl wird aus den Wurzeln der Pflanze Sassafras officinale destilliert, die in Nordamerika von Kanada bis Mexiko beheimatet ist. Es ist eine gelbe bis rötlich-gelbe Flüssigkeit mit einem stechenden aromatischen Geruch und einem warmen aromatischen Geschmack. Sein spezifisches Gewicht wechselt von 1,065 bis 1,095. Es ist wenig löslich in Wasser, aber leicht löslich in Alkohol, Chloroform, Schwefelkohlenstoff, Äther und Eisessig. Es enthält Safrol, Eugenol, Campher, Pinen und Phellandren.

h) Bestandteile der Kollodiumdeckfarben.

Die überaus starke Entwicklung der Verwendung von Kollodiumlacken in der Anstrichfarben- und Lackindustrie hat die Benutzung von Kollodiumdeckfarben zum Zurichten von Leder in einem Ausmaße zur Folge gehabt, daß den Kollodiumdeckfarben ein ständiger Platz unter den Lederzurichtemitteln zugesichert ist. Die für Kollodiumdeckfarben verwendeten Ausgangsstoffe werden häufig willkürlich in sieben Gruppen eingeteilt: 1. Kollodiumwolle, 2. Lösungsmittel, 3. Verdünnungsmittel, 4. Weichmchungsmittel, 5. Gummi und Harze, 6. Stoffe gegen Trübwerden und 7. Pigmente und Farbstoffe.

α) Kollodiumwolle.

Man bezeichnet als Kollodiumwolle Cellulosenitrate, die durch Behandlung von Cellulose, die in Form von Papier, Holzbrei oder Baumwolle vorliegen kann, mit Salpetersäure und Schwefelsäure erhalten werden. Bei vollständiger Nitrierung von Baumwolle erhält man Schießbaumwolle, die über 12,5% Stickstoff enthält. Schießbaumwolle ist in den gewöhnlichen Lösungsmitteln für Deckfarben nicht löslich. Kollodiumwolle, die zur Herstellung von Deckfarben verwendet wird, enthält eine Reihe ziemlich unbestimmter Cellulosenitrate, die 11,0 bis 12,5% Stickstoff enthalten. Nachdem die Baumwolle mit dem Nitriersäuregemisch behandelt ist, wird sie zentrifugiert, um die Hauptmenge der Säure zu entfernen, und dann mit kochendem Wasser gewaschen. Der Brei wird dann verrührt und das anhaftende Wassser schließlich durch Alkohol ersetzt. Da die Versendung von trockener Kollodiumwolle gefährlich ist, wird sie gewöhnlich mit etwa 30 Gewichtsprozenten Alkohol versetzt verkauft und verschickt. Die Kollodiumwollen werden nach der Viscosität ihrer Lösungen bewertet. Die Viscosität wird gewöhnlich so bestimmt, daß die Anzahl Sekunden gemessen wird, die eine Standard-Kugel zum Durchfallen einer bestimmten Schicht der Lösung braucht. Die Kollodiumwollen werden als „$^1/_2$-Sekunden-Wolle", „60-Sekunden-Wolle" usw. verkauft, je nach der Viscosität, die mit der fallenden Kugel festgestellt wurde. Kollodiumwolle hat ein spezifisches Gewicht von etwa 1,6. Sie ist praktisch in heißem oder kaltem Wasser, in Benzin oder Tetrachlorkohlenstoff unlöslich; sie bildet mit Alkohol ein Gel, löst sich aber darin nicht wirklich. Säuren wirken wenig auf Collodiumwolle ein, während Alkalien und Alkalisulfide sie stark angreifen. Von Sonnenlicht wird Kollodiumwolle zerstört. Bei der praktischen Verwendung läßt sich diese Eigenschaft dadurch überwinden, daß man den Kollodiumwollen undurchsichtige Pigmente einverleibt, die die schädlichen ultravioletten Strahlen absorbieren, und die Kollodiumhäutchen für Jahre gegen Sonnenlicht widerstandsfähig machen.

β) Lösungsmittel.

Als Lösungsmittel für Deckfarben kommen Stoffe in Betracht, die die einzelnen Bestandteile der Deckfarben zu lösen vermögen. Die Alkohole sind für Kollodiumwolle keine guten Lösungsmittel, wenn sie allein verwendet werden, aber sie sind sehr wertvoll als Lösungsmittel für Gummi und Harze und die alkohol-löslichen Farbstoffe. Kollodiumwolle löst sich weder in Äthylalkohol noch in Äther, leicht dagegen in Gemischen dieser beiden Lösungsmittel. Kollodiumwolle kann durch Alkohol in gelatinösem Zustande gehalten werden, wennschon sie sich nicht darin löst.

Methylalkohol, CH_3OH, ist eine klare farblose, leicht bewegliche, sich verflüchtigende, brennbare und giftige Flüssigkeit vom Schmelzpunkt —97,8° und Siedepunkt 64,5°, die bei 20° das spezifische Gewicht 0,792 hat. Methylalkohol ist in Wasser und vielen organischen Lösungsmitteln leicht löslich.

Äthylalkohol, C_2H_5OH, ähnelt in seinen Eigenschaften dem Methylalkohol sehr, nur ist er nicht giftig. Er hat bei 20° das spezifische Gewicht 0,789. Sein Schmelzpunkt liegt bei —117,3° und sein Siedepunkt bei 78,4°.

Fuselöl wird häufig als Lösungsmittel für Deckfarben verwendet. Es wird bei der Rektifizierung von Alkohol als Nebenprodukt gewonnen und enthält in der Hauptsache Isobutylcarbinol (Methyl-3-butanol-1), $CH_3 \cdot CH(CH_3) \cdot CH_2 \cdot CH_2 \cdot OH$ und das Sekundärbutylcarbinol (Methyl-2-butanol-1), $C_2H_5 \cdot CH(CH_3) \cdot CH_2OH$, neben geringen Mengen Propyl-, Butyl-, Isobutyl- und Äthylalkohol und Wasser. Bei Verwendung als Lösungsmittel für Deckfarben sollte der Gehalt an Wasser möglichst gering sein. Das spezifische Gewicht des Fuselöls variiert zwischen 0,81 und 0,84. Eine Probe soll bei der Destillation keinen Rückstand hinterlassen und 60 bis 80% sollen zwischen 110 und 135° überdestillieren.

Butanol, normaler Butylalkohol, $CH_3 \cdot CH_2 \cdot CH_2 \cdot CH_2OH$, wird als Lösungsmittel für Deckfarben in großem Maße benutzt. Die beste Handelsware ist eine farblose Flüssigkeit vom spezifischen Gewicht 0,810 bis 0,815, einem Schmelzpunkt von etwa — 80° und einem Siedepunkt von 100 bis 118°. Es löst sich in Wasser im Betrage von 6,35 bis 10,90%, je nach der Temperatur; das Minimum der Löslichkeit liegt zwischen 50 und 70°. Im Gemisch mit Wasser bildet es eine Mischung von konstantem Siedepunkt, die aus 63% Butanol und 37% Wasser besteht und bei 92,25° siedet. Diese Eigenschaft macht das Butanol als Entwässerungsmittel wertvoll.

Amylalkohol, $C_5H_{11}OH$, wird fabrikmäßig in sehr reiner Form aus dem Pentan der natürlichen Petroläther hergestellt und unter der Bezeichnung Pentasol verkauft. Es ist eine farblose Flüssigkeit vom Siedepunkt 112 bis 140°, die bei 20° ein spezifisches Gewicht von 0,812 bis 0,820 hat.

Ester sind im allgemeinen gute Lösungsmittel für Kollodiumwolle. Einer der wichtigsten Ester von einem verhältnismäßig niedrigen Siedepunkt ist der Essigsäure-äthylester, Äthylacetat $CH_3COOC_2H_5$. Das beste Handelspräparat ist eine farblose Flüssigkeit von fruchtartigem Geruch, die bei 20° das spezifische Gewicht 0,88 bis 0,90 hat. Sie erstarrt bei —82° und siedet von 70 bis 80°. Essigester ist in Wasser, Alkohol und Äther löslich.

Essigsäure-butylester, Butylacetat, $CH_3COOC_4H_9$, ist einer der am meisten verwendeten Ester mit relativ hohem Siedepunkt. Das beste Handelsprodukt besteht aus einer farblosen Flüssigkeit von fruchtartigem Geruch und einem spezifischen Gewicht von etwa 0,87 bis 20°. Butylacetat siedet zwischen 110 und 135° und erstarrt bei —77°. Essigsäure-amylester, Amylacetat, $CH_3COOC_5H_{11}$, hat bei 20° ein spezifisches Gewicht von 0,863 bis 0,866. Das Handelsprodukt siedet von 120 bis 150°. Es erstarrt bei etwa — 75°. Äthylacetat ist für Kollodiumwolle ein besseres Lösungsmittel als Butylacetat, das wiederum dem Amylacetat überlegen ist. Indessen verdampft Amylacetat langsamer als Butylacetat, und Butylacetat langsamer als Äthylacetat. Durch eine Verzögerung der Verdampfung des Lösungsmittels steht dem Kollodium mehr Zeit zur Verfügung, sich als Gel abzuscheiden, wodurch ein höherer Glanz des Films erzielt wird. Propionsäure-butylester, Butylpropionat verdampft sogar noch langsamer als Amylacetat, was in besonderen Fällen von Vorteil sein kann. Ein gutes Handelsprodukt hat bei 20° C ein spezifisches Gewicht von 0,875. Es siedet in einem Temperaturbereich von 125° bis 160°. Milchsäure-äthylester, Äthylacetat, siedet bei etwa 150° und wird viel zur Herstellung von Kollodiumlacken verwendet. Fast alle diese Ester haben einen sehr angenehmen fruchtartigen Geruch, der allmählich verschwindet, wenn die Lacke getrocknet sind.

Die Ketone sind für Kollodiumwolle ebenso gute oder noch bessere Lösungsmittel als die Ester. Von den Ketonen ist Aceton, CH_3COCH_3, eines der am meisten verwendeten. Sein spezifisches Gewicht liegt bei 0,79, sein Erstarrungspunkt bei — 94,3° und sein Siedepunkt bei 56,5°. Aceton ist in Wasser, Alkohol und Äther löslich. In der Regel ist der Geruch der Ketone nicht so angenehm wie der der Ester.

Diacetonalkohol, 2-Methyl-pentanol-2-on-4, $(CH_3)_2C(OH)\cdot CH_2COCH_3$, enthält sowohl eine Ketogruppe als auch eine alkoholische Gruppe. Es ist eine farblose Flüssigkeit von schwachem Geruch, die bei 160° siedet und das spezifische Gewicht von etwa 0,92 hat. Es ist ein ausgezeichnetes Lösungsmittel für Kollodiumwolle, läßt sich aber für Ansätze von Kollodiumwolle mit vegetabilischen Ölen nicht gebrauchen.

Hexalin ist Hexahydrophenol oder Cyclohexanol und wird durch Hydrierung von reinem Phenol gewonnen. Es hat das spezifische Gewicht 0,945 und siedet von 155 bis 160°. Sein Flammpunkt liegt bei etwa 68°. Obgleich es ein Alkohol ist, löst es Nitrocellulose. Es ist ein sehr beachtliches Lösungsmittel für Harze. In Mischung mit Dekalin löst es sogar die Kondensationsprodukte von Phenol und Formaldehyd. Für die Farblacke wird es gewöhnlich mit niedriger siedenden Lösungsmitteln gemischt. Es dient als Mittel gegen Trübwerden des Films und als Weichmachungsmittel. Es hilft auch die Pigmente in der Kollodiumlackfarbe einheitlich dispergiert zu halten.

Tetralin oder Tetrahydro-naphthalin wird durch Hydrieren von Naphthalin gewonnen. Es hat das spezifische Gewicht 0,975 und siedet bei 206°. Wegen seines relativ hohen Flammpunkts von 80° nimmt es einen besonderen Platz unter den Lackverdünnungsmitteln ein, da es die Feuergefährlichkeit herabsetzt. Es ist ein sehr gutes Lösungsmittel für Öle, Wachse, Harze und weiche Gummiarten; Schellack oder Phenol-Formaldehyd-Harze löst es aber nicht. Es findet Verwendung zur Herstellung von Schuhpolituren.

Dekalin oder Dekahydro-naphthalin wird durch Hydrieren von Naphthalin bis zur vollständigen Absättigung mit Wasserstoff erhalten. Es hat das spezifische Gewicht 0,895, den Siedepunkt 188° und den Flammpunkt 57°. Es verdampft viel schneller als Tetralin und wird ebenso wie Tetralin als Verdünnungsmittel angewendet.

Äthylenglykol-monoäthylester, (Cellosolve) ist eine hellgelbe Flüssigkeit, deren spezifisches Gewicht bei 20° von 0,927 bis 0,933 schwankt. Sein Siedepunkt liegt zwischen 128° und 136°. Es hat einen angenehmen ätherischen Geruch und ist für Nitrocellulose und Harze ein gutes Lösungsmittel. Methylcellosolve ist auch ein gutes Lösungsmittel für Celluloseacetate; es siedet bei 124,5°. Butylcellosolve, das bei 170,6° siedet, und Cellosolve-acetat vom Siedepunkt 153° sind beide gute Lösungsmittel für Nitrocellulose.

γ) Verdünnungsmittel.

Lösungsmittel für Deckfarbenlacke sind gewöhnlich ziemlich teuer. Es ist üblich, für den gewünschten Zweck nur so wenig als möglich zu nehmen und das Gemisch mit verhältnismäßig billigen organischen Flüssigkeiten zu verdünnen. Sie werden als ,,Verdünnungsmittel" bezeichnet, obgleich sie in vielen Lacken als Lösungsmittel für Gummi dienen. Als Verdünnungsmittel werden hauptsächlich Benzol, Toluol, Xylol und Benzin benutzt. Benzol, C_6H_6, ist eine klare, farblose, entzündbare Flüssigkeit von charakteristischem Geruch. Das spezifische Gewicht schwankt in den Handelsprodukten von 0,86 bis zu 0,89. Es erstarrt bei 5° und siedet bei 80°. Es ist unlöslich in Wasser, aber löslich in Alkohol und Äther. Toluol, $C_6H_5CH_3$, ähnelt in seinen allgemeinen Eigenschaften dem Benzol. Sein spezifisches Gewicht liegt bei etwa 0,86, sein Erstarrungspunkt bei — 95° und sein Siedepunkt bei 111°. Seiner chemischen Struktur nach ist es Benzol, bei dem ein Wasserstoffatom durch eine Methylgruppe ersetzt ist. Xylol, $C_6H_4(CH_3)_2$, ist ein Benzol, in dem zwei Wasserstoffatome durch Methylgruppen ersetzt sind. Das spezifische Gewicht liegt bei 0,86 bis 0,88, der Gefrierpunkt bei 15° bis — 54° und der Siedepunkt bei 138° bis 142°, je nachdem, ob die zweite Methylgruppe sich zur ersten in Ortho-, Meta- oder Parastellung befindet. Benzin ist das gewöhnliche Destillationsprodukt des Petroleums mit einem spezifischen Gewicht von etwa 0,74 und einem Siedebereich von 100° bis zu 160°. In vielen Farblacken sind diese Verdünnungsmittel in so großer Menge zugesetzt, als es eben ohne Ausfällung des Kollodiums möglich ist.

δ) Weichmachungsmittel.

Getrocknete Filme von reinem Kollodium sind nicht weich und biegsam genug, um dem Leder als dauernder Überzug dienen zu können. Es ist notwendig, das Material noch mit einem Weichmachungsmittel zu versetzen. Eins der üblichsten Weichmachungsmittel für Deckfarben ist das Ricinusöl, das bereits im 27. Kapitel beschrieben wurde. Leinöl ist ein ausgezeichnetes Weichmachungsmittel für die Herstellung von Lackleder, das im 34. Kapitel beschrieben werden wird. Rohes Leinöl ist nicht geeignet, da es mit der Zeit oxydiert und die getrockneten Filme bald brüchig werden. Zur Zeit werden eine Anzahl Ester von sehr hohem Siedepunkt außerordentlich viel als Weichmachungsmittel benutzt, z. B. Dibutyl-phthalat, Triphenyl-phosphat, Trikresyl-phosphat, Butyl-stearat und Butyl-tartrat.

ε) Gummi und Harze.

Setzt man den Farblacken noch Gummi und Harze zu, so ist es möglich, den Gehalt an festen Körpern zu steigern, ohne die Viscosität nennenswert zu erhöhen. Der Glanz des Films wird dadurch gesteigert, und der Film haftet häufig fester an der Lederoberfläche. Schellack, der zuweilen auch Verwendung findet, wurde bereits in diesem Kapitel besprochen. Estergummi wird viel zu Farblacken verwendet. Er wird durch Behandlung von Harz mit Stoffen wie Glycerin bei hohen Temperaturen gewonnen. Die Abietinsäure wird so in Glyceryl-abietat übergeführt, das in einem Gemisch von Benzol und Amylacetat oder anderen Estern gelöst wird. Andere Gummiarten und Harze, die häufig zu Deckfarbenlacken verwendet werden, sind Dammarharz, Kopale, Elemi, Pontianak, Sandarak, Mastix, Manta und synthetische Harze vom Bakelittypus.

ζ) Mittel gegen Trübwerden des Films.

Wenn der Farblack auf die Lederoberfläche aufgetragen ist, beginnen die Lösungsmittel allmählich zu verdampfen, und der Film erstarrt nach und nach zu einem Gel. Ist der Film zur Zeit des Erstarrens klar, so wird er nach dem Trocknen einen hohen Glanz zeigen. Fallen aber irgendwelche Bestandteile des Farblacks aus, bevor der Film zum Gel erstarrt ist, so wird der Film nach dem Trocknen glanzlose Flecken haben, wolkig trübe sein. Dieser Zustand ist als Trübwerden bekannt. Wenn die Deckfarbe an einem sehr feuchten Tage aufgetragen wurde, kann der Film so viel Wasser aus der Luft aufnehmen, daß das Kollodium ausfällt und die Erscheinung der Wolkenbildung hervorgerufen wird. Lösungsmittel mit niedrigem Siedepunkt verschlimmern diese Erscheinung, indem sie infolge Verbrauchs von Verdampfungswärme die Temperatur während des Trocknens stark herabsetzen. Wenn die Gummilösungsmittel sehr viel schneller verdampfen als die Lösungsmittel der Kollodiumwolle, so kann der Gummi ausgefällt werden, wodurch ebenfalls die Wirkung der Wolkenbildung hervorgerufen wird. Ein Mittel gegen die Wolkenbildung ist ein solches, dessen Zusatz zu dem Farblack eine möglicherweise eintretende Wolkenbildung verhindert. Butanol gehört zu diesen Stoffen, weil es die Neigung des Kollodiums zur Ausfällung verringert, wenn die Deckfarbe mit feuchter Luft in Berührung steht. Das Butanol kann eine beträchtliche Menge Wasser lösen, die es bei seinem Verdampfen mit wegnimmt. Die meisten Alkohole verhindern in gewissem Ausmaß das Trübwerden des Films. Diaceton-alkohol ist ein ausgezeichnetes Mittel, da es sowohl Wasser als auch Kollodiumwolle zu lösen vermag. Gummilösungsmittel von hohem Siedepunkt sind einer Wolkenbildung hinderlich, die durch Ausfällung von Gummi entstehen kann.

η) Pigmente und Farbstoffe.

Alle früher in diesem Kapitel beschriebenen Pigmente sowohl wie auch viele andere, wie sie gewöhnlich für Anstrichfarben und Emailfarben benutzt werden, können zu Deckfarblacken verwendet werden, indem man sie mit den für die Lacke verwendeten Weichmachungsmitteln anreibt. Ricinusöl ist ein gutes Mittel zum Anrühren der Pigmente, aber auch präpariertes Leinöl und hochsiedende Ester können mit befriedigendem Erfolg verwendet werden. Mit den Pigmenten werden oft Farbstoffe angerührt, um einen besonderen Farbton oder sonst einen gewünschten Effekt zu erzielen. Es werden alkohol-lösliche oder öllösliche Farbstoffe verwendet, aber sie müssen so ausgewählt sein, daß sie auf Zugabe zu dem Lack oder während der Verdampfung der Lösungsmittel nicht ausflocken, bevor der Film zu einem Gel erstarrt ist.

i) Weitere Werkstoffe.

Außer den bereits angeführten Werkstoffen finden noch eine weitere Anzahl Verwendung zur Herstellung von Lederfinishen. So werden sulfonierte Öle sehr ausgiebig benutzt, sowohl für sich allein als auch als Dispersionsmittel für Pigmente; sie sind bereits im 27. Kapitel angeführt worden. Natron-, Kali- und Ammoniumseifen werden benutzt, besonders als Emulgatoren für Wachse und ähnliche Stoffe. In beschränktem Umfang werden Säuren, Alkalien und Schwermetallsalze verwendet. Alkohol, Fuselöl und Anilin dienen als Lösungsmittel und Antiseptica.

Glycerin, Propantriol-(1, 2, 3), $C_3H_5(OH)_3$, ist ein sehr nützlicher Werkstoff für Lederfinishe, wenn das getrocknete Leder weich und biegsam sein soll. Es hat eine große Anziehungskraft für Wasser und verhindert dadurch, daß das Leder so stark austrocknen kann, wie Leder, das nicht damit behandelt ist. Darüber wird noch im 40. Kapitel zu sprechen sein. Glycerin ist eine klare, farblose oder schwach gelbliche, geruchlose, sirupöse Flüssigkeit von süßem, warmem Geschmack. Sein spezifisches Gewicht liegt bei 1,26, der Schmelzpunkt bei 17° und der Siedepunkt bei 290°. Glycerin ist in Wasser und in Alkohol leicht löslich, in Äther unlöslich.

Riechstoffe wie Birkenteeröl, Zibet, Moschus und Styrax finden Benutzung zu Appreturen für spezielle Zwecke, wo der Geruch eine Rolle spielt. Birkenteeröl wird zur Herstellung von Juchtenleder benutzt. Das Birkenteeröl gibt dem Leder den bekannten charakteristischen Geruch der in Rußland mit Birkenrinde gegerbten Juchtenleder. Das Birkenteeröl gewinnt man durch trockene Destillation der Birkenrinde und des Birkenholzes (Betula alba) und anschließende Rektifikation durch Wasserdampfdestillation. Es ist eine durchsichtige, dunkelbraune giftige Flüssigkeit mit durchdringendem Geruch. Das spezifische Gewicht schwankt von 0,886 bis 0,950. Es ist sehr wenig löslich in Wasser, aber in Benzin, Benzol, Chloroform, Äther und Alkohol leicht löslich.

Literaturzusammenstellung.

1. Cohn, E. J.: The solubility of certain proteins at their isoelectric points. J. gen. Physiol. 4, 697 (1922).
2. Cohn, E. J.: The physical chemistry of the proteins. Physiologic. Rev. 5 349 (1925).
3. Cohn, E. J. u. J. L. Hendry: The relation between the solubility of casein and its capacity to combine with base. J. gen. Physiol. 5, 521 (1923).
4. Greenberg, D. M. u. C. L. A. Schmidt: Studies on the formation and ionization of the compounds of casein with alkali. J. gen. Physiol. 7, 287 (1924).
5. Hammarsten, O.: Lehrbuch der physiologischen Chemie, 9. Aufl. München u. Wiesbaden: J. F. Bergmann 1922.

6. Sutermeister, E.: Casein and its industrial applications. New York: A. C. S. monograph. Chemical Catalog Co. 1927.
7. Thomas, A. W. u. H. A. Murray jr.: A physico-chemical study of gum arabic. J. physic. Chem. **32**, 676 (1928).
8. Thorpe, E.: Dictionary of applied chemistry. 7 vols. Revised edition. New York: Longmans, Green & Co. 1921—1927.
9. Turner, F. M. jr.: Condensed chemical dictionary. New York: Chemical Catalog Co. 1919.
10. Wilson, S. P.: Pyroxylin enamels and lacquers. Second edition. New York: D. van Nostrand Co. 1927.
11. Worden, E. C.: Technology of cellulose esters. New York: D. Van Nostrand Co.

33. Die Zurichtungsoperationen.

Die Zurichtungsoperationen haben die Aufgabe, das Leder für das Auge angenehm, für den Gebrauch bequem zu machen und ganz allgemein mit allen guten Eigenschaften auszurüsten. Da das Leder einen wichtigen Teil der menschlichen Bekleidung bildet, muß es in Übereinstimmung mit der Mode zugerichtet werden, und die einzelnen Zurichtungsoperationen ändern sich in dem gleichen Maße, in dem sich die Mode selbst ändert. Leder, die gefärbt, gelickert und getrocknet worden sind, entsprechen selten den Wünschen des Abnehmers, wenn sie nicht noch weitere Behandlungen erfahren haben. Das Leder hat nicht den gewünschten Griff, die Narbenoberfläche ist nicht glänzend genug oder die Farbe hat nicht die gewünschte Einheitlichkeit, den gewünschten Farbton oder Farbtiefe. Schäden auf dem Narben können noch zu stark hervortreten oder das Leder kann Wasser zu leicht absorbieren. Durch das Zurichten des Leders versucht der Gerber die feineren Eigenschaften herauszuarbeiten, die vom Abnehmer besonders geschätzt werden.

Das Zurichten von Leder ist eine Kunst, die große Geschicklichkeit und Erfahrung erfordert. Ein ganzer Band ließe sich darüber schreiben. Bei dem geringen zur Verfügung stehenden Raum kann nur allgemein behandelt werden, wie sich durch die Zurichtung gewisse Änderungen in den Eigenschaften bewirken lassen. Die Zurichtungsoperationen lassen sich in zwei Gruppen einteilen. In der ersten Gruppe seien die Arbeiten zusammengefaßt, die sich mit dem Auftragen der Appreturstoffe auf die Lederoberfläche befassen. Die andere Gruppe umfaßt mechanische Operationen wie Stollen, Walzen, Bürsten, Glanzstoßen, Buffieren, Chagrinieren, Pressen, Falzen, Bügeln und Krispeln. Aus den im 32. Kapitel angeführten Werkstoffen geht hervor, daß für den Lederzurichter unbegrenzte Möglichkeiten bestehen, neue und auffallende Wirkungen zu erzielen. In diesem Kapitel soll nur die Zubereitung und die Auftragung von einzelnen wenigen typischen Appreturmitteln beschrieben werden.

Wenn das Leder nach dem Färben und Fettlickern getrocknet ist, wird es gewöhnlich nicht wieder vollständig in Wasser geweicht. Es wird jedoch vor dem Stollen befeuchtet und erlangt natürlich auch bei der Anwendung wässeriger Appreturmittel eine gewisse Feuchtigkeit.

a) Das Stollen.

Zuweilen besteht die erste Zurichtungsoperation für leichte Leder im Stollen. Das Stollen hat die Aufgabe, die Fasern des Leders lose zu machen, wodurch das Leder weicher und biegsamer wird. Früher wurde nur mit der Hand gestollt. Als Werkzeug dient der Stollpfahl, eine halbkreisförmige Stahlklinge von etwa 20 cm Durchmesser, die vertikal auf einem kräftigen hölzernen Ständer montiert ist. Der Arbeiter legt das Leder mit der Fleischseite nach unten über die Klinge des Stollpfahls und zieht es kräftig unter Ausübung eines möglichst starken Drucks über der Schneide der Klinge hin und her. An der Schneide wird das Leder stark gebogen. Dieses scharfe Biegen hat zur Folge, daß aneinander klebende Fasern voneinander getrennt, und das Leder allmählich weicher und biegsamer wird. Die verschiedenen Stellen eines Leders dürfen nicht gleich stark gestollt werden. Der Arbeiter muß erfahren und geschickt genug sein, das Stollen eines Leders in richtiger Weise beurteilen und vornehmen zu können. Neuerdings wird das Stollen allgemein mit der Maschine ausgeführt. Ein solcher Maschinentypus hat zwei bewegliche Backen; der untere enthält das Stollmesser, der obere zwei Rollen, die auf beiden Seiten des Stollmessers herunterdrücken, wenn die Backen geschlossen sind. Beim Hub öffnen sich die Backen und das Leder kann eingelegt werden. Beim Kolbenniedergang schließen sich die Backen, und das Leder wird scharf über der Stollklinge gebogen, während das Leder durch die Stollmaschine wandert. Der Arbeiter bringt die Haut jedesmal, wenn die Backen sich beim Hub öffnen, in eine neue Lage.

Wenn das Leder sehr steif ist, so können, falls das Leder beim Stollen trocken ist, die Fasern beschädigt werden. Solche Leder müssen vor dem Stollen angefeuchtet werden. Am besten wird das Leder dadurch angefeuchtet, das es eine Zeitlang in feuchte Sägespäne gelegt wird. Enthält das Leder nicht genügend Wasser, so können die Fasern beim Stollen reißen und das Leder wird brüchig. Enthält das Leder aber zu viel Wasser, so wird seine Widerstandsfähigkeit gegen das Strecken so sehr herabgesetzt, daß es sich während des Stollens verzieht. Ein erfahrener Stoller kann durch Befühlen ohne weiteres angeben, ob ein Leder gerade den richtigen Feuchtigkeitsgehalt für das Stollen hat. Er kann gewöhnlich auch sagen, wie lange das Leder mit feuchter Sägespäne zu behandeln ist, damit es den richtigen Feuchtigkeitsgehalt bekommt. Der Wassergehalt, den das zu stollende Leder haben muß, richtet sich ganz nach der Art des Leders und seiner Vorbehandlung. So wies nach Beobachtungen Wilsons ein chromgegerbtes Kalbleder mit einem Wassergehalt von 16%, das in Sägespäne mit einem Wassergehalt von 53% bei einer Temperatur von 25° gelegt wurde, beim Herausnehmen nach 20 Stunden 37% Wasser auf; der Wassergehalt der Sägespäne war auf 41% gefallen.

Solche Methoden, den Wassergehalt der Leder zu regulieren, werden mit „Abwelken“ bezeichnet, sei es, daß der Wassergehalt durch Wasserzuführung erhöht wird, oder sei es, daß durch Auspressen eines Teiles des Wassers oder durch partielle Trocknung der Wassergehalt vermindert wird. Nach dem Abwelken in Sägespänen wird das Leder gebürstet, um vor dem Stollen alle anhaftenden Holzteilchen zu entfernen. Das Abbürsten wird in einer besonderen Abbürstmaschine vorgenommen, die aus einem Kasten mit zwei sich drehenden zylindrischen Bürstenrollen besteht, durch die das Leder gleiten muß.

b) Die einfache Appretur.

Als ein Beispiel für eine der einfachsten Appreturen sei eine Lösung von Eialbumin in Wasser angeführt, die pro Liter etwa 20 g Trockensubstanz enthält. Verteilt man etwas von dieser Appretur sehr dünn auf die Narbenfläche eines Lederstücks und läßt sie dann trocknen, so bekommt der Narben Glanz und nimmt Wasser nicht mehr so leicht auf. Wird die Oberfläche kräftig gebürstet, so wird der Glanz noch etwas erhöht. Wird die Oberfläche aber mit einem glatten Stück Stahl oder Glas unter Anwendung eines großen Drucks abgerieben, so wird der Glanz noch viel stärker und die Farbe tiefer. Ähnliche Wirkungen können mit Blutalbumin, Casein und Gelatine hervorgerufen werden. Schwere Leder wie Sohlleder, Riemenleder und Leder für Riemen erhalten gewöhnlich nur eine sehr einfache Art von Appretur. Es wird im allgemeinen als genügend erachtet, die Oberfläche mit einer verdünnten Lösung von Pflanzenschleimen oder von einigen löslichen Proteinen zu bestreichen, und die Leder zu trocknen. Die Leder müssen dann eine Walze, die unter starkem Druck steht, passieren, die sich auf der appretierten Narbenfläche hin und her bewegt. Zuweilen wird auch die Fleischseite mit einer dünnen Schicht einer Paste bestrichen, die aus einem Gemisch von Kreidemehl mit einer Pflanzenschleimlösung besteht.

Das Appretieren wird zu einer hochentwickelten Kunst, wenn es sich um bessere Sorten heller Leder handelt. Die Finishe sind gewöhnlich Gemische einer Anzahl von Stoffen. Es werden mehrere Appreturaufträge vorgenommen und die Leder zwischen den einzelnen Auftragungen verschiedenen mechanischen Operationen unterworfen.

c) Das Glanzstoßen, Walzen und Bürsten.

Die üblichste Methode, Glanz auf einem mit Protein appretierten Leder zu entwickeln, besteht im Glanzstoßen, das mit einer Glanzstoßmaschine vorgenommen wird. Bei dieser Maschine wird die Haut über ein Bett gelegt, welches sich vom Arbeiter aus abwärts neigt. Über diesem Bett ist ein beweglicher Arm, der in zwei Backen ausläuft, die zwischen sich einen Zylinder starr fassen, der gewöhnlich aus festem Glas ist. Dieser Glaszylinder ist etwa 13 cm lang und hat einen Durchmesser von etwa 6 cm. Der Zylinder kann sich nicht drehen, sondern wird von den beiden Backen festgehalten. Wird die Maschine in Gang gebracht, so trifft der Zylinder auf das Leder und reibt dann in einem Gang in 13 cm Breite ab. Bei jedem Hub des Arms verschiebt der Arbeiter das Leder, so daß allmählich die ganze Narbenoberfläche glanzgestoßen wird. In dem Bett der Maschine ist unter dem Stück, das mit dem Zylinder in Berührung kommt, zuerst ein Streifen Leder, der groß genug ist, um den

Zylinder zu fassen, und darunter ein Stahlstreifen, der wieder eine Holzunterlage hat. Mittels eines Fußhebels unter dem Bett kann der Druck, den der Glaszylinder auf das Leder ausübt, variiert werden. Je größer der angewendete Druck ist, um so höher steigt die Temperatur während des Glanzstoßens. Bleibt die Temperatur zu niedrig, so kommt der volle Glanz und die volle Farbe nicht zur Entwicklung, steigt die Temperatur aber zu hoch an, so können die Lederfasern leiden. Der Arbeiter stellt den Druck so ein, daß er durch das Glanzstoßen die gewünschte Wirkung erzielt.

Die Temperatur an der Lederoberfläche beim Glanzstoßen ist gewöhnlich höher als 100°. Diese Temperatur ist höher als der Schmelzpunkt vieler Wachse, die zum Appretieren des Leders verwendet werden. Schmelzen nun beim Glanzstoßen einzelne Bestandteile der Appretur, so geht gewöhnlich ein Teil des Glanzes verloren, das Leder wird matt. Aus diesem Grunde werden größere Wachsmengen zum Appretieren von Ledern, die glanzgestoßen werden sollen, vermieden, während nach dem Glanzstoßen größere Wachsmengen zum Polieren glanzgestoßener Leder verwendet werden.

Bei Appreturen, die Wachse und Gummi enthalten, wird das Glanzstoßen häufig durch weniger drastische Operationen wie Walzen und Bürsten ersetzt. Die Walzmaschine gleicht in gewisser Hinsicht einer Glanzstoßmaschine, nur enthält sie an Stelle eines Glaszylinders, der fest montiert ist und eine große Reibung erzeugt, einen sich drehenden Metallzylinder. Der Temperaturanstieg während des Walzens ist nicht hoch, so daß selbst nicht die weicheren Wachse zum Schmelzen gebracht werden. Das Walzen wird gewöhnlich durch Bürsten ergänzt, das ebenfalls mit einer Maschine vorgenommen wird. Die Bürstmaschine ist der Walzmaschine ähnlich gebaut, nur hat sie an Stelle der Walze eine breite sich drehende zylindrische Bürste. Durch Kombination von Walzen und Bürsten können im Zusammenhang mit Benutzung gewisser Wachsappreturen hohe Glanzwirkungen erzielt werden, aber durch diese Operationen wird niemals die Farbtiefe und der Glanz erlangt wie durch das Glanzstoßen.

d) Das Bügeln und Satinieren.

Eine andere gebräuchliche Methode zur Erzielung eines milden Glanzes und zum Weichmachen der Narbenfläche ist die des Bügelns. Die Narbenseite wird mit einem heißen Bügeleisen bearbeitet, ebenso wie der Schneider die Kleidungsstücke bügelt. Das Bügeln mit der Hand ist schon lange durch das Bügeln mit der Maschine ersetzt worden. Die Bügelmaschinen in den Gerbereien gleichen den in den Wäschereien verwendeten Bügelmaschinen. Durch Veränderungen der Temperatur des Bügeleisens und des angewendeten Drucks lassen sich verschiedene Wirkungen hervorrufen. Das Satinieren besteht darin, die zugerichtete Haut zwischen zwei glatte Stahlplatten einer hydraulischen Presse zu bringen und sie hohen Drucken auszusetzen. Die Stahlplatten sind mit einer Heizvorrichtung ausgerüstet, die sich auf gewünschte Temperaturen einstellen läßt.

e) Die Eiweißappreturen.

Eialbumin und Blutalbumin werden für Appreturzwecke zurecht gemacht, indem sie einfach in kaltem Wasser gelöst werden. Da sie sich langsam lösen, pflegt man sie am Tage vor dem Gebrauch einzuweichen, so daß sie über Nacht stehen können. Die Lösungen werden häufig mit dazu passenden anderen Appreturmitteln gemischt.

Gelatine wird zuweilen für Appreturen vorbereitet, indem sie einfach in heißem Wasser gelöst wird. Da aber Gelatinelösungen in den Konzentrationen, wie sie zum Appretieren verwendet werden, beim Abkühlen gelatinieren, müssen die Lösungen so warm aufgetragen werden, daß sie noch flüssig bleiben. Die Gelatine verliert ihr Gelbildungsvermögen, wenn die Lösungen längere Zeit gekocht oder im Autoklaven unter Druck erhitzt werden. Solche Gelatine, die kein Gelatinierungsvermögen mehr besitzt, wird als β-Gelatine oder β-Glutin bezeichnet. β-Gelatine besitzt noch die appretierende Kraft der ursprünglichen Gelatine. Wenn zu einer Lösung von β-Gelatine 3 g Formaldehyd auf 100 g Gelatine zugesetzt werden, bleibt die β-Gelatine dispergiert, aber sie dringt dann weniger leicht in das Leder ein, was oft erwünscht ist. Sie gibt getrocknet eine Appreturoberfläche, die viel wasserdichter ist als eine entsprechende Oberfläche, die auch mit Gelatine, aber ohne den Formaldehydzusatz appretiert wurde. Die Wirkung des Formaldehyds ist wahrscheinlich der Gerbwirkung zuzuschreiben, die er auf die Gelatineteilchen ausübt.

Casein wird gewöhnlich zuerst etwa eine Stunde in Wasser geweicht, dann wird Ammoniak zugesetzt und die Lösung zum Kochen erhitzt. Nachdem noch Formaldehyd zugesetzt und die Lösung abgekühlt ist, ist sie gebrauchsfertig. Der Charakter der Lösung ändert sich nach der Konzentration des Caseins und den zugesetzten Ammoniak- und Formaldehydmengen. Eine typische Appretur z. B. besteht aus 50 kg Casein, 400 l Wasser, 5 kg konzentriertem Ammoniak und 1½ kg Formaldehyd.

Solche Proteinlösungen können in Konzentrationen von 5 bis 50 g pro Liter auf das Leder aufgetragen werden, je nach der erwünschten Wirkung. Zu allen Appreturen, die nicht sofort nach der Herstellung verarbeitet werden, setzt man Antiseptica zu.

f) Die Wachsappreturen.

Wachsfinishe stellt man her, indem man das Wachs schmilzt und unter heftigem Rühren in eine Seifenlösung einlaufen läßt. Die Mengenverhältnisse von Seife und Wachs bewirken die Härte und den Glanz des Films, der durch das Appretieren auf dem Leder erzeugt ist. Ein Teil Seife auf fünf Teile Wachs ist das typische Mengenverhältnis. Es ist üblich, die Proteinfinishe mit Wachsfinishen zu mischen, bevor sie auf das Leder aufgetragen werden. Finishe dieser Art werden gewöhnlich nicht glanzgestoßen, sondern einfach gewalzt und gebürstet.

g) Die Schellackappreturen.

Als Zurichtungsmittel für Leder wird der Schellack gewöhnlich in einer wässerigen Boraxlösung gelöst, manchmal werden auch alkoholische Lösungen verwendet. Es genügt, etwa halb so viel Borax oder eine andere alkalische Substanz zuzusetzen, als der Verseifungszahl des Schellacks entspricht. An Stelle von Borax werden mitunter Natrium- oder Kaliumcarbonat oder Ammoniak genommen. Lösungen, die 10 bis 50 g Schellack pro Liter enthalten, werden oft als letzte Appretur für Leder verwendet, bei denen ein harter Film und große Widerstandsfähigkeit gegen Wasser erwünscht sind.

h) Die Pigmentfinishe.

Die verschiedenen Pigmente werden zuerst mit sulfonierten Ölen in den Mengenverhältnissen angerieben, die in den Öl-Absorptionszahlen in Tabelle 119 im 32. Kapitel angegeben sind. Die Paste wird dann mit einer Caseinappretur gemischt, der noch eine Karnaubawachsappretur zugesetzt sein kann, aber nicht zugesetzt sein muß. Mitunter werden die Wachsteilchen in der Wachsappretur gefärbt, indem im geschmolzenen Wachs ein wachslöslicher Farbstoff gelöst wird, bevor das Wachs in die Seifenlösung gegossen wird. Der Farbton des Wachses wird so gewählt, daß er dem Farbton des Pigments entspricht und dessen Wirkung unterstützt. Häufig werden auch wasserlösliche Farbstoffe zu der Pigmentappretur zugesetzt, die dann den auf dem Leder erzeugten Farbton modifizieren sollen.

Die Pigmentappreturen haben den Vorteil, Narbenschäden zu verdecken und der Lederoberfläche ein einheitlicheres Aussehen zu verleihen. Die Fähigkeit, Hautschäden zu verbergen, ist mitunter von Nachteil. In Unkenntnis des beschädigten Narbens kann der Schuhmacher gerade ein solches Stück an einer exponierten Stelle des Schuhs verwenden. Geht dann später beim Tragen die Appretur verloren, so kommt der Schaden zum Vorschein und der Schuh ist entwertet. Es ist erwünscht, daß der Schuhmacher derartige Schäden entdeckt und solche beschädigten Stellen nicht verwendet oder höchstens für unauffällige Stellen nimmt. Wird zuviel Pigment aufgetragen, so zeigt das Leder ein angestrichenes Aussehen, was im allgemeinen nicht erwünscht ist. Mit einigen Pigmentappreturen ist man auf einige Schwierigkeiten gestoßen, sie haben die Eigenschaft, unter gewissen Bedingungen zu schmieren. Das kann seinen Grund darin haben, daß die Pigmentappretur eine zu große Menge sulfoniertes Öl enthält oder daß beim Fettlickern zu viel sulfoniertes Öl an den Oberflächen des Leders aufgenommen wurde. Wird chromgegerbtes Leder mit sulfoniertem Öl gelickert, so werden wahrscheinlich Sulfo-fettsäure-ionen durch die Chromatome koordinativ gebunden werden. Der Grad, mit dem das sulfonierte Öl beim Auftrag der Pigmentappretur fixiert wird, scheint einen merklichen Einfluß auf die Neigung des Pigments, beim Glanzstoßen zu schmieren, zu haben. Diese Neigung wird verstärkt, wenn beim Fettlickern an der Narbenoberfläche viel sulfoniertes Öl fixiert wurde.

i) Das Auftragen der Appreturen.

Die Appreturen werden auf verschiedene Weise auf die Oberfläche des Leders aufgetragen. Zuweilen werden sie mit der Hand aufgerieben. In neuerer Zeit sind dafür Appretiermaschinen in Aufnahme gekommen. Das Leder wird unter einer Walze weggezogen, die die Appretur dünn und einheitlich über die ganze Lederfläche spritzt. Moderne Appreturen sind gewöhnlich Gemische. In einer typischen Appretur für satiniertes Leder wird das Leder mit einem Gemisch von einer Pigmentappretur, einer Caseinappretur, einer Wachsappretur und einem Säurefarbstoff überzogen und dann getrocknet, unter hohem Druck glanzgestoßen, gestollt, ein zweites Mal mit einem Appreturgemisch überzogen, getrocknet und wieder glanzgestoßen. Das Leder wird schließlich mit einer Schellackappretur überzogen, getrocknet, leicht glanzgestoßen, gebügelt und gebürstet. Die Mengenverhältnisse können stark variiert werden. In einer Stoßglanzappretur dürfen die Anteile der Wachsappretur nicht so groß sein, daß sie ein Mattwerden des Narbens zur Folge haben, wenn das Wachs beim Glanzstoßen zum Schmelzen kommt. Die gleiche Appreturart wird zuweilen ohne Pigmentzusatz angewendet und von manchen Schuhfabrikanten bevorzugt. Ein anderer Appreturtypus enthält große Mengen Wachsfinish und außerdem Gummi und Pflanzenschleime, um den Film weich zu halten. Das Leder erhält von dieser Appretur zwei Aufträge und wird jedesmal nach dem Trocknen gewalzt und gebürstet. Der letzte Überzug kann auch nur eine Wachsappretur enthalten. Bei einem anderen Appreturtypus werden für die ersten Überzüge Appreturen aus Eieralbumin, Seife und Pflanzenschleimen, für den letzten Auftrag eine Wachsappretur verwendet.

Fleischspalte oder Leder, die auf der Fleischseite zugerichtet werden, können zuerst eine Grundappretur aus Gummi und Pflanzenschleimen, dann zwei oder mehr Überzüge aus Pigmentappreturen im Gemisch mit Proteinappreturen und als letzten Auftrag eine Wachsappretur erhalten.

Die Appreturen und die Mengenverhältnisse der dafür verwendeten Stoffe lassen sich unbegrenzt variieren. Es wäre nutzlos, an dieser Stelle mehr als die Grundlagen anzuführen.

k) Das Krispeln, Chagrinieren und Pressen.

Manche Leder werden mit einer glatten Oberfläche zugerichtet, bei andern wird der Narben herausgearbeitet oder sie erhalten durch Pressen einen künstlichen Narben. Zum Krispeln oder Pantoffeln faltet der Arbeiter das appretierte Leder mit der Narbenseite nach innen und preßt mit einem gekrümmten Brett, dem Krispel- oder Pantoffelholz, das mit Hilfe eines Lederriemens an seinem rechten Unterarm befestigt ist, auf das Leder, indem er eine Falte bildet. Er zieht dann das Brett langsam zurück, während er immer auf das Leder drückt. Beim Arbeiten bewegt sich die Faltenlinie mit dem Krispelholz und läuft dem Leder entlang. Dadurch werden auf einen Millimeter eine ganze Reihe von Fältchen hervorgebracht. Durch Krispeln des Leders erst in einer Richtung und später im rechten Winkel dazu bearbeitet, wird ein Narbenkorn erhalten, das dem Boxkalfnarben ähnlich ist. Wird das Leder noch ein drittes Mal in der Richtung, die diagonal zu den beiden anderen Richtungen verläuft, gekrispelt, so erhält man einen Narben, der dem des Ziegenleders ähnelt.

In manche Leder werden besondere Narbenmuster mittels einer Preßplatte aus Stahl eingepreßt. So kann Kalbledern ein Alligator- oder Schlangennarben oder der Narben irgendeines anderen Tiers aufgepreßt werden. Mitunter werden auch durch Künstler Muster mittels Punzen in die Leder gearbeitet. Zur Herstellung irgendwelcher eingepreßter Muster, sei es durch Hand- oder durch Maschinenarbeit, zieht man die vegetabilisch gegerbten Leder den chromgegerbten Ledern vor, weil erstere infolge ihrer dichteren Struktur im Gebrauch die Muster viel schärfer zurückhalten.

l) Das Abbuffen des Narbens.

Leder, die eine weiche samtartige Oberfläche haben sollen, werden durch Abbuffen des Narbens hergestellt. Man läßt die Leder eine Maschine passieren, die eine sich drehende Walze enthält, die mit Schmirgel ausgekleidet ist. Die Narbenfläche des Leders wird gegen die Walze gedrückt und dann darüber hinweg gezogen. Die dünnen Fasern des Narbens werden voneinander getrennt und ergeben dann die samtartige Oberfläche. Die Anordnung dieser Fasern in einer Kalbshaut ist auf Seite 37 des 1. Bandes gezeigt worden. Mitunter wird die Weichheit des Narbens gegen Berührung durch Bestäuben der abgebufften Oberfläche mit Talkum noch verstärkt. Die Leder werden zuweilen schon abgebufft, bevor die Appreturen aufgetragen werden, um die Adhäsion der getrockneten Filme zu vergrößern. Dies wird immer bei der Herstellung von Lackleder und bei gewissen Lederarten vorgenommen, die mit Lackappreturen überzogen werden.

m) Die Lackappreturen.

Die Anwendung von Lacken als Lederappreturen hat sich nur langsam entwickelt, weil die Lacke dabei strengen Anforderungen genügen müssen. Der getrocknete Film muß zäh an der Narbenfläche des Leders haften; er muß hart genug sein, um einer Abschürfung zu widerstehen, andererseits muß es so weich sein, daß er den „Griff" des Leders nicht ändert. Er muß einer außerordentlich hohen Zahl Knitterbewegungen standhalten, ohne daß er springt oder sich abschält. Er muß sich in gleichem Maße dehnen können wie das Leder selbst und er muß ebenso dauerhaft sein wie das Leder. Gewöhnliche Lacke, die für die Verwendung auf steifen Stoffen bestimmt sind, können nicht direkt auf Leder aufgetragen werden; für Leder mußten besondere Lacke ausgearbeitet werden. Die Stoffe, die für die Herstellung von Lederlacken verwendet werden, sind im 32. Kapitel beschrieben und können in unzählig verschiedenen Mengenverhältnissen gemischt werden, die dann Lacke von verschiedenen Eigenschaften ergeben.

Ein typischer Lederlack wird durch Mischen von 30 g Kollodiumwolle (30-Sekunden-Wolle) mit 200 ccm Amylacetat, 200 ccm Butylacetat, 100 ccm Äthylacetat, 100 ccm Butylalkohol, 100 ccm Äthylalkohol, 40 ccm reinem Leinöl oder Ricinusöl, in dem 5 g Pigment, 10 g Estergummi, 10 g Dibutyl-phthalat angerührt sind und das mit Toluol zu 1 l aufgefüllt ist, gewonnen. Diese Mischung kann für einen Ledertypus geeignet sein, nicht aber für einen zweiten. Die Mengenverhältnisse können in manchen Fällen mit Vorteil variiert werden, oder es lassen sich für einen bestimmten Zweck manche dieser Stoffe durch andere der im 32. Kapitel angeführten Stoffe ersetzen.

Es ist üblich, die Lacke mit einer Spritzpistole aufzutragen. Für diesen Zweck ist ein gut ventilierter Abzugsraum erforderlich. Wegen Feuersgefahr müssen besondere Vorsichtsmaßregeln getroffen werden, da ja die verwendeten Stoffe leicht brennbar sind. Durch eine zu hohe Luftfeuchtigkeit kann das Kollodium im Film ausgefällt werden, bevor der Film trocken ist. Dadurch nimmt der Film ein wolkiges Aussehen an. Aus diesem Grunde ist es ratsam, die Luft bei feuchtem Wetter zu erwärmen, damit die relative Feuchtigkeit unter 60% gehalten wird. Natürlich muß die Luft staubfrei gehalten werden, weil sich der Staub auf dem Film niederschlagen und darauf haften bleiben würde.

Für manche Zwecke genügt ein einziger Auftrag auf den vollen Narben, in anderen Fällen aber sind 7 oder 8 Aufträge notwendig. In solchen Fällen muß das Leder abgebimst werden, damit der starke Film genügend fest haftet und nicht abblättert. Die Lösungsmittel verdampfen gewöhnlich so schnell, daß es möglich ist, dem Leder während eines normalen Arbeitstages zwei oder mehr Lackauftragungen zu geben.

Hübsche Zweifarbenwirkungen können auf verschiedene Weise erhalten werden. Das Leder kann mit dem Lack der einen Farbe gespritzt werden; dann wird es gepreßt und an den erhabenen Stellen mit der Hand mit einem Lack einer zweiten Farbe bestrichen. Der zweite Auftrag kann auch unter einem Winkel auf das gepreßte Leder gespritzt werden. Es ist darauf zu achten, daß beim zweiten Male nur sehr wenig Lack aufgetragen wird. Die erhabenen Stellen schützen einen Teil der eingedrückten Stellen, so daß eine Reihe von Zweifarbenwirkungen erzielt werden, die von dem Winkel abhängig sind, unter dem die Pistole gehalten wurde.

Pigmente sind für alle Lacke nötig, die dem Sonnenlicht ausgesetzt sind. Sie schützen den Kollodiumfilm vor der Zerstörung durch die ultravioletten Strahlen.

Die Grundlage für die Lacklederappretur bildet gekochtes Leinöl. Die Lacklederherstellung soll im nächsten Kapitel beschrieben werden. Manche Lacklederfabrikanten setzen ihren Appreturen Kollodiumlacke zu. Es gelingt auch Lackleder herzustellen, dessen Film gänzlich aus Kollodiumlack besteht.

n) Lederreinigungsmittel und Lederpolituren.

Eines der besten Reinigungsmittel für gewöhnliche Leder besteht aus einer Lösung von etwa 30 g Seife auf 1 l Wasser. Bei manchen Reinigungen setzt man vorteilhaft etwa 30 ccm Äther zu. Beschmutzte Leder, die spröde geworden sind, verbessert man, indem man sie mit einer Seifenlösung abreibt und dann auf die noch feuchte Narbenoberfläche einen dünnen Auftrag von Klauen-, Oliven- oder Baumwollsamenöl gibt, und das Leder langsam trocknen läßt. Reinigungsmittel werden in Schuhfabriken viel benutzt, um Schuhe zu reinigen, die im Laufe der Fabrikation schmutzig geworden sind.

Wenn das Leder gereinigt ist, wird es gewöhnlich noch poliert. Entweder wird eine Caseinappretur oder eine Karnaubawachsappretur oder auch ein Gemisch beider über das Leder gewischt und nach dem Trocknen auf Hochglanz poliert. Ein Gemisch einer Casein- und einer Wachsappretur, zu dem Seifenlösung zugefügt ist, kann als Kombination von Reinigungs- und Poliermittel verwendet werden.

Teigige Poliermittel werden gewöhnlich ohne Wasser hergestellt. Ein gutes Poliermittel wird durch Zusammenschmelzen von 18 Teilen Karnaubawachs, 29 Teilen Montanwachs, 43 Teilen Paraffinwachs und 2 Teilen öllöslichem Farbstoff, der in 8 Teilen Stearinsäure gelöst ist, erhalten. Die geschmolzene Masse wird in etwa 150 Teile Terpentin eingerührt. Man läßt die Masse abkühlen, wobei sie zu einer Paste erstarrt.

Literaturzusammenstellung.

1. Adcock, K. J.: Leather. London: Sir Isaac Pitman & Sons. 1916.
2. Brunner, R.: The manufacture of lubricants, shoe polishes and leather dressings. London: Scott, Greenwood & Son 1906.
3. Crockett, H. G.: Practical leather manufacture. London: Leather Trades Publishing Co. 1921.
4. Gillet, M.: Die moderne Zurichtung gefärbter Leder. Cuir techn. **15**, 414 (1926).
5. Gnamm, H.: Die Fettstoffe in der Lederindustrie. Stuttgart: Wissenschaftliche Verlagsgesellschaft 1926.
6. Keiner, E. G.: Pigment finishes. J. Amer. Leather Chem. Assoc. **22**, 476 (1927).
7. Lamb, M. C.: Lederfärberei und Lederzurichtung, 2. Aufl. Übersetzung der 3. engl. Aufl. von L. Jablonski. Berlin: Julius Springer 1927.
8. Rogers, A.: Practical tanning. New York: Henry Carey Baird & Co. 1922.
9. Standage, H. C.: The leather workers manual. London: Scott, Greenwood & Co. 1900.
10. Travis, P. M.: Mechanochemistry and the colloid mill. New York: Chemical Catalog Co. 1928.
11. Villon, A. M. u. U. J. Thuau: Praktische Abhandlung über die Lederherstellung, 2. Aufl. Paris: Librairie Polytechnique 1912.

34. Lackleder.

Fast jedermann kennt die hochglänzenden Leder, die als „Lackleder" bezeichnet werden. Im englisch-amerikanischen Sprachgebrauch werden sie „Patentleder" genannt; diese Bezeichnung ist irreführend, da der Herstellungsprozeß nicht patentiert ist, wennschon seit dem 18. Jahrhundert auf die verschiedenen Phasen des Herstellungsprozesses Patente erteilt worden sind. Mitunter unterscheidet man bei Lackledern zwischen

„genarbten“ und „glatten“ Lackledern. Der Hauptunterschied zwischen Lackledern und gewöhnlichen Ledern liegt in der Zurichtung, allerdings müssen die der Zurichtung vorhergehenden Gerboperationen so geleitet werden, daß die Häute für die Lacklederherstellung entsprechend vorbereitet sind.

Bei der Niederschrift dieses Kapitels erfreute sich der Verfasser der wertvollen Hilfe von Fachgenossen, die auf dem Gebiete der Lacklederherstellung größere Erfahrungen besitzen, insbesonders der Herren August C. Orthmann, Chefchemiker der Firma Pfister and Vogel Leather Co., Professor J. S. Long von der Lehigh-Universität, Professor Arthur W. Thomas von der Columbia-Universität und B. H. Thurman.

a) Vorbereitende Prozesse.

Der hier beschriebene Prozeß, bei dem Rindshäute zur Verwendung kommen, ist ganz allgemein gebräuchlich. Um den geeigneten „Stand“ zu erzielen, wird die zur Enthaarung übliche Äschermethode durch eine andere ersetzt, die in zwei Stufen zerfällt. Die Häute werden zuerst in ein Haspelgefäß gebracht, das auf einen Liter Flüssigkeit 30 g Natriumsulfid (Na_2S) enthält. Die Haare werden in dieser Lösung schon in etwa 30 Minuten vollkommen zerstört, aber trotzdem läßt man die Häute 3 bis 12 Stunden darin. Sie kommen dann in ein anderes Faß, das gesättigtes Kalkwasser und überschüssigen ungelösten Kalk enthält, und bleiben 2 bis 3 Tage darin. Dann werden sie gewaschen, gebeizt, gepickelt und mit Chrom in der üblichen Weise gegerbt.

Für das Fettlickern sind zwei Methoden üblich, je nachdem, ob das Leder vor dem Zurichten entfettet wird oder nicht. Wenn das Leder nachher entfettet werden soll, so wird es ziemlich stark mit Emulsionen halbtrocknender Öle wie Ricinusöl oder Lebertran gelickert. Das Leder wird dann getrocknet und wenigstens 10 Tage lang liegen gelassen, damit sich das Öl etwas oxydieren kann. Die oxydierten Anteile des Öls verhindern nicht das feste Anhaften des ersten Grundes und widerstehen der lösenden Einwirkung des Benzins beim Entfetten. Soll das Leder nicht entfettet werden, so bekommt es einen leichten Fettlicker aus sulfonierten Ölen, wie im 28. Kapitel einer beschrieben ist. Gefärbt wird wie bei gewöhnlichen Ledern. Die meisten Lackleder sind heute chromgegerbt, während man bis vor etwa 30 Jahren nur lohgare Lackleder kannte. Auch heute wird in Europa und auch in Amerika zuweilen noch vegetabilisches Lackleder hergestellt.

b) Das Entfetten.

Enthalten Leder, die zu genarbtem Lackleder verarbeitet werden sollen, auf der Narbenfläche sehr viel Fett, so kann das Fett dem Festhaften des Grundauftrags hinderlich sein oder auch in den Grundauftrag diffundieren, wobei es dessen Charakter ändert. Außer bei Ledern, die nur sehr wenig Fett enthalten, ist es üblich, die Leder teilweise zu entfetten, bevor der Grund aufgetragen wird. Die Häute oder Seiten werden in einem Autoklaven über Stangen gehängt, der dann mit Benzin gefüllt wird. Nachdem die Temperatur 20 Minuten lang auf 40 bis 45° gebracht war, wird das Benzin mit dem darin gelösten Öl abgelassen und durch frisches ersetzt. Nach 20 Minuten wird das Benzin wieder abgelassen und ein Luftstrom durch den Autoklaven geleitet, bis das am Leder haftende Benzin verdampft ist. Das verwendete Benzin hat ein spezifisches Gewicht von etwa 0,75 und einen Siedebereich von 90 bis 180°. Ungefähr 95% des Benzins können wiedergewonnen werden, und der ölige Rückstand wird für besondere Zwecke verkauft.

c) Der erste Auftrag. („Grund.")

Zuweilen wird auf die Narbenfläche des Leders kein Wert gelegt und er wird abgebufft, damit die Adhäsion des ersten Auftrags erhöht wird; bei hochwertigen Ledern ist das jedoch im allgemeinen nicht üblich. Gewöhnlich erhält das Leder drei Aufträge, die sich in ihrer Zusammensetzung etwas unterscheiden. Der erste Auftrag wird „Grund" genannt und besteht aus einem sehr dick und zäh gekochten Leinölfirnis. Man bringt 100 l Leinöl in einen Kochkessel und fügt als Trockenmittel 750 g fein gemahlene türkische rohe Umbra zu. Umbra ist eine natürliche braune Erdfarbe, die ungefähr 45% Eisenoxyd, 15% Manganoxyd, 3% Tonerde, 18% Kieselsäure und 19% Wasser und verbrennbare Stoffe enthält. Das Eisenoxyd ist ein sehr wirksames Trocknungsmittel, und Manganoxyd wirkt sogar noch kräftiger. Natürlich werden oft auch andere Trockenstoffe verwendet. Der Ansatz wird allmählich erhitzt, bis im Verlauf von 2 Stunden die Temperatur auf 285 bis 293° gestiegen ist. Diese Temperatur wird aufrechterhalten und das Ölgemisch fortgesetzt durchgerührt. Als Rührer dient eine Schöpfkelle, ein kleiner kupferner Kübel mit einem eisernen Griff von etwa 2½ m Länge. Nach mehrstündigem Kochen löst sich das Leinöl beim Umdrehen der Schöpfkelle zäh und blattartig ab, ein Zeichen, daß der Leinölansatz die gewünschte Konsistenz hat. Die Schöpfkelle wird schließlich durch eine Gabel ersetzt, deren Spitzen durch einen Querriegel miteinander verbunden sind und sich darum nicht leicht verbiegen. Die Gabel kann etwa 5 Zinken von ungefähr 30 cm Länge enthalten; die einzelnen Zinken haben einen Abstand von 5 cm. Der Kessel wird von der Flamme entfernt, und der Ansatz mit der Gabel bearbeitet, bis der Grundlack bricht und auf der Gabel liegen bleibt, was gewöhnlich der Fall ist, wenn die Temperatur auf etwa 254° gefallen ist. Der Kessel wird dann außen mit Wasser bespritzt, bis die Temperatur auf etwa 227° gefallen ist. Dann werden unter fortgesetztem Rühren 150 l Benzin zugegeben, und das Gemisch kann erkalten. Bis zu seiner Verwendung wird der Grundlack in verschlossenen Fässern aufbewahrt; eine längere Lagerung ist jedoch weder nötig noch erwünscht.

Die Kochkessel bestehen gewöhnlich aus Gußeisen; sie haben einen Durchmesser von etwa 1,20 m und ein Gesamtfassungsvermögen von 375 l; die Kesselboden sind rund. Jeder Kessel sitzt in einem beweglichen Gestell und ist von einem spiralförmigen Wasserrohr umgeben, das durchlöchert ist und zum Kühlen der Kesselaußenwand bestimmt ist. Das Erhitzen wird meistens mit einer Gas- oder Ölflamme vorgenommen. Während des Kochens ist über dem Kessel eine gut sitzende Abzugskappe angebracht, die alle Dämpfe abziehen läßt. Nur eine Öffnung ist darin vorgesehen, die zur Bedienung der Schöpfkelle notwendig ist.

Der Lacklederfabrikant betrachtet gewöhnlich seine Verfahren für das Kochen des Öls als Geschäftsgeheimnis und ist um ihre Geheimhaltung streng besorgt. Das wirkliche Geheimnis besteht darin, daß man richtig erkennt, ob das Öl lange genug gekocht hat, um das Benzin zufügen zu können. Da das rohe Leinöl des Handels gewisse Unterschiede zeigt, ist es nicht möglich, bestimmte Angaben über die Zeit, die Temperatur und das mechanische Rühren beim Kochen festzusetzen. Bei jedem neuen Ölmaterial muß auf diese Faktoren je nach der Zusammensetzung des Öls Rücksicht genommen werden. Der Lackmeister weiß, wann das Kochen zu unterbrechen ist; er erkennt es an der wechselnden Konsistenz des Öls, an der Art, wie die Tropfen von der Schöpfkelle fallen, an der Art, wie sich der Lack gibt, wenn er zwischen den Handflächen gedrückt und dann ausgezogen wird, an der Art, wie er sich anfühlt, wenn er zwischen Fingern und Daumen gerieben wird. Manche Lackmeister heben sich auch von Lacken, die ein gutes Lackleder ergeben haben, Proben zu Vergleichszwecken auf. Der Gerbereichemiker hat, um das Fortschreiten der Ölkochung beurteilen zu können, nunmehr Viscositätsmessungen eingeführt, aber der Endpunkt des Kochens wird auch heute noch in den meisten Gerbereien nach alter Weise vom Lackmeister bestimmt.

Bevor der Grund auf das Leder aufgetragen wird, wird er noch weiter mit Benzin verdünnt und außerdem färbende Stoffe zugesetzt. Bei Pigmenten wird der Ansatz in einer Mühle, häufig einer Kugelmühle, gemahlen, um den Grund so gleichmäßig und fein wie irgend möglich zu erhalten. Die meisten Appreturen sind schwarz und werden mittels Ruß und Berlinerblau hergestellt. Diese beiden Stoffe können leicht im Grund zufriedenstellend verteilt werden, indem man ihn auf etwa 65° erwärmt und rührt. Eine Kolloidmühle würde wahrscheinlich wertvolle Dienste leisten.

Die Felle und Häute werden vor dem Lackieren in Rahmen eingespannt, und dort mit Hilfe von Klammern und Schnüren fest und eben ausgespannt gehalten, so daß die Haut im Rahmen liegt wie das Fell einer Trommel.

Der Grund, der die Konsistenz eines weichen Glaserkitts hat, wird über die Narbenfläche des Leders gestrichen und mit einer stumpfen Stahlklinge glatt gerieben. Der Grund kann auch noch stärker mit Benzin verdünnt und mit einem Schwamm, einem Flanellbausch aufgetragen und dann mit den Handballen eingerieben werden. Es wird ungefähr soviel Grund aufgetragen, daß der Auftrag nach dem Trocknen etwa 0,06 mm stark ist. Die Rahmen werden dann in aufrechter Lage auf Handkarren zusammengepackt und nach der Trockenkammer gefahren, in der die Temperatur auf etwa 40° gehalten wird. Am folgenden Tage können die Felle schon den zweiten Auftrag erhalten.

d) Der zweite Auftrag. („Schwarzstrich, Vorlack.")

Der zweite Auftrag ist unter der Bezeichnung „Schwarzstrich" oder „Vorlack" bekannt. Das reine Leinöl wird im Kochkessel mit 735 bis 2200 g türkischer roher Umbra und 90 bis 540 g Bleiglätte (PbO) auf je 100 l Öl versetzt. Im Verlauf von 2 Stunden wird die Temperatur auf 293° gebracht und für 3 bis 4 Stunden auf dieser Höhe gehalten, und das Öl während dieser Zeit fortgesetzt gerührt. Wenn sich an den Rändern der umgekehrten Schöpfkelle bis zu 5 cm lange Fäden bilden, wird der Kessel vom Feuer genommen, aber das Schöpfen noch kräftig fortgesetzt; bis sich an der umgekehrten Schöpfkelle blattartige Gebilde bilden, die mehr oder weniger scharf abreißen. Dies ist der Fall, wenn die Temperatur auf etwa 180° gefallen ist. Dann werden 100 l Benzin zugesetzt; man läßt den Ansatz erkalten und bewahrt ihn bis zur Verwendung in Fässern auf. Dieses Material wird mit Benzin bis zu einer gut breitfließenden Konsistenz verdünnt und mit einer etwa 20 cm langen Kamelhaarbürste auf den getrockneten Grund aufgetragen. Die Rahmen werden dann wieder für 16 bis 24 Stunden in Trockenöfen von etwa 55 bis 60° gebracht. Der getrocknete zweite Grund soll eine durchschnittliche Dicke von etwa 0,06 mm haben.

e) Der dritte Auftrag. („Blaulack.")

Der dritte Auftrag ist unter der Bezeichnung „Schlußlack" oder „Blaulack" bekannt. Auf je 100 l reines Leinöl werden im Kessel 3 kg Berlinerblau und 60 bis 150 g Bleiglätte zugesetzt. Im Verlauf von zwei Stunden wird die Temperatur auf 278° gebracht und etwa drei Stunden gehalten, während das Öl fortgesetzt mit der Schöpfkelle durchgearbeitet wird. Von Zeit zu Zeit wird eine Probe herausgenommen und durch Kneten zwischen den Fingern geprüft. Diese Probestücke werden mit früheren verglichen, von denen bekannt ist, daß sie ein gutes Lackleder ergaben. Es ist auch eine neue Kontrollmethode ausgearbeitet worden, bei der das steigende Molekulargewicht des Öls gemessen wird; sie soll später noch beschrieben werden. Hat das Öl lange genug gekocht, so wird es vom Feuer genommen, abgekühlt und mit 75 l Benzin verdünnt. Es wird vor der Verwendung wenigstens drei Wochen lang in festverschlossenen Behältern aufbewahrt, damit es sich klären kann.

Bevor der Schlußlack aufgetragen wird, wird die Lederoberfläche erst sorgfältig von Staubteilchen und sonstigen Fremdkörperchen gereinigt. Nötigenfalls wird die Oberfläche durch Abreiben mit einem Bimsstein geglättet, wie es bei jeder Oberfläche üblich ist, die vor einem Lackauftrag geglättet werden soll. Der Lack wird von erfahrenen Arbeitern aufgetragen, damit die Oberfläche glatt und gleichmäßig wird. Die Rahmen werden dann in die Trockenöfen zurückgebracht, in denen sie 12 bis 16 Stunden bei 60 bis 65° getrocknet werden. Der dritte Auftrag kann getrocknet eine durchschnittliche Dicke von etwa 0,12 mm haben.

f) Die Bestrahlung im Sonnenlicht.

Nachdem das Leder drei Aufträge erhalten hat und getrocknet ist, fühlt sich seine Oberfläche noch klebrig an. Diese Klebrigkeit des Lackleders verliert sich, wenn die Lackschicht der Wirkung des Sonnenlichts ausgesetzt wird. Es ist nachgewiesen worden, daß die ultravioletten Strahlen des Sonnenlichts das Molekulargewicht des Leinöls erhöhen und die Jodzahl erniedrigen. Darüber wird später noch zu sprechen sein. Eine fünfstündige Bestrahlung in starkem Sonnenlicht genügt meistens, den Lacküberzug so zu härten, daß die Leder nicht zusammenkleben, wenn sie Narben auf Narben geschichtet werden. Das Bestrahlen des

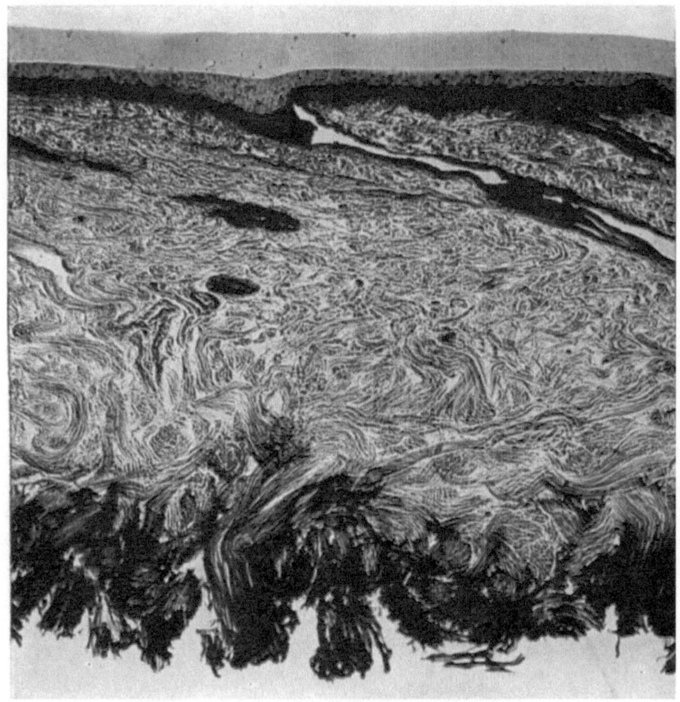

Abb. 339. Vertikalschnitt durch Rindlackleder.
Stelle der Entnahme: Schild. Dicke des Schnittes: 30 μ. Färbung: keine. Gerbung: Chrom. Okular: 5×. Objektiv: 16 mm. Wratten-Filter: K 3 — Gelb. Vergrößerung: 75-fach.

getrockneten Lackleders im direkten Sonnenlicht wird heute vielfach durch eine etwa 2-stündige Behandlung im Lichte von Quarzquecksilberlampen, die sich als sehr wirkungsvoll erwiesen hat, ersetzt. Nach dem Trocknen in der Sonne ist das Lackleder verkaufsfertig.

g) Mikroskopisches Aussehen des Lackfilms.

Vertikalschnitte von Lackseitenleder, Lackkidleder und Roßlackleder sind auf den Abb. 339, 340 und 341 wiedergegeben. Abb. 339 zeigt den Vertikalschnitt eines Lackseitenleders aus einer chromgegerbten Rindshaut. Die drei Lackaufträge lassen sich leicht unterscheiden. Der „Grund“ ist pechkohlenschwarz und undurchsichtig. Beim zweiten Auftrag, dem „Schwarzstrich“, sind kleine Teilchen grob dispergierter Pigmente zu erkennen. Der durchsichtige Schlußlack ist praktisch ebenso dick wie die beiden ersten Lacke zusammen. Bei dem Lackkidleder auf Abb. 340 lassen sich deutlich vier Schichten erkennen: ein Grundlack, ein „Schwarzstrich“ und zwei Blaulacke. Das Roßlackleder auf Abb. 341 weist zwei Schwarzstriche auf.

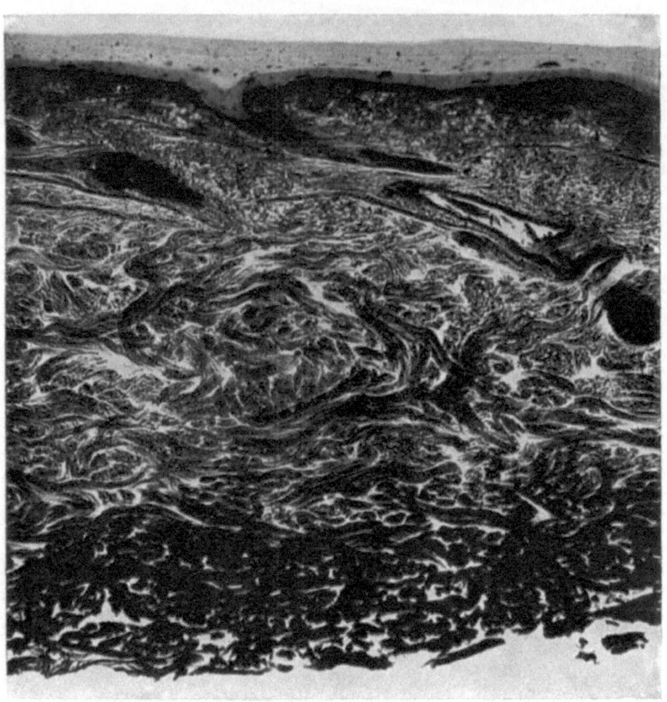

Abb. 340. Vertikalschnitt durch Kidlackleder (Ziegenleder).
Stelle der Entnahme: Schild. Dicke des Schnittes: 30 μ. Färbung: keine. Gerbung: Chrom.
Okular: 5×. Objektiv: 16 mm. Wratten-Filter: K 3 — Gelb. Vergrößerung: 75-fach.

h) Kollodiumlacke.

Viele Lacklederfabrikanten geben zu ihrem gekochten Leinöl mit unterschiedlichem Erfolg Kollodiumlackzusätze. Die Collodiumlacke und ihre Verwendung für Leder sind im 32. und 33. Kapitel beschrieben worden. Es ist schon die Vermutung ausgesprochen worden, daß die Kollodiumlacke eines Tages gänzlich die alten Leinöllacke ersetzen werden. Wilson hat ein paar Lacklederstücke unter ausschließlicher Verwendung von Kollodiumlacken hergestellt, die in der Qualität durchaus zufriedenstellend waren, nur stellten sie sich im Preise höher als das gewöhnliche Lackleder.

i) Leinöl.

Leinöl wird durch Auspressen der Samenkörner des Flachses, Linum suitatissimum, gewonnen. Es besteht in der Hauptsache aus den Glyceri-

Abb. 341. Vertikalschnitt durch Roßlackleder.
Stelle der Entnahme: Schild. Dicke des Schnittes: 30 μ. Färbung: keine. Gerbung: Chrom. Okular: 5×. Objektiv: 16 mm. Wratten-Filter: K 3 — Gelb. Vergrößerung: 75-fach.

den der Linolsäure, $C_{17}H_{31}COOH$, die zwei Doppelbindungen im Molekül enthält, und der Linolensäure, $C_{17}H_{29}COOH$, die drei Doppelbindungen aufweist, neben geringen Mengen von Ölsäure und von gesättigten Fettsäuren. Es ist ein gelblich gefärbtes trocknendes Öl, das in Terpentin, Benzol, Schwefelkohlenstoff, Chloroform, Alkohol, Amylacetat und anderen Lacklösungsmitteln löslich ist.

Eine der Schwierigkeiten, daß sich für das Kochen des Leinöls für die Lacklederbereitung keine festen Vorschriften geben lassen, liegt darin, daß die Zusammensetzung der Handelsöle nicht einheitlich ist. Diese Unterschiede lassen sich auf viele Ursachen zurückführen, so können schon die Samen je nach den Wachstumsbedingungen der Pflanzen, von denen sie geerntet sind, Unterschiede in der Zusammensetzung aufweisen. Weiter führt die Art und Weise, wie das Öl aus den Samen extrahiert wird, zu unterschiedlichen Ölpräparaten. Eastman und Taylor (3) haben dargetan, daß ein Teil dieser Unterschiede darauf zurückzuführen ist, daß der Flachssamen mit Unkrautsamen verunreinigt ist. Sie untersuchten eine Leinölprobe, die aus reinem Flachssamen hergestellt war, und eine andere Probe, die aus Flachssamen hergestellt war, der 6% Verunreinigungen enthielt, die sich aus Fuchsschwanz, rotem und schwarzem Senf, wildem Hafer, Hirse, wildem Buchweizen, Kornrade, Honigklee, Wicke und Strohteilchen bestand. In Tabelle 122 sind die Werte für die Konstanten der beiden Öle zusammengestellt.

Tabelle 122. Die Konstanten zweier Leinölproben.

	Öl aus reinem Samen	Öl aus unreinem Samen
Jodzahl	189,5	185,6
Spezifisches Gewicht	0,9343	0,9341
Säurezahl	1,38	1,96
Verseifungszahl	189,4	188,6
Feste Verunreinigungen	0,75	1,1
Brechungsindex (25°)	1,48051	1,48028

Von diesen beiden Rohölsorten wurden je zwei Präparate gekochtes Öl in der üblichen Weise hergestellt. Ihre Analysenwerte sind in Tabelle 123 wiedergegeben.

Tabelle 123. Die Konstanten von gekochten Leinölen.

	Öl aus reinem Samen		Öl aus unreinem Samen	
	Präparat I	Präparat II	Präparat I	Präparat II
Jodzahl	179,8	181,4	175,7	177,4
Spezifisches Gewicht	0,9416	0,9394	0,943	0,9412
Säurezahl	4,12	3,6	4,95	4,37
Brechungsindex	1,48182	1,48143	1,48178	1,48145
Trockenzeit (in Stunden)	9	10	9,5	11

Ähnliche Unterschiede wurden für die Konstanten von geblasenen Rohölen, erhitzten geblasenen Rohölen und Firnisölen gefunden. Die Öle mit der höheren Jodzahl wurden schneller fest, was für das Kochen von Leinöl für Lackleder wichtig ist.

α) Das Ansteigen des Molekulargewichts während des Kochens.

Bei den Untersuchungen über das Verhalten des Leinöls beim Kochen wurde beobachtet, daß das Molekulargewicht des Öls während des Kochens stetig zunimmt. Das Molekulargewicht kann in etwa 10 Minuten bestimmt werden, indem man eine gewogene Menge Öl in einem gegebenen Volumen reinsten Benzols löst und den Gefrierpunkt der Lösung mißt, der direkt proportional der molekularen Konzentration des Öls herabgesetzt wird. Long und Wentz (17) benutzten diese Methode, um das Ansteigen des Molekulargewichts von Leinöl mit der Zeit unter verschiedenen Bedingungen und bei Zugabe verschiedener Trockenmittel zu messen. Einige ihrer Ergebnisse sind in Tabelle 124 wiedergegeben. In Abb. 342 sind die Ergebnisse von drei typischen Versuchsreihen zusammengestellt.

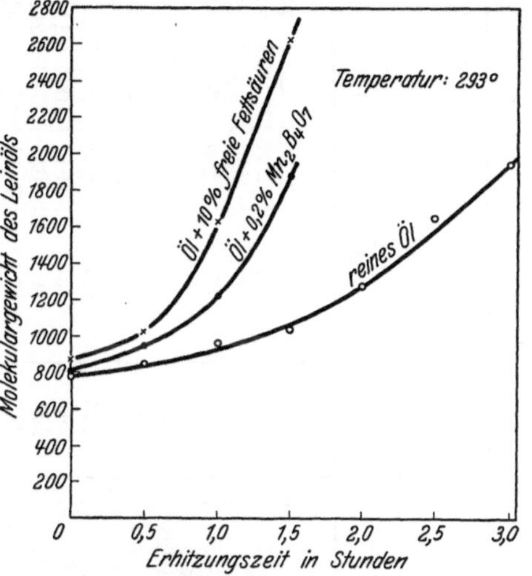

Abb. 342. Anstieg des Molekulargewichtes von Leinöl beim Kochen. (Das mit freien Fettsäuren versetzte Öl gelatinierte nach 1¾ Stunden.)

Das Molekulargewicht steigt rasch mit der Zeit an, bis das Öl ein starres Gel bildet. Durch Zugabe von Trockenmitteln kann dieser Prozeß erheblich beschleunigt werden. Die Geschwindigkeit dieses Prozesses steigt mit der Zeit und mit der Temperatur bis zu 293°. Oberhalb dieser Temperatur beginnen die Glyceride, wie auch das Glycerin selbst, sich zu zersetzen. Der Prozeß geht auch in einer Stickstoffatmosphäre vor sich, wenn auch nicht so schnell wie in Luft oder in einer Sauerstoffatmosphäre. Einer der wichtigsten Befunde ist die Tatsache, daß die Zugabe von freien Fettsäuren, die aus dem Leinöl erhalten werden, auf den Vorgang sehr stark beschleunigt wirkt. Der Prozentsatz an freien Fettsäuren im Leinöl ist also ein Faktor, der für die Herstellung von Lacken für Lackleder ganz außerordentlich wichtig ist.

Während des Kochens von Leinöl nimmt die Jodzahl und der Prozentgehalt an freien Fettsäuren ab, während das durchschnittliche Molekulargewicht ansteigt. Salway (28) hat angenommen, daß das Ansteigen des Molekulargewichts von Leinöl während des Kochens auf das Freiwerden von freien Fettsäuren und eine anschließende Kondensation dieser freien Fettsäuren mit den Doppelbindungen des Öls und eine entsprechende Abnahme der Ungesättigtheit des Öls zurückzuführen ist. Er zeigte, daß neben der Jodzahl auch die Säurezahl abnimmt. Long und Wentz (17) bestätigten diese Befunde und zeigten weiter, daß während des Kochens

Tabelle 124. Ansteigen des Molekulargewichts von Leinöl beim Kochen unter verschiedenen Bedingungen.

g	Ansatz	Temperatur (in °C)	Molekulargewicht nach dem Erhitzen bis auf nebensteh. Temperatur	Stunden 0,5	1,0	1,5	2,0	2,5	3,0
200	Öl in offener Kasserolle	149	763	—	—	767	—	—	757
200	Öl + 0,4 g PbO in offener Kasserolle	149	762	—	—	780	—	—	802
200	Öl in reinem Sauerstoff	149	780	—	—	780	—	—	785
200	Öl in bedeckter Kasserolle	293	774	840	951	1090	1291	1450	1585
200	Öl in offener Kasserolle	293	777	849	969	1040	1297	1651	1947
200	Öl im Kolben unter einem trocknen Stickstoffstrom	293	—	—	—	—	—	—	1334
200	Öl im Kolben unter einem trocknen Stickstoffstrom (2)	293	—	—	—	—	—	—	1362
200	Öl in bedeckter Kasserolle	293	—	—	1287	2642	—	—	—
200	Öl im Stickstoffstrom + 10 ccm Acrolein pro Stunde	293	841	914	989	1164	—	1276	1248
200	Öl im Stickstoffstrom	293	908	944	961	—	1374	1473	1630
200	Öl in Stickstoff + 6 ccm Acrolein pro Stunde	293	836	940	1005	1103	—	1343	1412
225	Öl + 22,5 g Fettsäuren in offener Kasserolle	293	890	1025	1786	2606	fext	—	—
400	Öl + 40 g Fettsäuren in offener Kasserolle	293	873	1017	1618	2617	fest	—	—
250	Öl + 25 g Fettsäuren im Stickstoffstrom	293	846	899	1023	—	1266	1496	1643
300	Öl + 0,6 g PbO in offener Kasserolle	293	889	903	1200	1698	—	—	—
300	Öl + 0,6 g $M_2B_4O_7$ in offener Kasserolle	293	810	949	1220	1888	—	—	—
300	Öl + 30 g Fettsäuren im Stickstoffstrom	232	750	769	797	819	842	868	891
125	freie Fettsäuren in offener Kasserole	232	789	941	1425	2262	—	—	—
200	Öl im Stickstoffstrom	232	829	852	876	1210	1268	—	1409
200	Öl im Stickstoffstrom	205	803	837	851	—	832	826	836
200	Öl + 20 g Fettsäuren im Stickstoffstrom	205	758	764	819	833	848	827	815
200	freie Fettsäuren in offener Kasserolle	205	1144	1255	1355	1506	1718	1817	1977
200	Ölsäure in offener Kasserolle	205	487	499	518	524	536	—	—

(Anmerkung: Die Fettsäuren wurden aus Leinöl hergestellt. Der Stickstoff wurde durch das Öl, das sich in 500-ccm-Kolben aus Pyrexglas befand, geblasen. Die benutzte Kasserolle hatte einen Durchmesser von 13 cm.)

wirklich Wasser frei wird, wie es nach der Theorie von Salway bei einer Kondensation von Fettsäuren mit den ungesättigten Bindungen des Öls anzunehmen ist. Wird das Öl in einem trokkenen Stickstoffstrom erhitzt, und kondensiert man die Dämpfe, indem man sie durch eine in Kältemischung eingetauchte Kühlschlange leitet, so erhält man bei einem Nachweis von Wasser mit entwässertem Kupfersulfat einen positiven Befund. Das war auch noch der Fall, wenn das Öl schon einige Stunden bei 293° gekocht worden war, um sicher zu gehen, daß diese Feuchtigkeit nicht aus anderer Quelle stammte.

Bei einer späteren Arbeit lieferten Long und Wentz (18) noch eine Anzahl sehr wichtiger Beiträge für diese Theorie. In Tabelle 125 sind die Ergebnisse einiger weiterer Untersuchungen zusammengestellt, bei denen der Einfluß verschiedener Substanzen auf das Ansteigen des Molekulargewichts von Leinöl durch das Kochen festgestellt wurde. Wenn reine Linolensäure für sich allein erhitzt wird, läßt sich kein merkliches Ansteigen des Molekulargewichts beobachten. Setzt man aber Linolensäure zum Leinöl zu, so wird der Vorgang, der zu einem Größerwerden des Molekulargewichts führt, beschleunigt. Andererseits wird dieser Prozeß durch Glycerin verzögert. Ebenso ist die Ge-

Tabelle 125. Ansteigen des Molekulargewichts von Leinöl beim Kochen unter verschiedenen Bedingungen.

g	Ansatz	Temperatur (in °C)	Molekulargewicht nach dem Erhitzen auf umstehende Temperatur	Stunden 0,5	1,0	1,5	2,0	2,5	3,0
250	Linolensäure	232	422	443	442	441	446	443	449
300	Öl + 30 g Linolensäure	293	700	836	1016	1118	1377	1672	2126
300	Öl allein	293	775	818	960	1038	1116	1459	1736
300	Öl + 30 g Glycerin	293	781	843	996	1115	1229	1379	1560
300	Öl + 30 g Eisensalze der freien Fettsäuren	293	—	928	1104	1451	1712	1860	—
500	Öl + 15 g Schwefel	293	1010	—	1161	—	1222	—	1252
500	Öl in einer Dampfatmosphäre	293	800	—	860	—	988	—	1132
500	Öl mit entwickeltem Bruch + 1 g PbO	293	—	952	—	1458	—	2111	—
500	Öl mit entferntem Bruch + 1 g PbO	293	947	1254	2117	—	—	—	—
300	Öl + 30 g Linolensäure-monoglycerid	293	726	800	895	1057	1221	1660	2323

(Das Erhitzen wurde in offener Kasserolle von 13 cm Durchmesser vorgenommen, nur bei dem Versuch in der Dampfatmosphäre wurde mit einem 3-l-Kolben gearbeitet.)

genwart von Wasserdampf der Erhöhung des Molekulargewichts sehr hinderlich; die Luftfeuchtigkeit ist demnach ein Faktor, der beim Kochen von Leinöl eine Rolle spielt. Anscheinend ist der Verlauf der chemischen Reaktionen von der Entfernung des Wassers, das bei dem Kondensationsprozeß frei wird, abhängig.

Eine Bestimmung der Wassermenge, die beim Kochen von Leinöl gebildet wird, wurde auf folgende Weise ausgeführt: 500 g Leinöl, das zwei Stunden in einer Kohlendioxydatmosphäre bei 110^0 getrocknet worden war, wurde in einem 2-l-Kolben auf 293^0 erhitzt. Der Kolben stand mit einer Vakuumpumpe in Verbindung. Zwischen Kolben und Vakuumpumpe war ein Apparatursystem eingeschaltet, das aus folgenden Geräten bestand: 1. einer 50-ccm-Flasche, die mit Glasperlen gefüllt war, um mitgerissenes Öl mechanisch abzufangen, 2. einem Y-Rohr und Absperrhähnen, 3. zwei Paar Chlorcalciumrohren, die in regelmäßigen Zeitabständen gewogen wurden, um das vom Öl abgegebene Wasser zu bestimmen, 4. Gaswaschflaschen, die Calciumhydroxyd- und Natriumbisulfitlösungen enthielten, zusammen mit geeigneten Sperrhähnen und wieder Chlorcalciumrohre, die nicht zur Wägung gebracht wurden und 5. ein Quecksilbermanometer. Der Druck variierte während des Versuchs von 14 bis 25 mm Quecksilber. In Tabelle 126 sind die Befunde zusammengestellt.

Tabelle 126.
Beim Erhitzen von 500 g Leinöl auf 293^0 gebildete Wassermengen.

Kochdauer		Druck (mm)	Gebildetes Wasser (g)	Mol.-Gew.	Jodzahl
Stunden	Minuten				
0	0	25	0,1037	770	160,7
1	20	25	0,4355	860	—
2	50	22	0,3424	988	153,1
4	5	25	0,2135	1161	—
5	35	22	0,3595	1255	135,0
7	5	14	0,2846	1500	—
8	20	22	0,0830	1609	—
9	50	17	0,1809	1678	—
10	35	18	0,0480	1752	125,5
		insgesamt	1,9474		

Das meiste Wasser wird zu Anfang des Versuchs abgegeben, wenn die Erhöhung des Molekulargewichts noch gering ist. Allmählich kehrt sich das Bild um, im letzten Versuchsstadium wird nur wenig Wasser frei, während die Änderungen im Molekulargewicht viel größer sind. Dies läßt gleichzeitig oder nacheinander verlaufende Reaktionen vermuten, bei denen zu mindestens bei einer Wasser frei wird. Die entwickelten Gase wurden auf dem Wege zur Pumpe erst durch wässerige Calciumhydroxyd- und Natriumbisulfitlösungen geleitet. Während der ganzen Versuchsdauer in halbstündigen Intervallen in der Natriumbisulfitlösung mit Phenylhydrazin Acrolein ($CH_2{=}CH \cdot CHO$) nachgewiesen werden.

Die theoretischen Schlüsse von Long und Wentz über den Kochprozeß von Leinöl werden für so wichtig erachtet, daß sie weiter unten fast wörtlich wiedergegeben werden. Der einheitliche Verlauf der Erhöhung des Molekulargewichts mit der damit in Übereinstimmung stehenden ständigen Entwicklung von Wasser, Acrolein und anderen Stoffen, die bei diesen Untersuchungen beobachtet wurden, zeigen ziemlich überzeugend an, daß die Reaktionen, die sich beim Kochen von Leinöl abspielen, jenen Reaktionstypus einschließen, die allgemein als Kondensationen bezeichnet werden.

Die Bildung von Kondensationsprodukten ist jedoch nicht der einzige Beweis für die erfolgte Reaktion. Die Jodzahl nimmt von 160,7 auf 125,5, also um 32,2 ab. Jede Theorie über den Mechanismus der Reaktionen muß dem Rechnung tragen. Die Theorie von Salway erhielt eine starke Stütze in dem Befund, daß die Erhöhung des Molekulargewichts beschleunigt wird, wenn dem Öl freie Fettsäuren zugesetzt werden. Wurde aber reine Linolensäure für sich drei Stunden auf 232° erhitzt, so konnte ein merkliches Ansteigen des Molekulargewichts nicht beobachtet werden. Für den Versuch mit Linolensäure wurde eine niedrigere Temperatur als 293° gewählt, um eine rasche Verdampfung der Linolensäure, die unter 16 mm Druck bei 229° siedet, zu verhindern. Frühere Resultate mit Leinöl allein oder mit Leinöl und Fettsäuren hatten ergeben, daß die Änderung des Molekulargewichts in drei Stunden zwar geringer, aber immerhin noch beträchtlich war. Wurden unreine Fettsäuren für sich auf 232° erhitzt, so stieg das Molekulargewicht schnell an, nur nicht, wenn reine Linolensäure zur Verwendung kam.

Man kommt zu der Annahme, daß die Erniedrigung der Jodzahl auf die gegenseitige Verbindung anderer Stoffe zurückgeführt werden muß. Die Monoglyceride und Diglyceride oder auch andere Stoffe, die während der Kondensation des Öls zugegen sind, können möglicherweise ebenso Additionsprodukte wie Kondensationsprodukte bilden. Daher wurde ein Versuch angesetzt, Mono- und Diglyceride der Linolensäure herzustellen. Das erhaltene Produkt war ein Glyceridgemisch, das seiner Analyse nach aus Monoglycerid mit einer geringen Menge Diglycerid bestand. Das Molekulargewicht dieses Produkts wurde nach der Gefrierpunktsmethode in Benzol bestimmt und ergab 465. Für das Monoglycerid berechnet sich 352, für das Diglycerid 612. Aus ähnlichen Arbeiten wurde geschlossen, daß Assoziation der Moleküle des Lösungsmittels erfolgen kann. Assoziiert sich ein Mol Benzol an ein Mol Monoglycerid, so würde das gefundene Molekulargewicht $352 + 78 = 430$ sein. Wurden 10% dieses Glycerids zu Leinöl zugefügt, und das Gemisch auf 293° erhitzt, so war die Geschwindigkeit der Molekulargewichtszunahme größer als bei jedem anderen Versuch mit dem gleichen Öl. Dies geht aus der letzten Zeile in Tabelle 125 hervor.

Aus Tabelle 126 ist zu ersehen, daß das Ansteigen des Molekulargewichts von 770 auf 1752, im ganzen also um 982, von einem Rückgang der Jodzahl von 160,7 auf 125,5, also im ganzen um 35,2 begleitet ist. Wenn die Reaktion lediglich in einer Addition der Linolensäuremoleküle an eine Doppelbindung besteht, wie durch folgende Gleichung wiedergegeben ist:

$$
\begin{array}{l}
CH_2OCO(CH_2)_7CH = CHCH_2CH = CHCH_2CH = CHCH_2CH_3 \\
| \\
CHOCOR \qquad\qquad\qquad\qquad\qquad\qquad\qquad\qquad + HOCOR \\
| \\
CH_2OCOR
\end{array}
$$

$$
\begin{array}{l}
\; CH_2OCO(CH_2)_7CH = CHCH_2CH = CHCH_2CH_2CHCH_2CH_3 \\
\; | \qquad\qquad\qquad\qquad\qquad\qquad\qquad\qquad | \\
= CHOCOR \qquad\qquad\qquad\qquad\qquad\qquad\;\; O{-}COR \\
\; | \\
\; CH_2OCOR
\end{array}
$$

dann kann die der Molekulargewichtsänderung entsprechende Abnahme der Jodzahl wie folgt berechnet werden:

$$2\,I = 1\,(C_{17}H_{29}COOH)$$
$$2 \cdot 126{,}93 = 278{,}24$$

100 g Öl absorbieren 35,2 g Jod, die $35{,}2 \cdot (278{,}24/253{,}86) = 38{,}58$ g Linolensäure äquivalent sind. Das der Jodzahl 160,7 entsprechende Molekulargewicht ist 770. Ein Mol Glycerid vom angenommenen Molekulargewicht 770 würde daher $38{,}58(770/100) = 297$ g Linolensäure addieren. Das Molekulargewicht des erhaltenen Körpers würde $770 + 297 = 1067$ sein. Dieses Molekulargewicht ist viel geringer als das wirklich entstehende Molekulargewicht.

Wenn sich an Stelle der Linolensäure Moleküle von Linolensäureglyceriden an die Doppelbindung addieren, dann würde die Molekulargewichtsänderung entsprechend der Jodzahländerung sein: $35{,}2(872{,}72/253{,}86) = 121$ auf 100 g Öl oder 931,7 für 770 g Öl, die dem durchschnittlichen Molekulargewicht der vorliegenden Glyceride entsprechen würde. Dadurch würde das Molekulargewicht bis auf den Wert $770 + 931{,}7 = 1701{,}7$ steigen, ein Wert, der von dem experimentell aufgefundenen Wert nicht sehr verschieden ist.

Man könnte annehmen, daß diese Addition der einzige sich abspielende Reaktionsvorgang sei, aber eine solche Annahme nimmt weder Rücksicht auf die Entwicklung von Wasser und anderen Stoffen noch auf die Tatsache, daß die Geschwindigkeit der Molekulargewichtserhöhung viel größer ist, wenn das Öl freie Fettsäuren oder Linolenmonoglycerid enthält, trotz der Tatsache, daß diese Verbindungen ein niedrigeres Molekulargewicht haben als die Triglyceride. Fernerhin scheinen die Reaktionen teilweise von der Bildung von Wasser abzuhängen. Die Reaktionen, die beim Kochen von Leinöl vor sich gehen, schließen wahrscheinlich mehr als nur Additionen an Doppelbindungen in sich; sie bestehen in nicht geringem Umfang aus Kondensationen zwischen Mono- oder Diglyceriden und anderen Verbindungen, die entweder bereits im verwendeten Öl vorliegen oder während des Kochens gebildet werden. In einer späteren Arbeit von Long, Knauss und Smull (14) über die relativen Änderungen der Hexabromidzahl, der Jodzahl und des Molekulargewichts wurde gezeigt, daß in den ersten

Stadien des Erhitzens von Leinöl die Hauptreaktion in einer intramolekularen Veränderung besteht.

β) Die Wirkung von Trockenmitteln.

Long und Arner (11) untersuchten die Wirkung von Trockenmitteln auf das Kochen von Leinöl sowie ihre Wirkungen auf die Eigenschaften des getrockneten Lackfilms. In Tabelle 127 ist eine Reihe von Versuchsergebnissen wiedergegeben, die beim Kochen von Leinöl unter Zusatz verschiedener üblicher Trockenmittel erhalten wurden. Toch (33) und Enna (4) hatten vorgeschlagen, das als Trockenmittel verwendete Berlinerblau durch Eisenoxyd zu ersetzen. Long und Arner stellten fest, daß freies Eisenoxyd tatsächlich wirksamer ist als die stöchiometrisch entsprechende Menge Berlinerblau.

Filme eingedickter Öle wurden hergestellt, in dem abgemessene Mengen auf eine bestimmte Fläche von amalgamierten verzinnten Eisenplatten aufgebürstet wurden. Die Platten wurden 32 Stunden in einem Trockenschrank bei 65,5° und 50% relativer Feuchtigkeit getrocknet. Die Filme wurden von den Platten abgehoben und bis zur Untersuchung in einer Atmosphäre von 50% relativer

Tabelle 127.

Einfluß der Trockenmittel auf das Ansteigen des Molekulargewichts von Leinöl während des Kochens bei 277,5° C.

g	Ansatz	Molekulargewicht nach dem Erhitzen auf 277,5°	Stunden 0,5	1,0	1,5	2,0	2,5	3,0
500	Öl + 16,1 g Berlinerblau	—	884	987	1068	1163	1200	1216
500	Öl, 16,1 g Berlinerblau und 0,25 g PbO (A)	—	—	1041	1114	1203	1336	1417
500	Öl, 16,1 g Berlinerblau und 1,0 g PbO (A)	—	—	1021	1165	1258	1341	1458
500	Öl, 16,1 g Berlinerblau und 1,0 g PbO (B)	—	—	1041	1115	1233	1367	1507
500	Öl, 16,1 g Berlinerblau und 1,0 g PbO (C)	—	—	1040	1143	1266	1418	1594
500	Öl, 16,1 g Berlinerblau (D) und 1,0 g PbO (C)	—	—	996	1178	1303	1380	1470
500	Öl, 12,2 g Fe_2O_3 (D) und 1,0 g PbO (C)	—	—	995	1198	1515	1607	1671
550	Öl allein	759	—	886	1031	1132	1293	1401
500	Öl, 16,1 g Berlinerblau (E) und 1,0 g PbO (A)	—	—	947	1010	1131	1287	1548
500	Öl, 16,1 g Berlinerblau (E) und 1,0 g PbO (A)	—	—	930	1133	1206	1367	—
500	Öl, 12 g Berlinerblau (E) ohne PbO	748	787	926	1159	1222	1405	1545

Anmerkung: Das Kochen wurde in einer offenen Kasserolle von 13 cm Durchmesser vorgenommen. A = käufliche Bleiglätte von rötlich-gelber Farbe. B = käufliche Bleiglätte von tiefer orange Farbe. C = Bleiglätte von grünlich-gelber Farbe, die durch Fällung von Bleihydroxyd hergestellt wurde. D = im Öl suspendiert. E = in einer Kolloidmühle dem Öl beigemengt.

Feuchtigkeit aufbewahrt. — Die Tabelle 128 gibt die Abhängigkeit der Dehnbarkeit und der Zerreißfestigkeit vom Molekulargewicht wieder. Aus der Tabelle 128 geht hervor, daß bei diesen Filmen die größte Dehnbarkeit und Zerreißfestigkeit von den Ölen erhalten wurde, die bis zum Molekulargewicht von etwa 1100 erhitzt worden waren. Die trockenen Filme hatten eine Dicke von ungefähr 0,1 mm.

Tabelle 128. Die Beziehung zwischen Dehnbarkeit und Zerreißfestigkeit von getrockneten Leinöllackfilmen und dem Molekulargewicht des verwendeten Öls.

(Als Öl wurde das auf der ersten Zeile der Tabelle 127 gewonnene Produkt verwendet. Die Filme wurden 32 Stunden bei 65,5° und 50% relativer Feuchtigkeit getrocknet.)

Mol.-Gew.	Kochzeit (in Stunden)	Alter des Films (in Tagen)	Dehnbarkeit %	Zerreißfestigkeit (g/qcm)
1068	1,5	4	36	11000
1216	3,0	4	25	10100
987	1,0	30	41	11300
1068	1,5	30	47	12800
1163	2,0	30	32	12700
1200	2,5	30	30	12500
1216	3,0	30	45	15500
987	1,0	63	45	10100
1068	1,5	63	52	17100
1163	2,0	63	37	23800
1216	3,0	63	37	22600
1163	2,0	92	57	36500

Tabelle 129. Beziehung zwischen Dehnbarkeit und Zerreißfestigkeit von getrockneten Leinöllackfilmen und dem Molekulargewicht des Öls und den zugesetzten Trockenmitteln.

Molekulargewicht	Dehnbarkeit %	Zerreißfestigkeit (g/qcm)
(1. Reihe: 500 g Öl, 4 g Umbra und 1 g Bleiglätte wurden bei 293° gekocht. Das Öl wurde in halbstündigen Zwischenräumen entnommen. 30 Tage Trocknungszeit.)		
1678	32	5500
1738	37	5600
1841	42	8100
1997	31	6400
(2. Reihe: 500 g Öl, 16,1 g Berlinerblau und 0,25 g Bleiglätte (A) wurden bei 277,5° 1,5, 2,0 und 2,5 Stunden gekocht. 90 Tage Trocknungszeit.)		
1114	39	12500
1203	44	22900
1336	46	19300
(3. Reihe: 500 g Öl, 16,1 g Berlinerblau und 1 g Bleiglätte (C) wurden bei 277,5° 1,5, 2,0, 2,5 und 3,0 Stunden gekocht. 5 Tage Trocknungszeit.)		
1143	30	9600
1266	31	10200
1418	33	12600
1594	35	12400

Aus Tabelle 129 geht hervor, daß eine ausgesprochene Erhöhung der Zerreißfestigkeit häufig mit einer Verringerung der Dehnung verbunden ist. Tabelle 130 zeigt, daß Filme, die keine Bleiglätte enthalten, größere Dehnbarkeit und größere Zerreißfestigkeit aufweisen als jene, die Bleiglätte enthalten. Aus Tabelle 131 ist zu ersehen, daß manche Ölfilme nach fünfmonatigem Altern eine beträchtlich höhere Dehnbarkeit und Zerreißfestigkeit aufweisen.

Tabelle 130. Beziehung zwischen Dehnbarkeit und Zerreißfestigkeit von getrockneten Leinöllackfilmen und der als Trockenmittel verwendeten Bleiglättemenge.

(Bei jedem Versuch wurden 16,1 g Berlinerblau und die angegebene Menge Bleiglätte mit 500 g Öl gekocht. Die Filme wurden 32 Stunden bei 65,5° bei 50% relativer Feuchtigkeit getrocknet.)

Bleiglätte (g)	Mol.-Gew.	30 Tage gealtert		60 Tage gealtert		90 Tage gealtert	
		Dehnbark.	Zerreißfestigkeit	Dehnbark.	Zerreißfestigkeit	Dehnbark.	Zerreißfestigkeit
0,00	1163	32	12700	37	23800	57	36500
0,25	1114	22	8100	37	11700	39	12500
0,25	1203	17	11100	33	12400	44	22900
0,50	1142	28	9800	36	10200	—	—
0,50	1232	29	8100	34	15300	—	—
1,00	1165	25	8100	45	6300	40	4350
1,00	1115	27	8400	31	7260	—	—
0,00	1068	47	12800	52	17100	—	—
0,25	1041	21	5200	34	7800	—	—
1,00	1021	41	6400	47	6000	—	—
1,00	1041	39	7600	43	8600	—	—

Tabelle 131. Wirkung einer längeren Trocknung auf die Dehnbarkeit und Zerreißfestigkeit von getrockneten Leinöllackfilmen.

Mol.-Gewicht	10 Tage gealtert		40 Tage gealtert		70 Tage gealtert		100 Tage gealtert	
	Dehnbark.	Zerreißfestigkeit	Dehnbark.	Zerreißfestigkeit	Dehnbark.	Zerreißfestigkeit	Dehnbark.	Zerreißfestigkeit
—	28	8200	29	9400	33	6700	—	—
—	25	8000	—	—	38	8600	45	7300
1203	—	—	17	11100	33	12400	44	22900
1458	—	—	32	15300	42	20500	43	16200
1341	—	—	22	8100	36	12400	42	13600
							(150 Tage)	
1380	—	—	15	18400	27	28800	40	25520

Morrell und Wood (21) haben eine Anzahl Tabellen aufgestellt, die die Wirkung wachsender Mengen der verschiedenen Trockenmittel auf die Trockenzeit von Leinöl zeigen.

Schad und Rieß (29) untersuchten den Einfluß von Kobalt- und Eisensalzen allein und in Gemischen auf die Kochdauer, Viscosität, Trockendauer der Lacke und auf die Farbe, Härte und Elastizität der damit hergestellten Lackfilme. Für die Versuche wurde bestes, kaltgeschlagenes und doppeltfiltriertes Leinöl benutzt; als Trockenstoffe wurden verwendet: hydratisiertes Eisenoxyd und Eisenlinoleat, Kobaltoxalat und Kobaltlinoleat.

Kobaltoxalat und Eisenoxyd wirken anfangs verzögernd auf die Viscositätserhöhung des Leinöls beim Kochen, die Linoleate dagegen von Anfang an begünstigend. Insgesamt wirken die Sikkativzusätze verkürzend auf die zum Fertigkochen des Lackes notwendige Zeit. Eisensalze sind in dieser Beziehung besonders wirksam. Lacke mit 0,5—0,75% Eisenoxyd zeigten eine Verkürzung der Kochdauer um die Hälfte.

Die Trockendauer der Lacke hängt viel mehr von der Art und Menge des angewandten Sikkativs als von der Kochdauer ab. Die reinen Kobaltfilme trocknen langsamer als die reinen Eisenfilme, besonders großes Trockenvermögen zeigen die Linoleatfilme.

Eisenoxyd gibt durchweg dunkle, rostbraune Firnisse, während Eisenlinoleatfilme zwar auch die Eisenfarbe zeigen, aber vollkommen klar und hell erscheinen. Die Kobaltlacke zeichnen sich durch besondere Helle und Klarheit aus.

Die Unterschiede in der Härte der Filme sind nicht sehr groß. Mit steigendem Sikkativzusatz und steigender Kochdauer ist allgemein eine Erhöhung der Härte der Filme zu beobachten. Die bestelastischen Filme werden aus Lacken von nicht allzu hoher Viscosität und Kochdauer erhalten.

Die Reißfestigkeit der verschiedenen Filme zeigt außerordentlich große Unterschiede und schwankt zwischen 34 und 686 g/qmm. Im allgemeinen zeigen die Kobaltoxalatfilme größere Widerstandsfähigkeit als die Eisenoxydfilme. Die gemischten Eisen- und Kobaltlinoleatfilme zeigen gegenüber den reinen Eisenoxyd- und Kobaltoxalatfilmen hinsichtlich mechanischer Beanspruchung wesentliche Vorteile.

γ) Die Wirkung von ultraviolettem Licht und von Kathodenstrahlen.

Durch das Bestrahlen von Lackleder mit Sonnenlicht dürfte der Charakter des getrockneten Lacks geändert, und zwar das Molekulargewicht des Leinöls vergrößert werden. Stutz (31, 32) stellte einige sehr interessante Messungen über die Veränderung der physikalischen und chemischen Konstanten von Leinöl bei einer Behandlung mit ultraviolettem Licht an. Einige seiner Befunde sind in Tabelle 132 zu-

Tabelle 132.
Änderungen der physikalischen und chemischen Konstanten von Leinöl, wenn es ultraviolettem Licht ausgesetzt wird.

Exponierungszeit (in Std.)	Gasatmosphäre	Viscositätsgewichte	Molekulargewicht	Brechungsindex bei 26°	Jodzahl	Säurezahl
0	—	0,4	773	1,4751	175	3,4
12	Luft	0,75	910	1,4775	171	4,5
24	Luft	12,5	1290	1,4779	117	7,4
30	Luft	118,0	1785	1,4832	106	8,5
3	Sauerstoff	0,6	969	1,4753	169	3,7
6	Sauerstoff	2,25	1551	1,4786	127	7,0
9	Sauerstoff	22,0	1858	1,4815	113	9,4
9	Stickstoff	0,55	788	1,4750	160	3,5
27	Stickstoff	2,85	—	1,4785	149	5,5
36	Stickstoff	5,25	1220	1,4803	113	5,5

sammengestellt. Das Molekulargewicht des Öls steigt mit der Zeit, die es dem ultravioletten Licht ausgesetzt war. Im gleichen Sinne steigt die Viscosität, der Brechungsindex und die Säurezahl, nur die Jodzahl nimmt ab. Bei Gegenwart von Sauerstoff erfolgt die Einwirkung sehr viel schneller als bei Gegenwart von Stickstoff.

Long und Moore (15) stellten ähnliche Untersuchungen mit Kathodenstrahlen an und fanden, daß diese Strahlen fähig sind, das Leinöl zu verfestigen. Tabelle 133 gibt die fortschreitende Einwirkung der Kathodenstrahlen auf eine Leinölprobe in ihrer Abhängigkeit von der Zeit wieder. Das Molekulargewicht und der Brechungsindex nehmen mit der Zeit zu, die Jodzahl und die Hexabromidzahl hingegen nehmen ab.

Tabelle 133. Die Wirkung von Kathodenstrahlen auf Leinöl.

Exponierungs-zeit in Minuten	Brechungs-index	Jodzahl	Molekular-gewicht	Hexabromid-zahl
0	1,4776	187,6	762	37,6
1	1,4778	187,4	781	22,6
2	1,4780	187,4	832	22,3
3	1,4782	187,6	870	24,3
5	1,4786	185,5	883	19,5
10	1,4799	181,0	967	21,6

Tabelle 134 veranschaulicht die Wirkung der Kathodenstrahlen auf gekochte und geblasene Leinölproben.

Tabelle 134. Die Wirkung von Kathodenstrahlen auf gekochtes und geblasenes Leinöl bei einer Exponierungszeit von 50 Sekunden.

Stunden[1] nach dem Erhitzen	Brechungsindex		Molekulargewicht		Jodzahl	
	vorher	nachher	vorher	nachher	vorher	nachher
			Öl auf 293° erhitzt			
0	1,4776	1,4810	970	856	177,2	—
1	1,4836	1,4842	1096	1132	184	147
2	1,4890	1,4895	1728	1989	117,5	112,6
2,5	1,4903	—	2330	Gelbildung	—	—
			Bei 138° geblasenes Öl			
0	1,4781	1,4788	788	818	184,0	183,7
3	1,4790	1,4800	833	929	175,6	173,2
9	1,4796	1,4820	893	1025	160,5	159,3
			Mit Umbra auf 293° erhitztes Öl			
0	1,4825	1,4830	1038	1046	155,2	144,2
0,5	1,4855	1,4857	1209	1220	142,2	128,8
1,0	1,4886	1,4892	1540	1571	135,9	120,3
1,25	1,4901	1,4901	1617	1658	132,0	114,7
1,5	1,4910	1,4915	1840	1904	—	103,2
1,75	—	—	—	Gelbildung	129,8	—

[1] Zeit von dem Augenblick, in dem das Öl die angegebene Temperatur erreichte.

k) Eingedickte Leinöle.

Man unterscheidet drei deutlich verschiedene Gruppen eingedickter Leinöle. „Im Kessel eingedickte Öle“ werden in der oben beschriebenen Weise durch Erhitzen in einem Kochkessel hergestellt. „Geblasene Öle“ werden aus rohem oder raffiniertem Leinöl gewonnen, indem im geschlossenen Gefäß durch das Öl Luft geblasen wird. Zu Beginn des Blasens wird das Öl erhitzt, bald aber macht die bei der Oxydation der Doppelbindungen freiwerdende Reaktionswärme die weitere Wärmezufuhr unnötig. Der dritte Typus wurde von B. H. Thurman entwickelt. Thurman stellte ein polymerisiertes Leinöl her, das aus sorgfältig ausgewähltem, reinem, rohem Öl bereitet wurde, und das die Bezeichnung „Okoöl“ erhielt. Thurman machte Wilson Mitteilung über sein Produkt und stellte auch Proben zu Versuchszwecken zur Verfügung.

Das Okoöl weicht von den im Kessel eingedickten und von den geblasenen Ölen in mancher Hinsicht ab. Es ist außerordentlich klar und hell gefärbt, so daß die daraus hergestellten Filme praktisch nicht gelb werden. Es enthält nur etwa 1,25% freie Fettsäuren, selbst wenn es hoch viscos ist. Der Vorteil einer niedrigen Acidität ist augenfällig. Die helle Farbe und die Lichtbeständigkeit dieser Filme macht das Öl für die Bereitung von Appreturen empfindlicher Farbtöne wertvoll. In dünnen Filmen aufgetragen wird das Okoöl ebenso bald trocken wie die anderen Leinöltypen, nur ist der Mechanismus ein anderer. Dadurch, daß die Filme der Luft ausgesetzt sind, werden Spuren von Linoxyn gebildet, die katalytisch wirken und zu einer Koagulation seiner kolloidalen Struktur zu einem festen Gel führen, während die rohen, die geblasenen und die im Kessel gekochten Ölfilme deshalb trocken gegen Berührung werden, weil das flüssige Öl zu festem Linoxyn oxydiert wird. Linoxynfilme sind brüchiger als die aus Gel und Linoxyn zusammengesetzen Filme des Okoöls. Ein solcher Film hat

Tabelle 135.
Durchschnittliche Werte für die drei Typen eingedickter Öle.

Ölart	Jodzahl	Spezifisches Gewicht bei 15,5°	Viscosität bei 25° (Blasenmethode im Gardner-Holdt-Cargille-Rohr) Sekunden	Viscosität Bezeichnungen nach Gardner-Holdt[1]
Geblasenes Öl. .	128	0,997	40	Z 2—3
Im Kessel erhitztes Öl . . .	120	0,965	40	Z 2—3
Leichtes Okoöl .	122	0,965	47	Z 3+
Schweres Okoöl .	115	0,972	1237	Z 2, wenn mit dem gleichen Quantum rohem Leinöl gemischt

[1] Rundschreiben Nr. 325 der Wissenschaftlichen Sektion der American Paint and Varnish Manufacturers Association.

einen hohen Glanz. Ein Vergleich der wichtigeren chemischen und physikalischen Kennzahlen durchschnittlicher eingedickter Öle ist in Tabelle 135 zusammengefaßt.

l) Kontrollmethoden.

Da in der heutigen Zeit immer mehr wissenschaftliche Kontrollmethoden in die Betriebe eingeführt werden, sucht man die gefühlsmäßige Überwachung der Leinölkochung durch den Lackmeister allmählich durch Kontrollmethoden zu ersetzen, die sich von menschlicher Kunstfertigkeit abwenden und auf wissenschaftlichen Grundlagen aufgebaut sind. Als Prüfungsmethoden zur Überwachung der Leinölkochung werden Bestimmungen des Molekulargewichts, der Oberflächenspannung, des Brechungsindexes, der Hexabromidzahl und der Viscosität ausgeführt. Diese Bestimmungen werden in verschiedenen Zeitintervallen während der Kochung vorgenommen und mit Werten verglichen, die bei früheren Kochungen erhalten worden sind und einen zufriedenstellenden Lederlack ergeben haben. Wenn die chemischen Prüfungsmethoden auch sehr viel zeitraubender sind als die Methode des Lackmeisters, so versprechen sie doch eine wesentliche Verbesserung in bezug auf die Einheitlichkeit und Qualität der hergestellten Produkte.

Für die Messung der Viscosität dieser Öle ist anscheinend die sog. Luftbläschenmethode die am meisten befriedigende. Man benutzt dazu Rohre mit einem inneren Durchmesser von 11,3 mm, die einen flachen Boden haben. Am oberen Ende des Rohrs sind zwei Marken angebracht, die obere davon zeigt an, bis zu welcher Tiefe der Kork einzuführen ist, die untere, bis zu welchem Punkt das Rohr mit Öl zu füllen ist. Das Rohr wird so mit Öl gefüllt, daß der Meniskus des Öls auf der unteren Marke zu ruhen scheint, wenn es in Augenhöhe gehalten wird. Der Abstand zwischen beiden Marken bestimmt somit die Größe der beim Versuch verwendeten Luftblase. Das Öl wird auf eine Temperatur von genau 25° gebracht, indem man es 10 Minuten oder länger in ein Wasserbad eintaucht. Eine Abweichung um einen Grad kann schon ein Fehler von 5% bei der Viscositätsbestimmung zur Folge haben. Die Bestimmung wird so ausgeführt, daß das Rohr genauumgedreht und mit einer Stoppuhr die Sekunden gemessen werden, die das Luftbläschen zum Durchwandern der Ölsäule braucht.

Viele der eingedickten Ölprodukte, die für die Lacklederherstellung aus trocknenden Ölen gewonnen werden, sind anscheinend nicht homogen. Zuweilen machen sich Gelklümpchen bemerkbar oder die Produkte gelatinieren in den Vorratsgefäßen. Diese Beobachtungen ließen es Long zweckmäßig erscheinen, den flüssigen Anteil vom festen mit einem geeigneten Lösungsmittel zu trennen und so das Verhältnis der beiden Anteile zu bestimmen. Die so ermittelten Zahlen können als Kennzeichen für die Einheitlichkeit verschiedener Öllieferungen dienen und damit als Werkkontrolle von Wert sein. Long und seine

Mitarbeiter benutzten Aceton und einige andere Lösungsmittel und stellten fest, daß die Abtrennung quantitativ und reproduzierbar ausgeführt werden kann und irgendwelche Unterschiede in verschiedenen Ölpartien einwandfrei erkennen läßt.

Die Arbeit ging von einer einfachen Untersuchung aus und führte zu viel weiter reichenden Ergebnissen. Nachdem der flüssige Anteil extrahiert war, wurde naturgemäß das feste Gel geprüft; man wollte wissen, ob das Gel eine größere Flüssigkeitsmenge aufnehmen würde, als erst daraus extrahiert worden war, und wie die Flüssigkeit von der festen Phase festgehalten wird, vielleicht etwa in der Art, in der ein Schwamm Wasser aufnimmt, oder ob hier stärkere Kräfte in Frage kommen. Long und Mitarbeiter untersuchten diese Fragen experimentell und fanden, daß die feste Phase das Mehrfache ihres Gewichts an Fettsäuren und andere Stoffarten in verschiedener Menge aufnehmen können. Es wurde festgestellt, daß diese Stoffe durch Kräfte von beträchtlicher Stärke festgehalten werden. Sie erklärten die großen Unterschiede in den Mengen, in denen die einzelnen Substanzen vom gleichen festen Gel aufgenommen werden, durch die Annahme, daß sie orientiert sind und vom Gel in einer bestimmten molekularen Anordnung aufgenommen werden, besonders, wenn die aufgenommenen Stoffe polare Körper sind.

Long und Mitarbeiter fanden weiter, daß die feste Substanz, die übrig blieb, wenn aus rohem Leinöl hergestellte getrocknete Filme extrahiert wurden, in ihrer Zusammensetzung identisch war mit der Substanz eingedickter Öle. Mit anderen Worten: Kochen und gewöhnliche Oxydation oder Trocknen an der Luft erzeugen ein festes Gel von gleicher Zusammensetzung. Während diese Tatsache vom rein wissenschaftlichen Standpunkt interessant ist, hat sie für die Schutzlackaufträge praktische Bedeutung. Ein Film wird gewöhnlich durch mehrere hintereinander folgende Aufträge hergestellt, die meistens verschiedene Mengen eines Zusatzes oder Trockenmittels oder auch verschiedene Zusätze enthalten. Das Verdünnungsmittel des zweiten Auftrages macht den ersten Auftrag wieder feucht und sorgt zum mindesten für eine mechanische Verbindung. Wenn dann der zweite Auftrag eine feste Phase zu bilden beginnt, entwickelt sich ein Wettbewerb zwischen dem festen Gel des ersten Auftrags und dem des zweiten Auftrags, um die flüssige Phase in beiden Aufträgen zu vermindern. Der erste Auftrag enthielt mengenmäßig mehr und stärker ausgeprägtes festes Gel als die nachfolgenden Aufträge. So hat zu Beginn der untere Auftrag den Vorteil und zieht die Flüssigkeit in sein festes Gel. Wenn der zweite Auftrag trocknet, so wächst seine Absorptionsfähigkeit und er zeigt eine wachsende Neigung, Flüssigkeit zu absorbieren und festzuhalten. Während dieser Trockenzeit kann die Flüssigkeit in den Grundauftrag gedrungen und dort getrocknet sein, so daß sie nicht in den zweiten Auftrag zurückkehren kann. Sie macht dadurch die beabsichtigte Verteilung zwischen den beiden Aufträgen unmöglich. Es entstehen Ungleichmäßigkeiten in der Dichte und der Durchlässigkeit der nachfolgenden Aufträge. Die Fähigkeit des Films, sich auszudehnen und zuzammenzuziehen, wird hierdurch beeinflußt. Diese Betrachtungen sind hinsichtlich der Eigenschaften des fertigen Films außerordentlich wichtig.

Literaturzusammenstellung.

1. Bartell, F. E. u. M. van Loo: Colloid chemistry of color varnish. Ind. Eng. Chem. **17**, 925 (1925).
2. Brier, J. C. u. A. M. Wagner: Laboratory apparatus for preparing duplicate, uniform paint, varnish and lacquer films. Ind. Eng. Chem. **20**, 759 (1928).
3. Eastman, W. H. u. W. L. Taylor: Effect of foreign oleaginous seeds, when crushed with flaxseed, on the drying and bodying properties of linseed oil. Ind. Eng. Chem. **19**, 896 (1927).
4. Enna, F. G. A.: On the employment of some iron compounds as driers of leather japans. J. Int. Soc. Leather Trades Chem. **10**, 311 (1926).
5. Enna, F. G.: Die Prozesse der Lacklederherstellung. Leather World **22**, 36 (1930).
6. Evans, W. L., P. E. Marling u. S. E. Lower: Chemical mechanism of linseed oil drying. Ind. Eng. Chem. **19**, 640 (1927).
7. Friend, J. N.: The chemistry of linseed oil. London: Gurney & Jackson 1917.
8. Gardner, H. A.: Physical and chemical examination of paints, varnishes and colors. Second edition. Washington: Institute of Paint and Varnish Research 1925. Deutsche Übersetzung.
9. Holley, C. D.: Analysis of paint and varnish products. New York: John Wiley & Sons 1912.
10. Larsen, L. M. u. W. J. Young: Determination of free fatty acids in bodies linseed varnish ans oils. Ind. Eng. Chem. **17**, 277 (1925).
11. Long, J. S. u. W. J. Arner: Rate of molecular weight increase in the boiling of linseed oil. Ind. Eng. Chem. **18**, 1252 (1926).
12. Long, J. S. u. W. S. Egge: Action of cold-blowing on linseed oil. Ind. Eng. Chem. **20**, 809 (1928).
13. Long, J. S., W. S. Egge u. P. C. Wetterau: Action of heat and blowing on linseed and perilla oils and glycerides derived from them. Ind. Eng. Chem. **19**, 903 (1927).
14. Long, J. S., C. A. Knauss u. J. G. Smull: The boiling of linseed oil. Ind. Eng. Chem. **19**, 62 (1927).
15. Long, J. S. und C. N. Moore: Action of rays on drying oils. Ind. Eng. Chem. **19**, 901 (1927).
16. Long, J. S. u. J. G. Smull: A control method for boiling drying oils. Ind. Eng. Chem. **17**, 138 (1925).
17. Long, J. S. u. G. Wentz: Rate of molecular weight increase in the boiling of linseed oil. Ind. Eng. Chem. **17**, 905 (1925).
18. Long, J. S. u. G. Wentz: Rate of molecular weight increase in the boiling of linseed and china wood oils. Ind. Eng. Chem. **18**, 1245 (1926).
19. Long, J. S., E. K. Zimmermann u. S. C. Nevin: Adsorption of liquids by oil gels. Ind. Eng. Chem. **20**, 806 (1928).
20. McIntosh, J. G.: The manufacture of varnishes and kindred industries. New York: D. van Nostrand Co. 1920.
21. Morrell, R. S. u. H. R. Wood: The chemistry of drying oils. London: Ernest Benn Ltd. 1925.
22. Procter, H. R.: The principles of leather manufacture. Second edition. New York: D. van Nostrand Co. 1922.
23. Rhodes, F. H., C. R. Burr u. P. A. Webster: Effect of iron oxide pigments on rate of oxidation of linseed oils. Ind. Eng. Chem. **16**, 960 (1924).
24. Rhodes, F. H. u. J. D. Cooper jr.: Effect of yellow and brown iron oxide pigments upon rate of oxidation of linseed oil. Ind. Eng. Chem. **17**, 1255 (1925).
25. Rhodes, F. H. u. H. E. Goldsmith: Effect of various carbon pigments upon rate of oxidation of linseed oil. Ind. Eng. Chem. **18**, 566 (1926).

26. Rhodes, F. H. u. R. A. Methes: Effect of zinc oxide pigments upon rate of oxydation of linseed oil. Ind. Eng. Chem. **18**, 30 (1926).
27. Rogers, A.: Practical tanning. New York: Henry Carey Baird & Co. 1922.
28. Salway, A. H.: A contribution to the theory of polymerization in fatty oils. J. Soc. Chem. Ind. **39**, 324 (1920).
29. Schad, E. u. C. Rieß: Über die Verwendung von Eisen- und Kobaltsalzen zur Lackbereitung. Collegium **1930**, 20.
30. Steele, L. L.: Effect of certain metallic soaps on the drying of raw linseed oil. Ind. Eng. Chem. **16**, 957 (1924).
31. Stutz, G. F. A.: Some effects of ultra-violet light on paint vehicles. Ind. Eng. Chem. **18**, 1235 (1926).
32. Stutz, G. F. A.: Absorption of ultra-violet light by paint vehicles. Ind. Eng. Chem. **19**, 897 (1927).
33. Toch, M.: The chemistry and technology of paints, 3. Aufl. New York: D. van Nostrand Co. 1925.
34. Wolf, H.: Laboratoriumsbuch für die Lack- und Farbenindustrie.

35. Die Pelzgerbung.

Das Gerben von Pelzfellen ist eine alte Kunst, die immer mit mehr oder weniger Geheimniskrämerei ausgeübt wurde. Ebenso wie die anderen alten Gewerbe mußten aber auch die Pelzgerbungsbetriebe einsehen, daß der Fortschritt nicht durch Abschließung, sondern durch einsichtige gemeinsame Forschungsarbeit gefördert wird. Darum öffneten die Pelzgerbereien allmählich ihre Tore, nicht etwa um die Konkurrenz hereinzulassen, sondern um vom Betrieb aus die Umwelt im Auge zu behalten und die wissenschaftlichen Fortschritte zu verwerten. Bei der Stoffsammlung für dieses Kapitel erfreute sich Wilson der Hilfe der Herren William E. Austin, Verfasser des Buches Fur Dressing and Fur Dyeing (Pelzgerberei und Pelzfärberei), Myron Laskin von J. Laskin & Sons, Inc., Pelzgerberei und -färberei und Wolfgang L. Varo, eines seiner Assistenten, der einige Erfahrungen in der Zubereitung von Pelzwerk hat.

Als pelzliefernde Tiere kommen solche in Frage, die weiches feines Haar haben. Manche Tiere weisen zwei verschiedene Haarsorten auf, Grannenhaar, das auch als Oberhaar bezeichnet wird, und Unterhaar. Das Grannenhaar ist länger und gröber als das Unterhaar und seine Haarbälge sitzen tief in der Haut. Das Unterhaar hingegen ist kurz und fein und seine Bälge sind viel kürzer und reichen nur ein relativ kleines Stück in die Haut hinein. Bei der Zurichtung mancher Pelzfelle, z. B. bei Seehunden und Ottern ist es üblich, alle Grannenhaare auszurupfen, bei anderen Pelzfellen wiederum bleiben die Grannenhaare erhalten und werden an den Spitzen gefärbt oder gebleicht, so daß die Spitzen dann ein anderes Aussehen haben als das übrige Haar. Die Güte eines Pelzfelles ist stark von der Jahreszeit abhängig. Im Frühjahr verliert das pelztragende Tier nach und nach Grannenhaar und Unterhaar; der Sommerpelz enthält verhältnismäßig mehr Grannenhaar und weniger Unterhaar als der normale Winterpelz. Für die Pelzverarbeitung hat der Sommerpelz des Tieres einen viel geringeren Wert als der Winterpelz. Bei Anbruch des Winters verliert das Tier einen großen Teil seiner Grannenhaare, während sich die Unterwolle immer dichter entwickelt; der Wert der Pelzhaut erhöht sich dadurch beträchtlich. Viele andere Faktoren wie Abstammung, Gegend, Klima und Nahrungsverhältnisse sind ebenfalls von großem Einfluß auf die Qualität der Pelzfelle.

a) Pelzarten.

Im nachfolgenden werden die bekannteren Arten der pelzliefernden Tiere beschrieben. Neben dem durchschnittlichen Flächenmaß des Pelzfelles ist das Durchschnittsgewicht für 0,1 qm Fläche des trocknen Felles angegeben. Als Wert für die Dauerhaftigkeit ist der relative Wert zu der Dauerhaftigkeit des Otters, die gleich 100 gesetzt wurde, angegeben. Selbstverständlich ist die Dauerhaftigkeit von noch vielen anderen Faktoren als nur der Art des Tieres abhängig. Bei den Werten für die Dauerhaftigkeit ist der Vergleich der jeweils besten Felle einer Art zugrunde gelegt.

Schwarzer Affe, Guereza. Einer der schönsten Affen, die für Pelzbereitung verwendet werden, ist der Guereza, der an der Westküste Afrikas erbeutet wird. Er besitzt kein Unterhaar, aber ein wundervoll seidiges, tiefschwarzes Haupthaar. Das Leder des Pelzes ist rein weiß, so daß ein herrlicher Kontrast von hellschimmerndem Weiß und dem satten glänzendem Seidenschwarz zustande kommt. Fellgröße: 46 zu 25 cm.

Astrachan. Lammfelle aus Südrußland und Asien. Ihren Namen haben sie von dem Orte Astrachan am Kaspischen Meer, von wo die Felle früher verschifft wurden. Lockige graue Wolle, die wohl feinhaarig und glänzend ist, aber nicht die herrliche feste Locke der Persianerfelle hat. Fläche: 57 × 23 cm. Gewicht: 92 g auf 0,1 qm. Dauerhaftigkeit: 10.

Brauner Bär. Die Farbe des braunen Bärs oder Landbärs ist nicht einheitlich; sie variiert von einem hellen Gelb bis zu einem tiefen Dunkelbraun. Die besten Häute kommen aus der Gegend der Hudson-Bay. Fellgröße: 180 zu 90 cm. Gewicht: 213 g auf 0,1 qm. Dauerhaftigkeit: 94.

Schwarzer Bär (Pelzbär, Baribal). Der schwarze Bär hat feines dunkelbraunes Unterhaar und glänzendes schwarzes, etwa 10 cm langes Oberhaar. Die besten Felle kommen aus Canada. Fellgröße: 180 zu 90 cm. Gewicht: 213 g auf 0,1 qm. Dauerhaftigkeit: 94.

Weißer Bär. Der weiße Bär oder Eisbär ist größer als die anderen Bären; er kann bis zu 600 kg wiegen. Sein Haar ist kurz und dicht, mit Ausnahme der Flanken. In der Jugend ist die Farbe des Fells reinweiß, später wird das Fell mehr gelb und fleckig. Die besten Häute kommen aus Grönland. Am wertvollsten sind die rein weißen Häute. Fellgröße: 300 zu 150 cm.

Waschbär oder **Schoppen.** Der Waschbär kommt in Nordamerika in großen Mengen vor. Die Größe, Färbung und Qualität der Felle ist je nach der Gegend, aus der das Tier erbeutet wurde, verschieden. Eine besonders gute Qualität wird an der Hudson-Bay angetroffen. Das blaßblaue Unterhaar ist etwa 2,5 bis 3,75 cm lang; das lange Grannenhaar ist ein dunkles und silbergraues Gemisch von der Art des grauen Bären. Die besten Tiere haben eine fast blaugraue Schattierung, die billigsten eine gelbe oder rötlich braune Färbung. Manche Felle werden in der Naturfarbe zugerichtet, manche werden auf Skunks-Imitation gefärbt, manche gerupft und auf Biber-Imitation gefärbt. Fellgröße: 50 zu 30 cm. Gewicht: 58 g auf 0,1 qm. Die Dauerhaftigkeit beträgt 65, sie wird durch Färben auf 50 herabgesetzt.

Biber. Der Biber ist der größte Vertreter der Nagetiere. Das Unterhaar ist ungefähr 2,5 cm lang und von bläulich brauner Farbe. Das Grannenhaar ist grob und in der Farbe schwarz oder rötlichbraun. Beim Zurichten von Biberfellen zu Pelzzwecken werden die Grannenhaare gewöhnlich ausgerissen. Die dunkelsten Biber sind die wertvollsten. Fellgröße: 90 zu 60 cm. Gewicht: 122 g auf 0,1 qm. Dauerhaftigkeit 90.

Breitschwanz. Breitschwänze nennt man die Felle der Jungen der persischen Schafe (Karakul-Schafe), die getötet worden sind, bevor die Wolle Zeit gehabt hat, sich über den flachen, gewellten Zustand zu entwickeln. Sie sind sehr leicht und wegen ihrer herrlichen moiréartigen Zeichnung überaus kostbar. Sie sind zu zart, um starker Beanspruchung Widerstand zu leisten. Fellgröße: 25 zu 12,5 cm.

Chinchilla. Die in den Kordilleren Perus und Boliviens vorkommenden Chinchillas liefern einen der seltensten und schönsten Pelze. Die Chinchillas haben eine Länge von ungefähr 30 cm, eine Breite von 17 cm und einen Schwanz von ungefähr 15 cm. Sie besitzen einen weichen seidigen Pelz, dessen Haare auf dem Grunde tief blaugrau sind, während das etwa 2 cm lange Oberhaar dunkelgrau und silbergrau ist. Die Farbe ist jedoch nicht so einheitlich, daß man von einem Grau überhaupt reden kann. Das Haar ist ungemein dicht und fein; jede leichte Bewegung wühlt das Haar bis zum Grund auf, und dieses ständige Wogen und Flattern bietet eine reiche Nuancierung, in der gerade das tiefblaugraue Unterhaar durchscheint. Der Schwanz weist zwei dunkle Streifen auf. Der Chinchillapelz kann wegen seiner Feinheit leicht verderben. Fläche: 30 zu 18 cm. Gewicht: 46 g auf 0,1 qm. Dauerhaftigkeit: 15.

Cony. Als Conies werden im englischen Sprachgebiet die schwereren und dauerhafteren Kaninchen bezeichnet. Fellgröße: 45 zu 30 cm. Gewicht: 90 g auf 0,1 qm. Dauerhaftigkeit: 20.

Dachs. Der Dachs findet sich in ganz Europa, in Amerika und Asien. Er hat grobes dickes Unterhaar von heller, rehbrauner Farbe, und schwarzes und weißes Oberhaar. Der Dachs ist einer der wenigen Tiere, dessen Pelz auf dem Bauche dunkler ist als auf dem Rücken. Fläche 60 × 30 cm. Gewicht: 92 g auf 0,1 qm. Dauerhaftigkeit: 70. Die japanischen Dachse werden zuweilen gefärbt und als Skunksimitation verkauft.

Feh und Eichhörnchen. Die besten Eichhörnchen kommen von Rußland und Sibirien, besonders das sibirische ist wertvoll und unter der Bezeichnung „Feh“ im Handel. Der Fehrücken weist eine gleichmäßige, enganliegende Behaarung auf, die von hell bläulichgrau bis zu rötlichbraun variiert; die Bauchteile hingegen haben eine kurze Behaarung, die von weiß zu gelb variiert. Da der Kontrast zwischen Rücken und Bauchteil beim Feh sehr stark ist, pflegt man die Rücken getrennt von den Bauchteilen, den „Fehwammen", zu verarbeiten. Obgleich die Felle leicht im Gewicht sind, sind sie doch zähe und dauerhaft. Die Schweife, die dunkel und klein sind, werden in einer besonderen Fehschweiffabrikation verarbeitet. Fellgröße: 25 zu 12 cm. Gewicht: 53 g auf 0,1 qm. Dauerhaftigkeit: 20 bis 25.

Virginischer Iltis, Fischmarder oder **Pekan.** Das unter diesen drei Bezeichnungen bekannte Tier ist der größte Vertreter der Marderfamilie. Die besten Felle kommen aus Canada. Der Pelz ähnelt dem eines dunklen, seidigen Waschbären. Das Unterhaar ist fein, dunkel und glänzend, das Grannenhaar kräftig, glänzend und etwa 5 cm lang. Der Schwanz wird 30 bis 45 cm lang, ist fast schwarz und wird gut bezahlt. Fellgröße: 75 zu 30 cm.

Fohlen, Russisches Pferdchen. Fohlenfelle sind verhältnismäßig billig, geben aber trotzdem ein recht brauchbares Pelzwerk, das einige erwünschte Eigenschaften zeigt. Junge Felle haben eine Musterung, die der der Breitschwanzlämmer ähnelt, die aber beim Färben in beträchtlichem Maße verloren geht. Die Zeichnung ist oft derart moiréartig, daß von „Breitschwanzfohlen" gesprochen werden kann. Das Leder ist dünn, und das Haar kurz und glänzt sehr stark. Fohlenfelle werden gewöhnlich schwarz gefärbt, kommen mitunter auch in ihren natürlichen Farben zur Verwendung. Die Größe der Felle ist recht unterschiedlich. Gewicht: 107 g auf 0,1 qm. Dauerhaftigkeit: 35.

Blaufuchs. Als Blaufuchs bezeichnet man den Sommerpelz des Polar- oder Eisfuchses. Das reinweiße Fell des Eisfuchses pflegt im Juni zu dunkeln; es kann bis in ein Graubraun übergehen. Im Herbst bleicht das Blaufuchsfell wieder bis zum reinsten Weiß. Die Übergänge und die Farbtönung sind nicht einheitlich, man kennt auch ausgewachsene Winterfelle des Blaufuchses. Der Blaufuchs ist überall in der Arktis zu Hause. Er kommt von Alaska, von der Hudson-Bay, von Grönland und von Archangelsk. Seine Farbe ist von einer schiefergrauen bis gelblichgrauen Tönung. Das Unterhaar ist dick und lang. Das Grannenhaar ist fein und weniger dicht als bei anderen Füchsen. Die Felle von Archangelsk sind seidiger und von rauchblauer Farbe und werden darum am höchsten bewertet. Fellgröße: 60 zu 20 cm. Gewicht: 92 g auf 0,1 qm. Dauerhaftigkeit: 40.

Grießfuchs. Die meisten Grießfüchse kommen von Virginia und aus dem Südwesten der Vereinigten Staaten. Die aus dem Westen sind größer und von hellerer Farbe. Sie haben ein dichtes dunkelgelblichgraues Unterhaar und grobes regelmäßig gelbliches, bärengraues Grannenhaar. Fellgröße: 69 zu 25 cm.

Kittfuchs. Der Kittfuchs kommt aus Canada, den Vereinigten Staaten und in viel kleineren Mengen auch aus Rußland. Sein Unterhaar ist kurz und weich. Das Grannenhaar ist auch weich und von blaßgrauer Farbe, gemischt mit Haaren von hellgelber Farbe. Fellgröße: 50 bis 60 cm zu 15 bis 17 cm.

Kreuzfuchs. Die dunkelsten und besten Kreuzfüchse kommen von der Hudson-Bay und von Labrador. Die Felle haben eine hellgelbe bis orange Färbung. Das Kreuz, von dem der Fuchs seinen Namen hat, tritt dunkel und kräftig hervor. Das Haar ist nirgends einfarbig, silberweiße Spitzen erhöhen die Gesamtwirkung. Fellgröße: 50 zu 18 cm.

Rotfuchs. Der Rotfuchs ist weit verbreitet über Amerika, China, Japan und Australien. Seine Farbe wechselt von blaßgelb bis dunkelrot und ist zuweilen sehr prächtig. Das Unterhaar ist lang und weich, das Grannenhaar dicht und kräftig. Fellgröße: 60 zu 20 cm. Gewicht: 90 g auf 0,1 qm. Dauerhaftigkeit: 40. Durch Schwarzfärben geht die Dauerhaftigkeit auf 25 zurück. Die Felle werden zur Imitation von Schwarzfuchs oft schwarz gefärbt.

Silberfuchs. Die Heimat des Silberfuchses ist Canada. Die meisten Felle, die heute auf den Markt kommen, sind jedoch auf Silberfuchsfarmen in Canada und den Vereinigten Staaten gezüchtet. Das Unterhaar ist dicht, fein und schieferfarbig, das Grannenhaar schwarz bis silbern und etwa 7,6 cm lang. Der Pelz ist im Nacken gewöhnlich fast schwarz. Mitunter zieht sich dieses Schwarz über das halbe Fell hin. Alle schwarzen Felle sind sehr selten und werden teuer bezahlt. Es sind die natürlichen Schwarzfüchse, die heute auf Auktionen nicht mehr anzutreffen sind. Die besten Felle kommen von Labrador. Fellgröße: 75 zu 25 cm.

Weißfuchs, Eisfuchs, Polar- oder **Steinfuchs.** Diese kleine Fuchsart bewohnt die Arktis. Die meisten Felle kommen von den nördlichen Teilen der Hudson-Bay, von Labrador, Grönland und Sibirien. Das canadische Gefälle hat seidige cremefarbene Haare, während das sibirische Gefälle weißer und wolliger ist. Das Unterhaar ist gewöhnlich von bläulich-grauer Farbe, wird aber durch die Grannenhaare gut verdeckt. Felle, bei denen das Unterhaar ganz weiß ist, werden besonders hoch bewertet. Felle, die nicht vollkommen weiß sind, werden entweder gebleicht oder auf Blaufuchs gefärbt. Fellgröße: 50 zu 18 cm.

Hamster. Der Hamster ist ein sehr schädliches Nagetier, das in ganz Europa zu Hause ist und auch noch in Sibirien gefunden wird. Das Hamsterfell ist im Grundton gelbbraun und hell, der von einer dunkelbraunen, fast schwarzen Bauchfarbe abgegrenzt wird. Das Fell ist kurzhaarig und sehr leicht. Es wird zuweilen als Pelzfutter genommen. Fellgröße: 20 zu 9 cm.

Hase. Die weißen Hasen oder Schneehasen aus Rußland, Sibirien und anderen nördlichen Gebieten werden hauptsächlich auf Pelzwerk verarbeitet. Das Haar ist brüchig und wenig dauerhaft, auch das Leder ist lose und leer. Die Felle werden gefärbt und dienen zu Imitationen von vielen anderen Pelzarten. Fellgröße: 59 zu 22 cm. Gewicht: 69 g auf 0,1 qm. Dauerhaftigkeit: 5.

Hermelin. Die besten Hermelinfelle kommen aus Sibirien. Im Winter ist das Hermelin reinweiß, nur die Spitze des etwa 5 bis 6 cm langen Schwanzes ist schwarz. Das Leder des zugerichteten Hermelinpelzes ist leicht, in seiner Struktur dicht und dauerhaft. Fellgröße: 30 zu 6 cm. Gewicht: 38 g auf 0,1 qm. Dauerhaftigkeit: 25.

Iltis. Der Iltis ist ein hübsches Pelztier, das in die Familie der Marder gehört. Sein Unterhaar ist gelb und 8 bis 9 mm lang. Das Oberhaar ist dunkelkastanienbraun, das Grannenhaar schwarz und etwa 4 bis 4,5 cm lang. Es ist sehr fein und im Wuchs offener als beim gewöhnlichen Marder. Der gut genährte Iltis, der es versteht, sich Fleisch und Eier zu verschaffen, hat ein volles Haar mit goldgelben Grund und wird Honigiltis genannt. Iltisse, die sich im wesentlichen mit Mäusen und sonstiger weniger guter Nahrung begnügen müssen, haben einen weißlichen Haargrund und führen den Namen Froschiltisse. Die größten und besten Iltisfelle stammen aus Deutschland, Österreich und Dänemark. Holland liefert gleichwertige Felle, die aber etwas kleiner sind. Fellgröße: 30 bis 40 cm zu 8 bis 10 cm. Die russischen Felle, die kleiner und seidigglänzend sind, werden oft auf Zobelimitation gefärbt.

Känguruh. Die größeren Känguruhhäute werden für die Lederherstellung verwendet; die kleineren hingegen finden im Kürschnergewerbe Verwendung. Dazu gehören das blaue Känguruh, das Buschkänguruh, das Wallaroo, das Felsenwalaby, das Sumpfwalaby und das kurzschwänzige Walaby. Die Sumpfwalabys sehen viel anziehender aus, wenn sie auf Skunks gefärbt sind. Die Farben sind gewöhnlich gelb bis braun. Die Felsenwalabys sind weich und wollig, haben einen bläulichen Ton und werden als Vorlagen verwendet. Die Fellgröße ist sehr unterschiedlich.

Kanin. Kaninchen gibt es fast überall, und ihre Felle finden im Pelzhandel eine ausgebreitete Verwendung. Die Behaarung ist dick und fein; die Haut ist jedoch schwach und von sehr geringer Haltbarkeit. Frankreich, Belgien und Australien sind die größten Lieferanten von Kaninfellen, die zur Schwarzfärbung geeignet sind und als sogenannter französischer Seal gehandelt werden. In Deutschland wird ein Sealelektrikkaninpelz hergestellt, der so vollkommen ist, daß oft Sealbisammäntel zwecks Verbilligung damit ergänzt werden. Die Kaninfelle werden für alle möglichen Imitationen zugerichtet, Fellgröße: 40 zu 25 cm. Gewicht: 58 g auf 0,1 qm. Dauerhaftigkeit: 5.

Karakul. Karakul sind die Felle der Karakullämmer, die binnen fünf bis sechs Tage nach der Geburt geschlachtet worden sind, damit das Fell noch die gewünschte Locke aufweist. Die Felle sind den Breitschwanzfellen ähnlich, nur sind sie in der Struktur nicht so fein. Die Bezeichnung Karakul leitet sich von dem Kara Kul (Schwarzen See) in der Buchara ab.

Katze. Die gemeine Hauskatze liefert einen Pelz von geringem Wert. Die besten Felle stammen aus Holland. Das Haar ist fein. Katzenfelle haben den Nachteil, beim Tragen leicht zu „haaren“. Ein beliebtes Pelzmaterial stellt die Genette- oder Zibetkatze dar. Ihre Grundfarbe ist aschgrau bis gelblich und wird von mehreren runden und eckigen Flecken in schwarzbrauner Farbe gedeckt. Diese Flecke sind nicht gleich groß und verteilen sich in verschiedener Anordnung über den Rücken. Eine schwarzbraune Rückenmähne zieht sich vom Kopf bis zum Schweifende. Fellgröße: 46 zu 23 cm. Gewicht: 84 g auf 0,1 qm. Dauerhaftigkeit: 35.

Kolinski, sibirischer Iltis oder **Goldzobel.** Der Kolinski gehört in die Familie der Marder. Die besten Felle kommen von Sibirien. Das Unterhaar ist kurz und ziemlich schwach. Unterhaar und Grannenhaar sind gleichmäßig. Die Farbe ist im allgemeinen einheitlich gelb. Die Felle werden gewöhnlich gefärbt, um andere Marderarten, z. B. Nerz, Marder und Zobel zu imitieren. Fellgröße: 30 zu 7 cm. Gewicht: 90 g auf 0,1 qm. Dauerhaftigkeit: 25. Die Schwänze werden zu künstlichen Zobelschweifen verwendet.

Krimmer. Krimmer sind die grauen Lämmer einer Bocharenart, die auf der Krim-Halbinsel gezüchtet wird. Sie sind den Karakul ähnlich, nur sind sie in der Locke offener. Ihr Farbton wechselt von hell- bis zu dunkelgrau; am beliebtesten sind die blaß bläulichgrauen. Fellgröße: 60 zu 25 cm. Gewicht: 90 g auf 0,1 qm. Dauerhaftigkeit: 60.

Leopard. Die hauptsächlich für Pelze verwendeten Leoparden sind der Himalaja-, der chinesische, der bengalische, der ostindische, der persische und der afrikanische Leopard. Die Schneeleoparden haben ein tiefes, weiches Fell von blaß oranger Farbe mit weißen Stellen und dunklen Zeichnungen. Die chinesischen Häute haben einen vollen Pelz von einer mittleren orangebraunen Farbe. Die ostindischen Häute sind weniger voll und nicht so dunkel, die bengalischen sind dunkel und haben kurzes, hartes Haar. Die afrikanischen Häute sind klein, haben einen blaß zitronengelben Grund und weisen viele ringförmige schwarze Flekken auf. Fellgröße: 175 zu 87 cm. Gewicht: 122 g auf 0,1 qm. Dauerhaftigkeit: 75.

Luchs. Der Luchs wird in Nordamerika, herunter bis nach Californien erbeutet. Die besten Felle kommen von der Hudson-Bay und von Schweden. Das Unterhaar ist dünner als beim Fuchs, das Grannenhaar etwa 10 cm lang, fein, seidig und wallend, von blaß grauer Farbe und durch feine Streifen und dunkle Flecken leicht gesprenkelt. An den Flanken ist der Pelz länger und weiß, mit sehr ausgesprochenen dunklen Flecken. Die Flanken werden oft getrennt verarbeitet. Felle mit einem bläulichen Ton sind wertvoller als die von sandartiger oder rötlicher Farbe. Fellgröße: 115 zu 50 cm. Gewicht: 84 g auf 0,1 qm. Dauerhaftigkeit: 25.

Lyrakatze oder **Civet cat.** Die Lyrakatze oder Civet cat ist ein afrikanisches marderartiges Stinktier mit kurzem dicken Unterhaar und seidigem schwarzen Oberhaar mit unregelmäßigen weißen Flecken, die meist die Zeichnung einer Lyra aufweisen. Das Fell ähnelt dem Skunksfell, nur ist es leichter und weicher. Fellgröße: 23 zu 11 cm. Gewicht: 84 g auf 0,1 qm. Dauerhaftigkeit: 40.

Baummarder, Edelmarder oder **Buchmarder.** Diese Marderart lebt in den Wäldern und Bergen von Rußland, Norwegen, Deutschland und der Schweiz. Sie hat dickes Unterhaar und kräftiges Grannenhaar. Der Farbton variiert von blaß bis dunkel bläulichgraun. Die besten Felle kommen von Norwegen, sind sehr dauerhaft und von gutem Aussehen. Sie bilden einen guten Ersatz für den amerikanischen Zobel. Fellgröße: 40 zu 12 cm. Gewicht: 84 g auf 0,1 qm. Die Dauerhaftigkeit beträgt 65, wird aber durch Färben und Blenden auf 45 herabgesetzt.

Japanischer Marder. Der japanische Marder hat einen Pelz von wolliger Beschaffenheit mit grobem Grannenhaar. Seine Farbe ist gelb. Selbst in gefärbtem Zustand ist er nicht sehr anziehend, weil ihm das seidige, helle und frische Aussehen fehlt. Fellgröße: 40 zu 12 cm.

Steinmarder. Der Steinmarder ist in Rußland, Bosnien, der Türkei, Griechenland, Deutschland und Frankreich beheimatet. In bezug auf Größe und Qualität gleicht er dem Baummarder. Das Unterhaar ist weiß, manchmal blaugrau, das Grannenhaar dunkelbraun bis schwarz. Die Felle mit blaßblauer Tönung werden in ihrer natürlichen Färbung zugerichtet, während die anderen gefärbt werden, gewöhnlich auf Imitation von russischem Zobel. Fellgröße: 40 zu 13 cm. Gewicht: 88 g auf 0,1 qm. Die Dauerhaftigkeit beträgt 45, wird aber durch Färben auf 35 herabgesetzt.

Maulwurf. Der Maulwurf ist über fast ganz Europa, über große Teile von Amerika und Asien verbreitet. Prachtvolle Felle liefern die britischen Inseln. Der Pelz ist sehr weich, samtartig und von schöner bläulich-schwarzer Farbe. Die Winterfelle sind etwa doppelt so wertvoll wie die Sommerfelle. Obgleich die rohen Felle verhältnismäßig billig sind, sind die Zurichtungskosten recht hoch, da die Fellchen infolge ihrer Kleinheit viel Arbeit erfordern. Der Maulwurfspelz ist sehr leicht, trägt sich aber nicht gut. Fellgröße: 9 zu 6,4 cm. Gewicht: 53 g auf 0,1 qm. Dauerhaftigkeit: 7.

Murmeltier. Beim Murmeltier unterscheidet man zwei Arten, das europäische oder Alpenmurmeltier, das dicht an der Schneegrenze der Alpen lebt, und das asiatische Murmeltier oder Bobac, ein Bewohner der Ebene. Während das Alpenmurmel keine Bedeutung für die Pelzverarbeitung hat, stellt das asiatische Murmel, das in Rußland, in China und wohl auch in Nordamerika vorkommt, ein qualitativ gutes Pelzfell dar. Der Pelz ist gelblich-braun, rauh, brüchig und ohne Unterhaar. Es wird zur Imitation von Nerz und Zobel benutzt. Fellgröße: 45 zu 30 cm.

Muskrat. Der Muskrat ist ein sehr fruchtbares Nagetier der Vereinigten Staaten und von Canada. Er hat dickes gleichmäßiges braunes Unterhaar und starkes dunkles Grannenhaar von mittlerer Dichte. In beschränkter Zahl wird auch eine schwarze Abart in New Jersey und in Delaware gefunden. Ebenfalls in beschränkter Zahl kommt in Rußland eine silberblaue Abart vor, die gleichmäßiges Unterhaar und in geringer Menge seidiges Grannenhaar hat. Die Seiten sind silberweiß und geben dem Fell ein auffälliges Ansehen. Viele Muskratfelle werden nach Ausreißen der Grannenhaare geschoren und gefärbt, um als Imitation für echten Seal Verwendung zu finden. Sie kommen unter der Bezeichnung „Hudson seal“ in den Handel. Fellgröße: 30 zu 20 cm. Gewicht: 100 g auf 0,1 qm. Dauerhaftigkeit: 45.

Nerz oder **Sumpfotter.** Der Nerz ist ein marderartiges Tier, das im Osten Europas, in Finnland, Polen und besonders in Rußland zu Hause ist. Weiter kommt er in Asien, in China und in Japan vor. Schöner, dichter und dunkler als der russische Nerz ist der amerikanische Nerz oder Mink, dessen beste Felle von Neu-Schottland kommen. Das Gefälle aus den zentralen Staaten der Vereinigten Staaten ist von guter brauner Farbe; die Felle aus dem Westen jedoch sind grobhaarig und von bleicher Farbe. Die russischen Felle sind dunkel und nicht so wertvoll wie die amerikanischen Felle; ihr Haar ist kurz. Die chinesischen und japanischen Felle sind sehr bleich und werden gewöhnlich gefärbt. Das Unterhaar des Minks ist kurz, dicht und gleichmäßig, das Grannenhaar ist ebenfalls gleichmäßig und sehr kräftig. Fellgröße: 40 zu 13 cm. Gewicht: 100 g auf 0,1 qm, die japanischen Felle sind etwas leichter. Die Dauerhaftigkeit ist 70; sie wird aber durch Färben auf 35 herabgemindert. Japanische Nerze haben nur eine Dauerhaftigkeit von 20.

Nutria oder **amerikanischer Sumpfbiber.** Der Nutria ist ein Nagetier, das in den nördlichen Teilen von Südamerika vorkommt und etwa halb so groß ist wie der Biber. Nach dem Ausreißen der Grannenhaare ist der Nutriapelz etwa nur halb so tief in der Haarlänge wie der des Bibers und ist nicht so dicht. Er wird oft wie Seal gefärbt; infolge seiner wolligeren Beschaffenheit gibt er aber nur eine geringwertigere Sealimitation als der Muskrat. Fellgröße: 50 zu 30 cm. Gewicht: 100 g auf 0,1 qm. Dauerhaftigkeit: 25.

Amerikanisches Opossum. Das amerikanische Opossum ist das einzige Beuteltier, das außerhalb von Australien angetroffen wird. Sein Unterhaar ist von einer sehr dichten, gekräuselten Beschaffenheit und fast weiß. Das Grannenhaar ist lang, bläulichgrau, mitunter auch schwarz. Das Opossum lebt in den mittleren Teilen der Vereinigten Staaten auf Bäumen. Früher ist es fälschlich für eine Art Wasserratte gehalten worden. Das Opossumfell wird häufig auf Skunksimitation gefärbt. Fellgröße: 45 zu 25 cm. Gewicht: 91 g auf 0,1 qm. Dauerhaftigkeit: 37; sie geht beim Färben auf 20 zurück.

Australisches Opossum oder **Fuchskusu.** Das australische Opossum ist vom amerikanischen recht verschieden. Sein Unterhaar ist dicht und ebenmäßig, das Grannenhaar ist dünn und fein. Je nach der Gegend, aus der das Fell stammt, wechselt die Farbe von Blaugrau zu Gelb, mit rötlichen Tönen. Während die um Sidney erbeuteten Felle leicht und rein blau sind, sind die Felle von Victoria dunkel eisengrau und haben kräftigeres Haar. Die Felle von Adelaide weisen das gefälligste Grau auf. Die rötlichsten Opossumfelle sind die billigsten. Eine kleinere Opossumart ist das „Ring tail", das sehr kurzes, dichtes dunkelgraues Unterhaar besitzt, das bei manchen Fellen fast schwarz ist. Die Ring tails stehen qualitativ weit hinter den Opossums. Das tasmanische Opossum ist größer, dunkler und hat stärkeres Unterhaar. Fellgröße: 40 zu 20 cm, tasmanisches Opossum: 50 zu 25 cm; Ring tail: 18 zu 10 cm. Gewicht: 107 g auf 0,1 qm. Dauerhaftigkeit: 40.

Fischotter. Die besten Felle geben der amerikanische und der kanadische Otter. Die Felle aus Deutschland und dem übrigen Europa und die von China sind kleiner und kürzer im Haarwuchs. Die Farbe des Unterhaars variiert von Braun bis Gelb. Sowohl der Pelz als auch das Leder sind außerordentlich kräftig und dauerhaft. Manche Felle kommen in ihrer natürlichen Beschaffenheit auf den Markt; gewöhnlich werden sie jedoch gerupft und auf Sealimitation gefärbt. Die Fellgröße beträgt im Durchschnitt 90 zu 45 cm, ist aber sehr unterschiedlich. Gewicht: 137 g auf 0,1 qm. Dauerhaftigkeit: 100.

Seeotter oder **Kamtschatka-Biber.** Der Seeotter liefert einen der schönsten und dauerhaftesten Pelze. Das Unterhaar ist von reicher, dichter und seidiger Beschaffenheit. Das Grannenhaar ist weich und kurz und wird gewöhnlich nicht ausgerupft. Die Farbtönung wechselt von einem blassen Graubraun bis zu einem satten Schwarz. Die Felle weisen außerdem noch silberweiß gespitzte Grannen auf, die eine wundervolle Gesamtwirkung ergeben. Je dunkler das Unterhaar ist und je regelmäßiger die silbergespitzten Grannen auftreten, um so höher wird das Fell bewertet. Auf der April-Auktion 1928 der Hudson-Bay-Company wurden die aufgebrachten 13 Felle in ihrem rohen Zustand einheitlich mit 80 £ gehandelt. Fellgröße: 127 zu 63 cm. Gewicht: 137 g auf 0,1 qm. Dauerhaftigkeit: 100.

Persianer. Das Persianerlamm hat im Naturzustande eine rostschwarze oder braune Farbe. Das Persianerfell wird von allen Lammfellen mit am höchsten bewertet. Wenn es gut zugerichtet und gefärbt ist, hat es eine schöne feste Locke, deren Ende sich nach innen eindrehen und glänzen soll. Der Fachmann sagt, der Persianer muß „Feuer“ haben. Sind die Locken eines Fells von gleicher Größe, Regelmäßigkeit, Festigkeit und gleichem Glanz, so wird das Fell sehr hoch bewertet. Fellgröße: 46 zu 23 cm. Gewicht: 100 g auf 0,1 qm. Dauerhaftigkeit: 65.

Seal, Seehund (Robbe). Die besten Seehundfelle kommen vom nördlichen Teil des pazifischen Ozeans. Am besten eignen sich junge Tiere von etwa 100 cm Länge, deren Fell von vorzüglicher Qualität und sehr einheitlich ist. Die größten Felle können bis zu 2½ m lang sein; sie sind ungleichmäßig und dünn in der Behaarung. Im Englischen werden sie als „wigs“ bezeichnet. Das Zurichten und Färben des Seehundfells dauert länger als bei vielen anderen Fellen, aber dafür ist der fertige Pelz von größter Schönheit und überaus dauerhaft. Fellgröße: 61 zu 38 cm. Gewicht: 107 g auf 0,1 qm. Dauerhaftigkeit: 80; nach dem Färben 70.

Skunks. Der Skunk oder das Stinktier kommt sowohl von Nord- als auch von Südamerika, die besten Felle von Ohio und New York. Das Unterhaar ist voll und enganliegend, das Grannenhaar etwa 6¼ cm lang, glänzend und fließend. Die meisten Felle haben zwei weiße Streifen, die sog. Gabel, die sich über die ganze Länge des Fells hinzieht. Die Gabel wurde früher gewöhnlich herausgeschnitten, wird aber jetzt oft dem übrigen Fell gleich gefärbt. Der Skunk ist von Natur einer der schwärzesten Felle; er ist seidig und sehr haltbar. Oft wird er als „schwarzer Marder“ verkauft. Fellgröße: 38 zu 20 cm. Gewicht: 88 g auf 0,1 qm. Dauerhaftigkeit: 50.

Vielfraß. Der Vielfraß ist in Amerika, Rußland, Sibirien und Skandinavien beheimatet. Seiner Beschaffenheit nach ähnelt er dem Bär. Das Unterhaar ist voll und dicht; das Grannenhaar ist grob, hell und etwa 6¼ cm lang. Ein einzelnes Fell kann zwei oder drei verschiedene braune Töne enthalten; der mittlere Teil ist dunkel und sieht aus wie ein ovaler Sattel, der von einem fahlen braunen Farbton begrenzt ist, der gegen die Flanken hin in dunklere Töne ausläuft. Diese besondere Musterung macht ihn zu einem ausgezeichneten Pelzwerk. Seine vorzüglichen Eigenschaften machen ihn sehr wertvoll, so daß er zu den teuren Pelzen gehört. Fellgröße: 40 zu 45 cm. Gewicht: 215 g auf 0,1 qm. Dauerhaftigkeit: 100.

Wolf. Der Wolf wird überall in der Welt angetroffen. Die besten Felle kommen von der Hudson-Bay. Die Felle sind dicht, fahl bläulichgrau und enthalten ein feines fließendes schwarzes Grannenhaar. Die Felle aus den Vereinigten Staaten und von Asien sind brauner und derber. Fellgröße: 130 zu 65 cm. Gewicht: 200 g auf 0,1 qm. Dauerhaftigkeit: 50.

Ziege. Die Ziegenfelle haben ein viel zu grobes Haar, als daß sie unter die wirklichen Pelzfelle eingereiht werden könnten. Sie werden aber mitunter vom Kürschner zugerichtet, um als Vorlagen zu dienen. Fellgröße und Gewicht sind sehr unterschiedlich. Als typisches Gewicht sei 120 g auf 0,1 qm angegeben. Dauerhaftigkeit: 15.

Amerikanischer Zobel oder **kanadischer Marder (Fichtenmarder).** Die Felle, die zur Herstellung von amerikanischem Zobelpelzwerk verwendet werden, werden als „Marten“ verkauft. Da aber viele von ihnen sehr dunkel gefärbt und fast so seidig sind wie russischer Zobel, sind sie in Amerika auch unter der Bezeichnung „Zobel“ bekannt geworden. Die Färbung ist mittelbraun bis gelb. Die helleren Felle können so gut gefärbt werden, daß sie eine billige Imitation von russischem Zobel liefern. Die feinsten Felle kommen von der Eskimo-Bay, und der Hudson-Bay, die geringwertigsten von Alaska. Fellgröße: 33 zu 12 cm. Gewicht: 85 g auf 0,1 qm. Dauerhaftigkeit: 45.

Russischer Zobel. Der russische oder sibirische Zobel gehört einer Marderart an, die dem europäischen und amerikanischen Marder ähnlich ist, nur hat er ein viel seidigeres Haar. Das Wollhaar ist dicht, fein und sehr weich, das Grannenhaar regelmäßig verteilt, fein und seidig; es ist etwa 3,8 bis 6,4 cm lang. Die natürliche Farbe der Zobel ist recht verschieden; die Felle können weißlich, hellbraun, rostbraun, kaffeebraun, rötlich, rötlichgelb, scheckig, bläulich, dunkel und fast schwarz sein. Das Leder ist außerordentlich fest und von feiner Struktur, leicht im Gewicht und sehr haltbar. Am wertvollsten sind die dunkelsten Felle, die von Yakutsk in Sibirien kommen, besonders jene, bei denen ein seidiges silbernes Grannenhaar gleichmäßig über das ganze Fell verteilt ist. Letztere sind aber sehr selten. Die bleicheren Felle aller Vorkommen werden an den Haarspitzen dunkel gefärbt, wobei nur die beständigsten Farbstoffe verwendet werden; nur der erfahrene Fachmann kann die gefärbten Felle von den hochwertigen naturfarbenen unterscheiden. Fellgröße: 37 zu 12 cm. Gewicht: 67 g auf 0,1 qm. Die Dauerhaftigkeit beträgt 60; durch Färben geht sie auf 45 zurück.

b) Das Abziehen und Konservieren des Fells.

Das „Abziehen“ des Fells kann auf zweierlei Weise erfolgen, erstens auf offene, zweitens auf runde Art. Bei der offenen Art wird von der Kehle über den Bauch nach dem After ein gerader Hauptschnitt und auf den Innenseiten der Extremitäten Nebenschnitte geführt. Nach dem Abstreifen liegt das Fell flach in einer Ebene. Bei der anderen Art des Abziehens, dem „runden Abziehen", wird vom After quer zu den Hinterklauen ein Schnitt geführt, und dann das Fell unaufgeschnitten über den Körper und den Kopf des Tieres abgezogen. Bei dem rund abgezogenen Fell ist also die Lederhaut nach außen gekehrt, die Haarseite nach innen. Zuweilen wird der Schnitt auch rund um das Maul geführt und das Fell dann über den Körper nach dem Schweif abgezogen. Im ersten Falle nimmt das Fell eine zylindrische Gestalt an; im zweiten Falle ist der Zylinder auf der einen Seite geschlossen, so daß er wie ein Sack aussieht. Rund abgezogen werden im allgemeinen folgende Tiere: Fuchs, Opossum, Katze, Luchs, Fischmarder, Otter, Nerz, Mink, Wiesel, Marder, Lyrakatze, Skunk und Muskrat. Offen abgezogen werden Wolf, Vielfraß, Bär, Waschbär, Biber, Dachs und andere größere Tiere.

Nach dem Abziehen wird das Fell vom anhaftenden Unterhautbindegewebe, von Blut und Schmutz gesäubert, gestreckt und in einem Luftstrom von mäßiger Temperatur getrocknet. Die Verwendung zu hoher Temperatur beim Trocknen ist gefährlich, da das Fell sich dann stark zusammenzieht und spröde wird. Wird das Fell aber zu langsam getrocknet, so kann Fäulnis einsetzen, die ein leichtes Haarlassen zur Folge hat. Offen abgezogene Felle werden entweder auf Bretter ausgespannt oder in hölzerne Rahmen eingespannt, so daß sie in gestreckter Lage austrocknen können. Die rund abgezogenen Felle werden mit der Haarseite nach innen über ein Brett oder einen U-förmigen Rahmen gespannt. Es ist natürlich darauf zu achten, daß das Haar dabei keinen Schaden erleidet. Diese rund abgezogenen Felle werden auch gewöhnlich mit der Fleischseite nach außen verkauft. Erst wenn der Pelzgerber die Felle gegerbt hat, wird die Haarseite nach außen gekehrt. Das Trocknen ist die übliche Methode zur Konservierung der Pelzfelle; nur große Felle, z. B. Bärenfelle, werden zuweilen durch Salzen des feuchten Fells konserviert, genau, wie die zur Lederherstellung dienenden Häute und Felle konserviert werden.

c) Die Vorbereitung des Fells für die Gerbung.

Für die Pelzgerbung müssen die üblichen Gerbprozesse vollkommen umgestellt werden, da ja die Behaarung erhalten bleiben muß. Der Äscherprozeß und der Beizprozeß fallen ganz weg. Die Felle werden erst 12 bis 24 Stunden in kaltem Wasser geweicht. Steht kein Wasser zur Verfügung, das kälter ist als 16°, so setzt man dem Wasser pro Liter 15 bis 30 g Kochsalz zu, um die Bakterienwirkung aufzuhalten. Nach dem Weichen werden die Felle entfleischt. Der Arbeiter fährt mit einem stumpfen Messer, das wie ein Wiegemesser zwei Handgriffe hat, über die Fleischseite des Fells, um es zu recken oder geschmeidig zu machen. Dann nimmt er ein schärferes Messer, um das anhaftende Fettgewebe und Bindegewebe wegzuschneiden. Manche Felle werden in diesem Zustande auch beschnitten. Die schwereren Felle werden zuweilen auch mit einer Maschine entfleischt, die ein rotierendes scharfes Messer enthält, gegen das der erfahrene Arbeiter die Fleischreste des Fells bewegt.

Für sehr große Felle sind auch Entfleischmaschinen in Aufnahme gekommen, wie eine im 1. Band auf S. 207 abgebildet ist.

Nachdem die Felle geweicht und entfleischt sind, werden sie zuweilen noch weiter geweicht, indem sie in einer Walkmaschine behandelt werden. Diese Maschine besteht aus einem rechteckigen Behälter, der zwei dicke Flügel enthält, die vorwärts und rückwärts laufen und die Felle in Bewegung halten. Ähnliche Maschinen werden zur Sämischgerbung verwendet.

d) Das Pickeln und Gerben.

Sämtliche der vielen Gerbmethoden, die in diesem Band besprochen worden sind, könnten auch zum Gerben von Pelzfellen angewendet werden. Eine Anzahl davon hat man in abgeänderter Form auch dazu benutzt. Indessen scheint die geeignetste Gerbart für Pelzfelle die Sämischgerbung zu sein. Ihr geht gewöhnlich ein Pickelprozeß voraus. Die Pelzgerber bezeichnen dieses Pickeln oft als Gerbprozeß, obwohl sich jeder Gerbereichemiker klar ist, daß Schwefelsäure und Kochsalz Kollagen nicht in Leder überführen können. Diese Bezeichnung ist somit irreführend. Wo die Pickelbrühe dem Pelz nicht schadet, wird das Pickeln so ausgeführt, wie es im 11. Kapitel beschrieben wurde. Bei anderen Fellen ist es üblich, die Pickelbrühe auf die Fleischseite des Fells aufzustreichen, bis dieses vollständig damit durchweicht ist. Man läßt die Felle dann einige Tage antrocknen. Eine ideale Pickelbrühe ist die, die in bezug auf Kochsalzkonzentration molar und in bezug auf Schwefelsäurekonzentration 0,01 molar ist. Man zielt daraufhin, den Kollagenanteil des Fells mit dieser Lösung ins Gleichgewicht zu bringen, ohne daß die Lösung mit der Behaarung in Berührung kommt, weil sonst das Haar geschädigt würde. Auf grobes Haar scheint die Berührung mit Pickelbrühe ohne Folgen zu sein. Manche Pelzgerber verwenden an Stelle der Pickelbrühe eine Kleienbeize, wie sie im 11. Kapitel beschrieben wurde.

Nach dem Pickeln werden die Felle mehrere Tage getrocknet und dann angefeuchtet, indem sie wenige Stunden in feuchtes Sägemehl eingelegt werden. Dann wird die Fleischseite mit Dorschlebertran oder anderen Fischtranen bestrichen, die zur Sämischgerbung geeignet sind. Zuweilen werden die gefetteten Felle von neuem in die Walkmaschine gebracht und in Bewegung gehalten, zuweilen werden sie ohne diese mechanische Bewegung getrocknet. Man läßt die Felle ein bis drei Tage trocknen. Während dieser Zeit setzt die Sämischgerbung ein und das Kollagen wird in Leder übergeführt. Die Theorie dieses Prozesses wurde im 22. Kapitel besprochen.

Um sicher zu sein, daß die Lederhaut vollständig durchgegerbt ist, wird das Bestreichen mit Tran, die mechanische Behandlung und das Trocknen mehrere Male wiederholt. Bei sehr feinen Fellen wird die Behandlung in der Walkmaschine durch ein Wälzen in einer Kugelmühle ersetzt. Ist die Sämischgerbung abgeschlossen, so werden die Felle in einer verdünnten Sodalösung gewaschen, mit frischem Wasser gespült und getrocknet.

Da viele Kürschner eine billige Gerbung verlangen, wird ein großer Teil der Pelzfelle mit Aluminiumsalzen gegerbt. Der Pickelprozeß wird durch eine Behandlung der Felle mit verschiedenen Gemischen von Salz und Alaun ersetzt. Die Sämischgerbung fällt in diesem Falle fort.

Der Erfolg des Pelzgerbers hängt stark davon ab, ob er die Grundzüge der geeigneten Trocknung beherrscht. Die Temperatur, die relative Feuchtigkeit und die Zirkulation der Luft beeinflussen in weitem Ausmaß den Charakter des Fells. Die Pelzfelle werden durch Abwelken und Stollen weich gemacht, Operationen, die für gewöhnliche Oberleder im 33. Kapitel beschrieben wurden. Eine andere Operation bei der Zurichtung von Pelzen besteht darin, sie in Sägespäne zu walken. Sie werden in einem Walkfaß, der sog. Läutertonne, mit Sägespänen gewalkt, wodurch die freien Fettstoffe, die an den Haaren haften, entfernt werden. Mitunter werden die Walkfässer noch erhitzt, um diese Wirkung zu erleichtern. Nach dem „Läutern" mit Sägespänen werden die Pelzfelle über einem Drahtnetz gewalkt, um sie von den anhängenden Sägespänen zu befreien.

e) Das Fettlickern.

Alle Pelzfelle, die nicht sämischgar, sondern nach anderen Methoden gegerbt sind, müssen einen Fettlicker erhalten, ja sogar manche sämischgegerbten Felle erfordern noch eine Behandlung mit Öl, um die Fasern des Leders geschmeidig zu machen. Die im 28. Kapitel beschriebenen Fettlickerprozesse müssen beträchtlich abgeändert werden. Anstatt die Felle in einer Ölemulsion zu walken, ist es üblich, konzentrierte Emulsionen oder Ölgemische auf die Fleischseite der einzelnen Felle aufzutragen, wobei darauf zu achten ist, daß das Öl nicht auf das Haar gelangt. Die Emulsionen werden gewöhnlich auf die feuchte Haut aufgetragen, die dann austrocknen kann. Während des Austrocknens dringt das Öl allmählich in die Haut ein.

Ein vorzügliches Material zum Fettlickern von Pelzfellen ist das Eigelb, das in den Kapiteln 27 und 28 beschrieben wurde. Oft wird Eigelb für sich allein benutzt, und zwar ohne jede Verdünnung. Zuweilen wird es mit starken Lösungen von Glycerin in Wasser gemischt. Wird Eigelb bei Gegenwart von sehr wenig Wasser mit sulfoniertem Klauenöl gemischt, so wird das Gemisch dick wie eine Paste und stellt ein vorzügliches Lickerpräparat für Pelzfelle dar, das auf die Fleischseite aufgestrichen wird. Nach dem Fettlickern und Trocknen werden die Felle wieder mit Sägespänen geläutert, um überschüssige Ölmengen, die an der Fleischseite oder an den Haaren haften, zu entfernen. Nach dieser Operation werden die rund abgezogenen Felle gewendet, so daß die behaarte Seite nach außen kommt.

f) Das Kämmen, Bürsten und Klopfen.

Nachdem die Felle das letztemal mit Sägespänen geläutert worden sind, werden sie gekämmt und gebürstet. Bevor diese Operation ausgeführt wird, ist das Haar gewöhnlich an manchen Stellen verflochten, verfilzt und nicht überall sauber. Das Kämmen wird meistens noch mit der Hand mit einem Messingkamm vorgenommen, das Bürsten wird jedoch maschinell durchgeführt, indem die Haarseite gegen eine sich drehende Bürstenrolle gedrückt wird. Die Pelze werden dann mit biegsamen Lederstäbchen oder Lederstreifen geklopft, wodurch das Haar gerade gerichtet wird, und die gewünschte Flaumigkeit des Haarfells erzielt wird. Früher wurde das Klopfen mit der Hand ausgeführt; der Pelz wurde mit der Haarseite nach oben über ein Polster gelegt, und von einem Arbeiter, der in jeder Hand eine biegsame Rute hielt, abwechselnd mit diesen Ruten geschlagen. Heute wird das Klopfen maschinell ausgeführt.

g) Das Rupfen und Scheren der Felle.

Manche Fälle gewinnen sehr an Aussehen, wenn die Grannenhaare entfernt werden. Das kommt besonders für Seehund, Otter, Nutria, Biber, Kanin und Muskrat in Betracht. Ahern (1) berichtet, daß das Rupfen durch einen Zufall entdeckt worden ist. Einige betrunkene Arbeiter verschütteten Wasser auf Sealpelzen und suchten sie schnell zu trocknen, um einer Entdeckung zu entgehen. Sie hielten die Fleischseite zu nahe ans Feuer, worauf ein großer Teil der Grannenhaare ausfiel. Um den Pelzen ein einheitliches Aussehen zu geben, wurden auch noch die übrigen Grannenhaare ausgerupft. Es zeigte sich, daß der Pelz ohne Grannenhaar entschieden schöner aussah als der ursprüngliche Pelz. So entstand eine große Nachfrage nach gerupften Pelzen für Bekleidungszwecke. Einige kostbare Pelze werden auch heute noch mit der Hand gerupft, im allgemeinen wird das Rupfen aber mit der Maschine vorgenommen. Es sind verschiedenartige Methoden dafür gebräuchlich, eine soll kurz beschrieben werden. Das Fell wird langsam mit der Haarseite nach außen über eine Platte gezogen und eine scharfe Biegung erzeugt, so daß die Haare dort scharf nach außen stehen. Nahe bei dieser Biegung sind ein Paar Walzen angebracht; eine aus Gummi und die andere mit Metallblättern wie die Walzen einer Falzmaschine. Das Fell wird gerade so nahe an den Walzen vorbeibewegt, daß die Grannenhaare gefaßt und herausgezogen werden, während das Unterhaar unverletzt bleibt. Dadurch, daß das Fell langsam über die Platte gezogen wird, wird die ganze Fläche des Fells vom Grannenhaar befreit. Das Rupfen wird manchmal vor, manchmal auch nach dem Färben vorgenommen.

Mit dem Scheren wird bezweckt, die Länge des Unterhaares zu vereinheitlichen; entweder wird das Unterhaar auf eine gleichmäßige Länge gebracht oder es wird kürzer gemacht. Soll ein Fell mit langem Unterhaar auf eine Imitation eines kurzhaarigen Fells verarbeitet werden, so muß es geschoren werden. Man verwendet verschiedene Schermaschinentypen, eine davon beruht auf dem Prinzip des Rasenmähers.

h) Das „Töten“ der Pelzfelle.

Um das Haar einheitlich färben zu können, müssen erst die fettigen und wachsartigen Verunreinigungen von der Oberfläche des Fells entfernt werden. Man erreicht dies gewöhnlich, indem man das Haar mit einer alkalischen Lösung wäscht. Die Behandlung mit alkalischer Lösung hat eine doppelte Bedeutung: einmal werden dadurch die Stoffe entfernt, die einer einheitlichen Färbung entgegenstehen würden, dann werden aber auch die Keratine aufnahmefähiger für Farbstoffe gemacht. Durch die Verwendung einer verdünnten Alkalilösung an Stelle reinen Wassers erreicht man eine gleichmäßige Benetzung des Fells. Diese Wirkung des Alkalis läßt sich leicht nachweisen; man braucht nur ein Fell in eine alkalische Lösung, ein zweites in reines Wasser zu legen. Im reinen Wasser benetzen sich die Haare nicht leicht, da viele Luftbläschen in ihnen hängen bleiben, im alkalischen Bade hingegen werden die Haare gleichmäßig benetzt und absorbieren Wasser. Diese Eigenschaft, leicht benetzt zu werden, bleibt den Fellen auch erhalten, wenn sie mit Wasser nachgewaschen und getrocknet werden. Zum „Töten“ der Pelzfelle sind folgende Alkalien gebräuchlich: Soda, Ätznatron, Kalk und Ammoniak.

Natürlich müssen die Alkalien wie bei jedem Leder mit großer Vorsicht verwandt werden. Die meisten Ledersorten werden vollständig zerstört, wenn sie lange mit starken alkalischen Lösungen in Berührung sind. Das Haar selbst wird durch Alkali zerstört, und zwar läuft diese Zerstörung proportional der Konzentration, der Berührungszeit und der Temperatur, wie im 9. Kapitel des 1. Bandes ausführlich gezeigt worden ist. Die Pelzfelle zeigen in ihrer Widerstandsfähigkeit gegen die Wirkung von Alkali große Unterschiede; ein Wolfsfell z. B. wird durch eine verdünnte Sodalösung viel stärker angegriffen als ein Waschbärfell durch eine Natriumhydroxydlösung gleicher Konzentration.

Die übliche Methode, die Pelze vom Fett zu befreien, besteht darin, die Felle etwa zwei Stunden in eine $^1/_{10}$ molare Sodalösung von 25^0 C einzulegen. Die Felle werden dann mit Wasser gewaschen und in ein Bad von $^1/_{10}$ molarer Essigsäure gebracht und darin eine Stunde oder kürzer gelassen, um alle Alkalispuren zu entfernen. Schließlich wird wieder gut gewaschen, um die freie Säure möglichst gut zu entfernen. Mitunter wird an Stelle von Sodalösungen auch gesättigtes Kalkwasser verwendet.

Bei Benutzung von Natriumhydroxydlösungen ist es üblich, die Lösung nur sorgfältig mit einer Bürste auf das Haar aufzutragen. Nachdem die Alkalilösung aufgestrichen ist, werden die Häute zuweilen aufgeschichtet, so daß immer Haarseite auf Haarseite zu liegen kommt. Die Stärke der Lösung hängt von der Widerstandsfähigkeit des Haars ab, sie soll aber niemals über 0,3 molar hinausgehen. In der Zeit soll man nie das erforderliche Minimum überschreiten, das zur Entfettung notwendig ist, und dann sofort die Felle in das Säurebad bringen.

In manchen Fällen ist es erwünscht, auf das Grannenhaar kräftiger einzuwirken als auf das Unterhaar. Das erreicht man, indem man nur auf die Enden der Grannenhaare vorsichtig Natriumhydroxydlösung aufträgt und dann das ganze Fell in verdünnte Sodalösung taucht.

Im allgemeinen sind die gefärbten Pelze viel weniger lange haltbar als die ungefärbten. Es ist sehr wahrscheinlich, daß die Verminderung der Dauerhaftigkeit der Behandlung des Fells mit alkalischer Lösung zuzuschreiben ist.

i) Das Beizen.

Die Beizen spielen für das Färben von Pelzen die gleiche Rolle, die sie für das Färben von Leder oder von sonstigen Stoffen spielen. Sie erhöhen nicht nur die Fähigkeit des Haars, sich mit Farbstoffen zu verbinden, sondern sie erhöhen häufig stark die Echtheit der Farbe gegen Licht, Waschen usw. Als übliche Beizmittel werden verdünnte Lösungen der Salze des Aluminiums, Eisens, Chroms, Kupfers, Zinns, Antimons und Titans verwendet. Das Chrom kommt gewöhnlich in Form von Bichromat, das Antimon und Titan in Form der Tartrate und Oxalate, die anderen Basen in Form der Sulfate und basischen Acetate zur Anwendung. Das Beizen wird entweder so ausgeführt, daß die ganzen Felle in verdünnte Beizlösungen eingetaucht werden, oder daß die Lösungen auf die Haarseite aufgebürstet werden. Nach dem Beizen werden die Felle sehr gut gewaschen und sind damit für das Färben fertig zugerichtet.

k) Das Färben.

Für die Pelzfärberei werden in gewissem Ausmaß noch Farbhölzer oder natürliche Farbstoffe verwendet. Auch hier werden die Felle entweder ganz in die Farbflotte eingetaucht oder die Farblösung auf die Haarseite aufgestrichen. Besondere Effekte werden erzielt, wenn die Felle im Bade gefärbt und anschließend die Haarspitzen nach der Bürstmethode auf einen anderen Farbton gefärbt werden. Vegetabilische Gerbmittel gehören in die Klasse der natürlichen Farbstoffe, wenn sie zur Pelzfärberei verwendet werden. Man kann mit ihnen eine Anzahl erwünschter Farbtönungen erzielen, wenn sie in Verbindung mit geeigneten Metallbeizen angewandt werden.

Ein großer Fortschritt für die Pelzfärberei liegt in der Anwendung der sog. Oxydationsfarben. Die Methode besteht im wesentlichen in einem Zweibadverfahren; im ersten Bad wird das Fell in die Lösung des Entwicklungsfarbstoffs gebracht, das zweite Bad besteht aus einer Lösung eines Oxydationsmittels. Auf diese Weise können im Haar selbst wasserunlösliche Farbstoffe erzeugt werden. In einem Prozeß werden die Felle in einem Färbefaß bewegt, das den Farbstoff enthält, und dann wird Wasserstoffperoxyd und Ammoniak zugesetzt, und die Felle noch einige Stunden lang im Färbefaß gehalten. Nachdem die Felle gewaschen worden sind, läßt man sie abtropfen und bestreicht die Fleischseite leicht mit einem Gemisch aus Eigelb und sulfoniertem Öl und läßt die Felle trocknen.

Viele Teerfarbstoffe haben sich in der Pelzfärberei einen Platz als direkte Farbstoffe erobert, und zweifellos sind die Möglichkeiten für eine weitere Entwicklung auf dem Gebiete der Pelzfärberei ebenso groß wie beim Färben vieler anderer Materialien.

l) Das Bleichen.

Es ist oft von großem Vorteil, die Farbe von Pelzen aufzuhellen, besonders wenn von Natur weißhaarige Felle vorliegen, die nicht rein weiß sind. Das läßt sich durch Bleichen mit Chemikalien erreichen, die die Pigmente in den Epithelzellen, die dem Haar die Farbe geben, entfärben. Manche Pelze, die eine gelbliche Farbtönung zeigen, lassen sich durch Bleichen rein weiß machen. Sie sind dann entsprechend wertvoller. Viele dunkle Felle können bis zu einem reinen Weiß gebleicht werden; das Bleichen kann vorteilhaft sein, weil dadurch die Erzeugung besonderer Effekte beim Färben gefördert werden kann. Zweifarbeneffekte lassen sich oft hervorrufen, indem man nur die Haarspitzen bleicht.

Die Stoffe, die zum Bleichen von Pelzen genommen werden, sind entweder Oxydations- oder Reduktionsmittel; die am meisten verwendeten sind schweflige Säure und Sulfite, Chlor und Hypochlorite, Peroxyde und Permanganate. Sind Permanganate verwendet worden, so werden die Pelze hinterher mit schwefliger Säure behandelt, um den Permanganatüberschuß und die gebildeten unlöslichen Manganverbindungen zu entfernen. In der Regel werden die billigeren Pelzsorten mit schwefliger Säure und die wertvolleren mit Wasserstoffsuperoxyd gebleicht. Sind die Haare vor dem Bleichen nicht entfettet worden, so pflegt man die Pelze entweder mit Seife und Wasser oder mit einer Sodalösung zu waschen, um Wachs und Fett von den Haaren zu entfernen, damit das Bleichmittel besser einwirken kann. Auch das Bleichen kann wieder vorgenommen werden, indem entweder das Fell vollständig in die Bleichlösung eingetaucht wird, oder indem diese mit einer Bürste aufgetragen wird. Zuweilen werden auch Häute gebleicht, die schon gefärbt sind. Man will in diesem Falle die Farbe aufhellen oder einen anderen Farbton hervorrufen.

m) Zahlenmäßiges Vorkommen der verschiedenen Pelzfelle.

Agnes Laut (12) gibt in ihrem Buche eine Tabelle von E. Braß wieder, die die in einem Jahr verkauften Pelzfelle der verschiedenen Tiere anführt. Aus dieser Tabelle ist zu ersehen, daß mehr Kaninfelle gegerbt werden als Felle aller anderen Tierarten zusammen. Die Ta-

Tabelle 136. Produktion der verschiedenen Pelzarten.

Pelzart	Anzahl der in einem Jahre verkauften Felle	Pelzart	Anzahl der in einem Jahre verkauften Felle
Kaninchen	71500000	Iltis	300000
Eichhörnchen	15500000	Zobel	235000
Muskrat	8000000	Amerikanischer Zobel	210000
Skunk	1500000		
Rotfuchs	1200000	Dachs	160000
Hermelin	1110000	Otter	124000
Nerz (Mink)	640000	Biber	81000
Waschbär	600000	Fischmarder	10000
Steinmarder	380000	Silberfuchs	4300

belle 136 ist allein deshalb von Wert, weil sie ein Bild von den relativen Zahlen gibt, wieviel Felle von den verschiedenen Tieren verkauft wurden.

n) Farbtönungen gefärbter Pelze.

William E. Austin hat für den Pelzhandel eine Tabelle über die Farbtönungen gefärbter Pelze aufgestellt. Diese Tabelle sowie die dazugehörende Erklärung von Austin sind mit besonderer Erlaubnis im folgenden wiedergegeben.

„Die Farbe spielt in der Pelzindustrie eine überaus wichtige Rolle. Die moderne Chemie hat es uns ermöglicht, die unansehnlichsten und unscheinbarsten Felle und Häute zu verwenden und in schöne und wertvolle Pelze überzuführen. Sie hat uns befähigt, auf den geringeren Fellen die Farben und Schattierungen der feineren und wertvolleren Felle zu imitieren.

Sogar die feinen Felle können in ihrem Aussehen so verbessert werden, daß ihre natürliche Schönheit erhöht wird; der Fortschritt in der Pelzfärberei ist so bemerkenswert, daß man dunklen Fellen hellere Tönungen erteilen kann, daß man die Flecken der Leopardenfelle entfernen und sie buchstäblich in andere Felle überführen kann.

Die moderne Pelzfärberei hat natürlich auch ihre Schranken, aber sie kann beinahe jede Farbe und jede Farbtönung, die die Mode erfordert, auf den Fellen und Häuten hervorbringen.

Die Auswahl an Farben und Farbschattierungen, die heute für die Pelzfärberei zur Verfügung steht, ist so umfangreich, daß es für den Kürschner und den Pelzschneider ziemlich schwer ist, sie alle im Kopfe zu haben. Und doch ist es sehr wichtig, daß die Schneider, die Kürschner und die Pelzhändler wissen, welche Farben und Schattierungen sie von den einzelnen Pelzarten erhalten können. Die richtige Auswahl der Farben ist wesentlich für die Harmonie der Farben und für geeignete Farbkontraste; sie sind der Schlüssel zu einem guten Stil.“

Bei Aufstellung dieser Farbtontabelle für gefärbte und gebleichte Felle und Häute war Austin bemüht, allen denen, die Felle kaufen, ein Mittel in die Hand zu geben, sich schnell darüber unterrichten zu können, welche Farben und Farbschattierungen zur Zeit herstellbar sind.

Es bestehen natürlich Unterschiede in den Farbschattierungen zwischen den Erzeugnissen der verschiedenen Pelzfärber; das läßt sich aber nicht vermeiden, da die Pelzfärbungsindustrie für das Färben noch nicht eine bestimmte basische Farbengruppe aufgestellt hat.

Der Fellkäufer muß die Wahl der für ihn in Betracht kommenden Schattierung selbst treffen und seine Bedingungen aufstellen. Er muß schließlich den Pelzfärber ausfindig machen, der ihm den gewünschten Farbton liefern kann.

In der folgenden Farbtontabelle führt Austin 66 Arten von Pelzfellen an, die zur Zeit handelsüblich sind. Zwar wird es unzweifelhaft notwendig sein, die Tabelle von Zeit zu Zeit zu ergänzen, nichtsdestoweniger ist sie für die Gegenwart für alle praktischen Zwecke vollständig.

Farbtontabelle für gefärbte Pelze.

Erklärung der Zeichen:

* = Imitation eines natürlichen Pelzes.
** = Imitation eines gefärbten Pelzes.
(M) = Verwendung zu Pelzmänteln.
(B) = Verwendung zu Pelzbesatz.
(K) = Verwendung zu Pelzkragen.

1. **Affe** (B) nuanciert.

(Leder gefärbt)	Schwarz

2. **Bassarisk** (Ringtail-Katze) (B)

Platingrau	*Mink	Kakaobraun	Dunkelbraun

3. **Bär** (Schwarzer und brauner —) (M)

Beige	Braun	Schwarz

4. **Waschbär** (M, B)

Geblendet (auf hellen Fellen)	*Skunk	*Dachs
*Fischmarder	Schwarz	Braun

5. **Biber** (B, M)

Natürlich geblendet auf hellen Fellen	Beige

6. **Breitschwanz**, amerikanischer (B, M)
(Geschorene südamerikanische Slink-Lämmer, auch geschorene asiatische Lämmer)

Silbergrau	Goldbeige	Champagnerfarben	*Sommerhermelin
Platintöne	Rötlich-gelb	Goldbraun	Dunkelbraun
Austergrau	Beige	Bronzefarben	Schwarz
Maulwurffarben	Sandfarben	Kakaobraun	Natürliches Weiß

7. **Breitschwanz**, persischer (M)

Schwarz

8. **Dachs**, amerikanischer, japanischer und chinesischer (B)

Beige	*Rotfuchs	*Blaufuchs	*Skunk	natürlich

9. **Feh** (**Eichhörnchen**) (B M)

		Fehwammen und Borten
Goldbeige	*Mink	
Beige	*Kolinski	Platinfarben } Zweifarbig oder echtfarbig
Rosabeige	*Blaufuchs	Fehgrau } Zweifarbig oder echtfarbig
*Sommerhermelin	*Crown-Zobel	Beige } Zweifarbig oder echtfarbig
Kakaobraun	Viatka-Grau	Kakaobraun } Zweifarbig oder echtfarbig
Rosa	Natürliche Spitzen auf streifigen Fellen	*Mink } Zweifarbig oder echtfarbig
Rehfarben		*Sommerhermelin } Zweifarbig oder echtfarbig
Gelbbraun		

10. **Fohlen**, Russisches Pferdchen (M)

Braun	Beige
Schwarz	Naturfarben

11. **Flugeichhörnchen** (B)

Beige	Platinfarben	*Zobel
**Sitka-Fuchs	Kakaobraun	Schwarz
Maulwurffarben	Dunkelbraun	

12. **Fuchs**, japanischer (B)

Beige	*Blaufuchs	Naturfarben
*Fischmarder	Pfirsichfarben	*Dachs
Zobelbraun	Platingrau	

13. Fuchs, türkischer (B)

Goldbeige	Kakaobraun	*Blaufuchs
Beige	Walnußbraun	Hudson-Bay-Blau
Pfirsichfarben	Braune Töne	Maulwurffarben
Bernsteinfarben	Silbergrau	Naturfarben
*Rotfuchs	Platinfarben	
*Kreuzfuchs	Blauplatinfarben	

14. Graufuchs, amerikanischer (B)

Platinfarben	*Dachs	Kakaobraun
*Silberfuchs	*Blaufuchs	Braun
*Kreuzfuchs	*Rotfuchs	Naturfarben
*Waschbär	Beige	

15. Kittfuchs, russischer (B)

Beige	Silbergrau	Rosa
Pfirsichfarben	Platingrau	Braun
Rotfuchs	Blaufuchs	Naturfarben
Bernsteinfarben	Kakaobraun	

16. Kittfuchs, südamerikanischer und patagonischer Fuchs (B)

Platingrau	Rosenholzfarben	Braun
Maulwurffarben	Kakaobraun	Naturfarben
*Silberfuchs		

17. Rotfuchs (B, K)

Blond	Walnußbraun	*Rotfuchs
Beige	Havannabraun	Platingrau
Pfirsichfarben	Zobelbraun	Maulwurffarben
Bernsteinfarben	*Kreuzfuchs	Sitka
Goldbraun	Hudson-Bay-Blau	Schwarz
Kakaobraun	*Blaufuchs	Naturfarben

18. Weißfuchs (B, K)

Perlgrau	Neubeige	*Silberfuchs
Silbergrau	Pfirsichfarben	*Blaufuchs
Platingrau	Sandfarben	*Neuer Blaufuchs
Blau-platinfarben (Silberton)	Champagnerfarben	Natürlich weiß
	Rosenholzfarben	Blauviolett
Maulwurffarben	Orchideenfarben	Gelbgrün
Beige	Kakaobraun	Orangerot

19. Gallyak (B, M)

Perlgrau	*Sommerhermelin	Schwarz
Silbergrau	Kakaofarben	Blauviolett
Platingrau	Goldbraun	Gelbgrün
Beige	Kastanienbraun	Orangerot
Champagnerfarben	Bronzefarben	

20. Gazelle und Antilope (B, M)

Beige	Platinfarben	*Murmeltier
*Sommerhermelin	*Leopard	*Zobel
Kakaobraun	*Mink	Naturfarben

21. Guanako; Guanaquito (B)

Platinfarben	Kakaofarben	*Rotfuchs
Stahlgrau	Walnußbraun	*Zobel
Maulwurffarben	Hudson-Bay-Blau	Schwarz
**Sitkafuchs	*Blaufuchs	Naturfarben
Beige		

22. Hamster (M, B)

*Barunduki	*Zobel	Naturfarben
*Mink	*Muskrat	

23. **Hermelin**, weißes Wiesel, Sommerhermelin, Sommerwiesel (B, M)

Silberfarben
Platinfarben
Beige
Rosabeige
Pfirsichholzfarben
Rehfarben
Ahornfarben
Goldbraun

Kakaobraun
*Sommerhermelin
Naturweiß
Zarte Töne von Violettblau
Orangegrün
Gelbrot

Sommerhermelin und gestreifte Felle
Beige
Kakaofarben
Naturfarben

24. **Hundehäute**, chinesische, und Matten (B)

Platinfarben, Beige, Kakaofarben, *Waschbär } auf weiße Felle und Matten

Beige, *Rotfuchs, Braun, **Skitafuchs, Schwarz } auf schwarze und gefleckte Felle u. Matten

25. **Iltis**, deutscher und russischer (B, M)

Silberfarben
Platinblau
Blond

Beige
*Baummarder
*Zobel
*Steinmarder

*Fischmarder
Havannabraun
Naturfarben

26. **Känguruh** (B, M)

Beige
*Sommerhermelin

*Nutria
*Biber

Maulwurffarben

27. **Kalb** (B, M)

Blond
Beige
Braun
Schwarz

*Natürliche Flecken (braun oder schwarz) auf geschorenen weißen Fellen
*Pardelkatze, *Leopard } auf geschorenen rehfarbenen Fellen

*Schlangenhauteffekte auf geschorenen weißen Fellen
andere Schabloneneffekte
Naturfarben

28. **Kanin** (B, M)

A. Weißes Kanin (französisches, polnisches, belgisches, chinesisches, japanisches und amerikanisches)

Langhaarig	Geschoren oder gerupft
Silberfarben	Silberfarben
Platinfarben	Platinfarben
*Feh	Fehgrau
Maulwurffarben	Maulwurffarben
Beige	Beige
Sandfarben	Sandfarben
*Sommerhermelin	*Sommerhermelin
Kakaobraun	Kakaobraun
Nußfarben	Nußfarben
Dunkelbraun	Dunkelbraun
*Mink	Pfirsichholzfarben
*Mink, gestreift	Henna
*Iltis	*Biber
*Blaufuchs	*Nutria
*Rotfuchs	*Seal
*Zobel	*Chinchilla
**Viatka-Eichhorn	Schneespitzen (dunkler Grund, weiße Spitzen)
Pfirsichholzfarben	Doppelschattierung, abwechselnd natürliche weiße Streifen und gefärbte Schatteneffekte, Biber, Platin usw.)
Henna	
Violettblau	
Gelbgrün	
Orangerot	
Weiß, naturfarben	

Geschoren oder gerupft (Fortsetzung)

Violettblau	Orangerot
Gelbgrün	Weiß, naturfarben

B. Graues Kanin (deutsches, französisches, belgisches, australisches und neuseeländisches)

Langhaarig

Platinfarben	*Sommerhermelin	*Zobel	*Skunk
Fehgrau	Kakaobraun	**Kolinski	*Leopard
Maulwurffarben	Braun	*Marder	*Tiger
Blond	Henna	*Rotfuchs	Naturfarben
Beige	Schwarz	*Silberfuchs	Violettblau
Rehfarben	Biberbraun	*Murmeltier	Gelbgrün
Pfirsichholzfarben	*Mink	*Waschbär	Orangerot

C. Rehbraunes Kanin (französisches, belgisches, australisches und neuseeländisches)

Geschoren oder gerupft		Langhaarig	Geschoren oder gerupft
Platinfarben	*Sommerhermelin	Platinfarben	Platinfarben
*Maulwurf	Kakaobraun	Maulwurffarben	Maulwurf
Blond	*Biber	Beige	Beige
Beige	*Nutria	Henna	Henna
Rehfarben	*Seal	*Sommerhermelin	*Sommerhermelin
Pfirsichholzfarben	*Leopard	Kakaobraun	Kakaobraun
Henna	*Tiger	Rotfuchs	Goldbraun
Goldbraun	Zweifarbige Tönung	Biberbraun	*Biber
		Goldbraun	*Seal
		Naturfarben	Naturfarben

29. Karakul, chinesisches Lamm, mongolisches Lamm, Lammkreuzungen (B M)

Perlgrau	*Sommerhermelin	Gelbgrün
Silberfarben	Goldbraun	Orangerot
Platinfarben	Kastanienbraun	
Austergrau	Bronzefarben	
*Krimmer	Gun metal (ein samtiges Schwarz)	**Klauenkreuzungen**
Beige	Schwarz	Silberfarben
Champagnerfarben	Naturfarben	Platinfarben
Kakaobraun	Violettblau	Beige
		Goldbraun

30. Katze (B)

Beige Kakaobraun Platinfarben	auf weiße Felle	Beige Kakaobraun Dunkelbraun Schwarz	auf gefleckte, braune, graue u. schwarze Felle	Naturfarben

31. Kid, Kidkreuzungen (B, M)

Auf weiße Felle und Kreuzungen:		Auf graue Felle und Kreuzungen:
Perlgrau	Goldbraun	Beige
Silberfarben	Kastanienbraun	Platinfarben
Platinfarben	Bronzefarben	Maulwurffarben
Beige	Violettblau	Schwarz
Champagnerfarben	Gelbgrün	Naturfarben
Sommerhermelin	Orangerot	
Kakaobraun	Naturfarben	

32. Kolinski (B, M)

Kolinski-Farbe	*russischer Zobel	Beige
*Baummarder	*Mink	

33. Krestovatki (B)

Blond	(junger Weißfuchs)
Beige	Silberfarben
Sommerhermelin	Naturfarben
Kakaobraun	

34. Luchs, Luchskatze (B)

Platinfarben	Beige	Blaufuchs
Platinblau (Silberton)	Blond	Kakaobraun
Rosenholzfarben	Silberbraun	Schwarz
Maulwurffarben	Rosa	Naturfarben

35. „Mandel“ (B, M)

(Handelsbezeichnung für Lämmer aus Spanien, Italien, Griechenland und anderen Balkanstaaten, Rußland, der Türkei und Indien. Diese Felle werden alle nach dem Färben behandelt, um die Locke zu entfernen)

Beige	**Skitafuchs	*Zibetkatze
Champagner	*Silberfuchs	*Skunk
Sandfarben	*Graufuchs	*Vielfraß
Kakaobraun	*Wolf	Violettblau
Pfirsichholzfarben	*Iltis	Gelbgrün
Silberfarben	**Silberiltis	Orangerot
Platinfarben	*Luchs	Weiß, naturfarben
Blauer Platinton (Silberton)	*Fischmarder	Streifeneffekte auf allen Schattierungen und Imitationen
Maulwurffarben	*Waschbär	
Schwarz	*australischer Opossum	
*Biber	*Mink	*Dachs
*Nutria	*Zobel	*Wombat
*Blaufuchs	*Steinmarder	*amerikanischer Opossum
*Rotfuchs	*Baummarder	**Murmel-Mink

36. Marder, japanischer (B, M)

*Mink	*Hudson-Bay-Zobel	*russischer Zobel

37. Baummarder (B, K)

Geblendet	Tönung wie russischer Zobel

38. Maulwurf (B, M)

Gespitzt (Leder gefärbt)	Braun (Biber)	Gelbgrün
Beige	Schwarz (Seal)	Orangerot
Goldbraun	Violettblau	

39. Mink, japanischer (M, B)

*Mink	Kakaobraun	**Kolinski
*Zobel	Beige	

40. Mufflon (Muflon) (B)

A. Weiß	B. Braun	C. Grau
Silberfarben	Platinfarben	Platinfarben
Platinfarben	Maulwurfsblau	Maulwurfsblau
Maulwurfsblau	Beige	Beige
Maulwurffarben	Champagnerfarben	Pfirsichholzfarben
Beige	Pfirsichholzfarben	Champagnerfarben
Champagnerfarben	Goldbraun	Kakaobraun
Sandfarben	Kakaobraun	Goldbraun
Pfirsichbraun	*Biber	*Biber
Kakaobraun	*Mink	*Mink
Goldbraun	*Baummarder	*Rotfuchs
*Biber	*Zobel	*Baummarder
*Baummarder	*Rotfuchs	*Zobel
*Mink	Schwarz	Schwarz
*Zobel	Braun, naturfarben	

A. Weiß (Fortsetzung)

*Rotfuchs	Schwarz	Weiß, naturfarben
*Iltis	Violettblau	Streifeneffekte von allen Farbtönungen
**Silberiltis	Gelbgrün	
*Wolf	Orangerot	

Alle Mufflons werden behandelt, um die Locke des Haars zu entfernen.

41. Murmeltier (B M)

Beige	*Kolinski	Sommerhermelin
*Mink, hell	*Zobel	Maulwurffarben
*Mink, dunkel	*Waschbär	

42. Muskrat (M, B)

Beige *Sommerhermelin Kakaobraun Goldbraun Blau platinfarben Maulwurffarben *Mink Naturfarben	auf Seiten und Rücken, langhaarig oder gerupft	Beige *Sommerhermelin Kakaobraun Goldbraun Platinfarben Maulwurffarben Naturfarben	auf Wammen, langhaarig oder gerupft

Seal auf gerupften und geschorenen Fellen

43. Nutria (M, B)

Beige	*Biber	*Seal
*Sommerhermelin	Maulwurffarben	Naturfarben
Goldbraun		

44. Opossum, amerikanischer (M, B)

Silberfarben	*Steinmarder	*Silberfuchs
Platinfarben	*Zobel	*Sitkafuchs
Beige	*Iltis	*Skunk
Pfirsichholzfarben	**Silberiltis	*Waschbär
Goldbraun	*Rotfuchs	Schwarz
*Baummarder	*Blaufuchs	Naturfarben

45. Opossum, australischer; Ringtail-Opossum (M, B)

Blond	*Zobel	*Nutria *Biber *Seal	auf geschorenen Fellen
Beige	Platinfarben		
Kakaobraun	Natürliches Blau auf rötlichen Fellen		
*Mink			

46. Otter (B, M)

Geblendet	*Seal

47. Polarhase, Schneehase, weißer Hase (B, M)

Perlgrau	Dunkelbraun	*Luchs auf Hasenwamme
Silberfarben	Schwarz	*Chinchilla (Haare kurz geschoren)
Platinfarben	*Zobel	Weiß, naturfarben
Fehgrau	*Baummarder	Violettblau
Maulwurffarben	*Iltis	Gelbgrün
Beige	**Silberiltis	Orangerot
Champagnerfarben	*Dachs	*Rotfuchs
Kakaobraun	*Blaufuchs	

48. Pahmi (B)

Beige	Kakaobraun	*Zobel
Silberfarben	*Mink	Naturfarben
Platinfarben	*Biber	

49. Persisches Lamm (Persianer) (M)

Schwarz

50. **Schakal** (B) (M)

Platinfarben
Blauer Platinton (Silberton)
*Waschbär
*Dachs
Maulwurffarben
Rosenholzfarben
Braun
Schwarz

51. **„Seal“, Seebär, Biberseehund** (M)

Schwarz (Seal-Farbe)
Kastaniengold
Campecheholzbraun
Bronzefarben
Otter
Beige

52. **Haarseehund** (Hair Seal) (M)

*Otter
Braun
Dunkelgrau
Schwarz
Naturfarben

53. **Junger Seehund** (Baby Seal) (M, B)

(Jungtiere verschiedener nordatlantischer Seehundarten)

Silberfarben
Platinfarben
Schiefergrau
Maulwurffarben
Schwarz
Beige
Goldbraun
Kakaobraun
**Kolinski
*Zobel
Biberbraun
Naturfarben
*Blaufuchs

54. **Skunk** (B)

Gespitzt (Leder gefärbt)
Schwarz
**Skitafuchs
*Naturfarbener Skunk
*Iltis
*Baummarder
*Zobel
*Vielfraß
Beige
Beige
Platinfarben
Kakaobraun
*Rotfuchs
*Blaufuchs
*Iltis
Violettblau
Gelbgrün
Orangerot

55. **Slinks, chinesische Riesenlammfelle** (M, B)

Silberfarben
Platinfarben
*Krimmer
Austergrau
Maulwurffarben
Blond
Beige
Champagnerfarben
Goldbraun
Kakaobraun
*Biber
*Nutria
Dunkelbraun
Schwarz
Naturfarben
Violettblau
Gelbgrün
Orangerot

56. **Suslik, Peschanik** (M, B)

Langhaarig:
**Silberiltis
*Fischmarder
Beige
Silberfarben
*Mink
*Zobel
*Muskrat
*Hermelin

Gerupft:
Beige
Goldbraun
*Sommerhermelin
Kakaobraun
Silberfarben
Platinfarben
Violettblau
Gelbgrün
Orangerot

57. **Tibet, Tibetziege** (B, K)

Gleiche Farbtöne wie bei „Mandel“ (Nr. 35)
Die Felle werden behandelt, um die Locke aus dem Haar zu entfernen.

58. **Vicuna** (B)

Gleiche Farbtöne wie für Guanako (Nr. 21)

59. **Vielfraß** (B)

Naturfarben
Schwarz

60. **Viscacha** (B)

*Mink
*Muskrat

61. Walaby (B)

Beige	Kakaobraun	Platinfarben
*Sommerhermelin	*Nutria	*Fischmarder
*Rotfuchs	*Biber	

Waschbär siehe unter Nr 4

62. Wiesel, chinesisches; chinesischer Mink (M, B)

Kakaobraun	**Kolinski	*östlicher Nerz	*Zobel

63. Wolf (Timperwolf, kanadischer Wolf, russischer und sibirischer Wolf; Koyote oder Präriewolf)

Perlgrau	Rosenholzfarben	Goldbraun
Platinfarben	Blaufuchs	Hudson-Bay-Blau
Blaue Platinfarbe (Silberton)	Rosa	Dunkelbraun
	Blond	Schwarz
Maulwurffarben	Beige	Naturfarben
Sitkafuchs	Ahornfarben	*Dachs

64. Zibetkatze (M, B)

Grau	*Iltis	Violettblau
Beige	*Baummarder	Gelbgrün
Kakaobraun	Naturfarben	Orangerot

65. Ziege (B)

auf weißen Fellen		
Silberfarben	Platinfarben (auf grauen Fellen)	Auf weißen geschorenen Fellen:
Platinfarben	Maulwurffarben (auf grauen Fellen)	*Sommerhermelin in Streifen
Maulwurffarben	Schwarz (auf grauen Fellen)	*Hairseal (Haarseehund)
Beige	Schwarz auf schwarzen Fellen	*Giraffe
Goldbraun	Auf schwarzen Fellen und Kreuzungen:	*Leopard
Kakaobraun	Dunkelbraun	*Alligator
*Blaufuchs	Schwarz	*Schlangenhauteffekte
Schwarz		*Dachs

66. Zobel, amerikanischer, kanadischer Marder (Marten) (B. K) (Hudson-Bay-Zobel) Geblendet auf Schattierungen des russischen Zobels.

Literaturzusammenstellung.

1. Ahern, A. M.: Fur facts. 1922.
2. Austin, W. E.: Fur dressing and fur dyeing. New York: D. van Nostrand Co. 1922.
3. Austin, W. E.: Fur dyes and fur dyeing in America. Ind. Eng. Chem. **18**, 1342 (1926).
4. Austin, W. E.: The rôle of chemistry in the fur industry. Amer. Dyestuff Rept. **16**, 367 (1927).
5. Baird, W. D.: The processing of furs. Amer. Dyestuff Rept. **15**, 115, 171 (1926).
6. Desmurs, G.: Tannage of rabbit skins and fur. J. Soc. Leather Trades Chem. **5**, 84 (1921).
7. Ermen, W. F. A.: Notes on fur dyeing. J. Soc. Dyers Colourists **37**, 168 (1921).
8. Genot, C.: Furs of animals — their identification and detection of imitations. J. Pharm. Belg. **6**, 225 (1924).
9. Goldman, M. H. u. C. C. Hubbard: Cleaning of fur and leather garments. Bureau of Standards, Techn. Paper Nr. 360 (1927).
10. Gouraud, P. U.: Erhaltung von Pelzfellen. Cuir techn. **11**, 513 (1922).
11. Kohnstein, B.: Das Gerben der Haarfelle — Pelze. Collegium **1920**, 581.
12. Laut, A. C.: The fur trade in America. New York: Macmillan Co. 1921.

13. Lawrie, L. G.: Fur dyeing. J. Soc. Dyers Colourists **39**, 242 (1923).
14. Mach, R.: Das Gerben, Zurichten und Färben von Pelzfellen. Gerber **53**, 61 (1927).
15. Meyer-Bremen, W.: Über den Zweck und die Aufgaben wissenschaftlicher Forschungsmethoden in der Rauchwarenfärberei und Rauchwarenzurichterei. Z. angew. Chem. **34**, 597 (1921).
16. Peterson, M.: The fur traders and fur bearing animals. Buffalo: The Hammond Press 1914.
17. Rogers, A.: Dressing and dyeing of furs. Proc. Amer. Ass. Text. Chem. Colorists **106** (1927).
18. Trotman, E. R.: Relation between the nitrogen of wool and its affinity for acid and basic dyes. J. Soc. Dyers Colourists **42**, 201 (1926).

36. Mikroskopische Prüfung von Haut und Leder.

Eins der nützlichsten Instrumente in der Gerberei ist das Mikroskop. Es ist ein unschätzbares Hilfsmittel, nicht nur beim Studium des Mechanismus der bekannten Prozesse, sondern auch bei der Ausarbeitung neuer Verfahren nach der Aufdeckung von Fehlern an Haut und Leder. Möglichst früh sollte der Leder-Chemiker sich darum mit dem Mikroskop vertraut machen. Das Mikroskop ist von großem Nutzen bei der Prüfung von Haut und Leder auf Bakterien und Schädlinge wie für die Untersuchung der verschiedensten bei der Lederfabrikation benutzten Materialien, bei weitem die größte Bedeutung kommt ihm aber für die Prüfung der rohen Haut und des Leders in den verschiedensten Phasen der Herstellung zu.

Das folgende Kapitel enthält eine kurze Beschreibung des Mikroskops, der Methoden der Herstellung und Färbung von Haut- und Lederschnitten und ihrer photographischen Aufnahme. Für die Beschreibung der optischen Hilfsmittel für die mikroskopische Prüfung von Haut und Leder sind die deutschen Bearbeiter der Firma Ernst Leitz, optische Werke Wetzlar, zu großem Dank verpflichtet.

a) Das Mikroskop.

Das in Abb. 343 wiedergegebene Mikroskop hat sich für Lederuntersuchungen bewährt. Über seine einzelnen Teile gelten folgende Bemerkungen.

Die mechanischen Teile des Mikroskops setzen sich zusammen aus: Mikroskopfuß, Säule mit Kippung, Mikroskoptisch, den beiden Einstellungen, Revolver, Tubus und Tubusauszug.

Die optischen Teile bestehen aus:

Objektiven und Okularen, Spiegel und Beleuchtungsapparat.

Der Fuß: er muß so beschaffen sein, daß das Mikroskop, auch wenn es zum bequemeren Arbeiten gekippt ist, seine Standfestigkeit bewahrt.

Die Säule: sie ist geschweift; der Tisch gewinnt dadurch einen größeren freien Raum und eignet sich zur Aufnahme größerer Objekte, Schalen usw. Außerdem bietet die Säule eine bequeme Handhabe zum Transport des Instrumentes.

Der Tisch: er ist rund, dreh- und zentrierbar. Diese Einrichtung erleichtert die Durchsuchung des Präparates. Handelt es sich aber um größere Präparate, die man planmäßig durchsuchen will, so leistet ein beweglicher Objekttisch (Abb. 344) vorzügliche Dienste. Durch die Befestigung des Tisches am Mikroskop mittels Keil und Nute und einer Kopfschraube kommt der Tisch beim Wiederaufsetzen stets wieder an die gleiche Stelle. Dadurch ist die Möglichkeit geboten, immer wieder

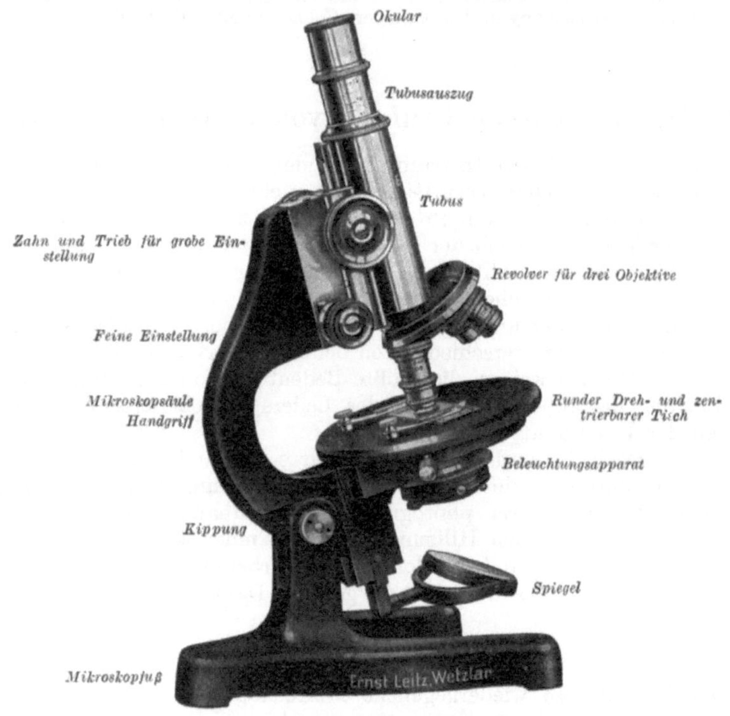

Abb. 343. Laboratoriums-Mikroskop.

dieselbe Stelle des Präparats, die man mit Hilfe der Teilungen vermerkt hat, wiederzufinden. Der Tisch läßt sich in zwei zueinander senkrechten Richtungen bewegen. Die Vorwärts- und Rückwärtsbewegung erfolgt durch Zahntrieb, die seitliche durch eine Spindelschraube. Die Stellung des Tisches wird an Millimeterteilungen, die mit Nonien zur Ablesung von $^1/_{10}$ mm versehen sind, abgelesen.

Der Tubus und Tubusauszug: Letzterer ist mit einer Teilung versehen, welche die Länge des ganzen Tubus anzeigt. Die normale Tubuslänge, auf welche die Objektive korrigiert sind, beträgt 170 mm. Durch die Verlängerung des Tubus wird die Vergrößerung gesteigert.

Der Revolver mit den Objekten: Durch Drehung des Revolvers wird ein schneller Wechsel der Objektive erreicht. Die Objektive sind so abgestimmt, daß die einmal gewonnene Einstellung des Objekts auch beim Wechsel der Objektive erhalten bleibt.

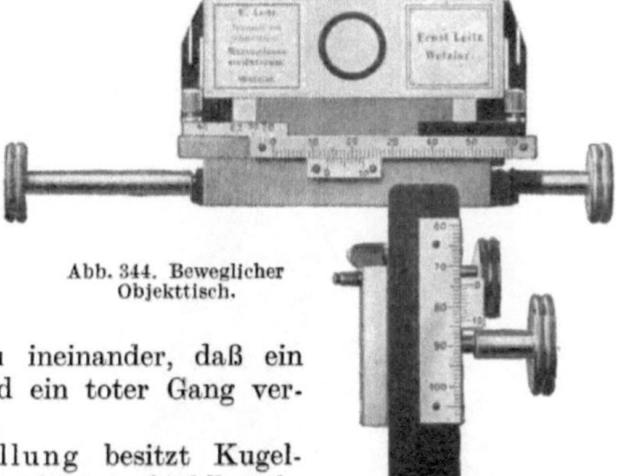

Abb. 344. Beweglicher Objekttisch.

Die grobe Einstellung wird durch eine Zahn- und Triebeinrichtung bewirkt. Zahnrad und Triebstange greifen mit ihren schiefgeschnittenen Zähnen so genau ineinander, daß ein leichter Gang erzielt und ein toter Gang vermieden wird.

Die feine Einstellung besitzt Kugelführung, bei der polierte gehärtete Stahlkugeln auf gehärteten Stahlbahnen laufen. Diese Kugelführung beschränkt die Reibung auf das geringste Maß und macht die Einstellung unabhängig von dem Schmiermittel und dadurch unbeeinflußbar von Kälte und von Hitze. Der in Abb. 345 wiedergegebene Längsschnitt durch das Mikroskop bietet einen Einblick in den mechanischen Bau der feinen Einstellung und läßt die Triebbewegung und die Kugellagerung der Gleitflächen erkennen.

α) Die Optik.

1. Die Brennweite einer Linse und eines Systems von Linsen.

In der Optik versteht man unter einer Linse einen Glaskörper, der von zwei Kugelflächen begrenzt ist. Die Verbindung der beiden Kugelmittelpunkte M_1 und M_2 heißt: die optische Achse. Sie schneidet die Kugelflächen in den Scheitelpunkten S_1 und S_2. Der Abstand S_1S_2 heißt die Linsendicke. Parallel und nahe der Achse einfallende Strahlen vereinigen sich nach dem Durchgang durch die Linse in einem Punkt, dem Brennpunkt der Linse (F_2).

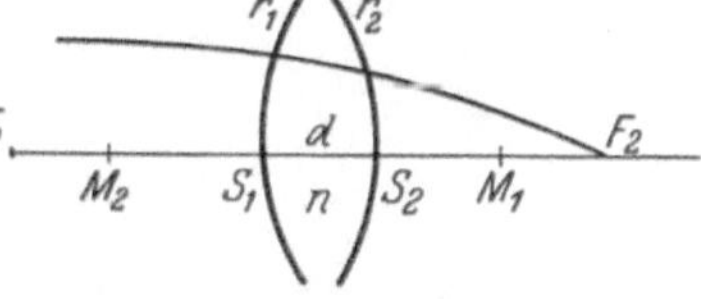

Der Abstand des Brennpunktes vom Scheitel der Linse heißt bei Linsen, deren Dicke verschwindend dünn sind, die Brennweite der Linse (S_2F_2). Von dieser, bei optischen Instrumenten so wichtigen Größe, hängt die Vergrößerung der Linse ab. Die Brennweite (f) einer solchen Linse ist von den Radien (r_1 und r_1) der Kugelflächen und dem Brechungsexponent (n) des Glases abhängig und berechnet sich nach folgender Formel

$$\frac{1}{f} = (n-1)\left(\frac{1}{r_1} - \frac{1}{r_2}\right).$$

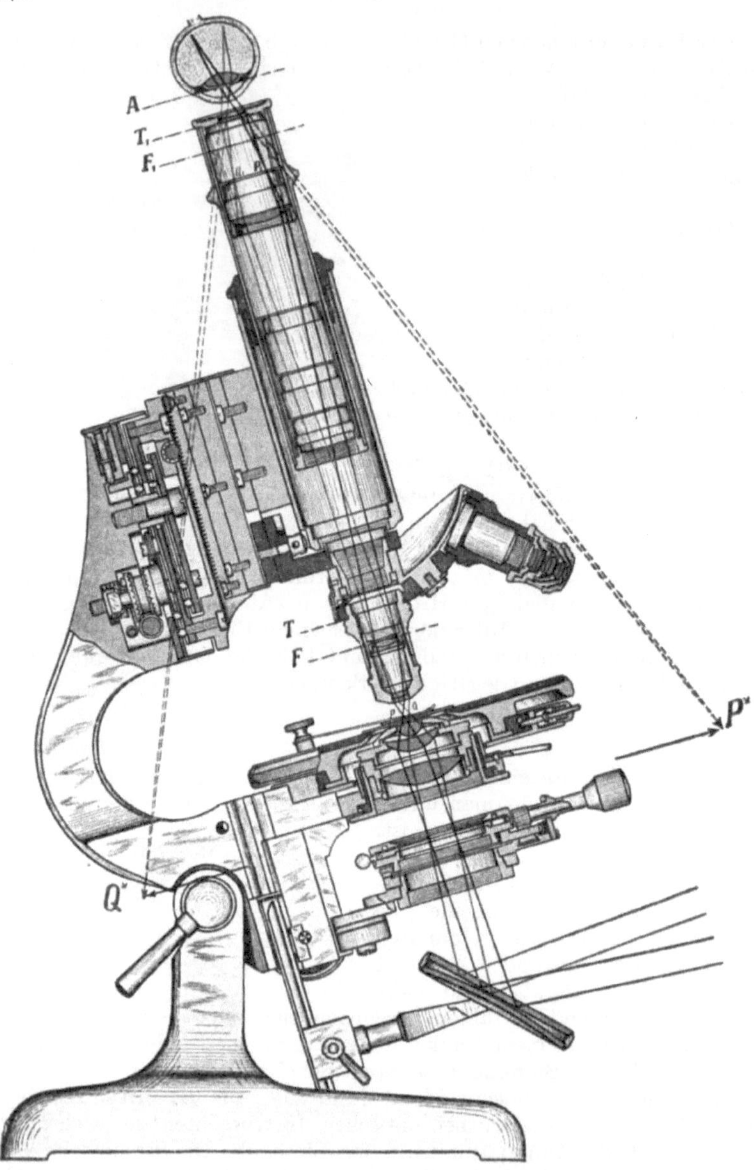

Abb. 345. Der Strahlengang im Mikroskop.

Für ein Mikroskop-Objektiv, das aus einem System von Linsen besteht, ist die Berechnung der Brennweiten um so verwickelter, je größer die Zahl der Linsen ist, aus denen das Objektiv besteht.

β) Die Grundgesetze der Optik.

Jedes Linsensystem besitzt zwei Brennpunkte, einen vorderen F_1 und einen hinteren F_2. Ihre Entfernung von dem Scheitel des Systems kann man experimentell bestimmen, wenn man die Sonnenstrahlen parallel der optischen Achse einfallen läßt. Das Sonnenbildchen liegt in dem Brennpunkt. Sind F_1 und F_2 die beiden Brennpunkte des optischen Systems AB und f_1 und f_2 die zugehörigen Brennweiten, x_1 und x_2 die Entfernungen des Objektes y_1, und des Bildes y_2 von dem Brennpunkt F_1 und F_2, so ergeben sich folgende ungemein einfachen Beziehungen

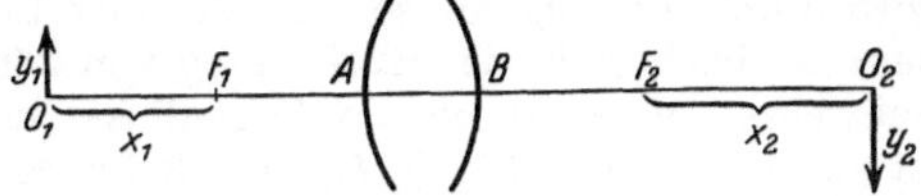

$$x_1 x_2 = f_1 \cdot f_2 , \tag{1}$$

$$\frac{y_2}{y_1} = \frac{f_1}{x_1} , \tag{2}$$

$$\frac{y_2}{y_1} = \frac{x_2}{f_2} .$$

Aus der Formel (1) läßt sich bei gegebenen Brennweiten die Lage des Objekts und Bildes, d. h. ihre Abstände von den Brennpunkten, berechnen.

In der Formel (2) ist das Verhältnis von Bild zu Objekt, die Vergrößerung des Objektivs, gegeben. Sie wird bestimmt entweder durch Brennweite dividiert durch den Abstand des Objekts vom vorderen Brennpunkt oder als Quotient, dessen Zähler der Abstand des Bildes von dem hinteren Brennpunkt und dessen Nenner die hintere Brennweite ist. Der Bildabstand des Bildes von dem hinteren Brennpunkt F_2O_2, auch Bildweite genannt, führt beim Mikroskop noch den besonderen Namen optische Tubuslänge. In der Mikroskopie wird der Satz von der Vergrößerung der Objektive formuliert als Quotient: optische Tubuslänge durch die Brennweite.

γ) Der Strahlengang im Mikroskop.

Die Verfolgung der beleuchtenden und abbildenden Strahlen im Mikroskop gibt eine gute Vorstellung von den optischen Vorgängen im Mikroskop. Sie gewährt einen Einblick in die Entstehung der Bilder, die durch das Objektiv und das Okular zustande kommen, und gibt Aufschluß über ihre Lage und ihre Größe. Die Betrachtung geht aus von dem Objektiv PQ, und zwar werden zuerst die abbildenden Strahlen verfolgt. Von den Strahlenbündeln, die von dem Objekt PQ ausgehen, sind nur die der äußersten Punkte P und Q des überblickten Sehfeldes gezeichnet, und zwar nur die beiden äußersten das Bündel begrenzenden Strahlen, die noch in das Objektiv eintreten können. Nach dem Austritt aus dem Objektiv vereinigen sich die Strahlen der beiden schmalen Büschel in zwei am Rande der Ebene F_1 liegenden Punkten. Dort kommt ein reelles vergrößertes Bild des Objektes PQ zustande, das man nach Entfernung des Okulars an dieser Stelle beobachten und auf einer Mattscheibe auffangen kann. Setzt man aber das Okular ein, so werden durch die untere Linse, das Kollektiv des Okulars, die Büschel so abgelenkt, daß ihre Schnittpunkte nun in der Blendenebene des Okulars liegen, in der das reelle Bild $Q_1 P_1$ des Objektivs PQ entsteht. Das Bild in der Blende ist umgekehrt wie die Punkte PQ zeigen, deren Lage verglichen mit der der Punkte PQ zur Achse vertauscht ist. Dieses Bild in der Blende wird durch die Augenlinse wie mit einer Lupe betrachtet und erscheint dem Beobachter in der Entfernung von 250 mm, d. h. in der normalen Sehweite. Dieses durch die Augenlinse zustandekommende Bild $Q^x P^x$ ist ebenso wie das Bild $Q_1 P_1$ umgekehrt zu dem Objekt PQ. Durch den Rand der Blende, der zugleich mit dem Bild abgebildet wird, erhält dasselbe eine scharfe Umgrenzung.

Das Auge des Beobachters befindet sich über der Augenlinse im Schnittpunkt der Strahlenbündel (Δ). Dieser Ort heißt die Austrittspupille des Mikroskops oder der Augenpunkt. Er darf weder zu hoch noch zu tief liegen, damit das Auge bequem das Bild zu überschauen vermag.

Die Entfernung der hinteren Brennebene F des Objektivs von der vorderen Brennebene F_1 des Okulars bezeichnet man als die optische Tubuslänge ($F F_1 = \Delta$) des Objektivs. Die mechanische Tubuslänge ist die Entfernung $T T_1$. Ist f_1 die Brennweite des Objektivs, so ist die Vergrößerung des von ihm entworfenen Bildes nach dem obenerwähnten Kardinalsatz (2)

$$\frac{\Delta}{f_1}.$$

Diese Größe wird als die Eigenvergrößerung des Objektivs bezeichnet.

Auf Grund des gleichen Satzes erhält man für das zweite vom Okular mit der Brennweite f_2 entworfene Bild, das in der Bildweite von 250 mm liegt, die Vergrößerung

$$\frac{250}{f_2}.$$

Diese Größe heißt die Eigenvergrößerung des Okulars.

Die Gesamtvergrößerung des Mikroskops ist das Produkt der Eigenvergrößerung des Objektivs und des Okulars. Demnach erhält man für die Gesamtvergrößerung des Mikroskops V den Wert

$$V = \frac{\Delta}{f_1} \times \frac{250}{f_2}.$$

Damit der Mikroskopiker sich leicht über die Vergrößerung unterrichten kann, die er im Mikroskop bei der optischen Tubuslänge von 170 mm und der normalen Sehweite von 250 mm erhält, sind die Eigenvergrößerungen des Objektivs und des Okulares auf der Fassung beider optischer Apparate eingraviert. Die erforderliche Multiplikation ist noch dadurch erleichtert, daß man für die Eigenvergrößerungen des Objektivs und des Okulars abgerundete Größen gewählt hat.

Auch die beleuchtenden Strahlen sind auf der Zeichnung des Strahlengangs dargestellt. Man hat zwei von einer fernen Lichtquelle, etwa hellen Wolken, ausgehende Lichtbündel gewählt. Sie werden durch den Planspiegel dem Kondensor zugelenkt und in der Brennebene des Kondensors, die in der Objektebene liegt, in den Punkten P und Q vereinigt. Sie durchdringen von diesen Punkten aus gleich den abbildenden und schon verfolgten Strahlen das Objektiv in seiner vollen Öffnung. Die Irisblende zwischen Spiegel und Kondensor reguliert die Öffnung des beleuchtenden Lichtkegels und paßt ihn der Öffnung des Objektivs an.

δ) Das Objektiv.

Je nach der Vergrößerung, die erzielt werden soll, nach dem Grad seiner Leistung, die erst durch die feinste Korrektion und die Beseitigung aller Fehler erreicht wird, setzt sich das Mikroskop-Objektiv aus einem mehr oder minder komplizierten System von Linsen zusammen. An ein gutes Objektiv werden folgende Anforderungen gestellt: es muß frei sein von sphärischer Abweichung, es muß farbenrein sein und muß Bilder ergeben, welche von der Mitte bis zum Rand scharf, eben und unverzerrt sind.

Die sphärische Abweichung besteht darin, daß von einem Punkt des Objekts ausgehende Strahlen sich nicht wieder in einem Punkt des Bildes vereinigen, sondern kleine Zerstreuungskreise bilden. Farbenrein ist das Bild, wenn die Farbenzerstreuung, die beim Durchgang jedes Lichtstrahls durch Glas auftritt, beseitigt ist. Dies geschieht durch die Einführung von Doppellinsen und dreifachen Linsensätzen, die aus verkitteten Kron- und Flintgläsern bestehen. Werden höhere Anforderungen an die Farbenkorrektion gestellt, wie dies vorzüglich bei Beobachtungen im Dunkelfeld geschieht, so wird außer Gläsern noch der Fluorit (Flußspat) verwendet. Solche Objektive sind die Fluoritsysteme und Apochromate. Die nur aus Gläsern bestehenden Mikroskopobjektive sind aber die eigentlichen Arbeitssysteme geblieben und reichen für sämtliche Untersuchungen aus, zumal auch ihre Farbenkorrektion durch die Einführung der vorzüglichen optischen Gläser, welche heute die glastechnischen Institute herstellen, auf einer hohen Stufe der Vollendung auch in Hinsicht auf Farbenreinheit stehen. Liefert das Objektiv durch die Beseitigung der sphärischen und chromatischen Abweichung schon gute Bilder, erscheinen aber Mitte und Rand nicht zugleich scharf, so sind solche Objektive noch für subjektive Beobachtungen geeignet, wenn nur die verschiedenen Zonen der Bilder durch den Wechsel der Einstellung nacheinander scharf erscheinen. Aber seitdem die Mikrophotographie immer mehr Eingang in die Mikroskopie gefunden hat, reichten solche Objektive nicht mehr aus. Die modernen Objektive müssen noch die Bedingung erfüllen, daß nur eine scharfe Einstellung für Mitte und Rand besteht. Außerdem muß das Objektiv unverzerrte und dem Objekt ähnliche Bilder liefern. Ob diese Bedingung erfüllt ist, läßt sich durch ein Objektnetzmikrometer am sichersten prüfen.

Achromate, Fluorsysteme und Apochromate erfüllen in gleichem Maße die in Hinsicht der Ebnung an sie gestellten Anforderungen. Die schwierige Aufgabe der Einebnung der Bilder des Objektivs wird aber dadurch erleichtert, daß auch das Okular, wie noch weiter auszuführen ist, zur Erfüllung dieses Zieles wesentlich beizutragen vermag. — Die optische Tubuslänge, bei denen die Objektive die besten Bilder liefern, muß besonders bei stärkeren Objektiven genau eingehalten werden; sie beträgt 170 mm. Über den Bau der Mikroskop-Objektive sollen folgende kurze Angaben Aufschluß geben.

Die *schwächsten* Objektive bestehen nur aus *einer* verkitteten Doppellinse, stärkere bedürfen schon zwei solcher Doppellinsen. Das in Abb. 346 dargestellte Objektiv zeigt eine solche Konstruktion, die für Objektive mittlerer Vergrößerung typisch ist. *Stärkere Objektive* erhalten als Frontlinse eine Halbkugel, zu der noch in der Regel zwei Doppellinsen hinzutreten (Abb. 347).

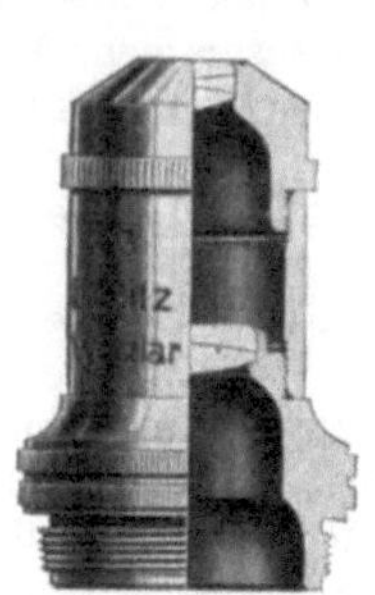

Abb. 346. Schwaches Objektiv.

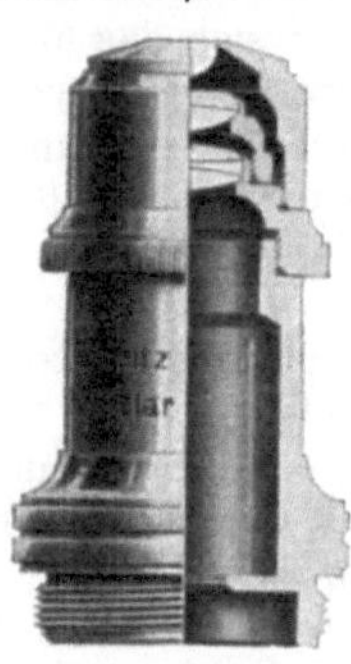

Abb. 347. Starkes Objektiv.

Abb. 348. Immersions-Objektiv.

Das in Abb. 347 wiedergegebene Objektiv bietet in seinem Querschnitt einen Einblick in eine solche Konstruktion. Die Korrektion der starken Trockensysteme erschwert sich noch dadurch, daß auch das Deckglas, durch das eine Strahlenablenkung herbeigeführt wird, bei der Berechnung des Objektivs berücksichtigt werden muß. Diese sog. *Deckglaskorrektion* ist aber nur bei einer bestimmten Deckglasdicke erreicht, die gewöhnlich 0,17 mm beträgt. Von den Trockensystemen unterscheiden sich *Immersions-Objektive* (Abb. 348) dadurch, daß die Verbindung zwischen Deckglas und Objektiv nicht Luft, sondern eine Flüssigkeit bildet. Als Immersionsflüssigkeit kommt heute fast ausschließlich Cedernöl in Frage, dessen Brechung gleich der des Deckglases ist. Der Vorteil einer solchen homogenen Ölimmersion besteht darin, daß die Strahlenablenkung am Deckglas vermieden wird. Hierdurch wird nicht nur eine größere Helligkeit und ein höheres Auflösungsvermögen erzielt, sondern auch jede Deckglaskorrektion überflüssig. Das Objektiv unterscheidet sich dadurch von den starken Trockensystemen, daß zu der Fronthalbkugel noch ein Meniscus tritt.

Die Auflösung und Helligkeit der Objektive werden nach der Größe der *numerischen Apertur* bemessen. Der Ausdruck für diese Größe lautet:

$$a = n \sin u\,.$$

n ist der Brechungsexponent des Mediums zwischen Objektiv und Deckglas:

also bei Trockensystemen (für Luft) $n = 1$
und bei Ölimmersionen (für Cedernöl) $n = 1{,}51$.

u ist der halbe Öffnungswinkel des Lichtkegels, der in das Objektiv gelangt. In der Formel $a = n \sin u$ kommt die Überlegenheit der Ölimmersion gegenüber den Trockensystemen deutlich zum Ausdruck. Das Ölimmersionssystem dient vorzugsweise zur Untersuchung von Bakterien.

ε) Die Okulare.

Das Okular bildet mit dem Objektiv das zusammengesetzte Mikroskop. Den Ort des Okulars im Tubus zeigt die Abb. 345. Das Okular ist ein verhältnismäßig einfacher optischer Apparat. Es kommen im allgemeinen zwei verschiedene Okulare zur Verwendung: das Huyghenssche und das periplanatische Okular. Das erstere, schon von Huyghens empfohlen, besteht aus zwei einfachen plankonvexen Linsen, welche ihre konvexen Seiten dem Objekt zukehren. Zwischen beiden befindet sich die Blende. Das periplanatische Okular unterscheidet sich von dem Huyghensschen nur durch die Augenlinse, welche eine Doppellinse ist. Das Okular dient dazu, das kleine vom Objektiv entworfene Bild nochmals zu vergrößern. Daß die Anforderungen an die sphärische und chromatische Korrektion beim Okular wesentlich andere und geringere sind als beim Objektiv, läßt sich schon aus dem Strahlengang (s. Abb. 345) entnehmen. Während die vom Objekt ausgehenden Lichtbündel das Objektiv in seiner ganzen Öffnung durchsetzen, trifft das in größerem Abstand vom Objektiv immer schmäler werdende Lichtbündel nur einen verschwindend kleinen Teil zunächst der Kollektiv- und weiter der Augenlinse des Okulars. Die außerordentliche Schmalheit des Bündels macht eine sphärische und chromatische Korrektion innerhalb derselben überflüssig und zwecklos. Aber es bleiben dem Okular neben der Vergrößerung des Bildes noch zwei wichtige Bedingungen zu erfüllen.

1. Die Bilder müssen unverzerrt und eben sein.
2. Die Vergrößerungen müssen für die verschiedenen Farben gleich sein.

Die zweite Bedingung ist erfüllt durch die Konstruktion des Okulars sowohl des Huyghensschen als auch des in dieser Hinsicht gleichgebauten periplanatischen Okulars; diese Bedingung fordert, daß die Entfernung der Augen- und Kollektivlinse gleich ist der halben Summe ihrer Brennweite. Auf die Frage, inwieweit die beiden Okulare, das Huyghenssche und periplanatische der ersten Forderung, der Erzielung eines unverzerrten und ebenen Bildes, entsprechen, muß etwas näher eingegangen werden. Das allein vom Objektiv entworfene Bild ist entweder eben oder verzerrt. Eben sind die schwächeren und mittelstarken achromatischen Objektive bis zu etwa 30facher Eigenvergrößerung. Dem Okular fällt für diese Objektive die Aufgabe zu, diese vorzügliche Ebnung und Unverzerrtheit auch in der Vergrößerung wiederzugeben. Es besteht nun die bemerkenswerte Leistung der so einfach gebauten Huyghensschen Okulare darin, daß sie diese Forderung tadellos erfüllen. Anders verhält es sich mit den stärkeren Objektiven. Die mit diesen Objektiven in Verbindung mit den Huyghensschen Okularen erhaltenen Bilder sind verzerrt und uneben. Die geraden Linien eines Netzmikrometers erscheinen im Bild kissenförmig eingezogen. Die Beseitigung dieses stark störenden Fehlers ist Aufgabe der periplanatischen Okulare (Abb. 349). Der planmäßige Ausbau der genannten Okulare zur Erreichung dieses Zieles bedeutete einen großen Fortschritt in der praktischen Optik. Diese Okulare leisten also vorzügliche Dienste bei stärkeren achromatischen Objektiven von einer Eigenvergrößerung über 30 ×. In hervorragendem Maße haben diese Okulare zur Einebnung der von den Apochromaten entworfenen Bilder beigetragen. Dieser Erfolg ist noch ganz besonders bei den Apochromaten in der Mikrophotographie zur Geltung gekommen. In der Regel werden an demselben Mikroskop mehrere Okulare verwandt. Die Huyghensschen und periplanatischen Okulare sind so abgestimmt, daß die mit einem Okular erzielte Einstellung beim Wechsel der Okulare erhalten bleibt. Ihre Eigenvergrößerungen sind abgerundete Werte 4, 5, 6 und deren Mehrfaches. Diese Werte dienen zugleich zu ihrer Bezeichnung. Die angegebene Kombination der Apochromate und Achromate mit den passenden Okularen, den Huyghensschen und periplanatischen, ist wie für alle gebräuchlichen mikroskopischen Untersuchungen so auch für mikrophotographische Aufnahmen in gleich vollkommener Weise geeignet. Der Mikrophotograph bedarf also für seine Zwecke keiner besonderen Optik (vgl. unten das Kapitel über Mikrophotographie).

Abb. 349. Periplanatisches Okular.

Tabelle 137.

Achromatische Objektive			Gesamtvergrößerung Tubuslänge 170 mm Bildweite 250 mm						Objekt. Gesichtsfeld mittlerer Wert mm
Bezeichnung	Brennweite mm	Eigenvergrößg. ×	Huyghenssche Okulare						
			4 ×	5 ×	6 ×	8 ×	10 ×	12 ×	
1	40	3,2	13	16	19	26	32	38	7
1b	32	4,3	17	22	26	34	43	52	4
3	16	10	40	50	60	80	100	120	2,1
4	9	20	80	100	120	160	200	240	1,1
			Periplanatische Okulare						
			4 ×	5 ×	6 ×	8 ×	10 ×	12 ×	
6	4	45	180	225	270	360	450	540	0,5
7	3	62	250	310	375	500	620	750	0,35
Öl-Immersion									
1/12	1,8	100	400	500	600	800	1000	1200	0,22

Die Tabelle 137 gibt eine Auswahl der gebräuchlichsten Objektive und Okulare, ihre Eigenvergrößerungen und die Gesamtvergrößerungen, die berechnet sind für die Tubuslänge von 170 mm und die Sehweite bzw. Bildweite von 250 mm. Die für das objektive Sehfeld angegebenen Zahlen sind Höchstwerte, die nur bei den schwächsten Okularen erreicht werden. Die Gesamtvergrößerung für andere Bildweiten, wie sie bei der Projektion, beim Zeichnen und in der Mikrophotographie auftreten, erhält man, wenn man die in der Tabelle gegebene Gesamtvergrößerung mit der gewünschten Bildweite multipliziert und durch 250 dividiert. Diese Bildweiten rechnen bei der Projektion vom Okular bis zum Projektionsschirm, bei der Mikrophotographie vom Okular bis zur Mattscheibe und beim Zeichnen vom Okular bis zur Zeichenfläche.

Ist z. B. eine Bildweite von 150 mm in der Mikrophotographie bei dem Objektiv 3 und Okular 8 × gewählt, so erhält man $80 \times \frac{150}{250} = 48 \times$.

ζ) Die binokulare Prismenlupe für schwache Vergrößerungen.

Während stärkere Vergrößerungen, wie sie das zusammengesetzte Mikroskop liefert, meist zur Untersuchung von Lederschnitten oder Bakterienpräparaten im durchfallenden Licht dienen, verwendet man zur Untersuchung der Oberflächenbeschaffenheit größerer Lederstücke im auffallenden Licht mit Vorteil eine binokulare Prismenlupe, wie sie in Abb. 350 wiedergegeben ist. Die binokulare Lupe liefert, wie die einfache Lupe, aufrechte Bilder; was sie aber vor dieser auszeichnet, ist der Vorteil der Beobachtung mit beiden Augen, das bequeme Arbeiten infolge des großen Abstandes des Auges vom Objekt, das große und ebene Gesichtsfeld. Dazu kommt noch die Möglichkeit, mit dieser Lupe, wie mit dem zusammengesetzten Mikroskop, Messungen vorzunehmen und mikrophotographische Aufnahmen zu machen. Die Einstellung der Objekte geschieht durch Zahntriebeinrichtung. Bei Lederuntersuchungen kann der Fuß des Instruments unmittelbar auf das Leder gestellt werden. Die Lupe wird mit vier Okularpaaren ausgestattet. Die mit diesen Okularen, in Verbindung mit dem Objektiv erzielten Vergrößerungen, Sehfeld und Arbeitsabstand sind aus der Tabelle 138 zu ersehen.

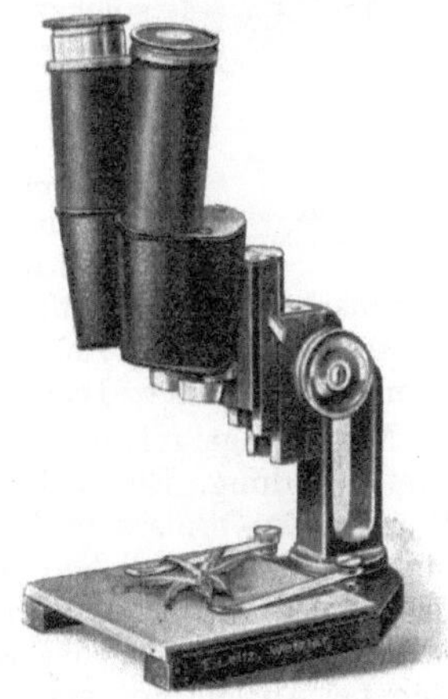

Abb. 350. Binokulare Prismenlupe.

Tabelle 138.

Okularpaare	*a* 5	*a* 10	*a* 15	*a* 20
Vergrößerung	3½ ×	7 ×	10½ ×	14 ×
Seafeld	45 mm	30 mm	21 mm	13 mm
Arbeitsabstand	144 mm	144 mm	144 mm	144 mm

η) Mikroskopische Messungen am Mikroskop.

Für Messungen an mikroskopischen Objekten dienen die Mikrometer. Man unterscheidet zwei Arten von Mikrometern, das Objektmikrometer und das Okularmikrometer. Das Wesen des Objektmikrometers besteht in einer feinen Teilung, die auf einem Glasscheibchen von der Dicke und Größe eines Deckglases eingeritzt oder auf photographischem Wege hergestellt ist. Dieses Gläschen wird auf einen Objektträger aufgekittet. Die mikrometrische Teilung kann wie jedes andere Objekt im Mikroskop betrachtet werden. Gewöhnlich umfaßt die Teilung 1 mm, der in 100 Teile oder 2 mm, die in 200 Teile geteilt sind. Ein Intervall beträgt also $^1/_{100}$ mm.

Das Okularmikrometer ist ein Glasscheibchen mit Teilung, das in einen Metallrahmen gefaßt ist und auf die Blende des Okulars aufgelegt wird. Die Teilung, die das Glasplättchen trägt, ist gewöhnlich photographiert; sie besteht in der Regel in 10 mm, die in 100 Teile zerlegt sind. Der Wert dieses Intervalls liegt aber nicht der Messung zugrunde, wie man sogleich erkennen wird. Bequemer ist es, wenn das Okularmikrometer fest in der Blende eines Okulars gefaßt ist. Ein solches eigens für Meßzwecke verwandtes Okular wird Mikrometerokular genannt. Die Augenlinse dieses Okulars läßt sich auf die Skala scharf einstellen; die Skala selbst läßt sich auf Wunsch durch eine Schraube in ihrer Längsrichtung verschieben (s. Abb. 351). Die Messung eines mikroskopischen Objekts kann man nicht direkt vornehmen, indem man wie bei größeren Gegenständen einen Maßstab unmittelbar an denselben anlegt. Die Messung geschieht vielmehr am Mikroskop auf dem Umweg über das Okularmikrometer. Das Verfahren ist das folgende:

Abb. 351. Okular-Mikrometer.

Man bringt mit einem Objektiv die Teilung des Objektmikrometers zur Abbildung. Ein reelles Bild des Mikrometers erscheint dann in der Blende des Okulars und dieses Bild kann mit der Teilung des Okularmikrometers verglichen werden. Diejenige Länge des Objektmikrometers, die in der Okularblende abgebildet einem Intervall des Okularmikrometers entspricht, heißt Mikrometerwert. Diese Werte verändern sich bei Anwendung verschiedener Tubuslängen und verschiedener Okulare. Man bezieht sie in der Regel auf die Tubuslänge von 170 mm. Die Mikrometerwerte werden gewöhnlich in der mikroskopischen Meßeinheit

Tabelle 139.

Achromatische Objektive	Mikrometerwerte gemessen mit Huyghens-Okular 6 × μ	Achromatische Objektive	Mikrometerwerte gemessen mit peripl. Okular 6 × μ
1	49	6	3,6
1b	37	7	2,5
3	15,6	Öl-Imm. $^1/_{12}$	1,6
4	8		

$\mu = 0{,}001$ mm angegeben. — Die Mikrometerwerte für die obengenannten achromatischen Objektive 1, 1b, 3, 4, 6, 7 und Ölimmersion $^1/_{12}$ gemessen bei Tubuslänge 170 mm mit den Huyghensschen bzw. periplanatischen Okular 6× sind aus folgender Tabelle 139 zu entnehmen.

Beispiel: ein Objekt deckt mit Objektiv 3 und Huyghens-Okular 6× betrachtet bei 170 mm Tubuslänge 12,5 Intervalle des Objektmikrometers.

Die Länge beträgt demnach

$$12{,}5 \times 15{,}6\,\mu = 195\,\mu\,.$$

ϑ) Der Kondensor.

Zur Beleuchtung des Präparats bei schwächsten Vergrößerungen genügt der Planspiegel, bei schon etwas stärker vergrößernden Objektiven wird man sich des Hohlspiegels bedienen. Bei starken Trockensystemen und Ölimmersions-Objektiven kommt der Kondensor zur Verwendung, in der Regel in Verbindung mit dem Planspiegel. Der Kondensor besteht entweder aus zwei oder drei einfachen Sammellinsen; eine sphärische und chromatische Korrektion des Kondensors ist für gewöhnliches mikroskopisches Arbeiten überflüssig. Der zweifache Kondensor besitzt eine numerische Apertur von 1,20, der dreifache von 1,40

Abb. 352. Zweifacher Kondensor.

Abb. 353. Dreifacher Kondensor.

(s. Abb. 352 und 353). Eine wichtige Bedingung, die der Kondensor erfüllen muß, besteht darin, daß der Brennpunkt hoch genug über der Frontlinse liegt, damit man den Lichtpunkt des Lichtkegels auch bei dickeren Objektträgern in die Objektebene verlegen kann. Für diese Fokussierung ist ein Zahntriebwerk an dem Halter des Kondensors von großem Vorteil. Ganz unentbehrlich für die richtige Ausnutzung des Kondensors ist die Irisblende. Sie sitzt unter der Fassung des Kondensors und läßt sich mittels eines Knopfes öffnen und schließen. Je weiter die Öffnung der Irisblende ist, desto größer ist die Apertur des Lichtkegels, der bei der Beleuchtung wirksam wird. Der Zweck der Irisblende besteht also darin, die Apertur des Lichtkegels zu regulieren und die für die jeweiligen Objektive passenden Aperturen zu schaffen. Der Lichtkegel soll so groß sein, daß er das Objektiv in seiner vollen Öffnung durchdringt. Von dem richtigen Gebrauch der Irisblende kann man sich überzeugen, wenn man das Okular entfernt und in den offenen Tubus blickt. Man sieht dann in der Höhe der hinteren Linse des Objektivs ein Bild der Irisblende. Diese öffnet man so weit, daß ihr Rand sich gerade mit dem des Objektivs deckt. Die Apertur, die in diesem Fall der Kondensor gibt, stimmt dann genau mit der des Objektivs überein. Diese Apertur des Kondensors wird man im allgemeinen nicht überschreiten, wohl aber wird man versuchen, durch Schließen der Irisblende etwa auf ¾ oder ½ der freien Öffnung der Hinterlinse des Objektivs, gewisse Strukturen stärker hervortreten zu lassen oder die Tiefenschärfe des Bildes zu erhöhen. Bei diesen Untersuchungen tritt der Vorteil im Gebrauch einer Irisblende ganz besonders stark ins Auge, durch die es möglich wird, die Wirkung verschiedener Öffnungswinkel so bequem nebeneinander im Bild zu prüfen. Um durch gefärbtes Licht noch gewisse günstige Effekte im Bild zu erreichen, was sich besonders bei mikrophotographischen Aufnahmen geltend macht, bedient man sich der Farbgläser, die auf den Ring unter dem Kondensor aufgelegt werden. Will man die Grellheit des künstlichen Lichtes dämpfen oder stärker zerstreutes Licht anwenden, so bedient man sich einer matten Glasscheibe, die in der gleichen Weise angebracht wird.

ι) Die Dunkelfeldbeleuchtung.

Während bei der eben beschriebenen Beleuchtung das vom Spiegel reflektierte und in den Kondensor geleitete Strahlenbündel, nachdem es das dünne durchsichtige oder teilweise durchschimmernde Präparat passiert hat, in der vollen Öffnung, die das Objektiv zuläßt in den Bildraum und zum Auge des Beobachters gelangt, wird bei der Dunkelfeldbeleuchtung dieses direkte Licht vom Eindringen in das Objektiv und in den Bildraum abgehalten. Nur das an den einzelnen körperlichen Teilchen des Objektes gebeugte Licht kommt zur Wirkung und läßt die im Objektraum beleuchteten Objekte in dem sonst dunklen Feld grell aufleuchten. Es findet im Mikroskop derselbe Vorgang statt, den man oft beobachtet, wenn ein dünner Lichtstrahl einen sonst dunklen Raum durchdringt und die in der Luft schwebenden vom Lichtstrahl getroffenen Staubteilchen dem Beobachter, der sich zur Seite des Lichtstrahls befindet, als intensiv aufleuchtende Punkte erscheinen.

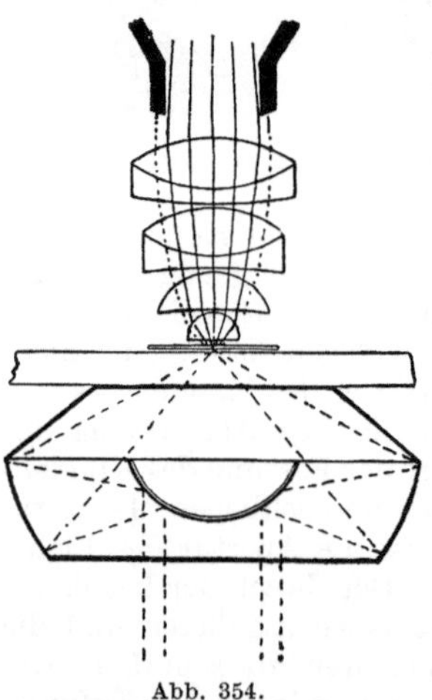
Abb. 354.
Schema des Spiegel-Kondensors.

Einer der vorzüglichsten Apparate zur Beobachtung im Dunkelfeld ist der Spiegelkondensor von Leitz (s. Abb. 354). Er zeichnet sich vor anderen Apparaten durch die Einrichtung aus, daß die beleuchtenden Strahlen durch zwei spiegelnde Kugelflächen in den Objektraum geleitet werden. Durch die Anwendung von zwei Flächen ist ein hoher Grad der sphärischen Vereinigung und eine große Lichtstärke erreicht. Da die Strahlen an den Flächen nur Reflexionen erleiden, ist der Kondensor frei von Farbenfehlern, die bei Linsenkondensoren, an denen Brechungen der Strahlen stattfinden, nicht zu vermeiden sind. Der Spiegelkondensor wird an Stelle des gewöhnlichen Kondensors in die Hülse unter dem Tisch des Mikroskops eingesetzt. Um den Lichtkegel des Reflexkondensors genau in die Achse zu verlegen, ist eine Zentrierfassung zu empfehlen. Zur richtigen Zentrierung des Kondensors nimmt man ein schwaches Objektiv zu Hilfe. Erleichtert wird die Zentrierung durch zwei konzentrische Kreise, die auf der Oberfläche des Kondensors eingeritzt sind. Diese Kreise müssen durch das schwache Objektiv betrachtet in konzentrischer Lage zum Rand des Gesichtsfeldes erscheinen. Durch ein Zahntriebwerk läßt sich der Kondensor längs der optischen Achse verstellen. Der Brennpunkt liegt so hoch über der Planfläche des Kondensors, daß auch bei dickeren Objektträgern die Einstellung möglich ist. Die Spiegelkondensoren haben die Beleuchtungsaperturen von 1—1,40 und 1—1,20. Als Trockensystem eignet sich zur Dunkelfeldbeobachtung vorzüglich das achromatische Objektiv 6 von der Brennweite von 4 mm und der Apertur 0,65. Bei der Anwendung eines Ölimmersions-Objektivs muß seine Apertur abgeblendet werden; sie muß unter 1,0 liegen. Die Abblendung geschieht entweder durch eine Trichterblende (s. Abb. 354), die in das Zwischenstück des Objektivs eingesetzt wird oder besser durch eine kleine Irisblende, die fest mit dem Zwischenstück des Objektivs verbunden ist. Letztere Einrichtung ist deshalb vorzuziehen, weil sie nicht nur im Dunkelfeld die Möglichkeit bietet, für die Beleuchtung des betreffenden Präparates den besten Effekt zu erzielen, sondern auch im Hellfeld mit Vorteil gebraucht werden kann, um bei dichten und dicken Präparaten die Kontraste zu verstärken und die Tiefenschärfe zu erhöhen. Für feinste Untersuchungen im Dunkelfeld eignen sich ganz besonders die Apochromate und Fluoritsysteme, weil bei ihnen störende Farbensäume, die bei Achromaten auftreten können, vermieden werden. Hinsichtlich der Technik der Dunkelfeldeinrichtung sind noch folgende Vorschriften zu beachten. Ehe man den Objektträger mit dem Präparat auf den Objekttisch setzt, muß man einen Tropfen Wasser oder besser Cedernöl auf die Oberfläche des Kondensors bringen, nur so ist es möglich, einen beleuchtenden Lichtkegel von über 1,0 num. Ap. auf das Präparat zu leiten. Ohne diese Maßnahme würden sämtliche Strahlen von der Apertur über 1,0 an der Oberfläche des Kondensors total gebrochen werden und für die Beleuchtung des Präparates verloren gehen. Eine vorzügliche Beleuchtung gibt direktes Sonnenlicht, das aber leider meist, wenn man es braucht, nicht zur Verfügung steht. So ist man in der Regel auf eine künstliche Lichtquelle angewiesen. Für subjektive Beobachtung gibt eine Leitz-Universallampe von 6 Volt 5 Amp. schon eine hinreichende Beleuchtung.

b) Das Schlittenmikrotom.

Zur Herstellung von Schnitten von Haut und Leder, die für eine Untersuchung bei stärkerer Vergrößerung geeignet sind, benötigt man ein gutes Mikrotom. Ein solches ist in Abb. 355 wiedergegeben. Es gehört zur Klasse der sogenannten Schlittenmikrotome. Das Messer ist auf einem Schlittenbock festgeklemmt, der von Hand hin und her bewegt werden kann. Wenig unterhalb der Schnittfläche des Messers befindet sich der Objekttisch, auf dem das zu schneidende Objekt zwischen beweglichen Klemmen eingeklemmt wird. Haut und Leder werden gewöhnlich in Paraffin eingebettet und dann geschnitten. Die Einstellung

Abb. 355. Großes Schlittenmikrotom mit schiefer Ebene.

des Objekts erfolgt automatisch durch eine Mikrometerschraube mit Hebelübertragung. Durch Aufheben des Hebels wird der Objekttisch auf einer schiefen Ebene in die Höhe geschoben. Durch entsprechende Einstellung der Mikrometerschraube kann die Schnittdicke des Objekts von 1—20 Mikron variiert werden. Das Mikrotom gestattet die Herstellung von Serienschnitten, wie sie z. B. bei der Untersuchung von Haut und Leder häufig erwünscht sind.

c) Das Schärfen des Mikrotommessers.

Ohne ein gutes und scharfes Messer kann man keinen wirklich guten Haut- oder Lederschnitt für die Untersuchung bei starker Vergrößerung herstellen. Deshalb muß für das Schärfen des Mikrotommessers besonders große Sorgfalt und Geduld aufgebracht werden. Kein noch so vorzügliches Mikrotom wird gute Resultate ergeben, wenn nicht auf das Messer besondere Sorgfalt verwendet wird. Ist das Mikrotommesser stumpf geworden oder hat Scharten in seiner Schneide, so muß es zunächst auf einem „gelben belgischen Wetzstein“ geschliffen werden; das Messer wird sehr rasch scharf auf diesem Stein, er enthält keinerlei Sandkörner, die die Schneide des Messers beschädigen könnten. Der

Wetzstein muß mit Seifenschaum eingerieben und häufig mit destilliertem Wasser befeuchtet werden, um zu verhindern, daß der Schaum zu dick wird. Seifenschaum ist beim Schleifen des Messers irgendeinem Öl vorzuziehen, weil er die Poren des Schleifsteins offen läßt und rascher eine einwandfreie Schneide liefert. Das Messer muß in freier gleichmäßiger Bewegung ohne jeglichen Druck außer dem des Eigengewichts des Messers über den Stein geführt werden. Die Schneide muß beim Schärfen entgegen der Schleifrichtung liegen. Man schleift das Messer auf dem Schleifstein so lange, bis alle Scharten verschwunden sind und an der Schneide ein ganz dünner Schneidedraht erscheint, den man beim leichten Aufsetzen auf den Daumennagel feststellen kann. Das Messer wird anschließend auf einem „blauen Messerwetzstein" geschliffen. Die Oberfläche des Schleifsteins wird zuvor besonders hergerichtet durch Anfeuchten und Reiben mit dem zugehörigen Reibstein. Der zweite Schleifstein ist feiner als der erste. Das Messer wird langsam und vorsichtig darauf hin und her bewegt, damit an der ganzen Schneide gleichmäßig gute Schärfe erzielt wird. Die Beschaffenheit der Schneide kann beurteilt werden, wenn man sie leicht über die angefeuchtete Daumenspitze gleiten läßt. Hat man das Gefühl, daß die Schneide in die Haut eindringt, so ist genügend Schärfe vorhanden, das Messer ist zum Abziehen auf dem Streichriemen fertig.

Das Messer muß ohne jeden Druck außer dem seines eignen Gewichtes über den Riemen geführt werden, da sonst die Gleichmäßigkeit der Schneide leidet. Die Schneide muß wiederum der Abziehrichtung entgegengesetzt liegen. Das Messer muß so lange abgezogen werden, bis es ein frei stehendes Haar an jeder Stelle der Schneide zerschneidet. Dann ist es fertig. Selbstverständlich kann das Schleifen eines Mikrotommessers nicht durch eine Beschreibung erklärt werden, dazu ist praktische Übung erforderlich.

Manche Histologen beendigen das Abziehen des Messers auf dem Handballen und erreichen auf diese Weise eine Schärfe, die sich anders nicht erreichen läßt. Das Messerschleifen ist eines der langweiligsten und mühsamsten Geschäfte, aber der Erfolg der ganzen Arbeit hängt von seiner Ausführung ab. Ist das Messer zum Schneiden von Präparaten benutzt worden, so muß es sorgfältig, ohne die Schneide zu berühren, abgewischt und dann sorfgältig wieder abgezogen werden. Dieses Abziehen verbessert nicht nur die Schneide, sondern reibt sie gleichzeitig etwas mit dem Fett des Abziehriemens ein und schützt es so gegen Rost.

Die besten Abziehriemen für Mikrotommesser bestehen aus einem festen Holz, auf dem ein Stück feinnarbiges, besonders präpariertes Leder aufgespannt ist. Vorteilhaft verwendet man einen festen Streichriemen, der auf der einen Seite mit Leder, auf der anderen mit Segeltuch bezogen ist. Auf dem Segeltuch zieht man ab, wenn das Messer etwas stumpf geworden ist.

d) Das Gefriermikrotom.

Um Rohhaut oder andere Fasergewebe ohne einzubetten, also ohne großen Zeitverlust rasch schneiden zu können, bedient man sich eines

Gefriermikrotoms. Abb. 356 gibt ein solches wieder. Viele Mikrotome können direkt mit einer Gefriereinrichtung versehen werden. Der flache Gefrierzylinder, der das zu schneidende Objekt trägt, wird durch ein Metallrohr mit einer Kohlensäurebombe, die umgekehrt mit dem Ventil nach unten aufgestellt ist, verbunden. Das Ventil der Bombe muß etwas höher stehen als die Gefrierkammer, damit die flüssige Kohlensäure frei ausfließen kann.

Abb. 356. Gefriermikrotom.

Die feuchte Haut oder ein sonst in geeigneter Flüssigkeit eingebettetes Objekt wird auf die Platte der Gefrierkammer aufgelegt. Dann öffnet man langsam das Ventil der Bombe und läßt eine kleine Menge der flüssigen Kohlensäure in die Gefrierkammer fließen. Wird das Ventil zu stark geöffnet, so wird das Kohlendioxyd im Verbindungsschlauch fest und das Objekt kann nicht gefrieren. Zum Gefrieren des Objektes ist nur eine ganz geringe Menge Kohlendioxyd notwendig. Taut das Objekt während des Schneidens auf, so kann es rasch wieder durch Zulaufenlassen einer neuen Menge Kohlendioxyd gefroren werden. Man regelt den feinen Zulauf des Kohlendioxyd mit Hilfe des an der Gefrierkammer angebrachten Hebels.

e) Histologische Technik.

Es soll in diesem Abschnitt die histologische Technik nur insoweit beschrieben werden, als sie im Laboratorium des Verfassers zur Herstellung der in diesem Werk wiedergegebenen Mikroschnitte angewandt wurde. Die Angaben werden im allgemeinen genügen, die Anfertigung von histologischen Schnitten und Mikrophotographien von Haut und Leder zu ermöglichen. Es ist für den Gerbereichemiker indessen von großem Wert und Interesse, einschlägige Spezialwerke wie z. B. die von Romeis (9), Mallory und Wright (7) usw. durchzuarbeiten.

Die Probeentnahme. Zum Studium der ganzen Haut eines Tieres wurden Streifen von etwa 1,5 × 3 cm aus den verschiedenen Teilen der Haut herausgeschnitten. Auf diese Weise lernt man nicht nur die allgemeine Struktur der Haut, sondern auch die Unterschiedlichkeiten an den einzelnen Stellen der Haut kennen. Beim Ausschneiden der Streifen wurde darauf geachtet, daß die Schnittflächen in der Ebene verliefen, in der später die Schnitte hergestellt werden sollten und daß sie die wichtigen Teile wie Haarbalg, musculus erector pili usw. enthielten. Als wichtig stellte sich auch heraus, bei Reihenuntersuchungen, die die Veränderungen der Haut während des Prozesses der Lederherstellung erläutern sollten, immer wieder die gleiche Schnittfläche bei den einzelnen Proben zu wählen.

α) Das Fixieren.

Wenn ein Gewebe abstirbt, so unterliegt es, wenn es nicht unmittelbar fixiert wird, allmählich Veränderungen. Nach Lee (4) hat das Fixieren zwei Aufgaben, einmal, das lebende Gewebe rasch abzutöten, so daß es keine Zeit hat, die Form, die es im lebenden Zustand aufwies, zu verändern, sondern die normale Struktur, die es im lebenden Zustand aufwies, beibehält und weiter das Gewebe so zu härten, daß es ohne weitere Änderung die Behandlung mit den Reagenzien, mit denen es weiter behandelt werden muß, aushält. Ohne gute Fixierung ist es unmöglich, gute Färbungen oder gute Schnitte oder überhaupt gute Präparate zu erhalten.

Die in diesem Werk wiedergegebenen Mikrophotographien stammen von Schnitten, die teils in Erlickischer Flüssigkeit, teils in Alkohol fixiert worden waren. Der Verfasser erhielt mit Erlickischer Flüssigkeit ebenso gute oder noch bessere Resultate als mit irgendeinem der anderen zahlreichen Fixierungsmittel. McLaughlin und O'Flaherty (5) ziehen eine 10%ige Formalinlösung als Fixierungsmittel vor, weil diese sehr rasch und ohne jede Beschädigung der Gewebestruktur wirke. Erlickische Flüssigkeit erhält man durch einfaches Auflösen von 25 g Kaliumbichromat und 10 g Kupfersulfat in 1 l Wasser. Die Hautstreifen werden ohne vorheriges Waschen direkt in diese Flüssigkeit eingelegt. Während der ersten 3 Tage führt man sie täglich in frische Lösungen über und beläßt sie dann in dem letzten Bad, bis sie von der Lösung vollständig durchdrungen sind. Die ganze Fixierung dauert im allgemeinen 5 bis 7 Tage, dann werden die Hautstreifen 20 Stunden im fließenden Leitungswasser gewaschen und mit Alkohol entwässert.

Die Schafshaut, Kuhhaut und Kalbshaut, deren Schnitte in diesem Werk wiedergegeben sind, wurden unmittelbar nach dem Tode der Tiere fixiert. Die daraus hergestellten Schnitte zeigen demgemäß die normale Struktur der Haut auf dem lebenden Tier. Die übrigen Schnitte zeigen die Struktur der Haut in dem Zustande, in dem sie der Gerber zur Einarbeitung in der Gerberei erhält.

Zum Vergleich mit den in Erlickischer Flüssigkeit fixierten Hautschnitten wurden in jedem Falle auch eine Reihe von Hautstreifen in verdünntem Alkohol fixiert. Die in Erlickischer Flüssigkeit fixierten Schnitte zeigten im allgemeinen verschiedene Einzelheiten deutlicher als die nur in Alkohol fixierten. Alle Hautproben aus dem Äscher- oder Beizprozeß wurden nur mit Alkohol fixiert, um irgendwelchen möglichen

Reaktionen der Erlickischen Flüssigkeit mit den Gerbbrühen vorzubeugen. Die Proben lufttrockenen Leders wurden nicht fixiert, sondern entweder direkt oder nach Einweichen in Cedernöl durch Einlegen in geschmolzenes Paraffin eingebettet.

β) Das Entwässern und Einbetten.

Alle Hautproben wurden nach dem Fixieren die angegebene Zeit in folgenden Bädern behandelt:

1 Tag 50%iger Alkohol	½ Tag Alkohol-Xylol
1 „ 95 „ „	½ „ Phenol-Xylol
1 „ absoluter Alkohol	½ „ frisches Xylol
1 „ frischer absoluter Alkohol	½ „ geschmolzenes Paraffin.

Die Mischung von Alkohol und Xylol bestand aus gleichen Volumteilen. Die Mischung Phenol-Xylol ist als Klärmittel bekannt und hat die Aufgabe, den Alkohol aus dem Objekt zu entfernen. Man stellt sie her durch Mischen von 25 ccm geschmolzenem Phenol mit 75 ccm Xylol. Sehr dicke Objekte wurden auch länger in dem geschmolzenen Paraffin belassen, da ja in diesem Bad das Xylol in dem Objekt durch das Paraffin verdrängt werden soll. Die Hautstreifen wurden dann aus dem Paraffinbad in Aluminiumgefäße von etwa 100 ccm Inhalt übertragen und mit geschmolzenem Paraffin bedeckt. Die Aluminiumgefäße wurden in kaltes Wasser eingetaucht und darin bis zur vollständigen Erhärtung des Paraffins belassen. Nach dem Erhärten wurde bis zum Loslösen der Paraffinblöcke erwärmt, diese aus den Gefäßen herausgelöst und auf eine für das Mikrotom geeignete Größe und Form beschnitten.

γ) Das Schneiden.

Wirklich gute Schnitte kann man nur erhalten, wenn das Mikrotommesser frei von Scharten und ganz scharf ist, je schärfer, desto besser. Die Dicke, in denen man die Schnitte am besten herstellt, hängt ganz von dem entsprechenden Teil der Haut ab, den man studieren will. Im allgemeinen genügt zur Untersuchung der ganzen Haut eine Schnittdicke von 20 μ.

Bei den Schnitten aus dem Äscherprozeß wäre es unmöglich gewesen, die losgelöste Epidermis und Haare an ihrer Stelle zu halten, wenn der Schnitt nicht sorgfältig auf dem Objektglas auf bestimmte Weise befestigt worden wäre. Um den Verlust wertvollen Materials zu verhindern, wurden die ganzen Paraffinschnitte mit Mayers Albumin Klebmittel auf die Objektgläser aufgeklebt. Man kann sich dieses Klebmittel herstellen durch Mischen von gleichen Teilen von Glycerin und Eiweiß, Zusetzen von 2% Natriumsalicylat und Filtrieren. Ein kleiner Tropfen dieses Klebmittels wurde in der Mitte des Objektglases mit dem Finger verrieben und mit Wasser bedeckt, ein Paraffinblättchen mit dem Hautschnitt auf dem Wasser aufgebreitet und das Wasser nun vorsichtig über einer Flamme erwärmt, ohne daß das Paraffin zum Schmelzen kam. Auf diese Weise streckt sich der Paraffinschnitt. Er wurde dann mit einem Kamelhaarpinsel geglättet und auf dem Objektglas festgedrückt. Die Objektträger mit so aufgeklebten Schnitten wurden mindestens einen Tag trocknen gelassen, wobei die Schnitte sicher festklebten. Anschließend wurde das Paraffin durch Einstellen der Objektträger in Xylol oder Abspülen mit Xylol entfernt und dann zur Herrichtung für das Färben mit absolutem Alkohol gewaschen.

Bei Benutzung des oben beschriebenen Gefriermikrotoms lassen sich auch ohne Einbettung des Objekts recht gute Schnitte erhalten. Die Gefriermethode hat den Vorzug größerer Schnelligkeit und Einfachheit. Der Verfasser konnte indessen niemals so sauber geschnittene Präparate erhalten, die alle Feinheiten der Struktur so deutlich aufweisen wie bei Schnitten aus paraffineingebetteten Objekten. Sollen die Fettbestandteile der Haut studiert werden, so ist die Gefriermethode vorzuziehen. Beim Studium der Hautstruktur, wie sie die Abbildungen in diesem Werk wiedergeben, liefert die Paraffinmethode sehr viel befriedigendere Ergebnisse.

σ) Das Färben.

Zum Färben der in diesem Werke wiedergegebenen Schnitte wurden insgesamt 6 Farblösungen verwendet. Eine Ausnahme machen nur die Schnitte durch die menschliche Kopfhaut, die in einem fremden Laboratorium hergestellt und mit Delafields Hämatoxylin und Eosin gefärbt wurden. Wurde eine wässerige Farblösung benutzt, so wurde der Schnitt nacheinander einige Minuten lang in folgende Alkohollösungen eingetaucht: 95%ig, 75%ig, 50%ig, 25%ig, und anschließend in Wasser. Nach dem Färben wird die Alkoholreihe in umgekehrter Reihenfolge durchgegangen und schließlich das Präparat mit absolutem Alkohol ausgewaschen.

Die 6 benutzten Farblösungen wurden folgendermaßen hergestellt:

1. Van Heurcks Blauholz: 6 g pulverisierter Blauholzextrakt und 18 g Alaun werden miteinander in einem Mörser verrieben und langsam 300 ccm Wasser zugefügt. Die Mischung wird dann filtriert und zu dem Filtrat 20 ccm Alkohol zugefügt. Die Lösung wird einige Wochen an der Luft stehen gelassen, wobei das verdunstete Wasser immer wieder ersetzt wird. Die Schnitte werden in dieser Lösung 3 Minuten ausgefärbt, dann bis zum Blauwerden in fließendem Leitungswasser gespült und dann durch die Alkohollösungen steigender Konzentration gegeben. Aus der 95%igen Alkohollösung werden sie in die zur Kontrastfärbung benutzte Pikro-Indigo-Carminlösung übergeführt. Wurde die Kontrastfärbung mit Bismarckbraun vorgenommen, so kamen die Schnitte aus der 95%igen Alkohollösung in eine Lösung von 0,1% HCl in absolutem Alkohol, in der sie belassen wurden, bis die Farbe rosa und keine abwaschbare Farbe mehr sichtbar war. Anschließend wurde der Schnitt mit frischem Alkohol gewaschen und dann in die Bismarckbraunlösung gegeben.

2. Friedlanders Blauholz: 2 g gepulverter Blauholzextrakt werden in 100 ccm Alkohol gelöst und diese Lösung mit einer Lösung von 2 g Alaun in 100 ccm Wasser und 100 ccm Glycerin gemischt. Das Färben erfolgt in der gleichen Weise wie mit Van Heurcks Farblösung.

3. Pikro-Indigo-Karmin: Zu 100 ccm einer 90%igen Alkohollösung fügt man 1 ccm einer gesättigten alkoholischen Pikrinsäurelösung. Diese Lösung wird dann weiter mit Indigo-Carmin durch Stehenlassen mit einem Überschuß dieses während mehrerer Wochen unter öfterem Umschütteln gesättigt. Die dekantierte Lösung ist gebrauchsfertig. Die Schnitte blieben zum Ausfärben in dieser Lösung 3 bis 4 Stunden.

4. Pikro-Rot: 5 ccm mit Pikrinsäure gesättigter absoluter Alkohol werden zu 55 ccm 90%igem Alkohol, der mit Farbstoff Leder-Rot-X gesättigt ist, gegeben. Diese Lösung wurde vor dem Gebrauch mit Alkohol auf das 10-fache verdünnt. Die Schnitte wurden 2 Minuten in der Farblösung belassen.

5. Weigerts Resorcin-Fuchsin: 2 g basisches Fuchsin und 4 g Resorcin werden 10 Minuten mit 200 ccm Wasser gekocht, 25 ccm einer 30%igen Ferrichloridlösung zugefügt und weitere 5 Minuten gekocht. Dann wird weiter eine gesättigte Ferrichloridlösung zugegeben, bis aller Farbstoff ausgefällt ist. Die Mischung wird über Nacht abkühlen und absitzen gelassen und die überstehende Flüssigkeit verworfen. Der Rückstand wird in 200 ccm siedendem 95%igen Alkohol gelöst und die heiße Lösung in eine Flasche filtriert. Nach dem Abkühlen werden 5 ccm konz. HCl zugefügt. Zum Färben wurde diese Lösung mit der gleichen Menge Alkohol verdünnt. Die Schnitte blieben 50 bis 90 Minuten in dieser Farblösung und wurden dann mit Alkohol abgespült.

6. Daubs Bismarckbraun: Man gibt zu 96 ccm absolutem Alkohol 5 ccm gesättigtes Kalkwassser und einen Überschuß an Bismarckbraun, schüttelt das Ganze und läßt absitzen. Nach mehreren Tagen Stehen wird abdekantiert. Als Ersatz für das Verdunstete fügt man 15 ccm Alkohol zu der Lösung, um jede Ausflockung des Farbstoffes zu vermeiden. Man beläßt die Schnitte in dieser Farblösung einen Tag.

Es gibt noch sehr viele andere Farbstoffe, die sich für die histologische Farbtechnik, speziell für bestimmte Zwecke eignen. Die Beschreibung hier soll auf diejenigen Farblösungen beschränkt bleiben, die zur Ausfärbung der in diesem Werk wiedergegebenen Schnitte benutzt wurden und die sich als gut beim allgemeinen Arbeiten bewährt haben.

Romeis (9) und Mallory und Wright (7) beschreiben eine große Anzahl von Farbstoffen, die zum Studium bestimmter Bestandteile der Haut geeignet sind.

ε) Das Herstellen der Präparate.

Da die Schnitte der gegerbten Haut durchweg vor dem Färben auf dem Objektträger aufgeklebt wurden, war das Fertigstellen der Präparate eine sehr einfache Sache. Die Schnitte wurden nach dem Färben nacheinander mit absolutem Alkohol, Alkohol-Xylol, Phenol-Xylol und Xylol abgespült. Jeder Schnitt wurde dann mit einem Tropfen Canadabalsam und einem Deckgläschen bedeckt. Die so erhaltenen Präparate sind haltbar und zur Untersuchung und zum Photographieren fertig.

Die Lederschnitte wurden, wie sie vom Mikrotom kamen, auf einem Stück weichem Papier aufgerollt und durch Festdrücken des die Schnitte umgebenden Paraffins auf dem Papier befestigt. Sie wurden dann in glattem Zustand mit Hilfe eines Spatels vom Papier abgelöst, in eine 1%ige Celloidinlösung eingetaucht und auf das zuvor mit einer dünnen Schicht von Cedernholz versehene Objektglas übertragen. Nach sorgfältigem Glätten wurden die Schnitte mit Cedernholzöl bedeckt und bis zum völligen Verdunsten des Alkohols und Äthers, im allgemeinen ca. 30 Minuten, an der Luft stehen gelassen. Darauf wurden sie mit Xylol abgespült und mit Canadabalsam und dem Deckgläschen bedeckt. Das Färben von Lederschnitten ist im allgemeinen unnötig, öfters erleichtert aber die Färbung den Erhalt schöner Photographien. Soweit die in diesem Werk wiedergegebenen Lederschnitte gefärbt wurden, ist dieses unter den Abbildungen jeweils besonders angegeben.

ζ) Das Photographieren.

Alle wiedergegebenen Aufnahmen wurden mit dem gleichen mikrophotographischen Apparat aufgenommen. Als Platten wurden „Wratten- und Wainwright-M“-Platten benutzt, die nach den beigegebenen Vorschriften entwickelt wurden. Als Lichtquelle diente für schwächere Vergrößerungen eine 6-Volt-Mazda-Lampe mit Konzentrierungslinse, für stärkere Vergrößerungen eine Bogenlampe. Das Licht wurde durch geeignete Lichtfilter, Wratten-Filter, filtriert. Die Farben der Schnitte ließen in Kombination mit den Farbfiltern im allgemeinen alle Einzelheiten des Schnittes genügend hervortreten. Soweit dieses nicht der Fall war, wurden die Platten nach dem Entwickeln je nach Bedarf verstärkt oder abgeschwächt.

Beim Photographieren der Narbenoberfläche der Leder aus verschiedenen Hautarten waren besondere Vorsichtsmaßregeln notwendig. Die Haarbälge verlaufen schräg zur Oberfläche, infolgedessen hängen die erhaltenen Lichter und Schatten von dem Winkel ab, unter dem das Licht die Öffnung der Haarbälge trifft. Darum wurde bei allen Ledern mit annähernd geraden Haarbälgen im Winkel von 45^0 zur Richtung der Haarbälge belichtet.

Alle Vertikalschnitte sind mit der Außenseite der Haut nach oben wiedergegeben mit Ausnahme der Leder, bei denen die Aasseite nach außen getragen wird. Unter jeder Abbildung ist, soweit dieses bekannt war, angegeben, an welcher Stelle oder Gegend der Haut das Hautstück entnommen wurde, weiter die Dicke des Schnittes, die angewandte Färbemethode, beim Photographieren benutzte Objektive, Okulare und Filter und schließlich die Vergrößerung, wie sie in der Abbildung selbst vorliegt.

f) Die Mikrophotographie.

Neben der subjektiven Beobachtung hat die Photographie in letzter Zeit immer größere Bedeutung bei mikroskopischen Untersuchungen gewonnen. Nicht nur daß sie es ermöglicht, Entwicklungsvorgänge im Präparat bildlich festzuhalten, sondern der Forscher kann auch auf die einfachste Weise subjektives Material zu Vergleichs-und Reproduktionszwecken sammeln. Die optischen Firmen haben die Aufnahmegeräte auf Grund langjähriger Erfahrung zweckentsprechend ausgebildet und stellen Anweisungen zum praktischen Gebrauch der Apparate jederzeit zur Verfügung.

α) Die Kamera.

Wie in der Makrophotographie so wird auch in der Mikrophotographie zum Aufnehmen des von dem Mikroskop entworfenen Bildes eine photographische Kamera verwendet. Allgemein besitzt die Kamera zum Einstellen des Bildes eine Matt- und eine Spiegelglasscheibe, an deren Stelle bei der Aufnahme die Kassette mit der lichtempfindlichen Platte tritt. Man unterscheidet vertikale und horizontale Anordnung der Kamera, auch Kombinationen beider Anordnungen sind auf dem Markt.

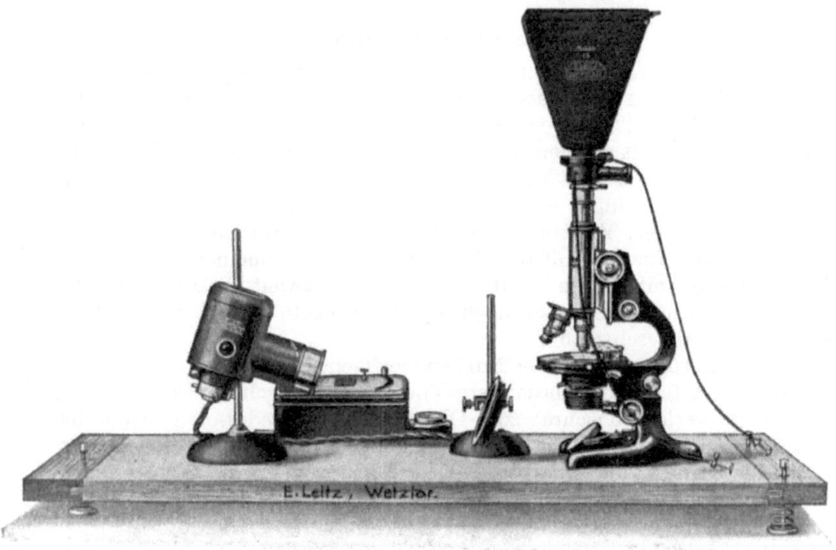

Abb. 357. Aufsatzkamera auf Mikroskop mit Niedervoltlampe und Filterstativ auf Schwingbrett.

Die einfachste Anordnung besteht aus einer kleinen direkt auf dem Mikroskoptubus lichtdicht aufgesetzten festen Kamera. Sie bedarf bei ihrem geringen Gewicht keiner Halte- oder Arretier-Vorrichtung des Tubus. Auch zur obenerwähnten binokularen Prismenlupe (Seite 881) wird eine ähnliche Aufsatzkamera hergestellt.

Die Abb. 357 zeigt eine solche Mikro-Aufsatzkamera für Zeit- und Momentaufnahmen, die das Bild in gleicher Vergrößerung wiedergibt, wie es bei subjektiver Beobachtung (Sehweite 250 mm) erscheint. Sie besitzt ein seitliches Einblickfernrohr, um das Präparat während der Aufnahme beobachten zu können. Das Prisma des Einblickfernrohrs läßt sich durch Druck auf einen Drahtauslöser ausschalten. Auch die Scharfeinstellung des Objekts erfolgt durch das Einblickfernrohr, wodurch dann gleichzeitig das Bild auf der Platte eingestellt ist.

Bedeutend weitere Verwendungsmöglichkeiten gegenüber der festen Kamera bietet die Kamera mit Bälgen. Die Bildvergrößerung läßt sich durch den Balgauszug variieren und berechnet sich nach der Formel:

$$V = \frac{\Delta}{f_1} \cdot \frac{l}{f_2}$$

Hierbei bedeuten:

δ = optische Tubuslänge des Mikroskops,
f_1 = Brennweite des Objektivs,
f_2 = Brennweite des Okulars,
l = Balgauszug.

Das einfachste Modell dieser Art, die in Abb. 358 dargestellte Kamera läßt sich verwenden:

1. Für Mikroaufnahmen in Verbindung mit vertikalstehendem Mikroskop (Abb. 358).

2. Für Übersichtsaufnahmen opaker Objekte mit Hilfe der Mikrosummare und Summare von 24 bis 120 mm Brennweite (Abb. 359).

3. Für Übersichtsaufnahmen durchsichtiger Objekte mit Hilfe der Mikrosummare und Summare von 24 bis 100 mm Brennweite unter Verwendung des Tisches für durchfallendes Licht und der Beleuchtungslinse.

4. Als Atelierkamera in Verbindung mit einem besonderen Stativ mit Kugelgelenk.

Auf der mit Filz bezogenen Grundplatte aus Gußeisen läßt sich das Mikroskop festklemmen. Der Kameraträger ist längs eines vernickelten Stahlrohrs verschiebbar und in der gewünschten

Abb. 358. Einfacher mikrophotographischer Apparat mit optischer Bank, Glühlampe und Filterträger (Plattenformat 9 × 12 cm).

Abb. 359. Apparat auf optischer Bank mit Beleuchtungseinrichtung (Plattenformat 13 × 18 cm).

Höhe mittels Klemmschraube fixierbar. Eine Führungsnute im Stahlrohr und eine Einschnappfeder im Kameraträger verhindern beim Heben und Senken jede seitliche Abweichung. Das Kamerastirnbrett sowie der Kassettenrahmen sind längs der mit dem Kameraträger verbundenen Schiene verschiebbar und können in jeder beliebigen Stellung mittels Klemmschraube festgestellt werden. Um das Bild direkt im Mikroskop beobachten zu können, läßt sich die Kamera nach Lösen der Klemmschrauben am Kameraträger durch Drehung um die vertikale Stahlrohrsäule seitlich herausschlagen. Die Höheneinstellung wird in diesem Fall durch einen auf der Säule verschiebbaren Steuerring gesichert.

Abb. 360. Mikrophotographischer Apparat, Kamera in vertikaler Stellung auf Schwingtisch.

Die Einrichtung Abb. 360, ein Universal-Apparat, gestattet außer dem seitlichen auch ein horizontales Ausschwenken der Kamera[1]. Die Zahntriebbewegung am Stirnbrett erleichtert bei makroskopischen Aufnahmen die Feineinstellung des Objektivs. Bei besonders feinen Strukturen wird eine durchsichtige Scheibe und die Einstellupe verwendet. Die Lupe wird zunächst auf das in der Mitte der Scheibe angebrachte Kreuz scharf eingestellt. Dann wird mit der Lupe die Scharfeinstellung des Bildes vorgenommen, ohne daß an der Einstellung der Lupe selbst noch etwas geändert wird.

---

[1] Die Kamera kann dann zu Übersichts-Aufnahmen in einer Anordnung ähnlich Abb. 362 verwendet werden.

Abb. 361. Großer mikrophotographischer Apparat mit federnder Aufhängung und elektromagnetisch regulierender Bogenlampe.

Die Kamera vertikaler Anordnung hat allgemein 50 cm Balgauszug. Bei längeren Balgauszügen als 50 cm ist die horizontale Anordnung der Kamera zu bevorzugen. Dabei ist es möglich, sämtliche Einzelteile des Apparates hintereinander auf einer optischen Bank zu montieren, so daß der Arbeitende sowohl das Präparat wie auch alle beleuchtenden und abbildenden Teile stets bequem handhaben und den Einfluß von Objektiv- und Okularwechsel auf die Bildwirkung unter Zuhilfenahme des Einstellspiegels am hintersten Kamerareiter schnell und einfach beurteilen kann.

Abb. 361 stellt einen großen, in optischer und mechanischer Hinsicht modernen mikrophotographischen Apparat dar. Ungefähr in der Mitte der optischen Bank sitzt ein Gelenkreiter, an dem zwei Stahlrohre zur Führung der Kamera befestigt sind. Die Kamera kann in horizontaler, vertikaler und schräger Stellung verwendet werden. Die Kassetten sind für Plattengröße 24 × 24 cm und mit den entsprechenden Einlagen für kleinere Plattenformate eingerichtet. Das Stirnbrett ist mit Zahntrieb versehen. Am Verschluß für Zeit- und Momentaufnahmen ist der Lichtabschlußstutzen befestigt, der um den Mikroskoptubus faßt. Das seitlich an der Stirnwand angebrachte Einblickfenster, dessen Ver-

Abb. 362. Großer mikrophotographischer Apparat. Kamera in horizontaler Stellung, mit Einrichtung für Übersichtsaufnahmen.

schluß durch einen Drahtauslöser betätigt wird, ermöglicht es, die Beleuchtung und das Bild während der Aufnahme zu überwachen.

Das Mikroskop ist durch Klemmwinkel auf einem eisernen Tisch befestigt, dessen feine Höheneinstellung beim Justieren durch Verschieben längs einer schiefen Ebene erfolgt. Es sind sämtliche Mikroskopstative verwendbar. Doch sind für bequemes Arbeiten besonders solche Stative geeignet, die ein Anbringen des weiten Tubus mit seitlichem Einblick gestatten. Durch Einschieben des seitlichen Hilfstubus wird der Strahlengang zwischen Objektiv und Kamera mittels eines Prismas in das Auge des seitlich vom Mikroskop sitzenden Beobachters abgelenkt.

Abb. 362 zeigt den großen mikrophotographischen Apparat in spezieller Anordnung für Übersichtsaufnahmen (z. B. von größeren Lederschnitten) in durchfallendem Licht. An Stelle des Lichtabschluß-Stutzens ist das photographische Objektiv (Mikro-Summar) angeschraubt. Das Präparat ist an einem besonderen Objekttisch befestigt, der eine große verschiebbare Beleuchtungslinse trägt. Der hinten an der Kamera angesetzte Kasten enthält eine Fernrohr-Lupe zur Kontrolle der Bildeinstellung.

β) Die Beleuchtung.

Photographische Aufnahmen werden sowohl bei natürlicher als auch bei künstlicher Beleuchtung hergestellt. Bei der Mikrophotographie und -projektion werden ausschließlich künstliche Lichtquellen angewendet, und zwar kommt heute nur noch das elektrische Licht in Frage. Die in jeder gewünschten und gleichmäßigen Lichtstärke zur Verfügung stehenden Lampen haben wesentlich zur Verbreitung der Mikrophotographie beigetragen. Es kommen Bogenlampen und Glühlampen zur Anwendung.

Die zentrierbare Bogenlampe mit elektromagnetischer Regulierung Abb. 361 wird mit Gleichstrom betrieben. Bei Wechselstrom ist die Zwischenschaltung eines kleinen Gleichrichters erforderlich. Dafür bietet der Gleichstrom den Vorteil eines ruhigen, gleichmäßigen Lichts und einer bedeutend größeren Helligkeit bei gleicher Stromstärke. Durch den an der Seite sichtbaren Triebknopf und Hebel können die Kohlen von Hand nachreguliert werden.

Bogenlampen mit Uhrwerkregulierung sind für Gleich- und Wechselstrom brauchbar, brennen aber bei Wechselstrom mit bedeutend geringerer Helligkeit. Die Leitz-Liliputbogenlampe von 5 bis 6 Amp. besitzt eine überlastete positive Homogenkohle, um das Wandern des Kraters zu vermeiden.

Die zugehörigen Kohlen haben allgemein eine Brenndauer von 1¾ Stunden.

Die Niedervolt-Glühlampen (6 Volt 5 Amp.) eignen sich besonders für Wechselstrom. Abb. 357, 358, 360 und 362 zeigt sie in verschiedenen Ausführungen. Die Lampe ist zentrierbar und kann mit Hilfe eines Transformators (Wechselstrom) oder eines Regulier-Widerstandes (Gleichstrom) auf jede beliebige Helligkeitsstufe eingestellt werden. Die Stromstärke läßt sich an einem kleinen Amperemeter ablesen.

Bei makroskopischen Aufnahmen ermöglicht eine Beleuchtungsvorrichtung besseres Arbeiten und eine beträchtliche Abkürzung der Belichtungszeit. Eine solche Kamera ist auf Abb. 359 mit zwei Glühlampen von 250 Watt ausgerüstet.

Sämtliche Lampen können an die normale Lichtleitung angeschlossen werden.

γ) Filter und Platten.

Die im weißen Licht der Lampen enthaltenen blauen und ultravioletten Strahlen müssen in der Mikrophotographie stets durch ein Lichtfilter absorbiert werden, da die optischen Systeme für diese Lichtarten nicht korrigiert und die photographischen Platten gerade für diesen Teil des Spektrums hochempfindlich sind. Außerdem wählt man das Filter zur Verbesserung der Bildqualität nach den Eigenschaften des Präparates. Zur Aufnahme farbloser Objekte mit orthochromatischen Platten eignet sich ein reines Gelb-Grün- oder ein reines Gelbfilter. Handelt es sich um gefärbte Objekte, so wählt man ein Kontrastfilter entsprechend der Objektfärbung. Kommen im Präparat verschiedene Farben vor, so verwendet man am besten ein Filter, das sämtliche Spektralfarben außer Blauviolett, Violett und Ultraviolett hindurchläßt. Ein Flüssigkeitsfilter, von 60 mm Schichtdicke, das den zuletztgenannten Bedingungen entspricht, hat folgende Zusammensetzung:

0,05 g Filterblaugrün und 0,5 g Pyrazolgelb

aufgelöst in 1000 ccm destilliertem Wasser.

Auch Gelatinefilter kommen zur Anwendung, wie z. B. das Lifa-Lichtfilter 200 b. Diese Filter müssen vor allzu großer Erwärmung durch eine Kühlküvette geschützt werden. Abb. 357, 358 und 360 zeigen Stative zur Aufnahme einer Gelatinefilterplatte und einer Mattscheibe. Auf Abb. 361 und 362 sind Flüssigkeitsfilter in Glasküvetten ersichtlich. Außerdem tragen die Stative noch einen großen Blendschirm, eine Irisblende und Halter für eine Mattscheibe.

Die in der gewöhnlichen Photographie verwendeten hochempfindlichen Momentplatten sind für die Mikrophotographie ungeeignet, da sie die Farbwerte nicht richtig wiedergeben. Es wird vielmehr verhältnismäßig unempfindliches Plattenmaterial bevorzugt, das außer für blaue auch für gelbe und grüne Strahlen empfindlich ist. Dieses sind die farbenempfindlichen oder orthochromatischen Platten, die von verschiedenen Firmen hergestellt werden. Sie können bei dunkelrotem Licht entwickelt werden. Als Entwickler für diese Platten und für Papiere eignet sich ein Metol-Hydrochinonentwickler in folgender haltbarer Lösung:

In 1000 ccm Wasser löse man nacheinander

5 g Metol
7 g Hydrochinon
100 g Natrium-Sulfit (kryst.)
100 g Pottasche und
2,5 g Bromkalium

(Pottasche wird kalt gelöst und später zugesetzt).

Bei Farbenplatten halte man sich an die beigegebenen Gebrauchsanweisungen.

δ) Die Belichtung.

Über die Belichtungsdauer lassen sich keine allgemein gültigen Angaben machen; nur Übung und Erfahrung sichern gute Aufnahmen. Es ist nötig, Präparat und Einstellvorrichtung während der Belichtungszeit vor Erschütterung und Verschiebung zu schützen. Besonders die vom Boden übertragenen Schwingungen müssen durch Zwischenschalten geeigneter Stoßdämpfer aufgehoben werden.

Abb. 357 und 360 zeigen die Apparate auf Platten aufgestellt, die mit Federn gegen die Unterlage abgestützt sind.

Die bei dem in Abb. 363 gezeigten großen mikrophotographischen Apparat angewendete Einrichtung zum Abfangen von Stößen ermöglicht es, selbst in der Nähe großer Maschinenanlagen einwandfreie Aufnahmen herzustellen. Die Dreikantschiene, auf der alle optischen Teile aufgesetzt sind, ist an 4 Federn aufgehängt. In Ruhestellung wird sie auf die Tischplatte gepreßt. Wird der Klemmhebel *H* gelöst, ziehen sich die Federn zusammen, und die Schiene schwingt frei über dem Tisch. Die Federn können mittels der Stifte *S* nachgestellt werden. Das unter der Schiene verschiebbare Gewicht dient zum Ausbalancieren der Einrichtung bei verschiedenen Kamerastellungen. Das Gegengewicht kann in jeder beliebigen Stellung mit dem Knopf *R* festgestellt werden.

ε) Mikrophoto-Optik.

Die Qualität des photographischen Bildes wird durch das Objektiv bestimmt. Okularvergrößerung und Bildweite (Balgauszug) lassen nur die Einzelheiten dieses Bildes deutlicher erkennen, ohne dem gegebenen Bildinhalt etwas hinzuzufügen. Man wird die gewünschte Vergrößerung eines Präparates in der Regel mit dem Objektiv zu erhalten suchen und sich mit schwachem Okular und kurzem Balgauszug begnügen.

Werden bis 30-fache Vergrößerungen benötigt, verwendet man ein photographisches Objektiv mit kurzer Brennweite ohne Okular (Summar oder Mikrosummar). Zu starkeren Vergrößerungen wird das Mikroskop benötigt (s. Tabelle am Ende des Kapitels).

Summare bzw. Mikrosummare mit ihren Vergrößerungen in Stärke einer Lupe füllen in der Photographie eine Lücke aus, die früher zwischen Makro- und Mikroskopie bestand. Es sind symmetrisch gebaute Doppelobjektive, in deren Mitte eine Irisblende sitzt (Abb. 364). Die jeweilige Öffnung der Blende kann an einer Teilung abgelesen werden. Die Objektive haben bei größter Blende eine Licht-

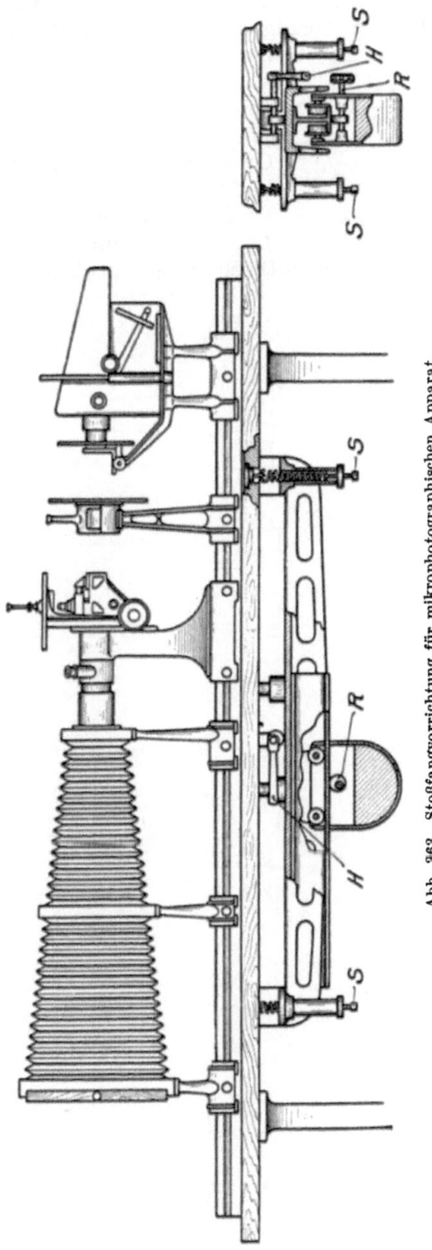

Abb. 363. Stoßfangvorrichtung für mikrophotographischen Apparat.

stärke (Öffnungsverhältnis) von 1:4,5. Sie sind chromatisch und sphärisch vorzüglich korrigiert und zeigen ein ausgedehntes Bildfeld bei ausgezeichneter anastigmatischer Bildebnung. Es kann bei starker Vergrößerung ein Objekt in der Ausdehnung der Brennweite des Objektivs aufgenommen werden. Bei geringerer Vergrößerung steigert sich die Größe des brauchbaren Gesichtsfeldes und wird bei Abbildung 1:1 gleich der doppelten Brennweite.

Abb. 364. Mikrosummar.

Für Aufnahmen mit den Mikrosummaren 24,35 und 42 mm wird außer der verschiebbaren Beleuchtungslinse am Objekttisch noch ein besonderer Kondensor (plankonvexe

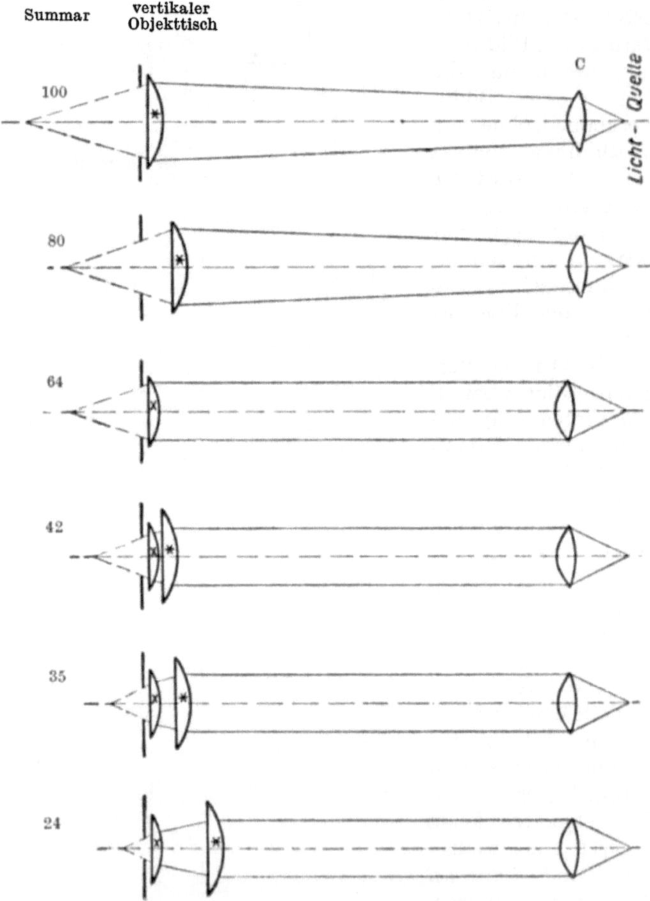

Abb. 365. Beleuchtungsanordnung für mikrophotographische Apparate.
* Große Beleuchtungslinse. × Tisch-Kondensor 64.

Linse) benötigt. Bei Aufnahmen mit dem Summar 64 mm wird nur der Tischkondensor verwendet (Abb. 365). Um eine möglichst große beleuchtete Fläche des Objekts zu erhalten, liegt das Bild der Lichtquelle nicht wie bei der Mikroskopie in der Objektebene, sondern in der Blendenebene des photographischen Objektivs.

Die oben beschriebene Mikroskopoptik kann wie gesagt ohne weiteres zur Photographie verwendet werden. Doch spielt hier die richtige Beleuchtung des Präparates eine noch wichtigere Rolle.

Das von den künstlichen Lichtquellen ausgestrahlte Licht wird nicht unmittelbar dem Mikroskop zugeführt, sondern es werden in den Gang der Lichtstrahlen Sammellinsen eingeschaltet. Dadurch ist es möglich, genügende Erhellung des Präparates zu erzielen, ohne mit der Lampe nahe an das Mikroskop heranzurücken, was zur Erwärmung und Ausdehnung des Instrumentes führen würde. Die Sammellinse (Kollimator) nimmt einen großen Teil der nach allen Seiten des Raumes ausgesendeten Strahlen auf und vereinigt sie in der Nähe des Mikroskops zu einem vergrößerten Bild der entfernt stehenden Lichtquelle L_1 (Abb. 366). Dieses reelle Bild dient als eigentliche Lichtquelle und muß die jeweilige Öffnung der Irisblende am Kondensor L_1 ganz ausfüllen. Der Kollimator (asphärische Beleuchtungslinse) ist direkt am Lampenkörper befestigt und ist längs der optischen Achse verstellbar.

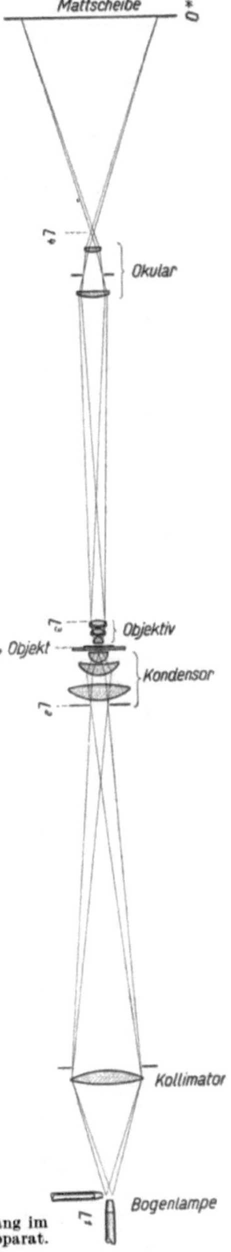

Abb. 366. Strahlengang im mikrophotographischen Apparat.

g) Die Mikroprojektion.

Die Projektion ist in der Neuzeit ein unentbehrliches Hilfsmittel bei Studium und Unterricht geworden.

Mittels der Negativplatten werden Diapositive hergestellt, und diese Bilder mit einem Projektionsapparat im verdunkelten Raum auf eine weiße Wand projiziert.

Einfacher ist es, das Präparat direkt durch das Mikroskop zu projizieren. Nur bei dieser direkten Abbildung des Objekts kann die Färbung des Präparates richtig wiedergegeben werden.

Die einfache Einrichtung Abb. 367 läßt Vergrößerungen bis 3500-fach auf eine Projektionsentfernung von 3 bis 9 m zu.

Als Lichtquelle dient eine

Tabelle 140. Balgenlängen und Objektabstände bei Aufnahmen mit Summaren und Mikrosummaren. (Abgerundete Werte.)

Vergrößerung	Objektiv mm	Balgenlänge Letzter Linsenscheitel bis Mattscheibe cm	Objektabstand mm
0,5	Summar 120	17	340
1 ×	Summar 120	23	230
	„ 100	19	190
	„ 80	15	150
	„ 64	12	120
2 ×	Summar 120	35	175
	„ 100	29	145
	„ 80	23	115
	„ 64	18	90
3 ×	Summar 120	47	150
	„ 100	39	120
	„ 80	31	95
	„ 64	25	75
4 ×	Summar 120	59	135
	„ 100	49	110
	„ 80	39	90
	„ 64	31	70
5 ×	Summar 120	71	130
	„ 100	59	105
	„ 80	47	85
	„ 64	37	65
6 ×	Summar 120	83	125
	„ 100	69	100
	„ 80	55	80
	„ 64	44	65
7 ×	Summar 100	79	100
	„ 80	63	80
	„ 64	50	65
8 ×	Summar 100	89	98
	„ 80	71	80
	„ 64	56	60
9 ×	Summar 80	79	80
	„ 64	63	60
10 ×	Summar 80	87	75
	„ 64	69	60
	Mikrosummar 42	46	40
	„ 35	38	32
	„ 24	26	22
15 ×	Mikrosummar 42	67	37
	„ 35	55	30
	„ 24	36	22
20 ×	Mikrosummar 35	73	30
	„ 24	50	21
30 ×	Mikrosummar 24	74	21

Tabelle 141. Geeignete Optik und Kameralängen für mikrophotographische Aufnahmen.

Vergrößerung	Objektive	Okulare	Balgauszug in cm
30 ×	Achromat 1b	Huyghensokular 6 ×	36
40 ×	Achromat 1b Achromat 2	Huyghensokular 6 × „	46 35
50 ×	Achromat 1b Achromat 2	Huyghensokular 6 × „	56 42
75 ×	Achromat 2 Achromat 3 Apochromat 16 mm	Huyghensokular 6 × „ Periplanokular 8 ×	61 35 26
100 ×	Achromat 2 Achromat 3 Apochromat 16 mm	Huyghensokular 6 × „ Periplanokular 8 ×	79 46 32
150 ×	Achromat 3 Achromat 3b Apochromat 16 mm	Huyghensokular 6 × Periplanokular 8 × „	65 40 46
200 ×	Achromat 3 Achromat 3b Apochromat 16 mm	Huyghensokular 6 × Periplanokular 8 × „	86 51 61
300 ×	Achromat 4 Apochromat 8 mm	Periplanokular 8 × „	50 46
400 ×	Achromat 6 Fluoritobjektiv 6a Apochromat 4 mm Fluoritölimmersion $^1/_7$ d	Periplanokular 8 × „ „ „	33 35 33 28
600 ×	Achromat 6 Fluoritobjektiv 6a Apochromat 4 mm Fluoritölimmersion $^1/_7$a	Periplanokular 8 × „ „ „	47 50 47 40
800 ×	Achromat 6 Fluoritobjektiv 6a Apochromat 4 mm Fluoritölimmersion $^1/_7$a Fluoritölimmersion $^1/_{10}$a	Periplanokular 8 × „ „ „ „	61 64 61 51 39
1000 ×	Ölimmersion $^1/_{12}$ Fluoritölimmersion $^1/_{10}$a Fluoritölimmersion $^1/_{12}$a Apochromatische Ölimmersion 2 mm	Periplanokular 8 × „ „ „	36 48 38 38

zentrierbare Bogenlampe. Sie ist an einem Gußfuß befestigt, der gleichzeitig als Mikroskopstativ ausgebildet ist. Das Mikroskop kann in horizontaler und vertikaler Stellung verwendet werden. Zwischen Lampe und Instrument ist eine Kühlküvette eingeschaltet.

Abb. 367. Projektionsapparat für mikroskopische Präparate.

Abb. 368 zeigt eine größere Mikro-Projektionseinrichtung auf optischer Bank mit elektromagnetisch regulierender Bogenlampe, Kühlküvette und verstellbarem Mikroskoptisch. Bei dieser Anordnung können größere Mikroskopstative mit Kondensor verwendet werden. Der Strahlengang zwischen Lampe und Mikroskop ist in einem lichtdichten Rohr geführt.

Abb. 368. Mikro-Projektionseinrichtung auf optischer Bank.

h) Mikrostruktur typischer Schuhleder.

Um die besonders wichtigen Eigenschaften der meist benutzten Lederarten festzustellen und zu registrieren, wählte der Verfasser 18 verschiedene Arten von Leder, Oberleder und Sohlleder aus. Besondere Sorgfalt wurde darauf verwendet, auch wirklich nur typische Muster der verschiedenen Lederarten zu erhalten. Sämtliche Messungen der Eigenschaften wurde bei jeder Lederart an der gleichen Haut durchgeführt, um die Möglichkeit zu haben, die verschiedenen Eigenschaften zueinander in Beziehung setzen zu können. Die so ermittelten Eigen-

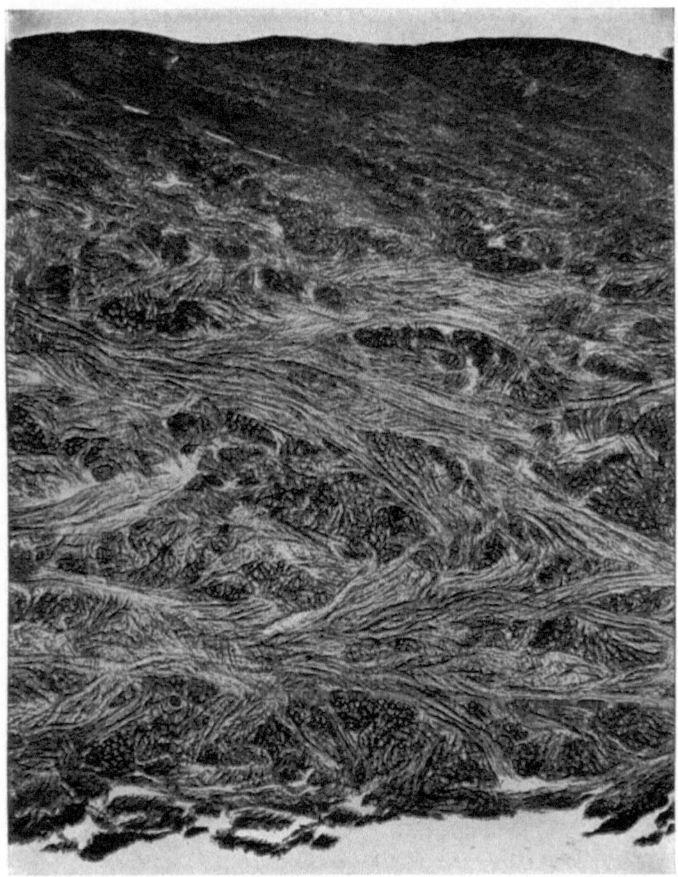

Abb. 369. Vertikalschnitt durch Kalbleder. (Gefärbtes, pflanzlich gegerbtes Oberleder.) Stelle der Entnahme: Schild. Dicke des Schnittes: 30 μ. Färbung: keine. Gerbung: pflanzlich Okular: 5 ×. Objektiv: 16 mm. Wratten-Filter: K 3 — Gelb. Vergrößerung: 75-fach.

schaften sollen in den folgenden Kapiteln eingehender beschrieben und behandelt werden. Sämtliche untersuchten Ledermuster waren vollständig zugerichtet und fertig für die Schuhfabrikation. Zur Ergänzung dieser Untersuchungen stellten Wilson und Daub (11) Mikroschnitte und Mikrophotographien von sämtlichen in die Untersuchung einbezogenen Lederarten her. Im folgenden sollen die hierbei benutzten

Methoden ausführlich beschrieben und auch eine Beschreibung der 18 Leder gegeben werden. Die entsprechenden Mikrophotograhien sind in den Abb. 369 bis 383 wiedergegeben.

α) Die Herrichtung der Leder für die mikroskopische Untersuchung.

Sämtliche Proben für die mikroskopische Untersuchung wurden aus der Mitte des Schildes entnommen. Eine Ausnahme machen nur die

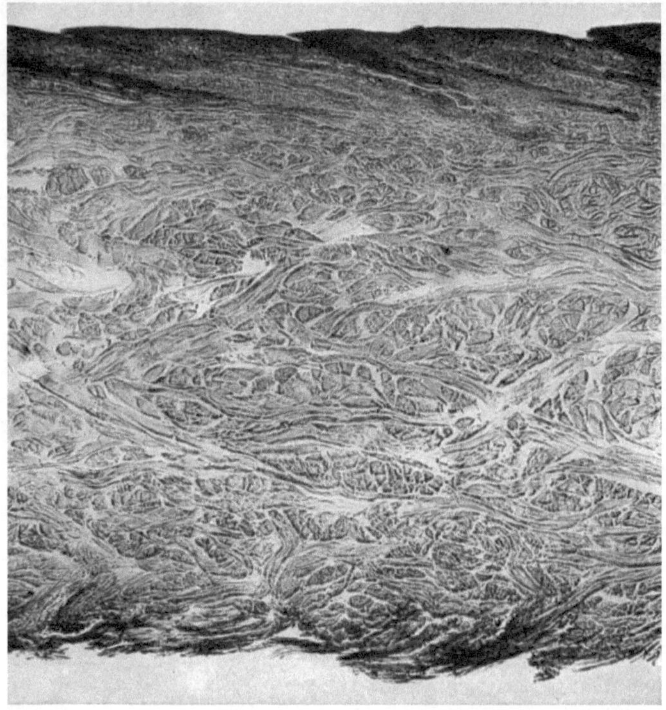

Abb. 370. Vertikalschnitt durch Kalbleder. (Gefärbtes, chromgares Oberleder.)
Stelle der Entnahme: Schild. Dicke des Schnittes: 30 μ. Färbung: keine. Gerbung: Chrom.
Okular: 5 ×. Objektiv: 16 mm. Wratten-Filter: K 3 — Gelb. Vergrößerung: 75-fach.

4 Proben, die nicht als ganze Felle oder Häute zur Verfügung standen, nämlich die Korduanleder, das Roßlackleder und das Sohlledermuster. In diesem Falle wurden die untersuchten Proben etwa aus der Mitte der Muster entnommen. Die Proben wurden mit einem scharfen Messer auf etwa 1 × 4 cm so beschnitten, daß die Haarbälge möglichst in der Ebene, in der geschnitten werden sollte, lagen.

Sämtliche Proben mit Ausnahme der Sohllederproben wurden einen Tag in Cedernholzöl geweicht. Dazu wurde ein kleines Loch in den Rand jedes Musters gebohrt, ein Draht durchgezogen und das Muster

Abb. 371. Vertikalschnitt durch Ziegenleder. (Schwarzes Kidleder.)
Stelle der Entnahme: Schild. Dicke des Schnittes: 30 μ. Färbung: keine. Gerbung: Chrom.
Okular: 5 ×. Objektiv: 16 mm. Wratten-Filter: K 3 — Gelb. Vergrößerung: 75-fach.

Abb. 372. Vertikalschnitt durch Känguruhleder.
Stelle der Entnahme: Schild. Dicke des Schnittes: 30 μ. Färbung: keine. Gerbung: Chrom.
Okular: 5 ×. Objektiv: 16 mm. Wratten-Filter: K 3 — Gelb. Vergrößerung: 75-fach.

dann in einem Becherglas in das Öl eingehängt. Die Proben wurden anschließend mit Xylol abgespült und dann in Bechergläser mit geschmolzenem Paraffin eingehängt. Nach einer Stunde wurden sie in frisches geschmolzenes Paraffin übergeführt und dieses 5mal wiederholt. Dann wurde jedes Hautstückchen für sich in einen besonderen Aluminiumbecher mit geschmolzenem Paraffin gegeben und das Paraffin unter Wasser zum Erstarren gebracht. Der Aluminiumbecher wurde anschließend schwach erwärmt, bis der Paraffinblock mit dem Leder herausgelöst werden konnte. Der Paraffinblock wurde mit dem Messer beschnitten, auf das Mikrotom gegeben und Vertikalschnitte von 30 μ Dicke hergestellt.

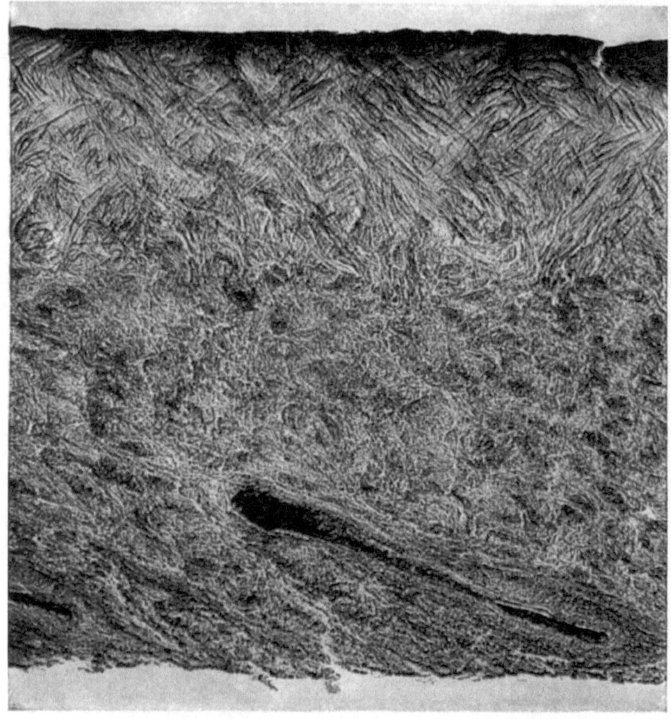

Abb. 373. Vertikalschnitt durch Roßleder. (Korduan aus dem Spiegel.)
Stelle der Entnahme: Schild. Dicke des Schnittes: 30 μ. Färbung: keine. Gerbung: pflanzlich. Okular: 5 ×. Objektiv: 16 mm. Wratten-Filter: K 3 — Gelb. Vergrößerung: 75-fach.

Die einzelnen Schnitte wurden auf einem durch eine elektrische Lampe warmgehaltenen Papier ausgestreckt, die Hauptmenge des Paraffins entfernt, an einem Eckchen mit einer Pinzette angefaßt und in eine Kollodiumlösung folgender Zusammensetzung eingetaucht:

150 ccm absoluter Alkohol	2 g trockenes Celloidin
50 ccm Äther	2 g Canadabalsam

1,25 g Ricinusöl.

Der Schnitt blieb in dieser Lösung eine Sekunde und wurde dann langsam an der Luft hin und her geschwenkt, bis das Kollodium fest geworden war. Auf einen Objektträger wurde dann ein Tropfen Cedernholzöl gegeben, der Schnitt in das Öl gelegt und mit einigen Tropfen des Öles bedeckt und einige Stunden zum Verdampfen der Lösungsmittel stehen gelassen. Dann wurde der Objektträger zur Entfernung des Öls und Paraffins einige Male mit Xylol abgespült. Darauf wurde der Überschuß an Xylol entfernt und der Schnitt mit einem Tropfen Canadabalsam und einem Deckgläschen bedeckt. Der Schnitt war damit für die Untersuchung unter dem Mikroskop und für das Photographieren fertig.

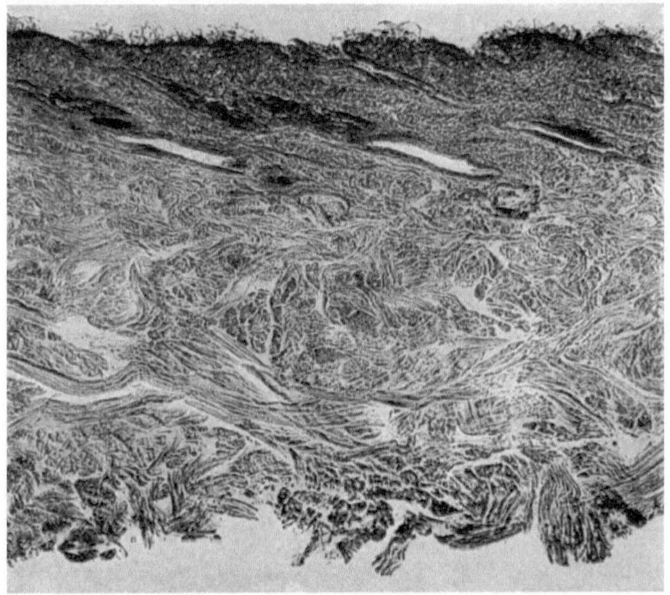

Abb. 374. Vertikalschnitt durch Rindsnarbenspalt mit abgepufftem Narben. Stelle der Entnahme: Schild. Dicke des Schnittes: 30 μ. Färbung: keine. Gerbung: Chrom. Okular: 5 ×. Objektiv. 16 mm. Wratten-Filter: K 3 — Gelb. Vergrößerung: 75-fach.

Bei Benutzung des eben beschriebenen Einbettungsverfahrens ließen sich die Sohlledermuster auf dem Mikrotom nicht gut schneiden; das Messer wurde schartig und zerriß die Schnitte. Gute Schnitte konnten schließlich bei folgender Einbettungsmethode erhalten werden. Die Schnitte wurden 3mal nacheinander in Äther eingelegt und dann in eine 6%ige Celloidinlösung übertragen, in der sie eine Woche verblieben. Anschließend wurden sie über Nacht in Chloroform eingelegt und dann 2 Tage in eine Mischung von 3 Teilen Xylol und einem Teil Ricinusöl gegeben. Danach erfolgte 5maliges Einlegen in geschmolzenes Paraffin und das Einbetten. Der Paraffinblock wurde nach dem Beschneiden auf dem Mikrotom in Schnitte von 40 μ Dicke zerlegt. Vor dem Schneiden wurde jedesmal die Oberfläche des Leders auf dem Paraffinblock mit Celloidinlösung bestrichen und trocknen lassen. Auf diese Weise konnte ein Zerreißen des Schnittes beim Schneiden vermieden werden. Die weitere Behandlung ist die gleiche wie oben bei den dünneren Ledern beschrieben.

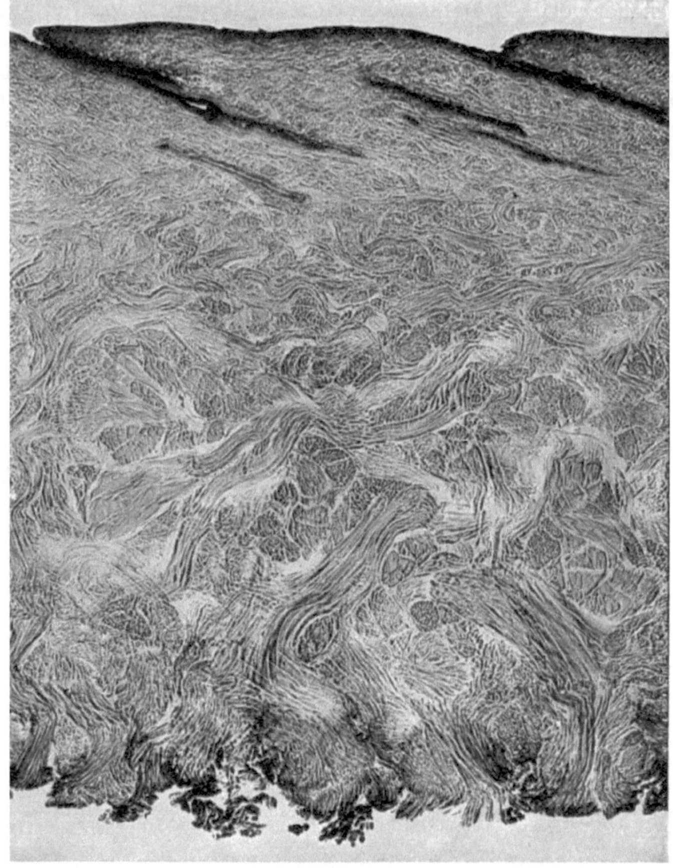

Abb. 375. Vertikalschnitt durch Rindsnarbenspalt mit intaktem Narben.
Stelle der Entnahme: Schild. Dicke des Schnittes: 30 μ. Färbung: keine. Gerbung: Chrom.
Okular: 5 ×. Objektiv: 16 mm. Wratten-Filter: K 3 — Gelb. Vergrößerung: 75-fach.

β) Das Photographieren.

Sämtliche Oberleder und Bekleidungsleder wurden, um die Bilder direkt miteinander vergleichbar zu machen, bei 75-facher Vergrößerung photographiert. Im Mikroskop wurde ein 16-mm-Objektiv und ein 5 ×-Okular verwendet. Zur Beleuchtung wurde das Licht einer Bogenlampe benutzt, das durch Wrattenfilter K_3-Gelb filtriert wurde. Als Platten wurden „W. und W. M.“-Platten benutzt.

Abb. 376. Vertikalschnitt durch schwarzes Schwedenleder. (Aus der Haut eines totgeborenen Kalbes). Stelle der Entnahme: Schild. Dicke des Schnittes: 30 μ. Färbung: keine. Gerbung: Chrom. Okular: 5 ×. Objektiv: 16 mm. Wratten-Filter: K 3 — Gelb. Vergrößerung: 75-fach.

Abb. 377. Versikalschnitt durch Kalbleder. (Ungefärbtes Bekleidungsleder.) Stelle der Entnahme: Schild. Dicke des Schnittes: 30 μ. Färbung: keine. Gerbung: pflanzlich. Okular: 5 ×. Objektiv: 16 mm. Wratten-Fliter: K 3 — Gelb. Vergrößerung: 75-fach.

Die beiden stärkeren Oberleder wurden bei 38-facher Vergrößerung und die beiden Sohlleder bei 23-facher Vergrößerung photographiert. An Stelle der Bogenlampe gelangte eine besondere Voltlampe mit Konzentrierungslinse zur Verwendung. Für die stärkere Vergrößerung wurde ein 32-mm-Objektiv und 5 ×-Okular angewandt, die schwächere Vergrößerung wurde mit einem 32-mm-Mikrosummar erhalten.

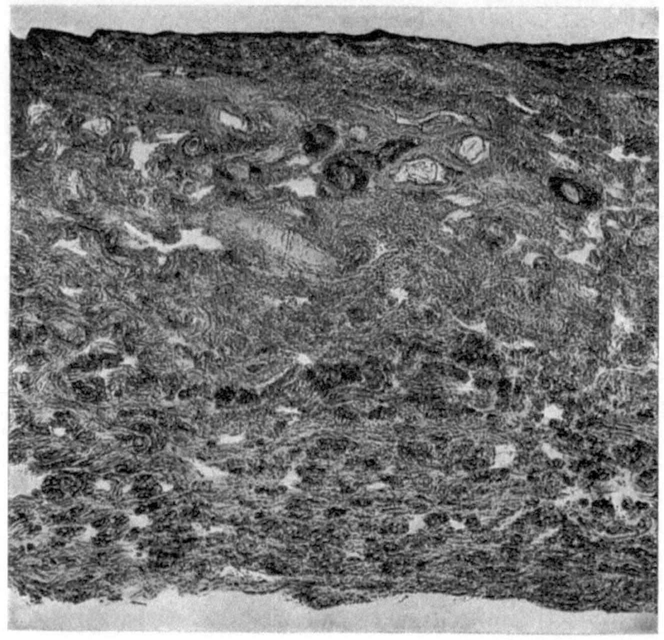

Abb. 378. Vertikalschnitt durch Schafleder. (Ungefärbtes Bekleidungsleder.)
Stelle der Entnahme: Schild. Dicke des Schnittes: 30 μ. Färbung: keine. Gerbung: pflanzlich. Okular: 5 ×. Objektiv: 16 mm. Wratten-Filter: K 3 — Gelb. Vergrößerung: 75-fach.

γ) Die Mikrophotographien.

Die einzelnen Abbildungen geben Vertikalschnitte durch das Leder wieder, und zwar liegt diejenige Seite des Leders nach oben, die am Schuh nach außen getragen wird. Es liegt also bei allen Ledern mit Ausnahme des Korduanleders, des Schwedenleders und des Armeeoberleders, die mit der Fleischseite nach außen getragen werden, die Narbenseite oben, die Fleischseite unten.

Muster Nr. 1, Abb. 369. Die Abbildung gibt ein gefärbtes, vegetabilisch gegerbtes Kalboberleder vom Typus der sogenannten Juchtenleder wieder. Der Name Juchtenleder wurde erstmalig in Rußland für mit Birkenrinde gegerbte Kalbleder angewandt, die den charakteristischen Geruch des Birkenteeröls aufwiesen.

Muster Nr. 2, Abb. 370. Die Abbildung gibt ein typisches, gefärbtes chromgares Kalbleder wieder. Die Unterschiede in der Struktur zwischen Muster 1 und 2 sind vollständig auf die verschiedene Gerbungsart, pflanzliche Gerbung und Chromgerbung zurückzuführen. Bei der pflanzlichen Gerbung sind die Proteinfasern sehr viel stärker aufgegangen als bei der Chromgerbung. Dadurch ist das pflanzlich gegerbte Leder verhältnismäßig dicker und voller als das lose und wenig geschlossene Chromleder.

Muster Nr. 3, Abb. 371. In der Abbildung ist ein schwarzes Kidleder wiedergegeben. Die schwarze Farbe ist tief in das Leder eingedrun-

Abb. 379. Vertikalschnitt durch schwarzes Haifischoberleder.
Stelle der Entnahme: Schild. Dicke des Schnittes: 30 μ. Färbung: keine. Gerbung: pflanzlich. Okular: 5 ×. Objektiv: 16 mm. Wratten-Filter: K 3 — Gelb. Vergrößerung: 75-fach.

gen. Die Fasern sind dünner als die des Kalbleders und wenig fest miteinander verwoben. Das Leder ist chromgar.

Muster Nr. 4, Abb. 372. Die Abbildung zeigt einen Schnitt durch ein chromgares, schwarzes Känguruhleder. Seine Fasern sind dünner als die des Kidleders, die Struktur insgesamt aber dichter. Der schwarze Farbstoff hat das Leder nahezu vollständig durchdrungen.

Muster Nr. 5, Abb. 373. Die Abbildung zeigt ein Korduanleder aus dem Schild oder Spiegel einer Roßhaut hergestellt. Es ist vegetabilisch gegerbt. Der Roßhautspiegel besitzt in der Mitte seiner Dicke eine besonders dichte faserige Schicht. Das Leder ist in dieser Spiegelschicht gespalten und auf der Spaltseite geschwärzt und zugerichtet. Diese Spaltseite wird nach außen getragen. Das obere Drittel der Abbildung gibt den im Leder verbliebenen Teil dieser Spiegelschicht wieder. Die scharfe dunkle Linie im unteren Teil der Abbildung gibt die Reste eines Haarbalges wieder.

Muster Nr. 6, Abb. 374. Das in Abbildung wiedergegebene Spaltleder ist aus einem dünnen Rindshautspalt in Chromgerbung hergestellt,

Abb. 380. Vertikalschnitt durch schwarzes Rindsoberleder.
Stelle der Entnahme: Schild. Dicke des Schnittes: 30 μ. Färbung: keine. Gerbung: Chrom. Okular: 5 ×. Objektiv: 32 mm. Wratten-Filter: K 3 — Gelb. Vergrößerung: 38-fach.

gefärbt, der Narben abgepufft und mit einem feinen Pulver geglättet. Es hat eine sehr lose und poröse Struktur.

Muster Nr. 7, Abb. 375. Die Abbildung zeigt ein gewöhnliches, gefärbtes Chromoberleder aus Rindshaut. Das Rindleder ist nicht so stark ausgespalten wie das Spaltleder in vorhergehender Abbildung und mit vollem Narben zugerichtet.

Muster Nr. 8, Abb. 376. Schwedenkalbleder wird aus Häuten von totgeborenen Kälbern hergestellt. Das Leder ist chromgar, geschwärzt und auf der Fleischseite zugerichtet. Das Fasergefüge ist so lose und porös, daß der schwarze Farbstoff das Leder vollständig durchdrungen hat.

Muster Nr. 9, Abb. 377. Vegetabilisch gegerbtes Kalbleder, wie es als Bekleidungsleder Benutzung findet. Das Leder ist nicht gefärbt.

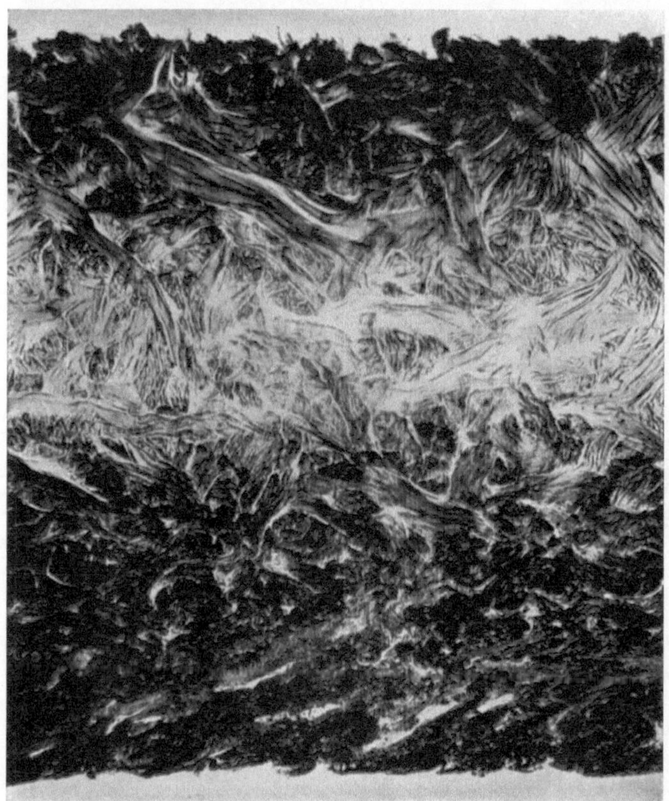

Abb. 381. Vertikalschnitt durch Rindsleder. (Kombiniert gegerbtes Armee-Oberleder.) Stelle der Entnahme: Schild. Dicke des Schnittes: 30 μ. Färbung: keine. Gerbung: Chrom und pflanzlich. Okular: 5 ×. Objektiv: 32 mm. Wratten-Filter: K 3 — Gelb. Vergrößerung: 35-fach.

Muster Nr. 10, Abb. 378. Vegetabilisch gegerbtes Schafleder für Bekleidungszweck, ungefärbt.

Muster Nr. 11, Abb. 379. Schwarzes vegetabilisch gegerbtes Haifischoberleder. Beachtenswert ist die große Widerstandsfähigkeit der Narbenoberfläche gegen Abnützung.

Muster Nr. 12, Abb. 339. Die Abbildung zeigt einen Schnitt durch ein schwarzes, chromgares Rindlackleder. Die Lackschicht auf der Oberfläche erscheint als drei verschiedene Schichten. Die Schicht unmittelbar auf dem Narben ist schwarz und glänzend, die darüberliegende zeigt zahlreiche Körner des Pigmentmaterials, die obere Schicht ist verhältnismäßig klar und durchscheinend.

Abb. 382. Vertikalschnitt durch pflanzlich gegerbtes Sohlleder.
Stelle der Entnahme: Schild. Dicke des Schnittes: 40 μ. Färbung: keine. Gerbung: pflanzlich. Okular: keins. Objektiv: 32 mm. Wratten-Filter: K 3 — Gelb. Vergrößerung: 23-fach.

Muster Nr. 13, Abb. 340. Schwarzes, chromgares Lack-Kidleder. Auch hier können die einzelnen Lackschichten deutlich unterschieden werden.

Muster Nr. 14, Abb. 341. Die Abbildung gibt ein schwarzes, chromgares Roßleder wieder. Während das Korduanleder die dichte Struktur des Roßspiegels zeigt, veranschaulicht diese Abbildung das Gefüge der

Roßhaut an anderer Stelle der Haut als dem Schild. Bei der Roßhaut sind besonders diese Unterschiede in der Dichte der Haut zwischen Schild und den übrigen Teilen der Haut bemerkenswert.

Muster Nr. 15, Abb. 380. Die Abbildung gibt einen Schnitt durch ein schweres, schwarzes, chromgares Rindleder für Reitstiefel wieder. Beim Vergleich mit den vorhergehenden Abbildungen muß beachtet werden, daß das Leder bei schwacher Vergrößerung photographiert wurde.

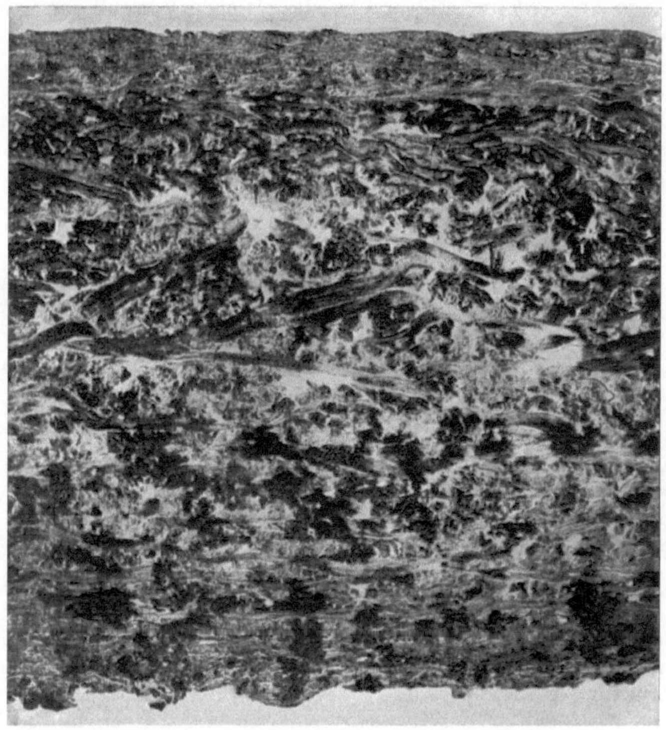

Abb. 383. Vertikalschnitt durch chromgegerbtes Sohlleder.
Stelle der Entnahme: Schild. Dicke des Schnittes: 40 μ. Färbung: keine. Gerbung: Chrom. Okular: keins. Objektiv: 32 mm. Wratten-Filter: K 3 — Gelb. Vergrößerung: 23-fach.

Muster Nr. 16, Abb. 381. Die Abbildung zeigt einen Schnitt durch ein Armeeschuhoberleder, wie es in Amerika während des Weltkrieges benutzt wurde. Es wurde aus Rindshaut hergestellt, die zuerst chromgar gemacht und dann teilweise mit pflanzlichen Gerbstoffen nachgegerbt wurde. Das Leder wurde nicht gefärbt, stark gefettet und auf der Fleischseite zugerichtet. Die 38-fache Vergrößerung macht die Abbildung direkt mit Abb. 380 vergleichbar. Beim Vergleich mit den übrigen Abbildungen muß die unterschiedliche Vergrößerung berücksichtigt werden.

Muster Nr. 17, Abb. 382. Typisches Sohlleder aus pflanzlich gegerbter Ochsenhaut; beachtenswert ist die Festigkeit und dichte Struktur. Um die ganze Dicke wiedergeben zu können, mußte die Vergrößerung auf 23-fach vermindert werden.

Muster Nr. 18, Abb. 383. Chromgares Sohlleder. Ein Vergleich der Abb. 382 und 383 zeigt deutlich den Einfluß der Gerbungsart auf die Beschaffenheit der Lederfasern ähnlich wie die Abb. 369 und 370. Die Fasern des vegetabilisch gegerbten Leders sind dicker und dichter gelagert. Die Abb. 382 und 383 sind bei der gleichen Vergrößerung photographiert und daher direkt vergleichbar.

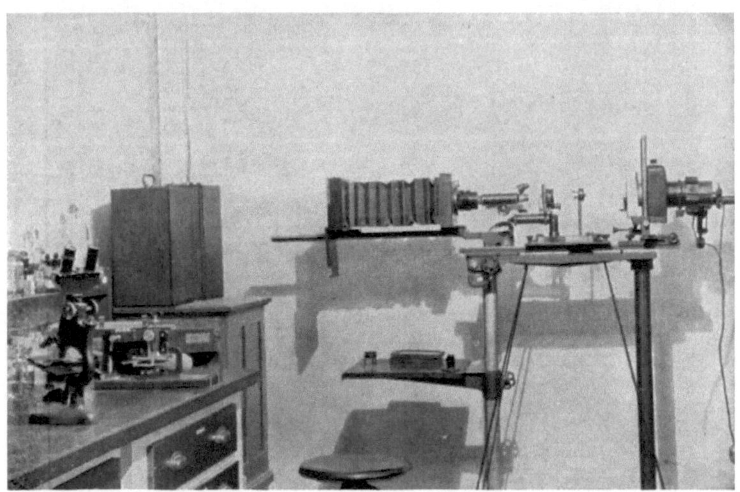

Abb. 384. Ecke im mikrophotographischen Laboratorium einer Gerberei.

Ein sorgfältiges Studium der im 1. Bande dieses Werkes wiedergegebenen Rohhautschnitte wird dem Leder die Unterschiedlichkeiten der Struktur der 18 verschiedenen Lederarten noch besser klar machen. Unterschiedlichkeiten der Struktur sind im allgemeinen in der Rohhaut viel stärker ausgeprägt als am fertigen Leder. Die chemische Zusammensetzung der 18 Leder wird im nächsten Kapitel wiedergegeben werden.

Literaturzusammenstellung.

1. Böhm u. Oppel: Taschenbuch der mikroskopischen Technik. München—Berlin.
2. Enzyklopädie der mikroskopischen Technik mit besonderer Berücksichtigung der Färbelehre. Berlin 1902.
3. Herxheimer: Histologische Technik. Handbuch der biologischen Arbeitsmethoden. Abt. 8.
4. Lee, A. B.: The microtomist's vademecum. Eighth edition. Philadelphia: P. Blakiston's Son & Co. 1921.
5. McLaughlin, G. D. u. F. O'Flaherty: Micro-tannology. J. Amer. Leather Chem. Assoc. 21, 338 (1926).

6. Mallory, F. B.: The principles og pathologic histology. Philadelphia: W. B. Saunders Co. 1923.
7. Mallory, F. B. u. J. H. Wright: Pathological technique. Eighth edition. Philadelphia: W. B. Saunders Co. 1924.
8. Mayer, P.: Einführung in die Mikroskopie. Berlin: Julius Springer, 1922.
9. Romeis, B.: Taschenbuch der mikroskopischen Technik. München u. Berlin: Oldenbourg.
10. Turley, H. G.: Chemico-histological study of leather manufacture. J. Amer. Leather Chem. Assoc. 21, 117 (1926).
11. Wilson, J. A. u. G. Daub: Properties of shoe leather. I. Microstructure. J. Amer. Leather Chem. Assoc. 21, 193 (1926).

37. Die chemische Zusammensetzung des Leders.

Bestimmungen der chemischen Zusammensetzung des Leders sind überaus verwickelt, weil die Zusammensetzung sowohl an den verschiedenen Stellen jeder einzelnen Lederhaut als auch mit zunehmender Tiefe unter dem Narben wechselt. Häute der gleichen Art, die in allen Fabrikationsprozessen gemeinsam behandelt wurden, haben fertig zugerichtet nicht die gleiche Zusammensetzung, wenn sie in der Dicke Unterschiede aufweisen. Viele Stoffe werden von der Haut direkt proportional der der Einwirkung ausgesetzten Hautoberfläche aufgenommen. Sie werden darum besonders reichlich in den dünneren Häuten einer Partie und bei Betrachtung der einzelnen Haut in den dünneren Teilen vorgefunden. Stoffe, die nur langsam in die Haut diffundieren, werden meist am reichlichsten in den Außenschichten gefunden; sie nehmen nach der Mittelschicht des Leders zu mengenmäßig ab. Bei den Methoden der Probeentnahme und Analyse des Leders muß in jedem Falle der Art des Leders und der Natur der speziellen analytischen Bestimmung Rechnung getragen werden. Die Standardmethoden dienen hauptsächlich als Leitlinien. Im folgenden sind jene Methoden der Probeentnahme und der Lederanalyse angeführt, die vom Internationalen Verein der Leder-Industrie-Chemiker (I. V. L. I. C.) oder von der American Leather Chemists' Association (A. L. C. A.) entweder offiziell oder provisorisch angenommen sind.

a) Methoden des Internationalen Vereins der Leder-Industrie-Chemiker.

Die Vorschriften des Internationalen Vereins der Lederindustrie-Chemiker, die sich an die Beschlüsse der I. V. L. I. C.-Hauptversammlung in Wien anschließen, sollen nur soweit angeführt werden, als sie sich von den im folgenden Abschnitt wiedergegebenen Methoden der American Leather Chemists' Association unterscheiden[1].

Vegetabilisch gegerbte Leder.

1. Probenahme.

Die Zahl der Häute oder Stücke, die aus einer Partie zu bemustern sind, berechnet man nach der Formel

$$0{,}7\sqrt{x},$$

[1] Die Vorschriften sind dem Gerbereichemischen Taschenbuch (Vagda-Kalender) entnommen.

worin x die Zahl der Häute oder Stücke der Partie bedeutet. Bei kleinen Partien soll die Zahl der genommenen Proben jedoch nicht kleiner als 3 sein.

Beispiel: Bei einer Partie von 200 Häuten ist die zu nehmende Anzahl Proben $0{,}7\sqrt{200} = 10$. Man nimmt dann die 1. Probe von der 20. Haut, die 2. Probe von der 40. Haut usw.

2. Analyse.

Feuchtigkeitsbestimmung: 2 g der Probe werden, ohne vorher zu entfetten, in einem offenen Wägeglas bis zur Gewichtskonstanz bei 100—105° C getrocknet.

Fettbestimmung: 20—25 g Leder werden im Soxhlet mit Tetrachlorkohlenstoff extrahiert (ca. 25 Spiele), das Lösungsmittel abdestilliert und der Rückstand bei 95—100° C getrocknet.

Von stark gefetteten Ledern verwendet man weniger zur Analyse, wenn es sich nur um eine Fettbestimmung handelt; doch müssen mindestens 20 g Leder extrahiert werden, wenn der Auswaschverlust bestimmt werden soll.

Das entfettete Leder legt man ausgebreitet auf Filtrierpapier an einen warmen Ort, damit das Lösungsmittel verdunsten kann.

Auswaschverlust: Das entfettete Leder, mindestens 20 g, wird — ohne vorheriges Einweichen — mit Wasser von 35—40° C im Kochschen Extraktor auf das 50-fache ausgelaugt.

Man füllt in einem Meßkolben bis zur Marke auf und bestimmt den Gesamtrückstand, die Nichtgerbstoffe und die Asche. Man erhält so den Gesamtauswaschverlust, die auswaschbaren Gerbstoffe und die löslichen Mineralbestandteile des Leders.

Die Durchgerbungszahl (nach Schroeder) gibt an, wieviel Gramm Gerbstoff an 100 g Hautsubstanz gebunden sind. Man erhält den gebundenen Gerbstoff durch Subtraktion von Wasser, Asche, Fett, Auswaschbaren und Hautsubstanz von 100 (unter dem Auswaschbaren ist hier nur das organische Auswaschbare zu verstehen, da die löslichen anorganischen Salze schon in der Asche erscheinen).

Beispiel: Ein Leder habe

17,0%	Wasser
2,2%	Asche
1,5%	Fett
12,5%	Auswaschbares
36,5%	Hautsubstanz
30,3%	gebundenen Gerbstoff
100 %.	

Dann berechnet sich die Durchgerbungszahl wie folgt:

an 35,5 g Hautsubstanz sind 30,3 g Gerbstoff gebunden
„ 100 g „ „ x g „ „

$$\text{Durchgerbungszahl } x = \frac{30{,}3 \cdot 100}{36{,}5} = 83\,.$$

Rendementszahl. Diese gibt die Menge lufttrocknes Leder (von 18% Wassergehalt) an, in der 100 g Hautsubstanz enthalten sind.

Bei Berechnung der Rendementszahl muß der Hautsubstanzgehalt erst auf Leder von 18% Wasser umgerechnet werden.

Nach obigem Beispiel ergibt sich:

83 g Trockensubstanz enthalten 36,5 g Hautsubstanz
82 g „ „ y g „

$$y = \frac{36{,}5 \cdot 82}{83} = 36{,}2\,.$$

36,2 g Hautsubstanz geben 100 g Leder von 18% Wassergehalt
100 g „ „ x g „ „ 18% „

$$\text{Rendementszahl } x = \frac{100 \cdot 100}{36{,}2} = 278\,.$$

Berechnung: Die Analysenergebnisse werden nicht auf einen als normal angenommenen Wassergehalt umgerechnet, sondern auf den gefundenen Trocknungsgrad bezogen. Die Berechnung der Salze erfolgt mit dem Krystallwasser.

b) Methoden der American Leather Chemists' Association.

α) Vegetabilisch gegerbte Leder.

1. Probenahme.

Entnahmestelle und Größe der Probestücke. Man schneidet aus jedem Leder, das von einer vorliegenden Lederpartie zu bemustern ist, aus den Stellen, die aus der beigefügten Zeichnung (Abb. 385) zu ersehen sind, ein Probestück. Die einzelnen Stellen sind nur relativ angegeben, da die Häute und Felle in ihrer Größe variieren.

In der Zeichnung ist nur die eine Hautseite dargestellt. Bei Bemusterung ganzer Häute sind die Hautstücke der vorgeschriebenen Stellen jeder Seite der Rückgratslinie zu entnehmen. Wenn irgend möglich, sind die Probestücke wie vorgeschrieben einzelnen Halshälften, Kernstücken und Seiten zu entnehmen, da ganze Häute sehr viel schwieriger zu bemustern sind.

Jedes Probestück soll rechtwinklig und zirka 5×20 cm groß sein. Die Probestücke am Lederrande sind etwa 1,5 cm vom Rande entfernt zu entnehmen.

Mischen der Lederproben. Sämtliche Probestücke sind gemeinsam oder die Probestücke von jeder Stelle getrennt für die Analyse vorzubereiten und nach sorgfältigem Durchmischen ist die gleiche Gewichtsmenge Leder von jeder Stelle zu einer einheitlichen Analysenprobe zu vereinigen.

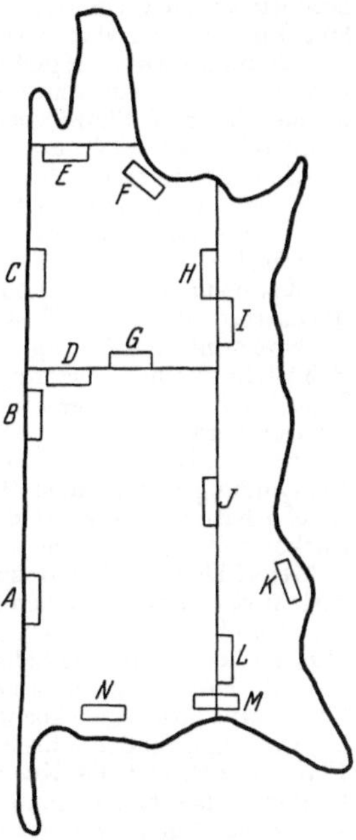

Abb. 385. Ort der Probeentnahme und Gestalt der Probestücke für die Analyse vegetabilisch gegerbter Leder.

Teil der Haut	Einfach	Doppelt
Bauch .	*I—L—K*	—
Hals . .	*C—H*	*G—H*
Kern . .	*A—B—J*	*N—D—J*
Kern . .	*A—C—J*	*N—E—J*
Seite . .	*A—C—K*	*N—F—M*

2. Herrichtung der Probe zur Analyse.

Das Leder ist durch Schneiden, Hobeln, Sägen oder andere geeignete Methoden in einen so feinen Verteilungszustand zu bringen, als praktisch möglich ist, gut zu mischen und in ein sauberes, trockenes Gefäß zu füllen, das fest zu verschließen ist. Während der Herrichtung ist jede Erhitzung des Leders zu vermeiden. Ist das Leder durch Sägen zerkleinert worden, so ist ganz besondere Sorgfalt beim Mischen notwendig, um ein einheitliches Muster zu erhalten.

3. Analyse.

Feuchtigkeitsbestimmung. 5 bis 10 g der Analysenprobe werden in ein Wägeglas oder ein ähnliches Gefäß, das fest verschlossen werden kann, gefüllt und 16 Stunden bei 95 bis 100° getrocknet. Das Gefäß wird bedeckt, im Exsiccator abgekühlt und zur Wägung gebracht.

Gesamtasche. 5 bis 15 g der Analysenprobe werden in einem tarierten Tiegel bei Dunkelrotglut verascht. Sollte es schwierig sein, alle Kohle zu verbrennen, so ist der Rückstand mit heißem Wasser auszuziehen, durch ein aschefreies Filter zu filtrieren und Filter und Rückstand zusammen zu trocknen und zu veraschen. Dann ist das Filtrat zuzusetzen, zur Trockne zu verdampfen und zu glühen. Das Gefäß wird im Exsiccator abgekühlt und zur Wägung gebracht.

Unlösliche Asche. Nach der Extraktion des Auswaschbaren (siehe unter „Auswaschverlust") wird das Leder quantitativ gesammelt und bei einer 60° nicht überschreitenden Temperatur getrocknet. Zu veraschen ist entweder die Gesamtmenge oder genau die Hälfte oder ein Drittel davon (entsprechend 30, 15 oder 10 g der ursprünglich angewendeten Ledersubstanz), wie bei der Bestimmung der „Gesamtasche" beschrieben wurde. Man kühlt im Exsiccator ab, bringt zur Wägung und gibt den Gehalt in Prozenten des ursprünglichen Leders an.

Petrolätherextrakt. 5 bis 30 g der Analysenprobe werden in einem Soxhlet- oder Johnsonapparat mit zwischen 50 und 80° siedendem Petroläther extrahiert, bis das Leder frei von extrahierbaren Stoffen ist. Der Äther wird verdampft und der Rückstand bei nicht über 100° getrocknet, bis er annähernd gewichtskonstant ist. Unnötig langes Erhitzen und ein möglicher Verlust flüchtiger Bestandteile sind zu vermeiden.

Falls nötig, ist wie später unter der Bestimmung des „Auswaschverlustes" beschrieben zu verfahren, und falls erwünscht, die Petrolätherextraktion mit der 30-g-Einwage vor der Bestimmung des Auswaschverlusts auszuführen.

Hautsubstanz. Kjeldahl-Methode. Standardsäure. Für gewöhnliche Zwecke ist n/2 Säure zu empfehlen, für Bestimmungen sehr geringer Stickstoffmengen ist n/10 Säure vorteilhaft. Der Titer der Standardsäure, entweder Salzsäure oder Schwefelsäure, ist genau zu ermitteln.

Standardalkali. Zu empfehlen ist eine n/10-Lösung, die auf die Standardsäure genau einzustellen ist.

Konzentrierte Schwefelsäure. Zu benutzen ist eine Schwefelsäure vom spezifischen Gewicht 1,84, die frei von Nitraten und Ammoniumsulfat ist.

Ätznatronlösung. Zu verwenden ist eine Lösung von 450 g nitratfreiem Ätznatron, die in 1 l Wasser gelöst sind.

Cochenille-Lösung. 3 g pulverisierte Cochenille werden unter häufigem Schütteln in einer Mischung von 50 ccm Alkohol und 200 ccm Wasser ein bis zwei Tage bei Zimmertemperatur digeriert und dann filtriert. Das Filtrat wird als Indikator verwendet.

Reinheitsprüfung der Reagentien. Die Reagentien werden vor ihrer Verwendung durch einen Blindversuch mit Zucker auf Reinheit geprüft. Irgendwelche Nitrate, die sonst der Beobachtung entgehen könnten, werden durch den Zucker teilweise reduziert.

Ausführung der Bestimmung. Man bringt 1,5 g des für die Analyse hergerichteten Leders in einen Kolben, fügt 10 g pulverisiertes entwässertes Natriumsulfat und 25 ccm konzentrierte Schwefelsäure zu, neigt den Kolben und erhitzt ohne zu kochen, bis die Schaumbildung nachläßt. Es ist zulässig, ein kleines Stück Paraffin zuzugeben, um eine übermäßige Schaumbildung zu verhindern. Dann erhitzt man stärker und kocht lebhaft, bis die Flüssigkeit ganz klar und fast farblos ist, wozu gewöhnlich 3 bis 5 Stunden erforderlich sind. (Es ist zu beachten, daß die Flamme während des Kochens nie an die Kolbenwandung oberhalb des Flüssigkeitsspiegels schlagen kann.) Man läßt abkühlen, verdünnt mit etwa 200 ccm Wasser und setzt genügend Ätznatronlösung zu, um das Lösungsgemisch stark alkalisch zu machen. Sofort verbindet man den Kolben mit einem Destillationsaufsatz und einem Kühler, bringt durch Schütteln den Kolbeninhalt in Mischung und destilliert, bis alles Ammoniak in die vorgelegte abgemessene Standardsäure übergegangen ist. Die Destillation dauert gewöhnlich 40 bis 90 Minuten. Im allgemeinen enthalten die ersten 150 ccm alles Ammoniak. Die vorgelegte Säure wird dann mit Standard-Alkalilösung zurücktitriert, wobei als Indicator Cochenille verwendet wird. Berechnet wird auf Prozente Stickstoffgehalt. Jeder ccm der n/10 Säure entspricht 1,4 mg Stickstoff.

Borsäure-Methode. Borsäurelösung. Löse 45 g boraxfreie Borsäure auf je 1 l Wasser.

Methylorangelösung. Löse 0,1 g Methylorange in 100 ccm Wasser.

Bestimmung. Verfahre wie bei der „Stickstoff-Kjeldahl-Methode", nur destilliere das Ammoniak in etwa 125 ccm Borsäurelösung (roh abgemessen) und titriere das Destillat unter Verwendung von Methylorange als Indicator mit Standardsäurelösung. Stelle die Farbe des Endpunkts der Borsäure im Blindversuch fest und bringe eine entsprechende Korrektur an. Berechne auf Prozente Stickstoff.

Hautsubstanz. Durch Multiplikation der Prozente Stickstoff mit 5,62 werden die Prozente Hautsubstanz ermittelt.

Auswaschverlust. Extraktion. 30 g des für die Analyse hergerichteten Leders werden in einem Perkolator über Nacht bei Zimmertemperatur mit genügend Wasser digeriert, um das Leder vollständig zu bedecken. Dann wird bei 50° mit Wasser von 50° so extrahiert, daß man in 3 Stunden 2 l Extrakt erhält. Man läßt den Extrakt auf 20° abkühlen, füllt bis zur Marke auf und bewahrt für die Bestimmung des Gesamtauswaschverlusts, der Nichtgerbstoffe und des Zuckers auf.

Enthält das Leder im wasserfreien Zustand mehr als 8% Petrolätherextrakt, so ist die Einwage vor der Wasserextraktion zuerst einer Extraktion mit bei 50 bis 80° siedendem Petroläther zu unterziehen. Man läßt den Petroläther aus dem Leder verdampfen, bevor man mit der Wasserextraktion beginnt.

Gesamtauswaschverlust. Ist der wässerige Extrakt klar, so pipettiert man 100 ccm ab, verdampft, trocknet und bringt den Rückstand zur Wägung, wie unter „Analyse von Gerbextrakten" auf Seite 373 des ersten Bandes beschrieben.

Ist der wässerige Extrakt nicht klar, so verfährt man, wie unter „Analyse von Gerbextrakten, Gesamtlösliches" angegeben.

Der erhaltene Wert wird in Prozenten des ursprünglichen Leders angegeben.

Nichtgerbstoffe. Die Nichtgerbstoffe werden bestimmt wie unter der Analyse von Gerbextrakten, § 12. „Nichtgerbstoffe" (Band 1, Seite 373) angegeben. Der erhaltene Wert wird in Prozenten des ursprünglichen Leders angegeben.

Auswaschbarer Gerbstoff. Die Differenz zwischen Prozenten Gesamtauswaschverlust und Nichtgerbstoffen sind die Prozente auswaschbarer Gerbstoff.

Gebundener Gerbstoff. Die Differenz zwischen 100 und der Summe der Prozente des Feuchtigkeitsgehalts, des unlöslichen Aschegehalts, des Petrolätherextrakts, der Hautsubstanz und des Gesamtauswaschverlusts bildet den Prozentsatz des gebundenen Gerbstoffs.

Zuckerbestimmung. Kupfersulfatlösung. Man löse 69,278 g Kupfersulfat ($CuSO_4 \cdot 5\,H_2O$) in 1 l Wasser und filtriere die Lösung durch Asbest.

Alkalische Tartratlösung. Man löse 346 g Seignettesalz und 100 g Ätznatron in 1 l Wasser. Nach zweitägigem Stehen wird die Lösung durch Asbest filtriert.

Bleiacetatlösung. Man bereite sich eine gesättigte Lösung von normalem Bleiacetat.

Sekundäres Kaliumphosphat. Zur Verwendung kommt ein Phosphat, das der Formel K_2HPO_4 entspricht. Eine wässerige Lösung dieses Salzes gibt mit Phenolphthalein eine kaum wahrnehmbare rosa Färbung. Das Salz wird 16 Stunden in dünnen Schichten bei 98 bis 100° getrocknet und in einer kleinen gut verschließbaren Flasche aufbewahrt.

Phenolphthaleinlösung. Man löse 0,25 g Phenolphthalein in 50 ccm 95%igen Alkohol.

Ausführung der Bestimmung. Man füllt 200 ccm der Lösung des Gesamtauswaschverlusts in eine Flasche von ½ l Inhalt, pipettiert 25 ccm einer gesättigten Lösung von normalem Bleiacetat zu, schüttelt häufig 5 bis 10 Minuten und filtriert klar, wobei nötigenfalls das Filtrat wiederholt auf das Filter zurückzubringen ist. Das Filter wird während dieser und der nachfolgenden Filtrationen bedeckt gehalten. Man fängt das klare Filtrat in einem Sammelgefäß auf, das 5,5 g (nicht weniger als 4,5 und nicht mehr als 6,5 g) trockenes K_2HPO_4 enthält und filtriert vom Bleiphosphat ab, wobei der Trichter gut ziehen soll. Dann pipettiert man 150 ccm des Filtrats in einen Erlenmeyer-Kolben (500 bis 600 ccm) und gibt mit einer Pipette 7,5 ccm einer konzentrierten Salzsäure ($D = 1{,}18$) zu. Weiter setzt man eine geringe Menge gepulverte Stearinsäure (25 mg) oder 5 bis 10 Tropfen Petroleum zu. Man hydrolysiert, indem man genau 2 Stunden unter Rückfluß kocht. (Manche Lösungen schäumen gerade beim Kochpunkt. Darum muß man die Lösung gut überwachen und beim ersten Schäumen die Gaszufuhr abstellen. Nachdem das Schäumen nachgelassen hat, wird sofort die Flamme wieder angestellt. In der Regel ist keine weitere Störung zu erwarten.) Nach der Hydrolyse soll die Lösung bei Zimmertemperatur über Nacht stehen bleiben. Dann kühlt man auf 10 bis 15° ab, gibt zwei Tropfen der Phenolphthaleinlösung zu, und neutralisiert sorgfältig mit einer Natriumhydroxydlösung (1 zu 1), die man aus einer Bürette zufließen läßt, und fügt einen Überschuß von 0,5 ccm zu. Ohne Verzug ist die

Lösung in einen Meßkolben von 200 ccm einzufüllen, auf 200 ccm zu verdünnen, zu mischen und klar zu filtrieren. Während der Filtration ist das Filtrat eben sauer zu halten, indem ab und zu kleine Mengen pulverisierte reine Weinsäure zugesetzt werden. Im Filtrat ist unmittelbar die Glucose zu bestimmen.

Man pipettiert 50 ccm des Filtrats in eine Mischung von 25 ccm Kupfersulfatlösung und 25 ccm alkalischer Tartratlösung, die sich in einem niedrigen Becherglas von 400 ccm befindet, das möglichst einen inneren Durchmesser von 7 bis 8 cm und eine Höhe von 9 bis 10 cm haben soll. Man bedeckt das Becherglas und erhitzt die Lösung in genau 4 Minuten auf 100^0 und setzt das Erhitzen noch genau 2 Minuten fort. Diese Operation ist mit dem Thermometer zu überwachen[1]. Ohne zu verdünnen filtriert man sofort durch Asbest[2] und wäscht gut mit heißem Wasser, dann mit Alkohol und schließlich mit Äther aus. Man trocknet ½ Stunde bei 95 bis 100^0, läßt abkühlen und wägt als Kupfer-1-oxyd (Cu_2O). Dem gefundenen Kupfer-1-oxydwert entspricht ein bestimmter Glucosewert, der aus der nachfolgenden Tabelle von Munson und Walker (Tabelle 142) zu entnehmen und in Prozenten vom Leder ausdzurücken ist. Bei Benutzung von 15 g Leder pro Liter, die für die Bestimmung des „Auswaschverlusts" vorgeschrieben ist, entsprechen die 50 ccm, die für die Reduktion mit Fehlingscher Lösung genommen wurden, 0,5 g Leder oder $^1/_{30}$ des Ansatzes.

Magnesiumsulfat ($MgSO_4 \cdot 7\,H_2O$). Verasche 5 oder 10 g des für die Analyse hergerichteten Leders so wie für die Bestimmung der „Gesamtasche" vorgeschrieben. Feuchte die Asche sorgfältig mit Wasser an und gib 15 ccm konzentrierte Salzsäure zu, spüle in ein Becherglas, verdünne auf 50 bis 75 ccm, setze 2 oder 3 Tropfen konzentrierte Salpetersäure zu und koche gelinde oder erhitze 15 Minuten auf einem Wasserbad. Ohne das Unlösliche abzufiltrieren, setze langsam unter Rühren Ammoniak (1:1) zu, bis die Lösung nahezu neutral ist, und setze dann in sehr geringem Überschuß verdünnte Ammoniaklösung (3 oder 4:1) zu. (Hat der Niederschlag nicht die charakteristische rötlichbraune Färbung des Eisenhydroxyds und ist bekannt, daß genug Ammoniumchlorid in der Lösung ist, um alles Magnesium in Lösung zu halten, so wird der Niederschlag ohne zu filtrieren wieder mit Salzsäure gelöst und wenige Tropfen reine Eisen-3-chloridlösung zugesetzt und wieder mit Ammoniumhydroxyd gefällt.) Koche wenige Minuten, filtriere und wasche den Niederschlag gut mit heißem Wasser aus. Dampfe nötigenfalls das Filtrat auf 175 bis 200 ccm ein und mache es ammoniakalisch (etwa 1 ccm NH_4OH), koche gelinde und füge langsam unter ständigem Rühren 10 ccm gesättigte Ammoniumoxalatlösung zu. Bedecke das Gefäß und laß es zwei Stunden oder länger auf dem Wasserbade oder auf einem warmem Platze stehen. Bringe Lösung und Niederschlag quantitativ in einen Meßkolben von 250 ccm, kühle auf 20^0 ab, verdünne auf 250 ccm und mische kräftig durch. Filtriere durch ein aschefreies Filter, wobei zu beachten ist, daß das Filtrat klar durchläuft. Pipettiere eine Menge, die 2 g des ursprünglichen Leders entspricht ab und verdünne auf etwa 150 ccm. Mache die Lösung gegen Methylorange leicht salzsauer, falls nötig lasse erkalten und setze einen geringen Überschuß einer klaren gesättigten Lösung von Natriumammoniumphosphat ($NaNH_4HPO_3$) zu. (Gewöhnlich genügen 5 ccm.) Unter starkem Rühren gib wenige Tropfen Ammoniumhydroxyd zu, bis der Niederschlag sich gerade auszuscheiden beginnt oder die Lösung schwach ammoniakalisch ist.

[1] Ermittle die Geschwindigkeit der Erhitzung vor Ausführung der Bestimmung. Man erreicht das am besten, indem man den Brenner so einstellt, daß er 50 ccm Wasser + 25 ccm Kupferlösung + 25 ccm Tartratlösung in einem Becherglas von 400 ccm in genau 4 Minuten auf 100^0 erhitzt.

[2] Digeriere fein verteilten langfaserigen Asbest 2 bis 3 Tage mit Salpetersäure (1:3), wasche säurefrei und digeriere dann während des gleichen Zeitraums mit 10%iger Natriumhydroxydlösung und wasche alkalifrei. Bei der Herrichtung des Gooch-Tiegels sind für die etwa 0,6 cm starke Grundschicht gröbere Asbestteilchen und für die Oberschicht feinere Teilchen zu nehmen. Wasche die Schicht mit kochender Fehlingscher Lösung, dann mit Salpetersäure und schließlich mit heißem Wasser aus. Auf solche Weise hergerichtete Tiegel können lange Zeit benutzt werden.

Tabelle 142. Tabelle von Munson und Walker.
(Bulletin 107, revidiert, Bureau of Chemistry, Seite 243.)
(In mg.)

Kupferoxydul (Cu_2O)	Kupfer (Cu)	Glucose (d-Glucose)	Kupferoxydul (Cu_2O)	Kupfer (Cu)	Glucose (d-Glucose)
10	8,9	4,0	55	48,9	23,5
11	9,8	4,5	56	49,7	23,9
12	10,7	4,9	57	50,6	24,3
13	11,5	5,3	58	51,5	24,8
14	12,4	5,7	59	52,4	25,2
15	13,3	6,2	60	53,3	25,6
16	14,2	6,6	61	54,2	26,1
17	15,1	7,0	62	55,1	26,5
18	16,0	7,5	63	56,0	27,0
19	16,9	7,9	64	56,8	27,4
20	17,8	8,3	65	57,7	27,8
21	18,7	8,7	66	58,6	28,3
22	19,5	9,2	67	59,5	28,7
23	20,4	9,6	68	60,4	29,2
24	21,3	10,0	69	61,3	29,6
25	22,2	10,5	70	62,2	30,0
26	23,1	10,9	71	63,1	30,5
27	24,0	11,3	72	64,0	30,9
28	24,9	11,8	73	64,8	31,4
29	25,8	12,2	74	65,7	31,8
30	26,6	12,6	75	66,6	32,2
31	27,5	13,1	76	67,5	32,7
32	28,4	13,5	77	68,4	33,1
33	29,3	13,9	78	69,3	33,6
34	30,2	14,3	79	70,2	34,0
35	31,1	14,8	80	71,1	34,4
36	32,0	15,2	81	71,9	34,9
37	32,9	15,6	82	72,8	35,3
38	33,8	16,1	83	73,7	35,8
39	34,6	16,5	84	74,6	36,2
40	35,5	16,9	85	75,5	36,7
41	36,4	17,4	86	76,4	37,1
42	37,3	17,8	87	77,3	37,5
43	38,2	18,2	88	78,2	38,0
44	39,1	18,7	89	79,1	38,4
45	40,0	19,1	90	79,9	38,9
46	40,9	19,6	91	80,8	39,3
47	41,7	20,0	92	81,7	39,8
48	42,6	20,4	93	82,6	40,2
49	43,5	20,9	94	83,5	40,6
50	44,4	21,3	95	84,4	41,1
51	45,3	21,7	96	85,3	41,5
52	46,2	22,2	97	86,2	42,0
53	47,1	22,6	98	87,1	42,4
54	48,0	23,0	99	87,9	42,9

Tabelle 142 (Fortsetzung).

Kupferoxydul (Cu_2O)	Kupfer (Cu)	Glucose (d-Glucose)	Kupferoxydul (Cu_2O)	Kupfer (Cu)	Glucose (d-Glucose)
100	88,8	43,3	150	133,2	65,9
101	89,7	43,8	151	134,1	66,3
102	90,6	44,2	152	135,0	66,8
103	91,5	44,7	153	135,9	67,2
104	92,4	45,1	154	136,8	67,7
105	93,3	45,5	155	137,7	68,2
106	94,2	46,0	156	138,6	68,6
107	95,0	46,4	157	139,5	69,1
108	95,9	46,9	158	140,3	69,5
109	96,8	47,3	159	141,2	70,0
110	97,7	47,8	160	142,1	70,4
111	98,6	48,2	161	143,0	70,9
112	99,5	48,7	162	143,9	71,4
113	100,4	49,1	163	144,8	71,8
114	101,3	49,6	164	145,7	72,3
115	102,2	50,0	165	146,6	72,8
116	103,0	50,5	166	147,5	73,2
117	103,9	50,9	167	148,3	73,7
118	104,8	51,4	168	149,2	74,1
119	105,7	51,8	169	150,1	74,6
120	106,6	52,3	170	151,0	75,1
121	107,5	52,7	171	151,9	75,5
122	108,4	53,2	172	152,8	76,0
123	109,3	53,6	173	153,7	76,4
124	110,1	54,1	174	154,6	76,9
125	110,0	54,5	175	155,5	77,4
126	111,9	55,0	176	156,3	77,8
127	112,8	55,4	177	157,2	78,3
128	113,7	55,9	178	158,1	78,8
129	114,6	56,3	179	159,0	79,2
130	115,5	56,8	180	159,9	79,7
131	116,4	57,2	181	160,8	80,1
132	117,3	57,7	182	161,7	80,6
133	118,1	58,1	183	162,6	81,1
134	119,0	58,6	184	163,4	81,5
135	119,9	59,0	185	164,3	82,0
136	120,8	59,5	186	165,2	82,5
137	121,7	60,0	187	166,1	82,9
138	122,6	60,4	188	167,0	83,4
139	123,5	60,9	189	167,9	83,9
140	124,4	61,3	190	168,8	84,3
141	125,2	61,8	191	169,7	84,8
142	126,1	62,2	192	170,5	85,3
143	127,0	62,7	193	171,4	85,7
144	127,9	63,1	194	172,3	86,2
145	128,8	63,6	195	173,2	86,7
146	129,7	64,0	196	174,1	87,1
147	130,6	64,5	197	175,0	87,6
148	131,5	65,0	198	175,9	88,1
149	132,4	65,4	199	176,8	88,5

Tabelle 142 (Fortsetzung).

Kupfer-oxydul (Cu_2O)	Kupfer (Cu)	Glucose (d-Glucose)	Kupfer-oxydul (Cu_2O)	Kupfer (Cu)	Glucose (d-Glucose)
200	177,7	89,0	250	222,1	112,8
201	178,5	89,5	251	223,0	113,2
202	179,4	89,9	252	223,8	113,7
203	180,3	90,4	253	224,7	114,2
204	181,2	90,9	254	225,6	114,7
205	182,1	91,4	255	226,5	115,2
206	183,0	91,8	256	227,4	115,7
207	183,9	92,3	257	228,3	116,1
208	184,8	92,8	258	229,2	116,6
209	185,6	93,2	259	230,1	117,1
210	186,5	93,7	260	231,0	117,6
211	187,4	94,2	261	231,8	118,1
212	188,3	94,6	262	232,7	118,6
213	189,2	95,1	263	233,6	119,0
214	190,1	95,6	264	234,5	119,5
215	191,0	96,1	265	235,4	120,0
216	191,9	96,5	266	236,3	120,5
217	192,8	97,0	267	237,2	121,0
218	193,6	97,5	268	238,1	121,5
219	194,5	98,0	269	238,9	122,0
220	195,4	98,4	270	239,8	122,5
221	196,3	98,9	271	240,7	122,9
222	197,2	99,4	272	241,6	123,4
223	198,1	99,9	273	242,5	123,9
224	199,0	100,3	274	243,4	124,4
225	199,9	100,8	275	244,3	124,9
226	200,7	101,3	276	245,2	125,4
227	201,6	101,8	277	246,1	125,9
228	202,5	102,2	278	246,9	126,4
229	203,4	102,7	279	247,8	126,9
230	204,3	103,2	280	248,7	127,3
231	205,2	103,7	281	249,6	127,8
232	206,1	104,1	282	250,5	128,3
233	207,0	104,6	283	251,4	128,8
234	207,9	105,1	284	252,3	129,3
235	208,7	105,6	285	253,2	129,8
236	209,6	106,0	286	254,0	130,3
237	210,5	106,5	287	254,9	130,8
238	211,4	107,0	288	255,8	131,3
239	212,3	107,5	289	256,7	131,8
240	213,2	108,0	290	257,6	132,3
241	214,1	108,4	291	258,5	132,7
242	215,0	108,9	292	259,4	133,2
243	215,8	109,4	293	260,3	133,7
244	216,7	109,9	294	261,2	134,2
245	217,6	110,4	295	262,0	134,7
246	218,5	110,8	296	262,9	135,2
247	219,4	111,3	297	263,8	135,7
248	220,2	111,8	298	264,7	136,2
249	221,2	112,3	299	265,6	136,7

Tabelle 142 (Fortsetzung).

Kupfer-oxydul (Cu_2O)	Kupfer (Cu)	Glucose (d-Glucose)	Kupfer-oxydul (Cu_2O)	Kupfer (Cu)	Glucose (d-Glucose)
300	266,5	137,2	350	310,9	162,4
301	267,4	137,7	351	311,8	162,9
302	268,3	138,2	352	312,7	163,4
303	269,1	138,7	353	313,6	163,9
304	270,0	139,2	354	314,4	164,4
305	270,9	139,7	355	315,3	164,9
306	271,8	140,2	356	316,2	165,4
307	272,7	140,7	357	317,1	166,0
308	273,6	141,2	358	318,0	166,5
309	274,5	141,7	359	318,9	167,0
310	275,4	142,2	360	319,8	167,5
311	276,3	142,7	361	320,7	168,0
312	277,1	143,2	362	321,6	168,5
313	278,0	143,7	363	322,4	169,0
314	278,9	144,2	364	323,3	169,6
315	279,8	144,7	465	324,2	170,1
316	280,7	145,2	366	325,1	170,6
317	281,6	145,7	367	326,0	171,1
318	282,5	146,2	368	326,9	171,6
319	283,4	146,7	369	327,8	172,1
320	284,2	147,2	370	328,7	172,7
321	285,1	147,7	371	329,5	173,2
322	286,0	148,2	372	330,4	173,7
323	286,9	148,7	373	331,3	174,2
324	287,8	149,2	374	332,2	174,7
325	288,7	149,7	375	333,1	175,3
326	289,6	150,2	376	334,0	175,8
327	290,5	150,7	377	334,9	176,3
328	291,4	151,2	378	335,8	176,8
329	292,2	151,7	379	336,7	177,3
330	293,1	152,2	380	337,5	177,9
331	294,0	152,7	381	338,4	178,4
332	294,9	153,2	382	339,3	178,9
333	295,8	153,7	383	340,2	179,4
334	296,7	154,2	384	341,1	180,0
335	297,6	154,7	385	342,0	180,5
336	298,5	155,2	386	342,9	181,0
337	299,3	155,8	387	343,8	181,5
338	300,2	156,3	388	344,6	182,0
339	301,1	156,8	389	345,5	182,6
340	302,0	157,3	390	346,4	183,1
341	302,9	157,8	391	347,3	183,6
342	303,8	158,3	392	348,2	184,1
343	304,7	158,8	393	349,1	184,7
344	305,6	159,3	394	350,0	182,5
345	306,5	159,8	395	350,9	185,7
346	307,3	160,3	396	351,8	186,2
347	308,2	160,8	397	352,6	186,8
348	309,1	161,4	398	353,5	187,3
349	310,0	161,9	399	354,4	187,8

Tabelle 142 (Fortsetzung).

Kupfer-oxydul (Cu_2O)	Kupfer (Cu)	Glucose (d-Glucose)	Kupfer-oxydul (Cu_2O)	Kupfer (Cu)	Glucose (d-Glucose)
400	355,3	188,4	445	395,3	212,5
401	356,2	188,9	446	396,2	213,1
402	357,1	189,4	447	397,1	213,6
403	358,0	189,9	448	397,9	214,1
404	358,9	190,5	449	398,8	214,7
405	357,9	191,0	450	399,7	215,2
406	360,6	191,5	451	400,6	215,8
407	361,5	192,1	452	401,5	216,3
408	362,4	192,6	453	402,4	216,9
409	363,3	193,1	454	403,3	217,4
410	364,2	193,7	455	404,2	218,0
411	365,1	194,2	456	405,1	218,5
412	366,0	194,7	457	405,9	219,1
413	366,9	195,2	458	406,8	219,6
414	367,7	195,8	459	407,7	220,2
415	368,6	196,3	460	408,6	220,7
416	369,5	196,8	461	409,5	221,3
417	370,4	197,4	462	410,4	221,8
418	371,3	197,9	463	411,3	222,4
419	372,2	198,4	464	412,2	222,9
420	373,1	199,0	465	413,0	223,5
421	374,0	199,5	466	413,9	224,0
422	374,8	200,1	467	414,8	224,6
423	375,7	200,6	468	415,7	225,1
424	376,6	201,1	469	416,6	225,7
425	377,5	201,7	470	417,5	226,2
426	378,4	202,2	471	418,4	226,8
427	379,3	202,8	472	419,3	227,4
428	380,2	203,3	473	420,2	227,9
429	381,1	203,8	474	421,0	228,5
430	382,0	204,4	475	421,9	229,0
431	382,8	204,9	476	422,8	229,6
432	383,7	205,5	477	423,7	230,1
433	384,6	206,0	478	424,6	230,7
434	385,5	206,5	479	425,5	231,3
435	386,4	207,1	480	426,4	231,8
436	387,3	207,6	481	427,3	232,4
437	388,2	208,2	482	428,1	232,9
438	389,1	208,7	483	429,0	233,5
439	390,0	209,2	484	429,9	234,1
440	390,8	209,8	485	430,8	234,6
441	391,7	210,3	486	431,7	235,2
442	392,6	210,9	487	432,6	235,7
443	393,5	211,4	488	433,5	236,3
444	394,4	212,0	489	432,4	236,9
			490	435,3	237,4

Nach 15 Minuten langem Stehen setze unter Umrühren 5 ccm konzentriertes Ammoniak zu, decke zu und lasse über Nacht bei Zimmertemperatur stehen. Das Magnesium wird entweder gravimetrisch oder volumetrisch bestimmt.

Gravimetrische Ausführung. Man filtriert durch einen gut hergerichteten Gooch-Tiegel, wäscht mit verdünntem Ammoniak (1:9) auf Chlorfreiheit aus und befeuchtet schließlich den Niederschlag mit 2 oder 3 Tropfen einer Lösung, die annähernd 50% Ammoniumnitrat in verdünnter Ammoniaklösung (1:9) enthält. Dann trocknet man, glüht zuerst gelinde, bedeckt den Tiegel und glüht nun etwa 20 bis 30 Minuten kräftig bis zur Gewichtskonstanz. Man wägt als Magnesiumpyrophosphat ($Mg_2P_2O_7$), multipliziert mit 2,2135, um den der Formel $MgSO_4 \cdot 7\,H_2O$ entsprechenden Wert zu erhalten und drückt ihn in Prozenten auf ursprüngliches Leder aus.

Volumetrische Ausführung. Man filtriert durch ein dichtes quantitatives Filter klar und wäscht den Niederschlag mit verdünnter Ammoniaklösung (1:9) chlorfrei. Man entfernt das ammoniakalische Waschwasser, indem man 3 bis 4 mal mit neutraler 60-volumenprozentiger Methylalkohollösung wäscht oder indem man das Filter mit dem Niederschlag einige Minute auf grobem absorbierendem Filtrierpapier und dann 1 Stunde bei 50^0 auf einem Uhrglas ausbreitet. (Bei Überschreitung von 60^0 wird die Bestimmung unbrauchbar.) Man kann auch das Filter mit dem Niederschlag offen über Nacht bei Zimmertemperatur liegen lassen. Nach Entfernung der ammoniakalischen Waschwasser bringt man das Filter mit dem Niederschlag in ein Becherglas oder einen Kolben, feuchtet mit Wasser an, zerfasert das Filter und setzt einen genau abgemessenen Überschuß n/10 Schwefelsäure und 2 bis 3 Tropfen 0,1%iger Methylorangelösung zu. Man verdünnt auf etwa 100 ccm und bestimmt den Säureüberschuß durch Titrieren mit n/10 Natriumhydroxydlösung bis zu einem klaren Gelb ohne jede Rosatönung. 1 ccm der n/10 Schwefelsäure entspricht 0,0123 g $MgSO_4 \cdot 7\,H_2O$. Man drückt das Ergebnis in Prozenten $MgSO_4 \cdot 7\,H_2O$ auf das Leder berechnet aus.

Bestimmung freier Mineralsäure. 2 g Leder der Analysenprobe werden in einer Platinschale mit 40 ccm einer eingestellten n/10 Sodalösung gut durchmischt und auf dem Wasserbad zur vollständigen Trockne verdampft. Der Rückstand wird bei Dunkelrotglut, am besten in einem Muffelofen, verascht, bis fast aller Kohlenstoff verbrannt ist. (Wird die Temperatur zu hoch, so geht Natriumcarbonat verloren und es werden zu hohe Säurewerte erhalten.) Nach dem Erkalten wird der Rückstand sorgfältig mit etwa 25 ccm heißem Wasser befeuchtet und mit einem Glasstab in Klümpchen zerteilt. Unter Benutzung eines aschefreien Filters ist in einen 300-ccm-Kolben zu filtrieren und 4 bis 5 mal mit heißem Wasser auszuwaschen. Filter und Rückstand sind in die Schale zurückzubringen, zu trocknen und bei Dunkelrotglut zu veraschen, bis aller Kohlenstoff verbrannt ist. Nach dem Abkühlen wird zum Rückstand aus einer Bürette die dem ursprünglich zugesetzten Natriumcarbonat genau äquivalente Menge n/10 Schwefelsäure zugegeben. Die Schale ist zu bedecken und auf dem Wasserbad 30 Minuten zu erhitzen. Wenn die Lösung klar ist, wird sie quantitativ dem Kolben zugesetzt, der das erste Filtrat enthält. Ist die Lösung so trübe, daß die Titration erschwert wird, so ist sie durch ein quantitatives Filter in den Kolben zu filtrieren, der das erste Filtrat enthält, und mit heißem Wasser auszuwaschen, bis das Filter säurefrei ist. Nach Abkühlen der Lösung wird mit n/10 Natronlauge oder n/10 Sodalösung und 2 bis 3 Tropfen Methylorange auf eine reine Gelbfärbung titriert. Das Ergebnis wird in Prozenten H_2SO_4 angegeben. Bei jeder Bestimmungsreihe ist auch ein Blindversuch anzusetzen. Werden beim Blindversuch über 0,3 ccm verbraucht, so ist die Bestimmung zu wiederholen.

β) Chromleder.

1. Probenahme.

Entnahmestelle und Größe der Probestücke. Die Probestücke sind genau den Stellen zu entnehmen, die aus der beigegebenen Zeichnung (Abb. 386) hervorgehen. Die einzelnen Stellen sind nur relativ angegeben, da die Häute und Felle in ihrer Größe verschieden sind.

Jedes Probestück soll die Form eines Halbmonds haben, ungefähr 20 cm lang und an seiner dicksten Stelle ungefähr 5 cm breit sein. Die geradlinige Schnittfläche des Probestücks soll etwa 1,5 cm vom Rande des zu untersuchten Stücks entnommen werden.

Anzahl der Schnitte. Es sind nicht mehr als 1 Probestück von jedem Stück zu entnehmen, wenn die Partie aus 12 oder mehr Häuten besteht. Bei Partien, die weniger als 12 Häute umfassen, kann die Zahl der Probestücke von jedem zu untersuchenden Stück erhöht werden, vorausgesetzt, daß die gleiche Anzahl Muster von jedem untersuchten Stück entnommen wird.

Mischen der Proben. Zu einer einheitlichen Lederprobe für die Analyse sind gleiche Gewichtsmengen Leder von der gleichen Zahl Probestücke von jeder Stelle zu entnehmen.

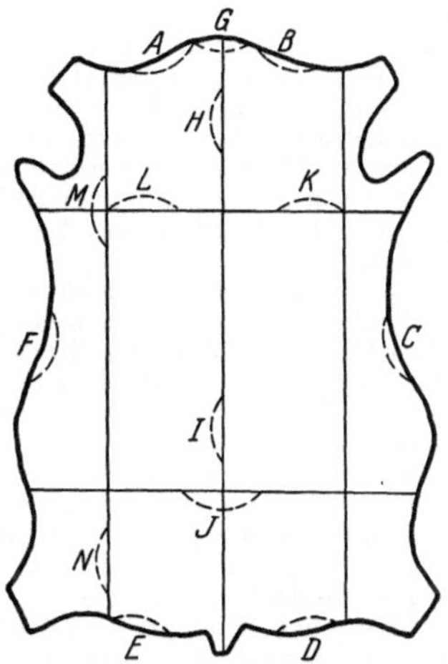

Abb. 386. Ort und Gestalt der Probestücke, die zur Analyse chromgegerbter Häute genommen werden.

Teil der Haut	Entnahmestelle
Ganze Haut	*A—B—C—D—E—F*
Seite . . .	*A—F—E* oder *B—C—D*
Kern . . .	*D—E—J*
Hals . . .	*G—K—L*
Hälfte . .	*F—H—I*
Bauch . .	*F—M—N*

2. Herrichtung der Probe für die Analyse.

Das Leder für die Analyse ist so herzurichten, wie es für die vegetabilisch gegerbten Leder unter „Herrichtung der Probe zur Analyse" angegeben wurde.

3. Analyse.

Feuchtigkeitsbestimmung. Die Feuchtigkeitsbestimmung. wird in gleicher Weise vorgenommen, wie oben unter „Vegetabilisch gegerbte Leder — Analyse — Feuchtigkeitsbestimmung" vorgeschrieben.

Gesamtasche. 3 g der Analysenprobe sind so zu veraschen, wie oben unter „Vegetabilisch gegerbte Leder—Analyse—Gesamtasche" vorgeschrieben.

Petrolätherextrakt. 5 bis 10 g des für die Analyse hergerichteten Leders sind so zu extrahieren, wie oben unter „Vegetabilisch gegerbte Leder — Analyse — Petrolätherextrakt" angegeben.

Hautsubstanz. Ausführung der Bestimmung. Die Bestimmung ist so auszuführen, wie oben unter „Vegetabilisch gegerbte Leder—Analyse—Hautsubstanz" angegeben. Durch Multiplikation der Prozente Stickstoff mit 5,62 werden die Prozente Hautsubstanz ermittelt.

Chrom, Barium, Eisen und Aluminium. Mischung für die Schmelze. Zu verwenden ist eine Mischung aus gleichen Teilen Soda, Pottasche und gepulvertem Boraxglas, die frei von Verunreinigungen, besonders von Verbindungen des Chroms, Eisens und Aluminiums sein müssen.

Ausführung der Bestimmung. 3 g Leder werden in einem Platintiegel verascht und zum Veraschungsprodukt 4 g Schmelzmischung zugesetzt. Nach guter Durchmischung wird 30 Minuten geschmolzen und erkalten gelassen. Der Tiegel wird in einem Becherglas mit so viel heißem Wasser digeriert, daß er bedeckt ist. Wenn sich die Schmelze von der Tiegelwandung gelöst hat, wird der Tiegel herausgenommen und gut mit heißem Wasser, das einige Tropfen konzentrierte Salzsäure enthält, gespült. Nach dem Abkühlen wird die Lösung mit Salzsäure angesäuert, zwei oder drei Tropfen Schwefelsäure zugesetzt und 2 Minuten gekocht. Ist die Lösung klar, so wird verfahren, wie unter (a) angegeben.

Ist die Lösung nicht klar, so ist zu filtrieren und der Rückstand etwa dreimal mit heißem Wasser auszuwaschen. Filtrat und Waschwässer sind aufzubewahren. Nach dem Trocknen wird Filter und Rückstand verascht, mit etwa 1 g Schmelzmischung noch einmal geschmolzen und die Schmelze wie beim ersten Male behandelt. Ist die angesäuerte Lösung wieder nicht klar, so ist zu filtrieren, der Rückstand gut mit Wasser auszuwaschen und die Filtrate und Waschwässer beider Schmelzen zu vereinigen. Fortzufahren ist, wie unter (a) angegeben. Filter und

Rückstand sind zu veraschen, nach dem Erkalten zu wägen und als Prozente Bariumsulfat zu berechnen.

(a) Zu der klaren Lösung wird ein sehr geringer Überschuß Ammoniumhydroxyd zugesetzt, etwa 2 Minuten gekocht und filtriert. Das Filtrat ist in einem 500-ccm-Meßkolben aufzufangen. Der Niederschlag wird mit heißem Wasser gut gewaschen, getrocknet, verascht und zur Wägung gebracht. Berechnet wird auf Prozente Eisen- und Aluminiumoxyd ($Fe_2O_3 + Al_2O_3$).

Die Filtrate und Waschwässer im 500-ccm-Meßkolben werden auf etwa 20° abgekühlt und nach Auffüllen bis zur Marke gut gemischt. 100 ccm werden in ein geeignetes Gefäß pipettiert, mit konzentrierter Salzsäure neutralisiert und 5 ccm Säure im Überschuß zugesetzt. Weiter werden 10 ccm einer 10%igen Jodkaliumlösung zugegeben und mit n/10 Thiosulfatlösung titriert, unter Verwendung von Stärkelösung als Indikator. Das Ergebnis wird in Prozenten Chrom-3-oxyd (Cr_2O_3) berechnet.

Freie und gebundene Säure. Gesamt-SO_4. 1 g Leder wird in einem 250-ccm-Meßkolben mit 200 ccm n/10 primärer Kalium- oder Natriumphosphatlösung (KH_2PO_4 oder $NaH_2PO_4 \cdot H_2O$) zwei Stunden im siedenden Wasserbad erhitzt, auf Zimmertemperatur abgekühlt und mit destilliertem Wasser bis zur Marke aufgefüllt. Man mischt gut durch, filtriert die Lösung durch ein Faltenfilter und verwirft die ersten 20 bis 25 ccm des Filtrats. 200 ccm des Filtrats werden in einem 600-ccm-Becherglas mit 5 ccm Salzsäure (1 : 1) zum Sieden erhitzt und kochend mit 20 ccm 1%iger Bariumchloridlösung tropfenweise versetzt. Nach wenigstens 2 Stunden Absitzenlassen wird der Niederschlag abfiltriert und gut mit heißem Wasser ausgewaschen. Der Niederschlag wird verascht, als $BaSO_4$ gewogen und auf Prozente SO_4 berechnet.

Neutrale Sulfate. An Stelle von Phosphatlösung ist destilliertes Wasser zu verwenden; sonst ist genau so zu verfahren, wie für die Bestimmung der Gesamt-SO_4 angegeben.

(a) Pipettiere 150 ccm des Filtrats in ein 400-ccm-Becherglas. Bestimme die Sulfate durch Ausfällen mit Chlorbarium und berechne auf Prozente SO_4.

(b) Titriere 50 ccm des Filtrats mit n/100 Natronlauge unter Verwendung von Methylorange als Indicator. Berechne auf Prozente SO_4.

Die Prozente neutrale Sulfate berechnen sich dann aus (a) minus (b).

An Cr gebundene und freie Säure. Die Summe der an Chrom gebundenen und freien Säure berechnet sich aus dem „Gesamt-SO_4" minus den „Neutralen Sulfaten".

Basizität. Man drückt die Basizität in Prozenten nach Schorlemmer aus. Danach bezeichnet die Basizität jenen Prozentsatz des gesamten Cr_2O_3, der mit Hydroxyl verbunden ist. Z. B. ist für $Cr_2(SO_4)_3$, das neutrale Salz, die Basizität 0%; für $Cr(OH)(SO_4)$, das 1/3 basische Salz, ist die Basizität 33 1/3 %; für $Cr_2(OH)_3(Cl)_3$, das halbbasische Salz, ist sie 50% und für $Cr(OH)_3$ ist sie 100%. Also je größer die Basizität ist, um so höher ist auch die Basizitätszahl.

Man bestimmt Chrom und Säure in der üblichen Weise und berechnet die Basizität nach der Formel:

$$\%\ \text{Basizität} = \frac{100\,(A - B)}{A},$$

wobei A den Prozentgehalt am gesamten Cr_2O_3 in der Lederprobe und B den Prozentgehalt Cr_2O_3, der an Säure gebunden ist, darstellt. Gewünschtenfalls können für A und B die quantitativen Werte an Stelle der Prozentwerte eingesetzt werden, vorausgesetzt, daß als Basis für jeden Wert die gleiche Menge Leder verwendet wurde.

Aus der Säurebestimmung wird B als Prozentgehalt an Cr_2O_3 berechnet, der mit Säure nach der folgenden Formel verbunden ist:

$$B = \frac{100\ (\text{ccm Standard-NaOH} \cdot \text{g NaOH pro ccm} \cdot 0{,}63321)}{\text{Probemenge}}.$$

In dieser Formel ist 0,63321 g die Menge Cr_2O_3, die durch 1 g NaOH ausgefällt wird.

c) Die Zusammensetzung typischer Leder.

Wilson und Lines veröffentlichten die Analysen der 18 verschiedenen Schuhlederarten, die im 36. Kapitel beschrieben wurden. Sie benutzten hierzu die Methoden der American Leather Chemists' Association. Nur für gewisse Bestimmungen wurden Abweichungen getroffen, wenn diese Abweichungen zuverlässigere Resultate zu geben schienen; sie sind im folgenden besonders angegeben.

Die zwei Sohllederarten wurden als Kernstückhälften geliefert und durch Falzen für die Analyse hergerichtet. Für alle anderen Lederarten wurde ein Streifen von 50 zu 10 cm annähernd aus der Mitte der Probe oder der einen Hälfte herausgeschnitten, wenn ganze Häute zur Verfügung standen. Der Streifen wurde mit einer Maschine mit scharfer Klinge in schmale Streifen zerschnitten, die dann wieder in Quadrate von etwa 2 mm Kantenlänge zerkleinert wurden. Bei allen diesen Analysen wurde mit Leder gearbeitet, das mit einer Atmosphäre von 50% relativer Feuchtigkeit im Gleichgewicht war.

Die Hautsubstanz wurde ermittelt, indem der Stickstoffwert mit 5,62 multipliziert wurde. Das Fett wurde mit Chloroform ausgezogen, das mehr Substanz aus dem Leder extrahiert als das offizielle Extraktionsmittel Petroläther. Nach der Extraktion mit Chloroform wurden die Lackleder noch mehrere Tage mit einem Gemisch von Essigester und Aceton extrahiert. Der Rückstand dieser Extraktion wurde als Kollodium bezeichnet. Der Stickstoffgehalt dieser Rückstände wurde bestimmt und betrug bei Lackseitenleder 11,8%, bei Lackkidleder 10,5% und bei Kaltlackleder 12,6%.

Bei den Chromlederanalysen ist unter H_2SO_4 die nach der provisorischen Methode der American Leather Chemists' Association bestimmte an Cr gebundene und freie Säure zu verstehen. HCl ist die Differenz zwischen dem gesamten Chlorid und dem Chlorid, das beim Veraschen bei möglichst niederer Temperatur verbleibt.

Der Auswaschverlust wurde bestimmt, indem das entfettete Leder mit fließendem destillierten Wasser im Wilson-Kern-Extraktionsapparat[1] extrahiert wurde, bis das Waschwasser auf Zugabe von einem Teil einer molaren Eisen-3-chloridlösung auf 100 Teile Waschflüssigkeit keine Blau- oder Grünfärbung mehr gab. Vor Ausführung dieses Nachweises wurde das Wasser jedesmal eine Stunde mit dem Leder in Berührung gelassen. Nach der Behandlung wurde das Leder sorgfältig getrocknet und zur Wägung gebracht. Der Gewichtsunterschied, den das trockene Leder vor und nach der Wasserextraktion zeigte, wurde als sein Gehalt an Auswaschbarem angenommen. Es sei daran erinnert, daß die Werte nach dieser Methode viel höher sind als nach der offiziellen Methode und demgemäß beurteilt werden müssen. Der Unterschied zwischen Gesamtasche und unlöslicher Asche wurde entsprechend der Definition der offiziellen Methode als lösliche Asche bezeichnet. Die Differenz zwischen dem Gesamtauswaschverlust und der löslichen Asche wurde als organisches Auswaschbares bezeichnet und ist so aufgezeichnet.

[1] Beschrieben im 1. Band auf Seite 391.

Eine Korrektur ist nötigenfalls für die bei der Bestimmung des Auswaschverlustes ausgewaschene Säure angebracht. Sie wird gefunden, indem man die Säure in den ausgewaschenen Ledern noch einmal bestimmt und die Werte von denen abzieht, die man von den ursprünglichen Ledern erhalten hatte. Wird diese Korrektur nicht angebracht, so könnte ein Teil der Säure zweimal angeführt werden, sowohl als Säure als auch als ein Teil des Auswaschbaren.

Der gebundene Gerbstoff im vegetabilisch gegerbten Leder und die „andere organische Substanz" im Chromleder sind als Differenz ermittelt worden. Der Wert für den gebundenen Gerbstoff wird erhalten,

Abb. 387. Ecke eines Lederforschungslaboratoriums.

indem man von 100 die Summe der Prozente Wasser, Hautsubstanz, Fett, Schwefelsäure, Salzsäure, Auswaschbares und unlösliche Asche abzieht. Die „andere organische Substanz" im Chromleder wurde auf genau die gleiche Weise erhalten, nur schließt sie außerdem die fast zu vernachlässigende geringe Menge wasserlösliche organische Substanz ein.

Anstatt Aschebestimmungen anzugeben, wurde es für genügend erachtet, die anorganischen Bestandteile getrennt anzugeben, damit die Summe aller Prozente 100 wird. Es ist leicht ersichtlich, welche Aschebestandteile löslich sind.

In Verbindung mit einer Untersuchung über die Eigenschaften des Leders hat kürzlich ein Ausschuß der American Leather Chemists' Association (40) Analysen einer Zahl anderer typischer Leder geliefert. Diese Analysen sind unten wiedergegeben. Für jede Bestimmung sind

Ledersorte	Wasser	Hautsubstan N·5,62	Fett	H_2SO_4	Na_2SO_4	HCl	NaCl	CaO	Al_2O_3	Fe_2O_3	Cr_2O_3	$CaSO_4$	$MgSO_4$	Kollodium	Organische Auswasch-verlust	Gebundene Gerbstoff (Differenz)	Andere orga Substanz (Differenz)	Summe
Farbiges vegetabilisches Kalbleder	13,6	41,0	12,0	0,3					0,4	0,1					9,1	23,5		100,0
Farbiges chromgegerbtes Kalbleder	16,3	62,6	4,6	3,4	0,4	0,3	0,5		1,2	0,3	5,4						5,0	100,0
Schwarzes, chromgegerbtes satiniertes Kalbkidleder	13,7	65,3	6,6	1,0	0,9	0,5	0,2	0,2	0,2	0,3	4,5						6,6	100,0
Schwarzes chromgegerbtes Känguruhleder	12,0	62,7	11,3	1,8	0,2	0,3	0,1	0,3	0,1	0,1	6,0						5,1	100,0
Schwarzes vegetabilisches Roßkernleder (Korduanleder)	10,0	40,1	18,6	0,6				0,1		0,1					8,7	21,8		100,0
Farbiges chromgegerbtes blanchiertes u. gespalten. Rindleder	14,1	69,6	2,1	3,2	0,3			0,2	1,0	0,6	5,3						3,6	100,0
Farbiges chromgegerbtes Seitenleder (gespaltene Rindshaut)	16,3	66,8	5,8	3,6	1,0		0,3	0,1	0,2	0,2	3,6						2,1	100,0
Schwarzes, chromgegerbtes Kalbleder (Schwedenleder)	12,7	55,1	7,1	0,8	0,4	0,2	0,1	0,2	1,0	1,2	5,4						15,8	100,0
Ungefärbtes vegetabilisches Kalbleder (Schuh-Futterleder)	11,9	46,0	7,6	0,1				0,2	0,1						12,3	21,8		100,0
Ungefärbtes vegetabilisches Schafleder (Schuh-Futterleder)	10,9	50,0	6,1	1,7		0,6		0,1	0,1	0,1					13,0	17,4		100,0
Schwarzes vegetabilisches Haifischleder	12,2	45,4	6,9	1,5				0,1		0,1					5,4	28,4		100,0
Chromgegerbtes Lack-Seitenleder (gespaltene Rindshaut)	10,1	50,5	10,0	1,8	0,6	0,1		0,1	0,1	0,4	2,9			9,0			14,4	100,0
Chromgegerbtes Lack-Kidleder	11,8	54,0	6,6	2,1	0,3			0,2	0,2	0,6	3,6			8,4			12,2	100,0
Chromgegerbtes Kaltlackleder	12,0	60,4	5,1	2,3	0,5	0,1	0,1	0,3	0,1	0,3	3,6			6,1			9,1	100,0
Schweres, schwarzes chromgegerbtes Rindleder	14,4	57,0	14,2	4,4	0,4	0,1	0,4			0,7	5,5						2,9	100,0
Nachgegerbtes Armee-Chromoberleder	15,1	44,6	20,4	1,1	0,3		0,4		0,3	0,2	2,4						15,2	100,0
Vegetabilisch gegerbte Ochsenhaut (Sohlleder)	14,6	29,7	3,2	0,8						0,7			0,8		35,6	14,6		100,0
Chromgegerbte Ochsenhaut (Sohlleder)	16,3	29,4	25,4	5,9	12,3	0,8	0,9		2,6	0,5	1,7	2,3	0,5				1,4	100,0

zwei Werte angegeben; der erste Wert stammt von dem Chemiker, der die Leder geliefert hat, der andere von R. C. Bowker vom Bureau of Standards.

Ein Probestück von lohgarem Riemenleder wurde von Lloyd Balderston von der Fa. J. E. Rhoads & Sons, Wilmington, Delaware, zur Verfügung gestellt. Zwei Stücke von etwa 122 zu 8 cm wurden symmetrisch aus den beiden Seiten der gleichen Haut etwa 10 bis 18 cm vom Rückgrat entfernt herausgeschnitten. Vor Ausführung der Bestimmungen wurde das Leder 48 Stunden in einer Atmosphäre von 50% relativer Feuchtigkeit gehalten. Die Analysen wurden mit Streifen ausgeführt, die sich über die ganze Länge der Probestücke erstreckten. Die Ergebnisse dieser Analysen sind in Tabelle 144 zusammengestellt.

Tabelle 144. Analysen von lohgarem Riemenleder.

	Balderston	Bowker
Wasser	10,5	8,86
Hautsubstanz	40,4	41,73
Fett (Petrolätherextrakt)	11,05	11,37
Auswaschverlust	13,3	13,96
Gesamtasche	0,24	—
Unlösliche Asche	—	0,23
Gebundener Gerbstoff (Differenz)	24,51	23,85
Löslicher Gerbstoff	9,1	10,28
Löslicher Nichtgerbstoff	4,2	3,68
Glucose	—	Spuren
Bittersalz	—	Spuren
Säure (als H_2SO_4)	—	0,20
Gesamtasche	0,24	0,25
Prozente Unverseifbares im Fett	—	24,8
p_H-Wert (100 ccm Extrakt von 4,9 g trockenem Leder)	—	3,24

Zwei Proben vegetabilisches Seitenleder wurden von Norman Hertz von der Fa. Max Hertz Leather Co., Newark, New Jersey, geliefert. Die Leder waren aus einheimischem Schlachthausgefälle rein vegetabilisch gegerbt und mit einer Mischung von neutralen und sulfo-

Tabelle 145. Analysen vegetabilisch gegerbter Seitenleder.

	Leder I		Leder II	
	Blair	Bowker	Blair	Bowker
Wasser	9,3	6,62	10,9	8,13
Auf das Trockengewicht:				
Hautsubstanz	44,8	44,06	54,9	54,55
Fett (Petrolätherextrakt)	12,4	14,41	7,3	8,01
Auswaschverlust	7,3	7,94	9,9	10,07
Unlösliche Asche	—	0,14	—	0,08
Gebundener Gerbstoff (Differenz)	35,5	33,45	27,9	27,29
Löslicher Gerbstoff	—	5,23	—	8,33
Löslicher Nichtgerbstoff	—	2,71	—	1,74
Glucose	—	—	—	Spuren
Bittersalz	—	0,24	—	0,24
Säure (als H_2SO_4)	0,9	0,84	0,3	0,28
Gesamtasche	0,7	0,70	0,3	0,34

nierten Ölen gelickert worden. Die Analysen der beiden Leder wurden von C. A. Blair und R. C. Bowker ausgeführt. Die Befunde sind in Tabelle 145 wiedergegeben.

Zwei Proben vegetabilisch gegerbter Sohlleder wurden von R. E. Porter von der Fa. Ashland Leather Co., Ashland, Kentucky, zur Verfügung gestellt. Die Kernstücke waren aus einheimischen Ochsenhäuten aus Schlachthofgefälle, die Rücken aus einheimischen Rindshäuten ebenfalls von Schlachthofgefälle hergestellt. Ihre chemischen Analysen sind in Tabelle 146 wiedergegeben.

Tabelle 146. Analysen vegetabilisch gegerbter Sohlleder.

	Kernstücke		Rücken	
	Porter	Bowker	Porter	Bowker
Wasser	9,82	7,99	8,60	8,87
Auf das Trockengewicht				
Hautsubstanz	34,40	33,98	33,26	34,50
Fett (Petrolätherextrakt)	5,12	4,89	5,22	5,92
Auswaschverlust	36,89	34,70	36,97	35,34
Unlösliche Asche	0,14	0,13	0,14	0,16
Gebundener Gerbstoff (Differenz)	23,45	26,30	24,41	24,08
Löslicher Gerbstoff	17,57	16,14	18,05	16,54
Löslicher Nichtgerbstoff	19,32	18,56	18,92	18,79
Glucose	8,63	8,92	8,93	8,23
Bittersalz	5,33	5,18	5,57	5,97
Säure (als H_2SO_4)	0,74	0,55	0,58	1,12
Gesamtasche	4,55	4,76	4,35	4,59
Eisen (als Fe_2O_3)	0,01	—	0,02	—

Weiter wurden fünf Sorten von Chromledern und nachgegerbten Chromledern analysiert, die von A. C. Orthmann von der Fa. Pfister and Vogel Leather Co., Milwaukee, geliefert waren. Das nachgegerbte

Tabelle 147. Analysen verschiedener Chromleder.
(O) = Orthmann, (B) = Bowker.

Wasser	(O)	11,71	5,08	4,67	15,06	14,14
	(B)	8,36	6,60	9,04	9,26	10,28
Hautsubstanz	(O)	65,95	52,34	58,49	74,38	74,82
	(B)	63,90	44,21	58,88	74,18	72,14
Fett (Petrolätherextrakt)	(O)	11,26	26,19	8,26	1,75	1,65
	(B)	13,25	29,61	9,11	1,53	2,43
Asche	(O)	3,24	3,66	9,65	5,94	6,01
	(B)	3,30	3,95	9,38	6,06	7,05
Chrom-3-oxyd	(O)	2,70	3,34	7,42	5,60	4,98
	(B)	2,52	3,13	6,37	5,39	5,50
Eisen- und Aluminiumoxyd	(O)	0,28	0,14	1,77	0,28	0,52
	(B)	0,25	0,10	0,84	0,23	0,51
Gesamt-Sulfat (als SO_3)	(O)	1,34	0,71	1,30	2,80	1,46
	(B)	1,28	1,04	1,42	3,40	2,41
Neutrales Sulfat (als SO_3)	(O)	0,25	0,19	0,28	0,20	0,17
	(B)	0,24	0,23	0,47	0,24	0,36
Säure (als H_2SO_4)	(O)	1,34	0,64	1,25	3,19	1,58
	(B)	1,27	0,99	1,16	3,87	2,51
Gesamt-Chlor	(O)	0,08	0,04	0,08	0,04	0,03
	(B)	0,18	0,12	0,08	0,08	0,08

Chromsohlleder war nach dem Einbadverfahren gegerbt und mit Kastanienbrühe nachgegerbt worden, bis die Brühe gerade die Haut durchdrungen hatte. Das Leder wurde dann getrocknet und zugerichtet, um es wasserbeständig zu machen. Das Roßbekleidungsleder war chromgegerbt, in der Trommel geschwärzt, mit der Hand zugerichtet, mit vollem Narben, um es widerstandsfähig gegen Wasser zu machen. Das Roß-Handschuhleder war nach dem Zweibadverfahren gegerbt, mit Wollfett und Talgseife gelickert, abgebufft, im Walkfaß gefärbt und mit der Hand zugerichtet. Das Kalboberleder war nach dem Einbadverfahren gegerbt, wie es für Kalbfälle üblich ist, im Walkfaß gefärbt und mit der Hand zugerichtet. Das Seitenoberleder war wie das Kalbleder gegerbt und zugerichtet, nur wurde der Narben vor dem Zurichten leicht geputzt. Die chemischen Analysen sind in Tabelle 147 wiedergegeben.

d) Der Einfluß der Entnahmestelle.

Eine Lederhaut ist nicht in allen ihren Stellen einheitlich zusammengesetzt; im Gegenteil, ihre Zusammensetzung variiert stark von der Narbenseite zur Fleischseite, vom Kopf nach dem Schwanz und von den Flanken nach dem Rückgrat. Indessen folgen diese Veränderungen in der Zusammensetzung allgemeinen Regeln, so daß man sie untersuchen und von den ermittelten Gesetzmäßigkeiten Gebrauch machen kann. Eine bestimmte Änderung der Zusammensetzung vom Narben zur Fleischseite ist gewöhnlich nötig, um dem Leder gewisse erwünschte Eigenschaften zu geben.

Um die Änderungen in der Zusammensetzung vom Narben nach der Fleischseite zu untersuchen, ist es nötig, die Lederprobe in eine Anzahl dünne Schichten zu spalten, von denen jede getrennt analysiert werden muß. Die Lederprobe kann entweder mit einer großen Gerbereispaltmaschine oder mit einer Schärfmaschine, wie sie in den Schuhfabriken üblich sind, gespalten werden. Diese Schärfmaschine ist gewöhnlich so klein, daß sie für sehr kleine Muster eine ideale Spaltmaschine ist.

Analysen von Spalten der zugerichteten Kalbleder wurden von H. B. Merrill in Wilsons Laboratorium ausgeführt. Die Tabelle 148 ver-

Tabelle 148. Analysen eines farbigen, vegetabilischen Kalbleders in verschiedenen Schichten von der Narbenseite zur Fleischseite.

	Narbenschicht	2. Schicht	3. Schicht	4. Schicht	Fleischseitenschicht
Durchschnittliche Dicke (mm)	0,24	0,28	0,46	0,32	0,24
Wasser	9,6	10,9	12,3	12,3	10,6
Hautsubstanz (N·5,62)	35,9	42,8	48,2	46,2	42,1
Fett (Chloroformextrakt)	19,4	14,3	7,0	9,9	13,4
H_2SO_4	0,7	0,7	0,3	0,4	0,3
$Al_2O_3 + Fe_2O_3$	2,5	0,9	0,4	0,6	1,2
Organischer Auswaschverlust	7,7	12,2	13,8	14,1	10,0
Gebundener Gerbstoff (Differenz)	24,2	18,2	18,0	16,5	22,4
	100,0	100,0	100,0	100,0	100,0

Tabelle 149. Analysen eines farbigen chromgegerbten Kalbleders in verschiedenen Schichten von der Narbenseite zur Fleischseite.

	Narben-schicht	2. Schicht	3. Schicht	4. Schicht	Fleisch-seiten-schicht
Durchschnittliche Dicke (mm)	0,13	0,20	0,33	0,22	0,22
Wasser	10,4	12,3	14,2	14,6	11,6
Hautsubstanz (N·5,62)	53,0	64,9	72,5	70,8	60,0
Fett (Chloroformextrakt)	16,1	4,7	0,7	2,4	11,1
H_2SO_4	2,0	3,9	4,8	4,3	2,2
Na_2SO_4	0,2	0,3	0,2	0,2	0,1
Cr_2O_3	6,0	6,9	6,4	6,1	5,4
$Al_2O_3 + Fe_2O_3$	3,6	1,8	0,4	0,5	1,5
NaCl + HCl	0,0	0,4	0,8	0,5	0,0
Andere organische Substanz	8,7	4,8	0,0	0,6	7,5
	100,0	100,0	100,0	100,0	100,0

anschaulicht die Änderung in der Zusammensetzung vegetabilischer Kalbleder von der Narbenseite zur Fleischseite; in der Tabelle 149 sind entsprechende Werte für chromgegerbte Kalbleder angeführt. Der Fettgehalt ist in den Oberflächenschichten höher, da die Fettung so ausgeführt wird, daß keine vollkommene Diffusion durch die ganze Dicke des Leders eintritt, weil das Leder dadurch weich und lappig würde. Der höhere Gerbstoffgehalt an den Oberflächen ist darauf zurückzuführen, daß die Gerbbrühe nur sehr langsam in die Blöße eindringt, wodurch die Oberflächen viel längere Zeit mit der Brühe in Berührung sind als die mittleren Schichten. Der geringere Chromgehalt an den Oberflächen rührt davon, daß das Chrom bei manchen auf das Gerben folgenden Operationen aus den Oberflächen herausgezogen wird.

Für die Analysen dieser beiden Kalbshäute wurden rechtwinklige Lederstücke verwendet, die etwa 50 cm lang und 40 cm breit und aus der Mitte der Haut herausgeschnitten waren. Ähnliche Analysen von Riemenleder, Geschirrleder und von Blankleder sind in den Tabellen 150 bis 152 wiedergegeben. Die Analysen wurden von E. J. Kern und R. M. Olson in Wilsons Laboratorium ausgeführt.

Tabelle 150. Analysen von naturfarbigem vegetabilischem Seitenleder in verschiedenen Schichten von der Narbenseite zur Fleischseite.

	Narben-schicht	2. Schicht	3. Schicht	4. Schicht	Fleisch-seiten-schicht
Durchschnittliche Dicke (mm)	0,85	0,75	0,60	0,80	0,50
Wasser	13,6	13,9	13,7	14,1	13,6
Hautsubstanz (N·5,62)	39,3	42,9	45,4	47,8	45,0
Fett (Chloroformextrakt)	11,0	7,0	4,3	2,6	5,6
H_2SO_4	0,8	0,9	1,1	1,1	1,1
$Al_2O_3 + Fe_2O_3$	0,2	0,0	0,0	0,0	0,0
Organischer Auswaschverlust	7,9	6,9	7,8	6,5	6,9
Gebundener Gerbstoff (Differenz)	27,2	28,4	27,7	27,9	27,8
	100,0	100,0	100,0	100,0	100,0

Tabelle 151. Analysen von schwarzem vegetabilischem Geschirrleder in verschiedenen Schichten von der Narbenseite zur Fleischseite.

	Narben-schicht	2. Schicht	3. Schicht	4. Schicht	Fleisch-seiten-schicht
Durchschnittliche Dicke (mm)	1,80	0,75	0,56	0,75	1,12
Wasser	9,0	12,5	12,2	12,3	9,0
Hautsubstanz (N·5,62)	25,2	39,8	40,3	37,2	27,9
Fett (Chloroformextrakt)	38,3	16,9	16,5	20,6	33,9
H_2SO_4	0,2	0,2	0,3	0,2	0,4
$BaSO_4$ (Beschwerungsmittel)	5,3	0,0	0,0	0,0	4,5
Organischer Auswaschverlust	6,2	8,8	9,4	8,4	7,0
Gebundener Gerbstoff (Differenz)	15,8	21,8	21,3	21,3	17,3
	100,0	100,0	100,0	100,0	100,0

Tabelle 152. Analysen von vegetabilisch gegerbtem Blankleder in verschiedenen Schichten von der Narbenseite zur Fleischseite.

	Narben-schicht	2. Schicht	3. Schicht	4. Schicht	Fleisch-seiten-schicht
Durchschnittliche Dicke (mm)	1,00	1,50	0,50	0,50	1,00
Wasser	11,8	12,8	13,1	13,0	11,6
Hautsubstanz (N·5,62)	39,8	45,5	46,2	45,3	41,4
Fett (Chloroformextrakt)	8,4	3,9	3,6	5,1	10,1
H_2SO_4	0,6	0,8	0,7	0,7	0,6
$Al_2O_3 + Fe_2O_3$	0,1	0,1	0,1	0,1	0,4
Organischer Auswaschverlust	15,5	15,8	16,8	15,2	14,2
Gebundener Gerbstoff (Differenz)	23,8	21,6	19,5	20,6	21,7
	100,0	100,0	100,0	100,0	100,0

Die Änderung in der Zusammensetzung über die Fläche des Leders erfolgt nach gewissen allgemeinen Regeln. Beim Fettlickern sucht die Haut auf der ganzen Oberfläche immer die gleiche Fettmenge pro Flächeneinheit aufzunehmen. Der Schulterteil ist gewöhnlich dünner als der Kern; er nimmt darum pro Gewichtseinheit mehr Fett auf als der Kern, da beide ja pro Flächeneinheit die gleiche Menge Fett aufnehmen. Diese Regel gilt für Lederstücke von gleich fester Struktur recht genau. Eingeschränkt ist sie aber bei Änderungen in der Struktur, wie sie zwischen Teilen des Kerns und den Flanken bestehen, die oft gleich dick sind. Infolge ihrer loseren Struktur haben die Flanken für das Fett eine größere Absorptionsgeschwindigkeit, so daß die Flanken sowohl pro Flächeneinheit als auch pro Gewichtseinheit mehr Fett aufnehmen als der Kern. Ähnliche Regeln gelten für die Absorption von Gerbstoff und anderer Materialien.

Fleming und Lathrop haben in Wilsons Laboratorium die Kern- und Flankenteile von chromgegerbten und von vegetabilischen Kalbledern analysiert. Als Kernmusterstücke wurden Streifen zu 10 und 50 cm gewählt, deren Längsseite parallel zur Rückgratslinie und ungefähr 10 cm vom Rückgrat und deren eine Schmalseite etwa 10 cm vom Schwanzende der Haut verlief. Als Flankenmusterstücke wurden 9 cm breite Streifen gewählt, die dem Umriß der Haut an der äußersten rechten Seite folgten und deren Enden den Enden der Kernmusterstücke gerade entgegengesetzt lagen. Die Analysen sind in den Tabellen 153 und 154 wiedergegeben.

Tabelle 153. Vergleich der chemischen Zusammensetzungen von Kern- und Flankenteilen von farbigem vegetabilischem Kalbleder.

	Kern	Flanke
Wasser	11,6	10,9
Hautsubstanz (N·5,62)	41,8	38,4
Fett (Chloroformextrakt)	10,8	15,1
H_2SO_4	0,8	0,6
$Al_2O_3 + Fe_2O_3$	0,6	0,8
Organischer Auswaschverlust	7,1	5,7
Gebundener Gerbstoff (Differenz)	27,3	28,5
	100,0	100,0

Tabelle 154. Vergleich der chemischen Zusammensetzungen von Kern- und Flankenteilen von gefärbtem chromgegerbtem Kalbleder.

	Kern	Flanke
Wasser	13,0	14,8
Hautsubstanz (N·5,62)	71,4	66,9
Fett (Chloroformextrakt)	5,2	6,5
H_2SO_4	3,3	1,8
NaCl	0,5	0,4
Al_2O_3	0,4	0,4
Fe_2O_3	0,1	0,2
Cr_2O_3	3,1	3,2
Andere organische Substanz (Differenz)	3,0	5,8
	100,0	100,0

Literaturzusammenstellung.

1. Alsop, W. K.: Determination of oil and grease in leather. J. Amer. Leather Chem. Assoc. **17**, 540 (1922).
2. Balderston, L.: Preparation of leather for analysis. J. Amer. Leather. Chem. Assoc. **18**, 154 (1923).
3. Balderston, L.: Extraction of grease from leather. J. Amer. Leather Chem. Assoc. **18**, 475 (1923).
4. Balderston, L.: Determination of water soluble in leather. J. Amer. Leather Chem. Assoc. **18**, 481 (1923).
5. Balderston, L.: Note on the analysis of chrome leather containing barium. J. Amer. Leather Chem. Assoc. **18**, 491 (1923).
6. Balderston, L.: Preparation of leather for analysis. J. Amer. Leather Chem. Assoc. **20**, 583 (1925).
7. Balderston, L.: Determination of nitrogen in leather. J. Amer. Leather Chem. Assoc. **22**, 261 (1927).
8. Blackadder, T.: Acidity of vegetable-tanned leather. J. Amer. Leather Chem. Assoc. **22**, 535 (1927).
9. Blockey, J. R.: Vegetable sole leather analysis. J. Int. Soc. Leather Trades Chem. **9**, 307 (1925).
10. Bowker, R. C. und E. L. Wallace: Sampling of leather for chemical analysis. J. Amer. Leather Chem. Assoc. **17**, 217 (1922).

11. Clarke, I. D. und R. W. Frey: The effect of certain deleading agents upon hydrolysis in the determination of reducing sugars in leather and tannin extracts. J. Amer. Leather Chem. Assoc. **19**, 237 (1924).
12. Clarke, I. D. und R. W. Frey: A comparison of four machines for preparation of leather samples for analysis. J. Amer. Leather Chem. Assoc. **23**, 412 (1928).
13. Colin-Russ, A.: A contribution to the study of the estimation of fat and water-solubles in leather. J. Int. Soc. Leather Trades Chem. **9**, 455 (1925).
14. Frey, R. W.: Determination of the sugar content of leather. J. Amer. Leather Chem. Assoc. **19**, 339, 651 (1924).
15. Frey, R. W.: A device for preparing light leather samples for analysis. J. Amer. Leather Chem. Assoc. **20**, 470 (1925).
16. Frey, R. W., I. D. Clarke und L. R. Leinbach: Some comparative data on vegetable and chrome retanned sole leather. J. Amer. Leather Chem. Assoc. **23**, 430 (1928).
17. Frey, R. W., L. J. Jenkins and H. M. Joslin: A comparison of several methods of hydrolysis in determining nitrogen in leather. J. Amer. Leather Chem. Assoc. **23**, 397 (1928).
18. Gustavson, K. H.: The acidity of chrome leather. J. Amer. Leather Chem. Assoc. **22**, 60 (1927).
19. Harvey, A.: Practical leather chemistry. London: Crosby Lockwood & Son. 1920.
20. Hey, A. M.: Influence of moisture on the extraction of oils and greases from leather. J. Int. Soc. Leather Trades Chem. **6**, 385 (1922).
21. Hudson, F.: A contribution to the analysis of chrome leather and the mechanism of the chrome tanning process. J. Int. Soc. Leather Trades Chem. **11**, 133 (1927).
22. Innes, R. F.: Report of the International Commission on the Analysis of Chrome Leather and Chrome Liquors. J. Int. Soc. Leather Trades Chem. **9**, 508 (1925).
23. Kohn, S. u. E. Crede: Acidity of vegetabletanned leather. J. Amer. Leather Chem. Assoc. **18**, 189 (1923); **19**, 567 (1924).
24. Levi, L. E. u. A. C. Orthmann: Laboratory manual. Milwaukee: Pfister & Vogel Leather Co. 1918.
25. Little, E. u. E. Sargent: Analysis of chrome-tanned leather. J. Amer. Leather Chem. Assoc. **18**, 659 (1923).
26. Merrill, H. B., J. G. Niedercorn u. R. Quarck: The determination of sulfato groups in chrome leather. J. Amer. Leather Chem. Assoc. **23**, 187 (1928).
27. Mosser, T. J.: Determination of water-soluble in leather. J. Amer. Leather Chem. Assoc. **20**, 378 (1925); **21**, 306 (1926).
28. Orthmann, A. C.: Machine for preparing leather samples for analysis. J. Amer. Leather Chem. Assoc. **20**, 579 (1925).
29. Procter-Paeßler: Gerbereichemische Untersuchungen. Berlin: Julius Springer 1901.
30. Procter, H. R.: Taschenbuch für Gerbereichemiker und Lederfabrikanten, 3. Aufl. Herausgegeben von G. Grasser. Dresden und Leipzig: Th. Steinkopff 1920.
31. Rogers, J. S.: The elucidation of the details of the method for the determination of free sulfuric acid in vegetable-tanned leather. J. Amer. Leather Chem. Assoc. **18**, 430 (1923).
32. Schultz, G. W.: Determination of water-soluble in leather. J. Amer. Leather Chem. Assoc. **17**, 220 (1922).
33. Schultz, G. W.: Notes on the extraction of oils and greases from leather. J. Int. Soc. Leather Trades Chem. **6**, 389 (1922).
34. Stacy, L. E.: Determination of free sulfuric acid in vegetable-tanned leather. J. Amer. Leather Chem. Assoc. **19**, 506 (1924).
35. Vagda: Gerbereichemisches Taschenbuch, 2. Aufl. Dresden u. Leipzig: Th. Steinkopff 1929.

36. Veitch, F. P. u. T. D. Jarrell: Determination of moisture in leather. J. Amer. Leather Chem. Assoc. **19**, 568 (1924); **22**, 265 (1927).
37. Whitmore, L. M.: Analyses of different tannages of strap, harness and side leathers. J. Amer. Leather Chem. Assoc. **14**, 567 (1919).
38. Wilson, J. A.: Extraction of grease and oil from leather. J. Amer. Leather Chem. Assoc. **14**, 140 (1919).
39. Wilson, J. A.: Determination in leather of matter extractable by water. J. Amer. Leather Chem. Assoc. **16**, 264 (1921).
40. Wilson, J. A.: The properties of leather-committee report 1927—1928. J. Amer. Leather Chem. Assoc. **24**, 2 (1929).
41. Woodroffe, D.: Extraction of oils and fats from chrome leather. J. Int. Soc. Leather Trades Chem. **6**, 97 (1922).
42. Woodroffe, D.: Chrome leather analysis. J. Int. Soc. Leather Trades Chem. **8**, 194 (1924).
43. Woodroffe, D.: Determination of alumina in chrome leather. J. Int. Soc. Leather Trades Chem. 8, 581 (1924).
44. Woodroffe, D.: Determination of fat in leather. J. Int. Soc. Leather Trades Chem. **10**, 219 (1926).
45. Woodroffe, D.: The Procter-Searle method of determining free mineral acid in leather. J. Int. Soc. Leather Trades Chem. **11**, 394 (1927).

38. Reißfestigkeit und Dehnbarkeit des Leders.

Messungen der Zerreißfestigkeit von Leder und seines Widerstands gegen ein Strecken und Dehnen sind wegen der heterogenen Struktur des Leders und wegen der Unterschiede in seiner chemischen Zusammensetzung recht verwickelt. Die Werte für diese Eigenschaften variieren

Tabelle 155. Analysen der verwendeten chromgegerbten und vegetabilischen Kalbleder.

	Vegetabilisches Kalbleder		Chromgegerbtes Kalbleder	
	Haut I	Haut II	Haut I	Haut II
Wasser	14,0	13,9	15,6	15,9
Hautsubstanz	40,1	41,5	60,8	61,5
Fettgehalt (Chloroformextrakt)	13,4	12,1	5,0	4,7
Cr_2O_3	0,0	0,0	5,9	5,8
Al_2O_3	0,3	0,2	1,5	1,6
Fe_2O_3	0,1	0,1	0,5	0,5
Schwefelsäure	0,3	0,6	3,3	4,0
Natriumsulfat	0,0	0,0	0,2	0,2
Salzsäure	0,0	0,0	1,0	1,1
Kochsalz	0,0	0,0	0,1	0,1
Auswaschverlust, organischer	8,8	8,4	0,1	0,6
Gebundener Gerbstoff[1]	22,4	23,2	0,0	0,0
Sonstige organische Substanz[1]	0,0	0,0	6,0	4,0
	100,0	100,0	100,0	100,0

[1] Durch Differenz ermittelt. Der Fettgehalt wurde durch Extraktion mit Chloroform bestimmt. Das Auswaschbare wurde bestimmt, indem das Leder praktisch vollständig mit Wasser extrahiert und der Gewichtsverlust festgestellt wurde. Der Wert für Schwefelsäure bei den Chromledern entspricht dem nach der A. L. C. A.-Methode erhaltenen Wert für an Cr gebundene und freie Säure und bei den vegetabilischen Ledern dem nach der A. L. C. A.-Methode erhaltenen Mineralsäuregehalt.

stark, je nach der Hautstelle, von der die Versuchsstreifen entnommen sind, je nach der Art, wie die Leder gespalten sind, und nach vielen anderen Faktoren. Trotz dieser Unterschiede ist es indessen möglich, genaue Bestimmungen über die Reißfestigkeit und Dehnbarkeit aller Ledersorten auszuführen, obgleich die Methode mitunter außerordentlich kompliziert und zeitraubend sein kann. In diesem Kapitel ist der Versuch gemacht, klar zu zeigen, wie die Werte für die Reißfestigkeit und Dehnbarkeit von dem Geschlecht und dem Alter des Tieres, von der Gerbart, von der Probeentnahmestelle auf der Haut, vom Spalten und von der chemischen Zusammensetzung abhängig sind.

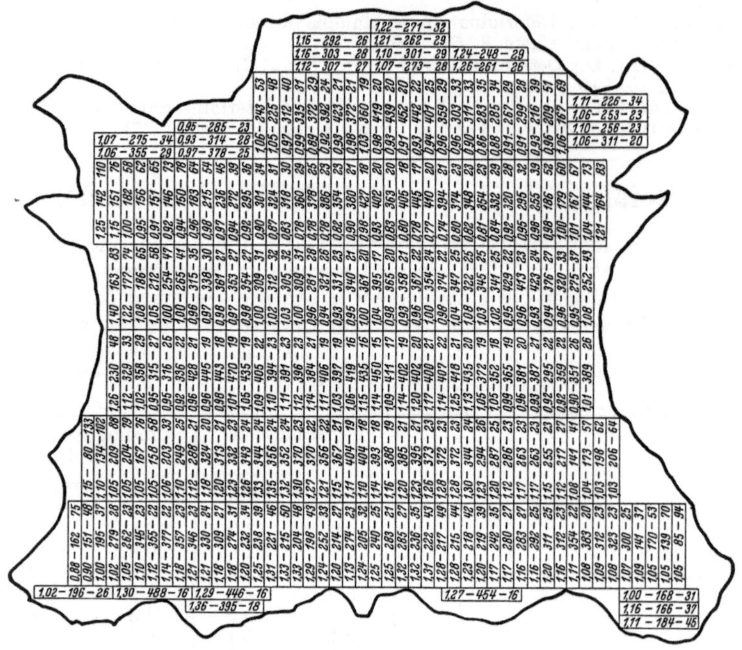

Abb. 388. Vegetabilisch gegerbte Kalbshaut I.

Beispiel für die Änderung der Dicke, der Zerreißfestigkeit und der Dehnung eines typischen vegetabilisch gegerbten Kalbleders über die ganze Hautfläche. Die Haut wurde in Streifen von 15,24 cm Länge und 2,54 cm Breite aufgeteilt. Die erste Zahlenangabe eines jeden Streifens gibt die Streifendicke in mm, die zweite Zahlenangabe die Zerreißfestigkeit in kg/qcm und die letzte Zahlenangabe die prozentuale Dehnung bei einer Belastung von 225 kg/qcm pro qcm Querschnitt wieder.

a) Der Einfluß der Probeentnahme.

Als Vorarbeit für eine etwas umfangreichere Untersuchung über die Reißfestigkeit und Dehnbarkeit von Leder hat Wilson (9) Bestimmungen aufgeführt, die sich über die ganze Fläche von vier Kalbshäuten, zwei vegetabilischen und zwei chromgegerbten erstreckten. Wilson war streng bemüht, für seine Versuche Häute auszuwählen, die für die üblichen Leder des Handels als „Standard“ angesehen werden können. Jede Haut wurde eine Woche oder länger bei einer relativen Feuchtigkeit von 50% aufbewahrt und dann mit einer Stanze in möglichst viel Streifen von 15 zu 2,5 cm zerschnitten. Bei der einen Haut jeder Art wurden alle Streifen, soweit möglich, parallel zur Linie des Rückgrats und bei der anderen Haut im rechten Winkel zur Rückgratslinie geschnitten.

Die Bestimmungen wurden mit einer Scottmaschine vorgenommen, die mit einer Vorrichtung versehen war, um die Dehnung als Funktion der Belastung zu ermitteln. Die Backen hatten 10 cm gegenseitigen Abstand. Die durchschnittliche Dicke der einzelnen Streifen wurde mit

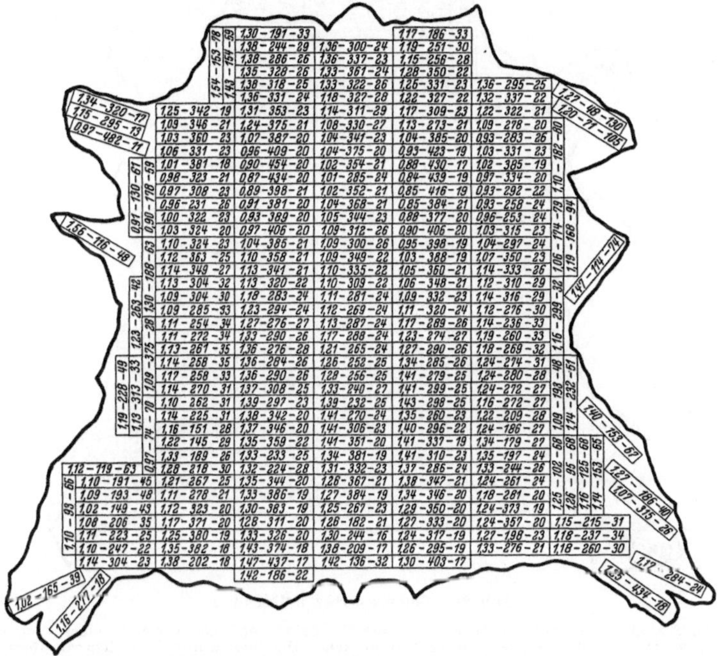

Abb. 389. Vegetabilisch gegerbte Kalbshaut II.

Beispiel für die Änderung der Dicke, der Zerreißfestigkeit und der Dehnung eins typischen vegetabilisch gegerbten Kalbleders über die ganze Hautfläche. Die Haut wurde in Streifen von 15,24 cm Länge und 2,54 cm Breite aufgeteilt. Die erste Zahlenangabe eines jeden Streifens gibt die Streifendicke in mm, die zweite Zahlenangabe die Zerreißfestigkeit in kg/qcm und die letzte Zahlenangabe die prozentuale Dehnung bei einer Belastung von 225 kg/qcm pro qcm Querschnitt wieder.

einem Dickenmesser bis auf 0,001 cm abgemessen. Die chemischen Analysen der vier Häute sind in Tabelle 155 wiedergegeben.

Für jeden Streifen wurde die Zerreißfestigkeit in Kilogramm pro Quadratzentimeter des Lederquerschnitts berechnet. Im ganzen wurden 894 Streifen untersucht. Es wäre zweifellos unpraktisch, hier die ermittelten 894 Kurven der Dehnung als Funktion der Belastung wiederzugeben. Es genügt vollständig, die prozentuale Dehnung bei einer bestimmten Belastung pro Einheit des Querschnitts anzuführen. Die meisten Kurven steigen anfangs steil an, biegen dann nach rechts und verlaufen dann in gerader Linie abwärts bis zum Zerreißpunkt. Für Leder dieser Art scheint eine Belastung von etwa 225 kg/qcm die besten Resultate für einen Vergleich zu ergeben. In den schwächsten Teilen des Leders liegt die Zerreißfestigkeit indessen unter diesem Wert. In solchen Fällen wurde die Kurve über den Zerreißpunkt verlängert und die Dehnung dann so abgelesen, wie sie dem Kurvenverlauf nach bei der Belastung von 225 kg pro Quadratzentimeter Querschnitt sein würde.

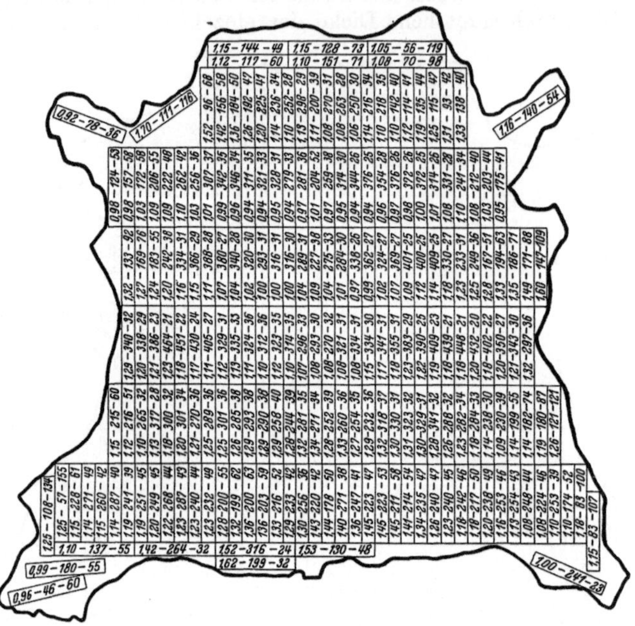

Abb. 390. Chromgegerbte Kalbshaut I.

Beispiel für die Änderung der Dicke, der Zerreißfestigkeit und der Dehnung eines typischen chromgegerbten Kalbleders über die ganze Hautfläche. Die Haut wurde in Streifen von 15,24 cm Länge und 2,54 cm Breite aufgeteilt. Die erste Zahlenangabe eines jeden Streifens gibt die Streifendicke in mm, die zweite Zahlenangabe die Zerreißfestigkeit in kg/qcm und die letzte Zahlenangabe die prozentuale Dehnung bei einer Belastung von 225 kg/qcm pro qcm Querschnitt wieder.

Die Ergebnisse aller 894 Versuche sind in den Skizzen der Abb. 388 bis 391 aufgezeichnet. Die Zahl links ist die Dickenangabe eines jeden einzelnen Streifens in Millimetern; die mittlere Zahl ist die Zerreißfestigkeit in Kilogramm pro Quadratzentimeter Querschnitt des Leders; die Zahl rechts gibt die Dehnung bei einer Belastung von 225 kg/qcm wieder. Die Leder wurden einheitlich in Streifen von 15 zu 2,5 cm zur Messung gebracht.

Die Verschiedenheiten in der Zerreißfestigkeit und Dehnbarkeit der vegetabilischen Leder sind in den Abb. 392 und 393 als Funktion der Entnahmestelle graphisch wiedergegeben. Für einen besseren Vergleich der Werte aller vier Leder sind die Durchschnitts-, die Maximal- und die Minimalwerte in Tabelle 156 zusammengefaßt.

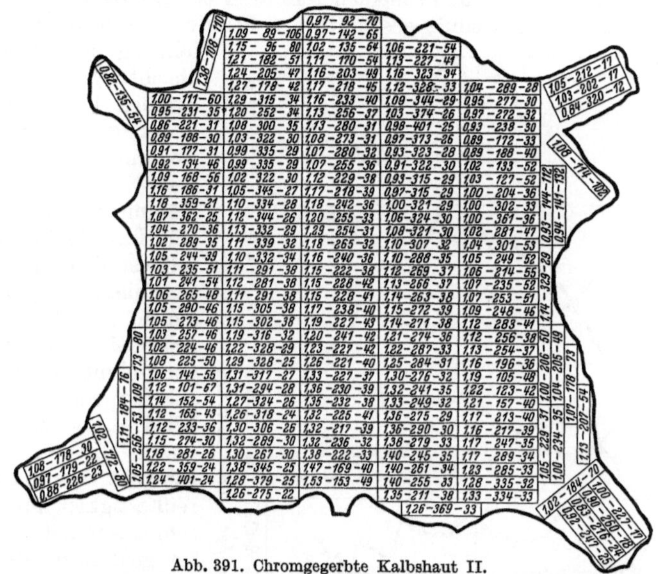

Abb. 391. Chromgegerbte Kalbshaut II.

Beispiel für die Änderung der Dicke, der Zerreißfestigkeit und der Dehnung eines typischen chromgegerbten Kalbleders über die ganze Hautfläche. Die Haut wurde in Streifen von 15,24 cm Länge und 2,54 cm Breite aufgeteilt. Die erste Zahlenangabe eines jeden Streifens gibt die Streifendicke in mm, die zweite Zahlenangabe die Zerreißfestigkeit in kg/qcm und die letzte Zahlenangabe die prozentuale Dehnung bei einer Belastung von 225 kg/qcm pro qcm Querschnitt wieder.

Tabelle 156.
Durchschnittswerte für die Zerreißfestigkeit und Dehnbarkeit ganzer chromgegerbter und vegetabilisch gegerbter Kalbleder.

		Vegetabilisch gegerbtes Kalbleder		Chromgegerbtes Kalbleder	
		Haut I	Haut II	Haut I	Haut II
Anzahl der untersuchten Streifen		251	240	206	197
Dicke (in mm)	Durchschnitt	1,06	1,18	1,17	1,12
	Maximum	1,50	1,56	1,62	1,53
	Minimum	0,74	0,84	0,92	0,82
Zerreißfestigkeit (in kg/qcm)	Durchschnitt	306	290	259	250
	Maximum	488	482	464	401
	Minimum	80	48	46	89
Prozentuale Dehnung bei einer Belastung von 225 kg pro qcm Querschnitt	Durchschnitt	33	29	43	40
	Maximum	133	130	168	132
	Minimum	15	13	20	12

War die Zerreißfestigkeit geringer als 225 kg/qcm, so wurde der Wert für die Dehnbarkeit durch Extrapolieren ermittelt und ist darum nur von theoretischer Bedeutung.

Die vegetabilisch gegerbten Leder scheinen eine größere Reißfestigkeit zu besitzen als die chromgegerbten Leder, und die parallel zum Rückgrat verlaufenden Streifen scheinen reißfester zu sein als die im rechten Winkel zur Rückgratslinie geschnittenen Streifen. Nach Wilsons Erfahrung sind diese Beobachtungen aber rein zufällig. Wird eines der Leder durch Druckanwendung dünner gemacht, sei es durch Hämmern oder durch Bügeln, so bleibt die Zerreißfestigkeit pro Breiteneinheit praktisch gleich, nur die Zerreißfestigkeit pro Einheit Querschnitt wächst umgekehrt wie die Dicke. Wird eines der Leder durch Spalten dünner gemacht, so wird die Zerreißfestigkeit pro Querschnittseinheit, wie später gezeigt werden soll, ganz enorm vermindert.

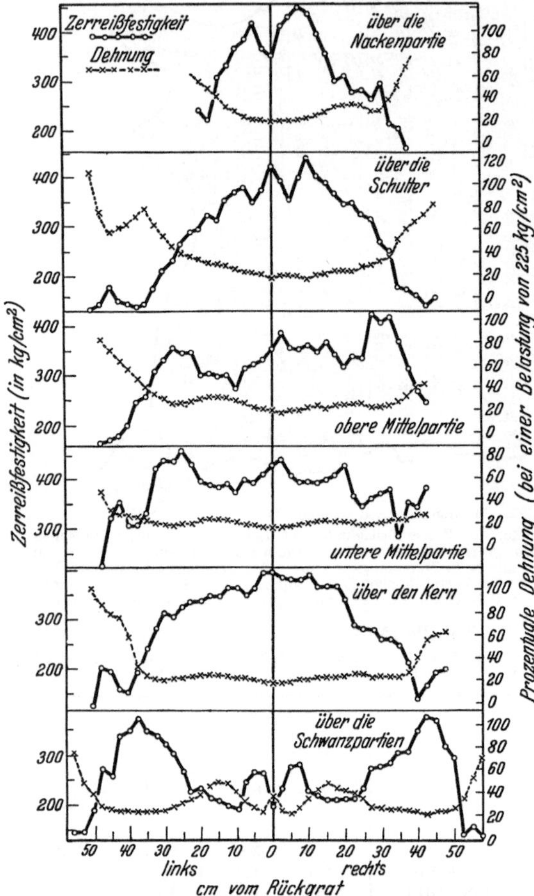

Abb. 392. Änderungen in der Zerreißfestigkeit und der Dehnbarkeit von vegetabilisch gegerbten Kalbledern über die gesamte Hautfläche. Die Streifen sind parallel zum Rückgrat geschnitten. (Vgl. Abb. 388.)

Im Bureau of Standards führte Bowker (10) einige Versuche mit chromgegerbten und vegetabilischen Kalbledern durch, die von Wilson geliefert waren. Die Rohhäute wurden längs der Rückgratslinie in zwei „Seiten“ zerschnitten, von denen eine mit Chrom und die andere mit vegetabilischen Gerbstoffen gegerbt wurde. Die Proben wurden von jeder Seite so entnommen, daß sie direkt miteinander vergleichbar waren. Die chemische Zusammensetzung der Leder war im wesentlichen die gleiche wie die der oben beschriebenen Leder. Die Befunde von Bowker sind in Tabelle 157 wiedergegeben.

Das Chromleder ist in der Längsrichtung reißfester als das vegetabilische Leder; in der Querrichtung sind beide etwa gleich. Die beiden

Leder haben in der Längsrichtung beide im Augenblick des Reißens die gleiche Enddehnung, bei einer bestimmten Belastung jedoch dehnen sich die Chromleder weniger als die vegetabilischen Leder. In der Querrichtung dehnte sich das Chromleder viel stärker als das vegetabilische.

Das Ausrecken und Aufnageln der Häute vor dem Trocknen hat einen starken Einfluß auf die Werte für die Zerreißfestigkeit und Dehnbarkeit. Die Seiten unterliegen, wenn sie aufgenagelt werden, beim Trocknen einer Dehnung, die etwas von der verschieden ist, wenn das Leder als ganze Haut aufgenagelt wird. Das ist der Grund für einen Teil der unterschiedlichen Befunde von Bowker und Wilson. Viele Tausend Bestimmungen in Wilsons Laboratorium haben ergeben, daß sich Chromleder etwas stärker dehnt als vegetabilisches Leder, während andere Eigenschaften gleich sind. Dies ist auch nach der loseren Struktur des Chromleders zu erwarten.

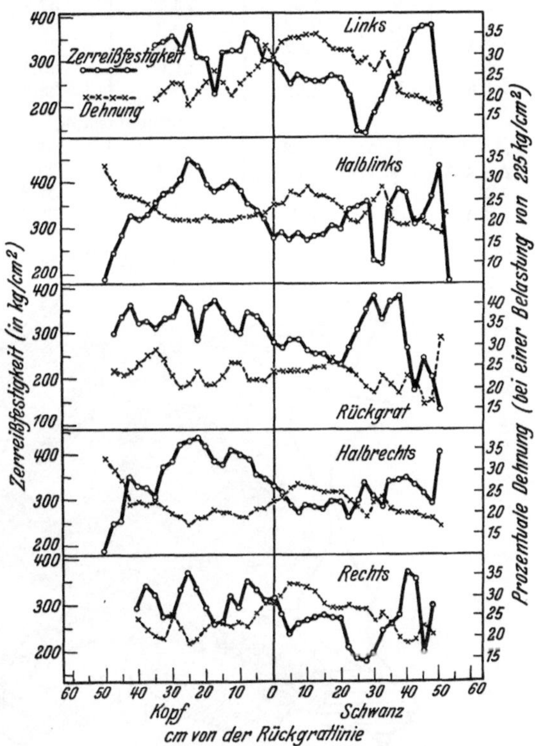

Abb. 393. Änderungen in der Zerreißfestigkeit und in der Dehnbarkeit von vegetabilisch gegerbten Kalbledern über die gesamte Hautfläche. Die Streifen sind im rechten Winkel zur Rückgratlinie geschnitten. (Vgl. Abb. 389.)

Aus allen zur Zeit verfügbaren Daten stellte Wilson eine schematische Zeichnung her, die in Abb. 394 wiedergegeben ist. Sie zeigt, wie Zerreißfestigkeit und Dehnbarkeit über die ganze Hautfläche verteilt sind. Das Leder kann als ein gutes Standardleder angesehen werden, das nach einer der beiden Gerbarten gegerbt und als Schuhoberleder zugerichtet ist.

b) Der Einfluß des Spaltens.

Die Zerreißfestigkeit des Leders ist nicht durch die ganze Dicke hindurch einheitlich. Die oberste Schicht, die Thermostatschicht, ist verhältnismäßig nur sehr schwach; fast die ganze Festigkeit des Leders liegt in der Retikularschicht. Wird die Lederdicke durch Spalten verringert, so wird darum auch die Zerreißfestigkeit des Leders pro Quer-

Tabelle 157. Zerreißfestigkeit und Dehnbarkeit von chromgegerbten und vegetabilischen Kalbledern.

Probe[1]	Gerbart[2]	Durchschnittliche Dicke (mm)	Prozentuale Dehnung		Zerreißfestigkeit in kg/qcm	Schnittrichtung[3]
			bei 139,4 kg/qcm	beim Zerreißen		
1	C	0,86	19,6	37,5	421,3	P
1 A	V	1,04	23,4	37,7	339,4	P
2	C	0,83	35,2	52,3	300,7	R
2 A	V	1,07	24,0	36,7	309,4	R
4	C	0,83	21,6	39,7	400,0	P
4 A	V	1,02	25,5	38,4	337,3	P
			Zusammenfassung			
1—4	C	0,83	20,7	38,7	407,7	P
1 A—4 A	V	1,04	24,4	28,1	338,0	P
2	C	0,83	35,2	52,3	300,7	R
2 A	V	1,07	24,0	36,7	309,4	R

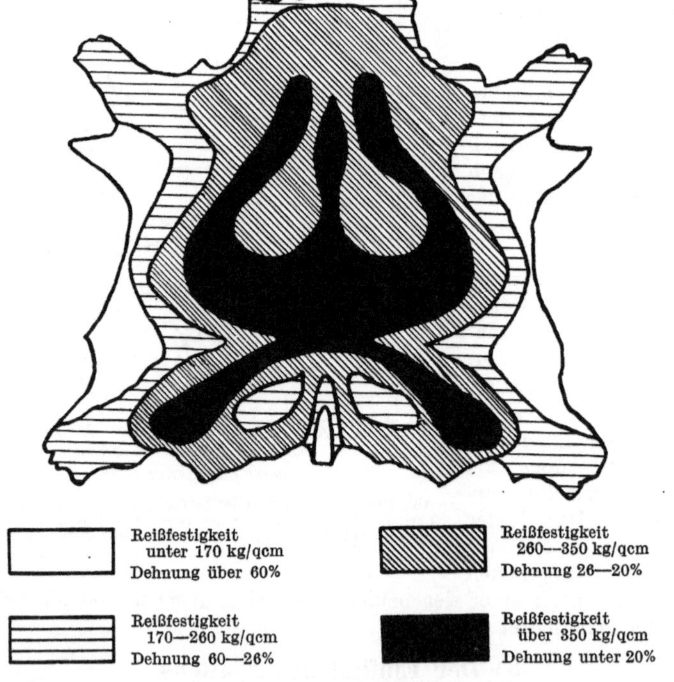

Abb 394. Änderung der Reißfestigkeit und Dehnbarkeit eines typischen Kalbleders über die ganze Hautfläche.

[1] 1 und 1 A, 2 und 2 A usw. sind Seiten der gleichen Haut.

[2] C = chromgegerbt, V = vegetabilisch gegerbt.

[3] Schnittrichtung der Probestücke, P = parallel, R = rechtwinklig zum Rückgrat.

schnittseinheit geändert; sie wird entweder größer oder kleiner, je nach der Zerreißfestigkeit der abgespaltenen Schicht. Das Ausmaß, in dem das Leder während der Herstellungsprozesse gespalten oder gefalzt wurde, muß sich demgemäß auf jene Bestimmungsergebnisse auswirken, in denen die Zerreißfestigkeit eine abhängige Variable ist. Wilson und Kern (13) haben zwei Skizzen angefertigt, aus denen hervorgeht, wie sich die Festigkeit von chromgegerbten und vegetabilischen Kalbledern ändert, wenn die Dicke des Leders von der Narben- oder der Fleischseite aus durch Spalten verringert wird.

Für die Versuche wurde eine Anzahl Häute vegetabilischer und chromgegerbter Kalbleder ausgewählt. Auf jeder Seite des Rückgrats einer jeden Haut wurde ein Rechteck 63 zu 15 cm mit der Längsseite parallel zur Rückgratslinie so herausgeschnitten, daß die innere Schnittfläche etwa 10 cm vom Rückgrat entfernt und die Enden des Rechtecks von den Kopf- und Schwanzpartien der Haut gleichweit entfernt waren. Das Lederstück wurde dann in 25 Streifen 15 zu 2,5 cm zerschnitten, die durchnumeriert wurden. Von den ungeradzahligen Streifen wurde die Zerreißfestigkeit und Dehnbarkeit bestimmt. Bei den Bestimmungen befanden sich alle Streifen im Gleichgewichtszustand mit einer Atmosphäre von 50% relativer Feuchtigkeit. Die Ergebnisse wurden dann zur Berechnung der Zerreißfestigkeit der geradzahligen Streifen verwendet, indem angenommen wurde, daß die Zerreißfestigkeit der geradzahligen Streifen das Mittel der Zerreißfestigkeiten der beiden angrenzenden Streifen sei. So wurde z. B. angenommen, daß das Mittel aus den Zerreißfestigkeiten der Streifen 3 und 5 die Zerreißfestigkeit des Streifens 4 ist. Im allgemeinen wird das der Fall sein; man wird zuverlässige Resultate erhalten, wenn die Untersuchung wiederholt durchgeführt wird. Jeder geradzahlige Streifen wurde auf einer Bandmessermaschine in zwei Schichten gespalten. Beim Streifen 2 wurde die Spaltung so ausgeführt, daß auf die Narbenschicht 10% und auf die Fleischseitenschicht 90% der Gesamtdicke entfielen. Beim Streifen 4 entfielen auf die Schicht der Narbenseite 20% und auf die der Fleischseite 80% der Gesamtdicke. Die anderen Streifen wurden dementsprechend gespalten. Dann wurde die Festigkeit eines jeden Spalts gemessen und mit der berechneten Zerreißfestigkeit des ungespaltenen Streifens verglichen.

Für jede Ledersorte wurde die Untersuchung mehrere Male vollständig wiederholt, um zuverlässige Resultate zu erhalten; die Befunde sind in den Abb. 395 und 396 graphisch wiedergegeben. Jede Abbildung enthält das Diagonalenpaar und drei Kurven, von denen die eine die Summe der beiden anderen darstellt. Die Kurven geben die Zerreißfestigkeit pro Breiteneinheit, nicht pro Einheit des Querschnitts wieder. Die Zerreißfestigkeit pro Einheit des Querschnitts kann indessen aus den Kurven erhalten werden, und ihre Veränderung wird durch das Verhältnis der Kurven zu den Diagonalen angezeigt. Wo die Kurve oberhalb der entsprechenden Diagonale verläuft, ist durch das Spalten die Zerreißfestigkeit pro Einheit des Querschnitts größer geworden, dort, wo sie unterhalb der Diagonale verläuft, ist sie kleiner geworden.

Das Abspalten der Narbenseite bis zu einer Tiefe, die für das vegetabilische Leder geringer als 48% und für das Chromleder geringer als 22% ist, erhöht die Zerreißfestigkeit pro Querschnittseinheit der verbleibenden Fleischseitenschicht, da die Narbenschicht des Leders viel weniger fest ist als die Teile der Fleischseite.

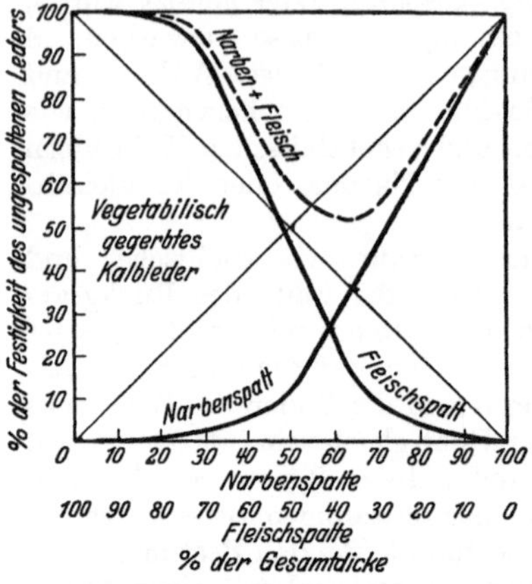

Abb. 395. Relative Festigkeit der Spalte von vegetabilisch gegerbtem Kalbleder im Vergleiche zum ungespaltenen Leder. Die Festigkeit ist auf die Einheit der Streifenbreite berechnet, nicht auf den Querschnitt. Die durchschnittliche Zerreißfestigkeit betrug 324 kg pro qcm, die durchschnittliche Dicke 0,91 mm.

Durch das Spalten tritt immer eine Verminderung der Zerreißfestigkeit pro Breiteneinheit ein; die Summe der Zerreißfestigkeiten der beiden Spalte ist immer geringer als die Zerreißfestigkeit des ungespaltenen Leders. Das geht aus der obersten Kurve in jeder Abbildung hervor. Der Abstand dieser Kurve von der Linie für 100% Zerreißfestigkeit gibt den Gesamtverlust in der Zerreißfestigkeit des Leders wieder, der auf das Spalten zurückzuführen ist. Wird das Chromleder in zwei Schichten gleicher Dicke gespalten, so zeigt die Narbenseite nur 26% und die Fleischseite 16% der Zerreißfestigkeit des ungespaltenen Leders. Die beiden Spalte weisen also zusammen nur 42% der Zerreißfestigkeit des ursprünglichen Leders auf.

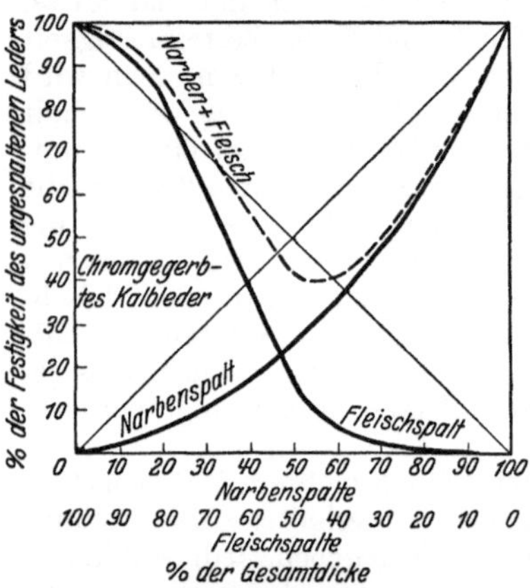

Abb. 396. Relative Festigkeit der Spalte chromgegerbter Kalbleder im Vergleich zum ungespaltenen Leder. Die Festigkeit ist auf die Einheit der Streifenbreite, nicht auf den Querschnitt berechnet. Die durchschnittliche Zerreißfestigkeit betrug 324 kg pro qcm, die durchschnittliche Dicke 1,04 mm.

Diese außerordentlich große Verminderung der Zerreißfestigkeit der Fleischseitenschicht ist auf die Trennung der Fasern beim Spalten zurückzuführen, die in gleicher Weise auch für die starke Verminderung der Summe der Zerreißfestigkeiten beider Spalte verantwortlich zu machen ist. Sie zeigt keine Verringerung der Festigkeit der Retikularschicht gegenüber der Thermostatschicht an. Im Gegenteil wird durch das Wegschneiden der Thermostatschicht ($^1/_6$ der Gesamtdicke) die Zerreißfestigkeit der Fleischseitenschicht pro Querschnittseinheit vergrößert, während die Schicht der Narbenseite durch die Entfernung von irgendwelchen Teilen der Fleischseite eine Verminderung der Reißfestigkeit erleidet.

Die größere Lockerheit der Struktur des Chromleders hat den großen Maximalverlust in der Zerreißfestigkeit zur Folge, der für Chromleder 60% beträgt, während er für vegetabilisches Leder nur 48% beträgt. Dies geht auch aus der geringeren Festigkeit der Fleischseitenschicht des Chromleders hervor. Beim Chromleder zeigt die Fleischseite eine geringere Reißfestigkeit als die Narbenseite, wenn sie weniger als 53% der Gesamtdicke stark ist; bei den vegetabilisch gegerbten Ledern ist die Fleischseite nur dann weniger fest, wenn sie weniger als 41% der Gesamtdicke umfaßt.

Versuche Wilsons mit schweren Ledern ergaben, daß der Einfluß des Spaltens zwar in der Art, nicht aber in der Größe ähnlich ist. Man muß dabei berücksichtigen, daß das Verhältnis der Stärke der Thermostatschicht zu der der Retikularschicht mit wachsender Dicke der ursprünglichen Haut abnimmt.

Die Widerstandsfähigkeit des Leders gegen Dehnung ändert sich direkt mit der Zerreißfestigkeit. Es wurden Bestimmungen ausgeführt, bei denen die Belastung in kg gemessen wurde, die erforderlich war, um jeden Streifen auf das 1,25-fache seiner ursprünglichen Länge zu dehnen. Dieser Wert wurde als Widerstandsfähigkeit gegen Dehnung (W) bezeichnet. Das Spalten hatte eine prozentuale Abnahme des Wertes W sowohl für die Narbenspalte als auch für die Fleischspalte zur Folge, die identisch mit der prozentualen Abnahme der Zerreißfestigkeit ist. Die Abb. 395 und 396 zeigen darum auch den Widerstand des Leders gegen Dehnung an, wenn man die Ordinaten als prozentualen Widerstand des ungespaltenen Leders gegen Dehnung ansieht.

Fleming stellte in Wilsons Laboratorium eine ähnliche Untersuchung über den Einfluß des Spaltens auf die Widerstandsfähigkeit des Leders gegen Ausreißen an. Er benutzte ein Seiten-Oberleder, das mit Chrom gegerbt, mit Hemlockrindenextrakt nachgegerbt, mit Wollfett, Dégras und Gerberwachs gefettet und für schwere Arbeitsschuhe zugerichtet war. Streifen von 15 cm Länge und 2,5 cm Breite wurden in der Mittellinie 7 cm angeschlitzt gespalten und auf der Scottmachine zerrissen, indem die Schlitzenden in die Backen der Maschine gespannt und die Belastung gemessen wurde, die zum Ausreißen des Streifens erforderlich war. Das ungespaltene Leder erforderte eine Belastung von 24 kg bei einer Dicke von 2 mm. Beim Spalten trat eine Abnahme der Ausreißfestigkeit ein, die praktisch identisch mit der Abnahme der Zerreißfestigkeit war, die in den Abb. 395 und 396 dargestellt ist. Der Einfluß der Spaltung ist offenbar auf die Zerreißfestigkeit, die Dehnbarkeit und die Widerstandsfähigkeit gegen Ausreißen des Leders ähnlich.

c) Der Einfluß der relativen Luftfeuchtigkeit.

Der Wassergehalt des Leders ist eine Funktion der relativen Feuchtigkeit der Atmosphäre, mit der sich das Leder im Gleichgewichtszustand befindet. Eine Änderung des Wassergehalts hat einen meßbaren Einfluß auf die Zerreißfestigkeit und die Dehnbarkeit des Leders. Wilson und Kern (14) untersuchten diesen Einfluß bei chromgegerbten und vegetabilischen Kalbledern. Die Zusammensetzung dieser Leder ist in der Tabelle 158 wiedergegeben.

Tabelle 158. Chemische Zusammensetzung von chromgegerbten und vegetabilischen Kalbledern, die zum Messen des Einflusses der relativen Luftfeuchtigkeit auf die Zerreißfestigkeit und die Dehnbarkeit benutzt wurden.

	Chromleder %	Vegetabilisches Leder %
Wasser	17,1	12,7
Hautsubstanz	60,2	38,8
Fett	4,2	12,4
H_2SO_4	2,9	0,8
Na_2SO_4	0,4	0,0
HCl	0,1	0,0
NaCl	0,2	0,0
CaO	0,0	0,2
Al_2O_3	1,5	0,3
Fe_2O_3	0,8	0,1
Cr_2O_3	4,2	0,0
Organischer Auswaschverlust	0,7	10,2
Gebundener Gerbstoff (Differenz)	—	24,5
Sonstige organische Substanz (Differenz)	7,7	—
	100,0	100,0

Zu jedem Versuch wurde aus einer Seite der Haut ein Lederstreifen von 63 cm Länge und 17 cm Breite so herausgeschnitten, daß die Längsseiten parallel der Rückgratslinie verliefen und vom Rückgrat und vom Bauch gleichweit, die Schmalseiten vom Kopf- und Schwanzende der Haut ebenfalls gleichweit entfernt waren. Dieses Lederstück wurde in 21 kleinere Streifen 3 × 17 cm zerschnitten, die von der Kopfseite aus von 1 bis 21 durchnumeriert wurden. Die Streifen wurden dann mit einer Atmosphäre von 50% relativer Feuchtigkeit in das Gleichgewicht gebracht und mit einer Stanze auf genau 15 zu 2,5 cm beschnitten. Von jedem Streifen wurde die Dicke gemessen.

Alle ungeradzahligen Streifen wurden in Exsiccatoren gelegt, die mit 11,8-normaler Schwefelsäure beschickt waren, wodurch die Luft in den Exsiccatoren konstant auf 50% relativer Feuchtigkeit gehalten wird. Die geradzahlig numerierten Streifen 2 bis einschließlich 20 wurden in Exsiccatoren über Schwefelsäure folgender Normalitäten gebracht: 37,5, 20,6, 17,6, 15,5, 13,6, 10,2, 8,5, 6,6, 4,3 und Null, so daß sie sich mit Atmosphären folgender relativer Feuchtigkeiten ins Gleichgewicht setzen konnten: 0, 10, 20, 30, 40, 60, 70, 80, 90 und 100%.

Nach 46tägigem Stehen bei Zimmertemperatur (etwa 20°) wurden die Streifen herausgenommen und ihre Länge, Breite und Dicke gemessen. In einer Scott-Zerreißfestigkeitsmaschine, die mit einer Vorrichtung zum Anzeigen der Dehnung als Funktion der Belastung ausgerüstet war, wurde die Zerreißfestigkeit bestimmt. Jeder Streifen wurde in einem Exsikkator für sich aufgehoben. Nach Herausnahme aus dem Exsiccator wurde die Zerreißfestigkeitsbestimmung binnen einer Minute durchgeführt. Sogleich nach dem Zerreißen eines jeden Streifens wurde sein Wassergehalt bestimmt.

Die Befunde für die ungeradzahlig numerierten Chromlederstreifen sind in Abb. 397 in Form einer Kurve aufgetragen. Da diese Versuche alle bei einer relativen Feuchtigkeit von 50% durchgeführt wurden, läßt sich aus dieser Kurve die Veränderung der Zerreißfestigkeit des ursprünglichen Lederstücks vom Kopf nach dem Schwanz entnehmen. Bei der angewandten Methode wird angenommen, daß die Punkte der geradzahlig numerierten Streifen alle in die Kurve fallen würden, wenn die Streifen bei Ausführung der Zerreißfestigkeit mit einer Atmosphäre von 50% relativer Feuchtigkeit im Gleichgewicht gewesen wären.

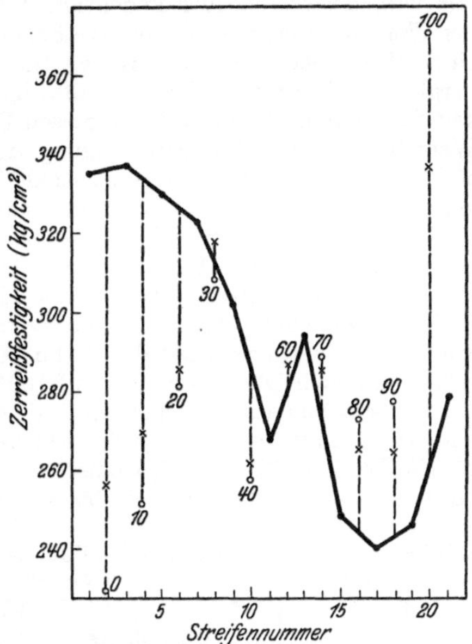

Abb. 397. Einfluß der relativen Feuchtigkeit auf die Zerreißfestigkeit von chromgegerbtem Kalbleder.
● = Messungen bei 50% relativer Feuchtigkeit.
⊗ = Messungen bei den angegebenen relativen Feuchtigkeiten.
○ = Festigkeit gemessen bei der angezeigten relativen Feuchtigkeit pro Querschnittseinheit, gemessen bei 50% relativer Feuchtigkeit.

Ein Vergleich der Ergebnisse bei den verschiedenen relativen Feuchtigkeiten ist deshalb mit Schwierigkeiten verbunden, weil sich mit der relativen Feuchtigkeit auch das Volumen des Leders ändert. Das Volumen eines gegebenen Stücks Chromleder bei 0% relativer Feuchtigkeit kann durch die Wasserabsorption um 30% oder mehr zunehmen, wenn das Leder mit wasserdampfgesättigter Luft ins Gleichgewicht gebracht wird. Wenn der Einfluß der relativen Feuchtigkeit auf gleiche Ledermassen untersucht werden soll, müssen aus diesem Grunde die Querschnitte der einzelnen Streifen bei der gleichen relativen Feuchtigkeit gemessen und die Belastungen, die zum Zerreißen der Streifen erforderlich sind, bei der angezeigten relativen Feuchtigkeit bestimmt werden.

In Abb. 397 sind die geradzahlig numerierten Versuche auf zweierlei Weise eingetragen. Einmal sind sie in kg/qcm, gemessen bei der angezeigten relativen Feuchtigkeit, angeführt. Aber 1 ccm des Leders bei 0% relativer Feuchtigkeit birgt eine größere Masse an Ledersubstanz in sich als 1 ccm bei 50% relativer Feuchtigkeit. Hierdurch wird der Wert für die Zerreißfestigkeit bei 0% relativer Feuchtigkeit verhältnismäßig größer, als wenn er auf die gleiche Ledermasse bei 50% relativer Feuchtigkeit bezogen wird. In ähnlicher Weise geben die Versuche bei größeren relativen Feuchtigkeiten als 50% niedrigere

Werte für die Zerreißfestigkeit, als wenn sie in Ausdrücken der Ledermasse bei 50% relativer Feuchtigkeit angegeben werden. Darum sind die Versuche auch in Ausdrücken der Fläche des Querschnitts angegeben, den das Leder bei 50% relativer Feuchtigkeit hatte. Diese Werte geben den wirklichen Einfluß der relativen Feuchtigkeit an, weil bei ihnen die unterschiedliche Volumenänderung mit der relativen Feuchtigkeit ausgeschaltet ist.

Die prozentuale Erhöhung oder Verminderung der Zerreißfestigkeit mit veränderter relativer Feuchtigkeit kann berechnet werden, indem der Wert für eine gegebene relative Feuchtigkeit mit jenem des Schnittes einer Vertikalen durch die Kurve für die 50% relative Feuchtigkeit vergleicht. So ist z. B. die Zerreißfestigkeit bei 0% relativer Feuchtigkeit 229 kg/qcm. Das Lot durch diesen Punkt schneidet die Kurve beim Wert 333 kg/qcm. Die Erniedrigung der relativen Feuchtigkeit von 50% auf 0% hat also eine prozentuale Erniedrigung der Zerreißfestigkeit von 100 — (229/3,33) oder 31,3 zur Folge gehabt.

Die wesentlichen Befunde für Chromleder sind in Tabelle 159 zusammengestellt. Der Wassergehalt steigt mit wachsender relativer Feuchtigkeit von 0 bis 100% von 1,95 bis 70,37 g auf je 100 g trockenes Leder an. Bei einem Abfall der relativen Feuchtigkeit von 50% auf 0% schrumpft die Querschnittsfläche um 10,6%; bei einem Ansteigen der relativen Feuchtigkeit von 50% auf 100% nimmt die Fläche um 10,2% zu. Unter Bezug auf die Querschnittsfläche bei 50% relativer Feuchtigkeit als Grundfläche beträgt die Flächenänderung im äußersten Falle 20,8%. Die Zerreißfestigkeit variiert von einer Verminderung von 31,3% bei 0% relativer Feuchtigkeit bis zu einer Erhöhung von 42,8% bei

Tabelle 159. Einfluß der relativen Feuchtigkeit auf die Zerreißfestigkeit und Dehnbarkeit von chromgegerbtem Kalbleder.

Relative Feuchtigkeit %	Gramme Wasser auf 100 g trockenes Leder	Querschnitt des Versuchsstreifens bei		Prozentuale Erhöhung oder Verminderung der Zerreißfestigkeit bei der angegebenen relativen Feuchtigkeit pro Querschnittseinheit bei		Prozentuale Zu- oder Abnahme der Dehnung unter einer Belastung von 225 kg/qcm
		der angegebenen relativen Feuchtigkeit (qcm)	50% relativer Feuchtigkeit (qcm)	der angegebenen relativen Feuchtigkeit	50% relativer Feuchtigkeit	
0	1,95	0,211	0,236	— 23,7	— 31,3	— 2
10	8,97	0,229	0,246	— 19,0	— 24,0	— 8
20	11,66	0,230	0,242	— 10,3	— 13,7	— 5
30	14,81	0,242	0,251	+ 1,7	— 0,7	— 8
40	16,07	0,257	0,261	— 8,0	— 8,4	— 2
50	18,75	0,264	0,264	0,0	0,0	± 0
60	20,64	0,269	0,269	+ 2,4	+ 3,3	+ 19
70	23,47	0,277	0,274	+ 5,2	+ 7,4	+ 15
80	27,41	0,295	0,287	+ 8,4	+ 13,0	+ 17
90	32,64	0,299	0,284	+ 8,8	+ 15,5	+ 17
100	70,37	0,313	0,284	+ 28,4	+ 42,8	+ 8

einer relativen Feuchtigkeit von 100%; die Gesamtänderung beträgt somit 74,1%. Diese Befunde sind in Abb. 398 graphisch wiedergegeben.

In Tabelle 159 sind noch die Werte für die prozentuale Änderung der Dehnung angeführt, die bei der angegebenen relativen Feuchtigkeit unter einer Belastung von 225 kg/qcm, bezogen auf den Querschnitt bei 50% relativer Feuchtigkeit, gemessen wurde. Die Änderung in der Dehnung ist im Vergleich zur experimentellen Fehlerquelle zu gering, um eine klar definierte Kurve zu ergeben; es ist aber klar, daß sich die Leder bei höheren relativen Feuchtigkeiten viel leichter dehnen.

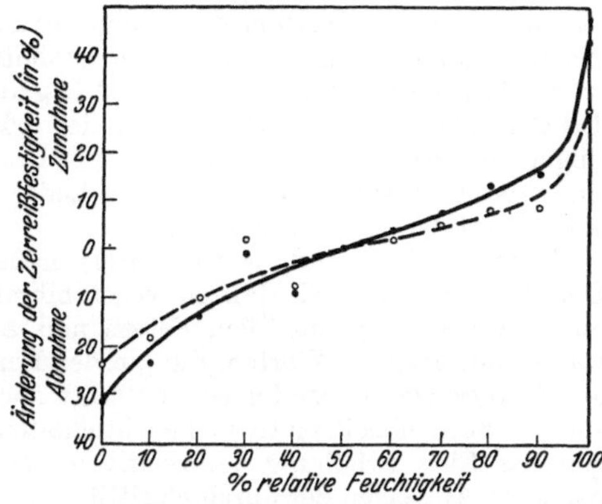

Abb. 398. Abhängigkeit der Zerreißfestigkeit von chromgegerbtem Kalbleber von der Änderung der relativen Feuchtigkeit der Luft.
—— Zerreißfestigkeit gemessen bei der angegebenen relativen Feuchtigkeit pro Querschnittseinheit bei 50% relativer Feuchtigkeit.
- - - - Alle Messungen wurden bei der angegebenen relativen Feuchtigkeit vorgenommen.

Versuche mit vegetabilisch gegerbtem Leder zeigten, daß der Einfluß der relativen Feuchtigkeit auf die Zerreißfestigkeit geringer ist als der experimentelle Fehler. Die Befunde sind in Tabelle 160 zusammengestellt; die prozentuale Zu- oder Abnahme der Zerreißfestigkeit ist als Funktion der relativen Feuchtigkeit angegeben. Die zum Reißen führende Belastung wurde bei der angegebenen relativen Feuchtigkeit und die Querschnittsfläche bei 50% relativer Feuchtigkeit gemessen. Wurde die Fläche des Querschnitts bei der angegebenen relativen Feuchtigkeit gemessen, so war die Änderung in der Zerreißfestigkeit noch geringer. Die Änderung in der Dehnung ist sogar noch weniger ausgesprochen. Die Untersuchung wurde noch mit zwei anderen Häuten wiederholt und führte im wesentlichen zum gleichen Ergebnis, daß nämlich die Änderung in der relativen Feuchtigkeit einen zu vernachlässigenden Einfluß auf die Zerreißfestigkeit und die Dehnung

Tabelle 160.
Einfluß der relativen Feuchtigkeit auf die Zerreißfestigkeit von vegetabilisch gegerbtem Kalbleder.

Relative Feuchtigkeit %	Gramm Wasser auf 100 g trokkenes Leder	Prozentuale Zu- bzw. Abnahme der Zerreißfestigkeit
0	4,21	− 6,9
10	8,46	− 2,7
20	10,62	− 3,3
30	11,71	+ 4,3
40	13,00	+ 0,3
50	16,08	± 0
60	17,76	− 2,0
70	19,00	− 0,3
80	22,71	− 2,0
90	25,29	− 5,4
100	30,18	+ 6,1

dieser Lederart hat. — Für den zwischen Chromleder und vegetabilischem Leder festgestellten Unterschied sollen zwei Gründe angeführt werden. Die größere Zerreißfestigkeit bei höheren relativen Feuchtigkeiten ist anscheinend auf ein Geschmeidigwerden des Leders durch das absorbierte Wasser zurückzuführen. Für das vegetabilisch gegerbte Leder war die größte Menge absorbierten Wassers 30,18 g auf 100 g trockenes Leder, für das Chromleder aber 70,37. Die Schmierwirkung des Wassers würde geringer sein, wenn die Lederfasern besser durch Fett schlüpfrig gemacht sind; das untersuchte vegetabilische Leder enthält annähernd dreimal soviel Fett wie das Chromleder.

Veitch, Frey und Leinbach (7) maßen die Zerreißfestigkeit und Dehnbarkeit von drei Hälften vegetabilisch gegerbter Rindleder, die ohne Verwendung von Ölen, Fetten und Appretiermitteln zugerichtet waren, mit anderen Worten, die „in der Borke“ zugerichtet waren. Bei der Analyse zeigten sie im Durchschnitt nur 0,2% Fettgehalt. Die Messungen wurden bei relativen Feuchtigkeiten von 35, 55 und 75% ausgeführt. Eine Erhöhung der relativen Feuchtigkeit von 35 auf 55% hatte ein Ansteigen der durchschnittlichen Zerreißfestigkeit von 155 auf 175 kg/qcm und der prozentualen Dehnung von 32 auf 37 zur Folge. Bei einer anderen Versuchsreihe hatte die Erhöhung der relativen Feuchtigkeit von 35 auf 75% ein Ansteigen der durchschnittlichen Zerreißfestigkeit von 182 auf 259 und der prozentualen Dehnung von 25 auf 38 zur Folge.

Nach Powarnin und Stepanowa (5) weist Chromleder Maxima der Festigkeit und Dehnbarkeit auf, die von der Summe von Wasser- und Fettgehalt abhängen und etwa bei 90 bis 120 g Wasser auf 100 g Trockensubstanz liegen.

d) Der Einfluß des Fettgehalts.

Wilson und Gallun (12) stellten eine Untersuchung über den Einfluß des Fettgehalts auf die Reißfestigkeit und Dehnbarkeit an typischen Sorten chromgegerbter Kalbleder und leichter Rindleder an. Der Einfluß des Spaltens wurde ausgeschaltet, indem ungespaltene Häute verwendet wurden. Auch der Einfluß der relativen Feuchtigkeit wurde ausgeschaltet; es wurde immer bei einer relativen Feuchtigkeit von 50% gearbeitet. Der Einfluß der Probeentnahme wurde dadurch ausgeschaltet, daß bei beiden Lederarten genau gleiche Stücke genommen und außerdem eine Stelle gewählt wurde, die große Einheitlichkeit zeigt. Die Streifen wurden aus einer Stelle in der Mitte zwischen Kopf und Schwanz herausgeschnitten, 2,5 bis 15 cm von der Rückgratslinie entfernt. Mit einer Stanze wurden 15 cm lange und 2,5 cm breite Streifen ausgestanzt, deren Längsseite parallel zur Rückgratslinie lief.

Jeder Streifen wurde mit Chloroform entfettet, über Nacht in einer Lösung von Klauenöl in Chloroform bekannter Konzentration geweicht, durch 48stündiges Behandeln mit einem Luftstrom von Chloroform befreit und dann 3 Tage lang bei 25° in einer Atmosphäre von 50% relativer Feuchtigkeit aufbewahrt.

Die Bestimmungen der Zerreißfestigkeit und Dehnbarkeit wurden in einer Standard-Scott-Maschine vorgenommen, die mit einer Registriervorrichtung ausgestattet war. Der anfängliche Abstand der beiden Backen war auf 15 cm festgelegt. Die Dicke eines jeden Streifens wurde kurz vor dem Einspannen in die Zerreißmaschine gemessen, die Wasser- und Fettgehaltbestimmung sofort nach dem Zerreißen ausgeführt.

Wilson und Gallun führten eine Anzahl vergleichender Versuche durch, erhielten aber im wesentlichen immer die gleichen Ergebnisse und veröffentlichten deshalb nur die Beschreibung eines einzigen Versuchs. Bei diesem Versuch hatte das benutzte Kalbleder eine durchschnittliche Dicke von 0,7 mm, das Ziegenleder eine solche von 0,9 mm. Die Versuchsergebnisse sind aus Abb. 399 ersichtlich.

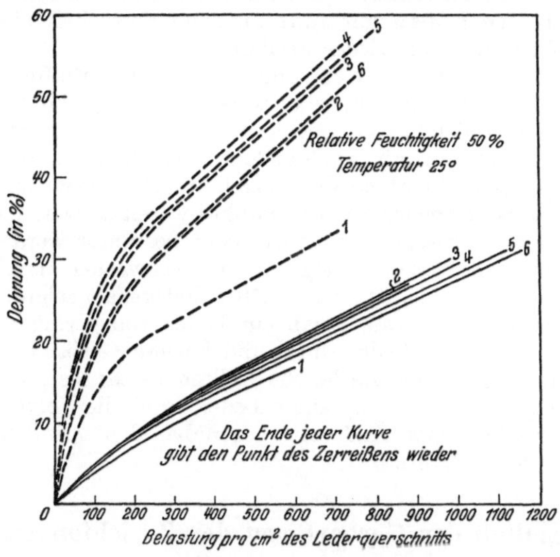

Abb. 399. Zerreißfestigkeit und Dehnbarkeit von chromgegerbten Kalb- und Kidledern als Funktion des Fettgehaltes

---- Chromgegerbtes Kidleder			—— Chromgegerbtes Kalbleder		
Streifen	% Fett	% Wasser	Streifen	% Fett	% Wasser
1	0,0	13,2	1	0,0	12.8
2	14,8	11,9	2	11,5	10,8
2	24,9	10,5	3	19,4	10,8
4	26,8	10,2	4	21.3	11,2
5	43,1	10,2	5	35,8	8,5
6	45,6	9,4	6	36,5	8,5

Mit zunehmendem Fettgehalt zeigen beide Leder eine geringere Affinität für Wasser. Eine ähnliche Versuchsreihe, bei der die Leder 16 Tage einer relativen Feuchtigkeit von 50% ausgesetzt gewesen waren, ergab die gleichen Unterschiede im Wassergehalt.

Am auffälligsten ist der Unterschied, daß das Ziegenleder ein viel stärkeres Dehnungsvermögen aufweist als das Kalbleder. Dieser Unterschied prägt sich in der in der Praxis bekannten Tatsache aus, daß

Chevreauschuhe weit leichter als Boxkalfschuhe ihre Form verlieren. Das größere Dehnungsvermögen des Ziegenleders beruht auf der Tatsache, daß die Ziegenrohhaut ähnlich wie die Schafshaut bereits eine losere Struktur als die Kalbshaut besitzt, wie aus den Hautschnitten im 2. Kapitel ersichtlich ist. Infolge der loseren Struktur weist die Ziegenhaut auch in der Querschnittseinheit weniger Hautsubstanz auf als Kalbshaut. Damit erklärt sich, warum Ziegenleder so viel schwächer ist als Kalbleder, wenn letzteres genügend gefettet ist, um die innere Reibung der Fasern zu überwinden.

Die Zerreißfestigkeit von Kalbleder wächst stetig mit zunehmendem Fettgehalt; bei Ziegenleder jedoch hat der Fettgehalt nur wenig Einfluß auf die Reißfestigkeit. Dies läßt sich aus der Verschiedenheit der Struktur beider Häute erklären; es ist aber nicht klar, warum die Dehnbarkeit bei beiden Ledern mit zunehmendem Fettgehalt einem Maximum zustrebt und dann wieder abnimmt.

Bowker und Churchill (1) untersuchten den Einfluß von Ölen, Fetten und dem Gerbgrad auf die Zerreißfestigkeit, die Dehnbarkeit und die Widerstandsfähigkeit gegen Ausreißen von rotbraunem Geschirrleder. Sie stellten mit wachsendem Fettgehalt bis zu einem gewissen Punkte eine Zunahme der Zerreißfestigkeit fest; später nahm die Zerreißfestigkeit wieder ab. Die Punkte waren so weit voneinander entfernt, daß die kritische Fettmenge nicht bestimmt werden konnte; aber eine Seite mit 23,35% Fettgehalt war schwächer als ein anderes Stück der gleichen Haut, das nur 10,70% Fettgehalt zeigte. Eine Verlängerung des Gerbprozesses ergab ein Leder von geringerer Zerreißfestigkeit, obgleich das Leder durch die längere Gerbzeit gegen Ausreißen widerstandsfähiger wurde. Sie stellten weiter fest, daß die physikalischen Eigenschaften von neuem Leder durch die Verwendung von mineralischen Ölen keine Änderung gegenüber den mit Fischtran behandelten Ledern erfahren.

e) Der Einfluß der Gerbart und der Zurichtungsmethode.

Bowker untersuchte in Verbindung mit einem besonderen Ausschuß der American Leather Chemists' Association (10) den Einfluß der Gerbart und der Zurichtungsmethode auf die Zerreißfestigkeit und Dehnbarkeit von Leder. Die dazu verwendeten Riemenlederstücke wurden von F. H. Small von der Fa. Graton and Knight Co, Worcester, Mass., zur Verfügung gestellt.

Acht Häute wurden längs des Rückgrats in Hälften geschnitten und so gegerbt, wie aus Tabelle 162 hervorgeht, so daß Leder der gleichen Haut, die vegetabilisch, kombiniert vegetabilisch und chromgegerbt oder rein chromgegerbt, nicht zugerichtet oder zugerichtet waren, in bezug auf Reißfestigkeit und Dehnbarkeit miteinander verglichen werden konnten. Das Leder wurde in Form von Kernstückhälften geliefert. Jede Hälfte wurde in Stücke von annähernd 3 zu 15 cm geschnitten, aus denen ein auf 1,27 cm verkleinerter Standardstreifen ausgestanzt wurde. Von jeder Ledersorte wurden gleiche Mengen längs der

Tabelle 161. Chemische Zusammensetzung von Riemenledern, die für die Bestimmung der Zerreißfestigkeit und des Dehnungsvermögens verwendet wurden.

	Vegetabilisch gegerbt		Kombiniert gegerbt		Chromgegerbt	
	unzugerichtet	zugerichtet	unzugerichtet	zugerichtet	unzugerichtet	zugerichtet
Auswaschverlust	12,67	10,00	—	—	—	—
Hautsubstanz	43,29	39,11	45,888	39,74	67,68	67,37
Fettgehalt (Petroläther-extrakt)	3,16	12,61	4,27	17,22	1,85	15,30
Wasser	9,42	8,42	9,75	8,05	11,35	11,65
Unlösliche Asche	0,12	0,08	—	—	—	—
Gebundener Gerbstoff	31,34	29,78	—	—	—	—
Durchgerbungszahl	72,4	76,1	—	—	—	—
Lösliche Gerbstoffe	9,53	7,60	—	—	—	—
Lösliche Nichtgerbstoffe	3,14	2,40	—	—	—	—
Glucose	0,0	0,0	—	—	—	—
Bittersalz	0,0	0,0	—	—	—	—
Säure (Procter u. Searle)	0,42	0,40	—	—	—	—
Unverseifbares	24,0	30,0	10,0	13,0	0,0	0,0
Gesamtasche	0,28	0,17	3,49	3,08	7,35	6,86
SO_3 (Gesamtgehalt)	—	—	2,05	2,04	4,79	4,74
SO_3 (gebunden)	—	—	0,47	0,53	0,68	0,63
H_2SO_4	—	—	1,96	1,85	5,03	5,03
Gesamter Chloridgehalt	—	—	0,05	0,06	0,40	0,51
Cr_2O_3	—	—	2,83	1,70	6,38	6,00
$Al_2O_3 + Fe_2O_3$	—	—	0,41	0,46	0,34	0,21

Rückenlinie und quer dazu untersucht. Es wurde die Zerreißfestigkeit in kg/qcm, die prozentuale Dehnung bei einer Belastung von 174,5 kg/qcm und die Dehnung beim Reißen bestimmt. Die chemische Zusammensetzung dieser Leder ist in Tabelle 161 und die Ergebnisse der physikalischen Bestimmungen sind in den Tabellen 162 und 163 angeführt.

Aus den Ergebnissen dieser physikalischen Bestimmungen zog Bowker folgende Schlüsse:

1. Zugerichtete vegetabilisch gegerbte Leder sind viel reißfester als zugerichtete kombiniert gegerbte oder chromgegerbte Leder.
2. Zugerichtete vegetabilisch gegerbte Leder zeigen sowohl bei einer bestimmten Belastung als auch beim Reißen eine geringere Dehnung als zugerichtete kombiniert gegerbte und auch chromgegerbte Leder.
3. Kombiniert gegerbte Leder erhalten durch die Zurichtung den größten prozentualen Anstieg der Reißfestigkeit, Chromleder den geringsten. Der Anstieg beträgt ungefähr beim kombinierten Leder 70%, beim vegetabilisch gegerbten Leder 40% und beim Chromleder 10%.
4. Die vegetabilisch gegerbten Leder und Chromleder haben unzugerichtet ungefähr die gleiche Reißfestigkeit, während die kombiniert gegerbten Leder unzugerichtet ungefähr um 30% weniger reißfest sind.
5. Zugerichtete vegetabilische und chromgegerbte Leder sind in der Längsrichtung reißfester als in der Querrichtung: zugerichtete kombiniert gegerbte Leder weisen in beiden Richtungen ungefähr die gleiche Reißfestigkeit auf.
6. Die unzugerichteten Leder jeder Gerbart haben in beiden Schnittrichtungen ungefähr die gleiche Reißfestigkeit und Dehnbarkeit.
7. Ein bemerkenswerter Einfluß des Zurichtungsprozesses bei allen drei Gerbarten besteht darin, daß die Dehnung in der Längsrichtung bei einer bestimmten

Tabelle 162. Einfluß der Gerbung und Zurichtung auf die Reißfestigkeit und Dehnbarkeit von Riemenledern.

Laufende Nr.	Haut Nr.	Zurichtung und Gerbung	Prozentuale Dehnung bei einer Belastung von 175,8 kg/qcm	Prozentuale Dehnung beim Reißen	Reiß-festig-keit kg/qcm	Schnittrichtung[1]
1	1	Unzugerichtet vegetabilisch gegerbt .	24,3	30,0	207,4	L
2	1	Unzugerichtet chromgegerbt	44,0	53,5	210,6	L
3	2	Unzugerichtet vegetabilisch gegerbt .	21,3	27,7	200,4	Q
4	2	Unzugerichtet chromgegerbt	42,1	51,7	195,5	Q
5	3	Zugerichtet vegetabilisch gegerbt . .	13,2	27,4	369,1	L
6	3	Zugerichtet chromgegerbt	23,1	35,6	238,7	L
7	4	Zugerichtet vegetabilisch gegerbt . .	16,4	29,4	307,6	Q
8	4	Zugerichtet chromgegerbt	47,1	56,4	199,0	Q
9	5	Unzugerichtet vegetabilisch gegerbt .	21,9	31,5	232,7	Q
10	5	Unzugerichtet kombiniert „ .	19,6[2]	27,1	148,4	Q
11	6	Unzugerichtet vegetabilisch gegerbt .	26,0	31,4	201,4	L
12	6	Unzugerichtet kombiniert „ .	32,7	31,9	144,5	L
13	7	Zugerichtet vegetabilisch gegerbt . .	15,0	29,7	340,3	L
14	7	Zugerichtet kombiniert „ . .	20,8	30,9	246,4	L
15	8	Zugerichtet vegetabilisch gegerbt . .	21,6	36,6	294,3	Q
16	8	Zugerichtet kombiniert „ . .	31,1	43,3	242,6	Q

Tabelle 163. Zusammenfassung der Ergebnisse von Tabelle 162.

	Vegetabilisch gegerbt		Kombiniert gegerbt		Chromgegerbt	
	unzugerichtet	zugerichtet	unzugerichtet	zugerichtet	unzugerichtet	zugerichtet
Reißfestigkeit (kg/qcm)						
Längsrichtung	204,3	354,7	144,5	246,5	210,6	238,7
Querrichtung	216,6	300,2	148,4	242,6	195,5	199,0
Prozentuale Dehnung bei einer Belastung von 175 kg/qcm						
Längsrichtung	25,2	14,1	32,7	20,8	44,0	23,1
Querrichtung	21,6	19,0	19,6	31,1	42,1	47,1
Prozentuale Dehnung beim Reißen						
Längsrichtung	30,7	28,6	31,9	30,9	53,5	35,6
Querrichtung	29,6	33,0	27,1	43,3	51,7	56,4

Belastung wesentlich herabgesetzt wird. Bei den quer zur Rückenlinie geschnittenen Probestreifen ist die Dehnung bei zugerichteten Ledern ungefähr die gleiche wie bei nicht zugerichteten.

8. Die äußerste Dehnbarkeit ist für zugerichtete und für unzugerichtete Leder etwa gleich groß, nur bei den zugerichteten kombiniert gegerbten Ledern ist sie in der Querrichtung wesentlich höher und bei den zugerichteten chromgegerbten Ledern in der Längsrichtung wesentlich niedriger.

[1] Schnittrichtung der Versuchsstreifen: L = längs zur Rückenlinie, Q = quer zur Rückenlinie.

[2] Das Ergebnis ist wahrscheinlich zu niedrig, da nur wenige Stücke eine Reißfestigkeit von 175,8 kg/qcm hatten.

Bowker untersuchte weiter den Einfluß der Gerbart auf die Reißfestigkeit und Dehnbarkeit von Schafledern, die von E. W. White von der Fa. A. C. Lawrence Leather Co., Peabody, Mass., geliefert waren. Die chemische Zusammensetzung der Leder ist nicht bekannt. In Tabelle 164 sind die Ergebnisse der Reißfestigkeits- und Dehnungsbestimmungen zusammengefaßt.

Tabelle 164. Einfluß der Gerbart auf die Reißfestigkeit und Dehnbarkeit von Schafledern.

Hautstück[1]	Gerbart[2]	Durchschnittliche Dicke (mm)	Prozentuale Dehnung bei einer Belastung von 70,3 kg/qcm	Prozentuale Dehnung beim Reißen	Reißfestigkeit (kg/qcm)	Schnittrichtung[3]
1	C	0,89	—	47,0	205,0	L
4	C	0,97	—	42,0	241,9	L
5	C	0,86	25,5	43,8	171,6	L
1 A	V	0,94	—	37,2	233,8	L
4 A	V	1,12	—	36,5	290,0	L
5 A	V	0,97	18,2	35,3	210,6	L
2	C	0,99	64,7	90,2	162,1	Q
3	C	0,76	—	90,0	149,1	Q
6	C	0,74	—	80,7	112,0	Q
2 A	V	0,97	61,4	8,58	165,5	Q
3 A	V	0,91	—	76,5	176,8	Q
6 A	V	0,79	—	87,3	123,4	Q
Zusammenfassung						
1 A—4 A—5 A	V	1,02	—	36,3	245,7	L
2 A—3 A—6 A	V	0,89	—	82,9	160,3	Q
1—4—5	C	0,91	—	44,3	203,9	L
2—3—6	C	0,81	—	86,8	140,3	Q

Es ist bemerkenswert, daß Schafleder ungeachtet der Gerbart in der Richtung längs zur Rückenlinie viel reißfester ist als in der Querrichtung, und daß die prozentuale Dehnung in der Querrichtung ungefähr doppelt so groß als in der Längsrichtung ist. Die Methoden der Zurichtung können einen Einfluß auf diese Eigenschaften haben. Die vegetabilisch gegerbten Leder sind reißfester und zeigen eine geringere Dehnung als die chromgegerbten Leder.

Der Einfluß der Gerbart auf die Reißfestigkeit und Dehnung von Kalbleder ist bereits im Abschnitt: Einfluß der Probeentnahme enthalten.

f) Reißfestigkeit und Dehnbarkeit verschiedener zugerichteter Leder.

Im 36. Kapitel wurden die Beschreibungen und Mikrophotographien von 18 typischen Schuhledern des Handels gebracht. Ihre chemische Zusammensetzung wurde im 37. Kapitel angeführt. Von eben diesen

[1] 1 und 1 A, 2 und 2 A usw. sind Hälften der gleichen Haut.
[2] C = Chromleder, V = vegetabilisches Leder.
[3] Schnittrichtung der Versuchsstreifen: L = Längsrichtung, Q = Querrichtung.

Ledern bestimmten Wilson und Daub (11) Reißfestigkeit, Dehnbarkeit und Nahtfestigkeit. Von jeder Ledersorte wurden drei Streifen 15 zu 2,5 cm untersucht. Waren ganze Häute oder Hälften verfügbar, so wurden die Streifen mit der Längsseite parallel zur Rückgratslinie und etwa 15 cm davon entfernt herausgeschnitten. Der Mittelstreifen wurde so herausgeschnitten, daß seine Schmalseiten vom Kopf- und Schwanzende der Haut gleich weit entfernt waren und daß die beiden anderen Streifen mit ihrer einen Schmalseite ungefähr 2,5 cm vom Mittelstreifen entfernt waren. Bei den anderen Ledersorten wurden die Streifen unmittelbar an den Streifen, der zur chemischen Analyse verwendet wurde (vgl. 37. Kapitel) anschließend herausgeschnitten. Die Bestimmungen wurden mit einer Scott-Maschine ausgeführt, die mit einer Registriervorrichtung ausgerüstet war, um die Dehnung als Funktion der Belastung festzustellen. Bei Beginn der Bestimmung hatten die Klemmbacken des Apparats einen Abstand von 10 cm. Die Durchschnittswerte für die Reißfestigkeit, die Dehnung und die Nahtfestigkeit sind in Tabelle 165 und den Abb. 400 und 401 zusammengestellt. Jede Zahl gibt den Durchschnittswert von 3 Streifen wieder. Vor Ausführung der Bestimmungen wurden alle Streifen mit einer Atmosphäre von 50% relativer Feuchtigkeit ins Gleichgewicht gebracht.

Tabelle 165. Reißfestigkeit, Dehnbarkeit und Nahtfestigkeit von 18 typischen Schuhledern.

	Ledersorte	Durchschnittliche Dicke (mm)	Belastung in kg, die zum Reißen d. 2,54 cm breiten Streifens erforderlich ist	Reißfestigkeit (kg/qcm Querschnitt)	Prozentuale Dehnung bei 100 kg Belastung pro qcm Querschnitt	Nahtfestigkeit (kg)
1.	Vegetabilisches Kalbleder	1,19	128	422	9	13
2.	Chromgegerbtes Kalbleder	1,00	83	327	11	10
3.	Satiniertes Kalbkidleder	0,76	79	409	23	8
4.	Känguruhleder	0,52	67	508	17	9
5.	Korduanleder	1,12	32	113	25	7
6.	Sämischgegerbtes Hirschleder	0,92	47	201	16	5
7.	Chromgegerbtes Seitenleder	1,22	66	213	19	10
8.	Schwedenleder	0,63	25	156	21	1
9.	Kalb-Futterleder	0,93	73	310	15	8
10.	Schafsspalt-Futterleder	0,87	44	200	18	6
11.	Haifischleder	0,80	24	118	38	5
12.	Lackseitenleder	1,09	25	90	30	3
13.	Lackkidleder	0,96	53	217	24	7
14.	Kalt-Lackleder	1,43	83	228	24	8
15.	Schweres Chromleder	2,94	136	182	26	27
16.	Nachgegerbtes Chromleder	2,48	218	346	17	28
17.	Vegetabilisches Sohlleder	6,28	305	191	11	38
18.	Chromsohlleder	4,80	122	100	23	21

Jede Zahl gibt den Durchschnittswert von drei Versuchsstreifen wieder, die von den im Text angegebenen Stellen der Lederhaut entnommen waren.

In Abb. 400 ist die Reißfestigkeit als Funktion der Belastung in Kilogramm pro 2,5 cm Breite wiedergegeben. In Abb. 401 ist die Dehnung als Funktion der Belastung in kg/qcm Querschnitt des Versuchs-

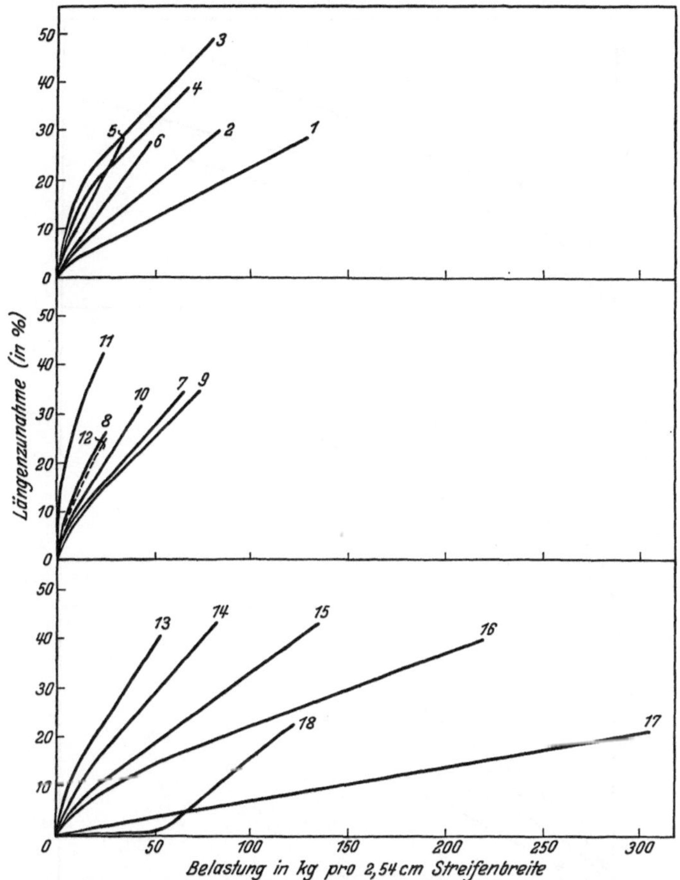

Abb. 400. Dehnung verschiedener Leder als Funktion der Belastung pro Streifenbreite. Der Endpunkt einer jeden Kurve gibt den Punkt des Reißens an und dient als Maß für die Zerreißfestigkeit. Jede Kurve setzt sich aus Durchschnittswerten von drei Messungen zusammen.

streifens angegeben. Die Endpunkte aller Kurven geben den Punkt des Zerreißens an.

Die Reißfestigkeit pro Einheit der Streifenbreite ist beim vegetabilisch gegerbten Sohlleder am größten, was indessen auf seine große Dicke zurückzuführen ist. Denn wenn die Reißfestigkeit auf die Einheit der Querschnittsfläche bezogen wird, nimmt das vegetabilische Sohlleder erst die zwölfte Stelle ein. Von den leichten Oberledern ist das vegetabilische Kalbleder pro Breiteneinheit das reißfesteste und steht an zweiter Stelle, wenn die Querschnittsfläche als Einheit zugrunde gelegt wird. Das Känguruhleder ist pro Einheit der Querschnittsfläche von allen Ledern das reißfesteste, pro Einheit der Streifenbreite steht es aber erst an zehnter Stelle. Am wenigsten reißfest sind, wie zu erwarten,

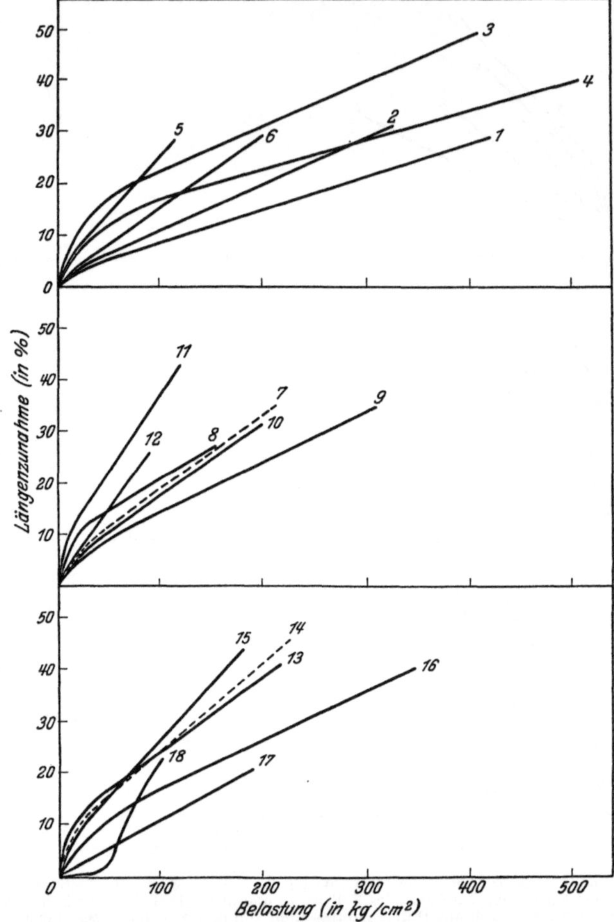

Abb. 401. Dehnung verschiedener Leder als Funktion der Belastung pro Einheit des Querschnitts. Der Endpunkt jeder Kurve gibt die Zerreißfestigkeit an. Jede Kurve setzt sich aus den Durchschnittswerten von drei Messungen zusammen.

die von Natur schweren Leder, die gespalten wurden, um sie für leichte Schuhoberleder genügend dünn zu machen, Lackseitenleder, Korduanleder und Haifischleder. Es ist nicht klar, warum Chromsohlleder gar so wenig reißfest sein sollte. Wo die geringe Festigkeit auf Spalten zurückzuführen ist, zeigt das Leder einen entsprechend geringen Widerstand gegen Dehnen.

Die Angaben schließen auch die Werte für die Nahtfestigkeit ein. Mit einer Stanze wurden Lederscheiben von 3 cm ⌀ ausgestanzt. Mit einer Ahle wurde in die Lederscheibe ein Loch von 3 mm ⌀ gebohrt, so, daß die Außenkante des Lochs vom Rande der Lederscheibe 2 mm Abstand hatte. Das Leder wurde in die oberen Klemmbacken der Zerreißmaschine so eingespannt, daß das Loch nach unten zeigte. Durch dieses Loch wurde eine Strähne von irischem Flachs-Schuhzwirn (Nr. 6) gezogen und am unteren Klemmbacken des Apparats befestigt. Der untere Klemmbacken zog den Zwirn nach unten, bis er durch das Leder gerissen wurde. Die Nahtfestigkeit wurde durch die zum Reißen erforderliche Belastung in Kilogramm gemessen. Die Ergebnisse weisen eine ähnliche allgemeine Reihe auf wie die Reißfestigkeit in der Breiteneinheit, wenn auch verschiedene Unterschiede zwischen beiden Reihen bestehen.

In neuerer Zeit wurden von einem besonderen Ausschuß der American Leather Chemists' Association (10) Bestimmungen der Reißfestigkeit und Dehnbarkeit durchgeführt. Das von Balderston und Bowker untersuchte eichengegerbte Riemenleder wurde im 37. Kapitel beschrieben und seine Analyse in Tabelle 144 wiedergegeben. Die ganze Probe wurde zur Messung der prozentualen Dehnung bei bestimmter Belastung und des Rückgangs in die alte Lage sofort nach Aufhebung der Belastung benutzt. Es wurde die durchschnittliche Dicke und Breite bestimmt und zwei Punkte markiert, die 91 cm voneinander entfernt waren und von den Enden des Streifens gleichen Abstand hatten. Als Belastung wurden 70 kg/qcm (1000 lbs./Sq. In.) gewählt und der Abstand der beiden markierten Punkte gemessen. Dann wurde die Belastung aufgehoben und wiederum der Abstand beider Punkte gemessen. Diese Arbeitsweise wurde unter Verwendung von Belastungen von 105, 140 und 176 kg/qcm (1500, 2000 und 2500 lbs./Sq. In.) wiederholt. Die Versuchsergebnisse sind in Tabelle 166 zusammengestellt.

Tabelle 166. Dehnung und Rückkehr in die alte Lage bei eichengegerbtem Riemenleder.

Angewendete Belastung (kg/qcm)	Prozentuale Dehnung					
	unter Spannung		nach Aufhebung der Spannung		nach 24 Stunden	
	Balderston	Bowker	Balderston	Bowker	Balderston	Bowker
70,31	3,0	4,2	0,2	0,7	—	—
105,47	4,5	5,6	0,7	1,4	—	—
140,62	6,2	7,6	1,4	1,4	—	—
175,78	10,8	9,7	1,8	1,7	0,0[1]	0,8

Acht Versuchsprobestücke wurden mit der Längskante vom Rückgrat weg herausgeschnitten und für die Bestimmung der Reißfestigkeit, der Dehnbarkeit und der Nahtfestigkeit vorbereitet. Sie wurden nach

[1] Nach 48 Stunden.

der Federal Specification Nr. 37 geschnitten, bei einer Belastung von 70 kg/qcm Querschnitt (1000 lbs./Sq. In.) gedehnt, die Belastung aufgehoben, dann bei einer Belastung von 176 kg/qcm Querschnitt gedehnt, dann die Belastung wieder aufgehoben und schließlich wurde bis zum Zerreißen gedehnt. Der längere Teil der beiden Bruchstücke wurde immer zur Bestimmung der Nahtfestigkeit verwendet. Das Probestück Nr. 1 wurde aus dem Schulterteil geschnitten, die anderen Stücke fortlaufend nach dem Kern zu. Die Versuchsergebnisse sind in Tabelle 167 niedergelegt.

Tabelle 167. Reißfestigkeit, Dehnbarkeit und Nahtfestigkeit von eichengegerbtem Riemenleder.

Versuch Nr.	Prozentuale Dehnung				Belastung zum Reißen eines 1 cm breiten Streifens (kg)	Zerreißfestigkeit (kg/qcm)	Nahtfestigkeit (kg)
	bei 70 kg/qcm Belastung	nach Wegnahme der Belastung	bei 176 kg/qcm Belastung	nach Wegnahme der Belastung			
			Balderston				
1	4,5	1,0	9,5	1,5	141,1	370,5	22,7
2	4,5	1,0	9,0	2,0	169,6	414,8	20,0
3	4,5	1,0	8,5	1,5	194,7	438,1	26,2
4	5,0	1,5	9,0	2,0	205,4	449,3	22,7
5	4,5	0,0	9,0	1,5	191,1	408,5	25,3
6	5,0	0,5	11,5	2,5	162,5	319,9	27,6
7	6,0	1,5	11,0	2,0	162,5	345,9	24,0
8	6,0	2,5	12,5	5,0	166,1	353,7	27,1
			Bowker				
1	8	2	10	4	166,1	420,5	22,7
2	5	1	10	2	189,3	443,7	24,9
3	6	1	9	2	214,3	452,9	24,9
4	5	1	8	2	239,3	471,8	28,5
5	5	1	10	2	228,6	441,6	28,5
6	5	1	10	2	189,3	375,5	31,6
7	6	1	11	2	157,2	323,1	28,5
8	4	1	8	1	185,7	396,6	31,6

Die von 8 Streifen erhaltenen Durchschnittswerte von Balderston und von Bowker sind in Tabelle 168 zusammengefaßt.

Der übriggebliebene Teil der Lederproben wurde an fünf voneinander gleich weit entfernten Stellen gebogen, um die Schärfe der Biegung zu bestimmen, die zum Brechen des Narbens notwendig ist. Die Biegung wurde mit der Narbenseite nach außen vorgenommen und der innere Radius der Krümmung in dem Punkte gemessen, in welchem der Narben zu brechen begann. In keinem Falle brach der Narben, wenn er einem Krümmungsradius von 1,3 cm unterworfen war, noch konnte er durch einen Druck der Hand zum Springen gebracht werden.

Auch hier bezeichnet Nr. 1 das aus der Schulter entnommene Probestück. Die Versuchsergebnisse sind in Tabelle 169 zusammengefaßt.

Tabelle 168. Reißfestigkeit, Dehnbarkeit und Nahtfestigkeit von eichengegerbtem Riemenleder.

	Balderston	Bowker
Prozentuale Dehnung		
bei 70 kg/qcm	5,0	5,5
nach Aufhebung der Belastung	1,1	1,1
bei 176 kg/qcm	10,0	9,5
nach Aufhebung der Belastung	2,3	2,1
beim Reißen	—	24,8
Belastung für das Reißen eines 1 cm breiten Streifens	174,1	195,8
Reißfestigkeit (kg/qcm)	363,2	415,7
Nahtfestigkeit (kg)	25,0	28,1

Balderston lieferte noch weitere Angaben über die Reißfestigkeit von lohgarem Riemenleder. Das verwendete Gerbmaterial bestand aus einem Gemisch von gleichen Teilen Eichenrinden-, Kastanienholz- und Quebrachoextrakten. Das Leder war ein übliches Riemenleder, das mit etwa 14% eines Fettgemisches zugerichtet und dann gestreckt worden war. Die Proben wurden von fünf Stellen eines jeden Riemenkernstücks entnommen und mit A, B, C, D und E bezeichnet. Die Stücke A und B wurden in rechten Winkeln zur Rückgratslinie geschnitten; das Stück A quer über das Rückgrat und Stück B halbwegs nach dem Rande der Kopfseite des Kerns. Die Stücke C, D und E wurden parallel dem Rückgrat und dem Außenrand entlang geschnitten; C nahe am Kopfende, E nahe am Schwanzende und D zwischen C und E. Die Tabelle 170 gibt die durchschnittliche Reißfestigkeit für je eine Dickenserie an; jede Zahl gibt den Durchschnittswert von einigen hundert Versuchsproben wieder.

Tabelle 169. Bestimmungen über das Brechen des Narbens von eichengegerbtem Riemenleder.

Versuchsnummer	Krümmungsradius in mm, bei welchem der Narben brach		Dicke des Leders (mm)
	Balderston	Bowker	Bowker
1	3,2	0,8	4,12
2	1,6	1,6	5,03
3	1,6	1,6	4,95
4	2,4	1,6	5,23
5	1,6	1,6	4,75

Tabelle 170.
Durchschnittliche Reißfestigkeit von lohgaren Riemenledern.

Dicke (mm)	Reißfestigkeit (kg/qcm)				
	A	B	C	D	E
1,78	352	401	—	—	—
2,03	339	396	—	—	548
2,29	327	390	—	703	534
2,54	314	385	584	684	519
3,18	283	371	543	636	483
3,81	252	357	503	588	447
4,45	221	344	462	540	411
5,08	—	330	422	492	374
5,72	—	316	—	—	338

Von Blair und Bowker wurde das vegetabilisch gegerbte Seitenleder untersucht, das im 37. Kapitel beschrieben und dessen Zusammensetzung in Tabelle 145 ausgeführt wurde. Diese Messungen über Reißfestigkeit, Dehnbarkeit und Nahtfestigkeit sind in Tabelle 171 wiedergegeben.

Tabelle 171. Reißfestigkeit, Dehnbarkeit und Nahtfestigkeit von vegetabilisch gegerbten Seitenledern.

	Leder I		Leder II	
	Blair	Bowker	Blair	Bowker
Durchschnittliche Dicke	1,66	—	1,46	—
Spezifisches Gewicht	—	0,526	—	0,618
Reißfestigkeit (kg/qcm)	70	94	103	85
Prozentuale Dehnung beim Reißen .	35	30,3	35	27,3
Nahtfestigkeit (kg)	—	5	—	12

Von Orthmann und Bowker wurden verschiedene Chromleder untersucht, die ebenfalls im 37. Kapitel beschrieben wurden und deren Analyse in Tabelle 147 niedergelegt ist. Die mit diesen Ledern ausgeführten Bestimmungen der Reißfestigkeit, Dehnbarkeit und Nahtfestigkeit sind aus Tabelle 172 zu ersehen.

Tabelle 172. Reißfestigkeit, Dehnbarkeit und Nahtfestigkeit verschiedener Chromleder. (O) Orthmann, (B) Bowker.

		Nachgegerbtes Sohlleder	Roßbekleidungsleder	Roßhandschuhleder	Kalboberleder	Seitenoberleder
Spezifisches Gewicht .	(O)	0,745	0,663	0,532	0,693	0,678
	(B)	0,718	0,556	0,568	0,674	0,715
Nahtfestigkeit (kg) .	(O)	36	20	16	15	8
	(B)	39	15	20	12	9
Reißfestigkeit (kg/qcm)	(O)	288	366	371	369	193
	(B)	303	492	548	344	305
Prozentuale Dehnung bei 544 kg Belastung auf 2,5 cm Streifenbreite	(O)	10	34	42	34	51
bei 100 kg/qcm . . .	(B)	10	20	25	15	16
beim Zerreißen . . .	(O)	45	60	75	55	51
Durchschnittliche Dicke (mm)	(O)	4,1	1,4	1,2	1,2	1,0

Das in diesem Kapitel zusammengestellte Material stellt wahrscheinlich den ersten ernsthaften Versuch dar, die Reißfestigkeit und Dehnbarkeit des Leders auf eine wirklich wissenschaftliche Grundlage zu bringen. Es bedarf aber noch großer Arbeit, bis diese Eigenschaften zufriedenstellend behandelt werden können.

Literaturzusammenstellung.

1. Bowker, R. C. u. J. B. Churchill: Effect of oils, greases and degree of tannage on the physical properties of russet harness leather. Bureau Standards Tech. Paper Nr. **160** (1920).
2. Deforge, A.: Relations de la composition du cuir avec sa résistance à la traction et son extensibilité. Halle aux Cuirs **179** (1926).
3. Frey, R. W., I. D. Clarke u. L. R. Leinbach: Some comparative data on vegetable and chrome retanned sole leather. J. Amer. Leather Chem. Assoc. **23**, 430 (1928).
4. McCandlish, D. u. E. G. Handley: The tensile strength and stretch of vegetable-tanned belting leather. Leather Trades Year Book **53** (1925).
5. Powarnin, G. u. L. Stepanowa: Der gleichzeitige Einfluß von Wasser- und Fettgehalt auf die mechanischen Eigenschaften von Chromleder. Westnik der Lederindustrie und Lederherstellung **5**, 297 (1929).
6. Rogers, A.: Some suggested tests on shoe upper leather. J. Amer. Leather Chem. Assoc. **20**, 495 (1925).
7. Veitch, F. P., R. W. Frey u. L. R. Leinbach: The influence of atmospheric humidity on the strength and stretch of leather. J. Amer. Leather Chem. Assoc. **17**, 492 (1922).
8. Whitmore, L. M., R. W. Hart u. A. J. Beck: The effect of grease on the tensile strength of strap and harness leather. J. Amer. Leather Chem. Assoc. **14**, 128 (1919).
9. Wilson, J. A.: Variation in strength and stretch over the area of calf leather. Ind. Eng. Chem. **17**, 829 (1925).
10. Wilson, J. A.: The properties of leather-committee report. 1927—28. J. Amer. Leather Chem. Assoc. **24**, 2 (1929).
11. Wilson, J. A. u. G. Daub: The properties of shoe leather. IV. Strength, stretch and stich-tear. J. Amer. Leather Chem. Assoc. **21**, 294 (1926).
12. Wilson, J. A. u. A. F. Gallun jr.: Strength and stretch calf and kid leathers as functions of oil content. Ind. Eng. Chem. **16**, 1147 (1924).
13. Wilson, J. A. u. E. J. Kern: Effect of splitting on the tensile strength of leather. Ind. Eng. Chem. **18**, 312 (1926).
14. Wilson, J. A. u. E. J. Kern: Variation in tensile strength of calf leathers with relative humidity. J. Amer. Leather Chem. Assoc. **21**, 250 (1926).
15. Woodroffe, D. u. D. B. Gilbert: The effect of filling materials on the strength and stretch of sole leather. J. Int. Soc. Leather Trades Chem. **11**, 68 (1927).

39. Permeabilität und Porosität des Leders.

Es ist allgemein bekannt, daß sich ein Schuh nicht angenehm tragen läßt, wenn er für Wasser und Luft undurchlässig ist. Viele Menschen spüren beim Tragen von Gummischuhen, Lackschuhen oder auch schon beim Tragen von Rubbersohlen ein Mißbehagen. Der Körper entledigt sich seines Wärmeüberschusses durch Verdunstung der Schweißflüssigkeit an der Hautoberfläche. Ist nun der Fuß so eingepackt, daß der Schweiß von der Haut nicht wegdiffundieren oder verdampfen kann, so wird er heiß und verursacht Unbehagen. Die Verdunstung führt in dem beschränkten Luftraum im Schuhinnern zu einer relativen Feuchtigkeit von 100%. Um jedes Unbehagen auszuschalten, muß das Wasser aus der feuchten Atmosphäre im Schuhinneren durch das Leder an die Außenatmosphäre, die eine viel niedrigere relative Feuchtigkeit hat, abziehen können. Gutes Schuhleder ermöglicht dies in sehr wirksamer Weise.

Diese Permeabilität für Wasserdampf ist eine der wichtigsten Eigenschaften des Leders. Wilson hat das Ventilierungsvermögen des Leders zu analysieren versucht und eine Methode zur Messung angegeben.

a) Die Durchlässigkeit des Leders für Wasserdampf.

Um die Fähigkeit des Leders, Wasser aus einer Atmosphäre von hoher relativer Feuchtigkeit in eine Atmosphäre von geringer relativer Feuchtigkeit überführen zu können, zu messen, gab Wilson ein einfaches Meßgerät, das in Abb. 402 abgebildet ist. Es besteht aus einer kleinen weithalsigen Flasche D mit aufschraubbarem metallischen Verschlußdeckel A, der in der Mitte ein kreisförmiges Loch von 1,4 cm ⌀ hat. Aus dem zu untersuchenden Leder wird ein Probestück B von 3,0 cm ⌀ gestanzt und zwischen zwei runde Messingscheiben von 3 cm ⌀ gelegt, die in der Mitte eine Aussparung von genau 1,27 cm ⌀ haben. Infolge dieser Aussparung in den Messingscheiben liegen genau 1,267 qcm Fläche der Lederscheibe frei. Die beiden Metallscheiben werden mit dem dazwischen liegenden Lederstück in den Schraubenverschluß eingelegt. Bevor nun Schraubenverschluß und Flasche zusammengeschraubt werden, wird noch eine dichte Korkscheibe C, die auch wieder in der Mitte eine Aussparung von 1,4 cm ⌀ hat, eingelegt, die nach dem Zusammenschrauben auf den Rand des Flaschenhalses zu liegen kommt und dadurch für einen dichten Abschluß des Flascheninneren gegen die äußere Atmosphäre sorgt.

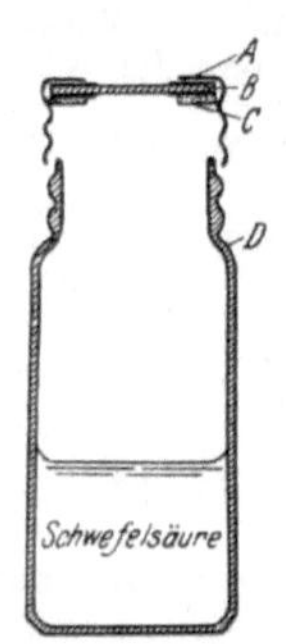

Abb. 402. Vorrichtung zum Messen der Durchlässigkeit des Leders für Wasserdampf aus einer Atmosphäre von hoher relativer Feuchtigkeit in eine von geringer relativer Feuchtigkeit.

Die Flasche wird mit etwas reiner Schwefelsäure beschickt und vor Aufsetzen des Verschlußstücks gewogen. Dann wird der Verschluß mit der Lederprobe aufgeschraubt, und die Flasche in einen besonderen Exsiccator gestellt, der aber an Stelle eines Trockenmittels Wasser enthält. Der Exsiccator wird in einen großen Freas-Thermostaten getaucht, der die Temperatur auf 0,01° konstant hält. Die Schwefelsäure in der Flasche hält die relative Luftfeuchtigkeit praktisch auf 0%; das Wasser im Exsiccator hingegen ist bestrebt, eine Atmosphäre von 100% relativer Feuchtigkeit aufrechtzuhalten. Aus der äußeren feuchten Atmosphäre kann das Wasser allein durch das Leder in die trockene Atmosphäre in der Flasche gelangen. Um zu bestimmen, wieviel Wasser in der Zeiteinheit durch die 1,267 qcm Lederfläche streicht, braucht man die Flasche nur ein zweites Mal zur Wägung zu bringen, natürlich wieder ohne den Schraubenverschluß. Das Verschlußstück wird immer vor der Wägung entfernt, um Schwankungen zu vermeiden, die durch den wechselnden Wassergehalt des Leders und der Korkdichtung hervorgerufen werden könnten. Wilson und Lines (12) benutzten dieses Meßgerät zu einer Untersuchung über die ventilierenden Eigenschaften typischer Leder und über die Wirkungen wichtiger variabler Faktoren.

α) Der Einfluß der Temperatur.

Um den Einfluß der Temperatur zu ermitteln, wurden zwei Reihen solcher Apparate aufgestellt. Bei der einen Versuchsreihe wurden in die Verschlußstücke Scheiben von vegetabilisch gegerbtem Kalbleder eingesetzt, die alle dem Kern derselben Haut entnommen waren. Bei der zweiten Reihe wurden keine Leder eingesetzt, so daß sich die feuchte und die trockene Atmosphäre durch die Aussparungen von 1,267 qcm in den Messingscheiben frei ausgleichen konnten. Bei der Versuchsreihe mit Lederstükken wurde die Narbenseite immer der trockenen, die Fleischseite immer der feuchten Atmosphäre zugewendet, wie es auch praktisch beim Tragen der Schuhe der Fall ist. Die Exsiccatoren wurden in Thermostaten von verschiedenen Temperaturen gestellt und die Flaschen während einer Woche täglich einmal gewogen. Die tägliche Gewichtszunahme war während der ganzen Woche ziemlich gleichmäßig. Die Versuchsergebnisse sind in Tabelle 173 und Abb. 403 wiedergegeben.

Tabelle 173. Wirkung der Temperatur auf den Durchgang von Wasser aus einer Atmosphäre von 100% relativer Feuchtigkeit in eine Atmosphäre von 0% durch eine Fläche von 1,267 qcm, durch den freien Raum und durch Leder.

Temperatur in °C	Milligramm Wasser diffundierten in 24 Stunden durch		Prozentuales Verhältnis
	Leder	freien Raum	
5	71	98	72
20	192	286	67
25	236	360	66
30	328	505	65
35	430	660	65
40	560	863	65
45	765	1214	63
			Durchschnitt 66

Zwei Tatsachen müssen besonders bemerkt werden. Einmal ist die Wassermenge, die durch das Leder gedrungen ist, sehr groß im Verhältnis zu der, die durch den freien Raum gedrungen ist. Dabei zeigte das verwendete Leder in strömendem Regen wasserabstoßende Eigenschaften. Die zweite Tatsache ist die Konstanz des Verhältnisses zwischen der Wassermenge, die durch das Leder ging, und der Wassermenge, die durch den freien Raum ging, bei allen untersuchten Temperaturen. Dieses Verhältnis ist in Tabelle 173 besonders angeführt. Im Temperaturbereich von

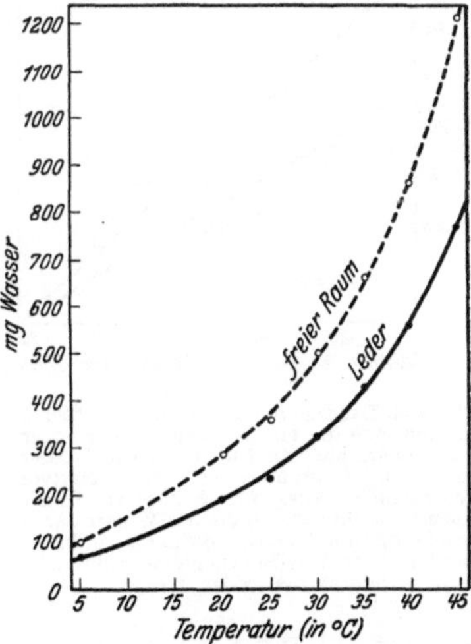

Abb. 403. Einfluß der Temperatur auf den Durchtritt von Wasser aus einer Atmosphäre von 100% relativer Feuchtigkeit in eine Atmosphäre von 0% relativer Feuchtigkeit durch vegetabilisch gegerbtes Kalbleder und durch den freien Raum.

20 bis 40° beträgt die Abweichung vom Durchschnittswert von 66% nur eine Einheit und liegt damit innerhalb der Versuchsfehlergrenzen.

Tabelle 174.
Wirkung der relativen Feuchtigkeit einer Atmosphäre auf den Durchgang des Wassers in diese Atmosphäre aus einer auf 100% relativer Feuchtigkeit gehaltenen Atmosphäre. Die Feuchtigkeit konnte durch eine Fläche von 1,267 qcm² durch Leder bzw. durch den freien Raum diffundieren. Versuchstemperatur 25°.

Prozente relative Feuchtigkeit	Milligramm Wasser, die in 24 Stunden diffundierten durch		Prozentuales Verhältnis
	Leder	freien Raum	
0	236	360	66
20	179	282	63
40	143	217	66
60	91	134	68
80	51	78	65
100	0	0	—
			Durchschnitt 66

β) Der Einfluß der relativen Feuchtigkeit.

Als nächster variabler Faktor wurde die relative Feuchtigkeit der Luft innerhalb der Flasche beobachtet. Um Atmosphären von 0, 20, 40, 60, 80 und 100% relativer Feuchtigkeit zu erzeugen, wurden sechs Schwefelsäurelösungen hergestellt, die im Liter 18,7, 8,8, 6,8, 5,1, 3,3 und 0,0 Mol enthielten. Die einzelnen Lösungen wurden in Flaschen gefüllt, in deren Verschlußstück wieder Lederscheiben aus dem gleichen Lederstück eingespannt wurden, wie für den Versuch über den Einfluß der Temperatur. Auch hier wurde mit einer zweiten Versuchsreihe ohne Lederscheiben gearbeitet. Die Flaschen wurden wieder in einen Freas-Thermostaten gestellt, der bei 25° gehalten wurde. Die Versuchsergebnisse sind in Tabelle 174 und in Abb. 404 wiedergegeben.

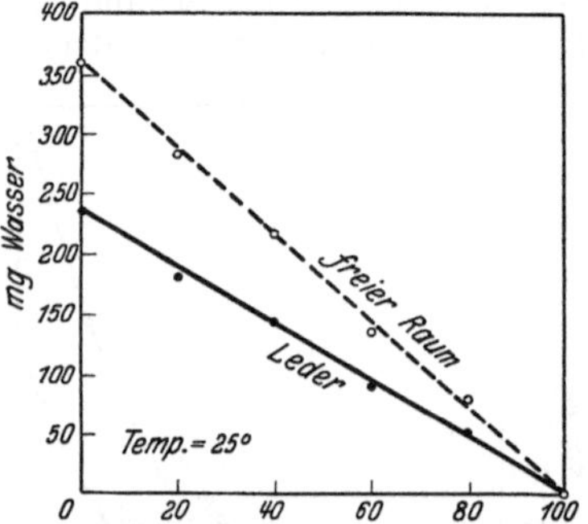

Abb. 404. Das Diagramm veranschaulicht den Einfluß, den die relative Feuchtigkeit einer Atmosphäre auf den Durchtritt von Wasser aus einer Atmosphäre mit 100% relativer Feuchtigkeit in diese Atmosphäre hat. In der einen Versuchsreihe mußte das Wasser durch vegetabilisches Kalbleder diffundieren, in der zweiten Versuchsreihe erfolgte der Durchtritt durch den freien Raum.

Die Menge des durchstreichenden Wasserdampfes scheint in beiden Reihen eine geradlinige Funktion des Unterschiedes der relativen Feuchtigkeiten zwischen den beiden Atmosphären zu sein; das Verhältnis des Wasserdurchgangs durch Leder zum Wasserdurchgang durch den freien Raum scheint für alle relativen Feuchtigkeiten gleichmäßig 66% zu betragen. Da nun dieses Verhältnis von der Temperatur und auch von dem Unterschied in der relativen Feuchtigkeit unabhängig zu sein scheint, kann es als charakteristische Konstante für jedes beliebige Leder benutzt werden. Wilson hat diese Konstante benutzt, um den Grad der Durchlässigkeit des Leders für Wasserdampf anzugeben.

b) Relative Porosität.

Um zu zeigen, ob zwischen der Durchlässigkeit für Wasserdampf und der Luftdurchlässigkeit des Leders irgendeine Beziehung besteht, wurden mit der in Abb. 405 dargestellten Apparatur Porositätsmessungen ausgeführt. Die Lederscheiben, die zu den Versuchen über die Durchlässigkeit von Wasserdampf benutzt worden waren, wurden in die Messingflansche *B* eingeführt, und die Flansche dann auf *D* so festgeschraubt, daß die Luft nur durch das Lederstück dringen konnte. Dann wurde die Vakuumpumpe in Tätigkeit gesetzt, um ein gleichbleibendes Vakuum von 63,5 cm zu erzielen. Die Menge der durch das Leder gedrungenen Luft wurde durch das Wasservolumen gemessen, das aus der Flasche *F* in die Flasche *E* überging. Da die Flasche *E* kalibriert ist, kann das Wasservolumen unmittelbar abgelesen werden. Die Werte wurden als „relative Porosität“ bezeichnet. Darunter ist die Anzahl Kubikzentimeter Luft zu verstehen, die bei einem Vakuum von 63,5 cm in der Minute durch 1 qcm Lederfläche dringen.

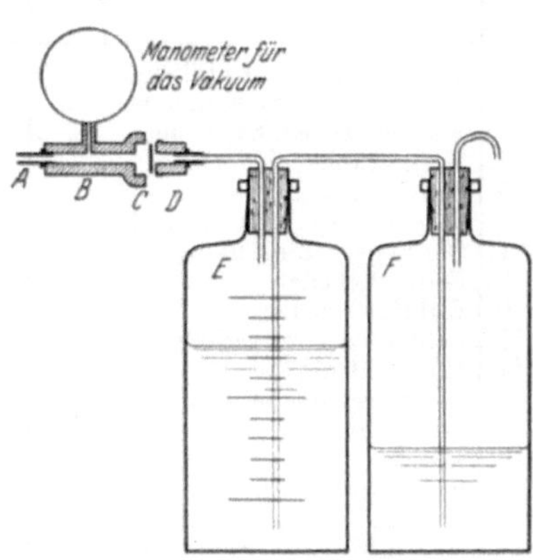

Abb. 405. Apparatur zur Messung der Porosität des Leders.

A = Anschluß an die Wasserstrahlpumpe.
B = Messinggehäuse für die Lederprobe. Die Bohrung hat 1,27 cm Durchmesser, das zur Aufnahme der Lederprobe bestimmte Stück 3 cm Durchmesser.
C = Lederscheibe von 3 cm Durchmesser.
D = Messingschraubenverschluß mit 1,27 cm lichter Weite.
E = Flasche mit Maßeinteilung. Die während des Versuchs einlaufende Wassermenge dient als Maß für den Durchgang von Luft durch die Lederprobe.

c) Vergleich verschiedener Lederarten.

Wilson und Guettler (13) führten mit 18 typischen Schuhledern Messungen der Permeabilität für Wasserdampf und der relativen Porosität aus. Es handelt sich wieder um die gleichen Leder, die im 36. Kapitel unter Beifügung von Mikrophotographien besprochen wurden und deren chemische Zusammensetzung im 37. Kapitel und deren Werte für die Zerreißfestigkeit und Dehnbarkeit im 38. Kapitel angegeben sind. Alle diese Versuche wurden an den gleichen Häuten ausgeführt. In Tabelle 175 sind die Werte für die Wasserdampfdurchlässigkeit und die relative Porosität zusammengestellt. Die sehr hohen Werte für das sämischgegerbte Hirschleder und das Schwedenleder mögen auf ihre losen offenen Strukturen und die Abwesenheit von Appreturmitteln, die sonst gewöhnlich zur Lederzurichtung verwendet werden, zurückzuführen sein. Die Wirkung des Fettens ist aus dem Vergleich des Chromleders Nr. 7 mit dem schweren Chromleder Nr. 15 oder des vegetabilischen Sohlleders mit dem Chromsohlleder ersichtlich. Außerordentlich auffällig ist auch die Wirkung von Kollodium- und Lacküberzügen bei den Lackledern.

Tabelle 175.
Wasserdampfdurchlässigkeit und Porosität verschiedener Schuhleder.

Lfde. Nr.	Ledersorte	Durchschnittliche Dicke (mm)	Scheinbares spezifisches Gewicht	Durchlässigkeit für Wasserdampf	Relative Porosität
1.	Vegetabilisches Kalbleder . . .	1,08	0,743	70	197
2.	Chromgegerbtes Kalbleder . . .	1,00	0,688	70	67
3.	Satiniertes Kalbkidleder	0,73	0,724	70	249
4.	Känguruhleder	0,53	0,846	65	185
5.	Korduanleder	1,15	0,984	54	41
6.	Sämischgegerbtes Hirschleder .	0,88	0,559	95	1183
7.	Chromgegerbtes Seitenleder . .	1,22	0,711	74	369
8.	Schwedenleder	0,60	0,525	97	1820
9.	Kalbfutterleder	0,88	0,704	79	246
10.	Schafsspalt-Futterleder	0,88	0,607	78	251
11.	Haifischleder	0,89	0,881	89	1416
12.	Lack-Seitenleder	1,01	0,553	6	0
13.	Lack-Kidleder	0,99	0,552	9	0
14.	Lackleder	1,37	0,534	5	0
15.	Schweres Chromleder	2,59	0,774	38	45
16.	Nachgegerbtes Chromleder . . .	2,31	0,827	49	179
17.	Vegetabilisches Sohlleder . . .	6,28	0,887	34	43
18.	Chromsohlleder	4,80	1,106	4	0

Tabelle 176. Die Durchlässigkeit verschiedener Leder für Wasserdampf und ihre relative Porosität.
(Die Durchlässigkeit wurde bei 25° gemessen; die Fleischseite der Leder war immer der feuchten Atmosphäre zugekehrt.)

Lederarbeit	Durchlässigkeit für Wasserdampf %	Relative Porosität	Lederdicke (in mm)
Vegetabilisches Kalbleder	82	635	1,23
,, ,, ...	72	383	1,40
,, ,, ...	71	594	1,87
,, ,, ...	67	80	1,17
Chromgegerbtes Kalbleder	76	789	1,23
,, ,, ...	76	592	1,10
,, ,, ...	71	223	0,96
,, ,, ...	68	277	1,15
Lackleder (Chromg. Rind)	6	0	1,16
,, (Chromg. Fohlen)	6	0	1,31
Sohlleder (Vegetab.).	34	43	5,19
,, (Chromg.)	4	0	4,79
Satiniertes Chromkidleder	52	5	0,96
,, ,, ...	70	375	0.91
Fohlenleder (Vegetab.)	74	427	1,87
Schafleder (Vegetab.)	75	194	1,76
Rehleder (Vegetab.)	75	231	1,53
Schweinsleder (Vegetab.)	76	1750	1.85
,, (Chromg.)	61	121	1,64
Geschirrleder (Vegetab. Kuhl.)	5	0	5,23
Militär-Oberleder (Nachgegerbtes chromgares Kuhleder)	52	143	2,48
Jagdstiefel (Chromg. Rindl.)	36	22	3,04
Zum Vergleich:			
Weißes Segeltuch	94	3380	0,61
Kautschuk	0	0	1,00

Wilson und Lines (12) hatten bei der ursprünglichen Untersuchung der Wasserdampfdurchlässigkeit und der relativen Porosität 22 verschiedene Lederproben und noch Muster von Gummi und weißem Segeltuch herangezogen. Die Versuchsergebnisse sind in Tabelle 176 aufgezeichnet. Auch hier wurde festgestellt, daß diejenigen Leder am wenigsten durchlässig für Wasserdampf und am wenigsten porös waren, die große Mengen Appreturmittel wie Fette, Wachse usw. enthielten. Auffällig zeigt sich das in den außerordentlich niedrigen Werten für Lackleder und die stark appretierten Leder und für die stark gefetteten Geschirrleder. Das vegetabilisch gegerbte Sohlleder enthielt 3% Fett, das Chromsohlleder hingegen 27%. Dementsprechend war auch der Unterschied in der Durchlässigkeit. Man kann den Schluß ziehen, daß bei sonst gleichbleibenden Eigenschaften die größere Durchlässigkeit des Leders für Wasserdampf die Annehmlichkeit des Schuhs beim Tragen erhöht.

Tabelle 177. Wirkung des Fettgehalts von Leder auf die Durchlässigkeit von Wasserdampf und auf die Porosität.

100 g trockenes Leder enthielten folgende Fettmenge (g)	Durchlässigkeit gegen Wasserdampf %	Relative Porosität	Dicke des Leders (mm)
0,00	77	283	1,20
1,81	72	209	1,22
3,52	71	192	1,41
4,93	73	211	1,25
6,94	76	204	1,31
10,51	70	153	1,32
13,06	70	148	1,28
18,21	58	58	1,35
26,24	50	25	1,20
28,01	17	0	1,39
40,06	8	0	1,22

d) Der Einfluß des Fettgehalts.

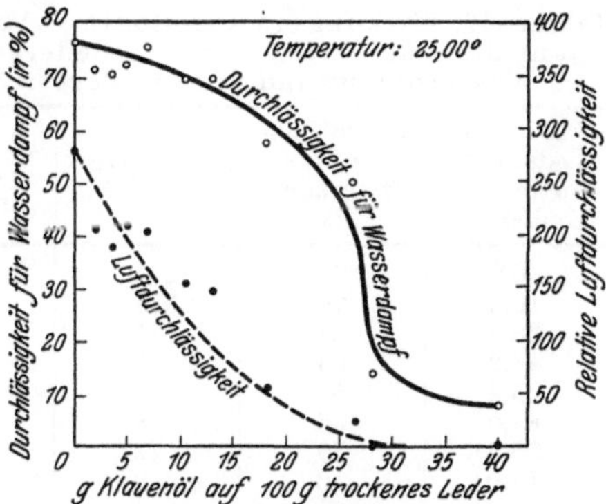

Abb. 406. Einfluß des Fettgehalts des Leders auf die Wasserdampfdurchlässigkeit und die Luftdurchlässigkeit.

Da die größten Unterschiede anscheinend auf dem Fettgehalt oder der Art und Menge der verwendeten Appretur beruhen, wurde die Wirkung von Fett und Appretur besonders untersucht. Eine Anzahl Scheiben aus vegetabilisch gegerbtem Kalbleder wurden mit Chloroform vollständig entfettet und darauf in Chloroformlösungen, die Klauenöl in verschiedener Konzentration enthielten, eingelegt. Nachdem die Scheiben aus den Chloroformlösungen herausgenommen und chloroformfrei waren, wurden sie für die Versuche verwendet und hinterher der Fettgehalt bestimmt. Die Ergebnisse sind aus der Tabelle 177 und der Abb. 406 ersichtlich. Mit zunehmendem Fettgehalt werden die Werte für die Wasserdampfdurchlässigkeit und die Porosität geringer.

e) Die Wirkung der Appreturen.

Lederscheiben aus nicht zugerichtetem vegetabilischen Kalbleder erhielten nach und nach Überzüge von Appreturmitteln. Nach jedem einzelnen Überzug wurden die Scheiben getrocknet und mit einem Wollappen poliert. Die Menge des für jeden Auftrag verwendeten trocknen Appretiermittels wurde ermittelt, indem jedesmal die Gewichtsabnahme des Gefäßes bestimmt wurde, das das Appreturmittel enthielt. Für die eine Versuchsreihe wurde eine wässerige Caseinlösung, für die andere eine ätherisch-alkoholische Lösung von Kollodium verwendet. Die Ergebnisse sind in den Tabellen 178 und 179 und in den Abb. 407 und 408 zusammengestellt.

Tabelle 178. Wirkung einer Casein-Appretur auf die Durchlässigkeit des Leders für Wasserdampf und auf die Porosität.

100 qcm Leder enthielten mg Casein	Durchlässigkeit für Wasserdampf %	Relative Porosität	Dicke des Leders in mm
0,0	77	344	1,01
5,6	72	348	1,13
14,0	72	70	1,11
28,0	69	45	1,22
35,0	72	37	1,13
70,0	64	15	1,15
85,4	57	18	1,13
106,4	59	79	1,11
130,2	52	22	1,22
148,4	60	52	1,13
168,0	56	39	1,15

Tabelle 179. Wirkung einer Kollodium-Appretur auf die Durchlässigkeit des Leders für Wasserdampf und auf die Porosität.

100 qcm Leder enthielten mg Kollodium	Durchlässigkeit für Wasserdampf %	Relative Porosität	Dicke des Leders in mm
0,0	77	344	1,01
19,6	76	338	1,15
36,4	67	215	1,18
46,2	63	52	1,20
65,8	57	41	1,27
84,0	45	28	1,18
96,6	39	12	1,15
112,0	16	0	1,18
147,0	21	0	1,27
168,0	17	0	1,18

Aus allen Versuchen geht hervor, daß eine Beziehung zwischen der Durchlässigkeit für Wasserdampf und der Porosität nur indirekt bestehen kann. So haben in der Caseinreihe die Scheiben *2* und *5* die gleiche Permeabilität, während sie in der Porosität ganz außerordentlich differieren.

Varo hat im Wilsonschen Laboratorium eine sehr ausführliche Untersuchung über den Einfluß der verschiedenen Appreturen und Appreturmethoden auf die Durchlässigkeit des Leders für Wasserdampf und auf ihre relative Porosität angestellt. Er untersuchte zuerst die Wirkung des Glanzstoßens von farbigen chromgegerbten Kalbledern, die nicht mit Appreturmitteln behandelt waren. Der ursprüngliche Durchlässigkeitswert war 88. Durch die erste Glanzstoßbehandlung wurde dieser Wert auf 80, durch die zweite auf 78 und durch die dritte auf 76 herabgesetzt. Durch nachfolgendes Krispeln oder Pantoffeln wurde der Wert nicht geändert. Die relative Porosität war anfänglich 600. Durch die erste Glanzstoßbehandlung wurde dieser Wert auf 300, durch die zweite auf 180 und durch die dritte auf 170 herabgesetzt. Durch nachfolgende Krispeln stieg der Wert wieder auf 250 an. Bei weiteren Versuchen wurde analog verfahren, nur wurde vor dem Glanzstoßen jedesmal eine Appretur aufgetragen. Die Versuche wurden mit einer großen Zahl Appreturmitteln durchgeführt.

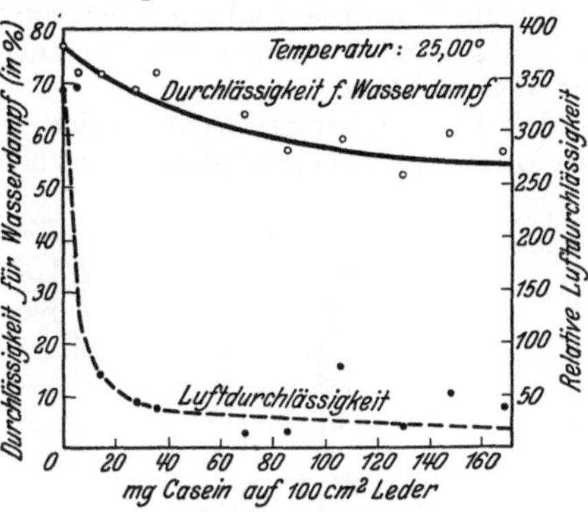

Abb. 407. Einfluß einer Caseinappretur auf die Durchlässigkeit von vegetabilisch gegerbtem Kalbleder für Wasserdampf und Luft.

Schellackappreturen setzten die Durchlässigkeit des Leders für Wasserdampf und die Porosität stärker herab als Proteinappreturen. Mit Druck behandelte Gelatine, Gummi arabicum, lösliche Stärke und Leinsamenextrakte erhöhten die Durchlässigkeit und die Porosität gegenüber nicht zugerichteten glanzgestoßenen Ledern. Wachse, sulfonierte Öle, Pigmente, Farbstoffe und alle Firnisse setzten die Durchlässigkeit und die Porosität herab. Die starke Verminderung der Durchlässigkeit für Wasserdampf und der Porosität bei den Lackledern ist in erster Linie auf die großen Mengen an Lacken und Firnissen zurückzuführen, die bei der Lackledererherstellung angewendet werden; nimmt man diese Appreturmittel nur in ähnlichen Mengen, wie bei den gewöhnlichen Ledern die Mengen an Schellack, Casein oder anderen Appreturmitteln, so ist die Herabsetzung von gleicher Größenordnung. Das Krispeln und Pantoffeln der Leder nach dem Appretieren und dem Glanzstoßen erhöht die Durchlässigkeit und die Porosität, wahrscheinlich, weil durch diese Operation der hart gewordene Film des Appretiermittels winzige Sprünge erhält.

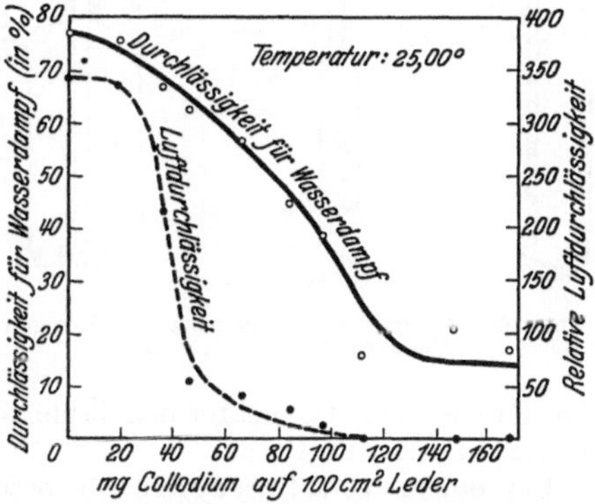

Abb. 408. Einfluß einer Kollodiumappretur auf die Durchlässigkeit von vegetabilisch gegerbtem Kalbleder für Wasserdampf und Luft.

f) Andere Methoden zur Bestimmung der Wasser- und Luftdurchlässigkeit von Leder.

Während oben die Methode zur Messung der Durchlässigkeit des Leders für Wasserdampf besprochen wurde, sollen nunmehr die Methoden kurz abgehandelt werden, die sich mit der Durchlässigkeit des Leders für Wasser befassen.

In dem Freiberger Apparat der Deutschen Versuchsanstalt für Lederindustrie wird die zu untersuchende Lederprobe in Messingflanschen eingespannt und einseitig darauf eine Wassersäule von mäßiger Höhe (bis zu 50 cm) einwirken lassen, aus deren Absinken die Wasseraufnahme des Leders verfolgt werden kann. Gleichzeitig wird die Zeit bis zum ersten Durchtreten von Feuchtigkeit ermittelt.

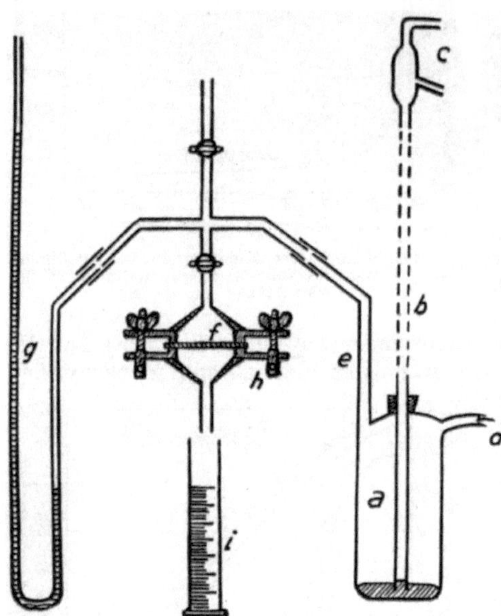

Abb. 409. Apparat zur Bestimmung der Wasserdurchlässigkeit von Haut und Leder.

Jablonski (5) beschrieb einen Apparat zur Bestimmung der Wasserdurchlässigkeit von Leder, bei welchem die vollzogene Durchfeuchtung der Lederprobe durch den Schluß eines elektrischen Stromes und ein Klingelsignal angezeigt wird. Ein ähnlicher Apparat wurde auch zur Bestimmung der Gasdurchlässigkeit angegeben. Gerssen (4) hat später den Jablonskischen Wasserdurchlässigkeitsapparat weiter ausgebaut.

Bei einem von Powarnin (7) beschriebenen Verfahren wird die Lederprobe zunächst zur Benetzung 4 Tage einseitig mit Wasser befeuchtet, nachher läßt man auf sie von unten her den Druck einer Wassersäule von genau 1 m Höhe wirken. Die Wassersäule ist so angeordnet, daß sich ihr oberer Meniskus während des Versuchs nur waagerecht verschiebt. Die Verschiebung der Wassersäule während einer Stunde dient als Maß für die Durchlässigkeit der Lederprobe.

Eine rein praktische Methode zur Prüfung der Wasserdurchlässigkeit von Leder stammt von Orthmann (6). Orthmann schlägt vor, aus dem Kernstück des Sohlleders ein Stück herauszuschneiden und daraus Sandalen herzustellen, ohne daß dabei das Leder vollkommen mit dem Pfriemen durchstochen wird. Ein Arbeiter läuft mit diesen

Sandalen auf einem zementierten Fußboden, auf dem etwas Wasser steht; er macht 120 Schritte in der Minute und stellt fest, wieviel Minuten das Wasser braucht, um durch das Leder bis auf den Fuß zu dringen. Für das nachgegerbte Sohlleder (14), dessen chemische Zusammensetzung im 37. Kapitel in Tabelle 147 angegeben ist, betrug dieser Wert 30 Minuten. Die Sandalen waren 4,1 mm dick.

Bergmann hat gemeinsam mit Ludewig, Stather und Gierth (1) zwei Apparate beschrieben, die zur Messung der Wasserdurchlässigkeit und der Gasdurchlässigkeit von Haut und Leder dienen und beide unter konstantem Druck arbeiten. Bei dem in Abb. 409 wiedergegebenen Apparat zur Bestimmung der Wasserdurchlässigkeit wird die zu untersuchende Lederprobe in die aus zwei trichterförmigen Hälften bestehende Prüfungskammer *f* eingespannt und Wasser aus der Wasserleitung unter einem konstanten, durch einen besonderen Druckregulator *a* regulierten Druck darauf einwirken lassen. Auf diese Weise kann Benetzungszeit und Durchlässigkeit der Untersuchungsprobe unter jedem gewünschten Überdruck ermittelt und die durchströmte Flüssigkeit eventuell analysiert werden. Der Apparat zur Bestimmung der Luftdurchlässigkeit besteht, wie aus Abb. 410 ersichtlich, aus einem Wasserstandsrohr *a* mit veränderlichem Zu- und Überlauf, dem Gasvorratsgefäß *d*, dem Manometer *e*, einer oder mehreren Prüfungskammern *f* und dem Meßgefäß *g*.

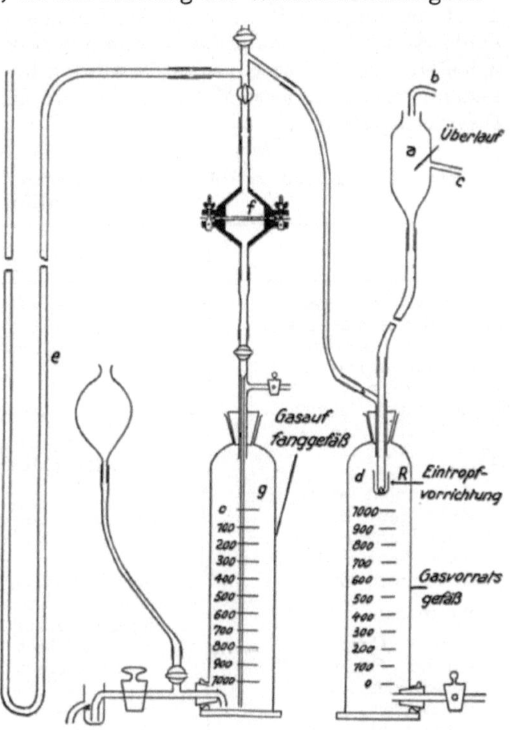

Abb. 410. Apparat zur Bestimmung der Luftdurchlässigkeit von Haut und Leder.

Nach den Untersuchungen von Bergmann, Ludewig, Stather und Gierth (1) ist die Luftdurchlässigkeit von lohgarem, nicht zugerichtetem Leder gleichgültig, ob die Durchströmung von der Narbenseite oder der Fleischseite aus erfolgt, annähernd gleich groß. Die Wasserdurchlässigkeit dagegen ist bei Durchströmung von der Fleischseite aus sowohl bei grüner Haut, geäscherter oder gebeizter Blöße oder lohgarem unzugerichtetem Leder fast immer um ein Vielfaches höher als bei Durchströmung von der Narbenseite aus. Wurde das Leder gespalten, so war der Narbenspalt immer durchlässiger als der Fleischspalt.

Bergmann und Ludewig (2) stellten in einer weiteren Arbeit fest, daß die Gasdurchlässigkeit des Leders unter Druck mit zunehmendem Feuchtigkeitsgehalt des Leders abnimmt. Die von einer bestimmten Lederprobe pro Minute durch eine bestimmte Fläche durchgelassene Gasmenge (in Kubikzentimeter unter Normalbedingungen), dividiert durch den angewandten Druck (in Millimeter Hg) ist konstant und ihr Zahlenwert stellt eine für das betreffende Ledermuster charakteristische Konstante dar. Diese Konstanten wurden für eine Reihe verschiedener Lederarten und anderer Materialien ermittelt. Sie sind in Tabelle 180 zusammengestellt.

Tabelle 180. Luftdurchlässigkeit verschiedener Lederarten und anderer Materialien.

Material	Bemerkung	Dicke in mm	Konstante
Schafleder, chromgar	—	0,9—1	23—35
Schafleder, sumachgar	—	0,5—0,6	23—32
Ziegenleder, glacégar	—	0,4	184
Ziege, chromgar	—	0,5—0,55	6,0—8,0
Kalb, chromgar	—	0,7—0,8	5,8—8,3
Vachecroupon, lohgar	nachgegerbt, aber nicht gefettet und nicht zugerichtet	4,9	3,5
Dieselbe Haut		5,0	6,0
Dieselbe Haut		5,1	5,4
Dieselbe Haut		5,3	4,5
Vachecroupon, lohgar, links	nicht nachgegerbt, aber zugerichtet	4,7	3,3
Dieselbe Haut, links		3,5	1,82
Dieselbe Haut, rechts		4,7	3,37
Dieselbe Haut, rechts		3,8	3,12
Vachecroupon, lohgar	nachgegerbt und zugerichtet	3,9	2,4
Vachecroupon	2-jährige Grubengerbung nachgegerbt u. zugerichtet	3,4	1,8
Eisenleder „Celloferrin“	zugerichtet	4,8	6,7
Eisenleder „Celloferrin“	zugerichtet	5,1	5,9
Schaflackleder	—	0,95	0
Rindlackleder	—	0,95	0
Rubbergummi für Sohlen	—	1,4	0
Cellophan	—	0,025	0
Kunstleder (Wachstuch)	—	1,1	0
		0,35	0

Whitwore und Downing (11) benutzen zur Ermittlung des Wasseraufnahmevermögens eine Methode, bei der Lederstücke in Wasser geweicht werden, und die Gewichtszunahme nach 2 und nach 24 Stunden gemessen wird. Leder, das 24 Stunden in Wasser geweicht war, wurde als gesättigt angenommen, solange nicht „Waterproof-Leder“ vorlag. Das Verhältnis der in 2 Stunden absorbierten Wassermenge zu der in 24 Stunden absorbierten wurde als die prozentuale Sättigung in 2 Stunden bezeichnet. Für die untersuchten vegetabilisch gegerbten Unterleder schwankte dieses Verhältnis zwischen 55 und 100%.

g) Richtungweisende Einflüsse.

Bei ihren Versuchen mit gewöhnlichen chromgegerbten oder vegetabilischen Kalbledern stellten Wilson und Lines (12) fest, daß die Durchlässigkeit für Wasserdampf praktisch gleich ist, ob das Leder mit der Narben- oder mit der Fleischseite der feuchten Atmosphäre ausgesetzt war. Bei Lackledern wurde indessen ein großer Unterschied aufgefunden. Als die Fleischseite der feuchten Atmosphäre zugekehrt war, wurde bei dem einen Versuch der Durchlässigkeitsfaktor 6 gefunden, war aber die Narbenseite der feuchten Atmosphäre zugekehrt, so war der Durchlässigkeitsfaktor 20. Mit anderen Worten, der Wasserdampf diffundierte in der einen Richtung mehr als dreimal so schnell als in der anderen. Dieser Befund ist wert, näher untersucht zu werden.

Beim praktischen Tragen der Schuhe spielen zwei Arten Wasserdurchlässigkeit eine Rolle; bei der ersten Art handelt es sich um den Durchtritt von dampfförmigem Wasser aus einer feuchten in eine trockenere Atmosphäre, bei der zweiten Art dringt das Wasser wirklich in der flüssigen Phase durch das Leder. Solange die relative Feuchtigkeit der äußeren Atmosphäre geringer als 100% ist, wird natürlich fortgesetzt Wasser vom Fuß durch das Leder des Schuhs an die Außenatmosphäre treten. Da der Luftraum im Schuh durch den Fuß mit Wasserdampf gesättigt wird, ist zu erwarten, daß der Wasserdampf in umgekehrter Richtung strömt. Kommt nun aber der Schuh in direkte Berührung mit Wasser, so wird eine Diffusion des Wassers in das Leder einsetzen, sobald die Lederoberfläche feucht geworden ist. Es besteht die Möglichkeit, das Leder von vornherein so zuzurichten, daß es auf der Narbenseite nur sehr schwer Feuchtigkeit annimmt, ohne daß dabei die Durchlässigkeit des Leders für Wasserdampf stark herabgesetzt würde. Auf diese Weise läßt sich das Leder für die eine Art von Wasserdurchlässigkeit praktisch undurchlässig machen. Die Feuchtigkeit vom Fuß kann noch leicht durch das Leder hindurch an die Außenatmosphäre treten, während das Wasser von außen nicht nach innen dringen kann, weil die Oberfläche des Leders das Wasser nur schwer annimmt. Der Mechanismus, nach dem Wasserdampf und Wasser durch das Leder dringen, ist wahrscheinlich sehr verschiedener Natur.

van der Waerden (10) hat sich in einer neueren Arbeit mit der Wasserdurchlässigkeit von Sohlleder befaßt und kommt zu dem Schluß, daß für normal gegerbtes Sohlleder von guter Qualität keine Normen für die Wasserdurchlässigkeit anzugeben sind, da diese offenbar in keiner Beziehung zueinander stehen. Weder das Füllen des Sohlleders mit Extrakt oder die Behandlung mit Mineralsalzen, noch die Qualität hat nach seiner Meinung einen Einfluß auf die Wasserdurchlässigkeit.

Literaturzusammenstellung.

1. Bergmann, M. (gemeinsam mit St. Ludewig, F. Stather u. M. Gierth): Über die Durchlässigkeit von Haut und Leder. Collegium **1927**, 571.
2. Bergmann, M. u. F. Mecke: Über die Einwirkung von Kochsalz auf Haut. Collegium **1928**, 599.

3. Bergmann, M. u. St. Ludewig: Über die Durchlässigkeit von Haut und Leder. II. Die Durchlässigkeit für Gase. Collegium **1928**, 343.
4. Gerssen, J. N.: Die elektrische Bestimmung von Wasserdurchlässigkeit von Sohlleder. Collegium **1928**, 337.
5. Jablonski, L.: Mechanische Lederuntersuchungen. Collegium **1925**, 616.
6. Orthmann, A. C.: Properties of leather. J. Amer. Leather Chem. Assoc. **23**, 184 (1928).
7. Powarnin, G.: Die mechanische Lederprüfung. Collegium **1925**, 169.
8. Reisnek, A.: Porositätsmessungen von Leder. Westnik, Bote des Allruss. Ledersyndikats Nr 6—8 (1923).
9. Reisnek, A.: Volumetrische Methode zur Bestimmung der Fähigkeit des Leders, Wasser aufzunehmen. Westnik, Bote des Allruss. Ledersyndikats Nr 9 (1923).
10. van der Waerden, H.: Die Wasserdurchlässigkeit von Sohlleder. Collegium **1928**, 453.
11. Whitmore, L. M. u. G. V. Downing: Water absorption and penetration tests for sole leather. J. Amer. Leather Chem. Assoc. **23**, 603 (1928).
12. Wilson, J. A. u. G. O. Lines: Ind. Eng. Chem. **17**, 570 (1925).
13. Wilson, J. A. u. R. O. Guettler: The properties of shoe leather. III. Ventilating properties. J. Amer. Leather Chem. Assoc. **21**, 241 (1926).
14. Wilson, J. A.: The properties of leather — committee report 1927—28. J. Amer. Chem. Assoc. **24**, 2 (1929).

40. Die dimensionellen Änderungen des Leders mit der relativen Luftfeuchtigkeit.

Als Wilson und Gallun (3) nach dem Grund suchten, warum Schuhe aus vegetabilisch gegerbtem Kalboberleder im Tragen bequemer sind als solche aus chromgegerbtem Kalboberleder, konnten sie feststellen, daß dies seinen Grund in dem Unterschied der Flächenänderung mit der relativen Feuchtigkeit der Luft hat. Es zeigte sich, daß die Messung dieser Eigenschaft für alle Lederarten, die zur Schuhfabrikation dienen, von großer Wichtigkeit ist. Leder absorbiert leicht Wasser aus dem Wasserdampfgehalt der Luft und gibt an trockene Luft leicht Wasser ab. Bei diesen Änderungen des Feuchtigkeitsgehalts ändert sich das Volumen des Leders entsprechend. Das von Wilson und Gallun untersuchte vegetabilischeKalbleder absorbierte, wenn es aus einer trockenen Atmosphäre in eine Atmosphäre mit 100% relativer Feuchtigkeit gebracht wurde, 35% seines Trockengewichts Wasser und vergrößerte seine Flächenausdehnung um 6,2%. Das Chromkalbleder hingegen absorbierte 53% seines Gewichts Wasser und vergrößerte seine Fläche um 18,2%. Wurden die Leder wieder in eine trockene Atmosphäre zurückgebracht, so gaben sie das absorbierte Wasser wieder ab und gingen auf ihre ursprüngliche Fläche zurück.

a) Der Einfluß der Gerbart.

Für die Versuche wurden verschiedene Proben jeder Lederart verwendet. Bei einem Versuch wurde eine frische Kalbshaut längs der Rückgratslinie in zwei Hälften geschnitten, die eine Hälfte mit Chrom und die andere vegetabilisch gegerbt. In allen Versuchen wurden indessen im wesentlichen die gleichen Unterschiede zwischen Chromleder und vegetabilischem Leder festgestellt. Es genügt hier, wenn lediglich die Vergleichswerte für zwei Proben der hochwertigsten Kalboberleder, eine vegetabilische und eine chromgegerbte, angeführt werden. Die Leder waren fertig zugerichtet und für die Verwendung als Schuhoberleder bestimmt. Ihre Zusammensetzung ist in Tabelle 181 wiedergegeben.

Tabelle 181.
Analyse von Chrom- und vegetabilisch gegerbtem Kalbleder.

	Prozente des trockenen Leders	
	Chromkalbleder	Vegetab. Kalbleder
Hautsubstanz (N·5,62)	75,0	48,6
Fettgehalt (Chloroformextrakt)	6,1	10,7
H_2SO_4	5,0	0,5
Na_2SO_4	0,5	0,0
NaCl	0,7	0,0
Al_2O_3	1,4	0,2
Fe_2O_3	0,5	0,1
Cr_2O_3	6,8	0,0
Organischer Auswaschverlust	0,0	12,6
Sonstige organische Substanz (Differenz)	4,0	—
Gebundener Gerbstoff (Differenz)	—	27,3

Längs der Rückgratslinie und in einigen Zentimetern Abstand davon wurden aus der Haut Streifen geschnitten, die 50 cm lang und 1,5 cm breit waren. Diese Lederstreifen wurden sorgfältig gewogen und ihr Flächeninhalt genau bestimmt. Für jeden Versuch wurden auf den Boden von sechs Exsiccatoren Schalen mit Schwefelsäurelösungen von den folgenden Normalitäten gestellt: 37,7, 17,6, 13,6, 10,2, 6,6 und 0,0. Diese Lösungen halten den darüber lagernden Luftraum auf 0, 20, 40, 60, 80 und 100% relativer Feuchtigkeit (5). Jeder Lederstreifen wurde lose aufgerollt und auf einem Kupferdrahtnetz im Exsiccator über Schwefelsäure aufbewahrt. Jeden Tag wurden die Streifen für den Bruchteil einer Minute aus den Exsiccatoren genommen, um Fläche und Gewicht zu messen. Nach 32 Tagen wurden die Streifen herausgenommen und bis zur Gewichtskonstanz bei 100° getrocknet. Aus diesem Trockengewicht eines jeden Lederstreifens und den täglichen Gewichten bei der Aufbewahrung im Exsiccator ließ sich leicht der Wassergehalt des Leders für jeden Tag während der Versuchsdauer berechnen.

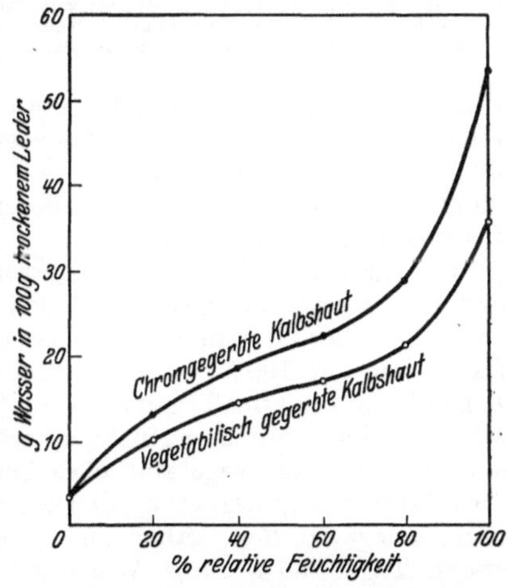

Abb. 411. Einfluß der relativen Feuchtigkeit der Luft auf den Wassergehalt von chromgegerbtem und vegetabilischem Kalbleder.

Der Wassergehalt der Leder nach 32tägiger Berührung mit Atmosphären verschiedener relativer Feuchtigkeiten ist in Abb. 411 graphisch dargestellt. Bei 0% relativer Feuchtigkeit enthalten die Leder auf 100 Teile Trockengewicht nur etwa 3,5 Teile Wasser. Bei Zunahme der relativen Feuchtigkeit bis zu 100% nimmt das Chromleder allmählich 53,2 Teile Wasser, das vegetabilisch gegerbte Leder nur 35,4 Teile Wasser auf. Anscheinend hatten die Systeme noch kein absolutes Gleichgewicht erreicht, aber die täglichen Gewichtsänderungen waren fast unmeßbar klein geworden.

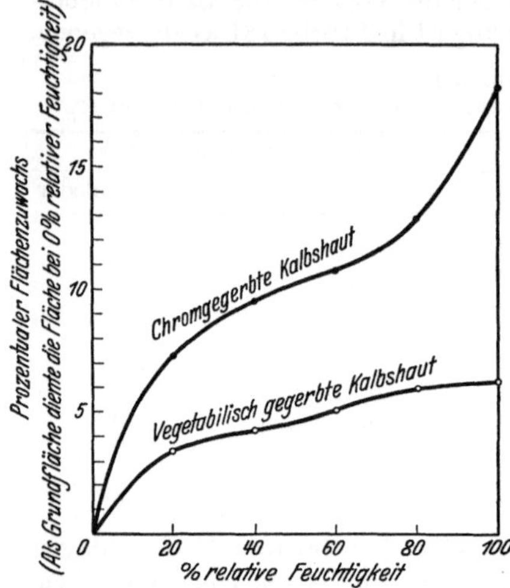

Abb. 412. Einfluß der relativen Feuchtigkeit der Atmosphäre auf die Flächenausdehnung von chromgegerbtem und vegetabilischem Kalbleder.

Die Abb. 412 zeigt den Einfluß der Wasserabsorption auf die Fläche der Streifen. Die Fläche bei 0% relativer Feuchtigkeit wurde als Grundfläche genommen und die durch die Wasserabsorption bedingte Vergrößerung der Fläche in Prozenten dieser Grundfläche ausgedrückt. Die Kurve für das Chromleder zeigt den gleichen allgemeinen Verlauf wie bei der Wasserabsorption; sie zeigt bei etwa 50% relativer Feuchtigkeit einen Wendepunkt. Die Kurve für das vegetabilische Leder hat jedoch zwei solche Punkte. Man könnte das auf einen experimentellen Fehler zurückführen, würden nicht die anderen geprüften vegetabilischen Leder das gleiche Kurvenbild zeigen.

Es wurde gefunden, daß die Prozesse vollständig umkehrbar sind und die Annäherungsgeschwindigkeiten gegen das Gleichgewicht für beide Ledersorten ähnlich sind. Stellt man trockenes Leder in einen Exsiccator mit 100% relativer Feuchtigkeit, so nimmt es den ersten Tag 50% und in zwei Tagen 60% des Wassers auf, das es in der Gesamtzeit von einem Monat aufnehmen würde. Das gilt sowohl für Chromleder als auch für vegetabilisches Leder. Leder, die einen Monat lang über Wasser aufbewahrt worden waren und dann über reine Schwefelsäure gelegt wurden, gaben am ersten Tage 70% und in den beiden ersten Tagen 85% ihres Wassergehalts ab. Die Flächenänderungen entsprechen den Änderungen im Wassergehalt.

b) Werte für typische Schuhleder.

Wilson und Kern (4) haben von den im 36. Kapitel beschriebenen 18 Ledern die Vergrößerung der Fläche und die Steigung des Wassergehalts mit wachsender relativer Feuchtigkeit der Luft gemessen. Andere Messungen über diese Leder sind in den Kapiteln 37, 38 und 39 beschrieben worden. Die Proben wurden aus dem Teile der Haut geschnitten, der zwischen dem Rückgrat und der Stelle liegt, von der die Proben für die chemische Analyse entnommen worden sind, wie im 37. Kapitel beschrieben wurde. Die Proben wurden in einem Luftraum von 50% relativer Feuchtigkeit sechs Wochen lang aufbewahrt und dann in Streifen geschnitten, wie bei den Untersuchungen von Wilson und Gallun, und das Gewicht und der Flächeninhalt der Streifen bestimmt. Der Wassergehalt wurde mit einem Teil einer jeden Probe bestimmt; hieraus und aus dem Gewicht des Streifens konnte das Trockengewicht des Streifens berechnet werden. Ein Streifen des Leders wurde in jeden Exsiccator über die Säurelösung gebracht und das Gewicht und die Flächenausdehnung in gewissen Zeitabständen gemessen. Die Exsiccatoren wurden fest verschlossen gehalten; nur für den Augenblick wurden sie geöffnet, in welchem die Leder gewogen und gemessen wurden. Die Temperatur wurde während des Versuchs auf 25° gehalten.

Aus der Differenz zwischen dem Gewicht bei den untersuchten Zeiten und dem bekannten Trockengewicht eines jeden Streifens wurde der Wassergehalt errechnet. In Tabelle 182 sind die Befunde zusammengestellt, die nach 30tägiger Einwirkungszeit der verschiedenen relativen

Tabelle 182. Der Wassergehalt verschiedener Leder, die 30 Tage lang mit Atmosphären verschiedener relativer Feuchtigkeiten in Berührung waren.

Nr.	Lederart	Gramm Wasser auf 100 g trockenes Leder bei einer relativen Feuchtigkeit von						
		0%	20%	40%	50%	60%	80%	100%
1.	Vegetabilisches Kalbleder	1,4	10,8	14,0	15,7	17,9	21,2	39,6
2.	Chromkalbleder	2,1	12,4	18,1	19,5	21,0	27,9	53,4
3.	Satiniertes Kalbkidleder	2,9	10,6	14,2	15,9	18,1	27,3	62,2
4.	Känguruhleder	0,4	9,3	12,6	13,6	15,4	22,8	51,7
5.	Korduanleder	1,8	7,0	9,8	11,1	11,8	15,6	22,9
6.	Sämischgegerbtes Hirschleder	2,2	11,7	15,4	16,4	17,4	25,1	47,8
7.	Chromgegerbtes Seitenleder	1,8	12,1	17,2	19,5	20,8	25,9	54,5
8.	Schwedenleder	0,3	9,4	13,4	14,5	15,8	20,9	59,5
9.	Kalbfutterleder	0,9	8,8	12,1	13,5	16,1	19,6	32,0
10.	Schafsspalt-Futterleder	1,1	8,2	11,3	12,2	14,6	19,6	48.4
11.	Haifischleder	2,4	10,2	12,7	13,9	14,3	17,1	38,1
12.	Lack-Seitenleder	0,7	8,5	10,4	11,2	12,6	18,5	36,9
13.	Lack-Kidleder	1,9	10,5	12,7	13,4	14,6	20,7	39,5
14.	Lackleder (Kaltlack)	2,0	9,6	12,4	13,6	15,1	22,7	57,5
15.	Schweres Chromleder	1,2	12,9	15,1	16,8	17,7	21,9	49,6
16.	Nachgegerbtes Chromleder	4,4	12,5	16,4	17,8	18,4	21,1	37,8
17.	Vegetabilisches Sohlleder	3,4	12,2	17,0	17,1	18,3	21,7	43,6
18.	Chromsohlleder	8,6	14,9	18,1	19,5	20,6	24,5	50,4

Feuchtigkeiten gemessen wurden. Bei 100% relativer Feuchtigkeit variierte der Wassergehalt der vegetabilisch gegerbten Leder von 22,9 bis 48,4 bei einem Durchschnittswert von 37,4. Die Chromleder variierten entsprechend von 36,9 bis 62,2 und wiesen einen Durchschnittswert von 51,2 auf.

Tabelle 183. Flächenänderung verschiedener Leder mit wachsender relativer Feuchtigkeit der Atmosphäre.

Nr.	Ledersorte	Prozentuale Flächenzunahme mit wachsender relativer Feuchtigkeit (auf die Fläche bei 0% relativer Feuchtigkeit bezogen) von					
		20%	40%	50%	60%	80%	100%
1.	Vegetabilisches Kalbleder . .	3,6	4,2	4,5	4,8	5,5	5,7
2.	Chromgegerbtes Kalbleder . .	7,7	10,0	10,3	11,5	12,4	16,0
3.	Satiniertes Kalbkidleder . .	3,4	4,6	4,8	5,5	7,5	15,6
4.	Känguruhleder	5,7	6,9	6,9	7,5	10,9	19,0
5.	Kordualedern.	2,0	3,0	3,0	3,2	3,4	4,6
6.	Sämischgegerbtes Hirschleder	6,7	7,5	7,7	8,8	10,5	14,7
7.	Chromgegerbtes Seitenleder .	6,7	7,7	8,0	9,2	10,5	15,8
8.	Schwedenleder	8,0	10,7	10,9	11,7	11,9	13,8
9.	Kalbfutterleder	5,3	6,5	6,7	6,9	7,5	9,2
10.	Schafsspalt-Futterleder . . .	4,2	5,5	5,5	5,9	8,2	9,4
11.	Haifischleder	4,0	4,9	5,1	5,3	5,7	8,0
12.	Lack-Seitenleder	5,5	6,3	6,3	6,9	8,6	10,5
13.	Lack-Kidleder	5,3	5,9	6,1	6,5	7,1	9,6
14.	Lackleder (Kaltlack)	4,5	6,3	6,3	6,5	8,2	13,0
15.	Schweres Chromleder	7,1	8,0	8,0	9,2	10,9	16,9
16.	Nachgegerbtes Chromleder .	6,5	7,7	8,0	8,4	9,0	11,5
17.	Vegetabilisches Sohlleder . .	1,0	1,4	2,7	3,0	3,0	5,5
18.	Chromsohlleder	3,8	4,5	5,9	6,3	7,7	13,0

Die Änderung der Flächenausdehnung nach 30tägiger Berührungszeit ist in Tabelle 183 und graphisch in Abb. 413 wiedergegeben. Als Bezugsfläche wurde die Fläche bei 0% relativer Feuchtigkeit zugrunde gelegt und von dieser Grundfläche die prozentuale Flächenausdehnung bei wachsender relativer Feuchtigkeit berechnet. Die stärksten Flächenausdehnungen variierten bei den vegetabilischen Ledern von 4,0 bis 9,4%, bei einem Durchschnitt von 7,0%, bei den Chromledern von 9,6 bis 19,0% bei einem Durchschnitt von 14,4%. Die Beziehung zwischen Wassergehalt und Flächeninhalt ist offenbar keine einfache.

c) Der Einfluß der Zeit.

Der Einfluß der Zeit bis zu 100 Tagen geht aus der Tabelle 184 hervor. Bei Betrachtung dieser Zahlen muß berücksichtigt werden, daß bei dem Verhältnis zwischen der Fläche bei 100% relativer Feuchtigkeit zu der Fläche bei 0% relativer Feuchtigkeit sich sowohl der Zähler als auch der Nenner mit der Zeit ändert. Wären die Versuche mit Ledern ausgeführt worden, die sich anfänglich mit einer trockenen Atmosphäre im Gleichgewicht befunden hätten, so würde die Änderung während des ersten Tages viel größer gewesen sein.

Als Beispiel seien zwei Leder, ein leichtes Chromkalbleder und ein schweres Chromseitenleder, die nicht in den oben angeführten 18 Ledern vertreten sind, angeführt und ihr Verhalten in Abb. 414 dargestellt.

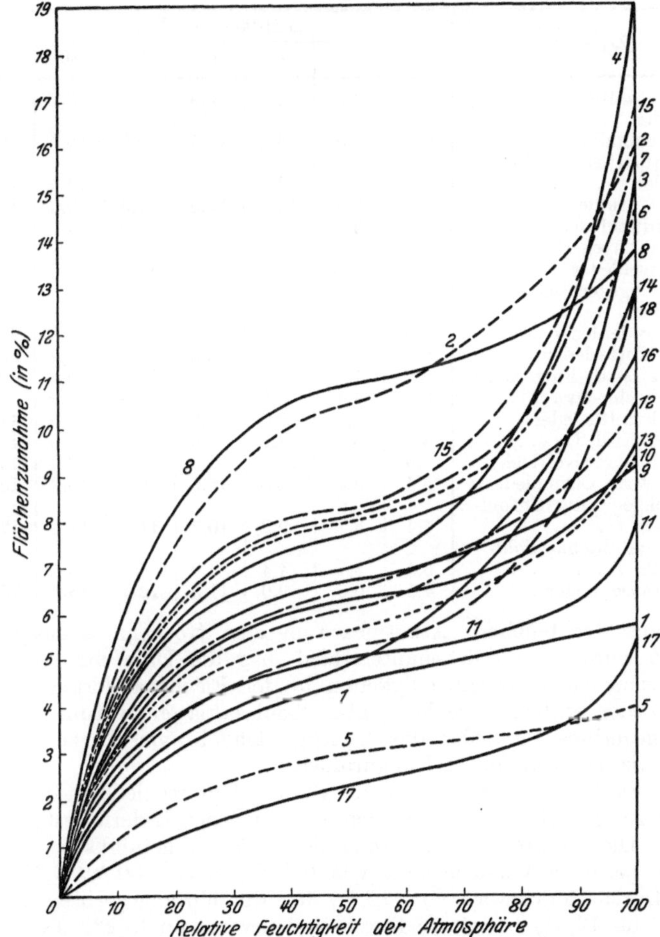

Abb. 413. Das prozentuale Anwachsen der Flächenausdehnung verschiedener Leder mit wachsender relativer Feuchtigkeit auf die relative Feuchtigkeit von 0% bezogen.

Nach 14 Tagen wurden die beiden Leder in eine trockne Atmosphäre zurückgebracht. Die Kurven veranschaulichen die Reversibilität des Prozesses. Beim Übergang von einem Extrem der relativen Feuchtigkeit in das andere geht die Veränderung außerordentlich schnell vor sich; das Chromkalbleder nahm in vier Stunden um mehr als 11% zu und zeigte eine entsprechend starke Flächenverminderung, wenn es

Tabelle 184. Prozente, um welche die Fläche bei 100% relativer Feuchtigkeit die Fläche bei 0% relativer Feuchtigkeit übertrifft. Die Leder wurden aus einer Atmosphäre von 50% relativer Feuchtigkeit die angegebene Zeit in Atmosphären von 0% und 100% relativer Feuchtigkeit aufbewahrt.

Nr.	Ledersorte	Zeitdauer in Tagen						
		1	2	6	13	20	30	100
1.	Vegetabilisches Kalbleder	2,0	3,2	4,4	4,9	5,5	5,7	5,7
2.	Chromkalbleder	10,4	11,5	13,4	15,8	16,0	16,0	16,4
3.	Satiniertes Kalbkidleder	8,8	9,6	12,8	14,9	15,6	15,5	15,6
4.	Känguruhleder	8,6	9,8	13,4	16,6	17,3	19,0	19,5
5.	Korduanleder	2,4	3,0	3,8	4,0	4,0	4,0	4,0
6.	Sämischgegerbtes Hirschleder	8,0	9,0	10,3	14,5	14,7	14,7	14,9
7.	Chromgegerbtes Seitenleder	7,5	8,6	12,8	15,1	15,3	15,8	16,9
8.	Schwedenleder	7,5	8,0	10,7	13,0	13,8	13,8	14,1
9.	Kalbfutterleder	5,9	6,9	7,7	9,0	9,2	9,2	9,4
10.	Schafsspalt-Futterleder	6,5	7,5	9,0	9,4	9,4	9,4	9,6
11.	Haifischleder	3,8	4,4	5,5	7,5	7,9	8,0	8,2
12.	Lack-Seitenleder	5,7	7,1	9,0	9,8	10,0	10,5	11,1
13.	Lack-Kidleder	4,9	6,1	8,2	9,0	9,4	9,6	10,7
14.	Lackleder (Kaltlack)	7,5	8,8	11,3	12,8	12,8	13,0	13,6
15.	Schweres Chromleder	5,5	8,4	12,8	15,6	16,4	16,9	18,8
16.	Nachgegerbtes Chromleder	4,4	5,7	9,2	10,7	11,1	11,5	12,4
17.	Vegetabilisches Sohlleder	3,4	3,7	4,4	4,9	5,5	5,5	5,5
18.	Chromsohlleder	4,4	6,0	9,0	11,3	12,4	13,0	15,3

zuerst aus der feuchten Atmosphäre in eine trockene Atmosphäre gebracht wurde. Der Dickenunterschied mag die Differenz zwischen den verschiedenen Geschwindigkeiten in der Flächenänderung dieser beiden Leder erklären; sie kann aber nicht erklären, warum vegetabilisch gegerbtes Sohlleder das Gleichgewicht in viel kürzerer Zeit erreicht als das sehr dünne Känguruhleder.

Kein Faktor für sich allein kann alle die Unterschiede in der Flächenänderung erklären, die bei den verschiedenen Ledern festgestellt wurden. Die größten Flächenänderungen für vegetabilische Leder variieren bei einer Versuchsdauer von 100 Tagen von 4,0 bis 9,6% bei einem Durchschnittswert von 7,1%, für die chromgegerbten Leder von 10,7 bis 19,5% bei einem Durchschnittswert von 15,2%. Der Einfluß der Gerbart ist offenbar sehr groß und eine der Hauptursachen für erhebliche Unterschiede. Bei den Lackledern dürften die Lackoberflächen der Grund sein, warum die Flächenänderungen geringer sind als bei den anderen Chromledern. Man könnte versucht sein, anzunehmen, daß die außerordentlich geringe Flächenänderung beim Korduanleder auf seinen hohen Fettgehalt zurückzuführen sei, wenn nicht das Känguruhleder, das auch sehr viel Fett enthält, nicht die größte Flächenänderung aller untersuchten Leder aufwiese. Natürlich wäre es möglich, daß das Känguruhleder noch eine viel größere Flächenänderung aufwiese, wenn sein Fettgehalt niedriger wäre; verschiedene der untersuchten Chromkalbleder zeigten größere Flächenänderungen als 23%.

Hirsch (2) machte die Annahme, daß die Kurven in Abb. 411 zu geraden durch den Ausgangspunkt gehenden Linien würden, wenn die Leder genügend Zeit zur Erreichung des wahren Gleichgewichts hätten. Bisher ist nie eine geradlinige Kurve erlangt worden, und wenn man die variierenden Affinitäten der Leder für Wasser in Rücksicht zieht, sollte man eine gerade Linie nur in einem besonderen Ausnahmefalle erwarten. Wilson und Fuwa (6) erhielten eine Kurve von dem in Abb. 411 dargestellten Typus für den Wassergehalt von Schwefelsäurelösungen, die mit Atmosphären verschiedener relativer Feuchtigkeiten im Gleichgewicht stehen. In der Tat fanden sie die s-förmige Kurve für die meisten Substanzen.

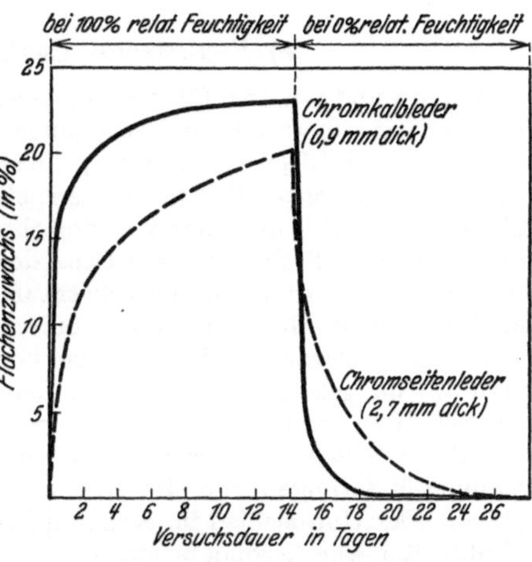

Abb. 414. Änderung der Lederfläche mit der Zeit bei einem plötzlichen Wechsel der relativen Feuchtigkeit der Atmosphäre von 0% auf 100% und wieder auf 0%.

d) Der Einfluß von Glycerin.

In einer bisher unveröffentlichten Arbeit untersuchten Wilson und Kern den Einfluß von Appretiermitteln auf die Flächenänderung des Leders mit der relativen Feuchtigkeit und beobachteten, daß ein Zusatz von Glycerin zu den Appretiermitteln einen merklichen Einfluß ausübt. Für ihre Versuche verwendeten sie ein Stück chromgegerbtes Kalbsleder. Nach 35tägiger Aufbewahrung des Leders bei 0% relativer Feuchtigkeit betrug der Wassergehalt 1,79 Teile auf 100 Teile trockenes Leder; er nahm mit wachsender relativer Feuchtigkeit bis zu einem Maximalwert von 57,92 Teilen in mit Wasserdampf gesättigter Luft zu. Wurde aber auf die Narbenfläche des Leders 5,38 g Glycerin pro 0,1 qm Leder aufgetragen, so enthielt das Leder nach 35tägiger Aufbewahrung bei 0% relativer Feuchtigkeit 4,51 Teile Wasser auf 100 Teile trockenes Leder und bei 100% relativer Feuchtigkeit 79,25 Teile auf 100 Teile trockenes Leder. Durch das Glycerin wird demnach die Affinität des Leders zu Wasser beträchtlich erhöht. Wenn das Leder aus trockener Luft in feuchte Luft gebracht wird, so nimmt es um 20% seiner ursprünglichen Fläche zu. Bei einer relativen Feuchtigkeit von 0% war die Fläche des mit Glycerin behandelten Leders um 1,4% größer als die des unbehandelten Leders. Diese Flächenvergrößerung der mit Glycerin behandelten Leder besteht bei jeder relativen Feuchtigkeit. In jedem Falle hatten die mit Glycerin behandelten Leder eine um 1 bis 2% größere Fläche als die unbehandelten Leder.

e) Praktische Bestimmungen.

Wilson und Gallun führten eine Anzahl praktischer Bestimmungen unter streng überwachten Bedingungen durch. Mehrere Kalbshäute wurden in die Hälften zerschnitten, die eine Seite mit Chrom, die andere vegetabilisch gegerbt. Für jeden Versuchsteilnehmer wurden zwei Paar Schuhe hergestellt, ein Paar von der chromgegerbten Seite, das andere von der vegetabilisch gegerbten Seite der gleichen Haut. Der Versuchsteilnehmer sollte während eines Zeitraums einen chromgegerbten Schuh am linken Fuße und einen vegetabilisch gegerbten Schuh am rechten Fuße tragen. Darnach sollten die beiden anderen Schuhe eine Zeitlang entsprechend getragen werden. Bei feuchtem Wetter war der chromgare Schuh zu groß, bei sehr trockenem Wetter zu eng, um bequem zu sein. Bei den Schuhen aus vegetabilisch gegerbtem Leder waren diese Dehnungsänderungen nur in einem viel geringerem Maße wahrzunehmen. Der Unterschied im Schrumpfen und Knappwerden der beiden Schuhsorten war besonders augenfällig, wenn der Träger der Schuhe bei kalter Witterung aus dem Freien in einen warmen, sehr trockenen Raum trat.

Bei einem Versuch wurde ein Schuh jeder Art mehrere Wochen in einer mit Wasserdampf gesättigten Atmosphäre aufbewahrt und dann in eine solche von 0% relativer Feuchtigkeit gebracht. Die Weite des Oberleders des chromgegerbten Schuhs, genau rückwärts der Kappe gemessen, entsprach bei 100% relativer Feuchtigkeit einer Standardweite D; sie nahm aber, wenn der Schuh mehrere Wochen bei 0% relativer Feuchtigkeit aufbewahrt wurde, auf eine Standardweite B ab. Die Änderung des entsprechenden vegetabilisch gegerbten Schuhs war nur etwa ⅓ so groß. In einzelnen Fällen konnte der Schuhträger seinen Fuß nicht in den chromgegerbten Schuh hineinzwängen, wenn der Schuh gerade aus seiner Atmosphäre von 0% relativer Feuchtigkeit genommen wurde.

Ein Blick auf die Abb. 411 und 412 zeigt, daß die Kurven im Bereich um 50% relativer Feuchtigkeit am flachsten sind. Da von diesem Wert aus die Veränderungen mit der relativen Feuchtigkeit nicht groß sind, sollte man nicht erwarten, in den Größenänderungen zwischen den Schuhen beider Lederarten große Unterschiede zu finden. Das größere Schrumpfungsvermögen des Chromleders findet eine Art Gegenseite in dem größeren Dehnungsvermögen. Wo aber die Bedingungen streng sind, wird die Gerbart zu einem wichtigen Faktor für die Bequemlichkeit des Fußes. Greeves (1) berichtet von Angaben eines Offiziers, der im Weltkrieg große Erfahrungen gesammelt hat und viel von Leder versteht, daß das Schlafen in chromgegerbten Schuhen höchst unbequem sei, und daß viele Soldaten lieber Gefahr liefen, ihre Füße zu erkälten oder gar zu erfrieren, als daß sie sich mit chromgegerbten Schuhen zum Schlafen niedergelegt hätten. Es wird auch berichtet, daß die Soldaten, die den Unterschied in der Bequemlichkeit beider Lederarten kannten, sich sehr bemühten, vegetabilisch gegerbte Schuhe zu erlangen. Sportsleute, die den Versuch gemacht haben, sagen, daß nach einem eintägigen Gehen die Füße in vegetabilisch gegerbten Stiefeln weniger schmerzen als in chromgegerbten. Sehr viele Zeitungen berichteten über die Arbeit von Wilson und Gallun, durch die das Rätsel des Wetterpropheten gelöst sei, der aus den Schmerzen seiner Hühneraugen den Witterungsumschlag voraussagt. Die Hühneraugen zeigen nur eine Dehnung oder Schrumpfung des Schuhleders an.

f) Theoretische Betrachtungen.

Die Ausdehnungsänderungen des Leders mit der relativen Feuchtigkeit werden unzweifelhaft im Laufe der Zeit stark an Bedeutung gewinnen, während sie doch früher überraschend unbeachtet geblieben sind. Der Grund, warum das Chromleder viel stärkere Dehnungsänderungen zeigt als das vegetabilische Leder, läßt sich nur sehr spekulativ erklären. Kollagen hat eine große Affinität für Wasser, und Chromleder enthält im Durchschnitt auf die Volumeinheit viel mehr Kollagen als vegetabilisches Leder. Die Analysen von mehr als 50 Sorten chromgarer Kalbsleder enthielten im Durchschnitt auf 1 ccm Leder 0,44 g Kollagen, während eine ähnliche Anzahl vegetabilisch gegerbter Kalbsleder durchschnittlich nur 0,32 g Kollagen aufwies. Es kann sein, daß sich die vegetabilischen Gerbstoffe mit den chemischen Gruppen des Kollagenmoleküls verbinden, die andernfalls in einem größeren Maße Wasser aufnehmen würden, als die Chromkerne bei der Chromgerbung. Diese Ansicht steht in vollster Übereinstimmung mit den Gerbtheorien, die in den früheren Kapiteln entwickelt wurden. Andererseits kann die größere Neigung der Chromleder zur Wasseraufnahme durch die Affinität des Chromkerns für Wasser bedingt sein. Es ist möglich, daß die verhältnismäßig geringen Dehnungsänderungen der vegetabilisch gegerbten Leder durch geeignete Behandlung sogar noch weiter herabgedrückt werden können. Möglicherweise hängt von einer erschöpfenden Erforschung dieser Betrachtungen die Bequemlichkeit der menschlichen Fußbekleidung stark ab.

Literaturzusammenstellung.

1. Greeves, W. S.: The ideal army upper leather. Leather World **15**, 1077 (1923).
2. Hirsch, M.: Die hygroskopischen Eigenschaften des Leders nach den Untersuchungen von Wilson-Daub-Kern. Collegium **1927**, 403.
3. Wilson, J. A. u. A. F. Gallun, jr.: Chemistry and comfort. Relation between the chemical composition of leather and the comfort of shoes made thereform. Ind. Eng. Chem. **16**, 268 (1924).
4. Wilson, J. A. u. E. J. Kern: The properties of shoe leather. V. Area change with relative humidity. J. Amer. Leather Chem. Assoc. **21**, 351 (1926).
5. Wilson, R. E.: Humidity control by means of sulfuric acid solutions, with critical compilation of vapor pressure data. Imd. Eng. Chem. **13**, 326 (1921).
6. Wilson, R. E. u. T. Fuwa: Humidity equilibria of various common substances. Ind. Eng. Chem. **14**, 913 (1922).

41. „Griff“ und „Stand“ des Leders.

Eine der Methoden, die der Schuhfabrikant zur Beurteilung des Leders heranzieht, besteht darin, die rechte Seite des Fells über die linke mit der Fleischseite nach innen zu schlagen und dann mit der Hand längs des Rückgrates auf und nieder zu fahren. Er beobachtet dabei, wie groß der Druck ist, der zum Zusammendrücken der beiden Seiten erforderlich ist, und weiter die Stärke, mit der das Leder beim Nachlassen des Drucks in seine alte Lage zurückprallt. Die Eigenschaft, die auf diese rohe Weise gemessen wird, ist unter dem Ausdruck „Griff“ bekannt. Es hat sich herausgestellt, das der Griff einen Einfluß sowohl auf die Bequemlichkeit des Schuhs als auch auf sein Aussehen beim Tragen hat.

a) Der „Griff“.

Wilson (2) hat diese „Griff“ genannte Eigenschaft untersucht und eine Methode zur quantitativen Messung ihrer beiden Komponenten, der Biegsamkeit und der Elastizität angegeben. Die dafür benutzte Apparatur ist in Abb. 415 wiedergegeben. Auf einem festen Holzfuß ist ein vertikaler Eisenstab angebracht. Von einem verstellbaren Arm, der an dem Eisenstab angebracht ist, hängt an einer Spiralfeder geeigneter Größe eine Waagschale mit flachem Boden. An einem zweiten verstellbaren Arm ist eine 4 cm lange Skala angebracht, die in 100 gleiche Teile aufgeteilt ist. Ein feiner Draht, der zum Ablesen der Skalenteile dient, ist waagerecht zwischen den beiden Waagschalenhaltern gezogen. Die Skala wird so eingestellt, daß der Draht zwischen den Waagschalenhaltern auf Null steht, wenn die Waagschale auf dem Holzfuß ruht.

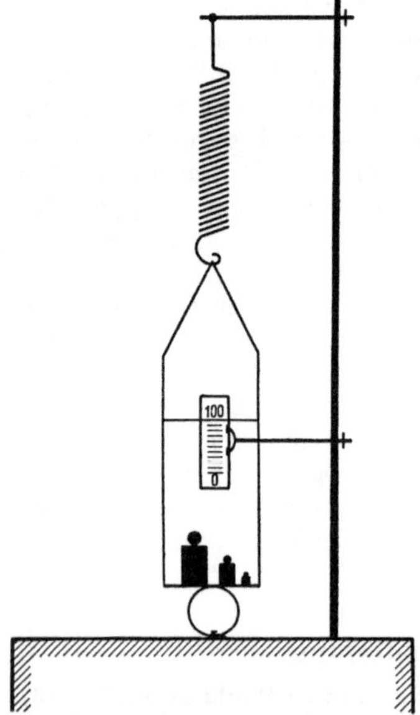

Abb. 415. Apparat zur Messung des „Griffs“ von Leder.

Das zu prüfende Leder wird mit einer Stanze in Stücke von 2,5 cm zu 15,0 cm geschnitten. Nahe den Enden des Leders, 12,57 cm auseinander und gleichweit von den Seiten entfernt, werden Löcher für Nägel eingebohrt. Das Leder wird zusammengerollt mit der Narbenseite nach außen und die Enden mit einem stumpfen Nagel zusammengeheftet. Der Nagel wird in dem Punkte in den Block geschlagen, der in der Vertikalprojektion dem Mittelpunkt der Waagschale auf dem Block entspricht. Ist das Leder sehr dünn und bildet es einen vollkommenen Kreis, wenn genügend Gewichte auf die Waagschale gelegt sind, um sie an den Punkt zu bringen, wo sie gerade das Leder berührt, so wird sich der Zeiger auf der Skala auf 100 einstellen, da der Durchmesser eines Kreises mit dem Umfang 12,57 cm 4 cm beträgt, und da ja die Skala auch 4 cm lang ist. Leider kompliziert die begrenzte und variable Dicke der zu untersuchenden Lederstreifen die Messung und macht die Annahme willkürlicher Standardbedingungen notwendig.

b) Der Einfluß des Drucks.

Abb. 416 zeigt, wie die Skalenablesungen bei einem 0,90 mm dicken chromgegerbten Kalbleder variieren, wenn auf die Waagschale steigende Gewichtsmengen aufgelegt werden. Die Kurve ähnelt der bekannten schwächer werdenden Kurve vom Typus einer Hyperbel. Nachdem der Durchmesser des vom Leder gebildeten Kreises auf weniger als ¼ seines Anfangswertes zurückgegangen ist, hört er auf, auf geringe Druckzunahmen zu reagieren. Beim weiteren Zusammenpressen hat das Leder das Bestreben, an zwei Stellen zu brechen, da die Fasern der Narbenschicht auseinandergezerrt und die der Fleischschicht zusammengedrückt werden. Der Widerstand des Leders gegen dieses weitere Zusammenpressen ist verwickelter als durch den Ausdruck „Griff“ wiedergegeben wird. Die Ablesung, bei welcher dieser zusätzliche Widerstand in Erscheinung tritt, wächst mit der Dicke des untersuchten Lederstreifens.

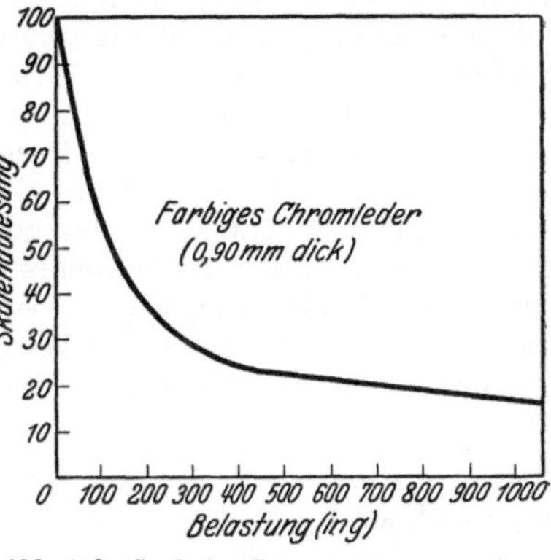

Abb. 416. Grad der Zusammenpressung eines Lederkreises als Funktion der Belastung im Apparat zur Messung des „Griffs“.

c) Willkürliche Standardmethode.

Beim Vergleich der „Griff“-Werte verschiedener Lederarten schien es Wilson zweckmäßig, Grade der Zusammendrückung auszuwählen, die der qualitativen Probe, wie sie der Schuhfabrikant ausführt, entsprechen. Die Prüfung soll stark genug sein, die Fähigkeit des Leders, seine alte Lage wieder einnehmen zu können, zu beweisen, aber auch nicht zu stark sein, um den zusätzlichen Widerstand, der nicht unter den Begriff „Griff“ fällt, und die große Komplikation, die damit verbunden ist, zu vermeiden. Außerdem sollte die Methode die Unterschiede in der Dicke der verschiedenen Leder kompensieren.

Zeigt die Skala 100, wenn die Waagschale gerade auf dem Lederkreise ruht, so kann die Waagschale herabgedrückt werden bis zu einem Punkte, der von der Unterlage den Abstand von 2 Lederdicken hat. 1 mm entspricht 2,5 Einheiten der Skala. Ist t die Dicke des Leders in Millimetern, so kann die Waagschale eine Strecke herabgedrückt werden, die $100 - 5t$-Einheiten auf der Skala entspricht. In seiner Arbeit hat Wilson als willkürlichen Wert der Zusammenpressung den gewählt, der ¾ dieses Wertes ist oder einer Skalenablesung von $\frac{(100 - 5\,t)}{4}$ über $5\,t$ oder einer wirklichen Skalenablesung von $25 + 3{,}75\,t$ entspricht.

Bei Ausführung einer Messung mit einem Lederstreifen werden Gewichte auf die Waagschale gelegt, bis die Skalenablesung bei $25 + 3{,}75\,t$ steht. Das dazu erforderliche Gewicht sei W_1. Sein Wert hängt nicht nur von der Biegsamkeit des Leders, sondern auch von dem Widerstande der Spiralfeder ab. Das Gewicht, das erforderlich ist, um die Waagschale bis zu einer Ablesung von $25 + 3{,}75\,t$ herabzudrücken, wenn kein Leder eingelegt ist, sei W_2 genannt. Das Gewicht, das für das Leder allein gebraucht wird, kann durch die Gleichung $W = W_1 - W_2$ wiedergegeben werden. Diese Größe wird der Biegsamkeitsfaktor genannt; es ist einer der Faktoren, die den „Griff“ des Leders bestimmen.

Der andere Faktor ist die prozentuale Wiedererlangung des Durchmessers vom Lederkreis, wenn die Gewichte weggenommen werden. Sofort nachdem das Leder bis zu dem Wert $25 + 3{,}75\,t$ zusammengedrückt ist, werden die Gewichte entfernt, und dann wieder Gewichte aufgelegt, bis die Waagschale eben das Leder berührt. Die Skalenablesung wird notiert. Diese Ablesung r gestattet die prozentuale Wiedererlangung der ursprünglichen Form (Elastizität) R aus der Formel

$$R = \frac{r - 25 - 3{,}75\,t}{0{,}75 - 0{,}0375\,t}$$

zu errechnen.

d) Werte für den „Griff“ von typischen Schuhoberledern.

Mit Ausnahme der Sohlleder wurden die 18 im 36. Kapitel beschriebenen Ledersorten der Bestimmung des „Griffs“ unterworfen. Die Ergebnisse sind in Tabelle 185 zusammengefaßt. Messungen von anderen Eigenschaften dieser Leder sind in den Kapiteln 37, 38, 39 und 40 beschrieben worden.

Die Tabelle bringt Messungen sowohl für Kern- als auch für Flankenleder, soweit diese vorhanden waren. In den meisten Fällen war der Biegsamkeitsfaktor in der Flanke viel geringer als im Kern, was mit der loseren Struktur der Bauchteile in Einklang steht. Wilson war überrascht, keine größere Veränderung in der Elastizität zu beobachten. Die sehr niedrigen Biegsamkeitsfaktoren bei Känguruh-, Kid- und Dänischleder entsprechen der Erwartung, die aus ihrem Verhalten im Gebrauch geschlossen werden kann.

e) Der Einfluß des Spaltens auf dem „Griff“.

Es wurden zwei Versuchsserien angesetzt, um den Einfluß einer Dickenverminderung von chromgegerbtem Kalbleder durch Spalten auf die Biegsamkeit festzulegen. In jedem Falle wurde nur der Narbenspalt untersucht. Die Ergebnisse sind in Abb. 417 niedergelegt. Durch

Tabelle 185. „Griff"-Werte für typische Schuh-Oberleder.

Lederprobe	Ledersorte	Dicke (mm)		Biegsamkeitsfaktor (g)		Prozentuale Wiedererlangung des Durchmessers des Lederkreises (Elastizitätsfaktor)	
		Kern	Bauch	Kern	Bauch	Kern	Bauch
1.	Vegetabilisches Kernleder	1,20	1,20	380	285	64	64
2.	Chrom-Kalbleder	1,10	1,10	330	230	72	61
3.	Satiniertes Kalbkidleder	0,82	0,74	113	78	65	65
4.	Känguruh	0,59	0,53	63	10	70	45
5.	Kordualedern	1,15	—	435	—	69	—
6.	Sämischgegerbtes Hirschleder	0,88	0,85	100	37	80	72
7.	Chromgegerbtes Seitenleder	1,30	1,20	400	130	57	49
8.	Schwedenleder	0,70	0,95	13	14	63	58
9.	Kalbfutterleder	0,82	0,75	285	150	67	62
10.	Schafsspalt-Futterleder	0,97	0,70	125	138	67	58
11.	Haifischleder	0,80	0,85	175	95	64	64
12.	Lack-Seitenleder	1,08	1,00	135	32	60	48
13.	Lack-Kidleder	0,94	1,06	68	52	65	65
14.	Kaltlackleder	1,48	1,35	300	175	57	66
15.	Schweres Chromleder	2,70	—	1200	—	65	—
16.	Chromleder, nachgegerbt	2,65	2,60	950	950	54	54

das Spalten wird der Biegsamkeitsfaktor sehr erheblich reduziert; auf den Elastizitätsfaktor ist das Spalten praktisch ohne Einfluß.

Der Biegsamkeitsfaktor scheint auch durch Stollen, Krispeln und Erhöhen des Wassergehalts und Fettgehalts vermindert zu werden. Bei Verwendung der in diesem Kapitel gegebenen Methode oder der Zahlen darf nicht vergessen werden, daß diese Methode vollständig neu ist und zum Erhalt brauchbarer Ergebnisse unter Umständen modifiziert werden muß.

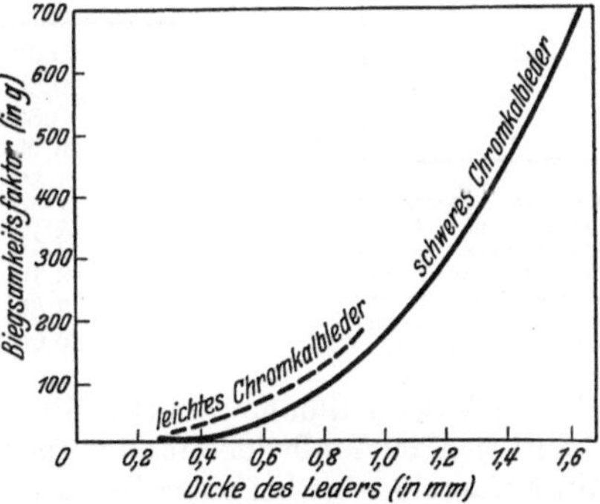

Abb. 417. Einfluß einer Verminderung der Dicke von Chrom-Kalbleder durch Spalten auf die „Griff"-Werte.

f) Der „Stand".

Eine Eigenschaft, die mit dem „Griff" des Leders nahe verwandt ist, ist der „Stand". Der „Griff" ist für Schuhoberleder von größter Wichtigkeit, der „Stand" für Sohl- und Absatzleder. Abb. 418 bringt einen sehr einfachen Apparat zur Messung des „Standes" von Leder, der von Wilson angegeben wurde. Es läßt sich dafür der gleiche Holzblock und der gleiche Eisenstab verwenden, wie für den Apparat zur Messung des „Griffs". Als kalibriertes Glasrohr kann man eine alte Bürette verwenden. Als Fallkörper benutzte Wilson einen Messingzylinder von 48,5 g Gewicht und einer kreisförmigen Basisfläche von 0,70 qcm. Bei Ausführung einer Bestimmung ließ man den Fallkörper aus einer Höhe von genau 600 mm auf die auf dem Block liegende Lederprobe fallen. Der prozentuale Rückprall des Fallkörpers wurde an der Kalibrierung des Glasrohrs gemessen, durch das der Fallkörper gefallen war. Der Fallkörper verrichtet beim Aufprallen durch Zusammenpressen des Leders eine gewisse Menge Arbeit; das Leder gibt von der empfangenen Energie einen Bruchteil wieder zurück, der mit dem prozentualen Rückprall des Fallkörpers gemessen werden kann. Auf diese Weise erhält man durch den Prallwiderstand ein Maß für den „Stand“ von Leder.

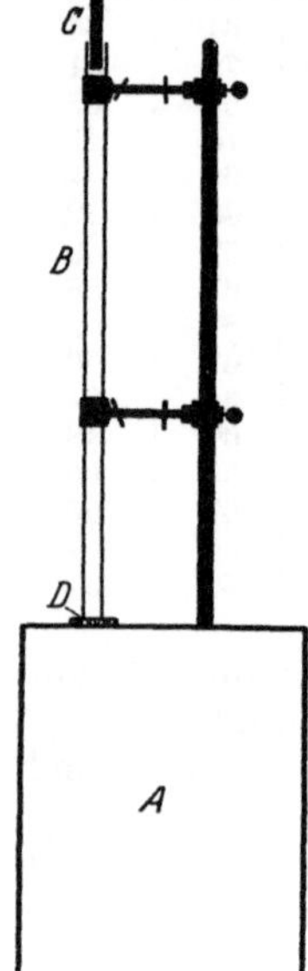

Abb. 418. Apparat zur Messung des Prallwiderstandes von Leder. A = Holzblock, B = kalibriertes Glasrohr, C = Fallkörper, D = Lederprobe.

g) Der Einfluß der Dicke auf den „Stand“.

Ist das Leder unmeßbar dünn, so wird der gefundene Wert für den „Stand“ durch den Prallwiderstand des Holzuntersatzes ersetzt. Wilson und Kern untersuchten den Einfluß der Dicke des Probestücks mittels einer Reihe von Scheiben aus einem reinen Gummistopfen. Die Ergebnisse sind in Tabelle 186 zusammengestellt. Der Holzblock zeigt einen Prallwiderstand von 53, d. h. der Messingzylinder prallt 318 mm oder 53% der Fallhöhe zurück. Mit wachsender Dicke des Kautschuks nähert sich der Prallwiderstand immer mehr dem des reinen Kautschuks. Ein Minimum wird bei einer Dicke von 0,93 mm erreicht. Dann beginnt der Einfluß der Gummidicke auf seinen eigenen Prallwiderstand eine Rolle zu spielen, der Gummi zeigt mit wachsender Dicke einen größeren Prallwiderstand und scheint sich einem Grenzwert zu nähern.

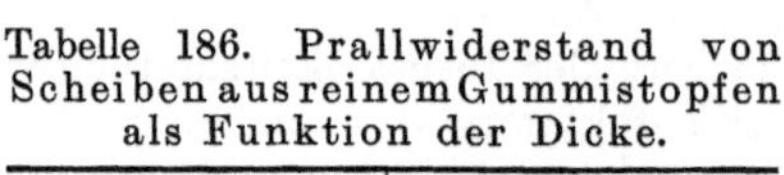
Tabelle 186. Prallwiderstand von Scheiben aus reinem Gummistopfen als Funktion der Dicke.

Dicke (mm)	Prallwiderstand
0,00	53
0,50	29
0,68	25
0,93	23
1,37	24
1,88	26
2,46	29
3,70	34
7,20	37
26,00	44

Beim Vergleich des Prallwiderstandes („Standes“) der verschiedenen Leder ist die Dicke unzweifelhaft ein Faktor von beträchtlicher Wichtigkeit. Aber der Prallwiderstand von irgendeiner einzelnen Ledersorte ist anscheinend nicht durch die ganze Dicke hindurch der gleiche. Wollte man zu Vergleichszwecken alle Proben durch Spalten gleich dick machen, so würde das zu unrichtigen Resultaten führen. Der bessere Weg schien darin zu bestehen, eine Standarddicke festzusetzen, die groß genug ist, den Prallwiderstand des Holzblocks zu beseitigen, und den Prallwiderstand des Leders bei einer Reihe von Proben verschiedener Dicke zu messen, die Werte in eine Kurve des Prallwiderstands als Funktion der Dicke einzutragen und den der Standarddicke entsprechenden Wert aus der Kurve zu entnehmen.

h) Der Einfluß des Wasser- und Fettgehalts auf den „Stand".

Frühere Versuche hatten gezeigt, daß sowohl der Fettgehalt als auch der Wassergehalt des Leders einen deutlichen Einfluß auf den „Stand" ausüben. Daraus ergab sich, daß die Messungen der verschiedenen Probestücke in einer Atmosphäre von gleicher relativer Feuchtigkeit vorgenommen werden müssen. Beide Wirkungen gehen aus den Abb. 419 und 420 hervor. Das untersuchte Probestück war ein vegetabilisch gegerbtes Sohlleder, das in den Kapiteln 36 bis 40 unter der Nummer 17 angeführt ist. Abb. 419 zeigt den Wassergehalt als Funktion der relativen Feuchtigkeit, nachdem die Proben zwei Monate mit der betreffenden Atmosphäre in Berührung waren. Das entfettete Lederstück absorbiert etwas mehr Wasser als das entsprechende normale Probestück. Abb. 420 zeigt den Einfluß auf den „Stand". Der Prallwiderstand vermindert sich mit wachsender relativer Feuchtigkeit und wachsendem Wassergehalt des Leders und ist für entfettete Leder größer als für normale Leder. Der Einfluß der Dicke ist hier ausgeschaltet, weil alle Leder von vornherein praktisch gleich dick waren, nämlich 6 mm. Der Prallwiderstand von chromgegerbtem Sohlleder wurde durch Entfetten von 17 auf 34 gehoben. Daraus geht hervor, daß der sehr geringe Prallwiderstand dem hohen Fettgehalt zuzuschreiben ist.

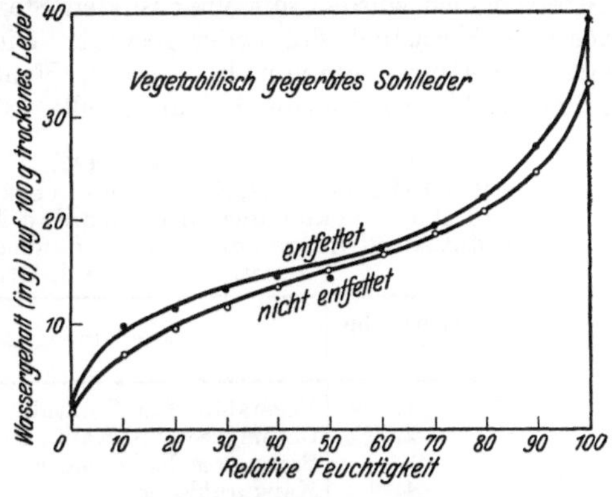

Abb. 419. Der Wassergehalt von Sohlleder als Funktion der relativen Feuchtigkeit der Atmosphäre.

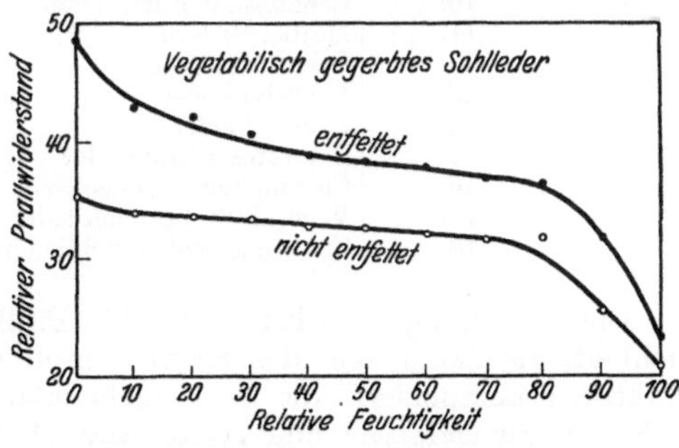

Abb. 420. Prallwiderstand von Sohlleder als Funktion der relativen Feuchtigkeit.

i) Werte für den „Stand“ typischer Schuhleder.

Für die Messung des Prallwiderstands der 18 früher beschriebenen Ledersorten wurde die Standarddicke auf 3 mm festgesetzt. Das erforderte für das Känguruhleder 6 Dicken; für den Prallwiderstand wurden folgende Werte gefunden: 37, 28, 27, 25, 25 und 24, wenn mit einer Lederscheibe begonnen und immer eine weitere bis zu 6 aufgelegt wurde. Setzt man diese Werte gegen die Gesamtdicke ein, so betrug der Wert für 3 mm 24. Die Werte für das vegetabilisch gegerbte Kalbleder waren 20, 21, 22 und 23 und geben für 3 mm Dicke den Wert 22. Die Werte für die beiden Sohlleder wurden bei ihrer normalen Dicke gemessen, da diese größer als 3 mm war. Die für die Versuche bestimmten Lederscheiben wurden mit einer runden Stanze von 3 cm Durchmesser aus dem Kernstück der Leder gestanzt. Die Probestücke wurden alle mit einer Atmosphäre von 50% relativer Feuchtigkeit ins Gleichgewicht gebracht. Die Ergebnisse sind in Tabelle 187 wiedergegeben.

Tabelle 187.
Prallwiderstand („Stand“) von verschiedenen Ledern in Ausdrücken des prozentualen Rückpralls eines Metallzylinders, der unter gewissen Bedingungen auf das Leder fällt.

Lederprobe Nr.	Ledersorte	Prallwiderstand
1.	Vegetabilisches Kalbleder . . .	22
2.	Chromgegerbtes Kalbleder . . .	26
3.	Satiniertes Kalbkidleder. . . .	28
4.	Känguruhleder	24
5.	Korduanleder.	16
6.	Sämischgegerbtes Hirschleder .	23
7.	Chromgegerbtes Seitenleder . .	21
8.	Schwedenleder	21
9	Kalbfutterleder.	22
10.	Schafsspalt-Futterleder	21
11.	Haifischleder.	23
12.	Lackseitenleder.	19
13.	Lack-Kidleder	22
14.	Kaltlackleder.	23
15.	Schweres Chromleder	17
16.	Chromleder, nachgegerbt . . .	11
17.	Vegetabilisches Sohlleder . . .	39
18.	Chromgegerbtes Sohlleder . . .	17

Die Beziehung zwischen „Stand“ (Prallwiderstand) und Bequemlichkeit, die der Träger des Schuhs empfindet, ist durch eine Anzahl Faktoren kompliziert, die noch nicht klar definiert sind. Bei Stahl gehen Prallwiderstand und Härte parallel, Stoffe wie Kautschuk hingegen können sehr widerstandsfähig gegen Prall und doch sehr weich sein. Wenn das Anwachsen des Prallwiderstands von Leder von einer Änderung des Wertes einer anderen wichtigen Eigenschaft begleitet ist, so kann letzteres den Einfluß einer Änderung des Prallwiderstands allein vollständig verdecken. Zum Beispiel erniedrigt ein wachsender

Wassergehalt des Leders den Prallwiderstand, aber er erniedrigt gleichzeitig die Widerstandsfähigkeit des Leders gegen eine Deformierung. Der Einfluß in der Änderung der Widerstandsfähigkeit gegen eine Deformierung wird lange vor der Wirkung einer Änderung im Prallwiderstand in die Erscheinung treten. Man kann wohl annehmen, daß ein hoher Grad von Prallwiderstand für Absatzleder erwünscht ist. Beim Laufen wird bei hohem Prallwiderstand beim Aufsetzen des Absatzes ein Teil der Energie auf den nächsten Schritt hinübergerettet, wodurch die Gesamtanstrengung beim Gehen gemindert wird. Diese Ausführungen benötigen jedoch noch sehr viel Forschungsarbeit.

Literaturzusammenstellung.

1. Wilson, J. A.: Comparative resilience of leather and rubber heels. J. Amer. Leather Chem. Assoc. **20**, 576 (1925).
2. Wilson, J. A.: The properties of shoe leather, VII. Temper and break. J. Amer. Leather Chem. Assoc. **24**, 112 (1929).
3. Wilson, J. A. u. E. J. Kern: The properties of shoe leather. VI. Resilience. J. Amer. Leather Chem. Assoc. **21**, 399 (1926).

42. Die Zerstörung des Leders durch Säuren.

Es sind einzelne Stücke vegetabilisch gegerbtes Leder gefunden worden, die Jahrtausende alt waren und trotzdem noch in einem bemerkenswert gutem Zustand erhalten waren. Im Gegensatz hierzu haben gewisse vegetabilisch gegerbte Leder, die zu Bucheinbänden dienen, eine verhältnismäßig kurze Lebensdauer. Seit nahezu hundert Jahren wendet man dieser Zerstörung gewisser Buchbinderleder große Aufmerksamkeit zu. Die Analyse solcher zerstörter Leder ergab immer, daß im Leder Schwefelsäure enthalten war. Die Zerstörung war im allgemeinen um so größer und ging in um so kürzerer Zeit vor sich, je höhere Säuremengen im Leder vorhanden waren. Man war darum bemüht, vegetabilische Leder herzustellen, bei denen während des Herstellungsprozesses die Haut und das Leder überhaupt nicht mit Schwefelsäure in Berührung kam. Es wurde aber festgestellt, daß einige Leder, die ursprünglich frei von Säure waren, Säure aus der Atmosphäre aufnahmen.

Von den neueren Untersuchungen über die Zerstörung von Buchbinderleder ist die Arbeit von Veitch, Frey und Leinbach (7) hervorzuheben. Diese Forscher prüften eine Anzahl zerstörter Bucheinbände von verschiedenen Volks- und Staatsbibliotheken und stellten fest, daß das Leder in den verschiedenen Teilen des zerstörten Bucheinbands merkliche Unterschiede in der physikalischen Beschaffenheit und der chemischen Zusammensetzung aufweist. Gewöhnlich war das Leder in dem Teil des Einbands, der am meisten der Luft und dem Licht ausgesetzt ist, am stärksten zerstört. Dieser Einbandteil zeigte den höchsten Schwefelsäuregehalt und auch die stärkste Umwandlung von Ledersubstanz in wasserlösliche Stickstoffverbindungen.

a) Methoden für quantitative Untersuchungen.

Da wenig oder gar keine quantitativen Untersuchungen vorlagen, die erkennen lassen, welche Säuremengen Zerstörung zur Folge haben und welchen Einfluß die Zeit dabei spielt, stellte Wilson (8) eine Untersuchung in der Hoffnung an, definierte quantitative Beziehungen aufzufinden. Abb. 394 im 38. Kapitel veranschaulicht sehr deutlich, wie stark die Zerreißfestigkeit des Leders mit der Hautstelle über die ganze Hautfläche variiert. Wegen dieser unterschiedlichen Zerreißfestigkeit waren die Forscher früher nicht in der Lage, sagen zu können, wie die Zerreißfestigkeit eines gegebenen Lederstücks ohne Säureeinwirkung sein würde. Indessen zeigen die im 38. Kapitel in den Abb. 392 und 393 gegebenen Daten, daß die Veränderung der Zerreißfestigkeit einer ziemlich glatten und fortlaufenden Kurve von einem Punkt zu einem zweiten folgt, wenngleich die Kurve einige Maxima und Minima aufweist. Bei Prüfung der vorliegenden Angaben über die Zerreißfestigkeit ergab sich die Möglichkeit, Flächen auszuwählen, die so in Streifen geschnitten werden können, daß die Kurve für die Veränderung der Zerreißfestigkeit von einem Ende zum anderen dadurch ermittelt werden kann, daß einfach die Zerreißfestigkeit eines jeden zweiten Streifens bestimmt wird. Wurden die ungeradzahlig numerierten Streifen für die Kurvenaufnahme verbraucht, so konnte die Zerreißfestigkeit der geradzahligen Streifen aus der Kurve entnommen werden, ohne sie wirklich zerreißen zu müssen. Die geradzahligen Streifen konnten dann für die Untersuchungen benutzt werden. Nach jeder besonderen Behandlung konnte die Verminderung der Zerreißfestigkeit gemessen werden. Der Versuchsfehler läßt sich auf einen kleinen Wert herabdrücken, wenn man zwei oder drei Versuchsreihen ansetzt.

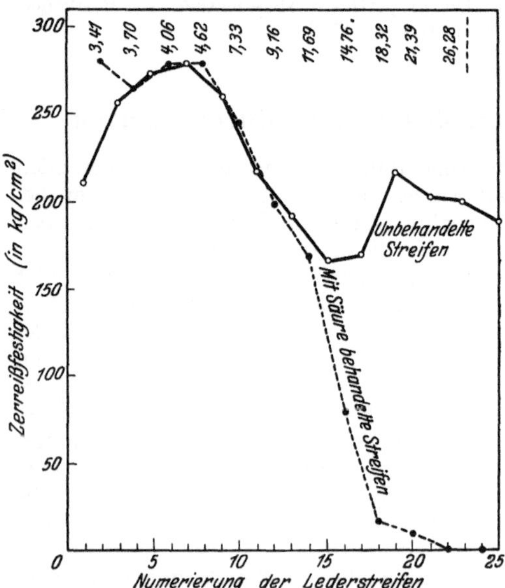

Abb. 421. Die Zerstörung von chromgegerbtem Kalbleder durch Schwefelsäure.

Die Zahlen über den Kurven geben an, wieviel g Schwefelsäure auf 100 g trockenes Leder die geradzahlig numerierten Streifen enthielten.

Die ungeradzahligen Streifen enthielten auf 100 g trockenes Leder 5,13 g Schwefelsäure.

Diese Methode wird an einem konkreten Fall in Abb. 421 erläutert. Ein Stück zugerichtetes chromgegerbtes Kalbleder, 75 cm zu 17 cm, wurde in 25 Streifen von 3 zu 17 cm geschnitten, die von 1 bis 25 durchnumeriert wurden. Von den ungeradzahligen Streifen wurde die Zerreißfestigkeit genau gemessen, wie im 38. Kapitel angegeben. Die geradzahligen Streifen wurden mit Lösungen von verschiedener Wasserstoffionenkonzentration befeuchtet. Es wurden Lösungen von 0,5 n Natriumbicarbonat bis zu 5,0 n Schwefelsäure verwendet. Mit den Bicarbonatlösungen wurde gearbeitet, um Lederstreifen zu erhalten, die weniger als die übliche Menge Schwefelsäure enthalten. Die Streifen wurden oberflächlich abgetrocknet, an der Luft getrocknet und sechs Monate zum Altern aufbewahrt. Dann wurde die Zerreißfestigkeit der Streifen gemessen und in das Diagramm (Abb. 421) neben den Zerreißfestigkeiten der unbehandelten Streifen eingetragen. Die zerrissenen Streifen eines jeden Versuchs wurden auf den Wasser- und Schwefelsäuregehalt analysiert; der Schwefelsäuregehalt wurde ebenfalls in das Diagramm eingetragen.

Bis zu einem Säuregehalt von etwa 10% fallen die beiden Kurven praktisch zusammen, bei einem weiteren Ansteigen des Säuregehalts divergieren sie aber scharf. Die säurebehandelten Streifen verlieren schließlich jede meßbare Zerreißfestigkeit. Der Abstand zwischen beiden Kurven gibt ein Maß für die fortschreitende Verminderung der Zerreißfestigkeit mit wachsendem Säuregehalt des Leders. Betrachten wir z. B. den Streifen Nr. 16, der eine Zerreißfestigkeit von 79 kg/qcm hat. Das von diesem Punkte auf die obere Kurve gefällte Lot schneidet die obere Kurve beim Wert 168. Dieser Wert kann als die Zerreißfestigkeit des Streifens Nr. 16 angesehen werden, bevor er mit Säure behandelt und altern gelassen wurde. Wir können daher schließen, daß das Leder durch die Behandlung 53% seiner Zerreißfestigkeit eingebüßt hat. Das Verfahren erlaubt, den prozentualen Verlust der Zerreißfestigkeit eines Leders zu bestimmen, der durch irgendeine besondere Behandlung zustande kommt. Bei jedem Versuch wurde der Säuregehalt des Leders in dem Streifen bestimmt, der zum Messen der Zerreißfestigkeit diente.

Tabelle 188. Analysen der zu den Versuchen verwendeten Leder. (Auf das Trockengewicht.)

	Vegetab. gegerbt	Chromgegerbt	
		gefärbt	nicht gefärbt
	%	%	%
Hautsubstanz (N·5,62)	48,9	74,0	82,6
Fette (Chloroformextrakt)	10,6	6,3	4,2
H_2SO_4	0,5	4,2	5,1
Na_2SO_4	0,0	0,7	0,6
HCl	0,0	0,6	0,1
NaCl	0,0	0,2	0,4
Al_2O_3	0,3	1,1	0,9
Fe_2O_3	0,0	0,3	0,2
Cr_2O_3	0,0	6,0	5,1
Wasserlösliches, organisch	11,0	2,0	0,8
Gebundener Gerbstoff (Differenz)	28,7	—	—
Andere organische Substanz (Differenz)	—	4,6	0,0

Die Versuche erstreckten sich auf drei verschiedene Arten von Kalbleder: 1. gefärbtes vegetabilisches, 2. gefärbtes chromgegerbtes und 3. ungefärbtes chromgegerbtes Kalbleder. Die Analysen dieser Leder sind in Tabelle 188 zusammengestellt.

b) Wirkungen des Gesamtschwefelsäuregehalts.

Die Kurven in Abb. 422 geben die Ergebnisse einer von vier Versuchsreihen, die mit farbigem chromgegerbten Kalbleder ausgeführt wurden, wieder. Gleichzeitig wurden vier Versuchsreihen mit vegetabilisch gegerbtem Kalbleder ausgeführt. Nachdem die Versuchsstreifen mit Lösungen von Schwefelsäure oder Natriumbicarbonat befeuchtet und dann getrocknet worden waren, ließ man sie verschieden lange Zeit altern; als Zeiträume wurden 1,5, 3, 6, und 9 Monate gewählt.

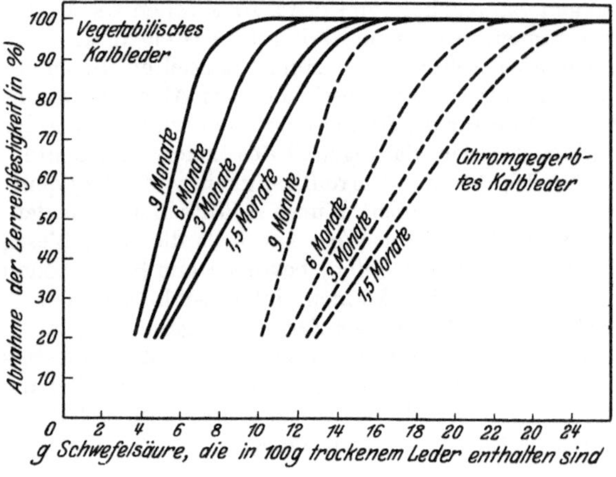

Abb. 422. Die Zerstörung von chromgegerbtem und von vegetabilischem Leder als Funktion der Zeit und der Schwefelsäuremenge (frei und gebunden), die in dem Leder enthalten ist.

Die Streifen wurden an der Luft aufbewahrt und waren den normalen Temperaturschwankungen und Veränderungen der relativen Feuchtigkeit ausgesetzt; nur die letzte Woche, bevor die Zerreißfestigkeitsprüfung vorgenommen wurde, wurden die Streifen in geschlossene Behälter gelegt, in denen die relative Feuchtigkeit konstant auf 50% gehalten wurde. Die Ergebnisse der acht Versuchsserien sind in Abb. 422 niedergelegt.

Bei niedrigen Säurewerten zeigten die Versuchsstreifen zuweilen eine Zunahme, zuweilen eine Abnahme der Zerreißfestigkeit, deren absoluter Wert von Null bis 20% vom errechneten Wert variierte. Die unter 20% Abweichung liegenden Werte sind also für diese besondere Untersuchung nicht verwertbar. In Abb. 422 wurden darum nur die Werte eingezeichnet, bei denen die Abnahme der Zerreißfestigkeit größer als 20% war. Aus den Kurven geht hervor, daß die Zerstörung des Leders sowohl mit wachsendem Säuregehalt als auch mit der Zeit zunimmt. Sie zeigen, daß ein Säuregehalt über 4% für vegetabilische und über 10% für chromgare Leder eine merkliche Zerstörung des Leders zur Folge hat.

Aus den Zahlen geht nicht hervor, welche maximalen Säuremengen die Leder enthalten können, ohne mit der Zeit einer Zerstörung Gefahr zu laufen. Indessen konnte sich Wilson zwei vegetabilisch gegerbte Kalblederstücke verschaffen, die auf die gleiche Weise gegerbt worden waren und die gleiche Zusammensetzung hatten wie die untersuchten Leder. Das eine davon war 13 Jahre, das andere 20 Jahre alt. Ersteres enthielt 0,60, das zweite 0,53 g Schwefelsäure auf 100 g trockenes Leder. Vergleichsprüfungen zwischen den entsprechenden Teilen aus dem Kern dieser Leder und von Ledern, die auf die gleiche Weise erst frisch gegerbt und zugerichtet waren, ergaben, daß die beiden Ledersorten praktisch die gleiche Zerreißfestigkeit hatten, nämlich etwa 400 kg auf 1 qcm Querschnitt. Für vegetabilisch gegerbte Leder scheint das Maximum der Schwefelsäuremenge, die noch als ungefährlich angesehen werden kann, zwischen 0,6 und 4% zu liegen. Die in Abb. 422 dargestellten experimentellen Befunde wurden später noch auf eine breitere Grundlage gebracht, indem auch die Zerreißfestigkeit nach 1 Jahre und nach 2 Jahren geprüft wurde; die Befunde weichen aber von den Ergebnissen, die mit 9 Monate alten Ledern erhalten waren, nicht meßbar ab. Ein Säuregehalt von 2,5% hatte in zwei Jahren keine meßbare Zerstörung von vegetabilisch gegerbtem Leder zur Folge. Wilson nimmt an, daß diese Zahl sehr nahe am Maximum liegt, bei dem noch keine Zerstörung eintritt.

c) Der Einfluß der Konzentration.

Aus den Kurven der Abb. 422 geht hervor, daß Chromleder eine größere Menge gebundene oder ungebundene Säure enthalten kann als vegetabilisch gegerbtes Leder, ohne zerstört zu werden. Indessen enthält Chromleder gewöhnlich eine große Menge chemisch gebundener Säure, während vegetabilisches Leder praktisch frei davon ist. Wenn die Säure jedoch in chemische Bindung mit dem Leder tritt, verliert sie ihren Säurecharakter, selbst wenn sie bei der angewandten Analysenmethode als solche in Erscheinung tritt. Der größte Teil der im Chromleder gefundenen Schwefelsäure liegt wahrscheinlich in Form von Sulfationen vor, die vom Chromkern koordinativ gebunden sind, wie bereits im 19. Kapitel beschrieben wurde. Wahrscheinlich verursacht aber nur die freie Säure eine Zerstörung des Leders.

Um den Einfluß der Konzentration der freien Säure zu zeigen, brachte Wilson Stücke beider Ledersorten unter Säurelösungen verschiedener Konzentrationen. Ziemlich überraschend zeigte sich, daß das Chromleder gegen eine gegebene Säurekonzentration viel empfindlicher ist als vegetabilisches Leder. In der Tat führten diese Versuche zu einer neuen Methode, um sehr dünne Lederblätter herzustellen. Die Oberfläche des chromgegerbten Leders wird gewöhnlich leicht vegetabilisch nachgegerbt, da die Nachgerbung für die Färbung wie eine

Beize wirkt. Wurde ein 1,1 mm dicker Chromlederstreifen in 6 n Schwefelsäure eingelegt, so wurde das Innere des Leders, das keinen vegetabilischen Gerbstoff enthielt, im Verlauf weniger Tage aufgelöst. Es blieben nur zwei dünne Streifen, die nach dem Waschen und Trocknen einen sehr guten Eindruck machten; der Narbenstreifen war 0,1 mm, der Fleischseitenstreifen 0,2 mm dick, entsprechend der Tiefe der vegetabilischen Nachgerbung.

Um die Untersuchung zu vereinfachen, wurde für diese Versuche Chromleder ausgewählt, das weder vegetabilisch nachgegerbt noch gefärbt, das aber gelickert und zugerichtet war, um ihm die erforderliche Geschmeidigkeit und Reißfestigkeit zu geben. Die Analyse des Leders wurde schon früher angeführt. Streifen dieses Leders und von vege-

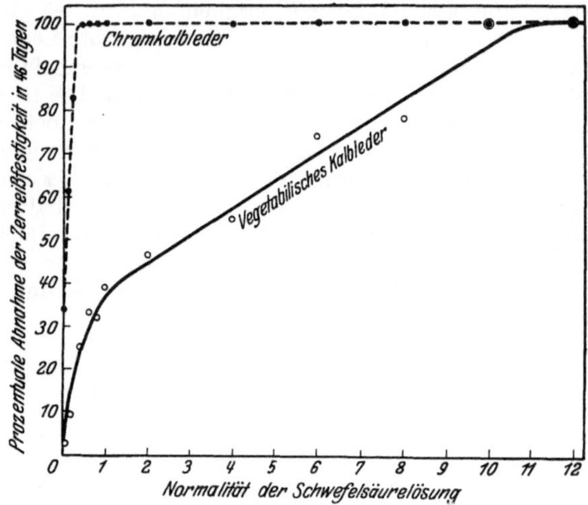

Abb. 423. Die Zerstörung von chromgegerbtem und von vegetabilischem Kalbleder durch Schwefelsäurelösungen verschiedener Konzentration.

tabilisch gegerbtem Leder wurden in Schwefelsäurelösungen eingelegt, deren Konzentration sich über ein Gebiet von 0,25 bis 12,00 normal erstreckten. Die Behälter wurden 46 Tage lang in einem Thermostaten bei einer Temperatur von $25^0 \pm 0{,}01^0$ aufbewahrt. Dann wurden die Streifen 48 Stunden in fließendem Wasser gewaschen und so von der zugesetzten Säure befreit. Nach Messung der Zerreißfestigkeit wurden alle Streifen analysiert, um sicher zu gehen, daß eine Verschlechterung des Leders nicht auf Säure zurückzuführen ist, die beim Auswaschen nicht entfernt wurde. Es wurde festgestellt, daß alle Streifen des vegetabilisch gegerbten Leders frei von Schwefelsäure waren, und daß alle chromgegerbten Streifen weniger Säure enthielten als das ursprüngliche unbehandelte Leder enthalten hatte.

Nach Ablauf von 46 Tagen waren die vegetabilisch gegerbten Streifen in den 10- und 12-normalen Säurelösungen in einzelne Stücke zerfallen; alle anderen aber schienen dem Augenschein nach intakt zu sein. Alle chromgegerbten Streifen dagegen waren in den Lösungen, die 0,4 n oder stärker waren, gelöst oder sehr stark angegriffen worden. Aus Abb. 423 ist die Verminderung der Zerreißfestigkeit der nicht zersetzten Streifen ersichtlich. In der 0,2-normalen Säure erlitt das Chromleder eine Verminderung seiner Zerreißfestigkeit um 83%, während das vegetabilisch gegerbte Leder keine meßbare Verminderung zeigte. Diese Untersuchungen zeigen, daß die hohe Säuremenge, die gewöhnlich bei der Analyse des Chromleders gefunden wird, nicht als freie Säure zugegen ist; im Gegenteil, die große Empfindlichkeit des Chromleders für Säuren läßt erkennen, daß nur sehr geringe Mengen des Säuregehalts im Chromleder in Form von freier Säure vorliegen können. Das bestätigt die analytischen Befunde von Merrill, Niedercorn und Quarck, die im 19. Kapitel angeführt worden sind.

Das anscheinend viel geringere Aufnahmevermögen der vegetabilisch gegerbten Leder für Säure scheint darauf zurückzuführen zu sein, daß sich die Gerbstoffe mit jenen Proteingruppen verbinden, die sonst fähig sind, sich mit Säure zu verbinden. Außerdem fehlt den gebundenen Gerbstoffen die Fähigkeit des Chromkerns, Schwefelsäure koordinativ zu binden. Es sei daran erinnert, daß im 16. Kapitel auf eine Arbeit von Wilson und Bear hingewiesen wurde, die gefunden hatten, daß stärker vegetabilisch gegerbtes Hautpulver weniger gut fähig ist, Säure aus einer Säurelösung aufzunehmen. Sie fanden auch, daß durch vegetabilische Nachgerbung der Schwefelsäuregehalt von Chromleder wesentlich herabgesetzt wird.

d) Die Wirkung von Salzsäure.

Streifenserien vegetabilisch gegerbter Kalbleder wurden mit Salzsäurelösungen, deren Stärke 0,1 bis 5,0 normal war, behandelt, getrocknet und 46 Tage lang aufbewahrt. Ungeachtet der Säurekonzentration enthielten alle Streifen schließlich annähernd auf 100 g trokkenes Leder 3,3 g Salzsäure. Die Zerreißfestigkeit war bei allen Streifen um annähernd 25% herabgesetzt. Dieses Gleichgewichtsverhältnis von Säure zu Leder, das praktisch für alle Streifen konstant war, ist wahrscheinlich auf die Flüchtigkeit der Salzsäure zurückzuführen. Die Fähigkeit des Leders, die Salzsäure abzugeben, erklärt auf diese Weise, warum diese Säure nicht die zerstörende Wirkung hat, die die Schwefelsäure so oft zeigt.

Wenn dieser Unterschied in der Wirkung der beiden Säuren, der in der Flüchtigkeit der Salzsäure beruht, dadurch ausgeschaltet wird, daß die Lederproben unter Säurelösungen bestimmter Konzentrationen aufbewahrt werden, so erweist sich in Lösungen verhältnismäßig hoher Konzentration die Salzsäure für beide Lederarten stärker zerstörend als Schwefelsäure.

In Abb. 424 ist die zerstörende Wirkung von Salz- und Schwefelsäure auf chromgegerbtes Kalbleder graphisch dargestellt. Dieses Leder war weder gefärbt noch gelickert und enthielt auf 100 g Hautsubstanz

8,5 g Chromoxyd. Streifen dieses Leders wurden in Präparatengläser eingelegt, mit Säurelösungen verschiedener Konzentrationen übergossen, die Präparatengläser zugekorkt und im Thermostaten bei 25° aufbewahrt. Die Konzentration in einem jeden Glas wurde dadurch konstant gehalten, daß die Säure häufig durch frische Lösung ersetzt wurde. Es wurde die für die vollständige Zersetzung des Leders erforderliche Zeit bestimmt. Der Endpunkt eines jeden Versuchs mußte sehr scharf bestimmt werden. Die Streifen wurden erst dann als zerstört angesehen, wenn sie eines Tages plötzlich in Stücke zu zerfallen begannen und dann binnen eines Tages vollständig zerfallen waren.

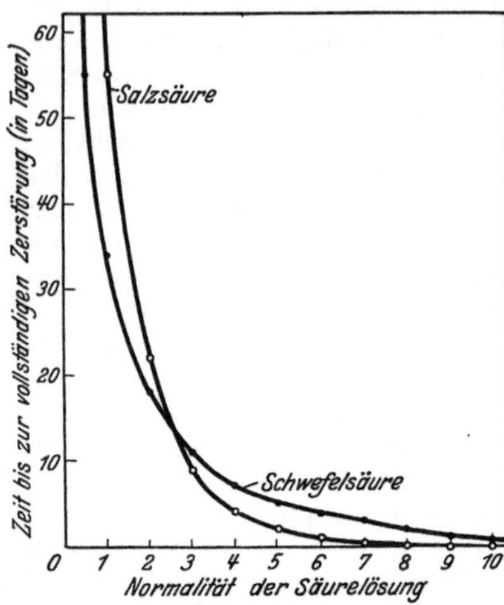

Abb. 424. Diagramm für die Zeitdauer, die zur vollständigen Zerstörung von chromgegerbtem Kalbleder durch Säurelösungen verschiedener Stärke erforderlich ist.

In 3-fach normalen oder konzentrierteren Lösungen wirkt Salzsäure kräftiger zerstörend als Schwefelsäure; in schwächeren Lösungen jedoch ist die Wirksamkeit beider Säuren gerade umgekehrt. Die stärkere Aktivität der Schwefelsäure in den schwächeren Lösungen scheint auf ihre größere entgerbende Wirkung zurückzuführen zu sein. Die kräftigere Wirkung der Salzsäure in den stärkeren Lösungen kann entweder auf die Tatsache zurückgeführt werden, daß sie eine stärkere Säure ist als Schwefelsäure, oder auch auf eine spezifische Wirkung des Chlorions. Das Chlorion wirkt, wie Wilson feststellte, auf Proteinsubstanz in konzentrierter Lösung sogar beim Neutralpunkt sehr zersetzend, während die Sulfate eine Schutzwirkung auszuüben scheinen.

Die gleiche Untersuchung wurde für vegetabilisch gegerbte Leder wiederholt. Mit Lösungen, die schwächer als etwa 8-fach normal waren, war für das Auge keine zerstörende Wirkung wahrzunehmen. Der Grad der Chromgerbung schien auf die Wirkung der Säure solange keinen bemerkenswerten Einfluß auszuüben, als das Leder genügend gut gegerbt war, um der Kochprobe zu widerstehen.

e) Der Einfluß der relativen Luftfeuchtigkeit.

Es ist vermutet worden, daß das Lagern von Leder, welches Schwefelsäure enthält, in sehr trockener Luft die zerstörende Wirkung der Schwefelsäure dadurch beschleunigt, daß die Säure konzentrierter wird, weil ja der Wassergehalt des Leders mit abnehmender relativer Feuchtigkeit der Atmosphäre, mit der das Leder in Berührung ist, auch abnimmt. Indessen stellten Wilson und Kern (9) fest, daß dies nicht der Fall ist. Für ihre Untersuchung wählten die Forscher zwei vegetabilische Kalbleder aus, deren Analyse in Tabelle 189 wiedergegeben ist.

Tabelle 189. Analyse zweier vegetabilischer Kalbleder.

	Haut I	Haut II
Hautsubstanz (N·5,62)	47,2	47,6
Fettstoffe (Chloroformauszug)	12,0	13,9
Schwefelsäure	1,0	0,8
CaO	0,3	0,2
Al_2O_3	0,5	0,4
Fe_2O_3	0,1	0,1
Wasserlösliches (organisch)	11,0	11,5
Gebundener Gerbstoff (Differenz)	27,9	25,5
Durchschnittliche Dicke (mm)	1,12	1,29
Durchschnittliche Zerreißfestigkeit (kg/qcm)	326	318
Prozentuale Dehnung bei einer Belastung von 100 kg/qcm	12	14

Aus jedem Leder wurden zwei Stücke, 17 zu 39 cm, herausgeschnitten. Jedes Lederstück wurde in 13 Streifen 17 zu 3 cm zerschnitten, die von 1 bis 13 durchnumeriert wurden. Im ganzen wurden also vier solche Streifenserien vorbereitet. Diese Streifen wurden mit einer Atmosphäre von 50% relativer Feuchtigkeit ins Gleichgewicht gebracht. Dann wurden alle ungeradzahligen Streifen auf 15,24 zu 2,54 cm ausgestanzt, die Dicke gemessen und die Zerreißfestigkeit bestimmt. Die erhaltenen Werte wurden für diese Versuche als Meßeinheiten benutzt.

Die geradzahligen Streifen beider Streifenserien von Leder I wurden auch sofort gestanzt, aber sie wurden dann erst 24 Stunden in einer 0,8-normalen Schwefelsäurelösung geweicht und dann sorgfältig oberflächlich abgetrocknet. Für jede Versuchsreihe wurden sechs Exsiccatoren verwendet, die Schwefelsäurelösungen folgender Normalitäten enthielten: 37,5, 17,6, 13,6, 10,2, 6,6 und 0. Der über diesen Lösungen lagernde Luftraum zeigt entsprechend 0, 20, 40, 60, 80 und 100% relative Feuchtigkeit. In jedem Exsiccator wurde ein mit Säure behandelter Streifen im Luftraum über der Lösung 46 Tage aufbewahrt. Die Streifen wurden dann aus den Exsiccatoren genommen, auf ihre Zerreißfestigkeit geprüft und darauf auf Wasser- und Säuregehalt analysiert. Den Berechnungen der Zerreißfestigkeit wurde in allen Fällen die bei 50% relativer Feuchtigkeit gemessene Querschnittsfläche zugrunde gelegt.

Als normale Zerreißfestigkeit eines jeden geradzahligen Streifens wurde das Mittel der beiden angrenzenden ungeradzahligen Streifen angenommen. Z. B. hatte der Streifen 2 der 1. Serie eine Zerreißfestigkeit von 222 kg/qcm, während die entsprechenden Werte für die Streifen 1 und 3 285 und 305 waren. Als Normalwert für Streifen 2 wurde daher das Mittel von 285 und 305, d. i. 295 eingesetzt. Durch die Säurebehandlung wird die Zerreißfestigkeit des Lederstreifens um $100 - (222/2{,}95) = 24{,}8\%$ herabgesetzt. Auf diese Weise ließ sich die Verminderung der Zerreißfestigkeit der Lederstreifen nach jeder Behandlung feststellen.

Die beiden Streifenserien des Leders II wurden auf genau die gleiche Weise behandelt, nur wurden hier die geradzahligen Streifen gestanzt, und ihre Dicke erst gemessen, nachdem die Streifen 46 Tage in Berührung mit den oben angeführten relativen Feuchtigkeiten waren. Den Berechnungen der Zerreißfestigkeit wurden so die Querschnitte bei den angegebenen relativen Feuchtigkeiten zugrunde gelegt, während bei den beiden Versuchsserien des Leders I der Querschnitt bei 50% relativer Feuchtigkeit verwendet wurde. Damit sollte der Einfluß der Volumenänderung des Leders in bezug auf die relative Feuchtigkeit demonstriert werden.

Weiter wurden noch zwei Versuchsreihen von jedem Leder ausgeführt, die die Wirkung der relativen Feuchtigkeit auf Lederstreifen, die nicht mit Säure behandelt sind, veranschaulichen sollten. Es wurde gefunden, daß die Änderung der relativen Feuchtigkeit keinen meßbaren Einfluß auf die Zerreißfestigkeit dieser Lederart hat. Damit wird ein früherer Befund bestätigt, daß die Zerreißfestigkeit von chromgegerbtem Kalbleder merklich von der relativen Feuchtigkeit abhängig ist, während die von vegetabilischem Kalbleder nicht meßbar variiert.

Bei der Analyse der säurebehandelten Streifen wurde gefunden, daß sie alle auf 100 g trockenes Leder 5,0 g Schwefelsäure enthielten. In Tabelle 190 sind die Ergebnisse aller vier Versuchsreihen zusammengestellt. Beim Vergleichen der Ergebnisse fällt auf, daß die Volumenänderung des Leders mit der relativen Feuchtigkeit einen geringeren

Tabelle 190.
Verminderung der Zerreißfestigkeit zweier Leder, nachdem sie 46 Tage in Atmosphären von verschiedenen relativen Feuchtigkeiten gelegen haben. Beide Leder enthalten auf 100 g trockenes Leder 5,0 g Schwefelsäure.

Relative Feuchtigkeit	Wassergehalt		Verminderung der Zerreißfestigkeit	
	Versuchsreihe I	Versuchsreihe II	Versuchsreihe I	Versuchsreihe II
%	%	%	%	%
Leder I. Die Messung des Querschnitts zur Berechnung der Zerreißfestigkeit wurde bei 50% relativer Feuchtigkeit ausgeführt.				
0	1,85	1,25	24,8	18,4
20	7,16	6,90	41,0	33,8
40	9,83	9,31	47,3	33,5
60	13,21	13,28	52,6	46,2
80	17,56	17,36	54,1	51,1
100	30,40	30,00	62,2	64,1
Leder II. Die Messung des Querschnitts zur Berechnung der Zerreißfestigkeit wurde bei der angegebenen relativen Feuchtigkeit ausgeführt.				
0	1,50	1,53	26,8	24,4
20	6,54	6,50	40,4	40,6
40	9,39	9,08	36,5	31,9
60	12,81	12,85	45,4	41,4
80	17,49	17,21	55,6	60,5
100	28,30	28,80	64,4	69,7

Einfluß auf die Berechnungen hat als der Versuchsfehler. Der Einfluß der relativen Feuchtigkeit auf die Zerreißfestigkeit der unbehandelten Leder ist zu gering, als daß er sich messen ließe. Die wachsende zerstörende Wirkung bei steigenden relativen Feuchtigkeiten scheint demnach auf den steigenden Wassergehalt der säurebehandelten Leder zurückzuführen zu sein. Eine Erniedrigung des Wassergehalts der säurebehandelten Leder wirkt in der Tat verzögernd auf die Zerstörung, anstatt sie zu beschleunigen, wie allgemein vorausgesetzt wird.

Die falsche Vorstellung, die man sich von dem Einfluß der relativen Feuchtigkeit auf die Zerstörung des Leders durch Säure macht, dürfte der Nichtauseinanderhaltung der Begriffe Konzentration und Quantität zuzuschreiben sein. Die oben beschriebene Arbeit über die Wirkung der Säuren auf chromgegerbte und vegetabilische Leder zeigt, daß das Leder nur von der freien Säure zerstört wird und nicht durch Säure, die vom Leder chemisch gebunden ist. Aber die Verbindung zwischen Leder und Säure ist vollständig hydrolysierbar, und das Leder wird schließlich alle Säure an fließendes Wasser abgeben. In der beschriebenen Untersuchung war das Verhältnis von Säure zu Leder für alle Streifen konstant. Mit steigendem Wassergehalt eines jeden Streifens wird die Verbindung „Leder-Säure" stärker hydrolysiert. Die Quantität der freien Säure pro Gramm Leder wird größer, obgleich die Konzentration der Säure im Wasser geringer sein wird. Anscheinend ist das Ansteigen der Quantität der freien Säure für die beschleunigte zerstörende Wirkung verantwortlich.

Literaturzusammenstellung.

1. Bowker, R. C. u. E. L. Wallace: Progress report on the effects of acids on leather. J. Amer. Leather Chem. Assoc. **23**, 82 (1928).
2. Büttner, H.: Der Zeitfaktor bei der Wirkung freier Schwefelsäure im Leder. Z. Leder- u. Gerbereichemie **2**, 131 (1923).
3. Büttner, H.: Der Einfluß der Temperatur auf die Säurewirkung im Leder. Z. Leder- und Gerbereichemie **2**, 136 (1923).
4. Dackweiler, H.: Schwefelsäure im Leder. Bourse aux Cuirs de Bruxelles 3071 (1925).
5. Fievez, M.: Schwefelsäure im Leder. Cuir techn. **14**, 209 (1925).
6. Veitch, F. P., R. W. Frey u. L. R. Leinbach: Polluted atmosphere a factor in the deterioriation of bookbinding leather. J. Amer. Leather Chem. Assoc. **21**, 156 (1926).
7. Veitch, F. P., R. W. Frey u. L. R. Leinbach: Deterioriation of bookbinding leather. J. Amer. Leather Chem. Assoc. **23**, 9 (1928).
8. Wilson, J. A.: Destructive action of sulfuric and hydrochloric acids upon leathers. Ind. Eng. Chem. **18**, 47 (1926).
9. Wilson, J. A. u. E. J. Kern: Effect of relative humidity on the destruction of leather by acid. Ind. Eng. Chem. **19**, 115 (1927).
10. Woodroffe, D.: The action of oxalic and hydrochloric acids on vegetable-tanned leathers. J. Int. Soc. Leather Trades Chem. **11**, 254 (1927).
11. Woodroffe, D. u. F. H. Hancock: The action of sulfuric acid on leather. J. Int. Soc. Leather Trades Chem. **11**, 225 (1927).

43. Verschiedene Eigenschaften des Leders.

In den vorangehenden Kapiteln wurden lediglich die wichtigsten Eigenschaften des Leders abgehandelt. Leder besitzt aber noch eine ganze Reihe Eigenschaften, die für spezielle Zwecke sehr wichtig sind, von denen manche wahrscheinlich bis jetzt in der Literatur überhaupt noch keine Erwähnung gefunden haben. Die allerwichtigste Eigenschaft, die in den vorhergehenden Kapiteln nicht besprochen wurde, ist wohl die Widerstandsfähigkeit des Leders beim Tragen.

a) Die Widerstandsfähigkeit des Leders gegen Abnützung.

Die meisten Arbeiten über die Widerstandsfähigkeit des Leders beim Tragen beschäftigen sich mit Sohlleder. Das ist verständlich angesichts der Tatsache, daß beim Schuh die Absätze und Sohlen ganz besonders stark beansprucht werden. Das Schuhoberleder leidet beim Laufen verhältnismäßig wenig, so daß man bis zu einem gewissen Maße auf die Bestimmung der Widerstandsfähigkeit von Oberleder verzichten und sich mit einigen anderen Eigenschaften behelfen kann.

Bowker und Geib (6) führten eine sehr interessante Untersuchung über die relative Dauerhaftigkeit von Sohlleder aus, das aus chromgegerbten und vegetabilischen Ochsen- und Büffelhäuten hergestellt war. Sie führten ebenso Vergleichsversuche durch mit chromgegerbten Ochsenhäuten, die mit Fetten und mineralischen Füllstoffen gefüllt waren. Aus den verschieden zugerichteten Ledern wurden Sohlenpaare zusammengestellt, und zwar immer so, daß ein Mann von einer Ledersorte die Sohle links, ein zweiter die andere zum Paar gehörige Sohle rechts trug. Mit diesen Versuchssohlenpaaren wurden Männerschuhe besohlt, die dann von Werkstattarbeitern, Verwaltungsangestellten, Elektrotechnikern, Bleiarbeitern, Maschinisten, Heizern und Außendienstarbeitern getragen wurden. In den Fällen, in denen die vegetabilisch gegerbten Sohlen bereits durchgelaufen waren, während dic Chromsohle noch gut war, wurde die durchgelaufene vegetabilische Sohle durch eine neue ersetzt, damit ersehen werden konnte, wann die Chromsohle durchgelanfen war. In den Fällen, in denen dieses Vorgehen nicht durchführbar und eine Sohle noch nicht vollständig durchgelaufen war, wurde die Dicke gemessen, die beim Tragen abgelaufen worden war, und die wahrscheinliche Gesamttragdauer berechnet.

In Tabelle 191 ist die chemische Zusammenstzung der zu den Versuchen benutzten Leder zusammengestellt; die Tabelle 192 bringt die Ergebnisse der Tragversuche. Eine Zusammenfassung der Resultate aus den wöchentlichen Besichtungen und den Aussagen der einzelnen Träger führte zu gewissen allgemeinen Schlüssen über das Verhalten von Chromsohlleder beim praktischen Gebrauch. Die natürlichen Chromleder wurden sehr weich und lappig; sie hatten eine entschiedene Neigung sich zu verbreitern und an den Kanten auszufranzen, sie ließen das Wasser leicht hindurchdringen, sie rieben sich an den Kanten ab und verminderten dadurch die Ansehnlichkeit der Schuhe. Auf glattem, nassen

Tabelle 191. Chemische Zusammensetzung der untersuchten Sohlleder. (Prozente auf das Trockengewicht.)

	Serie I		Serie II		Serie III		Serie IV		Serie V		Serie VI	
	gefülltes Chromleder	vegetab. Leder	natürliches Chromleder	vegetab. Leder	gefülltes Chromleder	vegetab. Leder	gefülltes Chromleder	vegetab. Leder	natürliches Chromleder	gefülltes Chromleder	natürliches Chromleder	gefülltes Chromleder
uswaschverlust . .	15,18	25,91	5,85	29,85	12,98	28,45	[1]	31,88	4,64	—	1,68	1,60
autsubstanz . . .	34,75	41,25	74,20	38,36	34,61	39,51		37,67	80,55	—	88,15	64,35
ett[2]	22,83	2,27	2,73	2,41	22,71	3,24		3,46	1,79	23,12	1,00	24,07
nlösliche Asche . .	19,47	0,15	7,90	0,20	—	0,50		0,42	—	—	6,73	6,04
ebundener Gerbstoff	—	30,43	—	29,18	—	28,30		26,57	—	—	—	—
rad der Gerbung .	—	74,00	—	76,00	—	72,00		71,00	—	—	—	—
lucose	6,03	3,64	—	7,18	5,54	3,80		4,66	—	—	—	—
ittersalz	—	0,50	—	2,17	—	3,42		—	—	—	—	—
ineralsäure[3]	—	—	—	0,27	—	—		0,30	—	—	—	—
esamtasche	20,18	0,42	9,87	0,99	23,19	2,76		2,80	8,00	—	6,75	6,08
r_2O_3 (fettfrei) . . .	5,08	—	7,22	—	4,06	—		—	5,24	—	5,55	6,23

Tabelle 192. Ergebnisse der Widerstandsfähigkeitsbestimmungen.

Versuchsreihe Nr.	Leder	Anzahl der geprüften Sohlen	Durchschnittliche Dicke der Sohlen in mm	Tage Tragdauer pro Sohle	Tage Tragdauer pro mm Dicke	Längere Tragdauer des Chromleders in %	
						gefüllt	natürl.
1	Gefülltes Chromleder .	28	4,2	80,8	19,2	23,2	—
1	Vegetabilisches Leder .	28	4,3	66,4	15,5	—	—
2	Natürliches Chromleder	33	4,2	192,1	45,7	—	111,5
2	Vegetabilisches Leder .	33	5,3	111,5	21,0	—	—
3	Gefülltes Chromleder .	140	4,4	131,2	29,9	40,3	—
3	Vegetabilisches Leder .	140	4,3	92,2	21,4	—	—
4	Gefülltes Chromleder .	63	5,0	195,0	39,0	115,5	—
4	Vegetabilisches Leder .	63	4,6	84,3	18,3	—	—
5	Natürliches Chromleder	76	4,0	210,4	52,6	—	20,5
5	Gefülltes Chromleder .	76	3,9	175,4	45,0	—	—
6	Natürliches Chromleder	88	5,6	350,2	52,5	—	10,7
6	Gefülltes Chromleder .	88	5,9	333,9	56,6	—	—

Boden hatten sie leicht ein Ausgleiten zur Folge. Wurde das Leder mit Paraffin imprägniert, so wurde es, obwohl es beim Aufnageln auf den Schuh sehr hart war, bald lappig, verbreiterte sich, franzte an den Kanten etwas aus, war schlüpfrig und schien nach einer gewissen Tragdauer seine Widerstandsfähigkeit gegen das Durchlassen von Wasser zu verlieren, was wahrscheinlich darauf zurückzuführen ist, daß das Paraffin durch die Biegebewegungen während des Laufens herausgepreßt wird. Wurde das Leder mit Paraffin und Celluloselacken gefüllt, so verhielt

[1] Wie das Leder in den Versuchsreihen 5.
[2] Petrolätherextrakt.
[3] Methode Procter-Searle.

es sich ähnlich, nur franzte es nicht so stark aus und behielt seine Widerstandsfähigkeit gegen Wasser länger bei. Alle die in den Versuchsreihen 1 und 3 verwendeten gefüllten Leder, die mit einer beträchtlichen Menge Mineralstoffen gefüllt waren, waren in allen den oben erwähnten Eigenschaften hochwertiger und schienen ebenso fest und durchaus so widerstandsfähig gegen Wasser zu sein wie vegetabilisches Leder.

Bowker und Geib formulierten die Ergebnisse ihrer Befunde in folgenden Sätzen:

1. Unbehandelte und paraffingefüllte Chromledersohlen tragen sich pro Dickeneinheit annähernd zweimal so lang wie vegetabilisch gegerbte Sohlen.

2. Gewöhnliche Chromsohlen haben die längste Tragdauer. Weniger lang tragen sich paraffingefüllte, noch weniger solche, die außerdem mit mineralischen Substanzen gefüllt sind. Die letzteren halten etwa ⅓ länger als vegetabilische.

3. Obgleich die Chromsohlen im allgemeinen den vegetabilischen Sohlen in den Trageigenschaften weit überlegen sind, haben sie doch einige Nachteile: Das Aussehen ist weniger gut, die Festigkeit ist geringer, die Wasserdurchlässigkeit größer. Sie haben außerdem die unangenehme Eigenschaft, schlüpfrig zu sein, die nur teilweise durch Zugabe gewisser Füllmaterialien überwunden werden kann. Solche Chromleder haben nur eine beschränkte Anwendbarkeit. Wenn es gelänge, eine Methode zur Herstellung von Chromleder auszuarbeiten, das fast ebenso wertvolle Eigenschaften hat wie vegetabilisches Sohlleder, so ließe sich die Verwendung von Chromsohlleder ganz allgemein einführen, da es eine längere Haltbarkeit beim Tragen aufweist und damit billiger ist.

Veitch, Frey und Clarke (19) hatten schon früher auf die größere Dauerhaftigkeit chromgegerbter Sohlleder hingewiesen. Sie hatten auch festgestellt, daß Sohlen, die aus dem Kern der Haut geschnitten waren, länger getragen werden als Sohlen, die aus den Schulterpartien stammen, und daß gewalzte Leder dauerhafter sind als ungewalzte. Bowker (5) beobachtete, daß die Tragdauer einer Sohle durch Steigerung des Fettgehalts und der Biegsamkeit erhöht werden kann.

Der Einfluß der Füll- und Beschwerungsmittel ist ebenfalls der Untersuchung unterzogen worden. Wormeley, Bowker, Hart und Whitmore (22) fanden, daß die Beschwerung von Sohlleder mit Glucose und Bittersalz für das Tragen praktisch ohne Bedeutung war. Diese Stoffe werden beim Laufen auf feuchtem Boden bald ausgewaschen. Bowker (4) zeigte, daß Sohlleder durch Füllen mit Sulfitcellulose-extrakt so dauerhaft wird, als ob es mit gewöhnlichen Gerbextrakten wie Quebracho- oder Kastanienholzextrakt gefüllt worden wäre.

Hart (9) untersuchte den Widerstand gegen Abnutzung bei verschiedener Dicke der Haut. Aus einer vegetabilisch gegerbten Haut wurden 18 Probestücke herausgeschnitten und in sechs Gruppen eingeteilt. Drei wurden mit der Narbenseite nach außen, die anderen drei mit der Fleischseite nach außen untersucht. Von den drei Gruppen, die mit der Narbenseite nach außen untersucht wurden, wurde die erste Gruppe auf ihrer ursprünglichen Dicke belassen, von der zweiten wurde

⅓ von der Narbenseite abgefalzt, so daß die Probestücke ungefähr ⅔ ihrer ursprünglichen Dicke aufwiesen. Die dritte Gruppe wurde auf ⅓ ihrer ursprünglichen Dicke gebracht, indem ⅔ von der Narbenseite abgefalzt wurden. Ähnlich wurden die drei Gruppen behandelt, die von der Fleischseite untersucht wurden. Die Bestimmungen wurden mit einer Laboratoriumsmaschine zur Messung der Widerstandsfähigkeit ausgeführt. Die größte Widerstandsfähigkeit beim Tragen zeigt die mittlere Schicht der Haut, die zweimal so dauerhaft ist als die äußeren Narben- und Fleischschichten.

Neuerdings berichtet Goldenberg (8) über die Ergebnisse von Studien der russischen Kommission über die Abnutzung von Sohlleder bestimmter Gerbmethoden. Es wurden 1560 südamerikanische und russische Häute nach bestimmten Vorschriften gegerbt und die Leder chemisch, mechanisch und durch praktische Tragversuche in der russischen Armee geprüft. Bei den Tragversuchen wurden Bodenbeschaffenheit und Witterungseinflüsse berücksichtigt. Aus den zahllosen Versuchen ist ersichtlich, daß alkalische Quellung im Fabrikationsgang die Widerstandsfähigkeit des Leders gegen Abnutzung vermindert. Schwefelsäureschwellung vermindert die Haltbarkeit nicht. Schwellung mit natürlichen Säuren gibt bessere Resultate als Schwellung mit zugesetzten organischen Säuren, aber keine bessern als Schwellung mit Mineralsäuren. Die Ausdehnung der Grubengerbung über 120 Tage verringert die Haltbarkeit des Leders. Die Faßgerbung ist der Grubengerbung gleichwertig. Der Einfluß der Bodenbeschaffenheit ist für die Haltbarkeit von Sohlleder von großem Einfluß, doch ist bei gleichen Bodenverhältnissen der Einfluß der Herstellungsweise immer der gleiche. Während zwischen Auswaschbarem und Haltbarkeit des Leders kein Zusammenhang besteht, scheint ein großer Hautsubstanzgehalt des Leders günstig für die Widerstandsfähigkeit gegen Abnutzung zu sein.

Thuau (18) stellte bei Prüfungen der Haltbarkeit von Sohlleder auf einer von ihm konstruierten Maschine fest, daß die meisten Leder mit höheren Widerstandszahlen einen erhöhten Gehalt an freiem SO_3 (nach Balland und Maljean) aufwiesen. Dies steht mit praktischen Befunden im Einklang, daß stark geschwellte Leder widerstandsfähiger im Gebrauch sind. Versuche, bei denen mit andern Säuren, künstlichen Gerbstoffen usw. geschwellt wurde, bestätigten, daß starke Schwellung die Haltbarkeit der Sohlleder beim Gebrauch erhöht.

b) Die Widerstandsfähigkeit des Leders gegen Wasser und Hitze.

In trocknem Zustand widerstehen die meisten Leder Temperaturen über 100° ohne merklichen Schaden; bei feuchten Ledern jedoch hängt die Widerstandsfähigkeit gegen Hitze von der Art und dem Grade der Gerbung ab. Leder, die mit Chrom oder mit Chinon gegerbt sind, werden der Wirkung von kochendem Wasser widerstehen. Sehr schwer gegerbte Chromleder werden sogar der Wirkung von Dampf unter Druck widerstehen. Vegetabilische Leder werden von Wasser bei einer Temperatur viel über 70°, sämischgare Leder bei Temperaturen viel über 60° zerstört. Im allgemeinen ist die Temperatur, bei der feuchtes Leder zerstört wird, nur von theoretischer Bedeutung; sie ist immer viel höher, als ein menschlicher Körper aushalten könnte. Von großer praktischer Wichtigkeit ist sie jedoch dann, wenn versucht wird, feuchtes Leder durch Anwendung von Hitze schneller zu trocknen. Viele Sohlen werden dadurch verdorben, daß feuchte Schuhe auf heiße Unterlagen, Dampfheizungskörper oder zu nahe an das Feuer gestellt werden. Leder sollte immer langsam getrocknet werden. Man kann es weich und geschmeidig halten, indem man den Narben mit etwas Olivenöl einreibt, während das Leder noch feucht ist. Das empfiehlt sich auch, wenn Leder mit Seife und Wasser gereinigt wurde, zweifellos die beste Methode zur Reinigung von Leder.

c) Einflüsse auf das „Zwicken" des Leders bei der Schuhfabrikation.

Die geringere Widerstandsfähigkeit der vegetabilischen Leder gegen heißes Wasser hat manche Schuhfabrikanten veranlaßt, chromgegerbte Oberleder zu bevorzugen, da es weniger Aufmerksamkeit in bezug auf die Temperatur beim Weichmachen und Vorbereiten des Leders vor dem Zwicken beansprucht. Das ist bedauerlich, weil dadurch letzten Endes der Verbraucher auf die Vorzüge des vegetabilischen Leders zum Vorteil der Schuhfabrikanten, der noch dazu zweifelhaften Werts ist, verzichten muß. In einer persönlichen Mitteilung hat F. W. Eagan von der Beckwith Manufacturing Company in Boston das Problem des Zwickens von chromgegerbtem und vegetabilischem Leder in sehr klarer Weise besprochen. Fast alle Räume, in denen die Schuhe über den Leisten gespannt werden, sind heute mit Heißdampferhitzern ausgestattet, um den Schuh im Vorderblatt weich zu machen. Man läßt Hitze und Feuchtigkeit auf die Narbenfläche des Leders einwirken, um es vor dem Zwicken in einen geeignet weichen und geschmeidigen Zustand zu versetzen. Alle Oberleder ertragen diese Behandlung, wenn sie nur richtig durchgeführt wird, ohne Schaden, wenn auch manche Gerbungen gegen Hitze und Dampf widerstandsfähiger sind als andere.

Wenn der Schuhfabrikant noch keine Erfahrung mit dem Zwicken von vegetabilisch gegerbtem Oberleder hat, ist es gut, wenn er zuerst mit kleinen Lederstücken arbeitet, um die gerade richtige Temperatur und das Dampfvolumen zu ermitteln. Alle vegetabilisch gegerbten Leder können genügend weich gemacht werden, wenn der Erhitzer richtig reguliert wird. Die vegetabilisch gegerbten Oberleder können unter Umständen auch bei niederer Temperatur mit einem kleineren Dampfvolumen behandelt werden, wenn eine entsprechend längere Einwirkungsdauer gewählt wird. Eine Schädigung des Leders oder eine Mißfärbung der Appretur ist dabei nicht zu befürchten. Zum Beispiel kann man den gewünschten Weicheffekt erzielen, wenn man das Leder 4 Minuten auf 65° bringt, ohne daß das Leder oder die Appretur leidet, während das gleiche Lederstück durch 1 Minute langes Erhitzen auf 100° oder höher verdorben wird.

Vorderblatterhitzer sollten so angeordnet sein, daß Temperatur und Dampfvolumen getrennt überwacht werden können und daß kein Kondenswasser auf das Blatt des Schuhs fallen kann, was Fleckenbildung zur Folge haben würde. Die Schnittflächen des Leders sollten im Auge behalten werden; fangen sie an sich zu krümmen, so ist das ein Zeichen, daß das angewendete Volumen Heißdampf zu groß ist.

d) Der Widerstand des Leders gegen Schrammen und Brechen des Narbens.

Wenn ein harter, scharfer Gegenstand über die Narbenfläche des Leders streicht, kann er in den Narben einschneiden und ein dünnes Häutchen der Thermostatschicht abschälen. Dadurch wird das gute Aussehen des Leders verdorben, vor allem, weil die innere Schicht des Leders gewöhnlich in der Farbe von der Narbenschicht abweicht. Der Widerstand des Leders gegen Schrammen hängt in der Hauptsache von der Art und dem Alter des Tieres und der Festigkeit der Faserstruktur ab. Die Haut eines Tieres, das schwer arbeiten mußte, ist gewöhnlich viel widerstandsfähiger gegen Schrammen als die Haut eines sehr jungen und zarten Tieres. Schweinsleder zeigt einen besonders großen Widerstand gegen Schrammen. Auch die Methoden der Gerbung und Zurichtung des Leders haben einigen Einfluß auf die Widerstandfähigkeit gegen Schrammen; dies wird wahrscheinlich noch bei Untersuchungen über die Eigenschaften des Leders von wachsender Bedeutung sein.

Die Widerstandsfähigkeit des Leders gegen das Brechen der Narbenfläche, wenn das Leder mit dem Narben nach außen scharf gebeugt wird, hängt von vielerlei Faktoren ab. Nach Wilson läßt sich dieser Widerstand für manche Leder messen, indem bei der Bestimmung der Zerreißfestigkeit und Dehnungsfestigkeit die prozentuale Dehnung beobachtet wird, bei welcher der Narben bricht. Bei den meisten guten Oberledern bricht der Narben erst dann, wenn das Leder selbst zerreißt. Das Brechen kann durch Ölen der Narbenoberfläche stark herabgedrückt werden. Sehr schwere Leder mit niedrigem Fettgehalt brechen fast immer im Narben, wenn sie scharf gebogen werden. Die Neigung des Narbens, zu brechen, wird manchmal durch ungeeignete Schwellung der Haut während der Gerbung begünstigt.

Die Widerstandsfähigkeit der Narbenfläche des Leders gegen Abreiben hängt stark von der Art der verwendeten Appreturmittel und von den verschiedenen mechanischen Operationen bei der Zurichtung ab. Auch die Annahme des Glanzes beim Putzen der Schuhe ist von der Zurichtung des Leders abhängig.

e) Die Fähigkeit des Leders, eingepreßte Muster festzuhalten.

Häufig werden auf Leder mit Werkzeugen oder Schablonen Muster aufgedrückt, die selbstverständlich möglichst dauernd erhalten bleiben sollen. Für die Eigenschaft des Leders, eingepreßte Muster festzuhalten, spielt sowohl die Struktur der Haut als auch die Art der Gerbung eine sehr große Rolle. Es ist dafür eine sehr volle und dichte Struktur nötig.

Eine ideale Struktur haben Kalbshaut unter den feineren und Rindshaut unter den gröberen Ledern. Die vegetabilische Gerbung ist der Chromgerbung weit überlegen, weil sie die Fasern in stärkerem Maße ausbaut und die Struktur entsprechend fester macht. Vegetabilisch gegerbte Kalbleder werden sehr viel für die feineren Arten so bearbeiteter Leder verwendet.

f) Farbe und Wärme.

Wilson und Diener (20) versuchten aufzuklären, inwieweit die Farbe des Leders mit der bei direkter Sonnenbestrahlung entstehenden Wärme zusammenhängt. Setzt man im Sommer seine Schuhe sehr lange dem direkten Sonnenlicht aus, so werden die Füße unangenehm warm. Trägt man an dem einen Fuße einen schwarzen, am anderen einen hellfarbigen Schuh, so macht sich ein starker Wärmeunterschied fühlbar; der Fuß mit dem schwarzen Schuh wird viel heißer.

Gewisse Stoffe erscheinen schwarz, weil sie das Licht nicht reflektieren, sondern es in Wärme umsetzen. Weißes Licht enthält alle Farben und je heller ein Stoff in seiner Farbtönung ist, um so mehr Farben des weißen Lichts reflektiert er und um so weniger führt er in Wärme über. Es scheint wenig beachtet zu werden, wie groß dieser Unterschied im Temperaturanstieg zwischen schwarzen und hellfarbigen Ledern ist, wenn sie dem direkten Sonnenlicht ausgesetzt werden. Wilson und Diener bestimmten diesen Unterschied für 8 Proben vegetabilischer Kalbleder. Bei jedem Versuch wurde die Kugel eines Standardthermometers mit einer Schicht des betreffenden Leders umhüllt und die Thermometer gleichzeitig dem Sonnenlicht ausgesezt. In nur wenigen Minuten stiegen die Thermometer auf Werte, die wesentlich höher lagen als die Lufttemperatur, aber je nach der Farbtönung voneinander verschieden waren. Die in der Tabelle 193 gegebenen Werte sind für die Befunde typisch.

Tabelle 193.
Temperaturen verschiedenfarbiger Leder im Sonnenlicht.

Farbe des Leders	Temperatur im Sonnenlicht
Hell strohgelb . . .	38°
Sandfarben	39°
Sehr leicht lohbraun	40,5°
Leicht lohbraun . .	41°
Mittel lohbraun . .	42°
Dunkel lohbraun . .	43°
Sehr dunkel lohbraun	44°
Schwarz	47°

Das schwarze Leder wurde tatsächlich im direkten Sonnenlicht 9° wärmer als das hell strohgelb gefärbte Leder. Diese Temperaturen wurden in wenigen Augenblicken erreicht und blieben dann konstant. Bei wiederholten Versuchen variierten zwar die tatsächlich erhaltenen Werte zahlenmäßig, die aufgestellte Reihe blieb aber erhalten. Die Höhe der Luftfeuchtigkeit, die Windgeschwindigkeit, der Feuchtigkeitsgehalt des Leders und die Art der Gerbung beeinflussen nur die absoluten Werte; die relativen Werte hängen von der Farbe ab. Die mit Chromleder erlangten Werte waren im wesentlichen die gleichen wie die mit vegetabilischem Leder erhaltenen Werte. Aus diesen Befunden geht hervor, daß es vorteilhaft ist, im Sommer helle und im Winter schwarze Schuhe zu tragen.

g) Die Narbenfeinheit des Leders.

Bei der Beurteilung von sehr feinem Oberleder für hochwertiges Schuhwerk spielt die Feinheit der Narbenbildung eine große Rolle. Was unter Narbenfeinheit zu verstehen ist, wird am einfachsten aus der Beschreibung der Methode klar, mit der Wilson die Narbenfeinheit bestimmt. Ein Lederstreifen wird mit der Narbenfläche nach innen fest um einen Glasstab von 3,2 mm Durchmesser gelegt, so, daß gerade die eine Kante des Leders mit dem einen Ende des Glasstabs abschneidet. Am Glasende wird eine Linie durch den Mittelpunkt des Glases gezogen. Der Narben des Leders zeigt beim Umlegen um den Glasstab Runzeln und Falten. Die Zahl der Falten kann von dem einen Ende bis zum anderen Ende der gezogenen Linie gezählt werden. Multipliziert man die erhaltene Zahl mit 2, so erhält man die Anzahl Falten pro Zentimeter. Damit hat man eine quantitative Methode zur Messung der Narbenfeinheit des Leders; je größer die Zahl der Falten pro Zentimeter ist, um so feiner ist die Narbenbildung. Ein Leder mit 25 oder mehr Fältchen pro Zentimeter hat eine feine Narbenbildung, eins mit 12 Fältchen eine mittlere und eins mit 6 Fältchen eine grobe Narbenbildung.

Gewöhnlich wird die Narbenfeinheit nur qualitativ gemessen, indem man mit der linken Hand das Ende, den Narben nach innen um den Zeigefinger der rechten Hand legt. Die Narbenfeinheit ist sehr stark vom Fettgehalt der Narbenschicht abhängig; mit wachsendem Fettgehalt steigt die Feinheit der Fältelung. Der Kern einer Haut hat gewöhnlich eine feinere Narbenbildung als die Schulterpartien, und die Schulterpartien wiederum sind feiner im Narben als der Bauch. Kalbleder hat eine viel feinere Narbenbildung als Rindleder und Rindleder eine feinere Narbenbildung als manche Kidleder. Festere Häute haben eine feinere Fältelung als losere. Ungeeignete Zurichtemethoden können zur Folge haben, daß ein Leder, das eigentlich eine feine Narbenbildung geben würde, nur eine recht grobe Narbenbildung aufweist. Die Art der Gerbung hat auf die Narbenbildung nur wenig Einfluß. Man prüft die Narbenfeinheit nur bei leichten Ledern; Rindleder werden nur in gespaltenem Zustand, wie sie als Schuhoberleder verwendet werden, geprüft.

Literaturzusammenstellung.

1. Arny, L. W.: Determinating the quality of belting leather. Leather Manuf. **36**, 291 (1925).
2. Atkin, R. W. u. F. C. Thompson: The role of oxidation in leather manufacture. Leather Trades Year Book 56 (1926).
3. Balderston, L.: Flexing test for leather. J. Amer. Leather Chem. Assoc. **23**, 221 (1928).
4. Bowker, R. C.: Durability of sole leather filled with sulfite cellulose extract. Bureau Standards Tech. Paper Nr 215 (1922).
5. Bowker, R. C.: Increasing the wear of sole leather. Hide & Leather **70**, Nr 18, 20, 21 und 22 (1925).
6. Bowker, R. C. u. M. N. V. Geib: Comparative durability of chrome and vegetable-tanned sole leathers. Bureau Standards Tech. Paper Nr 286 (1925).
7. Chaters, W. J.: The effect of heat on wetted vegetable-tanned leathers. J. Int. Soc. Leather Trades Chem. **12**, 544 (1928).

8. Goldenberg, A.: Der Einfluß der verschiedenen Herstellungsmethoden von Leder auf seine Widerstandsfähigkeit beim Gebrauche. Cuir techn. **22**, 414 (1929); Ref. Collegium **1930**, 340.
9. Hart, R. W.: Laboratory wearing test to determine the relative wear resistance of sole leather at different depths throughout the thickness of a hide. Bureau Standards Tech. Paper Nr 166 (1920).
10. Hart, R. W. u. R. C. Bowker: An apparatus for measuring the relative wear of sole leathers with results obtained with leathers from different parts of a hide. Bureau Standards Nr 147 (1920).
11. Hertz, N.: Contribution of leather to the automobile. Ind. Eng. Chem. **19**, 1104 (1927).
12. Pawlowitsch, P.: Zur Prüfung des Leders auf Abnutzung. Collegium **1925**, 455.
13. Pickard, R. H.: The alteration of leather during use or storage Leather Trades Year Book **72** (1925)
14. Porter, R. E.: Specific gravity, per cent voids and pile-up of leather. J. Amer. Leather Chem. Assoc. **24**, 36 (1929).
15. Powarnin, G.: Die mechanische Lederprüfung. Collegium **1925**, 169. — Die mechanische Analyse des Leders. Collegium **1927**, 125.
16. Powarnin, G. u. J. Schichireff: Lederuntersuchungen. Westnik des Allruss. Ledersyndikats 5—6, **79** (1924).
17. Thuau, U. J.: Die Widerstandsfähigkeit vegetabilischer Sohlleder gegen Abnutzung. Cuir techn. **17**, 360 (1928).
18. Thuau, U. J.: Die Widerstandsfähigkeit der Sohlleder beim Gebrauche im Vergleich mit denjenigen der Ledersatzprodukte und einige Mittel, jene zu erhöhen. J. Int. Soc. Leather Trades Chem. **13**, 507 (1929).
19. Veitch, F. P., R. W. Frey u. I. D. Clarke: Wearing qualities of shoe leathers. U. S. Dept. Agriculture, Bulletin 1168 (1923).
20. Wilson, J. A. u. E. J. Diener: Effect of color of leather upon its temperature in sunlight. Hide & Leather **73**, Nr. 23, 39 (1927).
21. Woodroffe, D.: Effect of perspiration on chrome upper leathers. J. Int. Soc. Leather Trades Chem. **7**, 305 (1923).
22. Wormeley, P. L., R. C. Bowker, R. W. Hart u. L. M. Whitmore: Effect of glucose and salts on the wearing quality of sole leather. Bureau Standards Techn. Paper Nr 138 (1919).

Namenverzeichnis.

Sachverzeichnis.

Verlag von Julius Springer / Wien

Die Chemie der Lederfabrikation

Von

John Arthur Wilson

Chef-Chemiker der Lederwerke A. F. Gallun & Sons Co., Milwaukee, Wisconsin, Präsident der American Leather Chemists' Association

Zweite Auflage

Bis zur Neuzeit ergänzte deutsche Bearbeitung von Dr. **F. Stather**, Privatdozent, Direktor der Deutschen Versuchsanstalt für Lederindustrie, Freiberg i. Sa., und Dr. **M. Gierth**, Assistent am Kaiser Wilhelm-Institut für Lederforschung, Dresden

Früher erschien:

Erster Band. Mit 202 Textabbildungen. XI, 438 Seiten. 1930. Gebunden RM 48.—

Die Histologie der Haut. — Die Chemie der Haut. — Die Messung der Acidität und Alkalität. — Die physikalische Chemie der Proteine. — Mikroorganismen und Enzyme. — Konservierung und Desinfektion der Häute. — Weichen und Entfleischen. — Enthaaren und Streichen. — Der Beizprozeß. — Die Kleienbeize und das Pickeln. — Vegetabilische Gerbmaterialien. — Die Analyse gerbstoffhaltiger Materialien. — Die Chemie der Gerbstoffe.

Handbuch für gerbereichemische Laboratorien. Von Dr. phil. Ing. **Georg Grasser**, Universitäts-Professor, Dozent der Technischen Hochschule Wien und Mitglied des Österreichischen Patentamtes, derzeit Vorstand des Institutes für Gerbereiwissenschaft an der Kaiserlichen Hokkaido-Universität Sapporo (Japan). Dritte, neu bearbeitete Auflage. Mit 49 Abbildungen im Text und 5 Tafeln. XII, 434 und XII Seiten. 1929. Gebunden RM 29.—

Die Gerbextrakte. Eigenschaften, Herstellung und Verwendung. Von **Peter Pawlowitsch**, Direktor des Wissenschaftlichen Lederforschungsinstitutes in Moskau, Dozent des Chemisch-Technologischen Mendelejew-Institutes, Technischer Leiter der Aktiengesellschaft „Dubitel" für den Bau der Extraktfabriken. Mit 107 Abbildungen im Text und 58 Tabellen. VII, 248 Seiten. 1929. RM 23.—

Die physikalisch-chemischen Grundlagen der Lederfabrikation in elementarer Darstellung. Von Dipl.-Ing. **N. P. Kostin.** Vom Verfasser bis zur Neuzeit ergänzte deutsche Ausgabe. Übersetzt von Ing. **L. Keiguelonkis** und Dipl.-Ing. **R. Schunck.** Mit 18 Tabellen und 29 Abbildungen. 128 Seiten. 1928. RM 10.—

Lederfärberei und Lederzurichtung. Von **M. C. Lamb.** Zweite deutsche Auflage (autorisierte Übersetzung der dritten englischen Auflage). Von Dr. **Ludwig Jablonski**, Berlin. Mit 218 Textabbildungen und 10 Tafeln mit Lederproben. VIII, 368 Seiten. 1927. Gebunden RM 33.—

Die Chromlederfabrikation. Von **M. C. Lamb**, Mitglied der „Chemical Society", Chemiker und Sachverständiger für das Ledergewerbe, Direktor des „Light Leather Department" und des „Leatherseller's Company's Technical College", London. Übersetzt und den deutschen Verhältnissen angepaßt von Dipl.-Ing. **Ernst Mezey**, Gerbereichemiker. Mit 105 Abbildungen. X, 268 Seiten. 1925. Gebunden RM 20.—

Verlag von Julius Springer / Wien

Handbuch der Gerbereichemie und Lederfabrikation

Unter Mitwirkung hervorragender Fachleute herausgegeben von

Professor Dr. **Max Bergmann**

Direktor des Kaiser Wilhelm-Instituts für Lederforschung, Dresden

Erster Band: **Die Rohhaut und ihre Vorbereitung für die Gerbung.** 1. Teil: **Die Rohhaut.** Allgemeine Einleitung. Geschichte der Gerberei. Die Haut. I. Haut und Fellarten. II. Histologie. a) Methodik. b) Allgemeine Histologie. c) Spezielle Histologie nach Tierarten. III. Chemie der Haut und der Proteine. IV. Physikalische Chemie der Haut und der Proteine. Die Wasserstoffionenkonzentration. V. Konservierung. a) Mikroorganismen. b) Konservierung und Desinfektion. VI. Hautschäden. (Lebendschäden, Konservierungsschäden, Lagerschäden.) VII. Häutemärkte. VIII. Patentliteratur. IX. Physikalisch-chemische Tabellen. — 2. Teil: **Die Wasserwerkstatt.** I. Die Gebrauchswässer. II. Weichen und Entfleischen. III. Äschern und Enthaaren. (Schwimmäscher, Faßäscher, Schwöden, Schwitzen.) IV. Reinmachen und Entkälken. V. Beizen. a) Enzyme. b) Beizprozeß. VI. Pickeln. VII. Patentliteratur. In Vorbereitung.

Zweiter Band: **Die Gerbung.**

1. Teil: **Die Gerbung mit Pflanzengerbstoffen.** Gerbmittel und Gerbverfahren. Die Gerbmittel. A. Allgemeine Beschreibung der pflanzlichen Gerbmittel. B. Chemie der Gerbmittel. C. Die Untersuchung der pflanzlichen Gerbmittel. D. Die Gewinnung der pflanzlichen Gerbmittel. E. Die Verarbeitung der pflanzlichen Gerbmittel auf Extrakte. F. Der Gerbstoffhandel. Patentliteratur. — Das Gerbverfahren mit pflanzlichen Gerbmitteln. A. Allgemeine Chemie. B. Die Praxis des Gerbverfahrens mit pflanzlichen Gerbmitteln. Patentliteratur. Mit 165 Abbildungen und 139 Tabellen. XI, 571 Seiten. 1931. Gebunden RM 56.—

2. Teil: **Mineralgerbung und andere nicht rein pflanzliche Gerbungsarten.** I. Die Gerbung mit Chromverbindungen. a) Grundzüge der Koordinationslehre. b) Chemie der Chromverbindungen und der Chromgerbung. c) Praxis der Chromgerbung. II. Die Gerbung mit Aluminiumsalzen. a) Chemie der Aluminiumverbindungen. b) Praxis der Gerbung. III. Die Gerbung mit Eisenverbindungen. IV. Die Gerbung mit anderen Mineralstoffen. V. Die Aldehyd- und Chinongerbung. VI. Die Fettgerbung. VII. Die Kombinationsgerbungen. a) Vegetabilisch-mineralische Gerbung. b) Mineralisch-fette Gerbung. c) Weitere Kombinationen. VIII. Die Verwendung künstlicher Gerbmittel. a) Chemie der synthetischen Gerbmittel und ihre Wirkung einschließlich Sulfitablauge. b) Praxis. IX. Allgemeine Theorie des Gerbvorganges. X. Patentliteratur. In Vorbereitung.

Dritter Band: **Das Leder, Zurichtung und Fertigfabrikat.** Die Zurichtung. I. Chemische Zurichtemethoden. a) Bleichen. b) Entfetten. c) Färben. d) Trocknen. e) Nachgerbung. f) Fettung. g) Appretieren (auch Finishe, Deckfarben). h) Lackieren. II. Mechanische Zurichtemethoden. — Das Leder. I. Allgemeines. II. Lederanalyse. a) Mechanisch (auch Riemenprüfung). b) Chemisch. III. Lederfehler. IV. Lederhandel. V. Patentliteratur. — Anhänge. I. Pelzgerbung und Pelzfärbung. Pelztiere und deren Vorkommen. II. Verwertung von Abfallprodukten. III. Fischhäute und Fischleder. Reptilhäute und Reptilleder. IV. Abwasser. V. Energiewirtschaft. VI. Patentliteratur. In Vorbereitung.